炼油装置技术手册丛书

润滑油基础油生产装置技术手册

主　编　侯晓明

副主编　张国生　王玉章

中国石化出版社

内 容 提 要

本书主要介绍了润滑油基础油生产所涉及装置的工艺原理、原料与产品性质、工艺过程及单元操作、主要设备与操作、正常操作与异常操作、装置开停工、仪表与自动控制、典型事故案例分析，以及腐蚀与防护、安全环保与节能、工艺与设备计算、技术标定与案例等内容。

本书按照基础油生产过程，共分11章，内容广泛，论述翔实，所涉及知识有助于从事润滑油生产管理及操作人员详细了解基础油每个生产过程，同时亦可供科研院所、学校等相关人员参阅。

图书在版编目(CIP)数据

润滑油基础油生产装置技术手册／侯晓明主编．
—北京：中国石化出版社，2014.11
ISBN 978-7-5114-3109-7

Ⅰ.①润… Ⅱ.①侯… Ⅲ.①润滑油基础油-生产设备-技术手册 Ⅳ.①TE626.9-62

中国版本图书馆CIP数据核字(2014)第265820号

中国石化出版社出版发行

地址：北京市东城区安定门外大街58号
邮编：100011　电话：(010)84271850
读者服务部电话：(010)84289974
http://www.sinopec-press.com
E-mail：press@sinopec.com
北京科信印刷有限公司印刷
全国各地新华书店经销

*

787×1092毫米 16开本 35.75印张 894千字
2014年11月第1版 2014年11月第1次印刷
定价：188.00元

《炼油装置技术手册丛书》

编　委　会

《润滑油基础油生产装置技术手册》

编　委　会

主　　编　侯晓明

副 主 编　张国生　王玉章

编写人员　中国石化上海高桥分公司：

侯晓明　曹文磊　刘　学　潘草原　张和平

刘海龙　刘　英　宁苏明　张文华　张　宇

张　伟　项跃文　吴文广　陶小奇　王　辉

黄金昂　徐亚明　曹　磊

中国石化茂名分公司：

梁文雄　刘跃委　任风允　严　鹏

中国石化经济技术研究院：

张国生　由爱农

中国石化石油化工科学研究院：

王玉章

中国石化工程建设有限公司：

尹　文　徐　松　张　平

中国石化荆门分公司：

王　钟

前　言

润滑油是一种高技术含量的炼油产品，其附加价值高，经济效益显著，受到各行各业的重视。润滑油占全部润滑材料的85%以上，种类牌号繁多，多以用途进行分类，如车用润滑油、工业润滑油及工艺润滑油等；也可以用更细的使用关系进行分类，如内燃机油、齿轮油、液压油、全损耗用油、电器用油等。在过去几十年的发展中，我国润滑油产品品种已经发展到19大类400多个牌号，基本满足国民经济发展的需要。

顺应世界低碳经济要求，节能、环保、低排放、无污染、长寿命将成为润滑油发展的趋势与方向。润滑油产品正在从高黏度的单级油发展为低黏度的多级油；从单一要求的专用油发展为无特殊要求的通用油。与其配套的基础油和添加剂生产也取得长足进步，质量和级别不断提升。为此，所需基础油也从矿物Ⅰ类油向加氢的Ⅱ类油、Ⅲ类油甚至于合成油发展。随着基础油质量的提升，其生产工艺也得到了不同程度地发展，本书主要是介绍矿物基础油的生产。

目前，世界上的矿物基础油生产工艺主要包括常规基础油生产工艺与非常规基础油生产工艺两类。常规基础油生产工艺主要存在两种技术路线：一种是以低硫石蜡基原油为代表性油种，采用溶剂精制、溶剂脱蜡、补充精制装置(补充工艺有白土精制和低压加氢精制)组合的，生产APIⅠ类基础油，俗称“老三套”工艺；另一种是以加工中东含硫中间基原油为代表性油种，采用加氢精制、溶剂脱蜡、补充精制装置组合的生产APIⅠ类基础油工艺。非常规基础油生产工艺也主要存在两种技术路线：全加氢工艺以及加氢改质与溶剂脱蜡结合的组合工艺，其中，全加氢工艺生产APIⅡ类、Ⅲ类基础油。此两类基础油生产工艺所包括的生产装置主要有：减压蒸馏装置、丙烷脱沥青装置、溶剂精制装置、溶剂脱蜡装置、白土精制装置、润滑油加氢装置。

本书编写历时3年，由中国石化系统内部润滑油业界知名的设计师、专家、教授和工程技术人员共同编写，以科学性和实用性为原则，多次讨论，数易其稿。本书主要介绍了基础油各生产装置的工艺原理、原材料与产品性质、工艺过程及单元操作、主要设备与操作、正常操作与异常操作、装置开停工、仪表与自动控制、典型事故案例分析，以及腐蚀与防护、安全环保与节能、工艺与设备计算、技术标定与案例等内容。本书有助于从事润滑油基础油生产管理及操作的人员详细了解基础油的每个生产过程，同时亦可供科研院所、学校等相关人员参阅。

本书共分11章，第一章由中国石化经济技术研究院编写，第二、五、六、七章由中国石化上海高桥分公司编写，第三、四章由中国石化茂名分公司编写，第八、九、十、十一章由上海高桥分公司与茂名分公司共同编写。在编著过程中，中国石化工程建设公司蒋荣兴、范传宏、徐松、尹文、张平，中国石化上海高桥分公司潘草原，中国石化茂名分公司李志英，中国石化燕山分公司付成刚、李宏茂，中国石化济南分公司徐祇宏、宗军，中国石化荆门分公司王钟等对本书的编写与修改给予了大力支持与指导。

本书编写的组织与协调工作，由中国石化高桥分公司的侯晓明同志负责，并对全书各章进行了最后的修改和统稿审定。中国石化经济技术研究院张国生、中国石化石油化工科学研究院王玉章作为副主编全程参与了全书的编写及审定。

中国石化出版社张国艳对本书的编写与出版给予了通力协作和配合。

润滑油基础油生产是一个非常复杂的过程，所涉及的装置与工艺流程较多，由于大多数编者水平有限且经验不足，本书内容中肯定会有不少谬误、不妥或疏漏之处，恳请读者不吝指出，以便今后予以订正。

编　者

目　录

第一章　绪论

第一节　概　述

润滑油是用于各种类型机械、设备与车辆上以减少摩擦、保护机械及加工件的液体润滑剂，主要起润滑、冷却、防锈、清洁、密封和缓冲等作用。当然，也有一些不起润滑作用的油品如电器绝缘油、切削油等，因为它们与润滑油馏分相近、制造方法相同，也归结为润滑油产品系列。

各种成品润滑油一般都是基础油和添加剂调合产物，即基础油是润滑油的主要成分，决定着润滑油的基本性质，添加剂(化学反应物)则可弥补和改善基础油性能方面的不足，赋予某些新的性能，也是润滑油的重要组成部分。

本章重点描述基础油特点、分类、应用、生产工艺和发展趋势，并为其他各章生产装置的介绍做好技术引导。

润滑油质量、品种、规格的开发总是伴随着用油设备、机具与车辆的技术进步而发展的。现有的用油装备都对润滑油性能提出节能、环保和经济性等要求。新的用油设备、机具与车辆都朝着缩小体积、减轻质量、增大功率、提高效率、增加可靠性和环境友好的方向发展，它们对车辆用油、工业用油和工艺用油等提出了更苛刻的要求。未来的润滑油，将面临多方面的严峻挑战。

润滑油是一种高技术含量的炼油产品，附加价值高，经济效益显著，受到各行各业的重视。润滑油占全部润滑材料的85%以上，种类牌号繁多，多以用途进行分类，如车用润滑油、工业润滑油和工艺润滑油等。也可以用更细的使用关系进行分类，如内燃机油、齿轮油、液压油、全损耗用油、电器用油等。在过去几十年的发展中，我国润滑油产品品种已经发展到19大类400多个牌号，基本满足了国民经济发展的需要。

顺应世界低碳经济要求，节能、环保、低排放、无污染、长寿命将成为润滑油发展的趋势与方向。润滑油产品正在从高黏度的单级油发展为低黏度的多级油；从单一要求的专用油发展为无特殊要求的通用油。与其配套的基础油和添加剂生产也取得长足进步，质量和级别不断提升。为此，所需基础油也从矿物Ⅰ类油向加氢的Ⅱ类油、Ⅲ类油以及合成油发展。

根据统计资料分析，自2007年以来，世界各地Ⅱ类、Ⅲ类基础油生产装置陆续投产，全球Ⅱ类、Ⅲ类基础油的产量在不断提高，Ⅰ类油的产量所占比例在不断下降，Ⅱ类、Ⅲ类基础油所占比例不断提高(见图1-1)。

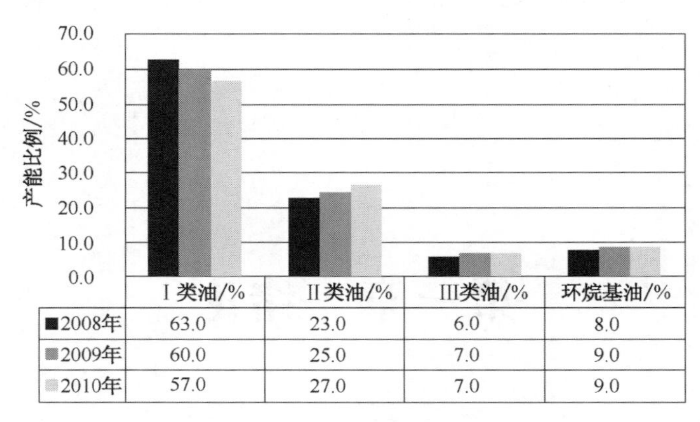

	Ⅰ类油/%	Ⅱ类油/%	Ⅲ类油/%	环烷基油/%
■2008年	63.0	23.0	6.0	8.0
■2009年	60.0	25.0	7.0	9.0
■2010年	57.0	27.0	7.0	9.0

图 1-1　世界基础油产能统计分析

第二节　基础油的特点

优质的成品润滑油是优质基础油并匹配相应添加剂，通过调合方式生产的。基础油是生产优质润滑油的基础，而成品润滑油中的磨损、破乳、腐蚀相容等应用指标均需要用添加剂来改进，添加剂是关键。通过加工过程把理想组分增大，而把对性能有干扰的芳烃、硫、氮等杂质化合物尽量除去，生产出高品质的基础油。影响润滑油性能的基础油特性和润滑油成品油与基础油和添加剂的关系见图 1-2。

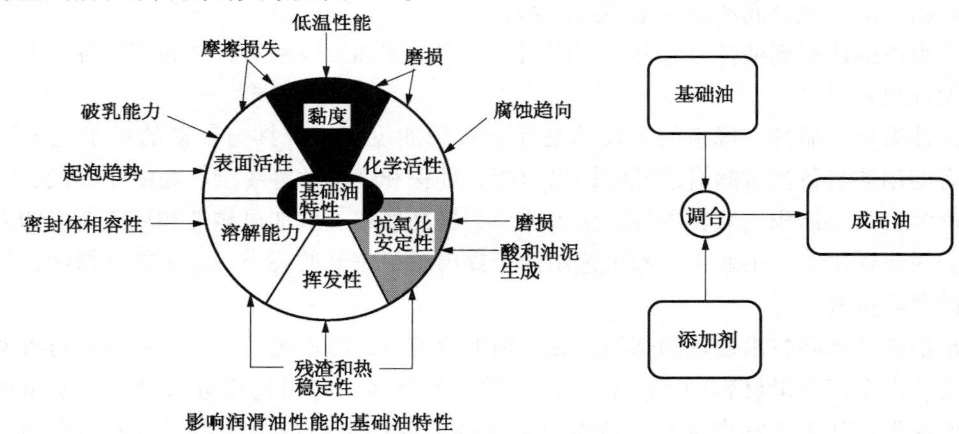

图 1-2　成品油与基础油和添加剂的关系

基础油主要分为矿物基础油、合成基础油以及生物基础油三大类。

一、矿物基础油

矿物基础油的化学成分包括高沸点、高相对分子质量烃类和非烃类混合物。其组成一般为烷烃(直链、支链、多支链)、环烷烃(单环、双环、多环)、芳烃(单环芳烃、多环芳烃)、环烷基芳烃以及含氧、含氮、含硫有机化合物和胶质、沥青质等非烃类化合物。

矿物基础油应用广泛，主要由常规基础油(CBO)及非传统的基础油(UCBO)组成。常规基础油是原油蒸馏得到的馏分油或渣油经抽提方法得到的馏分油经溶剂精制(加氢精制)、溶剂脱蜡和补充精制(白土补充精制、加氢补充精制)(俗称老三套工艺)生产的矿物油产品；非常规基础油是馏分油经加氢处理(加氢裂化、加氢改质)、加氢脱蜡(异构脱蜡、选择性催化脱蜡等)和高压加氢补充精制装置(俗称全加氢工艺)生产的矿物油产品。

常规基础油产品的主要特点：生产过程中基本以物理过程为主，其精制与脱蜡两个主要步骤是溶剂法(或低压加氢精制)去除芳烃等非理想组分和溶剂法脱除蜡组分以保证基础油的低温流动性，生产过程中基本不改变烃类结构，生产的基础油取决于原料中理想组分的含量与性质。

非常规基础油产品的主要特点：该基础油是通过加氢处理(加氢改质、加氢裂化)生产的矿物型基础油，其化学组成发生很大变化(黏度指数提升值一般都在30以上)，化学组成的变化带来很多优点，其颜色、安定性和气味得到改善，黏温性能得到提高，对抗氧剂的感受性显著提高。加氢基础油的性能可以概括为：①黏度指数高、低温性能好、黏温性能好；②热稳定性和氧化安定性好；③挥发性低，蒸发损失小；④低硫、低氮毒性低；⑤ 使用性能与合成基础油(PAO)相似。

但是，在某些应用场合下(高苛刻度的节能与环保要求)，加氢型矿物油仍然不能满足使用环境和条件的要求，必须使用合成基础油调合的产品。

矿物基础油分类和应用领域：

LVI为低黏度指数基础油，未规定最低黏度指数。适用于配制变压器油、冷冻机油等低凝点润滑油。

HVIS高黏度指数深度精制基础油，除黏度指数大于95外，还有较优良的氧化安定性、抗乳化性和一定的蒸发损失指标。适用于调配高档汽轮机油、极压工业齿轮油。其黏度牌号对应于HVI基础油。

HVIW为高黏度指数、低凝点和低挥发性基础油。除黏度指数大于95外，还规定了较低凝点、较低的蒸发损失和具有良好的氧化安定性。适用于调配高档内燃机油、低温液压油、液力传动液等。其黏度牌号对应于HVI基础油。

MVIS为中黏度指数深度精制基础油，除黏度指数不小于60外，还有较好的氧化安定性和抗乳化性。适用于调配汽轮机油等工业用油。其黏度牌号对应于MVI基础油。

MVIW为中黏度指数低凝点低挥发性基础油，除黏度指数不小于60外，还有较好的氧化安定性、抗乳化性和蒸发损失。适用于调配低温工业油品等。

在本书中矿物基础油是介绍的重点。

二、合成基础油

采用有机合成的方法[聚烯类(Poly-Alfa-Olefine)或酯醚类(Easter)的化合物]制得并具有特定结构和性能的润滑油，如硅油、硅酸酯、磷酸酯、氟油、酯类油和合成烃油等，这类大分子组成的基础油称为合成基础油；也包括费托合成技术(F-T合成方法)生产的润滑油。

由于该产品的化学组成是通过化学反应并通过人为控制下达到预期的分子形态，其分子排列整齐，抵抗外来变数的能力自然很强，因此合成油品质较好，其对低温性、热稳定、抗氧化反应、蒸发损失、抗黏度变化的能力要比常规矿物油和非常规矿物油强得多，对添加剂的溶解性差一些。而且，合成型基础油的价格很高，一般在高品质产品和苛刻条件下使用。合成油最重要的优点是不含硫、氮、镍杂质等非理想成分，完全符合现代发动机的严格要求和日益苛刻的环境法规挑战。在本书中不是叙述的重点。

三、生物基础油

生物基础油（植物油）来源于农业作物资源，它具有矿物油及大多数合成油所无法比拟的特点，生物基础油优点是毒性小、润滑性能和极压性能比石油基润滑油好。但植物油因产量少而比矿物油价格高，可以生物降解而迅速地降低环境污染，非常适合用于环境敏感地区或者食品加工等领域应用。另一个缺点是在低温下易结蜡，氧化安定性不好。在本书中不是叙述的重点。

第三节　基础油应用与分类方法

一、理想的润滑油组分

基础油最理想的组分是具有低挥发度、高黏度指数、低倾点和极好的抗氧化性能的成分，而在烃类组成中长碳链异构烷烃（C_{20}）和带有异构烷基的环烷烃是最理想的组分。非理想组分中杂环烃类（S、N、O）应通过加氢或溶剂精制方法进行脱除，多环芳香烃、环烷烃和正构烷烃应用溶剂精制或加氢方法脱除或转化为基础油理想组分。

烃类组成中做润滑油组分情况：

（1）正构烷烃具有高黏度指数和高抗氧化安定性，但是由于它的高倾点，不是理想的润滑油组分。传统的润滑油加工工艺是选择溶剂脱蜡方法把蜡脱除，石蜡作为润滑油副产品。非传统的加氢工艺是将蜡转化：一种是把蜡裂化，转变为小分子的轻质油品，一般将此工艺称为选择性催化脱蜡工艺；另一种是把蜡加氢异构化转变为高质量的润滑油组分，一般将此工艺称为异构脱蜡工艺。

（2）同样，一些带有长正构烷基侧链的环烷烃和芳香烃也不是理想的润滑油组分。这部分烃类由于带有长正构烷基侧链，显示蜡的特性，倾点很高，也需要脱蜡处理或转化。

（3）多环的环烷烃和芳香烃黏度指数都很低，稳定性不好，传统的润滑油加工工艺是选择溶剂精制方法将其脱除掉；非传统的润滑油加工工艺是选择加氢精制（处理或改质）方法使其进行饱和、开环改质为润滑油理想组分。

（4）带有长异构烷基侧链的多环环烷烃和多环芳香烃也不是理想的润滑油组分。可以通过加氢方法保持长异构烷基侧链，将多环环烷烃和多环芳香烃饱和成带有长支链的单环组分，形成理想的成分。

族组成对基础油质量的影响见表1-1。

表1-1　族组成对基础油质量的影响

<table>
<tr><th colspan="2">分　子</th><th>黏度指数</th><th>倾　点</th><th>抗氧性</th><th>作为基础油成分的评价</th></tr>
<tr><td colspan="2">直链烷烃</td><td>高</td><td>高</td><td>高</td><td>低</td></tr>
<tr><td colspan="2">异构烷烃</td><td>高</td><td>低/中</td><td>高</td><td>高/中</td></tr>
<tr><td rowspan="2">环烷烃</td><td>带有长支链烷基侧链单环</td><td>高</td><td>低/中</td><td>高</td><td>高/中</td></tr>
<tr><td>多环</td><td>低</td><td>低/中</td><td>中</td><td>低/中</td></tr>
</table>

续表

分子		黏度指数	倾点	抗氧性	作为基础油成分的评价
芳烃	带有长支链烷基侧链单环	高	低/中	中	中/高
	环烷基	中	低/中	低	低
	多环	低	低/中	高	低
	多环环烷基	低	低/中	低	低
杂原子(S、N、O)		低	低/中	低	低

在润滑油质量参数中，黏度指数是最重要的品质表征参数之一。黏度指数表示一切流体黏度随温度变化的程度。黏度指数越高，表示流体黏度受温度的影响越小，黏度对温度越不敏感。黏度指数英文名：Viscosity Index，缩写 VI，是表示润滑油质量的重要指标。油品的黏度指数可用下面的公式算得：

当黏度指数为 0~100 时：

$$VI=[(L-U)/(L-H)]\times100$$

当黏度指数等于或大于 100 时：

$$VI=[(10^{N}-1)/0.00715]+100$$

$$N=[\lg H-\lg U]/\lg Y$$

式中 H——黏度指数为 100 的已知油料，在 40℃时的运动黏度，mm^2/s；

L——黏度指数为 0 的已知油料，在 40℃时的运动黏度，mm^2/s；

U——未知黏度指数的原料，在 40℃时的运动黏度，mm^2/s；

Y——未知黏度指数的原料，在 100℃时的运动黏度，mm^2/s。

不同烃类的黏度指数是不同的，但是有一定的规律性，不同烃类的黏度指数关系见表 1-2。

表 1-2 不同烃类的黏度指数关系

组成	主要性能	黏度指数
正构烷烃	倾点高，不是润滑油组分	~175
异构烷烃	对添加剂感受性好，黏度指数高，是理想组分	~155
单环环烷烃	对抗氧剂感受性好，黏度指数较高，是好的组分	~142
双环环烷烃	对抗氧剂感受性好，黏度指数偏高，是次好的组分	~70
三环以上环烷烃	对抗氧剂感受性好，黏度指数低，不是好的组分	~50
单环芳烃	比较稳定，对抗氧剂感受性尚好，对添加剂溶解性较好，是较好组分	~80
双环芳烃	对抗氧剂感受性好，黏度指数低，不是好的组分	~60
多环芳烃	易结碳和产生油泥，对抗氧剂感受性差，是不理想组分	~50
环烷-芳烃	很易氧化，对抗氧剂感受性差，是不理想组分	
含 S 化合物	起抗氧化作用，可保留少量	
含 N、O 极性物	对抗氧剂感受性差，是不理想组分	~15

从表1-2中可以看出，润滑油生产实质就是脱除杂质(即含S化合物、含N、O化合物)，脱除非理想润滑油组分(即正构烷烃、胶质、沥青质、稠环芳烃、多环芳烃等)，调整烷烃、环烷烃和芳烃比例的一个过程。

二、基础油的要求

在润滑油应用中，发动机润滑油对油品质量要求最高，它的发展引领着润滑油行业的发展方向。现代发动机对润滑油的要求见表1-3；润滑油主要理化性能见表1-4。

表1-3 现代发动机对润滑油的要求

名　　称	对润滑油的要求	对基础油的要求
发动机油	低排放 低油耗 省燃料油(即燃油经济性好) 换油期长	低黏度 低挥发度 在低黏度时高黏度指数 氧化安定性好
齿轮油	不要换油(即长寿命) 省燃料油	氧化安定性好 高黏度指数
传动油	极好的流动性 省燃料油 低油耗	高黏度指数 在低黏度时高黏度指数 低挥发度

表1-4 润滑油主要理化性能

理化性能	说　　明
外观颜色	反映基础油精制程度和稳定性。氧、硫、氮化合物含量越少，颜色越浅
密度	反映润滑油分子大小和结构。分子越大，非烃类及芳烃含量越高，密度越大
黏度	表示润滑油油性和流动性的一项指标。黏度越大，油膜强度越高，流动性越差
黏度指数	表示润滑油黏度随温度变化的程度。黏度指数越高，表示润滑油黏度受温度的影响越小
闪点	表示润滑油组分轻重和安全性指标。组分越轻，闪点越低，安全性则越差
凝点和倾点	表示润滑油低温流动性能。分子越大或蜡含量越高，低温流动性越差，凝点和倾点越高
酸值	反映润滑油中含有酸性物质的多少，表示润滑油抗腐蚀性能的指标
水分	对润滑油的润滑性能和抗腐蚀性能有影响。润滑油中水含量越少越好
机械杂质	反映润滑油中不溶于汽油、乙醇和苯等溶剂的沉淀物或胶状悬浮物含量多少
灰分	一般认为是一些金属元素及其盐类。反映基础油的精制深度
残炭	是为判断基础油的性质和精制深度而规定的项目

随着低碳经济要求，以低能耗、低物耗、低污染、低排放为基础的经济模式正在形成，用油工业都相继提高了用油标准。为满足高档润滑油的高质量、节能、延长换油期和低排放的需求，要求基础油具有低黏度、低挥发度、高黏度指数、良好的氧化安定性等特点。润滑油的生产技术必将推动基础油向高品质方向发展。

基础油在高黏度指数(High VI)、低挥发性(Low Noack Volatility)、低的低温动力黏度(Low CCS)、低硫(Low Sulphur)、高安定性(High Stability)方面要求越来越严格。

（1）生产技术。目前，国内大部分基础油生产企业仍沿用传统工艺（溶剂精制、溶剂脱蜡和白土补充精制），利用低硫石蜡基原油生产矿物Ⅰ类油，而适应这种传统工艺生产的优质原料资源也越来越少，环保关系也不好。使用中东地区含硫中间基原油采用加氢精制方法生产润滑油技术国内还没有，与发达国家相比，差距很大。

为了改变基础油原料性质，非常规加氢技术的推广与应用已经成为基础油生产发展的方向和趋势。

（2）产品质量与结构。为了适应现有设备、机具与车辆对润滑油性能提出的节能、环保和经济性等要求，润滑油产品正在从高黏度的单级油发展为低黏度的多级油；从单一要求的专用油发展为无特殊要求的通用油。为此，所需基础油也从矿物Ⅰ类油发展为加氢的Ⅱ类油、Ⅲ类油，以至于合成油。由于国内成品油结构以单级油为主，基础油质量需求大部分是Ⅰ类油和Ⅱ类油，Ⅲ类油较少；随着润滑油质量升级发展的需要，基础油结构将需要优化调整。

（3）润滑油市场体系变化。润滑油市场体系正在从以单级油为主的市场体系向以多级油为主的市场体系转变。润滑油产品的销售方式也从低档油的“货架”销售转变为高档油的专业化和“OEM”销售，从简单的卖产品转变为卖技术、卖服务。润滑油品牌也从介绍产品的媒介转变为质量与信誉的标识。市场的进入方式也从代理、批发与零售转变为代理、分销与经销；商品制转为产品与质量认证制，质量监督体制不断完善。润滑油添加剂也从销售单剂的模式转为复合剂的销售模式，添加剂配方也从一种基础油通过即可使用，转变为3种基础油或多种基础油全部通过才能成为市场成熟配方的高苛刻阶段。高的市场要求、高的技术含量、高的投资成本、苛刻的环保要求和规模经济性要求，使企业生存更为困难，提高企业竞争力成为趋势与方向。

（4）基础油企业生产管理：基础油是成品润滑油生产的基础原料，成品润滑油用油体系的发展和提高，无疑要促进基础油的发展。分析国内外润滑油与基础油的发展趋势与方向，有助于辨析市场的发展规律，分析供求矛盾和问题，理顺企业发展规划思路与方向。基础油生产企业应该从技术发展、工艺改进、原材料制备、产品质量提高、工艺过程及单元操作优化等诸多方面进行资源优化，提高管理水平。

三、基础油的分类

（一）国际基础油分类

20世纪80年代以前，国外各大石油公司都根据原油的性质和加工工艺把基础油分为石蜡基基础油、中间基基础油、环烷基基础油等标准。随着用油设备、机具与车辆的发展，润滑油逐渐趋向于向低黏度、多级化、通用化发展；技术要求强化了热氧化安定性、低挥发性、高黏度指数、低硫/无硫、低黏度、环境友好等指标。特别是对基础油的黏度指数提出了更高的要求，原来的基础油分类方法已不能适应这一变化的要求。因此，美国石油学会（API）提出新的分类标准，1993年API-1509基础油分类标准如下：

类别Ⅰ：硫含量>0.03%，饱和烃含量<90%，黏度指数80~120；

类别Ⅱ：硫含量<0.03%，饱和烃含量≥90%，黏度指数80~120；

类别Ⅲ：硫含量<0.03%，饱和烃含量≥90%，芳烃含量为0，黏度指数>120；

类别Ⅳ：聚α-烯烃（PAO）合成油；

类别Ⅴ：不包括在Ⅰ~Ⅳ类的其他基础油。

各类基础油的族组成见表 1-5。

表 1-5　各类基础油的族组成

组　　成	Ⅰ类油	Ⅱ类油	Ⅱ⁺类油	Ⅲ类油	Ⅳ类油①	Ⅴ类油②
烷烃/%	5~30	50	50	55	85	
环烷烃/%	50~80	45	45	45	15	
饱和烃/%	65~85	95	95	100	100	
硫含量/%	>0.03	<0.03	<0.03	<0.03	<0.03	
黏度指数	≥95	90≤VI<110	110≤VI<120	VI≥120	VI≥140	

① 聚 α-烯烃合成油；②除Ⅰ~Ⅲ类以外的其他类基础油。

（二）我国基础油分类

1980 年以前，我国采用的都是企业标准，没有统一的基础油标准。1980~1981 年期间原石油部炼化司以及以后的中国石化总公司生产部组织石油化工科学研究院广泛收集国外资料，结合我国原油资源情况和产品要求制定了高黏度指数的石蜡基型（SN）、中黏度指数的中间基型（ZN）和低倾点、低黏度指数的环烷基型（DN）的基础油标准。1981 年 3 月和 1983 年 6 月向国外发布了出口低硫石蜡基基础油标准，1985 年元月 1 日正式执行基础油标准。1995 年修订了我国现行的基础油标准，主要修改了分类方法，并增加了低凝和深度精制两类专用基础油标准。

20 世纪 80 年代初，我国制定了 3 种基础油标准，即石蜡基基础油、中间基基础油和环烷基基础油标准，分别以 SN、ZN 和 DN 加以标识。例如：75SN、100SN、150SN、200SN、350SN、500SN、650SN 和 150BS。馏分润滑油 SN 的黏度以 40℃ 的运动黏度，重质光亮油 BS 则以 100℃运动黏度划分。矿物润滑油基础油又称中性油。中性油黏度等级以 37.8℃（100℉）的赛氏黏度（秒）表示，标以“75~650N”等；而把取自残渣油制得的高黏度油称作光亮油（bright oil），以 98.9（210℉）赛氏黏度（s）表示，如 150BS、120BS 等。这些基础油的规格标准在国内实行了很长一段时期，对于润滑油生产技术和产品质量升级起到了促进和提高作用。

随着润滑油用油要求的提高和润滑油质量升级的需要，根据大跨度多级内燃机油、液力传动油、高性能极压工业齿轮油等高档油品对基础油的性质要求，1995 年修订了我国现行的基础油标准 Q/SHR 001—95，该标准按黏度指数把基础油分为低黏度指数（LVI）、中黏度指数（MVI）、高黏度指数（HVI）、很高黏度指数（VHVI）、超高黏度指数（UHVI）基础油 5 档。按使用范围，把基础油分为通用基础油和专用基础油。专用基础油又分为适用于多级发动机油、低温液压油和液力传动液等产品的低凝基础油（代号后加 W）和适用于汽轮机油、极压工业齿轮油等产品的深度精制基础油（代号后加 S）。其中 HVI 油和Ⅵ>80 的 MVI 油都属于按国际分类的Ⅰ类基础油；而Ⅵ<80 的 MVI 基础油和 LVI 基础油没有入类；VHVI、UHVI 按国际分类为Ⅱ类和Ⅲ类基础油，但在硫含量和饱和烃方面都没有明确的规定。该标准中的基础油的氧化安定性、抗乳化性、蒸发损失和倾点等指标均较前面标准基础油规定了更高的要求。

基础油标准与应用详见表 1-6。

表 1-6 基础油标准与应用

名 称	黏度指数	分 类	其他要求及用途	黏度牌号
超高黏度指数	>140	UHVI		
很高粘黏度指数	>120	VHVI		
高黏度指数	>95	HVI	用于配制黏温性能要求较高的润滑油	HVI－75，HVI－100，HVI－150，HVI－200，HVI-350，HVI－500 以及 HIV－650 和 HVI－120BS，HVI-150BS
		HVIS	深度精制，有优良的氧化安定性、抗乳化性和一定的蒸发损失指标。适用于调配高档汽轮机油、极压工业齿轮油	
		HVIW	深度脱蜡，较低凝点、较低的蒸发损失和良好的氧化安定性。适用于调配高档内燃机油、低温液压油、液力传动液等	
中黏度指数	>60	MVI	适用于配制黏温性能要求不高的润滑油	MVI－60，MVI－75，MVI－100，MVI－150，MVI－200，MVI－300，MVI－500，MVI－600，MVI－750，MVI－900 以 MVI－90BS，MVI125/140BS 和 MVI-200/220BS
		MVIS	深度精制，中黏度指数，低凝点低挥发性基础油。较好的氧化安定性抗乳化性和蒸发损失。适用于调配内燃机油、低温液压油等	
		MVIW	深度脱蜡，中黏度指数，低凝点低挥发性基础油，有较好的氧化安定性、抗乳化性和蒸发损失。适用于调配内燃机油、低温液压油等	
低黏度指数	—	LVI	未规定最低黏度指数。适用于配制变压器油、冷冻机油等低凝点润滑油	LVI－60，LVI－75，LVI-100，LVI－150，LVI-200，LVI-300，LVI-500，LVI-750，LVI-900，LVI-1200 以 LVI－90BS，LVI－230/250BS

为了适应国内原油资源变化，考虑基础油品质的变化，结合润滑油调合的需要，2005年，中国石化股份有限公司制定了基础油的标准《石化股份润科(2005年)70号文》。

该标准将Ⅰ类基础油划分为Ⅰa、Ⅰb、Ⅰc；Ⅱ类基础油和Ⅲ类基础油执行API标准(见表1-7)。

表 1-7 中国石化企业协议标准

项 目	类 别						
	Ⅰ类油				Ⅱ类油		Ⅲ类油
	MVI	HVIIa	HVIIb	HVIIc	HVIⅡ	HVIⅡ+	HVIⅢ
饱和烃/%	<90	<90	<90	<90	≥90	≥90	≥90
硫含量/%	≥0. 03	≥0. 03	≥0. 03	≥0. 03	<0. 03	<0. 03	<0. 03
黏度指数 VI	≥60	≥80	≥90	≥95	90≤VI<110	110≤VI<120	≥120

2012年10月20日，中国石化新的《基础油协议标准》通过评审。该标准已于2013年1

月 1 日正式实施，基础油分类详见表 1-8。新标准修订了系统内基础油的数据指标，优化了黏度指数、外观、蒸发损失、酸值控制要求，增加了空气释放值项目数据，尤其在黏度指数、蒸发损失等重要指标上有显著提升，将对中国石化润滑油产品在高低温性能、氧化安定性和油品使用寿命等性能方面产生直接的积极影响。

表 1-8　中国石化企业协议新标准

项　目	类　别							
	Ⅰ类油				Ⅱ类油		Ⅲ类油	
	MVI	HVIIa	HVIIb	HVIIc	HVI Ⅱ	HVIⅡ+	HVIⅢ	OEM
饱和烃/%	<90	<90	<90	<90	≥90	≥90	≥90	≥90
硫含量/%	≥0.03	≥0.03	≥0.03	≥0.03	<0.03	<0.03	<0.03	<0.03
黏度指数 VI	≥60	≥80	≥90	≥95	90≤VI<110	VI≥110	VI≥120	VI≥125

中国石油天然气股份有限公司新版《通用基础油》(Q/SY 44—2009)企业标准，于 2009 年 4 月 1 日正式开始实施，基础油分类详见表 1-9。

表 1-9　中国石油通用润滑油基础油分类(Q/SY 44—2009)

项　目	Ⅰ	Ⅰ	Ⅱ		Ⅲ
	MVI	HVI HVIS HVIW	HVIH	HVIP	VHVI
饱和烃/% 黏度指数 VI	<90 80≤VI<95	<90 95≤VI<120	≥90 80≤VI<110	≥90 110≤VI<120	≥90 ≥120

注：MVI 表示“中黏度指数Ⅰ类基础油”；
HVI 表示“高黏度指数Ⅰ类基础油”；
HVIS 表示“高黏度指数深度精制Ⅰ类基础油”；
HVIW 表示“高黏度指数低凝Ⅰ类基础油”；
HVIH 表示“高黏度指数加氢Ⅱ类基础油”；
HVIP 表示“高黏度指数优质加氢Ⅱ类基础油”；
VHVI 表示“很高黏度指数加氢Ⅲ类基础油”

该标准按目前的国际通用分类(API 分类)分三大类七个品种，其中，Ⅰ类基础油分 MVI、HVI、HVIS、HVIW 四个品种，Ⅱ类基础油分 HVIH、HVIP 两个品种，Ⅲ类基础油分 VHVI 一个品种，共计 56 个牌号。Ⅰ类基础油黏度牌号仍按 40℃赛氏黏度划分，取消了 75、250、350 黏度等级，取消了黏度指数小于 80 的所有分类品种；Ⅱ类、Ⅲ类加氢基础油黏度牌号统一按 100℃运动黏度划分，不设置 3、7 黏度等级。在标准中Ⅰ类基础油新增了饱和烃含量、低温动力黏度指标要求，对黏度指数、色度、倾点、氧化安定性、蒸发损失、抗乳化度指标分别进行了优化和提高；Ⅱ类、Ⅲ类加氢型基础油新增了饱和烃含量、低温动力黏度、浊点指标要求，同时取消了苯胺点、氮含量、紫外吸光度的性能要求，对黏度指数、色度、酸值、倾点、硫含量、氧化安定性、蒸发损失等指标分别进行了合理优化和提高。

第四节　基础油生产工艺

本节重点描述的矿物油生产工艺，主要包括加工低硫石蜡基原油的常规基础油生产工艺和加工含硫中间基原油的常规基础油生产工艺。同时，介绍了非常规基础油生产工艺，即主要存在的两种技术路线：全加氢工艺以及加氢改质与溶剂脱蜡结合的组合工艺。

一、各种工艺技术特点与发展

（一）常规基础油生产工艺

目前，对于生产矿物Ⅰ类油存在两种主要技术路线，一种是以低硫石蜡基原油为代表性油种，采用溶剂精制、溶剂脱蜡、补充精制装置（补充工艺有白土精制和低压加氢精制）组合的，生产APIⅠ类基础油，俗称老三套工艺。另一种是加工中东含硫中间基原油为代表性油种，采用加氢精制、溶剂脱蜡、补充精制装置组合的，生产APIⅠ类基础油工艺。这两种工艺都是常规工艺，主要表征为：基本不改变原料油的化学组成，前者主要靠物理方式脱除杂质和非润滑油组分；后者主要是采用加氢精制装置代替溶剂精制来完成脱除杂质和非润滑油组分，两种工艺的产品均是APIⅠ类润滑油。

以溶剂精制加工低硫石蜡基原油生产矿物Ⅰ类油是我国润滑油的生产特点。我国目前还没有利用加氢精制装置加工中东含硫中间基原油生产矿物Ⅰ类油的装置和经验。由于适合生产润滑油优质基础油的低硫石蜡基原油资源匮乏，国外企业在加氢技术成熟以后，就开始实施加氢精制、溶剂脱蜡、补充精制装置的组合，并取得长足的进步，此种工艺在国际上也被视为常规工艺。

以溶剂精制加工低硫石蜡基原油和加氢精制装置加工中东含硫中间基原油生产矿物Ⅰ类油的的组成和性能对比见表1-10和表1-11。

表1-10　石蜡基与中间基原油生产的基础油组成及性能对比（150SN）

生产企业	类　型	黏度指数	烷烃/%	环烷烃/%	总饱和烃/%	芳烃/%	硫/%	苯胺点/℃	成焦板/分	挥发度/%
高桥	低硫Ⅰ类油	95	5.8	78.4	84.2	14.5	0.0	95.2	3.2	19.8
大连	低硫Ⅰ类油	101	7.7	77.4	85.1	14.5	0.0	101.8	4.4	16.2
茂名	低硫Ⅰ类油	103	9.0	77.0	86.0	3.3	0.0	102.7	4.3	16.9
ESSO新加坡	含硫Ⅰ类油	104	7.2	62.3	69.5	29.5	0.5	98.4	5.6	13.1
Mobil	含硫Ⅰ类油	102	11.0	58.4	69.4	32.0	0.3	95.0	4.3	19.4
Kakdong	含硫Ⅰ类油	101	8.0	64.8	73.3	26.1	0.8	99.6	5.6	13.0

注：成焦板10分为清洁，0分为板面充满沉积物

表1-11　石蜡基与中间基原油生产的基础油平均值对比（150SN）

项　目	类　型	黏度指数	烷烃/%	环烷烃/%	总饱和烃/%	芳烃/%	硫/%	苯胺点/℃	成焦板/分	挥发度/%
石蜡基原油	低硫Ⅰ类油	100	7.50	77.60	85.10	10.77	0.04	99.90	3.96	17.63
中间基原油	含硫Ⅰ类油	102	8.73	61.83	70.73	29.20	0.54	97.67	5.15	15.17

注：成焦板10分为清洁，0分为板面充满沉积物

其结果分析如下：

在质量指标中，以加氢精制加工的中东含硫中间基原油生产的基础油好于以溶剂精制加工低硫石蜡基原油生产的基础油。黏度指数高 2 个单位为(即 VI = 102-100)；成焦板高 1.2 个单位(即 5.15~3.96)；挥发度低 2.47 个单位(即 15.17%~17.63%)。在结构族组成指标中，石蜡基原油生产的基础油与中间基原油生产的基础油相比，前者总饱和烃高约 14 个单位，但链烷烃前者低约 1 个单位，环烷烃前者比后者高约 16 个单位。由于加氢工艺是深度精制，促使中间基蜡油中芳烃大量饱和，而中间基原油结构中的芳烃带有长的烷链，形成的产品中带有支链的单环和双环环烷烃含量很高，提供了较高的黏度指数贡献值；而链烷烃中中间基蜡油的正构烷烃含量大大小于石蜡基蜡油，且总含量高，致使利用加氢精制加工中间基原油的基础油质量好于石蜡基原油生产的基础油。但是，如果采用溶剂精制方法加工含硫中间基原油，芳烃中三环至五环的油品被糠醛溶剂抽出，成为非润滑油组分，形成高黏度指数的异构烷烃和带长侧链的单环和双环环烷烃含量低，故基础油产品通常比石蜡基基础油低 2~3 个单位，此过程得到过石油化工科学研究院的验证，石蜡基与中间基原油生产的基础油质量比较见图 1-3。

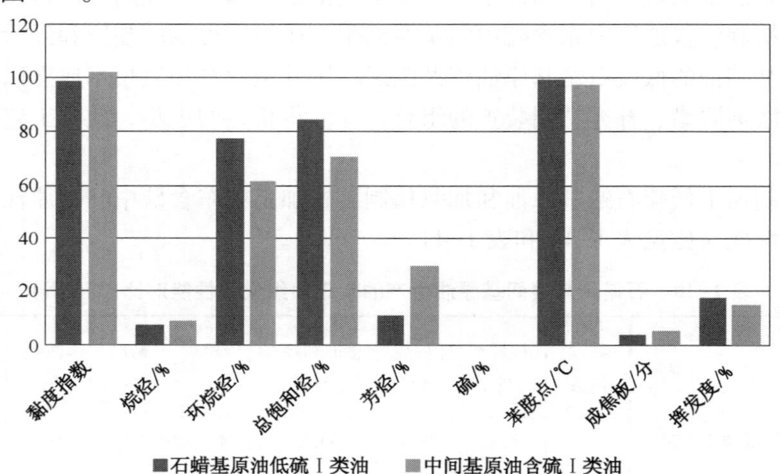

图 1-3　石蜡基与中间基原油生产的基础油质量比较

（二）非常规基础油生产工艺

采用常规方法生产的Ⅰ类基础油，由于是采用物理脱除杂质和非润滑油组分，对组成改变较少，杂质脱除有限，所以无法满足越来越严格的润滑油要求。同样，采用加氢精制方法脱除杂质和非润滑油组分，对组成改变也比较小，杂质脱除有限。但对于生产高黏度、较高黏度指数基础油十分有用。但是，对于生产很高黏度指数和超高黏度指数基础油，这两种工艺明显能力不足。

故此，采用高压加氢方法生产润滑油得到重视，相继发展了单段高压加氢与溶剂脱蜡结合的工艺，特点是基础油黏度指数很高，原料的黏度指数提升值在 30 以上(黏度指数经济提升值在 35 以下)，但是此油光安定性不好。为了改变光安定性，开发了两段高压加氢工艺，其特点是优质基础油的高黏度指数、低挥发性、低的低温动力黏度、低硫、高氧化安定性的指标基本都具备。但是，由于原料的黏度指数提升值很大，采用溶剂脱蜡的过滤速度很低，直接影响生产关系。为克服溶剂脱蜡的不足，国际上采用 ZMS5 择型分子筛开发了贵金属型的异构脱蜡催化剂，开发了选择性催化脱蜡催化剂，形成加氢脱蜡的技术，代替溶剂脱蜡工艺，为此，诞生了全加氢方法生产的 API 分类的Ⅱ类、Ⅲ类油的工艺。

为了克服高压全加氢工艺高投资的不足，并缓解溶剂脱蜡的过滤速度低的困难，国际上开发了缓和加氢处理与溶剂脱蜡结合的组合工艺。此工艺的特点需要选择适宜原油，其原料的黏度指数不宜太低，产品的黏度指数提升值不要太高，可以获得高黏度指数和较高黏度的基础油。催化剂是以无定形硅铝为主，一般没有分子筛，控制油品转化深度，采用芳烃饱和开环的生产路线。由于压力等级低，芳烃饱和容易但残留芳烃高，造成非目的产品的芳烃含量很高，做优质工业白油存在问题。再者，开环较少，黏度指数提升值则不高，如果加大操作苛刻度，大幅度提升黏度指数，由于压力不足，在开环时非常容易打断环烷烃和芳香烃上的长侧链，形成润滑油综合收率下降、轻油收率上升的状况。所以，此种工艺有一定的应用局限性，可以比喻为适应性工艺。也就是讲在原油资源合适，产品要求不苛刻情况下可以应用。否则，效果不好。

近年来，在国内利用环烷基原油生产优质低凝基础油，也采用了三段全加氢工艺，但是这种工艺的目标产品不是生产高黏度指数的基础油，主要产品对象是工业白油、橡胶填充油和低凝油品。

（三）各类基础油产品结构特点

由于原料不同，要求的产品质量与结构不同，形成多种生产装置的匹配，构成不同的生产工艺，每一种工艺都有各自的特性。经过长期统计分析，得到各类基础油生产特点关系（见表1-12）。

表1-12　各类基础油生产特点

产品结构	API分类		
	Ⅰ类油/%	Ⅱ类油/%	Ⅲ类油/%
轻　质	38	55	80
中　质	13	25	20
重　质	33	20	无
光亮油	16	无	无

生产Ⅰ类润滑油产品结构以轻、重为主，中质润滑油产量较少。主要是两个原因：一是各种原油的减压蜡油的黏度指数分布呈马鞍型分布，即生产轻、重组分的减二线和减四线黏度指数高，而生产中质基础油的减三线黏度指数最低。再者，集中在轻组分中的石蜡熔点低，市场需求高，从油蜡并举的生产关系上讲，为了生产石蜡安排减二线油最多，为了生产基础油安排减四线油品最多，而减三线尽量少安排生产，长期形成了如此的产品结构。而且，对于矿物Ⅰ类油产品调合的经验是轻、重油品调合生产合格基础油，调合轻质油品非常需要黏度500N产品和光亮油150BS产品。光亮油是从减压渣油中用丙烷萃取抽提出轻脱沥青油，经溶剂精制、溶剂脱蜡和补充精制生产出来的，一般100℃黏度为30mm^2/s左右，黏度指数(VI)在90以上。

生产Ⅱ类油，按照美国石油学会API标准其黏度指数在90≤VI<120，饱和烃含量≥90，硫含量<0.03%，这种质量要求通过溶剂精制和普通加氢精制是得不到的，从黏度指数上看低限值只是90以上，但此时饱和烃含量不可能达到90%以上。为了达到饱和烃含量≥90%，需要采用加氢改质工艺或加氢裂化工艺经脱蜡后得到。

美国石油学会API标准要求的Ⅲ类基础油，其黏度指数VI≥120，饱和烃含量≥90，硫含量<0.03%，这种油品更需要高压加氢裂化，加氢脱蜡和使用高压加氢后精制的组合才能

实现。

国际上把生产 APIⅡ类、Ⅲ类油的加氢工艺称为非常规润滑油生产工艺。在高压加氢生产工艺中必须提高原料的转化率才能得到优质基础油产品，自然在产品结构上不适合生产重质基础油产品。

从产品的黏度关系上讲：APIⅠ类油轻质基础油一般是黏度200N以下的油品，以150N为代表型油种，重质为500N以上的油品，中质是350N左右黏度级别的油品。APIⅡ类油和Ⅲ类油均是以低黏度高黏度指数油品为主，Ⅱ类油的代表型结构是以100℃黏度6mm²/s为主，4mm²/s为辅，副产2mm²/s和10mm²/s油品。Ⅲ类油的代表型结构是以100℃黏度4mm²/s为主，6mm²/s为辅，副产2mm²/s和8mm²/s油品，一般不安排生产重质基础油和光亮油。

（四）各类基础油产品对原料的选择

1. 矿物Ⅰ类油的原料选择

润滑油生产是脱除杂质(含S化合物，含N、O化合物)，脱除非理想润滑油组分(即正构烷烃、胶质、沥青质、稠环芳烃、多环芳烃等)。需要保持高含量的异构烷烃、带有长支链烷基侧链单环环烷烃 、带有长支链烷基侧链单环芳烃；为了保持高黏度并且抗氧化安定性好就需要保持较高的少环环烷烃 ；对于三环至五环芳烃，如果采用溶剂精制，其将成为非理想润滑油组分被除去。但是如果采用加氢精制，在加氢条件下实现芳烃饱和与杂质脱除等，三环至五环芳烃将转化为理想润滑油组分。

如此分析可以看出，低硫石蜡基原油具有低硫、饱和烃含量高、芳烃含量低的特点。如果在饱和烃组分中含有较大量异构烷烃和带有长支链烷基侧链单、双环环烷烃，利用溶剂脱蜡方法脱除蜡组分保持理想凝固点，利用溶剂精制去除非理想润滑油组分，即可得到优质润滑油。即原油中蜡油饱和烃含量高，脱蜡和精制后能够得到适宜黏度、高黏度指数基础油的原油就是“溶剂精制老三套”工艺所需的资源。如果饱和烃含量不高，但是芳烃组分中含有长支链烷基侧链，特别是三环至五环含量高的含硫中间基原油，利用加氢精制与溶剂脱蜡、后补充精制装置结合的“加氢精制型老三套”工艺也能生产优质矿物Ⅰ类油。

世界上各个油田所产出原油的性质千差万别，由碳和氢化合形成的烃类构成石油的主要组成部分，占95%~99%，在不同产地的石油中，各种烃类的结构和所占比例相差很大，但主要属于烷烃、环烷烃、芳香烃三类。通常以烷烃为主的石油称为石蜡基石油；以环烷烃、芳香烃为主的石油称环烃基石油；介于两者之间的石油称中间基石油。我国主要原油的特点是含蜡较多，凝固点高，硫含量低，镍、氮含量中等，钒含量极少。多年来，生产矿物Ⅰ类油最好的原油是大庆原油，大庆原油的主要特点是含蜡量高、凝点高、硫含量低，属低硫石蜡基原油。但是，这种优质资源也越来越少，特别是我国东部和南部企业，已经无法获得这种优质资源，而为了筛选使用“老三套”工艺的原油资源，某企业做了大量工作，支持了我国润滑油行业的发展。

对于不同原油品种的VGO，呈现不同黏度指数VI分布见图1-4，主要是族组成不同：尼罗油最好，其饱和烃92.7%、芳香烃6.4%，其次是阿曼油饱和烃70.69%、芳香烃26.72%。参考大庆原油饱和烃78.7%，芳香烃20.4%。这些原油基本都有减三线VI低的特点。如何获得好的蜡油资源，需要做详细的原油资源分析工作，不是任何原油都能生产基础油，适宜生产优质基础油的原油资源比较少。

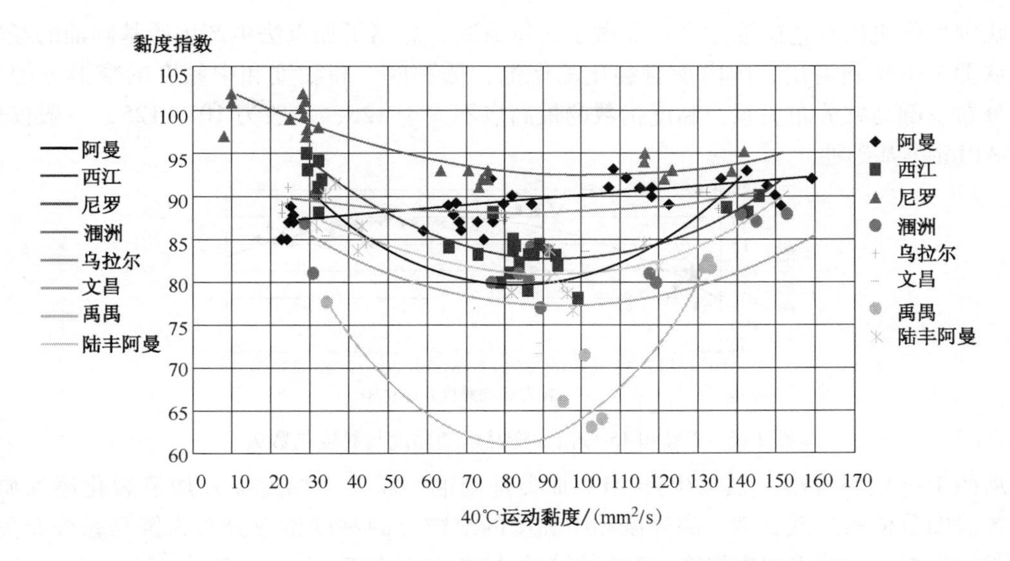

图 1-4 主要原油品种基础油 40℃运动黏度与黏度指数关系

2. 矿物Ⅱ类、Ⅲ类油的原料选择

蜡油经过加氢处理、改质或裂化后，族组成变化很大，加氢后油品的族组成对产品质量影响巨大，并呈现规律性分布关系。

我国科研机构曾做过大量研究，得到的规律是不饱和烃越低，饱和烃含量越高。而芳烃饱和主要形成饱和的环烷烃，开环后链烷烃大幅度增加。黏度指数随链烷烃增加而增加；芳香烃减少黏度指数提高；而环烷烃呈现特殊性，在黏度指数 100 以下，环烷烃增加黏度指数增加，但是到 100 以后黏度指数提高已经不再有环烷烃的贡献，主要是链烷烃的增长引起黏度指数提高。也就是说黏度指数达到 100 以后，环烷烃开始大量开环，故含量降低，而链烷烃含量增长。种种规律的揭示，对于把控加氢条件、优化操作条件、优化原料结构、生产更高质量的基础油产品非常有利。

优质润滑油结构特点是饱和烃含量高，利用加氢手段将芳烃饱和，使环烷烃裂解开环，最大程度选择异构烷烃和带有长支链烷基侧链单环烃，将硫氮含量控制到很低，即可得到 APIⅡ类与Ⅲ类基础油。故此，利用加氢方法生产 APIⅡ类与Ⅲ类基础油，必然产生较多的化学反应，国际上将这种加工方式称为非常规润滑油生产过程。

蜡油加氢后的族组成关系见图 1-5。

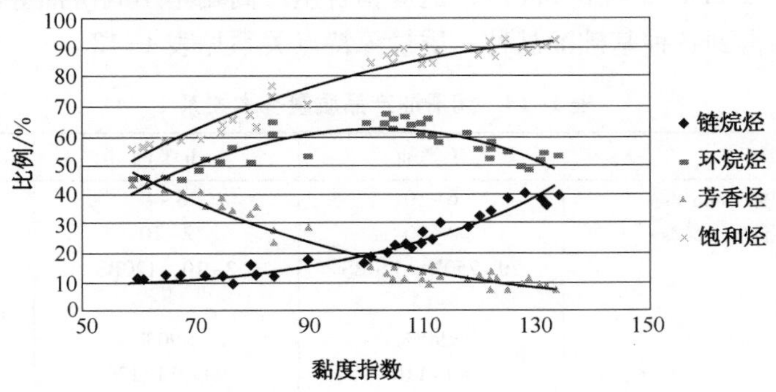

图 1-5 族组成与黏度指数关系

我国科研机构和基础油生产企业做了大量研究，总结了加氢法生产优质基础油的经验。

从图 1-6 资料看出，国内加氢裂化的尾油，低黏度、高黏度和中黏度的窄馏分的黏度指数分布呈倒马鞍分布关系，黏度指数的最高点不大于 125，一般为 105～125，一般仅适合生产 API Ⅱ类基础油。

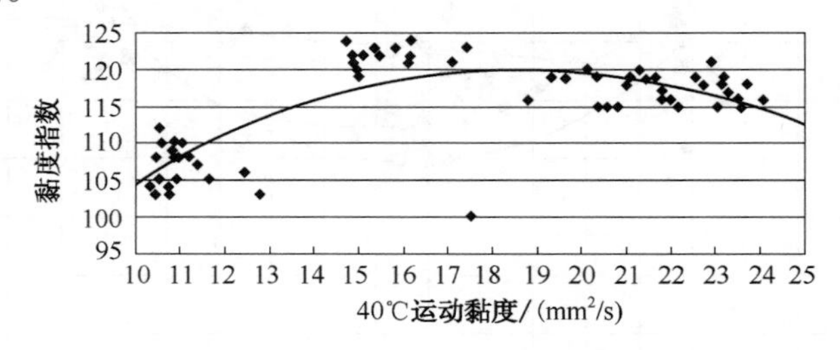

图 1-6　7 号和 15 号白油产品运动黏度与黏度指数关系

从图 1-7 资料看出，如果生产 API Ⅲ类基础油，需要大幅度提升加氢裂化尾油质量，虽然各段馏分依然是低黏度、高黏度和中黏度的窄馏分的黏度指数分布为倒马鞍分布关系，但是黏度指数平均值大幅度提高，黏度指数的最高点不大于 145，一般为 125～140，这种尾油资源适合生产 API Ⅲ类基础油。

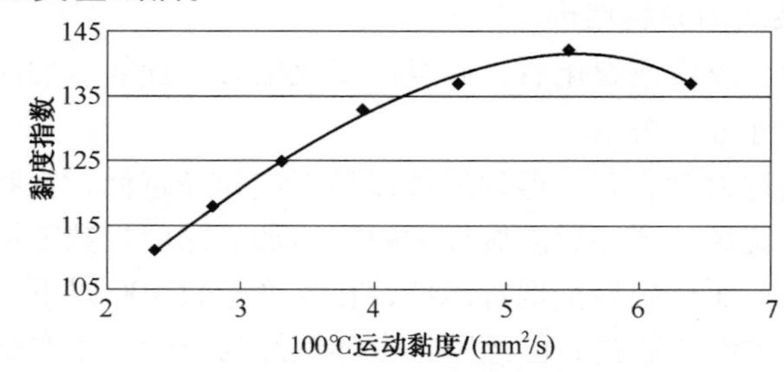

图 1-7　裂化尾油运动黏度与黏度指数关系

3. 润滑油产品质量基本关系

从实际生产产品的统计关系上分析：矿物Ⅰ类油是全馏分生产的基础油，黏度等级极为宽泛，40℃黏度计产品范围在 75 ～650N；适应调合生产车用润滑油、工业润滑油和工艺润滑油等。矿物Ⅱ类油和Ⅲ类油是优质基础油，黏度等级比较窄，100℃黏度计，Ⅱ类油产品范围是以 6mm²/s 为主，4mm²/s 为辅，副产 2 mm²/s 与 10mm²/s；适应调合生产车用润滑油、高档工业润滑油和工艺润滑油等。在Ⅲ类油生产中，产品范围是以 4mm²/s 为主，6mm²/s为辅，副产 2 mm²/s 与 8 mm²/s；适应调合生产高端车用润滑油等。

根据经验总结得到各种基础油品种、质量等特点关系见表 1-13。

表 1-13　润滑油产品质量基本关系

主要指标	Ⅰ类油	Ⅱ类油	Ⅲ类油
主产品，100℃黏度范围/(mm²/s)	6～10	6～4	4～6
副产品，100℃黏度范围/(mm²/s)	2～30	2～10	2～8
产品系列	70～750N，150BS	2～10，120BS	2～8
低倾点/℃	−12	−15	−18
饱和烃含量/%	<90%	>90%	>99.5%
高黏度指数 VI	80～110	90≤VI<120	VI≥120
低挥发度/%	20	12	8
高抗氧化安定性/min	350	400	500

二、基础油生产工艺框图

生产基础油三个基本功能单元见图 1-8。

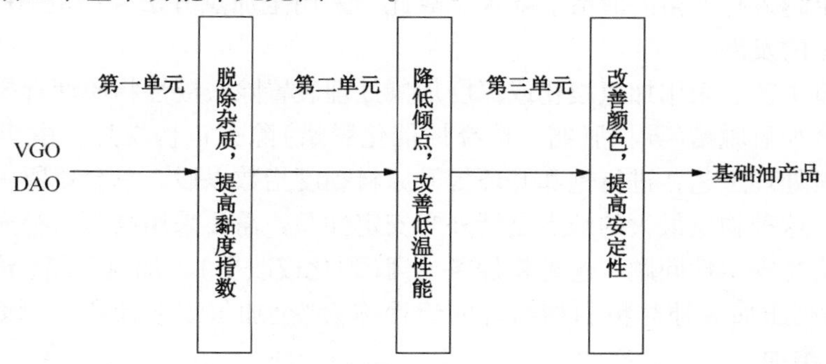

图 1-8　生产基础油三个基本功能单元

(一) 常规基础油生产工艺

(1) 正序流程。将溶剂精制、溶剂脱蜡和后补充精制的工序依次排序构成正序加工流程（见图 1-9）。主要目的是：在不考虑利用溶剂精制的抽余油做黑色橡胶填充油的时候，可以将投资较高的溶剂脱蜡放在溶剂精制之后，有利于降低规模，节约投资。

(2) 反序流程。如果考虑利用溶剂精制的抽余油做黑色橡胶填充油，为了避免抽余油中蜡含量高影响橡胶的质量和使用效果，则将投资较高的溶剂脱蜡放在溶剂精制之前，有利于降低抽余油中蜡含量，得到产品的综合利用和高附加值产品，这种流程俗称反序流程（见图 1-9）。

(3) 环烷基油流程。由于环烷基原料具有低温性能，原料中本身蜡含量很低，就省略了溶剂脱蜡装置，只需溶剂精制和后补充精制组合，这种工艺适合加工低凝环烷基原油生产低凝润滑油，加工流程见图 1-9。

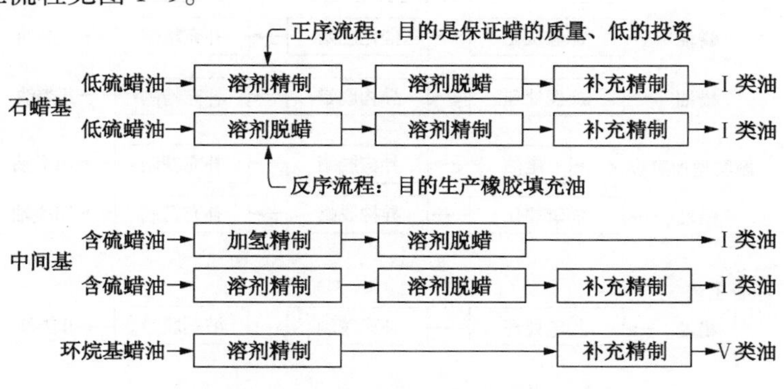

图 1-9　常规工艺各种加工流程框架

本书仅介绍了利用石蜡基原油生产矿物 I 类油的正序和反序两种加工流程。利用环烷基原油生产低凝润滑油工艺没有陈述。

(二) 加氢工艺

为了适应节能、环保和经济性要求，控制汽车尾气排放中硫、氯、磷含量成为普遍关注的问题，要求基础油质量提高成为重点。成品润滑油从单级油向多级油在转变，低磷、低硫、长换油期、低黏度的油品成为未来的发展方向。

现代发动机对润滑油的要求不断提高：基础油要高黏度指数、低挥发性、低的低温动力黏度、低硫、高安定性成为必然。而且，规格指标要求越来越严格（见表1-3）。

采用常规方法生产的Ⅰ类基础油，由于是物理脱除，对组成改变较少，杂质脱除有限，所以，无法满足越来越严格的润滑油要求。故此，采用全加氢方法生产的API分类的Ⅱ类、Ⅲ类油得到长足的发展。

（1）全加氢工艺：采用加氢裂化或深度加氢处理装置除去极性物质沥青质、胶质、稠环芳烃等，再配合加氢脱蜡（异构脱蜡、选择性催化脱蜡）除去正构烷烃，由于选择加氢裂化工艺或深度加氢处理工艺，进行饱和开环提升原料黏度指数以后，总会残留一部分饱和不完全的芳烃物质，这种物质最大的缺点是紫外光安定性差，需要采用高压后补充精制来饱和最后的芳烃，解决光安定性问题。这种将加氢处理（裂化或改质）、加氢脱蜡（异构脱蜡、选择性催化脱蜡）与高压加氢补充精制相结合的流程称为“全加氢工艺流程”，该流程用来生产APIⅡ类油和Ⅲ类油。

蜡油生产润滑油全加氢组合加工流程和利用加氢裂化尾油生产润滑油全加氢加工流程见图1-10。

（2）润滑油组合工艺。由于润滑油原料的改质要求和提高油品经济性要求，早在20世纪80年代左右，就出现了加氢处理（裂化或改质）装置与溶剂脱蜡装置的组合工艺，通常将该工艺称为混合加氢工艺（见图1-10）。

（3）环烷基油改质流程。目前，润滑油环保性能要求不断提高，以及润滑油黏温性能提高，为了扩大基础油应用领域的需要，原生产低凝润滑油的简单加工流程也考虑了原料改性预处理，增加加氢改质或深度加氢精制等处理手段。甚至放弃溶剂精制工艺，使用全加氢流程生产低凝油品和工业白油等产品（见图1-10）。

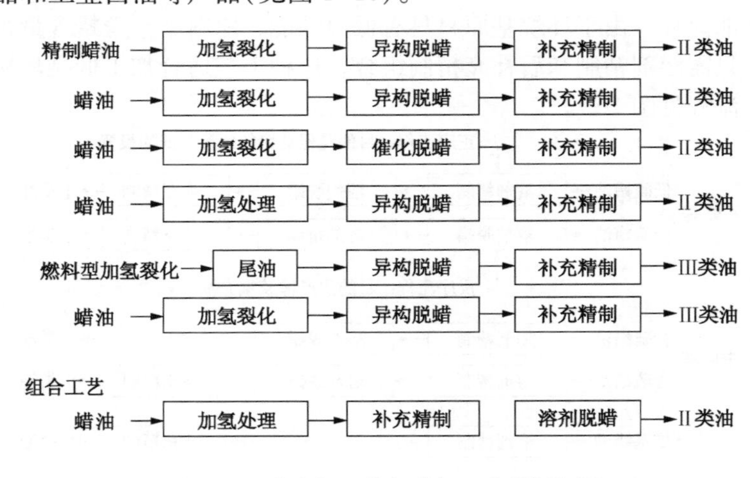

图1-10　非常规工艺各种加工流程框架图

从反应机理上讲，加氢处理催化剂一般采用无定形硅铝而不加入分子筛酸性组分，采用的是芳烃饱和开环的技术路线，其转化率较加氢裂化偏低，黏度指数提升值也偏低，适合加工重质原料生产高黏度和略高黏度指数的APIⅡ类基础油。这种生产工艺改质效果偏差，基础油中蜡含量偏高，可以采用溶剂脱蜡装置除去蜡得到合格Ⅱ类油产品。

在我国单级油市场体系向多级油市场体系过度时期，由于APIⅠ类油高黏度基础油加工成本高，资源紧张，市场急缺500SN和150BS油品的市场环境中，能提供高黏度和略高黏度指数的APIⅡ类基础油的“润滑油混合加氢工艺”有一定的生命力和发展空间。

Ⅰ类基础油和Ⅱ类、Ⅲ类基础油的主要区别：Ⅰ类油是高黏度、中低黏度指数的油品，蒸发损失、抗氧化安定性、低温黏度都不如加氢Ⅱ类、Ⅲ类油。加氢Ⅱ类、Ⅲ类油适合生产节能并环保的低黏度、高黏度指数的油品。

（三）加工基本关系

（1）Ⅰ类油生产。为了提供良好的基础油原料，采用了原油蒸馏工艺，制取适合生产优质Ⅰ类油的减压蜡油（即VGO馏分），减压生产过程一般要求高真空、低炉温、窄馏分和浅颜色；为了生产黏度较高的基础油，需要从减压渣油中提取馏分油组分，即需要采用丙烷脱沥青装置生产轻脱沥青油，进而生产光亮油。

采用的工艺一般为：石蜡基蜡油的溶剂精制与溶剂脱蜡结合的正序流程和反序流程；中间基蜡油的加氢深精制与溶剂脱蜡结合的正序或反序流程。

生产优质矿物Ⅰ类油主要依靠初始原料质量，最好选择苯胺点高的VGO原料。

常规基础油的生产基本要求：主要是原料溶剂精制和加氢精制，如果采用溶剂精制，原料硫含量必须是低硫组分；如果采用加氢精制，原料硫含量可以是低硫组分；两种精制工艺对原料都保持在精制的程度，而不是改质，特征是没有原料的黏度指数提升关系。产品质量，硫含量>0.03%，一般低硫石蜡基原油生产的基础油硫含量在0.04%左右；含硫中间基原油生产的基础油硫含量一般在0.5%左右，饱和烃含量<90%，黏度指数80~120。

初始原料的条件：溶剂脱蜡的黏度指数VI一般损失15个单位左右。

（2）Ⅱ类、Ⅲ类油生产。对于生产APIⅡ类、Ⅲ类基础油在原料选择上也有很多要求，一般生产APIⅡ类油最好采用的初始原料是中间基原油，石蜡基原油一般存在产品低温性不好、氧化安定性偏差、收率偏低问题。生产高品质的APIⅢ类基础油则选择燃料型加氢裂化尾油最好。

采用的工艺一般为：生产APIⅡ类低黏度且高黏度指数基础油，选择全加氢组合工艺适宜；生产APIⅡ类高黏度和偏高黏度指数的基础油，也可以选择混合加氢技术（加氢与溶剂脱蜡结合）。

原料要求：可以是蜡油，也可以是加氢裂化尾油。一般燃料型加氢裂化尾油直接加氢脱蜡可以生产APIⅡ类油；如果生产API Ⅲ类基础油，需要采用尾油原料（BMCI值低于5），族组成中链烷烃大于70%的优质尾油。

非常规基础油的生产基本要求：主要是原料精制和改质，将硫含量降到<30mg/kg，氮含量降到<3mg/kg；产品改质，饱和烃含量Ⅱ类油达到95%，Ⅲ类油达到100%；黏度指数，Ⅱ类油80~120，Ⅲ类油120~140。

改质要求初始原料的条件：经济的VI增值小于35；异构脱蜡VI损失：轻组分损失15个单位，中重组分损失20个单位，溶剂脱蜡损失15个单位。

第五节 主要基础油生产装置

一、基础油生产

基础油生产的目的是为了得到所期望的产品性能，然后得到最大的基础油产率，主要经过三个步骤：

（1）精制脱除杂质和非润滑油组分；

（2）脱蜡降低倾点；

（3）补充精制改善稳定性和颜色。

对于非常规基础油生产，第一步是精制和改质(改质的重点是提高黏度指数)，第二步是脱蜡降低倾点，第三步是饱和残留的芳烃，提高基础油稳定性。

另外，为调整黏度、闪点和挥发度，在精制、脱蜡以及补充精制步骤的前、后或中间过程中，常采用蒸馏装置(视原料的转化深度，安排闪蒸、常压蒸馏或减压蒸馏)，这些过程的效果直接决定产品质量。

二、主要生产装置

（一）减压蒸馏装置

石油是混合物，通常是利用各组分之间的沸点差不同采用蒸馏方法将其分馏。在常压状态被加热到400℃以后，就会有部分烃类裂解，特别是其中的胶质、沥青质等组分会发生分解、缩合等化学反应，这不仅会降低产品的质量，同样会加剧设备的结焦导致生产周期缩短，所以在常压操作条件下只能获得<400℃以下的组分。对于更重的组分只能在减压和相对较低的温度下通过蒸馏获得，根据“物质的沸点随外界压力的减小而降低”的原理，一般把常压下难于蒸馏的常压重油在抽真空的条件下降低其沸点进行蒸馏，这样可以避免油品在400℃以上蒸馏结焦的问题，而把高沸点(350~500℃)馏分深拔出来，这种过程称为减压分馏。

减压蒸馏装置是提供润滑油原料的第一套生产装置，通常由减压加热炉、减压蒸馏塔、汽提塔及相关回流系统、减压塔抽真空系统等组成，其产品主要为柴油馏分、轻蜡油馏分、重蜡油馏分及减压渣油。柴油馏分经精制后，可作为柴油产品；轻重蜡油组分可作为润滑油生产装置原料，生产各类基础油；也可以作为催化裂化、加氢裂化、化工原料；减压渣油也可以通过丙烷脱沥青生产润滑油重质基础油原料。

对于润滑油型常减压蒸馏装置来说，常压重油在减压下进行蒸馏，一般控制出口温度在390℃以下，减压塔的残压一般控制在4.0kPa甚至更低，减压塔顶的产物主要是裂化气、水蒸气及少量的油气，馏分油则从侧线抽出，主要作为润滑油二次加工原料，塔底产品是沸点较高的减压渣油，渣油中含有大量的稠环芳烃、胶质和沥青质等，如果作为重质基础油原料，需要利用丙烷脱沥青生产装置生产出轻脱沥青油，然后再进行深度加工。如果生产燃料油，可作为二次加工原料进行焦化、渣油加氢或催化裂化原料加工。

更详细的内容见第二章减压蒸馏装置。

（二）丙烷脱沥青装置

这也是提供润滑油原料的装置，从原油蒸馏所得的减压渣油存在大量重质基础油组分，为了得到这些组分油，一般采用丙烷萃取的方法除去胶质和沥青质，以制取轻脱沥青油，同时也生产石油沥青，这个石油加工过程称作溶剂脱沥青过程，轻脱沥青油通过溶剂精制、溶剂脱蜡和加氢精制(或白土精制)制取高黏度润滑油基础油(也称残渣润滑油或光亮油)；重脱沥青油一般作为催化裂化和加氢裂化的原料。

溶剂脱沥青常用的溶剂有丙烷、丁烷、戊烷、已烷等。溶剂特点是轻溶剂选择性好，脱沥青油收率低，重溶剂脱沥青油收率高，但选择性差。生产光亮油需要控制残炭、胶质和沥青质，不要求它们的含量高，所以严格要求使用选择性好的溶剂制取高黏度基础油时，常用丙烷作为溶剂。如果生产催化原料需要进行深脱沥青，一般选择丁烷或戊烷作为溶剂。

更详细的内容见第三章丙烷脱沥青装置。

（三）溶剂精制装置

来自减压的蜡油（VGO）或者来自丙烷脱沥青装置的轻脱沥青油（DAO）都需要脱除杂质（S、N、O 等）和非润滑油组分（多环与稠环芳烃、胶质、沥青质等），选择的装置有溶剂精制装置和低压加氢精制装置。

我国溶剂精制主要采用的溶剂有糠醛、酚或 *N*-甲基-2-吡咯烷酮（NMP）等，除去不期望的组分如稠环和多环芳烃、胶质、沥青质等极性物质和一些杂原子，从而得到具有较高黏度指数的精制油和较高芳烃的抽余油。

更详细的内容见第四章溶剂精制装置。

（四）低压加氢精制装置

国际上，适合生产优质矿物Ⅰ类油的低硫石蜡基资源非常缺乏，在加氢精制技术成熟后，就发展了适合对基础油原料精制的低压加氢精制装置，加氢工艺是通过芳烃饱和、适度开环以除去杂质原子，以及将三环至五环的芳烃转变为基础油组分，精制水平大大提高。

由于我国一开始是使用大庆原油生产基础油，质量非常优越。在我国便发展了溶剂精制+溶剂脱蜡+加氢精制组合的工艺，而加氢精制主要用于后精制。国内在 20 世纪 90 年代前，低压加氢已经将白土精制全部取代，但是，随着基础油质量的提高，低压加氢不能进行高含氮组分的精制，带来了基础油凝固点的大量回升问题，在特定的情况下，自 1995 年以后某些基础油企业又恢复了白土精制装置。而适合于含硫中间基原油生产基础油的前加氢精制在我国没有得到发展。

更详细的内容见第七章润滑油加氢装置。

（五）溶剂脱蜡装置

在基础油最理想的组分里已经论述：正构烷烃（蜡）具有高黏度指数和高抗氧化安定性，但是由于它的高倾点，不是理想的润滑油组分。传统的润滑油加工工艺是选择溶剂脱蜡方法把蜡脱除，石蜡作为润滑油副产品。非传统的加氢工艺是利用加氢异构化或选择性催化脱蜡工艺转变为高质量的润滑油组分，或者将蜡转化转变为小分子的轻质油品。

溶剂脱蜡（SDW）传统工艺采用溶剂如甲基乙基酮（丙酮）（MEK），用结晶和过滤的方法脱除蜡达到期望的倾点。产品是脱蜡基础油（SDWO）和含油蜡。

更详细的内容见第五章溶剂脱蜡装置。

（六）白土精制装置

我国低硫石蜡基原油生产基础油蜡油中氮含量高，用低压加氢精制不解决脱除问题，在 20 世纪 90 年代初期，本来已逐渐淘汰的白土精制又开始复苏，1995 年基本都改为白土精制工艺。但是，白土精制对于 500N 以上的重组分油精制，白土使用量太大、不经济。有些企业开发了络合脱氮工艺，使精制技术有所补充。

更详细的内容见第六章白土精制装置。

（七）全加氢工艺生产装置

这种将加氢处理（裂化或改质）、加氢脱蜡（异构脱蜡、选择性催化脱蜡）与高压加氢补充精制相结合的流程称为“全加氢工艺流程”，该流程主要用来生产 APIⅡ和 APIⅢ类油。

全加氢工艺主要有四套装置：

第一套前处理装置可以是加氢处理装置、加氢改质装置和加氢裂化装置，主要是脱除杂质，提高黏度指数。视催化剂体系不同、转换率不同，反应机理不同有前面的几种称谓，主要特点基本都是高压状态 16MPa 以上。

第二套装置是蒸馏装置，主要根据油品转化率的高低进行工艺选择，可以是闪蒸工艺、常减压工艺、减压工艺等。

第三套装置是加氢脱蜡装置，主要有加氢异构化工艺和选择性催化脱蜡工艺。对于环烷基油改质的全加氢工艺，由于这种工艺是以生产优质低凝油为主，本身蜡含量很低，所以就选择了非贵金属临氢降凝工艺。

第四套装置高压后补充精制装置，在全加氢工艺中的后补充精制与常规工艺的后补充精制不同，主要是目的性和方法都不一样。前者是饱和残留芳烃解决光安定性问题；后者主要解决增加安定性和脱除颜色。所以，全加氢工艺中的后补充精制是临氢高压条件，或者使用贵金属催化剂完成精制任务。常规基础油生产工艺的后补充精制是选择白土精制或低压加氢精制完成精制任务。

更详细的内容见第七章全加氢工艺装置。

全加氢工艺在符合基础油需求发展趋势方面的优势主要体现在以下方面：

（1）保证产品质量的同时，原料具有灵活性。全加氢工艺方案可以利用加氢裂化也可以利用加氢处理来改进基础油的黏度指数和除去杂质。由于亚太地区的原油资源缺乏，因此当原油不得已而改变时，为保证基础油质量稳定的要求，该工艺存在适应不同原油的灵活性。

（2）产品方案具有好的灵活性。全加氢组合工艺能够生产各种级别的基础油。当产品规格要求变化时，可以通过调整分馏系统和加氢组合工艺之间的操作条件，以保证最大的产品灵活性。

（3）优质的产品质量。利用全加氢工艺生产的基础油具备较好的抗氧稳定性、热稳定性和低温流动性。加氢裂化/加氢处理、异构脱蜡和加氢精制的工艺条件可以大大降低原料中的芳烃含量，从而使抗氧稳定性和热稳定性得以极大改善。

（4）好的产品灵活性。利用加氢裂化/加氢精制和异构脱蜡可以生产常规基础油（CBO）及非传统基础油（UCBO）产品，或者是其中的一种，使生产者具备最大的市场灵活性。

（5）好的燃料油和润滑油平衡性。所有的全加氢工艺都可以生产高质量的副产物——工业白油；也可以利用燃料型加氢裂化生产优质尾油，以保证炼厂对燃料油和润滑油的共同需求。有些企业中，加氢裂化装置最初都是按燃料油设计的，其后可以由燃料油模式转换成适应润滑油基础油的生产。

我国润滑油的发展急需尽快提高质量，而且市场对产品质量的要求也在不断提高，必然会使一些使用老技术的厂家竞争力逐渐降低。要想提高企业产品的竞争能力，就需要采用新技术、发展新工艺。

第六节　基础油发展趋势

一、影响基础油需求变化的主要因素

（1）环保要求的提高、节能意识的增强、经济的快速增长、人们生活水平的提高，以及高性能发动机油的发展，都将增加对较好性能产品的需求。

（2）高性能的发动机要求改进燃料油的经济性、降低排放物量、较好的耐久性以及加长

排放的间歇时间。在比较恶劣驱动条件下启动机器将要求基础油具有较低的挥发性、较高的抗氧化性、热稳定性、低温流动性和剪切安定性。多级发动机油需求的增加将冲击发动机油市场，润滑油市场结构也将逐步由以单级油为主的市场结构转到以多级油为主的结构，即基础油由重质、高黏度等级转移到轻质、低黏度等级。

(3) 目前，从供给方面来说，中国基础油已经多年出现供不应求的局面。对于矿物Ⅰ类油，高黏度、高黏度指数调内燃机油的重质馏分油市场上还比较缺乏(如500SN以上和150BS等)。

(4) 对于工业用油，仍然主要采用中质和重质等级基础油，这部分油品的市场空间很大。

(5) 在未来的10年里，中国基础油生产厂主要存在3个方面建设关系：①由于我国稠油开发，有许多环烷基原油资源待开发利用，主要生产低凝油品和橡胶填充油等；②已存在的基础油企业进行基础油升级改造时，由于存在资源矛盾问题，有些企业将原低硫油加工工艺改造成含硫油加工工艺，原Ⅰ类油生产装置改造成Ⅱ类、Ⅲ类油生产装置；③有些地方企业购置燃料型加氢裂化尾油生产Ⅱ类基础油。不同等级基础油生产和质量的灵活性是依靠加工路线来保障的，润滑油企业须结合市场需求合理调整润滑油装置结构。

二、基础油发展趋势

润滑油是技术含量较高的石油产品，随着技术进步和油品质量升级必将抑制数量的无序增长。

世界和中国基础油生产体系都存在两个比较大的变化，即基础油生产比例结构有明显变化，即Ⅰ类油比例在下降，Ⅱ类油和Ⅲ类油比例在增加；合成润滑油中GTL油明显增加。有专家认为中国煤基费托合成油的相继投产将严重影响石蜡和润滑油市场。

我国基础油生产和市场的发展：

(1) 我国润滑油升级换代存在很大困难，推动起来难度很大。必须加快汽油机油的升级换代步伐，大力发展多级油和通用油。

(2) 要加强节约用油意识的宣传，使消费者掌握正确的用油方法，落实节油措施。汽车行业及相关用油行业和润滑油生产行业应成立协会加强联系，沟通信息以提高润滑油的生产和应用水平。

(3) 加强行业管理和技术进步。改善基础油结构，增加HVI基础油比例、降低MVI基础油比例。发展润滑油添加剂工业，扩大优质润滑油比例。

(4) 严格控制润滑油基础油的无序供应，加强润滑油调合企业的质量认证和质量监督。杜绝和制止假冒伪劣产品的生产和销售。

(5) 当前，市场弊病主要体现在产品品位低，消费者缺乏合理用油意识，不能合理换油，油品浪费较大。应加快润滑油质量升级速度，降低消耗量，以质量的发展来抑制需求的增加。

第二章 减压蒸馏装置

第一节 概 述

一、减压蒸馏作用

目前，使用最多的基础油一般是以石油馏分为原料生产的，通称为矿油Ⅰ类基础油(也称为常规基础油)。生产基础油的原油既经选定，可利用原油中各种组分之间存在着沸点差这一特性，通过常减压蒸馏装置从原油中分离出各种基础油馏分。

常减压蒸馏装置可分为初蒸馏部分、常压部分及减压部分。经常压塔蒸馏、蒸出沸点在400℃以下的馏分，常压蒸馏只能取得低黏度的润滑油(如变压器油、纺织用油等)。由于原油在常压状态下被加热到400℃以后，就会有部分烃类裂解，特别是其中的胶质、沥青质等组分发生分解、缩合等化学反应，这不仅会降低产品的质量，同样会加剧设备的结焦导致生产周期缩短，所以在常压操作条件下不能获得这些馏分，而只能在减压和相对较低的温度下通过蒸馏获得。根据“物质的沸点随外界压力的减小而降低”的原理，一般把常压下难于蒸馏的常压重油在抽真空的条件下降低其沸点进行蒸馏，这样可以避免油品在400℃以上蒸馏结焦的问题，而把高沸点(350~500℃)馏分深拔出来。

这种利用减压蒸馏来分馏高沸点(350~500℃)、高黏度的馏分的生产装置一般称减压蒸馏装置(真空蒸馏)，它是在接近真空(残压1~8kPa)状态下进行蒸馏的过程。减压蒸馏是基础油生产的第一道工序，是生产馏分型润滑油的生产装置。还有一些更重质润滑油料(光亮油原料)在减压塔中也难以蒸出，馏分残留在减压渣油中，这部分油料需要去掉其中含有的稠环芳烃、胶质和沥青质才能进一步加工。一般需要利用溶剂萃取的方式得到重质基础油原料，通常采用丙烷脱沥青的生产方式来完成。

根据工艺需要，润滑油型减压蒸馏装置显示出许多特性，与燃料型减压蒸馏有明显差异，主要体现在塔的结构、塔径、侧线数目、理论塔盘数、操作条件等方面，一般把能够生产合格润滑油馏分油的减压蒸馏塔定义为润滑油型减压蒸馏系统。

对于润滑油型常减压蒸馏装置来说，常压重油在减压下进行蒸馏，一般控制出口温度在390℃以下，减压塔的残压一般控制在4.0kPa甚至更低，减压塔顶的产物主要是裂化气、水蒸气及少量的油气，馏分油则从侧线抽出，主要作为润滑油二次加工原料，塔底产品是沸点较高的减压渣油，渣油中含有大量的稠环芳烃、胶质和沥青质等，如果作为重质基础油原料，需要利用丙烷脱沥青生产装置生产出轻脱沥青油，然后再进行深度加工。如果生产燃料油，可作为二次加工原料进行焦化、渣油加氢或催化裂化原料加工。

二、减压蒸馏现状与发展

(一)减压蒸馏的特点及流程

减压蒸馏的目的是把原油中的蜡油分离出来，作为二次加工装置的原料。其基本原理是根据馏分的沸点随压力变化这一特点，降低蒸馏过程的操作压力，使原油中在常压条件下不能产生汽化的组分(主要是蜡油组分)得以汽化并在减压蒸馏塔内进行分离。减压蒸馏装置通常由减压加热炉、减压蒸馏塔、汽提塔及相关回流系统、减压塔抽真空系统等组成，其产品主要为柴油馏分、轻蜡油馏分、重蜡油馏分及减压渣油。柴油馏分经精制后，可作为柴油产品；轻重蜡油组分可作为润滑油生产装置原料、生产各类基础油；也可以作为催化裂化、加氢裂化、化工原料；减压渣油也可以通过丙烷脱沥青生产重质基础油原料；但是，主要作为重油加工装置原料，进行深加工处理或作为工业及民用燃料油；有些特定原油的减压渣油还可以作为道路沥青等产品。

根据原油性质、产品方案和生产关系不同，减压蒸馏主要分为燃料型减压蒸馏工艺和润滑油型减压蒸馏工艺两大类。本书为润滑油技术图书，主要侧重于对后者进行讨论，其典型工艺流程见图 2-1。以生产润滑油料为主的减压蒸馏装置称为润滑油型减压蒸馏，其操作特点是高真空、低炉温、窄馏分、浅颜色。

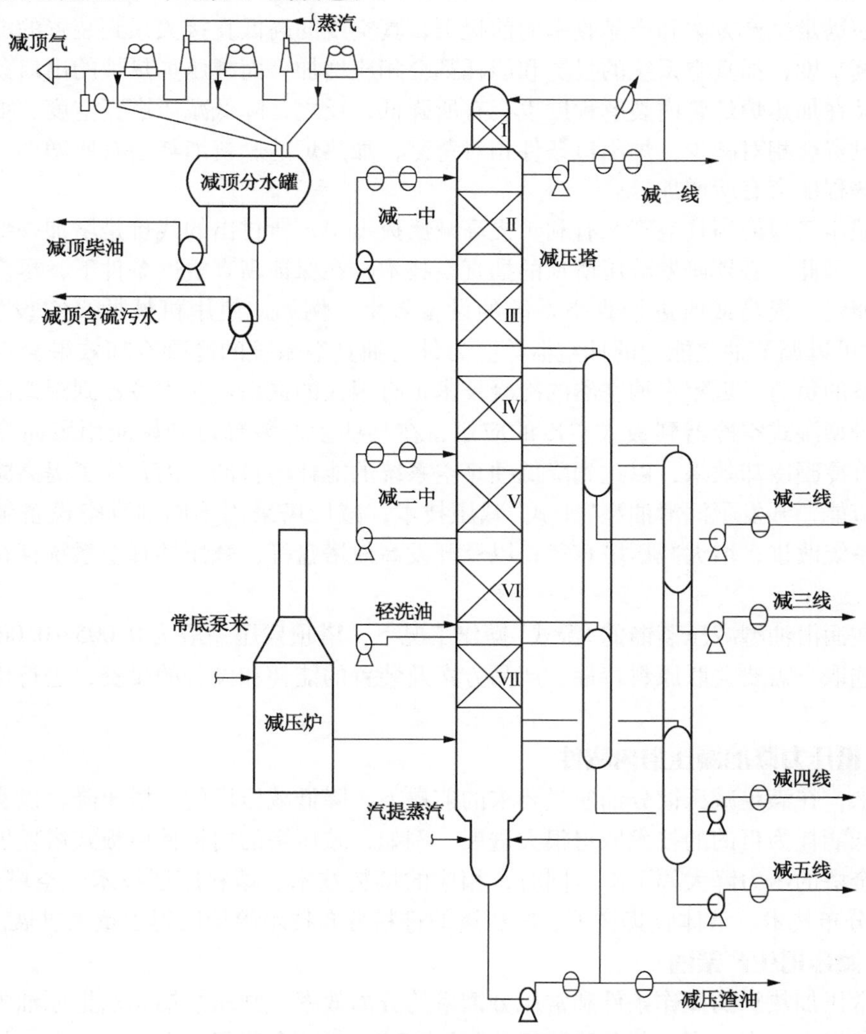

图 2-1　典型润滑油型减压蒸馏工艺流程

（二）减压塔顶真空度及抽真空系统

为了把蜡油组分从常压渣油中分离出来，减压蒸馏操作必须在高真空度下进行。实现塔内真空，需要减压塔顶采用抽真空设备，使塔顶的压力降到几千帕。抽真空设备的作用是将塔内产生的不凝气（主要是裂解气和漏入的空气）和吹入的水蒸气连续地抽走，以保证减压塔的真空度要求。减压塔的抽真空常用设备是蒸汽喷射器（也称蒸汽吸射泵）或机械真空泵等，一般采用串级来达到高真空要求。

减压蒸馏塔顶抽真空系统包括：

（1）蒸汽喷射器（也称蒸汽吸射泵）或机械真空泵：提供抽真空动力；

（2）冷凝器：将可凝气体冷凝下来，减少下一级抽空器的工作负荷；

（3）气液分液罐：是提供气、液分离的场所，即抽空器只抽走气体，达到抽真空的目的。

减压蒸馏效果的好坏，一方面要求减压塔顶高真空度，另一方面也要求减压塔的全塔压力降低。在满足生产方案和产品收率的前提下，真空度的高低直接关系到装置的能耗。提高减压塔顶真空度，抽真空系统的投资和能耗都会相应增加，而减压加热炉的出口条件会相对缓和，油品在加热炉炉管内裂解程度也会有所降低；反之，降低减压塔真空度，抽真空系统的能耗和投资会相对减少，炉出口条件相对苛刻，加热炉的燃料消耗会有所增加，油品在炉管内的裂解程度会有所增加。

获得减压塔顶的高真空度，有利于提高减压拔出率，所付出的代价是增加一部分动力消耗和投资。因此，必须研发减压塔顶的抽真空技术，在保证高真空度条件下，尽量降低抽真空系统的能耗，提高或改进抽真空系统的设备效率。例如，使用机械抽真空设备（液环泵等），开发可以调节抽空能力的抽空器等。另外，抽真空系统的冷凝冷却效果会直接影响到抽真空设备的负荷，近年来抽空器的冷凝技术也有很大的提高。从水冷器到湿式冷却器的应用；从改进型湿式空冷器到板式空冷的应用；在某些生产装置也开始应用表面冷凝水冷却器，来改善冷凝冷却效果，以达到降低抽真空系统的能耗的目的。而且为了提高减压塔顶的真空度和节能，开发了润滑油型“干式”减压技术；减压塔采用不同抽真空设备组合；以及冷凝冷却系统改进；增大减压塔直径；以及开发高效塔盘等，减压抽真空系统存在优化设计问题。

通常在润滑油型减压蒸馏的“湿式”操作工况下，塔顶残压一般为0.005~0.008MPa。具体数据的选取，需要关联原料特性、产品方案及装置的能耗和设备的投资，进行优化后最终选择。

（三）低压力降的减压塔内构件

多年来，在满足减压馏分油质量要求的前提下，降低减压塔的全塔压降，以实现提高拔出率、降低能耗为目的的技术取得很大进展。例如，减压塔的内构件由板式塔发展成为全填料塔，使全塔的压力降大幅下降。同时，相应的填料技术、填料床层技术、空塔传热技术、液（气）体分布技术、液体收集技术、减压塔的进料分布技术等均取得了重大进展。

（四）减压塔生产柴油

限于常压加热炉的操作条件和常压分馏塔的分离效率，常压蒸馏无法把原油中的柴油组分全部分离出来，有相当一部分柴油组分（约占3%~5%）会残留在常压重油中。如不加以分离，这部分柴油组分将会随着蜡油一起进到下游加工装置。一方面增加了下游加工装置的生产负担和能耗，另一方面也会损失一部分优质直馏柴油组分。因此，通过在减一抽出线的集油箱下增设精馏段，提高减一线与减二线的分离精度，可在减一线获得质量较好的直馏柴油组分，这一技术措施已经被广泛应用于减压装置。

（五）生产基础油原料

基础油原料的生产是减压蒸馏装置的重要生产任务之一，尤其在生产基础油的石油加工企业，减压蒸馏装置主要为下游基础油加工装置提供合格的基础油原料。

基础油原料的质量要求较高，根据生产润滑油牌号的不同，对基础油料的要求也不同，主要为：黏度、馏程（ASTM2%～97%）、比色和残炭。这几项主要质量指标的要求决定了润滑油型减压蒸馏的特点。

（1）高真空。为了保证润滑油基础原料收率和防止原料在高温下裂解，减压塔必须形成合理的高真空，全塔保持较低压力降。

（2）低炉温。低炉温减少了油品在减压炉管内裂解和缩合程度，可以有效降低减压蜡油的比色和残炭，常规设计的润滑油型减压加热炉出口温度一般不高于390℃。

（3）高分离精度。生产基础油原料的减压塔，通常需要同时生产两种以上牌号的基础油原料，减二线、减三线、减四线甚至减五线同时都要生产基础油料，所以严格的分离才能满足产品质量的要求。因而减压塔的设计需要在满足低压力降的同时，必须保证足够的理论塔板数，以满足产品分离的需要。减压塔内除设有换热段以外，还设有多个分馏段，使减压塔内填料段数较多、内部结构更为复杂。另外，润滑油型减压蒸馏塔还要设有减压汽提塔，以进一步降低基础油原料的馏程、保证各项指标等符合下游基础油生产装置的需求。

（4）良好的洗涤效果。润滑油型减压塔的洗涤效果是保证重质基础油原料质量的重要手段，良好的洗涤效果和分离功能是降低重质润滑油料比色和残炭的重要措施。因此，需要设置必要的中段回流设施。

（六）减压蒸馏技术的发展趋势

（1）减压加热炉。大型化现代减压炉技术已经得到广泛应用。多辐射的立式炉和圆筒炉结构，炉管多点注汽；更加关注炉管内的流动状态对传热的影响，将定性的加热炉传热分析计算软件进行定量计算；复杂的加热炉炉管分布结构使得在完成加热任务的同时，获得更低的油品极端受热温度和更大的操作灵活性。新型的空气预热器的应用，使加热炉的排烟温度更低，达到或接近120℃，使加热炉的热效率明显提高。

（2）减压转油线。对减压转油线的认识，经历了由高速转油线到低速转油线之后，目前又趋向于使用高速转油线。这源于对减压加热炉的研究和对转油线的认识。决定炉管内油品受热的极端最高温度不但取决于加热炉的出口温度、炉管表面热强度、火嘴布置和炉管外表面的受热状态与均匀程度，也取决于炉管内油品的流动状态，而炉管内油品的流动状态取决于加热炉出口条件和气化率。因此，降低转油线的压力降并不能作为减压转油线设计的目标。装置的大型化使得低速转油线需要具有更大的管道直径，经济上和工程上也已经显示出许多负面因素。因此，高速转油线及相关部件或设备（减压塔进料分布器和加热炉等）成为目前大型化常减压蒸馏装置技术发展的关键。

（3）减压蒸馏塔。减压蒸馏塔技术历来都集中在高通量、高效率和低压力降的传质、传热设备元件和塔设备内部结构的开发与应用两个方面。低压力降技术带动了空塔传热、高效率塔填料、填料床层等技术的研究与应用。人们不仅认识到填料的传质、传热效率的重要性，更重要的是认识到了填料床层整体传质、传热效率的重要性，对填料床层内部的气、液分布和传质传热能力更加关注。

(4) 减压塔进料空间结构。减压蒸馏塔技术对进料分布器始终给予充分的重视。该技术发展到今天，人们关注的已不仅是进料分布器，而是整个减压塔的进料段结构。因为减压塔进料段需要完成两个任务，一个任务是对进料段进行有效的气液分离，另一个任务是上升气相和下降液相的收集与分布。这两个任务同样重要，而目前还没有一种分布器能同时高效率地完成以上两个任务。因此，减压塔的进料结构成为未来减压蒸馏技术的发展核心之一。

(5) 减压塔侧线结构。减压侧线的设置决定于减压馏分的切除要求，但是，为了得到窄馏分的切割关系和减少馏分重叠量，一般燃料型减压系统为四线结构；而润滑油系统，生产矿物Ⅰ类油则安排为五线和六线结构。如果，考虑减压蜡油(VGO)进全加氢生产装置生产APIⅡ类基础油，鉴于加氢装置对原料适应性比较宽，也可以使用以四线为主的燃料型减压系统。

(6) 减压塔底部结构。特别是大型化技术和减压深拔技术的开发与应用，减压塔底部结构已突显出其重要性。减压塔底部结构要起到的作用，一方面是解决减压渣油中轻组分的夹带问题，以减少减压渣油中的轻组分含量，某种程度上提高了减压塔的拔出率，使资源利用率得到提高。另一方面是改善减压塔底部的操作状态，防止渣油结焦和过度裂化，可以有效降低减压塔减顶真空系统的能量消耗并使装置长周期平稳运行。因此，减压塔底部结构成为了未来减压蒸馏技术发展的重要方向之一。

(7) 抽真空设备。为了获得高的减压塔真空操作条件，需要消耗大量的能源。随着技术发展和对减压塔顶抽真空及冷凝冷却系统认识不断深化，发现新的高效率抽真空设备在抽真空系统中起到十分重要的作用。国内常减压装置抽真空系统主要使用蒸汽喷射器，由于蒸汽喷射式抽空器的结构和加工质量的不同，在工作蒸汽消耗、噪声、操作弹性和运行稳定等方面存在着较大的不同。抽空器的进步一方面可节省塔顶抽真空系统的能源消耗，另一方面还可使塔顶抽真空系统的性能更好、操作更加稳定、对环境更有利。

值得一提的是，由于液环式真空泵较蒸汽喷射式抽空器具有更高的效率和更加环保，根据冷却水的条件，可以取代最末一级蒸汽喷射式抽空器。近些年来，液环式真空泵的性能好，制造质量不断提高，故障率不断降低，运行稳定、操作费用较低，因而越来越受到重视和广泛应用。

第二节　工艺原理

一、减压蒸馏工艺原理

液体混合物的蒸馏，是一个热分离的过程。液体混合物通过加热、一次汽化或多次汽化，分为高挥发组分和低挥发组分。这种蒸馏过程是一种粗分离过程，亦称简单蒸馏。精馏则是将蒸馏生成的油气加以冷凝，作为回流迎着上升油气送入，在接触单元中油气与回流液进行传质、传热。在常减压蒸馏中，每经过一个接触单元的传质、传热，上升气流中高挥发组分逐板增多，下降液流中低挥发组分逐板增多，该传质、传热过程连续在多个接触单元中进行，则可实现液体混合物的精馏。可以说，润滑油减压蒸馏过程，实际上是原油中高沸点馏分在减压条件下精馏的过程。

二、润滑油型与燃料油型减压蒸馏区别

燃料油型减压蒸馏装置主要是为催化裂化装置和加氢裂化装置提供原料。对裂化原料质量的要求主要是残炭值尽可能低，重金属、胶质、沥青质含量少，防止催化剂上生焦严重影响活性和催化剂中毒，对馏分范围基本没有要求。

润滑油型减压蒸馏主要是为后续的润滑油加工过程提供原料，它的分馏效果优劣直接影响到后续的加工过程和润滑油产品的质量。从润滑油加工的角度来说，对减压蒸馏侧线的质量要求是黏度适中、色度好、馏程窄。

所以，润滑油型减压蒸馏分馏精度的要求远高于燃料油型减压蒸馏。燃料油型减压蒸馏的主要任务是采用良好的塔内构件和在操作上控制馏分油的胶质、沥青质和重金属含量的前提下尽可能提高拔出率，而润滑油型减压蒸馏的首要任务是生产低残炭、黏度适宜、较好质量的润滑油原料，在此前提下尽量提高拔出率。

三、润滑油减压蒸馏工艺特点

润滑油型减压蒸馏要具备以下特点：

1. 工艺流程

在侧线数量安排上，润滑油型常减压蒸馏根据馏分油生产不同牌号基础油的要求，设置相应数量的侧线；而燃料油型减压塔生产减压蜡油，主要根据塔的负荷均匀性及有利于塔的分馏余热回收来考虑其侧线数量，故润滑油型减压蒸馏塔要比燃料油型多1~2根侧线。目前，国内大多炼厂燃料型减压塔设有3~4根侧线，润滑油型减压塔一般设有5根侧线，甚至个别装置减压塔设有6根侧线以满足高黏度润滑油组分生产的需要。

侧线的操作关系是塔顶出气体，减压第一条侧线出柴油组分，减压第二条侧线出黏度为150N左右基础油组分，减压第三条侧线出350N左右基础油组分，减压第四条侧线出500N左右基础油组分，减压第五条侧线作为减压第四条侧线质量保障线，其组分不作为润滑油原料使用。为了得到重质馏分油，有些减压系统增加侧线，设置减压六线，此时的减压第五条侧线出650N左右重质基础油组分。此时的减压第六条侧线作为减压第五条侧线质量保障线，其组分不作为润滑油原料使用。增加一条侧线就增加一套换热流程系统，既增加能耗，投资增加也较多，一般是根据目标产品要求设置减压侧线，尽量少设侧线，不是越多越好。

润滑油型减压蒸馏需要设置汽提塔来汽提侧线中的轻馏分，而燃料油型减压塔一般无需设置汽提塔。

在内回流的考虑上，润滑油型减压蒸馏需要像常压蒸馏一样按照馏分分割要求考虑内回流，燃料油型减压蒸馏一般情况下无需内回流，其内回流量为零。

由于两者分馏要求的不同、内回流设置的不同，润滑油型减压蒸馏塔与常压蒸馏塔类似。除各侧线需要设分馏塔塔板或填料进行侧线产品分馏外，还需要设置中段回流来控制减压塔的负荷。燃料型减压塔一般只需要设置冷凝段，按照热平衡将气相冷凝为所需要的各侧线产品。

由于上述流程差异，减压塔减顶真空系统也有所不同，润滑油型减压蒸馏真空系统一般不设置增压器，而燃料型减压蒸馏真空系统设置增压器，抽真空系统的级数前者一般少一级。

2. 操作方式

目前，减压塔操作方式主要有3种，即“湿式”、“干式”和“微湿式”。采用“湿式”减压主要目的是通过注入水蒸气降低烃类分压来提高蒸馏效果。再者，侧线汽提使轻重馏分分离也需要注入水蒸气来改善馏分的质量。对于国内润滑油型减压蒸馏来说，主要采取“湿式”操作方式。但是，“湿式”蒸馏的水蒸气注入，大大增加了抽真空的难度，在改变蒸馏塔盘为填料塔、进一步降低塔内压力降、提高拔出效果的同时，对于不需要侧线汽提的燃料型减压系统，开发了“干式”蒸馏方式，大大强化了减压蒸馏效果。特别是在燃料油减压系统有减压深拔要求时，“干式”蒸馏方式有好的应用效果。由于润滑油型减压蒸馏需要设置汽提塔，其侧线需要注入水蒸气来进行汽提以改善馏分的质量；若采用“干式”蒸馏，则汽提塔需要设置单独的抽真空系统产生真空，流程复杂，投资增加，因而“干式”减压蒸馏工艺未能在润滑油型减压蒸馏中得到大量推广应用，个别企业有采用“干式”减压蒸馏案例。

目前，我国润滑油型减压蒸馏多数采用“湿式”操作方式，即减压塔底、加热炉管、侧线汽提塔均注汽。

3. 操作参数

润滑油型减压塔与燃料油型减压塔的工艺操作参数差异主要集中在进料温度、塔顶压力、全塔压降不同，以及产品要求不同引起的差异。

进料温度是蒸馏动力，在通常情况下，燃料油型减压蒸馏可实施比润滑油型减压蒸馏更深拔的操作，以提高装置的拔出率。如中东中质原油，燃料油型常减压蒸馏由于减压炉的出口温度可提高至420℃左右，可将渣油切割至565℃左右，而润滑油型常减压蒸馏受馏分油质量要求限制，则不能进行这样操作。润滑油型减压蒸馏，减压炉的出口温度一般在390℃左右，可将渣油切割至500~520℃。

润滑油型减压塔塔顶压力受水的饱和蒸汽压影响，因而受减压塔塔顶预冷器的介质冷后温度影响较大，一般在0.005~0.008MPa；而燃料型减压塔的塔顶压力不受水的饱和蒸汽压影响，一般在0.001~0.002MPa；润滑油减压塔的理论塔板数远大于燃料型减压塔，因而在相同的塔径下，全塔压力降比燃料型减压塔大。一般需要通过适当增加塔径来降低压降。

目前，为了降低塔内压力降提高拔出率，无论是燃料油型还是润滑油型减压蒸馏，一般都采用填料塔，因而两者压降的差异较小；塔顶温度，两者没有明显的差别，均取决于减一线作为塔顶回流能将塔顶物料冷凝冷却的程度；闪蒸段由于设计方案不同，烃分压有所差异，但差异相对较小。侧线抽出温度，一般来说，由于润滑油型减压塔侧线数量多，产品馏分较窄，其最重的馏分抽出油温度较燃料型减压塔要高，而最轻的馏分则稍低；润滑油型减压塔汽提段温降要高一些，约高2~5℃，其减压渣油中的轻馏分含量较低。

第三节　原料与产品性质

一、原油

矿物基础油生产，其原油选择极为重要。由于常规基础油产品的生产过程基本以物理过程为主，其精制与脱蜡两个主要步骤是溶剂法去除芳烃等非理想组分和溶剂法脱除蜡组分以保证基础油的低温流动性，生产过程基本不改变烃类结构，生产的基础油品质主要取决于原料中理想组分的含量与性质。

润滑油理想的组分是具有低挥发度、高黏度指数、低倾点和极好的抗氧化性能的成分，而在烃类组成中长碳链异构烷烃(C_{20})和带有异构烷基的环烷烃是最理想的组分。非理想组分中杂环烃类(S、N、O)应依靠加氢或溶剂精制方法进行脱除，多环芳香烃和环烷烃和正构烷烃只有应用加氢方法才能转化为基础油理想组分。因此，在以溶剂精制为主的常规基础油生产工艺中，通常选择饱和烃含量比较高的石蜡基原油为初始原料；在以加氢精制为主的常规基础油生产工艺中，通常选择饱和烃含量比较高的中间基原油为初始原料；如果生产低凝润滑油，在以溶剂精制为主的常规基础油生产工艺中，通常选择环烷基原油为初始原料。

所以，对于润滑油生产来说，不是所有的原油都适于生产基础油。长期以来，人们把用溶剂精制方法生产高黏度指数基础油的部分石蜡基原油作为生产基础油的首选原油；人们把用加氢精制方法能够生产高黏度指数基础油的部分中间基原油作为生产基础油的首选原油；其次选用环烷基原油，生产低凝润滑油产品。

概括起来，润滑油是技术含量比较高的石油炼制产品，对原油的选择性要求比较高。而不同性质原油的蜡油(VGO)，呈现不同黏度指数(VI)分布关系，见第一章图1-4。

二、常压渣油

常压渣油常压塔底分馏出来的组分，是原油经常压蒸馏分出轻质产品(汽、煤、柴油)后剩余的物料。在此物料中，轻组分极少，其≤350℃馏分的含量一般为5%～10%，操作较好的装置可以达到≤350℃馏分的含量为3%～5%；常压渣油的相对密度较大、黏度高、残炭高、金属含量高。

国内主要原油及常用中东原油的常压渣油性质可见表2-1及表2-2。在这些常压重油中能够适合生产优质基础油的品种，国内只有大庆原油(适合生产高黏度指数基础油)、大港原油(适合生产低凝润滑油)，其他一般作为燃料油生产资源。对于国外原油，利用溶剂精制生产高黏度指数基础油为阿曼原油；利用加氢精制生产高黏度指数基础油为沙特阿拉伯中质油、伊朗中质原油；利用加氢裂化生产高黏度指数基础油为科威特原油；其他常压渣油也只是适合生产燃料油。因此，对于常规“老三套工艺”，生产优质Ⅰ类基础油需要长期研究原油性质，选择适宜原油。

表2-1　国内主要原油常压渣油性质

原　油	大庆	胜利	辽河	华北	大港	中原	惠州	塔中
实沸点/℃	>350	>350	>350	>350	>350	>350	>350	>350
收率/%	71.40	70.44	74.40	70.92	73.11	56.92	50.67	41.85
密度(20℃)/(g/cm³)	0.8875	0.9927	0.9085	0.9216	0.9213	0.9059	0.8795	0.9488
运动黏度(100℃)/(mm²/s)	22.93		207	50.62	74.41	31.36	8.63	40.68
碳/%		85.98				86.19		86.79
氢/%		12.20				12.56		11.78
硫/%	0.15	0.83	0.31	0.82		1.00		1.08
氮/%	0.20	0.54	0.50	0.75		0.22		0.17
凝点/℃	41	42	28	48	30	47	44	15
残炭/%	4.20	7.70	12.24	6.27	8.50	4.20	4.41	7.03
钒/(μg/g)	<0.10	2.10		0.49	0.54	5.20	0.98	4.10
镍/(μg/g)	4.30	25.60		19.74	45.90	6.80	4.08	0.60

表 2-2 常用中东原油常压渣油性质

原油	阿曼	也门	沙特阿拉伯			伊朗		阿联酋		伊拉克	科威特
			轻质	中质	重质	轻质	重质	穆尔班	迪拜		
实沸点/℃	>350	>365	>350	>350	>350	>350	>350	>350	>350	>350	>350
收率/%	54.86	21.84	50.02	53.81	57.12	50.49	53.64	37.83	44.88	49.73	53.33
密度(20℃)/(g/cm^3)	0.9324	0.9202	0.9551	0.9664	0.9848	0.9512	0.9663	0.9235			
硫/%	1.78	0.34	3.20	4.00	4.32	2.32	2.73	1.56	2.94	3.52	4.12
镍/(μg/g)	12.40	7.50	10.50	19.50	38.50	36.40	51.90	4.00	28.90	9.20	17.60
钒/(μg/g)	9.20	0.80	36.70	58.80	122	119	166	1.40			
凝点/℃	9	38	13	18	18	12	13	35			
残炭/%	6.83	4.54	8.60	10.10	14.05	9.09	11.17	5.35	8.60	9.70	10.70

三、原料性质

目前，国内大部分基础油生产企业仍沿用传统工艺(溶剂精制、溶剂脱蜡和白土补充精制)，利用石蜡基原油生产矿物Ⅰ类油，而适应这种传统工艺生产的优质原料资源也越来越少，环保关系也不好。使用中东地区中间基原油采用加氢深精制方法生产润滑油技术国内还没有，与发达国家相比，差距很大。为了基础油改质，非常规加氢技术的推广与应用已经成为基础油行业发展的方向和趋势。

20世纪末期，由于节能型、全天候的润滑油多级油的发展，对优质基础油需求量不断增加，在高黏度指数、低挥发性、低的低温动力黏度、低硫、高安定性方面要求越来越严格，常规润滑油生产技术已经不能满足应用要求。世界上基础油的生产工艺有了较大进展，其主要标志是全加氢工艺取代了部分“老三套”工艺，使基础油的产量和质量有了明显提高，生产工艺对润滑油初始原料的选择关系也发生了很大变化。

基础油生产的本质就是脱除杂质和改变组成结构。

1. 常规基础油

溶剂精制(除去极性物质沥青质、胶质、稠环芳烃等)→溶剂脱蜡(除去正构烷烃)→后补充精制(脱除溶剂与极性物)

由于是物理脱除，对组成改变较少，杂质脱除有限。所以，要得到好润滑油，必须初始原料好，一般采用低硫、高饱和烃含量的石蜡基原油生产润滑油。

加氢精制(除去极性物质沥青质、胶质、稠环芳烃等)→溶剂脱蜡(除去正构烷烃)→后补充精制(脱除溶剂与极性物)

由于将溶剂精制改为加氢精制，采用化学改进的方法脱除杂质和极性物，原溶剂精制脱除的多环芳烃，在加氢作用下芳烃饱和转变为润滑油有效组分。所以，采用加氢精制方法可以加工含硫、高饱和烃含量中间基原油生产润滑油。

2. 非常规基础油

采用加氢裂化或处理装置除去极性物质沥青质、胶质、稠环芳烃等→溶剂脱蜡(除去正构烷烃)的任务改为加氢异构或催化脱蜡→后补充精制(饱和最后的芳烃，解决光安定性问题)，形成了全加氢工艺技术。采用加氢法用含硫、中间基原料采用非常规方法生产就可生产API分类的Ⅱ类、Ⅲ类基础油。

以上分析证明，不同的加工手段(不同技术)以及不同的产品结构要求对原料的选择性不同。为了获得良好的基础油产品，无论采用何种工艺，对原料均有一定的要求。原料的馏程、残炭、黏度、色度等均对基础油生产有直接影响。尤其是采用“老三套”工艺时，对原料的依赖性更大。基于我国基础油的生产工艺现状，改善基础油生产的原料质量是提高基础油生产水平的重要措施。从多年生产实践中总结出来的“高真空、低炉温、窄馏分、浅颜色”的润滑油型减压蒸馏技术经验，可视为国内基础油原料生产技术的科学概括。

国内对原油蒸馏装置润滑油料给出了技术指标，见表2-3。

表2-3　润滑油型常减压蒸馏装置润滑油料技术指标

项　目	减二线		减三线		减四线		减压渣油	
	要求值	争取值	要求值	争取值	要求值	争取值	要求值	争取值
馏程(2%~97%)/℃	≤80	≤70	≤90	≤80	≤100	≤90		
比色/号			3.0(500SN)		4.5(600SN)			
100SN基础油蒸发损失/%	≤20							
150SN基础油蒸发损失/%	≤17							
<500℃馏分含量/%							≤8	
<538℃馏分含量/%								≤10
转油线总温降≤15℃，争取≤10℃								
转油线总压降要求≤20kPa，争取≤13.33kPa								

以下以国内某炼厂原1号常减压蒸馏装置(处理能力2.8Mt/a)改造实例，来说明减压蒸馏馏分生产对“老三套”基础油的影响。该装置于1996年进行了全面改造，减压塔改造后的产品切割方案见表2-4。

表2-4　1996年改造前后切割方案

项　目	改造前	改造后
减二线	变压器油料或75SN或100SN	100SN或150SN
减三线	250SN	250SN
减四线	500SN	500SN
减五线	750SN	650SN
减六线	无	催化裂化原料

1996年减压系统按照润滑油型减压要求进行了一体化设计，减压馏分油质量指标见表2-5。

表2-5　改造质量指标①

项　目	减二线100SN	减三线250SN	减四线500SN	减五线650SN
馏程(2%~97%)/℃	≤70	≤80	≤80	≤90
黏度/(mm^2/s)				
50℃	9.4~10.4	19.5~22.1		
100℃			8.1~9.5	11.3~12.3
色度(ASTM D1500)/号	≤2.0	≤2.5	≤3.0	≤4.5
康氏残炭/%		≤0.05	≤0.1	≤0.25
挥发度(ASTM D2887)/号	≤17			

注：①减压渣油中500℃以前馏分油含量不大于5%。

改造后装置总收率提高了0.75%；在常四线生产75SN原料的情况下，轻油收率提高了

3.29%；渣油中500℃以前轻馏分含量为3%～3.5%，565℃以前轻馏分含量为10%～11%，产品质量达到了要求。

2010年6月，该厂1号常减压蒸馏装置进行了异地改造，减压侧线由原来6根侧线改为5根侧线，减压侧线质量指标和之前相比较，也有明显变化。减压馏分油质量指标见表2-6。

表2-6 异地改造后质量指标

样品名称		分析项目		质量指标
减二	HVI 150	运动黏度(50℃)/(mm²/s)		15.0±1.5①
		馏程：2%～97%馏程范围/℃	不大于	75
		色度/号	不大于	2.5
	润滑油加氢原料	运动黏度(50℃)/(mm²/s)		13.5～16.0②
		馏程：2%～97%馏程范围/℃	不大于	80
		氮/%(质量分数)	不大于	0.11
减三	HVI 350	运动黏度(100℃)/(mm²/s)		7.5±05③
		馏程：2%～97%馏程范围/℃	不大于	85
		色度/号	不大于	3.5
		残炭/%(质量分数)	不大于	0.2
	润滑油加氢原料	运动黏度(100℃)/(mm²/s)		6.0～7.5
		馏程：2%～97%馏程范围/℃	不大于	90
		氮/%(质量分数)	不大于	0.11
减四	HVI 650	运动黏度(100℃)/(mm²/s)		11.5±1.0④
		馏程：2%～97%馏程范围/℃	不大于	100
		残炭/%(质量分数)	不大于	0.6
		色度/号	不大于	5
	HVI750	运动黏度(100℃)/(mm²/s)		14.0±1.5
		馏程：2%～97%馏程范围/℃	不大于	120
		残炭/%(质量分数)	不大于	0.6
		色度/号	不大于	6
	润滑油加氢原料1	运动黏度(100℃)/(mm²/s)		9.5～11.0
		馏程：2%～97%馏程范围/℃	不大于	100
		残炭/%(质量分数)	不大于	0.25
		氮/%(质量分数)	不大于	0.16
	润滑油加氢原料2	运动黏度(100℃)/(mm²/s)	不小于	13
		馏程：2%～97%馏程范围/℃	不大于	125
		残炭/%(质量分数)	不大于	0.65
		氮/%(质量分数)	不大于	0.19

注：① 加工卡伦油(包括混油)减二线HVI150运动黏度(50℃)控制指标为15.0～18.0mm²/s；

② 减二线作润滑油加氢原料生产HVIⅡ-4运动黏度(100℃)控制指标为3.7～4.3mm²/s；

③ 加工卡伦油(包括混油)减三线HVI350运动黏度(100℃)控制指标为7.5～9.5mm²/s；

④ 加工卡伦油(包括混油)减三线HVI650运动黏度(100℃)控制指标为13.0～15.0mm²/s

第四节　工艺过程及单元操作

减压蒸馏的流程是将常压塔底重油用泵送入减压加热炉，加热到390℃左右进入减压塔。

对燃料型炼油厂而言，减压蒸馏只是为了分馏出裂化原料，要求分馏的精度不高，塔内大都选用金属规则填料(如格栅填料、板波纹填料等)代替过去所用塔板。如果生产润滑油时，分馏精度要求高，需要把不同馏程(沸点范围不同)的馏分抽出，且要求把馏分重叠量小于80~100℃的窄馏分抽出，则需要增加塔内理论塔盘级数，在减压塔内需要设若干层塔板或填料。

加工含硫及高酸原油的减压塔内壁容易被腐蚀，需要做不锈钢衬里。

减压塔内形成较高真空度是依靠塔顶馏出线上安装抽真空设备，包括：管壳式冷凝器、蒸汽喷射器、水封罐等，将塔顶出来的不凝气和水蒸气首先进入冷凝器，蒸汽和油气被冷凝排入水封罐，不凝气经一级和二级蒸汽喷射器抽真空，使减压塔内取得较高的真空度。

减压塔侧线出催化裂化或加氢裂化原料油时，分馏精度要求不高，不设汽提塔。

塔底为减压渣油，主要用作延迟焦化原料或作为燃料油及石油沥青。为了降低烃类分压，提高减压馏分油的拔出率，一般向塔底部注入水蒸气，称为“湿式减压蒸馏”。但是，湿式减压蒸馏不利于提高减压塔的真空度，对于生产燃料油的减压系统多以不向塔内注蒸汽的“干式减压蒸馏”方法来取代湿式法；而且，如果减压塔取消了塔板，采用了金属填料，从而减少了塔内压力降，提高了真空度，不注入水蒸气，可以进一步降低能耗。

第五节　主要设备与操作

本节主要从工艺角度介绍与润滑油型减压蒸馏生产有关的重要设备及操作。

一、减压塔及操作

(一) 减压塔结构

目前，较为常见的润滑油型减压塔是板式塔和填料塔。近年来，填料塔在减压蒸馏的应用更加广泛。与板式塔相比，填料塔具有生产能力大、分离效率高、压降小、持液量小、操作弹性大等优点，在增产、节能、降耗、提高产品质量等方面能发挥巨大作用。填料塔在减压蒸馏装置上的应用，包括散堆填料和规整填料两大类，减压蒸馏塔逐步由板式塔向散堆填料转变，继而由规整填料取代。减压塔的内构件主要由填料及床层结构、气体分布器、液体分布器、进料分布器、集油箱、填料支撑结构、减压塔内部空间结构等部分组成。图2-2是国内某炼厂润滑油型减压塔的结构简图。

(二) 减压塔操作

减压塔的操作同常压塔类似，在此不再叙述，减压塔和常压塔操作明显的区别是减顶真空度。减压蒸馏是减顶设有抽真空系统将设备内的不凝气体抽出，使减压塔维持稳定的真空度，保证油品在低于大气压情况下进行蒸馏。由于减压塔对操作要求较高，操作波动不可过大，故要求常减压系统提降量不可过大，且提降量前，先将侧线摆好再进行。

影响减压真空度的因素有很多，主要包括以下几个方面：

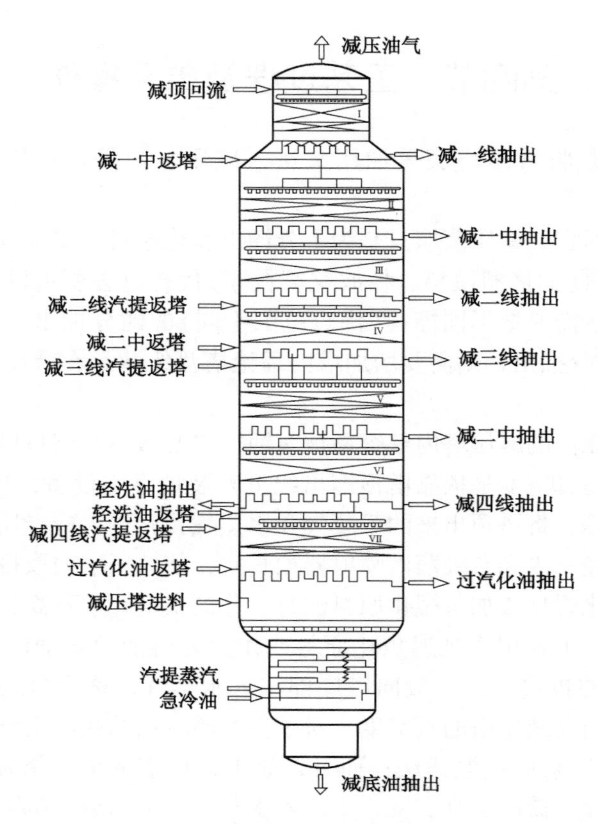

图 2-2　国内某炼厂润滑油型减压塔结构简图

(1) 蒸汽压力。高压抽空工作蒸汽压力应为 0.8MPa 左右，蒸汽压力高，真空度可在一定程度上提高，但蒸汽量过大会因冷凝不及时产生倒吸现象；蒸汽压力太低，影响抽真空效果。

(2) 塔底汽提量。过大因塔顶负荷增大不利于提高真空度，使真空度下降；过小虽有利提高真空度，但拔出率下降。

(3) 减压炉出口温度。控制过高要增加塔顶负荷，真空度下降；控制过低，不利于提高拔出率。

(4) 常压拔出率。拔出率高，进减压塔的量少，真空度上升，拔出率低，进减压塔的量多，真空度下降。

(5) 正确合理使用减顶空冷系统，控制好各级大气腿排水温度在 5~40℃ 范围内。

(6) 塔底液面变化。塔底液面过高，真空度下降；塔底液面过低，真空度上升。

(7) 塔顶温度变化。塔顶温度高，因塔顶负荷增大，影响真空度；塔顶温度低，因塔顶负荷减小有利于提高真空度。

(8) 抽空器设备效能。设备严密性、抽空器加工粗度和在使用过程中抽空器喷嘴磨损程度或堵塞情况都会严重影响真空度。

(9) 水封情况。水封情况直接关系到减顶真空度，还涉及装置安全运行。

(10) 真空泵运行状况。装置一级抽空器使用蒸汽抽空器、二级使用机械抽真空时，真空泵的运行情况直接关系减压系统真空度的高低。

二、抽真空设备及操作

目前，国内减压塔高效抽真空技术已经十分成熟，减压塔顶残压已可控制在很低范围之内，使用1.0MPa蒸汽和0.3MPa蒸汽均可。由于蒸汽抽空器结构简单，无运转部件，性能可靠，使用后几乎不需要进行操作调整，一直被广泛使用。

蒸汽抽空器运行虽然稳定，但是其能量利用效率很低，只有2%左右，而机械抽空器的能量利用效率要比蒸汽抽空器高8~10倍，且产生污水量小。随着节能环保的要求和机械抽真空性能的提高，机械抽空器在大型常减压装置逐渐开始推广应用。如某炼油厂8.0Mt/a原油蒸馏装置，在2001年采用蒸汽抽空器+水环式真空泵组合的抽真空系统，取得圆满成功。

抽真空系统的方案对比数据见表2-7。

表2-7 蒸汽抽空器及其与水环真空泵组合对比

项目	方案	
	一级蒸汽抽空器+水环泵	两级蒸汽抽空器
吸入压力/mmHg(A)	45	45
排出压力/mmHg(A)	810	810
蒸汽消耗/(kg/h)(10^4t/a)	5084(4.3)	12452(10.3)
能耗/(10^4kcal/t原油)	-0.56	基准
污水量/(10^4t/a)	-6.3	基准
冷凝负荷/(10^4kcal/h)	444	946
循环水/(t/h)	-502	基准

此外还应当指出，使用低压蒸汽并不意味着节能。采用0.3MPa蒸汽，要达到同样的效果，比采用1.0MPa蒸汽多消耗蒸汽25%~30%，同时增加了相应的冷却负荷。

三、汽提塔及操作

(一) 汽提塔

除“干式”减压蒸馏外，“湿式”减压蒸馏均采用蒸汽汽提的方法来分离产品中的轻组分，故应该把汽提塔作为减压塔的一部分来考虑。

目前，国内汽提塔有一些问题值得注意：蒸汽汽提量不能过少(一般为产品量的2.6%~4%)，汽提后返塔管道的直径应足够大，汽提塔应与减压塔保持一定的距离，使得汽提后的轻组分能顺畅返塔。在内构件选择上，国内新设计或改造的汽提塔均采用填料塔。

(二) 汽提塔操作

汽提塔的操作与各线产品质量有密切关系。正常生产时，汽提塔要保持一定的液面，目的是使进入汽提塔的侧线产品在汽提塔内有一定的停留时间和保持汽提塔内有一定蒸发空间，汽提塔液面过高或过低都会使油品的透明变差，闪点降低，相对密度变小，馏分变宽，因此正常生产时必须严格控制汽提塔液面，维持液面计在20%~80%范围内。

正常生产时，可根据油品的闪点，初馏点或馏分切割情况来调节汽提塔的汽提量，开大汽提量可提高油品的闪点，初馏点或缩短馏程范围，反之则导致油品闪点初馏点下降或馏程变宽。

汽提塔操作的好坏，还关系到主塔的热量平衡、物料平衡和塔的流体力学操作，因此调节汽提量幅度要小些，要保持汽提塔液面平衡。

四、加热炉及操作

（一）加热炉

减压系统加热炉既要提供蒸馏所需要的热量，同时为了不产生裂解，温度又不能过高，因而减压炉管注汽及逐级扩径是使油品处于等温汽化状态的良好措施。大量的理论计算及生产实践经验表明，润滑油型减压蒸馏的减压塔进料温度一般控制≤385℃为宜。

（二）加热炉操作

1. 加热炉的正常操作

（1）检查炉膛是否明亮，烟囱是否冒烟，炉膛为负压，炉膛温度要均匀，各点温差≤80℃。

（2）各点炉膛温度要保持均匀，做到多火嘴、齐火苗，直火焰，火焰不扑炉管，燃烧齐全。瓦斯燃烧火焰应为蓝色，燃料油燃烧火焰应为金黄色，若火焰呈暗红色，说明蒸汽或气量不够，若火焰呈白炽色，说明蒸汽或空气量过多，应酌情进行调节。

（3）应经常检查炉进料温度、压力、流量、炉出口温度、炉膛温度、炉用蒸汽压力和仪表使用情况。若炉出口温度波动时，应及时分析并找出原因，做恰当调节，确保炉出口温度平衡。

（4）若燃料油、瓦斯或蒸汽供应故障或仪表自动控制失灵，当炉子熄火时应立即关闭燃料油和瓦斯阀，开蒸汽向炉膛吹扫10~15min，然后才能按点火步骤点火，以防加热炉炉膛回火造成事故。

2. 影响火嘴燃烧的因素及调节方法

（1）若蒸汽量小，燃料油量大，燃料油雾化不好，火焰变软、长、飘，炉膛发暗有烟，则调节方法是检查炉用蒸汽压力是否过低，可适当关小油嘴，开大蒸汽。

（2）若蒸汽量大，燃料油量小，火焰发白易缩火，则检查炉用蒸汽压力是否过高，可适当开大油嘴或关小蒸汽。

（3）若燃料油或瓦斯带水，易缩火，则立即进行脱水或联系调罐。

（4）若瓦斯带油，加热炉易冒黑烟，则应关小瓦斯总阀，并进行瓦斯罐切液。

（5）若火嘴堵塞，火嘴头结焦缩火，则应切换火嘴进行维修。

（6）若喇叭口结焦，严重时漏油或喷火星，则应切换火嘴，清除焦块。

（7）若烟道挡板及通风门，由于调节不当致使空气量小，使燃料燃烧不完全，则应适当调整烟道挡板和通风门开度。

（8）若燃料油温度低，黏度大，不易雾化，导致燃烧不好，则开燃料油罐罐底伴热或联系上游装置提高燃料油温度。

3. 影响炉出口温度的因素及调节方法

影响炉出口温度的因素及调节方法见表2-8。

表 2-8　影响炉出口温度的因素及调节方法

影响因素	调节方法
瓦斯压力不稳，引起炉温变化	平稳瓦斯系统压力
燃料油压力不稳，引起炉温变化	平稳燃料油压力
燃料油带水或瓦斯带水，带油	联系糠醛装置，进行燃料油罐脱水或调罐立即对瓦斯进行放水，瓦斯带油小
蒸汽压力不稳，压力高，火焰变短，炉温下降，压力低，火焰变暗红发飘炉温上升进料量进料温度变化，进料量上升	瓦斯总阀联系摧化及时调节调整炉用蒸汽压力和调节油、汽比例
炉温下降，进料量下降炉温上升	平稳进料量进料温度，若进料泵抽空时立即降低燃料油量，关小火嘴火嘴
火嘴结焦，火焰燃烧不好，严重时漏油喷火星和缩火	结焦时，应切换火嘴进行检修若是燃料油温度低黏度大引起应立即联系罐区，提高温度到指标要求
燃料油故障	切换燃料油泵
控制回路，控制阀和热电偶失灵	控制仪表失灵，改为遥控、控制阀坏改手动，热电偶失灵立即联系仪表修理组，加强其他各点温度的检测

第六节　正常操作与异常操作

一、正常操作

（一）减顶真空度

减压塔除了一些同常压分馏塔相似的因素外，减顶真空度是影响减压塔正常生产的主要因素之一。减压蒸馏是减压塔顶设有抽真空系统将设备内的不凝气体抽出，使减压塔维持稳定的真空度，保证油品在低于大气压情况下进行蒸馏。影响减顶真空度的因素如前所述。

（二）油品质量调节

润滑油原料质量指标主要有油品黏度、残炭、闪点、馏程范围等，主要控制油品黏度、残炭，如果塔分馏效果好，表现为油品的残炭低、馏分窄、颜色浅。

减压塔油品质量调节原则：当减压各侧线油品普遍偏轻时(黏度低)，说明塔内各侧线抽出量少，这时可适当提高侧线抽出量，或提高减一线外放量。如各侧线油品普遍重，相反处理。如二线油重，则降一线流量，并稳定塔顶和二层汽相温度。如三线、四线油都偏轻，可将三线抽出量提高。若减压拔出率不够，炉出口温度不高于指标时，可提高炉温或适当加大汽提量。

当某一线油品馏分宽时，说明分馏效果不好，这种情况应充分发挥汽提塔作用适当加大汽提量，同时适当调整本线流量使馏程变窄。以减四线为例：减压四线质量一般通过本线或减三线抽出量来调整。当某一线不合格时，在调节过程中要充分注意质量与收率关系，若残炭高、黏度大而收率不高，可适当降低上线的抽出量以增加本线内回流，以减少携带现象，从而提高分馏效果，在收率高时，可以降低一些本线流量；若残炭高、黏度小，说明塔的分馏效果差，可考虑增大汽提量。由于填料塔反应时间较短，即从平衡至不平衡或从不平衡至平衡时间较短，因此调节前应考虑仔细，然后再调节，以避免质量波动。

（三）过汽化量

过汽化量是除了物料平衡中进料段以上各产品所需要的汽化量以外，所需要的额外汽化量。其主要作用是保证闪蒸段与最低侧线产品抽出层之间的各层塔板上有足够的回流，以改善最后一个侧线的质量，防止和减少在塔的这些部位产生结垢或结焦。

对于润滑油型减压蒸馏来说，一般在减压塔进料上部设置全抽出集油箱，将减压过汽化油全部抽出。减压过汽化油的最小量必须保证能够润湿减压洗涤段的填料，防止在这段填料中形成干区而结焦，这样就需要满足最小填料喷淋密度的要求。在满足最小填料喷淋密度的基础上，对过汽化油量进行适当调整，有利于润滑油质量和最后一个侧线质量。

（四）减压塔进料温度

加热炉既要提供馏分油高拔出率所需要的热量，同时为了不产生裂解，温度又不能过高，因而炉管注汽及逐级扩径是使油品处于等温汽化状态的措施。大量的理论计算与生产实践表明，既要保持馏分油较高的拔出率，又要使油品在减压炉内不产生裂解，润滑油型减压塔进料温度一般控制≤385℃。

二、异常操作

（一）侧线出黑油

1. 现象

（1）侧线颜色变深。

（2）残炭不合格。

2. 原因

（1）塔底液面过高。

（2）塔底吹汽量过大。

（3）炉出口温度过高。

（4）侧线抽出量过高。

（5）塔顶或中段回流量太小。

（6）换热器内漏。

（7）洗涤段流量太小。

3. 处理

（1）首先联系调度，将黑油改走污油线。

（2）控制塔底液面至正常位置。

（3）关小塔底吹汽。

（4）降低塔进料温度。

（5）减少侧线馏出量。

（6）控制正常的各中段回流量。

（7）检查换热器，并将内漏换热器切出处理。

(8) 保证足够的洗涤段流量。

(二) 减压塔真空度突然下降

1. 现象

(1) 真空度指示下降。

(2) 减压侧线集油箱液面下降，甚至造成侧线泵抽空。

(3) 减底液面上升，渣油量大，原油换热温度上升。

2. 原因

(1) 抽空蒸汽压力下降。

(2) 空冷风机故障。

(3) 进料量增加，轻组分增多。

(4) 塔底吹汽量增大或带水。

(5) 负压系统设备或管线泄漏。

(6) 抽空器堵塞。

(7) 大气腿堵塞。

(8) 减顶不凝气后路不畅。

(9) 真空表指示失灵。

3. 处理

(1) 联系调度提高系统蒸汽压力。

(2) 空冷风机抢修。

(3) 调节进料量及常压拔出率。

(4) 调节塔底吹汽量。

(5) 找出泄漏设备及时处理。

(6) 切换蒸汽抽空器，联系钳工修理机械真空泵。

(7) 处理大气腿堵塞。

(8) 减顶不凝气改大气排空。

(9) 联系仪表工处理。

(三) 加热炉进料中断

1. 现象

进料量直线下降，而炉出口温度上升。

2. 原因

炉子进料泵抽空，或仪表故障如进料控制阀卡死等。

3. 处理

(1) 补充蒸汽入炉管内，炉膛降温，待进料正常后恢复加热炉正常操作。

(2) 根据事故原因及时联系相关单位处理，尽快恢复进料正常。

(四) 燃料气带油

1. 现象

(1) 燃料气压力不稳。

(2) 炉膛温度和炉出口温度急剧上升。

（3）燃料气火由蓝色变红色，烟囱冒黑烟。

（4）严重时火焰从通风门和防爆门喷出，炉底各火嘴淌油并着火。

2. 原因

（1）系统燃料气带液而且燃料气加热器未启用。

（2）燃料气罐切液不及时，罐加热盘管未开。

3. 处理

（1）若燃料气带油不严重，根据原因有针对性地进行处理，维持生产。

（2）若已在炉底发现滴油着火，立即灭火，切断燃料油进料阀，并报火警。

（3）若系统燃料气长时间大量带油，则将系统燃料气切出，改燃料油方案。

（4）加强燃料气罐切液，开大罐的加热盘管和燃料气管线的伴热线；启用燃料气加热器。

（5）控制好各塔顶回流罐或产品罐的液位。

（五）炉管结焦

1. 现象

（1）炉出口温度不能升高，炉膛温度高而炉出口温度低。

（2）炉管局部过热，部分炉管开始发红，严重时炉管变形。

（3）炉管压力降大，泵出口压力及各路进料压力升高。

2. 原因

（1）火焰直扑炉管，局部过热。

（2）操作波动，炉出口温度过高或热电偶指示不准而实际温度高。

（3）处理量太小引起流速过慢或各支路偏流严重。

（4）进料中断处理不及时。

3. 处理

（1）若结焦不严重、面积不大时，可把炉子火焰调均匀，适当降低炉出口温度，并把结焦的分支炉管的入口开大。

（2）适当提高处理量，使油品流速加快，防止继续结焦，必要时开大减压炉炉管注气。

（3）结焦严重时安排适当时间停炉烧焦。

（六）减压侧线出装置油品后路不畅

1. 原因

（1）油品输送管线或阀门故障。

（2）下游装置或储运系统发生异常甚至事故。

2. 处理

（1）及时联系调度及下游装置管理人员，查清原因及管辖范围，及时处理。

（2）将被堵油品改走污油线或联系调度并入其他侧线。

（3）若是渣油后路不畅，时间较短，则降量打循环，时间较长则按紧急停工处理。

（七）减底泵抽空

（1）减底泵半抽空情况，影响减底液面控制，立即将备泵投用，稳住减底液面，保证安全生产。

(2) 在备泵投用后，如果抽空情况依然存在，联系调度适当降低处理量，调节减底泵出口阀到最低抽空程度；检查入口处是否存在泄露点等，立即处理。

(八) 减压侧线漏油处理

1. 管线轻微泄漏

(1) 现象。保温层或裸露管线冒烟。

(2) 处理方案。立即汇报，降温降量后处理。

2. 管线严重泄漏

(1) 现象。泄漏部位喷油着火。

(2) 处理方案。火势比较小则现场用消防蒸汽保护，立即报警和汇报，要求消防队现场保护，并关侧线汽提塔出阀门，关停侧线泵，关侧线控制阀上下游阀和副线阀；火势比较大时，则可以用消防炮、消火栓及消防竖管稳高压水控制火势，立即报警和汇报，要求消防队现场保护，同时对装置降温降量；火势无法控制时，则装置紧急停工。

第七节 装置开停工

一、装置开工

原油蒸馏装置的开工，一般包括开工前的准备、原油引入装置、闭路循环、恒温脱水及热紧、升温开侧线、操作调整等环节。

(一) 开工准备

1. 装置开工

必须做到“四不开工”，即：检修质量不合格不开工；设备不安全、隐患未消除不开工；安全设备未做好不开工；场地卫生不好不开工。

2. 人员准备

人员组织到位，参加开工人员需经过 HSE 培训。

(1) 开工指挥人员提前编制好开工方案，组织会签，做好开工相关准备工作，尤其是开工任务布置要准确，对开工过程中可能出现的异常情况能够及时做出判断并能下达正确的应急处理操作指令。

(2) 操作人员熟悉流程、设备、操作程序，学习开工方案、工艺技术规程、岗位操作法，明确操作人员职责、分工管辖范围和操作要求。开工过程中要做到流程改动准确无误并进行分级检查，掌握开工进程，能够及时完成管理人员下达的各项操作指令。

3. 做好装置对外联系工作

联系生产调度部门，做好引入水、电、汽、风、燃料气、氮气等公用工程的准备工作；联系生产调度部门安排好原油抽用罐、成品罐和污油罐，确保装置抽用和后路畅通；联系仪表部门校验所有仪表，要求做到仪表可随时投用；联系分析部门做好各分析项目分析准备工作；联系电气、钳工、仪表等部门做好开工准备工作。

4. 做好开工材料的准备

将各机泵润滑油箱、润滑油过滤器、润滑油桶、油壶擦洗干净，加入规定牌号润滑油，各润滑油点加好润滑油、润滑脂；检查半自动点火装置，确保电子点火设备能正常使用，并备好电子点火枪，做好人工点火准备；准备好开工所用各种化工原料；准备已经校验好的压力表和温度计；准备好各个岗位记录纸；准备好开工用工具；准备好交接班本、操作台账等；准备好劳防用品、防毒面具和急救用品等；明确标识好工艺管线和动、静设备位号和运行方向等；消防器具到位。

（二）进现场进行全面检查

1. 新建装置或者主要重大技措项目的装置检查整体要求

在工程安装基本结束时，要求施工单位应抓扫尾、保试车，按照设计和试车要求，合理组织力量，认真清理未完工程和工程尾项，并负责整改消缺；建设单位应抓试车、促扫尾，协调、衔接好扫尾与试车的进度，组织生产人员及早进入现场，及时发现问题以便尽快整改。

工程按设计内容安装结束时，在施工单位自检合格后，由质量监督部门进行工程质量初评，建设单位(总承包单位)组织生产、施工、设计、质监等单位按单元和系统，分专业进行“三查四定”(三查：查设计漏项、查施工质量隐患、查未完工程；四定：对检查出问题定任务、定人员、定措施、定整改时间)。“三查四定”工作应尽早进行，越早提出存在问题越有利于解决实际问题。

通用机泵、特种机泵(如米顿罗泵等)、特种设备(如压缩机等)、特种阀门(如球形闸阀等)、驱动装置及与其相关的电气、仪表、计算机等的检测、控制、联锁、报警系统，安装结束后都要进行单机试车。目的是检验设备的制造、安装质量和设备性能是否符合规范和设计要求。

2. 对于装置需要完成的检查工作整体要求

(1) 现场所有施工项目已经全部完工并进行中间交接时，现场做到工完、料净、场地清，竣工资料图纸齐全交付验收。

(2) 检查标准以设计要求的有关技术规程及设计施工图为依据，如施工过程中有变更以设计变更联络单为依据，对新装置进行全面仔细检查，同时对“三查四定”查出的问题，必须及时整改处理。

(3) 检查所有设备、管线、阀门、法兰等是否安装完毕，是否符合设计规范和工艺生产要求。检查时要做好详细记录，并在现场做好标记，对新发现的问题要做到边检查边整改，满足开工要求。

(4) 对已经安装好的设备内部不便检查时(如炉子内层衬里、塔盘水平度安装、塔盘间距等)，按照竣工验收资料进行检查，如有必要，可进行抽查。

(5) 对所有的设备管道、系统仪表、电动阀和安全保护系统进行全面检查，核实其是否与设计要求和设备规格完全一致。

(6) 界区外管已贯通，水、电、汽、风等公用工程系统已引至界区，可以随时投用。

(7) 安全、消防、职防器材设施等全部就位，能够使用，各采样口具备化验使用条件。

(8) 正常停工检修的装置涉及工程内容可根据实际情况予以调整。

3. 工艺部分检查

工艺检查内容见表2-9。

表 2-9　工艺检查

序　　号	检查内容
1	装置内各部分工艺流程是否符合设计和工艺生产要求
2	装置内各部分工艺仪表控制方案是否满足开工和正常生产要求
3	装置内所有产生的废水、废气、废渣等排放是否符合环境保护要求
4	所有的容器、阀门、法兰、螺栓、管线等是否符合设计材质和生产介质要求，是否安装规范，是否符合安全生产要求
5	设备、管线、阀门系统是否满足防冻防凝要求
6	装置界区、设备出入口、关键部位管线标识、设备标识是否完成，字迹是否清晰
7	装置各区域下水井、下水管线、管沟是否疏通清理完毕，管沟、下水井盖是否盖好
8	设备选型和现场设备是否符合设计要求(设备部分)
9	装置内盲板是否全部按设计要求安装到位
10	单向阀、控制阀、疏水器等对接、走向是否正确合理
11	管线上阀门、法兰、垫片和螺栓是否符合设计和生产要求
12	管线热力补偿、支架选型是否正确，托架是否灵活好用，支架基础是否牢固
13	安全阀安装位置是否正确，定压值是否符合要求，有无铅封标记，前后截止阀、副线阀是否齐全

4. 设备部分检查

(1)塔。塔类设备检查内容见表 2-10。

表 2-10　塔类设备检查

序　　号	检查内容
1	塔体各部件开孔连接短管、法兰、阀门、螺栓垫片质量是否符合技术规范要求
2	塔体附件压力表、温度计、液面计、安全阀、放空阀、采样阀等是否安全好用
3	塔盘包括塔内附件等安装是否符合质量要求
4	塔体各处接头焊缝质量情况是否符合有关技术要求
5	塔内填料是否按设计要求规格填装
6	检查塔体保温、油漆等质量情况是否符合要求
7	塔基础、接地线、地脚螺栓是否齐全完好，是否符合设计要求
8	安全防护措施是否符合设计要求，施工质量是否达到规范标准
9	塔试压是否合格，施工资料是否齐全，是否有安检质保合格证，是否办理好压力容器使用证

(2) 冷换设备。冷换设备检查内容见表 2-11。

表 2-11　冷换设备检查

序　　号	检查内容
1	与冷换设备相连接的有关工艺管线及跨线等布置是否合理，是否符合设计要求
2	进出口管线及设备本体上的进出口阀门、温度计、压力表、液位计、低点排凝点、采样阀是否齐全合理、便于操作
3	设备试压合格记录是否齐全，所有密封垫片选用是否合理，各安全阀是否定压完毕，是否有定压报告，铅封安装是否就位
4	检查设备保温、油漆等是否完好，设备基础、接地线、地脚螺栓是否齐全完好，是否符合要求

（3）容器。容器类设备检查内容见表2-12。

表2-12　容器类设备检查

序　号	检查内容
1	容器的各部件开孔连接短管、人孔法兰等是否符合要求，各部件安装是否完毕，温度计、压力表、液位计、安全阀、低点排凝点是否齐全合理
2	内衬里容器是否按设计施工要求进行检查，安全阀定压是否符合设计要求并办理定压证明，是否有定压报告，铅封是否安装就位
3	容器的设备基础、地脚螺栓是否完好并符合设计要求，是否接地齐全并符合设计规范
4	施工完毕后资料是否齐全，容器试压、气密试验是否合格，容器内是否有杂物
5	容器保温、油漆是否符合要求，所有施工是否按照有关压力容器安全规范施工，是否有质保合格证书，是否办理压力容器使用证

（4）机泵。机泵检查内容见表2-13。

表2-13　机泵检查

序　号	检查内容
1	机泵安装是否符合技术规范
2	所有机泵型号是否符合设计要求
3	电机选型和机泵是否配套
4	机泵联轴器罩壳、地脚螺栓、电机的接地线是否完好并符合设计要求，电机接线是否封严
5	机泵基础是否符合设计要求
6	润滑油、封油、冷却水、冷却蒸汽、预热系统是否符合生产要求，盘车是否灵活
7	高温热油泵配管是否符合设计规范
8	机泵放空、压力表、入口过滤器是否按规定安装好
9	单向阀安装是否符合要求(重点检查单向阀型号、水平或垂直安装、介质流向)

（5）加热炉。加热炉检查内容见表2-14。

表2-14　加热炉检查

序　号	检查内容
1	加热炉炉体附件是否安装完毕，所有焊缝的焊接质量是否符合要求
2	加热炉炉管、炉管吊架、炉管弯头安装是否合理
3	加热炉空气预热器热管有无损坏现象
4	炉体的内衬是否符合要求
5	看火孔、防爆门、烟道挡板是否灵活好用
6	各测温点、取压点、采样点的位置是否准确、齐全，温度计、压力表、热电偶、氧化锆分析仪等是否全部安装完毕，热电偶的套管材质是否符合要求
7	所有的火嘴及其附属设备是否满足设计和生产要求
8	引风机、鼓风机安装是否符合设计要求，风门是否好用
9	长明灯及其附属设备是否满足设计和生产要求
10	消防蒸汽、皮带及消防设施是否齐全好用，灭火蒸汽位置是否合理

（6）管道。管道检查内容见表2-15。

表2-15　管道检查

序　　号	检查内容
1	工艺管线安装是否符合设计规范要求
2	工艺管线法兰、垫片、螺栓等规格、材质、焊缝是否符合设计要求，重点注意高温高压部位垫片型号、材质是否正确
3	安全用氮气、消防水、蒸汽、风管线安装是否合理
4	检查管线上所有的测温、测压以及测流量、液位等仪表安装是否齐全、合理，重点注意孔板方向及仪表引出线对应位置是否正确
5	管线夹套伴热、保温、油漆是否符合规范要求，管线的施工资料、试压数据是否齐全完整
6	各平台楼梯是否符合设计安全规范，无安全隐患
7	检查管线上的阀门是否灵活好用，单向阀等安装方向是否正确，是否符合安全要求
8	控制阀组安装是否正确

（7）电气设备。电气设备检查内容见表2-16。

表2-16　电气设备检查

序　　号	检查内容
1	确认电机、动力柜、开关柜以及照明用电是否已经由电气部门检查到位
2	装置内电机、照明设备是否能够做到随时供电
3	机泵及风机所属的电机安装是否符合技术规范要求
4	各电机的绝缘部分是否符合要求，电机和有关设备的静电接地线是否符合要求
5	检查装置内照明是否符合要求

5. 仪表部分检查

仪表部分检查内容见表2-17。

表2-17　仪表部分检查

序　　号	检查内容
1	确认所有仪表是否均由仪表部门安排检查完毕，由施工单位会同仪表部门和计量部门对所有仪表及控制阀等进行联校检查及验收
2	在检查工艺流程和辅助系统流程的同时，检查自控流程
3	检查每一自控回路的测量元件，如：热电偶、孔板、流量计、浮球、沉筒、一次表等是否齐全，是否符合设计要求
4	检查DCS的安装、设置、控制回路是否符合设计要求
5	检查各控制阀规格、型号以及安装是否符合要求
6	检查压力表、热电偶、温度计是否齐全，位置是否符合设计要求
7	检查自控、连锁系统是否灵敏，是否符合要求

6. 安全环保部分检查

安全环保部分检查内容见表 2-18。

表 2-18　安全环保部分检查

序　号	检查内容
1	塔、容器、加热器、换热器等设备接地安装是否符合规范要求
2	装置主要交通干道是否通畅，设施机具、工棚是否撤离现场
3	压力容器、压力管道是否取证合格
4	安全卫生设施是否安全、灵敏可靠并经校验，记录是否齐全
5	防雷、防静电系统是否完好，接地测试是否合格
6	消防设备和器材是否符合设计要求，消防水量是否充足，压力是否正常，消防器材、灭火蒸汽是否配齐
7	连锁、可燃气体报警仪是否经过仪表校验，是否调试完毕并投入使用
8	危险化学品管理、气防救护措施是否已经落实，气防器材配备是否齐全
9	安全警示标志牌是否齐全，是否形成 HSE 管理网络
10	所有的安全消防设施是否设计合理并齐全好用
11	转动设备是否装好防护罩
12	加热炉瓦斯高点放空、防爆门是否符合要求
13	装置上的所有照明设备是否完好，要求能够随时投用
14	可燃气体、有毒气体检测仪是否符合设计和生产要求
15	劳动保护设施是否满足安全生产要求
16	检查设备的平台、梯子、护栏是否符合安全要求
17	所有的垃圾、易燃易爆物品是否清理干净，道路是否畅通

（三）设备和工艺管线的吹扫、贯通、查漏及试压

目的是清除管道内焊渣杂物等，检查流程是否正确，管道设备是否泄漏。

1. 装置内引蒸汽

（1）蒸汽引入后，将紧急放空管线和污油线，扫通后备用。

（2）引蒸汽之前要与生产运行部门联系，准备好蒸汽供应，一般保证蒸汽压力不低于 0.80MPa，再检查蒸汽管线流程，以防引汽时开口处蒸汽外喷伤人。

（3）确认没有问题以后，在蒸汽管道末端和低点处打开排水阀，放尽存水，先引总管蒸汽，后引区域蒸汽。引入蒸汽要缓慢，以防水击。

（4）待排凝阀排汽正常(无凝结水)时，关闭排凝阀，继续向下一段管道引入蒸汽，直至所有蒸汽管线均引好蒸汽。

（5）引蒸汽完毕后，适当开启蒸汽管道末端和最低处的排凝阀，将污油放空管线，扫通备用。

2. 蒸汽贯通、吹扫、试压查漏

（1）蒸汽引入后，将紧急放空管线和污油线，扫通后备用。

（2）工艺管线和设备引蒸汽试压，要求做到准确无误、不窜汽。本装置管线都为新接管线，检查时一定要细致全面。

（3）按流程分段吹扫、试压查漏、分段进行。

（4）换冷设备蒸汽吹扫、焊渣吹扫干净。

（5）吹通工艺管线后再试压，管线末端及死角处要拆除法兰清理焊渣。

（6）拆除控制阀、孔板、流量表后，贯通吹扫试压，将焊渣吹扫清后再安装一次表、质量仪表。

（7）关掉各容器、塔器和汽包玻璃管液面计进出口阀门，防止玻璃管焊裂。

（8）燃料油、瓦斯火嘴、封油入泵前要拆法兰、吹扫。

（9）向外管道贯通试压，先联系好相关装置管理人员，要落实到责任人并做好记录后，才能开始贯通试压。

（10）试压时，严格按照试压标准试压，不允许超指标。

（11）塔内通汽试压结束后，排空泄压必须缓慢进行，防止塔内部构件损坏。

（12）试压查漏过程中，发现泄漏，应做好记录进行处理，并重新试压，直到合格为止。

（13）侧线扫线查漏时，先用计量表走付线然后再吹扫、试压。

3. 贯通、吹扫、试压方法

（1）贯通试压。工艺管道、换冷设备用蒸汽进行贯通吹扫试压，先改好流程，然后引蒸汽贯通和试压，并进行认真检查，发现问题及时联系有关单位进行处理。

（2）原油进装置管线试压。与原油泵罐区联系后，打开放空阀，缓慢开启蒸汽阀等，原油罐区排汽 10min 后，关闭放空阀，由蒸汽阀控制维持压力 0.2MPa，然后沿途检查管道是否有泄漏。

（3）减压塔及其附件试压。由减压塔、减压汽提塔、减顶空冷和减顶分水罐连成一个系统。将系统所有外接管阀门全部关闭，然后在塔底通入蒸汽，待减顶分水罐排汽 10min 后，开始憋压，压力维持 0.10~0.15MPa，组织人从塔上到塔下及其减顶空冷系统进行检查，如有泄漏，处理后再试，待试压检查处理结束后，缓慢泄压，然后开始进行抽真空检查。

（4）加热炉试压。加热炉管用 0.8MPa 的蒸汽贯通，用水进行试压。试压时首先改好流程，常压炉管用初底泵打水试压，减压炉炉管用常底泵试压。要求回弯头胀口和堵头、焊口、法兰、热电偶套、压力表阀等处无泄漏。发现问题要做好记录和记号及时联系有关单位解决，然后重新试压，直到无泄漏试压为止用蒸汽将炉管内存水顶入塔内排掉，在拆除盲板以后转油线需与塔器一起试压。

（5）工艺管道试压。除原油进装置管线外，试压均用 0.8MPa 蒸汽进行，先改好流程，然后引蒸汽贯通和试压。在改流程和试压过程中，仔细检查流程防止遗漏，临界管线及阀门贯通试压，按扫线一览表进行。

（四）水冲洗

1. 目的

水冲洗是用水冲洗管线及设备内残留的杂物，使管线、设备保持干净，为水联运创造条件。

2. 方案

1）准备工作

与生产调度、给排水、电气、钳工、仪表等单位做好联系。

（1）装置循环水、新鲜水、含油污水系统全部畅通无阻，保证足够的供水和排水通畅。

（2）与机泵运转有关的管线全部通畅无阻，单机试运已满足要求，泵用电流表要标上额定电流值红线，泵出口压力表标上操作最高压力值红线。启动离心泵时出口阀必须进行截流，严禁超电流超压，避免烧坏电机，损坏设备。机泵和风机检查内容包括：①机泵给上适当冷却水；②润滑油按照要求牌号加 1/2～2/3 油标位置；③电机接地线是否合格，是否存在断裂现象；④机泵出口压力表是否安装好并回零；⑤对轮安全罩是否安装好；⑥盘车是否存在卡滞现象；⑦风机叶片是否安装正确，紧固耐用；⑧装置与系统应隔开的盲板是否安装到位。

（3）准备好合格的润滑油，加油壶及扳手。

（4）准备好各种规格的压力表，温度计，并且按照设计要求安装好。

2）水冲洗要求及注意事项

（1）要把水当成油，做到不跑、不窜、不抽空、不憋压、不损坏设备，水在指定地方排掉。

（2）冲洗管线设备时，应先打开调节阀和冷换设备的副线，后经过调节阀和设备，且保证水的流速一般不小于 1～1.5m/s。

（3）冲洗引水入塔和容器时，应先打开塔和容器顶部放空阀以排放空气。装水要缓慢，以保证设备符合均匀增加和减少。

（4）冲洗时，全部打开各设备的低点放空阀和管线的低点阀门，管线上的阀门也应全部打开。

（5）联系仪表，关闭一次表引出阀，拆除孔板、调节阀、计量表等，并妥善保管。

（6）在水冲洗前应拆开泵入口（出口）法兰，并在拆开处做好遮盖工作，以免脏物冲入泵体内。

（7）机泵冷却水冲洗时先拆开冷却水去各泵进出口线，将冲洗水放空，待水干净后再入泵体内。

（8）冲洗过程要有主次之分，先冲洗主线，再冲洗支线。

（9）管线、设备冲洗程度，应根据排出的水质情况来决定是否可以结束水冲洗，因此，要经常注意排水的水质。

（10）水冲洗结束后，要排尽塔顶系统及各侧线系统内的存水，并尽快地将拆下的设备（控制阀，孔板等）复位准备水联运。

（11）水冲洗时，应控制各塔塔底液面在正常范围内。

（12）水冲洗中要认真做好记录，发现问题及时处理。

（13）水冲洗时，在冬天要做好防冻防凝工作，尤其是北方地区。

（14）冲洗期间，必须考虑有特殊要求的设备，如部分设备不能用新鲜水冲洗等，事先列好表格，在开工期间做好防护工作。

3）水冲洗流程

联系调度和水站，确保水供应得到保障，在吹扫装置时（水冲洗之前），装好各机泵过滤器的 40 目滤网。

（1）主流程水冲洗方案。

开原油泵上水阀后，开启原油泵开始冲洗原油脱前管线，水冲洗至电脱盐罐后改就地放；电脱盐一级罐和二级罐分开冲洗；等电脱盐放水完毕后，水改至电脱盐副线，进行冲洗脱后至初馏塔流程；水冲洗至初馏塔后，初馏塔底部放水，同时开初顶回流泵打水至初馏塔顶部冲洗初馏塔内构件。

初馏塔底放水完毕后，开初底抽出阀，将抽出阀至泵进口过滤器冲洗干净后，开初底泵冲洗常压炉炉管至常压塔流程；水冲洗至常压塔后，常压塔底部放水，同时常顶回流泵进行打水冲洗常压塔内构件。

常压塔底放水期间，开常底抽出阀，将抽出阀至泵进口过滤器冲洗干净，继续放水。开常底泵上水线，冲洗减压炉炉管至减压塔流程；水冲洗至减压塔后，减压塔底部放水，同时减顶回流打水冲洗减压塔内构件。

减底放水完毕后，开减底抽出阀，将抽出阀至泵进口过滤器冲洗干净后，开减底泵冲洗减压渣油至出装置流程，在过滤器处放水；放水完毕后建立主流程水联运。

水冲洗的目的是检查设备的隐患，主流程水联运期间将所有换热器非大流程侧一程的介质放空阀脱开，以便检查换热器是否内漏。检查可分两个部分进行，一部分为原油泵至初馏塔之间换热器，另一部分为初馏塔至加热炉之间换热器。检查时，可通过调节两部分末端换热器阀门使系统压力上升，观察换热器是否内漏，消除设备隐患，为装置开工奠定基础。

（2）侧线及中段水冲洗方案

特别是新建装置首次开工侧线必须进行水冲洗。和调度部门联系好，侧线及中段水冲洗时，借用稳高压水（或消防蒸汽管线），接临时管线，分两部分冲洗：第一部分为塔抽出阀至泵进口段，第二部分为泵出口至出装置处（或中段进塔阀门）。另外，各侧线和中段回流中，初顶回流泵、初顶成品泵、常顶回流泵、常顶成品泵、减顶柴油泵、减一线泵应设有上水线。

装置水冲洗结束后进行退水操作，塔区区域通入蒸汽，用蒸汽将管线内存水顶尽。注意开蒸汽过程需缓慢进行。拆下40目细网过滤器；退水方案可参考停工时的方案。

（五）水联运

1. 目的

水联运是进一步冲洗设备及管线内的脏物，以水代油，进行实践演习，熟悉操作，同时对管线、塔、容器、冷换设备、机泵、仪表等进行试用考察，以便在开工进油前能充分暴露各种问题，并得到解决，为进油试车创造条件。

2. 水联运方案

1）准备工作

（1）对于水联运的设备、管线，保证在贯通、试压时发现的问题处理完毕，要求保运人员将拆开的孔板、控制阀法兰等复位，仪表校对无误。参加水联运的机泵进口装好过滤网。

（2）与生产调度联系，保证水、气、风的正常供给，并与油品联系好退水路线，仪表人员做好投用各仪表的准备。

（3）准备好水联运记录纸，做好记录工作。

2）水联运要求和注意事项

（1）做到以水代油，水运中不跑、不漏、不窜、不冒、不抽空、不憋压，安全试运。

（2）参加水联运的人员必须熟悉方案和有关操作规程，启用设备、机泵、仪表要按照试运行方案及试运行操作规程进行。

（3）水联运过程中需对备用机泵进行切换，每台机泵连续运转不少于8h。

（4）保运人员应及时处理试运行中出现的问题，对处理后的系统应重新试运，直至没有问题为止。

（5）水流经的地方、流量、液面、压力等仪表均启用，有控制阀的将控制阀用上。

（6）水联运装水后，先在各塔底排放脏物，水干净后再启动塔底泵进行试运。

（7）水经换热器和控制阀时，先走副线，水干净后再经换热器和控制阀。

（8）水联运中若发现泵出口压力、流量和电机电流下降等现象，则证明入口过滤网堵塞，应及时拆下过滤网，清除堵塞物。

（9）水联运时，要做好各塔液面平衡，整个系统能自动实现控制，不超负荷，电机电流不超定压值。

（10）水联运结束后，将试运中拆除的法兰、控制阀等复位，由低处放净设备内的存水，放水时注意打开各设备顶部放空阀。

（11）由于水的密度比油大，所以水联运时应注意用泵出口阀限制，控制电机不超负荷，防止电机跳闸或者烧坏。

（12）对部分预控制液位的塔和容器，液位必须控制在安全范围内。

（13）利用三塔顶回流泵往塔里装水，直到三塔内液面维持在正常操作范围之内（三塔装水并不装满，液面参考值30%～50%）。主流程联运，考核各设备、仪表的可靠性。主流程水联运时，如果发现泵出口压力降低等问题，则需要拆除各泵及有关设备入口的过滤网。在循环过程中，当检查设备管线没有问题，并又能正常运行一段时间，如24h，停止水联运。

3）大流程水联运

（1）打开原油泵进水阀，启动原油泵冲洗原油脱前、电脱盐、脱后换热器管线，至初馏塔启动初底泵，冲洗常压炉管线至常压塔，启动常底泵，冲洗减压炉进料管线至减压塔，至减压塔启动减底泵，经换热器之后分两路，一路为减渣出装置流程，另一路为开工循环线（至原油泵进口）。

（2）在三塔液面建立后，待装置内水冲洗系统开始打循环，关闭原油泵进水阀，进行水联运。

（六）装置试压、气密及置换方案

1. 塔器及其附属设备贯通吹扫、试压方法

（1）按初馏塔、常压塔和减压塔系统分别贯通吹扫、试压，首先改好各系统流程，初馏塔与初顶空冷器，回流罐和成品罐连成系统；常压塔与常顶空冷器、回流罐和成品罐、常压汽提塔连成系统；减压塔与减顶空冷器、分水罐、减压炉炉管及减压塔转油线、减压汽提塔连成系统，关闭所有外接管道阀门（包括安全阀）。塔内通汽结束后，排空泄压必须缓慢进行，防止塔内部构件损坏。

（2）初馏塔、常压塔在主塔底部缓慢通入蒸汽，经过主塔塔顶空冷器、回流罐，从成品罐或分水罐顶部排空，待冒汽10min后开始憋压，压力按标准维持，组织人员对整个系统进行全面检查，发现问题做好记录和记号，及时联系有关单位解决，然后重新试压，直到无泄漏试压结束为止。

（3）稳定塔与稳定塔顶回流及产品罐为一个系统，关闭所有外接阀门，用水进行试压。在试压过程中，组织人员对整个系统进行全面检查，发现问题做好记录和记号，及时联系有关单位解决，然后重新试压，直到无泄漏试压结束为止。

2. 减压塔系统抽真空试验

（1）减压塔与减顶空冷器、分水罐、减压塔转油线炉管、减压汽提塔连成系统。将本系

统所有外接管阀门全部关闭，然后在塔底通入蒸汽，待减顶分水罐顶排汽 10min 后开始憋压，压力维持 0.1~0.12MPa，组织人员从塔上到塔下进行检查，如有泄漏，处理后再试，待试压检查处理结束后，缓慢泄压。然后开始进行抽真空检查。

（2）减顶分水罐装水对大气腿水封。

（3）先逐渐开空冷和风机。每 5min 开启 2 台，维持低真空 5min 后，再启动抽空器，先开一级，10min 后再开二级。

① 减顶空冷先开预冷中间 2 台。等开好后，再开边上 2 台，直至开完预冷全部空冷。

② 开好全部预冷后，打开一级抽空器的油气通路，逐渐开启一级空冷。

③ 开好一级空冷后，打开二级抽空器的油气通路，逐渐开启二级空冷。

④ 待塔顶真空度到 0.012MPa 后，缓慢打开一级抽空器蒸汽阀。

⑤ 待一级抽空器开好、减顶真空度稳定后，缓慢打开二级抽空器蒸汽阀。

（4）待二级抽空器出口压力为正压后，缓慢打开不凝汽排空阀，就地排空，打开时一定要缓慢，由专人负责，经 1h 后，使得真空度达到-0.053MPa。

（5）调节一级抽空器蒸汽阀，经 1h 使得真空度达到-0.08MPa。

（6）调节二级抽空器蒸汽阀，经 1h 使得真空度达到-0.0946~-0.096MPa。

（7）以上 4 个阀门由专人调节。

（8）维持 24h 检查整个系统，若真空度下降速度不超过 266Pa/h，则可以认为合格；如有泄漏，处理后再进行抽真空试验。

（9）蒸汽抽真空试抽合格后，启用真空泵，停用二级蒸汽抽空器，真空泵试抽真空。

破坏真空时，必须缓慢进行。破坏真空按照 0.0266MPa/h 的速度进行，塔底注汽阀门的调节要由专人负责，减底引汽前须先将水切净，引汽要缓慢，防止冲坏填料。此过程为：

（1）减压大气腿保持水封，即减顶分液罐要求保持水封正常。

（2）破坏真空前先关死减顶二级水冷器后不凝汽放空阀以及减顶分水罐顶不凝汽放空阀。

（3）破坏真空时，先停二级抽空器，再停一级抽空器，再停风机。

（4）破坏真空后，要严格控制减压塔顶压力不大于 0.05MPa。

（5）特别要强调在破坏真空过程中，绝对不允许空气倒入减压塔内。

（七）柴油冲洗

1. 目的和准备工作

1）目的

清除管道和设备内存水、焊渣和杂物，校验部分仪表使用效果。

2）冲洗前的准备工作

（1）安全阀、液面计必须全部投用。

（2）瓦斯引至炉区。

（3）塔底泵水管线的盲板安装完毕。

（4）公用介质引用完毕，即水、蒸汽、风、氮气引到相应的区域。

（5）原油泵、各塔底泵的入口加好过滤网。

2. 步骤

（1）改好柴油冲洗流程后，与柴油泵房联系收柴油，先向原油泵出口赶空气，柴油分别经原油换热流程(——冲洗原油各组换热器)进入初馏塔。

（2）封油罐收柴油，首先封油系统打循环、脱水，然后向塔底泵试打封油，赶尽管线内存水，并做好启用泵准备。

（3）当初馏塔底有液面时在塔底放水，放尽水后启用初底泵，逐组向减压炉送柴油，再进常压塔。

（4）当常压塔底有液面时在塔底放水，放尽水后启用常底泵逐组向减压炉送柴油，再进减压塔。

（5）当减压塔底有液面时在塔底放水，放尽水后启用减底泵，经减渣换热流程送柴油进循环油罐，在渣油采样口见油后返回到原油泵进口。

（6）三塔液面达到正常位置时，与油品联系，停止收柴油，装置闭路循环 8h。循环建立后，渣油换热流程中最后一个换热器冷源一侧开蒸汽头子加热柴油，控制渣油循环温度在 120℃。

（7）恒温脱水一般控制在 120℃。

① 冷循环运转正常后，可开蒸汽头子加热柴油。

② 初常顶空冷风机部分启动。

③ 从 120℃开始，每 1h 分析一次水分，当塔内无声音、无水分痕迹时，即脱水完毕。

④ 根据 DCS 各仪测点视情况调节渣油最后一组换热器蒸汽开度，各塔底液面是否投自控可根据现场情况定，各记录、指示仪表全部投用。

（8）脱水期间的注意事项：

① 将各备用泵切换一次，以顶出泵内含有少量水分的冷油。

② 注意机泵运转情况，防止机泵抽空。

③ 及时切除塔顶回流罐的水分。

④ 严格检查各塔塔底的吹汽阀是否关严，防止机泵抽空和循环油脱水不净。

⑤ 脱水期间对所有通过的换热器应进行检查，检查其渗漏等情况，发现问题及时联系处理。

（9）循环中每隔 1~2h 停泵一次，沉降、放尽塔底存水，塔底液面低时要及时收油补充。每隔 2~4h 切换备泵一次。机泵进出口连通管线开关一次，赶尽存水。

（10）闭路循环之后采样化验柴油含水量，根据分析结果和放水情况决定是否停止柴油冲洗(柴油含水≤1%可退油)。

（11）冲洗结束后，联系罐区打开原油抽罐阀，开原油进装置阀，用柴油将原油抽用线内水顶入原油罐，并做好引原油准备。

（12）拆除原油泵和各塔底泵的过滤网。

（13）要求：

① 对并联的分支管道，如四路原油换热管道和常、减压炉八路管道要单独进行清洗。

② 启用泵及其备泵要切换使用赶水，对各设备副线和返回线也要冲洗，赶尽存水和杂质。

③ 启用塔液面和各路流量的指示和控制仪表，检查其是否好用。要控制好塔液面，使流量平稳，严防仪表失灵，造成满塔跑油事故。

④ 冲洗柴油时，要进行切换备用机泵。

（八）原油冷循环

1. 目的

进一步检查工艺流程和设备情况，继续进行脱水，建立装置原油大循环，平稳三塔液面，确保升温顺利进行。

2. 步骤

（1）联系调度及油品泵房，待原油罐出口阀打好后启动原油泵。

（2）原油泵启动后，电脱盐罐走副线。做好初底泵启用准备，并在塔底进行放水，待初底见液面后立即启动初底泵，使初底液面维持平稳。

（3）启动初底泵后，常底泵做好启动和常底放水准备，待常底有液面后立即启动常底泵，维持常底液面和流量平稳，经减压炉进入减压塔。

（4）常底泵启动后，做好减底泵启动准备和减底放水工作，待减底有液面立即启动减底泵，维持稳定减底液面。

（5）原油冷循环时，原油循环后返回循环油罐，按流程进行大循环。

（6）在循环过程中，要严格控制好三塔液面，严防仪表失灵，造成满塔跑油事故。仔细检查各机泵运行和管道设备投用情况，仪表改自控，检查仪表运行情况。冷循环建立，经装置全面检查无异常后，加热炉点火，控制炉出口温度不大于150℃。

（九）升温脱水和热紧

1. 升温前准备工作

（1）检查开工汽油是否收好，检查初、常顶回流油系统，检查封油是否收足及脱水完好。回流泵提前启动赶净存水。

（2）引好燃料油进装置，脱水后燃料油系统开始进行循环。

（3）检查各项准备工作无误后，转入升温阶段。

2. 升温阶段

（1）按原油冷循环流程，常压炉点火升温，升温速度严格按升温指标进行控制，炉出口温度典型升温速度如下：

40℃→150℃时，升温速度为25℃/h；

150℃→250℃时，升温速度为30℃/h；

250℃→360℃时，升温速度为40℃/h。

（2）常压炉出口150~250℃为脱水段，经常注意加料温度及塔底温差不大于30℃，并注意塔内有无水击声，如水击声大应立即停止升温，进行缓慢脱水，待水击声逐渐消除后再按正常速度升温。

（3）在升温过程中，初常顶冷却系统启用应按初常顶压力来决定，塔顶压力控制在0.03~0.06MPa，绝不允许产生真空而影响塔底泵抽空。减顶压力控制不大于0.05MPa。

（4）升温阶段，塔底泵应互相切换使用，当塔底温度达200℃以上时，打入封油，防止温度升高引起泵抽空，此时各塔底泵及液面应有专人监视，以防泵抽空和满塔。

（5）常压炉出口达250℃时，应恒温4h，全面进行管道及设备检查，组织力量对一些处于高温的油线法兰、设备、管道、法兰连接处、螺栓进行热紧，并对塔、容器、加热炉、冷换设备进行全面检查。如在检查过程中出现设备问题，则应适当延长恒温时间。

（十）升温开侧线

1. 初、常顶建立回流、常压开侧线

（1）在升温过程中，初顶温度达 110℃、常顶温度达 120℃时，启动回流泵打回流，并控制这个温度。

（2）在升温过程中，初常顶压力严格控制在 0.03~0.06MPa，以防塔压变化大引起塔底泵抽空。

（3）常压开侧线程序(见表 2-19)。常三线开出后，将循环油改入重油罐，过热蒸汽温度达到 250~470℃时，引向常压塔及各汽提塔吹汽，引汽前必须放尽管线内冷凝水，在开侧线过程中，蒸汽发生器系统换热器走副线，待开工正常后再启用蒸汽发生系统。及时投用常压部分仪表。待常一线、常三线抽出正常后投用常一线重沸器。

表 2-19 常压开侧线程序

常压炉出口温度/℃	开侧线顺序	常压炉出口温度/℃	开侧线顺序
270	开顶循	320	开常二中
290	开常一线	330	开常三线
300	开常一中	345	开常四线
310	开常二线		

2. 减顶建立回流，减压开侧线

（1）待常三线开出后，减压炉开始点火升温，减压系统抽真空，以 20℃/h 升温速度进行调节减压炉出口温度。

（2）减顶温度 70℃时引外回流打入，建立塔顶回流和减一中回流。开侧线温度及次序(见表 2-20)。减压炉出口温度达 350℃后，减压炉八组辐射管注入蒸汽；减压塔开侧线，同时减底注入适量过热蒸汽，注入量由小逐渐增大。

表 2-20 减压开侧线程序

减压炉出口/℃	开侧线	减顶真空度/MPa
350	开减一线，建立减顶回流开减一中	-0.004
360	开减二线	-0.066
380	开减三线，开减二中回流	-0.080
385	开减四线	-0.093
395	开减五线	-0.096

（3）待减一线泵上油正常，可逐渐减少常三线减顶回流，直到停常三线补打减顶回流。

（4）当过热蒸汽温度达 300℃以上时，可将过热蒸汽改入常底、减底，减压侧线汽提要待侧线开启正常后再吹入。

（十一）减压系统抽真空步骤

（1）二级减顶不凝气排空阀关死。

（2）维持减顶分水罐水位，确保水封。

（3）先逐渐开空冷和风机，每 5min 开启 2 台，维持低真空 5min 后，再启动抽空器，先开一级，10min 后再开二级。开启步骤：减顶空冷预冷由中间向两边开启，直至开完预冷全

部空冷；开好全部预冷后，打开一级抽空器的油气流程，逐渐开启空冷；开好一级空冷后，打开二级抽空器的油气流程，逐渐开启二级空冷；待塔顶真空度到-0.012MPa后，缓慢打开一级抽空器蒸汽阀；待一级抽空器开好，减顶真空度稳定后（约-0.025MPa），然后缓慢打开二级抽空器蒸汽阀，蒸汽阀门开度为1/3。

（4）待二级抽空器出口压力为正压后，缓慢打开不凝气排空阀，就地排空，打开时一定要缓慢，由专人负责，约1h后，使得真空度达到-0.053MPa。

（5）调节一级抽空器蒸汽阀，约1h使得真空度达到-0.08MPa。

（6）调节二级抽空器蒸汽阀，约1h使得真空度达到-0.092~-0.096MPa。

（十二）调整阶段

（1）常减压开侧线时，侧线油一开始入污油罐，颜色变好后，及时联系调度及化验室，分析合格后安排入柴油或裂化原料罐。

（2）侧线开出后，冷却系统及时调节，使油品出装置温度控制在指标内，防止冻罐。

（3）常减压基本稳定后，按要求提高炼量，开初一线和常顶循环。

（4）根据处理量及生产方案，调整温度、压力、流量、液面参数，按工艺指标调节好物料平衡和热量平衡，尽快转入正常生产。

（5）投用蒸汽发生系统，逐步将饱和汽切入过热蒸汽管。

（6）投用电脱盐系统。

（十三）各辅助系统投用

1. 蒸汽发生器的投用

（1）经检查后，用蒸汽进行贯通吹扫试压，全面检查水系统，蒸汽系统连接管线、设备、泵等本体是否好用，玻璃板液面计、排污管是否好用。

（2）放尽存水，检查启用安全阀、压力表、液面指示和报警器。

（3）通知相关岗位做好启用蒸汽发生器准备工作，联系送除盐水入装置。

（4）启用汽包和蒸汽发生器，检查汽包出口蒸汽阀和排污阀是否关死，打开蒸汽排空阀。

（5）引除盐水到汽包，待汽包有1/3水位后，控制好水位。

（6）按换热器操作方法，开汽包排空阀后，逐渐引进热源，注意发汽压力。排空蒸汽大量排出（不带水）后，控制蒸汽压力，关小排空阀。同时缓慢开启汽包蒸汽阀。逐步将0.3MPa低压蒸汽送入加热炉对流室炉管，达到正常使用时，最后关闭排空阀，此时严格控制蒸汽压力和汽包水位。

2. 三注系统投用

（1）详细检查流程。

（2）投用三顶注水系统。

（3）投用塔顶注氨水系统，控制三顶排水pH值在6.5~8.5。

（4）投用塔顶缓蚀剂系统，按照工艺规程控制塔顶注入浓度。

3. 阻垢剂系统投用

（1）通过化学药剂卸料泵将桶内的阻垢剂抽至阻垢剂储槽。

（2）通过注入阻垢剂泵将储罐内的阻垢剂注入减底管线内，在注入前先通过注入口前的排空阀将管线内的空气排空，然后再关闭排空阀，通过米顿罗泵注入刻度调整好阻垢剂流量，打开注入阀，开始注入。

(3) 在注入过程中，要缓慢增加注入量，以确保减底泵不抽空。

(4) 按照工艺规程控制注入量，并维持注入量。

二、装置停工

(一) 停工准备工作

(1) 制定停工方案，组织讨论停工方案，明确具体要求，做好停工动员工作，并组织开停工学习和安全教育考试。

(2) 制定检修计划，对设备和工艺管线做好现场记录、标记和挂牌。

(3) 做好停工线路和扫线的准备工作，对扫线、放空处要拆除的盲板和停工后要加的盲板进行一一记录。

(4) 提前联系生产调度，准备好循环油罐，将污油罐抽空。联系调度，申请增加停工期间用汽。

(5) 联系仪表、电气、供排水等部门做好准备工作，通知有关施工单位做好场地平整、下水道畅通并工作，明确停工期间装置周围停止用火的要求。

(6) 检查装置消防设备是否齐全好用，检查所有预制管线和停工临时管线是否准备妥当。

(7) 做好塔区紧急放空管线扫线工作和各区域污油放空管线扫线贯通工作。

(8) 停用装置目前未走流程，扫线清。

(9) 停用原油流量计(在热水冲洗时进行清理流量计管线存油)，原油走副线。

(10) 对各岗位保养区域内的阀门加好机油。

(11) 减顶分水罐就地放空，保证畅通，减顶不凝气就地排空，去炉管线扫线清。

(12) 常三线补减顶回流管线扫线，保持畅通。

(13) 三注系统的管线清理完毕。

(14) 联系电气，做好电气照明工作。

(15) 联系生产运行部，处理低硫低酸原油，减少停工吹扫期间的恶臭气味。

(二) 降量阶段

(1) 炼量降至70%时进行负荷控制，改生产方案，轻油入轻污油罐，其他常压侧线改裂原，减压各侧线改裂原，关闭侧线汽提蒸汽。

(2) 停用所有质量仪表，计量表走副线，安装好短管。

(3) 停用常顶循环回流、初一线。

(4) 停用低压蒸汽发生器系统。

① 联系好相关部门，做好停用蒸汽发生器工作。

② 边停用热源(热源走副线，先高温后低温)，边适当补充0.8MPa蒸汽到加热炉对流室炉管，直至蒸汽发生器热源阀、冷源关死才停止供水，关闭给水阀和汽包出口阀，慢慢打开汽包蒸汽的泄压阀。

③ 打开排污阀把水放净，蒸汽发生器单体扫线。

(5) 根据炼量不同，控制好后路重油温度及侧线温度，防止冻凝管线。

(6) 炼量下降的同时，初底液面控制在50%，关小常底、减底汽提蒸汽。

(7) 封油罐收常三线(减二线、减三线均可)油足量。

(8) 停用加热炉联锁系统，打开加热炉烟道挡板和自然通风门，改自然通风；对于鼓风机、引风机，每30min盘车一次，直至炉膛冷至室温；停用热管空气预热系统。

(9) 停三注系统(停工前10h)

(10) 停工前停压缩机(如有)，并将塔顶气引入安全阀放空罐，放至气柜。

(三) 降温降量停侧线阶段

(1) 联系仪表部门，配合做好停工过程中各仪表的停用工作。

(2) 逐步降温降量，常底、减底汽提逐步关小，降温速度以30~40℃/h进行，炉膛温度下降速度不得大于80℃/h，严格控制温降指标，以免损坏加热炉。

(3) 停常减压各侧线典型程序见表2-21。

表2-21 停常减压各侧线典型程序

常压炉出口温度/℃	减压炉出口温度/℃	减顶真空度	停侧线
360	396	-0.095MPa	减五线
360	385	-0.095MPa	减四线
360	370	破坏真空	减三线
340	360		常四线、减二中、停注汽
320	350		常二中、常三线
300	330		常一中、常二线
280	熄火		常一线

(4) 停减一中、减一线时，为防止减顶温度升高和减顶柴油罐跑油，须待其泵抽空才能停出口阀。

(5) 停减三线时，减压开始破坏真空。停常三线时，重油改进循环油罐，循环油温度控制在70~80℃。

(6) 停工时的注意事项是：

① 初、常顶温度低于80℃时，可停顶回流。停减二线后，当减顶温度小于50℃时，可停打减一线回流，直至抽空，否则塔顶温度会升高。

② 降温速度不能过快，应以炉膛温降指标为准，放慢降温速度，以免损坏加热炉。

③ 在停工过程中，要控制好常减压各侧线油品质量，特别要注意颜色的变化；黑油进入污油罐，严禁进入成品罐。

④ 控制好三塔液面，及时关小塔底汽提蒸汽阀，直至关死，并且出装置的油品冷却温度要控制在指标内，常压炉过热蒸汽开始排空。

⑤ 改循环油罐时，提前联系好循环油罐。

(7) 破坏真空时的注意事项是：

① 破坏真空前，必须关死不凝气排空阀。

② 破坏真空时，先停二级抽空器，再停一级抽空器，然后停风机。要控制好每个步骤的速度，不能使真空度下降太快。

③ 破坏真空前，减底泵进口前要改装真空压力表，以观察液面，减顶真空处换真空压力表。

④ 破坏真空时，要严格控制减压塔顶压力不大于0.05MPa，密切注意塔顶温度、减顶

分水罐和塔底液面，防止跑油现象发生。

⑤ 特别要强调在破坏真空过程中，绝对不允许空气倒入减压塔内，以防重大事故的发生。

⑥ 必须严格维持减顶分水罐水位，在减压塔底油退完后，经车间负责人同意后才能放水。

⑦ 逐渐关小二级抽空器蒸汽阀，约 30min 后使得减顶真空度下降至 0.08MPa。

⑧ 先关死一级抽空器蒸汽阀，然后关死二级抽空器蒸汽阀，全过程历时 20min。

⑨ 逐台停用二级空冷风机、一级空冷风机、预冷空冷风机，整个过程历时 20min。负荷小时，还可停部分空冷，关入口阀。破坏真空要缓慢。

⑩ 停侧线，扫线放空时，防止空气倒吸造成重大事故的发生。

⑪ 破坏真空前，减底泵进口真空表和进空冷前一只真空表，要换成真空压力表，以便观察液面和减顶压力的变化情况，严格控制减顶压力不大于 0.05MPa。

⑫ 过热蒸汽温度小于 300℃时，停止向塔内注汽。

⑬ 停侧线时，待泵抽空后，反复启用，抽空后再进行扫线。

⑭ 出装置阀门严格遵守“双人检查，双人开阀”制度。

（四）循环、熄火、退油阶段

（1）循环量为 40%左右时进行负荷控制。

（2）循环油温度按 60～80℃标准控制。

（3）当常压炉出口温度降到 250℃时，炉子熄火，关闭通风门、闷炉，待炉膛温度小于 200℃时打开通风门。

（4）当减压炉出口温度降到 320℃时，炉子熄火，关闭通风门、闷炉，待常压炉出口温度小于 180℃时，进行退油。

（5）停止循环后，将初、常顶汽油全部退出装置。

（6）停常三线后，封油罐切断收油，直到打尽罐内存油为止。

（7）退油过程：原油泵出口→（各组换热器）→ 初馏塔 → 初底泵（将塔内存油抽尽再开蒸汽阀）→（换热器）→常压炉→常压塔→ 常底泵（将塔内存油抽尽再开蒸汽阀）→ 减压炉→减压塔→ 减底泵（将存油抽尽再开蒸汽阀）→（换热器）→ 出装置到循环油罐。

（五）扫线阶段

（1）根据制定的工艺管线及设备贯通吹扫试压一览表进行扫线步骤。

（2）扫线时联系生产调度，装置总蒸汽压力不得低于 0.8MPa。

（3）先联系后扫线，扫线前要停用计量表、质量仪表，以及各种控制仪表和液面计；扫线前查对盲板并全部拆除。

（4）扫线前必须将设备内油按先重油后轻油的顺序抽尽，方可扫线，正、副线不能漏。

（5）开启蒸汽阀前要放尽冷凝水，缓慢开汽，先扫通后扫净。

（6）待各管线系统扫线结束后，各机泵换冷设备，炉子均需进行单体扫线。

（7）局部扫线结束后，关闭临界线，以免相互倒窜。

（8）管线死角，副线、备用机泵等要反复扫，必须扫清，不能遗漏。

（9）按流程扫，扫线完毕后，签名，以示负责，并标明其扫线时间、状况、给汽点和排空点等情况。

（10）原油自原油罐至泵进口扫线必须由专人负责，同罐区联系好，扫线压力不大于

0.2MPa，以免损坏管线。

（11）对于换热器管程和壳程必须同时扫线，并要反复憋压。

（12）汽油、常一线、常二线管线出装置时，用水顶清。

（13）扫线时，严禁塔压力、容器压力超过试压标准。

（14）待扫线结束，管线末端或最低处拆法兰检查，确认扫线干净，方可结束扫线，并做好记录。

（15）扫清所有出装置管线后拆法兰，注意要用铝皮绝缘并做好记录。

（16）各管线的扫线时间要掌握好，外流程扫线时，先联系好并记录双方联系人、时间和内容。

（六）减压塔停工及柴油冲洗

1. 减压塔停工

停工前一天，要对常减压炉降温进行轻油冲洗，联系生产调度安排油罐，改变生产方案。

2. 减压塔柴油冲洗

当装置退油结束后，启动减顶回流泵收柴油，经换热器，用蒸汽加热，温度控制在120℃，流量控制在60t/h，往减压塔内冲洗。4h后启动减二中泵，反复向减压塔内冲洗，以提高冲洗效果，同时要控制减顶塔压不大于0.05MPa，并控制好减顶分水罐液面。待减压塔底有液面后，先切水，再启动减底泵换热器走正线出装置到循环油罐（控制柴油出装置温度不大于70℃）。当减底柴油颜色变为正常后，柴油冲洗结束，此过程共需10~20h。

在柴油冲洗过程中，将装置阻垢剂全部注入减渣中。对于阻垢剂罐，要用蒸汽蒸罐；管线则用蒸汽扫线。

柴油冲洗的目的是使填料表面的油污或固体颗粒离开填料进入柴油中，起到清洗作用，减少规整填料表面FeS含量。

（七）系统热水冲洗

1. 减压塔

常底放水基本干净后，将流程改冲减压塔顶，减底适当吹些汽提蒸汽，以提高填料的冲洗效果，减底放水或减底泵进口处放水，先维持减底液面无液面操作，4h后维持有无液面交叉操作。

2. 渣油管线

当减底放水基本干净后，启动减底泵（2台泵都要进行切换，避免集合管出现死角）冲洗渣油换热器副线（渣油并联换热器副线逐组切换）在渣油计量表处放水。此过程需冲洗16h。

3. 原油管线

渣油换热器冲洗干净后，用循环线将热水送至原油泵进口，启用原油泵改冲原油管线（换热器走副线，逐组切换）进入初馏塔底放水。此过程需冲洗8h。

4. 整个流程

当初底放水干净后，常压炉熄火，停初底泵，关闭进水阀门，启动常底泵（泵115-A），抽净化江水至减压炉炉加热到95℃±5℃，水量尽可能大些（要逐组切换，以防偏流），减底先维持无液面，4h后待减底放水基本干净后，启动减底泵到渣油换热器副线、循环线将热水送至原油泵进口，启用原油泵改冲原油管线进入初馏塔，待初底有液面后，启动初底泵，冲洗初底油换热器副线和常压炉(逐组切换)，进入常压塔，常压塔底放水干净后，热水冲洗结束，此过程需冲洗 8h。在原油泵出口、初底泵出口、常底泵出口、减底泵出口等位开扫线头子，将炉管及管道内的水逐组赶尽。

(八) 蒸塔

(1) 热水冲洗结束后，放尽各段存水，从塔底和各侧线汽提塔开汽提蒸汽，进行蒸塔(16h)。不打开减压塔及其汽提塔人孔。逐组扫换空冷片，保持减顶分水罐顶部排空阀畅通，减顶空冷处改换压力表，派专人检查，压力不大于 0.05MPa。减压塔底先开汽提，在微正压情况下，打开减压塔顶人孔，进行减压塔蒸塔。

(2) 容器人孔打开后，进行蒸容器，同时组织人员进行全面检查。

(3) 蒸塔和蒸容器结束后，打开底部人孔通风(减压塔除外)，联系环保科组织采样分析。若不合格，则重新蒸塔或蒸容器。蒸塔结束后，减顶空冷片进口阀切断，减压塔顶人孔关闭。

(九) 减压塔冷却开人孔

1. 减压塔钝化

加工含硫原油时，硫化物与铁材质设备接触发生腐蚀反应，生成硫化亚铁。硫化亚铁具有较强的还原性，与空气中的氧充分接触后发生强烈的氧化还原反应，并放出大量的热。这些热量足以使渣油中的低沸点轻质易燃成分燃烧起来。这就是硫化亚铁自燃现象。塔停工后一遇空气，硫化亚铁在环境温度下就能自燃，从而导致火灾。所以在停工过程中要对减压塔进行钝化处理。

减压塔钝化剂有很多种，其原理是利用硫化亚铁具有较强的活性和被螯合能力，与其发生螯合反应，阻止硫化亚铁发生自燃。钝化剂主要由表面活性剂、缓蚀剂和金属钝化剂等组成。根据填料的总体积、腐蚀程度和结碳情况，钝化剂组成剂按一定的比例配制成溶液。

在减压塔钝化过程中，一般由减顶或减一线回流处打入减压塔，由减压塔底部抽出再送入减压塔，可借助流程或接临时管线来实现，如此进行循环。另外，钝化液的循环量不能过小，如量小则无法保证钝化剂能对填料表面进行润湿、覆盖。

2. 减压塔冷却降温

硫化亚铁自燃需要有一定的温度和空气，为防止其自燃，首先进行钝化，再进行冷却降温。开人孔前，从减顶、减一线入口抽新鲜水，打入减压塔，进行水冷却。此过程刚开始时，塔内温度较高，要求缓慢打水，流量偏小，之后逐渐加大。加料段温度 170~120℃之间控制降温速度不大于 50℃/h。打冷却水冷却过程一定要避免死角，当塔内各段温度均低于 40℃后，才停止冷却。

3. 减压塔开人孔

当减顶温度(及减压塔各段温度)不大于 40℃后，方可准备从上到下逐层打开人孔。打开人孔前，启动减顶、减一、减二中回流往塔内打冷水，打人孔过程中回流泵不要停止，同时在整个检修前期，减顶回流泵，减一，减二中备泵电不要拉掉，并挂好有电警告牌，换热器暂不能抽芯，注意在打开人孔时不要同时打开加热炉和空冷的任何部位(因为这样等于是为塔开了一个烟囱)。在检修过程中，为防意外，应每天晚上向填料洒水，以保持填料湿润，防止自燃。打开人孔后，要派人 24h 观察减压塔各段温度，若发现塔人孔冒出青烟，即立即通知塔内人员出来，开减顶回流泵喷水灭火。总之，填料洗净、冷透和保湿是防止自燃的必要条件。

第八节　仪表与自动控制

减压蒸馏的基本工艺主要包括减压炉、减压塔、减压汽提塔和抽真空系统。

一、自动控制水平

装置的控制系统采用集散控制系统(DCS)，DCS对装置的塔器、设备、管道和机泵的温度、压力、流量、液位以及流动介质的成分等参数给予测量和控制。工艺参数在DCS上进行指示、记录、调节，对较重要参数设置了高低越限报警。DCS在保证装置安全、平稳、长周期、满负荷和高质量运行中起到了良好的促进作用；DCS也为先进控制和信息管理建立了良好的实时数据平台。

在大型化原油蒸馏装置中还采用安全仪表系统(SIS)，完成装置所设置的安全联锁功能，其中重要功能为完成加热炉安全联锁系统。

装置的DCS安装布置采用中央控制室(CCR)和现场机柜室(FAR)相结合的方式。DCS的操作站与常减压部分成为一体，安装在CCR屏幕内上，操作人员通过操作站的键盘和幕上的各种画面进行正常的生产操作，同时处理重要的和一些容易变化的工艺参数的越限报警。DCS的冗余的控制站和辅助机柜安装在FAR内，所有现场仪表信号用电缆传送到控制站的相应机柜中，正常生产时FAR内无人值守。FAR与CCR的信号采用通讯电缆连接，对于长距离的通讯，采用安全、先进的光纤通讯技术和设备来完成双向通讯。根据平面布置的合理规划，现场机柜室一般由两套以上的装置共同设置，也可以单一装置独立设置。

二、自动控制方案

(一)减压加热炉控制

减压加热炉是炼厂中典型的多流路并联加热的立式加热炉。也是炼厂中加热负荷大、出口温度高、操作复杂的加热炉。一般减压炉有自然通风和强制通风两种操作方式，并且与常压炉一并设置加热炉烟气能量回收系统。加热炉的良好操作、高效节能、安全环保在装置生产中起着十分重要的作用。

1. 温度控制与检测

(1) 炉出口油温度控制。加热炉的关键温度是炉出口总管温度、炉入口总管温度、每个支路的过渡段温度即辐射段至对流段之间的温度、每个支路的出口温度等。减压炉是底部燃烧的立管式双炉膛加热炉，设置两套炉出口总管温度控制。

炉出口总管温度是加热炉工艺过程的最终目的温度，也是必须严格控制的生产操作关键指标。加热炉的原料出口温度与炉膛温度串级控制加热炉的燃料量，加热炉的燃料一般为燃料油或燃料气。

减压炉是底部燃烧的立管式双炉膛多流路结构复杂的大型加热炉。因为各支路的出口温度有所差异，致使总出口温度不稳定，不容易控制。由于各支路流量是相关耦合的关系，常常发生支路流量严重不平衡，甚至可能因为某一路炉管局部过热发生结焦等不良情况。为了防止这种情况，出口总管温度应采用支路均衡的复杂控制。这个控制思路是在保持加热炉总进料量的情况下，小范围地自动调节各支路流量，使各支路流量均衡，克服因支路偏流而引起的问题。同时使各支路的出口温度均衡，减少各路间的温差，最终使炉出口总管温度严格控制在工艺要求的范围内。为控制好炉出口总管温度，DCS控制系统设计了加热炉支路均衡计算控制模块。模块的输入运算变量有加热炉入口总管流量、炉入口各支路流量、炉出口各支路温度和炉出口总管温度。计算控制模块的输出变量是送到各支路流量调节单元的设定值。

加热炉出口总管温度控制应综合考虑所有操作工况，包括开工、停工和除焦等阶段的不同控制功能。对于加热炉出口总管温度，除了控制还设置了独立的用于高限报警、联锁的温度检测点，热电偶应单独设置。

（2）温度检测

① 炉膛温度（包括炉膛辐射段和对流段的温度）检测；

② 烟道气温度检测；

③ 炉管表面温度检测；

④ 燃料油与燃料气温度检测（燃料气的温度测量用于对燃料气流量测量数据的温度补偿，从而得到更精确的燃料气流量）；

⑤ 空气预热器温度检测。测量空气和烟气在通过空气预热器热交换前后的进、出口温度，可以监测预热效果。对于空气预热器的有关温度还设置了安全联锁和报警。

2. 压力检测与控制

加热炉设置压力测量的部位有：炉入口总管、各支路入口和炉出口总管。在加热炉每路分支出口炉管处设置就地压力表。

加热炉炉膛为负压操作，对于每个独立炉膛最少设2个炉膛压力检测点。双炉膛将设4个炉膛压力检测点，其中2个的测量值采用高选方式参与控制。压力控制一般可通过调节烟道挡板的开度以改变烟气的排放量来实现炉膛负压控制。

3. 流量检测与控制

（1）进料流量。常压塔底重油作为减压炉的进料，为使进炉流量操作平稳采用常压塔底液位与减压炉各路进料流量做均匀调节。对于每路流量设低流量报警、联锁。

（2）空气流量。一般常压炉和减压炉共用一个强制通风系统。燃烧空气流量测量的精度和稳定性差。测量元件安装以后还需要在现场标定。在强制通风的风道上设置测量元件的方案采用比较少。

（3）燃烧控制系统的燃料量/空气流量。进入加热炉的燃料流量/空气流量必须控制，以保证加热炉的安全、节能。测量烟道气中的氧含量，对于调节燃料/空气比例十分重要。

4. 其他参数检测与控制

（1）燃料油系统。在燃料油返回管上应设置压力控制和流量计量。入炉前的燃料油流量与返回管的燃料油流量之差值就是加热炉燃烧所消耗的燃料油流量。

（2）燃料气系统。在燃料气罐上应设压力控制，压力的调节阀设在高压燃料气进装置总管上。燃料气罐上设液位测量和高、低液位报警。

燃料气热值的变化范围较大，通常用在线热值分析仪分析热值变化，更能准确地控制加热炉燃烧中的燃料气。

（3）烟道气组分分析

① 烟气的氧含量测量与控制。高温烟气中的氧含量可以准确控制燃烧质量。选用氧化

锆分析仪测量氧含量。在设有燃料/空气比值复杂控制时，氧含量参与空气流量控制的修正运算。对烟气氧含量还应设高限和低限报警。

② 烟气的一氧化碳含量分析。一氧化碳的测量可作为氧含量测量的补充。通常氧化锆分析仪除了在线检测氧含量外，还可以同时检测一氧化碳含量。对于一氧化碳含量应设高限报警。

③ 环保控制指标的检测。环保控制指标包括有烟气混浊度、硫氧化物含量、氮氧化物含量，目前采用定期采样分析。

（二）减压塔控制方案

1. 温度控制与检测

（1）减压塔顶温度控制。塔顶温度控制是通过调节返回减压塔顶的回流量来实现，采用温度与流量串级控制的方案。减顶温度的取源点在减压塔的顶部，检测元件应插在气相段。

（2）减一中温度控制。减一中温度控制是通过调节减一中循环油返塔的流量，温度与流量的串级控制。检测元件应当插在气相段。

（3）减二中温度控制。减二中温度控制是通过调节减二中循环油返塔的流量，温度与流量的串级控制。减二中循环油来自减三线。检测元件应当插在气相段。

（4）减压塔进料段及以上温度。减压塔进料段及以上需设置较多的温度检测点，检测元件应插在气相。这是由于减压塔是多侧线抽出、多中段流量返回，在真空条件下将重油中的轻油分离出来的操作对于检测塔内的温度梯度十分重要。各物料进出会影响塔内温度，而温度关系到各种组分的分离情况。因此，除了上述的温度控制外，所有的塔侧线抽出和中段返回的管道上，都设有温度检测。

（5）减压塔下部和底部温度控制。减底气相温度是通过调节经换热冷却后的少部分减底渣油返塔量来进行控制的，流量采用单回路调节方案。

减压塔底液相温度对于减压塔操作十分重要，由于塔底抽出流路多，在蒸汽汽提的条件下有液液和气相变化，因此一般不设置直接的温度控制，其温度由返塔的循环油和过汽化油、轻洗油的抽出、返回量来间接控制。

为了有效和快速地降低塔底温度，在一些工艺流程中，向减压塔底注入急冷油。对于这种工艺，可采用减压塔底减渣温度与急冷油流量串级的控制方案。减压塔底温度取源点设在塔底热渣油抽出的管线上，检测元件应插在液相段。

2. 压力检测与控制

由于减压蒸馏必须保证减压塔在一定的真空状态下操作，因而减压塔的操作压力是原油蒸馏装置中非常重要的工艺参数。

减压塔的压力一般用绝对压力表示，有时也用真空度或负压来表示。减压塔在不同高度部位设置了多处压力检测点，作为远传和就地指示。在塔的顶部、塔的进料段有远传绝对压力检测，在各个抽出段即减一线、减二线、减三线等和各个中段回流返回段即减一中、减二中上部及减二中下部返回段，均设就地绝对压力表来测量塔的操作压力。

有些在加工含硫原油的蒸馏装置的减压系统中增设了减顶气脱硫塔。这是一个吸收塔，其目的是脱去减顶气中的硫化氢气体。脱硫以后的减顶气可以作为自用燃料气送入加热炉使用。在脱硫塔的填料层上下两端，设有差压检测，以了解吸收塔的工作情况。

3. 流量检测与控制

减压塔是多侧线抽出、多中段回流的分馏塔。进、出减压塔的物料流量都需要控制。现以一个有三条侧线抽出的减压塔为例，说明流量检测与控制。

（1）入塔流量。减压塔的入塔物料主要是塔的进料，进料从减压炉出口经转油线由减压塔下部的进料口进入。对于处理量较大的原油蒸馏装置，减压炉一般都有两个炉膛，多路分支炉管在炉出口汇合成一个总管进入减压塔，也有汇合成两个炉出口总管的减压炉，此时减压塔的进料也需分为两个入口，减压塔上有两个标高相同而方位不同的进料口。而入减压塔的进料流量已经在减压炉的入口得到严格控制。

减压塔另一个入塔流量是塔底过热蒸汽的注入量（当设侧线汽提塔时还有汽提蒸汽量），其大小与塔底液位变化以及塔顶抽空器的负荷、抽真空效果有很大关系。一般设为单回路流量控制。有些控制方案还设置了安全策略，即当塔底液位升到高限时，液位控制器输出信号到蒸汽流量调节阀，切断汽提蒸汽。

（2）出塔流量与回流流量。减压塔与常压塔相似，是多产品输出的分馏塔，有些减压塔从塔顶到塔底有多达5~6个抽出侧线。

塔顶油气量是由塔的物料平衡决定的，没有直接的控制手段。在湿式减压蒸馏中，塔顶油气中含有大量的来自塔底汽提蒸汽等的水蒸气。经过抽空器、冷凝器、冷却器后形成的含水减顶油，进入减顶分水罐，经过油水分离后，减顶油作为柴油组分出装置，减顶含油水进入全厂污水处理厂进行处理。

减一线馏分的抽出口在减压塔上部的填料段下面，抽出后的馏分分为三路：一路经多级换热冷却后作为柴油组分出装置，其流量与减一线抽出口的液位组成串级控制；另一路经过进一步冷却后作为顶循环油返回减压塔顶作回流用，其流量与减压塔顶温度组成串级控制；还有一路抽出后，不经换热，作为减一线回流返回减压塔，此流量设置单回路控制。这三个流路上都设有流量控制，因此对于同一物料的多流路流量控制的工况，应当特别注意对象通道间的关联影响，避免互相干扰。

减二线抽出馏分分为两路：一路与原油换热冷却后，作为轻柴油组分出装置，其流量与减二线抽出口液位组成串级控制；另一路作为减一中油返塔，其流量与减压塔中部温度组成串级控制。

减三线抽出馏分分为四路：一路与原油换热冷却后，作为重柴油组分出装置，其流量与减三线抽出口液位组成串级控制；另一路作为减二中循环油返回减三线抽出口的上部，其流量与减三线温度组成串级控制；还有一路抽出后，不经过换热，作为轻洗油返回减压塔下部，此流量设置单回路控制；在减二中循环油管道上还分出的第四路流量，作为轻洗油返回减压塔下部，此流量设单回路控制。轻洗油从换热器组的不同部位引出，因此温度不同，根据操作需要调整这两路不同温度的轻洗油流量，增加了减压塔中下部的操作灵活性。

对于有更多侧线抽出的减压塔，抽出馏分的流量更需要检测。

原油经过常减压蒸馏后，减压塔底留下的是蒸馏装置不能再加工处理的减压渣油。从减压塔底抽出的减压渣油分为两路，其中一路经过换热冷却后出装置，其流量与塔底液位组成串级控制；另一路在降温后返回减压塔底第一层塔盘的溢流盘上方，作为急冷油来控制减压渣油的温度，其流量由塔底抽出口的温度控制。

（3）其他流量。减压塔的进料段上部一般都设置了过汽化油的抽出口，过汽化油抽出后分为两路：一路经流量控制返回减压塔底，用于平衡减压塔底的操作；另一路由过汽化油抽出口液位控制，返回减压塔过汽化油抽出口上部，用于平衡塔底油气量，以降低塔底负荷。在有些工艺过程中，将过汽化油注至减压炉的入口，称为过汽化循环油以改善减压炉和减压塔进料段的操作。

在设置了减顶气脱硫塔的减压工段中，一般采用胺液作为吸收减顶气中硫化物的碱性吸收剂。胺液一般是来自装置外，如是来自罐区或溶剂再生装置，在进入脱硫塔前应设有流量控制。根据塔的结构，在每段填料层上部注入吸收剂，每一个流路的吸收剂流量都设单回路控制。

4. 液位检测与控制

对于不设汽提塔的减压塔，应在减压塔的各侧线液态抽出口设液位测量，以保证侧线物料在抽出口处维持一定的液位，防止液位过低造成泵抽空；避免液位过高造成淹塔。

（1）减一线抽出口液位控制。减一线抽出口液位为主回路与减一线（柴油组分）出装置流量组成串级控制。

（2）减二线抽出口液位控制。减二线抽出口液位为主回路与减二线（轻柴油）出装置流量组成串级控制。

（3）减三线抽出口液位控制。减三线抽出口液位为主回路与减三线（重柴油）出装置流量组成串级控制。

（4）过汽化油抽出口液位。过汽化油抽出口液位对减压塔下部的物料平衡十分重要。过汽化油从减压塔进料段上部的集油箱抽出后，经过过汽化油泵加压，在泵出口分几路后再返回减压塔和常压塔。过汽化油抽出口液位控制，根据工艺操作采用两个调节阀切换的单回路控制方案，这两个调节阀分别设置在返回减压塔过汽化油抽出口集油箱上部的管道上和进入常压塔底的管道上。另外还有一路过汽化油返塔为单回路流量控制，过汽化油返到比抽出口低的减压塔底汽提段上部。

（5）减压塔底液位控制。塔底液位为主回路与减底油出装置流量组成串级控制。减压塔底的液位很重要，但控制相对困难。由于底温度一般高350~360℃，减压塔底渣油又是原油蒸馏装置中相对分子质量、黏度、含硫量最大的介质。因而，减压渣油在塔底的停留时间需要严格核算，停留过长会引起塔底结焦。

大型化的减压塔需在塔底设置两路入塔的流量控制，来保证减压塔底操作的正常和稳定。一路是汽提蒸汽的流量；另一路是减底渣油经过冷却后部分返回塔底的流量，这个流量虽然受塔底温度直接控制，但也是塔底液位的间接调节参数。

（6）减顶分水罐的液位和界位控制。进入减顶分水罐的流体是经过一、二、三级减顶抽空器和抽空冷凝、冷却器后的减顶油和抽空用的冷凝后蒸汽以及减顶的不凝气等。在减顶分水罐中，将油水分离开。分水罐液位控制减顶油出装置流量，脱水包的界位控制含硫污水出装置流量。

（7）减顶气脱硫塔塔底液位控制。减顶气脱硫塔塔底液位控制塔底胺液的抽出量。

（三）减压汽提塔控制

一般减压塔减二、三、四、五侧线设置汽提塔。汽提塔的主要控制为液位控制。减压侧线的汽提塔液位，一般采用单回路控制安装在各自的减压侧线流出管线上的控制阀来实现，也有采用控制安装在各自塔底的出口管线上的控制阀来实现的。

汽提用过热蒸汽流量单回路控制。由于过热蒸汽流量直接并快速地影响着汽提塔底的温度和侧线组分的油气分压，因此在液位控制上还应设置一个关联的保护方案，即在液位超高时应立即关闭过热蒸汽汽提流量的调节阀，以免出现“冲塔”现象。

（四）减压塔顶抽空系统

要使结构复杂、容积庞大的减压塔在微小的绝对压力下操作，其真空度是由多级抽空器来保持的。对于深拔的生产基础油的减压系统的三级抽空方式是两级蒸汽抽真空和再一级机械抽真空系统。

形成减压系统微小的绝对压力，主要决定于抽空器的结构、效率等因素，另外控制抽真空的蒸汽的参数和减压塔顶分水罐液位等也有间接影响。

（五）紧急隔离阀的设置

紧急隔离阀(EBV)是当装置或设备发生紧急情况时，将设备之间的物料通路切断，阻止事故及灾害的蔓延和扩散。紧急隔断阀与普通的切断阀相比，不同点在于具有隔离高火灾危险设备的特殊功能。

用在塔底或罐底出口至泵入口的管线上，也称塔泵隔离阀或罐泵隔离阀。根据减压蒸馏装置的工艺流程，减压塔底与减压渣油泵，减压塔过气化段与减压过汽化油泵，减二中段油与减二中泵，减三中段油与减三中泵，减顶罐与减顶罐脱水泵，减顶气脱硫塔底与塔底泵，原油进装置入口管等处都应设置紧急隔离阀。

用于切断加热炉热源即加热炉的燃料油和燃料油回油隔断阀，高压燃料气隔断阀等，也与紧急隔离阀相同。

紧急隔离阀的分类，根据重要性分为A、B、C、D四类，其中D类是用动力(气动或电动)操作的阀，控制D类紧急隔离阀的远程控制按钮，应设置在DCS操作站上。现场就地控制按钮的安装位置，至少应离开可能泄漏设备有12m的水平距离。

三、主要联锁方案

安全联锁系统的设计原则为故障安全型。就是当安全仪表系统的元件、设备或能源发生故障或失效时，系统设计应当使工艺过程处于安全状态。当工艺参数出现不可控的异常工况时，安全联锁系统应立即自动启动，实施安全保护措施，并及时发出报警。安全联锁系统按照预先设定的方案处理异常状况，如果在一定时间内异常状况仍然没有解除，就要及时地执行紧急停车。另外，安全联锁系统的设计还应考虑在联锁停车以后，在异常工况解除后，不仅能顺利复位，而且可以使被控的工况顺利地恢复正常状态。

在原油蒸馏的减压部分设置与安全、平稳操作有关的自动连锁方案作用有：减压塔塔顶压力高高报警时自动关闭抽空蒸汽；减压塔塔底液位高高报警时关闭汽提蒸汽调节阀；减二汽提塔塔底液位高高报警时关闭汽提蒸汽调节阀；减三汽提塔塔底液位高高报警时关闭汽提蒸汽调节阀；减四汽提塔塔底液位高高报警时关闭汽提蒸汽调节阀。另外，常压炉、减压炉和烟气余热回收部分共设置加热炉联锁系统一套。当装置发生事故时，应紧急切断进减压炉的燃料油及燃料气，关闭减压塔底电动阀，同时自动停运减底泵。

第九节　典型事故案例分析

一、操作不当减压塔内发生爆炸事故

（一）事故经过

1973年3月16日某炼油厂常减压车间。按厂计划进行停工检修。零时开始降温降量，

5：00时切断进料，5：11时开始破坏减压塔真空度。先后将一、二级真空泵停掉，关闭放空阀，关闭塔底汽提。后因真空度恢复较快，又决定将二级真空泵开起，同时打开放空阀。6：30时再次停二级真空泵，当把蒸汽停掉后，塔内为负压，空气便由排空管经抽空线迅速吸入减压塔内。因塔内温度较高，且有大量油品和可燃气体，当即引起塔内爆炸，爆炸发出巨大响声，钢架震动。事故造成减压塔内有14层塔盘被炸坏脱落。

（二）事故原因

主要原因是在减压塔高温和真空状态下，消除真空过程过快，放空阀未关闭，通过放空管线大量吸入空气，在塔内与高温油气混合导致爆炸。

（三）事故教训

（1）职工在装置停车操作中粗心大意，工作责任心不强。

（2）没有严格按照装置工艺操作规程执行生产作业操作。

（3）装置停车要有切实可行的停工方案，严格按停工方案操作。

（四）防范措施

（1）组织职工对装置停车方案进行认真学习，提高职工操作水平。

（2）在停二级真空泵之前，确保放空阀先关闭。

二、油品窜入蒸汽线、灭火时发生事故

（一）事故经过

1975年4月5日某炼油厂常减压车间。5：15因减压系统操作不正常，减二线油变黑，经污油线送至污油罐，因污油线的蒸汽扫线阀未关，污油窜入保温蒸汽线，由蒸汽线漏进减压塔的中部和上部保温层内，因塔体表温度较高引起着火。灭火时由于消防蒸汽线内有油，使火势扩大(吹扫、保温、消防蒸汽管网)。事故造成减压塔上一些防爆灯具、橡胶绝缘线、接线盒、电气设备和仪表等附属设备烧坏。

（二）事故原因

操作人员误操作，污油扫线后忘记关闭蒸汽扫线阀，使减二线油窜入蒸汽线内。减二线黑油经污油线送至污油罐，其投用管线没有经任何检查确认工作便直接使用，导致火灾事故。

（三）事故教训

对于生产装置上的每一项作业，应落实专人专责(含接单、检查、监管，交接、交底等任务)，以免造成管理混乱、失控局面；投用管线没按要求进行工艺确认操作。

（四）防范措施

（1）污油管扫线完毕后一定要关闭蒸汽扫线阀。

（2）投用任何设备和管线一定要进行工艺确认手续，状态完好方可投用。

（3）加强职工技术培训，严格工艺操作纪律。

三、减压塔出口管线未加盲板检修发生爆炸事故

（一）事故经过

1976年5月27日某石油工业公司一蒸馏装置。5月2日一蒸馏装置停汽进行大修，装置经过吹扫处理后，5月8日11：00对减压塔进行气体分析，显示合格，下午又进行了点火试验，未发现异常，从晚上开始交付检修单位施工。在5月23日前，先后在塔内进行了

塔盘修理和动火作业。之后在塔外还进行了动火作业。为了赶进度，车间在5月26日开始封人孔，该塔共14个人孔，当天即封好6个人孔(自下往上数第8~13个)。27日上午，由车间领导又带领15人从塔底向上封人孔，将塔底1、2、3共3个人孔也封好(从塔底往上数)。到14：40继续进行封人孔作业。当电焊工点焊塔底抽出管线至塔底泵-10的一道焊缝时，减压塔内发生了爆炸。一股气浪从第4、5、6个人孔冲出，将正在封人孔的2名工人抛到离塔20多米远的加热炉顶上。事故造成1人当场死亡，1人经抢救无效死亡，7人受伤；塔内第1~14层塔盘炸坏；装置推迟开工10天。

（二）事故原因

发生这次事故主要原因是：没有落实检修安全措施。按检修措施规定，进出装置之管线必须加装铁制盲板。而减压炉的紧急放空线是与热裂化装置的紧急放空线相连接的，中间一道阀门未关，更未加盲板。在停减压炉反吹扫时，南北二路放空线的阀门都被打开，虽在5月20日塔北进料阀门用火时，看火人将炉的北放空阀门关闭了，但炉的南放空阀还有7格未关严，塔的南进料阀也有泄漏，使热裂化的瓦斯从放空线窜进炉管，再由炉管通过塔的南进料阀漏进塔内。而在封人孔时由上往下封，使瓦斯聚积达到可爆浓度，遇电焊一点即发生爆炸。事故分析示意流程见图2-3。

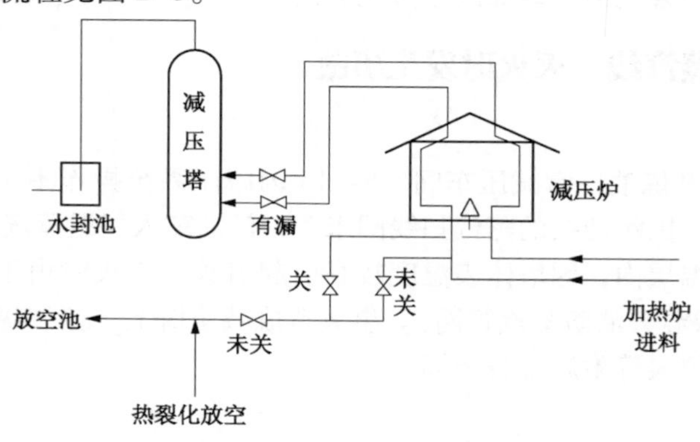

图2-3　事故分析示意流程图

（三）事故教训

通过这次事故告诉我们，凡生产装置检修，必须认真落实安全措施，制定盲板图表，并实行装拆记录，封闭塔人孔时，要由下往上封，防止可燃气体积聚积。

（四）防范措施

对塔、罐、储槽等容器设备进行检修，要落实安全检修措施。按规定进出检修设备之管线必须加装铁制盲板，制定装置容器设备盲板图表，并实行装拆记录；在检修设备内部要按规定时间间隔进行可燃气体浓度检测，并认真做好化验单记录和保存工作；加强职工安全教育。

四、烧焦不当炉管被烧弯事故

（一）事故经过

1981年5月6日某炼油厂北常减压车间。装置正停工检修，减压炉于20：00开始烧焦，21：10烧焦完。车间工程师安排常压操作员停常压塔底蒸汽。操作员停好蒸汽后，自作主张将减压炉四路进料注汽阀关闭。22：30司炉员准备常压炉烧焦改流程时，从减压炉看火窗发现炉管烧红弯曲，即通知车间值班员。经检查确认是进炉四路蒸汽已停，司炉员经请示车间副主任同意后又打开减压炉四路注汽阀给少量蒸汽。炉管通汽后，转油线也被烧得通红，待减压炉熄火停汽、次日打开检查时，发现炉管弯曲严重。事故造成减压炉辐射 17 根炉管烧弯。

（二）事故原因

（1）减压炉烧焦结束后，未关严风阀，炉管内仍有空气通入，致使关汽后，管内焦粉激烈燃烧半小时之久，炉管温度高达 800℃以上。发现后，又急忙通入蒸汽，造成高温淬火，使炉管洛氏硬度上升 40~44，导致炉管严重弯曲报废。

（2）在圆筒炉辐射管下端大部分弯头箱里塞满了衬炉用的轻质混凝土，未及时清除，炉管受热不能自由下伸，而只能向上伸长，促使燃管弯曲变形。

（3）在烧焦过程中，既无制定烧焦方案，也没有明确的升温、降温曲线图，现场指挥混乱，操作人员不但未关严烧焦风阀，而且错误地过早停了烧焦蒸汽。

（三）事故教训

这是一起严重违章操作事故。操作工在未得到操作指令情况下，违章把减压炉四路进料注汽阀关闭；操作工发现减压炉炉管烧红弯曲时，车间副主任没考虑技术可行性，便同意打开减压炉四路注汽阀给蒸汽，结果造成减压炉 800℃以上高温炉管高温淬火，导致炉管严重弯曲报废；现场指挥混乱，无技术可行的烧焦方案。

（四）防范措施

（1）炉辐射管下端弯头箱里的衬炉轻质混凝土要马上清除。

（2）要制定技术可行的加热炉烧焦方案，方案执行前要组织职工讨论和学习。

（3）检修要成立检修指挥部，检修工作要有计划有步骤地进行，杜绝违章指挥。

（4）注意加强职工技术培训工作，提高职工技术业务水平。

五、加热炉转油线穿孔漏油发生着火事故

（一）事故经过

1989 年 5 月 6 日某石化公司蒸馏外操岗位。常压炉转油线穿孔漏油着火，装置炉子熄火改循环。

（二）事故原因

转油线穿孔漏油发生火警，影响安全生产。

（三）事故教训

（1）管线选材要符合装置工艺技术使用要求。

（2）设备防腐监控工作，特别是高温热油易腐蚀部位的设备定期检测监控管理有待加强。

（3）巡回检查制度落实要到位，应及时发现隐患。

（四）防范措施

（1）加强重点部位的巡回检查，加强专业管理和设备技术培训；

（2）停工处理管线，认真落实巡回检查制度。

六、操作不当减压炉发生闪爆事故

（一）事故经过

1995 年 12 月 3 日某石化公司蒸馏外操岗位。8：00 车间安排减压炉降温，操作工先停

下减压炉烧燃料油的2号和6号火嘴，然后按规定向炉膛吹扫油嘴，并把燃料油进减压炉的控制调节阀上、下游手阀关闭。9：40减压炉全面熄火，操作工把减压炉的瓦斯阀门（共3道阀门）全部关闭，减压炉8个火嘴保持雾化蒸汽继续吹扫。11：40工艺员陈某安排当班外操陈某、杜某按由4号火嘴蒸汽跨阀→减压炉燃料油小循环线→返减压塔壁阀→减压塔的流程去吹扫减压炉燃料油小循环线，陈某、杜某先把燃料油返减压塔壁阀打开，接着打开减压炉小循环阀，最后才到减压炉4号火嘴处，把4号火嘴雾化蒸汽与4号火嘴燃料油线的连通阀打开，开始吹扫减压炉燃料油小循环线。11：50减压炉炉膛发生闪爆。

（二）事故原因

（1）未详细检查相关流程，导致燃料油倒窜。

（2）减压炉燃料油小循环线至减压塔管线后段不通，无法释放燃料油。

（3）燃料油反窜进减压炉雾化蒸汽系统，向炉膛吹扫时有蒸汽带油。

（4）炉膛有空气，炉管温度还很高，当油气混合浓度到达闪点温度时，炉膛发生闪爆、着火。

（三）事故教训

（1）加强工艺过程的监督管理，每次吹扫前必须对吹扫流程进行检查确认确保安全吹扫。

（2）从车间管理人员到班长对每项存在危害的工作，都要层层把好关，加强监督、管理。

（四）防范措施

（1）加强对操作工的岗位技术培训和安全教育。

（2）加热炉燃料油小循环线至减压塔段管线增加伴热蒸汽管线，防止燃料油后路冷凝。

（3）组织职工认真分析炉子发生闪爆事故原因，深刻吸取事故教训。

七、减压塔填料硫化亚铁发生自燃事故

（一）事故经过

2001年9月22日某石化总厂蒸馏装置。11：28作业监护人发现正在检修中的减压塔塔内减二线人孔冒烟，于是立即疏散作业人员，并通知班长派人提前向塔内打水，打水后发现烟雾反而加大，车间领导立即指挥报火警，5min后消防车到达现场，消防队员从人孔处向塔内喷射消防水，约13：20烟雾完全消失。事故造成烧损减二段填料约直径1m、深2m，拖延检修时间约1天。

（二）事故原因

调查人员经现场勘查取证，分析认定，减一线回流泵经减一中回流向减压塔顶打水，水汇流到减一线集油箱后，由于减一线集油箱漏水不能使水通过分配器均匀地洒在减二段填料上，导致远离减一集油箱下部、且附有硫化亚铁的减二段填料长时间暴露在空气中，从而发生了硫化亚铁自燃事故。

（三）事故教训

（1）在检修含硫原油途经的每套装置前，必须要摸清硫化亚铁的存在和分布情况，要充分认识到硫化亚铁的危害性，要采取隔绝空气或喷淋水等办法防止硫化亚铁长时间暴露在空气中，水喷淋时要注意喷淋到死角。

（2）在施工作业过程中，监护人的监护一定要到位，制定人员疏散应急预案并加强演

练。要加强对施工作业人员的安全教育，提高操作人员安全意识。

（四）防范措施

（1）将原定打水时间每间隔8h打水一次改为每间隔4h打水一次，每次打水时间在半小时以上，加大打水量。

（2）在洒水不够的上方人孔增加注水点，由消防支队协助喷淋。

（3）在检修整个减压塔期间，相关部门安排专人在现场指挥打水工作，监察减压塔内部硫化亚铁动态。在施工过程中，若发现塔内温度上升过快或温度大于45℃时，应立即提前打水。

（4）加强对塔内作业人员的安全意识教育，加强监护，时刻注意塔内情况，发现异常情况，监护人要及时指挥作业人员撤出并报告，以确保施工安全。

八、法兰受冷收缩，泄漏引发火警

（一）事故经过

2004年4月18日6：25，某公司3号蒸馏减压炉第4组进料流量孔板法兰泄漏，发生小火警，后由车间扑灭。孔板法兰用螺栓有松动现象，由维修人员拧紧半圈，靠栏杆外侧紧固约1圈。此管线介质常底油温度为345℃左右，压力为1.7MPa。

（二）事故原因

孔板法兰泄漏与当时下雨有关。8组孔板法兰原均有不同程度渗漏，曾于4月16日拧紧过，当时车间设备员在现场确认过没问题。而车间在灭火时正值大雨，平台积水较多，水沿着管线淌下，孔板法兰受冷后收缩，使螺栓松动，导致法兰渗漏。同样另外7组在事后的热紧中，发现螺栓能紧半圈左右，说明这些孔板法兰受水淋后发生同样问题。

（三）事故教训及防范措施

（1）应对装置新的升级管线法兰投用进行全面检查、热紧。

（2）8组进料穿平台管线，在穿平台处设置围堰或在管线上做伞帽挡水，使孔板法兰减少热冷状态变化的影响。

（3）操作人员应加强现场检查，特别是天气变化情况下的检查。

九、减底泵端面密封漏油

（一）事故经过

2008年3月9日17：20，某公司1号常减压蒸馏装置减压外操在巡检过程中发现减压泵房里有黑烟冒出，他立即赶到减压泵房进行检查。他发现某预热泵的端面密封处有少量减底渣油正向外漏出，及时采取措施关闭了该泵的进出口阀并通知班长。

（二）事故原因

预热泵输送的介质是减底渣油，而减底渣油属高温易燃介质，它在泄漏过程初期是冒少量黑烟，然后随着泄漏量的增加黑烟浓度不断变大，最终可能因油品的自燃而引发火灾事故。当输送高温介质的机泵端面密封失效后，该泵泵体内的油品就会大量泄漏。此时如不能及时发现并加以处理，泄漏出来的油品就会发生自燃现象从而引发火灾。其原因是：每种油品都有它的自燃点，即油品在一定温度下接触空气后发生燃烧的温度。一般而言，油品的自燃点随油品的干点上升而降低。当输送高温介质的机泵端面密封失效后，从端面密封处泄漏出来的介质随着浓度的增加和温度的升高就会产生自燃形成火灾。

（三）事故教训及防范措施

发现高温油泵的端面密封失效时一定要采取果断措施：

（1）如是正在使用过程中，要尽快切断该机泵的电源，关闭该泵的进出口阀。如是预热泵则要关闭该泵的进出口阀。

（2）如不能及时关闭泵进出口阀时，要尽快关闭离该泵进出口阀最接近的阀门。

在泵的使用过程中一旦发现泵的密封面漏油量超过标准，要及时联系进行修理。

十、换热器漏油着火

（一）事故经过

2009年12月30日17：20左右，某分公司炼油运转三班值班长突然发现对准3号常减压构二换热框架区域的摄像视频里有蒸汽状的气体在飘来飘去，十分可疑，就让3号常减压班长将摄像视频放远景查看，结果发现构二三楼南面换热器已经着火，就立即组织人员去现场自救。同时值班长让3号柴油加氢班长在中控室进行联系，并通知了装置值班员和领导。到了现场后，发现是某封头泄漏，原油泄漏至下层高温换热器引起着火。通过把泄漏换热器切出，并用现场保温内的保温棉现场吸油，在三层着火处五六个人集中灭火，不到15min火势就被控制并熄灭。在处理过程中，3号常减压降低处理量48t/h，火熄灭后，构二换热区每层留有操作工进行监护。

（二）事故原因

换热器（原油-初顶油气）在当天下午15：30投用后，因换热器更换了新管束，在安装时封头螺丝紧固不均匀，投用后封头因升压并受热膨胀，导致换热器封头泄漏。泄漏出来的原油未被及时发现，累积过多，原油漏至下层的高温换热器（初底油~减三线）顶部约280℃的法兰上自燃。

（三）事故教训及防范措施

（1）应加强对换热器检修的施工质量验收，提高检修质量。

（2）换热器投用符合操作规范，在投用初期及时安排检修人员进行热紧。

（3）安排好对口人员及操作工加强现场巡检，以便及时发现换热器泄漏。

第三章　丙烷脱沥青装置

第一节　概　述

在炼化行业的润滑油生产中，低黏度的轻质和中质润滑油馏分可以从减压蒸馏中切割相应黏度的馏分制取，而高黏度重质润滑油组分主要存在于减压渣油中，但减压渣油中集中了原油中所含有的胶质、沥青质及金属化合物的绝大部分，这些物质不是润滑油的理想组分，而且在加工过程中不易除去，必须经过溶剂脱沥青来制备重质润滑油原料。

溶剂脱沥青工艺是基于“相似相容”原理的物理分离过程，其目的是通过溶剂的作用脱除渣油中的胶质和沥青质等物质。20 世纪 30 年代，世界上第一套生产重质润滑油原料的溶剂脱沥青工业化装置问世。50 年代，我国第一套丙烷脱沥青装置在兰州炼厂建成投产。随着重质油深加工的需要，为了减少渣油中胶质、沥青质在裂化过程中的积炭以及渣油中金属杂质对催化剂的污染，溶剂脱沥青发展成为从减压渣油中制取催化原料的重要工艺，有利于催化装置的原料优化、长周期运行和炼厂经济效益的提高。

溶剂脱沥青所用溶剂可以是丙烷、丁烷和戊烷，也可以采用纯组分或它们的混合物。溶剂选择的依据是溶剂的选择性、溶解性、萃取收率和运行的经济性。较轻的溶剂选择性好，萃取收率低，脱沥青油的质量好。较重的溶剂选择性差，萃取收率高，但脱沥青油的质量较差。根据溶剂脱沥青溶剂的选择性和目的产品的质量要求，丙烷溶剂适合生产润滑油料，丁烷或丙丁烷混合溶剂适合生产催化裂化料，戊烷溶剂脱沥青与加氢脱硫组合工艺则可以提供更多的催化裂化料。

目前国内制备润滑油原料的溶剂脱沥青工艺使用的溶剂主要以丙烷为主，丙烷对减压渣油中的各组分的溶解度是不同的，按其大小次序排列依次为烷烃>环状烃类>高分子烃类>胶状物质。溶剂脱沥青生产的重质润滑油原料经过“老三套”（溶剂精制、溶剂脱蜡和补充精制）工艺或“老三套”与加氢的组合工艺后，能生产高黏度指数的重质润滑油基础油（150BS）。

本章主要介绍制备润滑油原料的丙烷脱沥青工艺。

第二节　工艺原理

一、萃取过程原理

一般来说，丙烷脱沥青过程中的物料分离是根据密度差原理和溶解度原理进行的。

密度差原理：在混合溶液中，由于密度小的组分会向上移动，密度大的组分会向下移动，从而实现物料分离的目的。

溶解度原理：通常来说，普通物质在有机溶剂中的溶解度存在一定的变化规律，在低温时溶解度小，温度升高，溶解度增大，直至两者完全互溶。但是，对于低沸点烷烃溶剂而言，当温度升至某一定值后，其溶解度的变化是随着温度的升高而降低，到达临界温度时，溶解度趋向于零。如丙烷，在20～40℃范围内丙烷对烃类的溶解度最大，40℃到临界温度(96.8℃)范围内，温度越高丙烷对烃类的溶解度越低，达到临界温度时，丙烷对任何烃类均不溶解。丙烷-渣油体系中溶解度与温度间的关系见图3-1。

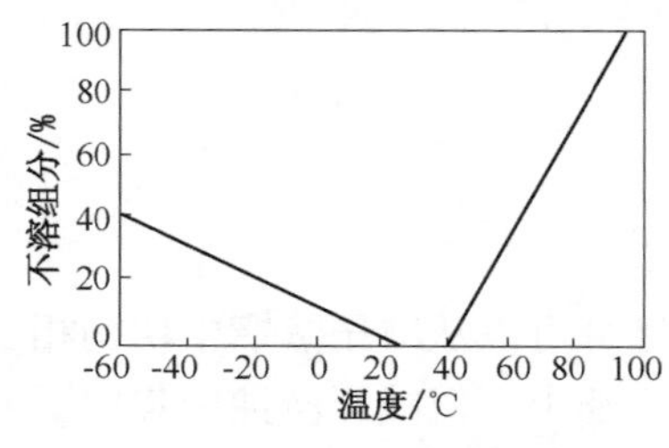

图3-1 丙烷-渣油体系中溶解度与温度间的关系图
丙烷：渣油=2：1(体积比)

非极性溶剂丙烷的溶解性能不仅与各组分的化学结构有关，而且与其相对分子质量的大小有关。对相对分子质量较小的烷烃、环烷烃易溶，对相对分子质量较高的稠环芳烃难溶解。

减压渣油的主要成分是饱和烃、芳香烃、胶质、沥青质，此外还含有少量S、N的化合物及Ni、V、Fe的金属化合物。

丙烷脱沥青就是利用胶质、沥青质等相对分子质量较大、极性较强(特别是稠环短侧链烃)的化合物与各种相对分子质量较小的烃类(烷烃、环烷烃)在非极性溶剂丙烷中溶解度有较大差别的特点，将减压渣油中的沥青与脱沥青油分离的一种方法。

丙烷脱沥青的萃取原理是以减压渣油为原料、液态丙烷为溶剂，在一定的温度和压力下，利用液体丙烷对减压渣油中润滑油组分和蜡组分有较大的溶解度，而对胶质、沥青质几乎不溶的性质，将减压渣油和液相丙烷在萃取塔内充分混合，进行萃取，使减压渣油中的润滑油组分和蜡组分溶于丙烷中，成为脱沥青油溶液，由于其相对密度较小，逐渐上升至塔顶，成为萃取液；胶质、沥青质几乎不溶于丙烷而析出，且相对密度较大，逐渐沉降至塔底而成为萃余液。

二、溶剂回收原理

萃取塔顶的萃取液经过溶剂回收过程得到脱沥青油，可以作为高黏度的润滑油料；塔底的萃余液经溶剂回收过程得到脱油沥青。而作为溶剂的丙烷则通过临界回收、蒸发回收、汽提回收等过程被循环使用。

(一) 临界回收

液体在一定温度下具有一定的蒸汽压，此时升高压力能保持以液体状态存在，但当液体超过某一温度时，无论加多大的压力，它只能以气态存在，这个温度称临界温度，也就是使液体以液态存在的最高温度。临界温度下液体的蒸汽压称为临界压力。根据溶剂的特性，在临界温度附近，溶剂几乎不溶解油馏分，所以使溶剂在临界条件下也即溶剂呈液态的最高温度条件下与油馏分分离。

根据临界状态的不同可分为准临界回收和超临界回收两种方法。准临界回收是接近临界温度下的回收，超临界回收是稍高于临界温度、压力下的的回收。

(二) 蒸发回收

组成脱沥青油的各馏分以及沥青、胶质与溶剂的沸点有很大的差异，利用溶剂与馏分油的沸点差异，在一定压力下，将它们组成的液体加热到一定温度，使溶剂蒸发，与脱沥青油或脱油沥青分离。

(三) 汽提回收

汽提回收是根据道尔顿分压定律，在含有少量溶剂的脱沥青油、脱油沥青溶液中，通入一定量的汽提蒸汽，使溶剂的分压降低，进一步汽化，从而达到回收溶剂的目的。

在以上溶剂回收的三种方法中，临界回收的溶剂量约占回收量的75%~90%，由于这种回收方法始终使溶剂主要以液态存在(也有少量汽化)，不像蒸发回收那样要使溶剂先从液态加热蒸发为气态，与油品分离，然后再使气态冷却，转化为液态，所以临界回收比蒸发回收节省大量的热量和冷却面积。

第三节　原料与产品性质

一、原料性质

丙烷脱沥青装置以减压渣油为原料，原料性质直接决定装置的运行水平和安全系数。原料较重时，其密度较大、针入度较小，轻脱油收率低、残炭高、颜色深，不利于轻脱油的质量控制，如果原料过重，丙烷脱沥青后的脱油沥青针入度过小、黏度过大、流动性差，容易堵塞填料或造成炉管堵塞，严重威胁装置的正常运行。原料较轻时，其密度较小、针入度较大，轻脱油收率高、残炭低、颜色浅，有利于轻脱油的质量控制以及提高收率，但原料过轻时，需要较大的溶剂比，装置能耗高、回收系统负荷大，影响装置的处理量，而且原料过轻时，产品收率与设计值偏离较多，会导致装置热量不平衡，严重时还会导致萃取塔混相。因此，为确保装置的安全、稳定、经济运行，对原料性质有一定的要求。根据国内丙烷脱沥青装置的生产经验，常用的制备润滑油原料的减压渣油控制参数见表3-1。

表3-1　减压渣油性质

项目	中间基渣油	石蜡基渣油
密度/(kg/m^3)	920~990	920~990
残炭/%	≤18	≤15
针入度/(1/10mm)	≥200	≥250
凝点/℃	≤45	≤55

二、产品性质

(一)轻脱沥青油

制备润滑油原料的丙烷脱沥青的目的产品是轻脱沥青油，根据后续润滑油加工工艺不同，要求的产品性质也有所不同。常见的作为“老三套”工艺和加氢与“老三套”组合工艺原料的轻脱沥青油质量指标见表3-2。

表3-2　轻脱沥青油质量

项目	“老三套”原料	加氢与“老三套”组合原料
残炭(质量)/%	≤1.8	≤1.6
100℃运动黏度/(mm^2/s)	22~32	27~32.5
正庚烷不溶物/(μg/g)	—	≤100

(二)重脱沥青油

重脱沥青油是丙烷脱沥青装置的副产品，主要作为催化和焦化原料或沥青调合原料，对其性质没有十分明确的要求。

(三) 脱油沥青

目前脱油沥青的用途主要是做沥青调合原料和焦化原料，脱油沥青的质量控制指标主要有软化点(℃)、针入度(1/10mm)和延伸度(cm)等。脱油沥青中所含的硫化物及金属化合物，对用以制取公路建设及建筑防水材料的沥青产品质量无不良影响，经丙烷脱沥青工艺后，脱油沥青的性质比常减压直接深拔要好很多，是优质的沥青调合原料。

第四节 工艺过程及单元操作

丙烷脱沥青装置一般分为萃取和回收两个部分。萃取部分决定产品的收率及质量，包括萃取塔、沉降塔、静态混合器及相关的冷换设备、原料泵、丙烷(增压)泵等设备，工艺管线和控制系统；回收部分决定生产过程中的消耗指标及加工费用，包括临界回收塔、蒸发塔、汽提塔及增压泵、压缩机、产品泵、加热炉、冷换设备、工艺管线和相关控制系统。此外还有水、电、汽、风等公用系统和辅助流程。图 3-2 为丙烷溶剂脱沥青工艺流程示意图。

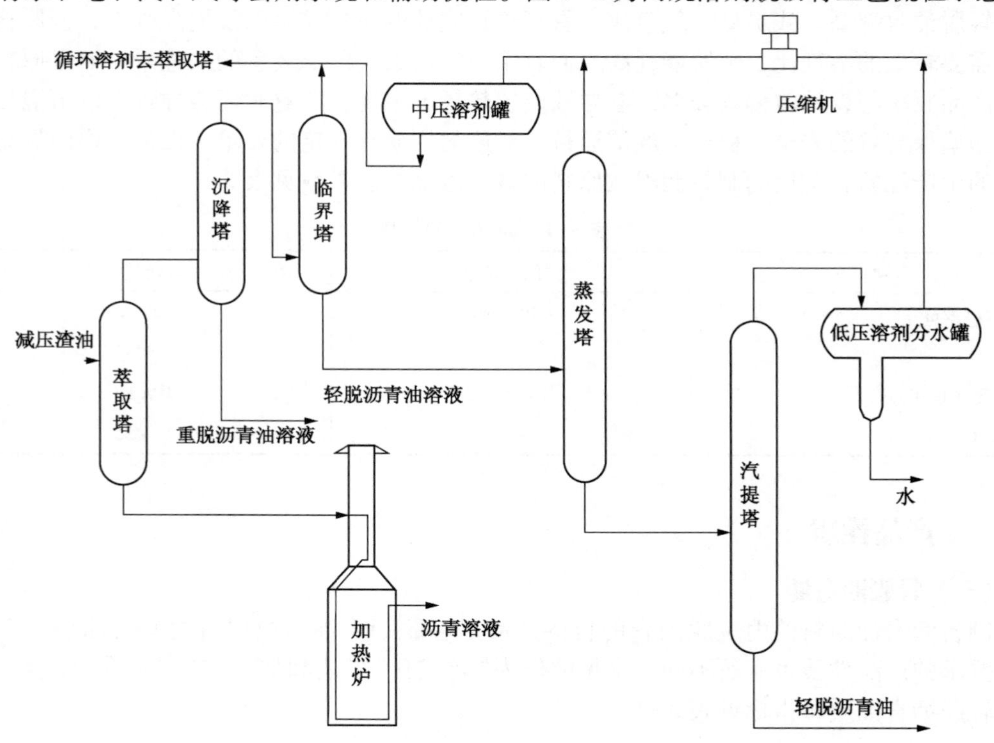

图 3-2 丙烷溶剂脱沥青工艺流程示意图

原料(减压渣油)与液体丙烷混合后进入萃取塔，在塔内由于相对密度的差异，萃取相(即脱沥青油溶液)逐渐上升至塔顶，萃余相(即脱油沥青溶液)逐渐沉降至塔底。

萃取塔顶脱沥青油溶液经换热后进入沉降塔，在沉降塔内，轻、重脱沥青油溶液同样依据相对密度的差异分离，轻脱沥青油溶液从沉降塔顶经加热后进入临界回收塔，临界回收又可分为两类：

(1) 低-高压萃取-临界回收操作工艺。增压泵用于输送轻脱沥青油溶液，升压后进入临界塔，且萃取塔操作压力低于临界回收塔操作压力的工艺，称为低-高压萃取-临界回收操作工艺。这种工艺的优越性是萃取塔可以在较低的压力下操作，从而降低萃取塔的造价及原料泵、溶剂(增压)泵的扬程及电耗；其次，增压泵增压的不是丙烷液体，而是含有大量的脱沥青油的丙烷-脱沥青油溶液，这种溶液的摩擦系数比溶剂液体小得多，从而使增压泵及其机械密封的使用寿命大大延长。此工艺尤其适用于老装置的改造。

（2）高-低压萃取-临界回收操作工艺。增压泵用于临界溶剂升压后进入萃取塔，且萃取塔操作压力高于临界塔操作压力的工艺称为高-低压萃取-临界回收操作工艺。20世纪70年代以后，丙烷溶剂脱沥青装置采用了临界回收工艺。首先采用的就是这种高-低压萃取-临界回收工艺。此工艺的特点是：在高于临界压力的条件下进行萃取操作，然后降压升温至临界状态进行溶剂回收，回收的丙烷经冷却降温后返回溶剂罐。后来有些装置引进了增压泵，将临界丙烷增压后直接进萃取塔，以降低动力消耗。目前国内的大部分炼厂采用的就是这种流程，如燕山、锦西、大连、荆门、茂名、独山子等企业。其中有些老装置由于萃取塔原设计压力低或有某种缺陷，操作压力不易高于临界压力，使临界塔被迫降压而采用所谓的“亚临界”操作，如燕山、锦西等企业。

临界回收塔顶的临界丙烷经换热、冷却后与溶剂罐来经溶剂泵输送的新鲜丙烷汇合进入萃取塔；临界塔底的轻脱沥青油溶液通过轻脱沥青油溶液蒸发塔、汽提塔后，轻脱沥青送出装置。

从沉降塔底出来的重脱沥青油溶液经加热后，通过重脱沥青油溶液蒸发塔、汽提塔后，重脱沥青油送出装置。

从萃取塔底出来的沥青溶液进入加热炉加热后，通过沥青溶液蒸发塔、汽提塔后，脱油沥青送出装置。

将沥青蒸发塔顶出来的溶剂引进重脱沥青油蒸发塔进行换热，从轻、重脱沥青油蒸发塔顶出来的中压溶剂经空冷器、溶剂后冷却器冷凝冷却后，返回中压溶剂罐循环使用。

轻、重脱沥青油汽提塔和沥青汽提塔顶出来的溶剂气体，经冷却并在溶剂分水罐内分水后进入压缩机压缩，经冷却后返回溶剂罐循环使用。

第五节　主要设备与操作

一、萃取塔

萃取塔的作用是实现两液相之间的质量传递，因此对其基本要求是使萃取系统的两液相之间能够充分混合、紧密接触并伴有较高程度的湍动，从而获得较高的传质效率；同时使传质后的萃取相与萃余相能够较好地分开。要求萃取塔具备生产强度大、操作弹性好、结构简单、易于制造和维修等优点。

根据结构的不同，丙烷脱沥青装置常用的萃取塔可分为以下两种类型。

（一）填料萃取塔

填料通常用栅板或多孔板支承。为防止出现沟流现象，填料尺寸一般不应大于塔径的1/8；同时为了防止分散相的液滴在填料层入口处聚集，分散相液体的分散管应置于填料支承板以上25~50mm。在选用填料时，除了要求溶剂对其腐蚀性要小之外，填料的材质还应优先被连续相液体所湿润，以防止分散相液滴在填料上形成小的流股而减少相际接触面积。通常，瓷质填料易被水溶液优先湿润；炭质或塑料填料易被大部分有机液体优先湿润，如聚乙烯、聚丙烯、含氟塑料等均是不亲水的；金属填料被水溶液和有机液体的湿润性能无显著差别，一般均可被二者湿润。

填料层的存在减少了两液相流动的自由截面积，塔的强度下降，但是填料层除了使连续相速度分布比较均匀和减少连续相的纵向返混外，还可使分散相的液滴不断破裂与再生，使液滴的表面不断更新，提高了传质效率。

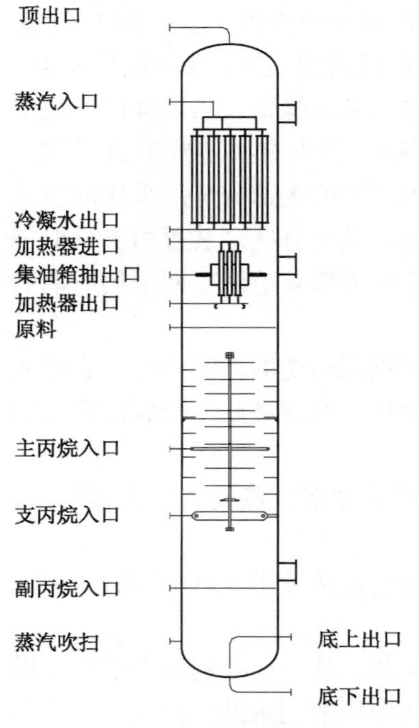

图 3-3　转盘萃取塔

（二）转盘萃取塔

转盘萃取塔结构示意图如图 3-3 所示，其主要结构特点是：在塔体的上部设加热器，提高顶底温差，并在中上部设集油箱抽出口，抽出副产品，在塔体中下部内壁上设有若干等间距的固定环，而在塔的中心旋转轴上水平地安装若干圆形转盘，每个转盘正好位于两相邻固定环中间，转盘由支丙烷通过喷射驱动而旋转。固定环将塔内分隔成若干区间，在每个区间有一个转盘对液体进行搅拌。在上部固定环的上方及塔底固定环的下方分别为沉降区，以便使液体出塔前能更好地分层，当转盘转动后，每个区间的液体沿转盘转动的方向做旋转运动，便产生高的速度梯度和剪切力，剪切力一方面使连续相产生强烈的水平方向旋涡，另一方面使分散相形成小液滴，这样就增加了两相接触面积和湍动程度，提高了传质效率。同时，转盘附近的液体，沿轴向塔壁运动，当受到固定环和塔壁的阻挡后又从塔壁向塔中心运动，这样在各个区间内形成了环流运动。圆形转盘是水平安装的，旋转时不产生轴向力，轻液由下向上及重液由上向下的逆流运动仍然是以两液相的密度差为推动力。因此，在转盘塔内液体的流动状态十分复杂。

对于转盘萃取塔，分散相在连续相中的分散程度可用转盘的转速来调节。当转盘的转速较小时，外加能量不足以克服液体的表面张力，不能使分散相液体形成较细小的液滴。当转盘的转速增加到一定程度后，分散相液滴进一步被破碎而形成较细小的液滴，这时的转速称为临界转速。此后，随着转速的增加，分散相液滴的直径减小，两相接触面积增加，液体的湍动加剧，传质效率提高。当转盘的转速继续增加到一定程度时，塔内产生液泛，破坏了塔的正常操作，这时的转速称为液泛转速。用转盘萃取塔内连续相和分散相的空塔速度之和表示塔的处理能力。在一定范围内，增加处理能力，使两相接触面积和湍动程度均增加，可提高传质效率；但当处理能力提高到一定程度后会造成返混，甚至发生液泛，此时的处理能力（或空塔速度）称为液泛处理能力（或液泛速度）。当溶剂比一定时，液泛处理能力基本上只与反映转盘塔性能的参数有关，而该参数与转盘的能量输入成正比，故称其为比输入功率因数。

转盘塔操作方便，传质效率高，结构也不复杂，特别是能够放大到很大的规模，因而在石油加工和石油化工工业中得到广泛的应用。

为了便于安装和制造，转盘直径要小于固定环的内径。一般来说，转盘的直径为塔径的 1/2 左右，固定环的内径约为塔径的 2/3。转盘间距约为塔径的 1/2～1/10。目前，转盘萃取塔的规模已发展到 6～8m 的塔径，塔高取决于转盘数和转盘间距，转盘数取决于每个转盘的萃取分离效果和所需要的理论级数。

二、静态混合器

静态混合器实际上是一种管道萃取器(见图3-4)。一般由单孔道左、右扭转的螺旋片组焊而成。原料在混合器内与溶剂进行多级混合后进入萃取塔，在塔内实现两相分离。

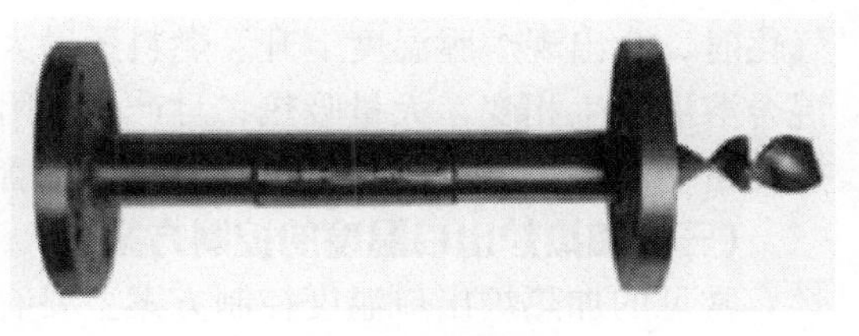

图3-4　静态混合器

三、沉降器

沉降器在具有两段萃取工艺的溶剂脱沥青装置中比较常见，分卧式和立式两种。内部结构上，有的是空塔，有的设置筛板，有的安装填料。一般采用的材质为耐冲刷腐蚀的高强碳钢或其他合金钢。

四、加热炉

(一) 加热炉基本原理

丙烷脱沥青装置采用的加热炉均为管式加热炉。按照结构外形分为圆筒炉和箱式炉。

管式加热炉一般都由四个主要部分组成：辐射室、对流室、烟囱和燃烧器。在辐射室和对流室内装有炉管；在辐射室的底部装有燃烧器；在烟囱内装有烟道挡板。为了提高加热炉的热效率，在热负荷较大的加热炉上还装有空气预热器。在生产过程中低温油料先进对流室，再进辐射室，在炉膛吸热后成为高温油料流出。

(二) 加热炉的主要工艺参数

在加热炉的日常生产操作中，重要的工艺参数有炉出口温度、炉膛温度、烟气温度、烟气氧含量、炉内负压、炉管背压等，加热炉的操作目的就是使这些参数保持在规定的范围内并处于相对稳定的状态。

(1) 炉出口温度。炉出口温度是指物料流出加热炉时的温度，它能保证油品中溶剂的蒸发回收效果以及保持油品合适的黏度和流动性。

(2) 炉膛温度。炉膛温度是指辐射室内烟气在靠近炉壁处的温度，是加热炉操作中的重要指标之一。炉膛温度能够比较灵敏地反映加热炉的负荷。当处理量或物料性质变化时，炉膛温度也随之变化。

(3) 烟气温度。烟气温度是指烟气排入大气的温度，是衡量加热炉热能利用率的参数之一。烟气温度高带入大气的热量就高，使炉效率降低。

(4) 过剩空气系数和烟气氧含量。过剩空气系数是衡量加热炉热能利用率的参数之一。过剩空气系数过小时燃烧不完全，浪费燃料；过剩空气系数过大时入炉空气过多，过剩的空气被加热为热烟气排出，从而降低炉效率。在实际操作中可以通过测定烟气中的CO_2、O_2的组成来计算过剩空气系数。烟气氧含量能反映过剩空气系数的大小和完全燃烧程度，一般来说氧含量高则过剩空气系数高，氧含量低则过剩空气系数低。

(5) 炉膛负压。炉膛负压是指炉内压力与同标高处炉外大气压力之差。负压的大小反映了烟囱抽力的大小，影响负压大小的主要因素有烟道挡板开度、烟囱高度、燃烧产生的烟气量等。

(6) 炉管背压。为了避免出现溶剂因压力低而在炉管内气化造成炉管结焦的现象，某些装置的沥青溶液炉(或胶质溶液炉)设有炉管背压控制。一般来说，当背压过低、炉管发生气化时，会出现炉膛温度上升、燃料量增大、炉出口温度提不起来的现象，原因是炉管内的混合溶液发生相变，大量吸热，且产生气阻，加热炉的处理能力随之下降。因此，操作过程中要密切注意炉出口温度、炉膛温度、炉管背压的相互联系，防止炉管结焦。

(三) 加热炉出口温度的控制方案

常见的加热炉出口温度控制方案主要有四种，下面分别介绍。

(1) 温度单参数控制。根据加热炉出口温度直接调节燃料量。在这种情况下，由于传热及测温元件的滞后较大，当燃料油(气)的压力和热值稍有波动时，就会引起加热炉出口温度的显著变化。对于加热物料温度要求不高且燃料总管压力比较稳定的情况，这种方案应用很广泛。

(2) 加热炉物料出口温度-炉膛温度串级控制。在影响加热炉出口温度的干扰因素中，除进料温度、进料流量和进料组分外，其他干扰因素都最后反映在炉膛温度上，而加热炉出口温度由于热传递滞后，反应较炉膛温度慢得多。当采用加热炉出口温度与炉膛温度串级后，由于副回路炉膛温度的超前作用，可以克服加热炉出口温度的滞后。同时，通过对比加热炉出口温度与炉膛温度的变化趋势，可以判断炉管结焦情况。

(3) 加热炉物料出口温度-燃料油(气)流量串级控制。燃料总管压力波动是引起加热炉出口温度波动的主要干扰因素。为了消除这一干扰的影响，可采用加热炉出口温度与燃料油(气)流量串级控制。这样的控制系统可以提前感受到燃料油(气)压力的干扰信号，及时进行调节，可提高调节质量。

(4) 加热炉出口温度-燃料油(气)压力串级控制。这种方案的原理与前一个方案相同，因为燃料总管压力波动，同样反映到燃料压力或流量测量仪表上。采用这种方案的优点在于压力测量较流量测量简便，当火嘴阻力不变时，压力与流量有对应关系。但是必须注意，燃烧火嘴的结焦会造成调节阀后压力升高的虚假现象。

在实际的操作中，可根据各装置的炉型、单炉或多炉操作以及燃料油和燃料气系统的特点，选用合适的控制方案。

(四) 加热炉的操作及调节

1. 加热炉点火

1) 准备工作

(1) 清除炉膛及周围杂物、垃圾，封好人孔，检查防爆门和烟道挡板是否好用，烟道挡板开一半，风门稍开。

(2) 准备好点火棒、点火器、灭火器材等。

(3) 燃料油罐水切净后改好流程，开燃料油泵，建立燃料油系统的循环。

(4) 如果烧燃料气，应将燃料气引至加热炉火嘴前，各加热盘管投用后，以防带油，控稳燃料气缓冲罐的压力。

(5) 将蒸汽引至炉前，作为消防和雾化之用。

2) 点火

(1) 向炉膛吹蒸汽 10~15min，烟囱见白汽。

(2) 炉管(包括过热蒸汽管)进介质后，将点火棒或长明灯点燃后送至火嘴旁，慢慢打开燃料气阀门，点着后再根据火焰情况，适当调节风门、烟道挡板及燃料气阀门。

(3) 如果烧油，先将雾化蒸汽线内凝结水放净，稍开蒸汽阀，点燃后适当开大油阀及汽阀，调节火焰，点火时蒸汽量不可过大，以防吹灭。

（4）点火时防止回火伤人，如熄火时必须立即关闭燃料气（或燃料油）阀，向炉膛吹蒸汽 5min 后按前述方法重新点火，严禁靠相邻火嘴碰火点燃。

（5）点火后，控制炉出口升温速度，逐步调节到操作指标。

2. 加热炉的正常操作

加热炉的正常操作就是在保证加热炉安全运行的条件下，通过勤检查、勤调节，达到燃烧正常、炉出口温度平稳、提高热效率的目的。

1）烟气氧含量的控制

烟气氧含量的大小是影响加热炉热效率的关键因素，通常以烟道挡板的开度控制炉膛的负压，用风门的开度控制入炉空气量，两者互为影响，互为补充。

在实际操作中测定烟气中的氧含量通常有两种方法。一种是将烟气采样抽出，用奥氏气体分析器进行分析（干烟气），另一种是用氧化锆直接插入烟道中进行在线分析（湿烟气）。

2）炉出口温度的控制

应按工艺标准严格控制加热炉出口温度，确保溶剂回收系统的操作平稳。

影响炉出口温度的因素主要有：燃料压力、蒸汽压力（烧油时）、加热炉进料量或温度、油品中溶剂含量、燃料带液情况、风门及烟道挡板开度等。

3. 加热炉的正常检查

检查炉膛是否清晰明亮，砖墙、骨架、吊挂等有无异状，炉管表面是否呈黑灰色；检查火焰颜色是否正常；保证各火嘴火焰大小均匀、不扑炉管；检查燃料油及燃料气压力、流量，蒸汽压力等。

五、机泵的操作

按泵作用于液体的原理，一般分为叶片式和容积式两大类。叶片式泵是由泵内旋转的叶轮输送液体的，叶片式泵又因泵内叶片结构形式不同分为离心泵、轴流泵和旋涡泵等。容积式泵是利用泵的工作室容积的周期性变化输送液体的，分为往复式泵（活塞泵、柱塞泵和隔膜泵等）和转子泵（齿轮泵和螺杆泵等）。

对于离心泵流量的调节，实际是通过改变管路特性曲线和泵的特性曲线的方法来实现。根据离心泵特性曲线可知：随着扬程增加，流量迅速下降，轴功率随流量下降而缓慢下降。由于流量和扬程随转速的下降而下降，轴功率随转速的下降而急剧下降，所以调节方法有：节流调节、旁路返回调节、变速调节。

对于容积式泵，不同形式的泵采用不同的调节方式。对于电动往复泵，一般设旁路控制阀调节流量，将泵多余液体经过旁路返回吸入管；对于电动比例泵和计量泵则多采用改变活塞或栓塞的行程来改变泵的流量；对于蒸汽往复泵，通常是通过调节进汽阀的开度来调节泵的往复次数，从而调节流量。

（一）离心泵操作法

1. 脱沥青油溶液泵及溶剂泵的操作

（1）开泵前的准备工作。保证清理机泵周围杂物，保证设备及环境干净。检查泵、电机部件是否齐全，连接是否紧固，地脚螺栓等是否松动，接地线是否松动，对轮罩是否装好。检查压力表、温度计是否齐全，阀门开关是否正确。轴承箱注入经三级过滤的合格润滑油到油标液面，机电轴承润滑油杯保持液面。打开冷却水上、下游水阀，调节好冷却水量，打开轴承冷却风。盘车2~3圈，看转动是否灵活，机泵有无异常杂音。联系钳工、电工到现场，为电机送上电。改好流程，打开泵入口阀，稍开泵体上部放空阀排空灌泵，然后关上放空阀，同时检查前后端有无泄漏。脱沥青油溶液泵如果备用泵处于预热中，应先关上预热阀。溶剂泵南北封油罐收氮气加压，保持封油罐压力高于泵入口压力0.15~0.30MPa，脱沥青油溶液泵保持封油罐常压。脱沥青油溶液泵应打开南北冲洗溶剂阀，给端封注入冲洗溶剂，正常情况下，备用泵停冲洗溶剂。

(2) 开泵。按启动按钮，检查电流是否由最大值迅速降至正常值，机泵是否发出正常的声音，振动是否在正常范围，转向是否正确。当泵出口压力上升到操作压力后，慢慢打开出口阀至工艺指标要求。机泵投入正常运行后，应全面检查电机电流、泵出口压力、泵体和轴承温度、有否泄漏振动等情况，如发现有异常应及时停泵处理。

(3) 停泵。关闭泵出口阀，停电机。脱沥青油溶液泵停下来后如果做备用，则应稍开预热阀预热泵体，每隔半小时检查一次，检查是否真正预热了，然后定期盘车。如果停泵后检修，则应先联系电工停电。泵体检修，停泵后应关入口阀与冲洗溶剂阀，先从泵体上部放空至火炬线，待泵体介质基本放净后，再打开底部放空阀，关顶放空阀，关冷却水。

(4) 泵的切换。做好启动泵的各项准备工作。按电钮启动备用泵。待泵出口压力大于操作压力后，慢慢打开出口阀，同时慢慢关小停用泵出口阀，直至关闭为止，注意确认启动泵的出口阀是否已开，防止憋压。关停用泵冷却水。如果停用泵备用，脱沥青油溶液泵应预热，预热阀尽可能开大，并定期盘车。

(5) 泵的正常维护。检查在用泵出口压力、流量、电机电流、有否异常波动、各部温度是否正常，电机温度不大于75℃，轴承温度不大于70℃。检查机泵振动、声音是否正常，地脚螺栓是否松动。严格执行"三级"过滤和"五定"制度，经常检查润滑油质量及润滑情况，及时加注或更换，保持油位处于正常。做好备用泵盘车工作。检查封油罐液位与压力，保持脱沥青油溶液泵封油罐常压，溶剂泵高于泵入口压力0.15~0.30MPa。注意根据水压变化调节好冷却水用量。在用泵出现抽空现象，应适当关小出口阀，并及时联系检查抽空原因，加以处理。泵端封泄漏溶剂时，可用蒸汽直接加热泄漏部位，并切换备用泵，联系钳工处理。

(6) 使用注意事项。为了使泵能更加平稳、良好地运行，在使用中应注意以下几点：

① 防止电机超电流。电机电流超过额定值，会使电机跳闸，泵停运，使操作发生波动，如果处理不及时还会发生事故。超电流的原因主要有输送介质温度、黏度、压力、流量的变化，如发现电流过高应及时调整操作。

② 常压外冲洗系统设有油位低限报警和压力高限报警装置，如果油位报警则表明冲洗油罐液位偏低，可向油缸内补充L-TSA32号汽轮机油至规定位置。如果压力报警则有可能是由于内侧密封泄漏或溶剂放空罐压力高引起，应仔细检查，排除故障。

③ 冬季常压外冲洗系统内的润滑油易凝固，不能在其中进行循环，发生这种现象的主要原因是泵输送的介质(如脱沥青油)少量泄漏到外冲洗系统内，由于脱沥青油凝固点较高，造成系统管线凝堵。如发生这种现象，可用蒸汽将系统管路吹热，把其中的油从放空阀排放干净，重新加入L-TSA32号汽轮机油即可。冬季也可对冲洗油管路上的散热片进行保温处理，效果更好。

④ 对于电机温度或轴承温度高、泵体振动大等故障，要及时进行检查排除。

⑤ 如果增压泵扬程过高，可考虑加装变频调速器降低电机转速。

2. 热油离心泵的操作

（1）启动前的准备工作。热油离心泵启动前的准备工作与脱沥青油溶液泵部分基本相同。

（2）泵的预热。输送介质温度高于200℃的离心泵启动前应进行预热。热油泵预热前应全面检查泵体管线连接处垫片、丝堵是否装好，压力表放空手阀是否关严，泵端面密封与封油线接头处有无漏油等。慢慢打开预热线阀门，利用输送的热介质不断地通过泵体进行预热，预热速度为50℃/h，每半小时盘车一次，以防止叶轮受热不均匀而变形，预热至泵体与输送介质温差在50℃以下。热油泵在预热时，泵体、泵座、封端应给少量冷却水。热油泵在启动前应停止预热。

（3）机泵启动。联系电工送电。确认准备工作做完后，按电钮启动。当机泵运转正常，出口压力高于操作压力时，可慢慢打开泵出口阀，待压力稳定后逐渐开大，使电流达到操作指标，严禁带负荷启动。装有封油系统的离心泵，待运转正常后应及时注入封油，减少泄漏和磨损。维持封油压力高于泵入口压力0.1~0.15MPa。

（4）正常停泵。先关出口阀，后停电机。停备用泵，应及时预热，并定期盘车。停泵检修，应关出入口阀，用柴油冲洗、蒸汽吹扫泵体，待干净后，关闭所有阀门，打开放空阀泄压。交出检修的机泵应达到泵体吹扫干净、泵体泄压至零。

（5）热油离心泵运行中的维护。检查泵出口压力、电机电流是否在规定范围之内，严禁长时间抽空。轴承温度：滚动轴承不大于70℃，滑动轴承不大于65℃，电机温度不大于75℃，若超温，应及时处理。经常检查电机振动与声音是否正常。经常检查润滑油质量，若出现乳化或有杂质，应更换。检查油箱液位，防止出现假液位。检查端封有无泄漏，注意保持封油压力高于泵入口压力0.10~0.15MPa。检查冷却水。

（6）离心泵常见故障与处理。离心泵常见故障与处理方法见表3-3。

表3-3　离心泵常见故障与处理方法

故障现象	故障原因	处理方法
密封泄漏	① 密封磨损严重 ② 密封面与泵轴结合不好 ③ 封油注入量、压力不稳 ④ 冷却水有问题	① 联系检修处理 ② 联系检修处理 ③ 控稳封油压力 ④ 调节冷却水
输送不出液体	① 未灌泵 ② 转向反转 ③ 吸入口堵塞	① 重新灌泵 ② 改变转向 ③ 清除堵塞物
振动大	① 泵轴与电机轴同轴度差 ② 泵轴弯曲	① 联系检修处理 ② 加强盘车
轴承温度过高	① 轴承内有杂物 ② 润滑油质量或油量不符合要求 ③ 轴承装配质量不好	① 清除杂物 ② 更换润滑油，调整油量 ③ 重新装配
电机过热	① 电机负荷不够 ② 电机内部出现故障	① 更换大电机 ② 联系电工处理

（二）蒸汽往复泵操作法

目前溶剂脱沥青装置使用的往复泵有单缸往复泵和双缸往复泵，它们都是蒸汽驱动的活塞泵，多用于输送沥青。

1. 开泵准备工作

检查泵各连接点、地脚螺栓等有否松动；零部件是否齐全，压力表是否安装和准备好用，盘根是否加足压紧；向注油器加足汽缸油；向油缸、汽缸盘根压盖处加汽缸油数滴，拉杆等活动点加机油数滴；打开泵的出入口阀和压力表阀；开少许蒸汽并打开排凝阀，提前半小时预热泵体，注意蒸汽不能开太大，防止泵自动运行。

2. 开泵

打开汽缸排凝阀，打开蒸汽入口管线上的切水阀切水。稍开主汽阀预热汽缸，直到汽缸排凝阀排出蒸汽为止，热后关闭排凝阀。打开乏汽阀。慢慢开大进汽阀，使泵的冲程数达到操作要求。检查油缸、汽缸、运转各部件运行是否正常，压力是否稳定，有否异常振动和杂音。

3. 停泵

关闭汽缸进汽阀。打开汽缸脱水阀，排尽冷凝水。关闭油缸出口入口阀。禁止采用关闭油缸出口办法停泵。

4. 正常维护

经常检查出口压力、冲程数是否正常稳定。经常检查油缸、阀门盘根、法兰等密封是否漏油、漏气，发现问题应及时处理。保持运行中各种部件润滑良好，及时向注油器及各注点加油。注意检查填料箱温度泄漏情况，控制泄漏在指标之内，又不使填料过紧超温。泵的冲程数如突然发生较大的变化，应及时调节蒸汽量，检查后路是否堵塞。经常检查机泵振动、声音是否正常，地脚螺栓及连接、活动部件有无松动。

5. 蒸汽往复量泵常见故障与处理

蒸汽往复量泵常见故障与处理方法见表3-4。

表3-4　蒸汽往复量泵常见故障与处理方法

故障现象	故障原因	处理方法
流量不足或输出压力太低	① 吸入管道阀门稍有关闭或阻塞，过滤器堵塞 ② 阀接触面损坏或阀面上有杂物使阀面密合不严 ③ 填料泄漏	① 打开阀门，检查吸入管和过滤器 ② 检查阀的严密性，必要时更换阀座 ③ 更换填料或拧紧填料压盖
异常响声或振动	① 各运动零件磨损严重 ② 地脚螺栓松动	① 调整或更换零件 ② 紧固地脚螺栓
零件过热	① 传动机构中油箱内的油量过多或不足，油有杂质 ② 填料压盖过紧	① 更换新油，使油量适宜 ② 调整填料压盖

（三）往复式计量泵操作

1. 开泵前的准备工作

确认地脚螺栓及出口接管螺栓齐全，并按要求把紧。压力表和安全阀齐全好用，并打开相应的阀门。加入足够的润滑油，使其液位略高于视镜刻度线。确认所需输送的流体有一定液位。确认行程调节表指示为零位。联系电工送电。

2. 开泵

改通流程，打开入口阀和出口阀。启动电机，先让泵在零位行程状态下运行3~5min。检查无异常情况后，每隔5min调节一次不大于20%量的行程。调节行程直到所输送的流量，满足工艺要求。

3. 停泵

调节行程到零位；按停泵按钮停机；关闭泵出、入口阀门。

4. 常见故障与处理

往复式计量泵常见故障与处理方法见表3-5。

表3-5　往复式计量泵常见故障与处理方法

故障现象	故障原因	处理方法
流量不足或输出压力太低	① 吸入管道阀门稍有关闭或阻塞，过滤器堵塞 ② 阀接触面损坏或阀面上有杂物使阀面密合不严 ③ 柱塞填料泄漏	① 打开阀门，检查吸入管和过滤器 ② 检查阀的严密性，必要时更换阀座 ③ 更换填料或拧紧填料压盖
压力波动	① 安全阀和导向阀工作不正常 ② 管道系统漏气	① 调校安全阀，检查清理导向阀 ② 处理漏点
异常响声或振动	① 各运动零件磨损严重 ② 轴弯曲 ③ 轴承损坏或间隙过大 ④ 地脚螺栓松动	① 调整或更换零件 ② 校直轴或更换新轴 ③ 更换轴承 ④ 紧固地脚螺栓
轴承温度过高	① 轴承内有杂物 ② 润滑油质量或油量不符合要求 ③ 轴承装配质量不好	① 清除杂物 ② 更换润滑油，调整油量 ③ 重新装配
密封泄漏	填料磨损严重	更换填料
零件过热	① 传动机构中油箱内的油不足或有杂质 ② 填料压盖过紧	① 更换新油，使油量适宜 ② 调整填料压盖

（四）螺杆泵的操作

用蒸汽往复泵来输送沥青，由于其一些固有的缺点，如振动较大、不易操作、卫生清理较难等，有些厂用螺杆泵来代替蒸汽往复泵，效果不错。

为防止溶剂被沥青携带，造成溶剂损失，通常沥青汽提塔要保持较高的液面。以前蒸汽往复泵是通过控制蒸汽入口阀的开度来调节往复泵冲程数，实现沥青流量的控制，从而调节沥青汽提塔液面。现在是利用螺杆泵出口向入口打回流，即采用旁路调节法来控制沥青出装置的流量，从而保证沥青汽提塔有一定的液面。当沥青汽提塔液面高时，控制阀关闭，回流减小，沥青出装置流量增大，使沥青汽提塔液面下降。此控制方案也可采用变频调速器，通过调节电机的转速，控制螺杆泵的输送流量，从而达到控制沥青汽提塔液面的目的。

1. 启动

改通扫线流程，打开扫线蒸汽对泵体进行扫线。打开保温蒸汽线，对泵体进行预热，同时应打开冷却水阀门，冷却轴承等部位。打开泵进口阀及排出阀，让沥青充满泵内。手动盘车，检查是否有异常现象。启动电机，调节回流阀开度，使沥青汽提塔保持一定的液面。待泵投入运转后，应仔细检查电机电流，泵出口压力、轴密封及振动等是否有异常现象。

2. 停用

按停电按钮，停止电机运转。关泵出、入口阀，改通扫线流程，对泵体进行扫线，扫净残存的油品，同时注意扫净残存的回流调节阀。冬季要做好防冻凝工作。

3. 维护保养及注意事项

按时检查泵出口压力、电流等，注意出口不要憋压。注意冷却水是否畅通，防止轴承烧损。检查泵体电机运行情况，不应有过大的振动及噪音。检查泵前端密封是否泄漏，如有泄漏，停泵联系维修。

4. 螺杆泵常见故障与处理

螺杆泵常见故障与处理方法见表 3-6。

表 3-6　螺杆泵常见故障与处理方法

故障现象	故障原因	处理方法
流量不足或输出压力太低	① 吸入管道阻塞 ② 回流阀开度不合理	① 检查吸入管流程 ② 检查回流阀
异常响声或振动	① 各运动零件磨损严重 ② 地脚螺栓松动	① 调整或更换零件 ② 紧固地脚螺栓
零件过热	传动机构中油箱内的油量不足或油有杂质	更换新油，使油量适宜

（五）丙烷压缩机

压缩机在溶剂脱沥青装置中的作用是把各汽提塔顶来的溶剂气进行压缩，使之升压，然后经过冷却系统变为液体回到溶剂罐重复使用。丙烷压缩机多为活塞式压缩机。这类压缩机的特点是适用压力范围广、效率高、适应性强，可用于较广的排量范围，因其排量受排气压力变化的影响较小，所以应用的范围很广泛。

下面介绍一下比较常见的型号 4L—12. 5/22 的活塞式压缩机，压缩机型号中各符号所代表的意义：

4——设计序号，即机种系列号；

L——气缸排列形式：直角式；

12. 5——入口状态下的排气量，m^3/min；

22——最高压力，kg/cm^2。

活塞式压缩机主要由传动机构、工作部件以及机体构成，此外还有润滑、冷却、调节等辅助系统。它的传动机构是曲轴连杆机构，由电机通过飞轮带动曲轴旋转，连杆的大头装在曲轴上，其小头与十字头相连，因而，曲轴通过连杆带动十字头在滑道内做往复运动。其工作部分包括气缸，气阀、活塞组件及填料等。气缸的内表面与活塞工作端面所形成的空间是实现气体压缩的工作腔。气阀是装在气缸上控制气体做单向流动的，吸气阀只能吸气，排气阀只能排气。气阀的启闭动作主要由缸内外压力差及气阀弹簧控制。活塞在气缸内做往复运动时，使工作腔的容积做周期变化，它与吸气阀、排气阀的启闭动作相配合，实现膨胀、吸气、压缩和排气四个过程的工作循环，从而不断吸入、压缩并排出气体。本机为双作用气缸。曲轴每旋转一周，带动活塞在缸内往复一次，气缸两侧各实现一次工作循环。本机为两级压缩，气体经一级缸压缩升至 0.4MPa 后，经中间冷却器降温后，再被吸入二级缸继续压缩升至 2MPa 左右。一般压缩机的润滑分为两个系统：一个供传动机构的润滑，靠轴头的齿轮油泵循环供油；另一个供气缸内活塞组件等的润滑，采用压缩机油，靠高压注油器注入气缸。

1. 压缩机的开车

（1）准备工作。检查设备、管线、阀门、安全阀、压力表、温度计、消防器材是否齐全好用，阀门开关是否正确。将注油器加足润滑油，液面达到 1/2～2/3，并用手摇动注油器，观察注油情况，向曲轴箱内加足液压油。检查冷却水是否畅通，水温及水压情况，打开中冷器、润滑油冷却器和一、二段缸的冷却水上下水阀。打开中冷器，溶剂接收罐，凝缩油分离罐，凝缩油接受罐，压缩机一、二段切水阀切水，切完后将阀关闭。盘车 2～3 圈．并将平衡锤置于最轻启动位置。

（2）压缩机的空运。按电门，启动压缩机，注意细听各部声音是否正常。检查各部温度、压力、电机电流是否正常，以及齿轮泵，注油器，曲轴箱，一、二段缸和出入口瓦鲁的工作状况。

（3）压缩机带负荷运转。空运时检查无问题后即可带负荷运转，顺次打开二段出口阀、二段入口阀和一段出口阀。缓慢打开一段入口阀，由一段入口阀开度控制溶剂分水罐压力及电机电流在允许范围内。

2. 压缩机的停车

（1）正常停车。关一段入口阀，按电门停电机运转。关一段出口、二段入口、二段出口各阀。打开一段入口和二段出门连通阀，将机内压力释放。中冷器及一、二段缸排凝。关上下水阀，冬季稍开上下水阀防止冻凝。

（2）紧急停车。出现下列情况时，应紧急停车：

溶剂分水罐液控失灵，溶剂接收罐液面高，经处理无效，压缩机有抽液体的危险。冷却水中断或中冷器严重漏水。压缩机盘根、瓦鲁等处严重泄漏溶剂。部分瓦鲁被打碎，振动突然增大，气缸、曲轴箱等处发出异常声音。电机故障，如电流过大、温度过高或冒烟等。润滑油系统出故障，经处理无效。管路连接处松动，严重漏气。

（3）紧急停车步骤。按电门停电机。关二段出口阀，将溶剂接收罐内溶剂放入事故罐或立即使用另一台压缩机，以防溶剂分水罐超压。其余步骤与正常停车相同。

3. 压缩机的正常维护

经常检查电机电流、各部温度、压力、润滑、冷却和运转情况，每小时做一次记录。注意溶剂分水罐、溶剂接收罐压力，防止压缩机超负荷。定期对溶剂接收罐、凝缩油接收罐进行切水或切凝缩油。经常倾听、辨别压缩机运转时发出的声音，判断运转是否正常，以决定如何处理。经常检查各安全阀使用情况。经常检查润滑油质量，适时更换或添加。冬季要做好备用机的防冻凝工作。

4. 压缩机正常运行时的控制参数

压缩机正常运行时的控制参数包括一段出口温度、压力，二段出口温度、压力，电机电流，电机温度，轴承温度等。

5. 压缩机常见故障及处理方法

压缩机常见故障及处理方法见表 3-7。

表 3-7 压缩机常见故障及处理方法

故障现象	故障原因	处理方法
排气量不足	① 瓦鲁泄漏，特别是一段漏气 ② 填料漏气 ③ 一段气缸余隙容积过大 ④ 气缸、管路、中冷器法兰连接处垫片破损	① 更换瓦鲁 ② 检查填料的密封情况，若磨损严重就需更换 ③ 调整气缸余隙至合适值 ④ 更换垫片或加以紧固
气缸内发出异常声音	① 瓦鲁破损，碎片掉入气缸内 ② 压缩机抽液体 ③ 气缸与活塞的上下止点间隙太小发生击缸现象	① 停机更换瓦鲁，清理碎片 ② 及时停车，查找原因，排除故障 ③ 加大上下止点间隙
气缸发热	① 冷却水流量不足或中断 ② 气缸内润滑油量太少或润滑油中断，如油泵、注油器工作不良 ③ 脏物进入气缸使磨损加剧	① 检查排除故障 ② 联系钳工维修 ③ 停车清理缸内脏物
压缩机振动大	① 气缸有异物掉入 ② 填料和活塞环磨损严重 ③ 压缩机各部件结合不好 ④ 气流脉动引起共振 ⑤ 出入口管线配管不合适	① 停车排除异物 ② 更换填料和活塞环 ③ 检查调整，特别要彻底紧固地脚螺栓 ④ 采取措施消除共振现象 ⑤ 采用合适的配管
压缩机气缸缸体冻裂	由于冷却水杂质较多，造成缸体冷却线路存有淤泥，冬季停工时气缸缸体内的冷却水被淤泥堵塞未能放净，将缸体冻裂	冬季备用机不停，使冷却水保持流动或在投用压缩机房内供暖气
润滑油压力偏低	注油泵不上量或链条脱落	联系维修人员

六、冷换设备的操作

(一) 换热器

1. 换热器的结构、原理及性能

换热器是溶剂脱沥青中的常见设备，使介质通过换热器相互换热，同时回收部分热量，达到节能的目的。

在高压系统中最常的换热器为 U 形管式换热器。换热器管弯成 U 形，两端固定在同一管板上，管束可以自由伸缩，不会因介质温差而产生温差应力。因为这种换热器只有一块管板，且无浮头，因而价格比较便宜，结构也简单，管束可以抽出清洗管间。但在管内 U 形弯头处不易清洗，管板上排列的管子少，管束中心部分存在空隙，使流体易走短路；管束中部管子不能检查更换，堵管后管子报废率较直管大一倍，管束抗震性差。这种换热器适用于两种介质温差较大、或壳程介质易结垢需要清洗、管程介质中无杂质、不易结垢的物料。

2. 换热器的操作

(1) 换热器的投用。换热器的本体与附件用法兰、螺栓连接，用垫片密封，由于材质不

同，在升温过程中，特别是超过200℃时，由于各部分膨胀不均匀造成法兰面松弛，密封面压比下降；高温时，会造成材料的弹性下降，变形，机械强度下降，引起法兰产生局部过高的应力，产生塑性变形，弹力消失。此时压力对渗透材料影响极大，或使垫片沿法兰面移动，造成泄漏。为了消除法兰松弛，使密封面有足够的压比以保持静密封效果，一般需要在250℃时进行热紧。

换热器投用前，要检查换热器的封头、垫片安装；检查换热器的低点排凝、高点放空；检查换热器的温度计、压力表；要先通冷流后通热流，注意避免单边受热，管壳两侧升温要缓慢；两路或多路换热器控制时，进料要单路、逐一进行，防止偏流。

（2）换热器的停用。换热器的停用应当遵循“先停热流后停冷流”的原则，将换热器的热流切出或改旁路，然后将换热器的冷流切出；要注意避免单边受热；换热器的管、壳程介质要排尽，对于冷却器，应将管程内存水放净，冬季做好防凝防冻；换热器停用后，应将管、壳程的放空打开，防止憋压或抽成负压损坏设备；如需检修，换热器要吹扫干净。

（3）换热器泄漏的检查。换热器的泄漏一般有两种：外部泄漏和内部泄漏。对于外部泄漏容易看得见，无法目测的泄漏也可用可燃气报警仪或肥皂水来检测。内部泄漏则不易被发现，要加强检查，防止物料从压力高的一侧漏进压力低的物料中。当换热器管束发生泄漏时，一般选用管程打压来查找漏点。

（二）空冷器的操作

1. 空冷器的基本类型与结构

空冷器按通风方式分为鼓风式、引风式和自然通风式三类；按冷却方式分为干空冷器、湿空冷器和干湿联合空冷器，其中湿空冷器又可分为喷淋蒸发型、增湿型和湿面型；按被冷却介质出口温度的控制方式分为百叶窗调节式、可变风机叶片角调节式、调速电机式、热风循环式和蒸汽伴热式五种类型；按管束布置方式分为水平式、倾斜式、圆环式，V形及多边形等。

空冷器结构包括：管束、风机、构架、其他附件（如百叶窗、梯子、平台、蒸汽盘管）等。湿空冷器和干湿联合空冷器还有一个喷水系统。

2. 空冷器的投用

根据环境温度，适当打开进出空气的百叶窗（有回流百叶窗的空冷器，在冬季应关闭进出空气的百叶窗，打开回流百叶窗）；打开空冷器进出口阀；启动空冷风机；有自动控制的空冷器，将百叶窗及风扇投入自动控制；根据工艺需要，给定空冷器环境温度；适当调节叶片、百叶窗角度，达到工艺要求。

3. 运行中的检查

检查冷却效果能否满足正常生产要求；检查转动设备（轴流风机或减速机）是否运行正常；检查管箱、管束等部位有无泄漏、结垢；检查进出口法兰、阀门及焊口、丝有无泄漏；检查管束有无严重变形；检查风机防护罩是否完好，防雷防静电措施是否完好。

4. 空冷器使用注意事项

冬季启动空冷器时，应关闭进出空气的百叶窗，自动控制要改成手动控制；冬季运行要防止空冷器偏流，发生冻堵；冬季长时间停用时，要关闭空冷器进出口阀。

第六节　正常操作与异常操作

一、正常操作

（一）塔器的操作

1. 萃取塔的操作

（1）温度。萃取温度对原料在溶剂中的溶解度有极大影响，而溶解度的大小又直接影响着脱沥青油及沥青的收率和质量。

一般情况下，温度升高，溶解度降低，选择性提高，脱沥青油收率下降，残炭、黏度、相对密度降低，颜色变浅；温度下降，结果相反。

温度过高，油组分沉降过多，造成沥青油含油量上升，软化点下降；温度过低，溶解度过大，使脱沥青油残炭上升，严重时还会造成萃取塔内混相，顶部出黑油。控制好萃取塔各点温度，对于平稳操作，提高脱沥青油的质量与收率有着重要的作用。

① 萃取塔顶部温度。萃取塔顶温是控制脱沥青油收率和质量的主要参数。一般讲，提高顶部温度，使溶剂的溶解能力下降，选择性增强，有利于从溶剂中析出萃取过程中所溶解的高残炭脱沥青油组分，脱沥青油的收率下降，但质量有所提高。但顶温过高，会使塔顶析出过多的油分来不及沉降，造成塔内分层不清，影响塔内萃取效果，严重时塔顶会出黑油。降低顶部温度，溶剂溶解度加大，选择性降低，对稠环芳烃也容易溶解，脱沥青油的收率提高，但质量下降。顶温过低，选择性进一步降低，影响脱沥青油残炭，严重时造成塔顶出黑油。所以在正常生产情况下，塔顶温度控制要稳定。对于有加热设施的装置来说，顶部温度可以通过改变顶部加热蒸汽量来调节。

② 萃取塔中部温度。萃取塔的中部温度也关系到脱沥青油的收率、质量以及沥青的质量，其作用原理与顶温相似，对于具有中部温度调节手段的装置来说，调节中部温度对改变收率比顶温更有效。

③ 萃取塔底部温度。萃取塔底温直接影响沥青的软化点、针入度和脱沥青油的收率。在较低的温度条件下，溶剂溶解能力大，沥青中大量重组分被溶剂溶解，因此，沥青含油量减少，软化点升高，沥青收率降低。底部温度高，则沥青中含油量增多，软化点降低，沥青收率提高。

④ 温度梯度。萃取塔顶部温度高，底部温度低，自上而下形成温降，称为温度梯度。为了保证萃取效率，萃取塔必须维持一定的温度梯度，温度梯度的大小是塔内萃取效果的重要标志。萃取塔内如果没有温度梯度，原料组成较轻或处理量较大时，部分脱沥青油有可能因沉降分离效果差而被沥青相带走，造成脱沥青油收率和沥青软化点均下降，此时，对于有副溶剂作为调节手段的装置，除了调整副溶剂流量外，还可以降低副溶剂温度，使萃取塔自上而下有一定的温度梯度，以提高萃取效果，改善产品质量。

⑤ 原料入塔温度。一般原料入塔温度不宜过低，提高原料入塔温度可以降低原料黏度，有利分散，萃取效果较好。采用预稀方法也能调节原料入塔温度。

⑥ 溶剂入塔温度。由于溶剂的循环量大，其进塔温度决定萃取塔的整体温度，操作上要保持平稳，避免产生大的波动。

（2）萃取压力。萃取压力升高，在其他条件相同时，则溶剂密度变大，溶解能力增大，选择性下降，脱沥青油收率上升，但质量受影响；压力过低则相反。另外，如果萃取系统压力过低，溶剂会在塔内气化，失去溶解的特性，从而降低萃取效果(对于有增压泵的装置，压力下降太快，则溶剂容易发生气化，造成增压泵抽空事故)。因此，应控制萃取系统压力在指标范围内，以保证溶剂在塔内处于液相状态。

萃取塔调节压力的原则是：平衡好萃取系统与(超)临界回收系统的压降；根据溶剂组成和系统温度确定合适的压力控制范围。

(3) 界面。界面高低对于脱沥青油的收率、沥青质量、加热炉以及回收系统的操作均有影响。界面高，则萃取接触时间长，沥青相中的油组分能充分被萃取出来，使脱沥青油收率提高，沥青软化点上升，界面低则相反。

如果界面过低，脱沥青油收率、沥青软化点大大降低，萃取塔下部溶剂容易走短路，造成炉出口温度下降，增加回收系统的负荷。同时萃余相由于沉降时间太短，沥青胶质等重组分沉降来不及，打乱了操作，会影响产品质量。因此，必须控制合适的界面，一般控制在40%~60%为宜。

影响界面的因素有：进萃取塔原料、各路溶剂、流量变化；溶剂比的变化；出萃取塔物料的流量变化；仪表故障；转盘转速的变化(对于有转盘的装置)。

开工时建立界位一般有两种方法：一是用开工循环线将渣油直接返注到萃取塔底部，先建立起界位再按照正常流程向萃取塔底部进渣油；二是按正常流程建立界位。前者的优点是无需准确知道萃取条件，不会因萃取温度太低而使沥青变硬影响后部管线及设备，缺点是增加了开工步骤；而后者操作简单，但要准确地先调好萃取条件，否则温度过高，界位上升太快将导致后续设备(如汽提塔)超负荷运转；温度过低，沥青软化点太高同样影响后续设备。

(4) 溶剂

① 溶剂组成。溶剂组成的变化改变了溶剂的溶解能力和选择性，使产品的质量和收率受到相应的影响。溶剂组成变轻，使选择性提高，溶解能力下降，因此脱沥青油收率下降，系统压力增加，影响操作；溶剂组成变重则选择性变差，溶解能力提高，导致脱沥青油收率提高，但质量变差。另外，如果溶剂中烯烃含量高，则选择性变差，在相同收率下，产品质量变差。溶剂组成变轻时，在允许范围内，适当增加溶剂比，降低萃取塔萃取温度，如系统压力过高则通过溶剂罐排空，同时临界分离温度也相应降低，以免影响脱沥青油的收率和增加临界回收的能耗。溶剂组成变重时，适当减小溶剂比，提高萃取塔萃取温度，临界分离温度也相应提高，同时也可以适当降低操作压力。溶剂中烯烃含量上升，使溶剂临界温度和压力均上升，选择性变差，此时可以适当提高萃取塔萃取温度和操作压力。

② 溶剂比。溶剂比是进入萃取系统溶剂的总量与萃取塔渣油进料量之比，该比值的大小对脱沥青油的收率和选择性有很大的影响。脱沥青油收率不变时，溶剂比越大，脱沥青油的质量越好；溶剂比越小，脱沥青油的质量越差。提高溶剂比则脱沥青油收率随之提高，反之，则变低。在操作过程中，总是希望脱沥青油收率大而且质量要好，这样就倾向于比较高的溶剂比，但这样又会带来操作费用的增加。因此，溶剂比应该控制在比较小的范围内。溶剂比的大小要根据产品质量、原料性质以及溶剂组成进行合理的选择：随着溶剂临界温度升高，所需的溶剂比下降。在调节溶剂比时应分段进行，注意提高原料量和溶剂量的先后次序对脱沥青油质量的影响。调节溶剂比的原则：萃取温度较低时，可采用较小的溶剂比；溶剂组成变重时减少溶剂比；原料变轻时溶剂比较高，原料较重时则溶剂比较低。

③ 溶剂的分配。萃取塔的溶剂分预稀释溶剂、主溶剂、副溶剂三部分。预稀释溶剂的主要作用是在相同的温度下降低原料的黏度，有利于原料在萃取塔内分散，提高原料与溶剂的接触表面积，提高萃取效率，所以预稀释溶剂的加入量应以此为目的，不宜太大，若预稀释比太大，在相同溶剂比下会减少主、副溶剂量，降低萃取段的萃取作用，甚至造成萃取塔操作混乱，塔顶冒黑油。主溶剂的作用是提供萃取塔内萃取过程的主要溶剂量。副溶剂的作用主要是再次深拔萃取塔底界面层下少量的油组分，控制塔底温度，达到提高脱沥青油收率，保证沥青质量的目的，但副溶剂对塔底界面扰动大，当界面过高或过低时可能会造成大量溶剂从塔底流出。

（5）转盘转速。对于采用转盘萃取塔的装置，塔内转盘起搅拌、剪切的作用，强化传质效果，使油分与溶剂混合，增加萃取效果。转盘速度过慢，效果不明显；转盘速度过快，则易使塔内分层不清，影响脱沥青油的质量。

2. 临界塔的操作

（1）温度。临界塔的顶温是临界塔操作的一个关键的参数，它决定临界溶剂的回收量以及临界塔的平稳操作。当温度升至溶剂的临界温度时，溶剂对油完全不溶解，所以在此温度下，可以将大部分的溶剂和油分开，温度如果低于临界温度，则溶剂带油多，反之超过临界温度，溶剂全部气化，所以临界塔的操作温度要根据溶剂的组成，尽可能控制接近其临界温度。

（2）压力。压力对临界塔的操作有重要影响，一般要求临界塔的压力稍高于溶剂的临界压力，有利于提高溶剂的临界效果，使尽可能多的溶剂从临界塔顶回收循环使用，同时也有利于提高换热效果，减少临界溶剂的带油现象。临界塔的压力必须根据溶剂的组成来选择，压力过高，增加设备负荷，容易跳安全阀。而压力过低，则溶剂达不到临界条件，造成溶剂中溶解油品，影响换热效果。

（3）界面。界面对临界塔操作的影响与对萃取塔的影响基本相同。界面过高，会造成临界溶剂的带油现象，并且会导致临界溶剂的冷却器的堵塞；如果界面过低，则会造成后续回收系统负荷的加大，同时降低临界溶剂流量，影响萃取效果。一般来说，临界塔的界面较之于萃取塔易于控制，因为溶剂与脱沥青油之间相对密度差大，使得实际界面清晰，指示准确。界面一般只受临界塔的压力、温度及塔底流量的影响。

3. 蒸发塔操作

蒸发塔根据产品与作用的不同，可分为脱沥青油蒸发塔和沥青蒸发塔。

（1）温度。蒸发塔的顶温和底温分别控制在稍高于操作压力下塔顶溶剂气体的露点和塔底物料的泡点温度。温度过低，溶剂蒸发不充分，增加汽提塔和压缩机的负荷；温度过高，不但使能耗增加，而且使塔内溶剂线速过大，造成塔顶带油，影响空冷及溶剂冷却器的冷却效果。

（2）液面。蒸发塔的液面高低影响溶剂的蒸发程度，影响汽提塔负荷和安全生产。液面过低，可能使溶剂从塔底窜入汽提塔，造成汽提塔超压；液面过高易发生淹塔，造成塔顶带油，降低了空冷和溶剂冷却器的冷却效果。

4. 汽提塔的操作

汽提塔操作的好坏是影响溶剂消耗和脱油沥青闪点的重要因素，同时还影响产品泵的运行及压缩机的平稳操作。

（1）汽提蒸汽。汽提蒸汽的主要作用在于降低塔中油气分压，从而保证进料中夹带的溶剂完全脱除。汽提塔吹入的蒸汽原则上采用过热蒸汽，目的是为了避免蒸汽在汽提过程中液化，降低汽提效果，造成塔内存水，影响平稳操作和产品质量。汽提蒸汽量的大小也会直接影响脱沥青油和沥青的闪点、溶剂的消耗以及平稳操作。汽提蒸汽量太小，溶剂留在油中，使脱沥青油带溶剂，溶剂消耗增加，而且产品泵容易抽空，影响平稳操作。反之，蒸汽量太大，塔内线速过大，塔顶易带油。

（2）液面。汽提塔液面的高低对于产品的闪点、溶剂的消耗和环保有很大影响。液面过高易造成冲塔，使塔顶溶剂带油进入低压溶剂分液罐，影响低压溶剂冷却器的冷却效果，并且低压溶剂分液罐下水含油影响环保；反之，如果液面过低，产品中的溶剂没有来得及汽提出来就被送出装置，造成产品闪点低，溶剂消耗大，严重时可能造成冲罐等事故。

许多丙烷脱沥青装置设计中用加热炉代替蒸汽加热器，采用蒸发、洗涤和汽提的三塔合一的汽提塔，塔上部部分塔盘为洗涤段，塔底进料口以上是蒸发段，进料口以下则为汽提段。含有溶剂的物料先经过加热炉加热，利用脱沥青油、胶质、沥青三者与溶剂沸点和蒸气压相差很大的特点，通过节流降压（炉出口有背压调节阀控制炉管内介质压力）进入汽提塔内闪蒸，闪蒸后溶剂气相上升，仍含有未气化溶剂的液相则往下流动，与塔底上升的汽提蒸汽逆流接触，以降低溶剂的蒸汽分压，使溶剂进一步从液相中气化出来，达到充分回收溶剂的目的。对于这类汽提塔操作，洗涤段液面的控制也是十分重要的。

（3）压力。一般来说，汽提塔压力越低越有利于溶剂与油品的分离。汽提塔压力控制要结合塔顶压控后路的情况综合考虑。汽提塔压力高的丙烷脱沥青装置还要考虑到蒸汽倒窜的问题，保证蒸汽压力高于汽提塔压力，当蒸汽压力突然下降时，应立即关闭汽提蒸汽，降低处理量，以防汽提塔内重油倒窜入蒸汽管网。

（二）产品质量调节

1. 脱沥青油质量的调节

脱沥青油作为润滑油料，其质量控制指标主要是残炭值、黏度，如后续有润滑油加氢装置时，其质量控制指标还有正庚烷不溶物。影响脱沥青油质量的主要因素有：原料组成、溶剂组成、萃取操作压力、萃取温度、溶剂比、界面等。

（1）原料组成。相同条件下，不同原料生产出来的脱沥青油残炭值、黏度和正庚烷不溶物不一样。当原料中重组分增加时，脱沥青油残炭值、黏度和正庚烷不溶物会升高。

（2）溶剂组成。溶剂组成的变化改变了溶剂的溶解能力，使脱沥青油质量发生变化，溶剂组分轻，溶剂选择性高，溶解能力降低，使得脱沥青油残炭值下降，质量提高；组分重则相反。溶剂中含烯烃较多，选择性下降，质量变差。

（3）萃取操作压力。在同等条件下，萃取压力升高，溶剂溶解能力增加，选择性下降，脱沥青油残炭值和黏度会增加，压力降低则相反。这时是以根据产品质量及操作情况，适当提高或降低操作压力来改善脱沥青油质量，但压力对脱沥青油质量影响相对较小。

（4）萃取温度。萃取温度是影响脱沥青油残炭值的重要因素。温度升高，溶解能力降低，溶剂的选择性变好，脱沥青油质量提高，但收率下降。

（5）溶剂比。溶剂比是影响脱沥青油质量及收率的重要因素，溶剂比大，脱沥青油质量及收率都大，但过大的溶剂比会增加操作费用，为了达到较好的经济效益，一般溶剂比应控制在一定范围。

（6）界面。界面的高低会影响到副溶剂二次萃取的时间以及脱沥青油相与半沥青和胶质的分离时间，进而影响脱沥青油质量，如果界面太高，容易引起萃取塔或沉降器顶部冒黑油，脱沥青油残炭值大幅升高。

2. 沥青质量的调节

道路沥青质量控制的主要指标有延伸度、软化点、针入度等。有些装置对沥青中的蜡含量也有要求。

（1）延伸度的调节。将油品做成标准试件，在一定温度下，以一定速度拉伸至拉断时的长度，叫该油品的延伸度或伸长度。

延伸度反映道路沥青的延展性，是沥青质量的重要指标之一。一般情况下，沥青的延伸度越大越好。高等级道路沥青对延伸度有更高的要求。延伸度主要由原料性质决定，操作条件的变化很难提高沥青的延伸度，因此，在生产中遇到沥青延伸度不合格时，要及时联系调度要求换罐。

（2）软化点的调节。将油品加热软化，在钢球荷重下变形并坠至下承板时的温度，称为软化点。软化点是沥青质量的重要指标，沥青软化点的高低与原料性质和操作条件有关。在同等条件下，不同原料生产出的沥青软化点不同，如果采用降低萃取进料温度、增大副溶剂等手段，沥青的软化点会相应提高。

（3）针入度的调节。在规定温度和荷重下，针入度计的标准圆锥体在5s内垂直沉入试样的深度称为针入度，以1/10mm为单位。

针入度是沥青质量中稠度指标，其值越大，表示沥青越软。目前国内道路沥青牌号就是按针入度的大小来分类的。沥青针入度的大小除了与原料性质有关之外，还与操作条件的改变有密切关系，在生产中属于可控指标。影响沥青针入度的因素有以下几个方面：

（1）萃取塔、沉降器的进料温度。萃取塔、沉降器的进料温度是影响沥青针入度的重要因素，温度升高，溶剂溶解能力降低，沥青和胶质中轻组分含量多，针入度变大；反之，针入度变小。

（2）副溶剂量。一般来说，相同条件下副溶剂量越大，针入度越小。

（3）调合比。对于某些溶剂脱沥青装置来说，调合比（半沥青与胶质的流量比）是调节沥青针入度最直接最常用的手段。调合比升高，沥青针入度降低；反之沥青针入度上升。

总之，影响道路沥青和脱沥青油质量的因素有很多，调节手段也很多。实际生产中调节脱沥青油产品质量对脱沥青油收率，道路沥青的质量以及装置的能耗都有影响，应以装置的经济效益最大化为原则来指导生产。

（三）辅助系统

1. 柴油系统

柴油主要用于燃料油的调合、泵密封及装置管线设备冲洗，有的装置还作为加热炉空气预热器的热载体介质，有的装置作为装置紧急状态时对沥青系统进行冲洗防止管线凝结。

有些装置发生沥青管线凝堵时，启用紧急冲洗系统常会遇到以下问题：沥青系统温度较高，柴油进入后急剧汽化（如进入汽提塔），容易污染溶剂；装置备用柴油通常为常温储存，如果在冬季打入沥青管线会吸收大量热量，使管线温度骤降，造成输送困难。因此，将装置内较轻的油品（如胶质、脱沥青油）与沥青系统相连作为紧急冲洗油，可以较好地解决这类问题。

2. 脱硫系统

溶剂脱沥青装置中一般设有加热炉，由于装置运行过程中会生成硫化氢，所以设有脱硫系统。

有些装置借用压缩机系统改造，在压缩机前设置脱硫塔，对进入压缩机的丙烷进行脱硫，但受压缩机负荷影响，脱硫效果受限；有些装置在空冷前或后加装脱硫剂注入系统，在溶剂进入丙烷罐前设有脱硫剂回收系统，脱硫剂一般使用乙醇胺或氨水。

（四）公用工程系统

1. 循环水的引入

联系生产管理、供排水等有关单位，准备引循环水进装置，在确定装置达到循环水系统水冲洗条件后，缓慢打开循环水进出装置总阀。引入前先打开循环水线上高点放空，将管线内的存气排出。各机泵所用的循环冷却水，在上水接口处排空，冲洗干净(水冲洗前，按照先远后近，先粗线后细管线的原则，直至所放出的水干净为止)。所有用循环水做冷却介质的换热器，引入循环水之前，先将上水与回水法兰拆开，在进入冷却器法兰处隔离，冲洗干净，避免将污物带入换热器内。循环水线分上水和下水分别进行水冲洗，并对各设备循环水上下水接线是否正确进行确认。循环水总线畅通，各分支线畅通，水清无漏点为合格条件，否则继续冲洗至合格。在循环水冲洗干净后，若设备达到要求，将其循环水上下水线连接好，投用循环水。

2. 新鲜水的引入

联系生产管理部门、供排水及有关单位，准备引新鲜水进装置。拆开新鲜水进装置界区阀后法兰，打开新鲜水进装置界区阀，用新鲜水冲洗干净后再引水到各使用设备入口。在新鲜水引入使用设备之前，应先在设备前放空或拆法兰冲洗，待水清后再引入使用或做其他用。

3. 除盐水的引入

联系生产管理部门、动力管网及有关单位，准备引除盐水进装置。自装置外除盐水给水至总管线，拆开装置界区阀后法兰，打开进装置界区阀放水，水清后关阀，恢复拆开法兰。引除盐水进装置，分别拆注水罐液控阀、进注水罐前法兰冲洗。冲洗干净后，恢复流程，引水进注水罐，从底部放空阀排水，排尽后关阀。

4. 蒸汽的引入

联系生产管理部门、动力管网及有关单位，准备引蒸汽进装置。从装置外缓慢引蒸汽先在界区阀前排凝放空，然后在蒸汽分水罐前拆法兰吹扫(拆近壁法兰，内侧采取措施临时隔离)，防止污物吹入罐内。进装置蒸汽总管吹扫干净后，在蒸汽分水罐出入口接临时线吹扫装置内的主管线。主管线吹扫干净后，改吹扫装置内各蒸汽使用管线。从主蒸汽管线的末端开始，分别拆各使用设备的入口法兰并打开各支管线上的阀门，对所有支管线进行吹扫，吹扫完毕后投用该蒸汽线。

5. 氮气的引入

联系生产管理部门和相关单位，装置准备引氮气。拆装置内氮气总线管端法兰，自装置界区阀引氮气先吹扫总管。吹扫前，先将孔板、控制阀拆下，防止杂质将孔板和控制阀堵塞，待吹干净后，恢复所拆部件。总管吹扫干净后，再吹扫各分支管线，吹扫各分支管线时，应从氮气线末端支管开始逐条进行，并在各低点进行排凝。氮气引入装置后，要将与氮气扫线相连的其他工艺介质管线、容器用盲板或双阀隔离，并将双阀之间的放空打开，严禁其他工艺介质串入氮气系统。

6.(非)净化风的引入

联系生产管理部门和相关单位，装置准备引(非)净化风。打开界区手阀，引(非)净化风进装置，在风罐前拆法兰排放，干净后，引风进罐，在罐底部和顶部放空。风罐吹扫干净后，依次吹扫风线至各控制阀前排放。系统吹扫干净后，关闭各放空，充压气密。

7. 燃料气的引入

拆掉加热炉各火嘴前短管或短节、阻火器、控制阀、流量孔板、拆开瓦斯分液罐入口法兰，打开加热炉瓦斯管线高点放空、各低点排凝。自瓦斯进装置界区阀后给低压蒸汽对瓦斯系统进行全面逐段吹扫，扫尽管线内铁锈、焊渣等杂质。在各拆开部位放空，检查吹扫质量。蒸汽吹扫结束后，关闭瓦斯线上的所有放空阀和火嘴前手阀，恢复拆开的各部件，连接好火嘴前瓦斯软管或短节。瓦斯系统用蒸汽充压气密检查。气密合格后，分析瓦斯系统内氧含量符合安全规定后，关闭所有放空置换点，系统保持微正压，联系生产管理部门及相关单位准备引瓦斯。拆除界区瓦斯线盲板，打开瓦斯界区阀，引瓦斯进装置。

二、异常操作

(一) 萃取塔顶出黑油

(1) 现象。

① 萃取塔温度梯度减小或消失，萃取塔界面混乱。

② 轻脱油分析结果异常。

(2)原因。

① 萃取塔底流量或中段抽出量太小。

② 萃取塔顶温度过低。

③ 溶剂比太大或过小。

④ 溶剂带油严重。

⑤ 萃取塔压力波动。

(3) 处理方法：

① 适当降低进料量，加大萃取塔底和中段抽出流量。

② 适当提高萃取塔顶温度，适当降低副丙烷量。

③ 适当加大临界塔底流量，减少溶剂中的油含量。

④ 产品改至不合格罐，待产品合格后再改进产品罐。

(二) 汽提塔顶带油或沥青

(1) 现象。低压丙烷分水罐切出大量油。汽提塔顶、底温差减小；压差升高。汽提塔液面指示最高。

(2) 原因。

① 汽提塔进料中丙烷含量过大。

② 汽提蒸汽量太大或严重带水。

③ 沥青或中段油发泡。

④ 塔底泵故障。

(3) 处理方法。

① 控稳前塔蒸发温度，适当降低前塔返量。

② 适当降低汽提蒸汽流量，加强蒸汽脱水。

③ 认真执行巡回检查制，及时发现沥青及中段油发泡的现象并根据发泡的具体情况采取降低处理量、降低溶剂比减少脱沥青油拔出率等措施。

④ 认真执行巡回检查制，及时发现和处理汽提塔底泵的故障。

（三）丙烷泵、丙烷增压泵泄漏

(1) 现象。大量丙烷由泵的密封面喷出。

(2) 原因。机械密封损坏。

(3) 处理方法。立即关闭泵的进出口阀，用消防蒸汽吹散泵房中的丙烷气，注意严禁用黑色金属敲打管线和地面，并立即启动备用泵维持生产正常。

（四）沥青管线憋压

(1) 现象。沥青泵出口压力上升，甚至因超压而导致电机跳闸。沥青汽提塔液面上升。

(2) 原因。

① 后路改罐管线不通或因误操作错关阀门。

② 出装置沥青流量过小，在管线停留时间过长，温度下降导致输送阻力增大。

(3) 处理方法。

① 若是后路改罐操作，则立即通知调度及氧化沥青车间改回原使用罐或及时纠正误操作。

② 若是因沥青量小，温度下降导致输送阻力增大，则尽快打开沥青线蒸汽伴热线，同时立即检查进料量是否过小，并适当提高进料量，适当增大萃取塔底返量加大沥青量。

（五）压缩机抽液体事故处理

(1) 现象。

① 压缩机一、二段入口分液罐液面满，切出大量水或油。

② 压缩机声音变重，电流波动大。

③ 低压系统压力上升快。

(2) 原因。

① 低压丙烷冷却器液位控失灵，水或油从容器顶带入压缩机入口分液罐。

② 汽提塔操作不正常。

③ 压缩机系统未按工艺要求切液。

④ 渣油中含有较多的轻质组分油，在二段入口分液罐冷凝积累。

(3) 处理方法。

① 压缩机轻微抽液时：

a. 立即关压缩机一段入口阀进行空运。

b. 加强分水罐及压缩机各部的切液。

c. 低压系统丙烷气放火炬，同时防止丙烷带液进入火炬系统。

d. 查清液体的来源，再做相应的处理。

② 压缩机大量抽液时：

a. 立即按“停机”旋钮停机。

b. 迅速切净分液罐的存液，低压系统丙烷气放火炬，同时要防止丙烷气带液进火炬系统。

c. 控好汽提塔的操作。

d. 查清液体的来源，再做相应的处理。

（六）临界塔顶带油

（1）现象。

① 丙烷(增压)泵出口流量不变而电流变化大。

② 高压空冷出口温度升高。

③ 临界塔顶出口阀前压力指示与高压压控阀前压力指示差值增大。

④ 丙烷罐液面变黄(在临界丙烷回丙烷罐的情况下)。

⑤ 萃取塔温度梯度减小。

（2）原因。

① 临界加热器出口温度偏离丙烷的临界温度。

② 临界压力低于丙烷的临界压力。

③ 临界塔底返量偏小，界面过高。

④ 萃取塔操作波动。

（3）处理方法。

① 严格控制临界加热器出口温度在96~97℃。

② 严格控制临界塔压力在4.1~4.2MPa。

③ 适当提高临界塔底返量，避免界面过高。

④ 稳定萃取塔的操作。

（七）丙烷罐丙烷带油

（1）现象。

① 丙烷罐液面变黄或变黑以及丙烷罐切出油。

② 丙烷泵负荷变大，电流波动大。

③ 中压丙烷水冷器用水量增大，丙烷进口温度升高。

④ 中压丙烷空冷入口压力值与丙烷罐顶压力值差值增大。

（2）原因。

① 临界塔顶带油(在临界丙烷回丙烷罐的情况下)。

② 中压蒸发塔液面长时间超高。

③ 中压塔温度过高或偏低。

④ 萃取塔、沉降塔、临界塔底返量偏大。

⑤ 个别蒸发塔(器)液面控制仪表失灵。

（3）处理方法。

① 若是临界塔顶带油，按本节(六)方法处理。

② 控好中压塔液面。

③ 控好炉出口温度及蒸汽加热器出口温度。

④ 控好萃取塔、沉降塔、临界塔底的返量。

⑤ 加强检查，发现问题，及时联系仪表维修，用手动或副线控好蒸发塔(器)的液面。

⑥ 丙烷罐带油严重时，应加强丙烷罐的切水、切油工作。

第七节　装置开停工

一、装置的正常开工

从新装置水联运结束或装置检修后开工视为正常开工，主要包括设备及管线试压、收溶剂建立溶剂循环、建立产品系统柴油循环、投料及操作调整等阶段。

（一）设备及管线试压

当水联运结束后即可向萃取塔、（超）临界塔、产品蒸发塔、加热炉、溶剂罐及相关冷换设备装水，直至塔、容器顶高点放空见水，赶尽存气。关闭塔、容器、管线的相关阀门，特别注意压力表手阀打开，安全阀前阀一定要关闭。

试压时根据各系统的压力不同，采取分段试压。启动打压泵，使试压系统压力平稳上升。压力升至试压压力（一般为操作压力的1.25倍）时，保持20min，正常后再降至操作压力下检查。试压合格标准：全系统无损坏、渗漏、变形等现象，压力表指示不下降。试压过程中系统所用的仪表（包括现场表）要投用试压。进水应把设备管线中的空气排尽。需要打开的手动阀或自动阀，除特殊要求外，都要处于全开状态。注意电机电流不得超过额定值，必要时停止运行。试压中发现泄漏要及时处理，然后再重新试压，直到合格为止。整个试压过程要统一安排，确保严格按试压方案进行，必须有可靠的泄压点，并有专人看护，任何情况下都不得超压。试压结束后，要进行泄压至常压。

（二）收溶剂建立溶剂循环

1. 准备工作

水试压完毕后，萃取、（超）临界、蒸发系统内的水暂不排放，保持一定压力。收溶剂之前溶剂冷却器投用，加热器稍开。联系溶剂罐区工作人员，准备足够量的溶剂，并做好溶剂组成分析。关闭所有设备、管线放空阀门。投用所有设备的安全阀，收溶剂退水时现场要有专人看护。联系校验有关仪表正常。

2. 收溶剂退水

有的装置开工时采用氮气，有的则直接利用收溶剂退水、赶空气。总体原则是罐区溶剂经相关管线进入系统，系统内的水分别从塔（容器）底排出，见溶剂后停止。有压缩机的装置，低压汽提系统通过蒸发塔底分别向后放溶剂至压缩机入口罐顶排空气，见有溶剂波纹为止。退水时应该充分利用虹吸原理和升温汽化将余水脱除。当系统退水结束，溶剂改正常流程进入萃取塔、（超）临界塔和溶剂罐，当萃取塔及（超）临界塔装满溶剂，溶剂罐收溶剂液位至50%时，即可停止收溶剂。准备启动溶剂泵建立溶剂循环，具体退水收溶剂流程依各厂情况而定。

收溶剂前一定要履行“三级检查“制度，详细检查流程，经过装置技术人员确认无误后才打开界区收溶剂。收溶剂要逐条管线进行，并注意每台设备顶部放空，底部切水。要控制收溶剂的速度，以防止溶剂急剧汽化造成管线冻凝堵塞甚至冻坏设备事故的发生，防止放空产生静电。各放空口切水、排气有专人看管。

3. 建立溶剂循环

（1）建立溶剂小循环。溶剂小循环就是溶剂泵抽溶剂罐溶剂，在经泵出口小循环线返回溶剂罐。目的是为了初步检验溶剂泵的运行情况，提高溶剂罐压力，为溶剂大循环做准备。在此期间注意检查泵轴承温度、密封冲洗油温度、泵出口压力、振动、电机电流、温升等，运行2h后，溶剂泵若无问题改为大循环(系统循环)。

(2) 建立溶剂大循环(系统循环)。溶剂大循环(系统循环)是指溶剂泵抽溶剂罐溶剂，经过萃取、临界、蒸发、汽提、换热、冷却等过程，溶剂回收至溶剂罐的连续循环。此间注意检查所有设备温度、压力、液位及流程情况，投用有关换热设备，加热炉准备点火。在溶剂大循环过程中要加强容器与管线的切水。

(3) 启动增压泵，建立(超)临界回收系统循环。有的装置增压泵位于萃取塔与临界塔之间，有的装置增压泵位于临界塔顶出口线，但无论如何，当溶剂大循环时，溶剂都需从(超)临界塔顶返回溶剂罐。启动增压泵后，加热炉点火升温，溶剂改为进入萃取塔循环。

(三) 建立产品系统柴油循环

在溶剂循环过程中，联系调度，收柴油进柴油罐，启动机泵，建立产品系统柴油循环，为进料做准备。

(四) 投料及调整操作

1. 投料前准备

确定原料进装置线贯通后，在边界建立外循环且运行正常；确定产品出装置流程已贯通；确定所有管线伴热已经投用。

2. 投料调整操作

当装置溶剂、柴油、燃料油等系统循环正常，温度、压力达到工艺指标要求，设备运行及仪表控制无问题后，即可原料改进萃取塔，调整各塔温度、压力、液(界)面及塔底流量及溶剂比，按照工艺卡片要求生产合格的产品。尽可能控好产品质量，及时联系检验分析部门采样分析，产品合格后联系调度改进合格产品罐。

二、新建装置的开工

溶剂脱沥青装置的首次开工除了正常开工外的几个步骤外，一般还包括装置的竣工检查验收、设备的单机试运、设备管线的吹扫及流程贯通、水冲洗、水联运等阶段。

(一) 竣工检查验收

新装置建成后对系统工艺、设备、仪表、电气、安全、环保、消防、工业卫生设施等进行全面检查。竣工检查验收的内容包括如下几个方面：

1. 装置整体检查

检查地面平整，无杂物，无塌陷。电缆沟(槽)内无积水、杂物，盖板齐全。排水沟(槽)内无杂物，盖板齐全。各种水井盖板齐全，内无杂物。梯子、平台、护栏稳固，无缺陷，安全可靠。设备及管线防腐、保温、伴热性能良好，涂料油漆符合要求。照明灯具齐全，消防器材布局合理，消防道路畅通。操作室内装修、通风、光线良好，窗明几净。

2. 工艺流程检查

检查主要工艺流程，包括原料系统、萃取系统、溶剂回收系统、调合系统及相关换热流程、工艺管线，包括介质走向、管线管径、阀门、法兰，垫片齐全，法兰紧固，保温、伴热性能良好，支吊架稳固。测量、控制、指示仪表均与设计相符无误。检查辅助工艺流程，包括水、汽、风、燃料油、燃料气系统，收送溶剂线、安全阀放空线、柴油线、污油线等齐全，满足正常生产及开停工要求。

3. 冷换设备检查

核对设备型号、规格、位号与设计图纸相符。进出设备工艺流程准确无误，热电偶、压力表、放空阀、浮头丝堵、螺栓、阀门、法兰、垫片等齐全、紧固。蒸汽单向阀、疏水器、放空阀齐全，冷却器上下跨线、放空齐全。地脚螺栓齐全紧固，设备无倾斜，油漆、保温良好。空冷风机、电机安装符合要求，手推动风扇，无卡阻、无倾斜。

4. 塔与容器检查

检查塔、容器的铭牌标识是否与设计图纸相符。塔容器内塔盘、填料、构件安装应符合要求，内无杂物，塔底出口防涡板段及塔顶过滤网(或破沫网)等齐全。塔与容器附件：如安全阀、单向阀、放空阀、界(液)位计、转速器、热电偶、测压计等齐全好用。塔与容器入口、进料口、抽出口等阀门、法兰、垫片齐全，螺栓紧固。放样口、界(液)位检查口齐全。

5. 加热炉检查

主要检查炉体、对流室、辐射室、吹灰器、烧焦线、烟道挡板、燃烧器、火盆、风门、保温及油、气供给系统。加热炉炉膛及烟道内无杂物，衬里完好，保温层、耐火层等符合设计要求。炉管及回弯头需抽查测厚。炉管光洁，构件齐全，测温、测压计安装正确。看火门、防爆门、烟道挡板开关灵活，方向明确，操作方便。炉管烧焦、炉膛灭火、消防蒸汽、对流室吹灰蒸汽等蒸汽系统流程齐全。燃料加热系统，长明灯、阻火器齐全，符合要求。加热炉燃烧器型号与油、气位置安装正确，零部件齐全。

6. 机泵的检查

检查机泵、电机铭牌参数是否与设计相符。出入口线配管横平竖直，支吊架齐全可靠，流程准确无误，压力表、温度计、油杯、油位计、放空阀、单向阀、过滤网(器)、对轮罩齐全。循环水畅通，封油、冲洗油及油路报警系统安装正确，地脚螺栓紧固。电机接地、电流表开关良好，泵区照明良好。压缩机房内通风设施齐全好用。压缩机附件、安全阀、温度计、压力表等齐全。机泵流程正确，注油器、齿轮油泵完好，气缸上下水畅通，压缩机房内蒸汽幕、消防器材好用。所有机泵盘车灵活，无卡阻现象。

7. 仪表及自控系统检查

检查现场热电偶、调节阀、孔板、取压点、流量计、各种导线保护套管、隔离罐等齐全，保温、伴热性能良好。总控室内仪表开度与现场调节阀阀位开度相对应。压力、液位、可燃气体等各种报警试验正常，灵敏可靠。总控室内仪表或计算机控制系统数据采集、显示、报警等功能正常，控制流程图画面清晰，便于切换与操作。

（二）设备的单机试运

通过单机试运，初步了解和掌握设备的性能，可以检测出设备安装与调试的质量，确保设备运行安全。单机试运包括以下几个方面内容：

1. 电机的单机试运

将电机与所连接设备分离，进行电机正、反转方向测试，空载电流测定，绝缘电阻、接地电阻测定。供电单独运行24h，确保无噪音、电机内无异味、轴承温度、电机空载振幅正常。根据电机铭牌检查电源电压是否正常、接线是否正确。检查电机外壳接地或接零保护是否符合要求。

2. 空冷风机的单机试运

空冷风机一般有两种类型：电机与风机直联和电机与风机皮带联接。手动盘车，风机转动灵活，无卡阻。轴承处加注规定润滑油、脂。电机支架与螺栓紧固。启动电机，观察风机旋转方向是否正确。连续运行24h，确保电机轴承温度、风机横向振幅、声音正常。

3. 压缩机的单机试运

加注润滑油，安装好温度计、压力表，打开压力表阀；检查汽缸阀盖螺栓、电机地脚螺栓、接地线。检查循环水，打开安全阀前后手阀。联系电工、仪表工送电，启用仪表。

（1）压缩机空运。手动盘车2~3圈，并将平衡重锤置于最轻位置，启动压缩机，注意听各部位声音有无异常。检查一、二段缸出口压力、温度、电机电流、曲轴箱以及一、二段缸瓦鲁的工作情况。检查电机电流，管线、设备振动是否正常。

（2）压缩机的带负荷运行。空运时检查无问题后即可带负荷运行。方法是拆开压缩机一段入口阀法兰并加设过滤网，在二段出口管线上放空，顺次打开二段出口阀、二段入口阀、一段出口阀、一段入口阀，注意控制压缩机电流。检查一、二段出口压力、温度是否正常。检查一、二段气缸填料密封，如填料过紧，会出现过热冒烟现象，可暂停机，待密封处冷却后再开机，同时检查注油器各注油点注油情况及密封处的润滑情况。一般带负荷运行，运行24h无问题后即可备用。

（3）吹灰器的单机试运。以电动蒸汽吹灰器为例。

检查现场安装是否符合设计要求。对各转动部位加注规定牌号润滑油脂。手动盘车，使吹灰管旋转360°，无卡阻现象。引进1.0MPa蒸汽，对管线试漏检查。联系电工送电。空载试运：当行程开关滚轮与撞块顶点相接触时，吹灰器应处于停止状态，并检查滚轮位置，使凸轮落入凹槽内，以确保蒸汽阀全部关闭，否则，可调整齿轮的安装位置。空载试运无问题后，引入蒸汽，并检查法兰、盘根的密封情况，合格即可投入使用。

此外，目前工业上应用次声波、声波和超声波吹灰器，使用非净化风或蒸汽做吹灰介质，使用效果也较为理想，但投资偏高，它们的单机试运要先核对铭牌参数是否与设计相同，安装质量应合乎要求，启动后引风或蒸汽连续运行8h正常，即可备用。

（4）蒸汽往复泵的单机试运。以双缸蒸汽往复泵为例。

向蒸汽往复泵汽缸加注汽缸油。检查汽缸蒸汽出入口流程及泵出入口流程。打开汽缸底部阀门，放净存水，见汽后关闭。顺次关闭蒸汽出入口阀。空运时汽缸活塞行程到位，运行平稳。泵体引入水或柴油后，双缸吸、排量正常，出口压力达到铭牌设计压力，即可备用。

（5）其他机泵检查。对于溶剂泵、增压泵、原料泵、螺杆泵等，待水联运或溶剂循环、柴油循环时可直接进行试运，但溶剂泵、增压泵等如果是进口泵，一定按合同条款检查备件和专用工具的配备，核对铭牌参数、外观焊接、铸造质量，按照说明书的要求，进行组装。用溶剂油认真清洗封油系统，防止机械杂质被带进密封腔中，注意封油的液面、压力报警信号正确连接，用千分表对电机的同心度仔细校正，润滑油箱应用规定牌号润滑油置换多次，电机轴承加注规定牌号润滑脂。

（6）加热炉烘炉

① 烘炉的目的。加热炉及烟气余热回收系统内部都砌有耐火砖及耐火材料。新建或修补的上述设备在施工过程中均含有大量水分，烘炉的目的就是通过对耐火材料缓慢地进行加热升温，逐步脱除其中的水分，以免在开工过程中由于炉温上升太快，水分大量气化膨胀造成炉体胀裂、鼓泡或变形，甚至发生炉墙倒塌。通过烘炉，检验炉体各部分零部件及炉管在

热状态下的性能及"三门一板"、火嘴、阀门等是否灵活好用，进一步检验加热炉仪表的性能。通过烘炉，使操作人员熟悉和掌握加热炉、空气预热系统的操作。

② 烘炉的介质。烘炉一般采用1.0MPa蒸汽作为烘炉取热介质。

③ 烘炉前应具备的条件。待加热炉本体、余热回收系统、烟囱等施工结束后，进行验收并合格，各炉管试压合格。燃料系统、蒸汽系统投用正常。鼓风机验收及单机试运合格。相关仪表、联锁系统已调试完毕。消防器材全部到位。清除炉区易燃易爆物品，通知化验人员，做好可燃气及氧含量等项目的分析准备工作，按照厂家提供的温度，准备好烘炉温度曲线图，经有关人员联合检查，确认具备烘炉条件。

④ 暖炉。在正式烘炉前应先暖炉，暖炉用蒸汽来进行。暖炉前先把风门关闭，烟道挡板略开，改好蒸汽流程，放尽存水，炉管给蒸汽。控制蒸汽流量，缓慢提高炉膛温度，恒温24h后开始点火升温。

⑤ 点火烘炉。调节加热炉烟道挡板、风门至合适位置。燃料气排凝置换，联系化验人员分析燃料气氧含量。投用炉膛吹扫蒸汽，烟囱见汽10min以上。停吹扫蒸汽，联系化验人员分析炉膛可燃气含量。注意检查火嘴前瓦斯盲板是否拆除。稍开一、二次风门，打开长明灯手阀，用点火棒将长明灯点燃。根据火焰燃烧情况调整一、二次风门，对称点燃长明灯或火嘴，保证炉膛温度均匀，严格按照温度曲线升温。在升温过程中及时调整烟道挡板开度，控制炉膛负压符合要求。

待烘炉结束后，按照规定速度进行降温，熄灭所有火嘴，关闭所有风门、烟道挡板，加热炉进行焖炉。待炉膛温度降至100℃以下时，打开自然通风门和烟道挡板进行自然通风冷却。

⑥ 烘炉后的检查。待烘炉结束后，应对炉体衬里各部位进行彻底检查，检查衬里是否存在气孔、裂缝，有无脱落，炉管吊挂有无弯曲，炉管有无变形，风门及烟道挡板是否灵活好用，火嘴、热电偶是否正常。

（三）设备管线吹扫及流程贯通

设备管线吹扫及流程贯通的目的是为了检查各管线流程是否畅通、正确，清除施工过程中残存在管线内的铁锈、焊渣等杂物，对管线、法兰、阀门、焊口等是否泄漏进行初步的检查，使操作人员熟悉现场流程。

吹扫原则及注意事项：吹扫前应将有关孔板、调节阀、计量表等拆除，关闭仪表引线阀门，以防损坏仪表或堵塞管道。蒸汽途经冷换设备应先走副线，打开另一流程的放空阀，防止管(壳)体内憋压。吹扫应按工艺流程的先后顺序进行，注意低点排空，防止水击。分支管线、盲肠死角等处应反复吹扫至干净。机泵入口加设过滤网。在吹扫过程中发现问题应及时做好记录。

（四）水冲洗

水冲洗的目的是为了进一步冲洗设备及管线中的杂物，防止开工时工艺管道、设备、阀门、调节阀、计量仪表等发生堵塞，对不能进行蒸汽贯通的地方，用水来检查是否畅通，使操作人员进一步熟悉流程。

水冲洗注意事项：水冲洗前应按照水冲洗方案核对流程，防止设备、管线憋压或窜水。对冷换设备水冲洗时应先走副线，再进行管、壳程冲洗。启动电泵打水时电机不能超过额定电流并有专人监护。按流程分段、分步冲洗，水清为止。系统冲洗干净后，配合仪表人员引水冲洗仪表引压管线。

（五）水联运及仪表调试

水联运及仪表调试阶段，继续冲洗系统管线及设备内杂质。校验阀门、仪表，如温度、压力、流量、液位的显示与调节，以及室内调节信号与现场执行机构输出的对应关系。

水联运主要过程：向萃取塔、(超)临界塔塔内装水，塔顶放空见水，其他塔、容器液面视各厂具体流程而定。启动有关机泵建立水联运。有的装置水联运安排在水试压之后，但考虑到水试压后进行收溶剂退水的方便，此顺序稍做调整。

三、装置正常停工

溶剂脱沥青装置的全面停工一般分为切断进料退油、溶剂循环、柴油冲洗循环、退溶剂停炉、全面吹扫、加盲板系统隔离等阶段。

停工前技术人员应根据停工要求编写停工统筹(网络)图，制定详细的方案、措施，经批准后组织职工学习。做好同调度、上下游装置、电工、仪表、维修等部门的联系。准备好停工用的物料，退油相关管线用蒸汽或柴油贯通，确保后路畅通。

在停工过程中应保证安全、环保、稳妥、不出事故，退油干净，做到不窜、不冒、不跑、不损害设备。严格按照规定执行降温降压速度。退油和吹扫期间各岗位要相互协调，特别要加强与上下游装置部门的联系，防止出现管线憋压和改错流程等事故。停工吹扫要注意严把吹扫质量关，所有设备、管线(尤其是死角)、低点放空等不允许留有残油，要有专人跟踪落实，吹扫合格后方可停汽。

（一）切断进料退油

切断原料进装置和萃取塔进料，视各厂情况定原料改内或外循环。向萃取塔继续压油。做好同罐区的联系，防止改错流程或发生机泵憋压。防止溶剂与产品一同送入罐区，造成事故。尽快退尽各塔中的油品，当产品泵抽空后，可暂停泵，待再起液面时，继续开泵再送。当萃取塔无界面且加热炉出口温度呈直线下降时，可确定萃取塔底基本无油品。注意沥青出装置温度，防止凝堵。

（二）溶剂循环、柴油冲洗循环

当油品退尽后，一方面适当加大溶剂循环量，同时关小各冷却器循环水。溶剂循环时注意溶剂罐液位、压力及温度，尽量加大溶剂循环量。另一方面，引柴油分别冲洗各产品系统。柴油冲洗时应分系统按先后顺序进行，对蒸发塔、汽提塔分别控制高液面，以冲洗塔内构件，柴油冲洗时视情况停汽提塔蒸汽。

（三）退溶剂停炉

退液相溶剂，溶剂经溶剂泵出口退回罐区，逐渐降低萃取塔和蒸发塔内压力，当增压泵抽空时停增压泵，溶剂泵抽空时停溶剂泵。退气相溶剂(对于有压缩机的装置)，溶剂经压缩机回收后退回罐区，当系统压力降至0.02MPa时，停压缩机改放火炬。停加热炉后应及时处理燃料油、燃料气系统。

（四）全面吹扫

吹扫时一般按主要流程、辅助流程逐条吹扫，每条流程要有专人负责，交叉流程注意协调吹扫，做到不留死角。扫线时先联系仪表人员，将流量表、流量计等拆除或切断，以免损坏仪表。对于管式换热器、冷却器蒸汽吹扫时，一程吹扫，另一程必须放空，防止液体气化，憋坏设备。容器吹扫后，要打开上、下排空阀，以免造成负压，损坏设备。

全面扫线结束后，即进入蒸塔、蒸容器阶段，顶放空、底切水。蒸塔、蒸容器工作完成后，停蒸汽，组织打开人孔，自然通风，联系采样分析。

拆人孔时应按先上后下的顺序进行，防止高空落物和硫化亚铁自燃的发生。若化验分析不合格，需重新处理(如通风或吹扫)，再联系人员进行采样分析。

(五) 加盲板系统隔离

检修时，除新鲜水、非净化风、净化风和消防蒸汽外，其他介质在装置内全部实行盲板隔离。

凡需动火、进入检修的设备和管线需加装盲板，并分析合格。所加盲板两侧应有垫片，并把紧螺栓。装置界区盲板应加在边界切断阀的内侧法兰处；拆装盲板前保证管线内物料已退尽，压力已经卸至常压；对于含有有毒、有害物质的设备管线，拆装盲板时应有气防监护。所选用的盲板厚度、规格应符合压力等级要求，避免出现盲板受压变形；严格按停工方案中盲板表要求进行盲板加拆作业，指定专人统一管理并挂牌编号，防止漏装、错装。妥善保管盲板表，做好记录，以便开工时核对拆除。

第八节　仪表与自动控制

一、装置对仪表自控的要求

(1) 丙烷脱沥青装置为连续生产装置，工艺过程属高温、高压过程，介质易燃、易爆、易凝、易腐蚀，故对自控仪表的选型、防爆、保温伴热严格要求。

(2) 为保证装置安全、平稳、长周期、满负荷和高质量运行，提高自动控制系统的可靠性，确保安全生产，装置采用 DCS 控制系统，对全装置工艺过程进行集中控制、监测、记录和报警。DCS 显示全面、直观、精确，控制可靠，操作方便，并为实现计算机数据处理和生产管理创造了条件。

(3) 根据装置的特点，为保证人员、生产装置及关键设备的安全，要设置联锁保护系统，根据需要在控制室内设置辅助操作台。联锁停机、联锁复位等信号由控制室内的辅助操作平台给出。

(4) 正常操作时，仪表控制要投自动，有串级控制的要投串级；仪表要设有合适的报警值，DCS 报警声光不得关闭，发现报警要及时查明原因并及时消除隐患。

二、主要自动控制方案

(一) 压力控制方案

控制方案以丙烷罐压控压力控制回路为例说明。

(1) 控制目的。通过调节阀来控制丙烷罐压力，正常生产时应保持压力平稳，防止压力大幅波动。

(2) 控制方法。当丙烷罐内压力降低时，进入控制器的信号减小，其为反作用，输出信号增大；而调节阀为风关阀，开度关小，循环水量减小，冷却器出口丙烷温度升高，压力会上升，以达到工艺控制要求。

当丙烷罐内压力升高时，进入控制器的信号增大，其为反作用，输出信号减小；而调节阀为风关阀，开度开大，循环水量增大，冷却器出口丙烷温度降低，压力会下降，以达到工艺控制要求。

（3）控制流程示意图见图 3-5。

（二）流量控制方案

控制方案以萃取塔主丙烷控制回路为例说明。

（1）控制目的。通过调节阀来控制萃取塔主丙烷流量，正常生产时应保持流量平稳。

（2）控制方法。当此路流量减小时，进入控制器的信号减小，其为正作用，输出信号减小；而调节阀为风关阀，开度开大，流量会上升，以达到工艺控制要求。

当此路流量增大时，进入控制器的信号增大，其为正作用，输出信号增大；而调节阀为风关阀，开度关小，流量会下降，以达到工艺控制要求。

（3）控制流程示意图见图 3-6。

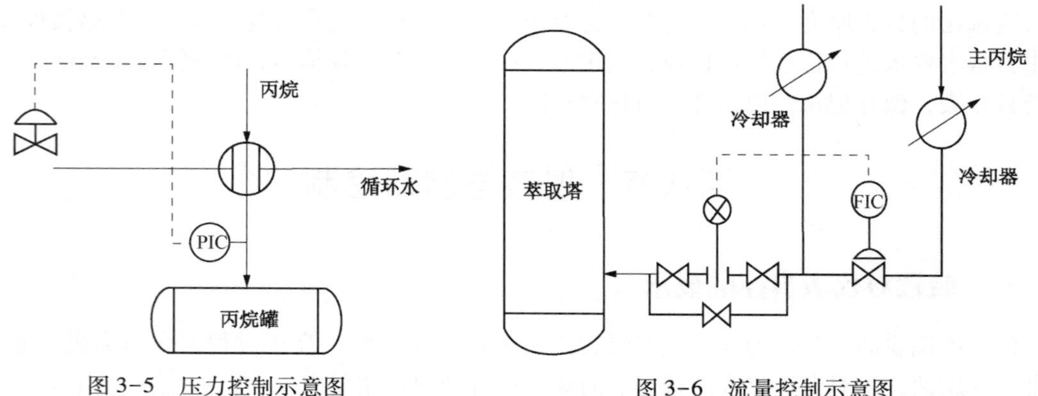

图 3-5　压力控制示意图　　　　图 3-6　流量控制示意图

（三）液位控制方案

控制方案以重脱油汽提塔液位控制回路为例说明。

（1）控制目的。通过调节阀来控制重脱油汽提塔液位，正常生产时应保持液位平稳。

（2）控制方法。当重脱油汽提塔塔液位液位下降时，进入控制器的信号减小，其为正作用，输出信号减少，进入信号就减小，而调节阀为风开阀，开度就减小，出重脱油汽提塔液体减少，液位会上升，以达到工艺控制要求。

当重脱油汽提塔塔液位液位上升时，进入控制器的信号增加，其为正作用，输出信号增加，进入信号就增加，而调节阀为风开阀，开度就增加，出重脱油汽提塔液体就会增加，液位会下降，以达到工艺控制要求。

（3）控制流程示意图见图 3-7。

（四）温度控制方案

控制方案以加热炉出口温度控制回路为例说明。

（1）控制目的。通过调节阀来调节加热炉出口温度，正常生产时应保持临界塔顶温平稳，以保证闪蒸效果。

（2）控制方法。当加热炉出口温度低时，进入控制器的信号减小，其为反作用，输出信号增大；而调节阀为风开阀，开度开大，则瓦斯量增加，炉膛温度上升，则炉出口温度就会上升，以达到工艺控制要求。

当加热炉出口温度高时，进入控制器的信号增大，其为反作用，输出信号减小；而调节阀为风开阀，开度减小，则瓦斯量减少，炉膛温度下降，则炉出口温度就会降低，以达到工艺控制要求。

（3）控制流程示意图见图 3-8。

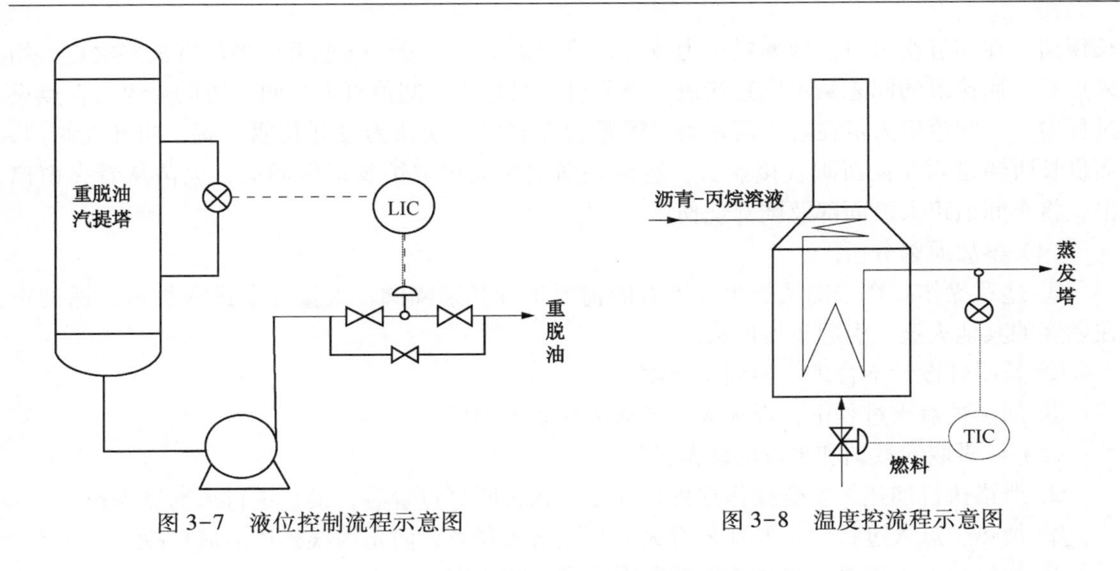

图 3-7　液位控制流程示意图　　图 3-8　温度控流程示意图

第九节　典型事故案例分析

一、某厂丙烷装置丙烷泄漏事故

(1) 事故发生的时间。1983 年 11 月 23 日。

(2) 事故发生的地点。某厂丙烷装置临界塔。

(3) 事故发生的经过。1983 年 11 月 23 日 21：30，丙烷装置在进行丙烷大循环过程中因临界塔内沉筒界面计脱落，将临界塔单独切除交仪表人员进行抢修。待抢修好后交回给车间人员，车间人员即安排当班重新投用，在投用时，因临界底切水阀未关，造成大量丙烷从切水管跑出，好在装置加热炉还未点火，泄漏出来的丙烷未遇火源，操作工及时将切水阀关闭，故未发生火灾、爆炸事故。

(4) 事故原因分析。

① 操作工安全意识薄弱，工作责任心不强，投用临界塔前没有认真详细地检查流程；班长没对临界塔投用进行检查、监督。

② 车间管理不严，临界塔投用方案不落实。

③ 车间检查、监督不到位。

(5) 应吸取的教训和采取的防范措施：

① 强化职工安全意识，严格执行装置安全操作规程。

② 加强工作责任心，树立“安全第一”的思想。

③ 车间对设备投用要制定具体的方案，应有管理人员在现场进行检查、监督和指导。

④ 装置开工期间，对设备投用、流程改动必须进行认真检查，落实安全防范措施。

二、某厂丙烷装置加热炉回火伤人事故

(1) 事故发生的时间。1987 年 4 月 12 日。

(2) 事故发生的地点。某厂丙烷装置加热炉。

(3) 事故发生的经过。1987 年 4 月 12 日中班，当班司炉工因有事请假早走，由当班班

长顶岗。在临近交班时，因燃料压力波动，造成炉子大部分火嘴熄灭。当班班长多次点火均未点着，而接班的同志又不同意接班，当班班长只好将车间值班人员叫来协助点火。在点火过程中，车间值班人员在看火窗观察火嘴是否点着时，误认为没开长明灯阀，叫开大阀门，而班长听错是叫开瓦斯阀直接点火，造成瓦斯突然喷出，炉膛正压回火，火苗从看火窗窜出，将车间值班人员面部及胸部烧伤。

（4）事故原因分析。

① 违章操作。在未确认长明灯点着的情况下开瓦斯嘴阀，大量瓦斯进入炉内，遇到正在燃烧的其他火嘴，引起正压回火。

② 长明灯设计不合理，不利于观察。

③ 加热炉点火过程中，看火人与点火人联系不到位。

（5）应吸取的教训和采取的防范措施。

① 严格执行加热炉安全操作规程，在未确认长明灯点着后，禁止进行火嘴点火作业。

② 加热炉点火过程中，要加强看火人与点火人联系，防止因误指挥造成事故。

③ 加热炉点火嘴时，禁止正面对着看火窗，防止回火伤人。

④ 做好平稳操作，加强对长明灯的检查和管理。

三、某厂丙烷脱沥青装置沥青堵系统火炬线事故

（1）事故发生的时间。1994 年 2 月 7 日。

（2）事故发生的地点。丙烷脱沥青装置火炬系统。

（3）事故发生的经过。1994 年 2 月 7 日，装置由于加工的原料沥青发泡严重，造成沥青汽提塔冒油，以致低压系统后路堵。为了维持正常的生产，在征得车间值班人员和厂生产调度同意后，从当日 20：05 至次日 8：00 低压系统丙烷气由容 17 转容 8 放入系统火炬线。由于操作人员判断不准，检查不细，致使容 8 内的沥青被带入系统火炬线，造成系统火炬线堵塞，装置被迫停工，与系统火炬线相关的装置改就地排放。

（4）事故原因分析。

① 低压系统丙烷携带有大量的沥青在容 8 内未得到沉降分离，以致被带入系统火炬线。

② 容 8 为事故罐，正常生产时应保持无液面，事前几天曾因安全阀跳有少量沥青被带至罐内，而车间工作人员未及时处理罐内存油；当低压系统携带有沥青的丙烷气改入容 8 后，罐内液面不断上升，而班长未能意识到，未做任何处理。

③ 采取措施不当，低压系统后路被堵，而容 8 内沥青未得到处理，在此种情况下，车间值班和当班班长有权采取停止进料以及丙烷循环的处理方法，待解决后路被堵的问题后，再重新进料。

（5）应吸取的教训和防范措施。

① 增强职工安全意识和工作责任心，提高检查质量。

② 加强职工技术培训，提高操作水平及事故处理能力。

③ 改进工艺技术，消除沥青发泡。

④ 对低压系统和容 8 进行技术改造。

四、某厂丙烷脱沥青装置操作工窒息事故

（1）事故发生的时间。1996 年 2 月 1 日。

（2）事故发生的地点。丙烷脱沥青装置中压蒸发器。

（3）事故发生的经过。1996年2月1日，装置高压系统正在进行氮气气密、试压，而中压系统新上的卧式蒸发器因准备气密试压需封人孔，车间安排班组人员进罐内清扫、检查；上午9：00，当一名工人进入卧式蒸发器清扫、检查时，因罐内氧气含量不足（事后分析为16.8%），造成窒息，因抢救及时，没造成死亡事故。

（4）事故原因分析。

① 高压系统与中压系统阀门只是关闭，未加装盲板，因阀门内漏，造成氮气窜入蒸发器内。

② 车间安全管理和监督不到位，车间在安排进容器清扫工作时，未对容器进行气体分析，未办理作业票。

③ 职工安全意识淡薄，自我保护意识差，违章操作。在未办理进塔、容器作业票和安全监护人不在场的情况下，进入容器清扫作业。

（5）应吸取的教训和防范措施。

① 加强车间安全管理，杜绝违章作业。

② 进行塔、容器作业时，要严格遵守安全规定，需采样分析合格后，办理进塔、容器作业票，落实安全措施，方可进入作业。

③ 需进入作业的容器，与相连的设备管线有其他物质存在时，要加盲板切断。

④ 加强安全教育，增强职工安全意识，提高职工自我保护能力。

⑤ 管理人员在安排工作时，要布置安全措施，并检查、督促作业人员落实安全措施。

五、某厂丙烷脱沥青装置FeS自燃事故

（1）事故发生的时间。2004年3月16日。

（2）事故发生的地点。丙烷脱沥青装置丙烷罐。

（3）事故发生的经过。2004年3月16日上午，正准备拆下装置丙烷罐安全阀，送去效验。安全阀准备拆下前，装置监护人员将丙烷罐倒空、降压，把安全阀上下游及副线阀关闭，并在现场准备了消防器材以备应急，当检修人员拆开安全阀上游阀前弯头短节时，在弯头短节内发生轻微着火冒烟现象，监护人员发现火情立即用灭火器扑灭，没有造成任何人员和财产损失，装置安全生产没有受到任何影响。

（4）事故原因分析。

① 丙烷装置加工中东原料在中压系统部位产生大量硫化氢。

② 由于装置高、中、低系统相连阀门未关严，导致中压系统中硫化氢窜入丙烷罐安全阀上游阀后弯头短节内，硫化氢与管线材料发生反应，生成FeS，当FeS接触空气时立即与空气中的氧气发生反应并发生着火。

（5）应吸取的教训和防范措施。

①加强职工安全意识，开展防毒和防火知识教育活动。

②使职工清楚了解装置加工中东渣油产生大量硫化氢的原因及危害。

③使职工熟练掌握防毒自我保护技能。

④进行装置检维修、进设备及拆装安全阀等工作前，做好危险评估，制定并落实防范措施。

第四章　溶剂精制装置

第一节　概　述

一、溶剂精制的作用

溶剂精制的原料来自常减压蒸馏装置的减压侧线馏分和溶剂脱沥青装置的残渣润滑油原料(溶剂精制—溶剂脱蜡—补充精制生产工艺)或酮苯脱蜡装置的脱蜡油(溶剂脱蜡—溶剂精制—补充精制生产工艺)。其中含有大量的润滑油非理想组分，即多环芳香烃、多环环烷烃，含硫、含氮、含氧化合物及少量胶质沥青质等。这些组分的存在，使润滑油黏温性能差、颜色深、酸值高、残炭值大，抗氧化安定性差，对润滑油的使用性能不利。因此润滑油原料必须经过精制，除去所含的非理想组分，才能达到润滑油基础油标准，满足成品润滑油对基础油的要求。

溶剂精制是利用溶剂对润滑油原料中理想组分和非理想组分有不同溶解度的性质，将多环短侧链的芳香烃及含硫、含氮、含氧化合物及胶质沥青质等非理想组分溶解在溶剂中而被抽提出，而链烷烃、少环长侧链的环烷烃和芳香烃等理想组分则得以保留。目前，国内多采用较为传统的常减压蒸馏—溶剂精制—酮苯脱蜡—白土或加氢补充精制生产工艺组合来生产 API Ⅰ类基础油。此外，有些炼厂采用溶剂精制—加氢处理—溶剂脱蜡工艺组合来生产 API Ⅱ类基础油。溶剂精制作为润滑油生产过程中的一个重要步骤，可以大幅提高润滑油基础油的黏温性能、抗氧化安定性，改善基础油颜色，降低基础油残炭值和酸值等。即便是在目前工艺技术较先进的润滑油生产工艺组合中，作为脱除润滑油原料中非理想组分手段的溶剂精制工艺往往也占有一席之地，如：溶剂精制—加氢处理—异构脱蜡工艺组合等。

二、溶剂精制装置的发展及现状

世界上第一套溶剂精制装置是 1909 年投入使用的。直到 20 世纪 30 年代，由于溶剂回收方法的进步，加之克服了原先采用酸-碱化学精制收率低、大量残渣难于处理而污染环境等缺陷，溶剂精制在炼油工业开始得到广泛使用，所使用的溶剂也逐步集中为糠醛和苯酚。70 年代开发出 *N*-甲基吡咯烷酮(NMP)溶剂，由于其具有较好的溶解能力和选择性、且毒性低、安全性高等优点，因而获得了较快的发展。酚毒性大，适用原料范围窄，加之 NMP 的工艺流程和酚十分相似，因此酚精制大多改造为 NMP 精制而被取代。在北美以采用 NMP 精制工艺装置的数量和处理能力居首，糠醛精制次之。

我国第一套溶剂精制装置于 20 世纪 50 年代中期建成并投入使用。至今，国内各炼厂已陆续建起了糠醛、酚和 *N*-甲基吡咯烷酮精制等各类装置共 30 多套。我国是糠醛的出口国，充足的来源和低廉的价格使其成为精制溶剂的首选，加之工业实践经验较多，因此国内的溶剂精制装置主要以糠醛精制为主。我国是 NMP 的进口国，其较高的价格加之装置设备、管线易腐蚀等原因，尚未大力发展。目前，中国石油和中国石化两大集团公司中各炼厂投入运行的溶剂精制装置有糠醛精制 23 套，酚精制和 *N*-甲基吡咯烷酮精制各 1 套。

溶剂精制过程的进展主要体现在以下几个方面：

（1）抽提工艺设备的改进。早期抽提设备都是采用填料抽提塔，由于采用的瓷质拉西环等传统填料，处理量偏低，传质效果也不理想。20 世纪 50 年代 Shell 公司推出转盘抽提塔后，很快就取代了早期的填料抽提塔。但转盘抽提塔本身也存在轴向返混严重、有效高度低等缺陷。近年来，由于新型填料的发展，填料塔的处理能力和传质效率大幅度提高，新型填料塔又被广泛应用于抽提过程。

（2）抽提工艺的改进。采用两段抽提以及澄清分离等技术手段，可在保证精制深度的前提下，降低溶剂比，提高装置的处理能力。

（3）溶剂回收工艺的改进。溶剂回收的能耗占溶剂精制总能耗的 75%～85%，而抽出液回收系统的能耗又约占溶剂回收总能耗的 70%。国内外一直将抽出液的溶剂回收作为研究重点，70 年代实现了多效蒸发。相关文献表明，采用三效蒸发工艺所需热量，仅为一效蒸发的 1/3、两效蒸发的 2/3。我国在 70 年代中期开始采用两效蒸发，80 年代中期开始采用三效蒸发，提高了热回收率，使装置能耗大幅下降，达到国外先进水平。另外，在精制液、抽出液回收系统中增设蒸发塔以蒸出部分溶剂，减少汽提塔和水溶液系统负荷的工艺改进，也有着较为明显的节能降耗作用。

近年来，国内的溶剂精制装置在工艺、设备、仪表控制等方面均取得了一定的进展，各项技术指标都有较大的提高。其中糠醛精制装置的能耗水平与国外差距不大，但剂耗水平差距还较大；酚和 NMP 精制装置在这两个方面都还有较大的差距。在今后的技术改造中可采用新的填料技术、三效蒸发工艺、澄清分离技术、变频技术、先进控制等技术手段，以不断提高国内溶剂精制装置的经济技术水平。

三、溶剂精制工艺的发展趋势

近年来世界原油供应的紧缺状况加剧，原油质量也日益变差，而现代经济社会的发展对优质润滑油基础油的需求却日益增长。开采比率与日俱增的重质原油中，C/H 比较大、轻质馏分少、渣油多，含有较多的 S、N、O 等非烃化合物，多属环烷基原油或中间基原油，其基础油黏温性能和氧化安定性很差。以物理生产工艺为主的传统润滑油基础油生产工艺将会面临着较大的困难。因此，以加氢处理技术为主的化学改质加工方法，日益显示其重要作用，近年来也得到了长足的发展。

加氢处理、加氢裂化、异构脱蜡等一系列临氢技术可将润滑油中的非理想组分转化为理想组分，可以从传统的润滑油精制方法生产高黏度指数基础油的原料中，制取高质量的润滑油基础油。润滑油加氢处理工艺的主要特点是基础油收率高、质量好、副产品附加值高、工艺操作灵活。

因此，将传统的物理方法润滑油生产工艺与化学改质的加氢处理技术相互结合，优势互补，将会在今后长期存在。例如：国内外用以生产中、高档润滑油基础油的工艺组合有润滑油加氢裂化—溶剂脱蜡、溶剂精制—加氢处理—溶剂脱蜡和溶剂精制—加氢处理—异构脱蜡等多种。

第二节　工艺原理

目前，溶剂精制的加工过程主要有糠醛精制、N-甲基吡咯烷酮精制(简称 NMP 精制)和酚精制等。图 4-1 为溶剂精制过程示意图。

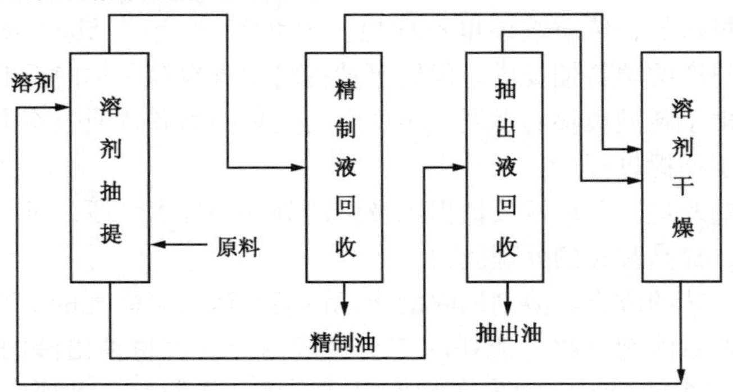

图 4-1　溶剂精制过程示意图

溶剂和从常减压装置分割出来的经过(或未经过)酮苯脱蜡处理的馏分油或丙烷脱沥青处理的轻脱沥青油等原料，按一定比例，各自加(换)热至一定温度后，溶剂从上部、原料从下部进入抽提塔进行逆流混合接触抽提。经抽提过程分离出来的精制液和抽出液，再分别经过加热蒸发、汽提等过程分离溶剂后得到精制油和抽出油。精制油做润滑油料，抽出油可做橡胶填充油，或二次加工原料，或直接做燃料等，溶剂回收后再循环使用。

一、溶剂精制工艺介绍

(一) 糠醛精制工艺

图 4-2 为糠醛溶剂精制工艺原则流程示意图。工艺主要由脱气系统、抽提系统、回收系统以及抽真空系统等部分组成。

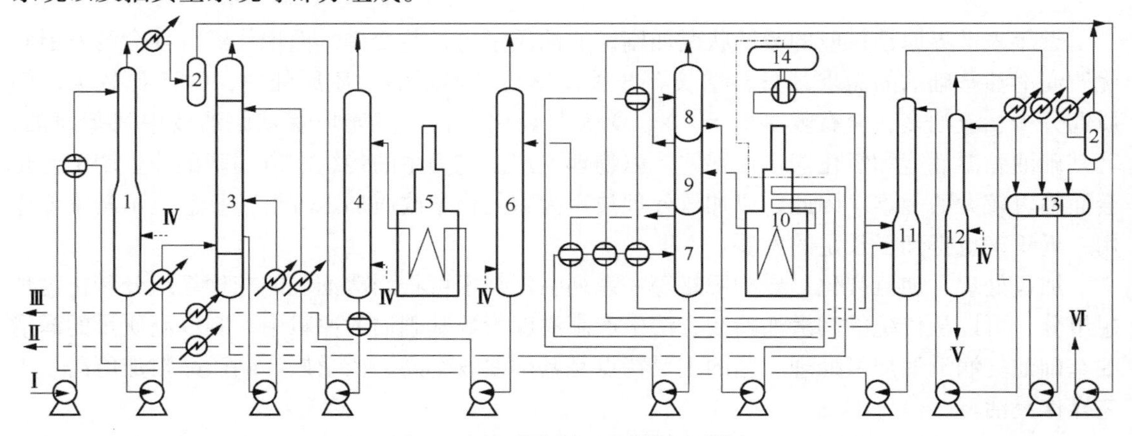

图 4-2　糠醛精制工艺原则流程图

Ⅰ—原料油；Ⅱ—精制油；Ⅲ—抽出油；Ⅳ—汽提蒸汽；Ⅴ—污水；Ⅵ—尾气；

1—脱气塔；2—真空罐；3—抽提塔；4—精制液蒸发汽提塔；5—精制液加热炉；

6—抽出液蒸发汽提塔；7—抽出液一次蒸发塔；8—抽出液二次蒸发塔；9—抽出液三次蒸发塔；

10—抽出液加热炉；11—糠醛干燥塔；12—脱水塔；13—水溶液分离罐；14—蒸汽发生器

从罐区来的原料油，换热后进入原料脱气塔上部，塔顶部抽真空，塔下部吹入汽提蒸汽，通过降低原料油中所溶解的氧气分压，使其尽可能完全蒸发出来。经过脱气处理后的原料油由塔底泵送至抽提塔。

经过原料脱气塔脱气处理后的原料油，由脱气塔的塔底抽出换热到一定温度后，在抽提塔的中下部进入抽提塔。由干燥塔底部经泵抽出的糠醛，换热至一定温度后，由抽提塔上部进入。原料油和糠醛在抽提塔内经过充分的逆流接触后，含有少量糠醛的精制液从塔顶自压进入精制液回收系统；含有大量糠醛的抽出液则由塔底自压进入抽出液回收系统。为了降低糠醛对润滑油组分的溶解能力，提高其选择性，抽提塔的下部抽出一定量的抽出液冷却后再返回塔内，控制抽提塔底部温度，以提高精制油收率。

由抽提塔上部出来的精制液先后经过换热、加热炉加热至205~215℃后，进入精制液汽提塔。精制液汽提塔在减压下操作，塔下部吹入过热蒸汽，蒸出的溶剂和水蒸气经冷凝冷却进入水溶液分离罐，通过双塔回收原理回收其中的糠醛。塔底得到的精制油经换热及冷却后，送至精制油罐。

由抽提塔塔底出来的抽出液，经过依次与抽出液低、中、高压各蒸发塔顶出来的醛气换热后，先进入低压蒸发塔(一次蒸发塔)蒸出部分溶剂，低压蒸发塔底的抽出液经与高压蒸发塔顶蒸气换热后进入中压蒸发塔，蒸出另一部分溶剂。中压蒸发塔底抽出液再经加热炉进一步加热后进入高压蒸发塔。高压蒸发塔底脱除了大部分溶剂的抽出液自压进入抽出液汽提塔，抽出液汽提塔的塔下部吹入蒸汽，通过蒸发、汽提，脱除其中残留的溶剂，塔底得到抽出油。

(二)酚精制工艺

图4-3为酚精制工艺原则流程示意图。干燥塔来的苯酚蒸气由吸收塔下部进入塔内，装置外来的原料油经换热后送至吸收塔上部进入塔内。原料和共沸物蒸气逆流接触，酚被原料吸收，水蒸气由塔顶逸出，经冷凝冷却排入污水系统。

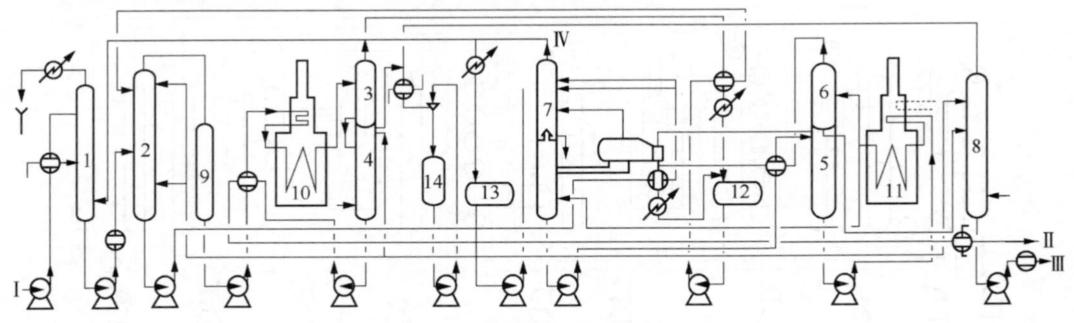

图4-3　酚精制工艺原则流程图

Ⅰ—原料油；Ⅱ—精制油；Ⅲ—抽出油；Ⅳ—酚；

1—吸收塔；2—抽提塔；3—精制液蒸发塔；4—精制液汽提塔；5—抽出液一级蒸发塔；6—抽出液二级蒸发塔；7—抽出液干燥塔；8—抽出液汽提塔；9—精制液罐；10—精制液加热炉；11—抽出液加热炉；12—酚罐；13—酚水罐；14—水封罐

原料油由吸收塔底抽出并换热到60~90℃后，进入抽提塔下部。苯酚经过换热到75~120℃左右，由泵送至抽提塔上部，原料油与苯酚形成逆流流动进行抽提。溶解了酚的理想组分(精制液)不断上升，而溶解了非理想组分的酚继续向下沉降，在塔内分成两相。含有少量苯酚(10%~15%)的精制液从抽提塔顶自压进入精制液回收系统，回收其中的苯酚；含少量抽出油(5%～10%)及水的抽出液从抽提塔底自压进入抽出液回收系统，回收其中苯酚。

精制液经过换热，在精制液加热炉加热至280～290℃后，进入精制液蒸发塔，大部分酚被蒸发出来，塔顶的酚蒸气经换热、冷凝冷却后至酚罐；含有少量酚的精制液进入精制液汽提塔，下部吹入蒸汽，脱除残余的酚。塔顶带酚水蒸气与抽出液汽提塔顶的酚水蒸气一起经冷凝冷却后至水封罐。塔底精制油经换热、冷却后出装置。

含水的抽出液经换热后自干燥塔的中部进入抽出液干燥塔。干燥塔底设有来自一级蒸发塔塔顶溶剂蒸气做热源的重沸器进行加热，塔顶以酚水做回流控制塔顶温度。塔顶蒸出的酚水共沸物一部分进入吸收塔，另一部分经冷凝冷却后至酚水罐。去吸收塔酚水共沸物蒸气量的大小由酚水罐的酚水量决定。经换热后的抽出液进入抽出液一级蒸发塔蒸出部分溶剂后，再送至抽出液加热炉，加热至260～270℃后，进入抽出液二级蒸发塔，蒸出大部分溶剂，各蒸发塔顶的苯酚蒸气经过换热冷凝后进入苯酚罐。含有少量酚的抽出液再进入抽出液汽提塔，塔底通入蒸汽，通过蒸发、汽提，脱除抽出液中的残余溶剂，塔底得到的抽出油经冷却后送出装置。

(三) *N*-甲基吡咯烷酮(NMP)精制工艺

图4-4为*N*-甲基吡咯烷酮精制工艺原则流程示意图。外来原料油进入吸收塔上部，吸收塔下部是由蒸汽喷射器和干燥塔顶来的NMP水蒸气。吸收塔塔底出来的吸收NMP蒸气后的原料油再经过换热，温度达到60～95℃，进入抽提塔下部；由溶剂罐来的NMP，经过换热温度达到70～120℃，用泵打入抽提塔上部。在抽提塔内，原料油与NMP形成逆流流动接触，进行抽提。通过塔底部分抽出液的冷循环，在塔内形成温度上高下低的温度梯度，以改善抽提分离效果。抽提塔底部也可通入少量湿溶剂，以使中间组分较多析出，保证精制油收率。含有少量NMP的精制液由抽提塔顶自压进入精制液罐；含有大量NMP的抽出液由抽提塔底自压进入抽出液回收系统，回收其中的NMP。

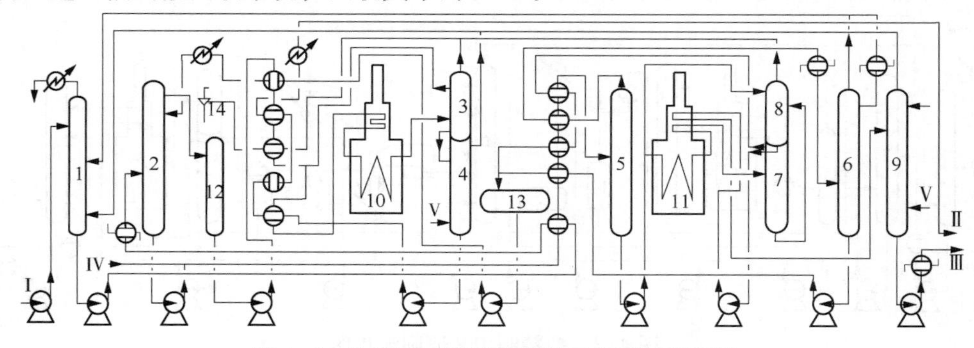

图4-4　*N*-甲基吡咯烷酮精制工艺原则流程图

Ⅰ—原料油；Ⅱ—精制油；Ⅲ—抽出油；Ⅳ—湿溶剂；Ⅴ—汽提蒸汽；

1—吸收塔；2—抽提塔；3—精制液蒸发塔；4—精制液汽提塔；5—抽出液一级蒸发塔；

6—抽出液干燥塔；7—抽出液二级蒸发塔；8—抽出液减压蒸发塔；9—抽出油汽提塔；

10—精制液加热炉；11—抽出液加热炉；12—精制液罐；13—循环溶剂罐；14—真空泵

精制液自精制液罐抽出，换热后至精制液加热炉，加热温度到270～280℃后，先进入精制液蒸发塔，蒸出大部分溶剂，再进入精制液汽提塔，脱除其中残余的溶剂，在塔底得到精制油，经换热、冷却后送出装置。

抽出液溶剂回收采用三级蒸发一级汽提流程。抽出液先后与吸收塔底原料油、干燥塔底回收溶剂、一级蒸发塔顶和二级蒸发塔顶回收溶剂换热后进入抽出液一级蒸发塔，蒸出约50%的溶剂。一级蒸发塔底液再经过抽出液炉加热至290～300℃，进入抽出液二级蒸发塔，蒸出大部分溶剂后，自压进入抽出液减压蒸发塔，闪蒸出部分溶剂后，送至抽出液汽提塔脱除残余溶剂，塔底得到抽出油。两塔蒸出的溶剂蒸气经换热、冷凝冷却后直接进入循环溶剂罐，供抽提塔循环使用。

在溶剂回收中，水主要集中在一级蒸发塔顶蒸出的溶剂中。一级蒸发塔顶回收溶剂经换热后，以汽液两相进入干燥塔的中下部。从各汽提塔和干燥塔顶出来的为含有5%～10% NMP的水蒸气，小部分馏出物经冷凝后作为回流，控制塔顶温度，大部分不经冷凝直接进入吸收塔底部，其中溶剂被原料油吸收，残余的水蒸气从吸收塔顶排出，经过冷凝后排入污水系统。干燥塔底溶剂进入NMP溶剂罐循环使用。

二、溶剂精制的原理

润滑油溶剂精制是一个物理抽提分离的过程。溶剂精制的原理是利用溶剂(如糠醛、苯酚、*N*-甲基吡咯烷酮)对润滑油非理想组分(多环短侧链的芳烃和环烷烃、胶质、硫和氮的化合物)的溶解能力强，而对理想组分(链烷烃和少环长侧链的烃类)的溶解能力弱的特点，在抽提塔中低于临界溶解温度条件下，与原料逆流接触并分层，从而使润滑油的理想组分与非理想组分分开。溶剂精制过程主要由溶剂抽提和溶剂回收两部分组成。

通过溶剂萃取抽提，达到除去非理想组分，使润滑油的黏温性能、抗氧化安定性及油品的颜色等得到改善，明显降低油品的酸值和残炭的目的。

第三节　原料与产品性质

一、溶剂精制原料性质及要求

(一)溶剂精制原料性质

由于溶剂精制过程是一个物理抽提分离过程，因此原料油本身的性质是润滑油溶剂精制生产过程中重要的影响因素之一。

根据加工流程不同，溶剂精制的原料来源不同，其中正序流程原料来自常减压蒸馏装置各侧线(常压三、四线；减压二、三、四及五线)的馏分以及丙烷脱沥青装置的轻脱沥青油，反序流程是溶剂脱蜡装置的脱蜡油。

溶剂精制的原料，既含有润滑油的理想组分，又含有润滑油的非理想组分。因此，在溶剂精制过程中，只有除去原料中所含的非理想组分，才能达到润滑油基础油标准，满足成品润滑油对基础油的要求。

(二)溶剂精制的原料要求

(1)馏分要窄。馏分太宽难于选择适宜的精制条件。

(2)黏度要适宜。

(3)初馏点与闪点合适。若初馏点或闪点过低，原料中的轻组分较多，生产过程中易导致汽提塔顶携带严重，影响平稳操作，降低收率。

(4)酸值要低。酸值过高会导致糠醛氧化分解乃至结焦，甚至造成对设备腐蚀。

(5)沥青质含量要低。沥青质含量过高，影响产品质量，并容易导致抽提塔液泛。

(6) 残炭值要小，颜色要浅。

(7) 含水不能过多。原料含水会降低糠醛的溶解能力，致使抽提效果变差。原料含水过多会影响精制液、抽出液系统的操作。

(8) 反序加工时，要求原料中的丁酮、甲苯含量要少。

(9) 反序加工时，脱蜡深度应适宜。脱蜡深度过深，油品的黏温性能变差，影响产品质量。

二、溶剂精制产品性质和要求

（一）产品性质的重要指标

1. 色度

我国石油产品颜色测定法把石油产品的颜色分为 16 个色号，依次加深为 0.5、1.0、1.5、2.0…颜色最深的为 8.0。

油品的颜色往往可以反映其精制程度和稳定性。对于基础油来说，一般精制程度越高，其烃的氮化物和硫化物脱除得越干净，颜色也就越浅。但是，即使精制的条件相同，不同产地及侧线的原料油所生产的基础油，其颜色也是不同的。

2. 密度

密度是润滑油最简单、最常用的物理性能指标。润滑油基础油的密度随其组成中碳、氮、氧、硫含量的增加而增大，因而在同样黏度或同样相对分子质量的情况下，含芳烃和胶质多的润滑油基础油密度大，含环烷烃多的居中，含烷烃多的最小。

3. 黏度

黏度是指液体黏稠的程度。它是润滑油的一项最主要指标，是润滑油馏分分割的依据，也是选用润滑油的依据。润滑油的品种一般按用途命名，而牌号则是根据 40℃或 100℃运动黏度来划分的。黏度的大小可用动力黏度或运动黏度来表示。动力黏度的单位为 g/cm · s，运动黏度单位为 cm^2/s，而常用的运动黏度单位为 mm^2/s。

4. 黏度指数

黏度指数表示油品黏度随温度变化的程度。黏度指数越高，表示油品黏度受温度的影响越小，其黏温性能越好，反之越差。

5. 闪点

闪点是表示油品蒸发性的一项指标。油品的馏分越轻，蒸发越多，其闪点也越低。反之，油品的馏分越重，蒸发越少，其闪点也越高。同时，闪点又是表示石油产品着火危险性的指标。油品的危险等级是根据闪点划分的，闪点在 45℃以下为易燃品，45℃以上为可燃品。在油品的储运过程中严禁将油品加热到它的闪点温度。在黏度相同的情况下，闪点越高越好。因此，用户在选用润滑油时应根据使用温度和润滑油的工作条件进行选择。一般认为，闪点比使用温度高 20~30℃，即可安全使用。

6. 凝点和倾点

凝点是指在规定的冷却条件下油品停止流动的最高温度。油品的凝固和纯化合物的凝固相比有很大差异。油品并没有明确的凝固温度，所谓“凝固”只是作为整体来看失去了流动性，并不是所有的组分都变成了固体。

润滑油的凝点是表示润滑油低温流动性的一个重要质量指标。对于生产、运输和使用都有重要意义。凝点高的润滑油不能在低温下使用。一般说来，润滑油的凝点应比使用环境的最低温度低 5~7℃。但是特别还要提及的是，在选用低温润滑油时，应结合油品的凝点、低温黏度及黏温特性全面考虑。因为低凝点的油品，其低温黏度和黏温特性亦有可能不符合要求。

倾点也是油品低温流动性的指标，倾点和凝点两者无原则的差别，只是测定方法稍有不同。同一油品的凝点和倾点并不完全相等，一般倾点都高于凝点 2~3℃。

7. 酸值、碱值和中和值

中和 1g 油品所需氢氧化钾的毫克数，叫做油品的酸值，单位是 mgKOH/g 。它是避免机械腐蚀和控制润滑油精制深度的指标。根据酸值的大小，可以判断润滑油中的有机酸含量。酸值分强酸值和弱酸值两种，两者合并即为总酸值(简称 TAN)。我们通常所说的“酸值”，实际上是指“总酸值”。

碱值是表示润滑油中碱性物质含量的指标，单位是 mgKOH/g 。碱值亦分强碱值和弱碱值两种，两者合并即为总碱值(简称 TBN)。我们通常所说的“碱值”实际上是指“总碱值”。

中和值实际上包括了总酸值和总碱值。但是，除另有注明外，一般所说的“中和值”实际上仅是指“总酸值”，其单位也是 mgKOH/g 。

8. 残炭

油品在规定的实验条件下，受热蒸发和燃烧后形成的焦黑色残留物称为残炭。残炭是润滑油基础油的重要质量指标，是为判断基础油的性质和精制深度而规定的项目。润滑油基础油中残炭的多少，不仅与馏分轻重有关，而且与油品的精制深度有关，润滑油基础油中形成残炭的主要物质是：油中的胶质、沥青质及多环芳烃。这些物质在空气不足的条件下，受强热分解、缩合而形成残炭。油品的精制深度越深，其残炭值越小。一般讲，基础油的残炭值越小越好。

现在，许多润滑油产品都含有金属、硫、磷、氮元素的添加剂，它们的残炭值很高，因此含添加剂油品的残炭已失去残炭测定的本来意义。机械杂质、水分、灰分和残炭都是反映油品纯洁性的质量指标，反映了润滑基础油精制的程度。

9. 灰分

灰分是指润滑油完全燃烧后所剩残留物占试样质量的百分数，它在一定程度上表现出润滑油的精制情况，可大致判断润滑油在内燃机燃烧室中形成积炭的情况。

10. 抗氧化安定性

在加热和有金属存在的情况下，润滑油抗氧化作用的能力，称为润滑油的抗氧化安定性。它是用氧化后沉淀物的质量百分数和氧化后的酸值来表示的。氧化后的沉淀物越少和氧化后的酸值越低，则润滑油的抗氧化安定性越好，使用寿命就越长。目前润滑油基础油抗氧化安定性一般用旋转氧弹方法测得。

11. 碱氮

氮化物可促使润滑油颜色变黑，质量变坏。润滑油中有两种氮化物，即碱性氮化物和非碱性氮化物。特别是碱性氮化物的存在，可加速油品颜色的变深和质量变坏。

12. 苯胺点

在标准试验条件下，石油产品与等体积的苯胺在互相溶解成为单一液相的最低温度叫苯胺点。

油品中各种烃类的苯胺点是不同的，各种烃类的苯胺点从低到高的顺序为芳香烃、环烷烃、烷烃，烯烃和环烯烃的苯胺点较相对分子质量与其接近的环烷烃稍低。多环环烷烃的苯胺点远较相应的单环环烷烃低。对于同一烃类(除某些例外)其苯胺点均随相对分子质量和沸点的增加而增加。

根据各主要烃类的苯胺点有显著差别这一特点，在测得油品苯胺点的高低后，可大致判断油品中哪种烃类的多少。通常，油品中芳香烃含量越低，苯胺点就越高。

在生产过程中，为了保证产品的质量，通常规定若干质量指标作为考核标准。目前，常采用的质量指标是黏度指数、色度、残炭值及酸值等。

溶剂精制主要的目的之一是改善油品的黏温性能。黏度指数是反映油品黏温性能的指标，另外，黏度指数随溶剂比的变化较为明显，应作为主要考核标准。而且通常情况下精确度较高，但在先精制后脱蜡的正序工艺中，由于精制油的凝点高，无法准确测定 40℃ 或 50℃ 的黏度，黏度指数便无法确定。在此情况下，可以通过找出 100℃ 及 70℃ 时的黏度来计算黏度指数的关系式，来应用黏度指数考核标准。

色度是一个间接指标。一个色号的宽度很大，很不灵敏，难于准确反映精制深度。

对于酸值适度的原料油，采用酸值作为控制指标是可行的，但酸值过高的原料油难于完全依靠溶剂精制解决酸值问题，而有些酸值很低的原料油，不经精制酸值也合格。残炭值也存在类似问题。

也有研究指出，反映精制深度的控制指标除了黏度指数外，折光率差值、紫外吸收光系数均有可能作为质量中间控制指标。

(二) 产品性质要求

溶剂精制工艺主要是利用溶剂对润滑油馏分中非理想组分溶解度大，而对其理想组分溶解度小的特点，使溶剂与润滑油馏分在萃取抽提塔内接触，将原料中的非理想组分与理想组分分开，从而改善润滑油的黏温特性和色度，降低残炭值，提高油品的抗氧化性能。在装置日常操作中衡量产品的质量指标还有：水分、中和值、碱氮、苯胺点、黏度指数、色度、残炭值等。

三、溶剂性质

为将润滑油原料油中的非理想组分除去，苯酚、糠醛、*N*-甲基吡咯烷酮等有机溶剂先后被用于润滑油的精制。溶剂精制工艺具有无废渣、溶剂循环使用、精制深度可以调节等优点，直至目前仍是润滑油生产的主要手段。

(一) 溶剂精制对溶剂的要求

选择合适的溶剂是润滑油溶剂精制的关键因素之一。从工业生产的实际出发，对溶剂的要求归纳起来有如下几点：

(1) 应具有良好的选择性。溶剂对润滑油原料中的非理想组分与理想组分有溶解度的差别时，才具有分离作用，这种溶解度的差别也称作溶剂的选择性。差别越大，选择性越好。比较理想的溶剂，应该是溶解油当中非理想的应除去的组分的能力强，而对理想的应保留的组分的溶解能力弱。

(2) 较强的溶解能力。在精制过程中，还要求溶剂具有适当的溶解能力。如果溶剂的选择性好，而溶解能力很差，虽然理想组分几乎不溶于溶剂，但在单位溶剂中能溶解的非理想组分的量也不大，为了把原料中大部分理想组分分出，这就不得不使用大量溶剂，对工业装置的操作和能耗是非常不利的。烃类在溶剂中的溶解度大小，称为该溶剂对烃类的溶解能力，一般各种烃类在有机溶剂中的溶解度都是随温度的升高而增大的。有机溶剂对润滑油原料中的各种烃类溶解能力的强弱是与烃类的分子结构有关的，它们的次序是：胶质>多环芳香烃>少环芳香烃>环烷-芳香烃>环烷烃>烷烃。对同类烃的溶解能力，依该烃类相对分子质量的增加而减弱；对环烷烃的溶解能力，随着环烷烃上侧链数目的增多，以及烃类碳原子数目的增加，在溶剂中的溶解度就减小。溶剂本身的结构对溶解能力也有影响。而且随着温度升高，溶剂的溶解能力增大，选择性下降。溶剂的选择性与溶解能力常常是相互矛盾的，即选择性强的溶剂其溶解能力就小。

（3）应具有较好的化学稳定性和热稳定性。在精制过程中，溶剂不应与润滑油原料发生任何化学反应，以避免影响润滑油的质量和造成溶剂的损失。在受热情况下性质应稳定，不易分解、变质，以便于回收利用。

（4）溶剂和精制油品之间应具有较大的密度差，以致在抽提过程中容易分成两相。

（5）有机溶剂本身的黏度要小，以有利于分离。

（6）应具有合适的沸点。溶剂与所处理的原料油的沸点差大，便于溶剂的回收。但有机溶剂的沸点不能过高，沸点过高，则从精制液和抽出液中回收溶剂变得困难；若沸点过低，抽提过程需在高压下进行，使生产过程复杂，因此过高或过低的沸点都会相应地增加操作费用。

（7）溶剂应无毒性和不腐蚀设备。在实际生产中选用溶剂时，应首先保证选择性好、溶解能力强、易回收等主要性能而兼顾其他方面的要求。通过对大量有机溶剂所进行的研究表明，适合作为溶剂精制的溶剂为数很少。

目前，炼油工业中润滑油溶剂精制所使用的溶剂主要有糠醛、苯酚和*N*-甲基吡咯烷酮三种。

（二）溶剂的性质

1. 糠醛（$C_5H_4O_2$）

糠醛又称α-呋喃甲醛，是杂环的呋喃醛类，有苦杏仁味。纯糠醛在常温下是无色透明的液体。糠醛具有毒性，对皮肤有刺激性。

糠醛能和水部分互溶，在35℃时糠醛在水中的溶解度为6.5%（质量），而水在糠醛中的溶解度为6.3%（质量）。当温度高于121℃时，糠醛与水能完全互溶。糠醛与水能形成共沸物，其常压下的共沸点是97.45℃，共沸物中的糠醛质量百分比浓度为35%。

糠醛的化学性质较为活泼。糠醛在空气中易被氧化而颜色变深，通常先呈黄色，继而逐渐变为褐色、黑色，特别是在光和热的作用下，会加剧其氧化速度。糠醛氧化生成的糠酸会对生产装置的管线设备等产生腐蚀。

氧化反应式如下：

$$C_4H_3O{-}C(=O){-}H + \frac{1}{2}O_2 \longrightarrow C_4H_3O{-}C(=O){-}OH + \text{放热}$$

糠醛还会逐渐缩合成树脂状物质，而且缩合反应可在热和催化剂的作用下会加速发生，而酸、碱、某些金属盐及金属等都是糠醛缩合的催化剂。糠醛缩合的产物在低相对分子质量状态时可溶于糠醛，但当缩合产物的相对分子质量增大时就会从糠醛中析出，而成为焦。

糠醛在常压下的自燃点为320℃。当温度达到220℃以上时易分解结焦，当温度在230℃以上时分解速度加快。糠醛和碱类同样可以发生反应，如与50%氢氧化钠的水溶液作用可以生成糠醇等，而且也会发生缩合。

在乙酸存在下，苯胺与糠醛作用会呈现鲜红色，其反应式如下：

$$2\,C_6H_5{-}NH_2 + C_4H_3O{-}\overset{\overset{\displaystyle O}{\|}}{C}{-}H \xrightarrow{CH_2COOH} C_6H_5{-}\overset{H}{\underset{|}{N}}{-}\overset{H}{\underset{|}{C}}{=}\overset{H}{\underset{|}{C}}{-}\overset{H}{\underset{|}{C}}{=}\overset{H}{\underset{|}{C}}{-}\overset{OH}{\underset{|}{C}}{=}\overset{H}{\underset{|}{N}}{-}C_6H_5$$

在生产过程中，可用乙酸苯胺的试纸来检验空气中有无糠醛，也可用来检查油品、水中是否含有糠醛以及有关设备是否有糠醛泄漏。

作为溶剂，糠醛具有很强的选择性和中等的溶解能力，能溶于乙醇和乙醚中。在润滑油馏分中，非理想组分的多环短侧链烃最易溶于糠醛，而石蜡基烃则溶解的很少，沥青质也很难溶解，对润滑油的理想组分少环长侧链的烃类，即使在提高温度的情况下，也很少溶解。

2. 苯酚(C_6H_6O)

苯酚简称为酚，俗名为石炭酸，对烃类具有中等的选择性和较强的溶解能力，有特殊的气味。酚在常温下能形成无色的针状或棱形结晶。

酚微溶于水，在20℃时，酚可以溶解于15倍体积的水中；若温度高于68℃时，可与水完全互溶。酚能与水形成恒沸点混合物(共沸物)。常压下的共沸点是99.6℃，共沸物中的酚含量为9.2%(质量)。

酚呈弱酸性，可与碱的水溶液作用生成易于水解的酚盐。酚易被氧化，在空气及光的作用下，能被氧化而首先变成玫瑰色，继而变为棕红色。酚具有较强毒性，在生产过程中应注意安全防护。酚对碳素钢有腐蚀性，特别是对铜、铝制设备的腐蚀尤为严重，因而酚抽提装置要采用合金钢材料制作。

3. *N*-甲基吡咯烷酮(C_5H_9NO)

N-甲基吡咯烷酮简称NMP，无色、毒性小、对皮肤无刺激作用，稍有氨味；具有优良的选择性和较大的溶解能力；与水以任何比例混溶，几乎与所有溶剂(乙醇、乙醛、酮、芳香烃等)完全混合；在溶剂中含适量水分可以调节其溶解能力和选择性，有利于提高精制油收率。

在惰性气体保护下，即使在315℃下，NMP的安定性仍很好，一般在320℃时会开始高温分解，并产生酸性物质；暴露在空气中，会因溶解空气中的氧而生成过氧化物。另外，在酸性水溶液中，*N*-甲基吡咯烷酮会有一定的水解速度，并生成4-甲氨基丁酸。

N-甲基吡咯烷酮在溶解能力和热稳定性方面都比糠醛、苯酚强。*N*-甲基吡咯烷酮较强的溶解能力会使得溶剂精制过程中的溶剂循环量大大减少，各种能耗也会随之降低；另外，由于热稳定性相对较好，溶剂损失会减少；加之它毒性小，对环境的污染较少，而且适应的原料范围较宽。因此，近年来在国外逐渐被广泛采用，但由于其价格偏高(约为糠醛的3~4倍)，在国内应用的较少。

表4-1和表4-2为糠醛、苯酚、*N*-甲基吡咯烷酮的理化性质和综合性能比较。由表中的数据可以看出，三种溶剂在使用性能上各有高低，难以绝对地说哪一种最好或最差，选用溶剂时须结合具体情况综合考虑。一般来说，糠醛适于处理馏分轻的原料，酚适用于处理馏分重的原料，而*N*-甲基吡咯烷酮对原料的适应性是三种溶剂中最好的。

表 4-1　糠醛、苯酚、*N*-甲基吡咯烷酮的理化性质

项目＼溶剂	糠醛	酚	*N*-甲基吡咯烷酮
分子结构	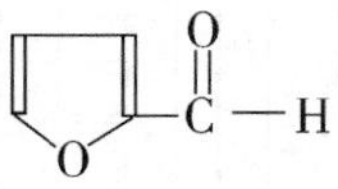	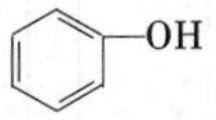	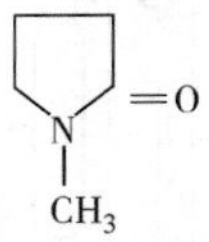
相对分子质量	96.03	94.11	99.13
25℃相对密度/(g/mL)	1.159	1.071	1.029
沸点/℃	161.7	181.7	201.7
熔点/℃	-38.7	40.97	-24.4
闪点/℃	56	79	95
黏度(50℃)/10^{-3}Pa·s	1.15	3.24	1.01
常压蒸发潜热/(kJ/kg)	446.3	478.6	482.6
与水生成的共沸物			
常压沸点/℃	97.45	99.6	不产生
混合物中溶剂量(质量分数)/%	35.0	9.2	—
20℃时在水中的溶解度(质量分数)/%	5.9	8.2	—

表 4-2　糠醛、苯酚、*N*-甲基吡咯烷酮综合性能比较

项目＼溶剂	糠醛	酚	*N*-甲基吡咯烷酮
适应性	极好	好	很好
乳化性	低	高	中等
安定性	好	很好	极好
溶解能力	好	很好	极好
选择性	很好	好	好

第四节　工艺过程及单元操作

糠醛溶剂精制工艺主要由脱气系统、抽提系统、回收系统以及抽真空系统等部分组成。糠醛溶剂精制的典型工艺流程如图 4-5 所示。

一、脱气系统

当原料罐不用惰性气体保护时，原料油中会溶入$(50\sim100)\times10^{-6}$的氧气。由于糠醛的化学稳定性较差，原料中的氧气会使糠醛氧化产生酸性物质。在生产过程中，糠酸一方面易进一步缩合生成胶质，另一方面也会造成设备的腐蚀。所以糠醛溶剂精制装置一般都在工艺流程的前端设有脱气系统。图 4-6 为脱气系统工艺流程。

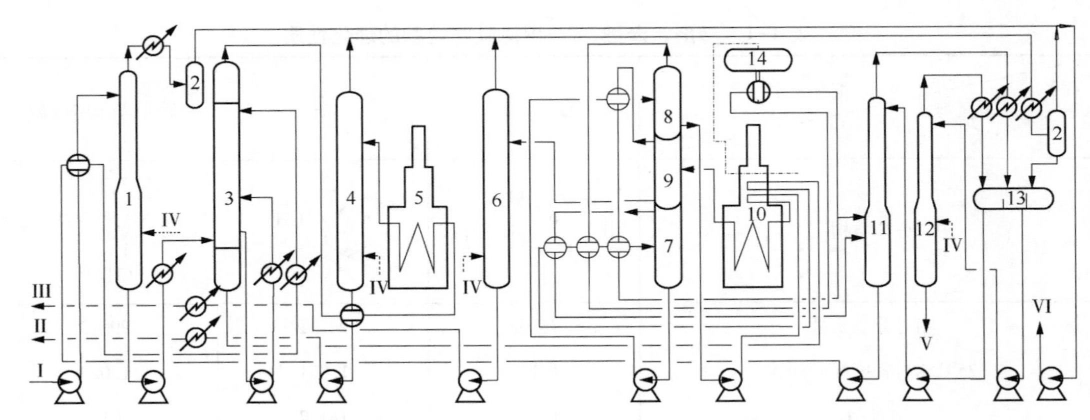

图 4-5 糠醛精制工艺流程(溶剂三效蒸发回收)

Ⅰ—原料油；Ⅱ—精制油；Ⅲ—抽出油；Ⅳ—汽提蒸汽；Ⅴ—污水；Ⅵ—尾气；
1—脱气塔；2—真空罐；3—抽提塔；4—精制液蒸发汽提塔；5—精制液加热炉；
6—抽出液蒸发汽提塔；7—抽出液一次蒸发塔；8—抽出液二次蒸发塔；9—抽出液三次蒸发塔；
10—抽出液加热炉；11—糠醛干燥塔；12—脱水塔；13—水溶液分离罐；14—蒸汽发生器

从罐区来的原料油，换热后进入原料脱气塔上部，塔顶部抽真空，塔下部吹入汽提蒸汽，通过降低原料油中所溶解的氧气分压，使其尽可能完全蒸发出来。经过脱气处理后的原料油由塔底泵送至抽提塔。

二、抽提系统

(一) 溶剂抽提

利用溶剂把混合物中的某组分提取出来的方法称为溶剂抽提。

为了便于理解溶剂抽提，我们用一简单的实验来说明，图 4-7 为溶剂精制原理示意图，即将一定量的润滑油原料装入玻璃杯里，设法使温度保持恒定，再慢慢向玻璃杯里加入选择性溶剂(例如酚或糠醛)。加入少量溶剂时，溶剂能溶解在油里，继续加入溶剂，玻璃杯内的混合物分成两层(即两相)。底层(重相)为油溶解在溶剂中的饱和溶液(它是以含溶剂为主，并溶有大量的非理想组分，称为提取液)；上层(轻相)是溶剂溶解在油中的饱和溶液(它是以含理想组分为主，并溶有少量的溶剂及少量的非理想组分，称为提余液)。两层之间有一个较明显的界面。

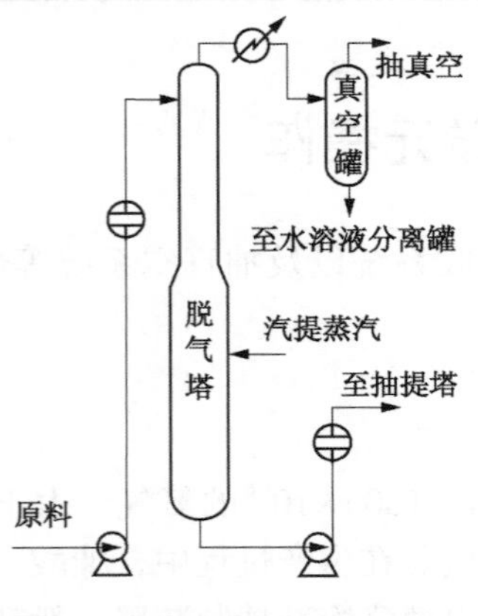

图 4-6 脱气系统工艺流程

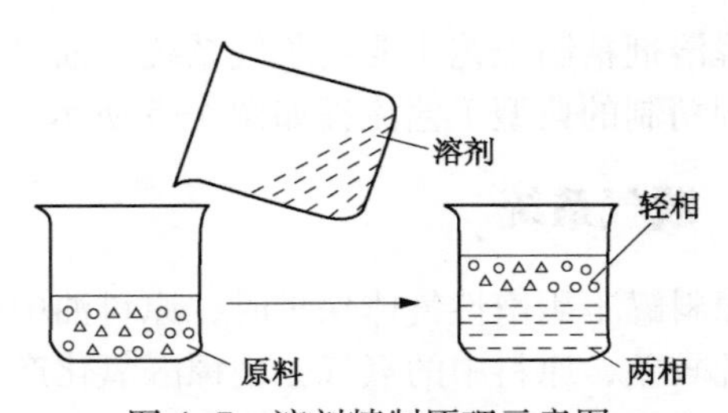

图 4-7 溶剂精制原理示意图

△—原料中非理想组分；○—原料中理想组分

在一定的条件下将两相分开，得到提取液(抽出液)和提余液(精制液)。将提取液(抽出液)和提余液(精制液)中的溶剂蒸出，可分别得到抽出油和精制油。

从上述过程可以看出，实现润滑油的精制过程需具备两个条件：①溶剂应具有适当的选择性；②溶剂应具有一定的溶解能力。如果溶剂的选择性好，而溶解能力很差，虽然理想组分几乎不溶于溶剂，但在单位溶剂中能溶解的非理想组分的量也不多，为了把原料中大部分理想组分分出，这就不得不使用大量溶剂，这对工业装置的操作和能耗是非常不利的。反之，溶剂的选择性较差，而溶解能力较强，理想组分和非理想组分的分离效果就比较差，被抽出液带走的理想组分增多，这会使得润滑油的收率降低。

影响溶剂选择性和溶解能力的因素主要有：

(1) 温度仍以上述图 4-7 溶剂精制原理中的实验为例，若将界面分明的混合物继续加热到一定温度后，混合物的界面消失，由两相变为一相。此点温度称为该原料在该溶剂中的临界溶解温度。不同的溶剂、原料以及不同的混合比例，其临界溶解温度也各不相同。

图 4-8 为润滑油临界互溶温度曲线图。从图中可以看出，当温度达到或超过临界溶解温度，溶剂和原料完全互溶，抽提过程无法进行。这说明，油料在溶剂中的溶解度随着温度的升高而增大，在溶剂溶解能力提高的同时，其选择性也相应地下降。因此，温度是影响溶剂精制过程最重要的因素之一。

图 4-9 为温度与黏度指数、收率影响的关系曲线图。由图可以看出：在温度较低的基础上升高抽提温度，抽出物增多，油品收率下降，黏度指数提高；随着温度进一步升高，溶剂选择性变差的影响逐渐增大，当达到一定值后，再增加温度，不仅油品收率降低，而且因溶剂选择性明显变差，油品黏度指数也下降。因此，存在一个最佳的抽提温度。原料、溶剂不同，其最佳抽提温度也各不相同，一般低于临界溶解温度约 20~30℃，其值由试验确定。

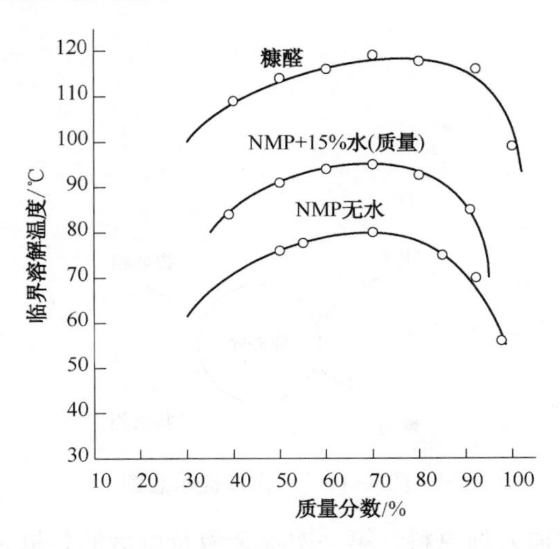

图 4-8　润滑油临界互溶温度曲线图

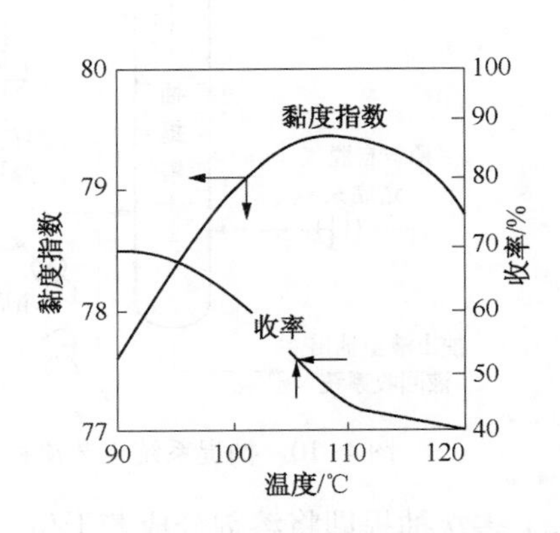

图 4-9　温度与黏度指数、收率影响的关系曲线图

(2) 原料的性质烃类分子的结构决定了其在溶剂中的溶解度。在常用的极性溶剂中烃类的大致溶解顺序是：胶质>多环芳香烃>少环芳香烃>环烷-芳香烃>环烷烃>烷烃。因此，不同组成的润滑油原料用相同溶剂在相同条件下进行抽提时，结果会差别很大。

一般来说，同一种原油的润滑油馏分，沸程范围愈高，溶解度愈小；馏分中含中、重芳烃愈少，溶解度越小；随着芳香烃侧链增长或数目增多，溶解度减小。

（3）溶剂本身的分子结构不同的溶剂，因其本身的分子结构不同，溶解能力和选择性也不一样。

（二）抽提系统流程

图 4-10 为抽提系统工艺流程图。经过原料脱气塔脱气处理后的原料油，由脱气塔的塔底抽出换热到一定温度后，在抽提塔的中下部进入抽提塔。由干燥塔底部经泵抽出的糠醛，换热至一定温度后，由抽提塔上部进入。原料油和糠醛在抽提塔内经过充分的逆流接触后，含有少量糠醛的精制液从塔顶自压进入精制液回收系统；含有大量糠醛的抽出液则由塔底自压进入抽出液回收系统。为了降低糠醛对润滑油组分的溶解能力，提高其选择性，抽提塔的下部抽出一定量的抽出液冷却后再返回塔内，降低底部温度，以提高精制油收率。

（三）溶剂抽提的影响因素

在抽提溶剂确定以后，影响抽提效果的主要因素有抽提方法、抽提温度、溶剂比、抽提塔界面、原料性质和溶剂质量等。

1. 抽提方法

当抽提过程中的非理想组分(溶质)在两相间的扩散速度相等，即达到动态平衡的状态时，抽提过程实际就结束了。为了使抽提过程朝着有利的方向发展，使非理想组分(溶质)更多地被溶解，采取适当的抽提方式就显得非常重要。

常见的抽提方式有：一次抽提、多次抽提、逆流抽提等方式。

（1）一次抽提即将溶剂和原料一次性加入抽提设备中，经搅拌充分接触后，再将分层后的两相分别进行溶剂回收，可得到精制油和抽出油。一次抽提如图 4-11 所示。但这种抽提方式得到精制油质量不高，收率也较低。

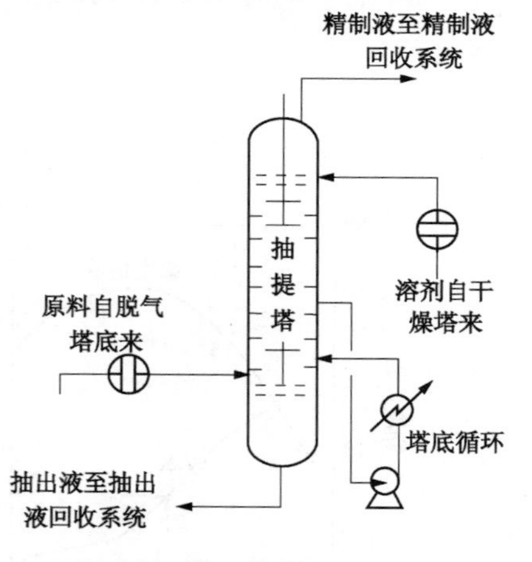

图 4-10 抽提系统工艺流程

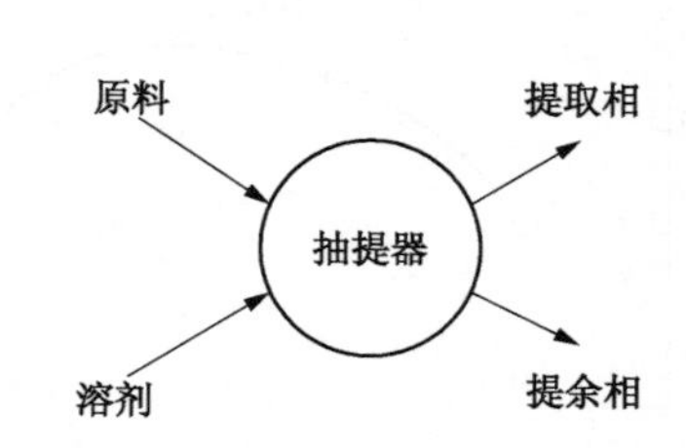

图 4-11 一次抽提示意图

（2）多次抽提即将溶剂分成若干份，逐次加入到原料、第一次提余液及以后的各提余液中，然后再将两相分离。多次抽提如图 4-12 所示。在总溶剂比相同的情况下，多次抽提比一次抽提的效果好；在精制效果相同的情况下，多次抽提比一次抽提的溶剂用量要少。但其操作复杂，设备增多，多次两相分离使得精制油损失较多，精制油收率较低。

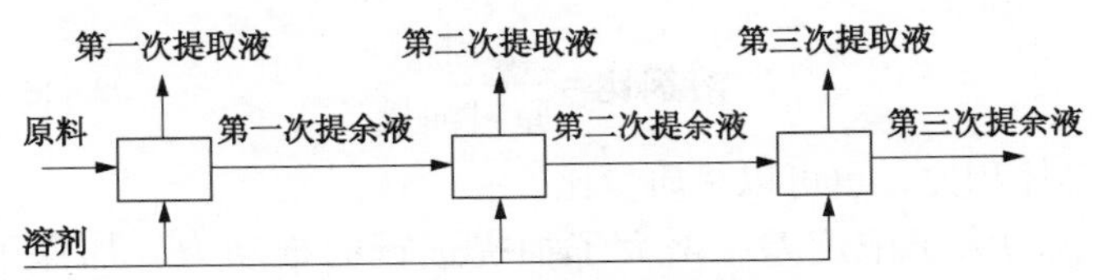

图 4-12 多次抽提示意图

(3) 逆流抽提溶剂和原料在逆流流动中进行接触，非理想组分即被溶剂抽出。图 4-13 为逆流抽提示意图。

在生产过程中，逆流抽提通常是在塔内连续进行。溶剂从上部进入，原料从下部进入。原料的密度小于溶剂的密度，原料从下向上升，溶剂从上向下沉降，两者逆流流动接触。塔内一般设有塔板或填料，以增加接触面积。在连续的逆流抽提过程中，新鲜溶剂是与含有较少非理想组分的原料接触，而进入抽提塔的原料则与含有较多非理想组分的溶剂接触。这样使两者之间始终保持较大的浓度差，使溶剂能充分发挥作用，分离效果就较好。

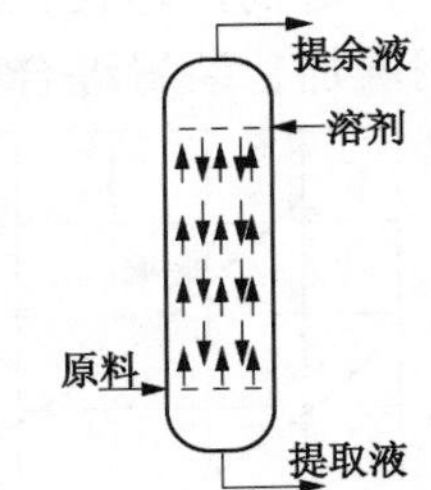

图 4-13 逆流抽提示意图

实验表明：抽提速度(即单位时间内的抽提量)与浓度差成正比，与接触面积成正比，与相间边界层之间的阻力成反比。

因此，抽提操作的选择应考虑以下几点：

① 浓度差是推动抽提进行的主要因素。为增大浓度差，可适当增加溶剂用量，或采用逆流方式进行抽提。

② 增加接触面积来增大抽提速度，如采用搅拌等方法。

③ 在抽提过程中，适当增加液体的运动速度，减小两相间液体边界层厚度，有利于两相间的接触和传质。

④ 适当延长抽提时间使抽提过程进行得更充分。

2. 抽提温度

抽提温度升高，溶剂的溶解能力增大，但选择性降低。因此，在选择温度时不但要考虑溶剂的溶解能力，还要考虑溶剂的选择性。

采用连续逆流抽提方式的实际生产中，在溶剂比一定的情况下，一般是选择保持较高的塔顶温度和适宜的塔底温度，使溶剂有足够的溶解能力和较好的选择性，使得精制液中的理想组分最多，而抽出液中带走的理想组分最少，从而可以达到在保证产品质量的同时提高精制油收率的目的。

塔顶和塔底的温度差称为温度梯度。从塔底到塔顶，原料中的非理想组分逐渐减少，应逐步提高溶剂的溶解能力，以保证精制的深度，这需要操作温度从下至上逐步提高。而由上至下温度逐渐降低，溶剂的溶解能力也下降，使得溶剂中的理想组分逐渐分离出来，回到精制液中，从而减少理想组分的损失。通过生产实践也证明：

(1) 适宜的塔顶温度能够改善油品的质量，提高黏温特性。

(2) 适宜的塔底温度可以保证产品的收率。

(3) 油品的密度越大，在溶剂中的溶解度就越小。为了获得质量好的精制油，抽提温度就要相应提高。

3. 溶剂比

加入的溶剂量和原料油量之比称为溶剂比。溶剂比可用下式表示。

$$溶剂比=\frac{溶剂量}{原料油量}$$

溶剂比既可以是体积比，也可以是质量比。

增大溶剂比也就增大了浓度差，增大了抽提进行的推动力，加深了精制的深度，能提高油品的质量，但其收率下降。图 4-14 为精制油质量和收率与溶剂比的关系图。从图中可以看出，当溶剂比上升时，精制油的残炭值下降，但其收率也随之下降。在实际生产中，溶剂比越大，溶剂回收系统的负荷越大，单位能耗上升，装置处理量下降，操作费用增加，装置综合能耗也随之上升。因此，在生产中应选择合适的溶剂比，确保精制油质量的同时，提高精制油收率，降低装置综合能耗。适宜的溶剂比应根据溶剂、原料性质和产品质量的要求，通过实验来确定。

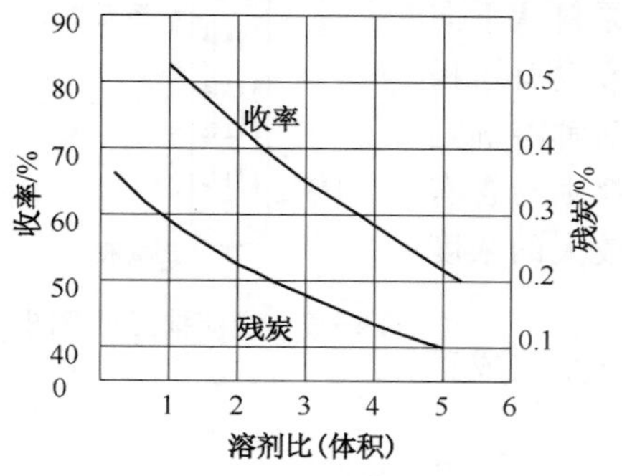

图 4-14　精制油质量和收率与溶剂比的关系

应当指出的是：增大溶剂比，非理想组分更多被溶解的同时，理想组分的溶解量也在增加。因此，精制油收率的下降不仅仅是由于非理想组分的减少，也是因为理想组分损失增加的缘故。

4. 抽提塔界面

在抽提塔内，上部精制液和下部抽出液分成两层，形成一个明显的分界面，即界面。若界面过低，原料在溶剂中停留的时间就会缩短，非理想组分的扩散过程不充分，会导致精制油质量下降。而且界面过低也会使得塔下部抽出液分离、聚集的时间缩短，由于油品不能从其中完全分离出来被抽出液带走，导致精制油收率降低。但如果塔内的界面过高，不但有可能使抽出液进入精制液系统而影响产品质量，而且由于溶剂在浓缩段没有足够的时间凝聚、沉降，塔顶会带出较多的溶剂，使得精制液回收系统的负荷增大。

在传质设备中气液或液液两相逆流接触传质传热过程中有时会发生液泛现象。液泛是指在气液或液液两相逆流操作的传质设备中，当两相流速高达某一极限值时，一相将被另一相夹带而倒流，设备的正常操作遭到破坏的现象。

抽提塔产生液泛原因有塔顶温度大于临界溶解温度、塔超负荷、原料含沥青质过多、进塔原料温度太低和转盘转速太快等。

设备内刚好发生液泛的两相流速称为泛点速度，但通常用连续相的流速来表示。泛点速度是设备通过能力的上限。在不同设备中，产生液泛的原因及其具体现象互不相同。

在实际生产中，适宜的界面应控制在塔的上中部。抽提塔操作正常时，界面位置清晰，很容易判断。若发生液泛，界面会混浊不清，抽提过程不能正常进行，此时精制油的质量和收率都会下降。因此，界面分层是否清晰，是判断抽提过程在塔内是否正常进行的条件之一。

5. 原料性质

原料性质的好坏对抽提塔的处理能力、精制油的质量和收率有很大的影响。通常残渣润滑油原料总会含有一定数量的沥青质，另外，在减压分割不好时，馏分润滑油原料也会夹带一些沥青质。而沥青质几乎不溶于溶剂中，而且它的密度介于溶剂与原料之间，因此，在抽提过程中容易聚集在两相的界面处，增加了原料与溶剂通过界面的阻力；同时，原料与溶剂的分散小颗粒被沥青质所污染，不易聚集成大颗粒。因而沉降速度缓慢，抽提塔处理能力大大降低。如果原料油中含沥青质的量过大，抽提塔则无法维持正常操作。因此，为了充分发挥抽提塔的能力，必须严格控制原料油中的胶质、沥青质的含量，特别是对重质润滑油馏分和残渣油原料来说，原料质量的控制尤为重要。

另外，原料油的馏分的宽窄对抽提效果也有着不可忽视的影响。正常情况下，原料油的馏分越重，在溶剂中的溶解度就越小，因此精制温度应高一些。反之，馏分越轻，在溶剂中的溶解度就越大，精制温度就应低一些。但若馏分过宽精制温度就不容易确定，精制温度过高对轻馏分因溶解度过大而精制过深；温度低，重馏分的精制深度不够。所以，原料油的馏分范围应控制一定范围内。

6. 溶剂质量

在溶剂精制中，循环溶剂质量的好坏对抽提塔的操作和设备腐蚀都有影响。在糠醛精制装置中，要求循环糠醛的纯度大于98%，pH 值在5.5~6.0。溶剂纯度不高(如含水)，影响产品质量。

三、溶剂回收系统

(一) 溶剂回收原理

从抽提塔出来的精制液和抽出液中含有溶剂，必须将其中的溶剂回收以供循环使用，同时分别得到精制油和抽出油。因此，溶剂精制过程还要设立溶剂回收系统。

蒸馏是利用液体混合物中各组分在沸点上的差异，或各组分蒸气压的差异使它们得到分离的一种方法。而将液体混合物加热至部分汽化后，送至蒸发塔，在一定温度和压力下，汽液两相分离的蒸馏方式称为闪蒸。

溶剂的回收因溶剂与润滑油的沸点差较大，一般采用闪蒸的方式将二者分离。在蒸发塔溶剂蒸气与润滑油以闪蒸方式分离。闪蒸分离后的润滑油中还残存的少量溶剂，通常再采用水蒸气蒸馏，即在塔下部通入过热蒸汽，降低溶剂的蒸气压，以保证残存溶剂全部蒸发。

采用水蒸气汽提后，使得溶剂回收过程变得相对复杂。因为目前所使用的几种溶剂或多或少地都能与水相互溶解，而且像苯酚、糠醛还能与水形成共沸物。这样回收系统就必须增加溶剂脱水的流程。

以糠醛溶剂精制水溶液中糠醛的回收为例。糠醛与水形成共沸物，将共沸物冷凝后冷却到接近常温时就会分成两相(两层)，上层轻相为含糠醛的水溶液(糠醛溶解在水中的饱和溶液)，下层重相为含水的糠醛液(水溶解在糠醛中的饱和溶液)。在分离罐中可以将这两相分开，双塔回收原理如图4-15所示，分离罐下部的糠醛液送至塔1，其中的水分以共沸物的形式蒸发出去，塔底得到糠醛；分离罐上部的水溶液送至塔2蒸发出糠醛，塔底得到水。两塔顶蒸出的糠醛与水的共沸物经冷却后再返回分离罐。这也称作双塔回收原理。

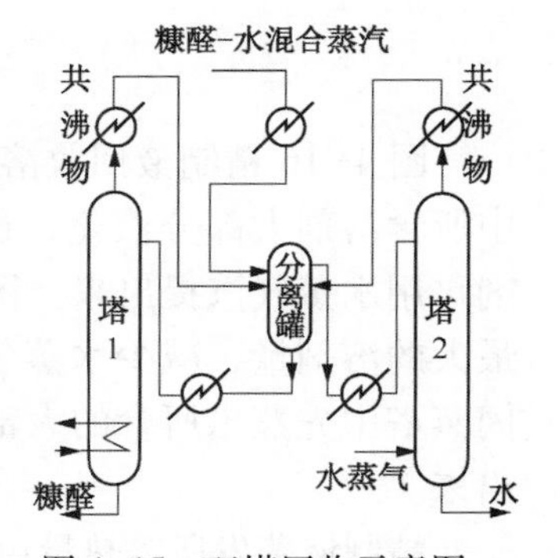

图4-15　双塔回收示意图

苯酚-水系统不能用双塔回收。因为在40℃时，酚在水中的溶解度为9.6%，而酚水共沸物中，含酚9.2%，共沸物冷凝冷却后不再分层，故不能用双塔回收法。若把苯酚-水共沸物的蒸气通入润滑油原料中，使它们充分接触，并保持一定的温度，就会发现出来的蒸气中的酚含量减少了，而水蒸气的数量则几乎不变。可见，蒸气中的酚能溶解于原料油中，而水蒸气几乎不能够溶解。

实践表明，在压力和温度一定时，溶质（酚）被溶剂（润滑油原料）吸收的数量是一个定值。且酚在润滑油中的溶解度随温度的升高减少，因此，降低原料油的温度对酚蒸气的吸收是有利的。

而若采用惰性气体汽提，可以避免将大量水蒸气带入系统内，节约了为排除水分而将水再次蒸发所耗费的大量热能。同时基本消除了含溶剂污水的排放。用于汽提的气体可循环使用。

（二）溶剂回收过程

溶剂的回收过程包括精制液、抽出液中溶剂的回收和水溶液中溶剂的回收两部分。

1. 精制液、抽出液中溶剂的回收

由于精制液和抽出液在组成上差别很大，其溶剂回收流程也各不相同。

精制液主要由润滑油理想组分组成，溶剂含量约占15%，因此精制液中溶剂的回收相对简单，一般只用一次汽提（一段塔）或一次闪蒸和一次汽提（两段塔），就可达到回收溶剂的目的。图4-16为精制液回收溶剂示意图。

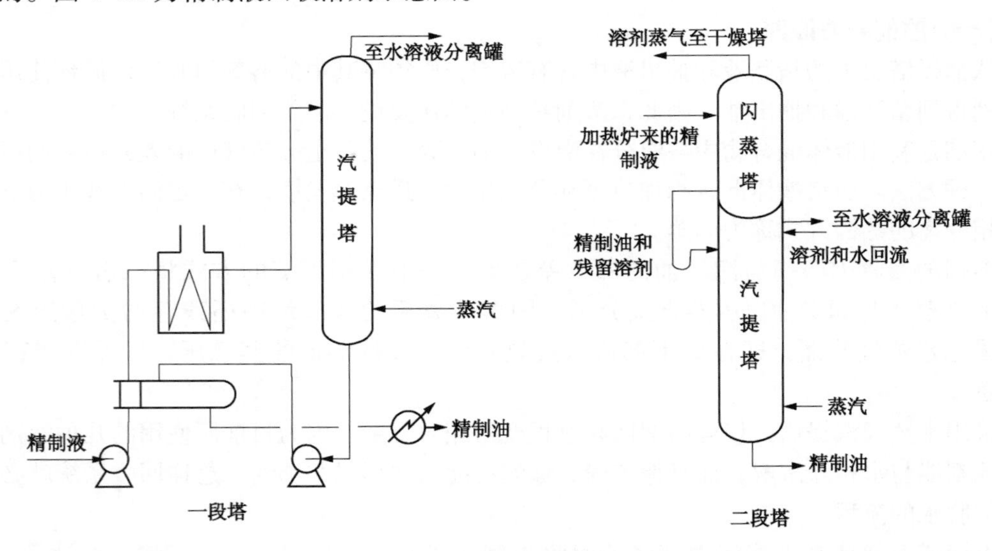

图4-16　精制液回收溶剂示意图

图4-16精制液回收溶剂示意图中的一段塔，精制液经过精制液加热炉的加热后，其中所含溶剂大部分汽化，进入精制液汽提塔后，精制油、溶剂蒸气分离，油中残存的溶剂再用水蒸气汽提出来。图4-16精制液回收溶剂示意图中的二段塔，则为在回收时得到最大的溶剂量，减少水蒸气的消耗，而采用一次闪蒸一次汽提。即被加热后的精制液在闪蒸塔中先蒸出所含的大部分溶剂，残存于精制油中的溶剂再于汽提塔中用水蒸气汽提出来。

精制液蒸发所需热量由精制液加热炉供给。炉出口温度主要根据溶剂的沸点和蒸发量的大小来确定。溶剂的沸点越高，蒸发量越大，要求的温度就越高。但温度太高溶剂甚至油品会发生裂解，不但会影响产品质量，还会造成设备结焦；而温度太低溶剂又蒸发不完全。若精制油中溶剂含量大，不仅会使溶剂消耗增大，而且会影响精制油的质量。糠醛精制装置精

制液加热炉出口温度一般不超过220℃。

在抽出液中，溶剂的含量占到85%左右。要把如此多的溶剂一次全部蒸发出来不太可能。同时，这些溶剂的蒸发需要大量的热量，一次全部蒸发回收溶剂的能耗过高。因此，通常抽出液中溶剂的回收都是采用多效蒸发，以利用下一段的溶剂蒸气来预热进入前段的抽出液。为了加大换热温差，提高换热效率，减小换热面积，在下一段的操作压力应比前一段的高。

两效蒸发就是采用两个不同压力的塔分段蒸出溶剂，高压段(二效蒸发)的溶剂温度高，冷凝后放出的冷凝热可作为低压段(一效蒸发)蒸发的热源。图4-17为抽出液两效蒸发回收溶剂示意图。

抽提塔底的抽出液与二效蒸发蒸出的高压溶剂蒸气以及一效蒸发蒸出的低压溶剂蒸气换热后进入一效蒸发塔，蒸出全部水和部分溶剂(以共沸物形式蒸出)；不含水的抽出液经加热炉加热后，进入二效蒸发塔，蒸出绝大部分溶剂。经两效蒸发后，油中仍残存的少量溶剂，在汽提塔内用水蒸气汽提除去。一效蒸发塔顶蒸出的水和溶剂蒸气混合物以及二效蒸发塔顶蒸出溶剂蒸气，经回收热量后，送至溶剂干燥系统。

图4-18为抽出液三效蒸发回收溶剂示意图。其回收原理与两效蒸发回收溶剂原理相似。抽出液是由压力不同的3个蒸发塔和汽提塔等部分组成。蒸发塔Ⅰ、蒸发塔Ⅱ、蒸发塔Ⅲ的压力依次增高，3个蒸发塔顶蒸出的溶剂蒸气，分别根据温度的不同依次与蒸发塔进料换热，利用冷凝潜热，作为前面各蒸发塔进料的热源。

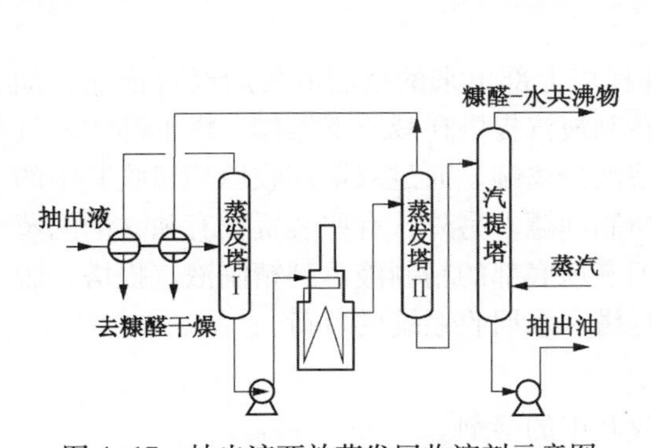

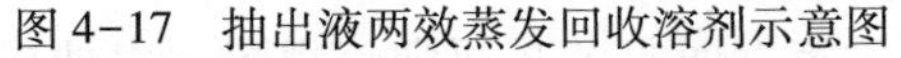
图4-17　抽出液两效蒸发回收溶剂示意图

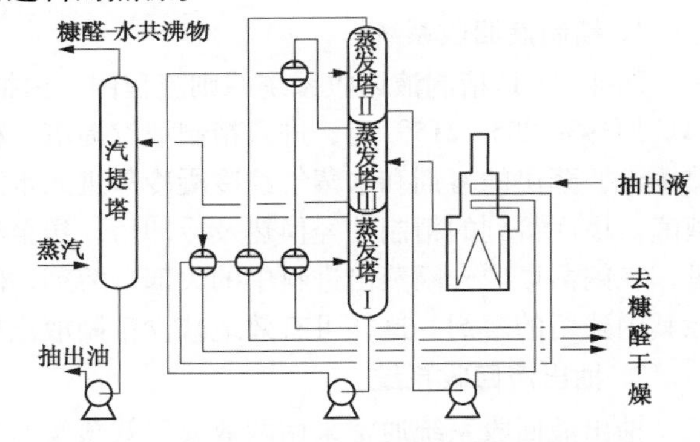

图4-18　抽出液三效蒸发回收溶剂示意图

采用三效蒸发工艺的装置要比两效的燃料消耗量降低20%～30%。但基于效费比的考虑，也并不是蒸发的次数越多越好。目前，国内广泛采用的是两效蒸发和三效蒸发。

2. 水溶液中溶剂的回收

糠醛和水共沸物的双塔回收原理如图4-19所示。共沸物蒸气经冷凝冷却后进入分离罐。分离罐内的液体会分成两层，较轻的上层是含少量糠醛的水，较重的下层是含少量水的糠醛。下层含少量水的糠醛进入糠醛干燥塔，溶解于其中水以共沸物的形式从塔顶蒸出，塔底可得到无水糠醛。上层含少量糠醛的水进入脱水塔，经水蒸气汽提，糠醛以共沸物的形式从塔顶蒸出，塔底得到基本不含糠醛的水。两个塔顶蒸出的共沸物蒸气经冷凝后进入分离罐，分层后再分别回收。

苯酚-水共沸物蒸气中苯酚的吸收过程在吸收塔内进行，其回收溶剂的示意图如图4-20所示。原料油经冷却器冷却，从吸收塔上部进入，共沸物蒸气从吸收塔下部进入，上升蒸汽与下降的液体在塔盘上密切接触。塔内必须维持高于100℃的温度，以避免蒸汽凝结，含溶剂的原料油从塔底抽出，水蒸气经塔顶冷凝后排出装置。

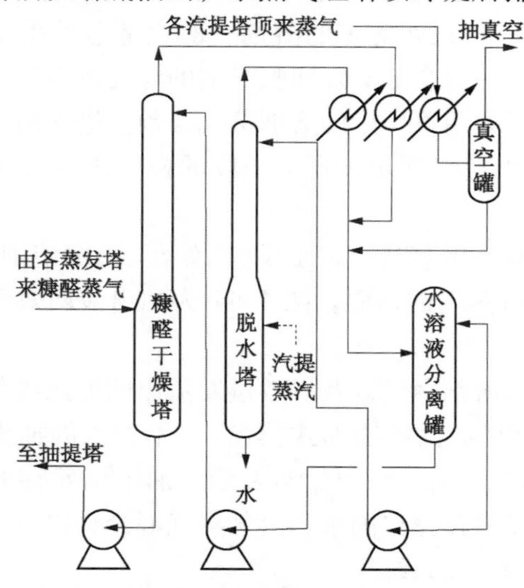

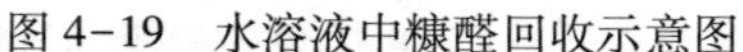
图 4-19　水溶液中糠醛回收示意图

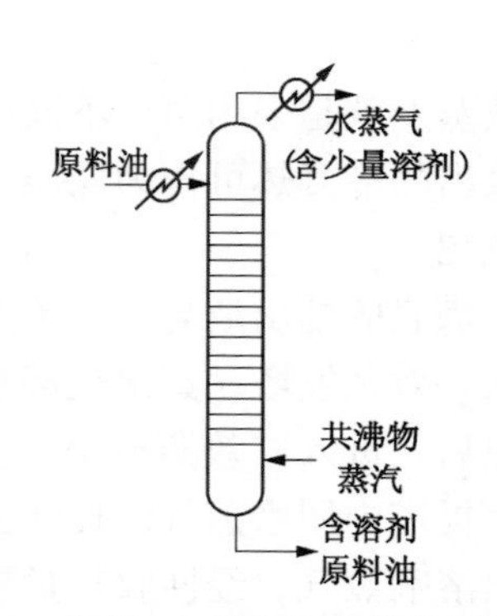

图 4-20　苯酚-水共沸物中苯酚回收示意图

（三）溶剂回收系统流程

溶剂回收系统由精制液回收系统、抽出液回收系统、溶剂干燥及水溶液回收系统三部分组成。

1. 精制液回收系统

图 4-21 是精制液回收系统原则流程图。由抽提塔上部出来的精制液先后经过换热、加热炉加热至 205~215℃后，进入精制液汽提塔。精制液汽提塔在减压下操作，塔下部吹入过热蒸汽，蒸出的溶剂和水蒸气经冷凝冷却进入水溶液分离罐，通过双塔回收原理回收其中的糠醛。塔底得到的精制油经换热及冷却后，送至精制油罐。另外，有些装置设有独立的闪蒸塔，在闪蒸塔内先闪蒸出进料中的大部分溶剂，闪蒸塔底部的精制液再到精制液汽提塔，脱除其中残留的溶剂。这样可有效地减少精制液汽提塔和水回收系统的负荷。

2. 抽出液回收系统

抽出液回收系统通常采用两效或三效蒸发回收其中的溶剂。

（1）抽出液两效蒸发回收。图 4-22 为抽出液两效蒸发回收工艺原则流程图。由抽提塔塔底出来的抽出液，经过先后与抽出液低压蒸发塔（一次蒸发塔）和抽出液高压蒸发塔(二次蒸发塔)塔顶的醛气进行换热后，进入抽出液低压蒸发塔，蒸出部分溶剂。低压蒸发塔底仍含有较多溶剂的抽出液再送至抽出液加热炉，加热至 215~220℃后进入高压

蒸发塔，蒸发出大部分溶剂后，自压进入抽出液汽提塔。抽出液蒸发汽提塔的下部吹入蒸汽，通过蒸发、汽提，蒸出的溶剂和水蒸气至水溶液分离罐，塔底得到脱除残留溶剂的抽出油。

（2）抽出液三效蒸发回收。图 4-23 为抽出液三效蒸发回收工艺原则流程图。由抽提塔塔底出来的抽出液，经过依次与抽出液低、中、高压各蒸发塔顶出来的糠醛气换热后，先进入低压蒸发塔(一次蒸发塔)蒸出部分溶剂，低压蒸发塔底的抽出液经与高压蒸发塔顶蒸汽换热后进入中压蒸发塔，蒸出另一部分溶剂。中压蒸发塔底抽出液再经加热炉进一步加热后进入高压蒸发塔。高压蒸发塔底脱除了大部分溶剂的抽出液自压进入抽出液汽提塔，抽出液汽提塔的塔下部吹入蒸汽，通过蒸发、汽提，脱除其中残留的溶剂，塔底得到抽出油。这也

就是通常所说的"四塔三效"抽出液回收流程。

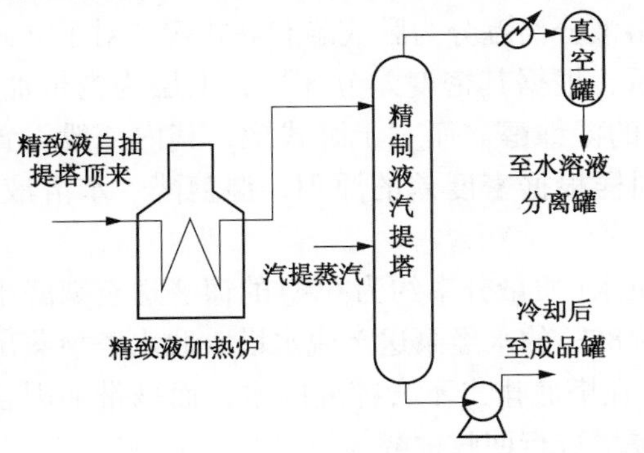

图 4-21　精制液回收系统工艺流程

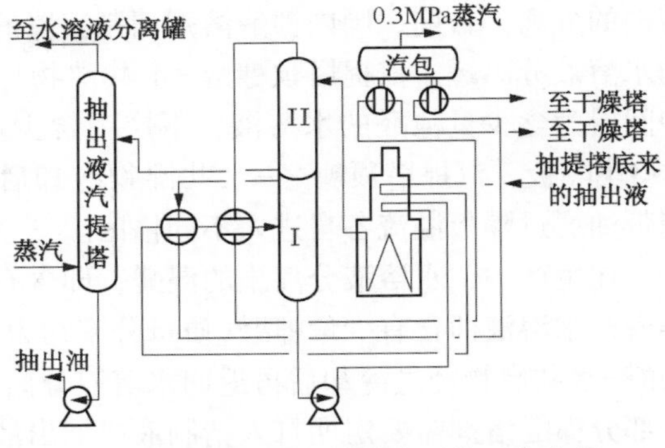

图 4-22　抽出液两效蒸发回收工艺流程

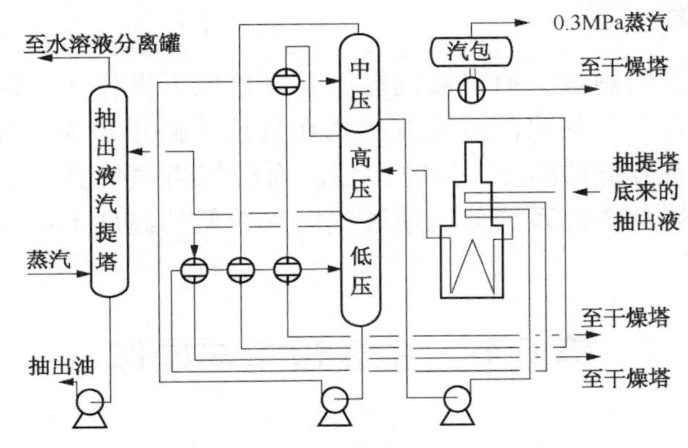

图 4-23　抽出液三效蒸发回收工艺流程图

部分装置设有独立的减压闪蒸塔，在闪蒸塔内先闪蒸出进料中的大部分溶剂，直接送至糠醛干燥塔；闪蒸塔底部的抽出液再送至抽出液汽提塔，脱除其中残留的溶剂。这样可有效地减少抽出液汽提塔和水回收系统的负荷。这也就是通常所说的"五塔三效"。

另外，在回收系统全部回收溶剂后，还有大部分热量需要回收。为了充分利用这部分热量，在高温糠醛蒸气进入糠醛干燥塔前设置了蒸汽发生系统，这样可有效地降低装置的能耗。

两效蒸发的高压蒸发塔以及三效蒸发的中压蒸发塔顶的高温醛气经与蒸汽发生器中的软化水进行换热，产生的低压蒸汽经由加热炉对流室的加热后，作装置各塔的汽提蒸汽，多余的蒸汽可并入低压蒸汽管网。

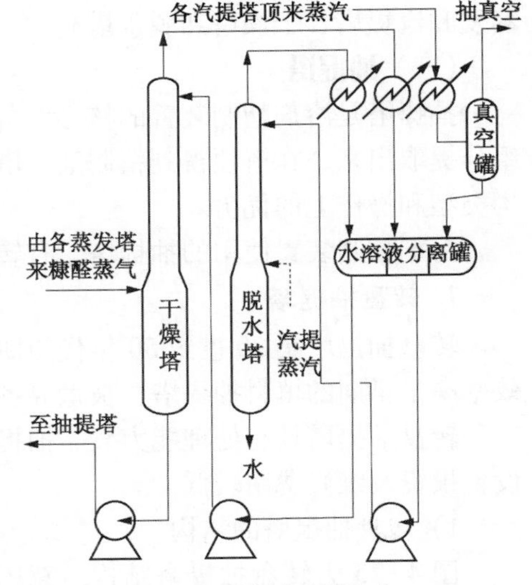

图 4-24　溶剂干燥及水回收系统工艺流程图

3. 溶剂干燥及水溶液回收系统

图 4-24 为溶剂干燥及水回收系统工艺原则流程图。由多效蒸发塔蒸发出来的糠醛蒸气经过换热和冷凝后，进入干燥塔，除去其中水分，在塔底得到糠醛送回抽提塔循环使用。

汽提塔顶糠醛-水共沸物和携带油的混合物从塔

顶挥发线馏出，经空冷器或水冷却器冷却后进入水溶液分离罐，进行含水糠醛、水溶液及携带油的分离。目前，国内糠醛溶剂精制装置的水溶液分离罐分为卧式罐和立式罐。对于立式的水溶液分离罐，汽提塔顶糠醛-水共沸物冷却后，根据其密度差分 3 层，上层为携带油，中间层为含少量糠醛的水溶液，下层为含少量水的湿糠醛。而对于卧式罐，其内一般设置 2~3块隔板，汽提塔顶糠醛-水共沸物冷却后，同样根据密度差的原理，湿糠醛、水溶液、携带油通过隔板溢流各自进入不同格区。

在生产中，水溶液分离罐的湿醛，即含有少量水(质量分率约为 6%)的糠醛送至糠醛干燥塔；水溶液即含有少量糠醛(质量分率约为 6%~8%)的水经泵送至脱水塔，脱水塔顶蒸出的醛-水共沸物经过冷却后再返回水溶液分离罐，在塔底排出不含糠醛的水；而携带油因含少部分糠醛溶剂需要定期打入精制液或抽出液汽提塔进行回收糠醛。

四、抽真空系统

由于脱气系统以及精制液、抽出液汽提塔是在负压下操作的，因此溶剂精制装置均设有抽真空系统。精制液、抽出液蒸发汽提塔在负压下操作是为了降低系统总压，使溶剂的沸点降低，以便在较低的温度下回收溶剂。而脱气塔顶抽真空也是为了降低塔的系统总压，塔底吹蒸汽降低塔的系统分压使脱气塔在较低的温度下将油品中微量的氧和水分除去。

第五节　主要设备与操作

一、塔设备

塔设备的基本功能在于提供气-液或液-液两相以充分接触的机会，使传质、传热两种传递过程能够迅速有效地进行，同时还要能使接触的两相及时分开。

糠醛精制装置的塔设备主要有：脱气塔、抽提塔、回收塔(包括精制液汽提塔、抽出液蒸发和汽提塔、干燥塔和脱水塔)。

(一) 抽提塔

抽提塔是溶剂精制装置的核心设备，溶剂与原料油通过在抽提塔内的逆流接触将非理想组分提取出来，在塔顶得到精制液，塔底是抽出液。溶剂精制的效果主要取决于抽提塔的结构类型和操作上的优劣。

溶剂精制装置使用的抽提塔，有转盘抽提塔和填料抽提塔两类。

1. 转盘抽提塔

转盘抽提塔是 20 世纪 50 年代初期发展起来的一种液-液抽提设备，因其处理量和传质效率高于早期的填料抽提塔，被世界各国溶剂精制装置广泛采用。

转盘抽提塔具有处理能力大、抽提效率高、操作稳定、适应性强等特点；其结构简单、设备投资及维修费用较低。

1) 转盘抽提塔的结构

图 4-25 为转盘抽提塔结构示意图。塔体为圆柱形，塔中部为抽提段，内壁安装了若干等距离的圆环，称为固定环。塔中心的转轴上安有圆形转盘，每一转盘置于两固定环之间，转盘直径略小于固定环开孔直径。转盘和固定环的表面和边缘要求光滑，否则会

影响抽提效果。

塔的顶部和底部的空间是沉降段(上部的固定环以上和下部的固定环以下)，分别用镇流层将它们和中部的抽提段隔开。镇流层是由钢板做成的格栅(或一段填料)，它可使镇流层以上(或以下)的液体不受转盘搅动的影响，使精制液(或抽出液)在出塔前充分地沉降。

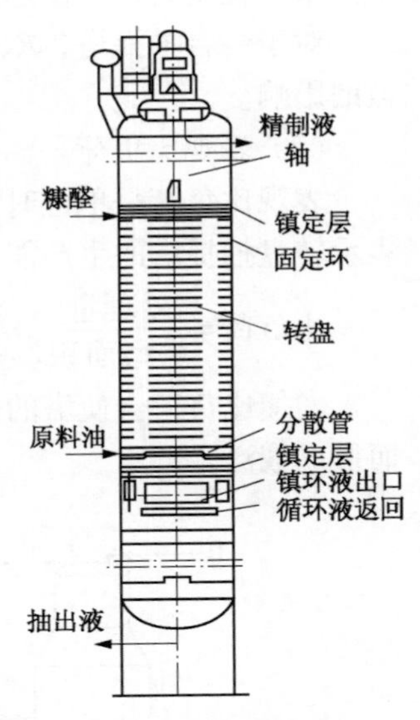

图 4-25　转盘抽提塔结构示意图

转盘的驱动力有水力和电力两种。水力驱动是在抽提塔上下进料口位置各设一个相对的水轮进料，糠醛与原料以切线方向进入，冲击并推动水轮，带动转盘转动，在水轮进料还设有副线以起到调节转盘转速的目的，转盘旋转一周，步进仪就记录一次。电力驱动是由塔顶的电机通过变速箱内的涡轮蜗杆减速机、无级变速器来转动中心轴，带动圆盘转动。此时原料、糠醛进料可设分布器。

转盘抽提塔的转盘和固定环的结构参数对抽提效率和处理能力有一定的影响。塔内的转盘直径增加，塔的抽提效率增加，但处理量减小，兼顾二者，转盘的直径通常约为塔直径的1/2。

溶剂由抽提塔上部进入塔内，原料油由塔的下部进入。溶剂自上向下流动，油则自下向上流动，形成逆流接触。在这个过程中，转盘的转动不断使油分散为细粒，并在塔内的转盘和固定环之间形成涡流，从而进一步加强溶剂和油两相的接触，有利于原料油中非理想组分向糠醛中扩散，图 4-26 为转盘处的涡流示意图。

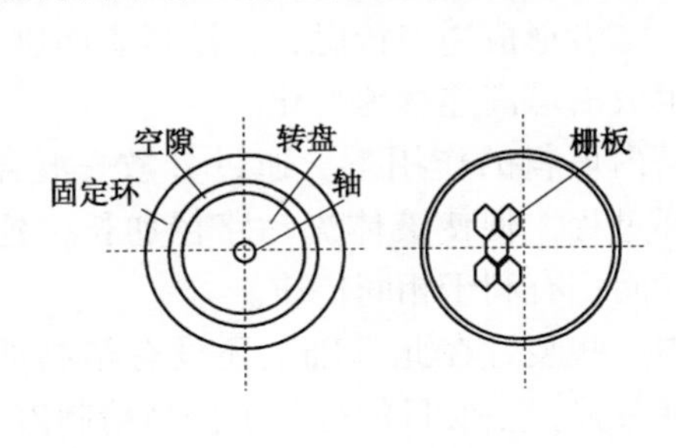

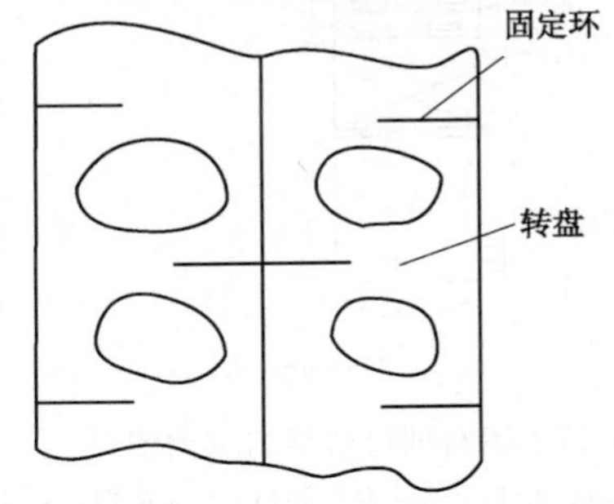

图 4-26　转盘处的涡流示意图

2）转盘抽提塔的特征参数

（1）功率因数。

符号 E，是抽提塔抽提段中的转盘向单位质量的液体所施加的功率。

$$\text{功率因数}\ E=\frac{N^2R^2}{HD^2}$$

式中　N——转速，r/min；

R——转盘直径，m；

H——塔径，m；

D——盘间距，m。

随着功率因数数值的增大，分散相液滴直径变小，即分散程度增加，塔的抽提效率提高。但当功率因数增加到一定程度时就会因返混造成抽提塔的效率下降。当功率因数继续增加到某一程度时，会使连续相与分散相难于分离，即产生“液泛”，塔的正常操作被破坏。

对于一台抽提塔，R、D、H 都是常数，只有转数是可变的，所以功率因数只受塔盘转数的影响。

（2）表观比负荷。

表观比负荷是单位时间内、单位塔截面积上通过润滑油料及溶剂的总量。用表观比负荷表示转盘抽提塔的生产能力。

比负荷 $=\dfrac{\text{处理量}}{\text{塔截面积}}$，单位 $m^3/(h \cdot m^2)$

增加比负荷会使塔的分离效率增加，但当比负荷超过其极限值时，则塔的轴向返混加大而形成液泛。

2. 填料抽提塔

1）填料抽提塔的结构

图 4-27 是国内某糠醛精制装置填料抽提塔的结构示意图。该塔是由转盘抽提塔改造而来的。圆筒型塔体内填充一定高度的填料，填料下方有支承板，上方有填料压网，液体分布器作为塔内重要部件置于不同位置。操作时糠醛自塔上部入口经糠醛分布器进入塔内，原料油自塔下部入口经原料分布器进入塔内。糠醛的密度大于原料油，在塔内，糠醛沿填料表面由上向下流动，原料油沿填料表面由下向上运动，二者形成逆流接触，在填料表面进行传质，两相的组成沿塔高连续地变化。

在塔内填料的作用下，通过分散—汇合—再分散的循环过程，促使液体流动路径加长，延长了两相接触时间，有利于相间传质。

国内一些装置在此基础上还设有精制液、抽出液的沉降装置，主要目的是为了提高精制液的收率，并降低装置的能耗。

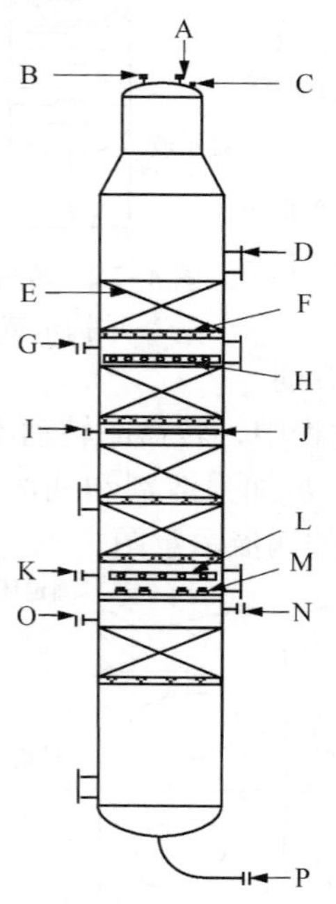

图 4-27　填料抽提塔结构示意图

A—塔顶精制液出口；B—安全阀口；C—放空口；D—人孔；E—填料层；F—支撑件；G—溶剂入口；H—分布器；I—上层析出液入口；J—上层析出液入口分布器；K—原料油入口；L—原料油入口分布器；M—集油箱；N—塔底循环液抽出口；O—塔底循环液返回口；P—塔底抽出液口

溶剂精制装置的抽提塔早期都是采用填料，由于所采用的瓷质拉西环填料处理量偏低，传质效果不好，20 世纪 50 年代 Shell 公司推出转盘抽提塔后，很快就取代了早期的填料抽提塔。但转盘抽提塔也存在轴向返混严重、有效高度低等缺陷。由于新型填料的发展，填料塔的处理能力和传质效率的提高，新型填料塔又应用于液液抽提设备。

2）填料及塔内构件

填料塔的操作性能，关键在填料和液体分布器。性能优良的填料应该有较大的比表面积、良好的润湿性能、较高的空隙率以及质量轻、造价低、坚牢耐用等。

（1）填料。

填料塔所使用的填料有散堆填料和规整填料两大类。

① 散堆填料。

图4-28为各种散堆填料示意图，较为常见的有金属鲍尔环填料[见图4-28(a)]、金属阶梯环填料[见图4-28(b)]、金属环矩鞍填料[见图4-28(c)]和金属扁环填料[见图4-28(d)]等。

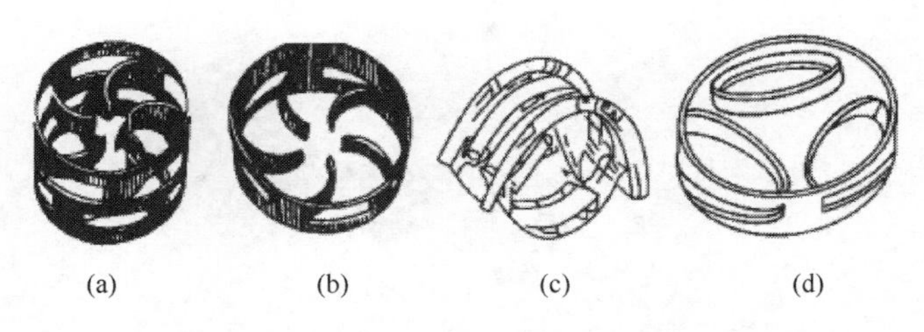

图4-28　散堆填料示意图

金属鲍尔环和金属阶梯环填料是在拉西环基础上开发出来的，主要优点是结构简单、制造相对方便、造价低，缺点是液-液接触面较小、操作弹性范围窄。

金属环矩鞍填料是一种像马鞍形的环形填料，它是吸收了环形和鞍形两种几何形状的特点发展起来的一种新型填料，因其空隙率大、阻力小等优点，成为一种性能较好的工业填料。

金属扁环填料是由清华大学研制开发的一种短开孔填料。该结构是在圆环周围均匀设置若干个矩形窗口，每个矩形窗口的一端均规则地连接有一块舌片，舌片指向扁环的中部并均匀分割扁环内的区域；它具有分离效率高、压降小、持液量小等突出优点，该结构有利于液体在填料表面的分布和表面液膜的不断更新，又由于它的液体汇集、分散点多，所以传质性能好，具有更大的通量和更低的压力降，能促进液体流动的均匀性，在液滴群的分散—汇合—再分散的循环过程中降低了轴向返混，提高了传质效率。

② 规整填料。

规整填料是由具有一定几何形状的元件，按均匀的几何图形排列，整齐堆砌，具有规整气液通道的填料。较为常见的规整填料如图4-29所示，有格栅填料[见图4-29(a)]、金属板波纹填料[见图4-29(b)]、金属丝网波纹填料[见图4-29(c)]和陶瓷波纹填料[见图4-29(d)]等。

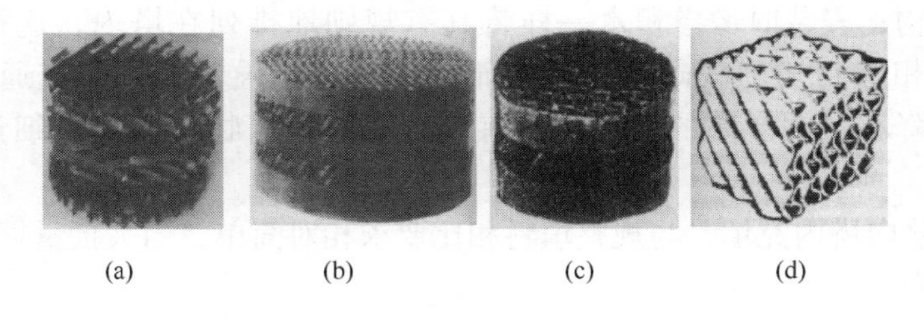

图4-29　规整填料

(2) 液体分布器。

为了减少由于液体不良分布引起的放大效应，充分发挥填料的效率，必须在填料塔中安装液体分布器，把液体均匀地分布于填料层顶部，液体初始分布的质量不仅影响着填料的传质效率，而且会对填料的操作弹性产生影响。因此，液体分布器是填料塔内极为关键的内件。

填料塔内液体分布是十分重要的，它直接影响到塔内填料表面有效利用率。常用的液体分布器有盘式、管式(喷嘴式)、堰槽式等。化工系统一般采用堰槽式，炼油厂一般采用管式。管式分布器的喷嘴数量以喷淋到填料上的液体覆盖面积为准。覆盖面积要有较多的重叠，液体分布均匀可靠。塔径愈大，喷嘴数量愈多。抽提塔内液体分布器大多采用管式分布器，图 4-30 为管式液体分布器示意图。

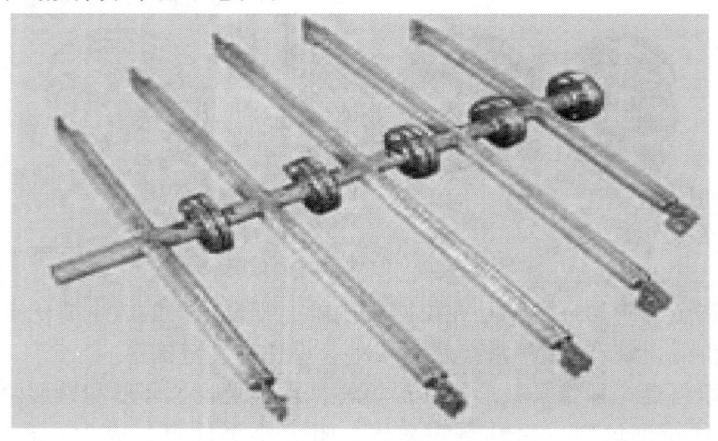

图 4-30 管式液体分布器示意图

管式分布器特点：性能优越，适合于较多喷淋点和较低液体负荷的场合；要求物料中无固体颗粒，在物料进分布器前应设有过滤网；操作弹性好；在高操作弹性场合，可采用双排列管式液体分布器；适合大、中、小型塔中采用。

(3) 填料支撑塔盘

随着高效能填料的发展，需要更先进形式的支持盘。其要求是：强度要是以能支撑塔盘上面填料的质量；盘上自由面积(液体自由通过面积)不小于填料的空隙率；便于安装；耐腐蚀。

常用的支撑盘有平板支撑塔盘、喷射支撑塔盘和蜂窝支撑塔盘。

在如图 4-27 所示的填料抽提塔中，塔内所选规整填料为蜂窝格栅型，它的结构特点是在与垂直方向倾斜一定角度的多层平面上有两块以上的矩形板片平行排列，在板片之间按一定距离插入相应的矩形隔板，以使板片与隔板之间相互立体交叉呈 Z 形，板片与隔板焊成整体结构；安装时像搭积木一样将其有规则地排列在塔内，这种有规则的排列可使填料对分散相起到切割破碎的作用，而且具有聚合导流作用，流通设计布置合理，具有通量大、压降小、效率高的特点，可有效地防止进塔物料因含有细焦颗粒的堵塞而影响设备的运行。

散装填料直接向塔内充填，与规整填料相比要求相对简单，当大批量填料充填时，所有填料只能随机排列。

20 世纪 90 年代以来，国内一些炼厂在新建糠醛精制装置或对在用转盘抽提塔的技术改造中，均采用了如金属扁环填料等高效填料及较先进的蜂窝填料支撑结构，并优化了塔内空间布局以提高填料的利用率。改造结果表明，抽提塔的抽提效率得到有效提高。在产品质量相同的条件下，取得了降低溶剂用量、提高精制油收率的效果。而且随着溶剂使用量的降低，溶剂回收负荷的减小，装置的溶剂消耗以及综合能耗都有所下降。

3. 抽提塔的维护

新建或检修后的转盘抽提塔需要进行试压。试压前应关闭塔顶安全阀、界面计的连接阀等，隔离开与之连接的设备。当压力升至规定压力后，一定时间内塔不出现降压、渗漏、变形即为试压合格。

转盘抽提塔投入运行前要注意检查：

(1) 塔顶的电机、安全阀以及各附件是否完好；

(2) 涡轮蜗杆减速机润滑油液位是否达到1/2~2/3；

(3) 无级变速调节手轮位置是否正确；

(4) 浮筒液面计、玻璃板液面计是否完好，其他连接部位是否完好。

运行过程中要注意检查转动电机的运转、密封部位有无泄漏等情况。转盘的转速可通过无级变速手轮来进行调节。具体为：顺时针方向调节是减速，逆时针方向为加速。

在日常运行中，注意防止超温、超压。定期检查安全附件，应保证灵活、可靠，定期检查人孔、阀门和法兰等密封点有无泄漏等。

填料抽提塔除了无转动部件外，日常的检查维护与转盘抽提塔基本一致。

糠醛溶剂精制装置使用新型填料抽提塔后，由于糠醛易氧化结焦，填料表面易附着这种细小颗粒，在经过长时间的运行后，一是随着抽提塔内焦粒聚集、增多，使塔内填料的空隙逐渐减小，从而导致抽提塔抽提效率下降，严重时会影响精制深度，致使精制油质量下降；二是填料金属表面被附着焦物覆盖后，使传质效率降低。所以，糠醛溶剂精制装置在运行中，应控制糠醛结焦，掌握塔内温度、压力降和产品质量变化情况，以判断塔内结焦程度。就塔内填料而言，选用不锈钢材质的填料，可有效防止填料表面附着焦物，并且耐腐蚀。

抽提塔停工处理进行检修时，在完成蒸塔后，不能立即打开设备人孔，否则填料表面附着的焦物和硫化亚铁，遇空气极易发生自燃。应该是设备封闭冷却，待温度降到一定程度后，打开塔顶人孔向塔内注水进行强制冷却，然后逐渐打开设备人孔，这时要密切注意塔体各部分温度的变化，做好记录，防止火灾事故的发生。

(二) 蒸发塔和汽提塔

糠醛精制装置的精制液、抽出液回收系统以及糠醛干燥、水溶液回收系统大多使用板式塔，个别装置的糠醛干燥、水溶液回收系统采用填料塔，填料塔以上已有赘述，现以常见的板式蒸发塔和汽提塔做一介绍。

糠醛装置溶剂回收的蒸发塔和汽提塔的外壳都是直立圆筒形设备，塔顶部和底部为椭圆形封头。塔壁上开有原料入口、气体蒸发流出口，以及若干个供检修用的人孔。塔壁还有保温层。塔内装有15层左右塔盘。塔盘是塔的主要部件，也是决定塔的性能的主要部件。塔盘的形式有圆形泡帽、槽形泡帽、S形、舌形浮阀、浮动喷射、筛板和网孔等塔盘。

1. 蒸发塔

蒸发塔常用的为筛孔塔盘，简称筛板。筛板塔盘的结构简单，就是在钢板上钻了许多三角形排列一定直径的小孔。气流从小孔中穿出吹入液体鼓泡，液体则横着流过塔盘。这种塔盘开孔率大，生产能力也大；气流没有拐弯，压力降小。塔板上无障碍物，液面落差小，鼓泡均匀；但操作弹性小，气相负荷变小后，液相容易泄漏，致使塔效率下降；且小孔易堵，加工困难。

糠醛经换热或加热到一定温度后进入蒸发塔，汽化的糠醛气体由下向上运动，不断与液态的糠醛在塔盘上完成传质和传热过程。经过多次蒸发冷却后，就达到了回收糠醛循环再利用的目的。图 4-31 为两效蒸发塔结构示意图。

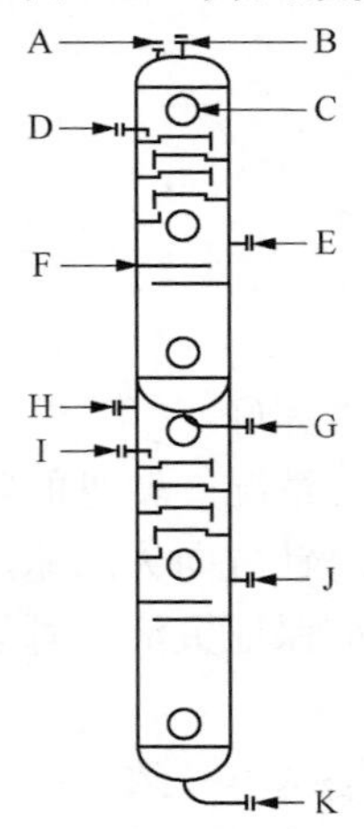

图 4-31　两效蒸发塔结构示意图

A—安全阀口；B—二次蒸发塔塔顶出口；C—人孔；D—回流口；E—二次蒸发塔进料口；F—挡板；G—二次蒸发塔塔底出口；H—一次蒸发塔塔顶出口；I—回流口；J—一次蒸发塔进料口；K—一次蒸发塔塔底出口

2. 汽提塔

汽提塔是将含少量糠醛的精制液、抽出液进行汽提蒸发，从而得到精制油和抽出油。汽提塔是在负压条件下采用塔内吹入水蒸气，吹汽的目的是为了降低糠醛的气相分压，降低其沸点；另一个作用是加强搅拌，使水蒸气和精制液或抽出液充分接触，增大汽化表面，使糠醛很好地汽化出来。

汽提塔常用浮阀塔盘，浮阀塔盘又以 F1 型盘状浮阀应用最为广泛。F1 型盘状浮阀是圆盘片置于塔板圆孔上，用三条支腿固定浮阀的升高位置。其结构特点是液体在塔盘上横过各阀孔，上升的蒸汽经由阀孔喷出，阀片随之被顶起，气体从阀片间以水平方向喷出，与液体激烈搅拌，形成泡沫状态进行热量与质量的交换。由于蒸汽速度的不同，阀片的开启高度可随之变化。其优点是压力降小、结构简单、安装方便、造价低等。

在塔内，液体在重力作用下由上塔盘的降液管流到本塔盘的受液区，然后横向流过塔盘，与自塔盘浮阀孔中上升的气流接触传质后，进入本塔盘的降液管中流往下一层塔盘。在塔盘上气液呈错流方式接触。塔盘上的液层高度靠置于塔盘上液体出口端的溢流堰或气流对盘上液体的持液能力来保持。

图 4-32 为汽提塔结构示意图，其中图 4-32(a)为两效蒸发回收系统所采用汽提塔，图 4-32(b)为五塔三效蒸发回收系统所采用汽提塔。

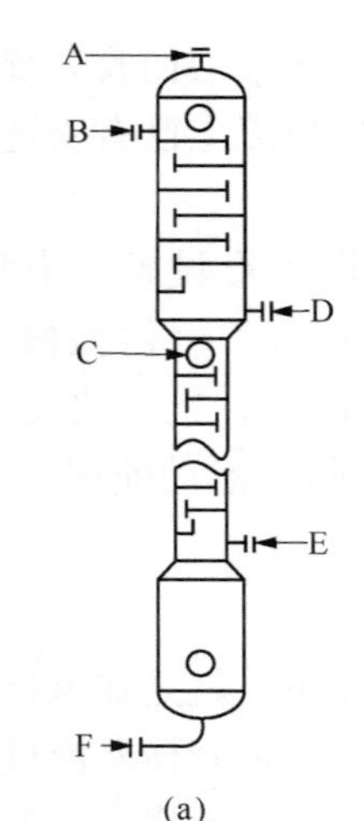

(a)

A—气体出口；B—回流入口；C—人孔；D—进料口；E—汽提蒸汽入口；F—塔底抽出口

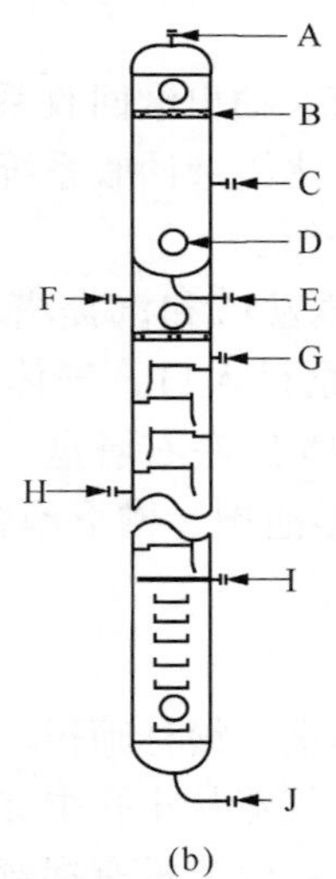

(b)

A—闪蒸段塔顶出口；B—丝网除沫器；C—闪蒸段进料口；D—人孔；E—闪蒸段底出口；F—汽提段顶出口；G—回流液入口；H—汽提段进料口；I—汽提蒸汽入口；J—汽提段塔底出口；

图 4-32　汽提塔结构示意图

图4-32(a)所示的气提塔由蒸发段和汽提段两部分组成，进料口上段为蒸发段，下段是汽提段。汽提段部分采用较小的塔径目的是为了增加塔内汽提段的线速度，将糠醛汽提上去；其下部采用了扩径设计，其优点是可储存的精制油量较多，可有效防止塔底泵抽空的现象，能更好地保持系统操作的稳定，也有利于残存溶剂的蒸发。

图4-32(b)所示的闪蒸汽提塔是由上部的闪蒸段和下部的汽提段复合而成，精制液或抽出液先进入上部的闪蒸段蒸发出糠醛，然后液相由闪蒸段的底部进入汽提段的上部，在塔底部吹入水蒸气进行汽提，以回收其中残留的溶剂。

抽出液汽提塔在结构上与精制液汽提塔基本一致。

3. 干燥塔和脱水塔

图4-33、图4-34分别为干燥塔和脱水塔的结构示意图。

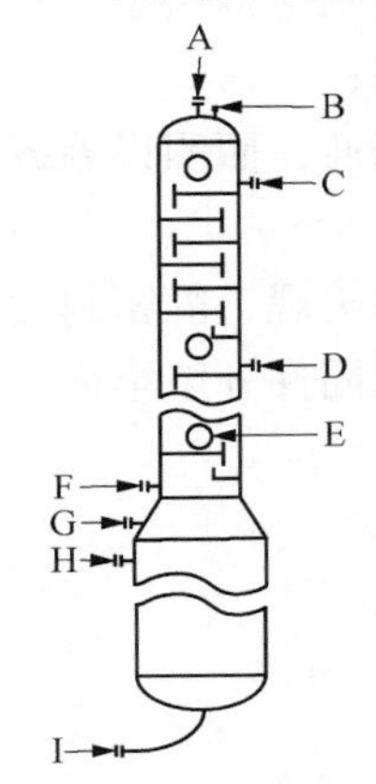

图4-33　干燥塔结构示意图

A—塔顶出口；B—放气口；C—进料口；
D—七层回流口；E—人孔；F—干醛进口；
G—高压醛气入口；H—干醛进口；I—塔底出口

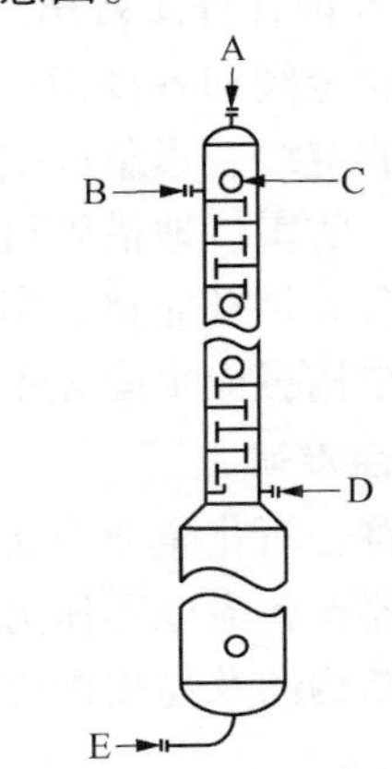

图4-34　脱水塔结构示意图

A—气体出口；B—进料口；C—人孔；
D—汽提蒸汽入口；E—塔底抽出口

从干燥塔顶蒸发出的糠醛-水共沸物，经塔顶冷凝器后变为液相，再送至水溶液分离罐。在这个过程中，该塔操作热量不平衡，容易造成塔顶汽相负荷过大，流速过快，对设备冲蚀严重等现象。若塔内温度太低，塔底糠醛就会含水，这些水分和糠醛一起进入循环糠醛，不但会降低糠醛的溶解能力，还会造成设备腐蚀的加剧。干燥塔的塔顶冷却器是整个装置中较为容易被腐蚀的部位之一。另外，脱水塔在运行过程中长期与糠醛的水溶液接触，也是溶剂精制装置中极易被腐蚀的设备之一。长期开工的装置，在检查过程中应对其给予重视。

（三）日常检查维护

糠醛精制装置各塔的日常检查内容基本一致。

塔日常检查的内容有：

（1）检查真空度表及压力表，确认控制在指标内。

（2）检查塔顶及塔底温度，确认控制在指标内。

（3）检查塔液面、界面浮球液位计是否好用。

（4）检查吹汽情况。

（5）检查人孔、法兰等有无泄漏。

新建的装置或检修后的塔要进行试压，由于精制液、抽出液汽提塔在正常运行过程中是在负压条件下操作的，因此精制液、抽出液汽提塔还要进行抽真空试验。

（四）塔类设备完好标准

1. 运行正常，效能良好

（1）设备效能满足正常生产需要或达到设计要求；

（2）压力、压降、温度、液面等指标准确灵敏、调节灵活，波动在允许范围内；

（3）各出入口、降液管等无堵塞。

2. 各部构件无损，质量符合要求

（1）塔体、构件的腐蚀应在允许范围内，塔内主要构件无脱落；

（2）塔体、构件、衬里及焊缝无超标缺陷内付无脱落现象；

（3）塔体内外各部分构件材质及安装质量应符合设计及安装技术要求或规程规定。

3. 主体整洁，零部件齐全好用

（1）定期校验安全阀和各种指示仪表，确认灵敏准确；

（2）消防线、放空线、紧急放空线等安全设施齐全畅通，照明设施齐全完好，各部位阀门开关灵活无内漏，防雷接地措施可靠；

（3）梯子、平台、栏杆完整、牢固，保温、油漆完整美观，静密封无泄漏；

（4）基础、钢结构援应牢固无不均匀下沉；各部分紧固件齐整牢固，符合抗震要求。

4. 技术资料齐全准确

（1）设备档案符合石化企业设备管理制度要求；

（2）属压力容器设备应取得压力容器使用许可证；

（3）具有设备结构图及易损配件图。

二、抽真空设备

溶剂精制装置所采用的抽真空设备主要有：水环真空泵、水喷射泵。

（一）水环真空泵

水环真空泵适用于抽吸或输送无颗粒、无腐蚀性，不溶于水的气体，当被抽吸气体不宜与水接触时，泵内可充其他液体介质，因此也叫液环真空泵。

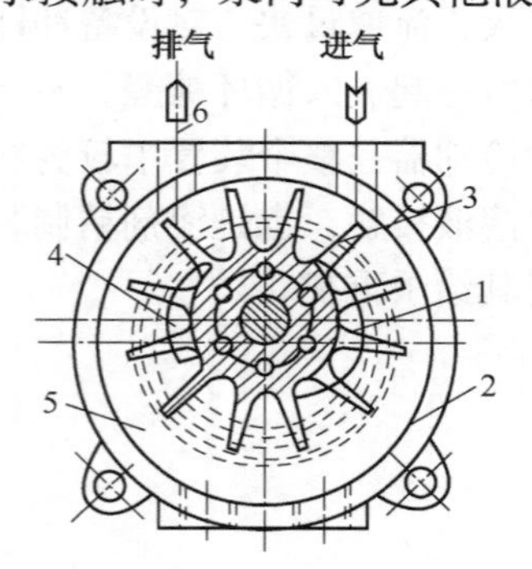

图 4-35　水环真空泵的结构示意图

1—吸入室；2—泵壳；3—叶轮；4—排出室；5—水环；6—排气孔

图 4-35 为水环真空泵的结构示意图。偏心安装的叶轮旋转时，水会被叶轮带动产生离心现象而形成一个水环。因为中心不同，叶轮中心部位与水环间形成一月牙形截面的空间，并被叶片分割成许多大小不等的小室。叶轮旋转，月牙形截面空间中小室的体积由小变大，压力降低吸入气体，再逐渐变小，压力升高排出气体。这样不间断地吸气、排气，就在被抽真空的设备内形成一定的真空度。

虽然水环真空泵的效率较低，但由于其结构简单紧凑，易于制造和维修，具有耐用、寿命长、操作可靠等优点，适于抽吸含有液体的气体，尤其是在输送有腐蚀或有爆炸性气体时更为适合。目前一些溶剂精制装置选用该型泵作为抽真空设备。

投用水环真空泵前应注意检查水溶液分离罐的液封情况，确保水溶液分离罐的液面至真空线进料口以上。水环真空泵的本身除了注意泵内需要注水外，余下的检查项目与其他类型的泵没有太大区别。启动真空泵抽真空时，要缓慢提升真空度，同时要注意检查真空系统各部分是否有泄漏。水环真空泵在运行过程中，其排气会带走一部分泵内的水，注意检查泵的真空度和温度，及时向泵内补充水。

切换水环真空泵时，先检查真空泵备用泵，轴承润滑油箱的油液位是否在1/2~2/3，按旋转方向盘车2~3圈，投用冷却水、压力表，各附件齐全。在确认入口阀关闭后，打开水环真空泵的出口阀，启动泵电机并注意电流是否正常；打开泵给水阀，待泵入口真空度上来后打开泵入口阀。备用泵启动正常后，将使用泵入口阀关闭，停水，关闭泵电源开关；检查切换后的泵运行情况、注意真空度的变化，调节泵入口真空度。

（二）水力喷射泵

水力喷射泵由喷嘴、混合室和扩压室组成。图4-36为水力喷射泵的结构示意图。

具有一定压力的液体流（原动液）通过喷嘴以较高的速度喷入混合室，造成混合室内喷嘴处具有一定的负压，于是被抽气体由吸入口冲入混合室与高速液体流混合，并从液体流中获得部分动能。混合气流进入扩压室后速度沿轴线流向逐渐降低，而压强则沿轴线流向逐渐升高，升高到不低于外界大气压而排出。这样被抽设备中的气体不断被水力喷射泵抽出。

同类型的泵还有蒸汽喷射泵。

由于溶剂精制装置生产中对真空的要求不是太高，水力喷射泵可满足其需要。另外，水力喷射泵还具有能自吸、没有运动部件和不需要润滑等明显优点，目前，很多装置在使用该类型的泵。

使用该类型的泵作抽真空设备时，被抽设备真空度的大小可用水流量的大小进行调节。在运行过程中应经常检查其真空度和循环水罐的液位；注意防止因水温偏高致使水泵产生气蚀。

三、容器

（一）汽包

利用溶剂回收系统多余热量发生蒸汽，一来可节约大量外来蒸汽，二来也节约了冷却水、电等，是整个装置节能降耗的一个重要环节。图4-37为发汽汽包结构示意图。

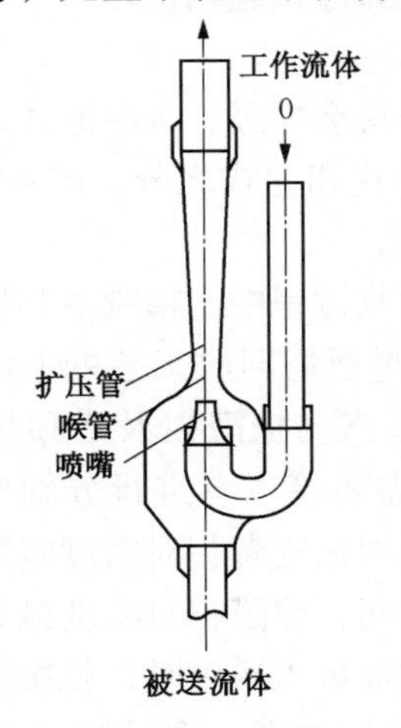

图4-36　水力喷射泵的结构示意图

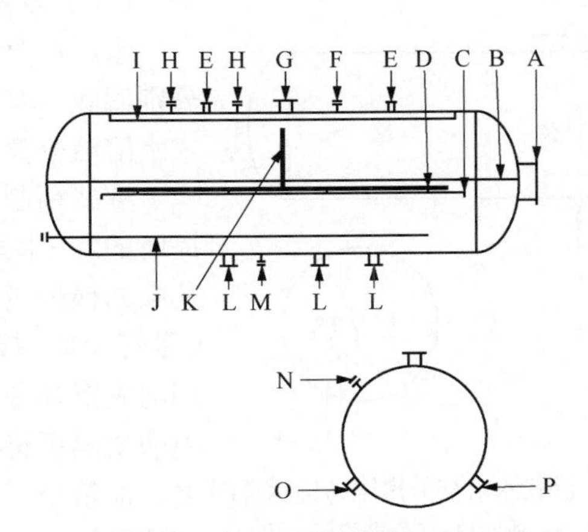

图4-37　发汽汽包结构示意图

A—人孔；B—防冲网；C—水分布板；D—给水分布管；E—安全阀口；F—排空口；G—蒸汽出口；H—压力计口；I—破沫网；J—排污口；K—给水管；L—下降管口；M—放水口；N—给水口；O—上升管口1、3、5；P—上升管口2、4、6

汽包内设有防冲网，可避免蒸发出的汽液混合物对罐顶部设施的冲蚀，也可防止所发蒸汽携带液体水进入蒸汽系统。所发蒸汽若带水，不仅影响蒸汽品质，还会增加加热炉对流室的热负荷，影响加热炉的操作。有的汽包在上部各出口的下部设有受液板，倾斜5°左右安装的受液板可将上部的凝结水导引至罐的一侧返回，防止直接冲蚀下部设备。因各装置的多效蒸发不完全一致，汽包的外部接口也有所差别，内部结构则大同小异。

在装置运行过程中要注意维持汽包中的液位，若液位偏低甚至没有液位时，在蒸汽发生器内与之进行换热的高低压醛气热量没有取出，而直接被带进干燥塔，致使干燥塔压力随之升高，反过来又影响蒸发塔，使其压力也随之升高。整个系统热量难以平衡导致操作紊乱。

一般汽包的压力是通过汽包上的压力控制阀来调节的。汽包的压力与蒸汽发生器的换热效果有关。装置内的负荷若发生变化时，汽包的压力也会发生波动。

汽包和蒸汽发生器均属压力容器，在投入前需进行压力试验，并按容器完好标准进行验收。运行前应检查安全阀、压力表、液面计等附件是否正常。

（二）日常检查维护

日常维护要注意的事项有：

（1）严格执行工艺操作规程，严禁在超温、超压和超负荷下运行。

（2）应定期巡回检查，检查重点如下：

① 容器本体、接口（阀门、管路）部位、焊接接头有无裂纹、过热、变形、泄漏以及损伤等。

② 有无外表面腐蚀、保温层破损、脱落、潮湿等情况；

③ 容器与相邻管道或构件有无异常振动、响声，相互摩擦等。

④ 容器的支承或支座有无损坏、基础下沉、倾斜、开裂等情况，紧固螺栓、接地设施是否完好。

⑤ 容器的压力、温度等指标是否符合工艺要求。

若检查发现问题，应立即采取相应措施。装置停工后，应排净汽包内的水。

（三）水溶液分离罐

水溶液分离罐的作用是将湿糠醛、水溶液和油分层并分别回收。其整体结构有卧式和立式之分，图4-38为卧式水溶液分离罐结构示意图。

糠醛精制装置在糠醛回收过程中，精制液和抽出液汽提塔的醛-水共沸物都是通过双塔回收工艺的方法来回收其中的糠醛的，这样汽提蒸汽与糠醛以及塔顶携带的油（尽管少量）接触混合后就需要将三者进行分别处理，处理前先沉降分离，分离过程根据三者相对密度差进行，罐内两块隔板将其分成3个空间，糠醛相对密度最大，水次之，油最小，当水、糠醛或油进入罐内时，依次停留在相应的空间内，得到含水少的湿糠醛，含糠醛少的水溶液和油。

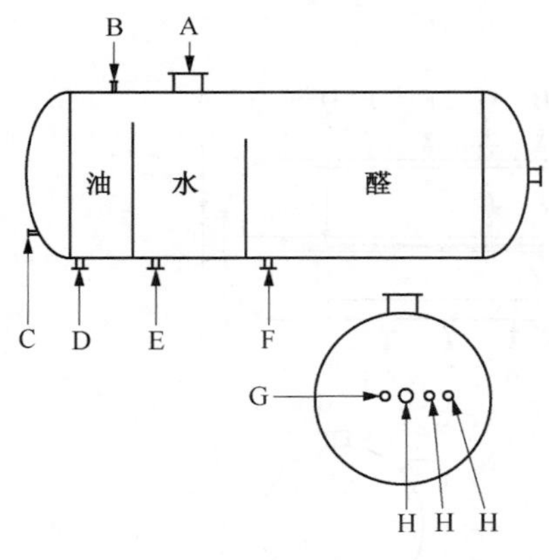

图4-38 卧式水溶液分离罐结构示意图
A—人孔；B—放空口；C—蒸汽进、出口；D—油出口；E—水溶液出口；F—湿醛出口；G—污油进口；H—水溶液入口

立式水溶液分离罐也是靠水、糠醛和油相对密度不同进行沉降分离，与卧式水溶液分离罐相比，它没有隔板，是在罐的侧面不同位置开口将湿糠醛、水溶液和油引出分别回收。

在装置运行过程中，水溶液分离罐内醛、水、油液位变化的情况可直接或间接地反映出系统各部位的操作有无异常。

四、动设备使用与维护

（一）转盘塔调速系统使用与维护

1. 使用

（1）联系电工送电，启动电机前，先检查无级变速器和蜗轮减速器的润滑油量，手动盘车要求转动灵活，检查无异常，方可启动。

（2）开动电机前，应先进行检查，无异常后，调节无级变速器的调速手轮，将转速调至要求的转速内，调速一定要在运转中进行，停车时不得转动调速手轮。

（3）停车时，先把转盘轴调到最低转速，再停车。启动和停运时，应缓慢调节转盘调控器。

2. 维护

（1）齿链式无级变速器：加油时，油面高度应与油位刻度线平齐，不可过高或过低，每1000h 换油一次，无级变速器的油温温升要求在指标内。

（2）蜗轮减速器：按要求加油，油面高度应在油标高低油位线之间，每 2000h 换油一次，在运转中温升在指标内，产生不正常现象或噪音时应及时停车检查、处理。

（二）加热炉吹灰器的使用与维护

1. 使用

（1）排净吹灰蒸汽冷凝水。

（2）打开蒸汽总阀和各台吹灰器的蒸汽阀。

（3）进行自动吹灰时，将控制盘的总开关旋转到“自动”位置，然后按“自动”电钮，吹灰器即时启动，并逐台自动吹灰。此时吹灰信号灯随着吹灰器的工作逐盏点亮，当信号灯全部点亮后，自动吹灰完成。

（4）进行手动吹灰时，将控制盘的总开关旋转到“手动”位置，按下“手动”按钮。在吹灰现场，逐台按下对应吹灰器的按钮即可。

（5）吹灰完成后，将总开关旋转到“停止”位置；关闭吹灰器蒸汽总阀及各分支阀。

2. 维护

定期转动电机，搞好转动部件润滑

（三）加热炉空气预热器的使用与维护

1. 使用

（1）联系电工和钳工，检查各自负责设备完好。

（2）对风机盘车 180°，转动灵活。

（3）电机送电。

（4）启动风机电机，待运转正常，逐渐开启风机入口蝶阀，视热风温度以及加热炉需风量调节蝶阀开度。电机转速通过变频调速器，视烟气氧含量适当调节风机转速。

（5）加热炉点火后，要求开启风机，以防止空气预热器热管“干烧”；停运时风机再运行一段时间，待烟气温度降至 100℃以下后停止。

2. 维护

（1）检查电机、风机轴承是否发热；

（2）检查各转动部位润滑是否良好；

（3）检查风机有无异响或振动。

（四）蒸汽往复泵的使用与维护

1. 使用

（1）开泵前的准备工作：①检查泵出口压力表和各运转部件是否良好；②向各运转部件加油，向注油器内加入气缸油；③打开气缸放空阀，放净缸内冷凝水；④打开压力表阀。

（2）开泵：①打开油缸出入口阀内；②打开蒸汽出口阀，缓慢开蒸汽入口阀，注意泵的往复次数；③检查运转压力是否正常。

（3）停泵：①关闭蒸汽入口阀；②关闭废气阀，冬季打开气缸放空阀，放掉冷凝水；③用气或风扫出油缸，关闭进出口阀，将缸体介质放净。

（4）备用泵切换：①将备用泵按开泵步骤慢慢开启，同时将使用泵进气阀逐渐关小；②备用泵运转正常后将使用泵按停泵步骤停掉。

2. 维护

（1）检查润滑油液面，注油器工作是否正常，各润滑部位润滑是否良好；

（2）泵出口压力不得超过规定指标；

（3）两缸行程是否均匀一致；

（4）检查配气机构运行是否正常；

（5）检查各连接部件螺栓是否松动；

（6）检查盘根的温度是否过热，密封部位是否漏油；

（7）检查设备是否振动，缸内是否有异常响声。

（五）离心泵的使用与维护

1. 使用

（1）开泵前的准备工作：①向机泵轴承箱内加入足够的润滑油，打开出口压力表阀；②检查连接螺栓及地脚螺栓是否紧固；③检查对轮罩是否装好，按旋转方向盘车2~3圈，要求灵活无卡；④给上各点冷却水；⑤联系电工检查电机及送电情况，新装电机要求拆开对轮单试电机转向。

（2）开泵：①打开泵入口阀灌泵；②关闭出口阀，稍开泵放空阀，排出泵体内气体；③按启动按钮，当电机启动电流下降稳定、电机运转正常、泵出口压力升至额定值后，慢慢打开出口阀，稳步增加流量。

（3）停泵：①关闭泵出口阀，按“停止”按钮；②关闭入口阀，如需检修，将泵体内介质放净；③切断电源；④停冷却水。

（4）备用泵切换泵：①将备用泵按开泵步骤启动；②备用泵运转正常后，逐渐开大出口阀，同时缓慢关小使用泵出口阀至全部关闭；③备用泵正常后，按停泵步骤停止使用泵。

2. 维护

（1）检查轴承温度及润滑情况，轴承温度要求在规定范围内，应定期更换润滑油；

（2）检查电机运行情况，轴承温度、电缆是否发热，电机是否有杂音；

（3）检查冷却水是否畅通，冷却效果是否良好；

（4）机械密封有无泄漏；

（5）泵运转中有无振动及杂音；

（6）检查各紧固件有无松动；

（7）检查泵出口压力、电机电流是否稳定；

（8）定期对备用泵进行盘车。

（六）空冷风机的使用与维护

1. 使用

（1）开机前的准备工作：①联系电工、钳工，检查所有风机电机是否完好，按照风机转向调整电机的转动方向；②检查转动部位润滑是否良好，轴承是否加足润滑脂；③连接好传动皮带，松紧适宜。

（2）开机：启动电机，待运转正常时，检查风机有无振动和异响。

（3）停机：①停运电机；②如更换皮带或检修轴承电机须断开电源。

2. 维护

（1）检查运行风机有无杂音或振动；

（2）检查风机皮带是否完好，如断裂，须及时更换并定期对转动部位加润滑脂。

第六节　正常操作与异常操作

一、正常操作

（一）脱气系统

溶剂精制装置脱气系统操作的好坏，直接影响到溶剂精制系统糠醛的消耗以及抽提操作。脱气系统主要控制的工艺参数有：脱气塔真空度、塔顶温度、塔底温度、塔液面等。

1. 脱气塔顶真空度的控制

在脱气塔内，通过降低原料油中所溶解的氧气分压，除去溶解在其中的氧气。若脱气塔真空度过低，会造成脱气效果变差，所以脱气塔应保持一定的真空度。

影响脱气塔真空度的主要因素有：抽真空系统的真空度和塔顶冷凝器负荷。

脱气塔真空度波动原因方法及处理方法如表 4–3 所示。

表 4–3　脱气塔真空度波动原因及处理方法

现　　象	原　　因	处理方法
脱气塔顶真空度低	抽真空设备故障	及时切换抽真空设备，联系修理
	真空系统管线泄漏造成系统真空度低	真空系统管线堵漏，联系抢修真空系统
	汽提蒸汽量过大	调节汽提蒸汽量
	原料带水	及时联系原料罐区加强升温脱水或切换原料

2. 脱气塔顶温度的控制

脱气塔的温度过低会造成脱气塔底带水，不但会使塔底泵因进料带水而抽空，还会影响抽提塔的抽提操作。正常操作中脱气塔顶温度应控制在 90~95℃ 范围内。

影响脱气塔顶温度的主要因素有：塔进料温度和汽提蒸汽量。脱气塔顶温度波动原因及处理方法如表 4–4 所示。

表 4-4　脱气塔顶温度波动原因及处理方法

现　象	原　因	处理方法
脱气塔顶温度过低	脱气塔底吹汽量过小	提高脱气塔底吹汽量，将吹汽量控制在指标内
	进料温度偏低	① 联系原料罐区进行加温； ② 调整操作提高干燥塔底温； ③ 检查进料换热器三通调节阀，充分利用溶剂自身热量提高换热温度

3. 脱气塔液面的控制

若脱气塔液面过高，不但会导致脱气塔顶携带油量增加、塔顶温度升高，还会引起塔顶真空度的降低；而若脱气塔液面过低，会造成脱气塔底泵抽空。正常操作中脱气塔液面控制应在 30%~60%范围内。

影响脱气塔液面的主要因素有：进料量和塔底抽出量。脱气塔液面波动原因及处理方法如表 4-5 所示。

表 4-5　脱气塔液面波动原因及处理方法

现　象	原　因	处理方法
脱气塔液面过高造成满塔	液面调节阀失灵	改副线控制，及时联系修理
	脱气塔底泵抽空	机泵出现问题造成泵抽空，切换备用泵
	原料带水	联系原料罐区进行加温脱水
	真空度过高	调整真空度到指标范围内
脱气塔液面过低造成塔底泵抽空	脱气塔进料泵抽空	泵出现故障时应及时切换备用泵，由于原料罐问题造成泵抽空应及时切换原料罐

（二）抽提系统

抽提系统是溶剂精制工艺的核心系统。该系统操作的好坏，直接影响装置的产品质量和收率，也会影响到后续系统的操作。

工艺操作所控制的参数主要有：抽提塔顶和塔底温度、抽提塔压力、界面、溶剂流量和原料流量等。

1. 抽提塔顶温度的控制

抽提塔温度的高低会直接影响溶剂的溶解能力，而较高的抽提温度虽有利于提高精制油的质量，但会影响精制油的收率，同时由于溶剂在精制油中有一定的溶解度，塔顶温度偏高，溶剂在精制油中的溶解度增大，塔顶带走的溶剂相应增多，导致精制液回收系统负荷的增加，另外也会造成抽提塔界面下降。若抽提温度超过临界溶解温度，会导致塔内液泛，则无法进行抽提。因此抽提塔顶温度应控制在指标范围内。

影响抽提塔顶温的主要因素是自干燥塔底来的溶剂温度。抽提塔顶温度波动原因及处理方法如表 4-6 所示。

表 4-6　抽提塔顶温度波动原因及处理方法

现　　象	原　　因	处理方法
抽提塔顶温度过高	溶剂干燥，塔底温度过高	调节抽出液回收系统的三效蒸发塔的操作，同时提高蒸汽发生系统的蒸汽产汽量，使溶剂干燥塔底温度降低
	溶剂冷却器或空冷器冷却效果差	检查溶剂冷却器或空冷器，调节其出口温度
	抽提塔顶温控阀失灵	将调节阀改手动，联系修理温控阀
抽提塔顶温度过低	溶剂干燥，塔底温度过低	减少蒸汽发生系统的蒸汽产汽量；调整三效蒸发塔的操作；降低干燥塔顶回流量
	抽提塔顶温控阀失灵	将调节阀改手动，联系修理温控阀

2. 抽提塔底温度的控制

在抽提塔内要保持一定的温度梯度，可以提高抽提过程中的传质和分离效果，在保证产品质量的同时提高精制油产品收率。适当的塔底温度有利于抽提塔内形成合理的温度梯度。影响抽提塔底温度的主要因素是脱气塔底来的原料温度以及抽提塔底的循环量。

抽提塔底温度波动原因及处理方法如表 4-7 所示。

表 4-7　抽提塔底温度波动原因及处理方法

现　　象	原　　因	处理方法
抽提塔底温度过高	原料温度过高	调节脱气塔底温度
	循环冷却器冷却效果不好	检查冷却循环水用量压力和进出口手阀的阀门开度；检查循环冷却器，如果出现壳程因结焦产生偏流严重时，及时联系处理
	抽提塔底温控阀失灵	将调节阀改手动，联系修理温控阀
	塔底回流量过小	增加塔底回流量
抽提塔底温度过低	抽提塔原料进料温度过低	调节抽提塔原料进料温度
	抽提塔底温控阀失灵	将调节阀改手动，联系修理温控阀
	抽提塔底循环量过大	调节抽提塔底循环量

也有装置的抽提塔不设中段回流，温度的调节一般靠调节塔上、下部的进料温度来实现。

3. 抽提塔压力的控制

抽提塔压力过高，会影响塔的进料；若过低也会影响后续系统的操作。影响抽提塔压力的因素主要有：进塔的原料油和溶剂流量以及出塔的抽出液和精制液流量。

如压力突然上升较高时，压力与精制液流量形成控制回路的也可暂时提高抽出液流量，压力与抽出液流量形成控制回路的也可暂时提高精制液流量，来保证抽提塔不憋压。需要注意的是，在提高抽出液或精制液流量时要密切注意抽提塔底部的压力，提量速度要快，防止抽提塔底部压力快速升高至超过设计压力。

抽提塔压力波动的原因和处理方法如表 4-8 所示：

表 4-8　抽提塔压力波动原因和处理方法

现　　象	原　　因	处理方法
抽提塔底压力过高	原料流控阀失灵，原料进料量过大	改副线控制，联系修理
	糠醛流控阀失灵，糠醛进料量过大	改副线控制，联系修理
	界面控制失灵，界面调节阀流量过小	改副线控制，联系修理
	压力控制失灵造成压力调节阀流量过小	改副线控制，联系修理
	抽提塔填料结焦	填料轻微结焦，降量维持生产；结焦严重需停工检修
	精制液、抽出液系统换热器结焦	轻微结焦，降量维持生产；结焦严重需停工检修
	抽提塔带水	查明带水原因，原料带水，切换原料罐；糠醛带水，调节糠醛干燥塔，消除带水
抽提塔底压力过低	原料流控阀失灵，原料进料量过小或中断	改副线控制，联系修理；原料流量中断，查明中断原因，恢复原料进料
	糠醛流控阀失灵造成原料进料量过小或中断	改副线控制，联系修理；糠醛流量中断，查明中断原因恢复糠醛进料
	压力控制失灵造成压力调节阀流量过大	改副线控制，联系修理
	界面控制失灵造成界面调节阀流量过大	改副线控制，联系修理

除上述分析的因素外，还应注意原料的黏度对抽提塔压力的影响。

4. 抽提塔界面的控制

抽提塔界面能体现塔内物料的平衡情况。装置糠醛不平衡时，就会造成抽提塔界面波动，使抽提效果变差，从而影响产品的质量。

若塔界面偏低，相应地要增大精制液加热炉进料量，在精制液系统负荷较大的情况下可适当降低原料量，提高少量的糠醛流量来保证界面。若界面上升则需增大抽出液流量，如抽出液回收系统负荷较大，也可以在保证质量的情况下适当降低糠醛量，提高原料量。

调节界面时，精制液和抽出液的流量发生变化会对后续系统产生影响。精制液流量的变化直接影响精制液炉进料量；抽出液流量的变化经过低压蒸发塔后间接影响抽出液炉的进料量。而且，精制液和抽出液的流量发生变化后，对精制液汽提塔、抽出液汽提塔的负荷产生直接影响。因此，调节时要缓慢，注意观察后续系统的变化。

影响抽提塔界面的因素主要有：原料进料流量、溶剂进料流量和塔底抽出液流量。抽提塔界面波动的原因和处理方法如表 4-9 所示。

表 4-9　抽提塔界面波动的原因和处理方法

现　　象	原　　因	处理方法
抽提塔界面过高	原料流控阀失灵造成原料进料量过小或原料进料中断	改副线控制，联系修理；原料中断查明中断原因，恢复原料进料
	糠醛流控阀失灵造成糠醛进料量过大	改副线控制，联系修理
	界面控制失灵造成界面调节阀流量过小	改副线控制，联系修理
	压力控制失灵造成压力调节阀流量过小	改副线控制，联系修理
	抽提塔填料结焦	轻微结焦，降低流量维持生产；结焦严重，需停工检修
抽提塔界面过低	原料流量控制阀失灵造成原料进料量过大	将原料流量调节阀改副线控制联系仪表修理
	糠醛流量控制阀失灵造成糠醛进料量过小或中断	改副线控制联系仪表修理；糠醛流量中断，查明中断原因恢复糠醛进料
	界面控制失灵造成界面调节阀流量过大	改副线控制，联系修理

（三）溶剂回收系统

1. 精制液回收系统

精制液回收系统是溶剂精制装置重要组成部分，其操作的好坏，将直接影响装置精制油的产品质量。主要控制的工艺参数有：塔顶真空度、塔顶温度、进料温度、塔液面和汽提蒸汽量。

1）精制液汽提塔顶真空度的控制

精制液汽提塔是在一定的负压下进行操作的，这样可降低溶剂的蒸发温度，有利于溶剂的蒸发。若真空度偏低，会导致塔底精制油含溶剂，不但增加溶剂消耗，而且还影响精制油质量。

影响精制液汽提塔真空度的主要因素有：系统真空度、进料量、进料溶剂含量、塔顶回流量和汽提蒸汽量。另外，塔顶温度过高、塔的蒸发量大、塔顶冷却器的冷却效果差、塔顶携带量大、塔超负荷或塔液面过高甚至满塔等因素也会导致塔真空度降低。精制液汽提塔顶真空度波动原因及处理方法如表 4-10 所示。

表 4-10　精制液汽提塔顶真空度波动原因及处理方法

现　　象	原　　因	处理方法
精制液汽提塔顶真空度过低	抽真空系统出现泄漏	在不影响精制液汽提塔操作时，查出泄漏点及时进行堵漏处理；影响操作时，将精制油转循环或转原料循环处理
	抽真空设备出现故障	及时切换备抽真空设备；影响精制液汽提塔操作时，将精制油转循环
	塔底吹汽量过大	降低吹汽量
	塔顶温度过高	增加塔顶回流量
	塔顶冷却器冷却效果差	提高循环水冷却量，降低塔顶冷却器出口温度
	进料量过大	降低装置处理量，减少精制液进料量
	塔液面过高满塔	降低塔液面
	进料溶剂含量高	调整萃取系统操作，控制好抽提塔界面，降低精制液溶剂含量

2）精制液汽提塔顶温度的控制

精制液汽提塔是在减压下汽提操作的，塔顶的真空度一般都在 0.06MPa 以上，若顶部温度超过 150℃，精制油中较轻的组分就会从塔顶大量蒸发出来，成为携带油。这不但影响精制油的收率，还会降低塔顶的真空度。若塔顶温度偏低，会造成塔的回收效果变差，塔底精制油含溶剂。因此精制液汽提塔顶温度应控制在 100~130℃范围内，在确保精制油质量的前提下，同时要注意减少塔顶的携带量。

影响精制液汽提塔顶温度的因素主要有：塔顶回流量、汽提蒸汽量和精制液溶剂含量。另外，塔的进料量过大、温度过高以及液面过高都会影响到塔顶温度。其中，精制液汽提塔进料温度的控制主要是由精制液加热炉的炉出口温度决定的，精制液加热炉操作波动会对精制液汽提塔产生影响。精制液汽提塔顶温度波动原因及处理方法如表 4-11 所示。

表 4-11 精制液汽提塔顶温度波动原因及处理方法

现 象	原 因	处理方法
精制液汽提塔顶温度过高	塔顶回流量过小	提高塔顶回流量
	塔底吹汽量过大	降低塔底吹汽量
	进料量过大	降低抽提塔顶精制液量
	塔液面过高甚至满塔	① 检查塔底泵运行情况，塔底泵故障时及时切换备用泵并联系修理 ② 检查液控调节阀，出现失灵时改副线操作并联系处理 ③ 检查精制油出装置或塔底泵出口压力，若后路不畅通，联系调度及时切换进料罐 ④ 降低装置原料处理量
	炉出口温度过高	降低炉出口温度
精制液汽提塔顶温度过低	塔顶回流过大	降低塔顶回流量
	塔底吹汽量过小	提高塔底吹汽量
	炉出口温度过低	提高炉出口温度

3）精制液汽提塔底液面的控制

精制液汽提塔液面偏高，会导致塔顶温度升高，塔顶的携带油量增大，塔顶的真空度下降，还容易造成满塔；而若液面偏低，则易使塔底泵抽空。在操作过程中，塔底液面一般控制 30%~60%范围内。

影响精制液汽提塔底液面的主要因素有：塔的进料量和塔底的抽出量。精制液汽提塔底液面波动原因及处理方法如表 4-12 所示。

表 4-12 精制液汽提塔底液面波动原因及处理方法

现 象	原 因	处理方法
精制液汽提塔液面过高	塔进料量过大	降低抽提塔顶精制液流量
	液位控制阀失灵	改副线控制，控制好塔液面
	塔底泵抽空	消塔底泵抽空，查明原因
精制液汽提塔液面过低	塔进料量过小	提高抽提塔顶精制液流量
	液控阀失灵，塔底馏出量过大	改副线控制，控制好塔液面

4）精制液汽提塔汽提蒸汽量的控制

在正常操作情况下，溶剂精制装置内塔的汽提蒸汽一般使用装置的自产蒸汽，所以影响塔吹汽量的主要因素是装置自产蒸汽的压力。精制液汽提塔汽提蒸汽量波动原因及处理方法如表4-13所示。

表4-13　精制液汽提塔汽提蒸汽量波动原因及处理方法

现　　象	原　　因	处理方法
汽提蒸汽量过大	发汽压力过大	降低发汽压力，减少吹汽量
汽提蒸汽量过小	发汽压力过小	提高发汽压力，增加吹汽量
汽提蒸汽带水	汽包液面过高	控制好汽包液面

2. 抽出液溶剂回收系统

抽出液溶剂回收系统操作的好坏，直接影响装置溶剂的回收，关系整个装置的溶剂平衡。同时，由于装置热量回收主要集中在抽出液溶剂回收系统，因此，该系统的操作对整个装置的能耗起到至关重要的作用。

抽出液回收系统涉及的设备较多，要求控制的工艺参数相对也较多，主要有：多效蒸发各塔的塔顶压力、塔底温度及塔底液面，抽出液汽提塔的塔顶真空度、塔底温度及塔底液面等。

1）一次蒸发塔顶压力的控制

抽出液溶剂回收系统多效蒸发中的一次蒸发塔（即低压蒸发塔），大约要闪蒸出抽出液中20%~30%的溶剂。在正常操作过程中，一次蒸发塔顶压力应控制在0.03MPa以下，以确保抽出液中溶剂的蒸出率。一次蒸发塔顶压力主要影响因素是塔的进料温度、进料量、进料溶剂含量以及干燥塔压力等。有时，溶剂含水量高也是压力高的重要原因。一次蒸发塔顶压力波动原因及处理方法如表4-14所示。

表4-14　一次蒸发塔顶压力波动原因及处理方法

现　　象	原　　因	处理方法
塔顶压力过高	进料溶剂含量大	调整抽提系统操作，减少抽出液溶剂含量
	进料量过大	降低抽提塔底抽出液流量
	塔顶低压醛气压降过大；干燥塔压力高	查明原因，降低塔顶压降；查明干燥塔压力高的原因，采取相应措施降低干燥塔压力
	溶剂含水量高	查找溶剂含水量高的原因，降低溶剂含水量
塔顶压力过小	进料温度过低	调整抽提系统操作，减少抽提塔底循环量，提高抽提塔底温度
	进料量过小	提高抽提塔底抽出液流量

2）一次蒸发塔液面的控制

若一次蒸发塔的液面偏低，物料在塔内停留的时间短，气液分离效果差，容易导致塔底泵抽空。而若塔液面偏高则容易导致塔顶的溶剂蒸汽带油，所以在正常操作过程中，一次蒸发塔液面应控制在一定范围内，以确保塔内溶剂的蒸出率，通常一次蒸发塔的液面应保持在30%~60%范围内。

抽出液溶剂回收系统若采用两效蒸发，一次蒸发塔底抽出液直接送至抽出液加热炉，塔液面控制主要由抽出液加热炉进料量大小来控制。

抽出液溶剂回收系统采用三效蒸发的一次蒸发塔，其塔底抽出液经换热后送至中压蒸发塔，其塔液面主要由塔底液控阀来控制。

一次蒸发塔液面波动原因及处理方法如表 4-15 所示。

表 4-15　一次蒸发塔液面波动原因及处理方法

现　　象	原　　因	处理方法
塔液面过高	进料量过大	降低抽提塔抽出液流量；提高塔底抽出液流量
	液面调节阀流量过小	增大调节阀流量
	塔底泵抽空	查明抽空原因，消除泵抽空
塔液面过低	进料量过小	提高抽提塔抽出液流量；降低塔底抽出液流量
	液面调节阀流量过大	降低液面调节阀流量
	进料温度过低	查明温度低的原因，提高进料温度

3）一次蒸发塔底温度的控制

一次蒸发塔的温度若偏低，会导致塔内溶剂的蒸发量不足，不但会使塔顶压力降低、塔液面升高，还会造成塔底油含溶剂量的增加，影响后续蒸发塔的操作；而温度若过高虽然蒸发量增大，但塔顶压力也会上升。因此一次蒸发塔的塔底温度应控制在一定范围内，以确保塔内溶剂的蒸发率。在正常操作过程中，一次蒸发塔的塔底温度控制在 160~175℃。

影响低压蒸发塔底温度的主要因素有：干燥塔压力、抽提塔底抽出液温度、抽出液与低、中、高压醛气的换热效果以及抽出液溶剂含量大小等。

4）二次蒸发塔顶压力的控制

抽出液溶剂回收系统若采用两效蒸发，二次蒸发塔是高压蒸发塔；若采用三效蒸发，则二次蒸发塔为中压蒸发塔。

二次蒸发塔顶的压力过高会使塔底残留溶剂含量增加，增加高压蒸发塔(对于三效蒸发工艺而言)、抽出液汽提塔的负荷，同时也会使得湿醛量增加，增加了干燥塔的负荷。压力过低会使换热温差减小，换热量减少，进而影响低压蒸发塔的蒸发，不但增加高压蒸发塔的负荷，也会增加抽出液加热炉的负荷。在正常操作过程中，高压蒸发塔顶压力应控制在一定范围内，以确保二次蒸发塔的蒸出率。

二次蒸发塔的压力是由塔顶压控调节阀来控制的。通常，二次蒸发塔压控阀放在换热器后。在操作过程中，可以使二次蒸发塔顶蒸出的醛气保持较高的压力，使糠醛气体在较高的温度下冷凝，以增加换热器的传热温差，提高换热效果，从而保证蒸发塔合理的蒸发量。

影响二次蒸发塔顶压力的主要因素有：塔进料温度、进料量、进料溶剂含量、高压醛气换热器换热效果、干燥塔的压力等。二次蒸发塔顶压力波动原因及处理方法如表4-16所示。

表4-16　二次蒸发塔顶压力波动原因及处理方法

现　　象	原　　因	处理方法
塔顶压力过高	进料温度过高	对于两效蒸发回收工艺，降低三次蒸发塔压力，使进料温度降低；可以降低加热炉出口温度来降低进料温度
	进料量过大	降低进料量
	进料溶剂含量过高	调整一次蒸发塔操作，提高一次蒸发塔溶剂蒸出率，降低二次蒸发塔进料溶剂含量
	蒸汽发生器换热效果差	蒸汽发生器结焦，换热效果差。降量生产，严重时，须停工检修
	蒸汽发生器泄漏	停蒸汽发生器，联系抢修
	压控阀失灵	压控阀改副线，联系修理
	干燥塔压力高	调节干燥塔的操作，降低塔压力
塔顶压力过低	进料温度过低	提高三次蒸发塔压力，使进料温度上升；对于两效蒸发回收工艺，可以提高加热炉出口温度来提高进料温度
	压控阀失灵	压控阀改副线，联系修理
	蒸汽发生器换热量过大	溶剂部分改走副线
	进料量过小	降低压控阀开度；蒸汽发生器溶剂部分改走副线

5）二次蒸发塔底液面的控制

抽出液溶剂回收系统若采用两效蒸发，二次蒸发塔是高压蒸发塔；若采用三效蒸发，则二次蒸发塔为中压蒸发塔。

（1）两效蒸发。

若二次蒸发塔液面偏低，容易造成塔底泵抽空，影响抽出液汽提塔的进料；而液面过高则会导致塔顶溶剂蒸汽带油，影响溶剂质量。正常操作中蒸发塔底液面应控制在30%~60%范围内。

影响二次蒸发塔液面的主要因素有：抽出液加热炉流量、进料温度以及塔底抽出量。二次蒸发塔液面波动原因及处理方法(两效蒸发)如表4-17所示。

表4-17　二次蒸发塔液面波动原因及处理方法(两效蒸发)

现　　象	原　　因	处理方法
塔液面过高	进料量过大	降低加热炉进料量
	塔底泵抽空	查明原因，消除泵抽空
塔液面过低	进料量过小	提高加热炉进料量
	进料温度过高	降低加热炉出口温度

（2）三效蒸发。

回收系统采用三效蒸发的二次蒸发塔，塔液面偏低容易造成塔底泵抽空，影响抽出液加热炉和三次蒸发塔的平稳操作；而液面过高则会导致塔顶溶剂蒸汽带油。中压蒸发塔液面一般控制在30%~60%范围内，以确保塔的蒸发率及抽出液加热炉的平稳进料。

影响二次蒸发塔液面控制的主要因素有：进料量和塔底抽出量（抽出液加热炉进料流量）。二次蒸发塔底液面波动原因及处理方法（三效蒸发）如表4-18所示。

表4-18 二次蒸发塔底液面波动原因及处理方法（三效蒸发）

现　象	原　因	处理方法
塔液面过高	进料量过大	降低二次蒸发塔进料量
	一次蒸发塔蒸发率低	提高一次蒸发塔蒸发率
	抽出液加热炉流量过小	提高抽出液加热炉各流进料量
	塔底泵抽空	查明原因，消除泵抽空
塔液面过低	进料量过小	提高二次蒸发塔进料量
	抽出液加热炉各流流量过大	降低抽出液加热炉各流进料量

需要注意的是，一般二次蒸发塔液面调节是和抽出液加热炉进料串级的。当调节二次蒸发塔的塔底抽出量时，要考虑加热炉各组进料的平衡，防止抽出液加热炉出口各组温度偏差过大，造成溶剂蒸发不完全，甚至造成部分炉管结焦。

6）二次蒸发塔底温度的控制

（1）两效蒸发。

抽出液系统采用两效蒸发的二次蒸发塔，塔底温度主要由抽出液加热炉的出口温度调节。若加热炉出口温度偏低会造成塔内蒸发量减少，塔顶压力降低，塔底抽出液中含溶剂量增加；若抽出液加热炉出口温度偏高，则会造成塔内蒸发量的增加，塔顶压力升高，同时容易造成糠醛在炉内结焦现象。

（2）三效蒸发。

抽出液回收系统三效蒸发工艺的二次蒸发塔，其塔底温度由进料温度决定，而进料温度取决于进塔前的换热效果以及二次蒸发塔的压力。由于高压塔的压力对二次塔进料的换热效果影响很大，因此，二次蒸发塔的温度主要取决于高压蒸发塔的压力，在高压塔压力确定的情况下需参考一效蒸发塔的汽化率来调节二次蒸发塔的压力。

7）抽出液汽提塔顶真空度的控制

抽出液汽提塔在一定的负压下进行操作。若塔内真空度偏低，会造成塔底抽出油含溶剂。因此在正常操作时，抽出液汽提塔顶真空度应控制在0.060MPa以上，以确保抽出油不含溶剂。

影响抽出液汽提塔塔顶真空度的因素有：系统真空度、汽提塔液面、进料、进料溶剂含量、塔顶回流量、塔底汽提蒸汽量以及塔顶冷却器冷却效果。抽出液汽提塔顶真空度波动原因及处理方法如表4-19所示。

表 4-19　抽出液汽提塔塔顶温度波动原因及处理方法

现　　象	原　　因	处理方法
塔顶真空度过低	抽真空系统出现泄漏	在不影响抽出液汽提塔操作时，查出泄漏点及时进行堵漏处理；影响操作时，将抽出油转循环或转原料循环处理
	抽真空设备出现故障	及时切换备用抽真空设备，影响抽出液汽提塔操作时，将抽出油转循环
	塔底吹汽量过大	降低吹汽量
	塔液面过高甚至满塔	降低塔液面
	塔顶冷却器冷却效果差	提高循环水冷却量，降低塔顶冷却器出口温度；增开空冷风机
	塔顶温度过高（没有顶回流的装置不考虑此原因）	增加塔顶回流量
	进料过大	降低装置处理量
	进料溶剂含量高	提高加热炉出口温度或降低三效蒸发塔压力，从而降低汽提塔进料溶剂含量

8）抽出液汽提塔底温度的控制

抽出液汽提塔的塔底温度应控制在一定范围内，以确保抽出液汽提塔溶剂的回收。抽出液汽提塔底温度是通过高压蒸发塔（即三效蒸发的三次蒸发塔、两效蒸发的二次蒸发塔）进料温度及抽出液汽提塔底循环量（对于有塔底循环工艺而言）或汽提塔进料换热器来控制的（对于有进料换热器工艺而言）。

影响抽出液汽提塔底温度的主要因素有：抽出液汽提塔进料温度和塔底循环量或汽提塔进料换热温度。其中，进料温度主要取决于高压蒸发塔的进料温度及压力；塔底循环是经塔底再沸器换热后的抽出油打回塔内，可有效提高抽出液汽提塔的塔底温度；进料换热可直接提高进料温度。抽出液汽提塔底温度波动原因及处理方法如表 4-20 所示。

表 4-20　抽出液汽提塔底温度波动原因及处理方法

现　　象	原　　因	处理方法
塔底温度过低	进料温度过低	提高加热炉出口温度
	换热器换热温度低	提高换热器换热温度
	循环量过小	提高循环量
塔底温度过高	进料温度过高	降低加热炉出口温度
	换热器换热温度高	降低换热器换热温度
	循环量过大	降低循环量

9）抽出液汽提塔底液面的控制

由于高压蒸发塔的直径比抽出液汽提塔大得多，所以其液面的控制对抽出液汽提塔的液面影响非常大。所以，在操作调节上首先要稳定高压蒸发塔的液面，然后再稳定抽出液汽提塔的液面。对于有闪蒸塔的工艺还要稳定闪蒸塔的液面。

抽出液汽提塔液面偏高，会造成塔顶携带量的增大。在操作过程中，抽出液汽提塔塔底液面一般控制30%～60%范围内。

影响抽出液汽提塔底液面的主要因素有：塔的进料量及进料温度、塔底循环量等。抽出液汽提塔底液面波动原因及处理方法如表4-21所示。

表4-21　抽出液汽提塔塔底液面波动原因及处理方法

现　　象	原　　因	处理方法
塔底液面过低	进料量过小	增大进料量
	液面控制失灵	检查液控调节阀，改手动控制，联系仪表处理
塔底液面过高	进料量过大	降低进料量
	进料温度过低	提高进料温度
	塔底循环量过大	降低塔底循环量
	塔底泵抽空	查明原因，消除泵抽空
	抽出油外送量过小	降低处理量或提高外送量

3. 溶剂干燥及水溶液回收系统

溶剂干燥及水溶液回收系统是由双塔溶剂回收工艺组成，主要设备包括干燥塔和脱水塔。该系统操作的好坏，直接影响装置的溶剂平衡、热量平衡和水溶液平衡。

溶剂干燥及水溶液回收系统主要控制参数有：干燥塔的塔顶温度、塔顶压力、塔底温度、进料温度和塔底液面，脱水塔的塔顶温度、塔底液面、塔底汽提蒸汽量以及水溶液分离罐液面等。

1）干燥塔顶温度的控制

干燥塔顶温度是根据溶剂与水所形成共沸物的恒沸点来确定的。干燥塔在常压下操作，常压下糠醛与水共沸点的共沸点是97.45℃。若干燥塔顶温度在90℃左右，还未达到水溶液的泡点温度，糠醛和水均不能汽化，达不到脱水目的，塔底糠醛含水；若高于110℃，塔顶气相的糠醛含量将增大，影响回收系统的溶剂平衡，湿糠醛不能进入系统，会造成整个系统操作的紊乱。因此干燥塔的塔顶温度一般要求控制在95～110℃。

影响干燥塔顶温度的主要因素有：塔的进料温度和塔顶的回流量。干燥塔顶温度波动原因及处理方法如表4-22所示。

表4-22　干燥塔顶温度波动原因及处理方法

现象	原因	处理方法
塔顶温度过低	回流量过大	降低回流量
	进料温度过低	调节抽出液溶剂回收系统操作压力，或者减少糠醛汽与装置自产蒸汽所用软化水的换热量，从而提高醛汽进干燥塔的温度
塔顶温度过高	回流量过小	提高回流量
	进料温度过高	调节抽出液溶剂回收系统操作压力，或者增加糠醛汽与装置自产蒸汽所用软化水的换热量，从而降低醛汽进干燥塔的温度

2）干燥塔顶压力的控制

干燥塔顶压力是根据糠醛溶剂与水所形成共沸物的恒沸点来确定的。干燥塔一般在常压下或微负压下操作，塔顶压力一般要求控制在-0.02~0.02MPa。

影响干燥塔顶压力的主要因素有：塔顶的冷却效果和塔顶的回流量。干燥塔顶压力波动原因及处理方法如表4-23所示。

表4-23　干燥塔顶压力波动原因及处理方法

现　　象	原　　因	处理方法
塔顶压力过低	顶部抽真空系统真空度过高	降低抽真空系统真空度
塔顶压力过高	顶部抽真空系统真空度过低	提高抽真空系统真空度
	塔顶冷却器循环水量小或塔顶空冷器开风机少（湿式空冷喷水效果差）	增加冷却器给水量；增开空冷风机（改善空冷喷水）
	顶回流湿糠醛含水量较大	控制好水溶液分离罐界位
	顶回流湿糠醛量过大	降低湿糠醛回流量
	顶回流湿糠醛量过小	增加湿糠醛回流量
	进料温度过高	降低进料温度
	气相糠醛进料量过大	降低气相糠醛进料量

3）干燥塔塔底温度的控制

糠醛精制时循环糠醛的含水量对其溶解度影响很大。当其含水量超过1%时就会有明显的影响，通常要将含水量控制在0.5%以下。目前一般装置干燥塔的塔顶压力控制在-0.02~0.02MPa范围内，在此压力下要使糠醛含水量低于0.5%，塔底温度应控制在155~162℃，当干燥塔底压力增大时，还要相应提高底部温度。

影响溶剂干燥塔塔底温度的主要因素有：进塔高、（中、）低压溶剂的温度、气相进料量及塔顶一层的回流量。溶剂干燥塔塔底温度波动原因及处理方法如表4-24所示。

表4-24　溶剂干燥塔底温度波动原因及处理方法

现　　象	原　　因	处理方法
塔底温度过低	进料温度低	降低去蒸汽发生器醛气量；提高汽包压力
塔底温度过低	气相进料量小	提高气相进料量
	塔顶的回流量大	降低塔顶的回流量
	塔顶回流湿糠醛含水量较大	控制好水溶液分离罐界位
塔底温度过高	塔顶回流湿糠醛量过小	增加湿糠醛回流量
	进料温度过高	增加去蒸汽发生器醛气量；降低汽包压力
	气相糠醛进料量过大	降低气相糠醛进料量

4）干燥塔进料温度的控制

影响溶剂干燥塔进料温度的主要因素有：一效、二效、三效蒸发塔返回的溶剂温度和汽包的取热量。溶剂干燥塔进料温度波动原因及处理方法如表 4-25 所示。

表 4-25　溶剂干燥塔进料温度波动原因及处理方法

现　　象	原　　因	处理方法
进料温度过低	一效、二效、三效蒸发塔返回的溶剂温度低	降低一效、二效蒸发塔的汽化率
	汽包的取热量大	提高汽包的压力或打开蒸汽发生器的副线，降低汽包的取热量
	进料带水	查明带水原因消除带水
进料温度过高	回流量过小	提高回流量
	汽包的取热量小	降低汽包的压力，增加汽包的取热量

5）干燥塔底液面的控制

干燥塔液面过低容易导致塔底泵抽空，造成溶剂中断，破坏系统的溶剂平衡，影响全装置的操作；液面过高，会影响糠醛前后平衡，造成抽提塔界面下降、抽出液蒸发塔液面低。因此，在操作过程中，一般控制 30%～60%范围内。

影响溶剂干燥塔底液面的主要因素有：各蒸发塔蒸发量的大小以及溶剂干燥塔回流量的大小。溶剂干燥塔底液面波动原因分析及处理方法如表 4-26 所示。

表 4-26　溶剂干燥塔底液面波动原因及处理方法

现　　象	原　　因	处理方法
塔底液面过低	回流量过小	提高回流量
	蒸发塔蒸发效果不好	提高蒸发塔的蒸发效果
	塔底液面调节阀失灵	改副线控制，联系修理
塔底液面过高	回流量过大	降低回流量
	塔底液面调节阀失灵	控制好界面
	塔底泵抽空	查明原因，消除泵抽空

6）脱水塔顶温度的控制

部分装置通过塔底汽提蒸汽量的大小来控制脱水塔顶温度。在进料稳定的情况下，脱水塔顶温度的高低通常由塔的汽提蒸汽量来控制。

汽提蒸汽量小，塔顶温度偏低，糠醛不能完全汽化蒸发出去，往往回收不好，塔底水含醛。汽提蒸汽量大，塔顶温度偏高，大量水由塔顶带出，不但增加冷却系统的负荷，而且回收效率低下，水溶液分离罐的水位升高，脱水塔的负荷增加。塔顶温度一般要求根据塔底排水的含醛情况控制在 95～105℃范围内。

影响脱水塔顶温度的主要影响因素是汽提蒸汽量和塔液面。脱水塔顶温度波动原因及处理方法如表 4-27 所示。

表 4-27　脱水塔顶温度波动原因分析及处理方法

现　象	原　因	处理方法
塔顶温过低	吹汽量过小	提高吹汽量
	塔液面过高	降低进料量使塔液面下降
塔顶温过高	吹汽量过大	降低吹汽量
	塔顶冷却效果不好	检查塔顶水冷却器，提高冷却水用量，提高冷却效果

目前，有部分装置采用塔底重沸器来控制脱水塔顶温度，即溶剂干燥塔底的部分溶剂经脱水塔底重沸器与由脱水塔底出来的水进行换热，之后被冷却的溶剂返回溶剂干燥塔的中部，可使过多的气相溶剂冷却，防止溶剂干燥塔顶温度过高；而脱水塔底水经过重沸器被加热汽化后再返回脱水塔下部，达到汽提的目的。

7）脱水塔底液面的控制

影响塔底液面主要因素是塔进料量的大小。脱水塔底液面波动原因及处理方法如表 4-28所示。

表 4-28　脱水塔底液面波动原因及处理方法

现　象	原　因	处理方法
塔液面过低	进料量过小	提高进料量
	液位调节阀失灵	改副线控制，联系修理
塔液面过高	进料量过大	降低进料量
	调节阀失灵或堵	改副线控制，联系修理

（四）其他系统

1. 汽包液面控制

汽包液面过低，会使蒸汽发生器的换热量减少，造成加热炉对流室入口温度升高，高压蒸发塔的压力升高，溶剂干燥塔的进料温度升高。另外，水位过低使汽包的降管带汽，会导致水循环障碍。若汽包液面控制过高，容易造成自产蒸汽带水，影响汽提塔操作。蒸汽发生系统经过抽出液加热炉加热的过热蒸汽线带水，不但会使得加热炉对流室的出口温度明显降低，还容易造成加热炉对流室产生液击，使得各汽提塔吹汽量发生波动。

在正常操作中，汽包液面控制在30%~60%范围内。影响汽包液面的主要因素是汽包进软化水的量。汽包液面波动原因及处理方法如表 4-29 所示。

表 4-29　汽包液面波动原因及处理方法

现　象	原　因	处理方法
液面过低	软化水压力过小或中断	联系生产调度提高软化水压力；检查软化泵的运行情况，及时切换备用泵
	液面调节阀失灵	改副线控制，联系修理
液面过高	液面调节阀失灵	改副线控制，联系修理
	醛汽与软化水换热量不足	调整抽出液溶剂回收系统操作，使蒸发塔压力上升，提高醛汽温度来增加醛汽与软化水换热

另外，汽包的压力也会对系统产生一定的影响。若压力过高，汽包的发汽量会相应减少，如未能及时进行补汽，会造成系统吹汽量减少，影响塔汽提吹汽。而若压力过低，发汽量会增多，从溶剂中取走的热量过多，会导致溶剂干燥塔的进料温度降低，影响干燥塔的操作。在冬季，过低的发汽压力还会使伴热线容易冻结。

2. 水溶液分离罐

装置运行过程中，水溶液分离罐内湿醛、水、油三格液位变化的情况可直接或间接地反映出系统各部位的操作有无异常。例如：

（1）醛格内的液位高有可能是由于汽提塔顶含醛量大、脱水塔顶含醛量大、糠醛干燥塔回流量小等原因导致的，由此可以判断抽提塔的精制液含醛量是否过大，脱水塔、干燥塔以及抽出液溶剂回收系统的操作是否正常。

（2）水格内的液位偏高有可能是汽提塔吹汽量太大、脱水塔脱水效果不好、脱水塔处理量太小或脱水塔吹汽量太大、塔顶冷却器泄漏等因素导致的。另外，汽提塔顶携带油量大可导致罐内油格液位升高等。

此外，水溶液分离罐的水溶液液面是通过脱水塔的进料流量来控制的，若水位过高则会导致油格内带水。另外，在装置现场也可通过脱水塔的进料流量控制阀的侧线来调节水溶液分离罐水溶液液面位置。水溶液分离罐的湿醛液面可通过干燥塔的塔顶回流量来控制。

正常生产时，要求水溶液分离罐要保持一定的水位和湿醛液面，防止水溶液泵或湿醛泵抽油或抽水，造成操作波动。在生产中如有部分湿醛会被带进水溶液格中，时间一长会造成水溶液泵抽湿醛，脱水塔进料含糠醛增大，造成脱水效果不好，因此需定期打开水溶液罐至地下罐阀门，向地下罐排放这部分湿醛，或直接循环至一格，以保证脱水塔进料的正常。

装置停工时需将水溶液分离罐液位控制在较低的液位，所以停工时应将脱水塔的处理量提高。

（3）装置运行过程中水溶液分离罐有时会发生乳化现象。产生乳化的原因：糠酸或携带油中酸的存在导致 pH 值降低是主要原因；操作中精制液、抽出液汽提塔携带严重，塔顶馏出物冷却后，在管内流动的液体在搅拌作用下，产生油包醛水或醛水包油的混合物，即乳化液也是原因之一。如果水溶液分离罐的温度偏低，糠醛与水的分层太慢，就易发生乳化现象。而若水溶液分离罐的温度偏高，糠醛和水的互溶度增大，使得干燥塔的负荷增加，超负荷后水溶液分离罐内过度的搅动和较短的停留时间也会导致水溶液分离罐发生乳化现象。

发生乳化现象时，会造成水溶液分离罐内的醛、水、油分层不好，致使醛格内的糠醛含水量和含油量增加，而水格内的水则含醛量和含油量增加。应及时处理：调节精制液、抽出液汽提塔的操作，减少塔顶的携带油量；控制水溶液分离罐的温度在 40℃ 左右；若糠醛的 pH 值偏低应增加缓蚀剂的加入量；若糠醛的 pH 值突然降低可适当加注碱液，取得破乳效果。若采取上述措施后，长时间乳化现象没有好转，可适当加注食盐，以尽快消除乳化现象。

装置运行过程中将水溶液分离罐上人孔盖封闭，对于防止糠醛氧化、降低糠醛的酸值具有积极的作用。国内某装置在这方面的试验也证明了这一点，表 4-30 为该试验的数据。

表 4-30　水溶液分离罐封盖试验

试验内容	湿醛酸值/(mgKOH/g)	水溶液酸值/(mgKOH/g)	备注
不封盖	0.32	0.1130	原罐口敞开条件下的数据
封盖	0.24	0.0690	封闭后30天的数据

（五）DCS控制

在DCS控制系统中，串级控制是自动控制系统中较为复杂的控制系统之一。通常由两个或两个以上的控制回路组成。

在溶剂精制装置中，抽提塔的压力一般采用与精制液加热炉的进料量或与塔底抽出液量进行串级调节。

若抽提塔的压力采用与精制液加热炉的进料量组成的串级控制系统，主变量是抽提塔压力，副调节器是由精制液加热炉两组进料量两个回路组成，通过调节精液炉进料两个分支流量达到对抽提塔压力的控制。当抽提塔压力发生变化时，主调节器的输出发生变化使副调节器精制液加热炉进料量的给定发生变化，副调节器通过输出操作调节阀通过调节精制液加热炉两组进料两个分支流量，达到对主变量抽提塔压力的控制。

同样，抽提塔压力与塔底抽出液量串级调节时，当主变量抽提塔压力发生变化时，主调节器的输出发生变化使副调节器塔底抽出液量的给定发生变化，副调节器通过输出操作调节阀通过调节抽出液流量，达到对主变量抽提塔压力的控制。

其他控制回路多为单回路控制，这里不多做赘述。

（六）切换原料时调整操作的注意事项

在原料切换操作时要求做到条件改变适宜，操作调节平稳，顶油量准确，成品罐切换及时，以保证精制油质量合格。一般情况下，进行油品切换操作的是相邻馏分原料的切换。

（1）切换另一种原料后，应及时检查原料质量（含水量、比色、黏度）有无异常，与所需切换的原料油是否符合。

（2）根据处理量和顶油量，准确计算好切换时间。

$$顶油量=装置容量+(10\sim15)m^3$$

装置容量的计算：抽提塔界面上部的体积，抽提塔顶到精制液汽提塔管路的容量（包括炉管的容量）、精制液汽提塔塔底容量、原料中间罐最低液位容量、精制油泵出口管线的容量等。

$$切换时间=顶油量(体积)/处理量(体积)$$

一般情况下，在把溶剂比要求大的原料切换溶剂比要求小的原料时，应在2h以内改变操作条件；溶剂比要求小的的油品切换溶剂比要求大的油品、精制深度浅的油品切换精制深度要求深的油品应1h以内改变操作条件。

在处理量较小时，油品容易混合，顶油量就应略微多一些。在处理量较大时，油品混合较少，顶油量可略微少一些。界面较低时，顶油量就要比正常界面的情况下增加一些。

（3）操作条件改变较小时，界面要稳定在界面管内，提降量时要平稳，避免忽高忽低以致影响加热炉的平稳操作。由于温度条件改变比较缓慢，一般可提前进行调节。总的原则是溶剂比大的原料切换溶剂比小的原料时，在切换中间产品改变条件；溶剂比小的原料切换溶剂比大的原料时，应尽快改变条件。

（4）在原料切换过程中，注意各部分的调节操作，尽量避免循环。

（5）在切换质量要求严格的油品时，应进行采样分析，根据黏度、凝固点、残炭等化验分析数据按时切换品种。

二、异常操作

（一）原料油脱气塔操作异常

原料油脱气塔的作用是将达到一定温度进塔的原料油，吹入少量的汽提蒸汽，在负压的条件下脱去其中所携带的大部分氧气、水，以及部分轻烃和溶剂（如苯、甲苯等）。原料油脱气塔操作控制的好坏，直接影响到装置的溶剂消耗和抽提塔的操作。

原料油脱气塔操作异常的情况主要有：塔液面偏低或偏高等。

1. 现象

（1）DCS画面上原料油脱气塔液面指示偏高或偏低。

（2）现场原料油脱气塔液面计指示偏高或偏低。

2. 原因及处理

（1）液面计指示失灵，显示虚假液位，致使液位显示不正常。出现这种情况时，一般其他部位并无异常变化，只是塔液位显示异常。此时，应立即联系仪表维护人员进行修理。

（2）塔液面调节阀失灵。用调节阀前后的截止阀和副线阀调节控制流量，以控制好塔液位，同时联系仪表维护人员进行修理。

（3）原料泵故障、抽空会引起进料量减少会导致塔液面降低。应及时排除故障恢复泵的正常运行。另外，若进料温度偏低，也会因原料黏度过大，影响正常输送而造成塔液面偏低，注意检查原料温度。

（4）塔底泵故障，不能正常输送物料，会使得塔液面偏高。应及时排除故障恢复泵的正常运行。

（5）汽提蒸汽带水易导致塔底泵抽空，致使塔液面上升。注意检查汽提蒸汽带水情况，及时消除汽提蒸汽带水。

（6）原料带水，导致液面上升，塔的真空度下降。联系罐区，加强脱水。

（二）抽提塔操作异常

抽提塔是溶剂精制的核心设备，溶剂与原料油通过在抽提塔内的逆流接触将非理想组分抽提出来。抽提塔操作异常的情况主要有：抽提塔压力高、液泛、带水等。

1. 抽提塔压力高

1）现象

（1）DCS画面抽提塔压力指示偏高。

（2）DCS画面精制液加热炉进料流量调节阀全开。

（3）原料进料量或糠醛进料量因抽提塔压力高有所减少甚至打不上量。

（4）现场抽提塔一次表压力指示偏高。

（5）压力过高时抽提塔安全阀起跳。

（6）原料进料量或糠醛进料量过大。

2）原因及处理

（1）抽提塔底部的压力是由顶部的精制液调节阀来控制调节的。若该调节阀失灵、抽提塔因塔顶部精制液输送不畅而造成塔内压力高时，DCS画面不但显示抽提塔压力指示偏高，而且精制液流量调节阀全开。应采用调节阀副线来调节流量，并联系仪表维护人员修理。

（2）通常界面的控制是通过调节塔底抽出液调节阀来实现的。而精制液流量与塔顶部压力串级调节的。若界面控制失灵，导致抽提塔压力升高，造成塔顶部的精制液调节阀动作。应将界面控制改为手动，并联仪表维护人员修理。

（3）抽提塔内填料结焦过多会导致塔的压力升高。可降量维持生产，严重时停工清焦。

（4）精制液和抽出液的换热器堵塞、精制液加热炉炉管结焦都会导致抽提塔的压力升高。可先降量维持生产，严重时停工，检修换热器，精制液加热炉烧焦。

（5）原料进料量或糠醛进料量过大一般是由于调节阀失灵引起的，要立即降低其中没有失灵的流量，降低塔底压力，然后联系仪表维护人员修理。

2. 抽提塔液泛

1）现象

（1）DCS 画面抽提塔界面控制失灵，界面指示为低界面。

（2）精制液加热炉负荷增加、出口温度下降，精制液汽提塔汽相负荷增加。

（3）抽出液加热炉负荷降低，抽出液汽提塔抽出油量增加。

2）原因及处理

抽提塔发生液泛时，应先降低处理量，并查明原因。

（1）若装置用的是转盘抽提塔，则应检查转盘的转数是否过快，并相应调整转速。

（2）确认抽提塔负荷在正常范围内。若抽提塔的负荷过大，容易导致液泛现象的发生，应降低处理量。

（3）检查抽提塔的温度。若接近或大于油品的临界溶解度，则会产生液泛现象，应降低溶剂进抽提塔的温度。

（4）原料性质差。若原料中含沥青质过多则容易导致液泛现象的产生，及时联系切换原料。

3. 抽提塔带水

1）现象

（1）抽提塔底抽出液量波动大。

（2）炉温波动。

（3）糠醛蒸发塔压力增大。

（4）系统真空度下降。

2）原因及处理

原料或糠醛带水会降低糠醛的溶解能力，影响精制效果，使精制油残炭值增大；含水过多，还会影响精制液、抽出液系统操作。

（1）抽提塔带水是因进塔的原料或溶剂中带水所致，应及时采取措施防止原料、溶剂带水以及调整原料油脱气塔的操作。

（2）检查水溶液分离罐界面是否太低、蒸汽发生器是否漏水，并及时处理。

若因带水引起操作混乱时，可适当降低处理量，以稳定操作。

（三）精液汽提塔操作异常

精制液经加热后进精制液蒸发汽提塔，回收其中的溶剂，在塔底得到精制油。若塔操作异常则容易导致塔底精制油因含醛不合格，并且使得系统溶剂的损耗增加。

精制液汽提塔操作异常的情况有塔底精制油含醛以及冲塔等。

1. 精制油含醛

1）现象

（1）精制液采样含醛不合格。

（2）DCS 画面精制液汽提塔顶真空度指示偏低。

（3）DCS 画面抽出液汽提塔液面指示偏高。

（4）现场抽出液汽提塔液面指示偏高。

（5）精制液汽提塔顶冷却器温度升高。

（6）精制液汽提塔底温度低。

2）原因及处理

发现精制油含醛不合格时，应立即转回循环。

（1）精制液蒸发汽提塔的进料温度低会影响汽提塔的汽提效果。注意检查塔的进料温度，若偏低，可适当提高精制液加热炉的炉出口温度。

（2）塔顶回流过大会导致塔温变低。调节塔顶回流量，以提高塔的温度。

（3）塔吹汽量偏小会影响汽提效果。检查吹汽量，适当增大汽提蒸汽的吹入量。

（4）塔顶真空度过小会造成糠醛蒸发不完全，使塔底精制油含醛。应注意查看真空度是否在规定的范围内。一是注意检查真空系统的抽真空设备运行情况及塔顶冷却器有无异常，若有问题及时切换和修理。塔顶冷却器的温度升高，应注意检查冷却水压力情况，调节冷却水量，保证塔顶冷却器的冷却效果。若是冷却器本身设备问题要及时抢修。二是若精制液或汽提蒸汽带水也会导致塔顶真空度的降低，因此应注意检查二者是否带水。另外，塔液面过高、回流过大或过小都会影响真空度。

（5）汽提塔液面过高会导致汽液分离效果差、塔顶真空度降低，致使塔底油含醛。控制好塔的液面高度，一是注意检查仪表液面控制系统是否正常，若因液位调节阀或液位指示计失灵导致塔液面高，应及时联系仪表维护人员修理。二是注意检查塔后路的塔底泵、过滤器、外送阻力等，若塔底泵抽空导致液位高，要迅速查清抽空原因并处理，如果是泵本身原因切换备用泵；精制油过滤器堵塞时，改走副线，再进行清扫；精制油出装置阻力大，要及时联系罐区。

（6）塔的进料量过大或含醛量过大甚至超过塔的负荷，会造成塔底油含醛，要及时降量或调整抽提塔操作。

（7）塔盘出现问题而导致汽提效果差，需要停工进行检修。

2. 精制液汽提塔发生冲塔

1）现象

（1）塔顶真空度下降，塔顶温度升高，塔顶冷却器温度偏高。

（2）水溶液分离罐油位上升较快。

（3）真空泵入口温度高，并带油。

2）原因及处理

（1）塔进料含醛量过大，使得塔的汽相负荷过大，或塔吹汽量过大或带水易导致冲塔的发生。发生冲塔时要降低处理量，调整好抽提塔的操作，注意调整汽提蒸汽量。另外塔底泵长时间抽空，在塔液面过高甚至满塔的情况下会出现冲塔，所以应控制好精制液汽提塔的液面。

（2）若汽提蒸汽带水造成冲塔，应立即停止吹汽并及时查明原因避免带水。

（3）进料量太大。应降低装置处理量

（4）塔底泵抽空时间太长，及时切换备用泵。

（5）塔内溢流管严重结焦或塔盘严重冲翻、脱落。应紧急停工清焦或检修塔盘。

（四）高压蒸发塔操作异常

抽出液系统的溶剂回收在加热—蒸发—冷凝的过程中需要消耗大量的热量。采用多效蒸发是为了合理充分利用热量，以达到节能降耗的目的。若控制不当有可能使得装置的热量平衡不好，能耗增高，还会影响产品质量。

1. 高压蒸发塔压力异常

1）现象

（1）DCS 画面显示多效蒸发各塔压力高。

（2）装置现场各塔一次表显示压力高。

（3）干燥塔压力上升。

2）原因及处理

（1）塔的进料量过大或进料组成变化大（含醛量增大），塔超负荷导致塔压力偏高。此时应降低处理量。

（2）抽出液加热炉出口温度偏高，塔进料温度过高造成塔内蒸发量过大，因而导致塔压力偏高。注意控制好抽出液加热炉的炉温在操作指标内。

（3）糠醛干燥塔因带水而致使塔内蒸发量增多，造成糠醛干燥塔压力偏高，反过来影响多效蒸发塔的压力升高。注意调节好糠醛干燥塔的操作，若是因糠醛干燥塔的压控失灵，要及时联系仪表维护人员修理。另外，高压蒸发塔的压控失灵也会导致糠醛干燥塔的压力升高。

（4）蒸汽发生器液位过低或 0.3MPa 蒸汽管网压力高会导致醛气换热效果差，糠醛干燥塔进料温度偏高，造成糠醛干燥塔压力偏高，反过来使多效蒸发塔的压力升高。控制好蒸汽发生器的液面；蒸汽管网压力高时，要及时降低管网压力。

（5）蒸汽发生器发生泄漏，水被带入干燥塔，塔内蒸发量增大，压力升高，从而使多效蒸发塔的压力升高。此时应甩掉蒸汽发生器进行抢修。

（6）换热器结焦导致换热效果变差、热量不平衡，造成塔压力升高。此情况下需停工检修。

2. 高压蒸发塔温度过高

1）现象

（1）DCS 画面高压蒸发塔的温度高，塔顶压力上升。

（2）装置现场高压蒸发塔顶一次表显示压力上升。

（3）干燥塔压力高。

2）原因

（1）抽出液加热炉温度控制调节不好或控制失灵造成炉出口温度过高，使得塔进料温度高。注意控制好加热炉温度，稳定炉出口温度在控制指标内；若控制系统失灵应及时联系仪表维护人员修理；

（2）其他原因导致加热炉进料中断造成炉出口温度急速上升，使得塔进料温度过高，致使塔的汽相负荷过大。若进料中断应先降低加热炉出口温度，查明加热炉进料中断的原因，迅速恢复进料。

（3）高压蒸发塔进料溶剂含量高，塔内溶剂蒸发量大导致其压力上升，此时应调整低、中压蒸发塔操作，提高换热蒸出率，降低进高压塔原料的溶剂含量。

（五）抽出液汽提塔操作异常

经过多效蒸发后的抽出液进入抽出液汽提塔，汽提后，在塔底得到质量合格的抽出油。若操作异常，会导致塔底抽出油含醛，糠醛损耗增加，塔顶带油。

抽出液汽提塔操作异常的情况有塔底抽出油含醛以及冲塔等。

1. 抽出油含醛

1）现象

（1）抽出油采样含醛不合格。

（2）DCS 画面抽出液汽提塔液面指示偏高。

（3）现场抽出液汽提塔液面指示偏高。

（4）抽出液汽塔顶冷却器温度升高。

（5）DCS 画面抽出液汽塔顶真空度指示偏低。

（6）抽出液塔底温度低。

2）原因及处理

发现抽出油含醛，应立即改循环。

（1）抽出液加热炉出口温度低会导致抽出液汽提塔进料温度偏低，抽出液蒸发不完全，抽出油含醛。应适当提高抽出液加热炉出口温度。

（2）塔液面过高容易导致塔顶带油，应注意控制好抽出液汽提塔液面。检查塔液面控制系统、液面指示、调节阀等，若有问题应及时联系仪表维护人员修理；若因塔底泵故障而影响液面时，应查明原因及时处理；抽出油过滤器堵塞时，可先开副线，再清扫；抽出油出装置阻力大，要及时联系罐区处理。

（3）塔顶真空度偏低会造成溶剂蒸发不完全，塔底抽出油含醛。检查抽真空系统，恢复真空度至正常值。

（4）塔底重沸器循环量偏小时，会因塔底蒸发不足而导致塔底油含醛。注意调节塔底循环量的大小。

（5）塔的进料量过大或进料含醛量大，会使得塔汽相负荷过大，容易造成抽出液汽提蒸发塔顶带油，同时溶剂蒸发不完全致使塔底抽出油含醛。此时应降低处理量。

（6）汽提蒸汽量偏小，溶剂蒸发不完全，易导致抽出油含醛。提高塔的吹汽量。

（7）在塔顶回流投用时，因回流量过大导致塔温度低，应注意塔顶回流量的大小，控制好塔顶温度。

（8）塔底重沸器循环量过大时，会因超负荷导致塔底油含醛。注意调节塔底循环量的大小。

2. 抽出液汽提塔冲塔

1）现象

（1）塔顶真空度下降，塔顶温度升高，塔顶冷却器温度偏高。

（2）水溶液分离罐油位上升较快。

（3）真空泵入口温度高，并带油。

2）原因及处理

（1）若汽提蒸汽量过大或蒸汽带水，导致塔顶带油。适当降低吹汽量或停止吹汽。

（2）塔液面过高容易导致塔顶带油。检查塔的液面指示和液面调节系统，有问题及时联系处理。塔底泵有故障应及时切换；调节塔底循环量，防止因其循环量过大造成液面偏高。

（3）塔进料量过大或含醛量大，会使得塔的汽相负荷过大，容易造成抽出液汽提塔顶带油。应降低处理量，并提高抽出液加热炉出口温度。

（4）塔底泵抽空时间太长，及时切换备用泵。

（5）塔内溢流管严重结焦或塔盘严重冲翻、脱落。应紧急停工清焦或检修塔盘。

（六）干燥塔操作异常

含水糠醛须经过糠醛干燥塔除去水分后，再循环使用。干燥塔操作出现异常容易造成循环糠醛带水，影响抽提塔的操作。

干燥塔操作异常的情况有干燥不完全和塔底泵抽空等。

1. 干燥不完全

1）现象

（1）干燥塔顶压力大，塔顶温度升高，塔顶冷却器温度升高。

（2）严重时，干燥塔底泵抽空。

（3）塔底温度降低。

2）原因及处理

（1）进塔的醛气温度偏低，造成塔底温度偏低，影响干燥效果，导致干燥不完全。应提高干燥塔的进料温度，同时要注意调节好蒸发塔操作。若是塔顶回流过大造成塔内温度偏低也会影响干燥效果，应适当调整塔顶回流量。

（2）水溶液分离罐的湿醛液位过低，造成糠醛干燥塔顶回流带水，导致塔底糠醛干燥不完全。可先停塔顶回流，待水溶液分离罐湿醛液位上来后再打顶回流。

（3）抽出液系统带水或蒸汽发生器内漏，导致干燥塔压力升高，造成干燥塔的干燥效果变差。应查明原因并及时处理。

2. 干燥塔底泵抽空

1）现象

（1）DCS 画面抽提塔糠醛进料中断，抽提塔界面下降，干燥塔液面上升。

（2）装置现场干燥塔底泵噪声大，泵体剧烈振动。

2）原因

（1）干燥塔干燥效果不好，糠醛带水。应查明原因并及时处理。

（2）干燥塔液面过低或干燥塔底温度过高有可能导致塔底泵抽空。应及时调整塔的操作，增大干燥塔顶回流量。

（3）若塔底泵故障应及时切换。

（七）脱水塔操作异常

水溶液经过脱水塔将其中的糠醛与水分离，塔顶醛、水蒸气冷却后进入水溶液分离罐，水从塔底排走。脱水塔操作出现异常容易造成塔底排水含醛，造成糠醛跑损。

脱水塔操作异常的情况有塔底排水含醛。

1）现象

脱水塔底排水含醛时，排水有糠醛味。

2）原因及处理

（1）塔进料处理量过大，塔超负荷。此时应降低脱水塔进料量。

（2）汽提蒸汽量小，塔顶温度低。此时应提高汽提蒸汽量。

（3）塔顶冷却器冷不下来，塔压力增大。查明原因，提高冷却水压力、加大冷却水用量，降低塔顶冷却器出口温度。

（4）进料含醛量增大，进料带油。控制好水溶液分离罐的界位，防止湿醛和油进入脱水塔；若湿醛和油进入脱水塔带来排水含醛时，应及时停止进料，将塔内物料转出后用蒸汽进行蒸塔，一般情况下，蒸塔时间为 2h；蒸塔结束后重新恢复进料，调整操作。

（5）塔液面过高，高过汽提蒸汽入口。降低塔液面。

（八）装置真空系统操作异常

装置各汽提塔的抽真空度是由真空系统提供的。当抽真空系统发生故障时，直接影响到各汽提塔操作。严重时，会使精制油、抽出油含醛不合格，造成糠醛消耗增加。

主要故障有系统真空度低。

1）现象

（1）DCS 画面上与真空系统有关的汽提塔真空度指示偏低。

（2）现场抽真空设备真空度指示偏低。

（3）DCS 画面上与真空系统有关的汽提塔塔顶冷却器温度指示偏高。

2）原因及处理

（1）汽提塔汽提蒸汽量大。降低汽提蒸汽量。

（2）汽提塔顶冷却器冷不下来。检查冷却水压力或加大给水量。

（3）汽提塔超负荷，汽提塔进料含醛量大。降低进料量。

（4）汽提塔塔顶回流量过大。适当减少塔顶回流量。

（5）真空系统有泄漏。检查真空系统，及时处理。

（6）汽提塔底液面太高。降低汽提塔液面。

（九）加热炉出口温度过高

1）现象

（1）加热炉膛温度上升。

（2）精制液汽提塔和抽出液回收系统高压塔进料温度高。

2）原因及处理

（1）加热炉进料量小或中断。检查加热炉进料调节阀或加热炉进料泵运行情况，通过调节阀副线控制或切换备用进料泵提高加热炉进料量。

（2）燃料系统压力变化。检查加热炉燃料系统压力控制调节阀使用情况，联系及时修理或减少加热炉火咀使用数量。

（十）水溶液分离罐异常

1）现象

水位持续上升、乳化、湿醛界面过高

2）原因及处理

（1）汽提塔顶水冷却器泄漏，冷却水大量进入水溶液分离罐。应检查各汽提塔顶水冷却器，切换或停下处理。

（2）精制液、抽出液汽提塔顶、脱水塔的汽提蒸汽量过大。应降低汽提蒸汽量。

（3）进入水溶液分离罐的共沸物温度过高，醛汽进入水溶液分离罐起到搅拌作用，使醛、水难于分离。应降低汽提塔、干燥塔顶冷却后温度。

（4）干燥塔回流量过小，湿醛界位上升。应提高干燥塔回流量。

（5）脱水塔进料量过小，应适当提高脱水塔进料量。

（十一）蒸汽发生器操作异常

1. 蒸汽发生器液面高

（1）现象：蒸汽发生器液面超高而无法拉下。

（2）原因：①抽出液系统蒸发温度低。②进水调节阀或副线阀关不严。

（3）处理：①提高抽出液蒸发温度，增加发汽量。②用调节阀上、下游阀控制。③联系修理调节阀或副线阀。

2. 蒸汽发生器液面低

（1）现象：蒸汽发生器液面低难以维持正常。

（2）原因：①水系统故障；②水泵故障；③进水管堵。

（3）处理：①查清原因，尽快排除故障；②切换备用泵；③临时接通新鲜水补充液面(一般不能用新鲜水)并加强排污。

3. 蒸汽发生器压力高

（1）现象：蒸汽发生器压力增大，汽量增多。

（2）原因：①抽出液回收系统低、中压回收系统溶剂蒸发量大或温度高；②蒸汽用量少；③补充的主蒸汽加入量大；④处理量大。

（3）处理：①适当调整抽出液回收系统低、中压回收系统蒸发量和温度；②适当增大各汽提塔用汽量或将蒸汽遥控排空；③关小主蒸汽补充量；④降低处理量。

4. 蒸汽发生器压力低

（1）现象：蒸汽发生器压力降低，汽量减少。

（2）原因：①蒸汽用量大；②主蒸汽加入量小；③处理量小；④抽出液回收系统低、中压回收系统蒸发温度低。

（3）处理：①减少蒸汽用量或补充加入1.0MPa蒸汽量；②加大主蒸汽加入量；③提高处理量；④提高抽出液回收系统低、中压回收系统蒸发温度。

（十二）抽真空设备故障

以水环真空泵为例

1）现象

（1）DCS画面系统真空度偏低。

（2）装置现场水环真空泵泵体振动大，声音异常。

（3）精制油、抽出油含醛。

（4）水环真空泵停运。

2）原因及处理

（1）水环真空泵效率低、泵内给水不足、抽真空负荷增大、泵出口受阻等，都有可能导致系统真空度的降低。可根据情况分别采取切换泵、加大泵的给水量、开大入口阀门、查明漏气处堵漏、清理出口减少阻力等相关措施。

（2）水环真空泵出现问题，如：联轴器、水轮与轴连接松动、泵轴断裂、地脚螺栓松动、电路故障等。应及时切换泵，并联系维修人员修理。

（十三）真空罐泄漏

1）现象

系统真空度偏低。

2）原因及处理

检查真空系统真空度偏低的原因时要考虑真空罐的因素，若检修安装时法兰、人孔连接不好，垫片质量有问题，长期腐蚀等，都有可能导致真空罐的泄漏。查找泄漏点，及时封堵泄漏点，提高系统真空度。

（十四）换热器故障

1. 蒸汽发生器故障

1）现象

（1）换热器壳体泄漏，蒸汽外泄。

（2）换热器内漏，水进入糠醛介质中，会导致回收系统压力增大、糠醛带水。

2）原因及处理

（1）换热器的壳体、升汽管和降液管发生轻微泄漏时，可暂时打上管卡子以维持生产。若泄漏量较大时，须甩掉蒸汽发生器进行抢修。

（2）应立即甩掉泄漏的换热器进行抢修，调整干燥塔操作。干燥塔难以调整时，降低处理量。

2. 塔顶冷却器故障

1）现象

（1）水溶液分离罐水位偏高。

（2）冷却器壳体渗漏。

2）原因及处理

醛水共沸物对设备产生腐蚀导致换热器管程或壳体渗漏。设备的密封损坏。查找泄漏的冷却器，及时停用并修理好。

（十五）塔设备故障

1. 转盘塔故障

1）现象

（1）转盘不转。

（2）转盘转速无法调节。

（3）转盘振动有杂音。

（4）转盘轴封泄漏。

2）原因及处理

（1）检查转盘动力来源是否中断，转盘有无卡住或死点。电力驱动的检查并排除电器故障。水力驱动的检查进塔的物料量。

（2）检查并排除无级变速器故障。

（3）转盘转速过快、轴承磨损或通轴同心度出现偏差；适当降低转速、更换轴承或检查通轴的同心度。

（4）紧固或更换轴封。

2. 填料塔故障

1）现象

（1）压降逐渐增大或压降忽高忽低，效率降低，负荷能力减小。

（2）塔的效率低，产品质量差，但填料压降正常。

（3）进塔物料量受限。

2）原因及处理

（1）填料因结焦而堵塞，清理或更换填料。

（2）填料被腐蚀，更换填料要求耐腐蚀材质。

（3）分布器堵塞或分布器被腐蚀而泄漏，清理分布器或检修更换耐腐蚀分布器。

（4）分布器堵塞需清理。

3. 负压塔泄漏故障

1）现象

（1）DCS 画面系统真空度偏低。

（2）精制液、抽出液汽提塔汽提效果差，精制油、抽出油含醛。

（3）装置现场可感觉到泄漏处向内吸气，并伴有响声。

2）原因及处理

（1）塔及附属设备因腐蚀产生泄漏或因各连接部件处密封不好而产生泄漏。应立即查明泄漏点并采取堵漏措施。

（2）若由于真空度偏低造成精制油、抽出油含醛，应立即将精制油、抽出油改循环。

（十六）其他设备故障

1. 汽包泄漏

1）现象

（1）DCS 画面上汽包的压力指示下降。

（2）装置现场能见到汽包处有蒸汽漏出。

2）原因及处理

（1）汽包超温超压导致泄漏。

（2）法兰、人孔没上紧或垫片有问题，会造成汽包的泄漏。

（3）液面计、压力表安装有问题会造成蒸汽泄漏。

（4）发汽用的软化水水质不好，汽包因严重腐蚀，蒸汽外泄。

对于以上问题，应做好防护措施，紧固泄漏部位。不能紧固时，将蒸汽发生器先甩掉再行处理。

2. 加热炉系统故障

1）火嘴点火不着

（1）现象：火嘴点火困难。

（2）原因：①火嘴堵塞不通；②抽力太大。

（3）处理：①吹通或清洗火嘴；②关小风门或烟道挡板。

2）火嘴漏油

（1）现象：炉底漏出油。

（2）原因：①油量过大而雾化蒸汽不足；②油温过低，引起雾化不良；③雾化蒸汽喷嘴堵塞；④异物压盖喷头。

（3）处理：①减少油量或增加雾化蒸汽量；②提高油温至工艺要求范围；③清洗或更换火嘴；④停用火嘴，清除异物。

3）加热炉回火

（1）现象：炉膛正压，火苗外喷。

（2）原因：①燃料油过大量喷入炉膛；②烟道挡板开度过小或关死，烟气排不出去；③炉膛内有易燃物未清扫干净；④火嘴熄灭后没及时关油（瓦斯）阀，大量油（瓦斯）喷入炉内，当重新点火时没有吹扫炉膛或吹扫时间过短。

（3）处理：①关小燃料油手阀；②开大烟道挡板；③严重时停炉吹扫易燃物；④按点火步骤重新点火：⑤严禁利用炉温点火。

4）燃烧缩火

（1）现象：火焰白、短、带火星；火苗烧不起来。

（2）原因：①雾化蒸汽量过大；②燃料油雾化不好；③火嘴结焦；④油或蒸汽带水；⑤风门开度过大。

（3）处理：①减少雾化蒸汽量；②调节油气比例或拆修火嘴；③清洗火嘴；④加强燃料油加温脱水及雾化蒸汽排凝；⑤适度关小风门。

5）燃料燃烧不完全

（1）现象：烟囱冒黑烟；炉膛灰暗，火焰软而带火星。

（2）原因：①雾化蒸汽量不足；②入炉空气量不够；③燃料油或雾化蒸汽带水；④燃料油雾化不好。

（3）处理：①增大雾化蒸汽量；②适当开大风门或烟道挡板；③加强燃料油或雾化蒸汽脱水；④调节油、汽比例或折修火嘴。

6）炉出口温度波动

（1）现象：炉出口温度大幅波动；炉膛温度大幅变化。

（2）原因：①炉进料性质、流量、温度发生较大变化；②燃料油组分或压力发生变化；③热电偶或仪表失灵；④燃料油或雾化蒸汽带水；⑤调节幅度过大。

（3）处理：①稳定进料流量、温度；②保持油及蒸汽压力稳定，必要时改手控，稳定操作，查明原因，分别处理；③参考塔内温度和炉膛温度维持操作，联系检查修理仪表；④加强燃料油加温脱水及雾化蒸汽排凝：⑤精心操作，勤调细调。

7）炉出口温度烧不上去

（1）现象：炉出口温度低。

（2）原因：①负荷过大；②火嘴使用过少；③炉进料带水；④烟道挡板开度过大，热损大；⑤炉火熄灭；⑥火苗太低。

（3）处理：①适当降低负荷；②增点火嘴；③适当降量，做好进料脱水工作；④关小风门或烟道挡板；⑤关闭燃料油手阀，用蒸汽吹扫后重新点火：⑥增大燃料油及雾化蒸汽量。

8）炉进料泵抽空

（1）现象：炉进料压力突然下降，炉出口温度上升。

（2）原因：①塔底液面低或泵进口管堵；②泵出现故障。

（3）处理：①提高塔底液面或设法处理通泵进口管，搞不通时，按停工处理；②切换备用泵；③适当降低炉膛温度，待进料正常后再恢复正常温度。

9）燃料油泵抽空

（1）现象：燃料油压力突然下降；油嘴自动熄灭。

（2）原因：①燃料油罐液面过低，泵进口管或过滤网堵；②燃料油带水或温度过高；

③泵进口管串有蒸汽或漏入空气；④泵故障。

（3）处理：①换罐、扫线或清洗、更换过滤网；②换罐，加强油罐脱水或降温；③泵进口管或扫线蒸汽管检查、堵漏；④切换备用泵。

10）炉管结焦

（1）现象：炉管外表有暗灰色斑点；炉膛温度明显升高，炉进口压力上升，进出口压差增大。

（2）原因：①炉出口温度长时间超过230℃，炉管内糠醛高热分解结焦；②处理量过小，物料在炉管内停留时间过长；③进料及温度长时间大波动；④炉膛热分布不均，局部过热；⑤仪表失灵，实际温度高于指标温度。

（3）处理：①平稳操作，严格控制炉出口温度不大于230℃；②提高处理量；③稳定进料量和温度；④注意调整火嘴均匀分布，做到多嘴、短焰、齐火苗；⑤校验仪表；⑥必要时停工烧焦。

11）炉管烧穿

（1）现象：炉温及烟气温度急剧上升，严重时火焰外喷，烟囱冒黑烟甚至带有火焰。炉膛内有糠醛味，进口压力波动。

（2）原因：①炉管局部过热；②炉管材质或焊缝缺陷问题或使用时间长，变形超标，冲蚀严重等。

（3）处理：①当即熄灭所有火嘴，停止进料或关闭炉进口阀，给上炉膛消防蒸汽吹扫；②炉膛内灭火后，将物料吹扫进系统，系统如是负压，应尽快消除；③情况严重时，应及早通知消防队；④其他按正常停工处理。

12）加热炉蒸汽吹灰器故障

（1）现象：①电机不转；②蒸汽量小；③吹灰效果差，加热炉排烟温度高。

（2）原因：蒸汽喷管变形卡住，电机无电。

（3）处理：联系电工，适当开大蒸汽阀门，检查蒸汽管喷孔有无堵塞，如喷管腐蚀需更换处理。

（十七）动力系统事故

1. 装置停电

1）现象

（1）DCS画面上，流量指示全部回零，各部进料中断。

（2）装置现场电机全部停运，噪声骤然减小。

2)原因及处理

装置停动力电事故一般是由于供电系统故障造成的。

发现装置停电后应立即联系生产调度查明情况，并上报车间。

（1）加热炉熄火，保留长明灯。

（2）若属于短时停电，应迅速将各离心泵出口阀关闭，一般先关大泵后关小泵。水环真空泵应关闭入口阀。

（3）停各塔汽提蒸汽，注意排放蒸汽冷凝水。

（4）冬季注意原料线、装置外送线、燃油线等防止冻凝。

（5）若是长时间停电，按停工处理。

2. 装置停循环水

1）现象

（1）DCS 画面显示循环水压力指示回零。

（2）精制油、抽出油外送温度偏高。

（3）若塔顶冷却器使用循环水冷却，则汽提塔的塔顶冷却器出口温度升高，塔顶真空度下降；干燥塔、脱水塔顶冷却器出口温度升高，塔顶压力上升，真空度下降。

2）原因及处理

循环水供给管线设备出现故障。

（1）立即联系生产调度查明情况，同时上报车间。

（2）若循环水压力偏低，可先降低处理量以维持生产。

（3）水压力过低不足以维持生产时，若停水时间不长，将精制油、抽出油改循环。加热炉降温，停止各塔汽提蒸汽，精制油、抽出油外送管线吹扫。

（4）若长时间停水按停工处理。

3. 装置停仪表风

1）现象

（1）DCS 画面系统各流量、液面、压力、温度控制失灵。

（2）装置现场仪表风压力指示低或回零，风开调节阀全关而风关调节阀全开。

2）原因及处理

DCS 画面上调节阀都控制失灵时，可判定仪表风停。一般是由仪表风供给设备、管线出现故障所导致。

发现装置停仪表风后应立即联系生产调度查明情况，并上报车间。

（1）短时间停风时，在 DCS 控制画面上先将各调节阀改手动控制，操作现场风开阀改用副线调节，风关阀改用调节阀上、下游阀调节，以维持生产。

（2）各流量、压力以现场一次表为准，调节至停风前的控制指标，注意监视各塔液面及水溶液分离罐液面，防止冒油。

（3）精制油、抽出油含醛不合格，应立即改循环。

（4）长时间停风时则按停工处理。

4. 装置停蒸汽

1）现象

（1）DCS 画面蒸汽压力指示偏低或为零。

（2）装置现场蒸汽压力指示偏低或回零。

（3）若用蒸汽往复泵输送介质的，蒸汽往复泵行程缓慢或停运，塔、罐的液位上升。

（4）加热炉若烧油时，加热炉火嘴熄火，烟囱冒黑烟。

2）原因及处理

发现装置停蒸汽后应立即联系生产调度查明情况，并上报车间。

（1）加热炉烧油时，因雾化蒸汽压力偏低或停，燃料油雾化效果差，火嘴燃烧不正常或熄火，烟囱冒黑烟。应迅速切换为烧瓦斯，以恢复炉膛温度。

（2）蒸汽往复泵行程缓慢或停运导致的塔、罐的液位上升时，应及时切换电泵，并注意调节好操作。

（3）由于加热炉燃烧不正常或熄火，炉出口温度下降，会影响精制油、抽出油的回收，注意检查精制油、抽出油馏出口油品质量，发现不合格应及时改循环。

5. 装置停软化水

1）现象

（1）DCS 画面蒸汽发生器液面下降，软化水流量指示偏低或回零。

（2）装置现场软化水压力指示偏低或回零。

（3）干燥塔温度上升。

2）原因及处理

由软化水管网所提供的软化水，若出现供水中断或压力下降的情况，会导致蒸汽发生器液面下降，不但会影响发汽，而且更重要的是会影响蒸汽发生器的换热，导致装置热量失衡。

发现装置停软化水或压力偏低后应立即联系生产调度查明情况，并上报车间。

（1）注意监测蒸汽发生器的液面，防止蒸汽发生器干锅。

（2）控制好蒸汽发生器压力，压力偏低时，可适当加大补充蒸汽量。

（3）若干燥塔的温升较大，可投用干燥塔的顶部回流，调整好蒸发塔和干燥塔的操作。

6. UPS 故障

1）现象

计算机工作站运行失常、死机、黑屏，操作参数无法显示，但短时间内各控制调节阀仍保持原来状态。

2）原因及处理

（1）停电或者由于 UPS 故障，DCS 操作站将断电，此时操作站及仪表出现问题，班组应及时联系仪表人员，并报告调度和车间领导及值班。

（2）仪表车间接到车间紧急报告后应在最短时间赶到现场协助车间进行处理，确保装置安全生产。

（3）将各风开阀改用副线调节，各风关阀改用上游阀调节。

（4）内操作将各调节器自动全部改为手动。

（5）加强内外操作的联系。

（6）要求职工加强学习“停电”事故处理方案。

第七节　装置开停工

一、开工操作

正常开工的溶剂精制装置要经过相关的准备工作、系统吹扫、贯通试压、原料循环（单体循环）、精制液和抽出液循环（正常循环）及调节操作等阶段。而新建或大修的装置在开工前在进行吹扫后，还要进行水冲洗、水联运以及烘炉等操作。

（一）新建装置开工前的准备

1. 开工准备工作

对于新建或大修的装置，在开工前应对塔、容器、加热炉、冷换设备、管线等用风、汽或水进行吹扫、贯通试压。另外，有关各方交叉作业较多，操作人员在作业过程中要保持注意力，注意观察判断作业条件及周边的环境，以防意外。

2. 贯通及吹扫

对于新建或大修后的装置，为了清除管线和设备内的焊渣和污物，在开工前必须进行全面的贯通及吹扫，并检查管线、设备泄漏情况。

（1）贯通前应关闭仪表引线阀，以免损坏仪表。

（2）打开所有放空口。

（3）贯通时，所经过的冷换设备要走副线，以防杂质进入设备内部。

（4）贯通时，应分段按流程方向进行。管道上的调节阀前应拆开法兰，以保护调节阀，并排除管内杂物。

（5）贯通前引蒸汽时要加强切水。蒸汽进入装置管线时应先开少量蒸汽暖管，装置蒸汽管线末端低点放空排汽后，再将总阀开大，以防止水击发生事故。

（6）防腐设备应避免高温蒸汽长时间通过，以免破坏防腐层。

（7）工艺管道应分段吹扫后再系统吹扫，排除杂物。系统吹扫前，在各机泵的入口应安装过滤网，防止管线里的杂物进入设备。

3. 水冲洗

新建装置水冲洗的目的是利用水把设备及管线中的污物、杂质等冲洗出来，并检验部分设备的性能，为水联运创造有利条件。

（1）水冲洗的准备工作：

① 将装置系统内调节阀和相应的流量计拆下。

② 所有机泵入口需安装过滤网。

③ 水冲洗流程经过的冷换设备和空冷走副线。

（2）水冲洗注意事项：

① 冲洗标准以水质干净为准。

② 各塔、容器进水后，要待水质干净后再入泵。

③ 备用设备冲洗时要切换使用，全部冲洗干净。冲洗流程的阀门要全部打开。

④ 冲洗过程中经过的设备有副线的要先走副线，待水质干净后再改进设备进行冲洗。

⑤ 在冲洗过程中，所有管线、设备要排尽污物，冲洗过程中要及时清理管线堵塞。

⑥ 要记录冲洗过程及完成的管线。

⑦ 污水排放要事先和相关部门联系。

4. 水联运

新建装置水联运的目的：①冲洗设备、管线，并鉴定工程质量，检查工艺流程是否合理，管线是否畅通。②检查机泵性能、仪表灵敏度是否达到设计要求，能否满足生产需要。③水运是开工前的一次技术考核和实际练兵。一般水联运的时间不低于 4h。

（1）水联运前准备工作：

① 对水冲洗后的过滤网和塔底进行清理。

② 安装好各调节阀，投用各安全阀。

③ 联系仪表把各部仪表投用，DCS 投用。

④ 各塔顶馏出线、燃料系统、蒸汽发生系统不参加联运。

（2）水联运流程：

① 脱气塔→塔底泵→精制液开工线→加热炉→精制液汽提塔→塔底泵→脱气塔。

② 脱气塔→抽出液开工线→抽出液蒸发塔→加热炉→多效蒸发塔→抽出液汽提塔→塔底泵→脱气塔。

③ 湿醛泵→干燥塔→塔底泵→干燥塔。

（3）水联运注意事项：

① 水联运时冷却器需走副线。

② 水联运时应检查机泵的流量、扬程、电流、润滑、轴承温度、渗漏、振动等是否正常，确定机泵能否满足生产技术要求。

③ 水联运时应对各仪表进行校核，检查仪表性能和灵敏度。

④ 在水联运过程中应及时清除过滤网堵塞，水运 4h 后检查无问题后停止水运，将水放掉，并拆掉所安装的过滤网。

5. 设备及管道的试压

对装置的设备及工艺管道进行试压是为了检查施工的质量，暴露设备的缺陷和隐患，以便在开工进油前加以处理和消除。

试压注意事项如下：

（1）管道、塔、容器一般用蒸汽进行试压，试验压力为操作压力的 1.5 倍；试验压力低于 0.2MPa 时，按 0.2MPa 试压；对于负压操作的设备，试压后还须进行抽真空试验。加热炉、换热器一般用水试压，加热炉试压压力为操作压力的 1.5~2 倍。

（2）试压前，需检验压力表是否合格。有安全阀的部位要加盲板，以防安全阀被顶开。设备试压时，设备的最高点需打开阀排净空气；管道试压时，先关闭管线末端阀门，在始端通入蒸汽，在末端低点放空排水，见汽后关闭低点放空。

（3）进行试压时，压力不能上升太快，严防超压。达到试压标准压力后，保持 10~15min 不降压、不渗、不漏、设备不变形即为试验合格。

（4）抽提塔试压前，除了应将塔顶安全阀加盲板外，还应停用界面计，关闭出料口和各段循环出、入口的阀；抽提塔试压时先将塔顶放空阀以及塔底放空阀打开，当放空阀见蒸汽、塔底排污结束后分别关闭两个阀门。按要求升压、稳定压力并检查合格后，关闭塔底进汽阀，打开塔顶排空阀缓慢泄压至常压，再打开塔底排污阀，排净塔底水。

（5）各蒸发塔、汽提塔试压操作可参照抽提塔的试压操作进行，但要注意的是：塔试压时给汽一定要缓慢，防止汽量过大冲翻塔盘。新建或大修后的汽提塔试压完毕后还必须进行抽真空试验。

（6）试压时发现问题，应泄压放空后再进行处理，而后应重新进行试压，直至合格为止。

（7）试压后泄压时要注意缓慢泄压，排净各系统中的水、汽，同时要做好试压记录。

6. 加热炉烘炉

烘炉的目的是通过缓慢升温，脱除炉墙在砌筑过程中耐火砖及耐火材料等材质表面和分子的吸附水和结晶水，使耐火胶泥得以充分烧结，以免在炉膛急剧升温时，由于水大量汽化膨胀而造成炉墙、衬里碎裂或变形。同时，对燃料系统、蒸汽系统、自动控制系统进行负荷试验，并检验炉体及各部件在受热状态下的性能。

（1）烘炉前的准备工作：

① 对施工质量进行验收。

② 检查炉墙砌筑、炉体保温及保温层的情况，并在炉墙内放一块砖样（提前称重，并做好记录）。

③ 检查炉管、回弯头、底板、吊架、防爆门、看火门、火嘴安装情况。

④ 检查炉区活动部位是否灵活好用，如烟道挡板、快开风门、风道挡板等。

⑤ 确认安全设施、卫生条件达到要求。

⑥ 改好燃料油、燃料气、蒸汽流程，准备好点火用具。

（2）烘炉操作：

热炉烘炉要按照烘炉曲线要求进行，并绘制实际烘炉曲线。具体步骤包括：

① 炉管内通入蒸汽进行预热。

② 点火升温，当温度升高到130℃时，恒温脱除吸附水。

③ 继续升温到320℃，在该恒温下脱除结晶水。

④ 继续升温至500℃，在该恒温下进行烧结。

⑤ 以降温速度15℃/h降温至250℃，加热炉熄火、关闭全部通风阀、烟道挡板，进行焖炉，并停止炉管所通入的蒸汽。

⑥ 当炉膛温度降到100℃时，打开风门、烟道挡板自然通风冷却。

（3）烘炉注意事项：

① 烘炉通入蒸汽前必须先脱水，缓慢进行，防止水击。

② 在烘炉过程中要加强检查，升温要匀速缓慢，严格按烘炉升温曲线进行，发现异常现象立即请示处理。

（4）烘炉后的检查：

① 检查各分有无裂缝，耐火衬里有无脱落，钢架、吊挂有无弯曲变形，炉管有无变形，基础有无下沉等。

② 对在烘炉前放的砖样进行取样分析水分，低于7%为合格，等待正常开工。

（二）正常开工的准备工作

（1）装置内所有施工项目经各级主管部门验收完毕，确保无遗漏项目，质量符合技术要求，资料齐全。

（2）装置开工方案经上级技术主管部门审查批准，经过培训的操作人员须熟练掌握装置的各部分操作。由开工指挥部统一领导，分工明确。

（3）联系有关单位和部门，水、电、汽、风等动力系统引进装置，装置的照明好用，地沟畅通，地面保持清洁无杂物。

（4）各机泵经单机试车检测，确保处于良好的备用状态；准备好足够的润滑油。

（5）检查所有设备、人孔、法兰、垫片、液面计、压力表、阀门、安全阀、采样阀、放空阀等是否按设计要求安装好并处于良好状态。装置盲板按要求拆装完毕，盲板挂牌，并做好记录。

（6）装置的DCS系统，经生产车间和仪表车间联合调试，动作准确无误，并做好记录，准备投入使用。

（7）安全环保设施、消防气防器材、可燃气体及有毒气体报警仪必须齐全好用，摆设整齐，并做好防火防爆准备。

1. 正常开工状态的贯通试压

在正常开工状态下，一般无需进行细致的分段吹扫以及水冲洗和水联运。按要求对系统进行吹扫，并对检修部位和设备重点进行吹扫后，直接进入贯通、试压阶段。

（1）装置塔、容器的贯通试压。正常开工状态下装置塔、容器的贯通试压包括：脱气塔及塔顶馏出线、抽提塔、多效蒸发塔各塔及塔顶馏出线、精制液和抽出液汽提塔及塔顶馏出线、糠醛干燥塔及塔顶馏出线以及脱水塔及塔顶馏出线。

（2）装置系统管线的贯通试压。正常开工状态下装置系统管线的贯通试压包括：脱气系统管线、脱气至精制液系统管线、脱气至抽出液系统管线、溶剂系统管线、水溶液与发汽系统管线、瓦斯系统管线等。

2. 开工相关工作

（1）联系生产调度和储运部门，准备好开工用的糠醛、原料油、精制油、抽出油储罐，并对所处理油品的品种、原料油罐号、以及质量分析报告等做好记录。

（2）联系仪表、气体、动力等车间，引瓦斯、软化水进装置，将现场的一次表、计量表投用。

（3）全面检查合格，准备工作完成后待命开工。

（三）原料循环（单体循环）

1. 原料循环（单体循环）前的准备工作

（1）机泵检查、单机试运均正常，处于待运状态。

（2）装置各部分仪表联校好并全部投用。

（3）按开工原料循环（单体循环）流程改好各部分流程。

① 精制液系统循环流程：脱气塔→脱气塔塔底泵→冷却器→精制液开工线→换热器→精制液加热炉→精制液闪蒸汽提塔→塔底泵→换热器→冷却器→外放组立线→脱气塔。

② 抽出液系统循环流程：

a. 两效蒸发：脱气塔→脱气塔塔底泵→冷却器→抽出液开工线→抽出液加热炉对流室→换热器→一次蒸发塔→塔底泵→抽出液加热炉辐射室→二次蒸发塔→塔底泵→抽出液蒸发汽提塔→塔底泵→冷却器→循环线→脱气塔。

b. 三效蒸发：脱气塔→脱气塔塔底泵→抽出液开工线→抽出液加热炉对流室→一次蒸发塔→塔底泵→二次蒸发塔→塔底泵→抽出液加热炉辐射室→三次蒸发塔→抽出液蒸发汽提塔→塔底泵→循环线→脱气塔。

改好开工各塔顶馏出线流程。仔细检查已改好流程各处低点放空阀、排空阀是否关闭，并确认压力表阀全部打开。

为了抽真空时确保系统真空度，需将水溶液分离罐醛格进料口液封。

2. 装置收原料油

分别向脱气系统、精制液回收系统、抽出液回收系统装原料油，精制液、抽出液汽提塔的液面至50%，脱气塔、多效蒸发塔各塔液面至10%即可。待各塔建立液面后，要按先后顺序对各处低点放空进行排水。装置进原料油时要注意控制好进油量，防止升温后由于体积膨胀造成满塔。为防止开工时管线凝结，并有利于在低温下建立循环，通常采用黏度较小的原料。

3. 建立原料循环(单体循环)

(1) 启动脱气塔塔底泵向精制液、抽出液系统送油。

(2) 启动精制液蒸发汽提塔的塔底泵抽送油至脱气塔，建立精制液系统循环。

(3) 分别启动抽出液系统的抽出液多效蒸发塔各塔的塔底泵和抽出液蒸发汽提塔的塔底泵建立抽出液系统循环。

调整经精制液、抽出液加热炉各路循环量，控制各塔液面平稳。在原料循环(单体循环)过程中，各塔的液面一般要控制在较低的范围。

在这里要注意的是：在原料循环(单体循环)过程中，可能会出现管线、阀门不通等情况，此时要密切注意各部分压力的变化，根据压力情况及时查找堵塞部分，防止憋压。原料循环正常后，检查各部设备、机泵、管线、阀门运转及泄漏情况。

4. 装糠醛

按要求向抽提塔、干燥塔、水溶液分离罐装新鲜溶剂。

(1) 向抽提塔装溶剂时首先要将抽提塔装糠醛流程改好，再将抽提塔各进、出口阀门、低点放空关闭，并注意仔细检查，以防溶剂窜入其他管线。将界面计投用，同时为赶净塔内空气，须打开塔顶排空阀。打开溶剂进塔阀门启动泵向抽提塔装溶剂。当溶剂装至界面管处时停泵，然后关闭溶剂进塔阀门和塔顶放空阀。要注意检查溶剂液位防止冒塔。当溶剂低于界面管时，可以通过抽提塔塔底的压力和界面管下部低点放空来判断抽提塔液位的高低。

(2) 向干燥塔装溶剂时，应注意观察塔液面的位置，当液面达到60%时停泵，并关闭有关阀门。

(3) 向水溶液罐装溶剂时，要注意观察溶剂格的液位，防止液位过高窜入水格。装完溶剂后，要注意做好液封以防溶剂氧化。做好溶剂分析，同时准备好缓蚀剂。

5. 升温循环

为降低系统压力，确保加热炉出口温度和各部流量、液面稳定，在进行精制液、抽出液循环前，需进行原料升温循环，以脱除系统中的水。

(1) 升温循环前的准备工作：

① 检查确认装置瓦斯罐、管线、加热炉各处阀门，进行瓦斯切液。

② 向冷却器通冷却水。

③ 检查确认抽真空设备、真空罐、真空系统管线及各处阀门后，启动抽真空设备。

(2) 加热炉点火升温：

① 点火时按加热炉操作法进行，可按升温需要逐渐增加火嘴点燃数量，火嘴增点时要注意均匀对称。

② 控制升温速度，炉膛温度小于70℃/h，炉出口温度小于40℃/h。在升温过程中，严禁炉温忽高忽低，炉出口温度不允许超过225℃。

③ 在升温过程中，要注意检查管线、阀门、设备有无泄漏的情况。

(3) 恒温脱水：

① 当加热炉炉出口温度升至100~120℃时进行恒温脱水。

② 在升温脱水过程中，要注意观察各塔的真空度、压力、温度以及加热炉的炉出口温度。

③ 若出现精制液、抽出液汽提塔顶和多效蒸发塔顶压力降低、加热炉的炉出口温度以及各部流量稳定、塔液面平稳、加热炉的炉膛温度降低等现象，表明系统内的水分已基本脱除。

④ 脱水中要注意水溶液分离罐水位情况，发现水位上升要及时开启脱水塔进行处理。

⑤ 确认系统无问题后，继续升温。炉膛温度达300℃时，要向蒸汽发生系统补充蒸汽。补充蒸汽前应注意蒸汽的脱水。向蒸汽发生系统补充蒸汽的作用是为了在开工过程中或正常生产中，蒸汽发生系统发汽量不足的情况下确保各塔汽提量。

精制液加热炉出口温度升至210~220℃，抽出液加热炉出口温度升至215~220℃时，稳定一段时间，再一次进行全面检查。

在升温过程中，加热炉各路温差不应大于10℃。在开工过程中加热炉对流出口各路温差过大的原因多是由于对流各路进料量偏差过大造成的。

⑥ 发汽系统的汽包给水，液面至1/2~2/3处时停止，打开放空阀。

在升温脱水过程中，由于各塔、管线中残留的水分在泵入口气化，常会导致机泵抽空，造成物料平衡波动，严重时会造成加热炉进料中断，此时必须紧急降温。另外，由于系统中残留的水分经加热气化后，容易使蒸发塔、溶剂干燥塔压力升高，若残留水分过多，有可能会导致安全阀起跳，发生冒塔、跑油的事故。

(四) 精制液、抽出液循环(正常循环)

在确认加热炉升温至指标要求，装置水脱净、各塔液面平稳、压力正常后，改精制液、抽出液循环。

1. 改精制液、抽出液循环(正常循环)流程

(1) 精制液循环的流程：脱气塔→塔底泵→抽提塔→抽提塔顶→精制液加热炉→精制液蒸发汽提塔→塔底泵→循环线→脱气塔。

(2) 抽出液循环的流程：

a. 两效蒸发：脱气塔→塔底泵→抽提塔→抽提塔底→抽出液加热炉对流室→一次蒸发塔→塔底泵→抽出液加热炉辐射室→二次蒸发塔→塔底泵→抽出液蒸发汽提塔→塔底泵→循环线→脱气塔。

b. 三效蒸发：脱气塔→塔底泵→抽提塔→抽提塔底→抽出液加热炉对流室→一次蒸发塔→塔底泵→二次蒸发塔→塔底泵→抽出液加热炉辐射室→三次蒸发塔→抽出液蒸发汽提塔→塔底泵→循环线→脱气塔。

先改精制液系统，打开抽提塔顶馏出线阀，打开原料进抽提塔阀门，关闭精制液开工线阀，精制液系统改精制液循环。

抽出液系统打开抽提塔底阀门，关闭抽出液开工线阀，抽出液系统改抽出液循环。

2. 建立精制液、抽出液循环(正常循环)

(1) 启动糠醛泵，向抽提塔进糠醛，并调整抽提塔底压力至0.7~0.8MPa。启动糠醛泵前，糠醛流量控制先手动至关闭状态，然后逐渐提量。提量时一定要缓慢，防止抽提塔超压，同时增大塔底抽出液流量。

（2）调节精制液量和抽出液量，控制在一定范围内，不要过大或过小。

（3）精制液汽提塔液面平稳后可给汽提蒸汽。二效蒸发塔（三效蒸发流程为三效蒸发塔）有蒸发后，塔压力开始上升，当大于0.05MPa时，抽出液汽提塔可自压进料。待抽出液汽提塔液面可控制时给汽提蒸汽，并停蒸发塔进汽提塔的泵。由于糠醛干燥塔开始有进料，要注意其液面调节。

塔底通入蒸汽开始汽提前，首先要注意对蒸汽的脱水，蒸汽带水不仅容易导致汽提蒸汽量的波动，而且还容易造成塔底泵的抽空。另外，开汽时注意要缓慢。

调节上述各塔操作，精制液汽提塔顶温度高于100℃后，投用精制液汽提塔顶部回流；糠醛干燥塔顶温度高于100℃后，启动湿醛泵打塔顶回流。

（4）蒸汽发生器排汽量较大时，发汽并网，关闭排空阀。进抽出液加热炉的过热蒸汽走正常流程，同时停止补充蒸汽，关闭补充蒸汽阀。

（5）当水溶液分离罐水格液位达30%时，投用水溶液回收系统。需要注意的是：在脱水塔投用时，应先将脱水塔吹入蒸汽以提高塔内温度，使其达到溶剂与水共沸物的沸点温度以上，即当塔顶温度达到100℃后方可进料。

（五）调节操作

（1）抽提塔进糠醛后，调整溶剂比、抽提温度、压力、抽提塔为转盘抽提塔的转盘转数至工艺指标内，搞好物料平衡及压力平衡。当塔底温度高于工艺指标后，启动塔底循环泵，将抽提塔底循环投用。

（2）调整精制液、抽出液汽提塔操作。改精制液、抽出液循环4~6h后，联系化验室做精制油、抽出油质量分析。各项指标合格后联系外送。外送前应确认外送流程，精制油、抽出油外送后应及时检查各压力、流量、温度情况是否正常。无其他问题后，转为正常操作。

（3）装置开工正常后，将开工循环线处理干净。

二、停工操作

（一）停工前的准备工作

（1）根据具体情况，停工前制定停工方案，操作人员须了解停工要求及步骤。

（2）准备好检修工具和用品，联系相关单位做好准备。

（3）联系有关单位做好退油、退溶剂的准备。

（二）停工步骤

1. 正常停工

（1）脱气塔停汽提蒸汽，并停抽真空。停抽真空后，应立即通知仪表部门，将真空表停掉，防止正压后打坏一次表。

（2）降低原料处理量。降量的同时将抽提塔界面提高，水溶液分离罐湿醛保持低液位。

（3）转原料循环（单体循环）。当处理量降至最低负荷后，开始改原料循环（单体循环）。

① 精制油、抽出油外送时的原料循环流程：

a. 精制油外送时：原料罐→原料泵→脱气塔→塔底泵→精制液开工线→精制液加热炉→精制液汽提塔→塔底泵→精制油罐。

b. 抽出油外送时：原料罐→原料泵→脱气塔→塔底泵→抽出液开工线→一次蒸发塔→塔底泵→二次蒸发塔→塔底泵→抽出液加热炉→三次蒸发塔→塔底泵→抽出液汽提塔→塔底泵→抽出油罐。

原料改循环时，先打开精制液开工线阀，关闭抽提塔原料进料阀、抽提塔顶馏出线阀门、糠醛泵和抽提塔糠醛进料阀门，将抽提塔底循环泵停止，关闭抽提塔底循环进塔阀门，同时提高原料量(启动糠醛泵抽干燥塔的糠醛向装置外退糠醛)。

抽提塔压力下降后，启动抽提塔底泵抽塔内抽出液和糠醛至抽出液加热炉，当抽提塔底压力低于0.2MPa时，打开抽提塔顶放空阀。转原料循环30min后，联系相关部门将精制油转循环，处理好外送线。

当抽提塔抽空后打开抽出液开工线阀，关闭抽提塔底泵和抽提塔底馏出线阀门。抽出液系统转原料循环后，将抽出油转循环。原料泵停运并将抽出油外送线处理好。

② 精制油、抽出油停止外送时的原料循环流程：

a. 精制油停止外送时：脱气塔→脱气塔底泵→精制液开工线→精制液加热炉→精制液汽提塔→塔底泵→脱气塔。

b. 抽出油停止外送时：脱气塔→脱气塔底泵→抽出液开工线→一次蒸发塔→塔底泵→二次蒸发塔→塔底泵→三次蒸发塔→塔底泵→抽出液汽提塔→塔底泵→脱气塔。

当高压蒸发塔的压力下降，启动塔底泵抽高压蒸发塔的物料至抽出液汽提塔，当干燥塔顶温低于80℃时，停止干燥塔一层回流；当精制液汽提塔顶温低于100℃时，停止精制液汽提塔顶部回流。

转原料循环(单体循环)后蒸汽发生器停止进水，当蒸汽压力低于0.2MPa时，打开蒸汽发生器补充蒸汽阀，将放空阀打开，并关闭出口阀。

转原料循环(单体循环)4~6h后，在高压蒸发塔底采样，无醛味时，加热炉降温，关闭精制液汽提塔底汽提蒸汽阀，关闭抽出液汽提塔底汽提蒸汽阀，关闭蒸汽发生器补充蒸汽阀，真空泵停运。

加热炉降温速度：炉出口：≤40℃/h；

炉膛：≤100℃/h。

当炉膛温度低于200℃时，加热炉开始熄火。保留常明灯，将瓦斯管线内瓦斯扫入加热炉烧净后关闭常明灯瓦斯阀门，并关闭瓦斯总阀。

当水溶液分离罐水位低于液面计时，脱水塔停止进料，向脱水塔继续吹汽30min后关闭塔的汽提蒸汽阀。

(4) 当炉出口温度低于100℃时，停止原料循环。装置精制液、抽出液系统开始退油，同时按照退油顺序对精制液、抽出液系统管线进行吹扫(吹扫时将冷却器冷却水阀门关闭，打开放空阀)。

停工后，若抽提塔不进行检、维修，塔内的溶剂也可不用退出。

2. 紧急停工步骤

当溶剂精制装置遇到着火、爆炸、大量泄漏等紧急情况时，须实施紧急停工。

(1) 加热炉紧急熄火，各火嘴阀门关闭，关闭瓦斯总阀。

(2) 停止精制油、抽出油外送。原料泵停运。

(3) 其他根据现场情况，按正常停工处理。

3. 停工注意事项

按要求转好分段吹扫流程，吹扫过程中注意下列事项：

(1) 在停工后要立即吹扫易凝的管线。

(2) 用蒸汽扫线前，将各冷却器冷却水入口阀门关闭，把水排净。

(3) 扫线前，通知仪表工，关闭安全阀前阀、油表前阀，同时打开副线。

(4) 用风吹扫油管线时，温度必须低于该油品闪点 20℃。扫线时注意各部阀门开关情况，不要让风、汽窜到其他设备管线内。溶剂管线、设备(包括含溶剂)严禁用压缩风吹扫。

(5) 扫线时，应将真空泵出入口阀门打开，使不凝气排出。

(6) 用蒸汽扫线时，蒸汽切水要完全，防止产生水击。吹扫时开汽要缓慢，扫线时末端阀门不要开得太快、太大，以免损坏设备。停止吹扫前，须将末端阀门关闭，憋上压力再打开，反复几次以保证吹扫质量。

(7) 在吹扫过程中，向塔、容器吹扫时，塔、容器顶部须打开排空阀放空，吹扫压力要低于操作压力，防止超压。

(8) 吹扫完毕后，在管线和设备的高点开阀排空，在低点排空处放净存水。冬季用蒸汽扫线后要用压缩风扫净管内存水。

第八节 仪表与自动控制

采用糠醛作为萃取溶剂是大多数溶剂精制装置的工艺特点。糠醛精制装置的工艺过程为连续生产，工艺介质多为易燃易爆，部分介质具有腐蚀性，对自动控制及仪表有较高的要求。

一、自动控制水平

为保证装置安全、平稳、长周期、满负荷和高质量运行，并为以后的先进控制、优化控制和信息管理建立基础，装置采用一套集散型控制系统(DCS)对装置进行集中控制。所有重要工艺参数送 DCS 进行指示、记录、调节、报警等操作。

装置的 DCS 安装布置采用中央控制室(CCR)和现场机柜室(FAR)结合的方式。DCS 的操作站安装在 CCR 内上，操作人员在 CCR 中，通过操作站屏幕上的各种画面进行正常的生产操作，处理重要和一些容易变化的工艺参数的越限报警；DCS 采用冗余的控制站和辅助机柜安装在 FAR 内，所有现场仪表信号用电缆传送到控制站的相应机柜中，在现场机柜室还设有一台有操作功能的 DCS 工程师站，为开停工和系统调试提供方便，正常的生产时 FAR 内无人值守。装置的 FAR 可以独立设置也可以与其他装置共用。FAR 与 CCR 的信号采用安全、先进的光纤通信技术和设备的完成双向通信。

在中心控制室 CCR 内，还设置了仪表设备管理系统(AMS)，对装置的智能变送器和智能电气阀门定位器工作状态进行监视和维护，提高了仪表设备的维护和管理水平。

二、主要自动控制方案

在装置的工艺管道及仪表流程图 PID 中，确定了各种控制方案和检测位置，通过调用 DCS 在操作站屏幕上显示的各种画面可以全过程、实时、精确地掌控工艺过程中的各类参数。

装置中的自动控制方案主要采用单回路闭环自动控制。并根据不同的特性及要求还分别设置了采用串级、手动遥控等控制。

1. 原料油脱气

脱气塔控制示意图见图 4-39。

（1）脱气塔顶温度的控制。脱气塔顶温度是通过调节原料进料换热的三通控制阀阀后温度来直接控制的。另外，入塔汽提蒸汽量也是影响塔顶温度的重要因素，蒸汽的汽量采用流量控制。

（2）脱气塔液位的控制。脱气塔液位控制是用调节脱气塔进料调节阀来实现的。

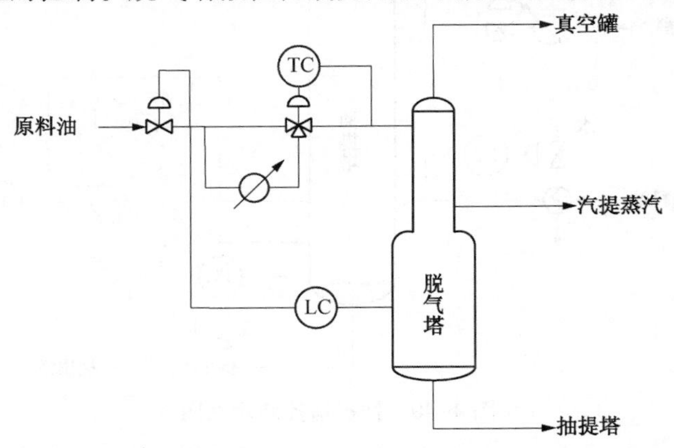

图 4-39　脱气塔控制示意图

2. 糠醛抽提

抽提塔控制示意图见图 4-40。

（1）抽提塔顶温度控制。抽提塔顶温度也是通过调节糠醛进料换热的三通控制阀阀后温度来直接控制的。

（2）抽提塔底温度控制。抽提塔底部温度是通过调节抽提塔底回流的循环量以及脱气塔底来的原料温度来控制，也可以通过调节抽提塔回流冷却三通控制阀阀后温度来直接控制。

（3）抽提塔压力控制。当抽提塔压力控制设在塔底部时，采用调节塔底抽出沉降糠醛控制阀的方式来实现；当抽提塔压力控制设在塔顶部时，采用调节塔顶抽出精制液控制阀的方式来实现。

（4）抽提塔界面的控制。当抽提塔压力控制设在塔底时，界面是由调节塔顶精制液加热炉进料量来控制的；当抽提塔压力控制设在塔顶时，界面是由调节塔底抽出沉降糠醛控制阀来实现的。

界面调节塔底抽出物的方式是一种简单的均匀控制系统。流程图上的表示方式与串级控制回路没有差别，但是在界位调节器（主调节器）参数的整定上与串级控制回路的主回路有比较大的差别，其差别是界位调节器采用大比例度和长积分时间的方式。均匀控制系统允许主参数如塔底界位在不超出要求的一定范围内变化，而副参数如抽出糠醛的流量也比较稳定，变化比较缓慢。这就是均匀控制系统的特点。

3. 溶剂回收系统

1）精制液回收系统

精制液回收控制示意图见图 4-41。

（1）精制液加热炉出口温度的控制是通过调节燃料量来实现的。

（2）精制液汽提塔顶温度的控制是通过调节塔顶回流量来实现的。

（3）精制液汽提塔底液位的控制是通过塔底泵流量来实现的，塔底泵采用调频电机。

（4）汽提蒸汽流量的控制是通过精制油出装置的含醛量来实现的。

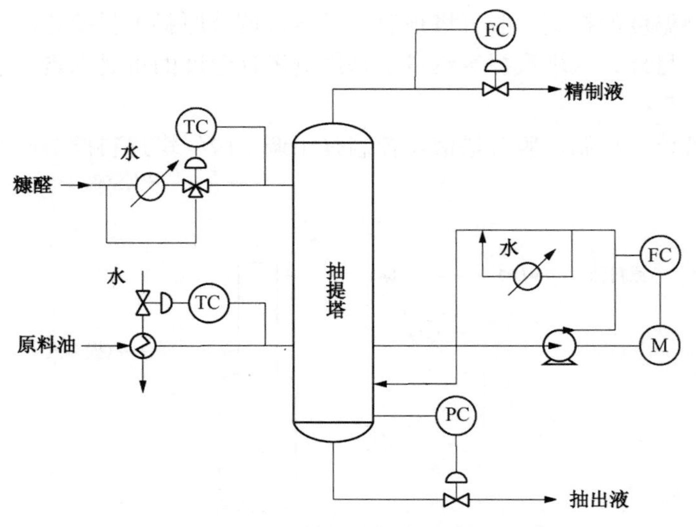

图 4-40　抽提塔控制示意图

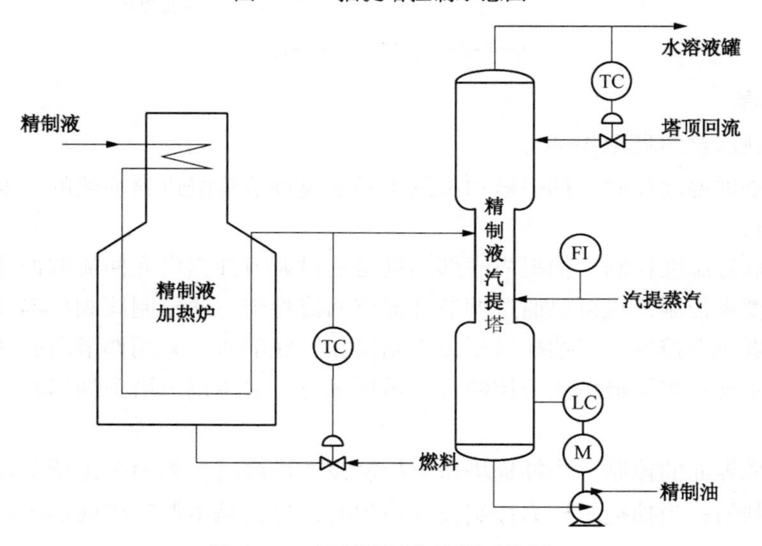

图 4-41　精制液回收控制示意图

2）抽出液溶剂回收系统

抽出液回收控制示意图见图 4-42。

（1）二次蒸发塔顶压力的控制是通过塔顶压控调节阀来实现的。

（2）二次蒸发塔液位的控制是通过调节一次蒸发塔塔底进二次蒸发塔调节阀来实现的。

（3）抽出液加热炉出口温度的控制是通过调节燃料量来控制。加热炉进料采用分支流量定值控制。

（4）三次蒸发塔顶压力的控制是由塔顶压控调节阀来实现的。

（5）抽出液汽提塔顶温度的控制是通过塔顶回流量的大小来控制的。

（6）抽出液汽提塔底液位的控制是通过塔底泵流量来控制的，塔底泵采用调频电机。

（7）三次蒸发塔液位控制是通过调节三次蒸发塔进汽提塔调节阀来控制的。

（8）汽提蒸汽流量控制是通过抽出油出装置的含醛量来控制蒸汽流量的。

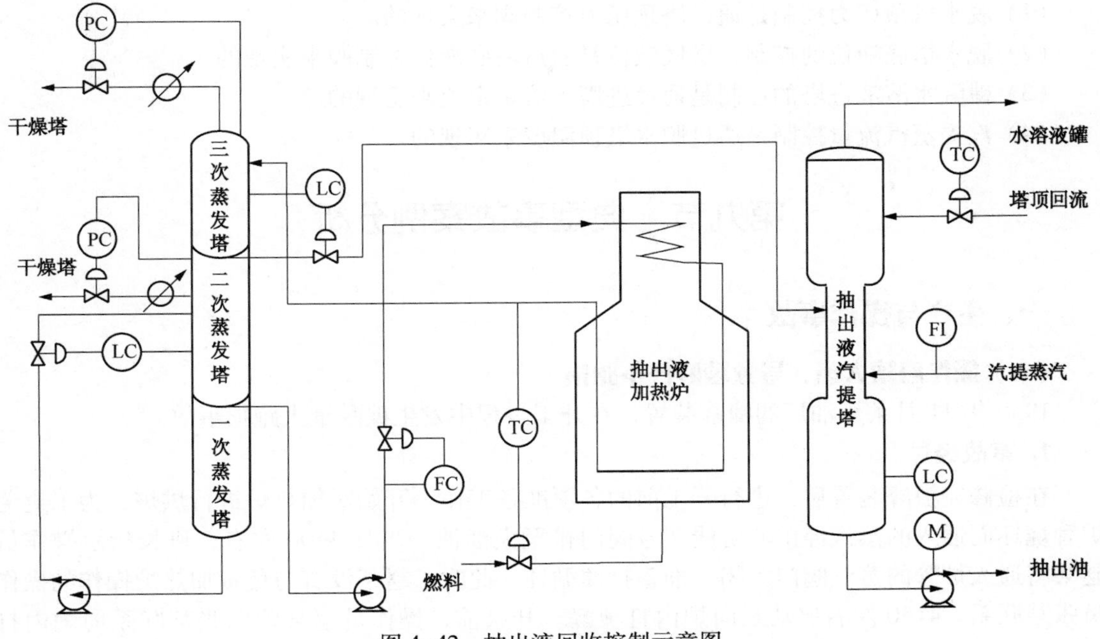

图 4-42　抽出液回收控制示意图

4. 溶剂干燥

干燥塔控制示意图见图 4-43。

(1) 干燥塔顶温度的控制是通过塔顶回流控制阀来实现的。

(2) 干燥塔顶压力的控制是通过塔顶排出气控制阀来实现的。

(3) 干燥塔底流量控制是通过溶剂干燥塔底抽出流量定值来实现的。如果塔底泵采用了调频电机，就可以不用控制阀了。

5. 水溶液回收系统

脱水塔控制示意图见图 4-44。

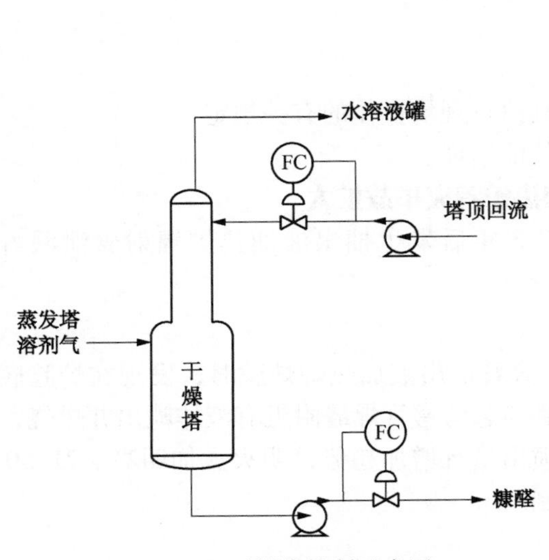

图 4-43　干燥塔控制示意图

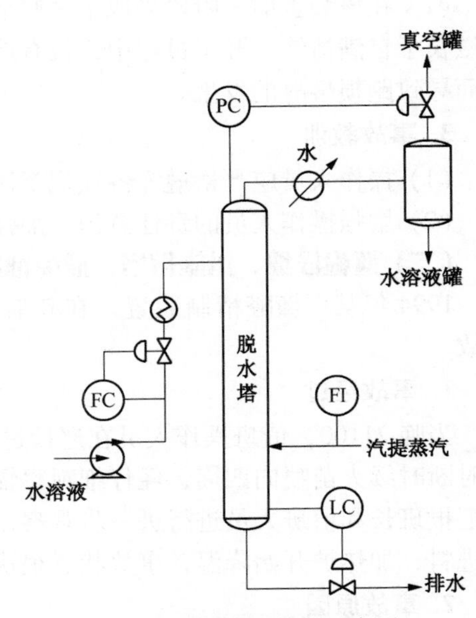

图 4-44　脱水塔控制示意图

（1）脱水塔顶压力控制是通过塔顶压力控制阀来实现的。

（2）脱水塔底液位的控制，塔底液位是通过塔底液位控制阀来实现的。

（3）糠醛水溶液进塔的控制是通过进塔出流量定值来实现的。

（4）汽提蒸汽流量控制是通过脱水塔顶温度来实现的。

第九节　典型事故案例分析

一、生产与操作事故

（一）操作麻痹大意，导致糠醛严重跑损

1955 年 11 月某炼油厂的糠醛装置，在开工过程中发生糠醛重大跑损事故。

1. 事故经过

在检修完糠醛装置后，进行开工前的各项准备工作。开始对加热炉进行烘炉，为了避免炉管烧坏而通入的蒸汽经由非常线 2 号阀门排至大油池。当日 4:00 左右，班长指示操作员赵某将通入炉管的蒸汽阀门关闭，准备打油循环。此时，赵某没有与负责加热炉操作的操作员张某联系。4:50 左右启动泵向炉内打糠醛。开泵前，操作员赵某曾向张某联系向炉内打糠醛事宜，张某说都准备好了，开泵。而实际上他并未做任何检查。5:50 左右班长想起加热炉放空线的阀门有可能没有关，于是到现场实际检查，结果发现非常线 2 号阀门竟然大开，此时已有约 1t 的糠醛被误送入废油池内。

2. 事故原因

（1）首先，班长的指挥有误，在指挥操作员关闭炉的非常线 2 号阀门时，没有叮嘱其同事要关闭非常线的 2 号阀门，而且负责加热炉的操作员也不知道。其次，打油时通知了加热炉操作员，而该操作员却未进行检查。直至 1h 后才发现加热炉非常线的 2 号阀门没有关闭，导致糠醛大量跑损。

（2）在该装置前一阶段采取了一些措施，事故明显减少，连续被评为先进。因此，不少人滋长了自满情绪。开工过程中，没有严格遵守规章制度，盲目追求进度，造成操作混乱，从而导致跑损事故的发生。

3. 事故教训

（1）操作人员应严格遵守各项规章制，认真执行现场操作的有关规定。

（2）增强操作人员的责任意识，加强操作技能培训。

（二）巡检仔细、措施得当，避免抽出液加热炉着火事故扩大

1994 年某厂糠醛精制装置，在新装置开工 3 年后发生抽出液加热炉辐射管泄漏着火事故。

1. 事故经过

当晚 21:00，值班操作人员在巡检过程中，查看抽出液加热炉炉膛时，发现在炉膛底部有时断时续火苗喷向四周，经仔细观察辐射直管与急弯弯管焊缝附近有液体喷出并燃烧，于是汇报班长和值班人员进行进一步观察，液体喷出量有增加趋势，明火愈加明亮。21:50 停止进料，加热炉开始降温，事故状态很快被遏制。

2. 事故原因

（1）糠醛在加热炉内大量气化出现相变腐蚀。

（2）糠醛自身酸性，对高温碳钢管线具有很强的腐蚀性。

（3）加热炉火嘴过于集中，出现偏烧，造成管线液体气化量严重不均。

3. 事故教训

（1）重视抽出液系统高温区的碳钢管线或设备的腐蚀，应制定有针对性的事故预案。

（2）对容易出现腐蚀的部位进行材质升级，增强抗腐蚀能力。

（3）增强操作人员的责任心，把隐患造成的影响降到最低。

（三）管理混乱、指挥操作违章，发生加热炉闪爆事故

1988年某厂糠醛精制装置抽出液加热炉点火时，发生闪爆事故，造成1人重伤、2人轻伤的后果，同时造成炉壁及框架损坏，事故造成直接经济损失15万元。

1. 事故经过

糠醛精制装置经大修后完成吹扫试压，并陆续拆除物料出入装置盲板，为开工做准备。当日8:30分段检查所有流程，14:00时加热炉准备点火。车间领导指派安全员联系化验取样分析精制液和抽出液加热炉内可燃气，结果显示分析合格。15:00时引原料循环。15:30车间生产主任安排做点炉准备及点炉前的最后检查，安排班长带人投瓦斯系统，准备点火。15:50完成精制液加热炉的点火，16:00接着去抽出液加热炉一层平台做开阀准备，一名操作人员进入炉底点抽出液加热炉1#火嘴时，炉内发生闪爆。

2. 事故原因

（1）违章指挥。车间生产主任在投瓦斯系统时，没有到现场检查流程，认为加热炉瓦斯系统流程已经改好，指派安全员联系化验取样分析炉内可燃气。实际上午瓦斯系统流程并没有打通，盲板还未拆除，炉膛内的状态还是检修状态。所以分析炉膛可燃气体含量的化验分析结果显示合格。按规定：确认火嘴阀门关闭，瓦斯引到炉前拆除盲板，点火前1h内采样分析有效。本次操作超出规定时间，又无人确认。错误的采样结果和违章指挥为事故埋下了隐患。

（2）违章操作。根据现场情况，此次事故是操作点火前，没有进行认真严格细致的检查，没有按规定在点火前向炉内吹蒸汽。

（3）盲板管理混乱。在车间开工方案中没有开工盲板表，而是比照停工方案盲板表进行拆除盲板。盲板的安装和拆除工作应该有安排人、施工人员的记录，有确认人的签字，要求指定有关人负责，在没有做任何确认的情况下，盲目采样分析，实际无任何指导意义。

事故是一起严重违章指挥违章操作导致的。操作人员工作不认真、不仔细，疏忽大意，技术不熟练，点火前没有认真检查瓦斯流程以及炉前瓦斯手阀的状态。遗漏步骤，未按规程要求采取自然通风或强制送风措施；车间没有对操作员在开工过程中的操作步骤进行有效的监督和控制；车间安排炉膛采样分析没按规定的程序进行，没能反映出现场的实际情况，造成了事故的发生。车间技术员工作不到位，现场盯得不紧。

3. 事故教训

这起事故是在工艺简单，最不应该出现事故的操作环节，因违反规定，管理混乱而发生的事故。事故造成后果比较严重，给企业造成了一定影响，给受伤员工和家属造成了痛苦。

（1）操作人员的安全思想树立得不牢，安全意识不强，工作作风浮躁，车间管理方式粗放，规章制度不健全，责任制未落实。领导不负责任，操作人员粗心随意，管理松懈，制度执行不严肃，最终酿成了这起事故。

（2）生产车间现场管理松弛，规章制度不完善，执行有漏洞，指挥随意，导致了事故的发生。若管理到位、执行到位，这起事故是完全可以避免的。

（3）员工操作培训不到位。这起事故说明岗位操作技能培训还存在问题，员工没有掌握实际操作技能、自我保护意识淡薄。车间在技能培训上需进一步加强，夯实“三基”工作。

（四）违章操作，引起油罐突沸事故

1. 事故经过

1997年某厂糠醛装置，值白班调度安排糠醛原料罐区将某罐油倒空清净，改装其他品种馏分油，当班操作工开始对油罐进行加温。第二天白班操作工梁某接班后，检查发现罐油温超过100℃，即关闭加热蒸汽，并告知大班长崔某，崔某说你自己看着办，后梁某重新稍开该罐加温蒸汽。4点班周某接班时见油温超高，问梁某为什么油温控这么高，梁某说抽罐底油温度高些好抽，周某也就没关加温蒸汽。第三天零点班吴某对油温超高也未做处理。白班袁某接班后7:50检查发现该罐油温过高，即关掉加热蒸汽。因罐内有残余存水，至8:10罐内存水发生突沸，导致罐顶爆裂，罐底穿孔。

2. 事故原因

（1）操作工有章不循，严重违章操作。车间明确规定油罐温度不能超过90℃，而操作工却认为油温高些容易抽油，将罐内存油加热到100℃以上，以致油罐长时间超温引起突沸。

（2）安全意识不强，对违章操作的现象视而不见。大班长对违章操作未加以制止和纠正，超温后连续3个班操作工都没有进行降温处理。

（3）操作工技术素质差，忽视了抽罐底油时油温过高会导致罐内存水发生突沸的危险性。

（4）车间管理工作不到位，主管人员检查不细，未能及时发现油罐超温的问题并安排处理。

3. 事故教训

（1）严格执行操作规程和有关规章制度，杜绝违章操作。

（2）管理人员要认真履行管理监督职责，及时纠正“三违”现象。

（3）车间在布置工作的同时应对有关安全事项提出具体要求。

（五）操作不细，引起塔顶回流线堵事故

1. 事故经过

1989年某厂糠醛装置，某日白班，因塔项回流线堵，塔顶超温，造成大量的携带油积存，操作混乱，到第三日回流线才正常。

2. 事故原因

（1）没有做好塔的平稳操作，压顶温的精制液量时大时小，甚至被关死，精制液凝住管线。

（2）塔顶回流线没有伴热，事故出现后接蒸汽胶管吹扫才通。

3. 事故教训

加强对职工进行技能培训，提高职工的技能素质和责任心，做好岗位的平稳操作。

（六）阀门拆卸不当，造成人身伤亡事故

1. 事故经过

2001年某厂车间发现糠醛装置大修时新安装的泵-6/3、泵-8出口阀、泵19蒸汽入口

阀的轨道球阀关不严及打不开，报上级有关部门准备停工处理，并联系厂家协助检查阀门故障，准备更换泵-6/3、泵-8出口阀。某日，某阀门厂的技术人员到装置后，车间管理人员把轨道球阀的使用情况及目前处于生产的使用工况、温度、压力、介质给厂家技术人员进行了详细的说明，并看了轨道球阀所在泵-6/3、泵-8、泵19的部位再次强调是有物料，要注意安全。厂家技术人员检查泵-19的轨道球阀后，认为该阀M16销钉断裂部分（$\Phi10\times4$）只用一把小尖嘴钳就可以夹出，不影响安全。于是在8:40，厂家技术人员借车间的工具到现场进行维修，首先夹出泵-19销钉断节后，即对泵-8（当时泵-8停）修理，在拆导向销钉时，发现该阀手轮轴承坏，就到泵-6/3处（此时泵-6/3开）拆手轮轴承来更换。在9:50在放松阀杆填料螺母时，该阀杆（泵-6/3）携带抽出液（糠醛及抽出油，温度165℃左右）喷出，造成在现场的厂家技术人员2人和车间人员1人烫伤，事故发生后，装置紧急停工。

2. 事故原因

（1）该阀门厂的技术人员拆下轨道球阀泵-6/3锁紧螺母及拆松填料螺母是造成这起事故的直接原因。

（2）车间专业领导对阀门内构造不熟悉，没向职工进行说明对新阀门的使用方法，施工时没有办理施工作业票，就同意厂家来人施工，现场监督不力，未坚持原则并且安全措施未做到位，是造成这起事故的主要原因。

（3）车间管理不严不细，安全生产责任制不落实，管理不到位，在管理上存在薄弱环节及漏洞，没有认真学习和落实各种安全管理标准及规定，车间安全意识淡薄；在生产与安全发生矛盾时，没有把安全放在首位，没有真正从思想上得到认识及存在麻痹思想。

3. 事故教训

（1）对新设备和新工艺，要严格按照各种管理制度认真执行，在使用前要进行严格的审批手续，并对职工进行严格的教育。

（2）当安全与效益发生矛盾时，要把安全放在首位，坚持安全第一的原则不放。

（3）严格按照石化行业《安全生产管理标准》，以及有关各种规章制度办事，坚持原则，从根本上消除安全隐患。

（七）蒸汽喷溅，造成人身伤亡未遂事故

1. 事故经过

2000年某厂在糠醛装置大修施工过程中，装置安全员擅自安排停蒸汽对装置炉雾化蒸汽上游阀螺栓进行动火，由于安全员自行开票，亲自看火，同时现场检查不严细，未将装置总蒸汽阀关闭和该蒸汽的跨线阀关死，导致施工动火作业人员被蒸汽冷凝水溅到左脸及颈部，幸未造成人身事故。

2. 事故原因

（1）装置开火票未到现场确认，未落实能否动火就开火票。

（2）安全员擅自监火，监护不力，未认真检查管线，总蒸汽阀是否关严、是否排空，情况不明，盲目进行动火是造成该事故的直接原因。

（3）安全生产责任制不落实。

3. 事故教训

（1）对要拆的蒸汽阀安排统一停蒸汽后再进行拆除。

（2）车间管理人员一起在施工现场进行确认后才开火票。

（3）动火前安全员要和看火人到施工现场落实动火措施后才允许动火。

（八）操作不当，导致加热炉闪爆事故

1. 事故经过

2008年7月16日10:18，某厂糠醛精制装置炉-2发生闪爆，防爆门打开，加热炉筒体裂开。闪爆后，按紧急停工处理装置。

2. 事故原因

（1）外操用蒸汽抽地下方槽中的水时，引起火嘴雾化，蒸汽产生较大波动，且由于蒸汽夹带水，导致炉膛熄火，炉出口温度大幅下降，瓦斯气控制阀门随之开大，瓦斯气、油气和空气在加热炉辐射室积聚，达到爆炸极限；燃料油在辐射室自燃，造成事故发生。

（2）应急预案中“加热炉熄火后操作工如何应急处理”等内容不详细，炉熄火后的应急处理针对性不强、不准确。

（3）交接班制度执行不严，交接班内容没有全面反映生产实际情况，对于存在的问题也没有及时地发现和整改。

（4）对于作业过程中的风险没有进行有效的识别，尤其对于作业过程中出现的异常情况，没有引起足够的重视，采取必要的防范措施和制定相应的应急预案。

（5）对于设备运行的异常，没有引起足够的重视，也没有采取有针对性的措施。空气预热器腐蚀严重，装置自3月份时就发现排烟温度逐步下降，但未引起重视，没能及时解决空气预热器腐蚀带来的问题，事故发生之前，烟道挡板开度达70%，鼓风机开度达95%，大大超出正常运行的开度。

（6）内操监盘不力，未能及时发现炉膛温度和炉出口温度的异常变化。

（7）内操在发现加热炉出现异常的情况下未及时做出正确判断，在第一时间内没有采取有效的应急措施，没有通过调节器关闭燃料控制阀。

3. 事故教训

（1）完善应急预案，加强对操作工培训和演练的力度。

（2）将重申制度要求与专项检查相结合，重点查处交接班制度执行情况，交接班内容是否全面反映生产实际情况。

（3）结合风险识别增加加热炉安全设施，包括增加长明灯、负压表和炉出口及炉膛低温的报警仪。

（4）对糠醛精制装置的蒸汽喷射流程进行整改，将蒸汽管线改接至蒸汽进装置控制阀前，避免使用蒸汽喷射泵时对装置操作造成影响。

（5）糠醛精制装置雾化蒸汽由蒸汽改为过热蒸汽。

（九）违章操作，导致加热炉火嘴回火伤人

1. 事故经过

2007年2月5日9:30，某厂糠醛装置第四班外操在开3号油火嘴蒸汽吹扫时将瓦斯火嘴吹熄，吹扫结束后想从下面看火窗看一下火嘴吹扫和瓦斯燃烧火嘴情况，在打开看火窗同时造成嘴部局部烫伤，经医院诊断嘴部轻微烫伤。

2. 事故原因

（1）开蒸汽对3号油火嘴吹扫时，蒸汽开度太大，将瓦斯火嘴吹熄，而旁边1号火嘴燃烧。3号瓦斯火嘴熄灭，瓦斯溢出并积聚，遇到明火(1号火嘴)产生回火现象。

（2）操作工实际操作经验不足，打开火嘴看火窗时，因为站位不当，离看火窗太近，面孔正对窗口，热量从看火窗内窜出，造成烫伤。

3. 事故教训

（1）加强对操作工的岗位培训，尤其是加热炉火嘴调节方面的培训，要求在进行火嘴调节、观察火苗燃烧情况，需要打开看火窗时，必须注意：看火窗必须缓慢打开，不能一下开度过大；操作人员观察火嘴时，必须站位得当，不能直接面对看火窗，要求侧面观察，同时必须带好防护眼镜等必要的防护用品。

（2）看火窗开启装置上增加一把钩子，用于打开看火窗，避免直接用手开启，增加与看火窗的距离，以便有一个缓冲位置。

（3）在瓦斯使用情况下，油火嘴吹扫蒸汽不能开得太大，防止蒸汽将瓦斯火嘴吹熄。

二、设备事故

（一）流程检查不仔细，蒸发塔发生闪爆

1983年，某炼厂的糠醛溶剂精制装置在停工过程中，二次蒸发塔发生闪爆，塔内塔盘因扭曲变形而全部报废，塔体轻微变形，造成直接经济损失612万元。

1. 事故经过

该装置停工过程的大部分操作已经完成，进入系统吹扫阶段。操作员引风吹扫湿醛泵至糠醛干燥塔的塔顶回流线、精制液汽提塔的塔顶回流线。当扫线刚刚完毕，即听见一声沉闷的声响。后经有关人员对现场情况进行分析，判断是二次蒸发塔发生闪爆。

2. 事故原因

（1）整个停工过程进行得较为顺利，时间不长，装置内各部的温度仍然偏高。二次蒸发塔内残存的溶剂在高温下形成气体。在通风扫线时，压缩风窜入二次蒸发塔，与塔内的气体混合达到其爆炸界限，在塔内温度较高的情况下引起闪爆。

（2）操作人员在转吹扫流程时，对吹扫流程中与之相关的各阀门检查不细，阀门没有关严，导致压缩风窜入二次蒸发塔。

3. 事故教训

（1）在装置停工过程中各部温度尚高的情况下，操作员违反有关的安全规定，引压缩风进行吹扫，说明操作员的安全生产知识不足，安全意识淡薄。

（2）对于转流程的过程检查不细，没有关严相关阀门，一方面说明操作员的业务能力有所欠缺。另一方面也说明操作人员的培训工作没有跟上。

（二）缺乏必备知识，抽提塔着火

1. 事故经过

1994年某炼厂糠醛精制装置停工检修，在打开抽提塔的顶、底人孔进行吹扫时，塔内部发生自燃，塔内所有的填料被烧毁，塔体变形。

2. 事故原因

（1）在长时间运行后的抽提塔内，一般结焦都比较严重，而且含有硫化亚铁，遇空气后十分容易发生自燃。

（2）该装置在停工后没有采取措施降低抽提塔的温度，而直接打开顶、底人孔进行吹扫，导致自燃。

（3）在停工吹扫后不能立即打开抽提塔的顶、底人孔，要先向塔内注水，等抽提塔冷却下来后，再打开塔的顶、底人孔进行蒸塔。

3. 事故教训

事故说明该装置的有关人员缺乏必要的安全生产知识，安全意识较淡薄。

（三）检修单位违章作业，换热器头盖迫漏事故

1. 事故经过

1985 年某厂糠醛精制装置发现换 415 管束漏，18:00 装置临时停工。精制液、抽出液两套系统改单体循环。为隔离出换 415，交由检修处理，对换 415 吹扫完后，关闭其进、出口阀，用副线维持单体循环。次日 8:00，当班操作工发现塔 402 液面上升，现场检查发现换 404/1、404/2 头盖憋漏，换 415 副线阀被人为关闭，重新更换 404/1、404/2 头盖垫片，延长停工时间一天半。

2. 事故原因

（1）检修工违章作业，未经车间及当班岗位操作工的同意，关闭 415 副阀，造成逼压，结果将换 404/1、404/2 头盖逼漏。

（2）管理上存在漏洞，未在换 415 副线阀上挂上“严禁关闭”等警示标志。

3. 事故教训

（1）对施工单位检修人员加强安全教育，在没有经监护人同意的情况下严禁开、关检修设备的阀门。

（2）强化施工现场安全管理，提高监护人的安全意识和责任心，确保施工作业过程正常，监护人监护到位。

（3）在检修设备时，对于不能动的阀门，车间挂上“严禁关闭”等警示标志。

（四）巡检仔细，避免硫化氢泄漏扩大事故

1. 事故经过

某厂糠醛精制装置，2010 年 11 月 21 日 7:00 回收外操在装置燃料气换热器排汽输水器处闻到硫化氢气味，外操立即通知班长。班长接到通知马上跑到现场与外操一起进行勘察，经检查初步判断为燃料气换热器内漏。

2. 事故原因

（1）燃料气进装置过滤器损坏，并且过滤器上下游手阀内漏，大量杂质进入换热器，使换热器寿命缩短。

（2）管网燃料气硫化氢含量较高，且有时燃料气带有少量水，造成燃料气换热器腐蚀严重。

（3）设备维修质量不过关，2009 年 DCS 改造时未对燃料气系统的相关设备进行更新；燃料气换热器未增设跨线，造成燃料气换热器发生内漏后无法单体切除燃料气系统。

3. 事故教训

（1）按“四不放过”的原则处理事故，对类似的问题进行检查，及时处理，避免同类事故再次发生。

（2）操作人员应加强对设备运行状况的监控，提高设备完好率，降低设备运行风险。

（3）做好燃料气过滤器定期吹扫检查工作，减少进换热器的杂质。

（五）及时更换瓦斯过滤器内胆，避免导致生产事故的发生

1. 事故经过

2009 年 3 月某厂糠醛装置临停消缺中，检修人员按计划打开瓦斯过滤器后，发现瓦斯过滤器内胆严重变形，已无法修复。检修指挥部决定安排将严重变形瓦斯过滤器内胆进行更换。

2. 事故原因

（1）瓦斯管网带液严重，不得不对装置的整个瓦斯管线进行扫线，在扫线过程中，瓦斯过滤器无副线，故大量的管道积焦汇聚在瓦斯过滤器内胆上，且由于过滤器内外 0.8MPa 的压差，致使瓦斯过滤器内胆扭曲变形。

（2）在装置临停消缺前已发现装置进加热炉瓦斯压力低于管网压力，经初步判断为：瓦斯阻火器及瓦斯过滤器堵。故安排维修人员对瓦斯阻火器进行拆装清焦。起初效果较明显，但随着时间的推移效果越来越差。

3. 事故教训

（1）应在检修中将二组瓦斯过滤器上下游阀进行拆装修理，同时对扫线放空管线进行更新，从而确保瓦斯过滤器的扫线能顺利进行。

（2）严格操作规程，在操作法中有明确规定：瓦斯过滤器轮流使用，定期切换的规定，故装置开工后对瓦斯过滤器每周应切换扫线一次。

（3）为方便瓦斯阻火器拆装、清焦，通过并联的方法，对炉-1/2、炉-2 各增加一套阻火器，可相互切换使用。

第五章　溶剂脱蜡脱油装置

第一节　概　　述

一、溶剂脱蜡脱油装置的作用

所有的润滑油产品，不管其应用目的如何，对它们有一个共同的使用要求，就是在使用温度下，必须保持较好的流动性。在润滑油基础油生产过程中，从蒸馏装置切割出的润滑油基础油馏分，凝点往往较高，有的在冬季，有的在炎热的夏天就可能会凝固。如大庆原油切割出的变压器油原料，在春秋季节就会凝固(凝点 20 ~30℃)；而减四线油在炎热的夏天会凝固(凝点 40℃以上)。

润滑油原料发生凝固形式属于结构凝固，由于润滑油原料中含有正构烷烃、异构化程度低的异构烷烃及长烷基侧链的环状烃等石油蜡组分，它们的凝点较高，温度降低后，大量的蜡结晶析出。而蜡晶体由于分子引力联结起来，形成结晶网。这种网络结构能把液体状态的油包在其中致使全部油品失去流动性。

润滑油原料经溶剂脱蜡加工过程的主要目的是除去原料中的高凝点组分，降低油品的凝点，改善润滑油的低温流动性，以满足各种设备在低温下对润滑油的使用要求。与此同时，经过脱蜡脱油加工过程后，能得到含油量低、质量良好的石油蜡。

二、润滑油脱蜡的方法及溶剂脱蜡的技术特点

(一)润滑油脱蜡的方法

润滑油脱蜡方法常见的有：冷榨脱蜡、尿素脱蜡、溶剂脱蜡和催化脱蜡等。

随着社会的发展及对润滑油基础油质量要求的不断提高，溶剂脱蜡工艺随之发展并逐渐取代了其他脱蜡方法，如：冷冻沉降脱蜡和冷榨脱蜡等。催化脱蜡是将润滑油原料中高凝点组分裂化成小分子或异构成低凝点基础油，因此催化脱蜡不能生产石油蜡，而溶剂脱蜡是通过物理方法将基础油与高凝点组分分离，因此在生产基础油的同时，可以生产满足市场需求的石油蜡。

1. 冷榨脱蜡

冷榨脱蜡是直接将润滑油原料冷却至脱蜡低温，使蜡结晶析出，再用压滤的方法使蜡与油分离，得到脱蜡油和粗蜡。

2. 溶剂脱蜡

溶剂脱蜡是根据原料油中的蜡组分在低温下能够从混合液中结晶析出的原理，在结晶析出过程中加入溶剂(溶剂对油、蜡有不同的溶解度，并能改善蜡的结晶与析出条件)。利用油、蜡在溶剂中溶解度的不同，通过过滤去除已析出的蜡，使润滑油基础油凝点降低，从而获得所需凝点的基础油。在世界范围内溶剂脱蜡工业装置中有酮苯脱蜡、丙烷脱蜡和甲基异丁基酮脱蜡等。目前溶剂脱蜡装置广泛使用的溶剂是丁酮-甲苯混合溶剂，因此俗称酮苯脱

蜡。酮苯脱蜡结晶阶段在套管结晶器中完成，然后送到过滤机过滤分离。为了改善蜡结晶条件，Exxon公司开发了稀释冷冻工艺，简称稀冷脱蜡。与通常溶剂脱蜡工艺蜡结晶在套管结晶器中完成不同，稀冷脱蜡蜡结晶大部分在稀释冷冻塔中进行。浊点以上的脱蜡原料进入稀释冷冻塔顶部，与从冷冻塔上部到下部逐次进入的冷溶剂混合冷却结晶。用稀释冷冻塔代替套管结晶器，能生成大小均匀、紧密、含油少、易过滤的蜡结晶。一般在进行稀释冷冻后，还需要较少的套管结晶器完成后一阶段蜡结晶，然后进行过滤。

3. 尿素脱蜡

尿素脱蜡是通过尿素与直链烷烃(主要是蜡组分)在20~35℃下生成固体络合物，然后用过滤的方法将固体络合物与油分开，从而使油品的凝点得到降低。此法只适用于煤油、柴油、轻质润滑油料。脱蜡油凝点可达到-62℃。

4. 催化脱蜡

传统的润滑油溶剂脱蜡过于复杂，投资多，低温冷冻费用高，生产很低凝点油品比较困难。20世纪60年代国外开始相继开发润滑油催化脱蜡。催化脱蜡是采用分子筛催化剂将蜡组分裂化，所使用的催化剂有丝光沸石(BP法)和ZSM-5沸石(MLDW法)等，其孔径(分别为0.7nm和0.5nm)只能允许润滑油馏分中的正构烷烃和少侧链烷烃进入沸石孔道，并与催化剂密切接触，进而发生选择性裂化，达到降低润滑油基础油凝点的目的。异构脱蜡采用以SAPO或ZSM为载体的贵金属催化剂，将正构烷烃异构成低凝点异构烷烃。催化脱蜡工艺可以生产低凝点基础油。

(二) 溶剂脱蜡的技术特点

(1) 一般采用丁酮-甲苯作为混合溶剂，利用油和蜡在混合溶剂中具有不同的溶解度，低温下溶剂能将油全部溶解，但很难溶解蜡。因而，蜡在溶液中过饱和而析出结晶，用过滤的办法，将蜡和油加以分离。

(2) 溶剂脱蜡结晶过程是一个逐步冷却的过程，为保证原料油的流动以及油收率，溶剂脱蜡一般采用多点稀释工艺。轻质馏分油多采用“冷点稀释”工艺，重质馏分油多采用热处理工艺。

在溶剂脱蜡结晶过程中，原料首先进入用脱蜡滤液做冷却介质的换冷套管结晶器，再依次进入一次氨冷和二次氨冷套管结晶器。

(3) 脱蜡原料经过结晶、过滤之后得到富含溶剂的蜡膏和滤液，滤液经过“四塔三效”或“五塔三效”蒸发，得到脱蜡油，回收的溶剂供装置循环使用。如果要生产脱油蜡，将蜡膏用溶剂浆化，进行二段或三段脱油，得到脱油蜡膏和蜡下油滤液，回收其中的溶剂后，分别得到脱油蜡和蜡下油。

(4) 以氨为制冷剂，冷冻系统通过氨的等压蒸发、多变压缩、等压冷凝和等焓节流为结晶系统提供冷量。制冷剂可吸收脱蜡原料和溶液放出的热量后而汽化，然后将热量带走。

三、溶剂脱蜡脱油工艺的发展趋势

随着石油用于生产润滑油的需要提出了脱蜡的要求，早先人们采用的脱蜡办法是在冬季让冷却的原料油在罐中形成蜡结晶，这种结晶沉降在罐的底部，人们使用上层含蜡比较少的低凝点油，就是所谓的冷冻沉降法。这种脱蜡法后来发展成为冷榨脱蜡，即将原料油放入设备内用冷冻剂代替过去的天然冷冻，然后再用机械压榨法生产脱蜡油。

随着生产的发展，人们需要黏度较高的润滑油。生产这种润滑油，由于原料黏度比较大，就不能用上述的脱蜡方法脱除原料中的蜡。黏度较高的润滑油原料加入黏度很低的溶剂进行稀释后，蜡结晶含油较少，脱蜡浆液的黏度降低，含油溶剂与蜡易于分离，出现了溶剂脱蜡。

1927年，美国印第安炼油公司建立了世界上第一套溶剂脱蜡装置。使用的溶剂是丙酮与苯的混合物，蜡的分离采用了回转式过滤机。以后的改进是以丁酮代替丙酮，甲苯代替苯，这就是德士古专利溶剂脱蜡过程，是现代使用较广泛的脱蜡工艺。

为了克服酮苯脱蜡工艺中套管结晶器内的冷却速度不均匀，结晶破裂，形成二次晶核、晶粒尺寸分布宽等缺点，埃克森研究发展公司在20世纪70年代开发了一种稀冷脱蜡工艺，命名为Dilchill脱蜡法，关键设备是稀冷塔。世界上第一套稀冷脱蜡工业化装置于1974年投产。该工艺的主要缺点是：能耗大，仅适用于低含蜡油，限制了它的应用范围，发展速度较慢。

90年代，国外溶剂脱蜡工艺广泛使用脱蜡助滤剂，以便形成大小均匀、坚实并具有高度离散性的晶体，以提高过滤速度和脱蜡油收率，从而增加装置的经济效益。国外生产助滤剂的主要公司有埃克森、罗姆哈茨和杜邦等。

我国第一套溶剂脱蜡装置于1954年5月在大连石化公司炼油厂建成投产，设计能力20000t/a，采用丙酮-苯(苯、甲苯混合物)为溶剂，加工原苏联巴库油。后来上海、兰州、锦西、北京、茂名、大连、独山子、玉门、南充等地相继建成多套润滑油脱蜡装置，加工油品从巴库油发展为大庆油、新疆油、南阳油、任丘油、临商油、印尼油等。脱蜡溶剂已从1977年开始逐步改为丁酮-甲苯溶剂，现已广泛使用。在工艺技术上开发了多点稀释、稀释点后移、多效蒸发、溶剂干燥、蜡膏冷量利用、稀冷脱蜡、滤液循环等新工艺。1971年6月我国第一套酮苯脱蜡脱油联合装置在北京燕山建成投产，年加工能力18×10^4t，到1977年8月将蜡膏等温稀释，间接换热升温脱油工艺改为高温稀释、直接加热升温脱油工艺。近年来又开发了两段逆流新工艺。由于这些工艺的改进和操作水平的提高，使脱蜡脱油装置的溶剂比、能耗降低明显。

总之，自溶剂脱蜡工艺出现以来，中间虽然经过多种改进，但目前仍然是以溶剂脱蜡为主，所用溶剂主要是丁酮-甲苯溶剂。酮苯脱蜡装置的滤液全循环和多段过滤生产高质量石蜡等方面尚须做进一步工作，以达到世界先进水平。

第二节　工艺原理

一、溶剂脱蜡脱油原理

（一）脱蜡原理

酮苯脱蜡的原理是利用丁酮-甲苯混合溶剂对润滑油料中的油、蜡有不同的溶解度(溶油不溶蜡)，将原料油与溶剂混合降温，使蜡结晶析出，采用真空过滤的方法把油、蜡分离，从而获得所需凝点的润滑油料及石油蜡原料。

（二）脱油原理

酮苯脱油利用酮苯混合溶剂对油、蜡有不同的溶解度和油在溶剂中的溶解度随温度升高而增大的原理，将脱蜡蜡膏与溶剂混合后升温，使蜡膏中的油溶解在溶剂中，而蜡膏中的蜡仍保持在蜡晶体中。采用真空过滤的方法使油、蜡进一步分离，从而获得所需低含油量的脱油蜡。

二、溶剂脱蜡脱油工艺过程

酮苯脱蜡脱油联合装置以蒸馏装置的常三线、常四线、减二线、减三线、减四线、减五线馏分油和丙烷脱沥青油或其溶剂精制油为原料，以丁酮和甲苯为溶剂经过原料冷却、结晶、过滤、回收溶剂等过程，生产具有较好低温流动性的脱蜡油和具有一定熔点或滴熔点的石油蜡，副产品是介于油和蜡之间的蜡下油。脱蜡脱油过程一般包含脱蜡结晶过程、冷冻过程、升温脱油过程、真空过滤过程、安全气密闭、回收过程等。

（一）脱蜡结晶

利用丁酮-甲苯混合溶剂对油和蜡具有的选择性溶解能力以及其本身冰点低、黏度小的特点，将原料与溶剂以一定比例混合，送到换冷套管和氨冷套管中，按一定的冷却速度使蜡形成良好结晶而析出，然后输送至过滤机进料罐。

（二）冷冻

利用液氨在低温下的挥发性，让液氨在氨蒸发器中汽化，取走原料油、溶剂、安全气中的热量，使被冷物质冷却到所需要的温度，氨气经过氨压缩机压缩，冷却冷凝及节流降温后变为低温液氨，循环使用。

（三）升温脱油

酮苯脱油就是利用酮苯混合溶剂对油及低熔点蜡的溶解度随温度升高而增大的特性，将脱蜡得到的蜡膏再加稀释溶剂后升温溶解其中的油和低熔点蜡(称为蜡下油)，用过滤的方法使蜡下油和蜡分离。

（四）真空过滤

利用真空泵提供的真空度，使过滤机内外形成压差，使蜡膏与滤液分离。将经过过滤的滤液与蜡膏分别送入下一道工序。过滤单元在酮苯脱蜡脱油过程中起着承上启下的重要作用。

（五）回收

将脱蜡、脱油过滤得到的滤液、蜡膏、蜡下油液分别送到油回收、蜡回收、蜡下油回收系统。回收系统的任务是利用油、蜡、蜡下油与溶剂的沸点差，通过加热闪蒸及汽提的方法将溶剂回收出来，供装置循环使用，同时得到不含溶剂的脱蜡油、脱油蜡和蜡下油等产品。

（六）真空密闭系统

惰性气体被压缩后，提供给过滤机、溶剂罐、滤液罐、蜡膏罐等做密封使用，以防止空气进入这些设备内而出现危险，同时供过滤机作为反吹用气。

第三节　原料与产品性质

一、原料种类与性质

原料的组成和性质是影响脱蜡工艺过程的一个基本因素，不同原油经过常减压蒸馏装置加工后所得油料中蜡含量和蜡的组成、性质不同。即使同种原油加工后所得的不同馏分的油料中蜡含量和蜡的组成、性质也有差异，这些差异对于脱蜡过程中生成的蜡晶晶型和粒度有明显影响。

1. 按原油基属分类

不同产地的石油中各种烃类的结构和所占比例相差很大，但主要属于烷烃、环烷烃、芳香烃三类。我国主要原油的特点是含蜡较多，凝点高，硫含量低，镍、氮含量中等，钒含量极少。

（1）石蜡基原油。通常以烷烃为主要成分的原料称为石蜡基原油。石蜡基原油中石蜡含量大。大庆原油是典型的石蜡基原油，主要特点是含蜡量高、凝点高、硫含量低，属低硫石蜡基原油。加工后的粗晶石蜡主要由正构烷烃以及少量的异构烷烃、环烷烃和微量的芳烃、含硫化合物和含氮化合物等组成。

（2）环烷基原油。以环烷烃、芳香烃为主的原油称为环烃基原油。环烷基原油中有大量的环烷烃，具有较好的低温流动性，但其黏度指数低，黏温性能差。环烷基原油不适合生产内燃机润滑油的基础油，但可生产变压器油、冷冻机油等特种润滑油，也是生产橡胶油的良好原料。

（3）中间基原油。介于石蜡基原油、环烷基原油之间的原油称中间基原油。采用溶剂精制、溶剂脱蜡和白土精制或加氢精制工艺，选择合适的中间基原油可以生产黏度指数较高的API I类基础油。另外，通过加氢改质可以扩大生产基础油的中间基原油种类。

2. 按轻重分类

（1）轻质原料。习惯上将常三线、常四线、减二线和减三线馏分油及其溶剂精制油称为轻质原料，其沸点低、密度小、黏度低，溶剂脱蜡时蜡结晶比重质原料大，过滤速度快，采用较小溶剂比就可将油蜡充分分离

（2）重质原料。减四线、减五线和轻脱沥青油及其溶剂精制油称为重质原料。重质原料的黏度较大，溶剂脱蜡时蜡结晶小，脱蜡浆液黏度大，加工时一般选择较大溶剂比。

3. 按品种分类

（1）蜡油。润滑油基础油按溶剂脱蜡-溶剂精制反序流程生产时，直接以常减压蒸馏装置常压和减压侧线以及轻脱沥青油等蜡油原料作为酮苯装置的进料。

（2）溶剂精制蜡油。润滑油基础油按溶剂精制-溶剂脱蜡正序流程生产时，酮苯脱蜡装置以溶剂精制装置的精制蜡油作为装置原料。溶剂脱蜡装置生产的脱油蜡由于经过溶剂精制，颜色及安定性更好。

二、产品性质

1. 脱蜡油

溶剂脱蜡主要脱除油品中的蜡组分和蜡下油组分，蜡主要由正构烷烃组成。正构烷烃是烃类中相对密度小、黏度低、残炭小而凝点最高的组分。当把这些组分脱除后，脱蜡油的凝点下降、相对密度升高、黏度增大、残炭含量上升。

2. 脱油蜡

（1）蜡的种类。从石油中得到的蜡产品统称为石油蜡。石油蜡按组成和质量分为液体石蜡、石蜡和微晶蜡。石蜡按含油量、颜色、光安定性和嗅味等又可分为粗石蜡、半精炼石蜡和全精炼石蜡等。

（2）蜡的组成。若以460℃为石蜡和微晶蜡的分界线，可以得到：石蜡主要由正构烷烃（C_{16}～C_{30}）以及少量的异构烷烃、环烷烃和微量的芳烃、烯烃、含硫化合物和含氮化合物组

成，C_{16}~C_{30}正构烷烃相对分子质量为226~437，熔点为18~68℃，沸点为287~459℃；微晶蜡中主要含有大量的异构烷烃和带长烷基侧链的环烷烃，其次含有少量的正构烷烃、单环芳烃以及微量的烯烃、胶质和含硫含氮化合物。含碳原子数为30~50，熔点为68~93℃，沸点460℃以上，相对分子质量为422~700。关于石蜡和微晶蜡碳原子数的范围，不同资料有不同的说法，这里提出的范围仅供参考。

三、溶剂性质

1. 溶剂作用

脱蜡原料油的黏度较大，当温度降低时，其黏度将迅速增加。以大庆原油为例，如50℃时黏度为10 mm^2/s的馏分油，在0℃时黏度增加到200 mm^2/s，到-10℃时增加到450mm^2/s。引起黏度猛增的原因，一方面是脱蜡原料中不凝组分随温度的下降黏度增加，另一方面是脱蜡原料中易凝组分(石蜡)的析出，也使黏度迅速增加。

润滑油料黏稠性在溶剂脱蜡过程中带来的危害：

(1) 阻碍蜡分子的扩散而形成细小的结晶。

(2) 过滤溶液黏稠，外加蜡结晶细小，使过滤阻力大，真空过滤方式难以进行。

(3) 蜡在结晶时往往形成网状结构，这种结构包含了大量的油，形成黏稠状物质使脱蜡油收率降低。为此人们使用了黏度很低的溶剂，并加入足够数量，将润滑油料稀释，使整个结晶过程在较低黏度下进行。

因此，溶剂在脱蜡过程中基本作用之一是降低脱蜡原料油的黏度。此外，还具体有以下几个作用：

(1) 溶解作用。溶剂对脱蜡原料的溶解稀释作用，只是针对脱蜡原料中的油(低凝点组分)。而对于蜡，则很难溶解。因此，脱蜡溶剂具有选择性溶解作用。然而，事实上任何溶剂不仅能溶解脱蜡原料中的油，而且对蜡组分也有一定的溶解能力，这就需要在比基础油倾点更低的温度下脱蜡。

(2) 改善结晶的作用。溶剂能降低脱蜡原料油的黏度，增加分子的扩散能力，从而改善石蜡的结晶。同时，如果溶剂中有极性组分存在，将有助于石蜡的晶粒集结成大颗粒的稍微紧密的聚结体。

2. 溶剂的选择

酮苯脱蜡-脱油装置对溶剂的要求如下：

(1) 良好的选择性溶解性能，即在酮苯脱蜡的条件下能充分溶解原料中的油，而对石蜡的溶解度很小。

(2) 良好的低温输送性能，黏度小，冰点低。

(3) 溶剂的沸点与脱蜡原料初馏点有较大差距，能够通过简单蒸馏使溶剂与油、蜡分离，可以循环使用。

(4) 不影响产品质量，与其他物料不起化学反应。

(5) 腐蚀性较小，成本低。

目前国内脱蜡装置大都用丁酮-甲苯做脱蜡脱油溶剂，个别用丙酮-甲苯溶剂。国外也有使用甲基异丁基酮及丙烷做脱蜡溶剂的装置。

3. 溶剂组成

常用的脱蜡溶剂有丙酮-苯-甲苯、丁酮-甲苯。丙酮、丁酮、苯、甲苯的一般性质见表5-1。

表 5-1　丙酮、丁酮、苯、甲苯一般性质

项目名称	丙酮	苯	甲苯	丁酮
相对分子质量	58.08	78.11	92.14	72.11
20℃时密度/(g/cm³)	0.7915	0.8790	0.86670	0.8054
沸点/℃	56.1	80.1	110.6	79.6
冰点/℃	-95.5	5.5	-95.0	-86.4
临界温度/℃	235	288.5	320.6	262
临界压力(绝对)/MPa	4.61	4.77	4.08	4.64
临界密度/(g/cm³)	0.268	0.3045	0.292	—
黏度(20℃)/(mm²/s)	0.41	0.735	0.68	0.52
闪点/℃	-16	-12	6.5	-7
自燃点/℃	465	592	480	485
在空气中的爆炸范围(体积)/%	2.15~12.4	1.4~8.0	1.3~6.75	1.95~10.1
溶解度(25℃)/(g/100g 水)	无限大	0.18	0.052	26
10℃溶剂在水中/(g/100g)	无限大	0.175	0.037	22.6
10℃水在溶剂中/(g/100g)	无限大	0.041	0.034	9.9
中毒浓度/(g/m³)	2.2	10	24	—
在空气中的允许浓度/(mL/L 或 mg/m³)	<0.2	<0.1	—	—
常压下汽化潜热/(kJ/kg)	521	395	362	443.6

丙酮、丁酮是极性溶剂，对蜡几乎不溶解，对油溶解度不大(“相似相溶”原理)，蜡在其中的结晶较好，但油收率低，不能单独作为脱蜡溶剂。苯、甲苯是非极性溶剂，对油的溶解度很大，对蜡也有一定的溶解度，脱蜡温差高达20℃，生成的蜡结晶细小，难以过滤，故也不能单独作为脱蜡溶剂。只有将它们以适当的比例混合在一起，扬长避短，才能满足脱蜡溶剂的要求。

4. 常用溶剂

丁酮又称甲乙酮，它是无色无味而易于流动的液体，具有令人愉快的香味。它的沸点为79.6℃，冰点为-86.4℃，汽化潜热为443.6 kJ/kg，20℃时黏度为0.52 mm²/s(比水小)，10℃在水中的溶解度为22.6%；它与水形成共沸物，常压下共沸点为73.45℃，共沸物中含丁酮89%，闪点为-7℃。丁酮对油的溶解度较大，对蜡的溶解度很小。其特点是：

(1) 丁酮在水中的溶解度不大，与水形成共沸物，而丙酮与水完全互溶，不生成共沸物。

(2) 丁酮的沸点比丙酮稍高，溶剂挥发损失较小。

(3) 丁酮比丙酮多一个 CH_2，增大了烷烃成分，与油的结构更趋近，依照“相似相溶”原理，则丁酮对油的溶解度比丙酮大。比如60#勒达克基础油，用丙酮做溶剂，稀释比为2∶1时，互溶温度为104℃；当改用丁酮做溶剂，用同样溶剂比稀释时，则互溶温度下降37℃，但丁酮对蜡的溶解度比丙酮略高。

由于丁酮比丙酮的溶解度大，所以在脱蜡的混合溶剂中可以采用较大的丁酮比例。由表5-2可知，丙酮∶甲苯=40∶60的溶剂与油的互溶温度为-19℃，对蜡的溶解度为0.001g/100mL，如采用丁酮∶甲苯=50∶50的溶剂，虽然酮比提高了10%，但与油的互溶温度为-22℃，比丙

酮:甲苯=40:60溶剂互溶温度还低3℃，这说明了后者的溶解能力比前者强。再看对蜡的溶解能力，后者为0.0003g/100mL，比前者小得多。综合上述两点可以得出，50:50的丁酮-甲苯溶剂的选择性优于40:60的丙酮-甲苯溶剂。所以，尽管丁酮对蜡的溶解度大于丙酮，但由于丁酮对油的溶解度高，在混合溶剂中可以采用较高的酮比，使混合溶剂的选择性优于丙酮-甲苯溶剂，使脱蜡温差减小，油收率提高，动力消耗下降，生产成本降低。

表5-2　丁酮/甲苯溶剂与丙酮/甲苯溶剂性质的比较

溶剂性质	对98.6℃黏度为23 mm^2/s重质中州原油馏分油的互溶温度/℃	对熔点为60.6~61.7℃石蜡的溶解能力/[g(石蜡)/100mL溶剂]
丙酮:甲苯=40:60	-19	0.001
丁酮:甲苯=50:50	-22	0.0003

我国从1977年开始用丁酮-苯-甲苯脱蜡代替丙酮-苯-甲苯脱蜡，取得了良好的效果。比如，某厂酮苯装置对减三线采用丁酮-苯-甲苯脱蜡后，脱蜡油收率提高0.5%，脱蜡温差下降7℃，冷冻负荷降低21%，详见表5-3。

表5-3　减三线油丁酮脱蜡与丙酮脱蜡的结果

项　　目	丁酮脱蜡	丙酮脱蜡
处理量/(t/a)	1100	1000
脱蜡油收率/%	59.5	59
过滤温度/℃	-17	-24
去蜡油凝点/℃	-13	-13
脱蜡温差/℃	4	11
冷冻电耗/(kW·h/t)	34	43
溶剂组成/%	水:丙酮:丁酮:苯:甲苯=1:8:57:6:28	水:丙酮:苯:甲苯=1:36:24:39

5. 溶剂稀释

所加混合溶剂的组成与溶剂比因原料性质(原料轻重、含蜡量和黏度等)及脱蜡深度的不同而不同。一般丁酮-甲苯溶剂中含丁酮50%~70%。稀释溶剂分几次加入，有利于形成良好的蜡结晶，减少脱蜡温差(即脱蜡油凝固点与脱蜡温度的差值)及提高脱蜡油产率。

四、制冷剂(液氨)性质

在酮苯脱蜡工艺中，物料需冷却将蜡组分析出，必须用到制冷剂。利用制冷剂的物态变化来转移能量，所以要求制冷剂必须具备这样一些特性：在常温及普通低温范围内能够液化；冷凝压力不要太高；蒸发压力不要太低，最好不要低于0.101MPa，这样可以防止空气漏入系统；单位制冷量要大，在相同制冷量时，压缩机所做的功小一些；临界温度要高；冰点要低；蒸发潜热要大；气体的比热容要小。此外，还要求制冷剂不燃烧，不爆炸；对人体危害小；与水及润滑油不起化学变化；价格低廉等。

完全满足上述所有特性的制冷剂是不存在的，目前在溶剂脱蜡装置常用的制冷剂是氨，氨的基本性质见表5-4。

表 5-4　氨的基本性质

项　目	指 标 值
分子式	NH_3
相对分子质量	17.03
密度(0℃，101.3kPa)/(kg/m^3)	0.771
常压下蒸发温度/℃	-33.4
临界温度/℃	132.4
凝点/℃	-77.7
-10℃	1.29
-47.2℃	1.408
1.19MPa	30
1.37MPa	34
1.585MPa	40
爆炸极限/%(体积)	16~27
对水的作用	易溶于水
对润滑油的作用	基本不溶
热稳定性	超过560℃时分解成氮气与氢气
危险化学品 CAS 号	7664-41-7
对金属作用	含水时腐蚀锌、铜、青铜及除磷青铜外的铜合金

由上表可知，氨的汽化潜热大，当蒸发温度为-10℃时，汽化潜热为1.29~1.408MJ/kg；氨的传热性能好，20℃时的放热系数是氟利昂F-22的2.5倍；黏度也较小，因此流动阻力小。此外，氨容易得到，价格低廉，一旦泄漏后具有刺激性臭味，容易被发现，比较安全，所以被广泛用于溶剂脱蜡装置的制冷剂。当然氨也有它的缺点：① 绝热指数大，如7℃时 $K=1.29$，因此压缩时温度升高较快；② 相对分子质量小，只适宜于容积式压缩，需要较多的压缩级数；③对人体有刺激性；④含水时腐蚀铜、锌等金属。

第四节　工艺过程及单元操作

一、脱蜡结晶系统

(一) 结晶原理

润滑油原料油中的固态烃(蜡)在一定的温度下与液态烃组分(油)、溶剂形成溶液，随着温度的降低，蜡在溶液中的溶解度下降使之达到过饱和状态而结晶，该类结晶也称为降温结晶。随着温度继续降低，析出的蜡就会逐渐增多，然后将蜡与油分开，从而获得所需低凝点的润滑油料及石蜡原料。

1. 蜡的种类

蜡的种类有很多种，从石油中得到的蜡称为石油蜡。石油蜡按轻重又分为液体石蜡、石蜡和微晶蜡，石蜡按含油量和精制程度等又分为粗石蜡、半精炼石蜡和全精炼石蜡等。石蜡是由轻质和重质含蜡馏分油经精制和脱蜡生产。微晶蜡是渣油经溶剂脱沥青、溶剂精制和溶剂脱蜡生产，其晶体结构细小。

2. 蜡的结晶形状

石蜡的结晶形状为“片状”，典型结构如图5-1所示；石蜡从熔融或溶剂中结晶出来时，都能形成完好的晶体，且这种结晶颗粒较大。该类结晶多分布在常四线~减三线脱蜡原料油的蜡结晶中。馏分越轻，石蜡的片状结晶越大。

微晶蜡的结晶形状为“针形”，典型结构如图5-2所示；微晶蜡从熔融蜡结晶出来时，形成小的不规则的晶体，这种结晶颗粒较小，多分布在减四线~残渣脱蜡原料油的蜡结晶中。

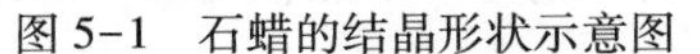

图5-1 石蜡的结晶形状示意图

图5-2 微晶蜡的结晶形状示意图

在酮苯脱蜡的过程中，蜡结晶是在酮苯溶剂中完成的。因此，要考虑各种烃类的相对溶解度。烷烃的溶解度和它的熔点成反比。熔点高的先析出，熔点低的后析出，产生许多单晶。这些单晶在极性物质丁酮的作用下，将彼此吸引，会产生聚集结晶。如果原料油中含有表面活性剂物质，还会生成树枝状结晶，结晶形状的大小随原料而异。

3. 蜡的结晶过程

润滑油原料中蜡在溶液中的结晶与纯物质在溶液中的结晶是不同的。前者在结晶时，析出的固相成分随温度的降低而不同，首先析出的是熔点高的、溶解度小的石蜡，然后随温度的下降，较低熔点的石蜡继续析出。因此，所得到的蜡是由不同分子组成的蜡的混合物。

蜡的结晶过程可分为晶核生成（成核）和晶体生长两个阶段，两个阶段的推动力都是溶液的过饱和度（溶液中溶质的浓度超过其饱和溶解度之值）。晶核的生成有三种形式：即初级均相成核、初级非均相成核及二次成核。在高过饱和度下，溶液自发地生成晶核的过程，称为初级均相成核；溶液在外来物（如原料中胶质等）的诱导下生成晶核的过程，称为初级非均相成核；而在含有溶质晶体的溶液中的成核过程，称为二次成核。二次成核也属于非均相成核过程，它是在晶体之间或晶体与其他固体（器壁、搅拌器等）碰撞时所产生的微小晶粒的诱导下发生的。

蜡晶核的形成过程：蜡在溶剂中具有一定的溶解度，设为x_0。该溶解度x_0随温度t而改变，即$x_0=f(t)$。在较高的温度下，当溶解度x_0的数值大于溶液中石蜡的浓度x时，溶液是不饱和的，从溶液中不会析出固相。溶液逐渐冷却，溶解度x_0逐渐下降，到某一个时刻，$x_0=x$时，溶液达到饱和，但是，这时石蜡并不开始结晶，因为开始结晶要求溶液是过饱和的，也就是溶液中石蜡的浓度要稍稍大于其溶解度（即$x>x_0$），而且要造成溶液中石蜡的过剩浓度不仅大于石蜡大颗粒分散状态时的溶解度x_0，还要大于晶体是“晶核”状态时的溶解度x_0（“晶核”的溶解度比大颗粒结晶的溶解度大）。如果不保持这个条件，结晶过程不可能开始，因为即使出现晶核，也会立刻溶解掉。但是，当达到上述条件后，溶液中开始出现晶核。

石蜡从溶液中生成晶核的数量主要由下述条件所决定：

（1）过饱和溶液中溶质和溶剂的物理性质。当溶液中溶质是石蜡时，它的晶核微粒比微晶蜡大，当析出相同量的蜡时生成的晶核数量就比较少。

（2）冷却速度的大小。急冷晶核数量多，缓慢冷却晶核数量少。

从晶核开始出现的瞬间 Q_1 到不再生成新晶核的瞬间 Q_2，这段时间内生产的晶核数目有下列关系式：

$$i = \frac{K}{Cx_0}\int_{Q_1}^{Q_2}(x - x'_0)\,dQ \tag{5-1}$$

式中 i——晶核数量；

Q——时间；

C——每个晶核的平均质量；

x——石蜡在溶液中的浓度；

x_0——石蜡形成于大颗粒分散于溶液中的溶解度；

x'_0——石蜡呈晶核分散于溶液中的溶解度；

K——比例系数。

晶核出现后，下一步的结晶，将通过出现的晶核来进行，结晶颗粒成长的速度可由安德烈叶夫方程式描述：

$$V = B\frac{ST}{r\eta\delta}(x - x_0) \tag{5-2}$$

式中 V——析出固相的速度；

B——常数群；

δ——扩散距离的平均长度；

S——所析出固相的表面积；

x——溶液中石蜡的浓度；

x_0——石蜡的溶解度；

r——石蜡分子的平均半径；

T——结晶的绝对温度；

η——介质的黏度。

式(5-2)中分母可视为扩散阻力，$(x-x_0)$可以视为推动力。如果析出的固体速度小于或等于扩散速度，则不生成新晶核，所析出的石蜡扩散到晶核上使晶体长大；反之则将出现新晶核。蜡的析出速度与固相表面积、绝对温度、浓度差成正比，与石蜡分子半径、介质的黏度、扩散距离的平均长度成反比。

（二）结晶工艺流程

脱蜡结晶系统是将原料和溶剂混合后，通过降低温度、多点稀释，使得蜡形成良好的结晶。典型的工艺流程如图 5-3 所示。

由装置外来原料经原料油泵分 5 路送出(因为装置处理量要求大，为了降低套管的阻力，把原料分为多路，分别进入多组套管)，每路分别经原料油水冷器后，再分别到原料-滤液换冷套管结晶器套管内与滤液换冷。在原料-滤液套管结晶器经过几根套管降温后，油品黏度增大，蜡的溶解度随温度的降低而降低，此时已有部分蜡结晶形成晶核(随着原料的轻重，一般在第 6 或第 8、10、12 根附近)，这时一般在蜡结晶形成晶核处加入一次稀释溶剂，加入点主要根据原料性质与冷却温度来确定。从原料-滤液套管结晶器出来的混合液再被二次溶剂稀释，然后进入一段氨冷套管结晶器内，以氨蒸发温度-15～-10℃系统进行氨

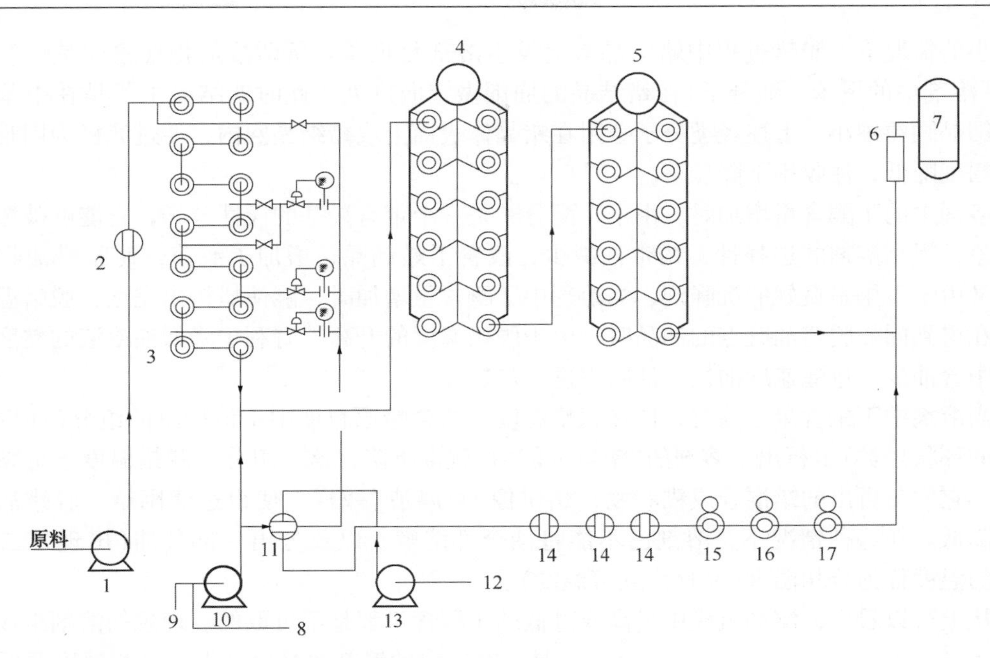

图 5-3　结晶工艺流程图

1—原料油泵；2—原料油水冷器；3—原料-滤液换冷套管结晶器；4—一段氨冷套管结晶器；5—二段氨冷套管结晶器；6—脱蜡过滤进料混合器；7—脱蜡滤机进料罐；8—一段蜡下油液罐；9—干净溶剂罐；10—二次稀释溶剂泵；11—一次稀释溶剂-三次稀释冷洗溶剂换热器；12—干净溶剂罐；13—三次冷洗溶剂泵；14—三次冷洗溶剂-滤液换热器；15—三次冷洗溶剂氨冷器；16—三次冷洗溶剂套管结晶器；17—三次溶剂套管结晶器

冷却，再经过原料二段氨冷套管结晶器，以氨蒸发温度-35℃系统进行氨冷却。从二段氨冷套管结晶器出来后5路混合，由于温度进一步降低，黏度继续增大，此时加入三次溶剂便于输送以及进一步溶解油，然后先进入脱蜡过滤进料混合器后，再进入脱蜡滤机进料罐，自流入脱蜡真空过滤机。

溶剂脱蜡脱油装置的一次、二次稀释溶剂采用脱油部分的循环滤液。由一次、二次稀释溶剂泵抽一段蜡下油液罐，打出后经一次稀释溶剂-三次稀释冷洗溶剂换热器与回收系统冷却后干溶剂罐的三次稀释溶剂、冷洗溶剂进行换热，然后分别注入换冷套管结晶器中做一次稀释。二次稀释溶剂则经一次、二次稀释溶剂泵分别注入5组换冷套管结晶器出口。三次冷洗溶剂泵从干溶剂罐抽出，经一次稀释溶剂-三次稀释冷洗溶剂换热器与一次、二次稀释溶剂换热，然后经三次冷洗溶剂-滤液换热器与滤液换热，再经三次冷洗溶剂氨冷器和三次冷洗溶剂套管结晶器与三次溶剂套管结晶器被-35℃系统氨冷却，三次溶剂打入二段氨冷套管结晶器出口。冷洗溶剂则由一段氨冷套管结晶器出口直接打入脱蜡真空过滤各台滤机顶部进行喷淋。

（三）单元操作

脱蜡结晶操作需要达到以下目的：为石蜡的结晶创造良好的条件、充分利用好冷量、尽量降低溶剂稀释比来降低能耗、提高产品质量即降低蜡含油量、提高加工能力与产品收率。要实现上述几点，需主要做好以下几个方面的操作。

1. 溶剂组成选择

溶剂中甲苯丁酮组成比例应根据脱蜡原料油的性质和脱蜡深度来选取。在溶剂中丁酮含量较小的情况下，脱蜡过程中蜡结晶常会发生溶剂化现象。所谓溶剂化现象就是烃类分子(包括溶剂中的甲苯、油分子)在蜡结晶的周围做定向排列。此时蜡结晶主要是在甲苯中进行，结晶颗粒细小，上述烃类分子会附在蜡晶体表面上或蜡结晶网内，使过滤极为困难，滤速大幅度降低，油收率下降显著。

溶剂中的丁酮含量增加时，由于丁酮分子是一个带有羟基的极性分子，它能够破坏溶剂化现象，提高溶剂的选择性，蜡带油减少，改善了蜡结晶，增加了滤速，使脱蜡油收率增加。又由于丁酮是良好的沉降剂，当溶剂中丁酮含量增加时，能使蜡析出完全，脱蜡温差减小，在得到同样脱蜡油凝点的油品时，由于脱蜡温度的升高，有利于降低油溶液的黏度，而且蜡中含油少，过滤速度加快，油收率进一步提高。

当溶剂中丁酮含量过高时，使在脱蜡温度下的含蜡原料油中不该析出的组分(如少环长侧链的环状烃类)也析出，溶剂的“溶解油能力”逐渐下降，这些组分在脱蜡温度下呈黏稠的液体，它们与析出的蜡混合成糊状物，蜡饼像“豆腐渣”一样，使得过滤困难，脱蜡油收率逐渐降低。在这种情况下，溶剂已不能将油全部溶解，以致分出一部分油(出现第二相)，此点的温度称为分相温度(又称为互溶温度)。

从上可以看出，溶剂组成中过高或过低的丁酮含量都是不可取的。理想的溶剂组成应当是：在一定的溶剂稀释比之下，分相温度要低于脱蜡温度1~2℃，但考虑到工业生产的波动，控制低于分相温度2~5℃的溶剂组成较为合适。比如减二线油，要求脱蜡油凝固点为-15℃，估计脱蜡温差为3℃，则过滤进料温度为-18℃，那么要求溶剂的分相温度应在-20℃以下，脱蜡的溶剂比一般控制在2.1∶1左右。

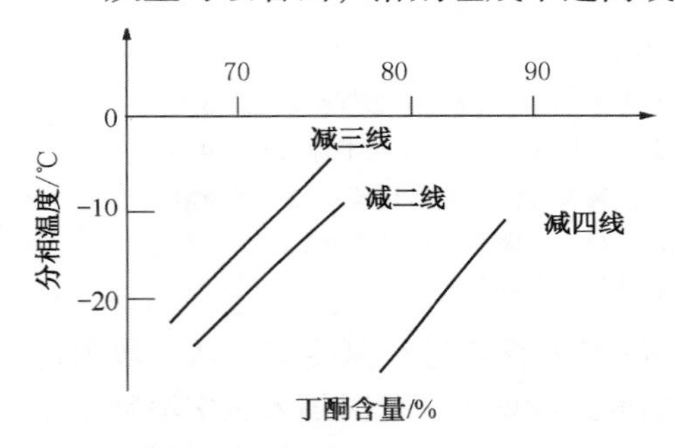

图5-4 丁酮含量与分相温度关系

从图5-4中找到低于分相温度2℃对应的溶剂组成为：丁酮68%，甲苯32%。生产上可按此组成调配，然后通过生产实践检验，调整其组成。当然，如果经过生产实践，已经掌握了各种油品对溶剂组成的要求数值，也可不采取上述的方法而采取经验数值。长期实践经验证明，生产不同轻重馏分时，选用如表5-5所示溶剂组成比较适宜。

表5-5 生产脱蜡溶剂的组成

脱蜡原料	丁酮/%	甲苯/%
常四线75	68~70	30~32
减二线150	60~65	35~40
减三线350	55~60	40~55
减四线650	50~55	45~50

对于生产不同馏分的装置，尤其在从生产常四线、减二线的装置被要求生产减四线时，就需要对溶剂的组成进行调整。

2. 冷却速度控制

蜡从溶液中结晶分出的速度与溶液的冷却速度成正比，冷却速度的快慢对蜡的结晶颗粒的大小有较大影响。

在通常的脱蜡工艺条件下，由式(5-1)可知：生成蜡的晶核数主要与过饱和程度$(x-x_0)$的大小有关，也与从过饱和达到饱和的时间(Q_2-Q_1)的长短有关，过饱和度越大，从过饱和到饱和的时间越短，生产的晶核数目就越多，结晶也就越细小。因此，在脱蜡过程的冷却初期不能冷却过快。此外，冷却速度过快，溶液的黏度增加较快，对结晶也是不利的。

在晶核产生之后，特别是在晶体已初步形成之后，有了足够大的晶体表面和足够多的晶体数量，因此继续析出的蜡分子已易于扩散到这些晶核或晶体上，在冷却速度不很快的条件下，蜡分离出来的速度小于蜡扩散速度，蜡分子就可以扩散到晶核或晶体上，而不生成新晶核，这时就可以适当地提高冷却速度。

国内外很多实验室的工作证明，当冷却速度太快时，易生产小的蜡结晶体，不利于过滤；但冷却速度过慢时，物料在结晶器内停留的时间太长，降低了处理能力，所以在不影响结晶的情况下，应适当提高过滤速度。

冷却速度在脱蜡过程中析出蜡晶体时对生成新晶核的数量有显著影响，对蜡晶体生长粒度有明显作用。特别是在脱蜡结晶初始阶段，冷却速度尤为重要。对于轻质馏分原料，就是在冷点稀释前的冷却速度；对于重质馏分原料，就是油料溶液经过热处理后进行冷却开始析出蜡结晶时的冷却速度。根据经验，结晶初期的冷却速度宜控制在60~80℃/h。在结晶后期，由于油料溶液内已形成足够多的蜡晶体，新析出的蜡分子扩散到蜡晶体表面的距离缩短，蜡晶体生长的速度相对较快，此时可以适当加快冷却速度，可逐渐达到300℃/h。

在实际生产中，由于各种原油性质相差很大，究竟在冷冻初期和冷冻末期的冷冻速度如何控制，应当通过试验确定。在调节冷却速度时，可以通过对冷点温度的调整，冷点位置选择换冷套管第6、8、10、12根套管，以及通过适当降低原料的温度，即调节上述流程冷1循环水量来控制进入第1根套管的温度(注意从冷1出来的温度应略高于物料本身的凝固点，主要防止在冷却器内急冷，对结晶效果不好，希望在套管结晶器内缓慢冷却)等措施来降低冷却速率。

3. 溶剂稀释方法

目前脱蜡装置溶剂稀释方法采用多次稀释。因为采用多次稀释可以改善蜡结晶，并在一定程度上减小脱蜡温差。一般脱蜡通常采用三次加入方式，第1次加入的溶剂称为一次溶剂，加入的位置因原料而异，对馏分油，在第1台结晶器的中部加入，即在介绍工艺流程中的换冷套管结晶器第6、8、10、12根套管，这也被称之为“冷点稀释”；第2次加入的溶剂叫二次稀释，加入的位置在滤液换热套管的出口，因为这时温度已进一步降低，溶液的黏度上升较大，不利于蜡的结晶和输送，需要用溶剂进一步稀释。第3次加入的溶剂叫三次稀释，加入的位置在第2台氨冷套管结晶器的出口，也就是在结晶已完成后，因为这时的溶液温度更低，黏度进一步增加，需要加入溶剂进一步稀释使溶液的黏度降低，同时使蜡晶体表面上的油得到溶解，以便于提高过滤速度和油的收率。

在加入一次、二次、三次稀释溶剂时，加入的溶剂温度应与加入点的油温或溶液的温度相同或稍低(一般温差控制在0~2℃)。过高，则把已结晶的蜡晶体局部溶解或熔化；过低，溶液受到急冷，会出现较多的细小晶体，对过滤不利。

4. 冷点稀释法

一般认为，有溶剂结晶时蜡晶形大而松散，无溶剂结晶时蜡晶形小而紧密，并结合成大小不同的凝聚体，故在无溶剂结晶时蜡的含油量最低，所以现在将第1次稀释点的位置设置在第1台结晶器的中部位置，这样就可以在结晶初期实现无溶剂结晶。这种在生成一定量蜡晶后加入稀释溶剂的方法称为“冷点稀释”或“稀释点后移”。采用该方法后蜡结晶含油少，较紧密，尤其在过滤机内蜡饼明显减薄，过滤速度加快，油收率提高 2%~6%。蜡饼变薄说明过滤机每平方米表面上蜡饼的质量减轻，而实际蜡饼中的蜡组分不会减少，减少的只能是蜡饼中的含油量和溶剂量，而且由于蜡结晶的改善，降低了油蜡混合浆液的黏度，从而相应地降低脱油稀释比。

冷点稀释解决内部包油，是因为正构烷烃从油中析出时，晶体内部是不包油的，而在溶剂中析出时，是包油的。在生产中冷点温度对于轻馏分油效果效果好，而对于重馏分油效果较差。主要是因为随着馏分油的变重，所含蜡的正构烷烃的相对含量逐渐减少，因而冷点稀释效果差。由于正构烷烃的凝点一般是较高的，冷冻开始结晶时，主要析出正构烷烃，因此如果冷点稀释温度过高，从油中析出的正构烷烃少，而从溶剂中析出的正构烷烃较多，导致含油量上升；当冷点稀释温度下降后，正构烷烃从油中析出的数量增多，蜡含油量下降；当冷点稀释温度过低时，低温下析出的正构烷烃的相对比例减小，而异构烷烃等固体烃增多，因而冷点温度降低到一定程度后再往下降时，蜡含油下降不明显。故一般冷点稀释工艺条件为：

（1）加入溶剂点的油温应比自身的凝固点低 15~20℃（上述为经验数据，可根据实际生产情况做出调整）。

（2）加入点的溶剂温度应比加入点的油温低 2~3℃或相同，但绝不能超过，如果高于原料温度后，则细小的蜡结晶很容易被熔化或溶解，然后在溶液中重新结晶，就起不到冷点稀释的作用。

5. 溶剂稀释比

脱蜡过程中所用溶剂与脱蜡原料油之比称为总脱蜡溶剂比。它包括一次、二次、三次稀释比和脱蜡冷洗比。溶剂稀释比应满足下列条件：首先要求在过滤温度下充分溶解润滑油，对蜡几乎不溶解；再就是要降低油的黏度，使之有利于结晶、过滤和输送。因此在润滑油脱蜡时，溶剂加入量是随着油品的黏度增加、含蜡量增多，脱蜡程度加深而加大。溶剂加入量增大，对蜡结晶生长较好（易于过滤），使蜡中含油少，提高了油的收率，但同时也增加了油和蜡在溶剂中的溶解量，即增大了脱蜡温差。另外，溶剂加入量增大也增加了冷冻、过滤、回收的负荷。因此溶剂稀释比在满足以上两个条件后，应取较小值。

对于同一原油的各个馏分来讲，轻馏分黏度小，溶剂对油的溶解度大，溶剂稀释比可以小些。重馏分黏度大，溶剂对油的溶解度小，溶剂稀释比也相应大些。随着脱蜡深度的加深，也就是脱蜡温度降低时，溶剂对油的溶解度下降，原料油的黏度相应上升，这时为使油能全部溶解于溶剂中，溶剂稀释比也要相应适当增加。

以上是总溶剂稀释比对脱蜡的影响，对于每一点的稀释溶剂的用量对脱蜡的影响为：

（1）一次溶剂稀释。一般情况下蜡膏含油与油收率成反比关系。从前文描述可以看出，当未加入一次溶剂时，此时的结晶就处于一种无溶剂结晶状态，此时的蜡含油量应该是最低的。故一次溶剂量加入过大时，滤速虽加快，但油收率降低，脱蜡温差上升；而降低一次溶剂稀释比，蜡含油量降低，油收率反而上升。因此，在保证好套管压力的前提条件下，加入的一次溶剂量应越低越好，保证将物料在降低温度后的黏度稀释到一定程度即可。

（2）二次溶剂稀释。加大二次溶剂量，对脱蜡温差影响不大，滤速改变也不大，在加大溶剂稀释比后，低温下对油的溶解相应增大，可以明显提高脱蜡油收率。此外，装置所采用二次溶剂为循环溶剂，一般为一段脱油滤液。一段脱油滤液循环可以使脱蜡油收率提高1.5%~2%，其原因是一段脱油滤液中的蜡下油是介于脱蜡油和蜡之间的中间部分，其中还含有脱蜡段没有脱除的脱蜡油组分，一段脱油滤液循环类似于有部分蜡下油回炼，对循环滤液有再次结晶分离过程，使部分带入到蜡下油中的油被过滤到脱蜡油滤液中去，因此提高了脱蜡油收率。故在保证好一段滤液罐液面的情况下，应加大二次溶剂稀释的加入量。

（3）三次溶剂稀释。增大三次溶剂稀释比，能进一步降低溶液的黏度，以及低温下进一步溶解蜡晶体表面的油。但如进一步增加，对蜡的溶解度也会有所增大，使脱蜡温差变大。故在满足溶解全部油的情况下，应适当控制好三次溶剂的量。

二、脱油系统

（一）脱油原理

酮苯脱油利用酮苯混合溶剂对油、蜡不同的溶解度和油在溶剂中的溶解度随温度升高而增大的原理，将脱蜡蜡膏与溶剂混合后升温，使蜡膏中的油溶解在溶剂中，而蜡膏中的蜡仍保持蜡晶体。采用真空过滤的方法使油蜡进一步分离，从而获得所需低含油的蜡膏。

脱蜡蜡膏在与溶剂混合升温后，经过一段脱油真空过滤机过滤后所得到的蜡膏，与新鲜溶剂充分混合，再经过二段脱油真空过滤机进行过滤，可进一步降低蜡中的含油量。二段脱油过滤时，所得到滤液中含溶剂量大（一般在95%以上），全部返回脱油一段作为稀释溶剂，从而降低脱蜡脱油溶剂比。

（二）工艺流程

典型脱油过滤工艺流程见图5-5。

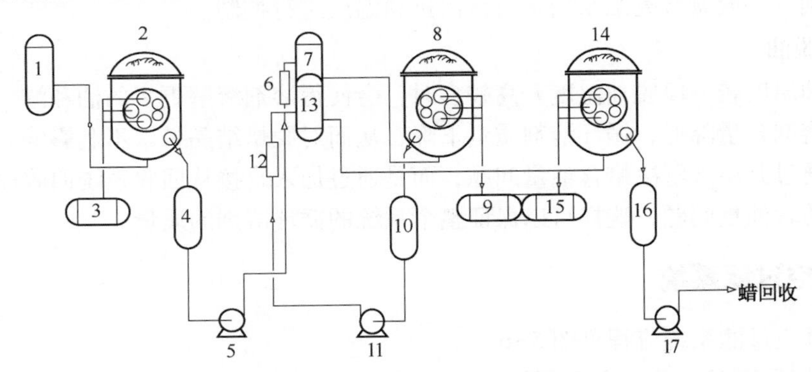

图5-5　典型脱油过滤工艺流程图

1—脱蜡过滤进料罐；2—脱蜡真空过滤机；3—滤液罐；4—脱蜡蜡液罐；5—脱蜡蜡液泵；6—一段脱油过滤进料混合器；7—一段脱油过滤进料罐；8—一段脱油真空过滤机；9—一段蜡下油液罐；10—一段脱油蜡液罐；11—一段脱油蜡泵；12—二段脱油过滤进料混合器；13—二段脱油过滤进料罐；14—二段脱油真空过滤机；15—二段蜡下油液罐；16—二段脱油蜡液罐；17—二段脱油蜡泵

1. 一段升温脱油

含油蜡饼利用脱蜡真空过滤机内螺旋输送器推送至下蜡口，经下蜡管流入脱蜡蜡液罐。在脱蜡蜡液罐内可以注入二段脱油滤液作为浆化溶剂，也可注入新鲜溶剂，使含油蜡液略有升温后，再通过脱蜡蜡液泵抽脱蜡蜡液罐内含油蜡液，经由夹套管线与凝结水换热后升温至

10℃左右，再进入一段脱油进料混合器后送到一段脱油过滤进料罐，再自流入一段脱油真空过滤机。

2. 二段等温脱油

经冷洗后的含油蜡饼由安全气反吹，再利用一段脱油真空过滤机内的刮刀，从滤鼓上刮下，利用一段脱油真空过滤机内螺旋输送器将其推送至下蜡口，经下蜡管流入一段脱油蜡液罐。在一段脱油蜡液罐内注入新鲜溶剂。用一段脱油蜡泵抽一段脱油蜡液罐，一段脱油蜡液经二段脱油进料混合器送到二段脱油过滤进料罐后，再自流入二段脱油真空过滤机。

3. 脱油稀释、冷洗溶剂

一段脱油稀释溶剂主要是利用二段蜡下油液，即二段脱油过滤后的滤液，从二段蜡下油液罐内，由二段蜡下油液泵抽出作为全部一段脱油稀释溶剂，注入脱蜡蜡液罐内。

用脱油稀释、冷洗抽干溶剂罐送至一段蜡下油-脱油稀释冷洗溶剂换热器冷却后，送至一段冷洗溶剂氨冷器和二段冷洗氨冷器内，分别送至一段脱油真空过滤机作为一段脱油冷洗、一段脱油蜡液罐作为二段脱油稀释、二段脱油真空过滤机作为二段脱油冷洗。

（三）单元操作

脱油过程往往希望能进一步降低蜡中含油量，同时提高蜡的收率，以及控制好循环溶剂的质量，通常我们主要通过以下两个方面进行：

1. 控制好脱油进料温度

脱油过程中温度的升高，使得溶剂对油的溶解度升高，会使得蜡的含油量得到进一步降低；但同时也会使得溶剂对蜡的溶解也增加，此外温度过高也会使得部分蜡组分被溶解，从而导致蜡的收率明显降低。所以需要我们将一段脱油温度控制在适宜的范围内，过高与过低都对生产不利。一般调节凝结水用量对该段进料温度进行控制。

2. 二段脱油

二段脱油温度较一段脱油温度升高较多时，会使得溶剂溶解更多的油和蜡，使得二段脱油滤液中的溶剂含量降低，循环溶剂质量下降，从而对脱蜡结晶带来不利影响。所以一般情况下，不是通过升温来解决蜡含油量问题，而是通过加入直接从回收系统回收而来的新鲜溶剂，解决蜡的含油量问题，这样可以保证整个系统的循环溶剂的质量。

三、真空过滤系统

典型的真空过滤系统流程见图5-6。

（一）过滤原理及安全气密闭原理

1. 过滤原理

过滤是将悬浮在润滑油料和溶剂混合液中的蜡固体颗粒分离出来的工艺过程。其基本原理是：在压力差的作用下，悬浮液中的液体透过可渗性介质（滤布），固体颗粒被介质所截留，从而实现液体和固体的分离。过滤操作处理的悬浮液称为滤浆，所用的多孔介质称为过滤介质，通过介质孔道的液体称为滤液，被截留的物质称为滤饼。

1）实现过滤的条件

（1）具有实现分离过程所必需的设备；

（2）过滤介质两侧要保持一定的压力差（推动力）。

2）常用的过滤方法

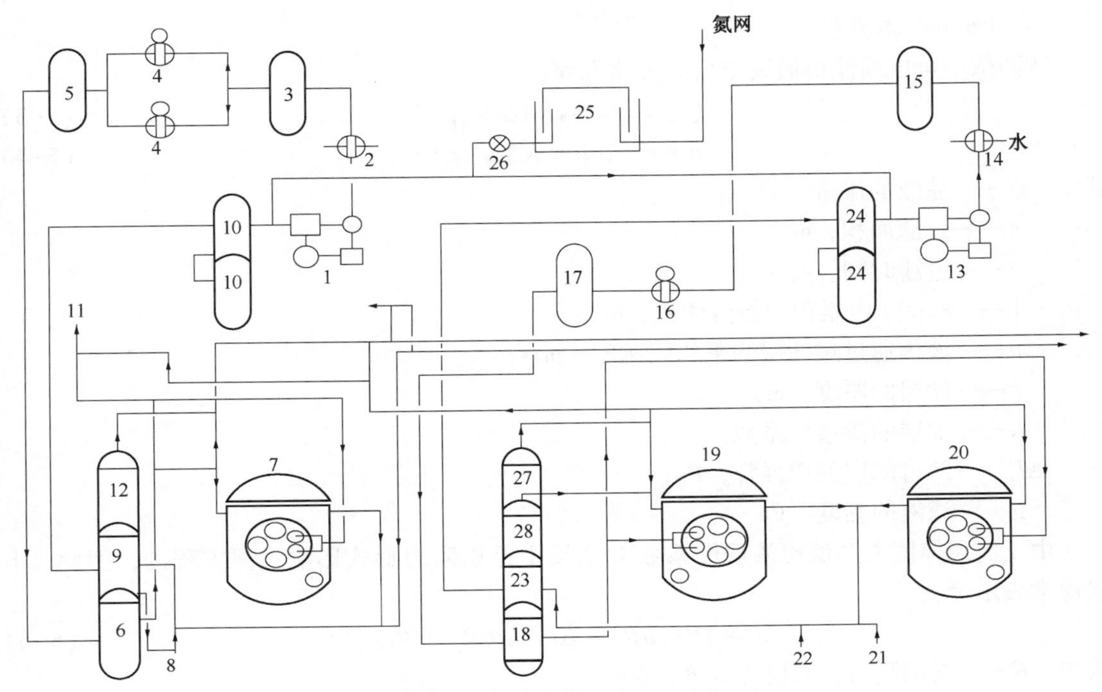

图 5-6　典型真空过滤系统流程图

1—脱蜡真空泵；2—脱蜡惰性气水冷器；3—脱蜡惰性气水冷器出口分液罐；4—脱蜡惰性气氨冷器；5—脱蜡惰性气氨冷器出口分液罐；6—脱蜡惰性气中间罐；7—脱蜡真空过滤机；8—滤液罐；9—脱蜡惰性气泡沫分离器；10—脱蜡惰性气压缩机进口分液罐；11—溶剂吸收器；12—脱蜡过滤进料罐；13—脱油真空泵；14—脱油惰性气水冷器；15—脱油惰性气水冷器出口分液罐；16—脱油惰性气氨冷器；17—脱油惰性气氨冷器出口分液罐；18——段脱油惰性气中间罐；19——段脱油真空过滤机；20—二段脱油真空过滤机；21—二段蜡下油液罐；22——段蜡下油液罐；23——段脱油惰性气泡沫分离器；24—脱油惰性气压缩机入口分液罐；25—惰性气储罐；26—惰性气压缩机入口分液罐；27——段脱油过滤进料罐；28—二段脱油过滤进料罐

常用的过滤方法可分为重力过滤、真空过滤、加压过滤和离心过滤。酮苯脱蜡装置主要采用真空过滤方式。

3）过滤特点

从本质上看，过滤是多相流体通过多孔介质的流动过程。主要有以下特点：

（1）流体通过多孔介质的流动属于极慢流动，即渗流流动，有两个影响因素，① 宏观的流体力学因素，② 微观物理化学因素。

（2）悬浮液中的固体颗粒连续不断地沉积在介质内部孔隙中或介质表面上，因而在过滤过程中过滤阻力不断增加。

4）过滤的目的

主要在于回收有价值的固相，或为获得有价值的液相；或两者兼而收之。酮苯过滤就是要回收固相的蜡和液相的脱蜡油。

5）不可压缩滤饼的过滤过程

过滤时，流过滤饼的液体通过表面的运量传给固体颗粒的一个曳应力，该力通过点接触的颗粒向前传递并沿流动方向逐渐积累。若滤饼结构在此累积的曳应力的作用下颗粒不相互错动，滤饼的孔隙度不产生变化，则称这种滤饼为不可压缩滤饼。

6）过滤的基本方程

达西依不可压缩滤饼假设提出的过滤方程：

$$Q = \mathrm{d}V/\mathrm{d}t = KA\Delta P/(\mu L) \tag{5-3}$$

$$u = \mathrm{d}V/A\mathrm{d}t = K\Delta P/(\mu L) \tag{5-4}$$

式中　Q——滤液的流量，m^3/s；

A——过滤面积，m^2；

t——过滤时间，s；

V——时间 t 内累积的滤液体积，m^3；

u——液体通过过滤层的平均线速度，m/s；

L——滤层的厚度，m；

K——滤层的渗透性系数，m^2；

ΔP——跨过滤层的压强降，Pa；

μ——滤液的黏度，Pa · s。

由于滤层厚度 L 和滤层渗透性系数 K 实质上是以阻力形式影响过滤方程的，因此，上式通常表示为：

$$u = \Delta P/(\mu R) = \Delta P/[\mu(R_m + R_c)] \tag{5-5}$$

式中　R——滤层阻力，其值为 L/K，1/m；

R_m，R_c——过滤介质和滤饼阻力，1/m。

影响滤饼阻力的因素：对于不可压缩滤饼而言，滤饼阻力通常与过滤介质表面沉积的固体物料量成线性关系，即：

$$R_c = \alpha_m \omega \tag{5-6}$$

式中　α_m——滤饼的质量比阻，m/kg；

ω——单位面积介质上沉积的滤饼质量，kg/m^2。

故有：

$$u = \Delta P/(\mu R) = \Delta P/[\mu(R_m + \alpha_m \omega)] \tag{5-7}$$

式(5-7)就是过滤的基本方程，也就是人们所熟知的鲁思过滤方程。

式中，$\Delta P=\Delta P_m+\Delta P_c$，$\Delta P_m$、$\Delta P_c$分别为克服滤饼阻力和过滤介质阻力所需的压强差。

鲁思过滤方程中一个重要的参数是滤饼的比阻。显然，它直接反映过滤的难易程度。由于 $\omega=L_k\rho_s(1-\varepsilon)$，则

$$R_c = \alpha_m L_k \rho_s (1 - \varepsilon) \tag{5-8}$$

式中　ε——滤饼孔隙率(滤饼中孔隙体积与滤饼总体积之比)；

ρ_s——固体密度，kg/m^3；

L_k——滤饼厚度，m。

在脱蜡装置上，如果蜡的结晶颗粒较大，而且比较紧密，在过滤时，不易堵塞滤布，生成蜡饼即滤渣层孔隙较多，过滤阻力小，单位时间内通过的滤液多，滤饼也容易吸干，反映在生产上是过滤速度快，处理量大，油收率高，蜡饼含油少。

7）过滤动力

当绝对压力低于当地大气压力时，用真空表测得的数值，即绝对压力低于当地大气压力的数值，称为“真空度”，用 P_v 表示；工质的真实压力称为“绝对压力”，以 P 表示。大气压以 P_b 表示，则关系式如下：

$$P = P_b - P_v \tag{5-9}$$

过滤机中的密闭压力和真空度在滤布内外形成一个压差，使滤布具有将过滤原料溶剂混合物吸附及吸干蜡饼的功能，因此密闭压力和真空压力差是过滤过程的动力。在处理同一原料、密闭压力不变的情况下，过滤压差小(即真空度小)时，过滤速度就慢，在蜡饼脱离液面以后和经过冷洗区后不易被吸干，这样会增加蜡饼中的含油量，使脱蜡油的收率下降；当过滤压差过大(真空度过大)时，蜡饼很快被压紧，并使滤布小孔堵塞，同时对吸干、洗涤、抽净都不利，反吹也很困难，这样也将使蜡饼含油量增加，油收率和处理量都下降。因此，应根据不同的原料性质保持适当的真空度，控制过滤动力。

8）过滤速度

过滤速度是指在单位时间内，每平方米过滤面积上所流过的物流量，即：过滤速度=物料流量/过滤总面积，单位为 $kg/(h \cdot m^2)$ 或 $m^3/(h \cdot m^2)$。

9）反吹

过滤机转鼓在圆周方向共分有几十个格子，反吹区是其中一个格子，当滤鼓转到反吹区时，反吹气体在反吹区吹松蜡饼，如果滤布有漏处就会在该处喷出溶剂。反吹压力太小不能使蜡饼被吹松，太大将使绕线受力过大而断线，易损坏设备，故反吹压力也要严格控制。

10）冲洗

过滤机中冲洗指冷洗溶剂。位置在滤鼓上方的冷洗区，其目的是用于过滤机的蜡饼洗涤，使蜡结晶体表面及各晶体缝隙间的油进一步溶解并进入滤液，从而降低蜡含油，提高油收率。

2. 真空密闭系统

用火柴点燃蜡烛后，蜡油与空气中的氧发生化学反应；点燃液化气时，气体中的丙烷、丁烷、丙烯、丁烯便与氧发生化学反应，这些反应形成了火焰，放出了光和热，其化学反应式为：

$$\text{有机物+氧气} \!=\!=\!= \text{二氧化碳+水}$$

由此可见，氧的存在是引起燃烧的重要条件，除去氧，就能保证有机物的安全。同理，除去氧也能杜绝爆炸，因为爆炸的实质是迅速的燃烧，即燃烧的速度十分迅猛，产生的二氧化碳和水蒸气使容器压力快速升高，爆破容器。

脱蜡溶剂甲苯和甲乙酮易燃、易爆，危险性仅次于氢气、液化气，因此需在隔绝空气的条件下密闭储存。由于脱蜡溶剂在常温下的蒸气压均小于大气压，因此脱蜡溶剂易于气化。储存器内的压力小于大气压时，易进入空气，形成爆炸性混合气体，而脱蜡溶剂在空气中的爆炸浓度极低(下限为1.3%~2.15%)，非常危险。因此必须填充惰性气体，消除真空，脱蜡溶剂的各个储罐和滤机均用安全气进行密闭。目前通常采用含氧量很低的氮气，进行正压密闭，一则气体本身含氧量小，形不成爆炸性混合气体；二则储存过程中杜绝了空气漏入，能确保长期安全使用。

（二）流程简介

1. 脱蜡过滤

脱蜡滤机进料罐架在高于脱蜡过滤机的位置，冷冻结晶后的原料和溶剂混合物从罐内自流进入并联的各台过滤机底部，根据滤机液面控制进料量。而在滤机内部，真空系统通过分配头把转鼓表面的格子抽成负压，另外在滤机壳内保持一定的密闭压力，提供过滤动力。部分滤鼓沉浸在油蜡和溶剂混合浆液中，当滤鼓转动时，在滤鼓浸没部位的滤液穿过滤布通过低部真空小管进入脱蜡滤液罐内，蜡则聚集在滤布表面。随着转鼓的转动蜡层增厚，当蜡层离开液面后，用高真空管抽干，进入滤鼓上方的冷洗区，用脱蜡冷洗溶剂淋洗蜡饼，冷洗溶剂和被洗下来的脱蜡油被吸入冷洗真空小导管，同样流入脱蜡滤液罐内，然后再用泵抽出与结晶系统换热。蜡饼逐步被吸干，当转到反吹区时，安全气将蜡饼吹松，由刮刀导入输蜡器槽内，由螺旋输送器将蜡送至蜡液罐内。

2. 一段脱油过滤

含油蜡浆液从一段脱油过滤进料罐自流入一段脱油真空过滤机进行一段蜡下油液（一段蜡下油和溶剂混合液）和一段脱油蜡膏（一段脱油蜡和溶剂混合物）的分离，一段蜡下油液通过滤布、滤鼓的内管和过滤机的分配头，由低、中、高 3 个出口进入一段蜡下油液罐后，由一、二次溶剂泵抽出一部分一段蜡下油液作为脱蜡一次、二次稀释溶剂；用一段蜡下油液泵抽一段蜡下油液罐中其余的一段蜡下油液，经换热到 20℃左右送到蜡下油液溶剂回收系统。

一段脱油真空过滤机的上部有喷淋冷洗溶剂的管子，不断喷出冷洗溶剂以洗涤滤布上的蜡饼，降低蜡的含油量。经冷洗后的含油蜡饼由安全气反吹，再利用滤 2 内的刮刀，从滤鼓上刮下，利用一段脱油真空过滤机内螺旋输送器将其推送至下蜡口，经下蜡管流入一段脱油蜡液罐。

3. 二段脱油过滤

经溶剂稀释后的一段脱油蜡浆液从二段脱油过滤进料罐自流入二段脱油真空过滤机进行二段蜡下油液（二段蜡下油和溶剂混合液）和二段脱油蜡膏（二段脱油蜡和溶剂混合物）的分离。二段蜡下油液通过滤布、滤鼓的内管和过滤机的分配头，由低、中、高 3 个出口进入二段蜡下油液罐后，由二段蜡下油液泵抽出作为全部一段脱油稀释溶剂，注入蜡液罐内。

二段脱油真空过滤机的上部有喷淋冷洗溶剂的管子，不断喷出冷洗溶剂以洗涤滤布上的二段脱油蜡饼，降低蜡的含油量。经冷洗后的脱油蜡饼，由安全气反吹，再利用二段脱油真空过滤机内的刮刀，从滤鼓上刮下，利用滤 3 内螺旋输送器将其推送至下蜡口，经下蜡管流入二段脱油蜡液罐。在二段脱油蜡液罐内注入温洗溶剂，二段脱油蜡液泵抽二段脱油蜡液罐内的二段脱油蜡液送到蜡液溶剂回收系统。

4. 安全气流程

安全气来自装置外低压氮气管网，储存于安全气贮罐内，作为装有溶剂的工艺设备密封、滤机反吹用。由于脱蜡和脱油的过滤温度不同，因此向脱蜡和脱油系统提供的安全气分别进行冷却和输送。

1）脱蜡用安全气系统

脱蜡安全气来自于氮气管网到惰性气贮罐，经惰性气压缩机入口分液罐与从脱蜡惰性气泡沫分离器来的安全气在脱蜡惰性气压缩机进口分液罐混合后，经脱蜡真空泵压缩，进入脱蜡惰性气水冷器，经脱蜡惰性气水冷器出口分液罐、脱蜡惰性气氨冷器、脱蜡惰性气氨冷器出口分液罐后送到脱蜡惰性气中间罐容 3，送至脱蜡真空过滤机，控制一定的反吹压力，多余的安全气经减压后作为有溶剂的设备及脱蜡真空过滤机密闭用，脱蜡真空过滤机密闭出口经脱蜡滤机密闭压力控制后回至脱蜡惰性气泡沫分离器，经脱蜡惰性气压缩机进口分液罐由脱蜡真空泵抽出形成循环回路。脱蜡惰性气泡沫分离器底部有溢流线，可以把液体溢流到滤液罐。脱蜡真空泵抽脱蜡惰性气泡沫分离器内安全气保证滤液罐滤液罐真空度，使脱蜡真空过滤机的滤鼓内外形成压差。

2）脱油安全气系统

由脱油真空泵抽来自氮气管网到惰性气储罐的安全气，经惰性气压缩机入口分液罐的安全气与从一段脱油惰性气泡沫分离器经脱油真空泵脱油惰性气压缩机入口分液罐的安全气一起，压缩后经脱油惰性气水冷器，经脱油惰性气水冷器出口分液罐、脱油惰性气氨冷器、脱油惰性气氨冷器出口分液罐后送到一段脱油惰性气中间罐，送至一段脱油真空过滤机、二段脱油真空过滤机，控制一定的反吹压力，多余的安全气经减压后作为装有溶剂的设备及一段脱油真空过滤机、二段脱油真空过滤机的密闭用。一段脱油真空过滤机、二段脱油真空过滤机密闭出口经脱油滤机密闭压力控制后回至一段脱油惰性气泡沫分离器，再经脱油惰性气压缩机入口分液罐，用脱油真空泵抽出形成循环回路。一段脱油惰性气泡沫分离器底部有溢流线，可以把液体溢流到一段蜡下油液罐、二段蜡下油液罐。脱油真空泵抽一段脱油惰性气泡沫分离器内安全气保证容一段蜡下油液罐、二段蜡下油液罐真空度，使一段脱油真空过滤机，二段脱油真空过滤机的滤鼓内外形成压差。

（三）单元操作

过滤操作的好坏对脱蜡过程有较大影响。过滤机操作的好包括以下两个方面：① 单位过滤面积通过的滤液量大；② 残留在蜡饼中的油溶液量小。单位面积通过的滤液量主要由蜡结晶好坏、蜡饼厚度和滤鼓内部与外部的压差所决定；残留在蜡饼中的油液量则由蜡结晶好坏、冷洗状况和冷洗液吸入滤鼓情况所决定，所以要达到上述要求，要做好以下几个方面工作。

1）控制好滤机液面高度和转速

当滤鼓转速不变时，滤机液面的高度决定滤鼓表面在液体中浸没的时间。液面低，滤鼓表面在液体中的浸没时间短，通过该表面的滤液量就比较少，附在滤鼓表面的蜡饼也薄，蜡饼脱离液面以后吸干时间相对延长。同时，滤饼薄，冷洗时也容易洗透，过滤效果好，但滤机处理量减小。滤鼓转速加快，可以增大滤鼓表面的利用率，在一定时间通过滤鼓表面的总滤液量可以提高，但对于吸干、冷洗、再吸干的时间相对缩短，将不利于蜡饼除去油溶液。所以选择适当的液面高度和滤鼓转速，需要靠经验调节。一般在蜡结晶较好的条件下，可以通过增加滤鼓转速来加大过滤机的处理量，或者处理量不变，用增大滤鼓转速和控制低真空的办法来提高油收率，在蜡饼不易过滤的情况下，最好选择降低液面的办法提高蜡、油分离效果。

2）控制好过滤真空度

真空度过小，滤液通过滤饼的速度慢，尤其是在蜡饼脱离液面以后，在冷洗时不易吸干，这样就会增加蜡饼中的含油量。但如果滤鼓部分（即浸没在混合浆液中的部分）的真空度过高，将会把蜡饼很快压紧，对洗涤和过滤都不利。在正常操作下，以维持滤鼓过滤部分真空度略比吸干冷洗真空度稍低为宜，并注意控制好每台滤机的液面和冷洗溶剂（冷洗溶剂要能覆盖蜡饼裂纹，维持较大的真空度）。如果其中有一台滤机的液面过低或冷洗中断，就会引起整个过滤系统真空度下降。

3）温洗操作

滤机经过一段时间的过滤后，滤布的孔隙被蜡晶粒或冰粒堵塞，需要用高于蜡的熔点的热溶剂进行冲洗，把滤布孔隙中的堵塞物溶解和溶化，使滤布恢复过滤效率。温洗的周期，应根据过滤失效情况而定。温洗前，应处理干净滤机底部的物料，待滤鼓上蜡饼很少时再开热溶剂温洗。温洗液中含有蜡，因此不得放入滤液罐，以免影响脱蜡油凝固点，尤其在深度脱蜡时更应注意。

4）控制好冷洗量

滤鼓上蜡饼的喷淋溶剂即冷洗溶剂要均匀，其量应按照蜡饼的厚度、裂纹程度、吸滤真空度等情况来调节。通常以冷洗溶剂能在滤鼓上吸干、没有剩余溶剂流入滤机底部为宜。

5）注意滤机的安全运转

要控制好滤机的密闭压力和反吹压力，要保证好滤机微正压操作，主要是为了防止滤机有漏点造成有空气进入系统内。及时调节好氮气补充量，控制过滤系统内的安全气含氧量不大于5%(推荐值)，此外还要注意好滤机绕线情况，发现绕线松动和中断后应及时处理。

四、冷冻系统

(一) 冷冻原理

1. 制冷剂

制冷剂又称制冷工质。它是在制冷系统中不断循环并通过其本身的状态变化以实现制冷的工作物质。制冷剂在蒸发器内吸收被冷却介质(原料、溶剂等)的热量而汽化，在冷凝器中将热量传递给周围空气或水而冷凝。常用的制冷工质有氨、氟利昂(饱和碳氢化合物的氟、氯、溴衍生物)、共沸混合工质(由两种氟利昂按一定比例混合而成的共沸溶液)和碳氢化合物(丙烷、乙烯等)等；制冷剂的主要技术指标有饱和蒸气压、比热容、黏度、导热系数、表面张力等。

氨是目前使用最为广泛的一种中压中温制冷剂，国内酮苯脱蜡装置的制冷剂都采用氨。氨的凝固温度为-77.7℃，标准蒸发温度为-33.3℃，在常温下冷凝压力一般为1.1～1.3MPa，即使当夏季冷却水温高达30℃时也绝不可能超过1.5MPa。氨的汽化潜热大，当蒸发温度为-10～-47.2℃时，汽化潜热为310～336.8kcal/kg(1.29～1.408MJ/kg)，且传热性较好。

此外氨有很好的吸水性，即使在低温下水也不会从氨液中析出而冻结，故系统内不会发生“冰塞”现象。氨对铜及铜合金有腐蚀作用，且使蒸发温度稍许提高。因此，氨制冷装置中不能使用铜及铜合金材料。

氨的相对密度和黏度小，放热系数高，价格便宜，易于获得。但是，氨有较强的毒性和可燃性。若以容积计，当空气中氨的含量达到0.5%～0.6%(核实)时，人在其中停留0.5h即可中毒，达到11%～13%时即可点燃，达到16%(核实)时遇明火就会爆炸。因此，氨制冷机房必须注意通风排气，并需经常排除系统中的空气及其他不凝性气体。

综上所述，氨作为制冷剂的优点是：易于获得、价格低廉、压力适中、单位制冷量大、放热系数高、几乎不溶解于油、流动阻力小，泄漏时易发现。其缺点是：有刺激性臭味、有毒、可以燃烧和爆炸，对铜及铜合金有腐蚀作用。

2. 制冷原理

物质汽化时要吸收大量的汽化热，而冷凝时则相反，将放出大量的冷凝热。加压时可提高气体的冷凝温度，据此可实现制冷。下面简要概述制冷原理：

1）气体的压缩与膨胀

当向一个密闭的容器中装入液体时，气体的容积将减小，如图5-7所示，显然$V_1>V_2$，这时会看到罐上的压力表指针上升，说明罐内空间中，气体的分子密度增加了，因而压力得到上升。这说明气体受到了压缩。

相反，如将罐内气体抽出，则罐内气体分子密度减小，因而压力降低，甚至形成负压(真空)，这说明气体得到膨胀。理想气体在受到压缩与膨胀时，其温度、压力和体积之间遵循下列关系式：

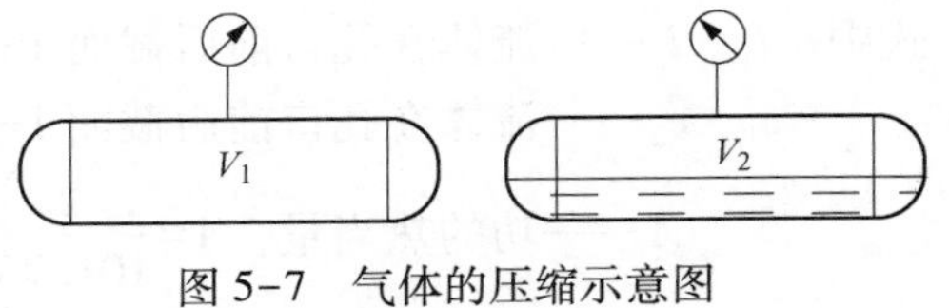

图 5-7　气体的压缩示意图

$$\frac{P_1V_1}{T_1}=\frac{P_2V_2}{T_2} \tag{5-10}$$

式中　P_1、V_1、T_1——第一种状态下的压力、体积和绝对温度；

P_2、V_2、T_2——第二种状态下的压力、体积和绝对温度。

由上式可知，当扩大体积 V_1 时，则压力 P_1 下降；相反，如将气体体积 V_2 缩小，则压力 P_2 上升。

2）传热和传热温差

在固体物质的内部，只要各点间有温度差的存在，热量就可以从高温点向低温点传导，这种过程叫热传导。热传导时，只发生热量传导，其质点不发生移动。对流传热则相反，是由于质点的移动，将热量从流体中的某一处传递到另一处，这两种传热方式在工业上常常是联合进行的。

首先由流体将热量传至固体壁(容器壁、管线壁等)，再由固体壁通过热传导把热量传递给另一个流体。例如，在套管结晶器内，温度较高的脱蜡原料油和溶剂的混合液中，某一质点 B_1，随液体流动，移动至 B_2点，与冷管壁接触，受到冷却，温度下降，而后又随液体流动，可能移动到 B_3点，将冷量传递给周围的质点，使其受到冷却。当 B_2点受到冷却时，将热量传递给管壁内侧，由于管壁外侧受到氨的冷冻，温度更低，形成了温差，于是热量从内壁传导至外壁，外壁再将热量传递给周围液氨，周围液氨吸收热量后温度升高，达到沸点时，液氨汽化。汽化时得到的氨气被冷冻机抽出，氨不断蒸发吸热，脱蜡原料油和溶剂通过管壁得到不断冷却，完成脱蜡工艺中的冷冻过程。

3）节流

流体在管道中流动，通过阀门、孔板等设备时，由于截面积缩小，流速增加，经过上述设备后，截面积又恢复到孔口前的大小，流速减小，期间受到局部阻力，使液体压力损失，造成压力下降，这种现象称为节流现象。若流体与外界没有热交换，则称为绝热节流，或简称为节流。如图 5-8 所示。

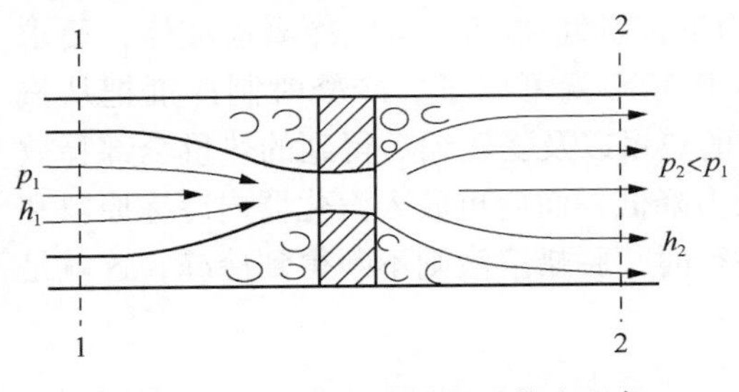

图 5-8　流体经过孔板时节流现象

目前节流膨胀仍是工业上液化气体的一个重要方法。根据热力学原理，在绝热的过程中，各截面上的焓 i 与动能总值$\left(A\cdot\frac{c^2}{2g}\right)$之和的总能量不变，即：$i+\left(A\cdot\frac{c^2}{2g}\right)=$定值。故气流的焓值在流经孔口时将减小，而流过孔口之后，又逐渐增加。因为有强烈的扰动，状态是极不平衡的，故不能用热力学方法加以分析。但在距孔口较远的地段，如图 5-8 截面 1-1 和截面 2-2，气体的状态是平衡的，对这两个截面引用绝热流动的能量守恒式，可得：

$$i_1+\left(A\cdot\frac{{c_1}^2}{2g}\right)=i_2+\left(A\cdot\frac{{c_2}^2}{2g}\right) \tag{5-11}$$

式中 i_1、i_2——流体在孔口前后截面 1-1 和截面 2-2 处相应的焓，kJ/kg；

c_1、c_2——流体在孔口前后截面 1-1 和截面 2-2 处相应的流速，m/s；

A——功的热当量，$A=\frac{1}{101.96}$kJ/(kg · m)；

g——重力加速度，$g=9.81\text{m/s}^2$。

在通常情况下，c_1 和 c_2 的差别不大，$A\left(\frac{c_1^2}{2g}-\frac{c_2^2}{2g}\right)$与 i_1 和 i_2 相比极小，可忽略不计。故得：$i_1=i_2$，也就是节流之后，气流的焓仍回到原值，称为节流前后焓值不变，或者说它是一个等焓过程(至于在截面 1-1 和截面 2-2 之间的一段，因气体处于不平衡状态，不能确定各点的焓值)。组成焓的 3 部分能量：分子运动的动能、分子相互作用的位能、流动能的每一部分是可能变化的。节流后压力降低，分子之间的距离增加，分子相互作用的位能增大。而流动能一般变化不大，所以，只能靠减小分子运动的动能来转换成位能。分子的运动速度减慢，体现在温度降低上。

在制冷工程上，液体制冷剂通过节流阀的过程是一个节流过程，其节流前后焓值不变。液体制冷剂从高压、常温节流成为低压、低温液体，还伴随产生一部分气体。注意节流后的焓值等于低温低压液体和低温气体的焓值之和。虽然低温液体焓值较小，但气体的焓值较高，二者之和仍与节流前的焓值相等。由于节流后部分液体变成了气体，吸收了显热转变为潜热，故节流后焓值不变而温度却大大降低。

4）氨制冷原理

氨冷冻原理如图 5-9 所示。

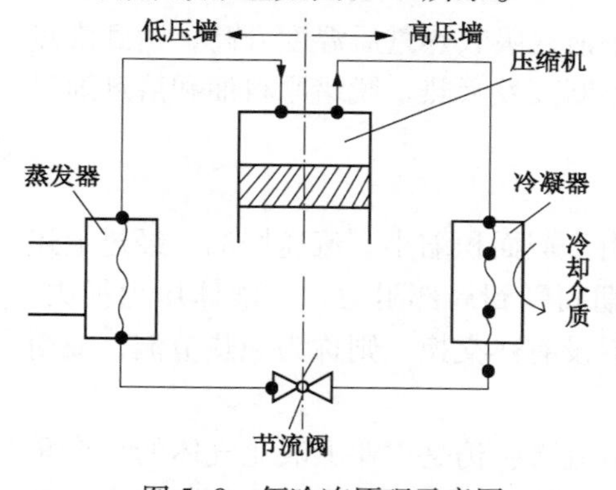

图 5-9 氨冷冻原理示意图

由图 5-9 可知，原料和溶剂混合液经过蒸发器时，它的温度较高，必然受到低温制冷剂的冷冻，使其温度下降。制冷剂吸收混合液放出的热量后汽化，将部分热量带走，完成一次冷冻过程。如要连续不断地进行冷冻，则需要不断补入制冷剂并蒸发。为了降低生产费用，制冷剂需要循环使用。因此，将汽化后的蒸气从压缩机入口吸入，将压力提高。在较高压力下，制冷剂气体在一般水温下即可冷凝成液体。如在 1.5MPa 压力下，氨气在 38℃可以冷凝成液体，要求冷却水温小于 30℃就可以了。冷凝时制冷剂把从汽化器中吸收的热量以及受压缩后得到的热量全部释放给水。冷凝后的液体制冷剂节流膨胀，将温度和压力降低，而后再放入汽化器内冷冻原料和溶剂的混合液，构成冷冻循环。当这一循环不断进行时，脱蜡溶液则不断得到冷冻，这就是氨冷冻的基本原理。

(二)流程分析

氨冷流程具体流程如图 5-10 所示。

1. -20℃氨冷系统

一段氨冷套管的分配罐内的液氨以及脱蜡惰性气氨冷器内的液氨，被物料加热汽化，流入一段液氨分离器分液后，进入一段氨压缩机，气氨经一段氨压缩机压缩后与-35℃系统的气氨汇合到氨干空冷器冷凝，再经氨湿空冷器冷凝冷却到液态，入液氨储罐。从液氨储罐压

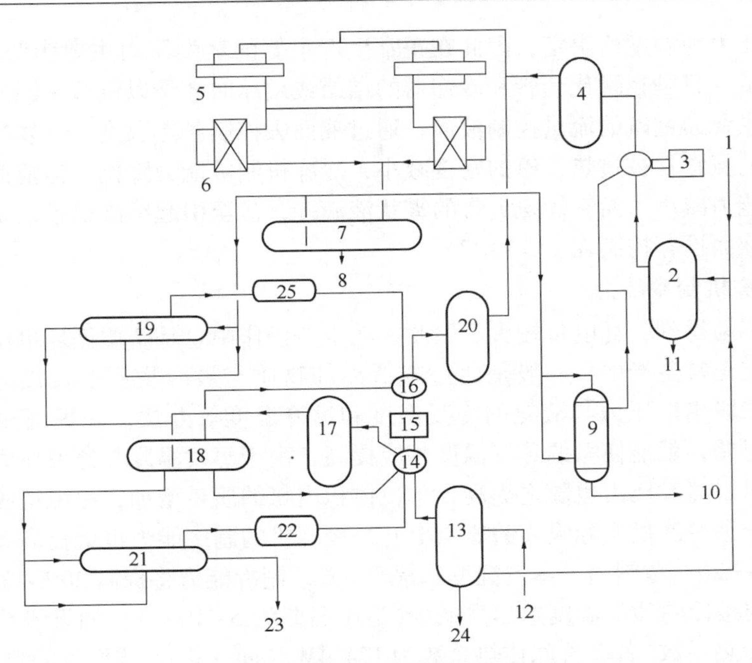

图 5-10 氨冷流程示意图

1，10，11——一段氨冷设备；2——一段液氨分离罐；3——一段氨压缩机；4—油氨分离器；5—氨干空冷器；6—氨湿空冷器；7—液氨储罐；8—氨泵；9——一段氨压缩机经济器；12—二段氨冷设备；13—二段液氨分离器；14—二段氨压缩机低压级机头；15—二段氨压缩机；16—二段氨压缩机高压级机头；17—低压级油分器；18—氨中冷器；19—高压级经济器；20—高压级油分器；21—低压级经济器；22，25—缓冲罐；23，24—二段氨冷器

出的液氨分成两部分，一部分直接去-20℃氨冷系统和-35℃氨冷系统的各氨冷设备，通过节流、蒸发吸收油品溶剂和安全气体的热量；另一部分则去经济器。经济器一部分液氨经节流后进入壳程。在汽化过程中吸收管程液氨的热量，气氨通过补气口被一段氨压缩机吸入，由经济器管程流出的过冷液氨则去-20℃氨冷系统的各设备制冷。

2. -35℃氨冷系统

二段氨冷套管的分配罐内的液氨以及脱蜡惰性气氨冷器内的液氨，被物料加热汽化，流入二段液氨分离器分液后，进入二段氨压缩机。气氨经二段氨压缩机压缩后与-20℃氨冷系统的气氨汇合到氨干空冷器、氨湿空冷器后入液氨储罐。

（三）单元操作

冷冻系统是为结晶系统和安全气提供冷量。随着处理量、溶剂稀释比、安全气循环量和气温的变化，要及时提供足够的冷量，使各点温度控制在指标以内，保证脱蜡油的质量合格和回收安全气中的溶剂。冷冻系统单元操作主要包括以下 3 个方面。

1. 控制好各点温度

脱蜡原料油和溶剂的混合物以及安全气的冷却温度，是通过控制相应氨蒸发器氨的液面和氨的蒸发压力来调节的。如果液面过低，说明需要的冷量超过了液氨的提供量，这时应适当补充液氨。反之，液面过高则应减小补入液氨量。当结晶系统所要被冷却的物料流量增大后，分配到套管等设备中的液氨量也应适当增大。当物料的温度升高后，也应适当增大液氨量。如果套管出口的温度升高了，氨的蒸发压力又未发生变化，则也应适当增大液氨量。由于纯氨的蒸发压力为温度所决定，因此在正常生产中氨的蒸发压力主要为脱蜡温度所决定，生产中不予调节，只是在融化套管和冷却器的结蜡或结冰时才予以调节。因此，在正常生产中，操作人员主要通过氨的流量控制液面，通过液面去控制各点温度。蒸发器内的液面控制过低，汽化后的氨常常被过热，氨的密度减小，冷冻机制冷能力降低。但液面过高，汽化空间减小，传热能力减小，而气体氨夹带的雾状液滴多，甚至引起冷冻机抽液氨。因此，生产要求氨分配罐液面推荐控制在1/3～1/2。

2. 提高冷冻机制冷能力

由于冷量不易得到，耗电量较大。因此，在生产操作中总是希望循环单位质量的氨得到最大的冷量。在正常生产中，一般是通过降低冷却物质与被冷物质的温度差(传热温差)，减小冷冻机的二段出口压力与液氨的冷凝温度和过冷温度等办法，来提高冷冻机的制冷能力。降低传热温差，就能使氨的蒸发温度相应提高，由于蒸发温度与蒸发压力是匹配的，当蒸发温度提高时，蒸发压力也随之提高，单位体积内氨的质量增加，冷冻机吸入氨气的体积也有所增加。于是冷冻机实际吸入的氨量上升，冷冻机的制冷能力也就提高，见表5-6。如蒸发温度在-5～-20℃范围内，蒸发温度每提高5℃，制冷能力将提高20%～25%。因此，应当使蒸发温度与被冷物质的温度差尽量减少(最小温差为5～10℃)。如果能减少带入套管的废油量，提高传热系数[若套管原传热系数为174.4W/(m^2·K)，当管壁附有1mm厚的冷冻机油后则传热系数将下降80 W/(m^2·K)，降低了54%]，加强设备维护，减少停修套管，保证有较大的传热面积，就能使温差得到一定程度的降低，达到提高冷冻能力的目的。

表5-6　氨的单位制冷能力　　kJ/m^3

蒸发温度/℃	过冷温度/℃								
	-20	-15	-10	10	15	20	25	30	35
-10	3207	3153	3099	2877	2821	2765	2707	2650	2594
-15	2625	2580	2536	2355	2308	2665	2214	2418	2120
-20	2130	2094	2057	1909	1871	1833	1795	1756	1719
-25	1713	1684	1654	2371	1504	1473	1442	1411	1375
-30	1364	1341	1317	1221	1197	1172	1147	1122	1098
-35	1074	1052	1037	961	942	922	903	883	864
-40	837	823	808	748	733	718	702	687	672
-45	641	631	620	576	562	550	538	526	516

冷冻机二段出口压力主要由氨的冷凝温度所决定，如果冷凝温度降低5℃，冷凝时的压力可减少0.2MPa，它将引起冷冻机二段压缩比降低，高压缸吸入氨气能力提高。这主要是因为二段出口压力的降低使残存在余隙中氨气压力下降，这些氨气膨胀后对吸入的真空度的影响减小，从而提高了冷冻机高压级的吸入能力。高压级吸入能力的提高，降低了冷冻机一段出口压力，使低压级的压缩比减小，低压级的吸氨能力也得到相应的提高，从而提高了冷冻机的制冷能力。同时氨的冷凝温度也得到降低，在中间槽节流膨胀时，所需汽化的氨量减小，放入需冷设备的液氨量相对增多，冷冻机的制冷能力也得到提高。因此，冷冻机二段出口压力每降低0.2MPa，即冷凝温度约降低5℃，可提高制冷能力约3%～5%，冷凝后的液氨，进一步通过经济器过冷后，也可提高制冷能力。通常在一般温度范围内，过冷温度降低1℃，制冷能力可提高0.45%。

为了降低氨的冷凝温度和二段出口压力，通常采取的办法有：

① 冷却器喷淋量不足，需加大喷淋水量或清洗堵塞的喷淋头；

② 增开空冷冷却器，分配好氨的流量；

③ 清扫空冷器和水冷器的污垢，提高传热系数；

④ 油分离器经常放废油，防止润滑油带入空冷器与套管蒸发器内，影响传热；

⑤ 排除氨气中的空气，降低冷凝温度和二段出口压力。这是因为：在低温脱蜡时，蒸发器中的压力低于大气压，空气易从设备结构不严密的地方漏入，它的进入不仅直接增加了冷冻高压压力，而且还在空冷器和水冷器的管壁上附上了一层空气膜，降低了传热系数（这同水蒸气中混入空气时使传热系数降低的情形相似），也促使冷凝温度和二段出口压力提高。系统内空气量可以近似地由冷凝温度的饱和蒸汽压与空冷器的实际压力之差来确定，如从表5-7冷凝温度在31.0℃时的饱和蒸气压为1100kPa，而空冷器出口的压力为1300kPa，则说明系统内有较多的空气，而发现有空气后要及时排除。

表5-7　氨饱和状态下压力（表压）与温度对照表

压力/kPa	温度/℃	压力/kPa	温度/℃
-60.0	-49.8	725.0	18.9
-55.0	-47.9	750.0	19.8
-50.0	-46.1	775.0	20.7
-45.0	-44.4	800.0	21.6
-40.0	-42.9	825.0	22.5
-35.0	-41.5	850.0	23.3
-30.0	-40.1	875.0	24.2
-25.0	-38.8	900.0	25.0
-20.0	-37.6	925.0	25.8
-15.0	-36.5	950.0	26.6
-10.0	-35.4	975.0	27.3
-5.0	-34.3	1000.0	28.1
0	-33.3	1025.0	28.9
25.0	-28.8	1050.0	29.6
50.0	-25.0	1075.0	30.3
75.0	-21.7	1100.0	31.0
100.0	-18.7	1125.0	31.7
125.0	-16.0	1150.0	32.4
150.0	-13.5	1175.0	33.1
175.0	-11.2	1200.0	33.8
200.0	-9.1	1225.0	34.4
225.0	-7.1	1250.0	35.1
250.0	-5.2	1275.0	35.7
275.0	-3.4	1300.0	36.3

续表

压力/kPa	温度/℃	压力/kPa	温度/℃
300.0	-1.8	1325.0	37.0
325.0	-0.2	1350.0	37.6
350.0	1.4	1375.0	38.2
375.0	2.8	1400.0	38.8
400.0	4.2	1425.0	39.4
425.0	5.6	1450.0	40.0
450.0	6.9	1475.0	40.5
475.0	8.2	1500.0	41.1
500.0	9.4	1525.0	41.7
525.0	10.6	1550.0	42.2
550.0	11.7	1575.0	42.8
575.0	12.8	1600.0	43.3
600.0	13.9	1625.0	43.9
625.0	14.9	1650.0	44.4
650.0	16.0	1675.0	44.9
675.0	17.0	1700.0	45.4
700.0	17.9	1725.0	46.0

3. 维护好冷冻机

冷冻机是冷冻系统的心脏，应加强管理。生产中应控制好各点的温度、压力，并做好润滑，以及维持好中冷器和低压分离器的液面，防止冷冻机抽液氨。

五、回收系统

（一）回收系统原理

1. 溶剂回收原理

脱蜡原料经过结晶过滤之后得到滤液、蜡膏、蜡下油液。滤液含溶剂80%~85%，蜡膏含溶剂50%~60%，蜡下油含溶剂80%~85%，这些溶剂需要回收循环使用。溶剂回收系统通常包括油回收系统、蜡回收系统、蜡下油回收系统以及溶剂脱水系统4个部分。油、蜡、蜡下油系统回收的原理是相同的，因此下面以丁酮-甲苯脱蜡时所得的滤液进行溶剂回收（即油回收）的例子来说明。

1）闪蒸原理

丁酮、甲苯的蒸气压比润滑油料蒸气压大很多，在100℃时大约相差500~2000倍。在脱蜡回收溶剂的温度下，轻质润滑油的蒸气压约为33.7kPa以下，而重质润滑油的蒸气压大约在9.7kPa以下。当加热滤液时蒸气压大的溶剂先汽化，蒸气压小的油很难被汽化。因此，在加热时就会得到含油量很小的溶剂蒸气。而在通常的脱蜡过程中，只要溶剂中含油不大于0.5%就足够满足脱蜡的要求，因此把滤液送入蒸汽加热器或加热炉加热，升高温度后送入塔内闪蒸，让溶剂在塔内汽化，达到气液分离的目的。

气液混合物在塔的进料口一般以切线方向进入，让气液在离心力和重力的作用下得到进一步分离，这样使大颗粒的液滴分离下来，剩下的小颗粒的雾状液滴随气流上升。雾状液滴碰上挡板或金属泡沫网时进行凝聚沉降，这样使小颗粒的液滴也分离下来。从塔顶出来的蒸气就变为较纯的溶剂气体，该气体经过冷凝冷却后变为液体，使绝大部分溶剂得到回收。

2）水蒸气汽提原理

滤液、蜡膏或蜡下油经加热在塔内闪蒸后，剩余的油、蜡或蜡下油中还残存微量溶剂。这些剩余溶剂的回收方法，一般不采取闪蒸，而是采用水蒸气汽提。

按拉乌尔定律，溶剂的分压为：

$$P_{剂} = P^0_{纯} X_{剂} \tag{5-12}$$

式中　$X_{剂}$——物料中溶剂的含量。

由于$X_{剂}$很小(3%以下)，因而$X_{剂}$与$P^0_{纯}$的乘积很小，即混合液中溶剂的蒸气压很小，溶剂很难被汽化出来，若要使它们汽化，就必须提高$P^0_{纯}$的数值即提高加热温度，增加溶剂蒸气的压力，才能使它们被汽化出来。但是温度过高，润滑油就会发生裂解，这是不允许的。如果采用抽真空的办法降低设备中的压力，使含溶剂油的沸点降低，让溶剂蒸发出来，虽不会引起油品的裂解，但投资较大，也是不可取的。故通过实践，找到了较经济且安全方便的水蒸气汽提法。

因为过热水蒸气不与甲苯、丁酮发生化学反应，也不发生溶解，将水蒸气通入汽提塔内，使塔内溶剂的蒸气分压得到降低，油中的溶剂便被汽化出来。

为什么吹入蒸汽之后，塔内溶剂蒸汽的分压能得到降低呢？因为未吹入水蒸气之前，进入汽提塔的油和溶剂是相互溶剂的，塔内蒸汽压为：

$$P_{总} = P_{油} + P_{剂} \tag{5-13}$$

由于汽提塔的温度在200℃以下，润滑油的蒸气压很小，可以忽略不计，故：

$$P_{总} = 0 + P_{剂} \tag{5-14}$$

即近似为：

$$P_{总} = P_{剂} \tag{5-15}$$

吹入水蒸气之后，通过加大塔顶蒸汽冷凝器的面积或喷淋水量等方法，使系统内的压力$P_{总}$保持基本不变。则此时塔内的压力为：

$$P_{总} = P_{水} + P_{剂} \tag{5-16}$$

即：

$$P_{剂} = P_{总} - P_{水} \tag{5-17}$$

式中　$P_{剂}$——溶剂的蒸气分压力；

$P_{总}$——塔内压力；

$P_{水}$——水蒸气的分压力。

由此可见，吹入水蒸气后，在塔内压力不变的情况下，溶剂蒸气的分压会降低，则由式(5-12)可得：

$$X_{剂} = \frac{P_{总} - P_{水}}{P^0_{纯}} \tag{5-18}$$

可以说明：

(1) 当温度升高时，$P^0_{纯}$上升，油中含溶剂$X_{剂}$下降；

(2) 向系统中吹入的水蒸气越多，$P_{水}$越大，则油中的含溶剂$X_{剂}$也就越小。

在生产中采用的汽提塔内有十几块塔盘，含溶剂的油从上数第2~4块塔盘下进入，水蒸气从最下面一块塔盘下吹入，使油与蒸汽分别在各层塔盘上接触，每一块塔盘上溶剂的汽化可以近似地看为平衡汽化。因此，从上往下每一块塔盘上都有新溶剂蒸出，使上升的蒸汽中溶剂的浓度逐渐增大，占有的分压也就增大。相反，水蒸气的分压从上往下逐渐增大，当油离开最后一块塔盘时，直接与吹入的新鲜蒸汽接触，溶剂蒸气的分压降到很小。同时，当塔内水蒸气的温度始终比油的温度高时，油从上往下流的过程中受到蒸汽的加热，如果蒸汽给予的热量比溶剂汽化吸收的热量还多，那么油的温度就会逐渐上升，因而油离开最后一块塔盘时的温度也最高。含溶剂的油的温度高，气体中溶剂所占的分压又很小，一般可以达到0.02%~0.06%，这样就使残存在油中的溶剂得到了回收。

2. 多效蒸发原理

蒸发操作中溶液汽化所生成的蒸气称为“二次蒸气”，以区别于加热蒸汽。后来用蒸汽或加热炉加热溶液时产生的蒸气也称之为“二次蒸气”。二次蒸气必须不断地用冷凝等方法加以移除，否则蒸气和溶液逐渐平衡，致使蒸发操作无法进行。若二次蒸气直接被冷凝而不再利用的，则称为“单效蒸发”。若二次蒸气被引入另一蒸发器前作为热源，此种串联的蒸发操作，称为“多效蒸发”。

多效蒸发的条件有：首先将前一效的二次蒸气作为后一效的加热蒸气，或者相反地将后一效的二次蒸气作为前一效的加热蒸气，逐级组成串联流程；其次，效与效之间要有足够的温度差与压力差。例如三效蒸发设计为低中高-低高中-中低高-中高低-高中低-高低中6种组合方案，常用的为前两种；最后有了传热温差与充足的热源，还必须有足够的传热面积，才能使二次蒸气的冷凝热被释放出来，传递到被加热的物流上，一般效次越大，所需的换热面积就越大。

在多效蒸发中，由于各效(末效除外)的二次蒸气都作为下一效蒸发器的加热蒸气，故提高了生蒸汽的利用率，即提高了经济性。如忽略热损失、各种温度差损失以及不同压强下汽化潜热的差别时，理论上单效蒸发所消耗的蒸汽量 D 同水的蒸发量 W 的比值近似等于1，而双效蒸发 $D/W=1/2$，三效蒸发 $D/W=1/3$，…，n 效蒸发 $D/W=1/n$。

若考虑到实际上存在的温度差损失和蒸发器的热损失等，则多效蒸发时便达不到上述的经济性。根据经验，一效为1.1，二效为0.57，三效为0.4，四效为0.3，五效为0.27。可以看出效次增加后，经济性提高的区域趋向于平缓，同时换热面积增加投资的费用也会增大，综合考虑目前一般采用四塔两效以及五塔三效。

现以逐级降压的串联流程来说明多效蒸发原理。在单效蒸发中每蒸发1kg的水需要1kg多的加热蒸汽(压力0.3MPa，温度133℃)。在多效蒸发中，将前一效的二次蒸气作为后一效的加热蒸气，这样仅第一效需要消耗生蒸汽。多效蒸发要求后一效的操作压力和溶液的沸点均较前一效低，因此引入后一效的二次蒸气可作为加热介质，即后一效的加热室成为前一效二次蒸气的冷凝器。

3. 溶剂脱水原理

1）脱水目的

溶剂含水降低了对油的溶解能力，增加了加热融化套管内固相的次数，冰的结晶容易堵塞滤布，从而降低了过滤速度，加大了结晶冷冻、回收加热的能耗，破坏了平稳操作。

2）水来源

主要是汽提塔中吹入的水蒸气，其次是原料中带的水，以及扫线、蒸汽加热器泄漏等原因产生的。

3）脱水原理

（1）活度与活度系数。前面提过理想溶液遵守拉乌尔定律，即 $P_A = P^0_{纯} X_A$。实际溶液会发生偏离，于是路易斯提出用活度 α_i 替代上式中的摩尔分数 X_A，活度 α_i 即表示修正后的浓度数值，故得：

$$r_A = \frac{P_A^{实}}{P_A} = \frac{\alpha_i}{X_A} \tag{5-19}$$

令

$$\alpha_i = r_A X_A \tag{5-20}$$

代入上式后得：

$$P_A^{实} = P^0_{纯}\ \alpha_i = P^0_{纯}\ r_A X_A = P_A r_A \tag{5-21}$$

对于理想溶液，则：

$$r_A = \frac{P_A^{实}}{P_A} = \frac{P_A}{P_A} = 1.0 \tag{5-22}$$

式中　$P_A^{实}$——真实溶液中 A 组分蒸汽压；

P_A——理想溶液中 A 组分蒸汽压；

r_A——A 组分的活度系数。

（2）活度系数对蒸发的影响。由上式可知，活度系数表示实际状态对理想状态的偏离程度，应当注意式(5-22)仅适用于气相为低压气系统。

当溶液为非理想溶液时，如果 $P_A^{实} > P_A$，则 $r_A = \frac{P_A^{实}}{P_A} > 1.0$，溶液产生正偏差，即溶液的实际蒸汽压大于按理想溶液计算得到的蒸汽压。如果 $P_A^{实} < P_A$，则 $r_A = \frac{P_A^{实}}{P_A} < 1.0$，蒸汽压产生负偏差。

在酮苯脱蜡装置溶剂回收系统中，丁酮-甲苯-水 3 种组分的活度系数均大于 1.0，具有正偏差。其中尤以水的活度系数最大。比如含水溶剂丁酮:甲苯约为 5:5 时，如含有 0.04%~1.92%的水，则水的活度系数是丁酮活度系数的 9.36~14.08 倍。

由于水的活度系数很大，因此含水溶剂平衡汽化后，水在气相中的浓度远远大于它在液相中的浓度。从图 5-11 可知，当丁酮:甲苯:水＝0.69:0.20:0.11 时，在某一温度下汽化率为 0.5(摩尔分数)，平衡时液相中水的含量为 $X_{H_2O} = 0.037$，气相中水的含量为 $Y_{H_2O} = 0.127$，水在气相中的浓度比它在液相中的浓度高 3.43 倍，因此含水溶剂每平衡汽化一次，水得到一次分离。汽化率越高，从进料液相中分离出去的水越多。

图 5-11 中，序号 1、2、3 分别代表 3 种进料组成，见表 5-8。

表 5-8　进料组成(摩尔分数)

序号	丁酮	甲苯	水
1	0.75	0.2	0.05
2	0.69	0.2	0.11
3	0.614	0.158	0.228

（3）水在溶剂中的溶解度。常温时丁酮中最大溶解水量为 10%左右。当甲苯引入此系统后，可大大降低溶剂中水的溶解度。水在丁酮-甲苯混合物中溶解度如图 5-12 所示。

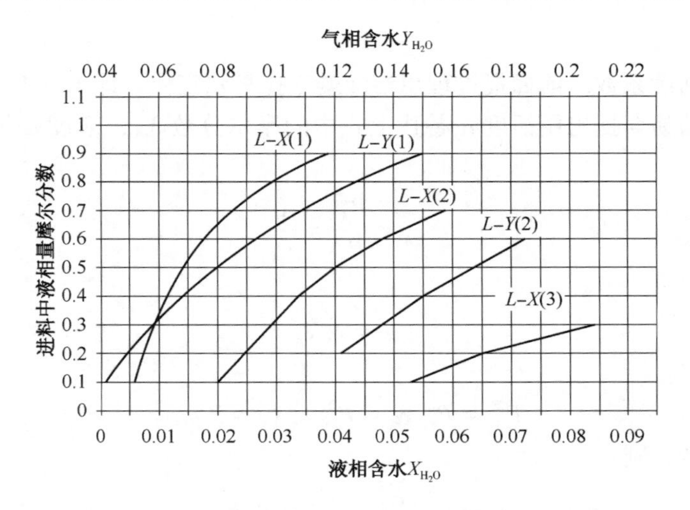

图 5-11　干燥塔进料中液相量与气液相含水关系

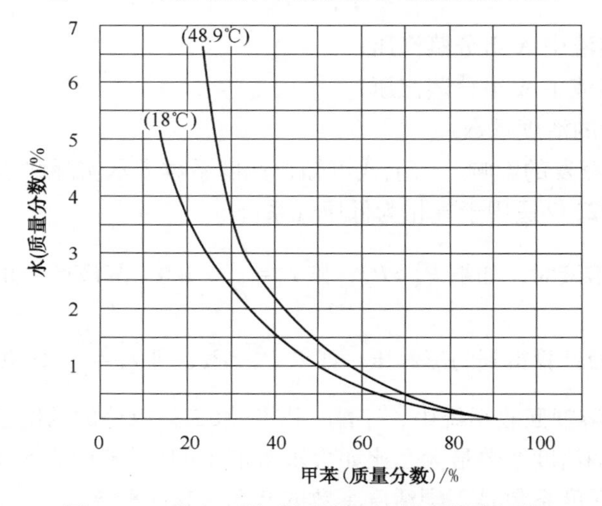

图 5-12　水在丁酮-甲苯混合溶剂中的溶解度

由图 5-12 可知，当溶剂中甲苯含量增加时，水的溶解度迅速下降，温度对水的溶解度也有一定的影响。一般常用溶剂在常温下对水的溶解度约为 2%。在汽提塔顶回收的溶剂中，甲苯含量为 65%~70%，则水在常温下的饱和溶解量约为 0.5%以下。

(4) 溶剂脱水。在丁酮-甲苯-水系统中，水的活度系数最大，因此在精馏塔中，分馏此三元系混合物的时候，水将向塔顶馏出物中富集，利用这一性质，该混合溶剂的干燥可以用一般分离非均相共沸系统的双塔流程来完成。

汽提塔顶出来的水溶剂蒸气经冷凝冷却后流入水溶剂罐中，由于蒸出的溶剂主要含甲苯，水对甲苯的溶解度又小于1%，水与甲苯的密度差又较大(如20℃时甲苯为0.867g/cm^3，水为0.998g/cm^3)，因此在水溶剂罐内分为两层，上层为甲苯层，下层为水层，水层中含有少量的丁酮，含酮的水溶液进入水回收系统回收酮类。

待干燥的溶剂以气液两相状态从干燥塔的下部进入，由于水的活度系数很大，当气相量达到一定比例时，则液相中含水量已极少，可以直接流入塔底。含水较多的气相沿塔上升与塔内下降的回流液在塔盘上密切接触，传质传热。由于水的活度系数很大，回流液受热后，水部分汽化，而上升的热气得到冷却，溶剂部分冷凝，这样经过多次接触后，使上升的气相中含水量越来越多，水从塔顶带出；下降的回流液含水量越来越少，流入塔底的回流液也得到干燥。

塔顶含水较多的溶剂冷凝冷却后进入分离罐，在罐中分为两个液相，上层为富溶剂相(含水量为32%)，打入干燥塔顶做回流；下层为富水相(含酮量为4%)。水相经换热升温后打入脱酮塔内汽提，由于丁酮与水形成共沸物，常压下共沸点为73.45℃，所以水溶液进入脱酮塔后受到上升水蒸气的加热，温度逐渐升高，开始汽化，水溶液中丁酮含量逐渐减少，溶剂从塔顶蒸出，含微量溶剂的废水从塔底排出。脱酮塔蒸出的溶剂和水冷凝冷却后也进入分离罐。这将使富溶剂层中的酮含量增加，对水的溶解度增大。为了降低富溶剂相中的水含量，可以将蜡、油、蜡下油汽提塔顶回收的溶剂也引入分离罐。这一措施非常重要，因为这部分溶剂中甲苯含量高，引入后增大了富溶剂层的甲苯含量，可使它的含水量从3%~4%，降低到千分之几，从而大大降低了干燥塔的负荷，提供了含水0.5%左右的回流液，使干燥工艺得已完成。

综上所述，滤液或蜡膏中的溶剂，根据它们与油、蜡沸点相差很大的特点，采用多次简单蒸馏后蒸出绝大部分的溶剂，而后用水蒸气汽提的办法蒸出脱蜡油和蜡中的微量溶剂。汽提中得到的水溶液经水回收后，把水切除，回收酮类。

（二）回收工艺流程

1. 油回收

如图5-13所示，滤液来自结晶系统，经滤液-脱蜡油液换热器、滤液-滤液一次塔顶二次换热器、滤液-滤液一次塔顶一次换热器、滤液-脱蜡油二次换热器、滤液-滤液二、三次塔顶二次换热器、滤液-滤液二次塔顶换热器，加热后进入滤液一次蒸发塔。从滤液一次蒸发塔顶蒸出部分溶剂，滤液一次蒸发塔底脱蜡油与溶剂用滤液二次塔进料泵抽出，经滤液二次塔进料-脱蜡油换热器、滤液二次塔进料-滤液三次塔顶换热器，加热后进入滤液二次蒸发塔。从滤液二次蒸发塔顶蒸出部分溶剂，滤液二次蒸发塔底脱蜡油与溶剂用滤液三次塔进料泵抽出，经滤液三次塔进料预热器，用凝结水预热到接近泡点温度，然后进入滤液三次塔进料升膜加热器，加热后进入滤液三次蒸发塔。从滤液三次蒸发塔顶蒸出部分溶剂，滤液三次蒸发塔底脱蜡油和溶剂利用塔压力差压入滤液四次塔进料加热器，再进入滤液四次蒸发塔。从滤液四次蒸发塔顶蒸出部分溶剂，滤液四次蒸发塔底脱蜡油和少量溶剂靠液位差自流入滤液汽提塔，用水蒸气汽提残留在脱蜡油中的溶剂。滤液汽提塔底脱蜡油经脱蜡油泵抽出，经滤液二次塔进料-脱蜡油换热器、滤液-脱蜡油二次换热器，再经滤液-脱蜡油液换热器冷却后送出装置。

滤液一次蒸发塔顶出来的溶剂蒸气经滤液-滤液一次塔顶一次换热器，滤液-滤液一次塔顶二次换热器冷凝冷却后到干溶剂罐。滤液二次蒸发塔顶出来的溶剂蒸气经滤液-滤液二次塔顶换热器换冷与滤液三次蒸发塔顶出来的溶剂蒸气经滤液二次塔进料-滤液三次塔顶换热器换冷后合并一起经滤液-滤液二、三次塔顶二次换热器，再经滤液二三次塔顶干空冷器、滤液二、三次塔顶湿空冷器冷凝冷却后自流入溶剂罐。滤液四次蒸发塔顶出来的少量溶剂蒸气与蜡液四次蒸发塔及蜡下油液四次蒸发塔顶出来的少量溶剂蒸气合并一起经蜡下油液-滤液、蜡液、蜡下油液四次塔顶换热器，再经蜡液、滤液、蜡下油液四次塔顶干空冷器，蜡液、滤液、蜡下油液四次塔顶湿空冷器冷凝冷却后自流入干净溶剂罐。滤液汽提塔顶出来的少量溶剂蒸气和水蒸气与蜡液汽提塔、蜡下油液汽提塔和酮回收塔顶出来的少量溶剂蒸气和水蒸气合并一起经蜡液-滤液、蜡液、蜡下油液汽提塔顶换热器，再经滤液、蜡液、蜡下

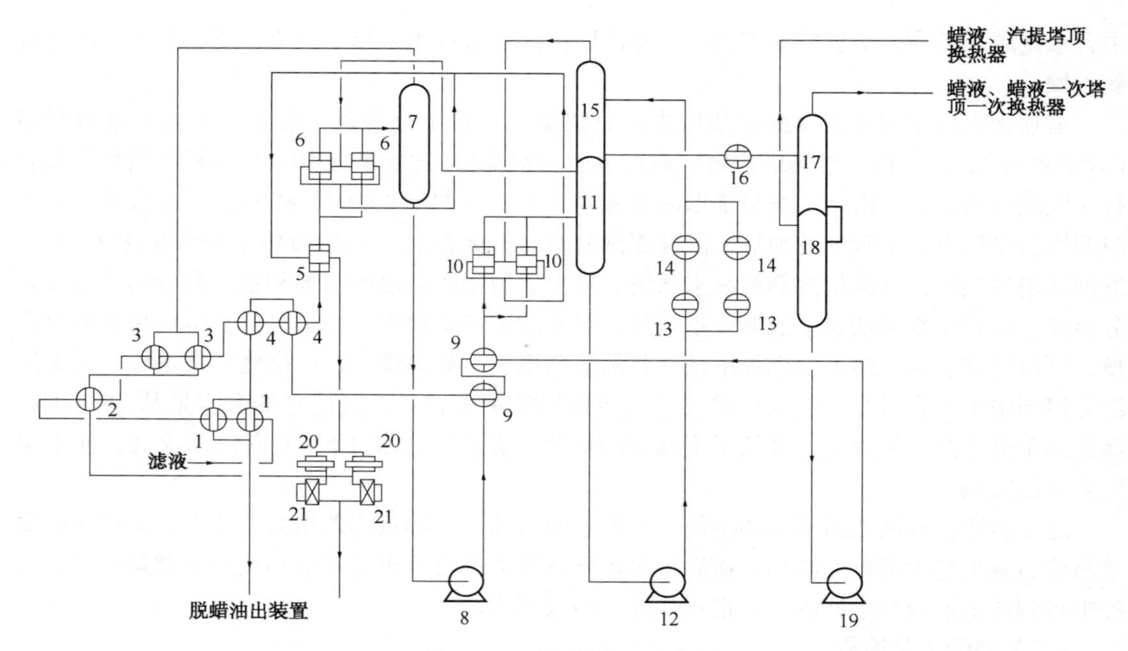

图 5-13　油回收流程示意图

1—滤液-脱蜡油液换热器；2—滤液-滤液一次塔顶二次换热器；3—滤液-滤液一次塔顶一次换热器；4—滤液-脱蜡油二次换热器；5—滤液-滤液二次塔顶换热器；6—滤液-滤液二次塔顶换热器；7—滤液一次蒸发塔；8—滤液二次塔进料泵；9—滤液二次塔进料、脱蜡油换热器；10—滤液二次塔进料、滤液三次塔顶换热器；11—滤液二次蒸发塔；12—滤液三次塔进料泵；13—滤液三次塔进料预热器；14—滤液三次塔进料升膜加热器；15—滤液三次蒸发塔；16—滤液四次塔进料加热器；17—滤液四次蒸发塔；18—滤液汽提塔；19—脱蜡油泵；20—滤液二三次塔顶干空冷器；21—滤液二三次塔顶湿空冷器

油液汽提塔顶及酮塔顶干空冷器，滤液、蜡液、蜡下油液汽提塔及酮塔顶湿空冷器冷凝冷却自流入溶剂水溶液罐。

2. 蜡回收

如图 5-14 所示，蜡液来自二段脱油过滤系统，经蜡液-各汽提塔顶水溶剂换热器、蜡液-蜡下油一次塔顶换热器，蜡液-蜡液二、三次塔顶二次换热器、蜡液-蜡液二次塔顶换热器，加热后进入蜡液一次蒸发塔。从蜡液一次蒸发塔顶蒸出部分溶剂，蜡液一次蒸发塔底蜡和溶剂用蜡液二次塔进料泵抽出，经蜡液二次塔进料-蜡换热器，蜡液二次塔进料-蜡液三次塔顶换热器，加热后进入蜡液二次蒸发塔。从蜡液二次蒸发塔顶蒸出部分溶剂，蜡液二次蒸发塔底蜡和溶剂用蜡液三次塔进料泵抽出，经蜡液三次塔进料预热器加热到泡点温度，然后进入蜡液三次塔进料升膜加热器，加热后进入蜡液三次蒸发塔。从蜡液三次蒸发塔顶蒸出部分溶剂，蜡液三次蒸发塔底蜡和溶剂利用塔压力差压入蜡液四次塔进料加热器，再进入蜡液四次蒸发塔。从蜡液四次蒸发塔顶蒸出部分溶剂，蜡液四次蒸发塔底蜡和少量溶剂靠液位差自流入蜡液汽提塔，用水蒸气汽提残留在蜡中的溶剂。蜡液汽提塔底蜡由蜡出装置泵抽出，经蜡液二次塔进料-蜡换热器，再经蜡出装置水冷器，冷却后送出装置。

蜡液一次蒸发塔顶出来的溶剂蒸气经蜡下油-蜡液一次塔顶一次换热器、蜡下油液-蜡液一次塔顶二次换热器冷凝冷却后到干净溶剂罐。蜡液二次蒸发塔顶出来的溶剂蒸气经蜡液-蜡液二次塔顶换热器换冷再与蜡液三次蒸发塔顶来的溶剂蒸气经蜡液二次塔进料-蜡液三次塔顶换热器换冷后合并一起经蜡液-蜡液二、三次塔顶二次换热器，再经蜡液二、三次塔

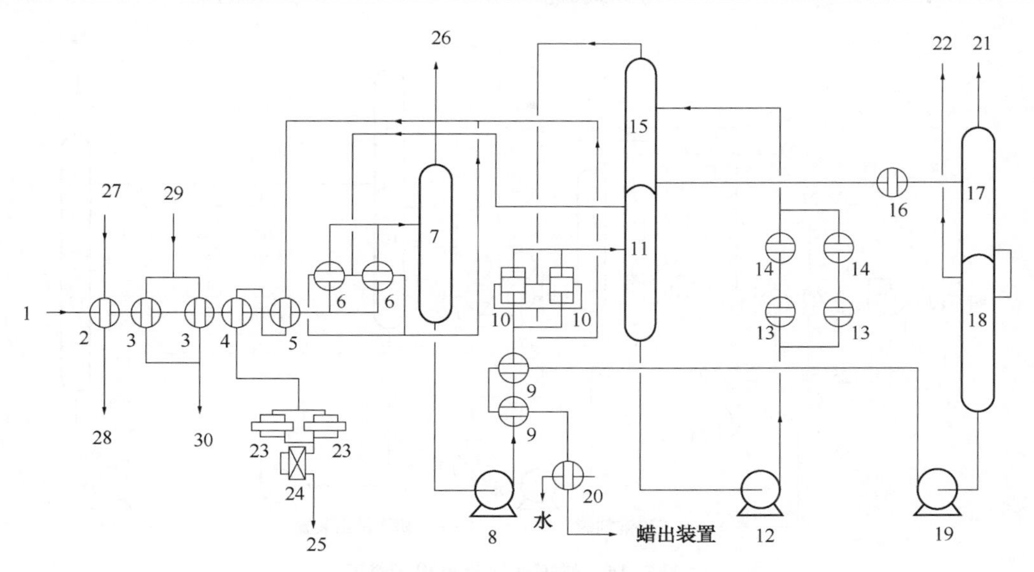

图 5-14　蜡回收流程示意图

1—蜡液；2—蜡液-汽提塔顶换热器；3—蜡液-蜡下液一次塔顶换热器；4、5—蜡液-蜡液二、三次塔顶二次换热器换；6—蜡液-蜡液二次塔顶换热器；7—蜡液一次蒸发塔；8—蜡液二次塔进料泵；9—蜡液二次塔进料-蜡换热器；10—蜡液二次塔进料-蜡液三次塔顶换热器；11—蜡液二次蒸发塔；12—蜡液三次塔进料泵；13—蜡液三次塔进料预热器；14—蜡液三次塔进料升膜加热器；15—蜡液三次蒸发塔；16—蜡液四次塔进料加热器；17—蜡液四次蒸发塔；18—蜡液汽提塔；19—蜡出装置泵；20—蜡水冷器；21—蜡下油液-滤液、蜡液、蜡下油液四次塔顶换热器；22—蜡液-滤液、蜡液、蜡下油液汽提塔顶换热器；23—蜡液二三次塔顶干空冷器；24—蜡液二三次塔顶湿空冷器；25—溶剂罐；26—蜡下油-蜡液一次塔顶一次换热器；27—滤液汽提塔-蜡下油汽提塔-蜡液汽提塔-酮回收塔顶混合物；28—水回收干空冷器；29—蜡下油一次塔顶物料；30—干燥脱水塔

顶干空冷器、蜡液二、三次塔顶湿空冷器，冷凝冷却后自流入干净溶剂罐。

3. 蜡下油回收

如图 5-15 所示，蜡下油来自一段脱油过滤系统，经蜡下油-蜡液一次蒸发塔顶换热器、蜡下油-四次塔塔顶物料换热器、蜡下油-蜡下油二、三次塔顶二次换热器，蜡下油-蜡下油二次塔顶换热器；加热后进入蜡下油一次蒸发塔，从蜡下油一次蒸发塔顶蒸出部分溶剂，蜡下油一次蒸发塔底蜡下油和溶剂用蜡下油液二次塔进料泵抽出，经蜡下油二次塔进料-蜡下油换热器、蜡下油-蜡下油三次塔顶换热器，加热后进入蜡下油二次蒸发塔。从蜡下油二次蒸发塔顶蒸出部分溶剂，蜡下油二次蒸发塔底蜡下油和溶剂用蜡下油液三次塔进料泵抽出，经蜡下油三次塔进料预热器，加热到泡点温度，然后进入蜡下油三次塔进料升膜加热器加热后进入蜡下油三次蒸发塔。从蜡下油三次蒸发塔顶蒸出部分溶剂，蜡下油三次蒸发塔底蜡下油和溶剂利用塔压力差压入蜡下油四次塔进料加热器，进入蜡下油四次蒸发塔，从蜡下油四次蒸发塔顶蒸出部分溶剂。蜡下油四次蒸发塔底蜡下油和少量溶剂靠液位差自流入蜡下油汽提塔，用水蒸气汽提残留在蜡中的溶剂。蜡下油汽提塔底蜡下油由蜡下油出装置泵抽出，经蜡下油二次塔进料-蜡下油换热器，再经蜡下油出装置水冷器，冷却后送出装置。

蜡下油二次蒸发塔顶出来的溶剂蒸气经蜡下油-蜡下油二次塔顶换热器换冷与蜡下油三次蒸发塔顶来的溶剂蒸气经蜡下油-蜡下油三次塔顶换热器换冷后合并一起经蜡下油-蜡下油二、三次塔顶二次换热器，再经蜡下油二、三次塔顶干空冷器、蜡下油二、三次塔顶湿空冷器，冷凝冷却自流入干净溶剂罐。

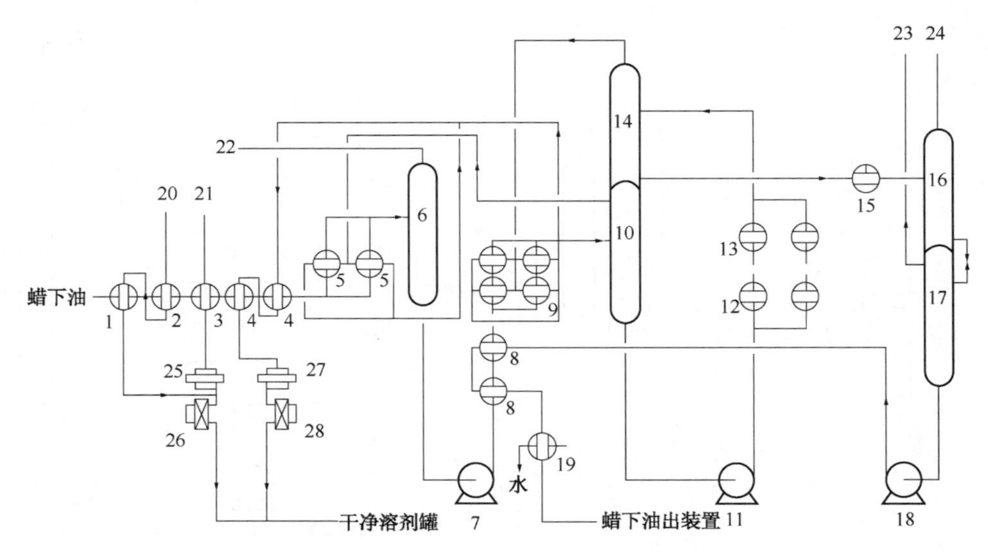

图 5-15　蜡下油回收流程示意图

1、2—蜡下油-蜡液一次蒸发塔顶换热器；3—蜡下油-四次塔塔顶物料换热器；4—蜡下油-蜡下油液二、三次塔顶二次换热器；5—蜡下油-蜡下油液二次塔顶换热器；6—蜡下油一次塔；7—蜡下油二次塔进料泵；8—蜡下油二次塔进料-蜡下油换热器；9—蜡下油-蜡下油液三次塔顶换热器；10—蜡下油二次蒸发塔；11—蜡下油三次塔进料泵；12—蜡下油三次塔进料预热器；13—蜡下油三次塔进料升膜加热器；14—蜡下油三次蒸发塔；15—蜡下油四次塔进料加热器；16—蜡下油四次蒸发塔；17—蜡下油汽提塔；18—蜡下油出装置泵；19—蜡下油水冷器；20—蜡液一次蒸发塔顶物料；21—各回收四次塔顶物料；22—蜡液-蜡下油一次塔顶换热器；23—蜡液-各汽提塔顶水溶剂换热器；24—蜡下油-四次塔塔顶物料换热器；25—四次蒸发塔顶干空冷器；26—四次蒸发塔顶湿空冷器；27—蜡下油二、三次塔顶干空冷器；28—蜡下油二三次塔顶湿空冷器

4. 水回收

自蜡下油一次蒸发塔顶溶剂蒸气经蜡液-蜡下油一次塔顶换热器换热后壳程出口汽液混相进入水溶剂罐下部。水溶剂罐上部湿溶剂溢流到干燥塔顶回流罐，作为干燥脱水塔顶的冷回流，由干燥塔顶回流泵，从干燥脱水塔上部打入。干燥脱水塔顶的溶剂蒸气和水蒸气经干燥塔顶干空冷器，再经干燥塔顶湿空冷器，冷却进入水溶剂罐，进行沉降分层脱水。干燥后的溶剂自干燥脱水塔底经干燥塔底泵压送到真空过滤机及二段脱油蜡液罐做温洗和稀释溶剂用。多余的温洗溶剂回到干燥塔底湿空冷器，冷却后自流入干净溶剂罐，循环使用。

水溶剂罐中的含水溶剂分为两层，下层为含有甲乙酮的水、经酮塔进料泵抽出，利用酮塔底水热量，经酮塔进料换热器换热进入酮回收塔。酮回收塔底吹入蒸汽汽提是由凝结水罐的饱和蒸汽提供，酮回收塔底废水排至全厂含油污水系统。酮回收塔顶甲乙酮和水蒸气与各汽提塔顶蒸汽全并经蜡液-汽提塔顶换热器、汽提塔顶干空冷器及汽提塔顶湿空冷器回到水溶剂罐分层循环。水回收流程见图 5-16。

（三）回收系统操作要点

从过滤来的滤液、蜡下油液、蜡膏都含有大量的溶剂，需要及时地将溶剂回收，以保证溶剂的循环使用，否则，将使溶剂中断，平稳操作受到破坏，甚至发生事故。在回收溶剂时，不仅要及时回收，而且要保证溶剂质量，力求回收的尽量完全，并努力降低热能消耗。

1. 控制好回收各塔液面

根据结晶系统流量的提降和回收系统的滤液罐、蜡罐、蜡下油液罐、各塔液面的变化，

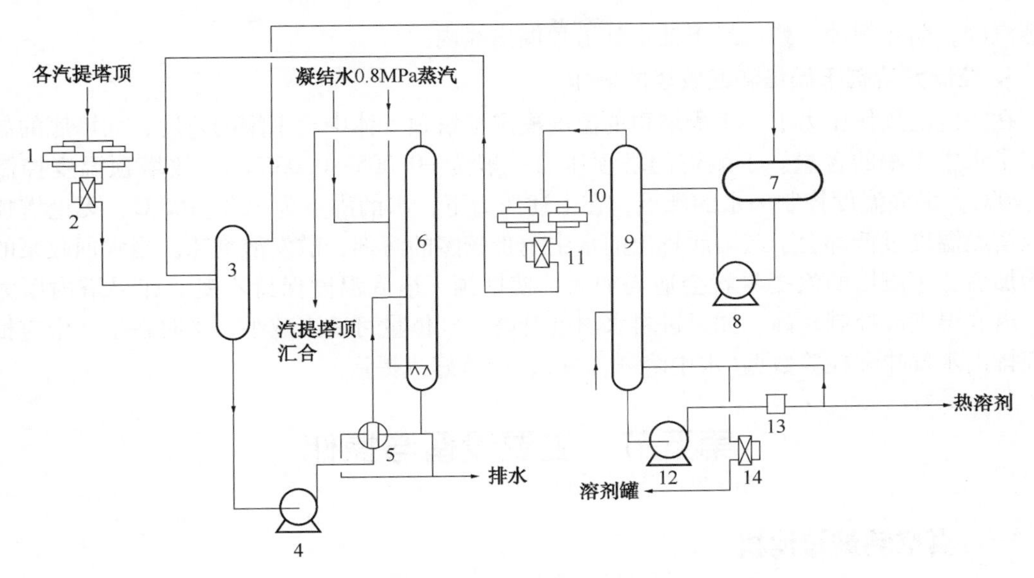

图 5-16　水回收流程示意图

1—汽提塔顶干空冷器；2—汽提塔顶湿空冷器；3—水溶剂罐；4—酮塔进料泵；5—酮塔进料换热器；6—酮回收塔；7—干燥塔顶回流罐；8—干燥塔顶回流泵；9—干燥脱水塔；10—干燥塔顶干空冷器；11—干燥塔顶湿空冷器；12—干燥塔底泵；13—温洗溶剂过滤器；14—干燥塔湿空冷器

及时调整各泵流量，使各处的流量稳定，液面保持正常。控制好液面平稳，可以使得结晶系统和回收系统物料平衡，既保证结晶系统来多少，回收系统就能及时地回收完多少，不致造成干、湿溶剂罐液面过低，引起溶剂泵抽空；也不致使各塔液面过低而引起泵抽空，液面过高而造成溶剂带油、带蜡。

2. 控制好各塔进料温度和压力

升高温度有利于蒸发，升高压力则不利于蒸发。因此，温度与压力对蒸发来说是矛盾的。在生产中应把各点的温度与压力控制在指标范围内，因为它决定了各塔拔出量和回收热量，并在一定程度上决定着回收的完全程度。为了提高热量的回收率，必须搞好多效蒸发。实现多效蒸发，仅有多效蒸发流程是不够的，更重要的是搞好操作，才能使多效蒸发起到应有的作用。多效蒸发的操作关键有 3 点：

（1）控制好低压塔与高压塔的压力，前者是由塔顶馏出口至溶剂罐间的管线和设备的流动阻力，以及溶剂罐内密闭压力的大小所决定；后者是由高压塔顶溶剂流至溶剂罐中的流动阻力与控制阀的阻力所造成。为了降低低压塔压力，应使低压塔顶后路通畅，线路上的阀门应全开，并设法降低溶剂的冷凝温度，减小溶剂罐的密闭压力。为了提高高压塔塔顶压力，应将高压塔塔顶换热器出口线上安装的压力控制仪表投用好，注意关闭副线阀。

（2）搞好平稳操作，尤其要控制好蜡回收系统的流量，防止大起大落。

（3）控制好高压塔进料蒸汽加热器（或加热炉）的加热温度，这是整个回收系统中的唯一的外供热源（汽提蒸汽忽略），这个温度控制好了，前塔和后塔的温度就有了保证。

3. 控制好汽提量

汽提量的多少，决定着汽提塔内溶剂蒸气分压的高低，也就是决定着油或蜡中含溶剂量的多少，当汽提塔的进料中溶剂<5%，温度>150℃时，通常采用汽提蒸汽量为进料量的6%～8%左右。当汽提塔内液面接近汽提蒸汽管时应减少汽提量，当超过蒸汽管时应关闭汽提蒸汽阀，防止把油、蜡或蜡下油带到塔顶馏出线内。

4. 控制好溶剂干燥塔和回收塔的操作

在一定的操作压力下，丁酮塔顶的温度决定了塔顶气体中含丁酮的浓度，而塔底的温度决定了水中丁酮的含量。丁酮塔的塔顶压力一般为-0.005~0.03MPa，故塔顶温度控制为86~90℃，塔底温度控制为水的沸点，在上述压力下，水的沸点为100~105℃，无论塔顶温度或塔底温度过低都会引起塔底排出的水中携带较多的溶剂，散发溶剂味。当水回收泵的流量增加后，丁酮塔的汽提量就会适当加大，使塔顶、塔底温度保持不变。如果塔内压力升高，塔底温度应控制较高。如果进料水温度升高，气体量可适当减小，平时在生产中应根据塔底排出水气味和检验数据(水中溶剂含量)，调节好汽提量。

第五节　主要设备与操作

一、真空转鼓过滤机

(一) 真空转鼓过滤机原理

利用真空泵提供动力，真空泵入口让滤机转鼓内部抽真空，出口在滤机转鼓外提供密闭压力，内外形成压差将需过滤混合物液相抽到转鼓内，固相附着在转鼓表面，完成固液相分离，这是酮苯脱蜡装置真空转鼓过滤机的简单原理。

真空过滤机是以真空负压为推动力实现固液分离的设备，可以连续完成吸滤、洗涤、吸干、滤布再生等作业。

随着溶剂脱蜡的发展，脱蜡过滤机也从最早的冷榨板框式压滤机，发展到苏式GM50-3真空过滤机，它最大的缺点就是封门、分配头处易漏，滤布易破损。

(二) 真空转鼓过滤机构造

过滤机滤鼓空间的下部为待滤浆液的储存空间，过滤机的主体是圆筒形滤鼓，滤鼓的外壳沿轴向分成若干格子，每一格子中安装两层金属网作为支架，上面敷有滤布，用铅条将滤布压在两格中间的燕尾槽中，以固定滤布，再用钢丝绕在滤布和铅条的外面，使滤布能承受反吹压力的作用。在滤鼓的每个格子中，沿鼓长方向装有两排连通短管，短管与分配头相连。

安装在滤机一端的分配头，是滤机中控制低、中、高真空及反吹和死区5个部分的位置，也是控制各个过程时间长短的一个部件。

(三) 真空过滤机操作及异常处理

1. 滤机堆蜡

1）滤机堆蜡现象判断

滤机堆蜡就是指过滤下来的蜡膏不能及时送到冷蜡罐，堆集在蜡槽中，造成输蜡器负荷增大，超过负荷引起电机跳闸，输蜡器停运。

平时巡查中要检查蜡的输送情况、蜡罐情况、蜡饼是否干，并及时调整好蜡槽溶剂冲头，早发现异常早调节，可避免堆蜡的产生。

2）堆蜡的危害

蜡堆得高易窜入密闭、排空管线。处理堆蜡过程易使滤机密闭压力升高，分配头密封条移位，反吹、真空相窜，处理不当还会影响产品质量。

3）造成堆蜡的原因

（1）输蜡器故障，输蜡器绞笼坏、不转，或绞笼内有异物咬死而停运，也可能是电机故障。

（2）蜡饼过干，输送困难，有时蜡饼过干还易造成搭桥堆蜡（搭桥堆蜡就是蜡饼过干时，蜡在输蜡槽中，像搭了桥一样，到不了输蜡器上，无法输送，主要出现在加工轻质油时）。造成蜡饼干的原因为：① 处理轻质原料时蜡饼易干；② 溶剂比过小，特别是冷洗量过小。

（3）其他原因有：① 蜡饼过厚；② 冷蜡罐满；③下蜡口结蜡或有异物不畅等。

4）堆蜡处理

（1）在输蜡器还未跳前，因蜡饼干引起的堆蜡，可用蜡槽内适当增开冲洗溶剂的方法，提高输送能力，如是因蜡饼过厚，可用降低液面、控制低真空的方法，使吸上来的蜡饼薄一点[减二线、常四线的低真空一般控制在13.332kPa（100mmHg）以下]，如果是易搭桥堆蜡的油种，要加大冷洗量，保持蜡饼的湿度，再增开蜡槽冲洗溶剂，搭桥严重时停止过滤用热溶剂冲化。

（2）输蜡器跳停或其他原因引起的堆蜡，全部紧急关闭低、中、高真空，关闭进料阀，关闭这台滤机的反吹阀，打开放残液阀后，查明原因再进行相应处理。处理时尽量采用蜡槽的常温溶剂冲，这样处理可能慢点，但影响小。

（3）堆蜡处理好后，对滤机要进行全面检查，看是否因堆蜡使滤机有损坏，如钢丝松、移、断，帆布是否有洞，下蜡口是否正常，分配头真空反吹是否有窜，密闭、排空管线是否堵等。

（4）操作中有时因冷洗管线查漏，调阀等要短时停用冷洗，或其他原因造成的冷洗中断，滤机因无冷洗，无法完成洗涤，不但影响收率，还会使滤鼓上的蜡饼过干产生裂纹破坏真空，打乱真空系统的平衡，并易造成堆蜡。发现问题应及时处理。

2. 滤机绕线钢丝松、移、断的处理

1）滤机绕线钢丝松、移、断原因及危害

滤机因操作不当或施工质量、材质等原因易造成绕线钢丝松、移位或断的故障。操作不当原因主要有：严重堆蜡、长时间温度高等。对于滤机绕线钢丝松、移位或断的故障，只能通过外操及时的巡检来发现。

滤机绕线钢丝松、移、断的危害，轻的影响质量，严重的损坏设备，并有可能在滤机含氧量高的情况下，因滤机中有大量溶剂气体、液体，而引发重大火灾爆炸事故。

2）滤机绕线钢丝松、移、断处理

滤机绕线钢丝松、移位情况不严重时，也就是说感到绕线钢丝只是有点松，而没有弹起碰到滤机其他部件，绕线钢丝有移位但不松，仍有2/3以上压在压条上，不会使压条落下的情况，不可能发生其他次生问题，可用正常切换滤机后，对故障滤机按正常的开大盖修理的标准进行温洗，并联系修理；对于松、移严重或绕线断的滤机，可能会威胁到安全，要紧急停止滤鼓转动，关闭低、中、高真空，关闭反吹阀，关闭进料阀，打开放残液阀，再进行处理，这样可防止产生更大的故障及事故，温洗方法上可用热溶剂逐步热化的方法，时间上会长一点，但这时如转着滤鼓，一是十分危险；二是可能把滤鼓上的压条吹下来。

3. 滤机分配头窜的判断

分配头窜指的是仿意滤机的分配头为静密封的滤机，因这些滤机的分配头结构为密封条，外部为膨胀结，因施工和操作不当易造成密封条移位，使反吹和真空在分配头处窜。查看滤机，主要现象有滤鼓上的蜡饼变薄、严重时不上蜡、真空反吹压力低或无、反吹进气声响且连续无间隔、蜡饼吹不下、真空反吹系统循环量大、真空度保持不住等。造成滤机分配头窜操作上的主要原因是密闭压力过高，特别是在处理滤机堆蜡时，用热溶剂处理时间较长，密闭压力易高。此时要加强对该台滤机的检查，看是否会有滤机分配头窜的现象。另外，反吹压力过高也易使密封条移位，造成滤机分配头窜。

4. 滤机查洞

滤机上的滤布，因多种原因，会造成滤布损坏，也称有洞。在脱蜡滤机上小洞可造成脱蜡温差的上升，大洞会使脱蜡油凝固点不合格，在脱油滤机上一般小洞影响较小，但洞多或大的洞会使循环滤液质量变差，影响蜡结晶和过滤效果。滤机有洞要及时发现，及时处理才能保证装置的正常生产。

查洞的方法就是滤机停止进料，液面低后，关闭高、中、低真空阀，查洞时冷洗、反吹要开着，人站在滤机输蜡器一边，在看窗上查看滤机转鼓上的帆布，发现帆布上有液体喷出即为有洞，逐个看窗进行检查，全部查完后将情况汇报。把滤机定位在合适位置，能让修理人员从看窗处就能看清滤机帆布有洞的位置与洞的大小。

5. 真空管线堵的处理

滤机真空管线堵常发生在脱油滤机，真空管线堵的判断主要是看这台滤机吸不上蜡饼，或蜡饼太薄，处理能力差，真空管线上的压力表无真空指示，真空管线上正常时有间隔的抽吸声，抽吸声低或无。堵得不严重时可用热溶剂温洗后，在滤机内适当保点液面，开启高、中、低真空同抽热溶剂的方法使管道内温度升高化通即可；以上方法无效，堵得严重就要停滤机，关闭全部阀门，拆开真空软管用蒸汽吹化。

特别注意：停用脱油滤机时，最好要用热溶剂彻底温洗一下，干净后再开各真空阀抽一下，化一下真空管线内的结蜡，可防止真空管线堵。

6. 滤机卷蜡时的操作

卷蜡是指滤机过滤时，因蜡饼过厚、过松、真空度过小等原因，造成滤机背面蜡的堆集的现象，影响了过滤机的效果。处理轻质油品时容易发生卷蜡，在操作上可用提高转速、降低液面、使低真空抽吸时间变短、蜡饼变薄的方法。当然要加强温洗，提高温洗质量，适当延长一点温洗时间，使卷蜡处理干净，不会越卷越高。严重的卷蜡可使滤机停运，要及时处理。

7. 滤机外操巡检时检查事项

(1) 巡检前要联系一下内操，看一下 DCS 上有什么异常需要检查。

(2) 查滤机的润滑情况，如机油罐液面和注油器液面运行是否正常，变速箱内油面是否正常，滤机运行是否平稳、有否异声，分配头是否有抖的现象等。

(3) 查滤机泄漏情况，及其他缺陷情况；

(4) 查看滤机绕线是否正常，有无松、断、移位情况；

(5) 检查蜡饼情况，看是否过干，输送有无困难，冲头是否合适，滤机转速情况；蜡的结晶是否好，滤机的过滤效果是否良好，把检查情况及时联系内操和班长，并告之自己对操作的建议。

（6）检查滤机喷淋管和滴管是否正常，有无脱落，喷头及滴管有无堵的现象，冷洗量是否合适，一般在看窗中能看到，高真空区的蜡饼上有冷洗溶剂向下流到反吹区仍留少量在蜡饼上较合适。

冷洗溶剂的作用是：① 进一步溶解蜡饼上的油，提高收率；② 覆盖蜡饼上的裂纹、孔隙有利于保持真空度；③ 使蜡饼保持一定的湿度；④ 如看窗上有蜡影响观察，要在下次温洗时开启冲洗看窗溶剂进行冲化。

8. 滤机用安全气进行密封的原因，保证氧含量合格

1）滤机用安全气进行密封的原因

因为过滤机时刻都充满溶剂、油、蜡等的混合物，溶剂是一种极易挥发的物质，当它和空气混合后超过一定的浓度，极易产生爆炸。过滤机在工作中长期受反吹、真空压力变化，高温溶剂温洗及低温生产时温度变化的反复作用，绕线钢丝长时间运转容易断，若产生火花就可能造成爆炸事故。为此，过滤机必须用安全气密封，酮苯装置大多用氮气做安全气，滤机含氧量要求不大于5%。

2）如何保证氧含量合格

（1）做好真空系统的查漏工作，在开工时要对真空系统进行试压，把漏点消灭，不然开工后真空系统的漏点较难查到(因是负压)。

（2）保证滤机密闭压力不出现负压，这是正常生产中最重要的。滤机负压下，因滤机的大盖、看窗等处密封从结构上看，并不能保证其不漏，一旦出现负压，空气就会被抽入系统，含氧量上升。

（3）安全气补充量太小。滤机密闭因正压操作，总会有少量气体泄漏掉，这时就需要及时补充，保持系统的平衡，不然会造成系统负压，含氧量升高。

（4）正常情况下滤机并不需要排空，排空会造成氮气用量上升，溶剂气体排放，增加成本和危害健康，特别是在氧含量合格时不要排。排空一般用在开工时真空滤机系统需用氮气赶氧，排放可加速含氧量的合格；正常生产时，一般因操作不当或设备修理造成含氧量大幅上升时才排放，也可在真空系统气体循环量过高时排放。

9. 过滤机开机及注意事项

（1）检查滤布是否有洞，绕线钢丝是否正常，检查蜡槽内是否有异物，检查下蜡板开档是否正常，一般为1~2mm；

（2）检查真空表、压力表与液位计等是否齐全好用，检查滤机大盖螺栓是否上好，其他部位是否完好，确认检修工作完成；

（3）各部注油器、润滑油是否已达到规定的液位；

（4）改好滤机流程，将过滤系统密闭压力抬到上限左右，对滤机进行试压，看一下大盖等处密封是否有漏，及时紧好；

（5）联系确认好冷蜡罐已投用，冷蜡泵已开启；

（6）联系电工送电后，先启动注油泵注油15min后再分别启动滤机输蜡器和转鼓，检查运行情况和各点润滑情况；

（7）打开冷洗，并检查喷头，滴管是否正常，并用冷洗溶剂对滤机进行预冷却10min以上；

（8）滤机准备工作全部完成汇报内操班长，按正常步骤开启滤机，开启进料气动阀，开启液位控制，待滤机液面20%以上时方可依次按顺序打开低、中、高真空。

10. 过滤机操作注意事项

（1）滤机液面一般控制在30%~50%，液面过低或无液面操作的危害有：① 转鼓质量全部压在下轴瓦上，下轴瓦极易磨损，保持一定的液面可产生一定的浮力，减小磨损，所以滤机不要长时间空转；② 滤机的低真空区较大，液面过低或无液面操作会使部分低真空区在吸滤时吸到滤机内的密闭气，破坏真空、密闭、反吹压力，易使系统真空度低，密闭压力出现负压，并增加真空泵负荷；③液面过低还会使滤机蜡饼变薄，影响滤机效率。

（2）在滤机开停时要依次开关低、中、高真空，因为滤机在运转过程中先在低真空区吸滤，蜡饼覆在帆布上向中真空区转，中真空区再向高真空区转，这时如先打开中或高真空阀，因这些帆布上还无蜡饼，就会吸入大量密闭气，破坏真空系统平衡，同样在停滤时，也要依次关低、中、高真空，因关得过早，会使吸上来的蜡再落回滤机。

（3）滤机房操作或修理工作时不可使用铁制工具，也不准使用不符合防爆要求的电子产品等，滤机的结构会使滤机极易产生泄漏，滤机内又有大量溶剂及溶剂气体，十分危险，使用铁制工具易产生火星，有引起火灾和爆炸的危险。

（4）在停工扫线中，因滤机不是压力容器，特别是看窗玻璃易爆，所以要每台滤机拆2个以上看窗泄压。另外，滤机内的尼龙格栅温度过高易变形，温度要求不大于120℃，扫线时为防止温度过高，一般都用滤鼓转动的方法，来降低局部温度。

11. 过滤机温洗操作

1）温洗的目的

过滤机操作一段时间后，滤布就会被部分细小的蜡结晶或冰粒堵死，原料越重或蜡结晶越不好及溶剂含水量越高，滤机过滤效果下降、失效越快（采用热溶剂冲淋将堵在滤布上的蜡或冰粒进行冲化，恢复滤布过滤能力）。温洗何时进行，一般有2种操作方法：

（1）根据加工的原料线别，结合滤机过滤效果采用经验操作法对滤机定时温洗，原料线别越重，温洗间隔时间越短。

（2）操作人员根据滤液量变化情况和去现场对滤机蜡饼观察情况，如发现滤布上蜡饼量减少变薄，部分滤布有不上蜡的情况出现，冷洗溶剂吸不净大量落入输蜡槽中等，判断需要及时温洗的滤机。

2）过滤机温洗方法

关闭进料阀，待滤机内液面抽低（可提高脱蜡油收率）；依次关闭低、中、高真空，打开底槽放空阀，滤布上基本无蜡饼时关闭冷洗阀，打开温洗阀，并稍开高真空，温洗结束，关闭温洗阀，关闭高真空阀，打开冷洗阀对滤机进行冷却降温（降温时间要超过滤机转一圈的时间），关闭底槽放空阀，打开进料阀，滤机液面超20%后依次打开低、中、高真空阀。温洗完成后，要再检查一下滤机是否全部正常，特别是自动温洗的滤机有时会出现温洗阀关不死的情况，内操可通过滤液温度及时发现，滤机温洗时还要注意同一段滤机不要连续2台以上温洗，防止操作波动过大。

二、酮苯真空泵

（一）往复式真空压缩机

1. 往复式真空压缩机工作原理

当电机启动时，通过减速机带动曲轴、连杆、十字头与活塞杆，使活塞在汽缸内做往复运动，当活塞由外死点向内死点开始移动时，汽缸内活塞外侧处于低压状态，介质通过吸入阀进入气缸，当活塞由内死点向外死点移动时，吸入阀关闭，气缸内的介质则被压缩，压力升高，当压力超过排汽阀外的压力时，排汽阀就打开，开始排出气体，当活塞达到外死点时，排汽完毕，到此完成一个工作循环。惰性气体经过一级缸压缩后，经中间冷却器进入二级缸，同样再次压缩后，进入水冷器、氨冷器进行冷凝、冷却，气液分离后进入惰性气体罐，去过滤机做密闭和反吹用。活塞不断做往复运动，则惰性气体就不断地被吸入、排出，连续进行工作。

因往复式真空泵结构复杂，故障较多，维修不便，漏点较多，进出口温升较大等，正逐步被液环真空泵代替。

2. 往复式真空压缩机操作注意事项

(1) 往复式真空泵是容积式泵，操作时要注意不可抽到液体，因液体不可压缩，会使机泵产生液击而损坏，历史上发生该事故较多，开机前一定要检查管道内是否有液体，包括中冷器是否有内漏。

(2) 十字头连接螺丝易松，松后易损坏十字头，使泵轴变形，上下分开，十分危险，要加强检查，早点发现。

(3) 加强润滑检查，保证润滑质量。加强一、二级缸出口温度检查，温度高易使阀片损坏。

(4) 对于往复式真空泵，开机前一定要进行盘车，防止机械故障。为防止缸头内有液体损坏设备，开机前必须放尽缸内的液体，开机前要先开出口阀，运行正常后再开进口阀，并用进口阀开度调节机泵负荷，机泵负荷大小主要看电流指示。

(二) 液环式真空泵

1. 液环式真空泵原理

在泵体中装有适量的水或油作为工作液。当叶轮按顺时针方向旋转时，工作液被叶轮抛向四周，由于离心力的作用，水形成了一个决定于泵腔形状的近似于等厚度的封闭圆环。水环的下部内表面恰好与叶轮轮毂相切，水环的上部内表面刚好与叶片顶端接触(实际上叶片在水环内有一定的插入深度)。此时叶轮轮毂与水环之间形成一个月牙形空间，而这一空间又被叶轮分成和叶片数目相等的若干个小腔。如果以叶轮的下部0°为起点，那么叶轮在旋转前180°时小腔的容积由小变大，且与端面上的吸气口相通，此时气体被吸入，当吸气终了时小腔则与吸气口隔绝；当叶轮继续旋转时，小腔由大变小，使气体被压缩；当小腔与排气口相通时，气体便被排出泵外。

综上所述，水环泵是靠泵腔容积的变化来实现吸气、压缩和排气的，因此它属于变容式真空泵。

2. 操作注意事项

(1) 酮苯装置用的液环式真空泵工作液是脱蜡油，它不是起润滑油的作用，工作液泵是辅助泵，一般靠压差能达到液环成形要求时，无需开泵，只有当分液罐液面过低达不到成环要求时或压差达不到要求时才启动泵。

(2) 启动前要加好变速箱内机油，工作液在指标内，改好流程，并盘车，开好循环水阀，打开出口阀，打开连通阀(进口阀关闭)方可启动，开启无异常后逐步打开进口阀，逐步关闭连通阀，通过调节进口阀达到所要的真空反吹压力，并注意电流变化。

3. 液环式真空泵的优点

与往复式真空压缩机相比有如下优点：

（1）结构简单，制造精度要求不高，容易加工。

（2）结构紧凑，泵的转数较高，一般可与电动机直联，无须减速装置，故用小的结构尺寸，可以获得大的排气量，占地面积也小。

（3）压缩气体基本上是等温的，即压缩气体过程温度变化很小。

（4）由于泵腔内没有金属摩擦表面，无须对泵内进行润滑，而且磨损很小。转动件和固定件之间的密封可直接由液封来完成。

（5）吸气均匀，工作平稳可靠，操作简单，维修方便。

4. 液环式真空泵的缺点

（1）效率低，一般在30%左右，较好的可达50%。

（2）真空度低，这不仅是因为受到结构上的限制，更重要的是受工作液饱和蒸汽压的限制。用水做工作液，极限压强只能达到2000~4000Pa。用油做工作液，可达130Pa。

（3）液环真空泵也会有汽蚀现象，产生原因和离心泵相同。

（4）液环真空泵出口带液量较大。

（三）真空系统的调节

1. 真空泵的作用

真空泵一般通过调节进口阀开度来提供生产需要的真空度和出口气体压力，再用氮气补充的方法，保持系统内的氧含量合格，系统流程上有反吹控制阀、密闭压力自动控制阀，还有安全气排空阀，通过这些阀的控制使系统达到平衡。

2. 真空系统的调节

（1）开大真空泵进口，真空泵电机电流上升，进口真空度升高，出口压力增大，系统内气体循环量增加。

（2）氮气补充量。氮气费用较高，一般情况下是小流量补充，只要保证氧含量的合格，补充量就等于系统泄漏加排空的量。

（3）用反吹控制阀抬高反吹压力，根据真空系统工艺流程，反吹控制阀会关小，通过反吹控制阀后去密闭系统的气体量减少，但反吹的气体最终也是进入滤机密闭系统，所以对全系统影响不大；反之降低也无大的影响。

（4）用密闭控制阀抬高密闭压力，根据工艺流程，密闭控制阀会关小，系统循环量就会降低，这时真空泵的吸入量会下降，系统真空度会升高，真空泵出口压力下降；反之用密闭控制阀降低密闭压力，密闭控制阀会开大，系统循环量就会增加，这时真空泵的吸入量会上升，系统真空度会下降，真空泵出口压力升高。

（5）加大安全气排空，会使系统内循环量减少，真空度上升，真空泵出口压力下降，滤机密闭压力降低，易使滤机产生负压，所以要减少和控制排空量，排空时一定要保持滤机操作不产生负压。

三、加热炉

（一）酮苯（脱蜡脱油装置）管式加热炉的作用

加热炉在酮苯装置回收系统中的作用是用来加热油（蜡）溶剂混合物，被加热介质经炉管时受到火焰燃烧发出的辐射热和高温烟气的加热，使高压塔进料中的溶剂80%~90%得到汽化。

目前酮苯装置上采用的加热炉为低热强度圆筒炉，所谓热强度是指每小时每平方米传热面所传递的热量，它与炉膛温度有直接的关系，为使油、蜡不因局部过热而分解，因此脱蜡装置采用低热强度圆筒炉。

（二）圆筒加热炉结构

圆筒炉由燃烧器、辐射室、对流室、烟囱、防爆门组成，辐射室由圆筒形壳体、炉墙、辐射管、炉膛、反射锥组成。辐射室中上部配有防爆门，当炉膛正压回火时，防爆门会被火焰顶开，防止回火伤人。对流室由方箱形壳体、保温层、对流管组成。烟囱在对流室上方，并装有烟道挡板，用来调节炉膛压力。油气联合燃烧器设在炉膛下部，由油门（燃料）、风门（调节进空气量）、汽门（燃油时的雾化蒸汽）等组成。

加热炉通常所说的"三门一板"即油门、风门、汽门和烟道挡板。油门用来调节燃烧器的燃料量大小。汽门是指调节油的雾化程度的阀门。风门是调节燃料燃烧所需空气量的阀门。烟道挡板是装在烟道或烟囱中可调节开度的隔板，用来控制炉膛负压的大小。

（三）加热炉的操作

加热炉的日常管理实际上主要就是对燃烧的管理，点好、用好燃烧器是加热炉在开停工过程中的重要环节，燃烧状态直接关系着炉子操作的安全和加热炉热效率的高低。

1. 加热炉的点火

1）做好点火前的检查准备工作

（1）检查燃烧器特别是喷枪的安装位置，保证正确无误；

（2）确保新建的加热炉，或内火砖大量更换后的炉子已进行烘炉作业；

（3）准备好点火用具，如点火棒，点火枪等；

（4）建立燃料系统并引至炉前；

（5）检查烟道挡板、风门的开关和开启方向是否正确。

2）点火步骤

（1）向炉管通入被加热流体介质；

（2）烟囱挡板打开；

（3）引蒸汽，排凝结水后，用蒸汽充分吹扫炉膛；

（4）调好燃料系统；

（5）对有一次、二次风门自然送风燃烧器的加热炉，暂时关闭一次风门；

（6）先点燃点火棒或引火嘴（长明灯）；

（7）稍稍开启燃料主管上控制总量的主阀，点燃燃烧器，如未点燃而使燃料喷入炉膛内，应立即关闭阀门，并吹扫炉膛；

（8）如点火完成，逐渐开大主阀至全开；

（9）调节一次、二次风门，并调节烟囱挡板；

（10）升温速度视炉子结构和燃烧器种类而定，一般控制在每小时50℃左右（指炉管介质的出口温度）。

2. 加热炉故障及处理

1）滴油

（1）现象：

烧燃料油时，火嘴出现滴油现象。

（2）处理：

① 卸下油枪进行清扫检查；

② 提高燃料油预热温度；

③ 检查和调整火嘴的安装高度和中心度等；

④ 检查火嘴上是否有落下的杂物，如耐火砖等。

2）火焰冒火星

大多因为燃料中带水和雾化蒸汽中有液体；应加强燃料的切水工作，调节风门也可进一步改善。

3）加热炉回火

（1）现象：

炉膛内产生正压，防爆门顶开，火焰喷出炉膛，回火伤人或炉膛内发生爆炸而造成设备的损坏。

（2）原因：

① 燃料油大量喷入炉内或瓦斯大量带油；

② 烟道挡板开度过小，降低了炉子抽力，使烟气排不出去；

③ 炉子超负荷运行，烟气来不及排放；

④ 发生回火主要是油门不严，使瓦斯窜入炉内，或因一次点不着，再次点火前如炉膛吹扫不净，造成炉膛爆炸回火。

（3）预防：

① 严禁燃料在点燃前大量进入炉内，瓦斯严禁带油；

② 确认烟道挡板的实际位置，严防在调节烟道挡板时将挡板关死或关得太小；

③ 不能超负荷运行，应使炉内始终保持负压操作；

④ 加强设备管理，油门不严的要及时更换修理，阻火器也要经常检查前后压力表，如有失灵及时更换；

⑤ 点火前应注意检查瓦斯和燃料油的阀门是否严密，每次点火前必须将炉膛内的可燃气体用蒸汽吹扫干净。

3. 加热炉操作的注意事项

（1）控制好进炉量，一般分两组进料，要求控制好两组的温差，进炉量要平稳，不可大幅提降；

（2）控制好炉出口温度，炉出口温度过低则达不到工艺要求，过高时易造成局部过热，使油品分解；

（3）要防止烟气露点腐蚀，对有烟气热量回收的加热炉更要注意，排烟温度要控制在烟气露点温度以上，并不是越低越好；

（4）使用火嘴时尽量达到对称；

（5）点火时不可用相邻火嘴碰火；

（6）点火时人不要对着火嘴，以免回火伤人；

（7）炉子意外熄火，要先关闭燃料阀，必须对炉膛重新用蒸汽吹扫15~20min或看到从烟囱处有白汽冒出后方可重新点火。

(四) 加热炉热效率

热效率(η)表示向炉子提供的能量被有效利用的程度，其定义可用下式表达：

$$\eta = \text{被加热流体吸收的有效热量} \div \text{供给炉子的能量}$$

热效率是衡量燃料消耗，评价炉子设计和操作水平的重要指标。

提高加热炉热效率的主要措施：

(1) 确保充分燃烧；

(2) 尽量降低过剩空气系数；

(3) 降低排烟温度；

(4) 减少炉体散热；

(5) 精心维护和操作，保证设备完好。

四、表面蒸发空冷器

(一) 表面蒸发空冷器的工作原理

表面蒸发空冷器是一种将水冷与空气冷却、传质传热过程融为一体的高效冷凝冷却设备。其工作原理是用泵将下部贮水池中的水输送到位于水平放置的光管管束上方的喷淋分配器，由分配器的喷嘴将冷却水向下喷淋到光管表面，使管外表面湿润并形成连续的水膜，同时用风机将空气从设备的下部吸入窗吸入，自下而上掠过光管管束。传热过程一方面依靠水膜与空气间的显热传递来进行；另一方面利用管外水膜的迅速蒸发来强化管外传热。由于水的汽化潜热很大(水在101.325kPa下的汽化潜热为2386.48kJ/kg)，水膜的蒸发强化管外表面的传热，使设备总体传热效率较单纯的空冷器或水冷器高许多。管外水膜的蒸发使得空气穿过光管管束后湿度增加而接近饱和，风机将饱和湿空气从管束中抽出，并使其穿过喷淋水上方的除雾器，除去饱和湿空气中夹带的水滴后从设备顶部空气出口排入大气。由于风机位于设备上部向上抽吸空气，从而在风机下部空间形成负压区域，加快了管束表面水膜的蒸发，有利于强化管外传热。

(二) 表面蒸发空冷器结构

表面蒸发式空冷器由水箱、光管管束、喷淋除雾、预冷、风机等零部件组成，是一种将水冷与空冷，传热与传质过程融为一体，且兼有两者之长的新型、高效冷却设备。它具有结构紧凑、传热效率高、投资省、操作费用低、安装维护方便、占地面积小等特点。

(三) 表面蒸发空冷器在酮苯装置上的使用

目前酮苯装置表面蒸发空冷器主要用于冷冻系统。

冷冻机压缩升压后的氨温度较高，要冷凝后循环使用，利用冷凝器将高温气氨冷却到该压力下的饱和温度，使其液化，早先酮苯冷冻系统用水冷器冷却，那时主要用的是立式水冷却器，为保证换热效果，还常要人工清水冷器上的结垢及其他东西等，特别是夏天，工作量较大，后来改成了空冷，大大改善了环境，冷却冷凝效果也好了很多；现在又逐步改用表面蒸发式空冷，效果不错。

1. 表面蒸发空冷器特点

(1) 表面蒸发空冷器的最大特点是将冷却塔和列管式换热器合为一体。省去了单独的循环水系统，减少了设备的占地面积。

(2) 采用光管作为传热管，可大大降低设备的一次性投资。

(3) 光管阻力小，风机负荷相应降低。

（4）表面蒸发空冷器适用于入口温度低于80℃的介质的冷凝冷却，冷后介质出口温度可接近环境湿球温度。

（5）表面蒸发空冷器能同时利用冷却水的潜热和显热，传热效果比水冷器提高34%。

2. 表面蒸发空冷器操作注意事项

在设备运行过程中，须定期抽样检测水质，并应每月清洗水池一次，因为随着一部分喷淋水的蒸发，水中的矿物质及其他杂质会遗留下来，须定期排污以防止形成的水垢过多地留在盘管外面影响换热效果。如果管束外水垢较多，则须对其进行除垢处理。此外，还须经常检查水池水位。在冬天气温较低，当蒸发式冷凝器因检修等原因停机时，可能导致贮水槽及循环水泵中的水冻结，一般要在冬季停机后放净存水。

五、润滑油油雾发生器

（一）油雾润滑工作原理

当压缩的干燥空气高速通过文氏管时，会将润滑油从油池中吸入气流，生成1~5μm的油颗粒。悬浮的颗粒在空气中类似雾状，因干燥可以在低压低速下传输到远距离的机器部件上。

使用再分粒器在干燥油雾流中制造乱流，油颗粒结合形成大的油滴，使润滑面变湿，起到润滑作用。

（1）油雾润滑系统是一种能够产生、传输并自动为工业机械和设备中的轴承、齿轮箱等提供润滑油的集中润滑系统。

（2）油雾润滑系统的核心部件是其油雾发生器(见图5-17)，它利用压缩空气作为动力源以产生(1~5μm)的小油滴。

（3）产生的小油滴悬浮在空气中通过分配管道网络到达机泵需要润滑的部位。

（二）油雾润滑优缺点

（1）油雾润滑与其他润滑方式比较，具有许多独特的优点：

① 油雾能随压缩空气弥散到所有需要润滑的摩擦部位，可以获得良好而均匀的润滑效果；

② 压缩空气比热容小、流速高，很容易带走摩擦所产生的热量；

③ 大幅度降低了润滑油的耗量；

④ 油雾润滑系统结构简单轻巧，占地面积小，动力消耗低，维护管理方便，易于实现自动控制，成本低；

⑤ 由于油雾具有一定的压力，因此可以起到良好的密封作用，避免了外界的杂质、水分等侵入摩擦副。

（2）油雾润滑也存在一些缺点，选用时应注意以下几点：

① 在排出的压缩空气中，含有少量的浮悬油粒，会污染环境，对操作人员健康不利；

② 不宜用在电机轴承上，因为油雾侵入电机绕组将会降低绝缘性能，缩短电机使用寿命；

③ 油雾的输送距离不宜太长，一般在30m以内较为可靠，最长不得超过80m；

④ 对使用油雾润滑的机泵，轴承部分修理或更新后，要有一定的润滑时间，并不能即刻使用；

⑤ 必须具备一套压缩空气系统。

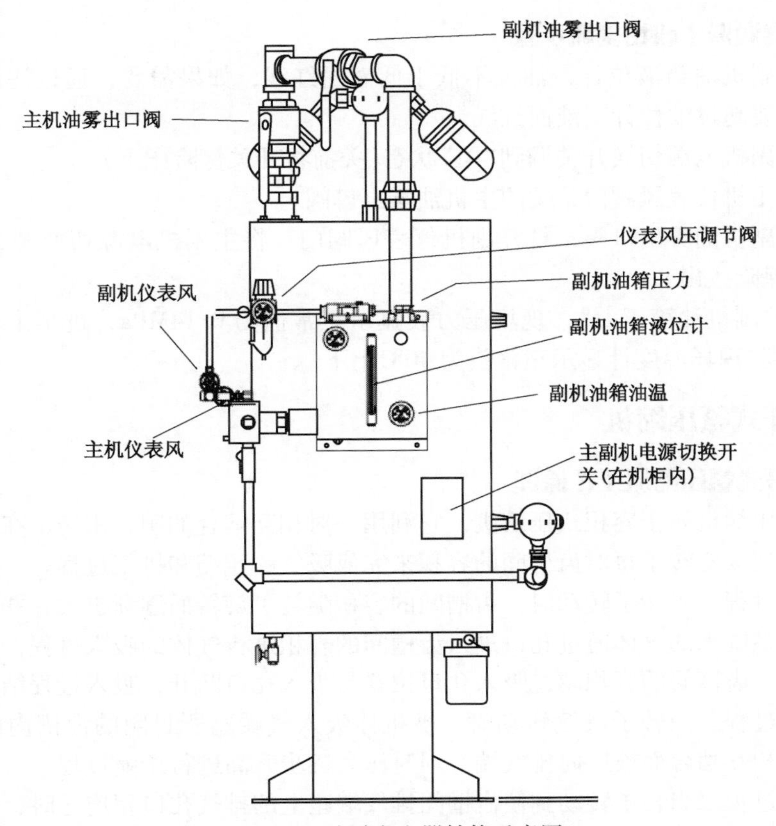

图 5-17　油雾发生器结构示意图

由于油雾润滑的上述缺点，在一定程度上限制了它的使用范围。但它的独特优点，则是其他润滑方式所无法比拟的。所以在炼化设备上将获得越来越广泛的应用。

（三）油雾润滑日常检查

（1）检查雾压力、温度显示值是否在调整设定值；

（2）检查每台泵的油雾收集箱，轴承两侧是否有油雾冒出；

（3）检查主油罐和主发生器储罐中的液位是否正常；

（4）注意“集油腔”内液位，接近红线必须通过按下“放油开关”将油放至“油收集箱”；

（5）定期通过“排油”处阀门将“油收集箱”内存油放出；

（6）发现“油溢流口”有油流出必须立刻将“油收集箱”内存油放出。

（四）油雾润滑开机步骤

（1）打开油罐至主机进口阀门；打开主机油雾出口阀门，关闭辅助油雾出口阀。

（2）将电源开至“主”处，拔出开关保险，红色装置状态灯显示，打开主机小油箱旁油阀门，油进入主机储油罐，同时注意液位，储油罐液面约半满时会自动切断油的供应。

（3）打开仪表风阀，通过减压阀调节器(顺时针增加压力)调整仪表风压力，直到油雾压力显示约 0. 14MPa。

（4）通过油温度计监测油温，油加热器会维持油温在 40℃上下。

（5）检查储油罐液位、油雾压力、油温度是否正常，状态灯自动从红灯切换到绿灯，此时说明油雾发生器已经开启正常。

（五）油雾润滑主机切副机步骤

（1）检查副机油箱液位计，油位不低于低液面红线，如果需要，通过注油孔向储罐加油，加油时不要超过油位计高液面红线。

（2）将主副机电源切换开关调到“关”状态（关前将开关保险压下）。

（3）关闭主机仪表风阀门，关闭主机油雾出口阀。

（4）打开副机油雾出口阀；打开副机仪表风阀门；将主副机电源切换开关调到“副机”（开后将开关保险拔出）。

（5）检查“副机油箱压力”，现场压力表显示正常值为 0.14MPa，过半个小时以后检查“副机油箱温度”现场温度计显示正常值为 40℃上下。

六、螺杆式氨压缩机

（一）螺杆式氨压缩机工作原理

螺杆式氨压缩机属于容积式压缩机，它利用一对相互啮合的阴、阳转子在机体内做回转运动，周期性地改变转子每对齿槽间的容积来完成吸气、压缩和排气过程。

（1）吸气过程。当转子转动时，齿槽间的容积随转子旋转而逐渐扩大，并和吸入孔口相连通，由蒸发系统来的气体通过孔口进入齿槽间的容积进行气体的吸入过程，在转子旋转到一定角度以后，齿槽间的容积越过吸入孔口位置与吸入孔口断开，吸入过程结束。

（2）压缩过程。当转子继续转动时，被机体吸入气端座所封闭的齿槽内的气体，由于阴、阳转子的相互啮合而被压向排气端，同时压力逐步升高进行压缩过程。

（3）排气过程。当转子转动到使齿槽间排气端座上的排气孔口相连通时，气体被压出并自排气法兰口排出，完成排气过程。

由于每一齿槽空间里的工作循环都要出现以上 3 个过程，在压缩机高速运转时，有几对齿槽的进气和排气循环重合，从而使制冷剂平稳而连续地流过压缩机。

（二）螺杆式氨压缩机的结构

在“∞”字形的汽缸中平行地配置 2 个按一定传动反向旋转又相互啮合的螺旋形转子。通常对节圆外具有凸齿的转子称为阳转子；在节圆内具有凹齿的转子称为阴转子。阴阳转子上的螺旋形体分别称作为阴螺杆和阳螺杆。一般阳转子与原动机连接，并由此输入功率，由阳转子带动阴转子转动。

螺杆式氨压缩机的主要零部件有：一对转子、缸、轴承以及密封组件等，其机组还包括油分离器、油冷却器、油泵、经济器等。

（三）螺杆式氨压缩机运行中注意事项

观察吸气压力、吸气温度、排气压力、排气温度、润滑油压、油气压差、油过滤器压差、油温、能级、电流、二级压缩的机组中压情况、机组运行声音、泄漏等。

（1）如果由于某项安全保护动作自动停机，一定要查明原因后方可开机。

（2）冷冻机油分器一定要保证一定的油位，机组都有油气压差保护系统，缺油机器会很快损坏。

（3）回油。在机组运转过程中，油分离器内排气侧会产生油的积聚，需要打开回油阀回油。

（4）冷冻机入口吸入为饱和气态时最佳，过热气相因单位体积内的密度变小，会降低机器的制冷能力，同时会使机组出口排气温度升高，油温也会随之升高；过饱和状态即会在气相中带有液氨，液体不可压缩，螺杆冷冻压缩机属于容积式压缩机，抽到液体多时，会使机组产生振动、声音异常并且出口温度也会快速下降，对机组损坏极大。

冷冻蒸发器内的液氨发生蒸发汽化时，最好能带出少量液相。这部分少量的液相用于克服低压总管内的冷量损失，防止冷冻机进口气氨的过热度变大，降低冷冻机效率。带液氨量的大小，从操作经验看，以在冷冻机进口分液罐中有少量液相沉降并顺利溢流，不使分液罐起液面为宜。

经济器的作用之一是高压液氨过冷提高制冷量，其次使用得当可以降低排气温度及油温。特别在夏季有很好地控制排出温度，降低油温的作用。

经济器系统的基本原理是将一次节流中所产生的中间压力的气体引至压缩机相应部分的压缩腔内，同时在经济器内将由冷凝器出来的制冷剂进行再冷却，从而达到增加制冷量，提高制冷系数的目的。

在采用经济器的螺杆式氨压缩机的机体上有一个补气口接口，从冷凝器出来的液体制冷剂经过节流进入经济器，并在经济器中快速蒸发成中间压力的气体，然后通过补气口进入压缩机，同时将在经济器管程里的液体制冷剂过冷，由于被过冷的液体制冷剂，其单位制冷量比没有过冷的液体制冷剂大，因为补气口是开设在螺杆齿槽吸气结束之后，所以并不影响螺杆的吸气量。因此在压缩机压缩相同质量流量的制冷剂时，其制冷量有了增加，但是由于所增加的制冷量大于轴功率的增加量，使制冷系数得到提高。

七、酮苯套管结晶器

（一）酮苯套管结晶器原理

酮苯套管结晶器有换冷和氨冷两种换热方式。其功能一方面是在套管间通入冷却介质溶剂或者氨与内管的原料溶剂进行热交换，使原料溶剂温度降低而析出的结晶蜡粘结于内管壁上，另一方面在内套管端部通过传动机构驱动带有刮刀装置的管轴旋转，刮刀片在弹簧力的作用下紧靠内管壁，将黏结于内管壁上的结晶蜡刮下排出。

（二）酮苯套管结晶器结构

酮苯套管结晶器由内管和外管夹套组焊而成，套管芯子安装于内管内，其结构见图5-18。

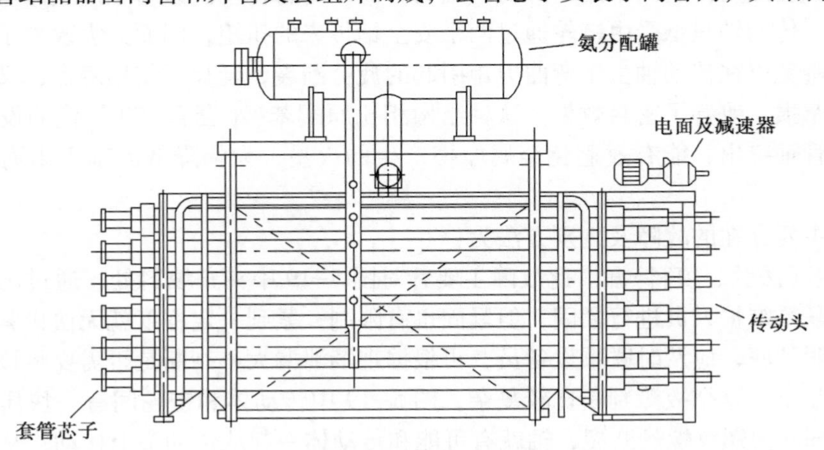

图5-18　酮苯套管结晶器结构图

外设传动头，带动刀片在套管内转动，刮刀片将黏结于内管壁上的结晶蜡刮下排出。传动头结构见图5-19。

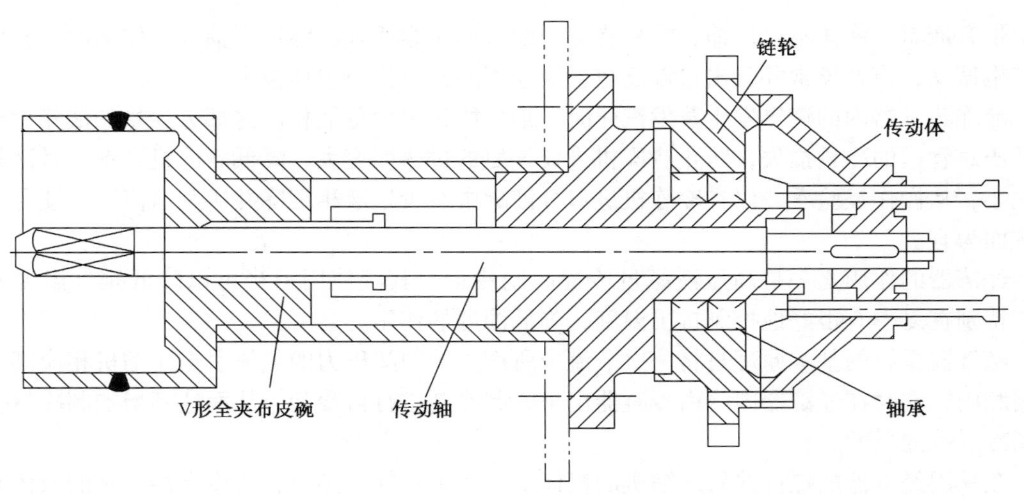

图 5-19　传动头结构

传动机构由电机、行星摆线针轮减速机，主动链轮和链条组成。

传动头用填料密封，传动头与链轮相连，链条带动链轮转动。对于这种传动头，链条拉力产生的径向力由轴承座承受，传动轴只传递链条产生的扭矩，而不受交变弯曲应力的影响，从而延长了传动轴的使用寿命；传动轴的弯曲变形大大减小，填料几乎不产生偏磨现象，传动轴填料处密封效果得到明显的改善，极大地延长了填料的使用寿命。

（三）保冷材料

目前设备和管道表面防腐层均采用醇酸树脂底漆，保冷材料设备采用里面层为 50mm 泡沫玻璃，外面层是聚氨酯泡沫的保温材料，管道内外层均采用聚氨酯保温材料，其次是防水层。

（四）套管结晶器设备隐患分析及检查

1. 传动头

目前酮苯套管传动头都采用了图 5-19 中 20 世纪 80 年代末的设计结构，由图可以看到，这种传动头的优点是传动头采用了卸荷式结构，此结构将传动链条对轴产生的弯曲力由轴承传到机板上，传动轴只承受由链轮通过两个安全销传来的扭矩，因而大大改善了传动轴的受力情况，既避免以往传动轴由于弯曲力矩引起的疲劳断裂，延长了使用寿命；又能减轻传动轴对填料的摩损，改善了密封效果。这种结构相比原酮苯(小套管)70 年代的设计最大好处就是一旦套管轴突出，能有效避免金属摩擦产生的火星，大幅降低因轴飞出而发生火灾的几率。

此部分主要存在的故障及判别方法为：

（1）格兰(法兰、填料)漏。此故障主要针对图 5-19 中夹布填料处，通过肉眼判断，发现有滴漏后联系维护人员进行紧固，但紧固也有限制，紧到一定程度就无法再紧了，如维护人员反映已紧到底，应及时联系设备员，再根据现场泄漏大小判断是否需要将该设备停用。

（2）轴凸出。这个故障判断比较复杂，图 5-19 中传动体和链轮间有一块压盖，一旦压盖的 12 个 6mm 内螺纹螺丝断裂，轴就有可能和传动体一起从传动头上松动，从而在传动体和链轮间形成间隙。日常判断主要通过这个间隙，但有时由于断的螺丝位置也可能没有间隙。一旦螺丝全部断裂，轴和传动体就有可能脱离传动体，造成大量溶剂喷出，从螺丝全部断裂到轴飞出，这个过程根据工艺环境能维持的时间波动较大，这时链轮和传动体间隙会明显变大，此时如发现应立即停用设备，并尽量控制扫线压力，一旦扫净，及时联系设备员进行抢修。

（3）销子断。安全销是套管轴的保护装置，断裂主要是为了防止套管轴部分磨损，正常每次打闭路后都应该对套管断裂的销子进行补全，一旦发现销子补不上，首先查看闭路打得是否彻底，如仍无法补上应联系设备员查看。

（4）链条断。这个故障比较直观，发现后应及时停用设备并联系修理，此故障如长时间不处理可能会造成套管堵塞。

2. 套管轴

根据套管结晶器的实际工艺使用情况，套管芯子的长度并不相同，但结构基本相同，均由刮刀、轴及连接件组成，见图5-20。

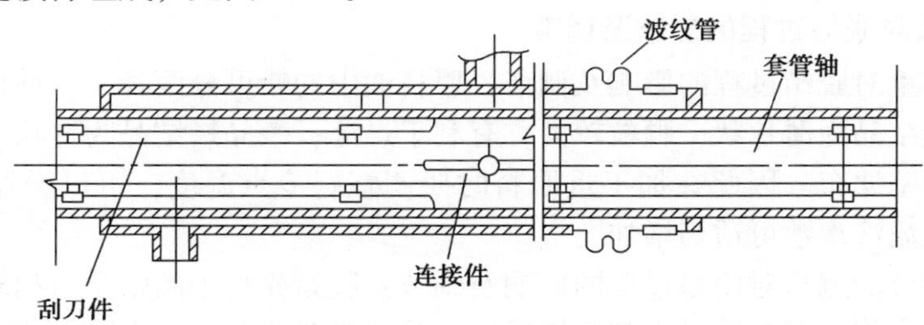

图5-20　套管芯子结构示意图

这部分在日常生产中一般不修理，但刮刀件变形会增加套管运行负荷，降低结晶效果，一旦发现销子补不上或者套管运行时有较大异声，应联系设备员确认是否需要停用后抽芯修理。

3. 电机和减速器

此部分主要存在的故障及判别方法：

（1）对轮磨损：一旦听到减速器有较大的异声，应及时处理。

（2）缺油：减速器应定期加油，查看方法是通过减速器液位计确认，确认方法是将液位计从变速箱内抽出，引出管上有油迹表明变速箱有油，否则应及时加油，油位加至1/2~2/3处。

4. 氨分配罐

只有氨蒸发式套管结晶器才有分配罐，其作用相当于冷冻系统内的液氨分离器，由套管内蒸发出来的气氨通过管道送到螺杆式氨压缩机进口，液氨重新回流到套管内制冷，氨分配罐都属于压力容器，须定期进行校验。

此部分故障及判别方法等同于其他压力容器，目前阶段由于管线腐蚀，应加强对本体引出管的检查力度，正常生产时压力很低较难检查，一般在闭路放油时查漏效果更好。

（五）酮苯套管结晶器操作注意事项

（1）投用前要检查修理工作是否完成，压力表是否已安装好。

（2）检查各部润滑及链条松紧情况，投用前变速箱须加好润滑油，油位达1/2~2/3处，向链条润滑槽加入润滑油，油位高于链条3~5mm，链轮轴承压盖和传动轴端油孔由维护人员加入锂基润滑脂。

（3）启动前先进管程物料。

（4）换冷套管的修理前，一定要在压氨操作完成后进行扫线，并保证壳程有一路流程和外部相通，防止有液氨发生汽化造成憋压。换冷套管扫线时也要防止另一路憋压损坏设备。

一般壳程进出口阀门只能关一路，另一路保证畅通。

（5）换冷套管要保证一定的冷却速度和稀释溶剂，减小套管结蜡上压速度，套管上压过快安全销易断。套管上压较大时说明结蜡严重，要定期化蜡，化蜡时要注意化蜡温度不要太高，太高易使套管波纹管寿命减小，也易引起溶剂汽化，闭路时一定要有呼吸出路。

第六节　正常操作与异常操作

一、正常操作

（一）结晶岗位正常操作

1. 原料性质对脱蜡过程的影响及调节

（1）原料轻重对脱蜡过程的影响及调节：原料油中的蜡可分两种，一种是石蜡，另一种是微晶蜡。石蜡结晶为薄片状，颗粒较大，有利于过滤；微晶蜡结晶为针状，颗粒较小，不利于过滤，易堵塞滤布。因此在加工重原料时要调整好冷点温度，可以增加一次溶剂稀释比，再用过滤机温洗次数可适当增加。

（2）原料馏分的宽窄对脱蜡过程的影响及调节：脱蜡原料中的蜡是由相对分子质量大小不等正构烷烃混合物、侧链数量少与侧链短的大分子链烷烃以及长侧链环烷烃混合物组成。原料馏分宽度达到80℃以上时，蜡的分子相差明显，并且馏分宽度越宽时这种相差就更加明显。分子相差较大的烷烃分子易形成结晶共熔物，这种结晶共熔物不易于过滤，因此增加了过滤阻力。结晶共熔物越多，对过滤影响就越大，因此，在生产馏分宽度>90℃的原料时要及时调整操作，可以增加一次溶剂稀释比。

（3）原料含水对脱蜡过程的影响及调节：原料带水在降温结晶过程中，会有一部分水得不到溶解而结晶析出，生成细小的冰粒散布在蜡的结晶表面，妨碍蜡结晶体生长，冰粒在过滤时易堵塞滤布，影响过滤效果，使脱蜡油收率下降，蜡含油上升，因此操作人员要及时关注所加工的原料的含水量情况。当发现原料中的含水量>0.05%时，立即联系调度组织处理，特别是要检查酮苯原料储罐或蒸馏装置对应润滑油侧线的水冷器；立即检查本装置脱水系统、汽提塔的操作，检查水冷设备及其相关的蒸汽与水阀门的内漏情况。溶剂含水量较高时，容易造成三次溶剂控制阀堵塞、套管上压、真空过滤机过滤困难，溶剂的溶解能力下降、溶剂冰点上升对蜡结晶带来影响，并对降低装置能耗带来不利。

2. 溶剂组成对脱蜡过程的影响和调节

混合溶剂中的甲乙酮具有较强的选择性，而甲苯具有较强的溶解性。混合溶剂中甲乙酮和甲苯的比例，是根据脱蜡原料性质、脱蜡温度、过滤速度、脱蜡油收率及装置加工能力等确定的，以混合溶剂与油组分能完全互溶而对蜡几乎为不溶是最合适的。

另外甲乙酮在溶剂中比例较高时，脱蜡温差较小，过滤速度快；混合溶剂对油与蜡的选择性会更好，但是混合溶剂整体对油组分溶解度下降，脱蜡油收率低。为了提高脱蜡油收率，需要更多的新鲜溶剂，从而增加能耗。

甲乙酮在混合溶剂中比例较低时，脱蜡温差增大，过滤速度减小，脱蜡油收率上升；但是为了满足脱蜡油凝固点的质量要求，必须在比较低的温度脱蜡，从而使冷冻机的冷量增加。

因此在生产中要及时调整好混合溶剂中的甲乙酮比例，保证生产在最佳状态下运行。

3. 溶剂比对脱蜡过程的影响及调节

在脱蜡过程中，溶剂加入量是随原料温度降低、黏度增大而增大的。溶剂加入量较大时，有利于脱蜡油收率的提高，但蜡在溶剂中的溶解量增加，使脱蜡温差增大。溶剂比过大时增加了冷冻、回收、过滤负荷，对蜡结晶体生长也起妨碍作用；溶剂比过小时对蜡结晶，脱蜡油收率和输送均不利。一般情况下，一次溶剂稀释比以装置的换冷套管的压力平稳为宜；装置脱蜡部分的新鲜溶剂需要量以充分溶解原料中的油组分为宜；脱油部分所需要的新鲜溶剂量，根据脱油温度、脱油部分的输送能力与装置结晶系统的循环溶剂比例情况而定。因此，在生产中要尽可能把溶剂加入量控制在最合适的范围内。

4. 冷点温度对脱蜡过程的影响及调节

在脱蜡生产过程中，冷点温度的控制对生产影响较大。理论上将原料的凝固点温度低15~20℃的温度称为该原料的冷点温度，实际操作时把一次溶剂加入处的原料温度称为实际冷点温度。

一次溶剂加入原料时的溶剂温度叫一次溶剂温度。根据生产经验，一般来说一次溶剂温度应低于实际冷点温度1~2℃最为宜。如果一次溶剂温度过高，会融化已形成的蜡结晶，增加套管负荷；如果一次溶剂温度过低，则会产生急冷现象，生成细小的结晶体，影响过滤和油收率。因此，在生产中要调节好实际冷点温度和一次溶剂温度。

5. 保证蜡结晶良好，提高油收率

（1）选择适宜的溶剂比，在稳定套管压力的前提下，一次溶剂比应尽量小，这样蜡结晶愈致密与紧凑，蜡结晶物内所包含油组分就愈少，对脱蜡就越有利。溶剂加入温度必须与加入部位的原料接近，溶剂加入温度适当低1~2℃，可使蜡结晶不受损坏。

（2）选择适宜的溶剂组成，操作时为使蜡结晶好，根据原料轻重，混合溶剂中甲乙酮含量应该选择在50%~65%。甲乙酮含量太高会降低脱蜡油收率，甲乙酮含量太低会增大脱蜡温差，降低过滤速度。

（3）控制好冷点温度处的原料与一次加入溶剂的温度，原料的实际温度和一次加入溶剂温度应保持稳定，两者温差保持在1~2℃，这是保证蜡结晶良好，提高过滤速度和脱蜡油收率的关键。

6. 维持套管结晶器各段压力正常

（1）原料流程各加入处的溶剂比要调节适当，不宜过小；同时原料的实际冷点温度不宜过低。

（2）操作上原料量、溶剂量要保持平稳，不要轻易调节，使结晶系统处于平稳状态，同时可以防止原料泵和溶剂泵抽空。

（3）原料加工量与溶剂加入量的改变原则是：一般先提升溶剂量并保持稳定时，再考虑提升原料；先降低原料加工量并保持稳定后，再考虑降低溶剂加入量。

（4）每当加工方案调整，原料的组分发生改变或溶剂的组成发生变化时，应该事先调整好各加入点的溶剂加入量。

7. 切换原料操作法

（1）接生产安排切换加工的原料通知后，立即与前套工序或原料抽用罐的装置联系。做好记录：包括将要加工的原料方案与原料中各油种的组成，调换将加工原料的确定时间，原料的来源情况，反映原料油性质的全馏分分析，以及其他相关的数据如黏度、闪点、含水量与含硫量等。

（2）切换原料前与各岗位沟通好，做好相应的准备工作。

（3）高凝固点原料调换为低凝固点原料时的操作原则：先降低原料加工量与降低换冷套管的温度，再将各点溶剂加入量适当降低，从而使过滤机的进料温度整体下降，以生产出凝固点合格的脱蜡油；低凝固点调换成高凝固点原料时的操作原则：先将各点溶剂加入量适当提高，再提高原料加工量与提高换冷套管的温度，从而使过滤机的进料温度整体上升。

（4）调换好原料后，要注意蜡的结晶。观察换冷套管的压力与直接观察滤机上蜡饼情况，以蜡饼整体厚度均匀与平整为好；否则应及时做好操作调整，优先考虑调整溶剂的加入量操作。

（5）切换好原料后，密切注意关键的几个工艺参数，如套管压力、蜡罐液面、溶剂的加入量或溶剂比、滤液罐的液面、蜡液量与滤液量、滤机的真空度与密闭压力等，只有观察一段时间后才能做出成功切换好原料的结论。

8. 闭路循环化套管的操作法

闭路循环化套管的目的是融化套管壁上的蜡与放尽氨冷套管内的废油。

（1）循环化套管前，结晶外操调整好流程并停止对该流物料的冷冻。

（2）打开该流原料的二次氨冷套管的循环阀，打开闭路呼吸阀使该组原料在升温时所产生的压力能顺利地泄压到指定的地方，一般是滤机的进料罐，并关闭二次氨冷套管到脱蜡滤机进料罐的正常流程的阀门。

（3）将该流原料的闭路专用加热器投用，同时停止该流原料的一次、二次溶剂的加入。这样逐步升温，使该流原料的套管壁上的积蜡融化。

操作中应密切注意该流原料的原料流程的压力上升情况，如果出现压力上升，则进行泄压操作，查出原因并处理后，再进行该流原料的套管闭路化蜡。

（4）待闭路循环温度升至60～80℃，维持1h左右，待冷冻套管放尽机油后，该组原料的闭路专用加热器停止加热，该组原料的换冷套管的滤液冷却介质投用。

待该组原料的温度开始下降时，操作中进一步把该组原料的流程继续冷冻，启用氨冷套管。

（5）等到该组原料终冷套管出口温度与脱蜡滤机的进料温度相差5℃时，开始在该组原料流程中加入一次、二次溶剂，打开该组原料的终冷套管到脱蜡滤机进料罐正常流程的阀门，关闭该组原料的闭路泵闭路进口阀与闭路呼吸阀，恢复正常生产流程。

9. 维持套管结晶器各段压力正常

（1）溶剂比要调节适当，一次溶剂加入量一般情况下，以装置的换冷套管的压力平稳为宜，即上升1.0MPa所需要的时间为7～10天。

二次溶剂的加入量以原料泵能平稳输送物料为原则，三次溶剂加入量以能保证充分溶解油组分为原则，不宜过小。

实际冷点温度应向着理论冷点温度靠近，一次溶剂温度应接近并略低于实际冷点温度1～2℃，不宜相差太大。

（2）原料量、溶剂量要保持平稳，如出现波动情况，一般先以向着溶剂加入量上升、原料加工量下降为原则，更要避免原料泵和溶剂泵抽空现象发生。

（3）在加工量调整情况下，注意套管中溶剂量的变化，以先提溶剂量、再提原料量为原则，或者以先降低原料量、再降低溶剂量为原则。

（4）密切注意溶剂量的变化和原料性质的变化，及时调整溶剂的加入量，严防溶剂带水。在不能确定溶剂量或原料性质的变化时，操作上优先考虑提高溶剂加入量或降低原料的加工量。

（二）真空过滤岗位正常操作

1. 过滤真空度的影响调节

真空度过小，滤液通过蜡饼速度慢，尤其是滤鼓的高真空区域不易吸干冷洗溶剂，这样会增加蜡饼中的含油量；但滤鼓的低真空区域的真空度不宜太高，否则会使蜡饼增厚和被吸压得太紧，增加了过滤阻力，对吸干溶剂不利。因此正常生产中，低真空区域的真空度应做适当控制，推荐值为10~25kPa，高真空区域的真空度尽量大一点。

2. 过滤机液面和转速对过滤的影响及调节

滤机内的液面低时，在低真空区域吸滤时间短，蜡饼薄有利于降低蜡含油量；但物料的过滤速度慢，降低了装置加工能力。待过滤浆液在滤机内液面高时，低真空区域吸滤时间长，有利于提高处理能力，但蜡含油量增大，不利于提高油收率。因此根据加工方案、原料的组成与产品的质量要求等，应控制好待过滤浆液在滤机内的液面。

3. 冷洗溶剂量调节

滤布上蜡饼的喷淋溶剂即冷洗溶剂要均匀，冷洗溶剂量大小应按照蜡饼厚度、裂纹程度、吸滤真空大小情况来调节。一般冷洗溶剂能在滤鼓蜡饼表面被吸干，无剩余溶剂流入滤机底部为宜。

4. 蜡结晶的影响及调节

蜡结晶的好坏主要决定于原料性质及结晶条件。一般在结晶情况相同的情况下，原料轻、馏分窄，蜡结晶颗粒较大而致密，蜡饼渗透性好，有利于过滤。原料重、馏分宽，蜡结晶颗粒小，蜡饼渗透性差，容易堵塞滤布的孔隙，不利于过滤。在正常生产中应根据原料轻重、馏分宽窄与蜡的组成情况及时改变操作条件。

5. 滤机温洗操作

（1）关闭滤机进料阀，停止进料。

（2）待滤机内几乎无待过滤的物料，即一般情况下滤机底部无液面后，依次关闭滤机的低真空阀和中真空阀，并控制高真空阀开度，推荐让高真空保持在5~10kPa。

（3）关闭该台滤机的冷洗溶剂阀，开启该台滤机的温洗溶剂阀，适当加快滤机转速，推荐滤机的转速为每转耗时为1.5min左右。

（4）待滤鼓转过3~5转后（处理重质原料时，温洗时间可延长1min），关闭温洗溶剂阀而停止温洗，开启冷洗溶剂阀进行冷洗，关闭该台滤机的放残液阀而停止放残液。

（5）冷洗溶剂喷淋时间是保持滤鼓连续转2~3转的喷淋，然后适当减慢滤机转速到每转耗时为2min左右，准备进料。

（6）开启该台滤机的进料阀，使待过滤的原料进入该滤机，在待过滤物料的液面上升后，依次开启低真空阀、中真空阀与高真空阀，恢复该滤机运转，进入正常生产状态。

（三）冷冻岗位正常操作

1. 闭路循环化套管的操作法

（1）关闭要进行闭路循环套管融化蜡的那组原料流程上的氨冷设备（即操作设备）高压液氨阀、液氨溢流阀。检查其他氨冷设备的冷冻放油阀与氨常用罐上的冷冻放油阀，确认关闭；检查放油总管入废油回收加热器上的阀门，确认关闭。

（2）关闭操作设备上的低压副线阀和上游阀，开启操作设备上的高压气氨阀逼压。注意操作设备上压力不能超过原设备的设计压力。

（3）打开冷冻系统事故处理罐上的进口阀和操作设备上的氨放油阀，进行放油；放油时，控制好事故处理罐上的抽气阀开度，确保冷冻低压波动<0.02MPa。

（4）待事故处理罐的进口管线，从结霜后化霜，再到手摸有点发烫后时，说明操作设备内的液氨、废油基本放净，然后关闭操作设备放油阀。

待结晶外操对闭路循环套管融化蜡的操作结束，要求开始冷冻时，方可对操作设备进行正常投用。操作步骤是：关闭操作设备上的高压扫线阀，缓慢开启低压阀的上游阀与高压液氨阀，然后再恢复操作设备为正常投用状态。

若要对操作设备进行修理管程时，则需将高压气氨阀打开，防止憋压。

（5）扫线放油注意事项：

① 要认真确认操作设备上的高压气相的阀门不内漏，且不得窜入低压系统，以免影响冷冻效果及机组运行。

② 对氨冷器设备进行放油时，必须与结晶系统的其他相关岗位人员沟通协调好，如该操作设备的原料操作人员与真空过滤岗位人员。

③ 操作设备的氨系统部分与外界连通阀不允许同时全关闭，防止憋压。

④ 操作设备扫线结束前，要对操作设备上的放油阀关开2~3次，以确保废油彻底放净。

2. 冷冻放空罐的放油操作法

氨冷系统放油流程是将所放出夹带氨的废油先进入冷冻放空罐，到一定量后送入集油器，加热使废油中夹带的氨蒸发，脱去氨的废油再进入废油槽，然后用废油泵与专用车抽去废油槽的废油到指定的地点。

（1）检查集油器的压力表、安全阀、液面计、外伴热是否完好，并放尽存油，让存油全部进入废油槽。

（2）将冷冻放空罐改为加压状态，集油器改为抽气状态。开启冷冻放空罐出口阀与集油器的入口阀，让夹带氨的废油进入废油加热器，调节好这两个阀门开度，避免冷冻低压系统的压力急剧波动与上升。

（3）冷冻放空罐夹带氨的废油返净后，及时切断冷冻放空罐的出口阀与加压阀，避免冷冻放空罐的高压进入集油器而影响冷冻低压系统；同时恢复冷冻放空罐的正常工作状态，即开启冷冻低压阀维持冷冻放空罐于低压状态。

（4）集油器内的氨回收干净标准：其压力下降，集油器设备的裸露部分不结霜。废油中所夹带的氨回收净后，开始放油到废油槽。在向废油槽放油时，人不得离开现场并随时注意好氨气泄出情况，一旦发现氨泄出时要立即停止放油，关闭集油器的出口阀。

（5）当废油槽中存油达到70%时，联系专用车并启动废油泵抽去废油槽的废油到指定地点，并记录好外排废油量，以核对机油的消耗情况与冷冻系统内的机油存量情况。

3. 废油槽设备操作

（1）使用前的准备工作：

① 关废油槽设备出口阀、废油泵的进口阀和废油槽排污阀；检查废油槽设备，确认完好可用。

② 打开废油槽设备的入口阀和逐步打开集油器的出口阀。在废油排放到废油槽时，操

作人员站于上风向，不得离开现场，直到排放结束。排放结束后关闭集油器出口阀。

（2）废油槽停用：

① 检查废油槽设备内的废油，联系专用车辆，将废油槽设备中的废油用废油泵抽尽；然后打开排污线上的阀放尽残液，再关闭排污线上的阀。

② 若停用废油槽设备是为了对废油槽设备进行检修或对接在废油槽设备上的的管线进行检修等工作，则必须将废油槽设备进行采样分析，达到进入受限空间的职业允许值要求与可燃气体分析合格。

（3）废油槽设备正常情况下的状态和注意事项：

① 废油液面小于20%，排污线上的阀关闭和废油泵进口阀关闭。

② 废油槽设备的入口阀关闭和集油器的出口阀关闭。

4. 氨吸收槽操作

装置设置了氨吸收槽，用新鲜水来吸收废氨气而形成废氨水，以达到控制大气污染的目的。废氨水一般达到10%浓度或达到70%的容量后进行后序处理，即用氨水泵抽出送到需用氨水的装置。

（1）氨吸收槽使用前的准备工作：

① 氨吸收槽的排污线上的阀和氨水泵进口阀要关闭；氨吸收槽液位计上的上、下引出阀打开，确认液面计完好可用，打开新鲜水补水阀补水，使液面计上的液面显示为30%~50%。

② 逐步打开冷冻系统所需排放的安全阀或冷冻系统所需要打开的放空阀进行排放，排放结束后关闭该阀。打开这些阀门时必须缓慢，避免氨吸收槽的水来不及吸收或大量氨水冲出。

（2）氨吸收槽停用：

① 检查氨吸收槽内的液面，分析吸收槽中氨水的浓度，联系废氨水需用等单位，将氨吸收槽中的废氨水用氨水泵送出并抽尽氨吸收槽废氨水后停用泵。

② 在氨吸收槽中用新鲜水补充到30%液面；然后打开氨吸收槽排污线上的阀放尽少量存液，再关闭排污线上的阀。

③ 若停用氨吸收槽是为了对氨吸收槽进行检修或对接在氨吸收槽上的管线进行检修等工作，则必须将氨吸收槽进行采样分析，达到进入受限空间的职业允许值要求与可燃气体分析合格。

（3）氨吸收槽正常情况下的状态和注意事项：

① 氨吸收槽上的气相氨入口阀常开，以保证冷冻安全阀的泄压有效并有出路；

② 液面在70%之内，排污线上的阀关闭和泵39进口阀处于关闭状态；

③ 氨吸收槽的新鲜水补充阀关闭和氨吸收槽上的液面计引出阀打开。

5. 卸氨操作

装置运行时必定有一部分氨损耗，因此要补充液氨，故存在卸氨操作。装置是实行外购氨并用专用槽车在规定区域内卸氨。

（1）氨车来后，必须问清情况如车辆合格证、道路通行证、驾驶员与押运员的安全操作证、产品质量合格证等信息，并对车辆做好液氨卸车前的安全措施。

（2）待氨车出口与鹤管接好，略开氨槽车出口阀，检查充氨管线，接头等是否漏，无漏再关闭。

（3）将装置的收氨罐流程改好、抽气阀打开，最后打开氨槽车出口总阀。

（4）待充氨管线结霜后又溶化，氨车压力下跌到 0.2MPa 以下，即证明基本上充完，再逐步关闭以上阀门。

（5）充氨注意事项：

① 充氨必须先开好充氨管路上阀，最后打开氨车出口阀。氨充完后，先关闭氨车出口阀，再关闭管路上阀门。

② 打开氨车出口阀时必须缓慢，不得过快，以免低压窜液相。

③ 经常注意充氨线结霜情况，以及收氨罐上的压力和收氨罐液面变化。

6. 收氨、退氨操作

（1）装置从外贮氨罐收氨到装置内部使用氨的操作法：

① 检查液氨与外贮氨罐连接的进、出装置线，气氨与外贮氨罐连接的进出装置线有无问题，打开外贮氨罐罐底部液氨出口阀。

② 检查无问题后，将装置内的收氨罐改为收氨状态，关闭高压气阀，打开一段抽气阀，打开收液氨的阀门；打开气氨进出装置加压阀使外贮氨罐处于加压状态。

③ 收氨结束后，关闭外贮氨罐底部液氨出口阀及装置内收氨罐上的进口阀。关闭收氨罐上的一段抽气阀，开启收高压气平衡阀，恢复正常流程。

（2）装置内液氨向外贮罐退氨操作法：

① 检查液氨与外贮罐连接的进出装置线，气氨与外贮罐连接的进出装置线无问题后，打开装置至外贮氨罐氨阀，外贮氨罐进氨阀。

② 关闭气氨进出装置线加压阀，打开抽气阀，使外贮罐处于抽气状态。

③ 将装置内的贮氨罐换为返罐状态，打开装置内的贮氨罐出装置阀，关闭低压抽气阀，打开高压加压阀，使装置内的贮氨罐处于加压状态，开始返罐。

7. 压缩比的影响及调节

所谓压缩比是指氨压缩机各级出口绝对压力与入口绝对压力之比。压缩比增大后，降低了吸气能力，从而降低氨压机的制冷能力。氨压机采用两级压缩的目的是降低各级压缩比。在两级之间设中冷器，为降低一级出口氨气的温度，增加二级缸的吸气能力，同时使整个压缩过程趋近于等温过程，从而减少能量消耗。

8. 降低液氨的过冷温度

氨的过冷温度对冷冻机的制冷能力影响很大，因为过冷温度低，氨进入蒸发器后自身降温汽化量小，从而提高单位质量液氨制冷能力。如果过冷液氨的温度由 45℃ 降到 10℃，大约可提高制冷能力 12%，因此在操作条件允许的条件下，氨的过冷温度应尽量控制低一些。

9. 蒸发温度的影响及其调节

在正常的生产过程中，蒸发器内的温度与压力是相对应的，蒸发温度降低时，蒸发压力也随之降低，氨气的密度相应减小，氨压机实际吸入氨量减小，即制冷能力降低，因此，为了使氨压机的制冷能力提高，应当使氨的蒸发温度与被冷物质的温度之差尽量减少。

10. 吸入气体状态的影响与调节

氨压机吸气状态可分为 3 种：即饱和状态、过热状态和湿气状态。一般饱和状态最好。这是因为，过热吸气状态时，吸入气体温度高，则密度小，使氨压机单位时间内吸入气体量减小；湿气状态时，液体进入缸内后受热汽化，造成气体体积突然增大压力升高，也就降低了吸气量。

11. 蒸发器液面的影响及调节

蒸发器内液氨的液面主要是通过液氨的流量来控制的，液面的高低对冷冻温度的影响很大。液面控制过低，汽化后的氨常常被过热，氨的密度减少，使氨压机的制冷能力降低；液面控制过高，汽化空间小传热能力小，而且气体容易携带液体，造成氨压机抽液体。因此在生产上蒸发器液面一般控制在30%～50%为宜。

（四）回收岗位正常操作

1. 温度对溶剂回收的影响及控制

物料进各塔温度的高低决定了各塔溶剂的蒸发量，温度越高越有利于溶剂回收，但增加能量消耗，因此在保证生产需要的前提下，按设计规定的温度指标控制。回收塔温度低于控制指标，容易造成溶剂回收不完全和塔底产品出装置闪点不合格。

2. 压力对溶剂回收的影响及控制

塔压的变化对溶剂蒸发量有较大的影响。系统压力低有利于溶剂蒸发，压力高不利于溶剂蒸发而有利于热量回收。在压力较高水平时，如发生进料量巨变、进料组分发生变化时（溶剂组分变化、带水等情况），可能造成回收塔跳安全阀。因此要根据各塔设计规定的压力指标，选择合适的压力范围。

3. 液面对溶剂回收的影响及控制

各塔液面的高低决定了整个回收系统操作平衡程度，有利于装置的安全生产，合格的塔液面能保证前后塔的进料量稳定。塔液面过高可能造成塔跳液相安全阀。因此建议五塔三效蒸发回收前3只塔液面控制为20%～50%，减压塔（四次塔）液面控制为10%～30%，汽提塔液面控制为20%～50%。

4. 进料量对溶剂回收的影响及控制

各塔进料量的多少是影响进料温度和各塔负荷变化的主要因素。一般要求流量平稳，建议给操作一个相对稳定的设定值。这个设定值需要进行计算后，提供给操作人员作为参考。

5. 汽提量大小对溶剂回收的影响及控制

各汽提塔吹汽量的大小决定了塔内溶剂蒸汽分压的大小。汽提量小，溶剂分压大，溶剂不易蒸出，塔底携带溶剂量上升，溶剂消耗上升；塔底汽提量过大，消耗蒸汽量增加，并增加塔顶的冷却负荷，使蒸汽的消耗上升。因此在生产操作中一定要按设计规定的汽提量指标，严格控制吹汽量，并根据进料量变化及时调整汽提量。

6. 溶剂冷却进入溶剂罐的温度对溶剂回收的影响及控制

溶剂冷却进入溶剂罐的温度对装置能耗影响较大。进入温度低，可以降低冷冻负荷，因此在生产操作中经常检查冷却设备，确保其效果。

此控制回路应用于五塔三次回收系统的二次塔底出料较合适。控制的主变量是二次塔的液面，副变量是二次塔底出料量。掌握调节器操作时的无扰动切换的原则，下面以Ⅲ仪表的操作示范，DCS的操作按同样的原理进行。

（1）从流量单回路控制改为液面、流量双回路串级控制：

① 将流量调节器（副调节器）在无扰动情况下改为手动。

② 将流量调节器的“内外给定”拨到“外给定”。此时流量调节器的给定值为液面调节器（主调节器）的输出值。

③ 将流量调节器在无扰动的情况下由手改为自动，完成串级控制的投用。

（2）由液面、流量双回路串级控制改为流量单回路控制：

① 将流量调节器在无扰动情况下改为手动。

② 将流量调节器“内外给定”改为“内给定”。

③ 将流量调节器在无扰动情况下改为自动，此时副调节器的给定值由调节器拨盘给定。

二、异常操作

（一）结晶岗位异常操作

各种结晶岗位异常操作的原因及处理方法见表5-9~表5-19。

表5-9 套管压力大

现　象	原　因	处理方法
原料流量下降，一次、二次稀释流量下降，套管压力指示陡升	套管温度低或稀释比小	降低滤液入换冷套管流量
	溶剂质量不好、带水、带蜡	增大溶剂比，联系回收内操和回收外操找原因，改善溶剂质量
	原料带水	联系原料罐区加强脱水
	套管刮刀坏，轴不转	联系修理
	套管管壁结蜡太多	按化套管操作法冲化套管
	一次、二次稀释溶剂泵抽空，套管进不了溶剂	降低原料量，如溶剂泵不上量，可改抽新鲜溶剂，或用温洗残液泵抽溶剂顶
	仪表失灵	用手动控制，联系仪表修理。

表5-10 脱蜡油凝固点不合格

现　象	原　因	处理方法
脱蜡油凝固点不合格	脱蜡滤机进料温度高	压低脱蜡滤机进料温度
	脱蜡滤机帆布有洞，帆布绕线松或滤机分配头窜	安排滤机岗位对滤机进行检查
	安全气温度过高，密闭气体中有高温气象窜入	控制高安全气温度，检查密闭总管扫线头子是否漏蒸汽
	滤机热溶剂冲头阀泄漏，窜入热溶剂	检查温洗阀、冲头阀；联系修理

表5-11 精蜡含油不合格

现　象	原　因	处理方法
精蜡含油不合格	脱油温度太低	适当提高脱油温度或及时冲化脱油进料罐
	稀释溶剂加入量太小	增大稀释比，检查稀释溶剂是否确实加上
	溶剂带油	在平时操作过程中注意观察溶剂质量，发现颜色变坏，及时联系班长协调处理
	过滤操作不当，有溢流现象或过滤失效	加强滤机液面调节，控制溢流，注意温洗质量
	原料性质偏重，馏程宽	联系调度或上道生产工序，要求改善原料质量

表 5-12　晃电

现　　象	原　　因	处理方法
照明灯熄灭又亮；电机停转；有关仪表不指示	电气故障	向上级汇报，查明原因，及时处理 立即启运停运的电动设备 若氨压机组跳机，降低装置处理量 若一次泵短时间抽不上，开温洗残液泵抽溶剂置换套管

表 5-13　安全气含氧量大

现　　象	原　　因	处理方法
安全气含氧量大	真空系统或滤机泄漏	堵漏
	氮气质量不合格，含氧量高	联系氮气站，保证氮气质量合格
	安全气置换量少	增大安全气置换量
	滤机长期低液面操作	联系外操，提高滤机液面

表 5-14　反吹压力低

现　　象	原　　因	处理方法
反吹压力指示值下跌	真空泵入口阀开度小，出口压力低，循环量少	联系开大泵入口阀，调节泵出口压力
	氨冷器堵塞，氨冷器和水冷器出口分液罐有液封，造成管路压力降大	联系外操结晶化通真空泵出口氨冷器和水冷器放残液
	反吹压力控制失灵，反吹压力控制过低	联系仪表保养组修复反吹压力控制，调节好反吹压力
	排空量大，补充量小，安全气循环量少	加强安全气补充，控制排空量，保证循环量
	滤机效果差，循环量少	加强滤机温洗，改进过滤效果

表 5-15　密闭压力过高

现　　象	原　　因	处理方法
滤机密闭压力指示值大	反吹压力控制、密闭压力控制失灵	联系仪表保养组修复控制仪表，修复前可先用副线控制
	温洗时溶剂温度过高或者高部真空未开	严格按滤机温洗步骤操作

表 5-16　DCS 因雷击跳机

现　　象	原　　因	处理方法
DCS 因雷击瞬间跳机或跳机能恢复的	雷　　击	及时联系仪表查明原因，汇报调度、车间管理人员(或值班)，查明原因 如有仪表失灵时，联系尽快恢复。控制仪表将“自动”状态改为“手动”操作，联系仪表修复，必要时进行现场操作，保证安全生产

续表

现　象	原　因	处理方法
装置遇到雷击后，DCS 跳机不能恢复的	雷　击	按停电处理 联系仪表查明原因，汇报调度、车间管理人员(或值班)，说明原因，做好记录 操作以现场指标进行调节，保证安全生产

表 5-17　DCS 黑屏或死机

现　象	原　因	处理方法
DCS 黑屏或死机	仪表故障	如 DCS 出现黑屏或死机，造成无法控制操作而影响正常生产的，各岗位按停电事故处理 联系仪表，查明原因，汇报调度、车间管理人员(或值班)，说明原因，做好记录 操作以现场指标进行调节，保证安全生产 操作以现场指标进行调节，保证安全生产

表 5-18　套管结晶器链条切断或启动不起

现　象	原　因	处理方法
启动时链条跳动，销子切断，电机温度高，启动电机后，动力很小或按下启动开关无反应	冷却温度太低，一次稀释比小或抽空	联系结晶内操适当升温，加大一次稀释比，或用温洗残液泵抽溶剂冲化套管
	有冻凝现象	及时冲化套管
	套管安装不妥，轴承损坏，机械负荷太大	联系修套管
	电气故障，保险丝烧断，热元件动作后被粘上，无电、开关坏、电机烧或电器断一相	联系电工，查找电气原因并修理

表 5-19　一次、二次溶剂泵抽空

现　象	原　因	处理方法
套管压力上升，一次、二次稀释流量指示下跌或为零	一段脱油滤机滤液罐液面太低或真空度过大，引起汽缚	暂停一段蜡下油泵往回收送料，保证一次、二次流量，联系结晶内操调节真空度，如短时间内仍不能保证稀释量，改抽新鲜溶剂 用三次溶剂稀释泵出口溶剂灌到一次、二次泵进口管线，顶出气体
	泵故障	切换泵，进行停泵修理

(二)真空过滤岗位异常操作

各种真空过滤岗位异常操作的原因及处理方法见表 5-20～表 5-24。

表 5-20 真空泵出口压力指示值高，真空度下跌

现　　象	原　　因	处理方法
真空泵出口压力指示值高，真空度下跌	真空泵出口的水冷器或氨冷器的安全气流程已经不畅通，有堵凝现象	停用水冷器或用高压氨气扫线升温，化通安全气流程
	安全气补充量过大，循环气体过多	减少安全气补充量，或适当向外界排放安全气
	滤机密闭控制阀失灵造成滤机腔体在负压下操作而吸入了部分空气	修理密闭压力控制系统，避免负压操作
	滤机蜡饼干裂或滤机长期处于低液面下操作，造成滤机腔体在负压下操作而吸入了部分空气	开大冷洗喷淋溶剂并控制高、中真空阀的开度，消除蜡饼裂缝，控制低真空阀，避免滤机长期处于低液面下操作

表 5-21 真空度小

现　　象	原　　因	处理方法
脱蜡、脱油过滤真空度下跌	真空泵出口氨冷器的安全气流程不畅	安全气的氨冷器有高压氨扫线加热，化通安全气流程
	真空泵进口阀开度太小	在真空泵电流允许范围内开大进口阀
	蜡饼太薄	适当增大低真空度
	分配头密封泄漏	更换密封
	安全气循环量大	适当调节排空量，减少气体循环量
	仪表指示失灵	修仪表控制系统，确保仪表指示准确

表 5-22 真空泵出口压力低，真空度大

现　　象	原　　因	处理方法
真空泵出口压力指示值下跌，真空度上升	真空度进口阀开度过小造成出口压力低，真空泵进口指示真空度大（滤机真空管线实际真空度小）	开大真空泵进口阀
	过滤机排空量过大，使气体循环量少	适当减小滤机排空，但是当滤机的氧含量还高时以开大安全气补充阀为最佳
	安全气补充管线不畅	检查安全气补充管线

表 5-23 往复式真空泵出口温度高

现　　象	原　　因	处理方法
真空泵出口温度陡升	阀片碎、裂、漏气，活塞出现裂缝	汇报班长和设备员，正常停车，对设备进行修理
	真空泵进口阀开度过小	开大真空泵进口阀
	真空泵的中间水冷器断水或冷却效果差	恢复真空泵的中间水冷器冷却水或联系清洗真空泵的中间冷却器
	带液过多	及时排液

表 5-24 真空泵出口温度低

现象	原因	处理方法
真空度出口温度计指示值下跌	真空泵抽入少量液体或真空泵的中间水冷器出现内漏	检查安全气补充封液罐的液位与处理真空泵进口积液问题，或立即停用真空泵来处理中间水冷器的故障
	真空泵进口堵塞，吸入量少	检查并处理真空泵进口流程，确保进口流程与相关管件完好

(三) 冷冻岗位异常操作

各种冷冻岗位异常操作的原因及处理方法见表 5-25~表 5-27。

表 5-25 氨冷套管温度过高或降不下来

现象	原因	处理方法
氨冷套管出口温度达不到指标要求	原料加工量大	联系生产调度，适当降低原料加工量
	套管内壁积蜡严重	升高温度，化套管
	冷冻负荷大	提升冷冻机的能量或增开氨压机
	套管内的液氨量少	加大套管液氨供应量
	废油太多	给套管放去废油
	套管蒸发器低压出口阀开度不够	开大蒸发器低压出口阀

表 5-26 氨压机出口压力过高

现象	原因	处理方法
氨压机出口压力过高	空冷器风机出现故障或供风量不足，湿空冷喷水量不够，水质变化，冷凝冷却效果变差	修理空冷器，风机风量增大，增加喷水量，及时检查并改善喷淋水质量
	空冷器内有污油，或腐蚀严重	定期对空冷器进行清洗
	氨冷系统内有空气	排除氨冷系统内的空气
	冷冻负荷太大	联系生产调度降低处理量或新鲜溶剂用量，减轻冷冻负荷

表 5-27 氨冷设备液氨多

现象	原因	处理方法
氨冷器的液位计结满霜	向氨冷器供氨量过多或氨量分配不均	控制注入氨冷器的供氨量和收氨量，合理分配好各用氨设备供氨量
	套管融化蜡完成后，分配罐氨的低压控制阀开得过快或供氨气量过大	套管融化蜡完成后，分配罐氨的低压控制阀缓慢开启或逐步开大供氨阀

(四) 回收岗位异常操作

各种回收岗位异常操作原因及处理方法见表 5-28~表 5-41。

表 5-28　溶剂带水

现　　象	原　　因	处理方法
溶剂带水分层，套管冷洗三次上压，冷冻温度不稳，过滤速度慢，溶剂冰点高	原料带水太多，扫线阀漏，加热器与换热器水冷器漏	原料与溶剂带水时要及时检查水的来源，找出漏处，切换设备或降量生产
	水回收系统操作不正常	调整干燥塔操作
	汽提开度太大，原料轻馏分多	适当降低汽提，调整稀释比，加速溶剂循环，改善溶剂质量

表 5-29　溶剂带油

现　　象	原　　因	处理方法
溶剂颜色变黄	油回收塔仪表失灵，塔满	联系仪表修理，加强内外操数据对比，避免塔满
		适当降低油回收温度

表 5-30　溶剂带蜡

现　　象	原　　因	处理方法
溶剂中有絮状蜡结晶	蜡回收塔仪表失灵，塔满	联系仪表修理，加强内外操数据对比，避免塔满
		适当降低蜡回收温度

表 5-31　溶剂含量不合格

现　　象	原　　因	处理方法
脱蜡油、脱油蜡、蜡下油溶剂含量不合格	蒸汽压力低与温度低，加热上不去	联系调度，将公用系统的蒸汽压力与温度提上来
	一次、二次回收塔压力大，负荷大	联系调度，适当降量生产
	汽提量太小，温度低，塔的液面过高或过低	开大汽提，加强切水，控制好液面为10%～50%
	操作不稳，波动大	对装置的产品部分或全部进行自循环，分析合格后再往外送
	仪表失灵	仪表改手动后，联系仪表处理故障问题

表 5-32　塔顶跳安全阀

现　　象	原　　因	处理方法
塔顶跳安全阀	塔顶压力超过安全阀定压值	停止该塔的进料，联系回收外操适当关小加热器进汽阀
	塔的压力控制阀失灵	检查与修理塔的压力控制阀
	改变流程误操作，造成塔顶馏出线不畅通	检查流程并恢复正常流程
	汽提量过大	关闭汽提

表 5-33　酮塔底排水中携带溶剂

现　　象	原　　因	处理方法
酮塔底排水有溶剂味	处理量太大	适当降低酮塔的进料量，并及时处理酮塔进料量大的问题
	塔顶温度表失控，汽提量太小，或液面控制失灵	联系仪表故障，加大酮塔的汽提量
	水溶液罐的水层没控制到位，溶剂进入酮塔	控制好水溶液罐界面
	塔压高	调整好水溶液罐的真空度，以缓解酮塔的压力

表 5-34　溶剂罐爆

现　　象	原　　因	处理方法
溶剂罐爆	密闭线堵塞，使进出溶剂罐的物料不平衡，进多出少	塔停止进料，紧急停工
	空冷风机停止，溶剂冷后温度超标，含有大量气体使溶剂罐憋压	

表 5-35　塔压高

现　　象	原　　因	处理方法
各低压塔压力均逐步升高，个别塔压力高于正常操作值，严重时引起压力报警或跳安全阀	溶剂罐密闭管线堵塞，塔顶压控失灵	汇报班长和外操，滤机配合溶剂罐密闭线扫线，联系修理故障仪表
	空冷堵塞或空冷效果差	调节好空冷器负荷，对已堵空冷器进行处理，调节好喷淋水
	流量突然剧增或溶剂带水	控制好流量，联系结晶岗位调整新鲜溶剂量，及时查明溶剂带水原因，并采取相应措施；塔压突然升高可采取停泵紧急处理
	汽提蒸汽量过大	在保证塔底闪点的前提下，适当关小汽提塔汽提蒸汽量

表 5-36　晃电

现　　象	原　　因	处理方法
照明忽暗忽亮，有些电泵、空冷风机、电机突然停止运转，甚至全停，流量表指示回零	电流故障，切换电压或倒闸引起瞬间停电	迅速开空冷风机，依次启动各泵
		调节各部流量、温度，恢复正常工作

表 5-37　停电

现　象	原　因	处理方法
各电机停止运转，照明不亮	电气故障	关停各汽提，关闭油、蜡、蜡下油回收蒸汽，冬季做好防冻工作 联系成品罐区或下道工序对蜡及蜡下油出装置扫线 停用时间在3~5min之内的，待来电时要及时启动电动设备 停电时间较长，各岗位参照本章第九节典型事故案例分析的“一、生产与操作事故”的“(一)停电”部分处理

表 5-38　停蒸汽

现　象	原　因	处理方法
往复泵停止运转，流量表指示回零；塔无汽提，各加热器无蒸汽加热，温度下降	蒸汽管网故障	停油、蜡、酮塔的汽提，停酮塔进料 蜡回收系统和蜡下油回收系统改大循环，油系统停运 联系成品罐区或下道工序，利用残汽对蜡及蜡下油出装置进行扫线 对脱蜡脱油装置来说，用三次溶剂泵或温洗溶剂泵向精蜡液罐补充溶剂，利用二段脱油蜡液泵抽精蜡液罐的物料，让流程内的溶剂量大幅度上升

表 5-39　停循环水

现　象	原　因	处理方法
循环水压力突然下降，流量表指示回零；各冷却器温度突然上升；各机泵冷却水中断	循环水管网故障	停水时间长，各岗位按本章第九节典型事故案例分析的“一、生产与操作事故”的“(四)断循环水”部分处理 密切注意成品出装置温度，联系结晶内操降低装置处理量

表 5-40　停仪表风

现　象	原　因	处理方法
仪表风压力下降回零	仪表风管网故障	按本章第九节典型事故案例分析的“一、生产与操作事故”的“(二)停仪表风”部分处理

表 5-41　停软化水

现　象	原　因	处理方法
氨空冷及各回收空冷喷淋水无，软化水流量指示为零	软化水管网故障	视高压情况，结晶降量生产，适当停运氨压机 注意回收各塔压力，适当降量

第七节 装置开停工

一、开工操作

（一）开工准备工作

1. 工艺与设备的检查（特别是变动部分）

组织职工对工艺与设备进行全面检查，把装置所存在的问题、漏洞和隐患暴露在开工之前，并落实整改，直到整改结束。

（1）检查塔、换冷设备、过滤机、套管结晶器、机泵、容器、冷冻机等工艺设备（按照各类检查验收标准进行），特别是变动部分。

（2）变动部分的工艺管线材质、厚度、阀门型号、法兰规格的选用是否符合设计要求，安装与施工的螺丝是否紧固，螺帽、单向阀、截止阀、氨阀与疏水器的方向是否正确。

（3）安装与施工中的支吊架、管托、梯子、平台、栏杆是否牢固，要求达到安全操作的标准。

（4）安装与施工中的温度计、液面计、压力表、流量计、安全阀、放空阀、扫线阀、采样阀是否安装齐全与好用。

（5）检查易凝管线的伴热及保温是否符合生产要求，蒸汽管线的终端是否安装好，防止引汽时产生液击。

（6）配合仪表部门检查变动部分仪表的测量系统是否齐全，控制方案与控制过程是否符合工艺要求，计算机监测系统硬件与软件完好，调试后可用。

（7）配合电气部门检查变动部分的通信、照明的设置是否符合安全与操作的要求，电气设施是否符合安全规范与便于操作，检查马达开关及其他电源占用处的防爆与防静电情况。

（8）配合安全部门检查各项安全设施是否齐全到位，布置合理与方便使用。

（9）检查装置内的管沟水封井、阀门井是否清洁与干净，盖板是否封好，给排水管线是否畅通，做到开工前料净、地清与路畅。

（10）检查管线油漆的颜色情况，防腐层油漆、防火层油漆、冷保温和热保温是否按规定的规范执行。

（11）检查装置内的供水、蒸汽、压缩风、氨、甲苯、甲乙酮、安全补充氮气等管网是否满足生产要求，其所属的设备仪表是否齐全与可用。

2. 工艺与设备的检查（特别是变动部分）

1）装置的有关变动的设计资料

（1）已经具备变动部分的施工工艺与自动控制流程图、平面布置图、装置施工图以及相关的工艺核算与汇总资料。

（2）已经出具变动部分的安装与施工的工程质量合格或验收报告。

（3）已经编制完成变动部分的设备与仪表汇总表、材料规格表与管线表。

（4）具备变动部分的各设备说明书、出厂证明书和有关的材质化验资料，并检查这些资料内容是否符合国家与行业的规范。

（5）各类设备、管线与仪表等的安全、检验、冲洗、试压与试运行的记录是否具备，出现的问题是否已经整改完毕。

(6) 变动部分的工艺管线与埋地线(主要是放空管线、给排水管线、部分物料管线与电缆)的施工图是否已经整理完毕。

(7) 安全阀、其他阀门、各段工艺流程的试压记录是否齐全，出现的问题是否已经整改完成。

(8) 机泵、压缩机、电气、仪表易损配件与非标准配件图纸是否已经齐全，相关的备货量是否满足开工与生产的需要。

2) 装置的有关变动的设计资料

(1) 根据设计，对变动部分的流程与设备是否已进行标识，包括流程走向、物料介质、设施与设备的编号等。

(2) 要求配备一定量的化工原材料如液氨、甲苯与甲乙酮，40×10^4t/a 加工量的装置约备：液氨 60t，甲苯 130t，甲乙酮 250t，才符合开工的条件。

(3) 备有相关的机泵用油、冷冻机用油、机泵的润滑脂等。

(4) 公用系统的有关设施符合要求，并通过生产调度为开工准备供蒸汽、压缩风、各种生产所需要的水(新鲜水、循环水与空冷用水等)，解决供电问题、供应安全气氮气。

(5) 通过环保部门，为开工解决污水、废氨水排放以及废机油、废气与废固体物的处理问题。

(6) 通过设备部门，为开工准备好易消耗的配件、工具与器具问题

(7) 生产管理部门同时还要建立完整的安全开工与生产规章制度，包括开工方案、操作规程、技术规程、安全规程、设备设施的维护保养制度、工艺操作卡片、交接班制度、岗位责任制、操作巡回检查制、产品质量专职制与经济核算制、劳动纪律管理制度等。

3. 管理人员与操作人员的教育培训

(1) 对参加装置开工与生产的职工进行劳动纪律、操作纪律与工艺纪律的培训，掌握本岗位所要求的安全生产知识，达到本岗位所需要的技能要求，具备岗位必须的应急处理能力等。

(2) 组织好相关人员与专业科室，针对装置开工的操作步骤与《装置的开工方案》进行操作过程的风险识别，列出风险识别的清单，根据清单中的风险内容，逐项核对并做好风险控制措施的落实工作。然后把风险识别与控制措施分发给所有参加装置开工的人员，组织学习并考核，只有考核合格的人员才能有资格参加装置的开工。

(3) 明确装置开工之前的变动部分，包括采用的新工艺、新技术、新设备与新材料，组织职工进行专门的学习与培训，熟悉变更后所存在的风险与控制措施，经过考核合格后才可允许操作。

(二) 开工步骤

1. 结晶岗位

(1) 做好本岗位所属所有单体设备试运行，保证完好可用。

(2) 向班长报告后，联系生产调度配合做好氮气的供应工作。通知真空过滤岗位改好正常流程，启运真空泵进行真空过滤系统氮气循环赶氧与气体排空，等到滤机氧含量下降到规定安全指标后，检查滤机水封罐的液位以确保水封，停运真空泵真空。再次检查流程，使真空过滤系统流程为生产的正常生产流程。

(3) 按正常生产原则，检查阀门与部件是否满足生产要求，如排空阀是否关闭，盲板是

否拆除，压力表阀是否打开与可用，温度计、压力表是否安装齐全与可用。

（4）按正常流程做好吹扫与试压工作，确保流程的泄漏点已经全部处理完毕。

（5）做好冷油循环脱水工作，联系仪表工对流程上各台仪表进行校验工作。

（6）按生产调度的开工要求，原料抽用罐的管理部门或上道生产工序进行原料进装置总管扫线与引原料，加入一次、二次稀释溶剂，启用原料流程上的设备如结晶套管结晶器等，建立起脱蜡过滤进料罐的大循环，建立脱蜡三次稀释溶剂和脱蜡冷洗喷淋溶剂冷循环并逐步进行冷冻。

（7）联系回收岗位建立蜡下油，油回收循环。

（8）滤机启运前，按班长要求正常启运并调节真空泵，使进出口压力符合工艺要求。

（9）待滤机运行正常后，对真空泵出口流程上的氨冷器进行冷冻。

（10）待原料循环达到指标后，加入脱蜡三次稀释溶剂和脱蜡冷洗喷淋溶剂，通知真空过滤岗位开始脱蜡过滤，过滤所得的冷蜡液直接送蜡下油回收。

（11）待脱蜡过滤，油、蜡下油回收系统运行正常，协调好回收岗位建立蜡回收循环，同时投用脱油系统的溶剂氨冷器，控制好冷蜡液入蜡下油量，缓慢把冷蜡液往脱油系统切换，开脱油真空泵。

（12）观察脱油系统的一段脱油进料罐液面，逐台启用一段脱油滤机；观察脱油系统的二段脱油进料罐液面，逐台启用二段脱油滤机。

（13）保持与回收岗位的联系，及时告知蜡液与蜡下油液送到回收的情况。

（14）观察脱油系统的一段脱油蜡下油液罐液面与二段脱油蜡下油液罐液面，改用一段蜡下油液做一次、二次稀释溶剂，二段蜡下油液做一段脱油稀释溶剂，完成本系统开工。

（15）开工保持各岗位与专业沟通：

① 结晶内操在装置生产中起重要作用，在开工期间必须密切联系其他岗位的开工情况，并随时将开工运行情况汇报班长。

② 开工初期，溶剂周转平衡性较差，要密切注意装置溶剂罐液面下降情况并及时调节，必要时向装置的溶剂罐储存区调用溶剂，防止稀释溶剂泵抽空。

③ 仪表控制系统使用初期，要加强对流量、液面、压力与温度等的检查，装置生产技术人员要进行物料平衡与能量平衡计算，以及时发现流量、液面、压力与温度等仪表的问题，及时得到仪表修理支持，严防因控制系统故障而开工不顺利，更不能因此而造成生产事故。

（16）冷冻系统的开工要求：

① 打开一段、二段连通阀进行冷冻系统抽真空，系统压力−66kPa 后维持 4h 并系统压力上升<4.5kPa 时为合格；然后停止抽真空，向装置收液氨。

② 接班长开冷冻机的通知后，开启装置氨油冷器流程上的氨泵，为开冷冻机创造条件，逐台开启一段氨压机，并向各氨冷设备送氨，开始对原料流程、脱蜡溶剂稀释流程、脱油溶剂稀释流程、真空泵出口安全气流程进行循环冷冻。

③ 打开各氨冷设备低压阀并缓慢加入高压液氨阀，逐步使制冷循环达到正常状态。

④ 根据冷冻温度及蒸发压力，调节并逐步关闭一段、二段连通阀，逐台开启二段氨压机。

⑤ 一段、二段氨压机运行正常后，投用各机组经济器。

（17）开工注意事项：

① 泵启运后，须加强检查各部件运转、润滑和冷却情况，经常注意泵是否抽空，及时处理抽空泵。

② 启运真空泵要求：在真空泵开车前，必须将进口管线内残液放尽，确保中冷器完好并把冷却开好。在出口阀开、进口阀关的情况下方能开机，待转速、电流正常后，逐步开启进口阀，真空泵的负荷应由滤机的在用数量及操作情况确定。

2. 真空过滤岗位

（1）开工步骤及注意事项：

① 按照结晶岗位的要求，做好启运过滤机准备，做好循环赶氧工作，并经常保持联系。

② 根据脱蜡滤机进料罐的液面、一段脱油滤机进料罐的液面、二段脱油滤机进料罐的液面，按照结晶系统开工进度逐台启运过滤机。

③ 调整各台滤机冷洗剂喷淋量。

④ 逐步调整真空度、反吹、密闭三者压力，并改上自控系统。

（2）开工过程中需注意以下几点：

① 开工初期安全气中含氧量波动较大，要及时进行排空、补充，保证安全气含氧量始终在安全指标之内。

② 经常检查各台滤机运转情况，避免出现滤机的堆蜡现象以及滤机内待过滤的物料太多而不经过过滤直接进入蜡罐的现象。

③ 观察各台滤机的蜡饼附着滤鼓的程度，特别是观察蜡饼吸附和吹脱情况，保证滤机正常运行。

④ 配合结晶内操处理好原料平衡工作，按要求增开或停用过滤机。

3. 回收岗位

（1）开工步骤中的前期要求：

① 当结晶系统开始循环冷冻时，对油回收系统和蜡下油回收系统做好热循环的准备工作，脱油系统准备进料时，对蜡回收系统做好热循环准备。

② 打开各升膜加热器和预热器的壳程放空阀，放尽存水后关闭，开启排汽阀，改好凝结水流程。

③ 打开回收系统各塔顶安全阀的保护阀。

（2）从储存罐区引入停工时存放的水溶液，开启水回收系统。

（3）接班长的升温循环指令，回收系统的预热器、升膜加热器蒸汽壳程进汽可稍开后开始循环。

如果三次塔的塔还压力还太低时，可以用三次塔底泵将物料送往四次塔即通俗称泵打流程。

保证循环温度≯120℃，并经常与结晶岗位联系，根据溶剂罐液面，适当降低循环温度。

（4）外操在过滤开始向回收系统输送滤液、蜡下油液和蜡液后，开大回收系统的预热器、升膜加热器蒸汽阀，逐步升温至150℃，脱蜡油产品汽提塔、精蜡油产品汽提塔与蜡下油产品汽提塔逐步开启汽提蒸汽。

（5）继续按工艺要求升温，当3种产品即脱蜡油、精蜡与蜡下油的闪点>180℃时，与生产调度部门、装置的产品罐区管理部门或后道生产工序联系，切断循环，将成品改出装置。

（6）操作正常后，靠三次塔自身的压力把塔底物料送往至四次塔即通俗叫改自压流程。

(7) 开工注意事项：

① 泵启运后，须加强检查各部件运转、润滑和冷却情况。

② 接受结晶系统送达的脱蜡滤液、一段脱油滤液与精蜡液时，事前要检查各冷换设备放空阀是否关闭，以防跑油和跑溶剂的现象的发生。

③ 接受结晶系统物料前要保持水溶液回收正常与加速脱水进程，每30min需要有人检查酮塔的排水是否有溶剂味，防止跑损溶剂。

④ 将成品改出装置前，先与出装置管线相关的部门联系并扫线来确认是否畅通，产品改出装置阀后要立即关闭相关的回收系统的自循环，立即进行扫线，避免延误时间而影响流程的畅通。

二、停工操作

(一) 停工准备工作

1. 明确停工的时间、进度

2. 明确装置停工过程的安排

(1) 明确停工前准备的内容：一般包括停工赶残液、贯通吹扫、水联运和顶油4个阶段。

(2) 明确停工各系统的要求，如结晶系统先停脱油部分，然后停脱蜡部分；回收系统先停蜡回收，再停油回收，接着停蜡下油回收和水回收，然后各部分联合起来贯通吹扫；真空过滤系统与冷冻系统是随结晶系统而停运。

(3) 请生产调度部门明确停工前加工原料的安排，装置停工后所退出的物料的去向安排：装置内的原料、脱蜡油、精蜡、蜡下油、液氨、甲苯、甲乙酮、机油、废机油、废氨水、废水。

(4) 为确保安全应安排相关措施，如流程上加盲板，与外界装置隔开。

(5) 请生产调度部门装置停工所需要的公用设施与用量的安排，如循环水用量、蒸汽用量、电用量、压缩风用量、氮气用量和新鲜水用量的安排。

3. 装置停工动员

一般情况下，装置停工大多是改进部分落后的工艺与设备，或更新已经不具备安全性能的设备与设施等。

(1) 组织职工学习与掌握改进部分落后的工艺与设备的部分。

(2) 组织职工学习与掌握更新已经不具备安全性能的设备与设施的部分。

(3) 组织职工学习与掌握停工过程中的风险与相关的控制措施，特别要求掌握停工的基本要求与重点掌握安全事项。

(4) 组织职工学习《装置的停工方案》，并根据停工的目的，让职工明确装置的哪些设备与设施、哪些工艺流程需要在停工中加以处理与解决，以明确停工的工作重点。

4. 管沟的卫生、污水管道、排污线畅通

(1) 装置的各大区域的管沟和污水管道必须畅通，如装置的泵房、过滤机房、套管房、冷冻机房等。

(2) 装置的各容器、塔的排污必须畅通，如蜡罐、滤机进料罐、滤液罐、回收系统各塔等。

5. 装置的关键机泵必须完好

（1）结晶系统的原料泵、蜡泵、真空泵、溶剂泵、滤液泵等，还有结晶系统的通用泵必须完好；

（2）回收系统各塔的塔底泵、通用泵等必须完好。

6. 装置的放空管线畅通

（1）结晶系统各设备到通用泵的流程畅通。

（2）回收系统各设备到通用泵的流程畅通。

（3）滤机放残液线到温洗残液管的管线畅通。

（4）冷冻系统各设备到事故处理罐、加热器与集油槽的流程畅通。

7. 停工注意事项

（1）检查停工前准备工作的落实情况。

（2）检查装置内的压力表，确保装在设备和工艺管道上的压力表必须完好、可用，压力表保护阀要打开。

（3）检查现场容器和设备上的玻璃板液面计，使其清洁、完好，并与计算机上指示保持一致，液面计上、下引出阀必须打开，而针形阀必须关闭。

（4）校正压力，要求现场的压力与计算机上的指示一致，尤其是回收各塔和溶剂罐；打开各安全阀的保护阀，核实一下安全阀完好情况，确保可用。

（5）检查照明设备和路面完好情况以及水封井盖用草包、黄沙覆盖情况和各项安全措施落实情况，要求每项必须落实。

（6）参加装置停工人员必须熟记本岗位安全设施的摆放场所，掌握正确使用方法。

（7）停工赶残液、贯通吹扫时，流量计先走副线，待吹扫一段时间后改正常流程稍有蒸汽经过流量计即可，切勿吹扫流量计时间过长或蒸汽量过大，以免损坏仪表。

（8）赶残液、贯通吹扫时对介质的规定：真空泵泵体用动力风，进、出口用蒸汽；结晶、回收系统用蒸汽、冷冻用动力风或直接用氮气进行吹扫。

（9）赶残液或贯通吹扫中的规定：过滤系统待结晶系统和滤机内部残液处理干净后，每台滤机两端各打开一块看窗后才能对过滤系统进行吹扫，在此之前不得有蒸汽进入滤机本体。

（10）赶残液和贯通吹扫冷换设备及其他有管、壳程的设备，管程(壳程)赶残液和贯通吹扫时，必须保持壳程(管程)流程畅通，避免逼压造成设备损坏。

（11）在回收赶残液过程中，只要有任何一台加热设备在加热，必须检查并确保蒸汽凝结水流程畅通；在切断凝结时水出装置流程时，必须要告知生产调度与公用工程管理部门。

（12）在停工赶残液时，要安排专人观察溶剂的外储存区各溶剂罐的液面，一般在达到80%液面时调换另外一罐；同样要安排专人观察氨的外储存区的各氨罐的液面，一般在达到80%液面时要调换另外一罐。

（13）各流程贯通吹扫结束后，要打开放空阀与大气相通，防止因冷却产生负压而损坏设备。

（14）赶残液时，先赶主流程换冷设备容器，然后赶副线流程，贯通扫线时也如此。

（15）赶残液时，赶完一条流程必须切断，防止在赶其他流程时发生窜入而影响质量。

（16）在赶残液和贯通吹扫时，注意结晶系统的冷保温材料，冷保温处有异味或冒青烟时要及时处理与汇报；赶残液和贯通吹扫的蒸汽进入冷保温管线的流程时，要进行专人负责。

（17）贯通吹扫时，残余气氨须经过氨吸收槽被水吸收，不得直接放入大气，套管内放出的废油必须入废油槽。

（18）对装置内的安全阀和呼吸阀再检查一遍，确保其完好可用，并处于使用状态。

（二）停工步骤

1. 停工步骤

1）结晶岗位的停工步骤

（1）先降低原料量，增大稀释比。

（2）脱蜡蜡液改往蜡下油回收，停脱油系统。

（3）待脱油系统停止往蜡回收输送物料时，通知回收岗位，蜡回收改循环，准备停运。

（4）关闭氨冷系统的各分配罐的高压液氨阀与溢流阀，停加一次、二次溶剂，原料流程改脱蜡过滤进料罐的大循环，原料流程改用的水冷停用并改用蒸汽加热，三次稀释溶剂改为冷循环。

（5）原料流程改脱蜡过滤进料罐的大循环后，过滤岗位抓紧滤机温洗工作，脱蜡滤液罐与脱蜡蜡罐无液面后，停用结晶系统的相关原料泵、蜡液泵与滤液泵；通知回收岗位，油回收、蜡下油回收改为循环，准备停运。

（6）待冷冻系统分配罐的剩余氨抽完后，停止三次稀释溶剂冷循环和原料流程的加热，原料改为不加热循环。

（7）按停工扫线流程的要求，开始进行残液处理，并贯通吹扫。

（8）按停工扫线流程的进度逐步对泵浦进行扫线。

（9）停工中残液通过泵抽出送蜡下油回收，由专人负责处理罐的液面，使液体不要溢出。

（10）泵的操作要求：

① 对停用泵扫线时要注意放空罐液位，严防出现放空罐溢出、跑油、跑蜡现象。

② 蜡液罐上有溶剂稀释设施，液面计用溶剂冲化后要逐步关闭，防止发生意外。

③ 泵房用汽停止后，开启各段蒸汽管道尽头放空阀放残汽，以防积液。

（11）真空泵的操作要求：

① 与过滤岗位密切配合，按滤机在用数量与停工进度，停用真空泵并关闭进、出口阀。

② 真空泵停运后，联系电工拉断电源。

③ 关闭真空泵加油阀及中冷器用水阀。

（12）冷冻的操作要求：

① 接班长通知后，停用经济器，关闭各蒸发器高压液氨阀，并及时将液氨返入外储存区的氨罐内。

② 按结晶系统的停工进度逐步停运二段氨压机，缓慢打开一段、二段联通阀，用一段氨压机抽剩余氨，抓紧对各台氨冷设备进行扫线。

③ 待高压系统扫线结束后，逐台停运一段氨压机。

④ 停冷冻系统的要求：事先与有关部门如电气、仪表、设备、生产调度等部门，做好机组停工前准备工作；按照氨压机组的使用规程，逐台停运氨压机机组；做好冷冻系统有关管线的风扫线和氮气扫线工作；长期停工时，冷冻机油必须按照要求退出机组，短期停工的

冷冻机油可以不退，但要切断相关阀门，在现场做好安全措施与警示。建议各蒸发器吹扫与结晶原料流程赶残液相互配合与同步，严格控制氨分配罐压力始终低于安全阀的设定值0.1MPa。

2）真空过滤岗位的停工步骤

（1）按照班长、结晶岗位要求，依据过滤机正常使用步骤停用各台过滤机。

（2）与结晶岗位沟通后，对各台滤机进行彻底温洗，温洗时间根据实际情况可适当延长些。

（3）关闭温洗后的过滤机所有有关阀门，停运滤鼓和输蜡器，酌情拆开滤机看窗玻璃。

（4）脱蜡系统滤机最后一台滤机与脱油系统滤机最后一台滤机温洗结束后，分别停用脱蜡系统与脱油系统的真空泵，然后关闭滤机有关阀门。

（5）待所有工作结束后，通知结晶岗位滤机温洗结束。

3）回收岗位的停工步骤

（1）停工前，加快水溶液罐的脱水工作，使水溶液罐的液面与水位平稳下降。

（2）装置停工时，一般先停蜡回收，在结晶系统停止物料输送前，适当提高各塔液面。

（3）停止物料产品往外输送后，各升膜加热器停止加热，改循环流程，如果三次塔压力不够而不能进行自压时，立即改泵打流程。

（4）根据实际情况，待脱蜡油、精蜡与蜡下油成品闪点合格后，停止循环，将残液处理到相应的回收系统的末次塔，并用出装置泵打出装置。

（5）水溶液罐无水位并确认其他系统停运时，停水回收系统，用通用泵将水溶液罐内物料输送至外储存罐罐区的水溶液罐内。

（6）按装置停工扫线冲洗处理方案进行吹扫、冲洗。

（7）停工过程中蜡下油处理是难处理的系统关键，特别在小量运转时，要定期有一定量的物料往出装置管道输送，防止发生流程堵凝。

（8）确认停用后不再使用的泵浦要立即对泵体扫线。

（9）停工过程中注意事项：

① 泵浦扫线前必须注意事故处理罐的液面，以防放空罐溢出。

② 回收泵房停用蒸汽后，打开蒸汽管道尽头放空阀、放剩水、防积液。

③ 由于溶剂的存在，使循环中各塔液面平衡受到影响，因此要注意泵浦运行情况，防止抽空。

④ 停工中溶剂罐液面上升，要及时与外储存罐区联系后向外输送，并做好液面记录。

（10）在向外储存罐区输送溶剂或水溶液时，除要有专人负责外，还要保证外储存罐区的储罐的液面不能溢出。

第八节　仪表与自动控制

根据结晶部分、过滤（脱蜡、一段脱油、二段脱油）部分、溶剂回收（滤液、蜡液、蜡下油液）部分、干燥脱水部分、惰性气系统、冷冻系统和公用工程等不同的工段，在装置的工艺管道及仪表流程图PID中，确定了各种控制方案和检测位置。在DCS操作站上，通过调用屏幕上显示的各种画面可以全过程、实时、精确地掌控工艺过程中的各类参数。

装置中的自动控制方案主要采用单回路闭环自动控制，并根据不同的特性及要求还分别设置了串级、手动遥控等控制。

主要的自动控制方案按照被控参数简述如下。

1. 温度控制

(1) 冷点温度控制方案。脱蜡滤液出口管换冷套管由冷滤液与原料换热，换冷原料出口温度高低由滤液的流量决定，通过调节滤液流量达到控制换冷器套管出口温度的目的。冷点温度控制见图 5-21。

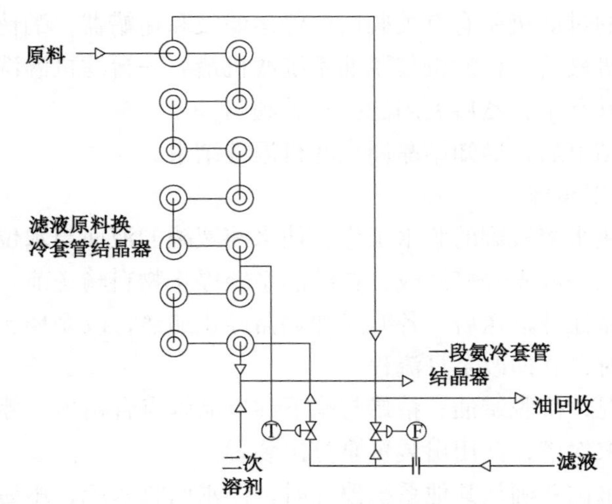

图 5-21 冷点温度控制图

(2) 一次溶剂温度控制。一次溶剂(一段蜡下油液)与三次溶剂(或一段蜡下油)换热器换热后温度上升，三次溶剂得到降温。在换热器出口一次溶剂管线装有热电偶，把测量值与给定值进行比较，然后发出信号调节三通控制阀，采用合流三通控制阀调节直通和旁路流量分配，从而达到控制一次溶剂温度的目的。一次溶剂温度控制见图 5-22。

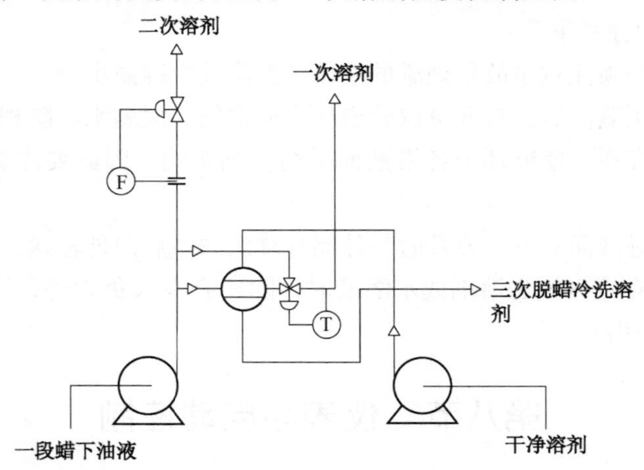

图 5-22 一次溶剂温度控制图

(3) 酮回收塔塔顶温度控制。酮回收塔塔顶温度通过调节塔底的蒸汽汽提量来控制，塔底汽提量实行流量指示。酮回收塔塔顶温度控制见图 5-23。

2. 压力控制

(1) 中、高塔塔顶压力控制回路。在中、高压塔塔顶气相出口的一次换热器后的管线上装有一个控制阀。塔顶压力测量值与给定值进行比较，然后发出信号给控制阀，通过调节出口汽相流量从而达到控制塔顶压力的目的。塔顶气相控制阀，设置在一次换热器后的管线上。中、高塔塔顶压力控制见图 5-24。

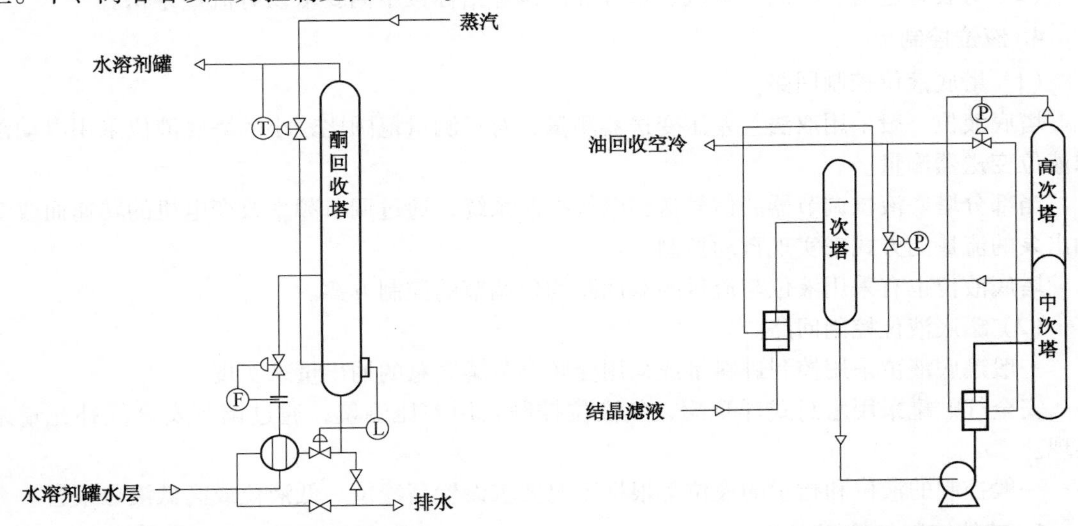

图 5-23　酮回收塔塔顶温度控制图　　图 5-24　中、高塔塔顶压力控制图

(2) 真空罐顶压力控制。真空罐顶压力通过调节罐顶抽真空气体流量来实现。其控制图见图 5-25。

(3) 反吹压力和密闭压力控制。脱蜡、脱油反吹压力通过调节中间罐安全气去密闭系统的调节阀来实现。脱蜡、脱油密闭压力通过调节密闭安全气去安全气泡沫分离罐的调节阀来实现。反吹压力和密闭压力控制见图 5-26。

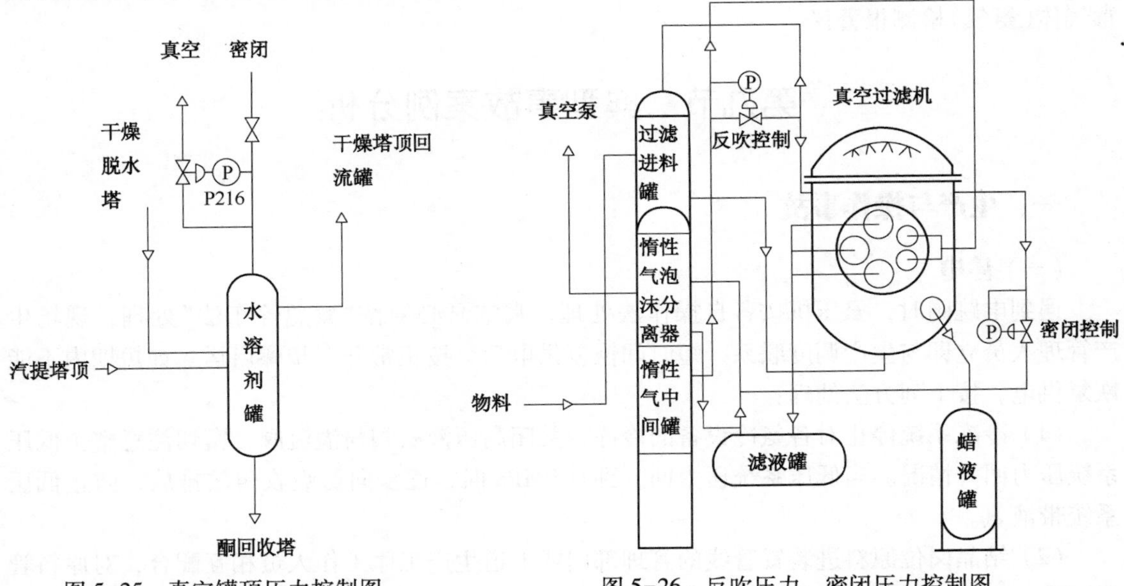

图 5-25　真空罐顶压力控制图　　图 5-26　反吹压力、密闭压力控制图

(4) 几台氨冷器顶设置压力通过调节-35℃或-15℃气氨控制阀的排放量来实现。

3. 流量控制

(1) 原料与溶剂控制。装置原料与溶剂采用流量定值自动控制，经过混合器以后进入脱蜡过滤进料罐。

(2) 对装置进料、产品、蒸汽、水等经济核算指标按不同要求设有流量累积。

4. 液位控制

(1) 塔底液位控制回路。

塔底液位一般采用双法兰差压变送器测量，对于测量范围比较小的塔底液位采用电动浮球液位变送器测量。

当部分塔底液位调节器的信号送到电气控制系统，通过调节频率改变电机的转速而改变抽出泵的流量的方式来实现自动控制。

塔底液位也有采用液位与流量的双回路均匀调节的控制方案。

(2) 罐底液位控制回路。

一般罐底液位采用控制进料量或采用变频调节罐底泵的抽出量来实现。

安全气贮罐采用水封式浮顶罐，其液位控制采用差压测量，通过调节安全气补充量来实现。

一般控制的液位和指示的液位都根据工况要求设置高液位、低液位或高低液位报警。

5. 其他控制与检测

(1) 套管结晶器氨包的液位可采用差压液控和压力控制。过滤机的密封气采用压力控制；过滤机的液位采用差压控制。

(2) 在脱油和脱蜡反吹氮气系统设有氧分析仪，用以指导操作。氧分析仪用来分析氮气中的氧含量，测量范围为0~10% O_2，报警值为5% O_2。

(3) 在可能泄漏而聚集可燃气体或有毒气体的地方，设有可燃气体浓度检测报警仪和有毒气体(氨气)检测报警仪。

第九节　典型事故案例分析

一、生产与操作事故

(一) 停电

遇到电跳闸时，氨压机按各自操作法处理，真空泵必须按“紧急停车法”处理，现场生产管理人员立即与生产调度联系，短时间恢复供电后，按正常开车步骤启运。如短期内不能恢复供电，按下列方法处理：

(1) 冷冻系统停止对各氨冷设备的冷冻，关闭高压液氨阀与溢流阀，密切注意整个低压系统压力回升情况。当低压系统压力回升到0.9MPa时，逐步向氨吸收槽放排放，防止低压系统带液氨。

(2) 结晶岗位原料进装置管线的管理部门或上道生产工序工作人员相互配合，对原料管线扫线。启用装置通用泵，用新鲜溶剂向原料流程加入或对原料流程用蒸汽吹扫，防止管线发生堵凝。脱油系统无外伴热时，应向蜡液管线内开入少量蒸汽，维持温度。

（3）真空泵按“紧急停车法”处理，过滤机停运后视情况将残液放入温洗溶剂残液罐，并用装置通用泵抽至蜡下油回收。

（4）降低回收系统加热蒸汽量，水溶液回收系统停运，停止所有汽提塔汽提蒸汽。

（5）联系成品罐区的管理部门或装置的后道生产工序，对产品出装置的蜡管线与蜡下油管线进行扫线，蜡、蜡下油回收系统根据停电时间长短，开大蒸汽伴热，视情况向有关管路中开入蒸汽以维持温度。

（6）恢复供电后，请示现场生产管理人员与生产调度，按正常开工步骤开工。

（二）停仪表风

（1）以最快速度将风关控制阀改下游阀控制，将风开控制阀改付线控制。

（2）多数流量控制系统尚有指示值，可依此调节流量。

（3）有关液面控制和部分压力指示失灵时，要重视现场检查与判断。

（4）各电动泵根据电流值判断与调节泵出口阀开度，并注意各塔与容器的液面变化（工艺技术人员平时要加强职工的现场数据与经验积累）。

（5）密切注意过滤机等系统操作条件的变化，及时调节处理。

（6）对于冷冻系统，要加强注意氨压机组运行状况，现场观察氨冷设备低压控制阀动作情况，并进行现场调节（低压控制阀开足的要改上游控制，不开足或关闭的要改付线阀控制）的各部压力，对氨冷设备液面要加强现场观察。

（7）立即汇报现场生产管理人员与生产调度，尽快查明原因，恢复仪表风。

（三）停止供应加热蒸汽或蒸汽压力陡降

（1）结晶岗位原料进装置管线的管理部门或上道生产工序工作人员，停抽原料并立即用余汽向原料管线扫线，停止冷冻；原料流程改脱蜡滤机进料罐的大循环，三次溶剂改自身的冷循环。

（2）对于真空泵、过滤机视情况逐台停运，过滤机残液放入温洗残液罐并送蜡下油回收。

（3）油回收系统全部停运，关闭汽提蒸汽。蜡回收与蜡下油回收关汽提蒸汽后，这两套回收系统改为热循环与停止产品流程上的水冷器冷却，并根据具体情况可加入少量的溶剂以维持流程的畅通。通知产品出装置管线的管理部门或后道生产工序工作人员立即用余汽向蜡、蜡下油出装置管线扫线。

（4）联系生产调度与公用事业管理部门，尽快恢复供汽。

（5）恢复供汽后，立即联系生产调度与装置的前后生产工序工作人员，对原料管线及蜡产品管线、蜡下油产品管线扫线，确保畅通，然后按正常开工步骤开工。

（四）断循环水

（1）装置断循环水，由于冷冻氨压机组使用循环水冷却水机，故不得不停运（视润滑油的温度与变化情况，润滑油温度<54℃与油温上升的速度<1℃/min 时，按正常停车方法停用，否则以紧急停车方法停用），结晶岗位立即联系生产调度与装置的前道生产工序工作人员，对原料管线扫线，按长时间停电处理。

（2）停运过滤机，残液放入温洗残液罐，用装置通用泵抽送至蜡下油回收。

（3）油回收停运，停止所有汽提蒸汽。

（4）立即联系生产调度与装置的后道生产工序工作人员，对蜡、蜡下油回收出装置线扫线，注入蒸汽，维持温度。

(5) 恢复供水后，请示现场管理人员与生产调度按正常开工步骤开工。

(五) 某厂酮苯溶剂脱蜡装置发生氨气泄漏案例

1. 事故经过

2002 年 8 月 15 日 15:00 左右，在酮苯溶剂脱蜡装置检修开工过程中，冷冻系统低压连通时发生原 2 号冷冻机一级缸放空线氨泄漏事故(因 2 号冰机机组停机时已拆除)，事故发生后，操作工及时汇报，联系消防队用水喷淋，以减少空气中氨浓度，操作工及时协助切断相关流程，阻止了氨的进一步泄漏。

2. 事故现象

酮苯溶剂脱蜡装置冷冻机房内，在开工过程中，原 2 号冷冻机一级缸放空线氨泄漏，大量氨跑出，氨味刺鼻，影响了系统正常开工和安全生产，增加了氨的消耗。

3. 事故原因分析

(1) 泄漏管线为原 2 号冷冻机一级缸放空线，机组拆除时未全部拆除，而放空线与 2 号冷冻机的安全阀引出线连接，无阀门可切断，低压连通时(0.1MPa 氨气)由此泄漏出。

(2) 开工过程中检查流程，进行风吹扫试压时都没发现这一问题，说明责任心还不到位，工作严重失误。

4. 事故教训

(1) 通过这次氨泄漏事故的发生，警示我们在设备拆除的同时，必须将本体连接管线切断，在开工中要加强流程的检查，通过风吹扫及试压，及时发现并及时处理。

(2) 在事故处理中发现、汇报、联系、防护、切断流程，防范措施是到位的。

5. 措施

(1) 加强技术人员责任心，工作要细致，不留死角，在拆除设备时要到现场实地查看，该拆的管线到要拆到位。

(2) 操作人员在开工时要每一阶段认真做好工作，认真检查，不出现工作失误，保证有问题能在前期发现和整改，防止类似事件的发生。

(六) 某厂酮苯脱蜡装置液氨罐液位计法兰泄露冻伤案例

1. 事故经过

2008 年 7 月 18 日 14:00，酮苯装置备员在岗检时发现存有液氨介质的液氨罐液位计法兰泄露，回到操作室要求外操报修。由于负责该容器的外操王某不在，就要求去蜡外操施某打“116”报修(14:35)，要求另一外操陈某开工作票，由于班长也正好不在，就由班长备员签发工作票。两人在未到现场做安全措施和检查的情况下，于 15:05 左右开好并签发了工作票。此后不久，维修人员在对液面计进行修理过程中，突然有氨喷泻而出，喷在该工人大腿上，造成部分皮肤冻伤。

2. 事故现象

液氨从失效的液面计法兰垫片处喷泻而出，喷在该工人大腿上，造成部分皮肤冻伤。

3. 事故原因分析

(1) 液氨罐液位计法兰垫片突然失效导致氨喷泻出来。

(2) 未全部执行维修前的安全措施。操作工没有按照工作票要求的安全措施关闭进出阀门、放掉介质并确认无压力，也没有到现场检查就开具了工作票；班长备员也没有到现场检查就签发了工作票。

(3) 此项维修工作是紧法兰螺丝，操作工没有意识到可能会有垫片突然失效、氨喷出伤人的危险。按照过去习惯，如果是只紧螺丝而不换垫片，一般不会做关闭阀门的措施。所以这属于比较典型的习惯性事件。

4. 事故教训

(1) 管理人员一定要进行风险提醒，要深入现场检查。

(2) 岗位人员要识别风险所在，要有强烈的风险意识。

(3) 一定要严格按规定采取安全措施，不得打折扣。

(4) 一定要严格按程序开具、签发工作票，管理人员一定要到现场仔细检查。

5. 措施

(1) 作业区以设备维修时可能会造成火灾、人身伤害为标准，排查并划分好各装置危险区域，并告知岗位人员，提高风险意识。

(2) 设备员在布置工作时必须告知相关人员维修过程的风险所在。

(3) 维修时工艺员、设备员必须有一人到现场监督，直到确保不会有介质出来为止。

(4) 必须严格按规章制度采取全部的安全措施，不得疏忽、偷懒。

(5) 管理人员要加强现场督察。

二、设备事故

（一）大量溶剂泄漏

由于设备的突发性损坏、工艺法兰垫片的破裂、塔的安全阀动作以及仪表控制系统的失灵等均有可能引起大量溶剂跑损，在装置的各生产系统中(如结晶系统、真空过滤系统、回收系统等)，当这类事故发生时，要充分利用好事故初期控制机会，立即到现场，对事故现场做全方面的观察与了解，然后决定工作方向与调动班组人员处理事故的初期处理工作并报警。

(1) 根据现场得到的泄漏情况，立即采取停泵、切断阀门、切换设备、更改流程等措施来控制泄漏的继续，同时要精心操作，特别注意操作时避免产生次生事故。

(2) 全力保护配电间、仪表室等不防爆区域，不得进入溶剂、油、蜡，同时汇报现场管理人员与生产调度。

(3) 立即采取措施降低空气中的溶剂浓度，如用大量冷水冲洗管沟、阴井、阀井，则需用蒸汽做隔绝保护，必要时联系消防队协助处理。

(4) 如塔的安全阀跳液相，喷出高温带溶剂油、蜡时，除应用上述措施立即制止物料的继续跑损外，首先应考虑用热水冲洗，清除高温管线上的油蜡，必要时联系消防队协助处理。

(5) 对事故现场危险区域处理时，严禁动用铁器工具，谨防产生火星；严禁随意启运或停用电气与照明等用电设施。

(6) 待处理结束，空气中可燃气体浓度经采样分析或测爆检测合格后，逐步恢复正常生产。

（二）氨泄漏

由于氨压机故障、操作失误、高压系统压力过高以及充氨槽车连接等问题都可能引起气氨和液氨的跑损。

氨是一种燃爆型有毒物质，少量的氨泄漏也有可能引起人窒息，因此在处理这类事故时应特别谨慎。

要充分利用好事故初期控制机会，立即到现场，先花 5～10s 的时间对事故现场做全方面的观察与了解，然后决定工作方向与调动班组人员处理事故的初期处理工作并报警。

(1) 发现跑氨现象时，班长等一线人员立即报警并佩戴好正压式空气呼吸器与氨型防毒面具(这里不提倡使用氨型防毒面具)，有关岗位上人员协助处理并避让泄漏中心。

(2) 采取停机、关闭阀门、切断流程、调整操作等措施制止氨的继续泄漏，汇报现场管理人员与生产调度。

(3) 当漏氨量较大时，应采取措施封闭浓度较高的交通要道，防止人员误入此处引起窒息，联系消防队配合处理事故。

(4) 必要时可用向区域内喷淋水吸收的方法来降低氨浓度，对于配电间、操作室等关键部位，应由消防队配合以隔绝氨气进入上述关键部位，避免引起爆燃。

(5) 在采取上述措施的同时，注意其他各系统的操作，特别要防止产生次生事故。

(6) 事故解除并确认无异常情况后，逐步调整操作，恢复正常生产。

(三) 某厂 3 号酮苯脱蜡装置脱水塔塔 17 顶有裂口案例

1. 事故经过

2008 年 3 月 13 日 17：50 回收岗位的职工严某在接班预检时，在油回收二楼平台上嗅到一丝溶剂味，便警觉起来，四处查看未发现异常；当走上三楼平台检查，发现溶剂味更大，查到脱水塔附近时溶剂味激烈，便肯定漏点就在旁边。最终确定漏点是塔的安全阀与塔本体连接处有裂缝，长约 3cm。于是立即汇报本班班长薛某，班长对现场进行观察后，立即安排调整操作并汇报作业区值班与炼油事业部调度。

考虑到漏点暂时不会对安全生产造成大的危害，到了白天汇报设备员进行处理。

2. 事故现象

有漏就有溶剂味，并且靠近漏点附近的地方溶剂味更激烈。

3. 原因分析

(1) 装置从 1993 年 6 月兴建到 2008 年 3 月，已经近 15 年的时间，期间脱水塔的进出管线等从未更新过，故设施相对老化。

(2) 塔的安全阀与塔本体连接处不能挡雨，管线与设备上还有易吸水的热保温材料，裂口处的表面操作温度约 80℃，故在雨水条件下腐蚀情况严重。

4. 事故教训

脱水塔顶是在装置的较高位置处，巡检时容易被疏忽或容易成为巡检的盲区，故从这起事件中得到体会：

① 还存在类似的设备与管线的连接方式，故花了一周时间进行排查。

② 举一反三，重视高处地方的巡检，出台了加强高处地方的巡检规定。

5. 措施

① 脱水塔顶的安全阀与塔本体连接处有裂缝需用铁胶泥堵上，但这是临时措施，经过观察后确定有效保护期是 3 个月，故每过了 3 个月要重新堵漏。

② 因操作工严某预检认真而得到表扬，以此鼓励职工的巡检热情。

③ 现场不能用火，故抓住时机做好准备工作与计划，在装置检修或消缺时彻底解决。

（四）某厂酮苯脱蜡装置氨空冷出口漏氨案例

1. 事故经过

2008年5月24日操作工王某巡检时，发现氨空冷平台处有氨味，于是循着氨味检查，发现氨空冷出口处有像蒸汽一样的雾状飘出，判断有氨漏出，进一步检查发现是出口处有裂缝。于是立即汇报班长，班长再向值班与调度汇报的同时，向漏点处喷蒸汽以稀释氨气（边上有空冷风机运行，如果不采取措施的话可能存在风险），后经过设备人员确认后，决定到下周一处理。

值班要求对漏点加强检查，一旦发现情况严重时立即汇报。

待周一设备部门察看现场后，加工了专用的夹具与专用胶泥，到周三后情况才得到好转。

2. 事故现象

有氨味与雾状而断定有氨泄漏，并且靠近漏点附近的地方氨味更激烈并伴随有雾状飘浮。

3. 事故原因分析

（1）装置从1993年6月兴建到2008年5月，已经近15年的时间，期间这部分从未更换过，管线老化。

（2）空冷出口管线没有挡风雨的设施，管线极容易受雨水与空气中的酸性气体如二氧化碳与二氧化硫的作用而使表面腐蚀。

4. 事故教训

加强对氨空冷的巡检，巡检内容包括氨空冷的所有管线，特别是受雨水冲蚀的管线。

① 其他19台设备空冷有类似的管线，花了一天的时间排查。

② 举一反三，还对平台下受空冷集水槽溢出而冲蚀的管线进行检查。

通过两方面的工作，又发现一处漏点，并及时进行了处理。

5. 措施

① 对漏点加工了专用的夹具与专用胶泥，待情况才得到好转。

② 因操作工巡检认真而得到表扬。

③ 制定了氨空冷管线的巡检要求与针对平台下易受集水槽溢出而冲蚀的管线的巡检要求。

三、避免事故的有关安全规定

（一）开、停工安全生产规定

在装置开、停工过程中要做好安全思想教育，掌握开、停工的注意事项；对于装置上所采用的新工艺、新技术、新设备与新材料，要严格进行风险识别与采取相关的措施；要对操作人员进行培训与考核，确认合格后，才允许参加开停工操作。

（1）进入检修现场，须戴好安全帽，并扣好帽扣。

（2）未执行高处作业安全管理制度及不系安全带者，严禁高处作业。

（3）未执行设备内部作业安全管理制度，严禁进入容器内作业。

（4）严禁未按规定办理用火手续进行施工动火作业。

（5）进入有毒气体设备内作业时，应将与其相通的管道盲板隔绝并经过职业危害气体分析与易燃物爆炸性气体分析合格。

（6）认真制定好安全的停工残液的扫线方案，并组织好职工学习与确认合格。

（7）扫线过程中要防止蒸汽烫伤，另外防止冻凝水液击，损坏设备。

（8）扫线过程中要扫净、扫清，防止出现死角，扫线要做到“五净”。

（9）扫线时要做到专人扫线，专人管理，用火时要专人专区负责，扫线结束后要全面检查，要填写好装置停工扫线安全确认表，以明确责任，方能交给检修单位。

（10）认真落实检修现场安全用火措施，避免动火时着火。

（11）认真做好装置停工检修的安全组织落实工作。

（12）认真落实装置停工检修的技术措施。

（13）装置停工检修前，应对外来施工人员做好安全教育工作。

（14）认真做好装置开工期间的安全技术措施和安全检查工作，进行生产装置的危险区域严禁使用手机等非防爆的电子产品。

（二）装置防冻防凝规定

气温低于0℃时，要做好防冻防凝工作，并作为生产巡检的内容，列入岗位交接班内容之中。现场管理人员落实每天巡检防冻防凝工作，发现问题立即整改。

防冻防凝工作是季节性生产工作，由专人具体负责，职责分工落实到人，并实行24h责任制。

防冻防凝工作具体要求是：

（1）分工：现场管理人员负责装置所属设备、管线采取保温完好，每天接班时应巡检防冻防凝工作，督促班长安排防冻防凝好该项工作。

（2）班长负责和协调做好班组防冻防凝措施落实，帮助和督促岗位做好该工作，并负责向现场管理人员提出存在的问题和改进措施。

（3）操作人员根据防冻防凝工作要求，听从班长的安排做好各自岗位的防冻防凝工作。

（4）各岗位在交接班时和巡检中对防冻防凝工作落实情况要做详细检查，一旦发现异常情况要及时采取措施并汇报。

（5）管理人员或夜间负责人发现问题及时向生产调度汇报与请求帮助，夜间负责人还要把夜间的防冻防凝工作内容和措施在交接班簿中如实反映出来。

四、装置环保注意事项

酮苯脱蜡或脱蜡脱油联合装置是一个大型的化学危险物品的生产装置。在生产过程中，谨慎使用甲苯、甲乙酮、液氨等危险化工品。在生产过程中还有一定数量的废水排出，故要做好污染源的控制工作，主要是废水、废汽排放。

（一）废水排放

废水排放分含油污水与非含油污水排放，一般情况下是分开排放与分开到不同的污水处理场所回收。

（1）酮回收塔。正常情况下塔底的排水量基本上是各塔汽提量的总和，40×10^4t/a加工量的装置，一般情况下的排放量是4t/h，污水里主要含有微量甲乙酮。

（2）用一次性直排水冷却的冷却器或机泵的排放水，一般含有少量废油。

（3）清洁保养与异常事故处理时，产生的废水中一般含少量的原料物、溶剂与氨等。

由于本装置处理的油比较重，含蜡量大，设备泄漏量较严重，经常有一些油、蜡粘在各种设备、场地上，因此有少量油和蜡进入排水沟排出装置。

（二）废气排放情况

1. 安全气吸收塔

安全气吸收器主要吸收来自安全气中的溶剂，一般情况下，此塔的吸收率可以达到75%~90%，经吸收器后的排放气体中的甲苯、甲乙酮气体的含量已经明显降低，一般含量是0.5~1.0g/m^3。

2. 原料物的事故处理罐

装置工艺原料物的管道内的污油排放、蒸汽扫线等至原料物的事故处理罐以及污油中有时含有溶剂甲乙酮、甲苯，原料物的事故处理罐为敞开呼吸式，因此有时会有部分溶剂气体向环境扩散。

3. 氨气

一般溶剂脱蜡脱油装置的制冷介质为液氨，由于设备的泄漏及操作上的高压放空等情况，会排出少量的氨气。

（三）废气排放的措施

（1）装置内设置固定式可燃气体报警仪与固定式氨气体报警仪，操作人员应做到每班至少不少于2次的全装置巡检，一旦有环境状况问题如发现有溶剂味、氨气溢出在现场的管理制度要求下任何系统工作人员都应积极配合查找原因，消除隐患，确保安全和环境卫生满足要求。

（2）装置内设备因泄漏等情况而地面上有油、蜡等原料物时，以收集捞起作为首先考虑的措施。

（3）工艺操作指标对酮塔即排水塔的要求已经覆盖到方方面面，包括温度、压力、液面与流量等，故排水塔的异常情况不容易出现，安全气吸收器由专人定期检查并由专门的部门对其吸收效果定期评定。

（4）建立一套完整的设备堵漏操作程序，保证快速与有效实施漏点的处理工作。

（5）各设备的放空流程专门指向原料物的事故处理罐，冷冻系统的各氨冷设备、各容器、机组与泵浦等有专门的流程指向氨水吸收槽，原料物的事故处理罐与氨水吸收槽由专人负责检查完好情况，并由专门的部门检查与检测其运行情况，以保证环境卫生良好。

第六章　白土精制装置

第一节　概　　述

一、白土精制的作用

（一）基础油生产流程

生产基础油的原料主要来自炼油厂常减压蒸馏装置、丙烷脱沥青装置，原料性质除主要决定于原油性质、减压蒸馏切割及丙烷脱沥青操作条件外，很大程度上还取决于基础油加工工艺。目前，按照物理过程加工的基础油装置主要有溶剂精制、溶剂脱蜡、白土补充精制。根据溶剂精制和溶剂脱蜡在基础油加工工序中的排列位置不同，将基础油加工分为“正序”和“反序”两种流程，其中溶剂精制→溶剂脱蜡→白土补充精制（或加氢精制）为正序加工流程，溶剂脱蜡→溶剂精制→白土补充精制（或加氢精制）为反序加工流程。

（二）基础油生产中白土补充精制的作用

白土补充精制（或加氢精制）是基础油生产中的最后一道工序。润滑油油料在经过了溶剂精制和脱蜡后，在黏温性能、抗氧化安定性、低温性能等方面有了很大的提高，但油料中仍可能含有未被除净的硫化合物、氮化合物、环烷酸、胶质等杂质和残留的溶剂，以及可能从加工设备中带出一些铁屑之类的机械杂质。为了将这些杂质除掉和改善油品的颜色，必须通过补充精制以确保基础油的抗氧化安定性、储存安定性、抗腐蚀性、抗乳化性和颜色、透光度等质量指标合格。

白土精制除掉了油品中的胶质、沥青质等残留物质，因而改善了油品的颜色和抗氧化安定性，同时还可以蒸发残余溶剂、轻组分、水分、从而极大改善了油品的质量。

其理化指标变化为：黏度下降、残炭下降，密度减小，抗乳化度改善，闪点增高，水分降低，颜色变浅，抗氧化安定性改善。

二、白土精制装置的发展及现状

（一）白土补充精制的生产现状

在国外，白土补充精制属于非清洁化工艺，固体污染物较多，油品损失较大，白土补充精制几乎已被加氢补充精制所取代。目前，在美国应用白土补充精制的生产能力只占到基础油生产能力的4%以下，主要是用于电气用油等一些特殊油品的补充精制。在国内，由于矿物Ⅰ类油主要使用大庆原油，该原料中氮含量尤其是碱氮含量比较高，用低压加氢精制很难达到基础油质量指标，加氢条件苛刻后，基础油凝固点回升较多。在20世纪90年代大多数企业又将加氢补充精制改回白土补充精制。国外利用中间基原油为原料时，一般基础油原料的氮含量低，采用加氢深精制工艺，油品质量和经济性能都好于白土补充精制。国内外因原料性质不同，对选择后补充精制的工艺路线有所不同。因此，在常规 API Ⅰ类油生产过程中白土补充精制和加氢补充精制2种工艺处于共存状态。据统计，目前国内白土补充精制装置共22套，分布在17个炼油厂，实际加工能力达到3.245Mt/a。由于国内白土补充精制工艺条件互有差异，精制流程和使用的主要设备也有所不同，因此，其技术经济指标相差很大。

（二）白土补充精制的发展

国内基础油生产过程有4种补充精制工艺流程，第1种为加氢补充精制，第2种为白土补充精制，第3种为液相脱氮—白土补充精制，第4种为液相脱氮—低温吸附精制。加氢补充精制是在催化剂及一定的氢分压条件下，采用缓和条件加氢，脱除脱蜡油品残余溶剂、部分硫化物、氧化物、少量氮化物和烯烃，改善油品的颜色、抗氧化安定性和对添加剂的感受性。但对脱碱性氮化物效果较差，因此对高氮低硫油采用该工艺其精制油氧化安定性难以达到基础油标准要求。而白土补充精制能有效脱去油品中的胶质、沥青质、残余溶剂和氮化合物，特别是碱性氮化物，同时可以脱除部分硫化物，基础油抗氧化安定性明显改善。缺点是白土用量大，精制油收率较低，环保问题突出。液相脱氮—白土补充精制工艺中液相脱氮工艺能脱去大量碱性氮化物，白土补充精制则进一步吸附部分胶质、沥青质、含氮化合物等，能显著提高精制油在高温苛刻条件下的氧化安定性。液相脱氮与白土补充精制的结合，既有效脱除了碱性氮化物，又大大降低了白土用量，精制油收率高。液相脱氮—低温吸附精制是在液相脱氮过程中脱去大量碱性氮化物的基础上，利用一种高效吸附剂代替活性白土，在较低温度下(80~90℃)达到对油品精制的目的。

目前，国内矿物Ⅰ类基础油的生产，多采用石蜡基和中间石蜡基原油为初始原料，多数仍采用溶剂精制-溶剂脱蜡-白土补充精制的“老三套”工艺。20世纪80年代曾建成加氢补充精制装置多套，但由于脱氮能力弱和基础油凝固点回升等问题，装置未能充分发挥作用。90年代初期，针对我国原油特点，为了有效地脱除碱性氮化合物(BNC)，提高基础油氧化安定性，又改回白土补充精制的方法。国外矿物Ⅰ类基础油的生产，有些采用中间基原油为初始原料，采用溶剂精制-溶剂脱蜡-加氢补充精制的“老三套”工艺。

三、白土精制工艺的发展趋势

从产品质量及精制效果方面，白土补充精制工艺和加氢补充精制工艺相比较，两者各有千秋，主要可以归纳为：

（1）两种工艺的脱硫效果相比，加氢补充精制脱硫效果优于白土精制。

（2）脱氮，尤其是脱碱氮能力，加氢补充精制远不如白土补充精制。因为C—N键的断裂，根据其键能，反应温度一般应>280℃，但反应温度提高后加氢生成油凝固点回升严重，因此限制了加氢补充精制反应温度的提高，加之催化剂性能方面的原因，使加氢脱氮效果在润滑油精制上难以发挥。在中东原油生产矿物Ⅰ类油过程中，加氢精制扮演了很好的精制角色。

（3）加氢补充精制工艺的脱色能力，尤其是对于高黏度馏分油的脱色能力要明显优于白土补充精制。白土精制装置的白土用量<3%时，白土补充精制脱色能力较差，白土用量大于3%时，油品收率明显降低。

（4）氧化安定性测定，如旋转氧弹、紫外光照后及热老化后油品颜色的增长和ASTMD-943方法试验，加氢补充精制油都不如白土补充精制油。这与脱氮效果密切相关。大量资料表明，基础油脱氮和脱碱氮越深，其氧化安定性越好，尤其是在光安定性方面，含氮化合物非常敏感。

（5）对石蜡基原料矿物Ⅰ类油生产，选择加氢补充精制工艺易存在凝点回升问题。

（6）白土补充精制工艺产生固体废弃物较多。

目前，国内矿物Ⅰ类基础油多数仍采用白土补充精制的老工艺，白土补充精制带来的白土废渣处理，影响环保、人体健康的问题日益突出。国外石蜡基原油资源不断减少，生产矿物Ⅰ类油多采用中间基或中间石蜡基原油，白土补充精制装置已大部分被加氢补充精制装置所取代。

第二节　工艺原理

一、白土精制原理

白土是一种具有多孔结构，比表面积较大、以硅铝酸盐为主体的天然矿物。天然白土经破碎、酸洗、水洗、干燥等处理后制成具有一定粒度的活性白土。活性白土是优良的吸附剂，控制白土含有少量的水，可使其表面具有一定的酸性，因而具有很强的吸附极性杂质的能力。

油料与白土在较高温度下充分搅拌混合，利用白土多孔活性表面的吸附选择性，有选择地吸附油、蜡中的极性物质(极性物质包括含硫、氮、氧的化合物、胶质和沥青质等)，而对油、蜡的理想组分则不吸附，再利用滤机将油料中的白土分离，从而达到除去油、蜡中非理想物质，提高基础油质量的目的。

在白土补充精制条件下，活性白土对各种不同烃类的吸附能力各不相同，其吸附顺序为：胶质、沥青质>芳香烃>环烷烃>烷烃。芳香烃和环烷烃的环数越多越易被吸附。

二、国内白土精制工艺

白土补充精制工艺是把粉状活性白土与原料油搅拌混合成悬浮液，经加热炉加热到一定的温度，进入蒸发塔中保持一定时间，达到吸附平衡后进行过滤，除去废白土便得到精制油。蒸发塔采用负压操作，使油与白土能保持一定的接触时间，油中水分、轻组分等由塔顶蒸出。白土油浆在蒸发塔底停留 20 ~30min，使油与白土充分接触，塔底油与白土混合物经冷却器冷却至 100 ~140℃后，进入一级过滤机进行一次过滤，过滤掉油浆中的大部分白土。粗滤后的油浆进入中间罐，由泵抽送至二级过滤机进行二次过滤，过滤掉油中残留的白土或其他杂质，再由泵抽出经冷却器冷却后得到白土精制油，送出装置。

第三节　原材料与产品性质

一、原材料种类及性质

（一）脱蜡油和精制油

正序流程的脱蜡油和反序流程的精制油作为白土补充精制的原料。根据原料不同和蒸馏切割馏分的轻重关系可得到不同黏度级别的油品，按石蜡基原料轻重可分为常三线 70 ~ 75 号油、减二线 100 ~ 150 号油、减三线 350 ~ 400 号油、减四线 500 ~ 750 号油以及轻脱 120BS ~ 150BS 等。某厂原料主要质量指标见表 6-1。

表 6-1　原料主要质量指标

线别	油种	40℃运动黏度/(mm^2/s)	黏度指数	色度/号	残炭/%
常四线	变压器油	≯13	—	≯0.5	—
	HVI75	12~16	>85	≯0.5	—
减二线	HVI150	28~34	>85	≯1.5	—
减三线	HVI350	62~74	>80	≯3.5	<0.1
减四线	HVI650	120~135	>80	≯5.0	<0.3
轻脱油	HVI 150BS	28~34(100℃)	>80	≯6.0	<0.7

（二）白土性质

白土性质包括白土活性度、颗粒度、脱色率和含水量。在同样操作条件下，白土活性度越大，吸附能力越强，精制油质量越好。但过高的活性度，使油品中的天然抗氧剂硫化合物等吸附较多，将降低油品的抗氧化性能。白土颗粒度越大，比表面积就小，并且容易沉积，不能充分利用。而颗粒度越小，比表面积越大，吸附能力就越强，精制效果越好，但会造成过滤困难，使废白土含油率增加，精制油收率降低。白土含水量也很重要，一般认为，过度干燥的白土其吸附能力低，甚至会完全丧失活性，因为在高温接触精制过程中，白土中水分蒸发，白土孔隙不再含水，具有很强的吸附能力，很容易吸附极性物质。此外，从白土逸出的水蒸气使润滑油和白土的搅拌加强，增加了接触机会，从而使精制效果更好；但含水过多，会造成白土输送和加料的困难。白土质量指标见表 6-2。

表 6-2　白土质量指标

项　　目	质量要求
活性度(H^+/mmol/kg)	≮180
水分/%	≯10.0
游离酸(以 H_2SO_4 计)/%	≯0.20
脱色率/%	≮95
粒度(通过 75μm 筛网)/%	≮93

二、产品种类及性质

（一）产品种类

白土补充精制功能是脱除杂质、改善颜色，提高基础油氧化安定性。一般加工的基础油原料主要分为常四线变压器油和 HVI75Ia、HVI75Ib、HVI75Ic 油；减二线 HVI150Ia、HVI150Ib、HVI150Ic 油；减三线 HVI350Ia、HVI350Ib、HVI350Ic 油；减四线 HVI650Ia、HVI650Ib、HVI650Ic 油和 HVI750Ia、HVI750Ib、HVI750Ic 油；轻脱 HVI150BSIa、HVI150-BSIb、HVI150BSIc 油等溶剂脱蜡后产品。

（二）产品性质

白土补充精制的润滑油基础油产品性质见表 6-3。

表 6-3　白土补充精制产品质量指标

项　目	变压器油	常四线 HVI Ⅰa 75	常四线 HVI Ⅰb 75	常四线 HVI Ⅰc 75	减二线 HVI Ⅰa 150	减二线 HVI Ⅰb 150	减二线 HVI Ⅰc 150	减二线 HVI Ⅰa 350	减三线 HVI Ⅰb 350	减三线 HVI Ⅰc 350	减三线 HVI Ⅰa 650	减三线 HVI Ⅰb 650	减四线 HVI Ⅰc 650	减四线 HVI Ⅰa 750	减四线 HVI Ⅰb 750	减四线 HVI Ⅰc 750
外观(15℃)	透明	透明			透明			透明			透明			透明		
色度/号　不大于	0.5	0.5			1.5			3.0			5.0			5.0		
残炭/%　不大于		—			—			0.1			0.3			0.3		
黏度指数　不小于		85	90	95	85	90	95	80	90	95	80	90	95	80	90	95
黏度(40℃)/(mm²/s)	≯13	12~16			28~34			62~74			120~135			135~160		
机械杂质/%	无	无			无			无			无			无		
抗乳化度/min　不大于		—	10	10	—	10	10		15	15						
酸值/(mgKOH/g)　不大于	0.005	0.01	0.005		0.05	0.03		0.05			0.05			0.05		
旋转氧弹(150℃)/nim　不小于	200	180	200		180	200		180	200		130	180		130	150	
蒸发损失/%　不大于							17									

第四节　工艺过程及单元操作

一、进料及加热系统

(一) 工艺流程

1. 传统白土补充精制工艺流程

传统白土补充精制工艺是把粉状白土和原料油搅拌混合成悬浮液，经加热炉加热到一定温度，进入蒸发塔中保持一定时间，达到吸附平衡后进行过滤，除去废白土便得到精制油。其工艺包括：原料油与白土的混合、加热精制、过滤分离 3 个主要过程。传统白土补充精制工艺原理流程如图 6-1 所示。白土由白土贮罐用压缩风送至白土计量罐，靠自压白土自流至混合罐，白土加入量通过调加料器转数来调节。为了使油与白土易于混合，进入混合罐前油先预热至 50~80℃(直接热供料温度可以达到 80~90℃)。混合好的白土油浆抽出经换热和加热炉加热至预定温度后，送入蒸发塔，随着油品性质的不同，加热温度相差很大。蒸发塔采用汽提操作，塔内保持一定液面高度，使油与白土能保持一定的接触时间，油中水分、轻组分等由塔顶蒸出，经冷凝冷却后进入油水分离罐，切掉水分后轻组分流入容器定期送出装置。为了提高油品闪点，蒸发塔底吹入 1.0MPa 蒸汽，吹汽量占进料量的 1%~3%。白土油浆在蒸发塔底停留时间保持在 20~30min，使油与白土充分接触后再由塔底泵抽出，经冷却器冷却至 100~140℃后，进入一级过滤机进行一次过滤，过滤掉油浆中的大部分白土。一级过滤大多采用自动板框过滤机或园盘过滤机。粗滤后的油浆进入中间罐，由泵抽送至二级过滤机进行二次过滤，过滤掉油中残留的白土或其他杂质，进入成品中间罐，再由泵抽出经冷却器冷却至 50~60℃后送出装置。

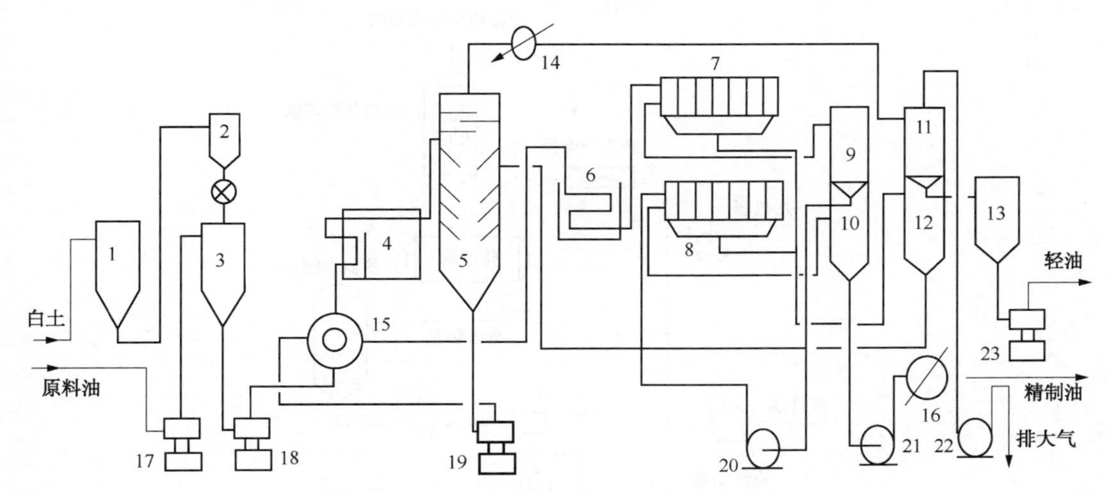

图 6-1　传统白土补充精制工艺原理流程图

1、2—白土贮罐；3—混合罐；4—加热炉；5—蒸发器；6、14、16—冷却器；7、8—过滤机；9、10、11、12、13—容器；15—换热器；17、18、19、23—蒸汽往复泵；20、21—电泵；22—真空泵

白土补充精制过程中，由于白土在与油品混合过程中携带一定量的空气，在高温条件下，易造成氧化，比色回升，影响产品质量。为了避免这一现象的发生，应在混合液进入加热炉前脱去白土-油中的空气，部分白土补充精制装置增加了真空操作下的原料脱气塔。

2. 液相脱氮-白土联合工艺流程

原料油部分：原料油自上道工序进入白土装置原料罐区，原料油由原料泵抽出，先与成品油换热器换热到脱氮反应温度，再进入脱氮系统的静态混合器，与计量泵抽送来的脱氮剂充分混合、反应，最后进入电精制沉降罐。脱氮剂与基础油中的非理想组分形成络合物，在强电场的作用下，密度大的络合物及未充分反应的脱氮剂沉降至电精制沉降罐罐底，再经罐排至废渣罐，脱氮精制后的脱氮油由电精制沉降罐顶部排出，经冷却器冷却至 60~85℃，送至白土混合罐进行白土补充精制。液相脱氮系统工艺原理流程图见图 6-2。

脱氮剂部分：脱氮剂由生产厂用保温车(70℃)运至白土补充精制装置，经装卸车泵抽送到脱氮剂罐储存。脱氮剂自脱氮剂罐到稳定罐，再经脱氮剂泵计量抽出，送至加料喷嘴，油与脱氮剂在静态混合器中充分混合反应。

废渣部分：废渣自电精制沉降罐底经气动阀多次少量地排入废渣罐储存，经螺杆泵抽出装入槽车运至脱氮剂生产厂处理。

（二）进料工艺过程分析

1. 进料加热流程

白土由白土储罐用压缩风送至白土计量罐，靠自压方式使白土自流至混合罐，白土加入量通过调整加料器转数来调节。为了使油与白土易于混合，进入混合罐前油先预热至 50~80℃(直接热供料温度可以达到 80~90℃)。混合好的白土油浆抽出经换热和加热炉加热至预定温度后，送入蒸发塔，随着油品性质的不同，加热温度相差很大。

2. 进料与白土混合

1）白土加料器的操作

国内白土装置常见的加料器有叶轮式和冲板式 2 种。

（1）叶轮式的正常操作。

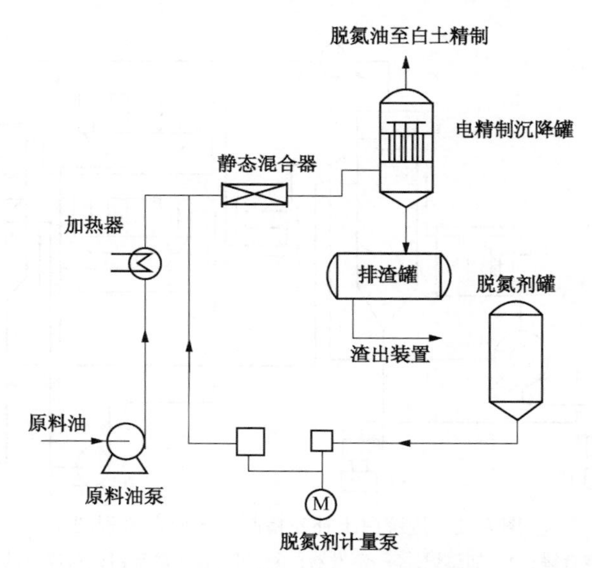

图 6-2　液相脱氮系统工艺原理流程图

① 开机前的准备。

(a)检查所有零部件是否齐全、紧固件是否拧紧、密封部位是否密封良好等。

(b)油杯内注入合适的润滑油、脂(1/2~1/3 油位)。

(c)用手转动联轴节，要灵活、轻便、均匀、无卡阻现象。

(d)检查电源系统，并遵守电动机使用维护的一切规定。

② 开机操作。

(a)在电机安装现场按电机启动按钮，启动异步电动机，并检查电机运转方向是否正确(也可在操作室内启动电动机)。

(b)在操作室先把 TKZ. DK-2 型控制器的调速电钮回零位后，再打开电源开关。

(c)根据白土用量情况，调节转速控制旋钮，调到所需转速。

(d)将白土下料罐白土下料阀开到 1/4~1/3 开度(或视实际情况定)，再缓慢打开给粉机闸板至规定位置内(但闸板不能做控制给粉量的机件使用)。

(e)记录好启动时间和转速，并记录好白土下料量。

③ 停运操作。

(a)停机前，操作人员要相互联系，首先关闭白土储罐的白土下料球阀，关闭叶轮粉机闸板(待机内白土流尽后再停机)。

(b)调节转速控制按钮于零位，关上控制器电源开关，指示灯灭。

(c)等 2~3min 后，按电机停止按钮，停止电机转动。

(d)如果停机时间过长，要涂润滑脂防腐。

④ 正常维护。

(a)经常检查各运转部位有无松动、卡阻现象，机械有无异常响声、杂音等。

(b)经常检查设备润滑情况，各手工加油点按时加入润滑油或润滑脂。

(c)按规定时间定期更换减速箱润滑油。

⑤紧急措施：

运转中如果发现电机负荷突然增大或突然减小，给粉量不均匀或电器、机械系统有异常现象时，应立即停机，排除故障才能重新启动。

（2）白土冲板下料系统的正常操作。

① 冲板式白土流量计工作原理。根据力的分解原理，当白土下落到经特别设计的具有一定角度的一个检测板上时，可分解出一水平分力，使检测板发生位移，通过传感器、差动变压器等检测出位移时所产生的电信号，再经过带有微机的二次表对位移电信号进行处理，显示出瞬时流量和累计流量等数据。

② 冲板流量计特点。整个系统结构简单、灵敏度较高，计量准确，操作界面直观明了，系统易于操作和维护。

③ 白土下料量调节方法。白土下料量大小的控制是通过调节变频器频率控制电机转速，从而控制螺旋喂料机转速，达到控制白土下料量的目的。

④ 冲板流量计系统组成。冲板流量计系统由冲板流量计、冲板流量计显示表、螺旋喂料机、电机、摆线针轮减速器、变频器等组成。

⑤ 操作方法及注意事项。

(a)开机前在计算机内先把变频器输出手动调至最小位置，操作员盘车确认无问题后，按动操作柱上的启动按钮。

(b)缓慢打开白土下料阀至最大位置。

(c)通过观察二次表的瞬时流量值，逐步调节变频器的输出值，把白土下量控制在工艺卡片范围。正常后将手动控制改为自动控制。

(d)停机时，先关闭白土下料阀，再把变频器输出控制在最小位置，然后再停电机。停机后，关下料口进油线阀，油路停止进油。

(e)在下料机切换时，先开备用下料机，运行正常后再关需停用的；油路在切换过程中，两路保持畅通，最后关停用给粉机油路。通过监控切换过程，确认无问题后，方准许操作员离开现场。

(f)二次表上面的按键未经批准禁止使用；冲板流量计系统属于精密仪器，严禁敲击。

(g)压送白土时，下料阀一定要关好，压送白土流程要按规定改好，以防泄漏和白土窜至密封圈中损坏密封。

(h)白土下料量报警响后，说明白土罐空、给料不足、下料管堵、下料罐串风等问题，应立即采取解决措施。

(i)冲板流量计出现问题要及时处理。

（3）白土加料器操作举例。

近年来，随着自控仪表DCS系统的普及，部分装置采用了自动加料控制系统，下面以某厂白土装置的白土自动加料控制系统为例介绍白土加料器的操作。

某厂白土自动加料控制管理系统的改造是在原有设备的基础上进行更新换代，增加了称重显示系统，更换了计算机系统，并根据工艺要求重新开发了控制管理软件。该系统根据润滑油的油流量以及白土加料工艺设定的加料比例计算出应该加入的白土量，并通过工业控制计算机系统以负反馈的方式控制白土的加入量，使白土的加入量与原料油的比例更精确，数据管理和查询等功能更加完善。系统有2种控制方式：自动控制和手动控制。

其技术指标：供电电源：AC220V　3W；AD转换输入：0~10V可选，对应数字0~26383；脉冲输出：200~50kHz；环境温度：0~50℃；RS-485通讯接口，19200，8，偶，1，通讯地址：3，4..

(1) 自动控制(DCS 自动控制操作)。在自动控制方式下，白土的加入量有 2 种计算方式：外给定和内给定。

① 内给定。白土的周期下料量(即给定值)是由计算机根据油进炉瞬时流量和白土的给定比例计算后自动赋给白土给定值，并显示在给定值的位置，使系统能按给定比例自动跟踪油的变化而改变白土周期下料量。在加料系统正常的状态下，白土加料采用此种控制方式。

② 外给定。白土的周期下料量(即给定值)是由计算机根据成品油出装置的瞬时流量和白土的给定比例计算后自动赋给白土给定值，并显示在给定值的位置。

显示操作见图 6-3。

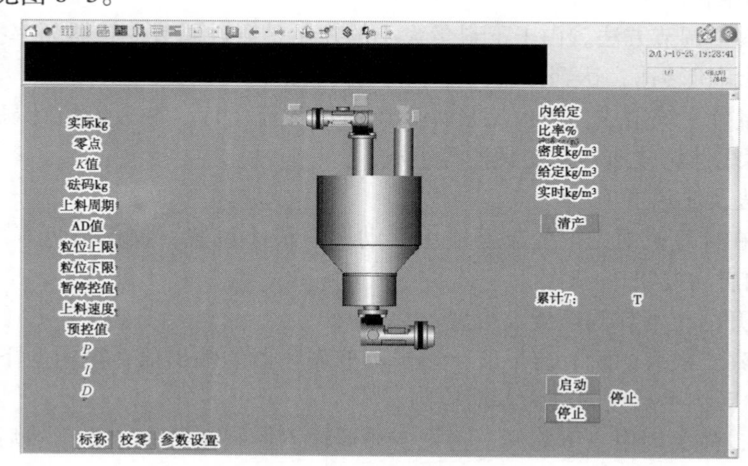

图 6-3　加料器操作

实际 kg：白土在计量仓内的实际质量值。

零点：即计量称上无料时的 AD 值，直接输入零点。

K 值：1kg 所对应的 AD 值，决定系统计量的准确性，可由标称取得，也可以直接输入合适的值。

砝码 kg：标称时在计量仓中放置的砝码质量。

上料周期：显示从加料开始至下料结束的时间，s。此周期时间与系统控制无关，仅为显示系统加料下料时间警示作用，不作为控制关联参数。

AD 值：称的质量模拟量。

料位上限：称体运行时的最高称量值。超过此数值即开始下料。

料位下限：称体运行时的最低称量值。低于此数值即停止下料，开始上料。

暂停控值：称体上料过程中下料电机运行的频率数值。在此过程中不计算累计值。

上料速度：上料的运行频率。

预控制：启动设备时电机运行频率，设定值为 0~50Hz，作用为：快速达到运行速度，减少调整时间。

P：偏差值。即设定值与实时值的偏差大小。*P* 值大造成跟踪效果差，*P* 值小造成系统震荡、调整频繁，大约为 2。

I：时间值：即调整时间。*I* 值大造成系统调整滞后，*I* 值小造成系统调整频繁。大约为 4~8 之间为好。

D：幅度值：即调整幅度。*D* 值大造成系统震荡，*D* 值小造成调整滞后。大约在 4~8 之间为好。此数值为估值，生产中请设为合适的数值！

标称：对加料器进行标称。

校零：在安装完成，模拟量达到要求后(必须是空仓状态)，可进行手动输入零点值。

注：以上参数的修改必须要在参数设置中进行。

参数设置：打开参数画面，修改各种参数；

内给定(外给定)：白土加入量的两种控制方式；

比率%：加入白土的量；

密度 kg/m^3：白土的密度；

给定 kg/m：由内给定、外给定与比率共同计算出的白土加入量；

实时 kg/m：实际加入的白土量；

清产：清除当前累计白土加入量；

累计：显示累计值；

启动：启动运行，并且实时跟踪给定值；

停止：停止运行；

料仓数值显示 kg：显示当前计量仓内的白土量。

压白土时，点击停止，加料器不再下料。实时值显示为零，显示工作状态为停止。压白土结束后，启动系统。量仓内白土量低于上料下限时，开始上料，达到上料上限时停止上料，开始下料，系统正常运行。当状态显示上料时间长时，白土缓冲灌内白土架桥或者用完，联系外操现场检查并解决。显示状态为上料故障时，联系班长进行检查解决。

系统正常运行时，标称、量、参数设置、清产等严禁修改，比率严格按照生产工艺修改。

(2) 手动控制(箱体操作)。现场显示及操作见图 6-4。

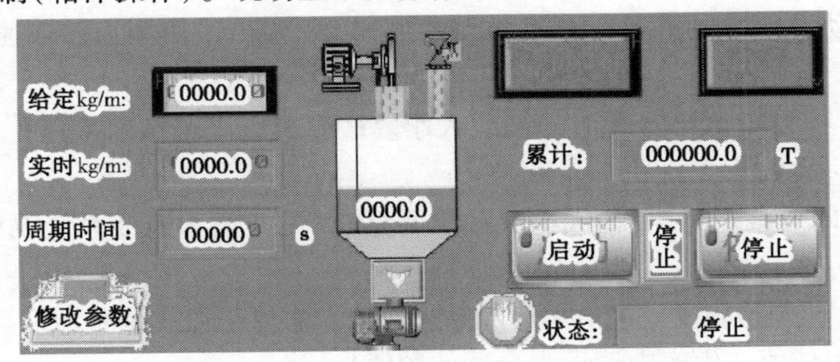

图 6-4　加料系统

上电显示主界面，主界面显示给定 kg、实时 kg、周期时间 s、累计 *T* 以及启动设备、停止设备，修改参数。

给定 kg/m：设定白土的下料量，kg/m，下料时电机会跟踪这个质量值调整电机转速。

实时 kg/m：显示白土的下料量，kg/m。

周期时间 s：显示从加料开始至下料结束的时间，s。此周期时间与系统控制无关，仅为显示系统加料下料时间警示作用，不作为控制关联参数。

累计 *T*：显示累计值。

计量仓显示数值为：计量仓中物料的质量，kg.

启动设备：启动运行，并且实时跟踪给定值。

停止设备：停止运行。

备用上料：打开备用上料电磁阀。

清产：清除累计量。

状态：显示各种状态。

修改参数：打开参数画面，修改各种参数。

（3）标称及修改系数。想修改参数，可进入“修改参数”页，见图 6-5。

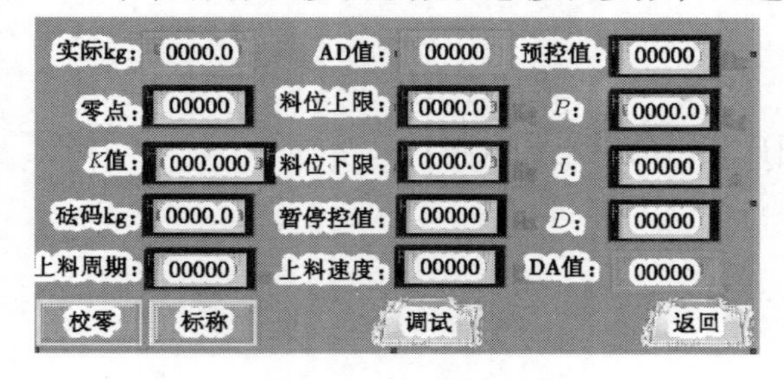

图 6-5　加料器参数

① 校正 K 值系数（标称）。

实际 kg：白土在计量仓内的实际质量值。

零点：即计量称上无料时的 AD 值，直接输入零点。

K 值：1kg 所对应的 AD 值，决定系统计量的准确性，可由标称取得，也可以直接输入合适的值。

砝码 kg：标称时在计量仓中放置的砝码质量。

AD 值：称的质量模拟量。

② 控制上料。

料位上限：称体运行时的最高称量值。超过此数值即开始下料。

料位下限：称体运行时的最低称量值。低于此数值即停止下料，开始上料。

暂停控值：称体上料过程中下料电机运行的频率数值。在此过程中不计算累计值。

上料速度：上料的运行频率。

③ PID。

预控值：启动设备时电机运行频率，设定值为 0～50Hz，作用为：快速达到运行速度，减少调整时间。

P：偏差值，即设定值与实时值的偏差大小。P 值大造成跟踪效果差，P 值小造成系统震荡、调整频繁，大约为 2。

I：时间值，即调整时间。I 值大造成系统调整滞后，I 值小造成系统调整频繁。大约为 4～8 之间为好。

D：幅度值，即调整幅度。D 值大造成系统震荡，D 值小造成调整滞后。一般为 4～8 之间为好。此数值为估值，生产中请设为合适的数值！

④ 标称方法。按以下步骤依次完成：

（a）校零。在安装完成，模拟量达到要求后（必须是空仓状态），可进行手动输入零点值。也可按“校零”。

（b）注意。校零前请先观察计量仓的四周有无硬连接料罐，如有，请先处理。

（c）校正 K 值方法（标称）：就是求转换系数 K，使控制器显示的数据与实际的下料量相符，K 值是影响计量精度的因素之一。标定后，除非维护称体、更换传感器或计量不准，否则 K 值不允许改动。

（d）将已知质量的砝码放置到计量仓上，并输入砝码质量。按“校正 K 值系数”键，自动计算 K 值。多次称量以修正 K 值系数。允许手动输入合适的数值。

注意：校零、标称时严禁触摸称体。

⑤ 调试。调试见图 6-6。

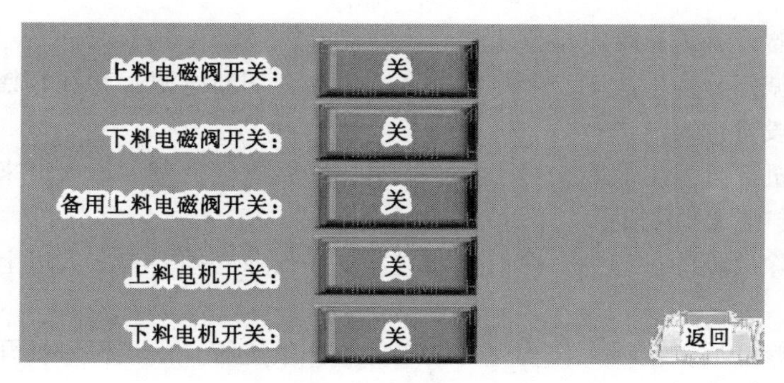

图 6-6 白土调试画面

上料电磁阀：按动箱体上的↑+、↓-，开关电磁阀。

备用上料电磁阀：按动箱体上的↑+、↓-，开关电磁阀。

上料电机：按动箱体上的↑+、↓-，开关电机。

下料电机：按动箱体上的↑+、↓-，开关电机。

按“上料电机”“下料电机”，启停电机，按照“预控值”运行。

右下角“返回”键可以停止所有的电磁阀、电机运行。

注意：生产情况下禁止打开“调试”画面！

箱体按键操作说明：

按钮急停：停止柜内总电源。

启动：启动柜内总电源。

设置：翻看设置画面。

修改：查找要修改的参数。

加↑+：参数加 1 或者开关置位。

减↓-：参数减 1 或者开关复位。

附：白土加料器安全操作

（1）内操通过 DCS 上状态显示，发现上料故障时，联系班长外操现场检查。

判断方法：屏幕上有上料箭头指示，并配合有数字显示，5s 以后为下加料器卸料周期，这时下加料器变频器应有数字显示（0～50Hz），屏幕上有下料箭头指示，并配合有数字显示。

故障及处理：若变频器上无数字显示，而是显示 err，则说明变频发生故障，需立即按下变频控制器上的红色按钮，使电机恢复工作。若还是无数字显示，则按下箱体红色“停止”按钮，填好停电通知单，由电工关闭电源，操作工收到联系单后（白色）对机械部分进行判断；通过盘车判断叶轮转动是否灵活，若卡死则通知设备员联系修理。电机部分：请电工检查马达情况。若以上检查均没有发现问题，则请仪表保养工检查变频器与放大器情况。检修结束后操作工填好送电通知单和联系单一起交给电工送电，并开始正常操作。

（2）操作人员在巡检时应注意白土加料器的运转状况：

① 判断方法及处理。检查电机的皮带轮和皮带是否松弛打滑，发现打滑应立即通知班长停机更新皮带；检查电机运转声音是否异常，若有异常应通知班长停止加料器工作，联系电修组检查；检查上加料器是否正常下料，否则：① 用木榔头敲击容-3 尖底和计量仓，防止白土“架桥”；② 若上述办法无效，则通知班长依照① 的判断处理方法处理。

② 白土加料器安全操作制度规定。当白土加料器发生故障时，在没有切断电源的情况

下，严禁对加料器设备进行带电检修工作。

当加料器机械部分发生故障，要将空气开关关掉，切断电源，并挂好禁止牌，此操作过程应在白天由工段管理人员进行。

如加料器电机部分发生故障，当班操作人员应联系电气保养值班人员来切断电源，按厂里有关“拉电、送电”程序办理。

在抢修和排除故障的过程中，在白土加料器现场作业必须要有2人以上相互照应，注意安全。

加料器设备修好后，按原工作程序将电送上收回禁止牌，由当班班长开启电机开关，并到现场检查加料器运转是否正常。

确认白土加料器运转正常后，检修人员方能离开现场。

2）混合温度的控制

白土和油接触精制的温度，对白土补充精制效果影响很大。为了达到精制的目的，就要使原料油中的胶质等有害组分尽快被吸附在白土活性表面上，吸附速度与所精制原料油的黏度有关。原料油黏度越大，吸附速度就越慢。而基础油与白土混合物加热温度越高，基础油的黏度就越低，流动性就越好，分子运动速度就越快，从而增加了与白土表面的接触机会，白土吸附非理想组分的速度就越快，精制效果就好。但因白土具有一定的表面酸性，在高温下对油的裂解有催化作用，因此精制温度的选择应以不发生或尽量少发生油的裂解为原则。在实际操作中，当油与白土混合物加热到高于油品闪点20℃时，白土的吸附能力达到最高，但此时也接近油的分解温度。一般精制温度宜选在160～230℃之间，轻质油精制温度低，重质油精制温度高。另外，当温度过高时，因白土孔隙中含有空气，白土以及油品中的残余溶剂等都是氧化剂或氧化催化剂，油品易被氧化分解。因此，油品精制应有一个限定的温度。

由于白土夹带空气，原料油与白土初始混合时也接触空气，为了防止油品发生氧化反应（尤其在白土作用下），一般在接触加热前要控制初始混合温度在80℃以下。

精制温度和白土用量两者的作用可相互补偿，为达到同样的精制效果，提高精制温度，白土用量就可以减少。白土混合温度可以通过调节进罐前的换热器或热供料下上游装置成品的温度来加以控制。

3）混合罐的操作

混合罐为白土与原料油充分混合的场所，混合罐液位的控制及搅拌机的使用都会直接影响到精制过程。首先如果混合罐液位太低，混合不均匀，白土不能与油形成糊状物，白土就会迅速沉在混合罐底不参加吸附油中杂质，使加入的有效白土量相对减少，油品达不到预定的精制深度。而且进炉泵在低液位时也容易抽空，影响装置平稳生产。反之如果混合罐液位太高，则油品的停留时间明显增加，易造成冒罐。因此混合罐液位控制在30%～70%的范围内比较合适。其次要保持搅拌机正常运转，保证白土不沉积罐底和白土在油中呈悬浮状态，使油品达到预定的精制效果。

3. 进料加热

1）白土加热炉的特点

白土加热炉作为加热油品的设备，由于被加热的物料含有固体颗粒（白土），因此白土加热炉与其他装置的加热炉相比较有自己的特点。主要是为避免白土堵塞炉管而采用螺旋形炉管，加热炉内是从加热炉上部进料，从加热炉辐射室下部出料。

2）加热炉的正常操作与管理

（1）加热炉燃烧应做到火焰比例适当、火焰硬直、炉膛明亮、燃烧完全、不冒黑烟。长明灯必须处于正常燃烧状态。

（2）保持炉膛温度均匀。

（3）注意检查和观察燃料油、瓦斯压控调节阀和炉出口温控调节阀的变化，保证使其灵活好用。

（4）经常注意瓦斯压力的变化情况，及时调节以保证炉出口温度的稳定。

（5）经常检查火嘴及长明灯有无结焦堵塞，以便及时发现处理，保证火嘴及长明灯好用。

（6）经常注意炉内燃烧情况及炉管、弯头、管吊架有无局部过热的现象。

（7）经常注意炉子周围有无瓦斯臭味，若有应及时查明原因并做处理。

（8）正常生产应做到燃烧完全，炉膛明亮而干净，烟囱不冒黑烟，烧油时火焰为淡黄色或黄色，烧瓦斯时火焰为淡蓝色。

（9）烧油时火焰的调节方法：

① 在油、气联合燃烧器中，油和瓦斯是燃料，由风门吸入助燃空气，由汽门调节雾化蒸汽量，燃烧的好坏是由以上 3 种因素决定的。调节得当，燃烧良好，炉子热效率高。

② 雾化蒸汽量太小，使雾化不好，燃烧不完全，火焰尖端发软，烟囱冒黑烟；雾化蒸汽量太大，火焰发白，浪费燃料油和蒸汽。雾化蒸汽带水时会使火焰冒火星，甚至熄火。

③ 空气量不足时，火焰显暗红色，炉膛发暗；空气量过大时，火焰发白。

④ 调节各火嘴火焰使其大小、长短均匀，互不干扰，不扑炉管。

⑤ 火焰显暗红，燃烧不完全，是由于空气量不足或雾化蒸汽太小，应适当开大风门、烟道挡板或调节油汽比。火焰短或缩火，是油少汽多的原故，应减少雾化蒸汽量。

⑥ 炉子突然熄火，是由燃料或雾化蒸汽中断或过大造成的，应检查并进行对症处理。火焰带火星是油或蒸汽带水及瓦斯带液所造成，应加强脱水、切液。

（三）白土活性度、水分、颗粒度对产品质量、收率的影响

白土有两种，即天然白土和活性白土，由于活性白土的脱色能力强，因而在工业上被广泛采用，白土精制装置使用活性白土做吸附剂来进行生产。

活性白土是一种硅铝酸盐化合物，主要成分为 Al_2O_3、SiO_2，其余为铁、钙、镁的化合物。活性白土是天然白土经粉碎、硫酸活化、水洗、干燥、磨细而制得。

活性白土的主要指标是脱色率、活性度、水分和颗粒度。活性度是判断白土对极性化合物吸附能力的一项重要指标。活性度越大，吸附能力越强。吸附能力越强，对油品的脱色能力也越好。白土的脱色能力是由于白土的每个细小颗粒，都有很多极小的不规则的孔隙，形成很大的内表面(1g 白土的表面积达 450m^2之多)。高度的孔隙性，使白土的微小颗粒能将极性物质首先吸附在小孔的表面上而达到精制油品的目的。白土吸附能力大小，不仅与其表面和孔隙是否洁净和堵塞有关，而且与其化学组成和颗粒大小有关，甚至水分的多少也会影响白土的活性。

白土的水分也会影响它的吸附性能，过度干燥的白土吸附能力很低，甚至会完全丧失活性，含水 8%~10%的白土吸附性能较好。因为在高温接触过程中水分蒸发，白土孔隙中不再含水即具有独特的吸附性能。除此以外，所生成的水蒸气，使润滑油和白土的搅拌加强，从而增强白土和油的接触机会，使白土得到充分利用。白土含水过多造成白土储运和输送困

难，甚至在接触精制过程中，白土沉降造成容器底部、炉管堵塞。一般情况下使用的白土水分控制在不大于10%。颗粒度表示白土破碎程度，以通过75μm筛网百分数表示，目前所采用的白土颗粒度>93%。当磨细程度不够时，1g白土所含表面积减少，吸附能力降低，当磨得过细时，白土与油呈糊状，造成过滤困难，同时废白土中含油量增加，影响产品收率。

（四）产品质量、收率与白土加入比的关系

白土用量是影响精制油质量的主要因素。原料油和白土性质确定以后，白土用量越大，精制油质量越好。但是油品质量的提高和白土用量并不一直成正比。当白土用量提高到一定程度后，油品质量的提高就不显著了。因此，在保证精制深度的前提下，白土用量要尽量少。白土用量过多，既浪费白土，增加消耗费用，降低基础油收率，又会因精制过度而把天然的抗氧化组分除掉，反而使油品的抗氧化安定性降低。另外，白土用量过多还会给操作带来不利影响：使过滤机负荷加大，降低过滤机的过滤速度；增加循环泵的磨损；还会在加热炉管内沉降，堵塞管线，严重时炉管局部过热，使油品发生裂化分解结焦；同时，随着白土用量的增加，废白土损失的油量就增加，精制油的收率降低。

二、进料混合物汽提

工艺流程：蒸发塔采用汽提操作，塔内保持一定液面高度，使油与白土能保持一定的接触时间，油中水分、轻组分等由塔顶蒸出，经冷凝冷却后进入油水分离罐，切掉水分后轻组分流入容器，定期送出装置。为了提高油品闪点，向蒸发塔底吹入1.0MPa蒸汽，吹汽量占进料量的1% ~3%。白土油浆在蒸发塔底停留时间保持在20 ~30min，使油与白土充分接触后再由塔底泵抽出，经冷却器冷却至100 ~140℃后，进入过滤系统。

三、板框过滤系统

（一）工艺过程

从蒸发塔塔底抽出的白土和油混合物，经冷却器冷却至100~140℃后，进入一级过滤机进行一次过滤，过滤掉油浆中的大部分白土。一级过滤大多采用自动板框过滤机。粗滤后的油浆进入中间罐，由泵抽送至二级过滤机进行二次过滤，过滤掉油中残留的白土或其他杂质，进入成品中间罐，再由泵抽出经冷却器冷却至50~60℃后送出装置。

（二）常用的板框过滤机

白土装置常用的板框过滤机有手动板框过滤机和自动板框过滤机。

1. 手动板框过滤机

板框过滤机是一种加压间歇操作的过滤设备，悬浮液用料泵输入过滤机每个滤室，在压力的作用下以过滤方式通过渣层及滤布进行各种悬浮液的固态和液态分离。

板框过滤机是一种常见的过滤机，其过滤推动力为外加压力。

2. 自动板框过滤机

全自动过滤机工作原理和板框过滤机是相似的，它们之间最大的区别是自动过滤机的滤板已将板框过滤机的板与框的功能有机地合并为一起，因而在结构上更为紧凑。目前，我国白土精制中用于分离滤渣的自动过滤机，以日本则武铁工所研制的NR型自动过滤机较为广泛，本节仅介绍这种机型。

全自动过滤机在基本结构上与板框过滤机有很大的区别，已完全取消了板框过滤机的手

动压紧操作。

(三) 白土渣含油率与清机时间的关系

(1) 白土渣含油率高的原因可能是由下面因素引起。

① 风扫时间短，风压小；

② 二次过滤压力大；

③ 滤机不满；

④ 滤机漏油或滤布坏；

⑤ 油品黏度大，白土加入量多。

(2) 当出现白土渣含油率高时可采取如下措施。

① 增加风压，延长风扫时间；

② 清扫二次滤机；

③ 降低装置处理量，延长过滤时间；

④ 提高清扫质量，更换滤布。

一般情况下，清机扫线的时间越长，白土渣中的含油率越低，但是从实际操作来看，采用0.6MPa左右压缩空气进行吹扫，板框清机时间超过5min，效果明显下降，超过10min，白土渣中的含油率几乎没有什么变化。当然，过滤后的废白土中的含油率还与滤布寿命、质量、白土的性质以及加工的油品有着一定的关系，而不能简单地一概而论。

(四) 进板框过滤机温度对滤纸、滤布使用效果寿命的影响

1. 滤布、滤纸的使用要求

1) 滤布的使用性能

滤布使用性能主要指透气性、强力、过滤阻力3项指标。这3项指标由滤布的纱线捻度、经纬密度、组织结构所决定。

(1) 透气性。

织物透气性是指空气透过织物的能力，通常用透气量来表示。透气量是指织物两面在规定的压差下，单位时间内流过单位面积织物的空气体积，其单位为$L/(m^2 \cdot s)$。气体通过织物有2条途径，一是织物经纬纱线间的交织孔隙，二是纤维间空隙，一般以交织孔隙为主要途径。

透气性是过滤布使用性能的重要指标，在过滤过程中，被过滤的流体通过滤布时其中的粒子被纤维材料捕集，并逐渐在滤布上形成一层粒子层，过滤作用由滤布和粒子层共同实现。在一定范围内，滤布的透气性越好，流过滤布的流速越大，被过滤的粒子越能充分地与过滤材料接触，过滤就越有效。

(2) 强力。

强力的大小对滤布来说很重要，不论是干式过滤还是湿式过滤，随着过滤的进行，滤布所捕集的颗粒层逐渐增厚，过滤阻力也逐渐增大，所以必须对滤布定期清洗。清洗需要在很高的压力下进行，滤布必须具有足够的强力，以免在高压下损坏，强力越高的过滤布使用寿命越长。

滤布的强力随织物经纬密度的增大而增大，随纱线捻度的增大而下降。在3种织物组织结构中，在其他条件相同的情况下，平纹组织强力最大，斜纹组织次之，方平组织最小。

(3) 过滤阻力。

过滤阻力的大小也是影响滤布性能的重要指标。过滤阻力是指在过滤过程中，滤液流过

过滤介质和滤饼的阻力之和。在悬浮体过滤的初始阶段，过滤阻力主要是由滤布造成的；当过滤进行到一定阶段后，滤布上积有一层滤饼。这时由滤布形成的过滤阻力所占比例一般较小，过滤阻力主要由滤饼形成，但滤布的过滤阻力对于过滤压力降和滤布使用寿命的影响不可忽略。滤布的过滤阻力越小越好。

滤布的过滤阻力随经纬密度的增大而增大，随纱线捻度的增大而减小，3 种组织结构的织物过滤阻力大小顺序为：

1/1 平纹组织>2/2 方平组织>2/2 斜纹组织

2）滤布的使用要求

在过滤过程中，滤布是通过扩散效应、惯性作用、截留作用、凝聚作用、静电作用、重力作用等综合作用来捕集颗粒的，并在滤布组织上附着成长。因而滤布的孔隙逐渐被堵塞，过滤阻力也逐渐增大。滤布的使用寿命会随着阻力的增大而折损。此外，随着过滤阻力的增大，动力消耗增加，必须清除滤渣，而清除滤渣的次数也会影响滤布的寿命，因此，过滤阻力不应过大。一段自动滤机一般使用滤布的材质是涤纶，涤纶线的静电指数比棉线的静电指数高。涤纶布使用温度不超过 150℃，超过 150℃强度则降低。

滤布质量的测试项目除了必须有一般机织物的织物幅宽、布重、经纬密度、抗拉强度、伸长等指标外，还应有工程所需要的水力学特征，如水的渗透度，抗老化、抗紫外线能力等指标。

在白土补充精制装置中，滤布的使用要求包括：① 透气率要大；② 平纹长纤维；③涤纶布；④耐热性能好，软化点不小于 235℃；⑤高温热定形。

滤布的保管要注意如下几个方面：① 不要放在日光直射下保管；② 不要放在温度过高或过低的地方；③不要放在潮湿和有水的地方；④不要用硬物碰击滤布。

2. 滤纸的使用要求

滤纸质量指标主要包括滤纸厚度、均匀程度、耐破度、过滤速度、耐温性及外部尺寸等。在白土补充精制中，要求滤纸质量指标为：滤纸重度 270g/m^2，水分≤7%，耐破度≥0. 18MPa，透气度为 3510~6000mL/min，耐温性≥160℃。

在生产过程中，白土补充精制滤机对滤纸的使用要求包括：① 过滤速度快；② 含灰量小；③机械杂质含量小；④吸水量小；⑤表面要光洁。

3. 进板框过滤机温度对滤纸、滤布使用效果寿命的影响

过滤时要适当控制温度，若过滤温度过高，会缩短滤布、滤纸的使用寿命；若过滤温度过低，会使过滤速度变慢，滤布孔堵塞，造成过滤困难，影响装置处理量。根据各厂实际加工情况不同，一般控制在 90~130℃。

四、废白土渣的卸渣操作

（一）板框过滤机清机操作

（1）清机前先要进行板框扫线，关死板框进料阀和板框出口阀，打开板框循环阀，再打开风扫线阀进行板框扫线，大约吹扫 5min 后关死风扫线阀。

（2）再次顶紧头板，松开锁紧螺母，然后停油泵。

（3）全开低压阀，关死高压阀，启动柱塞泵松开板框，在液压丝杆即将退净前，即停油泵。

（4）清机时需要 2 个人分列板框两边，配合将板框逐块移开，借助框与板在下边轻轻碰撞，将滤饼料落下去，然后用铲子铲干净黏附在滤纸及框周围咬合部的白土渣。

(5) 白土渣清扫干净后，检查滤布及滤纸是否存在破裂歪斜或折叠等情况，以防压紧损坏板框及泄漏等。

(二) 过滤机下悬空渣斗及电动颚式闸门操作

(1) 渣斗使用前先检查电动颚式推衬是否灵活好用，电动按钮接触是否良好。

(2) 滤机正式投用后，规定每天早晚各卸渣1次，卸渣时卡车停在渣斗下面，手按开关箱"后退"按钮，颚式闸门即向开的方向动作，当颚式闸门完全开足时，接触按钮的手放开。此时大部分渣可自动卸入车内。

(3) 再按一下吹扫按钮，吹扫风的扰动可将附着渣斗内壁的残渣全部扫入卡车。

(4) 再按"前进"按钮，颚式闸门又向关的方向动作，直至完全关死时，接触按钮的手才放开。

(5) 如颚式闸门在工作中被硬物卡死，超载保护行程开头即动作，电源自动切断。此时操作必须反向启动，然后再排除故障。

(6) 检修电动推杆，应先将开关箱内保险丝取出，以防止意外发生。

(7) 自动滤机清渣时不允许将换下来的旧滤布往渣斗内扔，以免将活动闸门卡死或吊挂在跨裆内，影响渣斗的正常卸渣。

(三) 卸渣操作以及注意事项

1. 白土精制装置卸渣规定

(1) 严格控制好卸渣车辆的吨位，一般不得小于5t。

(2) 卸渣时，车斗必须完全停靠在渣斗下面才能放渣。

(3) 每车装渣不得超过2斗。

2. 操作中注意事项

(1) 开、关闸门时，手接触按钮的时间应视闸门的开度而定。不能开、关过头，以防造成超限停电或其他电气和机械发生故障。

(2) 渣斗风吹扫时，内、外分开吹，使风量集中，效果可更好。当电磁阀发生故障时，可改用手阀操作。当风吹扫压低至0.3MPa时，停止吹扫，待风压上来后再吹。

(3) 相对运动的零件，如齿轮、轴承、道轨等处必须保持良好的润滑。

(4) 经常检查各连接零件，如推杆挂耳处螺丝等有无松动，应随时予以紧固。

(5) 保持推杆、渣斗部件的清洁卫生。

第五节　主要设备与操作

一、蒸发塔

蒸发塔操作的好坏会直接影响产品的质量(如比色、抗氧化安定性、水分、透明度等)，是白土补充精制装置操作的关键环节之一，因此必须控制好蒸发塔的液位、汽提量。

(一) 液位的控制原则

蒸发塔液位的高低对白土补充精制的接触时间、汽提效果有重要影响。因此蒸发塔液位控制在30%~70%的范围内比较合适。蒸发塔液位高虽可增加接触时间，提高白土的吸附效果，但由于油品蒸发空间少，油品中的非理想组分水分、溶剂、轻质馏分不能充分蒸发，影响产品的破乳化度、透明度、抗氧化安定性。同时也容易造成淹塔及抽真空系统带液，危害到装置安全生产；反之，如果液位过低，则接触时间不足，油品得不到充分的精制，引起产品质量波动。同时汽提蒸汽可能直接吹到塔顶，造成真空系统波动及冷却器用水量急剧增加。

（二）影响蒸发塔液位的因素

（1）蒸发塔进料量；

（2）蒸发塔出料量；

（3）蒸发塔的进料温度；

（4）汽提蒸汽量及温度；

（5）塔内部构件情况；

（6）仪表情况。

（三）液位调节方法

（1）用蒸发塔液位自动控制系统来调节蒸发塔液位；

（2）控制平稳油品进炉、塔量及炉出口温度；

（3）加强检查，一旦发现塔进出口管线堵塞或泵抽空要及时处理；

（4）判断塔内部构件是否脱落，视具体情况进一步处理；

（5）仪表失灵要改用副线手动控制，并联系仪表处理。

（四）蒸发塔汽提蒸汽量的控制

蒸发塔汽提蒸汽量的大小直接影响到产品的水分、透明度、闪点等指标。汽提蒸汽量太小，水分、溶剂、轻质馏分不能充分蒸发，导致产品的水分、透明度、闪点等指标不合格，而汽提蒸汽量太大，塔内气速大，塔顶馏出物含油量增加，增加了蒸汽用量及冷却水用量。因此必须调节汽提蒸汽量在合适的范围，一般来说，汽提蒸汽量根据原料性质不同控制在塔进料量的1%~3%。此外如果蒸发塔是采用抽真空操作，则汽提蒸汽量可减少或停用汽提蒸汽。

二、加热炉

（一）白土加热炉的特点

白土加热炉由于加热的介质中含有固体颗粒，较其他装置的加热炉有自己的特点，一般情况下采用盘管式圆筒炉，而一些老装置则采用列管卧式方箱炉，其炉管采用的是横向排列，从靠近烟囱一侧的对流式进料，由下至上到达辐射室后从上部流出。盘管式圆筒炉则是从上部对流室进料，下部辐射式出料。不论哪种加热炉，加热炉的开、停炉操作基本相同。

（二）加热炉的开、停炉操作

1. 开工点火前的准备工作

（1）炉子检修完毕，将炉周围及炉内（炉膛、对流室、烟道等处）杂物、垃圾清除干净，清除后上好人孔，放下防爆门。

（2）检查炉内砖墙是否完好，防爆门、看火窗、人孔门、回弯头箱门、烟道挡板等是否灵活，处于正常状态。烟道挡板开度与调节器输出是否一致。

（3）对炉管进行试压，用1MPa蒸汽试压，保持15min不漏为止。

（4）检查炉子全部消防蒸汽是否畅通好用。

（5）燃料系统管线用蒸汽贯通，并用1MPa(表压)蒸汽试压15min不漏，然后泄压。引蒸汽后，检查各火嘴是否畅通，各阀门、法兰有无泄漏，阀门开关是否灵活。

（6）对燃料油泵进行检查，盘车试运。

（7）检查有关仪表是否好用，温度计、压力表是否齐全。

（8）检查火嘴是否畅通，风门是否灵活。

（9）收好燃料油或瓦斯，燃料油加温到80～95℃，脱净水，瓦斯脱净水，点火前2h启动燃料油泵打循环。

（10）启动燃料油泵，进行燃料油循环，并联系仪表工用上燃料油压控，控制好压力。

（11）准备好点火棒、火柴、火嘴等点火工具。

（12）对本岗位的所属消防器材进行全面检查。

2. 点火操作

（1）打开加热炉风门及2/3烟道挡板。

（2）炉子过热蒸汽管道通入蒸汽，出口放空。

（3）按开工要求准备点火，先用蒸汽吹扫炉膛10～15min，赶走炉内可能存在的燃料，直至烟囱冒白烟后停蒸汽。

（4）在单独使用瓦斯的情况下，点火时将长明灯抽出，点燃并插入火嘴固定好，确认长明灯稳定后，缓慢打开瓦斯进口阀，点燃瓦斯火嘴。

（5）在单独使用燃料油的情况下，点火时将长明灯抽出，点燃并插入火嘴固定好，确认长明灯稳定后，先开蒸汽阀门再打开油门，点着火后，调节燃料油与蒸汽混合比例，使炉膛保持明亮、不冒烟、火烟呈黄白色。若蒸汽量少时，雾化不好，燃烧不完全，火焰长而软，烟囱冒黑烟；蒸汽量多时，火焰发白、火苗挺拔而发出较大的声音，但蒸汽量过多时，会造成突然缩火(火熄灭)，因此点火后人不能马上离开，要观察一段时间，以免缩火后炉膛内喷入大量燃料油。

（6）调节烟道挡板和各火嘴风门至合适。烟道挡板、风门开度过小会使入炉空气量减少造成燃料燃烧不完全，烟囱冒烟，浪费燃料；烟道挡板、风门开度过大入炉空气量就过多，被烟气带走的热量也增多，同样会浪费燃料。

（7）火焰不得直扑炉墙，应采取多火嘴、短火焰、齐火苗的操作方法，使炉膛受热均匀。

（8）在升温过程中，要使火焰分布均匀，以防止局部过热损坏炉管或炉膛衬里。

（9）按恒温脱水要求严格控制好炉出口温度；根据开工过程需要，将炉出口温度控制在工艺指标范围内。

3. 开炉点火注意事项

（1）点火时要注意长明灯(火焰)是否被风或雾化蒸汽吹灭，如火苗被吹灭，应立即关闭油或瓦斯手阀，用蒸汽吹扫炉膛10～15min后方可按点火步骤重新点火。

（2）点火时操作人员应离开炉底，避免回火烧伤人。观察点火情况时，身体要侧于看火孔旁边，勿面对看火孔，以防止回火时烧伤人。

（3）初点火时，要严守岗位，以免熄火引起跑油或瓦斯造成炉膛爆炸。

（4）在升温过程中，要严格按照工艺要求控制好升温速度。

（5）在升温过程中，要注意检查回弯头、连接管等处是否有渗漏、冒烟等现象。

4. 停炉操作

（1）当装置停止进料后，要根据循环的要求逐渐熄灭火嘴，缓慢降温，同时保持油品到过滤机温度在工艺控制指标内，以确保循环系统的正常过滤。

（2）接熄火通知后，炉膛缓慢降温。当炉膛温度降至350℃时，可全部关闭瓦斯和燃料油阀门，加热炉熄火。开大烟道挡板及风门，用蒸汽吹扫油嘴5~15min。

（3）按停工方案吹扫燃料油及瓦斯管线，并记录好吹扫时间。

（4）燃料油系统或瓦斯系统吹扫干净后，停止燃料系统给汽，关闭有关阀门。

（5）当炉膛温度降至250℃以下时，加热炉改为自然通风降温。

（三）加热炉的正常操作与管理

（1）加热炉燃烧应做到火焰比例适当、火焰硬直、炉膛明亮、燃烧完全、不冒黑烟。长明灯必须处于正常燃烧状态。

（2）保持炉膛温度均匀。

（3）注意检查和观察燃料油、瓦斯压控调节阀和炉出口温控调节阀的变化情况，保证使其灵活好用。

（4）经常注意瓦斯压力的变化情况，及时调节以保证炉出口温度的稳定。

（5）经常检查火嘴及长明灯有无结焦堵塞，以便及时发现处理，保证火嘴及长明灯好用。

（6）经常注意炉内燃烧情况及炉管、弯头、管吊架有无局部过热的现象。

（7）经常注意炉子周围有无瓦斯臭味，若有应及时查明原因并做处理。

（8）正常生产应做到燃烧完全，炉膛明亮而干净，烟囱不冒黑烟，烧油时火焰为淡黄色或黄色，烧瓦斯时火焰为淡蓝色。

（9）烧油时火焰的调节方法：

① 在油、气联合燃烧器中，油和瓦斯是燃料，由风门吸入助燃空气，由汽门调节雾化蒸汽量，燃烧的好坏是由以上3种因素决定的。调节得当，燃烧良好，炉子热效率高。

② 雾化蒸汽量太小，雾化不好，燃烧不完全，火焰尖端发软，烟囱冒黑烟；雾化蒸汽量太大，火焰发白，浪费燃料油和蒸汽；雾化蒸汽带水时会使火焰冒火星，甚至熄火。

③ 空气量不足时，火焰显暗红色，炉膛发暗，空气量过大时，火焰发白。

④ 调节各火嘴火焰使其大小、长短均匀，互不干扰，不扑炉管。

⑤火焰显暗红色，燃烧不完全，是空气量不足或雾化蒸汽太小造成的，应适当开大风门、烟道挡板或调节油汽比。火焰短或缩火，是油少汽多的原故，应减少雾化蒸汽量。

⑥ 炉子突然熄火，是由燃料或雾化蒸汽中断或过大造成的，应检查并进行对症处理。火焰带火星是油或蒸汽带水及瓦斯带液所造成，应加强脱水、切液。

（四）加热炉燃料的切换(燃料气、燃料油)

1. 瓦斯火嘴切换油火嘴

（1）燃料油罐做好加温、脱水等工作。

（2）准备好点火用具。

（3）燃料油系统用蒸汽扫线(扫至每只火嘴出口处)。

（4）熄灭一个瓦斯火嘴，将其调换为油火嘴，并用雾化蒸汽吹扫畅通。

（5）停扫线后，启动燃料油泵，进行燃料油循环，控制好压力。

（6）按点火步骤将油火嘴点燃，并调节正常。

（7）将另外瓦斯火嘴也调换为油火嘴，视炉出口温度情况增加点火嘴。

（8）如瓦斯系统需要长期停用或检修，则在点燃油火嘴后，瓦斯系统按停工方案处理。

2. 燃料油火嘴切换瓦斯火嘴

（1）将瓦斯引至火嘴阀前。

（2）熄灭一个燃料油火嘴，将其调换为瓦斯火嘴（调换之前用雾化蒸汽将火嘴扫净）。

（3）按瓦斯步骤点火将瓦斯火点燃，并调节正常。

（4）将另外燃料油火嘴也调换瓦斯火嘴，并视炉出口温度情况增加点瓦斯火嘴。

（5）燃料油系统停用时，对整个系统进行全部扫线。

（五）燃料气罐使用操作及注意事项

1. 燃料气罐使用操作

（1）瓦斯脱水罐必须与加热器同时投用，保证瓦斯脱水罐处于被加热状态。

（2）严格执行巡回检查制度，经常检查瓦斯脱水罐存液情况，存液量较多时，先适当提高脱水罐的温度（以≤60℃为宜）后，再进行脱水，排放时严格遵守瓦斯脱水的有关规定，同时瓦斯脱水前必须先落实安全措施：切液时要使用防爆工具，严禁带手机进入作业现场；禁止用铁器敲打、撞击作业范围内的物体；戴好防毒面具；人必须站在上风口；要有专人在现场监护。脱水时，见液即止。瓦斯脱水后，必须关好脱水阀门，防止瓦斯泄漏。

（3）检查时如果发现瓦斯严重带液应立即报告调度及车间。瓦斯少量带液时通过打开瓦斯罐加热盘管适量加温使油汽化燃烧，大量带液时加热炉改烧燃料油停烧瓦斯。当班操作工要及时向车间及公司生产调度汇报，以便联系有关单位处理。

（4）瓦斯脱水管线不准随意拆除，不准随地排放。

（5）瓦斯脱水罐停用时，要先切断进罐的瓦斯，罐内继续加温，让罐内瓦斯和液态烃汽化排到炉中燃烧并确认完全燃烧后，才能关闭加热装置。吹扫瓦斯罐前，罐内废液必须排放干净，避免污染环境。吹扫瓦斯罐时，注意控制好蒸汽量。

（6）必须关闭了加热蒸汽阀且待瓦斯罐冷却后才能关闭瓦斯罐出口阀，严禁未关闭加热蒸汽阀时关闭瓦斯罐出口阀，防止瓦斯罐憋压爆炸。

2. 注意事项

（1）正常运行中，要注意检查瓦斯压力是否在规定范围内，发现异常，要及时调节，调节无效时要联系管网并报告；

（2）要注意检查各焊口、法兰等部位是否泄漏，有问题报告；

（3）检查液位计是否有液位显示，发现瓦斯带液要及时切液。

（六）燃料油罐使用操作

（1）当在用燃料油罐的油位到1.0m时，就必须做好备用燃料油罐的加温脱水工作。备用燃料油罐的加温温度控制≤95℃。备用燃料油罐脱水时，脱水阀由小慢慢开大，但也不能开得过大；脱水时人不得离开，脱出的水不能带油，防止堵塞含油污水管线。

（2）当在用燃料油罐的油位到0.8m时，就要切换燃料油罐。在切换罐时要保证备用罐的温度在80~95℃。切换时，缓慢打开备用罐的出口阀，当确认备用罐底出口管至燃料油泵进口管线改畅通及燃料油泵上量正常后，再缓慢关闭原罐的底出口阀。切换期间要密切留意燃料油泵出口压力、流量的变化情况，一旦出现波动，要立即中止切换燃料油罐的操作。切换罐后，要将在用燃料油罐的回流阀、进罐阀缓慢打开，确认畅通后，把空罐的回流阀、进罐阀缓慢关闭。

(3) 燃料油罐切换平稳，空罐要准备收燃料油。当班人员首先联系调度，听调度指令收油。接到调度指令后，联系好供油单位，改好相关流程，做好供油前的准备工作。

(4) 操作人员负责改好收油流程，将指定的燃料油收油总阀、空罐的收油阀、空罐的进口阀打开(其他阀门全部关闭)，检查收油流程正确后通知供油单位对燃料油线进行扫线至空罐。扫线时，待空罐呼吸阀见蒸汽后10min，即表明管线已扫通，可通知供油单位停止扫线，开始供油。在扫线过程中应注意检查管线有无泄漏。

(5) 在收油期间要加强联系及检查，掌握收油罐的进油动态，做到心中有数。发现异常情况要及时与调度及有关人员联系。当收油罐进油到安全高度前0.5m时，联系供油单位停止送油并对收燃料油管线进行扫线。扫线见蒸汽后10min时，联系供油单位停止吹扫。

(6) 待燃料油罐收油完毕，应对罐进行检尺计量，并填写好有关的记录。

三、水环式真空泵

(一) 水环真空泵的工作原理

水环真空泵(简称水环泵)是一种粗真空泵。在泵体中装有适量的水作为工作液。当叶轮按顺时针方向旋转时，水被叶轮抛向四周，由于离心力的作用，水形成了一个决定于泵腔形状的近似于等厚度的封闭圆环。水环的下部分内表面恰好与叶轮轮毂相切，水环的上部内表面刚好与叶片顶端接触(实际上叶片在水环内有一定的插入深度)。此时叶轮轮毂与水环之间形成一个月牙形空间，而这一空间又被叶轮分成和叶片数目相等的若干个小腔。如果以叶轮的下部0°为起点，那么叶轮在旋转前180°时小腔的容积由小变大，且与端面上的吸气口相通，此时气体被吸入，当吸气终了时小腔则与吸气口隔绝；当叶轮继续旋转时，小腔由大变小，使气体被压缩；当小腔与排气口相通时，气体便被排出泵外。综上所述，水环泵是靠泵腔容积的变化来实现吸气、压缩和排气的，因此它属于变容式真空泵。

(二) 水环真空泵的开启

(1) 启动泵前，检查各零件是否完整无损，地角螺栓是否紧固，出入口管线、阀门是否完好，并打开真空表阀，各轴承加足润滑油；

(2) 盘车2~3圈，检查盘根松紧程度，背靠轮是否完好，泵缸内是否有杂音，安全罩是否固定好，水线是否畅通；

(3) 关闭进汽管上的阀，再关闭排汽管上的阀，并用手盘车应无障碍后向气水分离器内注水；

(4) 全开气水分离器向泵内供水的阀。当气水分离器的溢流管向外流水时开动电机；

(5) 先打开进气管上的阀，再打开排汽管上的阀；

(6) 根据工艺要求，调节泵自身的真空度调节钮，调节到所需压力。

(三) 水环真空泵的正常维护

(1) 检查电机温度是否正常，轴承温度不应超过70℃，每3个月更换一次钙基润滑脂；

(2) 调节气水分离器向泵内供水的阀，以保持规定的液位；

(3) 调节冷却水量为适宜。

(四) 水环真空泵停泵步骤

(1) 关闭进汽管上的阀，再关闭排汽管上的阀；

(2) 关闭电动机，停止向气水分离器内注水。当气水分离器溢流管不向外流水时，关闭向泵内注水的阀；

（3）如果停车的时间很长，必须拧开泵体及气水分离器上的丝堵放掉水。

（五）水环真空泵切换

（1）将备用泵按开泵步骤启动；

（2）备用泵运转正常后，停止运转泵。

四、板框过滤机

（一）自动板框过滤机

1. 开机前准备

1）液压系统

（1）向各加油点加好机油（或润滑脂）

（2）油箱内加好 N46 抗磨液压油，液面在油标的 2/3 处。油泵第 1 次加油时，打开油泵出口及由缸头压力表赶空气，来回需要 2~3 次。

2）自动滤机

（1）打开动力风及仪表风线阀门。

（2）控制箱给上电源。

（3）向链条、棘轮、齿轮等传动部件加好机油，润滑使用正常的飞溅润滑法。在某种情况下，齿轮箱要对十分缺油的位置上的轴承进行强制润滑。

（4）先将自动滤机进料泵启动进行副线循环，在进料温度达到指标并正式开机时停止副线循环，以后改自由动程序控制（注意：在改自动之前，先检查滤机处于什么程序，如处于操作程序中间状态，则要改为手动后，先按手动操作完成整个循环，然后才可改为自动操作）。

2. 自动滤机启动步骤

（1）手动操作步骤及滤机工作程序见表 6-4。

表 6-4　手动操作步骤及滤机工作程序

序号	操作		显示		作用	备注
	开	关	灯亮	灯熄		
1	28 号		29 号		表示系统有电	
2	34 号拨至“手”				手动起作用	
3	69 号拨至“1”		67 号		集油盘移至中间	
4	69 号拨至“C”		55 号		启动油泵，顶紧滤板，压力达 30MPa 后停泵	
5	7 号		1 号、14 号	2 号、15 号	打开滤机进出口阀，开始过滤	
	18 号、25 号、26 号		19 号、21 号	20 号、22 号		
	27 号		23 号	24 号		
6				53 号	滤液开始排出	
7			52 号、53 号		进料压力高及排出液位达定值	事先给定值
8		7 号	2 号	1 号	关闭进料阀	
9	8 号		3 号	4 号	滤机进料口泄压	5s

续表

序号	操　作		显　示		作　用	备　注
	开	关	灯亮	灯熄		
10	9号-2号	8号-2号	4号、5号	3号、6号	① 停泄压；② 正吹	5min
11	17号-2号	9号、18号	6号、15号	5号、14号	① 正吹结束；② 左反吹	5min
		25号、27号-1号	20号、24号	19号、23号		
			12号	13号		
12	27号-2号、16号	26号、17号-1号	22号、13号	21号、12号	① 左反吹结束；② 右反吹	5min
			23号、10号	24号、11号		
13	69号-2号拨至“0”	27号、17号-1号	24号、11号	23号、10号	① 右反吹结束；② 集油盘移至旁边	
			66号	67号		
14	将60号拨至“0”		56号	55号	液压系统泄压，启动油泵将头板移开	油压至4MPa
15	手按62号按钮		57号、58号两灯交叉亮和熄		卡爪来回拉板清渣	

注：① 操作编号带有-1或-2的，表示开关先后次序。

② 清渣结束后，继续手动操作，从序号3做起，要改自动操作，将井34号，开关拨至“自“位置，并按一下42号：“继续循环”按钮，操作即进入自动控制程序。

（2）自动操作步骤及过滤机工作程序见表6-5。

表6-5　自动操作步骤及过滤机工作程序

序号	操　作		显　示		作　用	备　注
	开	关	灯亮	灯熄		
1	28号		29号		表示系统有电	
2	将34号拨至“自”				自动起作用	
3	按42号拨钮		39号	40号	① 集油盘移至中间；② 油泵启动顶紧滤板，压力达30MPa后停泵	
4			30号		打开滤机进出口阀，开始过滤	
5				53号	滤液开始排出	
6			52号、53号	30号、53号	① 进料压力高及排出液位达定值；② 切断进料(关进料阀)	
7			31号		滤机进料口泄压	时间预定
8			32号-2号	31号-1号	① 停泄压；② 正吹	时间预定
9			33号-2号	32号-1号	① 停正吹；② 交叉反吹；③报警一长声	时间预定
10			66号	67号	集油盘移至旁边	

续表

序号	操作		显示		作用	备注
	开	关	灯亮	灯熄		
11			56 号	55 号	液压系统泄压，启动油泵将头板移开	泄压至 4MPa
12			57 号、58 号两灯交叉亮和熄		卡爪来回拉板清渣	
13			65 号	57 号、58 号、64 号	循环结束	

注：① 显示编号带有-1 或-2 的，表示灯亮和灯熄的先后次序。

② 在自动操作情况下，如按一下 43 号“停止循环”按钮，整个循环即停止，如果恢复改手动后，按手动操作完成整个循环，然后才可自动控制。

③ 如果继续下一循环，按一下 39 号“继续循环”按钮，滤机即自动转入下一循环。

3. 白土自动板框控制柜面板

白土自动板框控制柜面板见图 6-7。

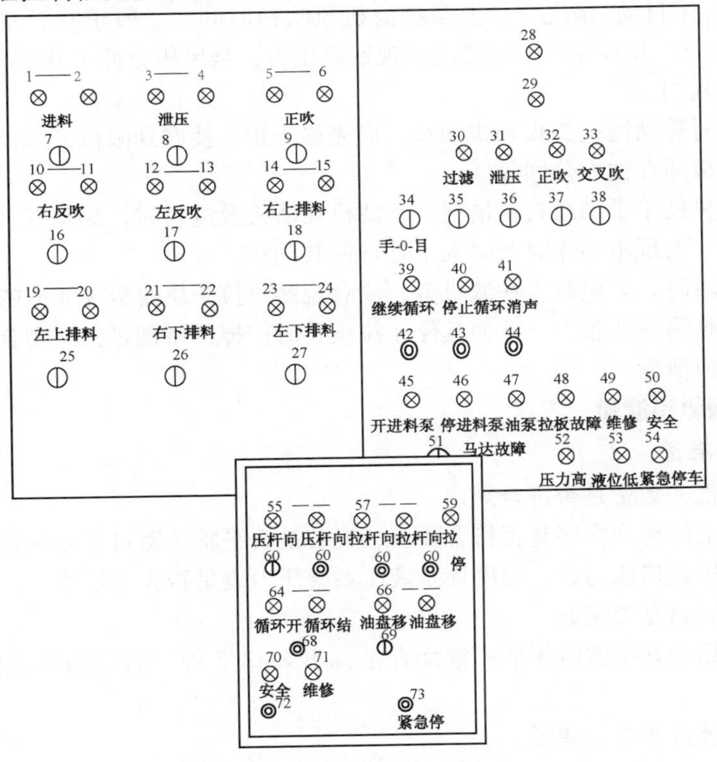

图 6-7　白土自动板框控制柜面板

4. 紧急停机与恢复

1）紧急停机

在正常操作情况下，某系统发生故障，需要紧急停机时，可启用下列手段中的任何一种：

（1）在控制室内按 54 号按钮，50 号、70 号黄灯亮。

（2）在机上控制板按 73 号按钮，50 号、70 号黄灯亮。

（3）在机旁推 74 号前推安全横杆，50 号、70 号黄灯亮，但如活动头正在上紧过程中紧急停机，则 56 号、50 号、70 号黄灯亮。

2）恢复

故障排除后，恢复操作时，按下列程序进行：

（1）将动作过的紧急停机按钮向外拉出。

（2）在机上控制板按 72 号按钮，则恢复原来操作。

3）暂停

在正常操作情况下，由于某种情况，如滤板吻合面上粘附有废白土，需要暂停机处理时，可启用下列手段中的任何一种：

（1）按 68 号按钮，65 号绿灯亮；恢复时再按一下 68 号按钮。

（2）在机体旁推 75 号侧安全横杆；恢复时，将横杆拉向原来的位置。

5. 自动板框压滤机操作注意事项

（1）必须按规定的工艺条件控制操作，滤机任何时候不能超温超压。

（2）滤机发出报警声后，操作人员要根据指示灯查明报警原因，当发生故障，班里无法处理时，要停止使用并及时汇报。

（3）在手动(半自动)情况下，要掌握滤机风吹扫时间，一般正吹、左反吹、右反吹时间各不得少于 5min，并且在吹扫时要注意观察风压力，当风压力低于 0.3MPa 时停一下，待风压上来后继续吹扫。

（4）不要同时移动滤机头板和集油盘，应先移头板，使碰到限位开关停止移动后再移动集油盘，以保证板间存油充分回收。

（5）无论滤机处于手动或自动情况下，滤机在清机及进料时，必须有人在现场观察风动球阀的开关情况，发现不动作时及时人工处理使其动作。

（6）滤机清渣时，必须有人在滤机旁，注意观察每拉一块滤板和滤渣的掉落情况，滤渣不自落或有少量粘附在滤布上，须使其停止拉板及时铲掉，特别是框架吻合面上一定要注意铲干净，以防造成泄漏。

（二）手动板框过滤机

1. 开机前的准备

（1）检查板框的数量是否符合规定。

（2）检查板框的排列次序是否符合要求，安装是否平整，密封颊接触是否良好。

（3）检查滤机进口压力表、温度计及液压系统压力表是否齐全好用。

（4）检查各管路是否畅通。

（5）液压油箱加好抗磨液压油，液面在油标 1/2～2/3 处，启动油压泵检查液压系统工作是否正常。

（6）按规定装好滤布、滤纸。

2. 顶紧板框

（1）全开高压油阀(长杆阀)，关死低压油阀(短杆阀)。

（2）按下电机启动按钮，柱塞泵开始运转并将液压丝杆及活动头板推出，直至顶紧板框。

（3）当液压泵出口压力达 30MPa 时拧紧锁紧螺母，切断电源，柱塞泵即停止运转。

（4）调整液压系统高、低压油阀(液压系统停止工作时，操纵装置的高压阀应常开，以保安全)。

3. 进料过滤

（1）开工时滤液先经过板框副线进行循环，当升温达到板框操作温度时打开板框进料阀和出口阀，关死循环阀，此时即开始过滤。

（2）经常观察板框进口压力和温度是否符合规定，板框边上及底下是否大量支油（正常情况下，漏出的油是呈滴落状，如果呈线状或喷淋状则属于不正常，需要检查原因）。

（3）根据滤液的品种掌握清机时间，一般减压二线油，板框进口压力达0.2MPa、三线油达0.4MPa、四线油达0.5MPa、五线油以上达0.6MPa即要清机。但上述只是一般的经验数字，具体要根据实际操作情况而定。有时压力不高，但滤机周围已有大量漏油时，就需要及时清机，并检查漏油的原因。

4. 停机及清机

（1）清机前先要进行板框扫线，关死板框进料阀和板框出口阀，打开板框循环阀，再打开风扫线阀进行板框扫线，大约吹扫5min后关死风扫线阀。

（2）再次顶紧头板，松开锁紧螺母，然后停油泵。

（3）全开低压阀，关死高压阀，启动柱塞泵松开板框，在液压丝杆即将退净前，即停油泵。

（4）清机时需要2个人分列板框两边，配合将板框逐块移开，借助框与板在下边轻轻碰撞，将滤饼料落下去，然后粘附在滤纸及框周围咬合部的白土渣用铲子铲干净。

（5）白土渣清扫干净后，检查滤布及滤纸是否出现破裂歪斜或折叠等情况，以防压紧损坏板框及泄漏等。

5. 注意事项

（1）安装滤布必须平整，不许折叠，以防压紧时损坏板框及泄漏。

（2）液压缸的工作压力最大不得超过30MPa，进料压力不得超过0.6MPa。

（3）操纵部件的溢流阀，须调节到用最小的压力能使活塞退回。

（4）板框在主梁上移动时，施力应均衡，防止碰击手把。

（5）进料阀及风扫线阀不得同时开启。

（6）清扫板框时应保持孔道畅通，表面清洁。

（7）液压系统停止工作时，操纵装置的高压阀应常关，低压阀应常开，以保证安全。

6. 日常维护

（1）注意各部件连接零件有无松动，应随时予以紧固。

（2）相对运动的零件，必须经常保持良好的润滑。

（3）压力表应定期校验。

（4）保持压滤机的清洁美观。

（5）拆下的板框，存放时应防止弯曲变形。

（6）易损件应有足够的备品。

第六节　正常操作与异常操作

一、正常操作

（一）白土的输送、装卸操作

1. 白土输送管的基本要求

（1）输料管内壁要光滑；

（2）管壁要有足够的厚度；

（3）管线连接尽量少拐弯，以减小阻力；

（4）输料管如有拐弯，则曲率半径应取输送管直径的5~10倍。

2. 白土输送原则流程（槽车装卸原则流程）

白土是由生产厂家用槽车拉来，卸到分析罐，分析合格后，送入白土罐贮存，使用时输送到装置。白土输送是利用0.4MPa的压缩风作为传送介质和动力，风使粉状白土流态化，实现气流输送。白土输送的系统原则流程如图6-8所示。

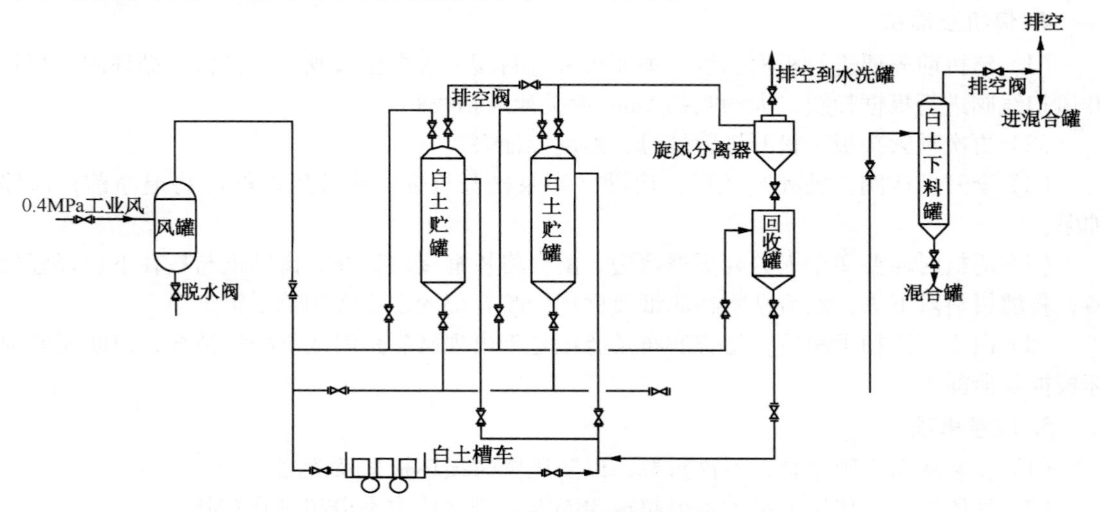

图6-8　白土输送系统原则流程图（槽车装卸）

3. 收槽车白土操作法

槽车白土可用风压送至白土贮罐，但各贮罐必须分开接收白土，不能多个贮罐同时收接白土以防风压不足堵塞管线。

（1）槽车开到作业区适当位置停放好，汽车熄火，拉上手刹。操作工应与司机一同检查汽车接卸装置是否连接妥善，确认无问题后继续下面的操作。

（2）将槽车出料管与白土贮罐进料管接通，锁死快换接头。要求软管不得有过小的弯折，防止堵塞，影响白土输送。

（3）改好流程：打开白土贮罐进口阀和去旋风分离器的放空阀，旋风分离器和水洗罐适当开水。

（4）使用系统压缩风（当无系统风时启动汽车空压机），待运转正常后，关闭槽车总放空阀，打开气化球阀，使槽车内白土流化。当罐内压力达到0.2MPa时，打开扫线阀和出料蝶阀，使流化状态下的白土在压缩空气的推动下，流向白土贮罐。

（5）在收接过程中，当槽车罐压力降到0.07MPa时，开关出料蝶阀3~4次，同时调节排气量，尽量压清槽车内白土，当槽车压力降到0.01MPa以下时，说明出料完毕。

（6）槽车白土卸完后，关闭系统风阀（当使用汽车空压机时停汽车空压机），关闭出料蝶阀。当软管内压力下降为常压时关闭白土储罐进料阀，关闭其他有关阀门，卸下连接软管，确认无问题后开走汽车。

4. 白土输送操作法

接到装置收白土的通知后，可由任一白土贮罐压送白土至装置使用，并进行下列操作：

（1）检查文氏管，压力表是否好用，压缩风脱净水。

（2）改好流程：通知操作工改好装置收白土流程后，打开文氏管进出口阀，用风向装置扫线。

（3）关闭送料罐进口阀及放空阀，开松动风使白土松动，待扫线畅通后，打开贮罐底部出料阀向装置送白土。

（4）输送期间经常检查文氏管是否堵塞及风压是否正常。

（5）当装置通知停送白土时，立即关闭贮罐底部出料阀，关松动风，并打开罐顶放空阀消压。

（6）停止压送白土后，继续用风吹扫10min，再关文氏管压缩风。

（二）脱氮剂的装卸流程及操作

1. 脱氮剂装卸流程

脱氮剂由生产厂用保温车（70℃）运至白土装置，经装卸车泵（离心泵）抽送到脱氮剂罐储存。脱氮剂自脱氮剂罐到稳定罐，再经脱氮剂泵计量抽出，送至加料喷嘴，油与脱氮剂在静态混合器中充分混合反应。

2. 脱氮系统装卸剂时的机泵操作

1）装剂用离心泵的操作

（1）槽车接头接好，流程转好。

（2）确认离心泵达到备用状态，打开泵入口阀门，出口阀门灌泵关闭出口阀门；启动电机；当出口压力达到操作压力后，打开出口阀门。

（3）装剂完成后，关闭出口阀门；停止电机运转；关闭入口阀门。

2）卸渣用螺杆泵的操作

（1）对好车位，转好流程；确认泵达到备用状态。

（2）预热泵后，打开泵入口阀门，出口阀门；启动电机。

（3）卸渣后，停止电机运转；关闭泵进出口阀门。

（4）停止泵伴热。

3）脱氮剂计量泵的操作与维护

容积式计量泵启动前的准备工作：

（1）检查各连接处螺栓是否拧紧，不许有任何松动。传动箱内注入适量N-30#机油；

（2）手能盘动联轴器，使柱塞前后移动数次，无任何卡阻现象。检查电机，使泵在规定的方向运转。

4）正常开泵操作

（1）通过调解帽将行程长度指示器调解到零的位置上。打开泵的出入口阀门。

（2）启动电机，泵投入运行。检查旋转方向，泵不能倒转。

5）停泵操作

（1）切断电源，停止电机运行。由脱氮剂泵出口线、开风线进行吹扫泵体、管线或油封等，防止脱氮剂冷凝堵塞管线。

（2）关闭泵出入口阀门。

6）泵的切换操作

（1）打开备用泵的出、入口阀门。按正常开泵操作启动备用泵。

（2）备用泵运行正常后，停在用泵的电机，按停泵操作停在用泵。

7）计量泵的流量调节。

（1）计量泵的流量是通过调节帽进行调节，应注意不得过快过猛，应按照从小到大根据即时流量表的流量进行调节。

（2）若从大到小调节时，应将调节帽旋转数格，再向大流量方向旋转至刻度，调节完毕后，需将调节转盘锁紧，防止松动。

8）容积式计量泵正常维护

（1）传动箱应保持指定的油位，不得过多或过少。润滑油干净无杂质，并注意按时换油。

（2）填料密封处的漏损量每分钟不超过 8～15 滴，若漏液量超过时，应当拧紧填料压盖，但不得使填料温度过高，致使抱轴烧坏柱塞和密封填料，若拧紧压盖后，漏损量仍超标时应更换密封填料。

（3）计量泵在运行中，电机允许最高温度 70℃，传动箱内润滑油温度不得超过 65℃，填料箱内不得超过 70℃。计量泵长期停止使用，应将泵缸的介质排放干净，并且将计量泵表面擦洗干净。

3. 脱氮剂的输送及排渣操作

1）脱氮剂的输送操作

（1）改好操作流程：脱氮剂槽车→卸剂线→卸剂泵→剂罐。

（2）对好车位，连接好快速接头，转好流程后，检查脱氮剂有无泄漏。确认流程正确，并无脱氮剂泄漏。

（3）改好流程后，打开剂泵的出、入口阀门，启动卸剂泵，控制出口压力。启动泵前检查剂罐顶部放空是否打开，检查脱氮剂有无泄漏。

（4）装剂完成后，停渣油泵，关出入口阀。开副线阀同时开快速接头处扫线风阀，将输送剂线、跨线、泵等全部吹扫干净防止脱氮剂冷凝。扫线时先开风阀、后开剂线阀，吹扫完毕先关闭剂线阀、后关闭风阀。在扫线过程中，将稳定罐排空阀稍开即关，以扫净排空线内残余脱氮剂。

（5）扫线后，打开快速接头，关闭装剂线上的各阀门，打开稳定罐排空阀。

2）脱氮剂的排渣操作

（1）排渣前的准备工作：控制好电精制罐的界面，控制界面的范围为玻璃板 5%～40%，做到多次少量（每班至少 2～4 次）排渣。

（2）渣罐至废渣车排渣操作：

① 对好车位，连接快速接头，改好流程，打开泵出、入口阀门，启动卸渣泵排渣。

② 电精制罐中油与废渣的界面可从玻璃板液位计获得。当界面达到需手动卸渣时，打开罐底截止阀，进行卸渣操作。

③ 卸渣到见油时，手动关闭电精制罐底截止阀。

④ 排渣后及时用风吹扫，吹扫时先开风线阀门，后开吹扫阀门；吹扫完毕先关闭渣线阀、后关闭风阀，防止剂渣窜入风线。

4. 停止加剂后抽电精制罐余油操作

当生产罐余油 100t 左右（根据处理量情况），班长与调度室做好联系，通知调度后，脱氮岗位立即停止加入脱氮剂，用润滑油封加剂线。

停止加剂 3h 后，切除液相脱氮部分，白土加入量按工艺要求加入。

关闭电精制罐出口阀，全部打开电精制罐顶部放空阀后进行排渣，界面控制30%。

停止加剂6h后，装置生产做如下调整：停电极，停止原料油，停止加入白土，控制好混合罐液面、加热炉温度，同时用原料泵抽电精制罐内余油。白土工艺流程不变，当原料泵上量正常后，开始加入白土。停止加脱氮剂12h后，生产指标按脱氮、白土工艺执行。

电精制罐内存油抽净后，装置开始换料。进料前关闭电精制罐顶部放空阀，同时打开电精制罐顶部油料出口阀及投用的混合罐相应阀门。

向混合罐内进油。

电精制罐内油品进满后，停向电精制罐进油，投入电极，发现没有问题后启动剂泵，开始加入脱氮剂。

生产按白土工艺指标执行，换料4h后通知调度室，装置处理量按原定处理量生产。换料后10h左右生产按脱氮、白土工艺指标执行。

电精制罐内油品进满后，调节循环水量，控制好混合罐温度，生产恢复正常。

（三）混合罐的正常操作

混合罐为白土与原料油充分混合的场所，混合罐液位的控制及搅拌机的使用都会直接影响到精制过程。首先如果混合罐液位太低，混合不均匀，白土不能与油形成糊状物，白土就会迅速沉在混合罐底不参加吸附油中杂质，使加入的有效白土量相对减少，油品达不到预定的精制深度。而且进炉泵在低液位时也容易抽空，影响装置平稳生产。反之如果混合罐液位太高，则油品的停留时间明显增加，易造成冒罐。因此混合罐液位控制在30%～70%的范围内比较合适。其次要保持搅拌机正常运转，保证白土不沉积罐底和白土在油中呈悬浮状态，使油品达到预定的精制效果。

（四）脱氮系统的正常操作

1. 脱氮系统使用前的检查与准备

1）准备和检查工作

（1）清除装置内一切杂物，人行道、检修道畅通无阻，装置卫生清洁。

（2）清理排水沟、下水道、下水井。

（3）常用工具、用具、记录本、记录纸等齐全。

（4）准备好脱氮剂。

（5）原料罐中原料不含水，否则车间有权要求调度切换原料罐，沉降罐电极通电试运正常。

（6）对脱氮系统工艺管线、阀门、控制阀、剂罐、渣罐、电精制罐、静态混合器、机泵等设备进行认真检查，并参照有关规范检验是否达到质量标准及开工条件。

（7）电器设备接地要求合乎标准，水、电、汽、风等达到开工生产的要求。

（8）检查仪表控制阀、热电偶、温度计、孔板、流量计、液位计等是否好用。

（9）检查装置动力电缆及照明线路是否接通，安装位置是否合理。

（10）检查各人孔是否封好，管线、机泵等设备安装的盲板、过滤网是否按要求拆装。检查采暖通风系统是否完善。检查装置现场有无杂物，尤其脱氮系统高空处有无废料，检查装置地面是否平整，准备好开工工具及用具。

2）对外联系工作

（1）联系调度、化验、仪表、电工、钳工、调合等有关单位。

（2）联系脱氮剂废渣的运送处理单位。

2. 脱氮系统的投用

在白土装置正常运行的情况下，接到调度或车间脱氮部分投用通知后，将白土装置转小循环(沉降罐无油)。在白土装置转小循环过程中，注意稳定好混合罐液面。

通过原料泵，向电精制罐送油。在送油过程中，沉降罐罐顶排空阀必须关闭。

在排除小循环异常的情况下，当发现混合罐液面明显上升，说明电精制罐沉降收油完毕，通知班长、操作员停止小循环阀，恢复正常生产。

将脱氮反应温度控制在规定指标(通过调控原料加热器的循环水用量来调节)。

脱氮剂储罐装剂后，外加热盘管投用，控制好剂罐的温度在60~80℃；开脱氮剂稳定罐进料阀，补充料位到80cm左右，关闭进料阀。

开脱氮剂稳定罐出料阀，按沉降罐通电按钮，电极通电，转动电压控制旋钮，调整上下电极电压在规定指标内。

启动计量泵开始按指标加剂，转动计量泵加剂量刻度旋钮，调整加剂量在指标内。

6h(电精制罐为新料)以后，白土加入量按现行有效工艺卡片执行；电精制罐若是存油，脱氮投用就执行脱氮工艺卡片。

3. 脱氮系统的工艺操作

1）投用时的脱水操作

脱氮剂及电场都需要防水。除去络合脱氮系统内的存水，油运时采用以下循环流程：原料泵→混合器→换热器→氮渣罐→加热炉→脱汽塔→原料泵。加热炉出口温度控制在120℃，脱汽塔真空度控制在30~50kPa。在白土脱汽塔中脱除水分，循环油经采样分析，水分小于0.03%。若要进一步脱掉微量水，可利用电沉降罐的电场作用。

2）投用时的加剂操作

首次开车油运结束后或采用白土补充精制工艺开车正常后，络合脱氮部分与白土部分全线贯通，物料平衡后，投用电场，逐渐增加电压到20 kV，电流减小至10 mA以下。此时油中的水向下移动，电沉降罐起到脱水罐作用。电场稳定后，开始加脱氮剂。首次加脱氮剂时，量要大，待电沉降罐低位出现界面后，再逐渐减小剂量。脱氮工艺剂油比的确定既要满足精制的需要，又要考虑沉降罐沉降分离的能力。

3）换料过程中的操作

换料操作中要把握“轻换重”，即提白土量-停脱氮剂-停电场-关闭电沉降罐的操作顺序；“重换轻”即轻料走白土流程过渡完毕后，开启电沉降罐-加电场-加脱氮剂-降低白土量的操作顺序。在操作过程中，要定时加样分析，决定下一步的操作。

4）混合器的串、并联操作

在考虑到装置加工量的变化，设计流程中选择2台静态混合器。满负荷生产时将2台静态混合器并联使用，负荷减半时关闭1台。在实际生产中，可根据处理原料品种，利用混合器副线，将2台混合器串联使用，强化油剂混合反应，以提高脱氮效果。

5）界面控制

油剂混合反应后进入电沉降罐，油、氮渣实现分离形成油渣界面。控制好界面高度十分重要。界面应控制在锥体的2/3处为宜。若界面过高，接近进料分布管(分布管开口向下)，则界面容易受到进料波动的冲击，沉降的氮渣容易泛起，向上冲入电场，造成电流波动；界面过低，在锥体底部排放点处，则排渣容易带油，增大加工损失。值得一提的是，界面控制不可超过进料口，否则会造成界面反混，影响油剂分离。手动排渣操作时，要遵循“少量多次”的原则进行操作。

6）电场控制

电场控制在油剂分离操作中至关重要。在电场的作用下，氮渣聚集并依靠自身相对密度大的特点向下运动，实现油剂分离。如果电场操作不正常，氮渣、脱氮剂就会穿透电场，随油进入白土系统。白土加入量降低或混合不均时，不能将带入油品中的氮渣、脱氮剂有效地吸附，将导致成品油酸值、氧化安定性等指标不合格。因此，选择高电压、低电流的电场操作十分必要。油品运行在高电压、低电流的稳定电场中，说明油品的绝缘性能较好，氮渣、水分等极性导体物质极少，达到了油剂分离的目的。

如果电压、电流出现异常波动，即电压减小。电流大于 50 mA 时，说明有氮渣进入电极区，应及时采取排渣措施，降低界面高度。

7）依据质量分析调整操作

在质量分析中，原料罐中的碱氮含量、水分，脱氮油中的碱氮含量及酸值等指标，对操作调整起指导作用。根据原料油中碱氮含量的大小，可更准确地确定油剂比。水分对电场影响很大，水分含量大于 0.1%时，造成电流晃动，瞬时值超过 100mA。因此，水分含量应控制在 0.01%~0.03%即可。水分含量过大时，可调整电压或适当增加脱氮剂的加入量。

8）脱氮系统的停用

（1）停用操作：停工指令下达后，关闭剂罐出口阀；停加脱氮剂，即停计量泵；将稳定罐出口线关闭；计量泵、管线用轻质油置换。

（2）电精制罐的倒油操作：脱氮停用，沉降罐及剂罐继续通电沉降，然后关闭沉降罐顶部出口阀、打开沉降罐顶部放空阀并打开底部排废渣阀，将脱氮剂废渣排入渣罐；打开沉降罐底部卸渣管线低点放空阀检查排渣情况（低点放空出口至防酸桶内），见油后停止排放废渣。停止装置原料泵运转，转好沉降罐倒油流程，其流程为：沉降罐→渣油泵→混合罐。启动泵渣油泵，控制好混合罐液位，直到泵抽空为止，停泵，关闭倒油流程各阀门。

（3）废渣罐排渣操作：联系收废渣单位将渣罐废渣油抽送干净，开渣罐底部 1.0MPa 蒸汽阀，将阀开度控制在较小的位置，进行吹扫，使管线中的废渣缓慢顶入废渣槽车。待管线顶通后，再稍开吹扫阀，将线扫净，冬季蒸汽吹扫后，再用风扫。扫线流程：渣罐出口→渣油泵副线→废渣车。当装置管线、塔罐吹扫完后，再关伴热流程各进汽阀（冬季不停）。

（五）原料切换操作

1. 准备工作

（1）联系调度确认切换原料的罐号、品种、时间及成品去向。

（2）联系原料罐区确认切换原料的罐号、贮量、油温及原料性质。

（3）确认原料质量符合指标，如不符合应向调度及车间汇报，从而决定处理办法。

（4）联系成品罐区确认切换成品时间和油罐号。

（5）切换前将各容器及塔尽量控制在最低液面操作，减少中间混合产品；将板杂罐、扫线罐抽净，以防混油，影响产品质量。

2. 切换操作

（1）抽入新原料时，注意检查原料是否抽错及含水，并联系分析。一旦原料有问题要及时汇报调度及车间。

（2）切换原料后，各容器液面恢复正常操作。

（3）当新原料进入白土混合罐后，马上改变工艺条件。

（4）根据装置顶油时间，通知分析站采成品样分析；产品分析合格后才能通知有关单位切换成品罐。

（5）当两种原料性质差别极大时，特别是生产高档基础油时，应根据具体情况，请示调度同意后，在切换原料前装置按停工退油处理，然后吹扫干净容器管线，其方法如下：①炉塔前用蒸汽吹扫，塔后用风吹扫(风吹扫时油品温度必须低于该油品闪点 20℃)。② 用新原料进行冷循环冲洗装置，洗刷油送原料罐区污油罐。③ 高档基础油分析合格后，送出装置走专用线。

3. 注意事项

（1）加强与原料罐区的联系，防止原料泵抽空。

（2）轻油换重油时，提量要慢，以免过滤困难。

（六）燃料气及油品采样步骤

1. 燃料气采样

（1）按规定穿好劳保到现场。

（2）确认采样口周围有无动火或其他施工作业。

（3）用静电消除棒消除身上静电。

（4）将采样球囊卷起，以排净球囊内空气。

（5）采燃料气样应站在上风头，以防中毒。

（6）稍开采样口采样阀，排净残液。

（7）球囊胶皮口套在采样口上。

（8）打开采样口阀。

（9）按化验员要求采取总量气样，但不要采得过多以免球囊爆裂。

（10）采样后注意关闭采样阀。

（11）检查确认无误后离开现场。

（12）将样品置于避光处存放。

2. 基础油馏出口采样

（1）采样检查必须穿带好劳保着装，衣服不得挽袖，裸露。

（2）采样时先缓慢打开采样口，控制流体呈细流不带冲击状态。

（3）持采样试管上部，倾斜盛接流体，保持约 0.5min 半管的速度，盛接快时可移开试管或关小阀，避免试管过快过热。

（4）反复冲洗 2~3 次，采样油品量不超过 2/3 处试管，避免油样溢出。

（5）采样后应将试管擦干净，便于检查。

二、异常操作

遇异常操作时应以确保人员、设备的安全为首要原则。具体应遵循以下几点：

1. 沉着冷静、周密组织、科学应对、有条不紊

事故的发生一般都具有突发性，而对于事故的第一反应往往决定着事故性质朝何种方向演变。因此事故发生时，事故发现者应做到头脑清醒、临危不乱，冷静地初步查明事故情况，通知班长、岗位操作员。

班长根据事故的现象，第一时间做出事故影响(环境、安全、质量、人身)、发展趋势判断，迅速组织人员采取有效的消减措施，控制事故扩散；同时，汇报车间或值班、生产调度。查明事故原因，制定有效的补救措施。车间管理人员应及时赶到现场，按紧急情况处理规定进行应急处置。及时向上级领导、生产处、消防部门汇报。采取科学的应急处理措施，切记盲目、随意地处理。

在处理事故的过程中，各岗位人员要严守操作规程，执行安全规定、遵守规章制度，服从现场指挥员的统一安排，既要各司其职，又要相互协助，达到快速反应，将事故消灭于萌芽状态之中，最大限度地减少事故及灾害造成的损失，防止忙中出错导致事故扩大或衍生出其他事故。与此同时，组织力量救出受困人员，设法切断物料来源、火源、毒源。

2. 控制事故发展，保障人身安全

事故处理以保障人身安全为第一要求。这就要求现场指挥员及操作人员对本装置重点防火部位、易发生的事故类型、应急处理预案了如指掌，以便在事故发生时能够及时、正确地做出判断，从而在最短的时间内控制事故的发展，保证人身、设备安全。事故一旦发生，发生事故的部位及有可能导致衍生事故的危险源应得到及时的控制。如：发生可燃气大量泄漏时，在迅速切断泄漏设备与系统联系的同时，要求加热炉熄火，事故发生点周围禁止机动车通行等，消灭明火的措施也应迅速实施。禁止在情况不明的情况下，进入可能危及人身安全的地方进行操作或检查；禁止在安全无保障、无人看护和接应的情况下，进行可能危及人身安全的操作。恢复正常生产后，要本着"四不放过"的原则，及时组织事故当事人和相关人员对事故的原因进行分析、对处理事故的方法经验和过程进行总结，使全体人员吸取事故教训，以避免事故的再次发生。操作人员应不断提高应急处理突发情况的能力，保证装置的安全生产。事故消除后，必须查明原因及产生的过程，制定出科学、有效的消除措施和应对方法，杜绝同类事故反复出现。

3. 遵守安全规定，不违章操作

处理事故要求动作要迅速、果断，此时更应注意防止违章操作，如使用非防爆器材、未正确配戴防毒面具等，以免因一时疏忽酿成次生事故。

4. 迅速恢复生产，损失最小化

事故影响消减过程中，首先处理对生产影响大或造成损失大的影响因素，使损失最小化，并尽快恢复正常生产。对生产影响及可能造成损失大小：燃料部分>动力电部分>脱氮部分>过滤部分>混合部分>加热部分>真空部分。

事故影响消除后，尽快恢复事故部位的正常控制和运行，使装置在最短的时间内恢复生产，日处理量达到生产调度平衡量要求。

（一）公用工程系统事故

1. 停电

（1）现象。照明熄灭；机泵停止运转，声音明显消失；仪表指示系统信号消失；电精制罐无电压；因燃料油中断，加热炉熄火。

（2）原因。外电网故障；电缆故障；电路短路；雷电干扰；用电超负荷；电工误操作。

（3）处理方法。

① 立即向调度了解停电原因及停电时间的长短，根据停电时间长短决定处理方法。短期停电，待来电后，恢复生产；长期停电，装置正常停工，并清扫滤机、电精制罐排尽废渣。

② 按电机“停止”按钮，关闭离心泵出口阀、真空泵入口阀、白土罐料腿旋塞阀。

③ 吹扫脱氮剂管线和有白土的管线。

④ 电精制罐底废渣用蒸汽盘管加热。

⑤ 停原料加热器和蒸汽往复泵。

⑥ 关闭火嘴燃料油阀和蒸汽阀。根据停电时间长短，决定燃料油系统是否扫线。

⑦ 恢复供电后通知仪表调度派人来检查仪表后备电源是否复位。

2. 停蒸汽

（1）现象。蒸汽压力急剧下降；加热炉烧油时炉子熄火；正运行的蒸汽泵停运。

（2）原因。供汽单位事故；蒸汽管线故障；停电引起的停水、停汽。

（3）处理方法。

① 立即向调度了解停汽原因，请示处理意见。

② 根据停汽原因及生产调度的指令决定处理办法。

③ 停加脱氮剂，吹扫脱氮剂管线，经沉降后排尽脱氮剂废渣。

④ 关闭燃料油调节阀，燃料油系统改循环。

⑤ 装置通过降量及加热炉改烧瓦斯维持正常的炉出口温度。如瓦斯压力不足，炉出口温度低导致油品不能正常过滤则装置改冷循环。

3. 停水

（1）现象。水压力剧降至零；机泵冷却水中断；冷凝冷却器出口温度上升。

（2）原因。供水单位事故；供水管线故障；停电引起的停水。

（3）处理方法。

① 立即向调度了解停水的原因及停水时间，根据调度指示决定处理方法。

② 若停水时间短，降量维持生产；若停水时间长，按正常停工处理。

③ 关闭各冷凝冷却器进口水阀，保持冷却器内冷却水。注意各冷却器出口升温情况，做好装置降量生产、循环或停工工作。注意机泵升温，若超指标时马上停运。

④ 在瓦斯供应不足的前提下，当燃料油泵无法运转时请示停工处理。

4. 停仪表风

（1）现象。仪表风压力剧降至零；气动仪表失灵，风开阀关闭，风关阀打开。

（2）原因。空分装置事故；仪表风管线故障。

（3）处理方法。

① 立即向调度了解停仪表风的原因。

② 各调节器自动全部改为手动。

③ 风开阀改用副线阀手控维持生产；风关阀以上游阀手控维持生产。

④ 注意要到现场观察各容器及塔液面，搞好平稳操作。

（二）紧急停工

当装置发生重大事故，经努力处理仍不能消除或对其他装置安全有严重威胁的情况发生，应请示上级生产管理部门进行紧急停工，来不及请示时可先停工再汇报。

1. 紧急停工处理原则

（1）当发生火灾或有火灾危险时应立即通知消防部门，组织扑救初期火灾。

（2）当出现设备大量泄漏时，切断该设备与系统联系，投用抽空流程。

（3）加热炉熄火。

（4）集中精力处理事故。

2. 装置紧急停工的目的

紧急停工是事故处理的基本手段。在事故原因尚不明确，或有发生重大事故并有进一步扩大的趋势而危及装置的安全生产时，可采用紧急停工的方法避免事故影响扩大。紧急停工可以迅速有效地控制事故的蔓延，保证装置的安全，从而为迅速恢复生产奠定基础。

3. 装置采用紧急停工的条件

在装置生产过程中，当遇到突发的重大事故时，一时难以下手，为了迅速控制事态，避免事故的扩大和蔓延，保护身体、设备的安全，最大限度地减少损失，迅速恢复生产，即可果断地采取紧急停工手段，这些突发的重大事故，可归纳为以下几点：① 本装置内发生重大着火、爆炸事故；② 加热炉管严重烧穿、漏油着火；③塔、罐、转油线等主要设备严重漏油着火；④主流程机泵严重故障或漏油着火，备用泵又一时无法启动；⑤动力系统如水、电、汽、风等长时间中断；⑥重大的灾害如地震等；⑦外装置重大事故危及本装置安全；⑧炉管堵塞。

4. 紧急停工对生产及设备的影响

紧急停工时，由于时间短、动作快，造成温度、压力变化大，又易于出现组织不周密、动作不协调等情况，因而会出现如下一些情况：

（1）温度大幅度变化，设备、管线热胀冷缩现象剧烈，易出现法兰泄漏，炉管弯曲、密封漏油，管线拉裂、着火等情况。

（2）压力变化大，流程改动容易出错，会有超压情况发生，造成设备泄漏、安全阀启跳等。

（3）操作变化大，液面控制不稳，易出现冲塔、污染产品罐等情况。

（4）由于情绪紧张、易造成误操作且易造成人身伤害。以上情况应引起操作人员的重视，做到遇事不惊，有条不紊，忙而不乱，组织周密，动作协调。

5. 紧急停工操作要点

（1）沉着冷静，果断决策，及时汇报车间、值班、生产处和上级领导，通知消防部门掩护或灭火。

（2）加热炉迅速熄火，向炉膛内吹入消防蒸汽。

（3）停加脱氮剂，避免超指标。

（4）停加白土(吸附剂)避免堵塞。

（5）停塔吹汽，避免进水或油倒流。

（6）关原料入口阀，避免原料倒压。

（7）停工操作中，严防超温、超压、超液面情况发生。

（8）根据停工时间长短，决定油品是否需要退油扫线。

（三）炉管破裂

1. 现象

① 炉膛火暗，烟囱冒黑烟；

② 烟道气温度异常升高；

③ 炉温过高；

④ 关闭火嘴后，炉出口温度仍降不下来；

⑤ 炉膛火焰从火嘴看火孔向外喷火。

2. 原因

① 高温氧化；

② 进料中断，局部过热；

③ 材质不好；

④ 焊接不良；

⑤ 操作中超温超压；

⑥ 白土磨损；

⑦ 烟气露点腐蚀。

3. 处理方法

炉管破裂轻微时，向车间及调度汇报，请示做好停工准备。严重时需进行紧急停工，首先紧急停炉，向炉膛吹蒸汽灭火，切断加热炉出入口阀。灭火后，关闭火嘴小阀，打开循环阀处理干净燃料油管线。

（四）管线堵塞

1. 现象

① 泵抽空；

② 泵出口压力急剧升高；

③ 流量计无流量显示或流量下降；

④ 容器或塔液面无法下来；

⑤ 炉管结焦。

2. 原因

① 白土下料量大，白土沉积；

② 白土含水量大；

③ 原料含水量大；

④ 白土自动下料控制系统失灵；

⑤ 白土含杂质多。

3. 处理方法

① 按工艺卡片控制原料、白土质量及白土下料量；

② 查找堵塞部位，用蒸汽吹扫；

③ 蒸汽吹扫不通则启动泵抽油顶；

④ 油顶不通，装置需停工进行处理。

（五）瓦斯泄漏

1. 现象

① 泄漏处瓦斯气味较大；

② 可燃气体报警仪报警；

③ 瓦斯泄漏量大时可听见尖锐的气体喷出声。

2. 原因

① 腐蚀穿孔；

② 管线泄漏；

③ 垫片失效；

④ 瓦斯罐超温、超压。

3. 处理方法

① 操作人员佩戴空气呼吸器到现场检查瓦斯泄漏位置；

② 如瓦斯泄漏量大，紧急通知相关岗位熄灭加热炉火，以防发生爆炸事故，同时装置改冷循环；

③ 立即关闭泄漏处管线或容器的上游阀门；

④ 班长应向车间汇报险情，在车间确认后及时向消防部门报警，请求协助，并通知相关管理部门；

⑤ 现场派人设置好警戒线，以便携式报警器报警为准，禁止无关人员穿行，提醒现场人员关闭通讯工具；同时在人员警戒线后 50m 设立车辆警戒线，禁止车辆通过；

⑥ 打开消防蒸汽，用蒸汽对瓦斯进行驱散，降低现场瓦斯浓度；

⑦ 联系抢修人员对泄漏处进行及时处理。

（六）加热炉回火

1. 现象

① 炉膛出现正压；

② 火焰及烟气从防爆门或看火孔喷出；

③ 加热炉烟囱冒大量黑烟。

2. 原因

① 燃料油大量喷入炉内或瓦斯带液严重；

② 烟道挡板、风门开度过小或关闭，炉膛内产生正压；

③ 加热炉超负荷运行，使炉膛内高温烟气排不出去，致使炉膛内产生正压；

④ 瓦斯阀门内漏，瓦斯漏入炉膛内，炉膛蒸汽吹扫不净，造成爆炸回火；

⑤ 在炉膛余热较高时，火嘴熄火后又突然自动点火；

⑥ 点火前，炉膛没有用蒸汽扫线。

3. 处理方法

司炉员根据回火原因立即妥善处理，如果火嘴熄灭，则立即关闭火嘴阀门，重新点火：

① 对瓦斯罐及时切液；

② 调节好烟道挡板开度；

③ 降低处理量；

④ 加热炉点火时要保证足够吹扫时间，内漏的阀门要及时更换。

三、一般事故及故障处理

（一）加热炉进料泵抽空

1. 原因

① 原料脱气塔内油温太低，黏度大；

② 白土加量太多，造成原料脱气塔内白土浓度过大；

③ 白土加量多，混合效果不好，白土沉底将泵入口管堵死；

④ 原料脱气塔内真空度过大，造成抽空；
⑤ 机泵本身原因或油中带水。

2. 处理方法

① 提高原料温度；
② 降低白土加入量；
③ 在两套系统真空隔开的前提下，泵入口反扫；
④ 原料塔暂时排常压；
⑤ 换泵或换料。

（二）蒸发塔液面高

1. 现象

① 蒸发塔液位高位报警；
② 蒸发塔顶温度升高；
③ 一次过滤机进料温度下降；
④浮球液位计高位满量程。

2. 原因

① 一次过滤机满，没有及时清扫，过滤压力大；
② 装置处理量大，超负荷生产，过滤机过滤面积不足；
③ 原料黏度大，过滤温度低，过滤速度慢；
④ 一次过滤机进料泵磨损，效率低；
⑤ 塔底管线堵塞；
⑥ 仪表失灵。

3. 处理方法

① 及时清扫一次过滤机及更换自动滤机滤布；
② 降低处理量；
③ 提高过滤温度；
④ 切换备用泵，联系钳工修理故障泵；
⑤ 吹通塔底管线；
⑥ 联系仪表修理失灵仪表。

（三）系统真空度下降

1. 原因

① 蒸发塔底吹汽量大，可凝气体冷不下来；
② 真空罐液面过高，真空泵带油带水；
③ 真空泵给水量太少，泵本身效率低；
④ 滤机泄漏严重，大量空气从滤机进入真空系统；
⑤ 板杂罐阀未关，大量空气进入蒸发塔；
⑥ 管线腐蚀泄漏。

2. 处理方法

① 减少蒸发塔底吹汽量；
② 将真空罐液面放下来，油水分离器切水抽油；

③ 调节水环真空泵水量或切换泵；
④ 停用漏气滤机，进行修理；
⑤ 关闭板杂罐阀；
⑥ 修理更换被腐蚀的管线。

（四）滤机白土通过

1. 原因

① 滤机滤板眼被白土堵死，造成打板通过；
② 滤布错位；
③ 滤板出口眼夹白土；
④ 滤布、滤纸硬伤破损。

2. 处理方法

① 发现通过后，立即停用该滤机，联系班长、操作员在泵出口采样，看废白土是否已出装置，并立即转大循环。

② 打开通过的滤机，查找原因，并用抹布将滤板上白土抹干净。

③ 将通过的滤机清扫完用上，进行冲洗。冲洗流程：滤机进料泵通过滤机、扫线罐、板杂罐、蒸发塔，为了加快冲洗速度，可提高处理量。

④ 汇报调度和值班，并通知调合成品罐做杂质分析。

⑤ 加大处理量，冲洗装置，直到馏出口杂质合格后方可放油。

（五）原料带水

1. 现象

① 原料泵出口采样带水；
② 原料泵出口压力增大；
③ 真空系统被破坏，成为带压操作；
④ 各容器、塔液面波动大，甚至出现突沸事故；
⑤ 馏出口透明度不合格；
⑥ 加热炉炉管压降迅速增大；
⑦ 在处理量不变的情况下，炉膛温度大幅度上升；
⑧ 滤纸湿易破损，造成产品机杂不合格；
⑨ 产品收率低。

2. 处理方法

① 转大循环脱水，并向调度和车间值班汇报；
② 联系生产调度通知罐区切换原料或加强切水；
③ 降低装置循环量，增强脱水效果；
④ 切换过滤机，更换受潮滤纸；
⑤ 打开蒸发塔顶排空阀；
⑥ 成品塔、中间罐液位手动控制反复升高、降低，进行冲洗；
⑦ 馏出口透明度分析合格后转正常生产。

（六）炉管结焦

1. 现象

① 炉出口温度下降；

② 炉膛温度上升；
③ 炉管压力降增大；
④ 仪表指示滞后；
⑤ 炉管胀大、破皮、严重时炉管烧红弯曲。

2. 原因

① 操作不稳，火焰过长直扑炉管，造成局部过热；
② 炉膛温度过高；
③ 炉进料泵长时间抽空。

3. 处理

① 加热炉平稳操作，严格控制炉膛和炉出口温度；
② 采取多火嘴、短火焰的操作方法；
③ 加强岗位之间联系，降量降温应同时进行；
④ 进炉泵抽空时应立即熄灭火嘴，等泵上量后再重新点火；
⑤ 结焦严重时停工处理。

（七）加热炉衬里局部脱落

1. 现象

① 加热炉外壁局部高温，外壁局部油漆被烧黑甚至保温钢板烧红；
② 通过看火窗或炉底看火孔可观察到局部脱落。

2. 处理方法

① 对于小块脱落，经研究可在短时间内修复的可按临时停工处理；
② 对于衬里大面积损坏时，按正常停工步骤进行装置全面停工。

（八）加热炉自动熄火

1. 原因

① 仪表控制失灵；
② 燃料油泵抽空(油罐液位低或油温高产生汽化)；
③ 燃料油泵故障；
④ 过滤器堵塞；
⑤ 火嘴堵塞；
⑥ 燃料油带水；
⑦ 雾化蒸汽量过大造成缩火。

2. 处理方法

先关闭火嘴油阀，迅速查明原因并进行处理后，再按加热炉点火步骤重新点火；不得马上喷入燃料油(或瓦斯)，借用炉内余热点火，以免造成突然回火。

（九）炉管变形

1. 原因

① 炉管局部过热；
② 火焰直扑炉管；
③ 炉进料经常中断，导致炉管空烧；
④ 在开工烘炉过程中，操作失职炉管高温空烧；

⑤ 加热炉在正常生产中长期处于空气过剩状态，造成炉管氧化剥皮；

⑥ 燃料中含硫高，炉管腐蚀严重；

⑦ 加热炉年久失修，白土磨损。

2. 处理方法

① 保持平稳操作，减少因操作波动引起的炉管过热；

② 加热炉操作时保持多火嘴、短火焰，避免火焰扑炉管；

③ 控制平稳加热炉进料泵流量，一旦发现进料中断要立即熄灭炉火；

④ 严格按照烘炉操作法进行操作；

⑤ 根据加热炉燃烧情况，经常调节加热炉“三门一板”，保证过剩空气系数不大于1.25；

⑥ 使用脱硫燃料；

⑦ 加强加热炉的维护保养。

（十）脱氮系统停电

1. 现象

① 计量泵停止运行；

② 电极电压指示回零，仪表控制失灵。

2. 处理方法

① 首先切断电器设备，查明停电原因；

② 短期停电，待来电后给电极送电，启动计量泵加剂；

③ 长期停电，按正常停工处理。

（十一）脱氮系统停仪表风

1. 现象

电精制罐卸渣自控系统失灵。

2. 处理方法

临时停风，排渣控制阀改走副线，用手阀控制操作维持生产。

（十二）原料带水时，对脱氮的影响及处理

1. 影响

① 电精制罐电极板产生电流，容易烧毁电极棒；

② 电流产生后，必须调低电极板电压，油与剂及剂渣的分离效果显著下降，剂及剂渣沿管道进入下游设备，致使设备与管子发生腐蚀，从而严重影响生产。

2. 处理方法

① 调低电极电压，保证电流；

② 若原料带水，立即联系生产调度换料或切换原料罐，并通知车间及相关部门；

③ 若原料加热器泄漏，立即甩掉加热器，进行抢修；

④ 电精制罐中带水量大，要停止脱氮装置运行；沉降一段时间后，电精制罐切水，水切净后，再按开工步骤开工。

（十三）脱氮系统卸剂线出现泄漏的处理

（1）在巡检或操作中，发现向脱氮剂罐卸剂线时出现泄漏或处于事故状态时，应立即停止操作；

（2）在保证人身安全的情况下，用塑料或耐腐蚀容器盛接漏出的脱氮剂，防止污染并节约资源；

（3）将装剂线存压卸掉，采取临时措施将漏点堵住，防止扫线时飞溅伤人，污染环境；

（4）将线扫净，并达到动火补漏或做相应处理的条件。

（十四）脱氮系统加剂线出现泄漏的处理

（1）在巡检或操作中，发现向电精制罐加剂线时出现泄漏或处于事故状态时，应立即停止计量泵运转，打开脱氮系统副线阀门，关闭电精制罐进出口阀，即甩掉脱氮系统，并提高白土加入量，以保证产品质量；

（2）在保证人身安全的情况下，用塑料或耐腐蚀容器盛接漏出的脱氮剂，防止污染并节约资源；

（3）将装剂线存压卸掉，采取临时措施将漏点堵住，防止扫线时飞溅伤人，污染环境；

（4）将线扫净，并达到动火补漏或做相应处理的条件。

（十五）脱氮系统卸渣线出现泄漏的处理

（1）在巡检或操作中，发现由电精制罐向废渣罐卸渣线或由废渣罐向槽车排渣线时出现泄漏或处于事故状态时，应立即停止操作；

（2）在保证人身安全的情况下，用塑料或耐腐蚀容器盛接漏出的渣，防止污染；

（3）将渣线存压卸掉，采取临时措施将漏点堵住，防止扫线时飞溅伤人，污染环境；

（4）将线扫净，并达到动火补漏或做相应处理的条件。

（十六）脱氮系统电精制罐入口油剂线出现泄漏的处理

（1）当发现电精制罐入口油剂线出现泄漏或处于事故状态时，要立即停止计量泵运转，在混合罐处打开去混合罐阀门，关闭进出脱氮系统阀门，即甩掉脱氮系统和去加热炉原料线，同时提高白土加入量，以保证产品质量；

（2）在保证人身安全的情况下，用塑料或耐腐蚀容器盛接漏出的油剂，防止污染；

（3）将线存压卸掉，采取临时措施将漏点堵住，防止扫线时飞溅伤人，污染环境；

（4）将油剂线扫净，并达到动火补漏或做相应处理的条件。

（十七）不慎接触了脱氮剂后的处理

操作人员不慎皮肤碰触脱氮剂时，应立即用水进行冲洗，严重时应送医院治疗。

（十八）加热炉进料中断

1. 现象

① 炉出口温度直线上升；

② 炉进料流量计指示回零。

2. 原因

① 进料泵损坏或抽空；

② 进料管堵塞。

3. 处理

提高进料量，减少炉子火嘴或熄火，严重时立即熄火，按紧急停炉处理。

（十九）加热炉进料泵抽空

1. 现象

① 炉出口温度直线上升；

② 炉进料流量计指示回零；
③ 原料脱气塔(罐)液位异常快速上升；
④ 蒸发塔液位异常快速下降；
⑤ 加热炉进料泵出口压力回零。

2. 原因

① 原料脱气塔(罐)内油温太低，原料黏度大；
② 白土加量多，造成原料脱气塔(罐)内白土浓度大；
③ 白土加量大，白土沉积，将进炉泵入口管线堵死；
④ 原料脱气塔(罐)液面计失灵，造成进炉泵抽空；
⑤ 机泵本身效率低或油中带水。

3. 处理方法

① 首先保证加热炉出口温度不超指标情况下降低炉膛温度，甚至熄灭炉火；
② 停止加白土；
③ 将白土扫入蒸发塔；
④ 增加液面计油冲洗量，检查修理液面计；
⑤ 切换原料进炉泵。

(二十) 混合罐冒顶

1. 原因

① 液面计失灵；
② 原料泵自动控制阀副线开，进料量突然增大，失去控制；
③ 混合罐底泵抽空；
④ 塔、罐液面平衡掌握不好；
⑤ 原料带水，温度高造成突沸；
⑥ 过滤器堵塞，未及时切换。

2. 处理方法

① 检查液位，联系仪表，开大冲洗油，停原料泵；
② 关闭自动控制阀副线，停原料泵；
③ 停止原料泵运转，解决混合罐底泵抽空问题；
④ 停成品泵(大循环)或停塔底泵(小循环)，平衡各塔液面；
⑤ 联系原料罐区做好脱水工作或查明水源进行针对性处理，同时降低原料温度；
⑥ 切换过滤器。

(二十一) 白土下料器停加白土

1. 现象

① 下料器计量系统报警；
② 下料器白土流量显示回零。

2. 原因

① 下料器电机故障或下料器传动机构故障；
② 白土罐白土用空；
③ 加料器叶轮卡住(杂物或白土潮湿引起)；

④ 白土罐底部或料仓白土架桥；

⑤ 下料器阀门没开。

3. 处理方法

① 联系电工、钳工处理；

② 切换备用白土罐下料并联系压白土；

③ 联系钳工拆开叶轮处理；

④ 用风扫或用木榔头敲罐壁，使架桥断裂或拆开料仓搞通；

⑤ 打开下料器阀门。

第七节　装置开停工

一、开工操作

装置开工方案的主要内容包括：① 开工的时间；② 开工进度；③开工的准备工作；④开工的主要步骤；⑤开工的注意事项；⑥开工期间安全、环保措施。

（一）开工前检查

1. 工艺流程的检查

工艺流程的检查包括主流程和辅流程的检查。主流程的检查要按照流程图，从原料进装置到成品出装置的流程，逐条管线、逐台设备进行检查，检查介质的走向、管线的直径、法兰、垫片、保温以及管线设备的固定。测量、控制、批示仪器仪表多在主流程上，要检查仪表的安装是否符合设计，是否完整。副流程的检查包括对新鲜水、循环水、净化风、非净化风、蒸汽、燃料油、燃料气和真空系统的检查，也要逐条管线检查，保证流程畅通，无遗漏。

2. 设备检查

（1）检查设备的型号规格是否与设计相同。

（2）检查设备的附件是否齐全完好，如压力表、安全阀、放空阀、液位计、热电偶、温度计、阻火器等是否齐全。

（3）检查塔、容器、加热炉内构件应安装齐全、型号正确，内无杂物，检查正常后才能封人孔。外部要检查排空阀、副线、油漆、保温齐全完好。

（4）检查设备的固定螺栓、法兰、人孔螺栓的齐全紧固。设备的材质是否符合设计要求。

（5）机泵盘车灵活、加油设备齐全。加热炉看火门、防爆门、烟道挡板开关灵活。

3. 仪表检查

检查测量、显示仪表、控制仪表齐全，DCS 画面显示、数据采集正常。调节阀、长行程式等控制器灵活。

4. 安全检查

（1）装置区域地面平整、无杂物，消防路畅通。

（2）电缆沟、水沟、水井畅通，盖板齐全。

（3）平台、楼梯、护栏牢固无缺陷。

（4）消防器材齐全，照明良好。

（5）设备接地、防静电设施齐备。

（二）单机试运

1. 电机

（1）检查电源电压、接线是否和电机铭牌一致。

（2）检查电机的地脚螺栓是否紧固，接地线是否紧固。

（3）联系电工和维修人员将电机和所连接设备分离。

（4）按电工要求电机空转一定时间，电机运行无杂音、无异味，温度、振动正常符合电机要求。

2. 加料机

（1）检查电源电压、接线是否与电机铭牌一致。

（2）检查加料机的地脚螺栓是否紧固，接地线是否紧固。

（3）按设备要求的加油点，加适宜的润滑油、润滑脂。

（4）加料机盘车轻松无卡阻。

（5）不加料启动加料机空运，检查电机转动方向是否正确。按要求空运一定时间，检查振动、温度、响声是否正常。

3. 过滤机

（1）检查滤机安装、维修工作是否完工。

（2）检查滤机操作盘是否给电。

（3）检查滤布、滤纸的安装情况。

（4）按要求的加油点，加适宜的润滑油、润滑脂。

（5）对于自动滤机，按操作法进行空运，查看液压系统、滤板移动系统、振打系统、滴落盘、自动阀等运转是否正常。

（6）对准备好的滤机进行试漏。

4. 加热炉

1）试压

加热炉炉管安装后，应按设计规定进行系统试压，目的是为了检查炉管及所属设备安装施工质量。

试压可用不含盐的自来水进行水试压，也可用空气或惰性气体进行气压试验。试压的压力为操作压力的1.5~2倍，试压过程分3~4次逐步提高到要求的压力，每次提压后应稳定5min。

对炉管系统的所有接口，如回弯头、堵头、法兰胀口、焊口等位置仔细检查有无泄漏。达到要求压力后，稳定10~15min，然后将压力降至工作压力的1.2倍，恒压10h以上无渗漏，则为合格。合格后按规定对炉管进行吹扫。

加热炉投用前的试压多用水蒸气进行，达到要求压力后稳定10~15min，检查炉管无泄漏即为合格。

2）点火前检查

点火前应对炉子的炉管、零部件、附属设备、工艺管线、仪表等进行全面检查，确认工艺流程无误，所有设备及零部件完好齐全，设备及管内无杂物，仪器、仪表操作灵活方便，数据真实准确。

用蒸汽贯通炉管系统所属的工艺管线及设备，确保工艺流程畅通。当所有检查全部结束后，将原料油、燃料油、燃烧气及雾化蒸汽分别引入加热炉内。雾化蒸汽引入时注意排放冷凝水，以防水击。

3）点火

点火前必须向炉膛内吹扫蒸汽约10~15min，将残留在炉内的的可燃气体清除干净，直至烟囱冒出水蒸气后再停止吹扫蒸汽。点火前还应检查烟道挡板，防爆门，看火门，燃烧器的油阀、汽阀、风门调节等是否灵活好用，检查炉膛灭火蒸汽管线及其他消防设施等是否齐全完备。待一切正常后才可点火。

点火时应根据油-气联合燃烧器使用的燃料情况进行操作。如烧油时，应在气体燃料的喷嘴内通入适量蒸汽，防止喷嘴被油或其他异物堵塞（若烧气时则应将油嘴内通入蒸汽进行保护）。将燃烧器的风门调至1/3的开度，若开度太大则不易点火。

将已点燃的浸透柴油的点火棒放在燃烧器的喷嘴前，把雾化蒸汽阀门稍开大一点，然后将油阀打开，点燃后慢慢调整油、汽比例，使燃料油充分雾化，完全燃烧，根据燃烧情况将燃烧器的风门、油门和汽门调节合适。

4）烘炉

在加热炉开工操作中，对新建及停工时保温进行修补过的加热炉，点火前需烘炉。烘炉的目的是为了缓慢地除去炉墙在砌筑所存在的水分，并使耐火胶泥充分烧结。烘炉前应先打开全部人孔、防爆门，并开启烟囱自然能通风5天以上，把表面水尽量蒸发掉。然后将人孔、防爆门关闭，把烟囱挡板开启约1/3的开度，给炉管内通入蒸汽进行暖炉。当炉膛温度缓慢升温后，即可点着燃烧器。在烘炉过程中应尽量使用气体燃料，以便于控制升温速度。

在烘炉过程中炉管内应始终通入水蒸气，以保护炉管不被干烧。应严格控制蒸汽出口温度，碳钢炉管不超过400℃、合金钢炉管不超过500℃。烘炉升温速度应按照烘炉升温曲线要求进行，防止温度突升突降。

烘炉时，第一次恒温（110℃或150℃）是为了除去炉墙中自然水，第二次恒温（320℃或350℃）是为了除去墙中的结晶水，第三次恒温（500℃或550℃）是为了使炉墙中的耐水泥充分烧结。烘完后，炉膛以20℃/h的速度降温，降至250℃时熄灭炉火，降至100℃时进行自然通风。烘炉结束后应对炉子全面检查，发现问题及时处理。

（三）管线、容器吹扫及贯通

1. 吹扫、贯通的目的

新安装设备和管道在开工前均需用风或蒸汽贯通，目的是排除管道设备中的焊渣、铁锈等杂物，进一步检查工艺流程是否正确、管线是否畅通，初步检查管线、阀门、法兰是否泄漏，操作人员进一步熟悉流程。

2. 吹扫、贯通注意事项

（1）吹扫、贯通前应将管线上的孔板、调节阀、流量计拆开，关闭仪表引线，以免损坏仪表。

（2）各机泵前和换热设备入口处加过滤网，以防杂物混入，损坏设备。

（3）贯通时按工艺流程的先后顺序进行，确认流程畅通，用蒸汽吹扫时防止超压。

（4）在引蒸汽入装置过程中，应先稍开蒸汽暖线，并打开低点放空阀进行切水，以防水击和热胀冷缩，发生故障，然后逐步开大到工作压力。

（四）设备和管道的试压

1. 试压的目的

试压的目的是检查施工质量，暴露设备的缺陷和隐患，在开工前加以解决。

2. 试压规定

（1）用蒸汽试压，试验压力为操作压力的 1.1 倍；用水试压，试验压力为操作压力的 1.5 倍；试验压力低于 0.2MPa 时按 0.2MPa 试压。负压操作设备，需进行抽真空试验。试压产生的水由引线排入污水处理系统。

（2）加热炉、换热器用水试压，试验压力为操作压力的 1.5 倍，在此压力下，保持 5min 不降压，不渗、不漏即为合格。

（3）对管道、塔、容器试压时，压力不能升得太快，严防超压。

（4）试压时如发现问题应泄压放空后再进行处理，而后重新试压，直至合格为止。

3. 试压检验注意事项

（1）试压时严格遵守试压规定。

（2）管线在试压中，先开一点终点阀，听其流动声音，检查是否畅通。设备试压时要在最高点排空，使介质充满整个设备。

冷换设备用蒸汽吹扫贯通时，不通蒸汽的管程要打开放空阀，防止另一管程憋压，损坏设备。

（3）升压时要缓慢，不能骤升，升到试验压力后，保持 5min，然后降至操作压力进行检查。检查焊口、人孔、法兰、热偶等处有无渗漏、变形、裂缝等。出现泄露停止升压，水引入污水处理，检修后再试压。

（4）试压时有安全阀的地方要关阀门或加盲板，以防将安全阀顶开。

（5）试压用压力表要好用准确，符合使用要求。

（6）做好试压记录，负责试压人应签字。

（7）试压检验完毕后应排净水、汽。

（8）试压时要做好安全工作，安排好人员，减少装置区域内人数，以防水、汽冲出伤人。

（五）新建装置水联运及仪表调试

1. 水联运的目的

（1）进一步冲洗管线、设备内的杂质。

（2）进行仪表控制系统的检查和调试，如温度、压力、流量、液位的显示与调节，检查二次表或 DCS 的调节信号与现场执行器的对应关系。

（3）进一步检查机泵的运转方向是否正确及暴露其他运行问题。

2. 水联运的准备工作

将吹扫、贯通时拆开的仪表、流量计、法兰、低点放空阀等恢复到位。将新鲜水、蒸汽引入装置，联系电工给各离心泵送电，联系仪表工做好仪表的启动工作。

3. 水联运主要过程

（1）中间罐和成品罐单独进行水联运，水分别循环回混合罐。为节约用水要先进行中间罐和成品罐水联运。水联运时要拉开自动滤机和人工式滤机的滤板，防止水进入滤机，损坏滤布滤纸。

（2）向混合罐加入新鲜水，开启进炉泵抽水经炉至蒸发塔，启动自动滤机进料泵到滤机前循环回混合罐。有些装置有原料脱气罐的，要开原料脱气塔进料泵，原料脱气塔有液面后，再开进炉泵。

（六）装置开工操作

新装置竣工验收后或装置大修后，应按正常开工步骤进行开工。

1. 开工准备

1）开工前的准备

（1）清除装置内一切杂物，人行道、检修道畅通无阻，装置卫生清洁。

（2）清理排水沟、下水道、下水井。

（3）常用工具、用具、记录本、记录纸等齐全。

（4）准备好脱氮剂。

（5）原料罐中原料不含水，否则车间有权要求调度切换原料罐，电精制罐电极通电试运正常。

（6）对整个装置尤其脱氮系统工艺管线、阀门、控制阀、剂罐、渣罐、电精制罐、静态混合器、机泵等设备进行认真检查，并参照有关规范是否达到质量标准及开工条件。

（7）电器设备接地要求合乎标准，水、电、汽、风等达到开工生产的要求。

（8）检查仪表控制阀、电偶、温度计、孔板、流量计、液位计等是否好用。

（9）检查装置动力电缆及照明线路是否接通，安装位置是否合理。

（10）检查各人孔是否封好，管线、机泵等设备安装的盲板、过滤网是否按要求拆装。检查采暖通风系统是否完善。检查装置现场有无杂物，尤其是脱氮系统高空处有无废料，检查装置地面是否平整，准备好开工工具及用具。

（11）操作人员应学习熟悉开工方案、流程及设备操作方法。

2）装置内场地清理及设备安装检查

（1）清理场地，排除障碍物，检查建造和检修的质量。

（2）下水道要保证畅通，无脏物、易燃物。

（3）检查塔、加热炉、冷换设备、机泵等的人孔、法兰、液面计、阀门、采样口、放空阀等设备是否符合设计要求并处于良好状态。

（4）检查工艺管线配管是否合理。

（5）确保各机泵上的压力表，电流表、放空阀等符合设计要求，量程合适，并画上红线以示标记。

（6）各压力表、真空表、温度计的标定不超期。

3）安全检查

（1）检查所有施工项目是否合乎安全规定。

（2）检查消防设施是否完善，灭火机是否处于良好的备用状态。

（3）工艺设备、电器设备接地必须良好。

（4）检查装置内应拆、应装的盲板是否装完。

4）对外联系工作

（1）与调度联系，了解处理油品品种、原料罐号、质量、油量、油温并做好记录。联系调度，做好水、风、汽、燃料气、燃料油等的供应工作，并通知有关单位做好配合工作。

（2）联系化验室，做好馏出油分析化验的准备工作。

（3）联系调合，准备好产品贮罐。

（4）联系电工，做好动力电、仪表电送电及启动的准备工作。

（5）联系仪表做好仪表启动准备工作。

（6）联系钳工做好机泵的启动准备工作。

5）开工用品准备工作

（1）滤机装好滤布、滤纸，并使滤机处于备用状态。

（2）准备足够的润滑油，各机泵按三级过滤要求加好润滑油，并进行单机试运转合格。

（3）相关文件资料、交接班日记、操作记录、各种工具、用具准备齐全。

（4）通信设备好用，照明设备齐全。

（5）准备好火种、点火棒等点火用品。

（6）白土罐收满白土。

（7）收好燃料油，脱净水，燃料油加温至80~95℃。瓦斯罐脱液，燃料油、气引至加热炉前，燃料油进行循环。

2. 进料小循环

准备工作做好后，装置开始进料，进行冷循环。

（1）启动原料泵抽罐区（油槽）的原料油经加热器、换热器换热后进入混合罐。

（2）混合罐液面达到一定高度（30%~50%）时，启动进炉泵抽油进加热炉，再至蒸发塔。有原料脱气塔的混合罐的油抽至原料脱气塔后，再用进炉泵抽油至加热炉、蒸发塔。

（3）蒸发塔的液面达到一定高度（30%~50%）时，启动自动滤机进料泵，经塔底换热器和自动滤机进料温度控制冷却器后，到达自动滤机前回流线回到混合罐。

（4）当混合罐、原料脱气塔、蒸发塔液面平衡稳定后，停原料泵，按以下流程进行冷循环：混合罐→进炉泵→加热炉→蒸发塔→自动滤机进料泵→塔底换热器→冷却器→自动滤机循环线→混合罐。如有原料脱气塔的在混合罐后经脱气塔进料泵和脱气塔后再至进炉泵。

（5）上述操作可根据需要，逐步启动各控制仪表。

（6）建立冷循环系统，检查各管线、阀门、容器、仪表等设备运行情况，若无问题则准备点火升温。

（7）装置进油后按规定开始操作记录。

3. 循环升温脱水

（1）先改好塔顶馏出油流程，冷却塔馏出物，流程为：蒸发塔顶→塔顶冷却器→真空缓冲罐→油水分离器。

（2）向塔顶冷却器适当给上冷却水。

（3）加热炉按加热炉操作规程开始点火升温，控制好炉出口升温速度不能超过50℃/h，炉膛升温速度≤75℃/h。

（4）炉出口温度达120~150℃时为恒温脱水阶段。启动真空泵，改好蒸发塔真空系统流程。真空度应尽可能大，以有利于水分分离。

（5）脱水期间，严格监视真空系统，不得产生正压，若产生正压，则将蒸发塔顶排空阀打开，进行排空，同时将炉进料量适当降低，保持减压下脱水。

（6）当系统真空度明显上升、蒸发塔顶温度下降、塔底温度上升时，则表明水基本脱尽。

（7）逐步调节炉出口温度至工艺指标。

(8) 蒸发塔有汽提蒸汽的可开汽提蒸汽。

(9) 循环脱水期间要严格监视，混合罐温度≤90℃，以免造成突沸。

4. 加入白土大循环

(1) 按以上流程平稳操作，小循环系统基本脱净水后，启动白土下料系统，进行手动下料，白土下料量按油品进炉流量的3%加入。

(2) 适当开自动滤机进料温度控制冷却器的冷却水，调节进自动滤机的温度。当油品温度达到自动滤机进料温度控制指标时，停小循环，油品进自动板框过滤机过滤后到一次过滤滤液罐(中间罐)。

(3) 一次过滤滤液罐液面达30%~50%时，启动一次过滤滤液罐的真空系统，启动二次过滤机进料泵抽油经人工板机前的循环线回混合罐，建立中循环(有些装置没有中循环)。其目的是防止自动滤机、一次过滤滤液罐、管线、机泵内残留的水破坏滤纸。

(4) 当二次过滤进料泵出口采样不含水时，停止循环，改进二次过滤人工板框过滤机后回成品脱气塔。

(5) 当成品脱气塔液位达30%~50%时，开塔的抽真空系统。成品脱气塔如果有氮气汽提的，可开氮气汽提，但真空系统和氮气汽提不能同时开，要关闭其中的一路。

(6) 启动成品泵抽油经与原料换热和成品冷却器，由成品阀组处的循环线回混合罐，建立装置大循环。流程为：混合罐→进炉泵→加热炉→蒸发塔→自动滤机进料泵→蒸发塔底换热器→冷却器→自动滤机→一次过滤滤液罐(中间罐)→二次过滤进料泵→人工滤机→成品脱气塔→成品泵→成品原料换热器→成品冷却器→混合罐。

(7) 以上操作可根据各容器液面情况，适当启动原料泵抽原料油做补充。

(8) 装置进行大循环，自检采样合格后，联系分析站进行采样分析，油品分析合格，联系调度，成品改出装置，装置停止循环，转入正常生产。

5. 正常生产

(1) 油品分析合格后，联系调度通知有关单位改好流程，成品送出装置。

(2) 联系罐区做好原料供应工作，启动原料泵抽原料油转入正常生产。

(3) 白土加料机改为自动控制，按工艺要求量加入白土。

(4) 搞好物料平衡，及时调节各项操作参数，各工序控制点按工艺指标控制。

(七) 存油开工

装置存油开工是指装置把白土过滤完毕后，不退油不吹扫而进行临时停工后的开工。

1. 检查装置存油情况

(1) 检查各容器、塔的存油情况，根据存油多少，确定首先启动的设备，为了节约时间，可首先将成品塔和一次滤液罐(中间罐)的油抽至混合罐，以减少进人工滤机和大循环的时间。

(2) 成品塔(容器)存的油，启动成品泵经大循环线抽油。油抽空后停泵。

(3) 一次滤液罐(中间罐)的油，用人工滤机进料泵经人工滤机前的循环线抽至混合罐。

2. 建立冷循环

(1) 混合罐有液面后，启动进炉泵抽油进炉至蒸发塔。

(2) 根据混合罐的液面情况，可启动原料泵抽罐区原料油进入混合罐进行补充，混合罐油多时，不需启动原料泵补充。

(3) 蒸发塔有液位时，启动自动滤机进料泵，经自动滤机进口循环线，回至混合罐。

(4) 以上步骤可根据塔、容器有存油情况，只要泵不抽空，可同时启动各泵，尽快建立冷循环。冷循环流程为：混合罐→进炉泵→加热炉→蒸发塔→自动滤机进料泵→塔底换热器→冷却器→自动滤机循环线→混合罐。

(5) 各容器、塔液面控制到正常操作要求后，根据混合罐液面情况，停原料泵。

3. 循环升温脱水

(1) 建立冷循环时，加热炉一旦有进料，就按照加热炉点火步骤，点着加热炉的所有长明灯。加热炉增点火嘴，逐步升温。炉出口温度在100℃以下时，加大升温速度，100℃左右时减缓升温速度，以防造成油带水突沸。

(2) 过热蒸汽可先开低点放空进行脱水。

(3) 蒸发塔液面稳定后，开蒸发塔真空系统。

(4) 蒸发塔底温度达到100℃时，开塔汽提蒸汽。

(5) 升温脱水时，应加强油水分离器的脱水，检查脱水情况，脱水明显减少后，加大升温速度至工艺卡片要求，循环时循环量要尽量提大。

4. 建立大循环

(1) 当自动滤机进口温度达到工艺要求后，停自动滤机循环，油经自动滤机后，至一次滤液中间罐。

(2) 一次滤液中间罐见液面后，启动罐的真空系统。启动人工滤机进料泵，经人工滤机进口循环线至混合罐。当人工滤机入口达到工艺条件后，进一台人工机，或直接进人工滤机至成品脱气塔(罐)。

(3) 成品脱气塔(罐)有液面后，启动成品泵，走大循环线，进混合罐。同时启动成品脱气塔(罐)的真空系统。

(4) 建立装置大循环。流程为：混合罐→进炉泵→加热炉→蒸发塔→自动滤机进料泵→蒸发塔底换热器→冷却器→自动滤机→一次过滤滤液罐(中间罐)→二次过滤进料泵→人工滤机→成品脱气塔→成品泵→成品原料换热器→成品冷却器→混合罐。

5. 停止循环转入正常生产

(1) 建立大循环脱水后，混合罐温度达到80℃以上时，启动白土加料机按工艺卡片加白土。

(2) 联系采样分析，油品合格后，停止循环，启动原料泵，转入正常生产。

6. 存油开工的注意事项

(1) 根据油品到达的部位，逐步检查管线、阀门、容器、仪表、设备运行无问题后，才继续进行操作。

(2) 根据各容器液面情况，可间断启动原料泵抽罐区油做补充。

(3) 对于部分设备存油，部分设备进行检修的存油开工，检修的设备要打开低点放空脱水，必要时用风吹扫，将水赶出，同时升温时一定要防止造成突沸。

二、停工操作

(一) 停工前的准备工作

(1) 职工认真学习停工方案，进行HSE确认。

（2）联系电工、仪表、钳工、罐区等单位做好停工的配合工作。

（3）准备有关消防器具，做好安全环保工作。准备好停工吹扫用的胶管、废油回收桶、铁铲等。

（二）停工步骤

（1）接停工通知后，停白土下料，原料泵停止进料。

（2）合格成品继续送出装置，将各容器、塔的液面适当拉低，减少污油量，平稳后，成品停出装置改大循环。大循环流程为：混合罐→进炉泵→加热炉→蒸发塔→自动滤机进料泵→蒸发塔底换热器→冷却器→自动滤机→一次过滤滤液罐（中间罐）→二次过滤进料泵→人工滤机→成品脱气塔→成品泵→成品原料换热器→成品冷却器→混合罐。

（3）装置改循环后，炉出口温度逐步降低至150℃，降温速度不能太快，炉出口40℃/h，炉膛100℃/h，但要保证自动滤机的进料温度，防止滤布黏死。

（4）根据需要停止各冷换设备的供水，停止真空泵运转，关闭塔汽提。单独供水的停水前要通知相关车间，以防水管憋压。冬季要做好防冻凝工作。

（5）当自动滤机进料泵出口处采样目测不含白土渣时，将炉膛温度降至350℃以下，熄灭炉火，视情况燃料油系统循环或扫线12h，若烧瓦斯，则关瓦斯阀，并扫线8h。

（6）装置如存油停工，则相继停各泵，关闭泵进出口阀，以防设备间窜油或跑油。

（7）若要求装置不存油时，继续按下列（8）~（10）步骤停工。

（8）大循环达到油中不含白土后，按装置生产流程，依次将混合罐、蒸发塔、中间罐和成品塔的油退到调度指定的罐。各滤机停进油后，必须及时清扫干净，并且放干净渣斗存渣，人工滤机将滤纸卸掉。

（9）将装置内的主要容器存油退至调度指定的罐后，用风吹扫装置内的残油，以尽量回收油，减少吹扫时的污油。

各装置的流程不同，吹扫流程也不尽相同，大致流程如下：

① 原料泵出口→原料换热器→混合罐；

② 原料泵出口入口→原料罐；

③ 进炉泵出口→加热炉→蒸发塔→塔顶冷却器→油水分离器→真空罐（泵）；

④ 进炉泵入口→混合罐；

⑤ 自动滤机进料泵出口→换热器（冷却器）→一次过滤滤液罐（中间罐）；

⑥ 自动滤机进料泵入口→蒸发塔；

⑦ 人工滤机进料泵出口→二次滤机→走循环线至混合罐或成品脱气塔→滤机出口给汽→成品脱气塔；

⑧ 人工滤机进料泵入口→一次过滤滤液罐（中间罐）；

⑨ 成品泵出口→成品原料换热器→成品冷却器→成品罐区、成品泵入口→成品脱气塔→冷却器→油水分离器→真空罐（泵）；

（10）将吹扫后的残油送到调度指定的废油罐。流程如下：

① 成品脱气塔中的存油外退流程：成品脱气塔→成品泵→成品与原料换热器→成品冷却器→成品阀组→罐区。

② 一次过滤滤液罐（中间罐）的存油外退流程：一次过滤滤液罐→二次过滤进料泵→人工滤机循环线→混合罐进料口前→转成品阀组→罐区。

③ 蒸发塔中的存油外退流程：蒸发塔→一次过滤进料泵→塔底换热器→冷却器→自动

板机前转循环线→混合罐进料口前→转成品阀组→罐区。

④ 混合罐、滤机污油罐中的存油外退。用进炉泵抽至蒸发后，按蒸发塔流程退至罐区。也可根据装置的实际流程走其他流程退油。

⑤ 蒸发塔顶的馏出物可退到燃料油罐或隔油池。

⑥ 确认各容器的存油完全抽空后，停止各泵（为防止仪表显示假液面，必须到现场查看液位计确认容器真实液面状况）。

⑦ 用风扫线后各塔、容器内的存油再按上述流程退油。

⑧ 根据工艺要求确定用蒸汽吹扫管线。

（三）装置停工及注意事项

（1）在装置循环前，降低各塔、容器液面，尽量减少存油。

（2）装置循环时尽量加大循环量，在保证各容器、塔液面平衡的前提下，为使混合罐、原料脱气罐、加热炉、汽提塔、一次过滤滤液中间罐等含白土较多的容器、塔内的残余白土尽快清除干净，液面要反复控高、控低，以增加油品对容器壁的冲洗作用。循环时间一定要保证，使装置内的白土全部过滤出去，特别是备用泵、设备副线及长期不用的管线。

为减少过滤机污油罐（吹扫污油和滴落盘回收污油罐）内积存的白土渣，可通过自动滤机吹扫线和人工板机滴落盘放油到污油罐，再用泵抽至混合罐，从而带走过滤机污油罐内大部分白土。

为了尽量减少装置内的污油量，在装置停止进料及停止下白土的同时，启动泵将滤机污油罐中的存油抽空，送进混合罐，参与大循环。

（3）退油时一定要到现场检查，防止机泵长时间抽空，损坏机泵及发生跑油、冒油、窜油事故，做到停得稳。停泵后关闭好各机泵冷却水。用风吹扫时，油温要低于闪点20℃。

（4）在吹扫前，各容器的低点放空需吹通，或拆开处理通。停工吹扫过程必须做好与调度及有关单位的联系工作，逐条进行冲洗、吹扫流程，不得遗漏，并且管线吹扫落实专人负责制，认真详细按照《设备管线吹扫记录表》记录好管线名、吹扫时间并交接清楚。

（5）在用蒸汽吹扫前蒸汽必须脱净冷凝水，开阀时慢慢开大，防止水击。必须确认流程畅通，打开高、低点放空阀，防止容器超压。

（6）用蒸汽吹管线时必须用中断间歇式吹扫，即吹吹停停，确保管线吹扫干净，不存余油。

（7）泵进出口管线若有几条支线的要分别吹扫，不能同时吹。多路同时进行吹扫的管线避免留有死角。

（8）吹扫排空时，排放出的废水、废油禁止排入下水道，以防污染，必须排入废桶中或其他容器中以便回收。

（9）吹扫时流量计要走副线，防止损坏计量设备。

（10）并联设备要逐台进行，设备正、副线先并联吹扫后轮换，最后并联吹扫，调节阀的正线吹扫要求阀门和放空阀打开，蒸汽量要小。

（11）换热器正、副线都要吹扫，但以正线为主。吹扫经过的水冷器，要先关闭上、下水阀，并打开放空阀排净存水。换热器有一程吹，另一程不吹时，不吹扫的管程或壳程要放空。

（12）吹扫时，凡是拆法兰放空的地方，必须用石棉布盖好放空口，以免污物弄脏设备。

（13）吹扫时必须联系仪表工，对相关的仪表引压管线进行必要的吹扫处理。

（14）停止吹扫时要先将吹扫设备的阀门关闭后再停蒸汽。

（15）停止吹扫后，装置技术人员协同操作人员，要对吹扫过的管线进行逐一吹扫放空，检查吹扫质量，对吹扫不干净的管线，进行补吹。

（16）吹扫完毕和冷却泄压后，对进出装置管线加好盲板。塔、容器等设备自然冷却到常温后自上而下打开人孔(打开人孔时，为防止塔、容器内有压力，造成伤人事故，人孔螺栓不能一下子拆下来，要缓慢拆松螺栓，轻轻将人孔撬开透气，待塔、容器内消压后才能全部打开人孔，在此过程中人要站在安全的位置，绝不能正对塔、容器泄压处)。塔、容器自然通风 24h 后，联系分析站采样分析，分析达到标准并经试火合格后，方能交检修部门施工。

（17）停工、吹扫过程要做好记录。遇到问题及时向车间反馈。

（18）在施工过程中发现吹扫不净、漏吹的管线，要立即停止施工，做好补吹方案，统筹安排好吹扫时间，杜绝边吹扫边施工的不安全行为。

（四）蒸汽吹扫流程

各装置的流程不同，吹扫流程也不尽相同，大致流程如下：

（1）原料泵出口→原料换热器→混合罐；

（2）原料泵入口→原料罐；

（3）进炉泵出口→加热炉→蒸发塔→塔顶冷却器→油水分离器→真空罐(泵)；

（4）进炉泵入口→混合罐；

（5）自动滤机进料泵出口→换热器(冷却器)→一次过滤滤液罐(中间罐)；

（6）自动滤机进料泵入口→蒸发塔；

（7）人工滤机进料泵出口→二次滤机→走循环线至混合罐或成品脱气塔→滤机出口给汽→成品脱气塔；

（8）人工滤机进料泵入口→一次过滤滤液罐(中间罐)；

（9）成品泵出口→成品原料换热器→成品冷却器→成品罐区、成品泵入口→成品脱气塔→冷却器→油水分离器→真空罐(泵)。

滤机废油集油罐、油洗除尘罐等根据各装置的流程不同，吹扫线路也不同。

（五）加拆盲板要求

1. 装盲板

装盲板应按盲板图严格执行，防止漏装。加盲板的阀门一定要处于关闭状态，盲板位于靠吹扫过的法兰处，盲板两侧的垫片要放正，靠有物料端须放新垫片，可燃气体、轻油管线的盲板法兰必须全部上齐螺栓，螺帽满扣。盲板加好后，车间安全员对照盲板图编号，挂好盲板标志牌，并通知上级安全部门牵头组织有关专业部门共同检查确认。盲板材质、厚度要求如表 6-6 所示。

表 6-6　盲板材质、厚度要求

管径/mm	材　质	厚度/mm
$DN \leqslant 150$	A3 钢板	≥3
$150 < DN \leqslant 250$	A3 钢板	≥5
$250 < DN \leqslant 300$	A3 钢板	≥6
$300 < DN \leqslant 400$	A3 钢板	≥8
$DN > 400$	A3 钢板	≥10

2. 拆盲板

拆盲板时按盲板的编号进行，拆后将编号交回专业管理人员。拆盲板时按要求务必更换垫片。

（六）防止硫化亚铁自燃

为了防止装置停工检修设备内部硫化亚铁自燃着火发生烧坏设备的事故，确保检修工作顺利进行，应做好以下几点工作：

（1）硫化亚铁自燃风险大的设备和部位是真空系统，应作为装置停工时的重点监护对象，并把风险评估结果及防范措施告诉职工，让职工提前做好准备。

（2）在停工之前，在真空系统的换热器、容器人孔附近应准备好消防蒸汽或水管，并安排人员检查落实，确保措施到位。

（3）装置经停工吹扫，从打开塔、容器的人孔至垢物被完全清理期间，车间要安排人员加强值班监视，防止硫化亚铁自燃损坏设备。

（4）对可能存有硫化亚铁的容器打开人孔后，应及时通入水进行喷淋或浸泡。值班人员应对塔、容器的温度进行严密监视，并适当缩短巡检时间间隔，发现异常情况立即汇报并做处理。巡检人员还要注意个人防护措施的落实，防止发生中毒事故。

（5）施工单位和车间应互相配合，抓紧对塔、容器内垢物的清理工作，尽可能缩短清理时间，及时消除隐患。

（6）对水浇不到的部位，若发生硫化亚铁自燃时，可往里面通入蒸汽，外部也可用水浇淋进行强制冷制，必要时封回人孔再进行处理。

（7）对可能存有硫化亚铁的换热器在停蒸汽后，关闭进、出口阀，通入适量蒸汽进行保护，为防憋压，可稍开放空阀。抽芯作业时，对已打开封头或抽出芯子的换热设备应及时把壳体及芯子清洗干净，不得延迟，以防硫化亚铁自燃。

（8）对于从设备内部清理出来的硫化亚铁，施工单位必须装袋（桶）后集中存放在车间指定的安全地点，按规定办理固体废物处理手续，运输到指定地点填埋，严禁将工业垃圾倒入厂区垃圾池。

（七）脱氮装置正常停工

1. 装置停工操作

（1）停工指令下达后，关闭脱氮溶剂罐出口阀，停加脱氮剂，即停脱氮剂计量泵。

（2）将稳定罐出口线关闭。计量泵、管线用轻质油置换打开，从溶剂罐出口，用风将加剂线吹扫不少于10min，然后关闭加料喷嘴剂线截止阀，并缓慢打开截止阀前低点放空阀，将加剂线中的残余物排入事先准备好的塑料桶。

2. 电精制罐的倒油操作

（1）装置停工后，电精制罐继续通电沉降。关闭电精制罐顶部出口阀，同时打开其顶部放空阀，打开底部排废渣阀将脱氮剂废渣排入废渣罐；打开电精制罐底部卸渣管线低点放空阀检查排渣情况（低点放空出口至防酸桶内），直到见油才停止排放废渣。

（2）停止白土装置原料泵运转，转好电精制罐倒油流程，其流程为：电精制罐→脱氮剂计量泵→白土混合罐。

（3）启动脱氮剂计量泵，控制好白土混合罐的液位，直到泵抽空为止，停泵，关闭倒油流程各阀门。

（4）重新启动原料泵，恢复白土装置的正常运行。

3. 废渣罐排渣操作

（1）联系收废渣单位将废渣罐废渣油抽送干净，并在其底部用1.0MPa蒸汽进行吹扫，冬季用蒸汽吹扫后，再用风扫。扫线时，先将阀开度控制在较小的位置，使管线中的废渣缓慢顶入废渣槽车，待管线顶通后，再稍开吹扫阀，将线扫净。废渣槽车料位不能装得过满，给扫线留出空间。扫线过程控制好，避免汽或渣溅出污染环境或伤害人体。其扫线流程：废渣罐出口→脱氮剂渣装卸泵副线→至废渣车。

（2）当装置大停工时，先对电精制罐进行吹扫，吹扫形成的污水自流到废渣罐内，然后对废渣罐进行吹扫，将吹扫形成的污水由脱氮剂渣装卸泵抽送至废渣车；当需要检修剂罐时，必须将罐中存剂抽空。

（3）当装置管线、塔罐吹扫完毕后，再停伴热。

第八节　仪表与自动控制

白土精制装置进料补充精制原料油的黏度大，自燃点低；用于精制吸附的活性白土是粉末状物质，与精制原料油的混合物料的流动性差，易堵塞管道等。因此不仅要求控制系统具有先进性，更应具有安全性和灵活性。

一、自动控制水平

装置采用DCS集散控制系统，DCS集现场信号采集、动态显示、自动控制、电气设备（泵）遥控操作及联锁控制等功能于一体，具有良好的人机界面和丰富的控制运算功能，确保装置连续生产的工艺参数均集中在中央控制室进行控制、指示、记录。对一些操作中变化较大，工艺参数较重要的应设有越限报警。配以适当的操作画面，进行操作和监视。

装置可以独立设置一套DCS，但因为输入、输出点数和控制回路数量不多，因此也可以作为一个操作区与其他装置共用一套DCS。

二、主要自动控制方案

装置控制方案以单参数控制回路为主，少量采用主、副参数串级控制回路。

根据白土加料和白土输送、白土混合搅拌、混合物料加热和蒸发、白土过滤等工艺过程，设置的温度、压力、流量、液位等重要控制如下。

1. 压力仪表控制回路

（1）加热炉用瓦斯压力控制回路；

（2）蒸发塔压力控制回路。

2. 温度仪表控制回路

（1）炉出口温度控制回路；

（2）热蒸汽温度控制回路。

3. 流量仪表控制回路

进炉流量仪表控制回路。

4. 液面仪表控制回路

（1）蒸发塔液面仪表控制回路。蒸发塔塔底液位是采用调节塔底抽出泵的调频电机来实现的。

（2）白土混合罐液面仪表控制回路。

（3）循环罐液面仪表控制回路。

（4）自板中间罐液面仪表控制回路。

（5）手板中间罐液面仪表控制回路。

（6）真空脱气罐液面仪表控制回路。

第九节　典型事故案例分析

一、生产与操作事故

（一）巡检仔细，避免白土装置塔进料段外部着火事件扩大

1. 事故经过

2003年某厂白土装置塔601（蒸发塔）在装置开汽循环的过程中，塔顶进料段外部着火，值零点班的操作工在班前检查发现，及时将火扑灭。

2. 事故原因

（1）该塔为2003年6月白土大修新更换塔体的新塔，开汽时操作参数正常。因塔601顶进料管分液器安装不牢固，在使用过程中脱落，使进料口直对塔壁冲击，造成塔壁冲蚀穿孔。

（2）白土装置在开汽循环过程中，塔601内正负压交替变化，塔顶的混合气体从穿孔处外漏，接触到塔外硬物发生摩擦产生静电引起外泄油气着火。

3. 事故教训

（1）应加强交接班期间的巡回检查，认真做好班前的安全检查工作；从事件本身来说就是在临近交接班时发生的，如果未进行班前的安全检查，就不能及时发现着火，从而使事故的严重性扩大。

（2）通过举一反三，对类似设备做好检查、测厚工作。

（3）车间加强对巡回检查制度执行情况的检查和考核。

（4）加强职工的岗位技术培训和操作技能培训，做好装置的平稳操作，控制好各种工艺参数。

（5）加强职工的反事故演练活动，提高职工对事故的判断和应急处理能力。

（二）动火措施未落实，地下管沟发生爆炸

1. 事故经过

某年某厂白土装置大修时蒸汽往复泵303/304蒸汽管线改造动火，当动火后不久，就听到一声爆鸣，白土区域内的含油污水井盖板被爆炸气浪掀开。

2. 事故原因

（1）白土装置泵房含油污水道与轻白土真空系统排气相连，内部存有可燃气体没处理干净；

（2）动火前安全措施未按火票的要求逐条落实到实处，对泵303/304南排水口（10cm×10cm）未用石棉布覆盖及气封，动火后火花落到排水口点燃含油污水道内的可燃气体，造成

下水道气体爆炸。

3. 事故教训

（1）用火作业前要按火票上的安全措施逐条落实。生产单位、施工单位安全技术人员和火票审批人一定要到现场检查火票上的安全防范措施全部落实后才能签名，同意动火。

（2）加强职工对安全生产规章制度的学习，特别是对用火安全制度的学习，车间管理人员要加强对动火、施工过程的安全检查和监督，落实施工、动火现场的各项安全管理措施。

（三）原料带水，引起停工事故

1. 事故经过

2006 年 6 月 12 日夜班，某炼油厂白土装置在 6 月 13 日 0:00 原料切换油罐，2:00 发现原料进炉压力高，进炉流量下降至 45 格。值班操作工估计孔板流量计堵塞。当时的处理是开大过热蒸汽阀，同时通知仪表修理流量计。但没有什么效果，到 7:00 进炉流量继续下降，进炉泵由电动变频泵改用蒸汽往复泵。情况没有好转，直至交班。

至日班进炉压力维持在 1.5MPa，值班操作工继续使用往复泵，同时减少白土加入量，到日班下班情况明显好转，处理量可以提至 75 格，生产趋于正常。

交班至夜班维持日班操作，发现套管有堵塞现象，班组切换，将 2 组套管顶通。交班时进炉流量可以达到 80 格，每小时提量一次均可以达到 80 格。

6 月 14 日，日班接班以后启用残泵 3 进行容 2 循环。每 2h 提量一次。12:00 发现流量降低，将泵开足，至 15:00 进炉流量下降。此时停加白土，装置改自板循环。停用原料泵泵 1。用蒸汽向炉子扫线不通。装置停工，在停工过程中，外操没有及时将加热炉熄灭。

停工抢修，打开炉子发现炉管已经被白土堵死。设备部门将炉管拆下，用高压水枪清洗疏通。装置直至 6 月 26 日开工进料。

2. 事故原因

6 月 12 日，夜班切换原料罐，原料罐带水严重。由于大量的水在系统内一方面与白土接触沉降结团，另一方面系统来不及脱除的水被带至加热炉，由于温度变化，造成水汽化。表现出进炉压力升高，进炉流量波动下降。当班操作工没有准确判断，没有及时停加白土，而是认为处理量假信号，为保证白土加入比例，不仅没有降低白土加入量，反而增加了白土加入量，造成进炉流量持续下降。

6 月 13 日，日班装置技术人员要求将容 1（白土与润滑油原料混合罐）下面的过滤器拆开，发现没有变色的白土。同时发现套管热旁路有堵塞现象。要求降低白土加入比例，每两小时提量一次。日班与夜班操作正确。生产状态好转。

6 月 14 日，日班切换油罐，原料带水，同样流量波动降低。此时值班操作工同样没有停加白土，认为处理量假信号，反而增加了白土加入量。进炉电动泵出现半抽空现象，改用蒸汽往复泵，但处理量也没有明显上升。至 15:00 进炉流量已经低于装置最小处理量。此时值班操作工才停加白土，将流程改为自板循环。该班操作工处理失当有以下 4 个方面：

（1）没有及时停加白土，以致造成系统内白土堆积越来越多，直至将炉管堵塞。

（2）进炉泵（蒸汽往复泵）出口压力达到 2.0MPa，都已经顶不通系统，用 1.0MPa 蒸汽来吹扫系统更不可能顶通系统。而且用蒸汽的坏处是蒸汽冷凝水与系统中白土混合以后恶化了装置操作。

（3）最后将装置流程改为自板循环也加速了套管和炉管的堵塞。由于自板循环跳开了滤机，原先应该从系统内过滤出来的白土就彻底没有机会从系统中分离出来，而是在系统内循环。这样就自然会在套管与炉管这些易沉积部位积聚，最后堵塞系统。

(4) 加热炉熄火不彻底会使炉管内堆积的白土进行烧结，使系统更加恶化。

3. 事故教训

(1) 首先明确事故的责任不是原料带水，原料带水仅仅是起因，只要处理正确，应该很快就会解决(以前有过类似经历)。事故责任是在操作不当上面。

(2) 原料带水处理原则：加热炉升温，装置流程改手板循环，关闭蒸发塔过热蒸汽，全开塔顶挥发线副线，开足塔底副线，内操控制各个液面，防止冲塔。装置内操可以通过蒸发塔顶底温度差来判断带水情况。

(3) 各班操作人员素质参差不齐。

(四) 馏塔顶跑油事故

1. 事故经过

2001 年 3 月 16 日日班，某炼油厂白土装置馏塔色带指示失灵，操作室内色带指示为 5%，但实际塔液面已满。由于色带指示只有 5%，所以塔底控制阀相应处于全关状态。这样塔里面物料越来越多，直至油从塔顶挥发线流出，沿管线放空至滤机房顶，再从房顶落水管道流到下水道。

2. 事故原因

(1) 直接原因：仪表失灵。

(2) 间接原因：操作工巡检质量差，巡检不到位。巡检过程中未检查玻璃管液面计。

3. 事故教训

按照事故处理的“四不放过”原则，对职工进行分析教育，从中吸取教训，避免同类事故发生。

(五) 手板 4(手动板框过滤机)液压缸泄压溢油事故

1. 事故经过

2007 年 3 月 2 日夜班，某炼油厂白土装置压滤岗位巡检到手板 4 液压缸时，发现板框压力下降，板框内润滑油精制油从滤机中溢出，进行紧急处理。

2. 事故原因

(1) 直接原因。① 滤机连续使用时间较长，平时的维护保养不够。液压系统内存在一定的结垢，造成油路堵塞，液压压力打不上。② 液压系统润滑油长期未更换，发生乳化，影响液压系统操作。

(2) 间接原因。操作人员巡检质量不高，未及时发现压力下降过程。

3. 事故教训

按照事故处理的“四不放过”原则，对职工进行分析教育，从中吸取教训，避免同类事故发生。

(六) 仪表风中断事故

1. 事故经过

2008 年 3 月 23 日日班，某炼油厂 2 套白土精制装置仪表风突然完全中断，所有仪表失去信号，进行紧急处理。内操汇报作业区领导以及调度。由于仪表风中断，所有仪表均处于失风状态，操作室各液位均显示为 0，相关变频机泵均相应变化流量。班长安排外操利用对讲机通信分别对几个重要液面进行现场监控。液控改副线就地控制。首先确保不发生溢油泡油事故。关闭仪表风进装置阀门，开通动力风与仪表风管线跨线阀。各控制阀与液面正常，安排外操进行一一校对，避免出现假信号现象。板框清机用风遵循“单台、小流量、长时间吹扫”原则。动力风压力高于仪表风，出现控制阀仪表风橡皮管脱落，信号失灵。及时联系仪表工修理。仪表风恢复以后，开仪表风进装置阀门，关闭动力风连通阀门，恢复正常生产。

2. 事故原因

管网施工，挖断仪表风地下管线。

3. 事故教训

装置安全预案演练十分必要，只有操作熟练，反应迅速，才能将事故化险为夷。动力风与仪表风切换后要注意板框清机与控制阀仪表风橡皮管脱落情况。

（七）成品油带白土

1. 事故经过

2009 年 12 月 25 日，某炼油厂白土装置日班发现 2 号白土精制装置成品采样样品中有 2 粒黑色固体小颗粒，当时怀疑手板(第二级过滤)滤纸、滤布是否穿孔。当时手板 3 和手板 4 进口压力在 0. 20MPa。当天将手板 4 停用(手板 3 刚换过滤纸、滤布)，对手板 4 进行检查，12 月 26 日更换了手板 4 的滤纸、滤布，使其处于备用状态。要求班组采样时加强对样品进行观察，同时对可能出现窜油的流程进行检查，对可能出现窜油的阀门拆下到钳工进行试压，试压结果为阀门完好，无泄漏。到 12 月 31 日观察情况没有明显好转。12 月 31 日将手板 4 投用，手板 3 停用。将手板 3 打开检查，发现 5 块板框有明显损坏，其中一块打开手扳时已经碎掉。装置当即从备品仓库将库存的备品领出，进行更换，同时将滤纸、滤布进行了更换。更换好以后手板 3 备用。1 月 5 日将手板 3 用上，此时采样情况正常。1 月 14 日日班发现采样瓶又出现黑色颗粒物，当时认为手板 3 刚更换过，问题应该出现在手板 4 上面。立即将手板 4 停用，单独使用手板 3，对手板 4 进行检查与更换滤纸、滤布。到 1 月 18 日日班，9：20 采样发现情况比以前明显恶化，成品已经呈混浊态。意识到手板 3 还是存在问题，将手扳 4 投用，手扳 3 停用。同时联系调度要求做停工处理，1 月 19 日调度安排停工。

2. 事故原因

(1) 直接原因。12 月 31 日之前成品带白土主要原因是手扳 3 有 5 块板框损坏。板框损坏部位集中在板框下部(出口处)。造成需要二次过滤的带白土的润滑油进入板框以后通过破损处不经过滤纸、滤布过滤就进入出口。1 月 20 日对手扳 3 的板框逐一进行检查，发现 12 月 31 日更换的备品板框与手板 3 原有板框在手柄上存在较大差异(第 32 块、第 37 块特别明显)，造成这几块板框在液压下板框之间存在不规则缝隙(最大 5mm)，同时板框出口与前一块滤板也就存在间隙。其次备用板框制造尺寸存在不小差异，经过测量，备用板框出口孔距离内框 3. 5cm，而原有板框出口孔距离内框 4. 5cm。这个尺寸差异，使板框与滤板不匹配，出现间隙。这就造成需要二次过滤的带白土的润滑油进入板框以后通过间隙不经过滤纸、滤布过滤就进入出口。

(2) 间接原因。国产手板规格较复杂，备品、备件也没有统一规格。

3. 事故教训

(1) 将出口孔与内框距离小的板框换掉，统一手板规格，解决目前窜白土的现象，按计划进行开工。

(2) 现有手板因为是逐年改造，所以各个规格均有所差异；并且使用时间都很长了，已逐渐损坏，建议统一规格，全部更新。

(3) 自动板框使用多年，建议进行更新。

(4) 规定每天采样以后，由班长将采样瓶外部擦干，对着日光或灯光进行目测杂质。若发现少量杂质，班长应立即通知工艺员、装置长或作业区值班，查明原因，及时处理，并要求交班；若发现明显混浊，班长则立即通知调度和其他相关人员，停装置进料，改装置循环。

(5) 对可能影响成品质量的流程，进行修改。

(6) 滤机更换滤纸、滤布的质量也会影响成品质量，规定更换滤纸、滤布在班长带领外操、压滤进行，滤布、滤纸安装严格按照相关办法来进行，同时规定需要班长、装置备员、设备员 3 人进行确认。

二、设备事故

(一) 设备维护不及时，泵电机电缆接线头烧坏事故

1. 事故经过

2003 年某厂白土装置蜡白土真空泵电缆头冒烟，值班操作工及时发现紧急停机。经联系电工拆检后确认为电缆头已烧坏。

2. 事故原因

(1) 该电缆为 1979 年投用的铝芯线，使用时间过长，老化现象严重，因操作负荷过大，造成电缆过热引起；

(2) 2003 年初车间已计划更新此电缆，因工程经费问题，未得到安排；

(3) 装置生产任务较重，负荷偏高，相关单位未能及时对该线路进行检查、维护；

(4) 蜡白土东电缆沟有一段因蜡管线拌热蒸汽的影响，长期处于高温状态，造成电缆老化现象加剧。

3. 事故教训

(1) 针对该事件，举一反三，对装置内所有设备是否存在有类似的问题，加强检查；

(2) 加强职工对巡回检查制度的执行，严格按时、按点、按要求、按内容进行检查；

(3) 加强横向联系，及时联系机、电、仪相关单位对装置存在的问题、隐患进行整改；

(4) 加强职工的岗位练兵活动，针对装置可能出现的各种“四停”事故及突发性事故进行演练，加强职工的反事故处理能力。

(二) 馏冷-1(加热炉进料换热器)内套管堵塞事故

1. 事故经过

2005 年 1 月 25 日，某炼油厂白土装置日班内操发现馏塔液面快速上升，同时炉出口温度下降，指示外操去检查后报告冷-1 内套管 1-1、内套管 1-2 均有堵塞现象，温度过低，进行紧急处理。

2. 事故原因

(1) 直接原因：

生产二线透平油(HVI150Ib)处理量小(45 格)管线内流速较慢。白土加入比例为指标上

限(5%)。造成白土在管线内沉降而堵塞。

塔内液面过低使塔内汽提蒸汽窜入冷-1 内，水造成白土与油分离使白土结团沉降于管线内而堵塞。

(2) 间接原因：

外操巡查 20min 前未对冷-1 内套管进行检查。

3. 事故教训

生产高档油油品时，装置要确保一定的处理量，避免由于流速过低造成同类事故发生。

(三) 塔顶挥发线焊缝漏及馏泵(自动滤机进料泵)9 出口法兰连接处裂缝，造成装置循环

1. 事故经过

2011 年 12 月 22 日，由于某炼油厂的糠醛装置处理量较高，同时开工的 2 号白土处理量没有已停工的 1 号白土装置大，所以调度通知 2 号白土停工，1 号白土开工。23 日白班分工进行 1 号白土装置的开工，13:30，开工至炉子升温，装置自板循环；发现馏塔 1 顶挥发线有大量蒸汽冒出，至塔顶检查时，发现挥发线一焊缝有一沙眼，并有扩大趋势。工艺员当即决定炉子熄火降温，停过热蒸汽，同时汇报部门领导及调度。设备员到现场查看后，发现无法进行打卡子的操作，与装置相关人员进行讨论，得出最快最好的解决方案，对该处焊缝所在管线拆走补焊。通知班组人员报修，待维修拆除 3 对法兰，将管线拆下时，沙眼已变成两指大的漏洞。15:10 补焊完成，连接后正常，重新开始升温。

16:00 升温正常，切换馏泵 8 至馏泵 9 时，当班外操发现馏泵 9 启动后，出口法兰与管线焊缝处有油渗出，用吸油棉吸净后发现有大约 4~5cm 的细裂缝，外操立即停用馏泵 9，重新启用馏泵 8，汇报班长及管理人员。管理人员到场检查后确认无法打卡子后决定拆走补焊。16:50 补焊完成安装后启动馏泵 9 正常。

2. 事故原因

(1) 直接原因。2011 年 12 月 23 日塔顶挥发线漏的主要原因是焊缝搪瓷质量不高，长期经受油气等的冲刷，搪瓷结构破损，碳钢腐蚀，导致焊缝出现沙眼以致沙眼不断扩大。

馏泵 9 法兰与管线连接处裂缝主要原因是由于馏泵 8 出口管线与馏泵 9 出口管线相连，且总管线无固定连接。馏泵 8 出口流量不稳，导致管线振动较大，在馏泵 9 出口管线老旧的前提下，法兰与管线连接处焊缝被横向撕裂。

(2) 间接原因。白土原料酸值较高。

3. 事故教训

外操巡检过程中应加强巡检，有问题及时处理上报。在开泵过程中，控制出口流量保持平稳。

第七章　润滑油加氢装置

第一节　概　　述

一、润滑油加氢技术简述

随着机械、汽车制造业的高速发展以及环保和节能要求越来越严格，对润滑油基础油的质量提出了新的标准，单纯用传统技术即纯物理方法生产基础油已经达不到新的需求，必须要靠大幅度提高油品质量才能满足发动机对润滑油更高的性能要求。因而，用加氢法生产润滑油基础油，采用化学方法脱除润滑油原料中的杂质，直至改变原料内部的结构组成，全面改善基础油性质的需求越来越迫切。

20 世纪 60 年代以前，世界上生产润滑油基础油都是采用溶剂精制→溶剂脱蜡→白土精制方法，统称“老三套”工艺。随着加氢技术成熟，由加氢精制与溶剂脱蜡结合生产润滑油基础油的工艺取得长足发展。

80 年代初，美国莫比尔公司(Mobil)开发出的催化脱蜡(MLDW)生产润滑油技术，在澳大利亚莫比尔的阿德莱德炼油厂第一套工业装置建成投产，宣告采用全加氢方法生产优质润滑油时代已经开始。1993 年，由美国雪弗龙(Chevron)公司推出的异构脱蜡(IDW)工艺在美国 Chevron 公司的里奇蒙(Richmond)炼油厂一次投产成功。1997 年，由美国 Mobil 公司开发的选择性脱蜡(MSDW)工艺在其所属的新加坡裕廊(Jurong)炼油厂一次投产成功，标志着采用加氢脱蜡工艺低成本、高产率地生产高档优质润滑油基础油时代的到来。

至此，以加氢法参与润滑油基础油的生产或者通过全加氢直接生产润滑油基础油的技术已经在炼厂得到广泛应用。主要有以下几种形式：

(1) 全加氢工艺；

(2) 加氢精制取代溶剂精制，与溶剂脱蜡、白土精制的组合工艺；

(3) 加氢补充精制取代白土补充精制，与溶剂精制、溶剂脱蜡的组合工艺；

(4) 加氢处理与“老三套”结合提升黏度指数的组合工艺。

二、润滑油全加氢装置构成及技术特点

采用加氢裂化或深度加氢处理装置除去极性物质沥青质、胶质、稠环芳烃等，再配合加氢脱蜡(异构脱蜡、选择性催化脱蜡)除去正构烷烃，由于选择加氢裂化工艺或深度加氢处理工艺，进行饱和开环提升原料黏度指数以后，总会残留一部分饱和不完全的芳烃物质，这种物质最大的缺点是紫外光安定性差，需要采用高压后补充精制来饱和最后的芳烃，解决光安定性问题。这种将加氢处理(裂化或改质)、加氢脱蜡(异构脱蜡、选择性催化脱蜡)与高压加氢补充精制相结合的流程称为“全加氢工艺流程”，该流程用来生产 API Ⅱ类油和Ⅲ类油。

在国内利用环烷基原油生产优质低凝基础油，也采用了三段全加氢工艺，但是这种工艺

的目标产品不是生产高黏度指数的基础油，主要产品对象是工业白油、橡胶填充油和低凝油品，其工艺流程图见图 7-1。因为这种全加氢工艺的目标产品不是生产高黏度指数的基础油，故在后面的章节里不做介绍。

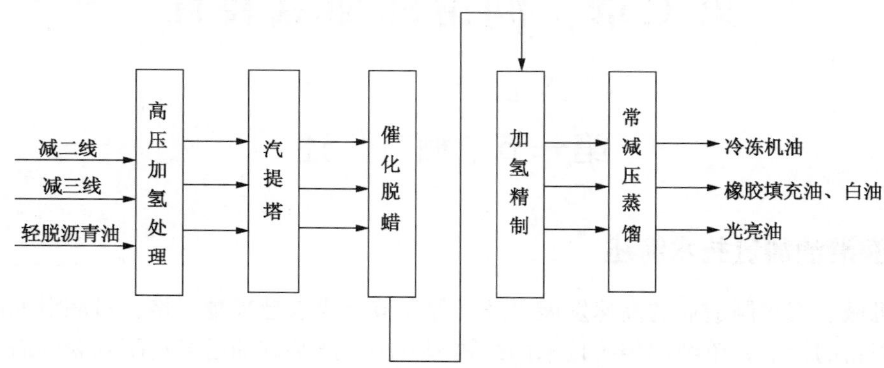

图 7-1　环烷基原油生产低凝润滑油加氢工艺流程图

在此，主要介绍采用加氢裂化—异构脱蜡—加氢后精制联合工艺流程的润滑油全加氢装置及其主要工艺特点，这种全加氢装置主要由加氢裂化反应和分馏、异构脱蜡/后精制反应和常减压分馏以及公用工程等部分构成，工艺流程见图 7-2。

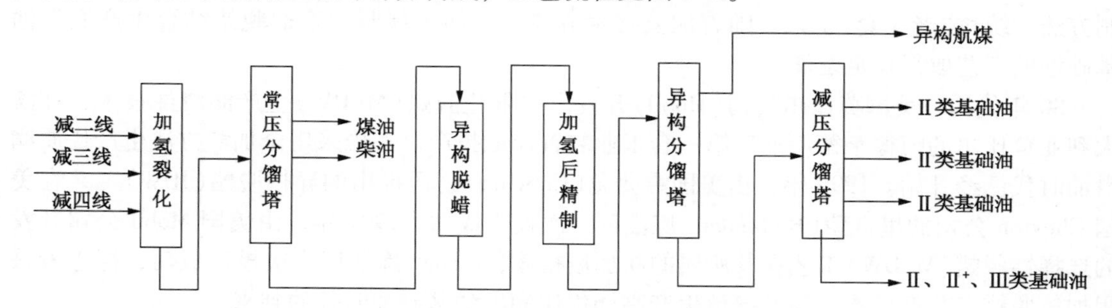

图 7-2　润滑油加氢异构装置工艺流程图

润滑油加氢异构装置主要技术特点有：

（1）装置原料种类多，工况复杂，一般为减二、减三、减四线的 VGO，多种原料进料需要切换操作，产品分布差异较大。为保证装置产品的分离精度，减压塔采用规整填料，减压侧线及部分常压侧线也采用填料搭。

（2）主产品基础油黏度指数高，产品倾点低，且基础油收率高。主要副产品为低倾点的 2.0mm^2/s 基础油、高十六烷值低倾点的柴油，高烟点、低冰点的航煤以及石脑油。

（3）异构脱蜡和后精制催化剂中含有贵金属，要求异构脱蜡进料氮含量<2～5μg/g，硫含量<20～50μg/g，故加氢裂化和异构脱蜡/后精制单元需设计不同的循环氢系统。

（4）加氢裂化催化剂采用器外再生，有利于减少设备腐蚀和环境污染，提高催化剂的再生效果；异构脱蜡及后精制催化剂为贵金属催化剂，在指定的厂家回收贵金属。

三、替代溶剂精制的加氢精制装置构成及技术特点

加氢精制是指在催化剂和氢气存在下，石油馏分中含硫、氮、氧的非烃组分发生脱除硫、氮、氧的反应，含金属有机化合物发生氢解反应，同时，烯烃发生加氢饱和反应。它与加氢裂化的不同点在于其反应条件比较缓和，因而，原料的平均相对分子质量及分子的碳骨

架结构的变化很小。

加氢精制的原料范围极其广泛。就馏分轻重而言，从轻质馏分、中间馏分、减压馏分直至渣油。含硫原油的各个直馏馏分一般都要经过加氢精制才能达到产品规格要求；而石油热加工的产物，还含有烯烃、二烯烃等不安定的组分，就更需要通过加氢精制以提高其安定性及改善其质量。

在基础油生产过程中，加氢精制取代溶剂精制，与溶剂脱蜡、白土精制的组合工艺流程图见图7-3。

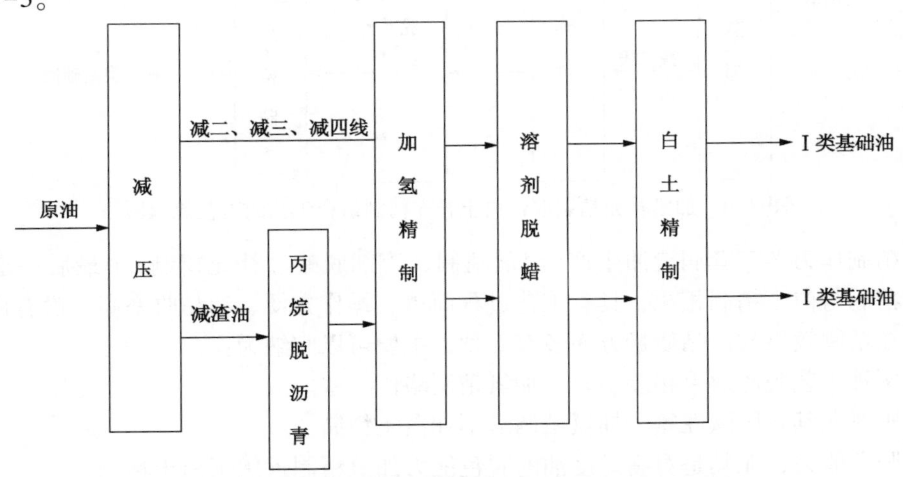

图7-3　加氢精制取代溶剂精制组合工艺的工艺流程图

此加氢精制、溶剂脱蜡、补充精制装置组合的工艺，俗称适应加工含硫中间基原油的“加氢精制型老三套工艺”，该工艺与用低硫石蜡基原油采用溶剂精制与溶剂脱蜡、后补充精制组合的工艺生产矿物Ⅰ类油的“溶剂精制型老三套工艺”称为基础油常规生产工艺。

因为对于基础油原料中的三环至五环芳烃，如果采用溶剂精制将成为非理想润滑油组分被除去，但是如果采用加氢精制，在加氢条件下便实现了芳烃饱和与杂质脱除等，三环至五环芳烃将转化为理想润滑油组分。所以，如果原料为饱和烃含量不高，但是芳烃组分中含有长支链烷基侧链，特别是三环至五环含量高的含硫中间基原油，利用加氢精制与溶剂脱蜡、后补充精制装置结合的“加氢精制型老三套工艺”也能生产优质矿物Ⅰ类油。

四、替代白土补充精制的加氢补充精制装置构成及技术特点

润滑油加氢补充精制不同于加氢处理，它是在较缓和条件下进行的加氢过程，主要是非烃破坏加氢。过程温度低（210～300℃），压力低（2.0～4.0MPa），空速为1.0～2.5h^{-1}，其作用主要是脱除精制、脱蜡后油料中残存的含硫、氧、氮等杂质，以改善油品的安定性和颜色，基本上不改变油料的烃类结构及组成。

加氢补充精制工艺流程一般包括原料处理、加氢反应及生成油后处理三大部分。原料油经过滤、脱气预处理的目的是脱除原料中携带的杂质、微量水、溶剂及溶解的空气等，以保护催化剂和防止设备堵塞。预处理后的原料进入换热器之前与新氢和循环氢混合，再经与干燥塔底油及反应器出来的油换热后进入加热炉。加热到需要温度的原料油和氢气混合物进入固定床反应器，在催化剂存在下进行加氢反应。反应产物与原料油换热后进入高压分离器，从高压分离器分出的氢气经冷却分液后再经循环氢压缩机升压后循环使用。高压分离后的精

制油经减压进入低压(蒸发)分离器，分离出残留氢气及反应中产生的轻烃。低压分离后的油品再经过汽提和干燥，并经换热和冷却、过滤后出装置。加氢补充精制一般被用于润滑油生产过程的最终阶段，即作为溶剂精制后的补充精制(某厂工艺图见图7-4)。

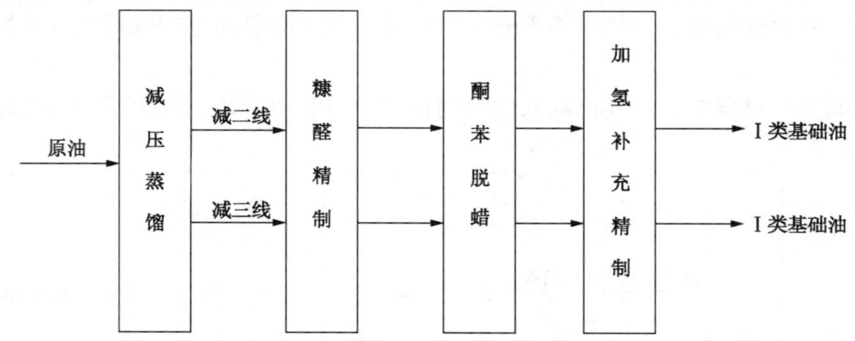

图7-4　加氢补充精制取代白土补充精制组合工艺的工艺流程图

补充精制作为老三套润滑油生产(溶剂精制、溶剂脱蜡、补充精制)中最后一道生产工艺，加氢精制与白土精制相比，具有工艺过程简单、操作方便、油品收率高、没有白土污染的优点。在精制效果与产品质量方面各有千秋，主要可以归纳为：

(1) 两种工艺脱硫效果相差不多，加氢精制略优一些。

(2) 脱氮尤其是脱碱性氮，加氢精制远不如白土精制。

(3) 脱色能力，尤其是对高黏度油的脱色能力加氢精制远优于白土精制。

(4) 氧化安定性如旋转氧弹、紫外光照后及热老化后油品颜色的增长，加氢精制油都不如白土精制油。这点与脱氮效果有关。

(5) 两种精制工艺都存在精制油凝点回升问题，相对而言加氢精制更为明显。

(6) 加氢精制对产品酸值的降低幅度比白土精制大得多。

五、润滑油加氢处理与老三套的组合工艺构成及技术特点

润滑油加氢处理是润滑油生产工艺中较近发展起来的临氢转化生产工艺，它的主要作用是用来改善基础油的黏温性能。这一点与溶剂精制工艺相同。但这两种工艺存在本质的差异。加氢处理工艺采用的是化学转化过程，即在催化剂及氢的作用下，通过选择性加氢裂化反应，将非理想组分转化为理想组分，来提高基础油的黏度指数。而溶剂精制工艺采用的却是物理过程，用选择性溶剂将非理想组分抽提分离，来改善基础油的黏温性能。因而加氢处理工艺有一些不同于溶剂精制工艺的特点，例如：基础油黏度指数比较高，甚至可以达到溶剂精制工艺所达不到的水平；在黏度指数相同时，基础油收率比溶剂精制高；可以得到有价值的低硫副产燃料；能使残渣油料转化成馏分润滑油的基础油；受原料质量限制较小，可以用价廉的劣质原料制取高质量润滑油等。

如果将中压缓和加氢处理与溶剂脱蜡结合，就形成组合工艺。这是生产Ⅱ类基础油为主的工艺技术。将高压加氢处理与溶剂脱蜡结合，形成的组合工艺，产品质量高于缓和加氢处理。也是生产Ⅱ类基础油为主的工艺技术，但是侧重生产重质基础油和光亮油。这两种技术的缺陷是芳烃饱和程度弱，在基础油特性上黏度指数、蒸发损失、低温黏度、抗氧化安定性等方面远不如全加氢工艺。

加氢处理与“老三套”组合工艺的流程图见7-5。

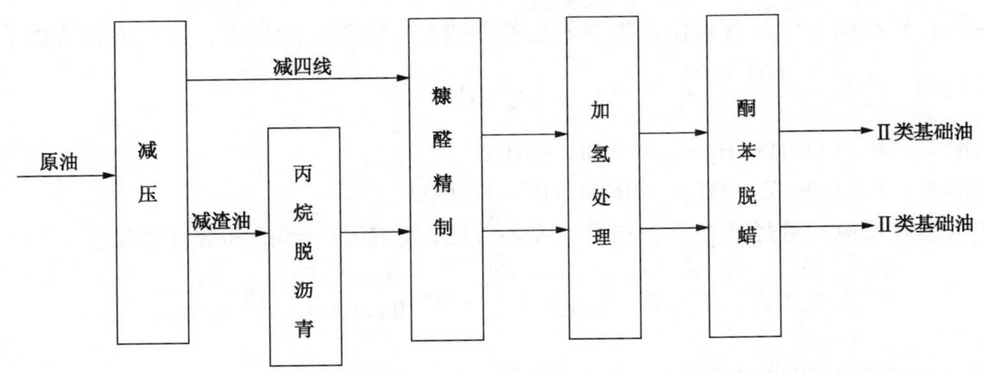

图 7-5 加氢处理与“老三套”组合工艺的流程图

加氢处理的工艺特点主要是：基础油收率高、质量好、副产品质量好、工艺灵活性大，但基础油存在光安定性劣化的问题。

第二节 工艺原理

本节主要介绍有关于润滑油加氢的工艺原理，而关于混合工艺中所涉及的溶剂精制、溶剂脱蜡、白土精制等装置的工艺原理在相应章节均有详细介绍，故本节不再赘述。

一、异构脱蜡型的全加氢工艺原理

（一）加氢裂化反应

加氢裂化反应主要是脱硫、脱氮、烯烃饱和、芳烃饱和以及加氢裂解，所有这些反应都是放热反应。在脱硫和脱氮反应中，硫和氮通过芳环饱和与裂化从含硫或含氮烃环中分裂出来，生成 H_2S 和 NH_3，加氢裂化反应在很大程度上保留了烃环。主要化学反应有：

脱硫：进料通过含硫化合物的加氢反应来脱硫，生成烃和 H_2S。然后 H_2S 从反应产物中脱除，产品中只留下烃。典型的脱硫反应将硫醇和噻吩转化为直链或支链烷烃以及 H_2S。反应方程式如下：

脱硫醇：$R—SH+H_2 \longrightarrow R—H+H_2S$

脱噻吩：$R\text{-噻吩环} + H_2 \longrightarrow R\text{-}C_4H_9 + H_2S$

脱氮：氮通过含氮化合物的加氢反应从原料中脱除，生成氨气和烃类。然后氨气从反应产物中脱除，产品中只留下烃。反应方程式如下：

$$R—CH_2CH_2CH_2NH_2+H_2 \longrightarrow R—CH_2CH_2CH_3+NH_3$$

烯烃饱和：烯烃加氢饱和是发生最迅速的反应之一。因此在反应器中基本上所有的烯烃都在早期得到饱和。反应方程式如下：

$$R—CH_2C=CH_2+H_2 \longrightarrow R—CH_2CH_2CH_3$$

芳烃饱和：进料中有些芳烃加氢饱和成环烷烃。芳烃饱和过程占据了大部分的总氢消耗量。反应方程式如下：

$$R\text{-苯环} \xrightarrow{3H_2} R\text{-环己烷}$$

脱氧：石油馏分中的含氧化合物主要是各种酸类、酮类、酚类等，反应方程式如下：

脱酚类：$C_6H_5\text{—}OH + H_2 \longrightarrow C_6H_6 + H_2O$

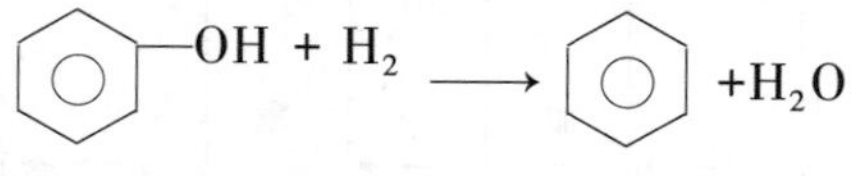

脱酸类：$R\text{—}COOH+3H_2 \longrightarrow R\text{—}CH_3+2H_2O$

脱酮类：$R\text{—}CO\text{—}R'+3H_2 \longrightarrow RCH_3+R'\text{—}H+H_2O$

加氢裂化反应：芳烃环必须先加氢生成环烷烃，才能进行环的断裂开环反应。

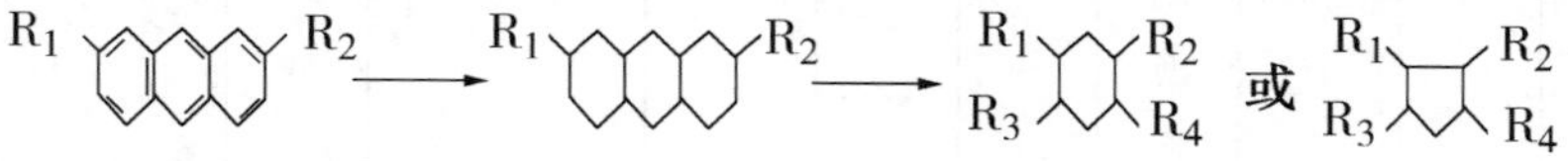

R_1—(三环芳烃)—R_2 ⟶ R_1—(三环环烷烃)—R_2 ⟶ R_1, R_2, R_3, R_4—(六元环) 或 R_1, R_2, R_3, R_4—(五元环)

（二）加氢异构脱蜡反应

异构脱蜡催化剂的作用是选择长链烷基烃并将它们异构变成异构烷烃，以降低目标产物的倾点并保留原烷烃的黏度指数。反应方程式如下：

加氢异构化反应：

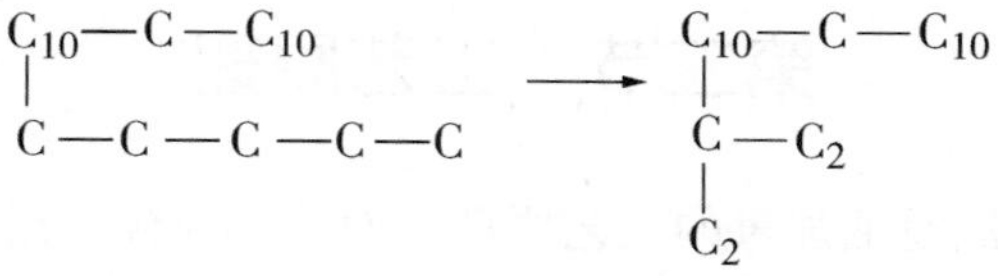

$C_{10}\text{—}C\text{—}C_{10}$（主链 C 上接 $C\text{—}C\text{—}C\text{—}C\text{—}C$） ⟶ $C_{10}\text{—}C\text{—}C_{10}$（主链 C 上接 $C(\text{—}C_2)\text{—}C_2$）

VI≈125　　　　VI=119

凝点19℃　　　　**凝点-40℃**

（三）加氢后精制反应

加氢后精制的作用也是饱和芳烃化合物。带有四环或更多环的多环化合物，其饱和所需要的温度低于较小的芳烃化合物，加氢后精制催化剂按设计可在此低温下操作。这些多环芳烃如果不能饱和就会在精制基础油中造成光安定性问题，芳烃饱和占据大部分的总氢消耗量，一般来说高压和低温决定了芳烃饱和的程度。反应方程式如下：

芳烃加氢生成烷烃：

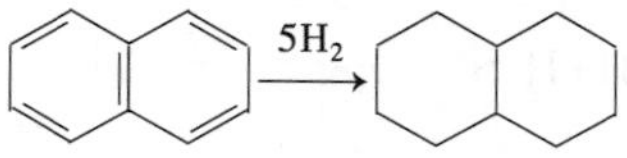

萘 $\xrightarrow{5H_2}$ 十氢萘

二、前加氢精制的工艺原理

加氢精制反应主要是加氢脱硫、脱氮、脱氧、脱金属与不饱和烃的加氢反应，在加氢精制过程中，稠环芳烃也会发生部分加氢饱和反应，但由于加氢精制的反应条件一般比较缓和，所以其转化率较低。

（一）加氢脱硫反应

与加氢裂化里的脱硫反应相同。

（二）加氢脱氮反应

与加氢裂化里的脱氮反应相同。

（三）加氢脱氧反应

与加氢裂化里的脱氧反应相同。

（四）加氢脱金属反应

石油中的微量金属是与硫、氮、氧等杂原子以化合或络合状态存在，所以在加氢脱硫、脱氮、脱氧的同时，也会脱去金属。

（五）不饱和烃的加氢

与加氢裂化里的不饱和烃的加氢反应相同。

三、加氢补充精制的工艺原理

加氢补充精制的作用主要是脱除精制、脱蜡后油料中残存的含硫、氮、氧等杂质，以改善油品的安定性与颜色，基本上不改变油料的烃类结构与组成。

四、加氢处理的工艺原理

润滑油加氢处理过程的目的是要将润滑油中的低黏度指数组分转化为高黏度指数组分，以提高基础油的黏度指数。为此，在此过程中的主要反应有：

（1）稠环芳烃加氢生成稠环环烷烃的反应：

R_1（稠环芳烃）R_2 ⟶ R_1（稠环环烷烃）R_2

VI≈-60　　VI≈20

凝点>50℃　　凝点≥20℃

（2）稠环环烷烃部分加氢开环，生成带长侧链的单环环烷或单环芳烃的反应：

R_1（稠环环烷烃）R_2 ⟶ R_1, R_2, R_3, R_4（单环环烷）或 R_1, R_2, R_3, R_4（单环）

VI≈20　　VI≈110～140

凝点≥20℃　　凝点≤0℃

（3）正构烷烃或分支程度低的异构烷烃临氢异构化成为分支程度高的反应，与全加氢里的异构化反应相同。

第三节　原料与产品性质

因为润滑油加氢品种较多，从本节开始，将主要对流程相对复杂、原料切换频繁且操作难度较大的全氢型异构脱蜡装置进行介绍。

一、原料及辅料

（一）原料

生产润滑油的原料一般来源于蒸馏装置，包括减二线、减三线、减四线 VGO 和轻脱油，原则上根据目标产品不同采用不同原料分别进料的方式。但由于国内部分企业受原油资源限制、经济效益等因素影响，原料中有时也会掺炼部分加氢裂化尾油、蜡下油等。

（二）氢气

补充氢气一般由制氢装置提供，其组成见表 7-1。重整氢由于 C_1～C_5烷烃较多压缩机易带液，CO 含量高、催化剂易中毒而不适合直接做润滑油加氢原料。

表 7-1 制氢氢气组成

组 分	H_2	CH_4	$CO+CO_2$	合 计
组成(体积分数)/%	99.9	0.1	<20μg/g，CO<10μg/g	100.0

(三) 硫化剂

装填好的加氢裂化催化剂一般处于氧化状态，没有活性。在装置开工过程中，需要将催化剂硫化，使其产生活性，满足生产要求。通常将 DMDS(二甲基二硫)作为加氢催化剂预硫化的硫化剂，其理化指标见表 7-2。

表 7-2 DMDS 性质

项目	DMDS/%(质量分数)	外观	密度(20℃)/(g/cm^3)	沸点/℃	冰点/℃	硫含量/%(质量分数)
指标	≥99	淡黄色液体	1.062	109.5	-84.72	68

(四) 缓蚀剂

由于加氢装置特点，加氢反应会生成较大量的硫化氢，多富集在常压塔塔顶及塔顶回流罐，在这些部位通常会出现 H_2S-H_2O 型防腐。为抑制腐蚀速率，一般在这些部位注入缓蚀剂的水溶液。常见的缓蚀剂型号有 JQS-D 及 NS-7062，其主要理化指标见表 7-3：

表 7-3 缓蚀剂性质

项 目	JQS-D	NS-7062
形 状	淡黄色至黄褐色液体	淡黄色至棕色透明液体
密度(20℃)/(g/cm^3)	0.96~1.11	0.95~1.05
pH 值	≥7.50	6.0~8.0
凝固点/℃	≤-20	≤-20
运动黏度(40℃)/(mm^2/s)	≤80	≤80
溶解性	易溶于水	与水互溶
LD50(毒性)/(mg/kg)	≥9500	—
缓蚀率/%		≥90
保质期/a	2	—

(五) 磷酸三钠

为利用加氢反应热和塔内多余的热量，一般采用蒸汽发生器自产自发蒸汽，以降低装置能耗成本。但增设蒸汽发生器后，由于补水含有盐等杂质，在汽包中易产生水垢。一般在汽包中加入磷酸三钠，使钙、镁等杂质以水渣形式沉淀出来而不致形成水垢，以防止产生垢下腐蚀。磷酸三钠主要理化指标见表 7-4。

表 7-4 磷酸三钠性质

项目	磷酸三钠($Na_3PO_4\cdot12H_2O$)/%	甲基橙碱度(Na_2O)/%	不溶物含量/%	氯化物(Cl)/%	硫酸盐(SO_4)/%
指标	≥95.0	15.5~19.0	≤0.10	≤0.50	≤0.80

(六) 直馏柴油

开停工油联运、硫化、置换装置内蜡油等步骤，一般采用直馏柴油进行。

质量指标：ASTMD86T95 蒸馏点<370℃。

（七）低氮柴油

异构脱蜡系统催化剂活性受硫氮含量影响明显，开停工油联运、硫化、置换装置内蜡油等步骤，一般采用低氮柴油进行。

质量指标：N 含量 $<2\mu g/g$，S 含量 $<50\mu g/g$

二、催化剂

润滑油加氢装置催化剂种类及功能见表 7-5。

表 7-5　催化剂种类及功能

催化剂种类	功　能	催化剂种类	功　能
加氢裂化装置催化剂	支撑催化剂	异构脱蜡装置催化剂	异构脱蜡
	脱金属催化剂	加氢精制装置催化剂	芳烃饱和，后精制
	加氢裂化		支撑催化剂

（一）催化剂的作用

各种催化剂的作用如下：

脱金属催化剂，用来除去未被过滤器滤掉的颗粒金属（通常为镍和钒）和少量的硫，以保护下游的活性更强的催化剂。

加氢裂化催化剂，用于最大量地除去硫和氮。在保留润滑油馏分的前提下，进行加氢裂化反应。非润滑油副产物基本上是高品质的燃料油中间馏分。

异构脱蜡催化剂，装在异构脱蜡反应器内，可以降低倾点，使芳烃饱和，并提高润滑油的收率。

后精制催化剂，装在加氢精制反应器中，可以饱和剩余的芳烃，使生成的基础油光安定性好，且接近无色。

支撑催化剂，作为低成本的筛选层装在顶层催化剂床层中，以防进料中的物质颗粒形成浮渣，每一床层底部也装有少量作为支撑。

（二）催化剂的组成及物化性质

1. 加氢裂化催化剂

加氢裂化催化剂是一种典型的双功能催化剂，具有加氢功能和裂解功能。加氢功能和裂解功能两者之间的协同决定了催化剂的反应性能。加氢裂化催化剂中的基本组成包括加氢活性组分、裂化活性组分、载体、助剂。

在加氢裂化催化剂中加氢活性组分的作用主要是使原料中的芳烃，尤其是多环芳烃进行加氢饱和，使烯烃，主要是裂化反应生成的烯烃迅速饱和，防止不饱和分子吸附在催化剂表面上缩合生焦而降低催化剂活性。此外，加氢组分还对一些非烃类如硫、氮、氧的化合物进行加氢。

加氢裂化催化剂中裂化活性组分的作用是促进 C—C 键的断裂和异构化反应。在润滑油生产中，由于要使多环芳烃加氢开环，为了避免加氢后润滑油黏度下降太厉害，催化剂载体的酸性不能太强，而且酸性中心也不能太多。改变催化剂的加氢组分和酸性载体的配比关系，便可以得到适用于不同场合的加氢裂化催化剂。

2. 异构脱蜡催化剂

异构脱蜡催化剂是一种加氢-酸性双功能催化剂。由加氢金属提供加氢/脱氢功能，由分子筛提供适当的酸性异构功能。在已工业应用的异构脱蜡催化剂中，加氢组分主要采用贵金属铂(Pt)。

3. 后精制催化剂

后精制催化剂为贵金属催化剂，主要的有效成分为钯(Pd)，用以改善基础油的氧化安定性。

三、产品

润滑油加氢生产的基础油产品可达 APIⅡ及 APIⅢ标准，主要产品包括低倾点的 2.0mm²/s 基础油、4.0mm²/s 基础油、6.0mm²/s 基础油和 8.0mm²/s 基础油以及 12.0mm²/s 基础油等，副产石脑油、煤油、柴油等产品。根据中国石化 2013 年 1 月的产品质量标准，基础油产品可达到 HVIⅡ、Ⅱ⁺、Ⅲ质量要求，具体名称及质量指标参见表 7-6~表 7-9。

表 7-6　基础油性质

<table>
<tr><th>项　目</th><th>运动黏度(40℃)/(mm²/s)</th><th>运动黏度(100℃)/(mm²/s)</th><th>黏度指数/ ≥</th><th>倾点/ ℃ ≤</th><th>闪点/ ℃ ≥</th><th>色度/ 号 ≤</th><th>蒸发损失/ % ≤</th><th>硫含量/ % ≤</th><th>残炭/ % ≤</th></tr>
<tr><td>HVIⅡ2</td><td>报告</td><td>1.5~2.5</td><td>—</td><td>-25</td><td>145</td><td>0.5</td><td>—</td><td>0.03</td><td>—</td></tr>
<tr><td>HVIⅡ4</td><td rowspan="3">报告</td><td rowspan="3">3.5~4.5</td><td>100</td><td>-12</td><td rowspan="3">185</td><td rowspan="3">0.5</td><td>18</td><td>0.03</td><td rowspan="3">—</td></tr>
<tr><td>HVIⅡ⁺4</td><td>110</td><td>-15</td><td>17</td><td>0.03</td></tr>
<tr><td>HVIⅢ4</td><td>120</td><td>-18</td><td>15</td><td>0.03</td></tr>
<tr><td>HVIⅡ5</td><td rowspan="3">报告</td><td rowspan="3">4.5~5.5</td><td>100</td><td>-12</td><td rowspan="3">185</td><td rowspan="3">0.5</td><td>17</td><td>0.03</td><td rowspan="3">—</td></tr>
<tr><td>HVIⅡ⁺5</td><td>110</td><td>-15</td><td></td><td>0.03</td></tr>
<tr><td>HVIⅢ5</td><td>120</td><td>-18</td><td></td><td>0.03</td></tr>
<tr><td>HVIⅡ6</td><td rowspan="3">报告</td><td rowspan="3">5.5~6.5</td><td>100</td><td>-12</td><td rowspan="3">200</td><td rowspan="3">0.5</td><td>13</td><td>0.03</td><td rowspan="3">—</td></tr>
<tr><td>HVIⅡ⁺6</td><td>110</td><td>-15</td><td>13</td><td>0.03</td></tr>
<tr><td>HVIⅢ6</td><td>120</td><td>-18</td><td>11</td><td>0.03</td></tr>
<tr><td>HVIⅡ7</td><td rowspan="3">报告</td><td rowspan="3">6.5~7.5</td><td>100</td><td>-12</td><td rowspan="3">200</td><td rowspan="3">0.5</td><td>—</td><td>0.03</td><td rowspan="3">—</td></tr>
<tr><td>HVIⅡ⁺7</td><td>110</td><td>-15</td><td>—</td><td>0.03</td></tr>
<tr><td>HVIⅢ7</td><td>120</td><td>-18</td><td>—</td><td>0.03</td></tr>
<tr><td>HVIⅡ8</td><td rowspan="3">报告</td><td rowspan="3">7.5~9.0</td><td>100</td><td>-12</td><td rowspan="3">220</td><td rowspan="3">0.5</td><td>—</td><td>0.03</td><td rowspan="3">0.05</td></tr>
<tr><td>HVIⅡ⁺8</td><td>110</td><td>-15</td><td>—</td><td>0.03</td></tr>
<tr><td>HVIⅢ8</td><td>120</td><td>-18</td><td>—</td><td>0.03</td></tr>
</table>

表 7-7　石脑油性质

项　目	指　标	试验方法
终馏点/℃　≤	175	GB/T 6536

表 7-8　柴油性质

项　目	指　标	试验方法
95%馏出温度/℃　≥	363	GB/T 6536
闪点(闭口)/℃　≥	56	GB/T 261

表 7-9　煤油性质

项　目		指　标	试验方法
密度(20℃)/(kg/m^3)		775~830	GB/T 1884
冰点/℃	≤	-47	GB/T 2430
闪点(闭口)/℃		38~50	GB/T 261
馏程/℃			GB/T 6536
10%回收温度		203	
50%回收温度		230	
终馏点		298	
铜片腐蚀(100℃，2h)/级	≤	1	GB/T 5096
外　观		清澈透明，无不溶解水及悬浮物	目　测

第四节　工艺过程及单元操作

一、装置工艺流程

(一) 加氢裂化系统

1. 反应系统

用原料增压泵抽装置外的原料油进入装置并升压，先与加氢裂化分馏单元换热，温度达到 200~250℃，流经自动反冲洗过滤器滤除>25μm 的固体颗粒和杂质后至进料缓冲罐。

从制氢装置来的补充氢进入新氢分液罐，然后经新氢压缩机加压后分两路，一路到加氢裂化循环氢压缩机出口，另一路到异构脱蜡循环氢压缩机出口。

从新氢压缩机来的补充氢与循环氢混合后，先与加氢裂化热高分气换热，然后与由加氢裂化反应进料泵自进料缓冲罐抽出并加压后的原料油混合，成为混氢原料油，再与加氢裂化反应产物换热，然后经加氢裂化反应进料加热炉加热至反应温度后，进入加氢裂化反应器。

加氢裂化反应器有多个床层，混氢原料油自上而下在催化剂的作用下先是饱和部分烯烃和芳烃组分，既而脱除绝大多数的硫、氮等杂质，然后进行裂化反应，以大幅度提高润滑油组分的黏度指数，同时脱除原料中的氮，以达到加氢异构脱蜡进料对氮含量的要求，由于加氢裂化为放热反应，因此在反应器床层之间注入急冷氢，以控制反应器内各床层的反应温度。

从加氢裂化反应器流出的反应产物作为热源先与混氢原料换热，再进一步经反应产物蒸汽发生器降温，进入热高分(简称热高分)进行气液分离。

热高分内油减压后进入热低压分离器(以下简称热低分)进一步闪蒸，闪蒸出热低分气经热低分气空冷器冷却至 60℃左右进入冷低分(简称冷低分)。热高分气经与混合氢换热，再经热高分气空冷器降到 60℃左右进入冷高分(简称冷高分)进行气、油、水三相分离。由于在加氢裂化过程中，对原料油进行加氢脱硫、脱氮所生成的硫化氢和氨，在热高分浓缩生成硫氢化胺(NH_4HS)，为防止该硫氢化胺在低温下结晶析出，堵塞空冷管束，需在热高分气进入空冷器前注入除氧水，以溶解铵盐。

由冷高分分离出的气体即为循环氢，经加氢裂化系统的循环氢压缩机升压后返回加氢裂化反应器；水经降压后送出装置外至含硫污水汽提装置处理；冷高分油经减压后进入冷低分，以闪蒸分离出油中溶解的少量气体（送至气体脱硫系统）后，与降压脱气后的热低分油一道，进入加氢裂化常压分馏塔进料加热炉，经加热后进入加氢裂化常压分馏塔。

2. 分馏系统

加氢裂化分馏系统由一个常压分馏塔和两个侧线汽提塔组成。油料进入常压分馏塔，塔顶轻组分经过分馏塔顶空冷器和水冷器，进入分馏塔顶回流罐，塔顶产物在回流罐中分为轻烃气体和粗石脑油，轻烃气体和部分粗石脑油送出装置，另一部分粗石脑油作为回流返回塔顶，回流罐中污水通过泵送出装置。常压分馏塔第一侧线抽出进航煤汽提塔，经过以分馏塔底油为热源的重沸器汽提后得到煤油产品，产品经煤油产品泵抽出，并经煤油产品空冷器和水冷器冷却后送出装置；第二侧线抽出进柴油汽提塔经蒸汽汽提后得到柴油产品，产品经柴油产品泵抽出，并经柴油产品空冷器和水冷器冷却后送出装置；常压分馏塔底得到合格异构脱蜡进料，依次与煤油重沸器，原料油换热冷却后，作为热进料直接送到异构脱蜡/后精制系统或进中间储罐。

常压分馏塔设有一个中段回流，与进料换热以取出塔内富余的热量。

（二）异构脱蜡/后精制系统

1. 反应系统

来自装置内加氢裂化系统的常压塔底热油作为进料直接或间接进入加氢异构脱蜡的原料缓冲罐。

异构脱蜡反应进料泵将原料自原料缓冲罐中抽出并升压后，与来自新氢压缩机和异构脱蜡循环氢压缩机并与异构脱蜡热高分气换热后的混合氢混合，先后与后精制反应产物、异构脱蜡反应产物换热，最后经异构脱蜡反应进料加热炉加热后进入加氢异构脱蜡反应器。

在设有多个催化剂床层的异构脱蜡反应器中，含蜡混氢原料油在催化剂的作用下，发生分子异构放热反应，因而分别在催化剂床层间注入冷氢以控制反应速率。异构脱蜡反应产物经与含蜡混氢原料换热达到后精制需要的反应温度后，进入后精制反应器。进行后精制深度加氢脱芳，保证润滑油产品的氧化安定性和颜色合格。后精制反应产物经换热降温后进入异构脱蜡热高分进行气液分离。

从热高分分离出的热高分气先与混氢换热回收热量，再经空冷器冷却至60℃左右进入冷高分进行气、油、水三相分离。因异构脱蜡催化剂和后精制催化剂都含有贵金属，氨会使其失活，为防止循环氢中所含有的氨影响催化剂性能，热高分气在进入空冷前注水以洗涤除掉加氢反应过程中生成的氨，热高分油减压后进入热低分闪蒸，闪蒸出的热低分气去常压分馏塔。

在异构脱蜡冷高分分离出的气即为循环氢，经异构脱蜡循环氢压缩机升压后返回加氢异构脱蜡反应器，分离出的水经降压后返回注水罐回用，油经降压后与在降压脱气后的热低分油一起，进异构脱蜡常压塔进料加热炉加热，再进入常压分馏塔。

2. 常减压分馏系统

异构脱蜡系统分馏系统由常压分馏系统和减压分馏系统组成。

常压分馏系统由一个常压分馏塔和一个煤油侧线汽提塔组成。油料进入常压分馏塔，塔顶轻组分经分馏塔顶空冷器和水冷器，然后进入分馏塔顶回流罐，并分出轻烃气体和粗石脑油。轻烃气体和部分粗石脑油送出装置，另一部分粗石脑油作为回流返回塔顶。抽出煤油馏分进煤油侧线汽提塔，经以减压塔中段回流油为热源的重沸器汽提后得到煤油产品，由煤油产品泵抽出，经煤油产品空冷器和水冷器冷却后送出装置。主分馏塔塔底油被泵抽出并与减压塔底油换热升温，经减压塔进料加热炉加热后进入减压塔。

减压分馏系统由一个装有填料层的减压塔和润滑油侧线汽提塔（可设23个侧线汽提塔）组成。这里介绍设计侧线数最多的3个汽提塔的情况，分别生产轻、中、重质润滑油。减压塔由塔顶三级抽真空系统建立真空环境。减压塔第一侧线抽出柴油，不经汽提，一路作为塔顶回流，另一路作为产品出装置。第二侧线抽出到轻质润滑油汽提塔，经汽提后，塔顶气作为回流回到减压塔，塔底产品经泵后分两路，一路作为紧急流量线进减压塔加热炉，另一路作为轻质润滑油基础油送出装置。第三侧线抽出到中质润滑油汽提塔，经汽提后，塔顶气作为回流回到减压塔，塔底产品作为中质润滑油基础油送出装置。第四侧线抽出到重质润滑油汽提塔，经汽提后，塔顶气作为回流回到减压塔，塔底产品作为重质润滑油基础油送出装置。减压塔塔底是目的润滑油产品，塔底产品经泵后分两路，一路作为紧急流量线进减压塔加热炉，另一路作为Ⅱ类/Ⅲ类润滑油基础油送出装置。

减压塔一般采用多个中段循环回流，常常是在每两个侧线之间设有中段循环回流，以利于回收减压塔过剩的热量。

二、加氢裂化反应系统

（一）加氢裂化原料影响

加氢裂化反应的主要目的是脱除原料中的硫、氮、金属、沥青质等杂质，使芳烃饱和开环，满足目的产品要求。原料性质直接影响产品的氮含量、催化剂平均温度、氢气消耗量、催化剂寿命和反应器性能等。因此，在设计上对原料的馏程、氮含量、硫含量、金属含量、稠环芳烃以及沥青质等均有一定要求。

1. 原料的馏程

加氢裂化反应的作用是将低黏度指数分子转化为高黏度指数分子，并用加氢的方法脱去含有机氮的化合物。原料的组成取决于原油及上游装置的操作条件，如果原料的馏程较高，需加氢的原料分子较大，欲达到所需的黏度指数和氮含量，反应压力要提高。

另外，原料馏程较高，原料中的其他性质如干点、沥青质、金属含量和氮含量也随之升高，影响催化剂寿命。要达到反应目标，除需要较高的催化剂平均温度之外，氢气消耗量也随之增大。

因此，提高原料馏程，会在2个方面缩短催化剂寿命，首先必须提高催化剂平均温度，才能使产品中的氮含量达到目标值要求。其次，原料中氮含量、沥青质和金属含量的升高，会加快催化剂的失活速率。

2. 加氢裂化原料中的氮含量

若原料的氮含量高，则只有提高催化剂的平均温度，才能保证产品中的氮含量合格。但提高催化剂平均温度，将加速催化剂的失活速率，缩短催化剂的寿命。

3. 加氢裂化原料中的硫含量

加氢裂化除脱氮之外还脱硫，以满足异构脱蜡装置对原料硫含量要求。脱氮比脱硫困难，因此，如果原料中的硫含量符合设计要求，那么脱氮反应将为主要反应。

4. 加氢裂化原料中的稠环芳烃

稠环芳烃，又名多环芳烃或沥青质，是高沸点的稠环大分子，多见于减压馏分油和脱沥青油。由于多环芳烃容易结焦，因此，它们在加氢裂化原料中的含量应符合设计要求，以防催化剂快速失活。这些化合物在催化剂上易脱氢，最终生成焦炭。因此，原料中的多环芳烃量对催化剂的反应活性和失活率有着显著的影响。在高切割点的蒸馏中，馏分油中多环芳烃的量较多。切割点高于设计值，或分馏效果差以及雾沫夹带等操作，均导致加氢裂化的原料中多环芳烃增加。

5. 加氢裂化原料中的沥青质和金属

应当严格控制加氢裂化原料中的沥青质和重金属含量在低限范围内，以防催化剂快速失活。以下分别讨论其对催化剂失活的影响。

沥青质为少氢的多环结构大分子，沸点在550℃之上，难以裂化和饱和，在催化剂表面可能发生聚合产生碳沉积。如上游装置操作得当，加氢裂化原料中的沥青质含量应当能降至100μg/g以下。但是，由于上游装置的短期不平稳操作，会导致加氢裂化原料中的沥青质含量高，并导致催化剂结焦和失活。

重金属，尤其是镍和钒，包括碱(如钠)和碱土(如钙和镁)，均被牢牢吸附于催化剂上，并不可逆地破坏催化剂的活性。为防止催化剂快速失活，上游装置必须平稳操作，限制重金属含量。

原油中的镍、钒和铁残留在减压馏分油及脱沥青油中，金属含量因原油品种而异。不论加工何种原油，都要保持金属含量符合规定要求，对减三线和减四线馏分，必须调整减压塔的切割点；在加工光亮油时，要调整溶剂脱沥青装置操作，以控制金属含量符合规定要求。

即使含量低达1μg/g的金属也会堵塞催化剂孔，使催化剂失活。尽管催化剂颗粒看上去硬实，但每一颗粒上有许多细小的孔。油分子和氢气分子可进入该孔，在孔内进入催化剂中心的途中发生反应。金属由于体积太大无法进入催化剂孔中，因此，当金属在催化剂表面沉积时，它们不仅在催化剂表面反应区域积垢，而且阻止物料进入孔内的活性区域。所以，即使原料的金属含量极小，也能导致催化剂快速失活。

原料中的铁可能与碳氢大分子化学结合，或以悬浮的颗粒物质形式存在。在某些情况下，它不仅将催化剂孔堵塞，使催化剂失活，而且将催化剂间隙堵塞，导致了压降增大。在加氢裂化的顶部床层中，有催化剂保护层，可尽量减小发生堵塞的可能性。另外，加氢裂化的原料系统中，装有过滤器，以处理这些污染物，必须加强对该过滤器的日常维护，这样有助于去除颗粒物质，保护催化剂。

6. 加氢裂化原料中的氯含量

加氢裂化反应器顶部盐的聚集程度，取决于原料中的盐(无机水溶性化合物，如$NaCl$、$MgCl_2$等)含量。一旦形成盐层，反应器压降将上升。如果压降上升到一定程度，影响进料量时，则需停工检修。原料中的盐除导致催化剂发生堵塞外，过量的有机和无机氯含量可能会导致原料/产物换热器中发生积垢及应力腐蚀开裂。同时，氯可能与反应中生成的氨反应生成氯化铵可能使反应器/产物换热器和冷却器发生堵塞和腐蚀。已脱过盐的原料中可能依然含有微量的有机和无机氯，应定期检查，确保不超过规定的氯含量指标。

7. 加氢裂化原料中的含氧化合物

含氧化合物有可能导致反应器床层发生堵塞，炉管积垢和换热器积垢。在将原料从原料罐送至加氢裂化装置的操作中，应采取措施，将氧气从原料中脱除。建议原料罐采用惰性气体密封。

8. 上游加工质量

上游装置的操作，对加氢裂化的运行有着显著的影响。如：原油的脱盐若能保证稳定的脱盐率，可尽量减少这些污染物对加氢裂化的影响。同时，对催化剂有害的毒物，如沥青质、金属和含氮化合物，随着沸点的上升，含量上升很快，因此，要调整好上游装置的操作，尽量降低加氢裂化原料油的干点。

加氢裂化的原料来源于储油罐。应时常监控罐的储存情况及氮封，尽量减小氧气对减压馏分油的污染。另外，颗粒物质(腐蚀产物和碳)有在储油罐中聚集的倾向，要定期清罐。

(二) 加氢裂化氢气影响

氢气是加氢裂化反应中的主要反应物。在临氢的条件下，低品质的减压馏分油和脱沥青油可以被转化为高附加值、低氮含量的异构脱蜡原料。

1. 加氢裂化氢分压

氢分压对催化剂活性及失活速率有显著影响。提高氢分压，可提高催化剂活性，并可抑制催化剂的结焦失活，延长催化剂寿命。在反应系统允许的设计范围内，应使氢分压最大化，以尽量延长装置的运行时间。

提高氢分压可降低催化剂失活速率、提高芳烃转化为环烷烃的转化率，从而提高产品的烟点和十六烷值。

通过以下方法可提高氢分压：提高系统的总压、提高补充氢的纯度、提高循环氢纯度、增大废氢排放量及降低冷高分的温度。

工艺设计是以平均氢分压为基准的，因此，反应器进口氢分压，通常用于装置的监控操作。反应器平均氢分压比反应器进口氢分压略低5%。与反应器进口氢分压相比，反应器平均氢分压更能反映氢分压对操作及催化剂寿命的影响。

2. 加氢裂化氢气补充量

进入加氢裂化装置的大多数氢气用于化学反应消耗。少量氢气溶解于产品中，在随后的分馏塔中被闪蒸出来。极少量的氢气通过法兰、压缩机轴密封和钢管壁扩散等泄漏，还有些氢气在循环氢排放中被排出。

补充氢进入装置以维持装置压力。随着氢气的消耗，补充氢不断进入反应系统，以补充化学消耗的氢气及通过其他途径损失的氢气。如果补充氢的量低于反应时化学耗氢量与损失量之和，系统压力及氢分压将下降。

3. 加氢裂化补充氢纯度

来自装置外制氢装置的补充氢为氢气和甲烷的混合物，在加氢裂化反应中，甲烷是产物之一，在反应中，氢气被消耗，并通过其他途径损耗(如上所述)。补充氢带来的甲烷量与反应生产的甲烷量之和与排放废氢带走的甲烷量之间有一个浓度的平衡关系，称为甲烷的平衡浓度。由于甲烷与其他轻质烃不同，无法快速溶解于较重的馏分中，因此，循环氢中的甲烷浓度要高于补充氢中的甲烷浓度，结果就造成反应器中的氢分压下降。因此，为维持理想的氢分压，补充氢的纯度应高于设计值[99.9%(体积分数)]。

4. 加氢裂化循环氢量

循环氢有以下3个主要作用：

(1) 维持反应器内高氢分压。通过将来自高分的过量富氢气体循环至反应器内，来维持反应系统中的理想氢分压。如循环氢中无过量氢气，由于大多数的补充氢气已在反应中被消耗，因此，反应器中的氢气浓度(分压)变得极低。其次，在加氢裂化反应器中用于床层间冷却的循环氢，可补偿化学反应中消耗的氢气，并帮助维持系统内的高氢分压。

(2)带走催化剂床层中的大量反应热。原料与氢气的反应是强放热反应，该反应热量使加氢裂化反应器的温度上升。通过使用床层间的急冷循环氢，可以控制反应器的温升。但是，该急冷氢只能应用于催化剂各床层之间。在反应器中保持高气体(补充氢+循环氢)流速，将热量传递给更多的物料，来限制每个催化剂床层中的温升。单个床层中的最高允许温升根据不同的原料和催化剂一般为几十度，反应器内最高温升根据不同的催化剂有不同的要求。

(3)将反应物均匀分配在催化剂上。将富氢气体和油这两相反应混合物均匀分配在催化剂上是困难的。控制床层压降在一个最佳范围内，提高循环气流速，将有助于均匀分配通过反应器的物料。均匀分配催化剂上的反应物是极其重要的，它可以避免催化剂床层热点的产生(在低流量或停滞的操作环境中，反应热量因无法被迅速取走，导致了催化剂床层热点的产生)。

另外，良好的分配也有助于充分利用整个催化剂体积，并取得最佳运行效果。

在以上循环氢的3个作用讨论中，均提倡使用高循环氢流速。循环氢的3个作用，均有助于减小催化剂的失活。

循环氢流速除影响加氢裂化反应器之外，还影响着其他设备的性能。受循环氢流速变化而影响的设备有：原料/产物换热器、反应器进料加热炉、互相连接的管线等。降低循环氢流速，将降低通过这些设备的速度，这将降低热传递效率，并可能导致加热炉结焦及换热器积垢。

5. 加氢裂化循环氢的纯度

循环氢中的氢气纯度或氢气浓度对反应器的氢分压有着直接的影响。高纯度循环氢产生高氢分压，使催化剂的失活最小化。循环氢的纯度，主要取决于补充氢气的纯度及反应中甲烷的产率。循环氢排放(废氢排放)、冷高分温度、氢气消耗量、硫化氢和氨气的产率等都影响着循环氢的纯度。循环氢排放(废氢排放)可提高补充氢气的量，降低循环氢的甲烷浓度并提高氢分压。降低冷高分的温度，可以提高循环氢的纯度。

6. 加氢裂化循环氢排放

通过废氢排放可以控制循环氢的纯度。废氢排放的目的，是为了控制循环氢中轻质烃的数量，以避免轻质烃降低氢分压。然而，在正常的操作条件下，循环氢中的轻质烃含量将达到一个平衡浓度，即使在无排放的条件下，循环氢的纯度也在可接受的范围之内。

7. 加氢裂化反应器压力影响

反应器压力是影响加氢裂化装置运行的最重要变量之一。氢分压与反应器进口压力成正比。因此，除发生紧急情况需降低系统压力之外，在任何时候，均应保持进口压力在设计值。

(三)加氢裂化催化剂影响

1. 加氢裂化催化剂类型

催化剂类型影响着装置的性能及产品产量结构，在加氢裂化中装载的催化剂有以下类型：

(1)脱金属催化剂，它用来除去未被进料过滤器除去的颗粒物质，除去原料中与有机物结合的金属(通常为镍和钒)，同时，除去少量的硫，以保护下游的活性更强的催化剂。

(2) 加氢裂化催化剂，用于最大量的除去硫和氮，在保留润滑油馏分的前提下，进行加氢裂化反应。非润滑油副产物基本上是高品质的燃料油中间馏分。

(3) 支承催化剂，是各个床层底部的支承剂。

2. 加氢裂化催化剂温度

催化剂温度显示了催化剂的工作强度。温度上升，裂化反应加剧，轻质产品的收率上升。这种变化，在运行初期及运行末期的不同产率上得到了体现。在其他变量不变，温度固定的条件下，可保持产率基本不变。但是，运行一段时间之后(几周或几月后)，催化剂逐渐“失活”，即被反应副产物和杂质所堵塞。催化剂上的焦炭将导致部分催化剂无法工作。应提高催化剂温度，促使剩余的活性催化剂工作强度更大，并补偿失去的活性。补偿失活的温升速率，就是催化剂的失活速率。

原料性质、进料量和目标产品性质发生变化时，需调整温度以进行补偿。

为适应以上内容变化而进行的温升，无法显示催化剂的失活程度。它们(温升)显示了催化剂工作的“苛刻”程度。高温可能产生高失活率。

欲使全部催化剂失活速率最小化，不仅需控制反应器平均温度，同时还需控制床层平均温度。通过调整反应器进口温度及注入催化剂床层间的急冷氢量，可以控制催化剂温度。急冷氢作用于整个反应部分，因此，降低了反应器内的温度。在平均温度已指定的前提下，如果在较低的最高温度下进行操作，就有利于催化剂寿命的延长。

3. 加氢裂化催化剂寿命

加氢裂化催化剂的寿命可以测算出，这个预测是在原料性质及加工工艺确定的基础上得到的。表 7-10 中列出了单个工艺变量变化对催化剂寿命的影响。

表 7-10　单个工艺变量变化对催化剂寿命的影响

变　量	变　化	对催化剂寿命的影响
原料量	上　升	缩　短
转化率	上　升	缩　短
氢分压	上　升	延　长
补充氢气纯度	上　升	延　长
反应器压力	上　升	延　长
循环氢流量	上　升	延　长
循环氢纯度	上　升	延　长

(四) 加氢裂化转化率与脱氮深度

加氢裂化主要是转化率控制的反应，转化率越高，润滑油产品的黏度指数越高，但润滑油产品的收率越低。因此，有必要控制好加氢裂化转化率。

脱氮深度一般以脱氮率来表示，即从原料中脱除的氮含量与原料中的氮含量之比。这个比值对催化剂温度、催化剂失活率和最终的催化剂寿命影响极大。若提高脱氮深度，则需要提高催化剂平均温度。

加氢裂化产品中的氮含量低，可延长异构脱蜡/加氢后精制催化剂的寿命及活性。然而，提高催化剂平均温度时，需小心避免将脱蜡原料过度裂化。加氢裂化的深度裂化使催化剂寿命缩短，并降低了脱蜡原料的黏度，使润滑油产量下降。因此，氮含量应控制在异构脱蜡/

加氢后精制催化剂规定范围内。

（五）加氢裂化反应系统操作影响

除已经讨论过的原料、氢气、催化剂、转化和脱氮深度等影响因素之外，还有几个影响加氢裂化反应器操作的变量。

1. 加氢裂化冷高分压力

用于高压回路的安全阀，安装在冷高分的顶管线上。该安全阀的设定压力值为105%的正常操作压力(高于此设定值，安全阀将启动，开始给装置泄压)。为避免不必要地开启安全阀泄压，冷高分的压力不应当高于安全阀设定值的95%。余量用于安全阀弹簧设置的容差，同时在系统压力开始升高时，该余量也为操作人员提供了反馈的时间。一旦安全阀开启之后，可能无法再适当调整，泄漏的气体将给放空系统增加不必要的负担。

反应系统的压力控制，是通过调整冷高分顶的压力的方法来达到的，使冷高分在安全阀允许的正常最高压力下运行，具体是通过改变补充氢气的流量来达到。随着装置的不断运行，设备及催化剂的结垢日趋严重，反应器的进口压力将上升。此时，应提高循环氢压缩机出口压力，以补偿较高的压降。如反应器内的压力已达到机械设计最高压力，则有必要调节冷高分顶的压力，使压力低于反应器设计压力规定值。

反应系统的压力，在满足冷高分安全阀设定压力及反应器设计压力的前提下，应越高越好。这保证了反应器在尽可能高的氢分压下运行。正如在前面部分中所讨论的，维持高的氢分压，有利于降低催化剂的失活速率，提高催化剂寿命。

2. 加氢裂化冷高分温度

调节热高分气空冷的风机速度，可以控制冷高分的温度。降低分离器温度可以提高循环气纯度、降低循环氢压缩机功率消耗，使分离器内油水分离更为困难。

通常情况下，分离器中水可以从轻质油中分离出来，所以，在操作中尽量降低分离器的温度(但为防止乳化，分离器温度应不低于38℃)。

3. 加氢裂化注水

加氢裂化的注水来自异构脱蜡冷高分、异构脱蜡常压塔回流罐的排水及除盐除氧水。在加氢裂化产物冷却器的上游注入，以防 NH_4HS 在管线或空冷中析出。注水后，NH_4HS 溶解于水中，并在冷高分中被除去。冷高分中的酸性水中的 NH_4HS 浓度，应不高于3%(质量分数)。

为节省水及降低酸性水处理费用，应采用最低注水率。然而，从工艺的角度而言，当原料量低于设计值时，无须降低注水率(如原料量高于设计值时，应相应提高注水率)。为便于操作，对不同的原料量，将注水率设定为最高值。

注水中的氧含量必须低于0.015μg/g(最好小于0.010μg/g)，以尽量降低腐蚀，使水的pH值在8.0~10.0之间。低pH值的水中可能含有铁离子，在空冷中铁会析出。形成的铁沉积物使换热器结垢，并造成管线的严重腐蚀。因此，铁离子含量应当低于1μg/g。

由于担心铵盐在空冷管中发生堵塞及严重腐蚀，在不注水的情况下，不允许长时间运行加氢裂化。如注水不能在12h内恢复时，装置应该停工。

4. 加氢裂化反应器温度分布曲线

加氢裂化反应释放的大量热量，使催化剂温度上升。高温加快了加氢裂化反应，因而释放出更多的热量。必须控制反应深度，以防温度接近和超过反应器设计温度。急冷氢系统的主要功能是控制反应的深度(热量释放率)，及通过每个床层的温升。急冷氢控制回路对每个床层的顶部温度进行监控，并对每个床层上方的急冷氢流量进行调整。只要每个床层的平均温度相同，调整各床层高度，就可以使各个床层释放出的热量大致相当。

在深入讨论反应器温度分布曲线之前，须先定义以下4个重要术语：水平平均温度(LAT)、床层平均温度(BAT)、催化剂平均温度(CAT)、温度分布曲线。

水平平均温度(LAT)是一个催化剂床层中，同一平面的一套3个热电偶测定值的简单算术平均值。床层平均温度(BAT)是床层进口及出口水平平均温度的简单算术平均值。催化剂平均温度(CAT)是床层平均温度的加权平均值，即每个单一的床层平均温度，以该床层内的总反应催化剂的体积比加权而得。温度分布曲线给出了整个反应器的床层平均温度。有以下3种分布曲线：

(1) 平的温度分布曲线表明床层平均温度相同。

(2) 上升的温度分布曲线表明每个连续的床层平均温度高于上层床层平均温度。

(3) 下降的温度分布曲线表明每个连续的床层平均温度低于上层床层平均温度。这种分布曲线极少使用。

BAT、CAT及温度分布曲线，均用于监控反应器性能；催化剂平均温度决定了催化剂工作的“苛刻”程度；温度分布曲线显示了反应器内工作是如何分配的。平的温度分布曲线，则表明在反应器内，催化剂的工作被均匀分配，最大化地延长催化剂寿命及提高液体产品产量。上升的分布曲线，则表明上层床层的负担较轻，下面床层的负担较重。结果，上层床层的失活减慢，下面床层的失活率高于正常值。与平的温度分曲线相比，总的影响是催化剂寿命有所降低。

有时选择上升的温度分布曲线，是因为在某些情况下，设备的折旧费用要高于上升的催化剂成本费用。选择上升的温度分布曲线，可以保护设备，见如下2个原因：

(1) 对反应热的急冷程度不高，因此，循环氢压缩机流量(包括急冷氢)可下降，因而压缩机的功率可降低。

(2) 反应器进出口之间的温度差使原料/产物换热器可以转换更多的热量，因而可降低加热炉热负荷。

由于急冷氢流量下降，使得产物的温度较高。因此，换热负荷增加，冷却负荷减少，降低了加热炉的燃料消耗。

通过关闭换热器原料油旁路，原料/产物换热器可以将多余的热量传递给反应器进料，加热炉进料温度升高，加热炉自动调节降低燃料流量，以维持反应器进口温度。在调节旁路流量时，必须保持反应器进料加热炉至少有20~25℃的最小温升。该最小温升，在发生紧急情况时，为操作者关闭加热炉以迅速降低反应器进口温度提供了保证。

5. 加氢裂化进料量

加氢裂化的原料量视加工的物料而定。原料量对催化剂平均温度、催化剂失活及氢气的消耗量有影响。为保证产品质量，提高原料量时需提高催化剂平均温度。提高原料量及催化剂平均温度之后，催化剂的失活率也随之上升。同时，原料量的提高，也导致了化学耗氢量的上升及溶解在高分液体中的氢气量上升。对每一种物料而言，应将原料量维持在设计值的95%~100%。原料量高于设计值时，催化剂过早失活，并可能降低收率。

三、加氢裂化分馏系统

一般而言，蒸馏是利用不同液体分子间的挥发性差异，将含有两种或两种以上不同分子的互溶物料分离成 2 种或 2 种以上产品的操作。其中，炼厂的蒸馏尤其复杂，这是因为欲分离的炼油产品中含有成千上万种不同类型的分子。精确地进行蒸馏操作是极其重要的，这是因为分馏塔的运行情况决定了产品的产量及质量(如闪点、倾点等)。

(一) 产品分馏塔

产品分馏塔用来回收液体反应产物中的所需产品。正常操作时，石脑油来自于塔顶产物，煤油和柴油从侧线抽出。分馏塔底部液体或打入储罐或去异构脱蜡/加氢后精制。影响这些产品收率的工艺变量有：进料温度、塔压力、过汽化率、汽提蒸汽量、回流取走热量及侧线的汽提塔操作。下面将讨论各工艺变量对产品分馏塔的影响。

1. 产品分馏塔塔顶压力

塔顶压力主要是由塔顶压力控制阀来控制。如果压力高于设定值时，阀将被打开，直至压力恢复正常。

确定产品分馏塔进料加热炉的负荷时，压力是一个重要的变量。当产品分馏塔的馏出物产量及过汽化率固定时，降低塔的压力，可以降低对加热炉的热量的需求。加热炉的负荷固定时，降低塔内压力可以提高过汽化率便分离更完全。然而，降低塔内压力会提高塔中的蒸汽速度，可能会导致塔液泛。在不发生液泛的前提下，在最低压力下操作分馏塔是最佳的。此时，分馏塔内必须依然有足够的压力便产品流出装置。

提高分馏塔塔顶压力时，塔顶产物切割点温度将下降，造成流向轻组分段的石脑油产率下降。侧线抽出的产品产率将维持不变，因为它们是由固定流量控制仪控制的。由于轻组分向塔下方流动，分馏塔底部液位将升高。侧线的组成将变轻(初馏点及终馏点降低)。由于轻组分向塔下方流动，对切割产品前端部分依赖大的产品指标(如闪点)将变差。产品的倾点及冰点将变好。这是因为这些指标主要依赖于经切割已变轻油品中的尾端部分。

2. 产品分馏塔进料温度

产品分馏塔的进料在加热炉中加热，产生至少 10%的过汽化量。分馏塔的进料温度由加热炉燃烧系统控制。在一定的塔压力下，分馏塔闪蒸段的蒸发量取决于进料温度。进料闪蒸段汽化量超出进料段以上全部馏出量的部分(塔顶和各侧线)，与进料量之比为过汽化率。过汽化率决定了柴油侧线和产品分馏塔底部产品的分离精确度。

进料温度提高之后，蒸发的量多了，使蒸汽可以流向塔中更高的位置，且分馏塔的回流率上升，从而使塔内液汽比上升，导致单一产品的干点下降，产品的倾点及冰点将有所改善。

塔的过汽化率决定了柴油侧线的尾部馏分。提高过汽化率，将提高柴油抽出线下方塔盘上的汽液物料交换，进而改善精馏效果。改善后的精馏将尽量减少流至柴油抽出塔盘上的高干点物料量。因此，柴油的干点下降，倾点得到改善，允许抽出更多的柴油。

提高过汽化率时，输入分馏塔的热量增加，在循环回流冷却器及塔顶产品冷凝器中被取走。为使馏出物的产量最大化，在不发生液泛或超越取热极限的前提下，尽可能提高过汽化率。一旦回流量固定，塔的过汽化率决定了闪蒸段上方所有塔盘上蒸汽和液体的交换条件，从而决定了煤油和柴油的精馏程度。

3. 产品分馏塔汽提蒸汽量

汽提蒸汽在塔底第一层塔盘下方进入产品分馏塔，提高汽提蒸汽量，使分馏塔底部产品中的轻沸点产品量下降，从而提高了侧线产品的收率。塔顶温度控制仪上的设定值保持恒定，提高汽提蒸汽量，由于塔顶产物中的烃分压降低了，石脑油产品将增加，所有产品的切割点(初馏点及终馏点)将上升。由于侧线的尾端部分变重了，产品的倾点和冰点将变差。由于所有侧线的前端部分变重了，所有产品的闪点指标将有所改善。然而，高汽提蒸汽量将使塔顶的冷凝器负荷上升，冷凝物酸性水的量提高，塔容易发生液泛。

降低汽提蒸汽量，会使蒸汽消耗量、塔顶冷凝器负荷及冷凝物产量有所下降，但是，分馏塔底部产品中的轻沸点馏分量将升高。同时，汽提蒸汽量较低时，容易产生漏液现象，并降低汽提段的性能。最佳的汽提蒸汽量取决于产品分布要求、分离精度要求和酸水处理费用三者之间的平衡。

4. 产品分馏塔塔顶温度

产品分馏塔塔顶温度，是通过调节温度控制系统，改变分馏塔的回流量来控制，以获得石脑油和煤油间的理想切割点。在侧线流量设定值保持不变的情况下，石脑油与煤油间的切割点发生变化后，其他的所有切割点均朝相同的方向发生变化。比如，提高分馏塔塔顶温度将使回流量下降，石脑油产率上升。由于产品精馏塔中的液汽比下降及塔中的冷回流量较少，所有产品的切割点、初馏点及终馏点均应有所提高。所有产品的闪点指标有所改善，但是倾点及冰点将变差。

5. 产品分馏塔热量取走及回流量

产品分馏塔是靠塔顶冷凝器系统及循环回流系统取走热量的。由于系统是分开控制的，因此，为提高产品产量，系统间的取走热量应适当平衡，以防发生液泛。

在运行初期，产品分馏塔的热量取走系统应达到设计负荷。随着经验的丰富及操作变化的需要，这些系统间的热量取走分配可以进行调整，使其适合特定的操作需求。

分馏塔塔顶产物先在空冷器中部分冷凝，然后进行水冷，最后流入分馏塔回流罐。石脑油从回流罐上的液面控制处抽出。部分石脑油作为塔顶回流，返回至分馏塔顶部塔盘处。回流的目的是控制塔顶的温度，它决定了石脑油和煤油间的切割点。

回流煤油经加氢裂化进料预热换热器冷却后，返回至分馏塔塔盘上方。该回流热量被取走之后，塔盘上方的液相与汽相交换热量，并冷却上升的汽相。结果，由于回流量上升，回流上方的精馏效果也随之提高。降低精馏段上方的回流，将使石脑油和煤油的干点上升。

（二）产品分馏塔侧线汽提塔操作

有两个侧线汽提塔与分馏塔相连。上部抽出的是煤油，煤油从分馏塔抽出盘中抽出后，在煤油汽提塔经再沸器汽提。第二根抽出线是柴油，从分馏塔的中段塔盘处抽出后，在柴油汽提塔中汽提(蒸汽汽提)。

1. 侧线收率

通过调节各相应汽提塔底部抽出的液体产品流量，可以控制煤油和柴油的收率。当装置进料量固定时，改变侧线抽出量，通常可以采用改变一个或多个参数的方法来加以平衡，参数包括：

（1）其他侧线的抽出量；

（2）分馏塔热量取走；

（3）分馏塔过汽化率；

（4）反应器床层平均温度。

如果其他产品的抽出率保持不变，仅提高煤油的抽出率，结果会使轻柴油中的前端部分

“跑”至煤油中，分馏塔塔底产品的前端部分“跑”至柴油中。煤油抽出线下方的所有塔盘温度，包括回流抽出塔盘温度均会上升。

提高煤油抽出量(其他无变化)将减少进入闪蒸段的过汽化量。这个作用是负面的，它不仅将影响柴油的重质尾部部分，同时，还使整个柴油侧线重质化。柴油和分馏塔底部产品间的切割点将上升。塔底部产品的液面将开始下降。此时，塔的物料平衡被打破(如抽出的馏出物产品将多于进入塔的进料)。在这种情况下，或者降低柴油抽出量，以补偿煤油的增加；或者降低塔顶温度，以降低塔顶产品中夹带的石脑油，以补偿煤油的增加。

同理，提高柴油抽出率时，塔内情况会发生相应的变化。

2. 煤油汽提塔重沸器负荷

将煤油送入煤油重沸器重沸后，再打回产品分馏塔。通过这一方法，煤油汽提塔可以除去煤油抽出线中的轻分子。煤油再沸的热量来自产品分馏塔底部产品的热量。

如果煤油的收率发生变化，为获取适当的汽提量，对重沸器的负荷进行调整是极其必要的。通过调节塔底产品旁路进入重沸器的量，可以调节重沸器的负荷。

调整侧线产品的头尾部分，可以改变汽提塔的重沸器负荷。提高煤油汽提塔重沸器的负荷，可以提高汽提塔中向上流动的蒸汽量。汽液比上升，从产品中除去的低沸点分子增加了，导致煤油的(切割点)初馏点上升。这样，在符合蒸汽压力规定的前提下，可以尽可能地提高煤油的产率。多余的热量返回产品分馏塔，为取走这部分热量，塔顶冷凝器冷却负荷增加，导致回流量的提高，分馏塔上段塔盘中的液汽比提高后，石脑油(干点较低)的精馏效果将得到改善。

3. 柴油汽提塔汽提蒸汽量

柴油汽提塔中的汽提蒸汽用以除去柴油抽出线中的轻分子。提高汽提蒸汽量，使上流蒸汽与下流液体比上升，这使得柴油产品的馏分更窄。

提高汽提蒸汽量之后，既增加了塔顶冷凝器的负荷，又提高了塔顶的回流量。由于蒸汽往来较多，提高汽提蒸汽量可能会在汽提塔中造成液泛。高的汽提蒸汽量可能会使柴油中的水含量过高。

四、异构脱蜡/加氢后精制反应系统

异构脱蜡/加氢后精制的目的是将含蜡油转化为高质量的润滑油基础油，并降低产品的倾点。

(一) 异构脱蜡/加氢后精制进料影响

异构脱蜡/加氢后精制的进料性质对下列项目有着显著影响：倾点所需要的异构脱蜡催化剂平均温度、异构脱蜡催化剂的寿命、加氢后精制催化剂寿命、润滑油收率和质量、允许的最大处理量和氢气消耗量等。

为达到最佳的工艺及催化剂性能，必须控制来自加氢裂化的脱蜡进料，其中的氮含量必须满足设计值。以下我们来讨论进料性质的影响。

1. 异构脱蜡/加氢后精制进料馏程

异构脱蜡系统进料的馏程，取决于进料的来源及上游系统的操作条件。进料的沸点曲线形状将影响各种基础油产品的收率。同时，进料的馏程将影响异构脱蜡装置的运行。

初馏点较低的异构脱蜡/加氢后精制进料，对异构脱蜡催化剂或加氢后精制催化剂无影响。但是，由于轻质产品增加了，高价值润滑油产率会下降。

如果异构脱蜡进料的干点较高，有可能会对操作产生较大的影响。在较重的进料中，蜡分子大且含量较高，所需的反应温度较高，会对脱蜡有影响。当提高反应温度以处理较重的物料时，催化剂的选择性下降，润滑油分子的非理想裂化反应加剧，润滑油收率会下降。

在较重的进料中，可能含有极大的芳烃分子，会缩短加氢后精制催化剂的寿命。这些芳烃大分子不易饱和，在加氢后精制时，可能需要提高催化剂平均温度或降低进料量，这样会缩短加氢后精制催化剂的寿命。但当提高催化剂平均温度已无法转化油中的颜色主体(芳烃大分子)时，加氢后精制催化剂已基本完成了使命。由于芳烃大分子的饱和反应是平衡反应，因此，提高催化剂平均温度，可能无法饱和所有的芳烃大分子。

总之，由于加工较重的进料时所需的温度较苛刻，因此，进料的馏程对催化剂的失活率有影响。

2. 异构脱蜡/加氢后精制进料中的氮含量

在来自加氢裂化的进料中，氮含量必须满足设计要求。进料中氮含量高时，对异构脱蜡反应和加氢后精制反应都有负面影响。

与反应器中的氢气接触时，进料中的氮化合物被转化为NH_3。异构脱蜡催化剂对NH_3的敏感性更甚于硫。在异构脱蜡反应器中，NH_3与异构脱蜡催化剂的酸性中心中和，使催化剂的异构活性和选择性下降。如进料量保持不变，为保证倾点指标，在加工氮含量高的原料时，需提高异构脱蜡温度。

随着异构脱蜡温度的提高，异构脱蜡反应器中的多环芳烃饱和反应下降。这是个平衡反应，当温度大于400℃时，影响显著。对加氢后精制有两个方面的影响；①有更多的多环芳烃未经饱和即通过异构脱蜡反应器。②NH_3与多环芳烃竞争加氢后精制催化剂的酸性中心，因而降低了加氢后精制催化剂饱和多环芳烃的能力。

过多的NH_3将迫使两个反应器在较高的温度下工作，并降低润滑油产率和加速催化剂的失活。因此，进料中的氮含量低于设计要求是极其重要的。

3. 异构脱蜡/加氢后精制进料中的硫含量

在反应器中，进料中的硫化物被转化为H_2S。H_2S会硫化异构脱蜡催化剂和加氢后精制催化剂中的贵金属，降低两种催化剂的加氢活性。

当进料中的氮含量满足规定后，我们希望进料中的硫含量低于规定的要求。如H_2S量高于规定值时，催化剂的失活加速，迫使反应器的温度高于所需要的温度。催化剂平均温度的上升，将加速催化剂的老化。并且，由于反应器温度上升后，产率会下降，氢气消耗量会上升，会导致装置在非最佳方案下运行。另外，出于对反应器和换热器的金属腐蚀考虑，也应限制硫的含量。如在满足氮含量指标的前提下，进料中的硫含量不符合要求，那么，在加氢裂化反应中，应控制硫含量，使其低于金属材料限制要求。

4. 异构脱蜡/加氢后精制进料中的多环芳烃

多环芳烃的存在除加快催化剂失活外，还会使成品油的颜色加深、安定性下降。由于进料进入异构脱蜡反应器之前已经过加氢裂化处理，大多数的多环芳烃在加氢裂化反应中已被氢气饱和。然而，随着加氢裂化催化剂的老化及加氢裂化反应温度的上升，加氢裂化丧失了饱和芳烃大分子的能力，导致多环芳烃含量增加。进料中的多环芳烃量，决定了加氢后精制的加工条件。如进料中的多环芳烃量较高时，则有必要提高加氢后精制的加氢反应能力。根据进料中的多环芳烃量，现时的加氢后精制温度和老化情况，提高加氢后精制温度，有可能会改善油品的颜色。然而，一般而言，加工已加氢的进料时，提高加氢后精制的温度，不能改善产品的颜色。提高加氢后精制的温度，是为了满足氧化安定性指标(RBOT)，而不是颜色指标。因此，在满足该指标之后，建议采用最低运行温度。总而言之，颜色的控制，依靠限制进料中的多环芳烃量来控制。否则，可能有必要通过降低加氢后精制的进料量来改善颜色。

5. 异构脱蜡/加氢后精制进料中的金属含量

在理想情况下，异构脱蜡进料中的所有金属均应当在上游加工中全部除去。但是，来自上游加氢裂化产品分馏塔和其他途径的腐蚀物以颗粒状沉降在异构脱蜡反应器的顶层床层上，造成反应器的压降增加。在异构脱蜡反应器的顶层床层中，含有一层瓷球保护层，以尽量减少发生堵塞的可能性。

6. 异构脱蜡/加氢后精制进料中的蜡含量

由于蜡的异构化是主要反应，因此，进料中的蜡含量对工艺操作的影响极大。进料中的蜡含量决定了完成倾点指标的脱蜡强度。当进料中的蜡含量超过设计值时，需要的温度较高，导致选择性下降，润滑油产率下降。

由于蜡含量高的进料增加异构脱蜡反应的苛刻度，因此，加工光亮油时，进料量低于加工其他物料的进料量，低进料量使异构脱蜡反应能在较低的温度下进行。

总而言之，为保证倾点指标，可以用提高温度的方法来进行高蜡含量进料的加工。但是，提高温度会降低润滑油产率，并有可能缩短催化剂寿命。

同时，进料中的蜡含量对产品的黏度指数影响较大。定性而言，蜡含量高的进料，其产品的黏度指数也较高。

7. 异构脱蜡/加氢后精制进料的黏度指数

异构脱蜡/加氢后精制进料的黏度指数，取决于前面的处理，同时也决定了产品黏度指数。

8. 异构脱蜡/加氢后精制进料的黏度

异构脱蜡反应器进料的黏度，由上游蒸馏和上游加工(如：加氢裂化程度深，黏度就下降)所控制。所以要控制好进料黏度，以避免产率下降，并确保重质产品黏度合格。

9. 异构脱蜡/加氢后精制进料中的水分

尽量使异构脱蜡催化剂避免与水接触，尤其是在装置开工前，异构脱蜡催化剂中的分子筛很容易被水毁坏。然而，一旦催化剂被油浸湿后，其对水的耐受性好多了。同异构脱蜡催化剂相比，加氢后精制催化剂的耐水性好得多。

(二)异构脱蜡/加氢后精制氢气的影响

在加氢反应中，氢气是主要成分，它可以使含蜡进料转化为高价的润滑油基础油成品。

1. 异构脱蜡/加氢后精制氢分压

氢分压对异构脱蜡催化剂和加氢后精制催化剂有着重要的影响。随着氢分压的下降，异构脱蜡催化剂的失活率上升。对加氢后精制催化剂而言，氢分压低时影响更大，随着氢分压的下降，失活率上升，反应活性下降。

2. 异构脱蜡/加氢后精制氢气补充量及纯度

在异构脱蜡反应与加氢后精制中的大多数氢气用于化学反应。少量氢气溶解于反应的产品中，先在高低分中进行汽液分离，然后在蒸馏塔中进行汽提操作。

3. 异构脱蜡/加氢后精制循环氢量及纯度

在异构脱蜡反应系统中，循环氢的功能与加氢裂化反应系统中的循环氢功能基本相同。要注意异构脱蜡反应器的最高允许温升，通过异构脱蜡反应器内的任何床层的温升均要符合设计要求。另一个需注意的是，由于加氢后精制中生成的热量极少，因此，加氢后精制中不配备床层间的急冷。

4. 异构脱蜡/加氢后精制循环氢排放

通过排放可用来控制循环氢中轻质碳氢化合物的聚集。循环氢中轻质碳氢化合物的聚集，会降低氢分压。同时，排气可以控制循环氢中 NH_3 的浓度，对催化剂而言，NH_3 是有害的。

正常情况下，装置运行时不需要排放，但当循环气中的 NH_3 含量超出 10μL/L 时，应考虑临时排放，迅速降低 NH_3 的浓度，恢复异构脱蜡/加氢后精制催化剂的活性。在停止排放之前，找出氮含量上升的原因。

5. 异构脱蜡/加氢后精制反应器压力

反应器压力的影响与加氢裂化相同。

（三）异构脱蜡/加氢后精制催化剂影响

1. 异构脱蜡/加氢后精制催化剂的类型

异构脱蜡反应系统含有两个反应器，异构脱蜡反应器和加氢后精制反应器。两个反应器先后排列，将含蜡进料转化为润滑油基础油产品。异构脱蜡反应器内有异构脱蜡催化剂，它可以降低倾点，相对提高黏度指数(与传统的溶剂脱蜡，催化脱蜡相比)，使芳烃饱和并提高高品质润滑油的收率。加氢后精制反应器中装有加氢后精制催化剂，它可以饱和剩余的芳烃，使得生成的基础油安定性好，颜色接近无色。

在异构脱蜡反应器顶层催化剂床层中，含有低成本的筛选层，以防进料中的微小颗粒形成浮渣。筛选层为支撑催化剂和惰性瓷球。

所有反应器中的每一床层中均有少量支撑催化剂。

2. 异构脱蜡/加氢后精制的催化剂温度

催化剂温度的影响，与加氢裂化系统催化剂温度的影响相同。对异构脱蜡/加氢后精制反应而言，由于大多数其他的操作变量保持恒定，因此，催化剂温度是控制产品倾点和氧化安定性的主要变量。

3. 异构脱蜡/加氢后精制的催化剂寿命

表 7-11 列出了各工艺变量发生变化时，对催化剂寿命的影响。

表 7-11　工艺变量对催化剂寿命的影响

变　量	变　化	对催化剂寿命的影响
异构脱蜡进料量	上　升	下　降
异构脱蜡强度	上　升	下　降
异构脱蜡进料黏度	上　升	下　降
异构脱蜡进料硫含量	上　升	下　降
异构脱蜡进料氮含量	上　升	下　降

续表

变　量	变　化	对催化剂寿命的影响
氢分压	上　升	上　升
补充氢纯度	上　升	上　升
反应器压力	上　升	上　升
循环氢速率	上　升	上　升
循环氢纯度	上　升	上　升

（1）异构脱蜡催化剂。如果异构脱蜡温度较高，润滑油收率有可能下降，对脱蜡油进行加氢后精制可能比较困难。

（2）加氢后精制催化剂。如当加氢裂化或脱蜡反应器接近运行末期时，如加氢后精制温度超过设计温度时，加氢后精制催化剂可能无法对油品进行适当的后精制。在上游高温下生成的芳烃大分子，在加氢后精制中，可用相对低的温度加以饱和。

（四）异构脱蜡/加氢后精制反应系统操作影响

异构脱蜡反应系统的操作方式将影响润滑油基础油产品的产率及质量，同时，也影响着催化剂的寿命。除了已讨论的进料性质、氢气和催化剂的影响外，另有其他的变量影响反应系统的操作。

1. 异构脱蜡/加氢后精制冷高分压力

见加氢裂化系统冷高分压力的影响。

2. 异构脱蜡/加氢后精制冷高分温度

见加氢裂化系统冷高分温度的影响。

3. 异构脱蜡/加氢后精制注水

异构脱蜡/加氢后精制的注水，同加氢裂化的注水来源相同。对所有区域及所有物料的注水量均应设定在设计值，注水的质量应当符合规定的指标(见加氢裂化系统注水的要求)。为了优化装置的性能，尽量减少腐蚀，严格遵守这些指标是重要的。应时刻监控注水系统，以有效控制循环气中的 NH_3 和 H_2S 浓度。

将水注入热高分气空冷的进口处的作用：

（1）为提高催化剂活性，将 NH_3 从循环气中除去；

（2）为降低 H_2S 腐蚀，提高加氢后精制催化剂的活性，将 H_2S 从循环气中除去；

（3）预防热高分气空冷中生成 NH_4HS。

由于铵盐的存在，会使空冷器迅速发生堵塞。因此，在注水泵无法工作(和无备泵)的情况下，不应当长时间运行反应器。如果注水泵无法工作，12h 之内装置就应停工，以避免空冷管束发生堵塞。如果循环气中 NH_3 的浓度超出规定值，应采用循环气排气以控制 NH_3 的浓度，并预防异构脱蜡反应器中催化剂平均温度的急剧升高。此时，可能需降低进料量以预防催化剂平均温度的急剧升高。

4. 异构脱蜡温度

影响异构脱蜡温度的变量有许多。多个变量作用于催化剂平均温度时，所需的净变化应取决于所有单一变化之和。

（1）异构脱蜡温度调节。调整异构脱蜡催化剂平均温度，以使减压塔底部润滑油产品的倾点满足指标要求。轻润滑油产品的倾点不受控制，其倾点由减压塔底部润滑油产品来决定。因此，单是为了控制重质润滑油产品的倾点，就需要调整异构脱蜡催化剂平均温度。为降低成品油的倾点，必须提高异构脱蜡催化剂平均温度。

（2）异构脱蜡温度分布曲线。欲取得最佳效果，应在平均的温度分布曲线下运行脱蜡反应器。

5. 加氢后精制温度

（1）加氢后精制温度调节。

改变加氢后精制催化剂平均温度，使润滑油产品的色度和氧化安定性满足指标要求。加氢后精制催化剂的主要功能是饱和在加氢裂化及脱蜡反应中未曾饱和的芳烃。这些剩余的芳烃是产品发生氧化安定性和颜色问题的主要原因。由于加氢裂化和异构脱蜡催化剂在较高的温度下工作，失活率上升，这两个反应器中的饱和反应下降。因此，加氢后精制苛刻度会逐渐增加，以使产品的指标符合要求。

在加氢后精制反应器中，降低催化剂平均温度，可以降低失活率，并延长催化剂寿命。但是，加氢后精制催化剂平均温度不应当低于最低规定值。

随着加氢后精制催化剂的失活，必须要提高温度以进行补偿。

（2）加氢后精制温度分布曲线。

由于加氢后精制中消耗的氢气量不多，因此，加氢后精制反应中不会释放出大量的热，在加氢后精制中无需装备床层间的急冷氢。在加氢后精制中，温度分布曲线是一条较平缓的下降曲线，顶端进口和底部出口间的温差小于10℃。

6. 异构脱蜡/加氢后精制进料的影响

（1）异构脱蜡/加氢后精制进料量。

催化剂平均温度、氢气消耗量和催化剂的失活，受进料量的影响极大。

对异构脱蜡反应而言，提高进料量，为保证产品的相同倾点指标，必须提高催化剂平均温度。

对加氢后精制而言，提高进料量时，为维持由272nm紫外吸收测定的产品氧化安定性，必须提高催化剂平均温度。然而，对加氢后精制而言，尤其是运行初期时，所需的催化剂平均温度的温升低于异构脱蜡反应的催化剂平均温度的温升。换言之，在运行初期，为维持产品的紫外吸收指标，当进料量提高时，不需要将加氢后精制的催化剂平均温度提高许多。

（2）异构脱蜡/加氢后精制进料的类型。

决定催化剂平均温度的一个主要因素是进料中的含蜡量。蜡含量发生变化时，催化剂平均温度也要相应发生变化。

对加氢后精制反应器而言，根据所加工的进料，运行初期的温度不要超过规定值。

（3）异构脱蜡/加氢后精制进料变化。

如果原料进行了切换，此时，应相应调整反应器温度。如除进料类型发生变化之外，其他因素也发生了变化（切换前，对进料罐进行采样），则有必要考虑这些因素及它们对催化剂平均温度的影响，并决定所需的催化剂平均温度的净变化。

切换进料时，尽量延长切换时间以生产合格的产品。同时，对加工不同进料已有一定经验之后，应熟悉各种进料的合适（加工）温度，这样的话，进料切换操作将非常容易。

五、异构脱蜡/加氢后精制分馏系统

分馏系统的操作，对产品的产率及黏度等指标影响较大。欲达到切割润滑油油品的给定黏度，根据蒸馏操作的调节范围，其产率可在10%范围内产生波动。

一般而言，蒸馏是一种根据不同类型分子间的挥发性差异，将两种或两种以上不同类型的分子分离成两种或两种以上产品的操作。由于炼厂欲分离的产品中含有成千上万种类型的分子，因此，炼厂的蒸馏操作极其复杂。精确操作蒸馏系统是极其重要的，因为塔的运行状况决定了产品的产率及产品的性质(如闪点、黏度等)。

(一) 常压塔-异构脱蜡/加氢后精制分馏塔

常压塔，用以除去减压塔进料中的轻沸点化合物。不稳定石脑油和酸性气为塔顶产品。煤油产品从侧线抽出，塔底产品为减压塔进料。影响这些产品分离的工艺变量有闪蒸段温度、塔压力、汽提蒸汽量和侧线汽提塔的操作。下面将分别讨论这些工艺变量。

1. 异构脱蜡/加氢后精制分馏塔塔顶压力

塔顶压力主要是由塔顶压力控制阀来控制。如果压力高于设定值时，阀将打开，直至压力恢复正常。

确定产品分馏塔进料加热炉的负荷时，压力是一个重要的变量。当产品分馏塔的馏出物产量及过汽化率固定时，降低塔的压力，可以降低对加热炉的热量的需求。加热炉的负荷固定时，提高过汽化率使分离更完全，降低塔内压力可以提高产品分馏塔馏出物的产量。然而，降低塔内压力会提高塔中的汽相速度，可能会导致塔液泛。在确保不液泛的情况下，在最低压力下操作分馏塔是最佳的，此时，分馏塔内依然有足够的压力使产品流出装置。

提高分馏塔塔顶压力时，塔顶产物切割点将下降，结果，造成流向轻组分段的石脑油率下降。作为侧线抽出的产品率将维持不变，因为它们是由固定流量的流量控制仪控制的。由于轻组分向塔下方流动，分馏塔底部液位将升高。侧线的组成将变轻(初馏点及终馏点降低)。由于轻组分向塔下方流动，对切割产品前端部分依赖大的产品指标(如闪点)将变差。侧线产品的指标(冰点)将变好。

2. 异构脱蜡/加氢后精制分馏塔进料温度

进料在分馏塔进料加热炉中加热，产生至少10%的过汽化量。分馏塔的进料温度由分馏塔加热炉燃烧系统控制。在一定的塔压力下，分馏塔闪蒸段蒸发的进料量取决于进料温度。过汽化率决定了煤油侧线和产品分馏塔底部产品的分离精确度。

进料温度提高之后，蒸发的进料多了，使蒸汽可以流向塔中更高的位置，且分馏塔的回流量上升。回流量的上升及精馏段的液体往来使液汽比上升。结果，单一产品的干点下降，煤油产品的指标(冰点)将有所改善。

3. 过汽化率

塔的过汽化率决定了煤油侧线的尾部馏分。提高过汽化率，将提高煤油抽出线下方塔盘上的物料传质，进而改善精馏效果。尽量减少流至煤油抽出塔盘上的高干点物料量。因此，煤油的干点下降，冰点得到改善，允许抽出更多的煤油。

过汽化率提高之后，进入塔中的热量增量在塔顶冷凝器中被取走。为使煤油产率最大化，在塔不发生液泛或不超出塔顶热量取走限值的条件下，尽可能提高过汽化率。

同时，塔的过汽化率决定了闪蒸段上方所有塔盘上的蒸汽和液体交换。这决定了不稳定石脑油和煤油产品的精馏程度。

4. 异构脱蜡/加氢后精制分馏塔汽提蒸汽量

汽提蒸汽，在第一层塔盘下方进入产品分馏塔，提高汽提蒸汽量，使分馏塔底部产品中的轻沸点产品量下降，提高了馏出物产品的回收率。当塔顶温度控制仪上的设定值保持恒定时，提高汽提蒸汽量，由于塔顶产物中的烃分压降低了，石脑油产品将增加。所有产品的切割点(初馏点及终馏点)将上升。由于侧线的尾端部分变重了，产品的倾点和冰点将变差。由于所有侧线的前端部分变重了，所有产品的闪点指标将有所改善。然而，请注意，高汽提蒸汽量使塔顶的冷凝器负荷上升，酸性水的量提高，容易使塔发生液泛。

降低汽提蒸汽量，会使蒸汽消耗量、塔顶冷凝器负荷及冷凝物产量有所下降，但是，分馏塔底部产品中的轻沸点馏出油的量将升高。同时，汽提蒸汽量较低时，会产生漏液，并降低汽提段的塔性能。最佳的汽提蒸汽量取决于产品分布要求、分离精度要求和酸性水处理费用三者之间的操作经验。

5. 异构脱蜡分馏塔热量取走

常压塔依靠塔顶的冷凝器系统将热量取走。为提高精馏效率，使产品的产率最大化，应取走适当热量以防发生液泛。

在操作初期，常压塔中热量取走系统的负荷应为设计负荷。随着经验的积累和操作变化的需要，可调整取热量使其符合操作的需要。

异构脱蜡分馏塔塔顶蒸汽先在空冷器中部分冷凝，然后进行水冷，之后流入分馏塔回流罐。不稳定粗石脑油从回流罐上的液面控制处抽出。部分粗石脑油作为塔顶回流，返回至常压塔塔顶塔盘处。回流的目的是控制塔顶的温度。它决定了不稳定粗石脑油和煤油间的切割点。

塔顶温度的变化，将影响石脑油产率和煤油产品的性质。在煤油侧线流速设定值保持不变的情况下，如果石脑油、煤油间的切割点发生变化，其他的所有切割点均应朝相同的方向发生变化。比如，提高分馏塔塔顶温度将使回流速率下降，石脑油产率上升。由于产品精馏段中的液汽比下降及塔中的冷量较少，所有产品的初馏点及终馏点均有所提高。所有产品的闪点指标有改善，但是冰点将变差。

改变打入塔内的回流量，可以控制塔顶温度。

6. 异构脱蜡分馏塔煤油侧线汽提塔

将煤油送入煤油重沸器，再沸后，将煤油打回异构脱蜡分馏塔。通过这一方法，煤油汽提塔可以除去煤油抽出线中的轻分子。煤油再沸的热量来自产品分馏塔底部产品的热量。

如果煤油的收率发生变化，为获取适当的汽提量，对重沸器的负荷进行调整是极其必要的。通过调节塔底产品旁路进入重沸器的量，可以调节重沸器的负荷。根据产品的流量，安装在汽提塔上的比率自动控制仪可以调节进入重沸器的旁路流量。

可以通过改变汽提塔的重沸器负荷来调整侧线产品的轻组分部分。提高煤油侧线汽提塔重沸器的负荷，可以提高汽提塔中向上流动的蒸汽量。汽液比上升，从产品中出去的低沸点分子增加，导致煤油的初馏点上升。这样，在符合蒸汽压力规定的前提下，可以尽可能地提高煤油的产率。多余的热量返回产品分馏塔，作为塔顶冷凝器负荷增量被取走，这样就导致了回流率的提高，液汽比提高后，石脑油的精馏效果将得到改善。

(二) 减压塔

减压塔用以除去润滑油产品中的柴油及更轻组分，并将润滑油产品分为轻质、中质、重质和塔底润滑油产品。柴油作为塔顶产物被抽出；轻质、中质及重质润滑油被抽出后，进入它们相应的侧线汽提塔；塔底润滑油产品则从塔底抽出。影响这些产品的工艺变量有：闪蒸段温度、塔压力、汽提蒸汽量及侧线汽提塔的操作。

减压塔采用规整填料，这种填料与散堆填料相比，效率更高，通过各个床层的压降最小。

1. 减压塔闪蒸段温度

减压塔的进料在减压塔进料加热炉中受热，产生至少10%的过汽化量。减压分馏塔的进料温度由分馏塔加热炉控制。在一定的塔压力下，减压塔闪蒸段蒸发的进料量取决于进料温度。过汽化率决定了重质润滑油侧线和塔底产品的分离精确度。

进料温度提高之后，蒸发的进料多了，使蒸汽可以流向塔中更高的位置，且使分馏塔的回流量上升。回流量的上升及精馏段的液体交换使液汽比上升。结果，各单一产品的干点下降。

2. 减压塔塔顶压力

塔内的真空由塔顶的真空系统控制。塔内的真空度是影响加热炉负荷和分离精确度的重要因素。塔内的高真空度可以降低所需的进料温度。调节闪蒸段的压力和温度以达到所需要的分离要求。真空度取决于系统可能真空的能力及系统泄漏情况。

3. 减压塔汽提蒸汽量

将汽提蒸汽注入减压塔的第一个床层下方。提高汽提蒸汽量，将改善塔底产品及其他产品之间的分离(程度)。提高蒸汽量，会提高塔中汽相负荷，增加进入塔顶减压系统的负荷，并在塔顶缓冲罐中生成较多的酸性水。与异构脱蜡分馏塔塔顶回流罐中的酸水不同，由于减压塔塔顶产品罐中的酸水中极有可能含有来自空气的氧气，因此，该酸性水无法在反应系统中作为注水被循环使用。

降低汽提蒸汽量，可降低蒸汽的消耗，减少进入塔顶减压系统的负荷及酸性水量。然而，降低汽提蒸汽，将增加减压塔塔底产品中的轻质油品量，使黏度降低。闪蒸段温度及轻质油品的汽提量影响着塔底产品的黏度。最佳的汽提蒸汽量取决于产品分布要求、分离精度要求和酸性水处理成本三者之间的平衡及塔顶系统的能力。

4. 减压塔的热量回流

减压塔的热量由2个回流取走。在塔顶部，柴油在顶部床层下方抽出，并用泵排出。部分抽出的柴油直接返回下一床层顶端。剩余的抽出柴油经冷却后，一部分作为柴油产品入储罐，一部分回流至顶部床层。回流的温度和流量影响着塔的塔顶温度。控制回流量，可获取理想的塔顶温度。

重质润滑油的回流，是为了降低该抽出床层上方的蒸汽与液体的交换，以避免发生液泛。由重质润滑油回流系统取走的热量负荷，由回流流量控制。为尽量提高重质润滑油的回收，应在床层的压降达到限定值之前，并且床层不发生液泛的前提下，尽量减小重质润滑油的回流负荷(回流量)。如塔顶温度及减压塔加热炉负荷恒定，当很多的热量经由重质润滑油回流物料取走时，那么需柴油回流取走的热量就较少。

(三) 减压塔侧线汽提塔操作

减压塔有3个侧线汽提塔：分别是轻质润滑油侧线汽提塔、中质润滑油侧线汽提塔和重质润滑油侧线汽提塔。侧线汽提塔的功能是从它们相应的进料中除去最轻的馏分。在每个侧线汽提塔中，用蒸汽汽提的方法将这些轻质馏分除去。

轻质润滑油侧线汽提塔的产品净流量，由汽提塔的塔底液位控制。进入此汽提塔的进料量，由减压塔集油盘的液位控制，该集油盘收集来自减压塔上部床层的液体作为轻质润滑油侧线汽提塔的进料。降低打回至下一床层的回流量，可以提高进入汽提塔的进料量。

改变轻质润滑油侧线汽提塔的进料量，可能会影响产品指标。用提高汽提蒸汽量的方法，可以减少产品中的轻组分。黏度等指标，可通过调整减压塔操作以改变产品切割的分馏方法来调节。

来自中质润滑油侧线汽提塔底部的中质润滑油产品的流量，由塔底产品液位控制。汽提塔进料的流量，由进料的床层下方减压塔集油盘上的液位控制。为除去中质润滑油产品中的轻组分，可调节进入汽提塔的汽提蒸汽量，调节方法类似于轻质润滑油侧线汽提塔。

通过调节回流至减压塔床层的流量，可以调整进汽提塔的进料量。提高中质润滑油的抽出量，将降低床层上方的分馏效率。为使分馏效率最大化，维持最佳的闪蒸段条件是重要的。

来自重质润滑油侧线汽提塔底部的重质润滑油产品的流量，同样可由塔底产品液位控制。汽提塔进料的流量，由进料的床层下方的减压塔集油盘上的液位控制。为除去重质润滑油产品中的轻组分，可调节进入汽提塔的汽提蒸汽量，调节方法类似于轻质润滑油侧线汽提塔。

第五节　主要设备与操作

一、主要设备介绍

润滑油加氢装置工艺流程复杂，设备种类及数量均较多，有反应器、加热炉、氢压机、高压进料泵、高压水泵、高压空冷、高压容器、高压换热器、机泵、塔器、容器、换热器和空冷器等。

装置中临氢设备除了考虑氢腐蚀外，还考虑由高温引起的硫化氢腐蚀，除相应选择 Cr-Mo 钢外，含有硫化氢的设备内部还敷有不锈钢堆焊层或选用不锈钢复合板。

随着制造和炼钢水平的不断提高，装置中的设备大多都能在国内加工制造。设备所用钢材除 21/4Cr-Mo 钢板及 TP347 不锈钢板(设备内件用)需要国外采购外，其余品种的钢材国内均可炼制。

(一) 反应器

润滑油加氢装置有 3 座反应器，它们是加氢裂化反应器、加氢异构脱蜡反应器和加氢后精制反应器。反应器顶部油气入口处设有液体分布器、中间设有催化剂支持盘、分配盘及冷氢盘，下部设有出口收集器等。示意图见图 7-6。在反应器壳体外面的有关部位设置了壁温测点，这样可以较准确地掌握开工及操作过程中的器壁实际金属温度，并将其控制在设计温度之内；冷氢入口采用了迷宫式隔热措施，这一结构缓和了冷氢接管和壳体处的温差梯度，降低了冷氢管附近的温差应力；改变了传统的热电偶管方式，采用了新型热电偶开口，节省了热电偶与反应器壳体的大量焊接工作量，同时也方便了反应器的运输。

反应器属压力容器，压力容器选材一般根据其操作条件、介质的腐蚀性和材料的经济性等综合因素而定，即设备的操作条件(操作压力、操作温度、介质特性)，材料的可焊性及冷热加工性能，材料的来源及经济合理性，设备的设计寿命及检修周期，设备结构及制造工艺。

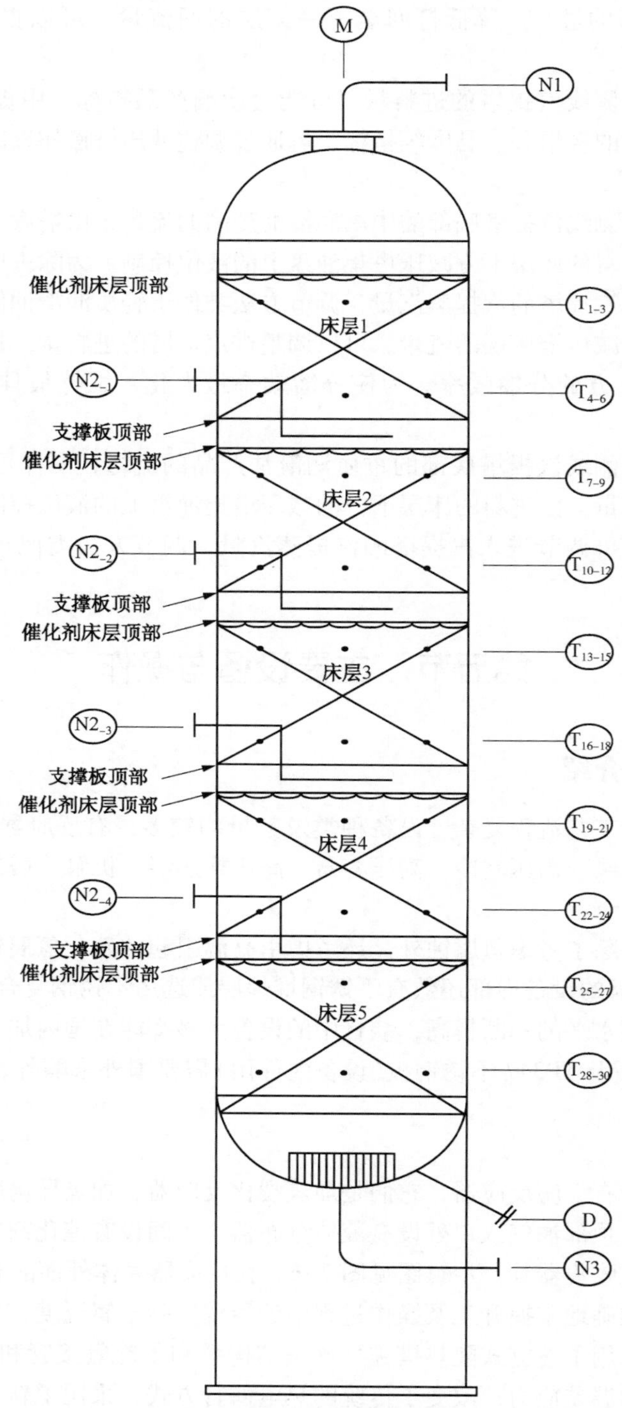

图 7-6　加氢反应器示意图

N1—原料油入口；N2—急冷氢入口；N3—反应产物出口；
D—催化剂卸料口；M—人孔；T—热电偶口

处于高温临氢工况下的压力容器选材时，还要考虑使其在整个设计寿命期间不出现下列情况：应力腐蚀断裂；蠕变应变超过允许限度；脱碳；氢侵蚀；停工期间损坏。

人们从很早就知道，氢腐蚀是在高温高压下，侵入并扩散在钢中的氢与固溶碳或碳化物反应，使晶界及非金属夹杂物的周围产生裂纹的现象。氢原子可以在钢的结晶格子内部移动，而与碳反应生成的甲烷分子是不能从钢中逸出的。因此，该甲烷以晶界及其附近的空隙、杂质、不连续部分为起点积聚，形成甲烷空隙，在空隙内压力上升的同时，形成微小缝隙。从这一阶段开始，钢材的强度、延性显著降低，随后变成称之为较大缝隙、裂纹、鼓泡、剥离的钢材损伤。但是，从氢与碳化物反应到材料强度显著降低，是需要经过一段时间(潜伏期)的。目前，用现代技术很难在这个潜伏期间内发现氢腐蚀征兆。

临氢操作的压力容器应按纳尔逊曲线(Nelson)来选择合适的材料。根据设计温度和氢分压，由 Nelson 曲线查出，3 台反应器的壳体材质均选用 21/4Cr-1Mo，又考虑到介质的腐蚀情况不同，因此在加氢裂化反应器和加氢异构脱蜡反应器 2 台反应器壳体内壁上堆焊 TP309L+347 双层不锈钢。3 台反应器的所有内件均采用 TP347 不锈钢。

加氢反应器中各内构件的工作是互相关联的，入口扩散器工作不佳，会导致分配盘工作的恶化；去垢篮设计不当，将直接影响催化剂床层中的流体分布和压力降；冷氢系统的分配和混合效果，决定着下一床层的正常操作。因此，一台成功的加氢反应器，必须统筹考虑其内构件。实践表明，反应器内合理采用高效内构件，会大大增加反应器的催化剂藏量，提高反应器的容积利用率，延长催化剂使用寿命，延长操作周期。

（二）加热炉

润滑油加氢装置的加热炉包括高压加氢反应炉和一般的分馏塔进料加热炉，由于分馏塔进料加热炉无特殊要求，这里不做叙述。

与一般加热炉一样，高压加氢反应炉也包括钢结构、炉衬和盘管系统。钢结构与一般加热炉相比，没有什么区别。当用圆筒炉时，炉衬与普通加热炉也是一样的；但采用双面辐射时，炉衬结构就与普通加热炉不太一样。主要不同之处在其辐射室两侧墙要承受火焰的直接冲刷，因此其所用耐火材料的理化指标要比普通加热炉高，结构设计也比较讲究。与普通加热炉最大的不同点是盘管系统。一般炉前混氢的加氢炉，其盘管均处在高温、高压和临氢状态下直接见火操作，因此其盘管的工艺设计和结构设计要求均非常严格。

高压加氢反应炉管内被加热介质一般都是氢气加减压馏分油。为了避免结焦，延长操作周期，提高高合金炉管的使用寿命，同时避免裂解而影响产品品质，这些都要求加热过程要十分均匀，最高热强度不能超过某一较低的限制值，以免因局部过热而迅速裂解和结焦，影响操作周期，甚至烧穿炉管。

润滑油加氢装置的高压反应炉一般选用单排卧管双面辐射炉这一理想的炉型(图 7-7)。它可以在最高热强度不超限的情况下，得到较高的平均热强度，缩短炉管总长度和减少弯头数量，从而得到最小的压降。这一点对高压加氢加热炉具有很重要的意义：因为为了保证管内流型符合要求，高压加氢加热炉的管内流速就不能低，单位水力长度上的压降自然很大。这样一来，缩短炉管总长度和减少弯头数量，将成为大幅度减少压降的主要手段，这一点与一般流速较低的加热炉相比，是不一样的。卧管可以使管内介质在较宽范围内获得良好流型，双面辐射可以保证管内介质受热均匀，这些可有效地避免炉管内结焦，保证长周期安全运行，也可延长价格昂贵的高合金炉管的使用寿命。再者，由于其炉管表面

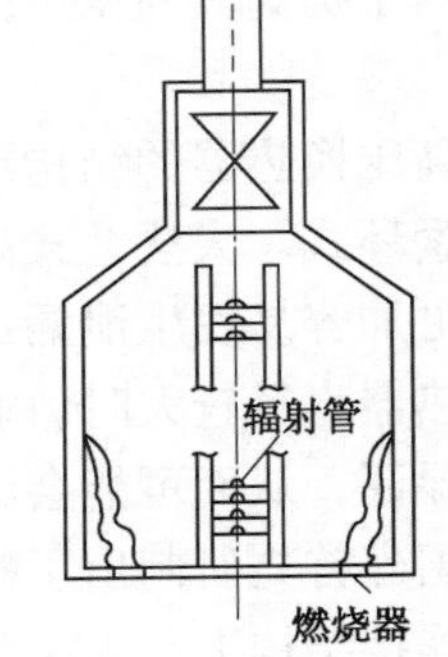

图 7-7　单排卧管双面辐射炉

被充分利用来传热，因而也是最经济的。

（三）高压换热器

高压换热器的选材同加氢反应器的选材原则相同。不同的是高压换热器的管程和壳程分别经过的是两种油、气或温度、压力各异的同一种油、气。因此，应分别根据管程和壳程的氢分压和操作温度，来分别确定管程和壳程筒体的基体用材。随着氢分压和操作温度的升高，管程和壳程筒体的基材可分别选用碳钢、1Cr-0.5Mo、1.25Cr-0.5Mo、2.25Cr-1Mo 直至 3.0Cr-1Mo-0.25V 或 2.25Cr-1Mo-0.25V 钢。随后再根据介质中含 H_2S 的量来确定是否应在基材上堆焊不锈钢。

一般地说，反应器反应产物出口的第一台高压换热器的管程（或壳程）与加氢反应器的操作条件完全一样。因此，一般情况下，它选用的基材和堆焊层完全同前面的反应器一样。

换热器管板选材比较复杂。管板是隔开管程与壳程流体且固定换热管的一个重要受压元件。它的操作条件最苛刻，它承受着管程和壳程中的任意一侧的最高压力和最高温度，所以它的用材一般不低于管程和壳程中较高一侧的用材。例如：一台换热器管程的基材选用 2.25Cr-1Mo 钢，壳程的选材为 1.25Cr-0.5Mo 钢，那么，它的管板基材就不应低于 2.25Cr-1Mo 钢。

除了管板基材的选用外，管板上防腐层的设置也很重要。因为管板上要加工许多换热管孔。而做管板用的复合钢板上的个别缺陷会因管孔加工而扩大或无法修补。所以，管板上的防腐层一般为堆焊形式，堆焊层一般为双层式，即过渡层（E309L 型）和表层（E347）型。堆焊层的设置一般有如下几种情况：

（1）管程侧有 H_2S 腐蚀，壳程无 H_2S 腐蚀，则应在管板的管程侧堆焊双层不锈钢。

（2）管程侧无 H_2S 腐蚀，壳程有 H_2S 腐蚀，则应在管板的管程和壳程双侧堆焊双层不锈钢。这是因为壳程有 H_2S 腐蚀时，换热管要用 Cr-Ni 型不锈钢管。而换热管与管板的焊接点在管板的管程一侧。为避免换热管与管板间的异种钢焊接（奥氏体不锈钢与 Cr-Mo 钢），管程侧也应有不锈钢堆焊层。这是结构设计的需要，而壳程的堆焊层则纯粹是为防腐而设置的。

（3）管程侧有 H_2S 腐蚀，同时壳程也有 H_2S 腐蚀，则应在管板的管程和壳程双侧堆焊不锈钢。

（4）当管板两侧都要堆焊，工艺十分繁琐，也并不经济时，整体管板选用不锈钢（锻钢或钢板）也是可行的和常见的。

由于传热效率的需要，换热管的壁厚一般不会太厚。如：$\varphi25\times2.5$（或 $\varphi19\times2$）无缝钢管。为了提高其抗腐蚀寿命，一般高压换热器的换热管材质均选用 TP321 或 E347 型不锈钢。

高压换热器的结构形式有 2 种：一种是与普通低压换热器相似的大法兰式，另一种是螺纹锁紧环式。大法兰式高压换热器存在易泄漏的缺点，特别是在开工、停工或温度变化的阶段，更加容易发生泄漏；而且，带压带温时无法紧固大螺栓以排除泄漏。尤其是当选用的高压换热器直径较大时（内径大于 1000mm），由于加工机具的限制，大法兰的密封面加工精度难以保证，从而可能会给未来操作中的密封带来困难。

国外首先研制出了螺纹锁紧环高压换热器。它与大法兰式换热器的区别主要在管箱与管板的连接结构上。大法兰式换热器的管箱是靠管箱大法兰、壳体大法兰夹持管板用密封垫片来密封的。要压紧垫片就必须紧固大法兰上的大螺栓。这样大螺栓既要承担垫片反力，而且还要承担法兰上的内压载荷。尤其在高压时，这个内压载荷非常大。因此，所用大螺栓的直径很大，导致大螺栓连接的 2 个法兰的外径很大，法兰盘很厚，结构相当笨重。螺纹锁紧环高压换热器的结构正是解决了大法兰结构笨重、密封困难这两大问题。在满足工艺流程要求的前提下，压力较高的介质经过管程，而压力较低的介质经过壳程。那么管壳程的压力差对内密封垫片会形成一个自紧力，达到良好的密封效果。

润滑油加氢装置中的高压换热器，一般采用螺纹锁紧环双壳程换热器，这种结构的换热器传热效率高，密封性能好，即使在操作过程中发生压力和温度波动的情况下也不易发生泄漏，长期运行可靠。

螺纹锁紧环高压换热器的缺点是结构复杂，机加工件多，各部件间配合精度要求高，给制造和装配带来很大不便。因此需要有一定制造经验且装备精良的厂家进行专业化、规模化生产。

（四）高压空冷器

加氢后的反应产物从反应器流出后经 3 台高压换热器换热后到达高压空冷器，在此被进一步冷却使温度降低到 60℃左右。然后进入高分进行气液分离。

高压空冷器的工作特点是：正常操作时温度不高（200℃以下），但遇紧急放空时，会有大量未经充分换热的高温气体（>200℃）在短时间内通过空冷器。因此要求空冷器翅片管具有良好的抗冲击性能。

介质进入空冷器时温度一般已降到 200℃以下。在这一温度下，氢气对一般碳钢已无明显腐蚀作用，所以大部分高压空冷器的管束用材均为碳钢。氢腐蚀是氢气在高温下对钢材造成损伤的长期累积过程。因此即使有短时的高温（>200℃）油气通过空冷器（紧急放空时），也不会对碳钢管束造成威胁。但也有些加氢流程会出现一些中温操作的空冷器，其正常操作温度大于 240℃。此时碳钢已不能抵抗氢腐蚀。因而应选取抗氢腐蚀性更好的 CrMo 钢来制作管箱和基管。但对在苛刻工况下的空冷器管箱和换热管，也有些国外公司采用双相不锈钢或 Incolloy825 等耐腐蚀性更强的材料。

（五）高分

润滑油加氢装置同时设有热高分和冷高分，热高分的操作温度一般高于 300℃，在装置紧急泄压时，器内的介质温度短时间内可达 420℃。在这个工况下，高温含氢和 H_2S 的介质同样会对器壁产生氢腐蚀和 H_2S 腐蚀，所以热高分的选材原则与加氢反应器的选材原则相同。

冷高分的操作温度一般均在 120℃以下。在这一温度下，氢气不会对器壁造成氢腐蚀，因此不必考虑采用抗氢材料。在低温下，介质中的水气会凝结成水，H_2S 溶入水中，形成湿 H_2S。低温湿 H_2S 对器壁的腐蚀包含均匀腐蚀和局部应力腐蚀两种形式。操作介质含 H_2S 越多，也就是湿 H_2S 浓度越大，对器壁造成的腐蚀就越严重。一般地说，H_2S 含量低于 50μg/g 时可以不考虑湿 H_2S 腐蚀。器壁选材原则上应以强度低的一般碳钢为宜，但当操作压力较高时，用一般碳钢制作器壁，容器壁厚就会非常厚（大于 100mm）。这时就要选择强度较高的低合金钢，同时要求设备制造完毕后进行消除应力热处理。

如前所述，湿 H_2S 对基层材料的腐蚀除了均匀腐蚀外，还有应力腐蚀（SSCC）、氢诱导裂纹（HIC/SOHIC）和氢鼓包（HB）。为了抵抗均匀腐蚀，并进一步考虑到防止产生氢致裂纹，通常采用的材料有如下 5 种：

（1）采用强度等级较低的普通碳钢，同时加大腐蚀裕量（6mill），视具体情况进行消除应力热处理。

(2) 采用较低强度等级的低合金钢，同时加大腐蚀裕量，并进行消除应力热处理。

(3) 采用抗氢诱导裂纹(HIC resistance)专用钢材，同时加大腐蚀裕量，进行消除应力热处理。

(4) 采用不锈钢复合钢板，将腐蚀介质与基层钢板隔开。

(5) 采用不锈钢堆焊层，将腐蚀介质与基层钢板隔开。

具体采用哪种材料，要视介质中含 H_2S 的浓度、酸性程度和基层钢材的厚度以及设备的重要性等因素来决定。

润滑油加氢装置中的热高分，其操作条件为高温、高压、临氢及硫化氢介质，根据要求，母材可选用2.25Cr-1Mo，内部堆焊 E309L+E347 双层不锈钢防腐层。另外的冷高分和循环氢入口分液罐，它们在高压低温湿 H_2S 条件下操作，在这种工况下会产生湿硫化氢应力腐蚀开裂。因此，可以选用16MnR(HIC)抗湿 H_2S 应力腐蚀开裂的材料，这种材料的硫、磷含量非常低，综合机械性能比较好，抗湿 H_2S 应力腐蚀性能好。

(六) 压缩机和泵

1. 氢气压缩机

在加氢装置中主要有2种压缩机：一种是将新鲜氢气加压输送到反应系统中去，用以补充反应所耗之氢气，这种压缩机称之为补充氢压缩机。由于这种压缩机的进出口压差比较大，流量相对较小，一般都使用往复式压缩机。另一种压缩机称之为循环氢压缩机，其作用是将循环气压缩、冷却后，再送回反应系统中，以维持反应器氢分压。由于这种压缩机在系统中是循环做功，其出入口压差即为系统中的压降，相对来说其流量较大，压差较小，一般都使用离心式压缩机，只有处理量小的装置，才使用往复式压缩机作为循环氢压缩机。

2. 加氢进料泵及其他

一个加氢装置中的工艺用泵多达近百台，除了进料泵、注水泵和硫化剂泵之外，其余大部分为一般工艺流程泵。前者输送介质的压力属中高压范围，后者属低压范围。

加氢进料泵为多级泵，根据美国 API-610 标准《石油、化学和气体工业用离心泵》的规定，应选用筒形泵壳，即径向剖分式泵体。这类泵的结构类似于离心式循环氢压缩机，不同之处在于内筒体的隔板(包括流道)不是两半片的，而是一个整体，叶轮和隔板是串起来的，一个套一个。隔板依靠径向螺栓连接在一起，叶轮用键与轴固定。泵盖用大螺栓与泵体连接。内筒体与泵盖之间采用可压缩的多层垫片密封，用以补偿泵体与内筒体由于热膨胀量不同而产生的压缩量。

像大多数泵一样，进料泵采用机械密封作为轴端密封。至于选择哪种类型的密封，冲洗液和急冷介质的来源以及管路布置等要求，在 API-610 的标准中都有明确规定。一般来说，进料泵的机械密封随介质的性质和操作条件的不同而异，例如渣油加氢进料泵，由于操作条件苛刻，采用金属波纹管单端面平衡型机械密封，冲洗液为外来的减压蜡油，辅助密封也采用节流衬套，但需注入低压蒸汽作为急冷介质，以防密封失效时因高温介质泄漏而引发火灾。

压力润滑的轴承结构和离心式循环氢压缩机类似，径向轴承为多油楔调心瓦块式，止推轴承为可自动调整的金斯伯型或米契尔型轴承。轴承润滑需要设置独立的润滑油站，该油站不但供泵轴承润滑用，而且也为电动机轴承(大功率电动机的轴承一般也采用压力润滑)和增速箱(如果有的话)提供润滑油。国外设计的泵，其主油泵均采用“轴头泵”，即主油泵安装在非驱动端的泵轴上或增速箱的低速轴端。油站中只需设1台由电动机驱动的辅助油泵。停泵时，主油泵随工艺泵逐渐停下来(惰转状态)，不需设高位油箱。而国内设计的泵，没有轴头泵，油站中放置2台电动机驱动的油泵。为此，在油系统中还需增设1台高位油箱，供泵紧急停车用，使泵的安装与操作复杂化。

根据工艺操作条件不同，离心泵各主要零件应选用何种材料在API-610的标准中有一些规定可供参考。减压渣油加氢进料泵推荐使用A-8等级材料，即泵体为碳钢，内部对焊316L型不锈钢，其他主要零件基本采用316型不锈钢；常压渣油和蜡油加氢裂化进料泵使用S-6等级材料，除了输送渣油的泵体内堆焊316L或304L型不锈钢外，主轴为CrMo钢，其他零件材料为12%Cr；加氢精制进料泵可采用S-5等级材料。

国外生产这类泵的公司有美国的Ingersoll-Dresser Pumps、瑞士的Sulzer、德国的KSB和日本的Ebara(荏原株式会社)等。

由于注水泵操作扬程高，流量小，一般多级离心泵不易满足要求，可采用Sundstrand或日机装公司生产的Sundyne高速离心泵。

硫化剂泵属于计量泵。考虑到硫化剂易挥发且毒性大，可采用无泄漏膜片式计量泵。工艺介质与柱塞传递的液压油依靠聚四氟乙烯(FFFE)材质的膜片隔离，以防泄漏。膜片结构有单膜片和双膜片2种。双膜片更可靠，一旦任一膜片损坏，两膜片之间的隔离液会混合泵端的工艺介质或柱塞端的液压油，使其密度发生变化，磁性浮子就会发出报警信号，提醒操作者注意。

生产这类泵的厂商有美国的Durco、MILTONROY，德国的LEWA等公司；国内的重庆水泵厂和本溪水泵厂也有此类产品。

二、单体设备的操作

(一) 加热炉的操作

装置的加热炉在操作中应根据操作规程和工艺卡片安全平稳地进行调节，使炉出口温度和进出口温差控制在规定范围内，确保装置平稳操作。

1. 点火前的检查

检查炉膛内及周围杂物和易燃物是否消除干净，炉体及所属设备、弯头、防爆门、人孔、烟道挡板、火嘴、风门等是否安装完毕、灵活好用。检查工艺流程所属部件是否安装完毕，并符合要求。管线畅通无阻，并试压合格无泄漏，盲板应处于正确位置。检查炉区所属阀门是否灵活好用，并按要求改好流程。检查炉区全部温度计、流量计、压力表、热电偶、氧气分析仪等是否按规定安装完毕，灵活好用。检查各火嘴安装角度是否正常，火嘴喷孔是否有堵塞。检查消防设施是否齐全好用。

2. 点火前的准备工作

引蒸汽赶走瓦斯管线及瓦斯罐空气后，用氮气置换，采样合格后(O_2含量<0.5%，体积分数)，联系引进瓦斯，按工艺指标控制瓦斯罐压力。瓦斯罐加强脱水脱油。全开风门及烟道挡板，炉膛吹蒸汽10~15min，烟囱见蒸汽5min后，联系分析炉膛可燃气体含量。当炉膛可燃气含量小于0.2%时，调节风门和烟道挡板，准备点火。若取样到点火时间超过半小时，应重新置换合格方可进行点火，若发现第一次点火没成功，应立即关闭瓦斯阀门，重新置换炉膛，分析合格后方可点火。

3. 点火操作

引瓦斯至火嘴处。用点火棒或点火枪先点燃所有长明灯然后慢慢开主火嘴瓦斯阀门，点燃主火嘴。点燃后，根据升温速度要求，控制好阀门开度。一旦点火不成功，炉膛应重新吹汽，再按点火步骤点火。调节风门和烟道挡板，使火焰正常。点火时操作员不要面对火嘴，要斜对，以防回火伤人。当不需要点全部火嘴时，应使点燃的火嘴成对角或对称，以防炉管受热不均。炉管内无流体循环时严禁点火。

4. 正常操作标准

根据反应深度和分馏塔要求，调节加热炉火嘴，使炉膛及炉出口温度在规定范围内。严格控制加热炉过剩空气系数。火嘴正常燃烧时，炉膛明亮，火焰呈淡兰色，清晰明亮，不歪不散为佳，烟囱排烟无色或呈淡色。炉管各支路温度差小。炉出口温度平稳，波动范围不大于指标的±1℃。炉膛温度不大于800℃，炉膛负压控制在-30～-20Pa。严禁火焰调节过长，直扑炉管和炉墙。经常检查炉管、回弯头、吊架、炉墙和火嘴是否有变形、变色、泄漏、局部过热、剥脱和损坏等异常现象。

提降量时，按先提量后提温，先降温后降量的原则。中断进料时，应立即熄火，炉膛通蒸汽。按时检查瓦斯罐，及时排净积液，防止瓦斯带油、带水。

5. 火焰不正常的原因及调节方法

火焰不正常的原因及调节方法见表7-12。

表7-12　火焰不正常的原因及调节方法

现　　象	原　　因	调节方法
火焰呈黄红色、飘散且大，炉膛发暗	瓦斯量过大，空气量小	减少瓦斯量，加大风量
火焰发白、过短、跳动不稳	瓦斯量小，空气量大	加大瓦斯量，减少风量，适当关小烟道挡板
火焰偏斜	瓦斯、风偏向一侧；火嘴安装不正；火嘴结焦	减少偏向一侧的瓦斯、风量；调整火嘴角度或垂直度；停用火嘴，拆下清焦
火焰长、软、呈红色，炉膛不明，冒黑烟，炉膛温度上升	瓦斯严重带油	加强瓦斯罐脱油
火焰冒火星、缩头	瓦斯带水严重。	加强瓦斯罐脱水
火焰参差不齐	阀门开度调节不当，或炉管进料偏差过大	应重新调整阀门开度，或平衡组分进料

6. 烟道挡板的调节方法

根据炉膛内的负压值大小，调节挡板开度。根据火嘴的燃烧情况、排烟温度、过剩空气系数来调节挡板开度。炉膛负压值太大，关小烟道挡板。火焰燃烧不好，排烟温度过低，过剩空气系数太小，开大烟道挡板。

7. 炉出口温度的控制

炉出口温度决定着反应进料温度或分馏进料温度，是一个极其重要的参数，各炉出口温度可通过设定值自动控制。炉出口温度的影响因素与处理方法见表7-13。

表 7-13　炉出口温度的影响因素与处理方法

影响因素	处理方法
原料流量不稳定影响进料量	查明流量不稳定原因，用出口阀稳定流量
压缩机流量不稳定造成进料量不稳定	稳定压缩机排量
油料入加热炉控制仪表出故障	改手动、联系仪表检修
燃料气压力变化	检查瓦斯系统、平稳瓦斯压力
火嘴燃烧不好	查明原因并做相应处理
炉出口压力变化	查明炉出口压力变化的原因，平稳炉出口压力
外界气温、风向、风力变化	对于外界影响，操作上应及时进行调整
炉管破裂	按紧急停炉处理
仪表指示不稳	改手动、联系仪表检修
燃料气性质变化，瓦斯变轻或变重	根据炉出口温度及火嘴燃烧情况，调整操作

8. 炉膛温度

主要靠改变燃料在炉膛内的燃烧状况、火嘴分布来调节炉膛温度。炉膛温度的影响因素与处理方法见表 7-14。

表 7-14　炉膛温度的影响因素与处理方法

影响因素	处理方法
各火嘴火焰不齐或火嘴分布不均	多点火嘴，做到齐火苗，短火焰
火嘴安装不正	修火嘴、装正
支路流量不均(减压炉)	检查偏流原因，处理
鼓风机故障	停强制通风、改自然通风，抢修风机
风道蝶阀开度不适	调节蝶阀开度
仪表失灵	仪表工处理
炉管结焦	根据实际情况决定是否停工清焦处理
烟道挡板开度不合适	调节烟道挡板开度

9. 炉膛负压

炉膛负压主要是通过调节烟道挡板开度来控制的。炉膛负压的影响因素与处理方法见表 7-15。

表 7-15　炉膛负压的影响因素与处理方法

影响因素	处理方法
入炉燃料量变化	调整燃料入炉量
入炉风量变化	调节入炉风量，合理分配
加热炉燃烧状况不好	调整燃烧状况，达到要求
鼓风机故障	改自然通风，修风机
仪表失灵	修仪表
烟道挡板失灵	检查并处理烟道挡板开度

10. 加热炉热效率

加热炉热效率主要通过调节燃料完全燃烧，控制过剩空气系数来达到。加热炉热效率的影响因素与处理方法见表 7-16。

表 7-16　加热炉热效率的影响因素与处理方法

影响因素	处理方法
预热器积灰，传热减少	检查预热器工作情况，采取措施
氧含量太大，过剩空气系数大	勤调节，保证火嘴完好
炉体散热损失大	检查炉体外壁散热情况，根据情况采取相应措施
燃烧情况不佳	及时调节，确保燃烧完全
炉体漏风大	检查漏风原因并处理
炉管结焦	根据实际情况决定是否停工炉管烧焦处理
加热炉负荷与设计值偏差太大	调整加工量

11. 停炉操作

（1）正常停炉。将火嘴瓦斯阀门关闭，按降温速度要求对称地熄灭火嘴直至全部熄灭。若暂时停炉，则长明灯继续点燃，若长期停炉，则长明灯关闭。开大烟道挡板和风门，让加热炉自然通风降温。停炉后，关闭燃料系统所有阀门。清除喷嘴积炭和杂物。

（2）紧急停炉。立即熄灭全部火嘴，并现场关闭瓦斯手阀，烟道挡板全开，向炉膛大量吹气。若炉管破裂，则应停止进料、停新氢、停循氢、退油并向系统补充氮气，炉膛内通入灭火蒸汽。

（二）换热器的操作

1. 启用步骤

检查换热器(冷却器)及其连接管件，法兰是否安装好用，试压合格。改好流程，放净管(壳)程内存水，关闭放空阀。先开出口阀后再开进口阀，最后关副线阀。先进冷流，后进热流。热油改进换热器(冷却器)时要缓慢，注意防止憋压和泄漏。

2. 停用步骤

先停热流，后停冷流。先开副线，后关进出口阀。扫线时，冷却器的冷却水要先放净，然后才能通蒸汽。换热器一程扫线时另一程放空要打开。

3. 日常管理

检查设备管件、法兰有无泄漏。检查油品换热或冷却温度。按指标控制好油品出装置温度。检查冷却器的排水是否带油。

（三）一般离心泵操作

一般离心泵是由电动机通过轴带动叶轮进行高速旋转，使液体获得能量而完成输送任务的机械设备。

1. 启动前的准备工作

搞好设备及周围地面卫生，备好消防器材。检查泵体及进出口管线、附属管线、阀门、法兰等处有无泄漏。检查基础完好，泵及电机各部件是否齐全，联接是否紧固，安全罩是否牢固。检查各压力表是否安装良好，量程选择是否合适，安全红线是否标好，投用压力表。检查轴承箱是否干净，并加入经“三级过滤”后规定牌号的润滑油至规定的油位（油位计的

1/2~2/3)。开冷却水上、下水阀，并调节冷却水量。按泵的转向盘车2~3圈，检查转子是否灵活，有无偏重、卡涩等现象。检查泵体内是否有不正常声音和金属碰击声，打开泵入口阀，引液灌泵；同时适当开启泵放空阀，排尽泵内气体后关闭。对于热油泵，灌泵放空时，放空阀不可开启过大，以免过多热油排出泵体，发生燃烧危险。对于高温泵(T>200℃)，必须对泵进行预热，且预热要充分，预热速度必须缓慢，升温速度不得超过50℃/h(泵壳和介质温差≤10℃，预热前期盘车数圈以使泵体内各部件均匀受热)。预热结束后要关闭预热线。对带有密封蒸汽系统的泵，应全开蒸汽线上的所有阀门。检查平衡管、自冲洗管、密封冷却水、泵体。有密封油的泵开密封油线上、下游阀，投用密封油。准备好油壶，工具，温度计等。联系有关岗位操作人员，并联系电气给机泵送电。点动检查电机旋转方向是否与泵旋转方向一致。

2. 离心泵的正常启动

检查准备工作完毕，全开入口阀。按动电机启动按钮，启动泵。当泵出口压力在额定值以上，电流在额定值以下，机泵振动在正常范围时，立即慢慢打开出口阀，调节至所需的流量或压力。此过程注意检查电流值的变化，全面检查泵体、轴承、电机的温度和振动情况，密封和轴承箱是否泄漏，有无异常声响。若发现电流超负荷或机泵有杂音或其他不正常现象，应停泵查找原因。工艺要求压力低或液位高时备泵自启动的机泵，备用泵进出口阀门全开，开关位置投“自动”，并做好泵的其他备用工作。

3. 离心泵的正常停泵

与有关岗位做好停泵准备工作，关闭出口阀，按停机电钮停运机泵。泵停运后，应做好维护工作，以便随时启动。对热油泵要打开预热线阀门，对泵进行预热。待泵温度小于100℃后，停冷却水，冬季时，可保持少量冷却水流动。停泵检修，通知电工切断电源，关闭泵入口阀，排净泵体内存油。正常停下的泵每天盘车一次，每次盘车180°。

4. 离心泵的切换

联系班长和有关岗位准备切换泵。按正常开泵步骤启动备用泵，缓慢打开备用泵出口阀，同时缓慢关闭被切换泵的出口阀，此过程应注意观察两台泵的电流、压力、流量变化，切换过程力求平稳，避免引起操作波动。当启动的备用泵的压力、流量达到要求后，即可按停泵按钮停被切换泵，并按正常步骤做好停泵后各项工作。

5. 离心泵的正常维护和检查

检查电机电流，泵出口压力，流量是否稳定在允许范围内。检查轴承温度(滚动轴承≤70℃，滑动轴承≤65℃)。电机温度≤环境温度+40℃，电机轴承温度≤70℃。检查泵机械密封泄漏情况，检查备泵暖泵线是否畅通。调节好冷却水用量，使被冷却部位无过热现象。经常检查润滑油质量及润滑情况，及时加注或更换润滑油。在用泵出现抽空现象，应适当关小出口阀并及时联系检查抽空原因，加以处理。经常检查机泵振动情况，声音是否正常，地脚螺栓是否松动。搞好机泵及附属管线、阀门、压力表及周围环境卫生。备泵每日应盘车180°，保持各机泵清洁工作，备泵应做好备用工作，如灌泵、注油、预热等。冬季检查备泵的防冻防凝情况。认真进行巡检，按时做好机泵运转记录。

6. 离心泵操作注意事项

严禁用关入口阀调节流量或关入口阀时启动。泵在正常转速、关闭出口阀的状况下，泵运转不超过3min。离心泵出现抽空、半抽空状态的，应立即调整或处理。严禁超温、超压、超负荷运转。热油泵在预热时，如果是利用放空阀放空，则应严格控制放空阀开度，以免着火。工艺要求压力低或液位高时备泵自启动的机泵，备用泵进出口阀门全开，开关位置投“自动”，并做好泵的其他备用工作。

7. 紧急停泵

当离心泵在运转过程中有严重噪音、振动、机械密封严重泄漏，抽空无法消除，轴承温度过高，停电，电机过热、冒烟、着火等意外情况或工艺要求紧急停泵等情况下应紧急停泵。紧急停泵时应按停泵按钮，关闭出口阀，迅速启动备用泵，其余步骤按正常开停泵步骤。

（四）往复压缩机操作

往复式压缩机的气缸和填料采用有油润滑设计，压缩机选用电机驱动的活塞式往复压缩机。有多个气缸或一个气缸，多级压缩或单级压缩，压缩机设置防脉动的出、入口缓冲罐。每台压缩机均有独立的传动部分和工作部分强制润滑设施以及完善的自保、监控系统。级间设置旁路返回系统，对级间压力进行调节。主辅润滑油泵、注油器由单独的电机驱动。气缸冷却、级间冷却器、润滑油冷却器、软化水冷却器、主电机冷却器采用循环水冷却。

压缩机本体部分结构包括：机身、中体、接筒、曲轴、连杆、十字头、气缸、活塞组件及活塞杆、活塞杆密封填料、缓冲器、卸荷装置和活塞式或手指式卸荷器。

1. 压缩机开车前的检查和准备工作

新装或大修的机组经试运合格，仪表报警、联锁调试合格。联系电工检查电机绝缘电阻，电机及各项电器设备处于良好状态，接地良好。做好机体和周围环境卫生。压缩机组各管线、法兰、密封点进行气密合格。机身曲轴箱、注油器油箱润滑油液位在看窗的2/3处。打开分液罐、机组中体排凝阀排凝液，确认无凝液。

检查投用安全阀和各种仪表齐全好用、投用正常。消防器材、操作工具、记录表格准备齐全。控制盘送电，现场润滑油主辅油泵、主电机、注油泵电机、电加热器等送电，仪表电气控制盘试灯、试铃。投用压缩机各级级间冷却器、溢返冷却器、润滑油站冷却器、水站冷却器、电机水冷器，新氢机汽缸冷却水，检查循环冷却水正常。压缩机气缸冷却水、填料冷却水系统投运。建立压缩机传动部件润滑油系统。关闭该系统的高点放空阀和各低点排凝阀。

全开润滑油泵的入口阀、出口阀。确认过滤器切换手柄在适当位置，一台过滤器正常投用。润滑油泵手动盘车无卡涩、偏重现象。启动润滑油泵，建立润滑油循环系统。调整润滑油总管压力在正常范围内。润滑油过滤器差压在正常范围内。启用泵的切换开关置于“手动”位置，备用泵的切换开关置于“自动”位置。

建立工作部件的润滑油系统运行，启动注油器电机，检查各注油点的上油情况是否良好，对工作部件进行良好的预润滑。检查各级入口过滤器、润滑油过滤器、填料冷却水过滤器压差正常。确认低压氮气系统流程，建立机组氮气负荷调节、压力填料氮封、活塞杆下沉检测系统，并检查高点放空情况良好。

曲轴箱电加热器、注油器电加热器、主电机空间加热器投自动。视情况开水站蒸汽加热器，确认满足条件后关闭。启动盘车装置盘车5min，注意有无异常响声。结束盘车确认盘车装置、飞轮锁紧装置脱离后锁紧。

压缩机机体用氮气置换，关闭新氢压缩机的入口阀、出口阀。确认压缩机入口氮气置换流程，缓慢打开机入口氮气线阀门，并注意排凝，向机内充氮气，打开压缩机出口放空阀放空，机体降压。重复上述步骤2~3次。采样确认机内气体的氧含量≤0.5%为置换合格。压缩机机体氮气置换结束，压缩机机体氢气置换1~2次合格。全开压缩机(新氢机)出入口返回阀、压缩机出口阀和压缩机入口阀。

2. 压缩机的开机

联系电气仪表，进行压缩机的模拟运行，电气仪表工测试机组联锁(初次开机或大修后开机进行)。确认机组的启动条件都已满足，现场无影响机组启动的问题。操作室内操作人员将操作系统复位。通知班长及相关岗位准备开机。

压缩机必须满足下列全部条件才能开机：压缩机负荷为零；联锁清除；机身油温≥27℃；气动盘车装置脱离锁紧；润滑油压力达到允许值。冷却水系统正常，气缸注油器运行正常，主驱动电机允许启动。

上述工作顺利完成之后，电气仪表工将压缩机控制柜投到运行位置，现场操作人员手动按下现场控制柜上启动按钮启动主电机，使机组投入空负荷运行。压缩机空负荷运行5~10min，检查确认压缩机、电动机各运转部位声音、振动、温度、油压等是否正常。现场操作人员对机组加负荷。加负荷升压过程中要特别注意检查机组运转情况，电流、振动、流量、各级压力分配情况，防止压力不均使个别级出口温度超过允许值。机组加负荷至100%，随着压缩机出口压力的升高，做好压缩机本体的气密工作和记录工作。如果发现异常，应立即采取措施降低负荷或停机处理。

3. 压缩机的正常停机

现场操作人员对机组降负荷，机组确认无负荷，停主电机，压缩机停运后，停运注油器。工艺气体系统隔离，关机出、入口阀，进行机体放空。进、出口压力平衡后启动盘车装置对机组进行盘车。机组盘车结束，油泵运行至轴承降至常温，现场操作人员手动停油泵。如停车时间长，停气缸冷却、级间水冷器和压缩机油站水冷器、水站水冷器、电机水冷器冷却水。

4. 压缩机组正常维护

严格巡回检查制，每2h对机组进行一次全面检查并做好记录。电机及其轴承运行无杂音，气缸无异常撞击声。检查润滑油过滤器，如果压差大于指标要切换清洗。油压保持正常压力，润滑油温保持正常，按时给润滑部位加油至规定油位，检查注油器对各点的注油是否正常。检查备用油泵按钮位置，保证随时能自启动。注意检查曲轴箱、注油器油池油位。按规定时间进行取样化验分析，对不合格的润滑油要及时停机更换。检查冷却水是否畅通，缸套、填料冷却水出口水温是否正常。

测量各部位振动值应符合要求。检查各级出入口缓冲罐，并及时排凝。检查填料箱放空管温度是否有异常温升，判断各处泄漏情况及氮封运行情况。检查各管线各连接部位有无泄漏。检查各安全阀是否内漏。检查水站水位及过滤器压差，检查备泵按钮位置，保证随时能自启动。检查污油罐液位，及时排污。停运机组的盘车和切换按规定执行。

5. 压缩机的正常切换

按正常开机步骤开启备机。两压缩机负荷的切换应同步进行，以保证供氢量的平稳，避免引起生产波动。按正常停机步骤停原运行机。检查现运行机组运行情况，将停运机隔离放空，做好备用工作。

(五) 高压进料泵操作

高压泵主要由泵壳体、内置式高压承压筒体、轴、叶轮、机械密封、轴承箱(径向轴承、推力轴承)、联轴器、平衡盘等组成。高压泵均配置独立的润滑油站，油站包括油箱(附带电加热器)、油冷却器、油过滤器、辅助油泵及电机等。高压进料泵还配置轴承润滑、密封冲洗、机体排放、轴力平衡及密封急冷等辅助系统。

1. 高压进料泵启动前的检查和准备工作

检查机泵安装和各部分的紧固是否合乎要求。清理地面和设备卫生，清除障碍物。检查电源接线及各仪表连线正确，并打开各仪表、压力表手阀。确认相关管线吹扫、冲洗、气密、试压满足要求。检查工艺、冷却水流程是否符合要求，确认水、电、气、风公用工程正常。检查泵出、入口手阀全关。入口过滤器已清洗干净。机械密封急冷蒸汽阀全开。

建立润滑油系统运行，并注意润滑油系统各项报警指标，维持油压稳定，检查确认润滑油系统流程畅通。检查油箱干净，加入合格的润滑油，油位在最高液位。检查油箱及润滑油管线上的压力表、温度计及联锁引线投用。检查压控阀和温控阀的安装及流向是否正确。检查确认油冷器循环水投用(冬季上、下水副线阀稍开)按启动按扭启动油站辅助油泵。稍开过滤器和换热器上的所有的放空阀，排不凝气使润滑油系统充满润滑油。检查油泵出口压力正常，润滑油总管压力正常，润滑油温度正常。检查油泵运转声音无异常，回油正常。润滑油系统建立完毕。

打开泵入口阀进行灌泵，之后缓慢开最小流量调节阀，并打开放空阀及泵体排凝阀进行放空，直至排放介质为连续流体，赶尽泵体气体，关闭排凝阀和放空阀。对泵进行预热。全开泵出口最小流量控制阀副线阀及入口暖泵线阀，缓慢打开预热线阀。注意泵体预热严格控制升温速度小于2℃/min，泵体上下部温差不得大于30℃，流体与泵体温差不得大于40℃。预热过程中不准盘车，预热各部位温度稳定时，才允许盘车。检查盘车无偏重卡涩现象，如有则应重新暖泵。再次灌泵确认泵体无气体，确认平衡管及密封自冲洗冷却线畅通。全开泵入口总阀。确保平衡管上压力表有指示，能正常工作。全开最小流量线的调节阀、手动阀。关闭泵出口截止阀，全开止回截止阀。预热结束后，启动泵之前关闭预热线。再次检查各仪表投用正常，并联系操作室及有关单位。

2. 高压进料泵启动

现场手动启动泵。泵提速、升压，调整回流阀开度，并注意电流变化，泵建立平稳回流循环。待出口压力升至正常之后缓慢打开泵出口手阀。联系操作室将泵投入系统，进行提量，调整泵正常运行，满足生产操作。当泵正常运行几分钟之后，现场停辅助油泵，开关放自动位置。泵启动正常后，调节油压、油温正常。按正常维护要求全面检查泵的运行情况。

3. 正常停泵

将最小流量调节阀开至最大保证循环量，缓慢关闭出口调节阀和手阀使泵撤出系统。操作人员现场按停电机按钮停泵。全关入口手阀，关闭最小流量线出口手阀及调节阀(防止电机反转)。停泵后，打开预热线阀对泵体按暖泵步骤进行暖泵。如该泵停下后须进行维修，则应做如下处理待轴承温度降至常温后，停润滑油泵。关闭各处冷却水阀，关闭蒸汽急冷系统。通知电气切断电源。打开泵体排放阀排净泵体内存液。

4. 泵的切换

按正常步骤启动备用泵，用最小流量线打循环，做好准备工作。检查一切正常后，将启用泵出口阀慢慢打开，并由操作室将最小流量线阀慢慢关小，注意既要保证压力稳定又要严防泵出口压力超高，同时将原运转泵最小流量线阀慢慢开大，再慢慢关闭原运转泵的出口阀，将启用泵投入系统。切换时要保证流量、压力稳定。按正常停泵步骤停下被切换的泵。

5. 泵的日常维护和检查

检查电机电流，泵出口压力，流量是否稳定在允许范围内，并做相应的记录。检查润滑油油压、油温是否正常。检查电机、齿轮箱、高压泵轴承温度是否正常。检查电机、齿轮箱、高压泵的振动情况是否正常，声音是否正常，地脚螺栓是否松动。检查泵机械密封泄漏情况，检查平衡线压力表指示是否正常。调节好冷却水用量，使被冷却部位无过热现象。经常检查润滑油质量及润滑情况，及时加注或更换润滑油。在用泵出现抽空现象，应适当关小出口阀并及时联系检查抽空原因，并加以处理。检查最小流量线的开度不得太小。做好机泵及附属管线、阀门、压力表及周围环境卫生。

备用泵的检查项目：检查泵处在预热状态、温度正常；检查润滑油系统运转正常；检查冷却水投用正常，泵入口阀全开，密封无泄漏。

（六）高速离心泵操作

高速泵为单级单吸分流式离心泵，由电动机、齿轮增速箱（二级增速）、立式离心泵、润滑系统及其附件组成。

1. 高速离心泵启动前的检查和准备工作

检查泵地脚螺栓、电动机法兰连接螺栓应牢固拧紧。检查电动机动力线和接地线连接正确。检查油冷却器冷却水管路连接完好不漏水。给油冷却器通冷却水。检查与泵运转有关的仪表，应处于良好使用状态。检查机械密封辅助系统投用正常。

如增速箱内有防锈油，应先排除干净，润滑油的物理化学特性应符合规定，卸下排气加油器的罩帽接嘴，由弯管加油，同时打开弯管下方的堵塞排气。加油量直到油位达到距油标视镜观察孔顶部的1/4处，然后装好罩帽接嘴和堵塞。

启动电动油泵，从润滑油压力表观察油压合格。带压检查润滑油路的密封性，如有漏油处应予排除。重新检查增速箱油位情况，如油位低则加油达到距油标视镜观察孔顶部1/4处。

全开泵前阀门灌泵，打开密封体上的放空阀。让液体完全充满泵腔，排放泵腔内的空气或介质蒸汽。

卸下电动机冷却风扇的防护罩。带油压点试电动机，其风扇的旋转方向应与产品转向牌所示方向一致。

2. 高速泵启动

微开泵出口阀门，泵不能在该阀门关闭状态下起动。起动电动辅助油泵，如果油压稳定不低于正常值，就可起动主泵。主泵起动后，应关闭辅助油泵。调节泵出口阀门的开度到泵工作流量点，最小流量线返回阀投自动。检查泵的扬程和电动机的电流电压，并与产品标牌对照。调节冷却水流量，使齿轮箱油温控制在指标内。大约需要1h，油温才能稳定下来。观察齿轮箱润滑油压力表，其值应在范围内。观察密封的泄漏情况。

3. 泵的切换

按正常开泵步骤起动备用泵。备用泵的运转无问题后，慢慢关小被切换泵的出口阀，同时逐步开起用泵的出口阀，调节至所需流量，应注意压力、流量及电流变化，切换力求平稳。被切换泵的出口阀关小后，按下停泵按钮，最后关死出口阀。

4. 正常维护和检查

检查电机电流、泵的流量（大于最小流量）和出口压力在允许范围内，电流≤额定值的

90%。电机温度、润滑油压力、齿轮箱温度和润滑油温度正常。经常检查油箱油位，及时补充润滑油，如润滑油变质、含水、乳化或有杂质，应及时更换。新运转的泵其齿轮箱内的油经运转4000h（或6个月）以后更换。一般情况下运转8600h（或12个月）以后，更换齿轮箱内的油。油位不能高于规定位置，否则会引起过多泡沫，造成下部轴承过热或损坏。机械振动值应在规定范围内。运转24h后，检查密封泄漏情况，以后每班至少检查一次，如果泄漏超过允许限度，应更换密封。密封泄漏要求：齿轮箱、液体端机械密封最大漏量应控制在范围内。

5. 泵的停运

如果泵启动后，扬程、油压、油温、密封或电动机电流、电压不正常，则应紧急停机。泵停机时，应先逐步关闭泵出口阀门，然后切断电源，最后关闭泵进口阀门。

注水泵是高速离心泵，在开停泵时出口阀要保持一定的开度，不能全关。由于泵的转速很高，必须注意齿轮箱的润滑冷却效果，润滑油必须定期更换。严禁用关入口阀的方法启动或调节泵的流量。不允许在长时间抽空或半抽空状态下运转。严禁超温、超压、超负荷运转。应经常注意检查单向阀的严密程度。经常注意检查泵的振动情况。

第六节　正常操作与异常操作

一、加氢裂化系统的正常操作

（一）原料油缓冲罐的正常操作与管理

1. 原料油缓冲罐液面

（1）原料油缓冲罐液面的控制。原料缓冲罐通过液面控制仪串级控制进料流量控制仪来控制液面。正常操作时液面控制在40%～60%。应控制好原料缓冲罐的液面，防止液面过低造成高压进料泵抽空或液面过高而冒罐。

（2）液面影响因素与处理方法见表7-17。

表7-17　原料油缓冲罐液面影响因素与处理方法

影响因素	处理方法
装置外原料来量发生变化	联系调度和罐区，询问来量变化原因，稳定输送量
原料油升压泵输出量发生变化	稳定泵的操作，调节泵出口流量控制阀，稳定流量
高压进料泵输出量发生变化	稳定泵的操作，调节泵出口流量控制阀和最小流量返回控制阀，稳定液面
原料油过滤器的差压发生变化	检查过滤器的工作情况并做处理
仪表故障	联系仪表处理
原料油缓冲罐压力发生变化	稳定原料油缓冲罐的压力

2. 原料缓冲罐的压力

（1）原料油缓冲罐压力的控制。原料油缓冲罐压力由两个取自同一测点的压力控制仪来控制的，压力控制在设计值。如果压力下降，低于压力下限，则打开补充氮气加压；反之则打开排出氮气释压。两个压力控制仪一个设定值为下限，另一个设定值为上限，两个控制器之间提供一定的死区，减少两个控制阀同时打开的可能性以节约氮气。

应控制好原料油缓冲罐的压力，防止压力过高造成跳安全阀或损坏设备，防止压力过低使高压进料泵抽空或使加氢裂化反应进料波动。

（2）压力影响因素与处理方法见表7-18。

表7-18　原料油缓冲罐压力影响因素与处理方法

影响因素	处理方法
氮气管网压力波动	联系调度，稳定氮气管网压力
仪表故障	联系仪表处理
液面波动较大	调整操作，稳定液面

（二）加氢裂化反应器的正常操作与管理

1. 反应温度控制与操作

加氢裂化反应器进口温度通过温度控制仪调整加热炉负荷来控制。温度控制仪通过调整反应产物/混氢原料油换热器旁路阀开度来控制炉进口温度，防止其温度过高，并指示出反应加热炉温升。这些控制仪能使反应器进口温度不会由于出口温度的微小波动而产生影响，还可确保加氢裂化反应器进料炉的最小目标温升，使操作者能在紧急情况下通过减小炉火快速降低反应器进口温度。

加氢裂化反应会释放出大量的热导致反应器的温度上升，而温度的上升又会进一步提高反应速率。为了控制温升和反应速率，通过采用一套反应器温度控制仪控制急冷氢量来控制反应器中的温度分布。

反应温度是加氢裂化反应的主要控制参数，是控制原料加氢深度、裂化深度、脱硫、脱氮、脱氧及脱金属率的重要手段。反应温度的确定取决于多种因素，如加工方案、原料的性质和流率、循环氢的质量和流率、催化剂的活性、产品的质量要求以及反应器钢材的要求等。

反应温度的提高使脱硫、脱氮、脱氧率提高、芳烃的饱和深度提高，裂解程度加深，生成油中低沸点组分和气体产率增加，化学氢耗增大。反应温度的提高还会使催化剂表面的积炭结焦速度加快，影响催化剂寿命，所以在产品质量允许下，应尽量采取尽可能低的反应温度。为了尽量延长催化剂的使用寿命，生产合格的产品，正常生产中一般采用“平坦”的温度分布，即每个催化剂床层的平均温度大致相同，这样就可使催化剂均匀失活。这种“平坦”的温度分布是通过控制加热炉出口温度和注入床层的急冷氢量来实现。每个催化剂床层的出口温度被急冷到下面床层所要求的进口温度，每一床层所要求的进口温度要取决于整个床层的温升。

反应温度是基本的操作参数，其他工艺参数对反应的影响，可以用调整催化剂床层温度来补偿，但在正常操作时，整个运转过程之中的提温幅度应保持很小。催化剂平均温度升高的幅度较大时，可以导致加氢处理过度和催化剂结焦，目的产物收率下降。在改变进料量时，应遵循先降温后降量或先提量后提温的原则。通过调整反应温度就可使加氢裂化系统的产品质量合格。

催化剂床层温度是反映系统最主要的工艺参数，每位操作员都必须清楚了解影响该参数的各种因素，做出准确的判断和调节。在正常运转中，反应温度超过1℃则本岗位操作员应立即查明原因，并调节反应器入口温度和急冷氢量。

为了保证事故状态下不致于使温度失控，操作员应经常检查各急冷氢阀的开度，正常一般不宜超过60%的开度。通过温度控制仪调整反应产物/混氢原料油换热器旁路阀开度来控制炉进口温度，确保反应器进料炉的最小目标温升至少有20~25℃。

当原料量、原料类型、新氢纯度、对产品的质量要求有改变时或其他对操作温度有影响的条件改变时，应及时调整反应温度。

反应温度的影响因素分析及处理方法见表7-19。

表7-19　反应温度的影响因素分析及处理方法

影响因素	处理方法
反应器入口温度变化	分析原因，稳定反应器入口温度
燃料压力、流量、组分变化或带液	联系调度询问瓦斯情况；加强瓦斯罐检查与脱油脱水；温度控制可改自动为手动，采取相应措施，调节平稳后改回自动控制
反应加热炉燃烧情况不好	检查反应加热炉燃烧情况，及时调节
进料流量变化	根据进料量相应调整反应温度
进料性质发生变化	根据进料性质相应调整反应温度
循环氢量变化	稳定循环氢压缩机操作，调节循环氢返量
循环氢纯度变化	调整废氢排放量和新氢补充量，调节好循环氢纯度
新氢量波动	联系调度，稳定新氢供应；稳定新氢压缩机操作
反应器出口温度波动，导致反应加热炉入口温度波动	通过温度控制器调节换热器旁路控制，稳定反应加热炉进口温度
系统压力波动	分析原因，保持系统压力平稳
催化剂活性下降	提高反应器入口温度，若无效则停工或更换催化剂
仪表故障	联系仪表处理

2. 反应压力的控制与操作

反应系统的操作压力是在通过循环氢压缩机入口分液罐顶压控控制新氢补充量来控制系统压力的，压力控制在设计值。

反应压力的实质因素是氢分压，压力的影响是通过氢气分压来体现的。系统中的氢分压取决于操作压力、氢油比、循环氢纯度以及原料的汽化率。加氢裂化装置在较高的压力下操作，目的是为了提供高的氢分压，促进加氢反应的进行，加快芳烃加氢饱和速度，提高脱氧、脱硫、脱氮率，促进胶质、沥青质、金属的脱除。较高的氢分压还能有效地防止生焦反应，有利于保护催化剂活性，提高催化剂的稳定性。如果氢纯度下降，系统总压下降，则氢分压就会下降，易造成加氢裂化反应效果下降，杂质脱除率下降，油品在少氢、高温的条件下易在催化剂表面发生结焦反应，使催化剂堵塞，活性降低，床层压降升高，反应朝不利方向进行。反应压力的选择与处理的原料性质有关，原料中含多环芳烃和含硫含氮等杂质越多，则相应反应压力就需越高。

反应系统压力一般设定在设计值，不作为调节手段。但可以通过以下途径来提高氢分压：提高补充氢气的纯度；提高循环气纯度；提高废氢排放量；降低冷高分的温度。

反应压力的影响因素分析与处理方法见表7-20。

表7-20　反应压力的影响因素分析与处理方法

影响因素	处理方法
反应深度变化，导致耗氢量变化	根据反应深度需要调整新氢补充量
装置外新氢来量波动	联系调度稳定新氢补充量
新氢机故障	查找原因，稳定新氢机操作
系统压控故障	稳定压力，联系仪表处理
设备漏损严重	检查泄漏点，根据实际情况做出相应处理
原料含水量增加，压力上升	联系油罐加强切水操作，并根据催化剂受损情况做出相应处理
超温导致压力上升	稳定温度

3. 空速的控制与操作

空速实际为进料量的反应。反应进料量可通过流量控制器来调节。加氢裂化的进料量具体值视加工的物料而定。

空速的选取是根据进料油的性质、催化剂的活性和目的产品的要求来决定的。空速的变化对加氢裂化反应有较大的影响。当装置进料量减少，相应的空速降低，反应苛刻度增加，反应程度加深，催化剂结焦加剧时，必须降低反应温度。反之当装置进料量增加，则空速提高，反应深度不够时，要提高反应温度，以保证产品质量的合格。但空速增大，相应地会导致放出更多的热量，因此空速的增加受到相应温度的限制，同时也受到设备设计负荷限制。对每一种物料而言，将进料量维持在设计值的95%~105%比较合适。

生产中进料量发生变化，必须遵循：降量必须先降温后降量的原则；提量必须先提量后提温的原则，严防床层超温。

4. 氢油比的控制与操作

氢油比可以通过调整压缩机的负荷来调整循环氢量，但一般不采用，通常采用的是通过调节循环氢返回高压空冷的量来调整循环氢流量。

氢油比=循环氢气量(Nm^3/h)/进料量(m^3/h)。氢油比的大小直接关系到油品的停留时间、反应床层的热平衡以及油品在催化剂上的分布状况。在原料进料量不变的情况下，循环气量的增加将增大氢油比。

在原料量不变的情况下，当循环氢量减小时，氢油比下降，氢分压降低，油品在催化剂床层上的停留时间增加，反应深度加深，床层温度有上升趋势，容易发生缩合结焦反应，导致催化剂失活。而且，降低循环气流速，将会降低通过进料/产物换热器、反应器进料加热炉等设备的速度，从而降低热传递效率，并可能导致加热炉结焦及换热器积垢，所以氢油比低不利于加氢反应。但是过大的氢油比会使系统的压降增加，油和催化剂接触的时间缩短，从而导致反应深度下降，循环机的负荷增大，动力消耗增大。

循环氢流量在整个运转周期基本保持稳定，但在氢油比大于控制指标且产品质量能够保证的情况下，可从节能降耗的角度考虑适当降低氢油比。装置运转末期，当床层压降较大时，为避免反应系统超压，可适当降低氢油比。

氢油比影响因素分析与处理方法见表7-21。

表 7-21　氢油比影响因素分析与处理方法

影响因素	处理方法
循环机排量的变化	稳定循环机操作
外装置新氢来量波动	联系调度稳定新氢补给量
新氢机排量的变化	稳定新氢压缩机操作
进料量变化	根据进料量调整氢油比
床层压降增加	在确保控制指标的前提下降低氢油比
系统压力波动	稳定系统压力

5. 系统压差的控制与操作

应严格监控系统压差，符合工艺指标，保证装置生产。随着运转周期的延长，反应器压降会逐渐增加。装置运转末期，当床层压降较大时，为避免反应器超压，可通过调节循环氢返回高压空冷的量降低循环氢流量来降低反应系统压差。

系统压差影响因素及处理方法见表 7-22。

表 7-22　系统压差影响因素及处理方法

影响因素	处理方法
循环氢流量变化	控制氢油比符合工艺指标，降低循环氢量可降低系统压差
原料油处理量大	控制原料处理量在工艺指标内
原料带水	加强原料罐脱水
催化剂局部粉碎或结焦，反应器入口分配器、出口过滤网堵，结焦	根据实际情况决定是否需要停工，催化剂撇头或泄剂，清洗分配器、出口过滤网
反应器沟流或物料分布不均	根据实际情况考虑是否停工处理
换热器结垢	根据实际情况考虑是否停工清洗
冷却器铵盐堵塞	加大注水量

6. 冷氢量的调节与操作

加氢裂化反应器共有四路冷氢，通过温控来控制冷氢的注入量。冷氢是控制床层温度的重要手段，冷氢量应根据床层温度的变化而相应变化。为了平均利用催化剂活性的有效温度，延长使用寿命，需根据床层温升情况注入一定的冷氢量，并投床层温控自动调节。

在使用某点冷氢时，要考虑对另一冷氢点的影响，正常操作时应保持各床层冷氢阀在<60%的开度状态以备应急。当床层温度急升时，应加大冷氢注入量。使用冷氢时，应注意上部床层温度。冷氢是循环氢的一部分，冷氢用量高，相应减少了上部床层的氢油比，这样在炉膛温度不变的情况下，反应器入口温度就要升高，所以提冷氢量时应先降低炉出口温度。

冷氢量的影响因素与处理方法见表 7-23。

表 7-23　冷氢量的影响因素与处理方法

影响因素	处理方法
床层温度的变化	根据床层温度的变化，调整冷氢注入量
循环机排量的变化	稳定循环机的操作
某点冷氢量变化会影响到另一点冷氢量	调整各冷氢量分配，控制好床层温度

7. 循环氢纯度的调节与操作

通过流量控制器加大废氢排放，维持反应系统压力不变，新氢补充量将会增加，由此可以提高循环氢纯度。循环氢纯度对反应器的氢分压有着直接的影响，高纯度循环氢会产生高氢分压，使催化剂的失活最小化。循环氢的纯度，主要取决于补充氢气的纯度和反应器中甲烷的产率。废氢排放、冷高分温度、耗氢量、硫化氢和氨气的产率也会影响循环气的纯度。当循环氢纯度较低时，应加大废氢排放。

循环氢纯度影响因素与处理方法见表7-24。

表7-24　循环氢纯度影响因素与处理方法

影响因素	处理方法
新氢纯度低于指标99.9%（体积分数）	加大废氢排放，同时联系调度提供高纯度99.9%（体积分数）氢气
反应温度上升，纯度下降	加大废氢排放、新氢补充
原料含硫、氮量升高	加大废氢排放、新氢补充
废氢排放量低，新氢补充量低	加大废氢排放、新氢补充
冷高分温度升高，纯度下降	降低冷高分温度

8. 原料各项指标的控制

原料性质对加氢裂化有明显的影响。对于不同的原料会有不同的产品收率及其质量，原料性质相对稳定是做好反应平稳操作的主要因素。应根据原料性质和产品质量要求来调整反应温度，以使目的产品质量合格且收率又高。原料的指标主要受上游装置的影响，若进料指标不符合要求，应及时与调度联系予以解决。

（三）热高分的正常操作与管理

1. 热高分液面的控制与操作

热高分的液面是通过液控调节热高分到热低分的减油量来控制的。正常操作时热高分液面控制在40%~60%。只要三个液位指示仪三选二低低报，控制阀将会自动联锁切断。操作中应控制好热高分液面，保持平稳，符合工艺指标，防止液面过高溢向冷高分或液面过低产生高压串低压事故。

热高分液面影响因素与处理方法见表7-25。

表7-25　热高分液面影响因素与处理方法

影响因素	处理方法
仪表故障	立即切换到备阀，并联系仪表处理
热高分入口温度上升，液面下降	调节温控稳定入口温度
系统压力波动	稳定系统压力
进料量波动	稳定进料量

2. 热高分温度控制与操作

热高分温度通过温控控制反应产物蒸汽发生器的蒸汽压力来实现。正常操作时控制在260℃左右。

热高分温度影响因素与处理方法见表7-26。

表 7-26 热高分温度影响因素与处理方法

影响因素	处理方法
温控故障	蒸汽压控改手动操作，控制好热高分入口温度，并迅速联系仪表处理
反应产物蒸汽发生器结垢	根据实际情况停工清扫
反应器出口温度波动较大	稳定反应操作
进料量波动	检查进料量和流量控制阀，稳定进料量

(四) 冷高分的正常操作与管理

1. 冷高分液面的控制与操作

冷高分的液面是通过液控调节冷高分到冷低分的减油量来控制的。正常操作时冷高分液面控制在40%~60%。只要五个液位指示仪五选三低低报，控制阀将会自动联锁切断，五选三高高报，将会导致循环机联锁停机。操作中应控制好冷高分液面，保持平稳，符合工艺指标，防止液面过高导致循环机联锁停机或液面过低产生高压串低压事故。

冷高分液面影响因素与处理方法见表 7-27。

表 7-27 冷高分液面影响因素与处理方法

影响因素	处理方法
液控阀故障	立即切换到备阀，并联系仪表处理
冷高分入口温度上升，液面下降	调整好空冷操作，调节温控稳定入口温度
系统压力波动	稳定系统压力
热高分液面过高溢向冷高分	调节好热高分液面，稳定冷高分液面
界面波动	稳定界面

2. 冷高分界面的控制与操作

冷高分界面通过界控来控制，正常操作时控制在40%~60%。若界位指示仪低低报，控制阀将会自动联锁。正常操作中应控制好冷高分界面，防止界面过高导致冷高分油带水，界面过低造成高压串到含硫污水低压系统或水带油。

冷高分界面影响因素与处理方法见表 7-28。

表 7-28 冷高分界面影响因素与处理方法

影响因素	处理方法
注水量变化	稳定注水量操作，根据注水量变化相应调整好冷高分界面
界面控制阀失灵	迅速切换备阀，并立即联系仪表尽快修复
原料性质的变化导致反应过程水生成量的变化	根据水的生成量调整好界面控制

3. 冷高分温度的控制与操作

冷高分温度可通过温控控制变频空冷来调节，正常操作时控制在60℃。降低冷高分的温度，可以提高循环气的纯度，降低循环氢压缩机负荷，但温度过低，将使分离器内油水分离更为困难，为防止油水乳化分离器温度应不低于38℃。而且温度过低，还会增加空冷能耗。

冷高分温度影响因素与处理方法见表 7-29。

表 7-29　冷高分温度影响因素与处理方法

影响因素	处理方法
空冷故障	联系维修
温控仪表故障	温控投手动操作，并立即联系仪表处理
循环氢量波动	稳定循环氢量

（五）热低分的正常操作与管理

热低分的液面通过液面控制仪串级控制流量控制仪来实现，液面控制在40%~60%。正常操作时应控制好热低分液面，防止液面过高导致油溢到冷低分或液面过低导致串压到常压塔造成常压塔超压。

热低分液面影响因素与处理方法见表 7-30。

表 7-30　热低分液面影响因素与处理方法

影响因素	处理方法
高分液面波动	稳定高分液面
进料量波动	稳定进料量，根据进料量调节好低分油排出量
热低分压力波动	调节好冷低分压力，稳定操作
仪表失灵，控制阀故障	联系仪表处理，稳定好液面

（六）冷低分的正常操作与管理

1. 冷低分压力的控制与操作

冷低分的压力通过压控控制含硫气体出装置量来控制，任何时候冷低分压力的变化都应当引起足够的重视，以防低分超压事故的发生。

冷低分压力影响因素与处理方法见表 7-31。

表 7-31　冷低分压力影响因素与处理方法

影响因素	处理方法
温度上升，低分压力上升	调节好冷高分温度，开大压控阀
液面上升，低分压力上升	稳定液面操作
冷高分液面压空，低分压力突增	控制好冷高分液面，开大压控阀
含硫气体量过大	加大排放
含硫气体排放后路不畅通	联系调度处理，使后路排放畅通

2. 冷低分液面的控制与操作

冷低分的液面是通过液控串级控制冷低分到常压分馏塔的减油量来实现的。正常操作时冷低分液面控制在40%~60%。正常操作时应控制好冷低分液面，防止液面过低导致串压到常压塔造成常压塔超压。

冷低分液面影响因素与处理方法见表 7-32。

表 7-32　冷低分液面影响因素与处理方法

影响因素	处理方法
仪表故障	联系仪表处理
冷低分温度上升，液面下降	稳定冷高分温度；调整好空冷操作，调节温控稳定热低分气到冷低分的温度

续表

影响因素	处理方法
压力波动	稳定压力
界面波动	稳定界面

3. 冷低分界面的控制与操作

冷低分界面通过界控来控制，正常操作时控制在40%~60%。正常操作中应控制好冷低分界面，防止界面过高导致冷低分油带水，界面过低造成水带油。

冷低分界面影响因素与处理方法见表7-33。

表7-33 冷低分界面影响因素与处理方法

影响因素	处理方法
界面控制阀失灵	改手动操作，并立即联系仪表尽快修复
原料性质的变化导致反应过程水生成量的变化	根据水的生成量调整好界面控制
注水量变化	稳定注水量操作，根据注水量变化相应调整好冷低分界面

（七）循环机入口分液罐的正常操作与管理

1. 循环机入口分液罐压力的控制与操作

循环机入口分液罐压力通过压控控制新氢补充量来实现。控制了分液罐压力也就是控制了整个反应系统的压力。正常操作时分液罐压力维持在设计值。

循环机入口分液罐压力影响因素与处理方法见表7-34。

表7-34 循环机入口分液罐压力影响因素与处理方法

影响因素	处理方法
分液罐压控故障	压控投手动操作，稳定好系统压力，并立即联系仪表处理
反应深度变化，导致耗氢量变化、系统压力变化	根据反应深度需要调整新氢补充量
装置外新氢来量波动	联系调度稳定新氢补充量
新氢机故障	查找原因，稳定新氢机操作
设备漏损严重	检查泄露点，根据实际情况做出相应处理
原料含水量增加，导致系统压力上升	联系油罐加强切水操作，并根据催化剂受损情况做出相应处理
超温导致压力上升	稳定温度

2. 循环机入口分液罐液面的控制

循环机入口分液罐液面无自动控制回路，有液面显示，通过现场手动切液到火炬系统来控制液面。操作中应控制好液面，若液面过高，则有可能导致循环机带液系统。

（八）加氢裂化系统注水操作

1. 注水控制

加氢裂化的注水来自于装置外来除氧水。加氢裂化注水量通过流控控制。进料中的硫化物和氮化物在加氢处理过程中分别生成硫化氢和氨，硫化氢和氨在反应产物空冷器的温度下化合生成硫氢化铵（NH_4HS），硫氢化铵约在100℃以下成为固体，为防止硫氢化铵固体堵塞和腐蚀空冷，要在空冷器入口管线中注入除氧水，硫氢化铵溶于水并从冷高分底部排出。

由于空气会使硫化氢和聚硫化物氧化而生成游离硫，这些游离硫会沉淀下来，而引起堵塞、腐蚀和使空冷器结垢，所以除氧水应是无空气的，注水罐设有氮封。氮封压力由两个取自同一测点的压力控制仪来控制，压力控制在设计值。如果压力下降，低于压力下限，则打开补充氮气加压，反之则打开排出氮气释压。

当加氢裂化注水量低于设定的联锁值时，控制阀将会自动联锁切断注水，防止高压系统氢气倒窜到注水系统。

2. 正常操作原则

为节省水及降低酸性水处理费用，采用最低注水率。从工艺的角度而言，当进料量低于设计值时，无须降低注水率。如进料量高于设计值，应相应提高注水率。为便于操作，对不同物料，可将注水率设定为最低注水率的最高值。

注水率应以实际分析结果为标准，冷高分中酸性水中的 NH_4HS 浓度应不高于 3%（质量分数）。若高于此值，则应加大注水量；若远低于此值，则可适当降低注水量。

为避免铵盐发生堵塞及空冷管中发生严重腐蚀，在无注水的情况下，不允许长时间运行加氢裂化。当因某种原因注水不能在 12h 内恢复时，应停工。

（九）加氢裂化分馏塔及其侧线的操作

加氢裂化分馏塔用来分离加氢裂化反应产物、塔顶抽出石脑油、侧线抽出煤油和柴油、塔底产品作为异构脱蜡/加氢后精制原料。影响分馏塔操作的工艺变量有：进料温度、塔压力、过汽化率、汽提量、回流取热量及侧线的汽提塔操作。下面分别讨论各工艺变量的操作。

1. 塔顶压力的控制与操作

塔顶压力是通过塔顶回流罐压控控制干气排放量来控制的。

塔顶压力对进料加热炉负荷有重要影响。当分馏塔的馏出物收率及过汽化率固定时，降低塔的压力，可以降低加热炉负荷。加热炉负荷一定时，降低塔内压力可增加汽化率，提高馏出物的产率。但降低塔内压力会提高塔中的蒸汽速度，可能会导致塔液泛。只要不导致液泛，在最低压力下操作分馏塔是最佳的。

塔顶压力会对产品质量产生影响。提高分馏塔塔顶压力时，塔顶产物切割点将下降，结果造成流向轻组分段的石脑油产率下降。作为侧线抽出的产品率将维持不变，因为它们是由固定流量控制仪控制的。由于轻组分向塔下方流动，分馏塔底部液位将升高，侧线的组成将变轻，此会导致对切割产品前端部分依赖大的产品指标（如闪点）将变差，对切割产品尾端部分依赖大的冷指标（如凝点）将变好。

塔顶压力影响因素与处理方法见表 7-35。

表 7-35 塔顶压力影响因素与处理方法

影响因素	处理方法
塔顶回流罐压控发生故障	联系仪表处理，压力超高时可适当开副线
塔顶空冷、水冷故障	联系钳工、电工检查
常压炉出口温度波动，原料进塔汽化率波动	稳定常压炉的操作
塔底吹汽量波动	稳定塔底吹汽量
塔顶回流带水后塔顶压力急剧上升	应加强回流罐界面脱水

2. 分馏塔进料温度的控制与操作

分馏塔的进料温度由温控控制，正常的操作温度在340~360℃。在一定的塔压力下，分馏塔闪蒸段汽化率取决于进料温度。分馏塔的进料在进料加热炉中加热，产生至少10%的过汽化量。进料温度提高，过汽化率增加，会提高塔的分离效果。在不发生液泛或不超过塔的取热负荷极限的前提下，尽可能提高过汽化率。但进料温度过高，会导致油品高温缩合、裂化变质。

分馏塔进料温度影响因素与处理方法见表7-36。

表7-36 分馏塔进料温度影响因素与处理方法

影响因素	处理方法
燃料气压力或组成波动	联系调度，稳定燃料气压力和组成
常压塔进料量波动	稳定低分液面
常压炉入口温度波动	稳定炉前换热系统，保证常压炉入口温度平稳
原料组成变化	针对原料变化及时调整加热炉操作

3. 分馏塔汽提蒸汽量的控制与操作

分馏塔汽提蒸汽量通过流控控制。汽提蒸汽在第一层塔盘下方进入产品分馏塔，提高汽提蒸汽量，由于烃分压降低，会提高轻组分的拔出率，所有产品的切割点(初馏点及终馏点)将上升。由于侧线的尾端部分变重了，产品的冷指标如倾点和冰点将变差。由于所有侧线的前端部分变重了，所有产品的闪点指标将有所改善。高汽提蒸汽量还会导致塔顶的冷凝器负荷上升、酸性水产量提高，并有可能导致塔发生液泛。

降低汽提蒸汽量，会使蒸汽消耗量、塔顶冷凝器负荷及酸性水产量有所下降，但是分馏塔底部产品中的轻组分含量将升高，汽提蒸汽量较低时，有可能导致汽提段塔盘漏液，此会降低汽提段的分离效果。最佳的汽提蒸汽量取决于产品物料平衡、分离所要求的精度和酸性水处理费用三者之间的优化。

分馏塔汽提蒸汽量影响因素分析及处理方法见表7-37。

表7-37 分馏塔汽提蒸汽量影响因素分析及处理方法

影响因素	处理方法
管网蒸汽压力波动	联系调度，稳定蒸汽压力
产生过热蒸汽的加热炉燃烧控制不稳	稳定加热炉燃烧
蒸汽流量控制仪表故障	联系仪表处理，短时间内可通过手阀控制

4. 产品分馏塔塔顶温度的控制与操作

分馏塔塔顶温度通过分馏塔塔顶温控串级控制回流量来控制。通过控制分馏塔的回流量，可以获得石脑油和煤油间的理想切割点。在侧线抽出量保持不变的情况下，石脑油和煤油间的切割点发生变化后，其他馏分的所有切割点均朝相同的方向发生变化。提高分馏塔塔顶温度将使回流量下降，石脑油产率上升，所有产品的切割点(初馏点及终馏点)均会提高，所有产品的闪点指标有所改善，但是冷指标如倾点和冰点将变差。

产品分馏塔塔顶温度影响因素及处理方法见表7-38。

表 7-38　产品分馏塔塔顶温度影响因素及处理方法

影响因素	处理方法
分馏塔进料温度变化	查明原因，稳定进料温度
回流量波动	检查回流系统，稳定回流量
回流温度上升	调节塔顶空冷、水冷
回流带水	加大回流罐界面脱水
进料性质变轻	加大塔顶产品及侧线抽出量
塔压力波动	查明原因，稳定塔压力
汽提蒸汽量过大	降低汽提蒸汽量

5. 分馏塔取热平衡调节原则

分馏塔是通过塔顶回流取热和航煤中段回流取热来调节全塔热平衡的。在运行初期，应按设计负荷调节取热分配，随着经验的丰富及操作变化的需要，应及时调节系统取热分配，使其适合特定的操作需求。塔顶回流量会影响到石脑油和煤油间的切割点。中段回流增加，会降低中段回流上方的液汽交换能力从而降低中段回流上方的精馏效果。中段回流上方的精馏效果降低，会影响到石脑油和煤油分离精度。中段回流降低，会导致塔顶冷却负荷增加，并降低中段回流余热的利用率。

6. 分馏塔塔底液面的控制与操作

通过分馏塔底液面控制仪串级控制分馏塔底部去异构脱蜡反应进料缓冲罐的流量来控制塔底的液面。如果异构脱蜡反应进料缓冲罐的液面过高，液面控制仪就会输出液面超高信号，降低或甚至停止进入缓冲罐的流量。此时，分馏塔底液面控制仪就会做出反应，指示底部液体通过控制仪走不合格线出装置。分馏塔液面应控制在40%~70%。

分馏塔塔底液面影响因素和处理方法见表 7-39。

表 7-39　分馏塔塔底液面影响因素和处理方法

影响因素	处理方法
分馏炉出口温度变化直接影响液面高低	加强加热炉操作，严格控制分馏炉出口温度
塔顶压力波动，压力低使塔底液面下降	严格控制操作压力
塔顶温度变化	调整回流操作，控制好塔顶温度
进料性质变化	根据原料性质，调整侧线抽出量
进料量变化	根据进料量，调整侧线抽出量
仪表失灵	联系仪表处理

7. 分馏塔侧线的操作

分馏塔有两个侧线，分别抽出煤油和柴油。煤油汽提塔塔底采用再沸器加热，柴油汽提塔底吹入汽提蒸汽。

通过调节各相应汽提塔底部抽出的液体产品流量，可以控制煤油和柴油的收率。当装置进料量固定时，改变侧线抽出率，通常可以采用如下方法加以平衡：改变其他侧线的抽出率；改变分馏塔取热量；改变分馏塔过汽化率；改变反应温度。

当提高煤油抽出率时，如果其他产品的抽出率保持不变，仅提高煤油的抽出率，结果会使轻柴油中的轻组分拔至煤油中，分馏塔塔底产品的轻组分拔至柴油中，煤油抽出线下方的所有塔盘温度均会上升。煤油抽出率的提高(其他侧线无变化)将会减少进入闪蒸段的过汽化量，将使柴油侧线重质化，柴油和分馏塔底部产品间的切割点将上升，塔底部产品的液面下降。此时塔的物料平衡被打破，如抽出的馏出物产品将多于塔的进料。在这种情况下，或者降低柴油抽出率以补偿煤油的增加，或降低塔顶温度以降低塔顶产品石脑油，以补偿煤油的增加。

同样，提高柴油抽出率也会产生如上所述的影响。

煤油重沸器利用分馏塔底油的热量以除去煤油抽出线中的轻组分，热焓控制仪可以控制再沸器的热负荷。如果煤油抽出率发生变化，则应通过热焓控制仪来调节再沸器的热负荷。提高重沸器负荷，将会从煤油产品中除去更多的轻组分，由此可以控制煤油的闪点指标和蒸汽压等指标。多余的轻组分返回分馏塔，将会在分馏塔顶冷凝并使塔顶回流率增加(塔顶产品抽出率不变)，石脑油和煤油的精馏效果将得到改善。

柴油汽提塔塔底汽提蒸汽，用以除去柴油中的轻组分，由此可以控制柴油的闪点指标。提高汽提蒸汽量会除去柴油中更多的轻组分，改善闪点指标，但也会增加塔顶冷凝器的负荷，过高的汽提蒸汽量还会导致液泛，并会导致柴油中的水含量过高。

(十) 新氢系统的正常操作与管理

新氢压缩机出口压力由压控控制。这可保证向两个反应系统供应恒定压力的氢气。由于补充氢气压缩机是容积式压缩机(体积恒定型)，不能采用出口节流的方式调整流量，只能采用回流操作。如果吸入压力较低，吸入压力控制仪将接通回流阀，增加回流量，提高吸入压力，降低压缩机进出口压差，以避免产生过载高压。

应控制好各级缓冲罐液位，若液位高，则现场手动切液。

必须确保新氢纯度不小于 99.9%(体积分数)，否则与调度联系提供高纯度氢气。

(十一) 原料过滤器的正常操作与管理

原料过滤器有自动反冲洗过滤器和列管式过滤器 2 种。自动反向冲洗过滤系统一般设有 2 个滤罐 A/B，可使一个过滤器在线操作而另一个过滤器在反洗或等待上线。反冲洗原则流程见图 7-8，流体在过滤时，固体颗粒物逐渐沉积并聚集在滤芯表面区域形成滤饼。随着滤饼厚度增加，液流越来越难于穿过滤芯，形成压差，当达到预定值时，差压变送器便传送此信号，反冲洗气开始反吹形成爆破流，去掉滤饼。冲洗下来的滤饼悬浮在滤罐流体中并通过滤罐排污口排出。反冲洗是通过关闭滤罐入口和出口阀，向滤罐顶部引入加压气体，然后快速打开滤罐排污阀来实现的。具体过滤器的操作方法由相应过滤器厂家提供。

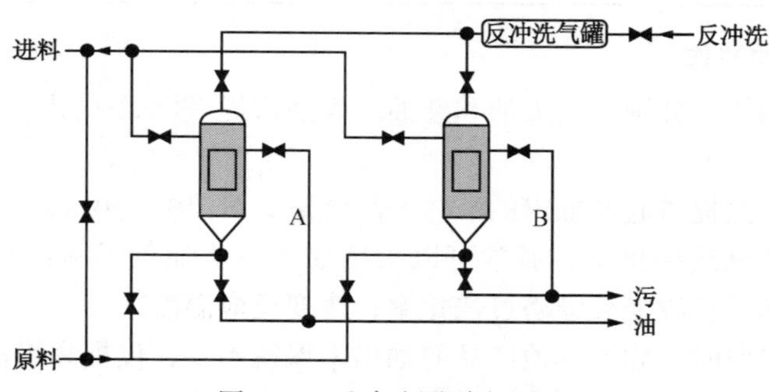

图 7-8　反冲洗原则流程图

二、异构脱蜡/加氢后精制系统的正常操作

（一）进料缓冲罐的正常操作与管理

见加氢裂化系统进料缓冲罐的正常操作与管理。

（二）异构脱蜡反应器和后精制反应器的正常操作与管理

（1）异构脱蜡反应器和后精制反应器反应温度的控制与操作与加氢裂化类似，这里不再详细叙述。

异构脱蜡反应温度是控制润滑油倾点的重要手段。欲降低润滑油倾点，需提高反应温度。

加氢后精制的反应温度是控制润滑油产品的色度和氧化安定性的重要工艺参数。加氢后精制催化剂的主要功能是饱和在加氢裂化和异构脱蜡反应中未曾饱和的芳烃，这些剩余的芳烃会导致产品氧化安定性差和色度不合格。反应温度过高，加氢平衡转化率下降；反应温度过低，则加氢反应速度过慢。对后精制来说，在相对低的温度下操作，有利于芳烃深度加氢饱和。

（2）反应压力的控制与操作见加氢裂化反应器反应压力的控制与操作。

（3）空速的控制与操作见加氢裂化反应器空速的控制与操作。

（4）氢油比的控制与操作见加氢裂化反应器氢油比的控制与操作。

（5）系统压差的控制与操作见加氢裂化反应系统压差的控制与操作。

（6）冷氢量的调节与操作见加氢裂化反应器冷氢量的调节与操作。

（7）循环氢纯度的调节与操作见加氢裂化系统循环氢纯度的调节与操作。

（8）进料各项指标的控制进料性质对异构脱蜡/加氢后精制有明显的影响。进料的指标主要受装置外来原料和加氢裂化操作的影响，必须调整好加氢裂化操作，确保异构脱蜡/加氢后精制进料合格。

（三）热高分的正常操作与管理

见加氢裂化系统热高分的正常操作与管理。

（四）冷高分的正常操作与管理

见加氢裂化系统冷高分的正常操作与管理。

（五）热低分的正常操作与管理

见加氢裂化系统热低分的正常操作与管理。

（六）循环机入口分液罐的正常操作与管理

见加氢裂化系统循环机入口分液罐的正常操作与管理。

（七）异构脱蜡/加氢后精制系统注水操作

见加氢裂化系统注水操作。

（八）异构脱蜡/加氢后精制常压分馏塔及其侧线的操作

异构脱蜡/加氢后精制常压分馏塔用来除去润滑油产品中的轻组分，塔顶抽出石脑油，侧线抽出煤油，塔底产品去作为减压塔进料。影响异构脱蜡常压分馏塔操作的工艺变量有：进料温度、塔压力、过汽化率、汽提量、回流取热量及侧线的汽提塔操作。具体分馏塔的操作见加氢裂化常压分馏塔及其侧线的操作。

（九）异构脱蜡/加氢后精制减压分馏塔及其侧线的操作

异构脱蜡减压分馏塔用来除去润滑油产品中的柴油组分及更轻组分，并将润滑油产品分为轻质、中质、重质和塔底润滑油产品。影响异构脱蜡减压分馏塔操作的工艺变量有：塔顶压力、进料温度、过汽化率、汽提蒸汽量、回流取热量及侧线汽提塔的操作。其中进料温度、汽提蒸汽量、塔顶温度、取热平衡、塔底液位和侧线的控制与操作与常压分馏塔类似，这里不再详细论述。只讨论减压塔特有的各工艺变量的操作。

1. 减压塔塔顶压力的控制与操作

异构脱蜡减压分馏塔的真空度由塔顶的抽真空系统控制，塔顶压力可通过控制减顶废气返回量来调节。

减压塔的真空度对加热炉负荷和分离精度会产生重要影响。当分馏塔的馏出物收率及过汽化率固定时，提高真空度(降低塔的压力)，可以降低所需的进料温度，加热炉负荷也会相应降低。加热炉负荷一定时，提高真空度(降低塔的压力)可增加汽化率，可以提高馏出物的产率。在不导致液泛的前提下，在高真空度(低压力)下操作减压塔是最佳的。

减压塔塔顶压力影响因素与处理方法见表7-40。

表7-40　塔顶压力影响因素与处理方法

影响因素	处理方法
提供抽真空用蒸汽的蒸汽管网压力波动	联系调度，稳定管网蒸汽压力
压控发生故障	联系仪表处理，可通过压控副线调节
抽空系统故障	联系钳工处理
大气泄漏到塔内	根据实际泄漏情况决定处理方案
水封破坏	重新建立水封
减压炉出口温度波动，原料进塔汽化率波动	稳定减压炉的操作
进料中轻组分较多	调整上游异构脱蜡常压分馏塔操作，除去较轻组分，根据进料组成调整异构脱蜡减压分馏塔抽空系统操作
塔底吹汽量波动	稳定塔底吹汽量

2. 减压塔顶抽真空系统的操作

(1) 减顶抽空器启用操作：

① 检查抽空器、空冷器设备完好及工艺流程畅通情况。

② 改通水封罐减顶废气至减压塔加热炉的流程。

③ 减顶大气腿水封罐加水保持水封。

④ 启动减顶空冷。

⑤ 先开第一级蒸汽喷射器，缓慢给汽。

⑥ 待塔压力降到一定程度后，再开第二级蒸汽喷射器，缓慢给汽。

⑦ 待塔压力再降到一定程度后，再开第三级蒸汽喷射器，缓慢给汽，使塔压力逐步降低到设计值。

(2) 减顶抽空器停用操作：

① 根据塔顶温度，缓慢降低真空度，先停第三级喷射器蒸汽，再停第二级蒸汽喷射器，最后停第一级蒸汽喷射器。

② 停减顶空冷。

③ 关闭水封罐减顶废气至减压塔加热炉的流程。

(3) 减顶抽空器正常操作：

① 抽空器正常操作时，抽力足，响声均匀无噪音。

② 没有倒抽现象。

③ 减顶水封罐排水、排油正常。

④ 气密性能好。

⑤ 真空度高且稳定。

(4) 减顶水封罐的操作：

减顶水封罐的作用是将减顶空冷器冷凝冷却下来的液体和部分不凝气体收集，分离成油和水及不凝气，罐中保持一定高度的水位，对大气腿进行水封，罐中分离出的污油通过泵送出装置，污水直接排到污水处理系统，不凝气至减压火嘴烧掉。

在操作中要及时检查排水、排油、排气情况，确保减顶污油泵运行正常，液位控制仪表灵敏、准确，排水畅通，不允许水带油、不凝气带油、高液位冒罐或水封状态破坏等情况的发生。

三、原料切换与产品质量调节

（一）原料切换

润滑油加氢装置原料适应性强，加工原料品种较多，切换频繁。在切换原料时，应遵循以下原则，见表7-41~表7-44。

装置原料(加氢裂化系统原料)切换：

表7-41　切换到高黏度的产品时

任　　务	时　　间
调节加氢裂化反应温度	进料切换前
切换进料	0：00
调节常压分馏塔操作条件	进料切换后1h
常压分馏塔产品改走不合格线	进料切换后1h
调节常压分馏塔操作	进料切换后1h
检验常压分馏塔产品是否合格	进料切换后3h
常压分馏塔产品经检验合格	进料切换后4h

表7-42　切换到低黏度产品时

任　　务	时　　间
切换进料	0：00
调节HCR反应温度	进料切换后15min
调节常压分馏塔操作条件	进料切换后1h
常压分馏塔产品改走不合格线	进料切换后1h
调节常压分馏塔操作	进料切换后1h
检验常压分馏塔产品是否合格	进料切换后3h
常压分馏塔产品经检验合格	进料切换后4h

异构脱蜡/加氢后精制系统原料切换：

表 7-43　切换到高黏度的产品时

任　务	时　间
调节异构脱蜡和加氢后精制反应温度	进料切换前
切换进料	0：00
调节常压分馏塔操作条件	进料切换后 1h
减压分馏塔产品改走不合格线	进料切换后 1h
调节减压分馏塔操作	进料切换后 1h
检验减压分馏塔产品是否合格	进料切换后 3h
减压分馏塔产品经检验合格	进料切换后 4h

表 7-44　切换到低黏度产品时

任　务	时　间
切换进料	0：00
调节异构脱蜡和加氢后精制反应温度	进料切换后 15min
调节常压分馏塔操作条件	进料切换后 1h
减压分馏塔产品改走不合格线	进料切换后 1h
调节减压分馏塔操作	进料切换后 1h
检验减压分馏塔产品是否合格	进料切换后 3h
减压分馏塔产品经检验合格	进料切换后 4h

切换原料原则上应按线别轻重逐级切换，避免反应温度波动太大对催化剂造成影响，例如可按如下顺序进行切换：减二→减三→减四→减四→减三→减二。

原料切换操作应注意以下几点：

（1）各种不同原料操作条件不一样，切换原料时，应严格控制好各参数。

（2）维持分离系统和压缩机系统平稳操作。

（3）当方案切换需要提高或降低反应器入口温度时，升温或降温速度应≤5℃/h。并且应密切注意床层温升，当床层温度超过切换方案设计值时，应启动冷氢系统和停止升温。

（4）加氢裂化系统切换原料后，最终应根据稳定后常压塔塔底产物质量确定加氢裂化反应温度。

（5）在加氢裂化系统切换操作过程中，常压塔底油改走不合格产品线出装置，待分析合格后改进入异构脱蜡/加氢后精制系统。

（6）异构脱蜡/加氢后精制系统切换原料后，最终根据稳定后异构脱蜡减压分馏塔底产品质量情况，确定反应器入口温度值。

（7）在切换操作过程中，不合格基础油（过渡油）应改线进入相应不合格油线，并且每小时分析一次异构脱蜡减压分馏塔底油的黏度、闪点等产品指标，一旦产品质量合格，切入相应的成品罐，并稳定反应温度。

（8）常压塔系统、减压塔系统切换操作时，当方案切换需要提高温度时升温速度应≤8℃/h，当方案切换需要降低温度时降温速度应≤8℃/h，当方案切换需要改变塔顶温度、中段回流温度时，可通过改变给定值来实现。

(9) 当方案切换需要改变塔底吹汽量时，应首先注意平稳操作后，再逐步增加或减少吹汽量。

(10) 当减压塔改变操作条件时，应与加热炉改变操作条件同步进行，当提高或降低加热炉总出口温度时，应首先使塔顶、中段回流温度接近切换方案的温度，最终应以产品规格要求稳定操作。

(11) 减压塔系统切换操作时，应坚持“抓两头，带中间”的原则。即应先调整加热炉、塔底吹汽，同时调整塔顶回流，然后再调整侧线汽提塔。应首先保证塔底产品尽快符合产品质量要求。

(二) 产品质量调节

1. 加氢裂化产品质量控制

由于氮对异构脱蜡/加氢后精制催化剂有严重影响，所以必须严格控制加氢裂化产品的氮含量，最佳氮含量维持在设计值的50%~75%。氮含量高时影响因素与处理方法见表7-45。

表7-45　加氢裂化产品质量控制

影响因素	处理方法
加氢裂化反应温度低	提高反应温度
原料氮含量高	根据原料氮含量调整反应温度
加氢裂化反应系统氢油比小	增大氢油比
加氢裂化反应空速过大	适当降低进料量，以提高反应深度
换热器内漏	根据换热器内漏情况，决定是否停工处理
常压塔操作不平稳	根据工艺卡片，稳定常压塔操作
常压塔汽提蒸汽量不足	适当提高汽提蒸汽量
常压塔进料温度低	适当提高进料温度
常压塔塔顶温度偏低	适当提高顶温
常压塔回流油中含有一定量的水	加强回流罐脱水

2. 石脑油质量控制

为保证石脑油合格，必须按规定指标严格控制石脑油干点。控制石脑油干点有效的手段是改变回流比控制塔顶温度。影响石脑油干点的因素与处理方法见表7-46。

表7-46　石脑油质量影响因素与处理方法

影响因素	处理方法
塔顶温度波动	塔顶温度升高，石脑油干点高；塔顶温度低，石脑油干点低。根据石脑油干点调节塔顶温度。
塔顶压力波动	压力升高，石脑油干点变低；压力降低，石脑油干点升高。应查明原因，稳定塔压。
塔顶回流带水严重	回流罐紧急脱水，控制好界面，适当降低塔底吹汽量
分离效果不好，石脑油和煤油组分重叠严重	调整操作，提高分离精度

3. 煤油质量控制

为保证煤油合格，必须按规定指标严格控制煤油初馏点与闪点。影响煤油初馏点与闪点的因素与处理方法见表7-47。

表 7-47　煤油质量影响因素与处理方法

影响因素	处理方法
煤油抽出温度低	严格控制抽出温度
汽提塔效果差	检修时处理
抽出量不合理	适当调整抽出量
汽提蒸汽量过小	调整汽提蒸汽量

4. 柴油质量控制

为保证柴油合格，必须按规定指标严格控制柴油初馏点、闪点、干点及倾点。影响柴油初馏点与闪点的因素与处理方法见表 7-48。

表 7-48　柴油初馏点与闪点影响因素与处理方法

影响因素	处理方法
柴油侧线抽出温度低	适当提高抽出线温度
汽提塔塔底吹汽量不足	适当增加汽提塔塔底吹汽量，但不宜过大，否则气相负荷超会造成液泛
上一侧线煤油抽出量不够	加大煤油抽出量
分离精度不好，组分重叠严重	调整塔的操作，提高分离精度

影响柴油干点与倾点的因素与处理方法见表 7-49。

表 7-49　柴油干点及倾点影响因素与处理方法

影响因素	处理方法
柴油侧线抽出温度高	适当降低抽出线温度
柴油侧线抽出量过大	降低侧线抽出量
汽提蒸汽量波动	根据实际情况调整蒸汽量，稳定汽提蒸汽操作
炉出口温度波动	根据需要调整炉出口温度，稳定操作，控制在规定指标内
塔压波动	根据实际情况调整塔的操作压力，稳定操作

5. 减压塔侧线轻、中、重质润滑油质量控制

（1）减压塔侧线轻、中、重质润滑油黏度。为保证轻、中、重质润滑油合格，必须按规定指标严格控制轻、中、重质润滑油黏度。影响轻、中、重质润滑油黏度的因素与处理方法见表 7-50。

表 7-50　润滑油黏度影响因素与处理方法

影响因素	处理方法
抽出量大小	抽出量大，黏度高，抽出量小，黏度低。应参考质量分析，及时调节抽出量
抽出温度高低	温度高，黏度大，温度低，黏度小。应调节塔顶温度、中段回流温度，严格控制各侧线抽出温度
进料油性质	根据加工方案调节好反应温度，主要是加氢裂化反应温度，并调整好分馏系统的操作

（2）减压塔侧线轻、中、重质润滑油闪点。为保证轻、中、重质润滑油合格，必须按规定指标严格控制轻、中、重质润滑油闪点。影响轻、中、重质润滑油闪点的因素与处理方法见表7-51。

表7-51 润滑油闪点影响因素与处理方法

影响因素	处理方法
抽出线温度低	适当提高抽出线温度
上一侧线抽出量低	适当提高上一侧线抽出量
减压炉出口温度波动	控制好减压炉出口温度
汽提塔塔底汽提蒸汽量不足	汽提塔操作是控制闪点指标的重要手段，控制好汽提塔塔底液位和吹汽量

（3）减压塔侧线轻、中、重质润滑油分离精度、馏程范围。生产高档润滑油要求减压塔分离出窄馏分、蒸发损失小的馏分油。影响减压塔侧线轻、中、重质润滑油分离精度、馏程范围的因素与处理方法见表7-52。

表7-52 润滑油分离精度、馏程范围影响因素与处理方法

影响因素	处理方法
物料平衡和热量平衡	调节好全塔物料平衡和热量平衡
汽提塔塔底液位波动	稳定汽提塔底液位
汽提塔底吹气量不足	提高吹气量
炉出口温度低，过汽化量不足，内回流小	在减压炉出口温度不大于控制指标的情况下，适当提高炉出口温度
各填料床层液体分布器分布不良	调整操作，在分布器设计范围内做适当调整，维持不下去则停工检修

6. 减底润滑油质量

减底润滑油是最主要的目的产品，控制好质量十分重要。

（1）减底润滑油闪点的影响因素与处理方法见表7-53。

表7-53 减底润滑油闪点影响因素与处理方法

影响因素	处理方法
进料温度低	适当提高进料温度
侧线抽出量低	适当提高侧线抽出量
减压塔真空度低，轻组分不易汽化	提高减压塔真空度
汽提蒸汽流量不足	适当提高汽提蒸汽量

（2）减底润滑油黏度指数。减底润滑油黏度指数直接影响着润滑油档次，决定减底润滑油黏度指数的主要因素是加氢裂化反应系统的操作。应根据需要调整好加氢裂化转化率，使减底润滑油黏度指数达到目标值。

（3）减底润滑油倾点。减底润滑油倾点对润滑油质量有重要影响，为保证润滑油合格，必须严格控制减底润滑油倾点。影响减底润滑油倾点的主要因素是异构脱蜡反应温度，应根据需要调整好异构脱蜡反应深度。

第七节 装置开停工

一、开工操作

(一) 加氢裂化系统

1. 前期准备工作

1) 装置全面大检查

装置全面大检查的内容主要包括施工安装是否符合设计要求，是否有施工遗漏现象和缺陷，施工记录、图纸、资料是否齐全等。在对装置进行全面大检查过程中，应着重进行工艺管线、仪表计算机系统和静态工艺设备大检查。检查的目的是确定是否具备向装置内引水、电、汽、风、燃料等条件，是否具备开始装置全面吹扫、冲洗及单机试运的条件。

装置全面大检查时，首先从宏观方面开始。例如对装置整体的检查包括：房屋和装置平台结构及施工质量，装置的地面竖向，大型设备和容器的外观，管缆和桥架的位置及走向，消防通道的设置是否符合要求。然后再进一步检查工艺和仪表管线流程，管线、容器及设备的规格选型，机泵、容器、反应器、塔、换热器等大型设备的安装固定、管线安装固定、保温伴热等是否符合施工质量要求。

装置全面大检查中应将检查内容一一细化，例如：临时设施是否已拆除；各类消防设施是否已配齐；各现场设备、管线、阀件、仪表等是否完全安装到位、固定；控制系统(计算机)是否可以投用；安全防护措施是否已落实；排洪沟、下水道、下水井是否畅通；各机泵电流表额定值等参数是否已做好设定和标记；与调度等单位联系的通讯系统是否好用；各建筑物是否完好、是否符合设计要求等。

2) 装置吹扫

装置全面大检查结束，工程施工验收后，车间应开始对装置进行开工前的准备工作。首先是对装置工艺管线和流程进行全面、彻底的吹扫贯通。吹扫的目的是为了清除残留在管道内的泥沙、焊渣、铁锈等脏物，防止卡坏阀门，堵塞管线设备和损坏机泵。通过吹扫工作，可以进一步检查管道工程质量，保证管线设备畅通，贯通流程，并促使操作人员进一步熟悉工艺流程，为开工做好准备。

在对加氢装置进行吹扫时，应注意以下方面：

① 引吹扫介质时，要注意压力不能超过设计压力。

② 净化风线、非净化风线、氮气线、循环水线、新鲜水线、蒸汽线等全部用本身介质进行吹扫。

③ 冷换设备及泵全部不参加吹扫，有副线的走副线，没有副线的要拆入口法兰。

④ 要顺流程走向吹扫，先扫主线，再扫支线及相关连的管线。应尽可能分段吹扫，防止窜线，不留死角。

⑤ 蒸汽吹扫时必须坚持先排凝后引汽，引汽时要缓慢，严防水击。蒸汽引入设备时，顶部要放空，底部要排凝，设备吹扫干净后，自上而下逐条吹扫各连接工艺管线。

⑥ 吹扫要反复进行，直至管线清净为止。必要时，可以采取爆破吹扫的方法。吹扫干净后，应彻底排空，管线内不应存水。

3）原料和分馏系统试压

在吹扫完成、确保系统干净的基础上，可以着手对装置的原料和分馏系统进行试压。试压的目的是为了检查并确认静设备及所有工艺管线的密封性能是否符合规范要求；发现工程质量大检查中焊接质量、安装质量及使用材质等方面的漏项；进一步了解、熟悉并掌握各岗位主要管道的试压等级、试压标准、试压方法、试压要求、试压流程。

试压过程应注意如下事项：

（1）试压前，应确认管线施工已完成，并按要求进行检验合格。

（2）试压介质为1.0MPa蒸汽和氮气，其中原料油系统用氮气试压，分馏系统绝大部分的设备和管线可以用蒸汽试压。

（3）需氮气试压的系统在各吹扫蒸汽线上加盲板隔离，需用蒸汽试压的系统在各氮气吹扫线上加盲板隔离。

（4）设备和管道的试压不能串在一起进行。

（5）冷换设备一程试压，另一程必须打开放空。

（6）试压时，各设备上的安全阀应全部投用，试压压力不能超过设备的设计压力。

4）原料油、低压系统水冲洗及水联运

水冲洗是用水冲洗管线及设备内残留的铁锈、焊渣、污垢、杂物，使管线、阀门、孔板、机泵等设备保持干净、畅通，为水联运创造条件。

水联运是以水代油进行岗位操作训练，同时对管线、机泵、设备、塔、容器、冷换设备、阀门及仪表进行负荷试运，考验其安装质量、运转性能是否符合规定和适合生产要求，为下一步工作打下基础。

水冲洗过程的注意事项如下：

（1）临氢系统的管线、设备不参加水联运水冲洗，要做好隔离工作。

（2）水冲洗前应将采样点和仪表引线上的阀、液面计、连通阀等易堵塞的阀门关闭。待设备和管线冲洗干净后，再打开上述阀门进行冲洗。

（3）系统中的所有阀门在冲洗前应全部关闭，随用随开，防止跑窜。在水冲洗时，先管线后设备，各容器、塔、冷换设备、机泵等设备入口法兰要拆开，并做好遮挡，以免杂物进入设备，在水质干净后方可上好法兰。

（4）对管线进行冲洗时，先冲洗主管线，后冲洗支线，较长的管线要分段冲洗。

（5）在向塔、器内装水时，要打开底部排凝阀和顶部放空阀，防止塔和容器超压。待水清后再关闭排凝阀。然后从设备顶部开始，自上而下逐步冲洗相连的管线。在排空塔、器的水时，要打开顶部放空阀，防止塔器抽空。

原料油、分馏系统水冲洗结束后，在有条件及时间的情况下，可以开展水联运操作，以水代油进行操作训练，同时检查仪表、阀门的开关情况以及控制回路的动作等。

5）烘炉

烘炉的目的是以缓慢升温的方法，脱尽炉体内耐火砖、衬里材料所含的自然水、结晶水，烧结以增强材料强度和延长使用寿命。通过烘炉，检验炉体钢结构及“三门一扳”、火嘴、阀门等安装是否灵活好用；检验系统仪表是否好用；检验燃料气（油）系统投用效果是否良好。通过烘炉，熟悉和掌握装置所用加热炉，空气预热系统的性能和操作要求。

装置进入烘炉阶段后，已经引入瓦斯气，有了易燃、易爆的介质，在安全上应十分重视。因此，在通入瓦斯气体之前，应再一次对加热炉的火嘴系统进行全面观察和处理。同时，为了防止加热炉点火时发生爆炸等事故，应对加热炉的烟道挡板的开关情况进行核实，以防炉膛憋压。另外，对仪表及控制系统、炉出口蒸汽放空管的消音系统等是否良好待用也需要进一步检查核实。

烘炉操作可以分为暖炉和烘炉两个阶段。暖炉是指加热炉点火升温前先用蒸汽通入炉管，对炉管和炉膛进行低温烘烤的过程。暖炉时间约需 12 天。

烘炉时，一方面应严格按照加热炉材质供应商提供的烘炉曲线或设计要求升温烘炉，通常加热炉升温烘炉阶段的升温速度控制在<15℃/h；另一方面进行火嘴的切换等操作。在烘炉过程中，不但要仔细调节升温速度，而且要尽量使炉膛各处受热均匀。通常情况下，烘炉过程中由于升温速度的限制，使加热炉的所有火嘴不能同时点燃，因此点燃火嘴的位置尤其重要。一般要求 4h 切换一次火嘴，使每个火嘴均经过轮换使用。

烘炉时，通常将蒸汽出炉温度控制在：碳钢管≤350℃，不锈钢管≤480℃。

烘炉后，应对炉墙进行全面检查，并做好检查记录，如有损坏，应按设计规范及时修补。

为了缩短装置开工前准备工作的时间，反应加热炉的烘炉工作也可以与反应系统干燥工作同时进行(反应系统经过水压试验后，虽然从各低点进行了排水处理，并用空气进行吹扫，但管线和设备中不可避免地会存有少量的水。因此，反应加热炉的烘炉和反应系统的干燥可以结合在一起进行)。

在这种情况下，烘炉用的介质应选用干燥的氮气。氮气从原料油泵出口引入系统，干燥的工艺流程大致上安排在装置的高压系统，从高分处切水。氮气引入系统后，通过原料油/生成油换热器-加热炉-反应器-生成油/原料油换热器-空冷-高分-循环氢压缩机-加热炉而形成氮气循环。烘炉和反应系统干燥同时进行的过程中，一般情况下，系统压力控制在2.5~5.0MPa，高分温度不大于45℃，最终炉出口温度250~320℃，结束干燥的标准为高分排水量小于0.05kg/h。

6）反应系统氮气置换及气密

加氢装置操作在高温高压临氢状态，稍微有些氢气和油气的泄漏，都将可能造成重大事故。因此在开工初期将装置的气密工作做好是实现安全无事故运行的关键步骤。在装置接触氢气前，应先用氮气进行置换和气密。通过氮气介质的气密，不仅可检查设备和管线各焊口、法兰、阀门的泄漏情况，使泄漏问题得到及时处理，而且使操作人员进一步熟悉装置的工艺流程，掌握装置的各设备管线的操作压力，对各设备、管线、仪表控制系统做到心中有数。

（1）反应系统隔离：

反应系统进氮气前应先做好隔离工作。隔离反应系统时应注意：

① 把反应系统用盲板与可能存在的氢气、烃类或可燃物的其他系统隔离。

② 用阀或盲板将所有通大气的管线和低点排凝隔断。

③ 投用安全阀。

④ 防止高压串低压。与高压系统相连，但无法用盲板隔离的设备和管线应将放空阀打开。

⑤ 将所有不同压力的系统，按压力等级隔离。

（2）氮气置换：

为了减少氮气用量，同时加快系统内氧含量的下降速度，在有抽真空系统的装置，可以采用抽真空的方法进行氮气置换前的预置换工作。系统抽真空时需隔离循环氢压缩机，防止抽真空期间损坏密封。通常情况下，使用蒸汽抽真空。通过蒸汽喷射泵可以将高压回路抽真空至100mmHg甚至更低。一般要求停止抽真空后，30min内的真空度下降不大于500Pa，即为合格。抽真空试验结束后可用0.6MPa的氮气破坏真空，并保持微正压0.04MPa。氮气的注入点为：新氢压缩机出口管线、高压原料泵出口管线和循环氢压缩机出入口管线。

在抽真空的同时，进行大部分反应系统的氮气置换。对于新氢机和循环氢压缩机，一般在它们的出入口引入氮气，通过机体上的放空线排空的方法进行机体内的置换工作，反复充压、排压多次后，可以将机体内的氧含量浓度降低到0.5%(体积分数)以下，然后并入反应系统。

(3) 低压气密及反应系统升温升压热紧：

反应系统氮气置换结束后，可以开展不同压力等级的氮气气密工作。氮气气密查漏通常采用肥皂水进行，观察是否有气泡产生。在烘炉工作与反应系统干燥同时进行的情况下，也可以在温度达到250℃以上时对系统的法兰进行热紧工作。需要注意的是，许多高压加氢装置在设计时对设备的高温回火脆性有特殊要求，在这种情况下，需要对装置的压力和温度的递增严加控制，严格按照设备的特殊要求进行。

7) 分馏系统热油运

热油运是用油冲洗水联运时未涉及的管线及设备内残留的杂物，使管线、设备保持干净；借助煤油和柴油馏分渗透力强的特点，及时发现漏点，进行补漏；试用检验温度控制、液位控制等仪表的运转情况；检验机泵、设备等在进油时的变化情况；通过热油运，分馏系统建立稳定的油循环，能在反应系统达到开工条件时迅速退油、缩短分馏系统的开工时间；同时模拟实际操作，为实际操作做好事前训练。

2. 开工前的状态

(1) 所有公用工程投用，必要的隔离盲板就位，或临时连接隔离。

(2) 反应系统放火炬管线与装置放火炬主管线隔离并加盲板(界内)。

(3) 加氢裂化和异构脱蜡进料系统、分馏系统、注水系统、加氢裂化反应器硫化系统及酸性水排放系统准备就绪，处于备用状态，并与反应系统隔离并加装盲板。

(4) 补充氢压缩机系统已试车，处于备用状态。

(5) 装置界外所有有关装置安全运行的其他系统均已试车并处于备用状态。

(6) 已制定盲板清单并安装盲板完毕，安全地与反应系统隔离，以在反应器干燥和装催化剂的过程中，防止水进入高压反应系统。

(7) 按照制造商的建议，制定装置所有加热炉的初次干燥操作步骤。

(8) 主要设备，如反应器进料泵、循环氢压缩机等的开工步骤和检查清单已制定完成。

3. 反应系统初步试压(加氢裂化和异构脱蜡/加氢后精制系统)

在反应器装催化剂之前，必须干燥加氢裂化和异构脱蜡/加氢后精制反应系统，以除去在设备水洗或水压测试中留下的水分。在这个阶段将进行高压反应系统的气密试验和泄漏测试，还将检查仪表的反应和性能。

在干燥过程中，反应器内部和人孔需有螺栓固定，以防变形而难以进行安装。

在反应器装催化剂之前，要进行所有的气密测试。到目前为止，反应系统的设备所进行的测漏为水压测试。现在，2个反应系统的设备将用气体独立进行测试。测试中所发现的泄漏点应在进行下一个测试之前处理好。

1）用装置风对加氢裂化和异构脱蜡/加氢后精制反应系统进行气密测试

反应系统进行低压空气测试的目的在于找到并处理泄漏点。如果系统中有烃类，则应该用氮气而不是空气进行测试。

在开始之前，确认加氢裂化反应系统和异构脱蜡/加氢后精制反应系统的循环氢压缩机都与系统隔离，用氮气进行吹扫。

（1）打开加氢裂化高压反应系统与低压系统阀门，连通 2 个系统，进行系统除氧，并在加氢裂化冷低分的正常压力下进行气密试验。

（2）打开异构脱蜡/加氢后精制高压反应系统与低压系统阀门，连通 2 个系统，进行系统除氧，并在异构脱蜡冷低分的正常压力下进行气密试验。

（3）用装置风通过气管连接系统中相应的放空和排凝，向加氢裂化高压系统和异构脱蜡高压系统加压至 0. 50MPa。

（4）用肥皂水在法兰、阀门填料、仪表紧固件等处进行查漏，仔细检查泄漏点。

（5）处理漏点。

（6）当加氢裂化和异构脱蜡/加氢后精制反应系统处于 0. 50MPa 空气压力下时，吹扫所有低点排凝和仪表管线，以排除水压测试和水洗过程中留下的水分。

（7）系统泄压至大气压力。

2）用氮气置换空气

（1）加氢裂化反应系统：

① 打开氮气阀向加氢裂化反应系统引入氮气，从加氢裂化循环氢压缩机分液罐放空阀向大气放空。在吹扫开始时，打开每个冷氢阀，以排除急冷氢管线内的空气。然后关闭冷氢阀和放空阀，用氮气使加氢裂化系统升压至约 0. 10MPa。

② 打开加氢裂化冷低分顶部的放空阀至大气，对高压、低压系统再吹扫 10min。然后关闭放空阀，用氮气把加氢裂化系统加压至约 0. 20MPa。

③ 打开放空阀，系统泄压至 0. 02MPa。

④ 通过循环氢压缩机出口阀下游的开工氮气接头向加氢裂化反应系统引入氮气，对系统再吹扫 10min。加氢裂化系统升压至约 0. 10MPa。

⑤ 加氢裂化反应系统维持约 0. 10MPa 的氮气压力的同时，吹扫所有管道死角至装置界区、子系统界区、放火炬系统等处隔离盲板上游的放空阀，直到每处的氧含量低于 0. 2%（体积分数）。如有必要，重复步骤②、③。

⑥ 加氢裂化系统置换合格后，关闭放空阀并加盲板，然后把系统压力升高至氮气的最大压力。

（2）异构脱蜡/加氢后精制反应系统

① 通过循环氢压缩机出口阀下游的开工氮气阀向异构脱蜡/加氢后精制反应系统引入氮气。从异构脱蜡/加氢后精制系统向异构脱蜡循环氢压缩机分液罐放空至大气吹扫 20min。在吹扫开始时，打开每个冷氢阀几分钟，以清除急冷气管线内的空气。然后关闭冷氢阀和放空阀，用氮气使异构脱蜡/加氢后精制系统升压至约 0. 10MPa。

② 打开放空阀，异构脱蜡/加氢后精制系统泄压至 0. 02MPa。

③ 通过循环氢压缩机出口阀下游的开工氮气接头向异构脱蜡/加氢后精制系统引入氮气，经放空阀放空至大气，对系统吹扫 10min，然后关闭放空阀。异构脱蜡/加氢后精制系统升压至约 0. 10MPa。

④ 异构脱蜡/加氢后精制反应系统维持约 0. 10MPa 的压力的同时，吹扫所有管道死角至装置界区、子系统界区、放火炬系统等处隔离盲板上游的放空阀，直到每处的氧含量低于 0. 2%(体积分数)。如有必要，重复步骤②、③、④。

⑤ 异构脱蜡/加氢后精制系统氧含量低于 0. 2%(体积分数)后，关闭放空阀并加盲板，然后把系统压力升高至氮气的最大压力。

⑥ 进行下一步之前，仔细检查并修理所有的漏点。如有必要，系统泄压，打开设备进行检修，密切监测系统压力，确保系统保持正压以防止氧气串入系统。

3) 用 1. 0MPa 的氮气进行气密测试

在高压系统进行气密试验和干燥步骤中，确认反应系统的高、低压系统放火炬线的盲板拆除后，才能把系统的压力升至氮气系统的压力。

(1) 确认下列事项：

① 氧含量低于 0. 2%(体积分数)。

② 高压系统已拆除所有中、低压压力表。

③ 高压气体回路已与加氢裂化和异构脱蜡进料线、冲洗注水线、酸性水排出线等隔离。

(2) 补充氢压缩机系统做好氮气供应准备。

(3) 打开进口阀向两台加氢裂化循环氢压缩机引氮，达到与加氢裂化反应器压力平衡。压缩机出口第一道手阀应该打开，出口截止阀应该保持关闭，直到在以后的步骤中压缩机完成试车为止。

(4) 重复(上述)第 3 步，使异构脱蜡/加氢后精制反应系统的两台循环氢压缩机也达到压力平衡。

(5) 补充氢压缩机在无负荷的情况下用氮气启动(氢气线隔离)，回流控制阀 100%全开以防因氮气供应量不足导致压缩机进口压力过低。

(6) 补充氢压缩机在无负荷的情况下运行 10～15min，然后将压缩机负荷逐步增加至 100%。

(7) 从补充氢压缩机系统向加氢裂化和异构脱蜡/加氢后精制反应系统引氮气。

(8) 缓慢增加系统压力至 1. 0MPa，然后对系统进行查漏。

(9) 气密试验通过后，加氢裂化和异构脱蜡/加氢后精制反应器的高压系统与低压系统隔离，然后把高压系统的压力升高到 1. 0MPa 以上。

4) 用 3. 50MPa 的氮气对加氢裂化和异构脱蜡/加氢后精制系统进行气密测试

(1) 关闭加氢裂化冷高分和冷低分、加氢裂化热高分和热低分、异构脱蜡热高分和热低分、异构脱蜡冷高分和热低分之间的液位控制阀和下游阀。

(2) 用氮气将加氢裂化冷低分和异构脱蜡冷低分维持正压。

(3) 加氢裂化和异构脱蜡/加氢后精制低压系统与加氢裂化和异构脱蜡/加氢后精制高压系统隔离后，通过调节补充氢压缩机出口压力控制器，把加氢裂化反应系统和异构脱蜡/加氢后精制反应系统的压力逐步增加到 3. 5MPa，对设备查漏。

4. 反应系统初步干燥和操作压力气密测试

建立循环氢循环，逐步提高加氢裂化和异构脱蜡/加氢后精制反应系统的温度，使厚壁容器的压力安全地达到正常操作压力。

为了完全干燥空反应器和高压系统内的残余水分，并使管道承受接近正常的热应力，每个反应器进口的温度将升高至接近正常操作温度。在反应系统初步干燥和操作压力气密测试之前，应具备下列条件：加氢裂化和异构脱蜡/加氢后精制反应系统处于约 3.5MPa 的氮气压力下，无泄漏；加氢裂化和异构脱蜡进料泵与各自的反应系统隔离；加氢裂化热低分和异构脱蜡热低分分别与加氢裂化和异构脱蜡反应系统隔离（但不加盲板），并处于 0.5MPa 的氮气保护之下；其他系统（如注水、酸性水等）与反应系统隔离。

1）建立循环气循环

（1）确认循环气流经加氢裂化反应系统和异构脱蜡/加氢后精制反应系统的流程正确。

（2）确认所有反应器冷氢阀和反应器的进料加热炉温度控制器在手动模式下关闭。

（3）采用正常步骤启动循环氢压缩机，使氮气循环气通过加氢裂化和异构脱蜡/加氢后精制反应系统。

（4）在增加负荷之前，让每台压缩机运行 10~15min。当压缩机的负荷增加时，监测流向每个反应器的循环气。当压缩机在非正常操作条件下首次运行时（比设计值低的进口压力，和相对分子质量较重的气体），需要仔细监测出口温度。

（5）当循环气开始流经反应器时，整个系统的压力会发生变化（循环氢压缩机进口压力将下降，而反应器进口压力将上升）。

注意：所有反应器表面和喷嘴温度达到最低升压温度（MPT）之前，确保任何反应器的进口压力不超过设计值的 25%，以防止损坏反应器。

（6）反应器中无催化剂时，整个反应系统回路的压降将会很低，使得循环氮气量增大，而使出口温度不会超过规定的限值。

（7）在以 100%氮气运行时，循环氢压缩机负荷不能超过压缩机的最大值负荷。

2）反应系统升温

加氢裂化反应器进料加热炉或异构脱蜡反应器进料加热炉点火前，请确认所有反应器进口压力稳定地保持在略低于设计压力 25%的水平上；加氢裂化和异构脱蜡循环氢压缩机运行平稳，并保持最大循环量；加氢裂化和异构脱蜡热高分器气空冷投用；加氢裂化和异构脱蜡反应器进料加热炉对流段盘管保护的准备工作已经完成。

（1）按照开工步骤，加氢裂化和异构脱蜡反应器进料加热炉火嘴点火，开始对加热炉耐火砖进行干燥。

（2）按步骤测试主火嘴，提高加热炉出口温度。在任何情况下，不要超过温度限制以保护反应器。以对称位置增加主火嘴，使燃烧室内的温度尽可能均匀。

3）反应器的加热和干燥

要求在不超过反应器所允许的升温速度下，在最短的时间内完成加热升温。

（1）按耐火砖干燥步骤和升温限制，缓慢地提升加氢裂化和异构脱蜡反应器进料加热炉的出口温度，以防止加热炉、管道系统和反应器出现热冲击或应力。

（2）每小时记录下列温度值：由加热炉制造商指导的耐火砖干燥时加热炉温度、反应器进口温度、所有反应器表面和喷嘴温度、反应器出口温度。

（3）气体加热后，系统压力将上升。

（4）在用氮气升温和干燥的步骤中，吹扫所有的排凝点、取样点、仪表管线、管线死角以排空系统中滞留的水分。当管道随温度升高而膨胀时，继续监测泄漏情况。在所有的泄漏点查出并修好之前，不要进行下一步。

4）在 7MPa、10MPa、14MPa 的压力下进行气密测试

当所有的反应器和热高分的温度超过 MPT 时，可以升高系统压力。由于管道和设备是

第一次经受高压和高温，因此升压应缓慢进行。高压系统的最后气密测试将在反应器进口温度达设计值，且以接近设计流量用氢气进行循环时进行。

(1) 在反应器压力升高至4.0MPa之前，把循环氢压缩机进口的系统压力设定点调整至操作压力。

(2) 以1.0MPa/h的速度提升加氢裂化和异构脱蜡/加氢后精制系统的压力。仔细监测每个系统是否有泄漏。继续逐步提高补充氢压缩机的出口压力(提升每个反应系统的压力)但不能超过循环氢压缩机出口温度的设计值。

(3) 当压缩机达到上述的极限时，补充氢压缩机的氮气管线加盲板，引氢以完成高压气密测试步骤。

(4) 补充氢压缩机以氢气运行时，控制好氢气补充量使两个反应系统同时升压。

(5) 系统压力上升时，按有关升温速度和差温的指导原则使反应器升温。

(6) 升高反应系统的压力时，全面检查系统是否有泄漏，并完成在加氢裂化和异构脱蜡/加氢后精制反应系统中氢气取样的准备工作。

(7) 反应器温度升高，监测冷高分中沉降的水分。当冷高分中无油时，界面仪表所指示的液位可能高于实际液位。由于反应器中没有催化剂，沉降水的唯一来源是系统中冷凝的水分，其量应该较小。

(8) 当两个系统的压力达到7.0MPa后，关闭补充氢至加氢裂化和异构脱蜡/加氢后精制反应系统的供应线。两个反应系统放水。检查两个反应系统的压降小于0.17MPa/h。在进行下一步之前，仔细检查两个系统的泄漏情况。

(9) 如果系统通过压降测试且没有发现泄漏，加氢裂化和异构脱蜡/加氢后精制反应系统继续以约1.0MPa/h的速度升压至循环氢压缩机进口压力达到10.0MPa。检查两个反应系统的压降小于0.17MPa/h。在进行下一步之前，仔细检查两个系统的泄漏情况。

(10) 如果系统通过压降测试且没有发现泄漏，加氢裂化和异构脱蜡/加氢后精制反应系统继续以约1.0MPa/h的速度升压。投用加氢裂化和异构脱蜡热高分气空冷。

(11) 当循环氢压缩机进口的加氢裂化和异构脱蜡/加氢后精制反应系统压力达到14.0MPa，在反应器继续升温的同时，进行彻底的气密试验。当加氢裂化反应器进口温度达到约368℃、异构脱蜡反应器达到约320℃、加氢后精制反应器达到约232℃时，停止提升进口温度，让每个反应器的内部温度和表面温度达到平衡条件。检查两个反应系统的压降小于0.17MPa/h。在进行下一步之前，仔细检查两个系统的泄漏情况。

(12) 当异构脱蜡反应器流出物温度超过300℃时，应该密切监测加氢后精制反应器的进口温度。

(13) 把加氢裂化和异构脱蜡/加氢后精制反应系统压力维持在14.0MPa，检查并测试反应器热电偶、急冷系统、分析仪、差压仪表等。

(14) 隔离补充氢并放水。检查1h压降，应该小于0.17MPa/h。

(15) 反应器干燥应该继续至加氢裂化和异构脱蜡/加氢后精制反应器的出口温度达到各自要求温度后至少4h，每个反应系统冷高分的排水量应该小于0.5L/h。

(16) 此时应该测试每个反应器回路的注水系统，并测试冷高分界面液面控制系统。当确认每个反应系统的界面液面控制和酸性水排放系统工作正常后，停止注水，使容器内保持可测量的水位。

当反应器的温度达到平衡条件后，在开始冷却反应器之前，应该研究每个反应器内部温度和表面温度，并校正热电偶之间的温差。

（17）反应器干燥步骤完成后，按要求逐步降低反应器温度。

（18）加氢裂化和异构脱蜡/加氢后精制反应系统的压力保持在13.0~14.0MPa，两个反应系统的循环氢流量保持最大，以便在允许的条件下在最短的时间内把温度降下来。

（19）可以采用下列方法帮助冷却，但不得超出相关要求限值：

① 关闭加氢裂化和异构脱蜡/加氢后精制反应器进料/流出物换热器的阀门并打开旁路。

② 两个反应系统均打开循环气换热器的旁路。

③ 也可以小心地使用急冷氢以帮助加氢裂化和异构脱蜡/加氢后精制反应器冷却，加氢裂化和异构脱蜡/加氢后精制流出物冷却器应该开到最大。

（20）当加氢裂化和异构脱蜡/加氢后精制反应器进料加热炉的火嘴熄火时，加热炉的挡板风门、观察孔等都应开到最大，进入加氢裂化和异构脱蜡/加氢后精制反应器的冷却气温度可以从65~70℃的循环氢压缩机出口温度下降到40~45℃。当反应器进口温度降至近40℃时，仔细监测反应器表面热电偶。继续循环直至反应器（包括其壳体）冷却到40~45℃或循环氢压缩机出口温度10℃以内。当使用循环氢不能进一步降低反应器温度时，停止循环氢压缩机，反应系统泄压。每个系统用氮气充压到0.7MPa，按需要重复（至少3次）使氢气的浓度下降至可以接受的范围，然后引入空气。继续氮气吹扫系统使反应器的温度下降至规定的可以进入容器的最高温度。采用壳体温度为测温对象。完全清除每个系统中的氢气之后，反应器中的氮气必须用干燥空气代替，以便人员可以进入容器的环境。在适当的位置用盲板隔离每个反应器，按进入容器步骤进行操作并取得进入许可，准备好进入检查和清洁的设备。

注意：在冷却过程中，在反应器或热高分的表面温度降至MPT之前，加氢裂化或异构脱蜡/加氢后精制反应器进口压力应该降至设计压力的25%以下。在泄压过程中，不得超过反应器的压降限值。

5. 催化剂装填

1）催化剂装填的质量要求

加氢催化剂的装填质量在发挥催化剂性能、提高装置处理量、保证装置安全平稳操作、延长装置操作周期等方面具有重要作用。

催化剂装填质量主要是指在反应器内床层径向的均匀性和轴向的紧密性、级配性。

反应器内径向装填的均匀性不好，将会造成反应物料在催化剂床层内“沟流”“贴壁”等走“短路”现象的发生，也会导致部分床层塌陷。大部分加氢处理工艺的反应器为滴流床反应器，而加氢操作通常又采用较大的氢油比，反应器中气相物料的流速远大于液相物料的流速，这种气、液物料流速上的差别易导致相的分离。一旦催化剂床层径向疏密不均，也就是说床层内存在不同阻力的通道时，以循环氢为主体的气相物料更倾向于占据阻力小、易于通过的通道，而以原料油为主体的液体物料则被迫流经装填更加紧密的催化剂床层，从而造成气、液相分离，使气、液相间的传质速率降低，反应效果变差。另外，由于在此状态下循环氢带热效果差，易造成床层高温“热点”的出现。热点一旦出现，将会造成热点区的催化剂结焦速度加快，使得该点温度更高，形成恶性循环。这样一来，一方面影响装置的操作安全，另一方面高温点的存在会缩短装置的操作周期。

反应器内轴向催化剂装填的紧密性会影响到催化剂的装填量，在反应器体积一定的情况下，催化剂的装填量与装置处理量有关，并影响到产品的质量和催化剂的寿命。轴向的级配性是指不同催化剂种类之间，或者催化剂与瓷球之间的粒度级配关系。在反应器入口部分，级配性的好坏直接影响到床层压降上升的速度，而在催化剂床层底部，级配性的好坏将决定催化剂床层是否会发生迁移。改善级配性的有效措施是采用形成床层孔隙率逐步变化的分级装填法。

所谓分级装填法是指采用一种或数种不同尺寸大小、不同形状、不同孔容、不同活性的高孔隙率活性或惰性瓷球、保护剂系列装填于主催化剂床层上部，使床层从上到下颗粒逐渐变小、床层孔隙率逐步减低的分级过渡装填方法。分级装填技术对于加工污染杂质含量较高的原料油、重质馏分油，特别是渣油尤其重要。加工这些原料时，为保护主催化剂免于金属沉积中毒，避免反应器入口物料中高浓度烯烃、胶质等快速反应引起催化剂结焦失活等现象发生，分级装填区的各种物质(活性和/或惰性瓷球、保护剂系列乃至主催化剂)按照床层容垢能力由大到小、脱金属(脱铁、镍、钒等)能力由强到弱、脱硫氮活性逐渐增加的顺序及优化的比例进行装填。工业应用实践表明，顶部床层采用分级装填法可以有效地延缓压降的上升，同时也可以改善流体在反应器内的径向分布。分级装填技术的应用效果与分级床层数、各床层高度、各床层装填颗粒物形状、床层颗粒物大小及级配、颗粒物对脱除杂质的活性等因素有关。用户通常需要催化剂供应商或加氢技术专利商根据特定的加工原料提出适宜的分级装填方案。

对于床层底部，采用分级装填技术可有效地防止发生催化剂颗粒迁移，避免催化剂颗粒堵塞反应器出口收集器甚至后续的换热设备及管线，并同时消除由此引起的反应器内催化剂床层塌陷的可能。

因此，对催化剂的装填必须高度重视，严格按照要求进行。

2）催化剂装填方法

加氢催化剂的装填方法可以分为两种，一种是普通装填，另一种是密相装填。加氢改质装置一般采用普通装填。普通装填方法因其多采用很长的帆布袋作为催化剂从反应器顶部向床层料位的输送管子而被称为布袋装填法。实际上，普通装填方法中也有较多厂家不用帆布袋而改用金属舌片管来输送催化剂的。普通装填方法适用于目前各种外形的催化剂：球形、圆柱形、挤条形、环形等。

润滑油加氢装置催化剂的装填采用密相装填。密相装填方法由ARCO技术公司、法国TOTAL公司、UOP公司、Chevron公司等发明。由于需要采用专利技术，购买专门的催化剂装填设备，聘请专业技术人员进行催化剂的装填，密相装填方法只有用于条状催化剂的装填才更具意义，因为采用密相装填方法，可以将条状催化剂在反应器内沿半径方向呈放射性规整地排列，从而减少催化剂颗粒间的孔隙，提高催化剂装填密度。例如，在同一体积内密相装填法比普通装填法多装填质量10%~25%的催化剂，密相装填除了可以多装催化剂以外，由于装填过程催化剂颗粒在反应器横截面上规整排列，因此其沿反应器纵向、径向的装填密度也非常均匀。

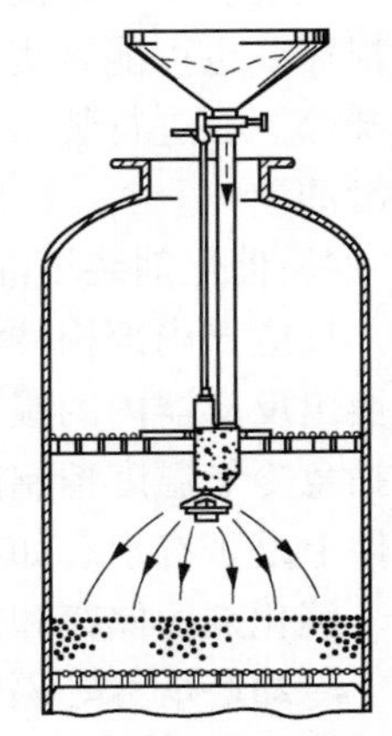
图7-9　密相装填筒

密相装填筒示意图见图7-9。

由于密相装填方法的上述两个特性，它带来的好处是：

（1）反应器内可多装填催化剂，使装置总处理量增加。

（2）处理量相同时，密相装填的质量空速较小，可使催化剂初期运转温度降低。

（3）处理量相同时，密相装填的催化剂运转周期延长。

（4）催化剂床层装填均匀，密度一致，可避免床层塌陷、沟流等现象的发生，从而避免“热点”的产生。

（5）催化剂床层径向温度均匀，可以提高反应的选择性。

此外，密相装填方法采用专门的机械连续化作业，因此催化剂的装填速度也可以大大提高，装填速度最大可以达到20t/h。密相装填由于催化剂堆积紧密，所以开工初期反应器压降略大于普通装填，其中催化剂床层压降比布袋装填高50%~80%。但是布袋装填时易出现催化剂条断裂、部分床层塌陷、温度热点等现象，随着运转时间的延长，这些因素导致床层紧实化和孔隙率下降的速度快于密相装填，因此其压降上升的速度快于密相装填。

3）装填前反应器及内构件的检查

反应器的检查非常重要，必须经过有资格的检验小组仔细检查。在该小组中，必须有工艺工程师、操作人员和施工监理人员。检查反应器，可以在反应器清空时，或催化剂第一次装填之前或卸失活催化剂之后。只有当反应器内的空气经测定为安全时和进入许可证开出后，才允许人员进入。

反应器打开之后，检查反应器内部构件时，应包括所有的内部人孔（注意：为方便重新安装和校准，在拆除内部人孔之前，对这些内部人孔进行标记）。先进行初步检查，评价清洗效果及找出任何需要修理的明显缺陷。对内部构件未进行彻底清洗之前，许多细节部分可能检查不到，应当使用水力清洗（高压水清洗），从上到下彻底清洗催化剂支架筛和内部塔盘，以除去所有的碎片和异物。失活催化剂和可能落入筛孔的其他任何物质均不能将筛孔堵塞，因为塞有催化剂的支架筛会产生极大的压降。所以应明确地规定清洗效果，以避免返工。

清洗之后，检查催化剂卸料管和塔盘，检查是否有焊接裂缝、变形、堵塞和其他损坏。同时，检查催化剂每块栅板上的压紧和筛网，因为打开压紧和筛网，催化剂会流入内部构件中，固定架下的筛网应当是无缝安装的。在人孔或卸料管法兰周围，不应当有任何直径大于2mm的开口，因为催化剂会通过该孔。反应器内的所以碎片都应清扫干净。

经验表明，在催化剂装料操作中，反应器内部构件上的螺母和螺栓可能在上次的维修中已损坏，也可能聚集了足够多的催化剂粉末，导致装填时发生黏连。鉴于此，应当清洗螺母和螺栓。在进行装填之前，还应确认螺母和螺栓尺寸是否合适，数量是否够，并涂用抗磨损润滑油。

4）催化剂装填前注意事项

反应器内部构件清洗、检查之后就绪，将与干空气相连的软管降至各反应器底部，吹扫置换出反应器内的湿空气。用干燥空气扫线，置换出通至反应器顶部的湿空气。用干燥空气吹扫急冷氢温度控制阀的上游至反应器的这一段。装填催化剂之前，应目测反应器壁和内部构件上是否有水。如有水，就不能装填催化剂。

催化剂的储存和装填，需在干燥的环境下进行。装填催化剂时，催化剂应与蒸汽、雨、雾、冷却塔烟雾等隔绝。催化剂不能长时间暴露在空气中，在暴雨天气中，应覆盖保护反应器顶部，以保证催化剂的干燥。通常在一般天气条件下，可装填催化剂。大雨期间，应密闭反应器，顺延催化剂的装填。装催化剂的罐或桶在向反应器中装填催化剂之前才能打开。

在装填催化剂之前，工艺工程组应准备并分发装填图。精确计算所装填的催化剂桶数、袋数或箱数，并保存该数据。现场储存期间，罐/桶当用塑料覆盖好，以防被水污染。

5）催化剂装填步骤

（1）加氢裂化反应系统。

在所有床层中，装入支承催化剂，直至其表面高出支架筛150mm。由于支承催化剂的用量很小，支承催化剂可通过软管装填。支承催化剂的料面必须耙平，以保证压降相同及流量分布均匀。

加氢裂化反应器共有多个反应床层。顶部的床层有保护层（分别为不同尺寸的瓷球）和位于活性催化剂上面的加氢精制催化剂层（主要是脱金属催化剂）。保护层和加氢精制催化剂层可通过软管装填，而活性催化剂（主要是加氢裂化催化剂）则应当密相装填。密相装填由相应承包商负责操作。

密相装填必须定时检查催化剂床层。如果装填机操作正常，床层料面会均匀升起，床层表面应当硬实（人走在上面，留下的脚印应当不深，感觉应当像走在捣实的沙子上）。继续密相装填催化剂，直至床层料面接近装填机的底部。此时，停止密相装填，进行软管装填，用木耙耙平直至工作结束。装填时，注意不要丢弃木条及其他碎片。木制的水平工具通常包有胶带，以避免潜在的污染物。当每一床层表面与其上方的分配塔盘之间的距离在150mm±25mm之间时，床层装填催化剂工作完成。在整个反应器内，应耙平催化剂床层。

必须小心装填催化剂，以限制其通过软管的自由沉降量。因为野蛮操作会导致催化剂的破损，产生粉末。将一根150mm的导管连在装填料斗进口处，引导催化剂通过反应器内部构件的人孔进入密相装填机，以防止催化剂降落时发生破损。所有的催化剂均必须通过该导管装填，不允许自由降落，以防止催化剂的不必要破损，以获得最大的催化剂装填率。

使用软管时应注意：在每层栅板上，软管的连接是否牢固（传递催化剂时，软管可能负重达680kg）。

与催化剂粉尘接触的所有操作人员，必须装备合适的保护措施。应当在反应器内使用已经认可的真空系统，以帮助降低催化剂的粉尘量。

加氢裂化反应器多个床层的装填步骤：

① 底部床层的装填。

a. 拆除反应器内部构件上的催化剂卸料管，以防止其妨碍催化剂的装填。

b. 将栅板顶和人孔通道（以保护内部构件）用塑料布覆盖，为装填反应器做准备。这样做，将大大减少加盖前清洗内部构件的时间。

c. 在底部催化剂支架筛上方大约150mm处，用粉笔沿床层壁做一圈标记。

d. 在催化剂卸料管嘴处，安装一个内塞子。将直径为6mm的氧化铝瓷球（或等同物）装入底部的卸料管中。通过软管，将支承催化剂装入床层底部直至粉笔标记线。将袋中的催化剂倒入一个在地面的料斗，然后将料斗提高至反应器人孔上的催化剂加料处。

e. 在底部床层的剩余空间中，密相装填活性催化剂，直至该料面接近装填图中标出的密相装填机的锥形漏斗处。每种催化剂类型的装填袋数，参照工艺工程组颁发的密相装填计划。但须注意，反应器的装填，并不是装入多少袋数或多少重量的催化剂之后就结束了。而是在密相装填期间，应多次检查床层，以检测其催化剂料面是否水平与密实。最后一次床层检查结束之后，在低于床层间分配塔盘150mm处，划几道粉笔标记，以帮助标记底部床层的“扫尾”工作。

f. 进行“扫尾”工作期间，先将催化剂装填在靠近反应器壁的地方，因为那儿的催化剂装填最困难。再装填反应器中间部分，并耙平低于分配塔盘150mm±25mm处的床层。

底部床层的催化剂装填完成之后，清除已装填完床层上内部构件上的催化剂及催化剂粉尘，推荐使用真空系统。检查已装填床层上的催化剂支架筛，以确保在催化剂装填过程中其完好无损。然后，装上人孔盖(对准前面所说的标记)，重新安装床层之间的内部构件，并将催化剂卸料管插入催化剂床层，用抽真空的方法，将催化剂从卸料管内抽出(须确定螺栓孔与卸料管是否对准。因为螺栓埋入催化剂之后，位置很难对准)。应重复这些步骤，直至反应器各催化剂床层装填完毕。

② 底部上一床层的装填。

a. 拆除反应器内部构件上的催化剂卸料管，以防止其妨碍催化剂的装填。

b. 将直径为6mm的氧化铝瓷球(或等同物)装入催化剂卸料管中，直至离卸料管顶部大约0.6m处。在卸料管顶部该水平面处，放置一个可丢弃的流量限制器。该流量限制器，通常称作“馅饼盘”，是一不锈钢金属盘(直径稍小于卸料管的内径)。该金属盘被切割成4个90°楔或“馅饼块”。催化剂进行卸料时，允许它与催化剂一同流出。继续在卸料管中装填直径为6mm的氧化铝瓷球(或等同物)，直至离卸料管顶部大约0.3m处。在该水平面放入另一个可丢弃的流量限制器，继续在卸料管中装填直径为6mm的氧化铝瓷球(或等同物)，直至卸料管充满为止。

c. 在高于催化剂支架筛150mm处，用粉笔沿第四床层壁做一圈标记。

d. 在催化剂支架筛上方，用软管装填150mm高的支承催化剂层。

e. 在该床层的剩余空间中，密相装填图中标记的活性催化剂，直至该料面接近密相装填机的锥形漏斗处。密相装填步骤，参照底部床层装填步骤e。

f. 根据装填底部床层步骤f的内容，进行“扫尾”工作。首先，将催化剂装填在反应器壁附近，因为那儿的催化剂装填最困难。最后装填反应器中间部分，并耙平低于分配塔盘150mm±25mm处的床层。

③ 中间床层的装填重复以上步骤②。

④ 顶部床层的装填重复以上步骤②。

在支承催化剂上方，用软管装填脱金属催化剂，直至到装填图中规定的水平面。用软管装填直径为6mm和15mm的氧化铝瓷球，以形成装填图中的两个筛分层。装填时，应确保装填阶段所有经软管装填的料面，均需耙平。一旦反应器顶部催化剂床层装填之后，安装好多孔塔板和泡帽塔板上的人孔盖。安装进料进口筛篮。更换进口管路。

(2) 异构脱蜡/加氢后精制反应系统。

在所有床层中，加入支承催化剂直至其表面高出支架筛150mm。由于支承催化剂的用量较小，因此，可通过软管装填之。支承催化剂层必须耙平，以保证压降相同及流量分布均匀。

异构脱蜡/加氢后精制反应系统中，有2个反应器在一个独立的高压回路中。第一个反应器是有多个床层的异构脱蜡反应器，反应器顶部床层中，有一层位于活性催化剂层上方的支承催化剂层。支承催化剂是通过软管装填的，活性催化剂是密相装填的。第二个反应器为有多个床层的加氢后精制反应器，所有床层均有一层密相装填的活性催化剂层。在这个反应器中，无催化剂保护层。密相装填的特殊细节，见加氢裂化反应系统。

6. 反应系统紧急泄压试验

加氢裂化反应系统与异构脱蜡/加氢后精制反应系统分别设有紧急放空联锁系统，各有一对紧急泄压阀(A/B)，系统降压速度为1.0MPa/min或2.0MPa/min。在开工以前应进行紧急泄压试验，以测试紧急泄压阀的性能及相关联锁情况。这里介绍加氢裂化反应系统的紧急泄压试验，异构脱蜡/加氢后精制反应系统的紧急泄压试验与之相同。

（1）紧急泄压试验的目的：实测现有孔板是否符合1.0MPa/min和2.0MPa/min泄压速度的要求，并根据实测值调校好泄压孔板直径；检验反应系统事故时，各自保联锁系统的安全性、可靠性；检验火炬系统的运行是否符合要求；检验ESD(紧急停车系统)的动作情况。

（2）紧急泄压试验的具备条件：反应系统气密合格；系统温度和压力处于最终气密状态(设计压力和温度)；火炬系统投用正常；循环氢压缩机和新氢压缩机处于运转状态；1.0MPa/min、2.0MPa/min紧急泄压自保程序控制联锁系统全部投用。

（3）A阀1.0MPa/min泄压试验。

① 启动加氢裂化紧急泄压阀A，泄压6min，若有问题立即停止泄压。

② 记录高分及压缩机出口压力，记录反应系统各点温度，要求至少每分钟记录一次。

③ 记录1.0MPa/min泄压联锁动作情况，是否按要求全部动作，即：1.0MPa/min泄压阀A打开；反应加热炉燃料气切断。

④ 熄反应加热炉，并现场关闭主火嘴手阀。

⑤ 泄压6min完毕后，停止泄压，各联锁动作复位，做好各项记录，加热炉重新点火，保证加热炉出口温度为200℃。

系统再次升压到设计压力，准备B阀1.0MPa/min紧急泄压试验。

（4）B阀1.0MPa/min泄压试验。

① B阀1.0MPa/min紧急泄压试验时，和异构脱蜡/加氢后精制的B阀1.0MPa/min紧急泄压试验同时进行，以便在测试B阀的同时测试地面火炬的承受能力。

② 启动加氢裂化紧急泄压B阀，泄压6min，若有问题立即停止泄压。

③ 记录1.0MPa/min泄压联锁动作情况，是否按要求全部动作，即：1.0MPa/min泄压B阀打开；反应加热炉燃料气切断。

④ 熄反应加热炉，并现场关闭主火嘴手阀。

⑤ 泄压6min完毕后，停止泄压，各联锁动作复位，做好各项记录，加热炉重新点火，保证加热炉出口温度为200℃。

系统再次升压到设计压力，准备2.0MPa/min紧急泄压试验。

（5）2.0MPa/min泄压实验。

① 先启动加氢裂化紧急泄压阀A，若没有问题，再马上启动B阀，泄压6min，若有问题立即停止泄压。

② 记录高分及机出口压力，记录反应系统各点温度，要求至少每分钟记录一次。

③ 记录2.0MPa/min泄压联锁动作情况，是否按要求全部动作，即：两个1.0MPa/min泄压阀打开；反应加热炉燃料气切断。

④ 熄反应加热炉，并现场关闭主火嘴手阀。

⑤ 泄压6min完毕后，停止泄压，各联锁复位，做好各项记录。加热炉重新点火，保证压力在设计压力25%之上时，温度不要低于50℃。

7. 加氢裂化反应系统新鲜催化剂开工

开工工作到目前为止，催化剂已经装好，加氢裂化和异构脱蜡/加氢后精制反应系统的反应器正在进行干燥空气吹扫。进料、分馏、减压塔系统试车及准备开工的工作已接近完成或已经完成。进料、分馏、减压塔系统处于热待机大循环状态。所有的公用工程和辅助系统已完成试车。

在这个阶段，装置外的制氢装置应该准备好供氢。在开工期间，确保质量合格的氢气供应。

无论何时，当向系统引氮气或氢气时，必须从循环氢压缩机的出口处引入系统，以防催化剂床层中出现逆流。

（1）用氮气在0.7MPa压力下进行系统除氧和气密试验。

① 确保在装催化剂期间打开或动过的法兰都已接好，所有临时接头都已拆除，装置内无垃圾。

② 按照盲板表拆除进入容器前安装的盲板。

进行下一步操作之前，确认两台循环氢压缩机都与反应器回路隔离、用氮气吹扫，并处于微弱的氮气正压保护下。当循环氢压缩机壳体加压时，必须投用密封气系统。

③ 从加氢裂化循环氢压缩机出口阀下游向加氢裂化反应系统引氮气。吹扫加氢裂化反应系统，从加氢裂化循环氢压缩机脱水罐顶部的放空阀放大气20min。在吹扫开始时，打开每个急冷氢阀几分钟赶去急冷线中的空气。然后关闭急冷氢阀，放空至大气，加氢裂化系统用氮气升压至约0.2MPa。

④ 打开放空阀至大气，加氢裂化系统泄压至0.02MPa。

⑤ 从加氢裂化循环氢压缩机出口阀下游向加氢裂化反应系统引氮气。再次吹扫加氢裂化反应系统，从加氢裂化循环氢压缩机脱水罐顶部的放空阀放大气10min。然后，加氢裂化系统用氮气升压至约0.70MPa。

⑥ 加氢裂化反应系统维持这个压力，吹扫所有堵头管线至装置边界、子系统边界、放火炬系统等处隔离盲板上游的放水阀，直到每处的氧含量低于0.2%(体积分数)。吹扫堵头管道在有些情况下要求手动打开控制阀。如有必要，重复步骤②、③、④。

⑦ 一旦加氢裂化系统氧含量低于0.2%(体积分数)，关闭至大气放空阀并加盲板，然后把系统压力升高至氮气的最大压力，但不超过4.0MPa。

在此以后，如果高压系统气密试验因为任何原因停止，请密切监测系统压力并确保系统保持氮气正压以防氧气进入系统。

要强调的是在把系统压力升至氮气系统的压力以上之前，拆除所有低压压力表、临时低压管子或管道接头，安装螺帽、堵头、盲板。

（2）用3.5MPa的氮气进行气密测试。

要强调的是此时加氢裂化反应器是冷的。在所有表面温度达到或超过MPT之前，加氢裂化反应器在任何情况下压力不得超过4.0MPa。当温度低于MPT时，反应器的压力如果高于上述数值所引起的“温度脆化”会严重损坏反应器。反应器表面热电偶在干燥过程中应该已经验证其精度。如果有某处表面温度难以达到MPT，应该首先检查该处的保温。

① 完成0.7MPa氮气气密所述的工作后，为一台补充氢压缩机作好氮气供应准备。

② 满足上述条件后，可以拆除补充氢管线与加氢裂化反应系统之间的盲板，打开相应的阀门，使气体(先是氮气，然后是氢气)可以从补充氢压缩机系统流入加氢裂化反应系统。

③ 确保压缩机润滑油系统运行正常，然后打开进口阀向两台加氢裂化循环氢压缩机引氮，达到与加氢裂化反应器压力平衡。压缩机出口第一道手阀应该打开；出口截止阀应该保持关闭，直到在以后的步骤中压缩机完成试车为止。这是为了防止气体通过系统回流。

④ 补充氢压缩机在无负荷的情况下用氮启动(氢气线隔离)，并打开回流控制阀。

⑤ 连接加氢裂化循环氢压缩机出口线的临时氮气线应该关闭，拆开并加装盲板。

⑥ 补充氢压缩机应该在无负荷的情况下运行 10~15min(在压缩机供应商代表的指导下)，然后加至第一步负荷量(假设为 25%)。几分钟后，在略高于反应系统压力的设定点上，补充氢压缩机出口压力设置到自动档，直到补充氢压缩机出口压力达到加氢裂化反应系统的压力。

⑦ 从补充氢压缩机系统向加氢裂化反应系统引氮气。

⑧ 一边不断查漏，一边用 3h 逐渐把系统压力升至 3.5MPa(假设没有大的泄漏)。

⑨ 当加氢裂化反应系统的压力达到 3.5MPa，保持这个压力，直到加氢裂化的高压系统证明无泄漏。检查 1h 压降，应该小于 0.17MPa/h。

⑩ 用肥皂水在法兰、紧固件处进行查漏。在进入下一步测试之前，处理这些漏点。如有必要，打开设备进行检修，这样，系统就不能保持氮气正压，必须用氮气再次进行吹扫。

(3) 建立氮气循环。

在进行该步骤之前应做好加氢裂化循环氢压缩机试车的所有准备工作，包括进口管线蒸汽伴热的试车、热高分气体空冷等的试车。

操作步骤如下：

① 确认循环气流经加氢裂化反应系统的流程正确，并确保加氢裂化反应器预热系统的阀门按下列要求开关，以便于对加氢裂化反应器进行预热：

a. 确认加氢裂化反应器急冷氢的温度控制器处于手动模式，所有控制阀处于关闭位置。

b. 确认反应器流出物/新鲜进料换热器的壳程进口“截止阀”全开，循环气流通过这些换热器。关闭换热器的旁路，温度控制器处于手动模式。

② 打开加氢裂化循环氢压缩机出口截止阀，并确认压缩机的所有其他进口或出口阀全开。

③ 采用正常步骤启动加氢裂化循环氢压缩机。

④ 让加氢裂化循环氢压缩机在回流打开的情况下运行 10~15min 直到稳定。两台压缩机均应交替试车并测试其稳定性。

⑤ 当压缩机在非正常操作条件下(例如：吸入压力低、气体分子量高于设定值)运行时，需要仔细监测出口温度。

⑥ 当循环气开始流经反应器时，经过加氢裂化反应器回路的压力会发生变化。确保在反应器表面和喷嘴温度达到 MPT 之前，确保任何反应器的进口压力不超过设计值的 25%。

反应器中有催化剂并用氮气运行，压力只能达到 3.0MPa。如果出口温度要保持不超过供应商所规定的限值，反应系统气体回路的总压差可能会限制循环氢压缩机不能达到最大流量。

⑦ 在以 100%氮气运行时，循环氢压缩机负荷可以增加到对压缩机不造成潜在损坏的最大值。

保持可以达到的最高压力和循环气流量，可以使反应系统在最短的时间内被加热。

⑧ 开始加热加氢裂化反应器床层至 175℃进行催化剂干燥。

⑨ 在升温和干燥步骤中，吹扫所有排凝点、取样接头、仪表接头、管线死角，排除系统中所滞留的水分。

⑩ 随着温度升高，管道的膨胀，继续检查系统有无泄漏。在检出所有泄漏并整改后，才能进入加氢裂化催化剂硫化的操作。

⑪ 当加氢裂化反应器进口温度为175℃左右、出口温度为135℃左右时，认为催化剂已经干燥。

⑫ 加氢裂化反应器进口温度调节至218~232℃，下层床层的温度为200~213℃。

8. 加氢裂化催化剂硫化

装好催化剂并干燥后，新鲜催化剂在引入进料，建立正常反应器操作温度之前需要进行硫化。硫化使催化剂上的金属氧化物转化为金属硫化物，从而促进平稳的开工，催化剂也有更好的选择性和较低的催化剂结焦率。

加氢裂化反应器催化剂硫化可选用气相或液相硫化工艺。对于液相硫化载体油建议使用95%馏出温度(ASTMD86T95)<370℃的柴油，并以设计流量50%~60%的流量引入反应器浸润催化剂，然后充当硫化剂的载体。

从进料系统引入的开工柴油即为充当此作用的载体油。当载体油到达分馏系统时，提高从分馏系统至进料系统的大循环的流量，以减少完成硫化过程所需引入的开工油量。硫化剂是最常用的硫化剂，注入反应器进料泵进口，开始液相硫化过程。

硫化过程应该很快完成，以避免催化剂金属被氢还原，影响催化剂的性能。硫化通常可以在12天内完成，因此必须确保反应器系统设备开工处于就绪状态。此外，在向反应器引开工载体油之前，进料和分馏冲洗也应该完成并进行热开工柴油循环。

硫化开始之前，需要做许多准备和检查工作，以免在硫化过程中出现问题或危险。

(1) 准备好硫化剂添加量与开工载体油进料量曲线。还要计算硫化剂罐的液面对应的藏量以便检查注入量。

(2) 在开始硫化前，要准备好理论需要量105%的硫化剂。在开工前，需要验证这个数量。

(3) 检查硫化剂注入系统。开始硫化后最常见的问题是需要时硫化剂系统不工作，这一点也不奇怪，因为这些泵、阀、截止阀及其他设备每3~5年才用一次，有些设备可能是临时的，而硫化剂的装运形式也各种各样，从桶至卡车到罐车。进行硫化前要熟悉所使用的注入设备，以及在开始注入硫化剂之前进行设备检查和测试。

(4) 硫化剂需要量计算在选择催化剂之后进行。事先计算以下数据：

① 玻璃液面计的1cm高度相当于多少升的硫化剂?

② 每10%的理论硫需求量相当于多少升?

③ 需要向反应器注入多少升才能达到预期的平衡点?

(5) 准备好用于H_2S测试的设备。通常需要用到两套试管：低浓度(小于0.1%)和高浓度(小于10%硫化氢)。

(6) 在含硫化氢的气体取样处，准备好安全的空气呼吸装置。

(7) 准备好开工监测记录表。记录表必须包括所有反应器工艺温度、循环氢流量、载体油进料量流量、硫化剂桶液面、注入量、反应器进口压力、硫化氢浓度和循环氢组分。

(8) 重新校验循环氢流量计，或提供硫化压力修正表及气体组分预期范围。

(9) 进料和分馏系统必须进行冲洗并用热柴油打循环。

(10) 反应系统应该除氧，进行气密试验以找到并排除泄漏点。

(11) 确保所有的仪表都经校验并可以使用。

在硫化的过程中，精确记录硫化剂的藏量以便确定所消耗掉的硫化剂总量。正常情况下的需求量为把催化剂上所有金属氧化物转化为金属硫化物所需的理论计算量的60%~100%。

（1）建立氢分压。

反应系统引氢、反应器升温后，催化剂存在被还原的可能。因此，在用氢气升压后应该尽快开始硫化。

本阶段开始之前，必须确保在线重力分析仪投用，并使用。

① 检查所有的冷氢阀并确认催化剂床层温度。

② 提高循环氢压缩机进口压力设定点（高设定点）控制器至略高于本步骤的目标压力（建立氢分压所需的压力）。

③ 关闭高压氢气截止阀，把反应系统与补充氢压缩机进口隔离。

④ 缓慢地提高出口压力控制器设定点至略高于加氢裂化反应系统压力以确保一旦引入氢气后，向前方流动。

⑤ 缓慢地打开补充氢截止阀，让氢气流向反应系统。严密监测压力，直到反应系统压力达到并保持与补充氢压缩机出口压力的平衡。保持压力平衡约1h（如果没有发现重大的泄漏）。当压力平衡时，全开补充氢截止阀。

⑥ 一边继续检查泄漏情况（此时由于系统温度升高，用肥皂水可能效果会很差，但是在系统有氢气的情况下可采用便携式可燃气体报警仪进行查漏），一边提高循环氢压缩机进口控制器设定点。这将使反应系统的总压力升高并建立正确的氢分压。在增加氢气的同时，密切监测反应器温度。如果发现有温度升高现象出现，立即停止注氢。温度升高表明催化剂还原反应开始。如果继续发展，就可能导致损坏催化剂。如果出现温度升高，停止注氢，直到它通过反应器，然后恢复注入氢气的操作。

值得提出的是：一旦开始引入氢气，氢分压应该限制在2.76MPa。总压力可以调节至最大值。在初次硫化之前，超过这个压力的氢分压会导致催化剂失活。

⑦ 随着压力升高，应该监测循环氢压缩机并调节速度以保证流向反应器的循环氢流量达到最大值。由于现在循环气体为氢和氮的混合物，请注意不要使循环氢压缩机的出口温度超过限制（或供应商规定的其他限制）。

⑧ 随着循环气进入加氢裂化反应器进料加热炉，反应器进口温度维持在约150℃。

⑨ 通过循环气取样分析确定是否达到氢分压目标值。比较化验室的分析结果与在线API分析仪的氢浓度读数。

此时循环气中的氢浓度大约为60%，氢分压相当于2.76MPa。不用等待分析结果，直接向反应器引柴油载体油并开始硫化。

（2）进料和分馏系统最后准备。

进料和分馏系统处于“热待机”状态，开工柴油打循环准备向加氢裂化反应器进载体油进行催化剂硫化。

小心打开加氢裂化进料泵的出口阀及截流阀周围的旁路阀，向加氢裂化反应系统引开工油。当进料流量达到设计值的50%时，处于手动模式下的加氢裂化进料流量控制器的设定点应该进行调节，然后设自动，控制进料流量。解除低流量联锁并由现场操作员手动复位电磁阀，全开截止阀。现场操作员关闭并锁定旁路阀之前，应该对截止阀进行功能测试，状态恢复到正常时，关闭截止阀周围的旁路阀关闭并锁定。

① 降低内部循环至设计进料流量的40%。降低内部循环以减少从加氢裂化进料缓冲罐抽向分馏塔进口的开工油流量，以确保从装置外来的开工油至加氢裂化进料泵的流量达到所需的50%的设计进料流量。进料前进料泵以最小回流量运行，保持一定的大循环量以带走

热量，同时保持分馏系统的流量可以控制。

② 调整开工柴油流入量和分馏塔底出装置流量，以补充流向反应器的柴油流量。

尤其注意的是冷高分上放火炬阀保护整个反应系统的高压回路。这是一个由辅助操作的放火炬阀，设定值为冷高分最大操作压力110%的设计压力。当冷高分达到设定压力(110%的最大操作压力)时，阀门将打开，回路泄压。此阀的设计是当冷高分压力回落至设计压力(110%的最大操作压力)时会恢复正常操作。

如果冷高分的操作压力高于100%的操作压力，放火炬阀可能会不必要地打开。这会浪费氢气，增加火炬不必要的负荷，而且阀门有可能不会复位，导致在放火炬阀泄漏的情况下继续操作的现象。此外，此阀由于在放火炬过程中积留在阀座上的颗粒，有可能在压力达到100%的情况下也不复位。为避免不必要的泄压，冷高分的操作压力不应该超过其规定的最大操作压力。

(3) 向加氢裂化反应器引柴油载体油。

在本步骤中，反应器进口床层的温度将降低，向反应器引入柴油载体油浸润催化剂，调节进料和分馏系统的循环流量以使进装置的开工油流量降至最低。

① 反应器和床层的温度降至约150℃以吸收载体油引入反应系统后放出的热量。

② 加热大循环的温度保持在150℃，以便对进料泵进行预热，同时反应器进料加热炉继续保持投用。

③ 按供应商指南对反应器进料泵进行试车。

④ 以最小流量启动反应器进料泵。如果进料延迟，观察进料缓冲罐的温度是否有升高。进料泵运行平稳后，开始向反应器进油，并在35min内迅速把流量提高到设计流量的50%以上。这个初始流量是为了快速“冷却”吸附所放出的热量，以防催化剂出现结块。

⑤ 当进料充满反应器和流出系统后，提升反应器系统的压力。监测循环氢压缩机进口的压力。按需要降低补充氢以保持稳定的压力。

⑥ 仔细监测加氢裂化反应器进料加热炉，确保其保持最小的热量输入负荷。对反应器流出物/新鲜进料换热器出口温度控制器进行必要的调节。

⑦ 停止大循环，以防催化剂上冲洗下来的细粉回到反应器进料系统。初次进油0.51h后停止大循环，柴油排向废油罐以除去系统中的细粉。一旦除去了催化剂的细粉后，由目视取样判断，可以恢复大循环。

⑧ 初次进油步骤是非常关键的。当油品第一次流过“干”的催化剂时，由于油吸附在催化剂表面，会放出大量的热量。所放出的热量大小决定于许多因素，但一般情况下在510℃的范围内；然而，在进油部位反应器床层温度的变化可达30℃。如果温度升高过大，可能会触发过度的加氢裂化反应，导致反应器温度失控。

⑨ 因此要密切监视床层温度。如果上一床层的出口温度突然上升，那么，在热波到达下一床层之前，全开下一床层的急冷氢(注：实际吸附发生前几分钟内，由循环氢加热催化剂时，床层出口温度缓慢而温和地升高是正常的)。下一床层进口温度回复到低于204℃左右时，停该床层的急冷氢。

⑩ 如果出现放热大于15℃，保持或提高进料流量，降低进料温度，但不要降得过多而导致表面温度低于MPT。

⑪ 如果催化剂温度超过约315℃，则继续提高进油；打开热点上下的急冷氢；降低加热炉温度，打开反应器流出物/新鲜进料换热器旁路以降低反应器进口温度

⑫ 如果上述操作还不能把温度拉回到可控范围，有必要时，则切断进料，降低加热炉温度，放火炬泄压。在所有反应器床层温度都稳定在204℃左右并保持1h后，再次升压，进油。

⑬ 当反应器内吸附热波到达底部床层的催化剂底部时，进料量可降至设计流量的40%以防热高分进油过快。

⑭ 进油后约45~60min，热高分开始出现液面。当热高分液面上升，投用液面控制阀，把流体转到热低分。这是进油中最关键的一步，因为在进油前，检查热高分液面指示和控制系统是不实际的。假液面指示或控制会使流体带到冷高分，或夹带气体至热低分，应该避免出现任何这样的情况。

⑮ 当流体流入热高分，至热低分，待分馏系统稳定后，缓慢地降低至热低分进口线的开工内部循环。

⑯ 确保反应器低压系统的压力自动控制在设定值。

⑰ 当吸附放热结束后，且反应器流出物在完全控制之下时，把载体油流量提高到设计进料流量的60%~100%(或限值)以确保充分浸润催化剂，以及硫化过程中H_2S的均匀分布。

⑱ 当产品分馏塔底流出至废油罐的流体中没有催化剂细粉后，重新建立从分馏塔进口返回进料系统的热大循环流量。

⑲ 以最快10℃/h的速度或按装置的其他限制条件，把反应器进口的温度升高到204℃。在进行下一步操作之前，确保所有的表面温度均高于MPT。

⑳ 当顶部的床层达到190℃、反应器出口温度约为175℃、所有表面温度均高于MPT时，缓慢地提高总反应器系统压力至氢分压的上限(2.76MPa)，当硫化剂与催化剂接触后，会消耗氢。升压时不要超过速度限制。

(4) 低温硫化。

在本步骤中，反应器进口温度将提升至218~232℃，然后注入硫化剂至加氢裂化反应器进料泵进口，开始低温硫化步骤。在218~232℃时，硫化剂分解为H_2S，然后H_2S与反应器中的催化剂进行反应，把碱性的金属氧化物转化为具有活性的硫化物。温度应该保持在260℃以下，氢分压保持在1.4~2.8MPa之间，以防碱金属被还原而影响催化剂的活性。

低温初次硫化的基本原则是在低于260℃的温度下尽可能多地对催化剂进行硫化。在有氢存在条件下，更高的温度会使金属还原并结块，从而降低催化剂的活性和寿命。

① 把反应器进口温度升高至218~232℃以确保硫化剂完全分解为H_2S，使用急冷氢使较低床层进口的温度控制在约204℃。

② 确保反应器进口压力稳定，循环气流量稳定在最大流量，反应器进口氢分压在1.38~2.76MPa的范围内。如果在线重力分析仪校验正确，它所指示的循环气中的氢浓度应该约为60%。

③ 催化剂浸润后，以开工载体油进料中相当于1.0%(质量分数)硫的浓度开始注入硫化剂。

④ 记录所用掉的硫化剂数量以便确定总共消耗掉的硫，每个小时取一次读数。有个比较好的做法是在开始硫化前，先绘制好开工载体油进料中相当于1.0%(质量分数)硫的浓度与开工载体油进料流量之间关系的曲线图。

⑤ 硫化剂进入反应器后导致温度升高，有两个原因：

a. 温度升高的第一个原因是氢气与硫化剂反应，生成H_2S和甲烷。这个反应一直在顶部的催化剂床层中发生。

b. 温度升高的第二个原因是 H_2S 与催化剂上的金属氧化物反应。该反应会引起整个反应器中所有催化剂床层向下依次出现温度升高的现象。

⑥ 如果以开始的注入速度注入后出现高温，那么所指示的流量可能有误。降低注入流量，检查流量计的校验，或通过观察硫化剂罐上经校验的液面计读数来确定注入流量。经常与硫化剂罐液面对比确定注入流量是一个较好的做法。

⑦ 硫化剂分解为 H_2S 时，床层温度可能会有温升，冷高分中会出现水。

a. 硫化剂分解形成 H_2S 通常会在第一床层中形成 25℃ 的温度升高。H_2S 与催化剂反应放热可能会造成 25℃ 的温度升高，并逐层向下部床层传递。然而，由于存在作为载体的流体，这个温度的升高并不一定能被观察到。放热量的大小取决于液体和气体的流量、催化剂量和进料的组分等因素。

b. 冷高分中出现水表明硫化剂在分解，所形成的 H_2S 与催化剂在反应。

⑧ 开始注入后，约需 30min 的时间让硫化剂到达催化剂，如果 30min 后还没有出现这些硫化剂分解的现象，请尝试下面的操作：

a. 确认硫化剂泵正在运行，硫化剂实际上正在被注入。

b. 如果确定硫化剂正在注入至反应器进料泵进口，则停止硫化剂注入，提高反应器进口温度约 5℃，然后重新开始注入硫化剂。

⑨ 当顶部床层开始反应，只要床层的温差及反应器的总体温差保持不超过 10℃，催化剂床层的温度保持不超过 260℃，就可以把硫化剂的注入量提高到相当于进油的 2.0%（质量分数）。当硫化引发的温度波经过整个反应器时，降低硫化剂注入量，或用急冷氢使温度保持在限制范围之内。

⑩ 水是硫化反应的副产品。所产生水的总量可以多达催化剂总藏量的 10%（质量分数）。可以通过检查冷高分界面控制阀的位置来确定是否有水生成，比较现在打开的程度与上一步骤中记录下的参考开度。确定水的产生的另一种方法是在开始注入硫化剂之前，关闭酸性水界面控制阀，来确定此时的液面上升速度，然后在开始硫化剂注入后重复同样的工作。注：如果冷高分中无油，界面仪表所指示的水的液面将高于实际液面。

⑪ 随着硫化反应的进行，循环气中的氢将被消耗，而甲烷将增加。通过从循环氢压缩机进口的废氢排放，使循环气中的氢浓度维持在 30%～60% 的范围内（相当于反应器进口的氢分压为 1.38～2.76MPa）。为了维持系统压力，增加补充氢，从而提高氢分压，循环气中的氢气浓度可以通过在线重力分析仪，或气相色谱来监测。

⑫ 当温度波经过反应器的第一个床层时对其进行监测，并提前急冷下面的床层以防温度超过床层的温度上限。床层下部温度的上升表明温度波将穿过此床层，需要对下面的床层进行提前急冷操作。

⑬ 监测温度波通过反应器底的床层。一旦发现床层底部的温度稍有上升，就需对反应器流出物/新鲜进料换热器和反应器进料加热炉进行调节以准备反应器流出物温度的突然上升。这样可以防止反应器进口温度的突然上升而有可能导致的超过温度上限的情况。

⑭ 每 30min 对循环气取一次样，分析 H_2S 的浓度，当表明温度波已经通过反应器底部床层时，可为调节硫化剂的注入量提供数据。

⑮ 一旦测得反应器内的 H_2S 达到穿透点，必须再一次降低硫化剂的注入量，使反应器进口处注入的硫化剂与循环气中 H_2S 的合并浓度保持不超过 1%～2%（体积分数）。

⑯ 使循环气中的 H_2S 浓度保持在 1%~2%(体积分数)。当 H_2S 浓度低于 1%(体积分数)时，增加硫化剂的注入量；当 H_2S 浓度高于 2%(体积分数)时，降低硫化剂的注入量。

⑰ 在注入的硫化剂达到理论量的 50%以前，循环气中的 H_2S 的浓度应该保持在 1%~2%(体积分数)；然后进入高温硫化和浸泡步骤。

值得注意的是：由于在一般情况下当注入量达到理论值的 30%~50%时就会达到穿透点，上述的保持步骤只是为了检查催化剂床层中是否出现结块现象，这会使只有部分催化剂被硫化。因而应该进行下述步骤的操作，以确认是否进一步硫化操作。

⑱ 如果注入的硫化剂仅为理论需要量的 30%~50%就达到了穿透点，则反应器中可能存在结块现象。如果这样，在进入下一步操作之前，先尝试下列操作：

a. 确保循环气流量达到最大，使反应器内气体/液体良好分布。

b. 检查是否存在径向温度不均匀分布，这表明存在流体流动的不均匀分布。

c. 中断硫化剂注入 30min，然后再次测量循环气中的 H_2S 浓度。如果 H_2S 浓度下降大大超过由于泄漏(溶解和放火炬损失)导致的预计量，应该重新开始硫化剂注入并保持温度。重复此步骤，直到循环气中的 H_2S 浓度下降不再超过预计量，或注入的硫化剂量达到理论值的 50%。

(5) 高温硫化和渗透。

一旦进入高温硫化和渗透阶段，就应该着手进行最后的工作，即按要求准备进料系统、分馏系统和减压塔的进料。

完成低温硫化步骤后，提升反应器温度，促使进行硫化反应。在高温硫化和渗透过程中，循环气中的 H_2S 应保持在 1%~2%(体积分数)，将催化剂还原的可能性降低到最小程度。按要求连续注入硫化剂，或批量加入硫化剂，确保任何时候都不需要补充硫，就有足够的硫提供。

① 反应器中 H_2S 穿透后，循环气中的 H_2S 浓度维持在 1%~2%(体积分数)，计算注入剩余硫化剂所需时间。

② 以固定速率(最大 8℃/h)将反应器入口温度提升到 300~315℃；达到 300~315℃这个温度的同时将 100%的硫化剂注入循环液中。同时，通过调节每个床层的冷氢控制阀，减少急冷氢流量，将催化剂床层入口温度提升到 300~315℃。

③ 如果发生理想的硫化反应，所有催化剂床层或整个反应器的温度均上升 10℃，停止提升反应器入口和催化剂床层入口温度，直到反应速率下降。反应器中任何一点的温度均不能超过 330℃。如有需要，使用急冷氢来维持这些温度限值。

④ 一旦硫化反应消耗氢气，为了维持氢分压，不要在循环氢压缩机进口排放。为了维持 1.38~2.76MPa 的分压，操作上可提高反应系统的压力。然而，在有些情况下，为了维持氢分压在 1.38~2.76MPa，也可能需要采取泄压措施。

⑤ 一旦硫化反应消耗氢气，监测循环氢中的 H_2S 浓度并且调节硫化剂注入率，维持 1%~2%(体积分数)的 H_2S。如果循环气中的硫化氢含量减少到 1%(体积分数)以下，停止提升反应器温度，直到 H_2S 含量再次回到 1%(体积分数)以上。如有需要，提高硫化剂的注入量。

⑥ 一旦注入了约 100%的硫化剂，催化剂需要在 300~330℃之间热渗透 4h。在这段时间内，按要求注入硫化剂，以维持循环气中的 H_2S 浓度在 1%~2%(体积分数)之间。理想的情况是不必补充硫化剂，循环气中的 H_2S 浓度维持在 1%~2%(体积分数)；然而，这同样取决

于泄漏和溶解的损耗。典型的情况是完全硫化大约需要60%~100%的理论硫总量。

⑦ 当反应器出口温度维持在300~330℃之间至少4h，硫化放热已通过反应器(整个催化剂床几乎无温差 ΔT)，所有急冷氢阀门均关闭，并且在冷高分中没有水生成时，可以认定已完全硫化。出口温度至少要有300℃，以保证完全硫化。如有必要，将反应器入口温度提升到315℃，使反应器出口温度达到300℃，同时反应器中任何一点的温度或自始至终参与反应的催化剂平均温度(CAT)均不超过330℃，也是可以接受的。

⑧ 记录下硫化剂总量，用来与要求的理论总量做比较。

⑨ 在这一点上，可以将反应系统压力提高到设计操做压力。

⑩ 按照设计率，开始从热高分气冷却器进口注水。一旦注水和冷高分液面控制器达到稳定，注意多少水量时液面控制器打开，以便确定硫化过程中生成的水。

9. 加氢裂化进油

进料前，检查下列操作：所有盲板和隔离阀处于正确位置；停止注入硫化剂并且隔离反应系统管线；所有仪表准备就绪；分析进料的数量和质量并进行目测检查(无黑油)；氢气待用；完成热高分蒸气空冷冲洗水注入；加氢裂化反应器温度应均为一致的204℃(或要求的进料温度)；加氢裂化反应器急冷控制器已经过检查并设置在204℃(或要求的进料温度)。

加氢裂化反应器正常进油：

(1) 12h内以阶段递增的方式正常进料，同时在这12h内以分阶段、受控的递增方式，将反应器催化剂温度增至目标值。

(2) 将加氢裂化冷高分入口温度设置点设置为正常值，并将注水率调节至指标值。

(3) 油顺利进入分馏系统后，则进行设计条件的调节：

终止长闭环循环，加氢裂化反应器正常进料后，油品在24~36h内连续排入废油罐，使催化剂粉末从加氢裂化反应器中冲洗到产品分馏塔和侧线汽提塔塔底油的废油罐中，经过系统的流体介质按常规途径输送。

在这24~36h内，一开始应以大约设计值的25%调试进入所有塔的汽提蒸汽，然后随开工程序的进展升至设计值。

汽提塔引入汽提蒸汽前，确保蒸汽管线充分预热(升温)，而且在塔喷管上的进口阀这一段内放清所有液态介质。

一旦产品分馏塔回流罐开始收集冷凝水，对减压塔塔顶出料罐采取自动液面控制。

调节回流率、抽出率和温度接近设计值。

(4) 一旦抽样的测试结果表明产品合格，将产品设定为正常的线路并且中止排入废油罐。

(5) 按设计指标调节加氢裂化反应器催化剂温度。

(二) 异构脱蜡/后精制系统

1. 气密测试和系统置换

本步骤的目的是通过执行吹扫程序，用氮气置换反应系统中的一切气体并用氮气在0.70MPa压力下气密测试。

(1) 在催化剂装填过程中，确保所有法兰打开或脱开，拆卸所有临时接头，装置区域清场并处于良好的工作次序。

(2) 根据盲板清单，拆卸由于进入容器程序或其他原因(如：检修等)所装的盲板。

(3) 检验异构脱蜡循环氢压缩机入口分离罐的放空系统。

(4) 通过循环氢压缩机出口阀下游的开工氮气阀，将氮气引入异构脱蜡/加氢后精制反应系统。吹扫异构脱蜡/加氢后精制系统的高压系统约 20min 并放空，在吹扫急冷氢管线内空气的开始阶段，每个急冷阀要打开几分钟，然后关闭急冷阀和放空，用氮气对异构脱蜡/加氢后精制反应系统加压至大约 0. 20MPa。

(5) 打开放空阀，将异构脱蜡/加氢后精制系统泄压至 0. 02MPa。

(6) 通过循环氢压缩机出口阀下游的开工氮气阀，将氮气引入异构脱蜡/加氢后精制反应系统。通过放空补充吹扫系统 10min，然后用氮气将异构脱蜡/加氢后精制系统加压至 0. 70MPa。

(7) 维持异构脱蜡/加氢后精制反应系统约 0. 70MPa 氮气压的同时，吹扫隔离盲板上游所有管线的死角，直到每一点的氧气含量低于 0. 2%(体积分数)。

(8)异构脱蜡/加氢后精制反应系统置换干净后[低于 0. 2%(体积分数)]，隔离放空和加盲板，然后用氮气将异构脱蜡/加氢后精制系统增压至 0. 70MPa。仔细检查异构脱蜡/加氢后精制反应系统是否泄漏。

2. 异构脱蜡/加氢后精制反应系统高压操作的准备工作

催化剂还原程序初始化之前，应采取下列步骤来进行反应系统高压操作的准备工作。

注意：将反应系统提升至 0. 70MPa 之前，拆除所有低量程压力表、临时低压皮管或管线接头，并安装盖子、堵头和盲板。

该步骤开始之前，从反应系统高、低压系统到泄压系统中，首先明确放空和泄压阀上的盲板已被拆除。

完成催化剂还原程序之前，当反应系统处于高压状态时，其他不能安全拆除和安装的隔离盲板应当根据盲板清单在正常操作状态下进行拆除或安装。

3. 催化剂干燥与还原

为了确保异构脱蜡催化剂和后精制催化剂的性能，必须在特殊受控状态下用氢还原这两种催化剂。

接触空气的异构脱蜡和加氢后精制催化剂含有已处于氧化状态的金属，装置进料前，这些金属氧化物必须还原成金属状态。氢气和金属氧化物发生还原反应，金属还原的同时生成水。

1) 催化剂干燥

完成催化剂装填后，反应系统要置换氧气并用氮气进行气密试验。

(1) 进行异构脱蜡反应器的气密试验。

(2) 根据补充氢压缩机的承受压力和小于 25%的设计压力，用氮气对系统加压。

(3) 采用正常程序启动循环氢压缩机，用最大量进行循环。

(4) 按供应商说明的操作，吹扫异构脱蜡反应器进料加热炉并点火。

(5) 按大约 40℃/h 的速率，将反应器进口温度升至 120℃。保持这种状态并注意观察冷高分积水，将积水排放到酸性水。

(6) 一旦每小时积水小于 0. 1%催化剂质量，则提高反应器进口温度至 135℃并维持操作直到积水停止，这时可以认为催化剂已干燥。

2) 催化剂还原

(1) 将连接异构脱蜡/加氢后精制反应系统高压系统的所有氮气临时管线(与连接循环氢压缩机出口氮气管线不同)切断并加盲板，保证反应系统高压系统处于受控状态。

（2）反应系统逐步引入氢气，调节补充氢流量，大致相当于10%的正常流量；并用氢气取代氮气，将系统压力调整到正常操作压力。在规定范围内，将反应器进口温度加热到260℃，一旦出口温度达到232℃，维持1h。这时反应系统应含有100%的氢气。

（3）继续引入氢气至少1h，或直到异构脱蜡和加氢后精制反应器床层温度表明所有放热反应已中止，然后维持1h。

（4）当反应系统压力达到满负荷时，切断氢气补充供应，监测系统2h。

如果反应系统压力下降超过0.17MPa，有3种可能原因：

① 异构脱蜡/加氢后精制反应器中的催化剂仍在还原并且消耗氢气。

② 反应系统的某处位置氢气正在泄漏到大气中。

③ 氢气通过阀门泄漏到泄压系统或其他系统中。

如果反应系统压力下降，彻底检查看是否是设备泄漏或阀门内漏，然后对反应系统加压并重新测试。

（5）当反应系统压力保持稳定（损耗不超过0.17MPa）2h，可以认为异构脱蜡和加氢后精制反应器中催化剂已完成还原。

（6）将反应器进口温度冷却至232℃，即进料温度。

4. 异构脱蜡/加氢后精制系统进油

在加氢裂化进油的最后阶段，原料和分馏系统中处于下列开工状况：加氢裂化反应器正常进油，产品分馏塔在操作调整后，异构脱蜡/加氢后精制反应器的进料合格。产品分馏塔塔底油和煤油以及柴油汽提塔塔底油正进入储罐；异构脱蜡/加氢后精制进料、分馏、减压塔系统正在循环，为异构脱蜡系统进料做"热身"准备；异构脱蜡进料泵经合格的开工用油（加氢裂化柴油）磨合后，切断并隔离；所有的换热器和空冷均处于工作状态。

（1）在异构脱蜡/加氢后精制进油之前，先进行下列操作。

① 确认所有反应器急冷氢控制阀均正常可用，并处于关闭状态；

② 确认异构脱蜡热高分气空冷处于运行状态；

③ 由于压缩机首次在通过反应器催化剂床层差压的情况下运行，要仔细监测压缩机出口温度和流量；

④ 异构脱蜡/加氢后精制反应系统压力必须在进料前几个小时达到正常操作压力的85%；

⑤ 在异构脱蜡/加氢后精制反应器升温的最后几小时内，按开工要求，进行减压分馏系统的最后准备工作；

⑥ 异构脱蜡进料泵引入热油暖泵，控制好暖泵速度，不能超出规定的最少升温时间和最大升温速率；

⑦ 当所有的准备工作完成就绪，并且异构脱蜡冷高分中的积水已不再增加时，以最小的回流量启动异构脱蜡进料泵，然后准备进料；

⑧ 降低循环量，将进料泵流量提高到约40%的设计进料量。

⑨ 减少从减压分馏系统返回到异构脱蜡反应器进料缓冲罐的柴油量，以减少开工柴油总量。

（2）加氢裂化成品油进到异构脱蜡/加氢后精制系统。

① 将合格的加氢裂化分馏塔塔底成品油进到异构脱蜡/加氢后精制系统的进料缓冲罐。

② 小心打开异构脱蜡进料泵的出口阀以及截止阀附近的旁路阀，将进料油引入反应系

统。迅速提高异构脱蜡/加氢后精制反应器的进料量，在35min内达到设计值的50%，然后逐步将进料量提高到设计值的100%。

③ 当进料量达到设计值的50%时，手动调节反应器进料流量控制器的设置点，然后切换到自动模式控制进料量。

④ 由于满足低进料流量联锁的要求，操作工要现场手动复位电磁阀。

⑤ 现场操作员关闭和锁定旁路阀之前，先进行截止阀的功能测试，恢复到正常状态，然后关闭和锁定截止阀附近的旁路阀。

⑥ 异构脱蜡/加氢后精制反应器一开始进料，就将减压塔底油送到废油罐。仔细监测减压塔塔底油液面，直到确认减压塔底油转油管线到废油罐的流量计以及异构脱蜡反应器进料流量计均得到精确校正，如果减压塔底油正在减少，按要求提高进料量，稳定减压塔底油液面高于40%。

⑦ 异构脱蜡和加氢后精制反应器进料后，在2个反应器中可以观察到指示催化剂吸油放热的热量曲线。如果需要，可以向反应器内注入急冷氢。

⑧ 反应系统压力将随着进料的进行逐步升高。监测系统压力并确保不超过最大操作压力。

⑨ 异构脱蜡热高分空冷器进行注水。

⑩ 调节异构脱蜡冷高分进口温度至设计值。

⑪ 进油后，在异构脱蜡冷高分中开始建立油液面45%~60%，一旦观察到在冷高分中油液面已建立，将液面控制阀投入运行，使油料传送到热低分。这是进料的关键部分，因为进料前无法进行检查冷高分液面计和控制系统的操作。错误的液面显示或控制将使油料从冷高分中带出，或带入到酸性水中。

⑫ 慢慢关小直到切断热低分进口管线的内循环。监测异构脱蜡分馏塔进料加热炉的燃烧情况。

⑬ 将反应器温度提升至目标温度。

⑭ 将减压塔压力降至操作压力。

⑮ 将反应系统压力调节至正常状态并确保循环氢中的氢气浓度超过95%。

（3）产品合格。

① 当加氢后精制反应器产物开始流入异构脱蜡分馏塔时，为了获得合格的产品，必须按下列步骤调节。

（a）按不超过20℃/h的速率将异构脱蜡分馏塔进口温度逐步升高，接近设计值，然后最初以设计值的25%，调试汽提蒸汽，最后达到设计值。同时，确认异构脱蜡分馏塔塔顶空冷和冷凝器正常投用，将异构脱蜡分馏塔回流罐进口温度控制到设计值。

（b）当异构脱蜡分馏塔回流罐开始出现水位时，启动异构脱蜡分馏塔酸性水泵，控制好水位。

（c）异构脱蜡分馏塔回流罐用开工石脑油形成50%的液面后，启动回流泵打异构脱蜡分馏塔顶回流，控制塔顶温度到设计值。

（d）在异构脱蜡煤油汽提塔达到50%的液面后，将塔底产品送出装置。

（e）调节异构脱蜡煤油汽提塔重沸器，控制好汽提塔塔底温度。注意：如果是蒸汽汽提的话，引入蒸汽之前，应确保过热蒸汽管线充分预热以及将至塔喷管进口阀一段的所有液体排尽。

(f) 异构脱蜡分馏塔引入汽提蒸汽，按要求进行调节达到设计条件。

② 为了获得合格的产品，必须按下列步骤调节异构脱蜡减压塔操作条件。

(a)按不超过20℃/h的速率，逐步提升减压塔进口温度接近设计值(注意：引入汽提蒸汽前，确保过热蒸汽管线充分预热以及将至塔喷管进口阀一段的所有液体排凝)。

(b) 按大约设计值的25%，引入减压塔汽提蒸汽，然后按开工程序进展情况提高到设计值。

(c) 一旦减压塔塔顶温度升高，启动柴油循环回流泵并且在减压塔塔顶建立回流，确保减压塔柴油换热器处于运行状态并确保到废油罐的流程畅通。

(d) 一旦增加热负荷，汽化的轻质烃通过减压塔闪蒸段上升，遇到上方冷流液体冷凝，并且在轻质、中质和重质润滑油汽提抽出塔盘上收集。

(e) 通过减压塔抽出段的轻质润滑油泵和轻质润滑油汽提塔液面控制阀，在轻质润滑油汽提塔中建立50%的液面。按设计值的25%，调节轻质润滑油汽提塔的汽提蒸汽，逐步提升到设计值。启动轻质润滑油泵，将产品送出装置。

(f) 通过减压塔抽出段的中质润滑油泵和中质润滑油汽提塔液面控制阀，在中质润滑油汽提塔中建立50%的液面。按设计值的25%，调节中质润滑油汽提塔的汽提蒸汽，启动中质润滑油泵，将产品送出装置。

(g) 通过减压塔抽出段的重质润滑油泵和重质润滑油汽提塔液面控制阀，在重质润滑油汽提塔中建立50%的液面。按设计值的25%，调节重质润滑油汽提塔的汽提蒸汽；启动重质润滑油泵，将产品送出装置。

③ 建立异构脱蜡减压塔底油流程，继续进废油罐，直到产品合格。

④ 异构脱蜡和加氢后精制反应器中的催化剂在34h达到目标温度，同时调节分馏塔和减压塔工艺参数，使之达到设计条件。监测产品抽样结果并按需要调节异构脱蜡/加氢后精制操作条件。

二、停工操作

(一) 加氢裂化系统

1. 停工前的准备

(1) 联系调度准备减三线馏分油作为停工用原料。

(2) 停工前通知调度、罐区、化验、仪表、电气等相关部门做好配合。

(3) 停工时由于原料密度大、馏分重，管线易凝堵，停工前应彻底检查伴热是否开大畅通，确保装置内外管线不被蜡油凝堵。

(4) 列出所有的盲板清单，并准备好盲板。

(5) 氮气分析，必须保证氮气纯度大于99.9%。严防氮气置换时氧气进入系统，产生爆炸性气体。

(6) 联系调度和罐区，准备好停工柴油及不合格产品退油线路与油罐。

2. 停工注意事项

(1) 遵循先降温后降量的原则，防止反应器床层超温。

(2) 在反应系统降温、降压的过程中，严格遵守有关反应器降温降压的限制条件，以避免发生回火脆性对铬-钼钢的影响。

(3) 在反应系统降温降压的过程中，要严格按照方案进行操作，以避免出现大幅度波动，避免造成法兰设备等泄漏。

(4) 在停工过程中，高温法兰有固定蒸汽保护环的，视情况将其投用，以免泄漏造成火灾。

(5) 停工后需要打开反应器，则反应系统任一床层温度降至204℃前，应做循环气中CO含量分析，防止在停工过程中产生剧毒的羰基镍。

(6) 系统切换为柴油后，由于油品相对密度产生变化，高分液位计、界位计等仪表会产生误差，应适当降低仪表设定值，防止出现满灌或带水等事故。

(7) 在停工过程中，要密切注意床层压降和床层温升的变化情况。外操人员要加强巡检，发现泄漏等情况及时汇报。

3. 加氢裂化反应系统停工

1) 反应系统降温降量

(1) 为了尽可能地多生产合格产品，在最初的4h内按下述原则进行降温降量：

① 在异构脱蜡/加氢后精制反应系统开始冷却约15min后，按2℃/10min的速率开始降低加氢裂化反应器的进口温度。将反应器的进口温度降低约48℃(4h内)。

② 随着温度降低，进料量应相应减少。4h内逐步减少到设计值的50%~60%。

③ 由于反应器进口温度和进料量下降，注意监测反应器的床层平均温度，并通过调节急冷氢，使温度下降平稳，不产生波动。

④ 注意分析常压分馏塔底产品质量，如果不合格则改进不合格油罐。

⑤ 在反应系统降温降量的同时，由于耗氢量的减少，及时联系调度和制氢装置，降低新氢量，以降低废氢的排放。

(2) 等异构脱蜡/加氢后精制停止进料后，常压分馏塔塔底产品改不合格线。按15℃/h的速率逐步降低反应加热炉出口温度。直到反应器催化剂床层平均温度降到120℃，引柴油冲洗。冲洗时进料量约为正常量的50%~60%，压力为正常操作压力。

(3) 联系罐区自柴油出装置线引入停工柴油，界区内脱水后，引进进料缓冲罐，同时联系原料油罐区减少进料。当柴油来量稳定后，通知原料油罐区停收原料。

(4) 加氢裂化系统全面用柴油置换：当反应系统为柴油进料时，注意管线、控制阀、各机泵(备用泵)、各采样嘴、换热器及其副线、长短循环线等死角部位的柴油置换。手动反冲洗过滤器几次，置换反冲洗过滤器中的蜡油，并启动反冲洗污油泵，排出反冲洗污油罐中的蜡油。

(5) 当加氢裂化反应系统冲洗24h后，将分馏系统的重质油经全装置退油线送出装置。

(6) 将系统改为长循环，以进一步洗去系统中的重质油。

(7) 当催化剂床层冲洗结束后，反应器停止进料，停运并隔离反应进料泵和进料增压泵。同时解除反应进料泵流量低低联锁，防止热氢循环带油时反应加热炉联锁熄炉。

(8) 停止注水，并从冷高分切水。

2) 热氢循环带油

(1) 反应器停止进料后，为了从催化剂中除去尽可能多的烃类，开始热氢循环带油。

(2) 当进料切断后，以低于14℃/15min的速率逐步将加氢裂化反应器进口温度提升到约315℃。

(3) 维持最大循环量和正常操作压力热氢循环带油，此时要求关闭各急冷氢阀。

(4) 当热高分、冷高分液面高于17%时向热低分和冷低分退油。退油时要小心，避免高压串低压。

（5）当冷高分液面不再上升后，继续热氢带油 2h，热氢带油即结束。

3）降温降压

热氢带油结束后，反应系统开始降温降压。

（1）关闭新氢补充阀，停止补充新氢。

（2）维持循环氢压缩机最大循环量和操作压力，系统开始以 15℃/h 的速度降温。

（3）恒温脱氢，降温到 260℃，恒温 24h 进行反应器内壁脱氢。

（4）恒温 24h 进行反应器内壁脱氢结束后，再继续以 15℃/h 的速度降温到 204℃，同时系统泄压到 10MPa。密切监测系统中 CO 含量。由于 204℃以下反应器中的 CO 会生成有剧毒的羰基金属化合物。为避免这种危险的发生，确保温度降到 204℃以下之前，循环气中 CO 含量应低于 10μL/L。如果分析表明循环气中 CO 含量在 10μL/L 以上，则应分析新氢中的 CO 含量。如果新氢中的 CO 含量低于 10μL/L，则启动新氢压缩机补充新氢进行置换。如果新氢中的 CO 含量超过 10μL/L，则先泄压到低于高压氮管网压力，然后用高压氮向反应系统吹扫，以降低 CO 含量。

（5）继续泄压，并以 15℃/h 的速度降温。在反应器任一温度低于 MPT 前，系统压力必须低于设计压力的 25%。

（6）当压力降到 3.5MPa 后熄炉，加热炉尽最大可能通风，以起到空冷的作用，加快冷却速度。

（7）继续降温，降温到 40~45℃或循环氢压缩机出口温度 10℃以内。

（8）停循环氢压缩机，反应系统泄压至 1.0MPa。

（9）停运高压空冷。

（10）尽可能多地退掉高低分内的油，维持 5%左右液面，以防油退尽后串压到分馏系统导致分馏系统超压。

（11）引氮气置换，直到合格。

4）加氢裂化分馏系统停工

（1）在反应系统降温降量的最初 4h 内，分馏系统调整操作，继续生产合格产品，给异构脱蜡/加氢后精制提供原料。

（2）如果在最初 4h 内，分馏系统不能提供合格的产品给异构脱蜡/加氢后精制，则停止给异构脱蜡/加氢后精制供料，改不合格线出装置，同时调整异构脱蜡/加氢后精制操作。

（3）当异构脱蜡/加氢后精制停止进料后，加氢裂化分馏产品改不合格线出装置。

（4）以 25℃/h 降低分馏加热炉出口温度，同时停各塔汽提蒸汽，直到塔底温度达到 120℃。

（5）在降温过程中，常压分馏塔顶和各侧线量会逐渐减少，可以依次停掉，并排尽塔顶回流罐和各侧线塔内的残油。

（6）常压分馏塔底温降到 120℃后，维持常压分馏塔底温在 120℃左右，等待系统引柴油冲洗，在系统引柴油冲洗之前切忌温度过低以防油品凝固。

（7）系统开始引柴油冲洗后，通过泵将柴油引到塔顶进行冲洗，并依次冲洗各侧线塔，并将冲洗液经全装置退油线排出装置。

（8）柴油冲洗 24h 后，反应系统停止进料，此时进料分馏改冷却大循环。

（9）熄分馏加热炉，并用氮气吹扫加热炉火嘴。

（10）将进料分馏系统温度降到40~50℃。

5）退油

（1）进料缓冲罐：在进料分馏系统温度降到40~50℃后，停止循环，将缓冲罐中的油通过泵排出装置，残油排往污油系统。

（2）原料过滤器：用氮气将过滤器中的残油冲入反冲洗污油罐，并用泵送出装置，反冲洗污油罐中残油排入污油系统。

（3）高低分：反应系统泄压到0.15MPa时，利用罐内余压尽可能将其中的残油排到常压分馏塔中，残油排入污油系统。

（4）常压分馏塔：用泵将塔内的油经全装置退油线送出装置，残油排入污油系统。

（5）常压分馏塔侧线塔：用泵将塔内的油经全装置退油线送出装置，残油排入污油系统。

（6）塔顶回流罐：通过泵将罐内的冲洗油送入常压分馏塔，残油排入污油系统。

6）停工吹扫

在吹扫过程中，各控制阀、流量计、设备进口法兰等不拆，控制阀、流量计等走副线。维持原有流程不变，将各管线内残油向塔容器内吹扫，再排入污油系统。

（二）异构脱蜡/后精制系统

1. 反应系统降温降量

（1）为了尽可能地多生产合格产品，在最初的4h内按下述原则进行降温降量：

① 按2℃/10min的速率开始降低异构脱蜡反应器的进口温度。

② 同时按大约2℃/15min的速率开始降低加氢后精制反应器的进口温度。

③ 大约4h后，异构脱蜡反应器的进口温度大约降低了48℃，加氢后精制反应器的进口温度大约降低了32℃。

④ 随着温度降低，进料量应相应减少，4h内逐步减少到设计值的50%~60%。

⑤ 注意温度调节要平稳，不要使温度摇摆起伏。

（2）监测和调节产品指标，在停工过程中切记不可将加氢裂化系统不合格产品引入异构脱蜡/加氢后精制系统，以防催化剂中毒。对加氢裂化和异构脱蜡/后精制串联操作的装置，如果加氢裂化产品不合格，不能为异构脱蜡/加氢后精制系统提供合格原料，则异构脱蜡/加氢后精制系统改循环。

（3）在降量过程中，确保分馏加热炉进料总流量大于最低流量限值，确保高压进料泵最小流量控制阀正常运行以便保护高压进料泵。

（4）系统改循环后，系统压力维持在操作压力，循环量维持在设计值的50%~60%，继续按15℃/h的速率逐步降低反应加热炉出口温度，直到异构脱蜡反应器、加氢后精制反应器催化剂床层平均温度达到120℃。

（5）催化剂床层平均温度达到120℃后，引停工柴油进行冲洗，系统停止循环，改不合格线。

（6）用柴油冲洗异构脱蜡/加氢后精制系统催化剂24h。

（7）冲洗结束后，停高压进料泵，反应器停止进料，并改进料分馏系统循环。

（8）停止注水。

2. 热氢循环带油

（1）反应器停止进料后，为了从催化剂中除去尽可能多的烃类，开始进行热氢循环带油。

（2）异构脱蜡/加氢后精制切断进料后，按约14℃/15min的速率逐步将异构脱蜡反应器的进口温度提升到大约288℃。利用换热器旁路协助温度控制，维持加氢后精制反应器进口温度小于288℃。

（3）维持最大循环量和正常操作压力热氢循环带油。

（4）控制热高分、冷高分液面18%左右，液面高时向热低分退油。退油时要小心，避免高压串低压。

（5）当冷高分液面不再上升后，继续热氢带油2h，热氢带油即结束。

3. 降温降压

热氢带油结束后，反应系统即可降温降压。

（1）关闭新氢补充阀，停止补充新氢。

（2）维持循环氢压缩机最大循环量和操作压力，系统开始以15℃/h的速度降温。

（3）恒温脱氢，当降温到260℃，恒温24h进行反应器内壁脱氢。

（4）恒温24h进行反应器内壁脱氢结束后，再继续以15℃/h的速度降温到204℃，同时系统泄压到10MPa。密切监测系统中CO含量。由于204℃以下反应器中的CO会生成有剧毒的羰基金属化合物。为避免这种危险的发生，确保温度降到204℃以下之前，循环气中CO含量低于10μL/L。如果分析表明循环气中CO含量在10μL/L以上，则应分析新氢中的CO含量。如果新氢中的CO含量低于10μL/L，则启动新氢压缩机补充新氢进行置换。如果新氢中的CO含量超过10μL/L，则系统先泄压到低于高压氮管网压力，然后用高压氮向反应系统吹扫置换。

（5）继续泄压，并以15℃/h的速度降温。在反应器内件或外表温度低于MPT前，系统压力必须低于设计压力的25%，否则会出现严重损坏。

（6）当压力降到3.5MPa后熄炉，加热炉尽最大可能通风，以起到空冷的作用，加快冷却速度。

（7）继续降温，降温到40~45℃或循环氢压缩机出口温度的10℃以内。

（8）停循环氢压缩机，系统泄压到1.0MPa。

（9）尽可能多地退掉热高分、热低分、冷高分内油，维持约5%左右液面，以防油退尽后串压到分馏系统导致分馏系统超压。

（10）引氮气置换，直到合格。

4. 异构脱蜡/加氢后精制常减压分馏系统停工

（1）在反应系统降温降量的最初4h内，分馏应维持好操作，尽最大可能生产合格产品。

（2）当加氢裂化产品不合格，系统改循环后，开始以25℃/h的速度降低分馏加热炉出口温度，同时停掉各塔汽提蒸汽。

（3）降低异构脱蜡常压分馏塔底温度达到120℃。在降温过程中，异构脱蜡常压分馏塔塔顶和各侧线量会逐渐减少，可以依次停掉，并排尽塔顶回流罐和各侧线塔的残油。

（4）降低异构脱蜡减压分馏塔底温度达到120℃。在降温开始时，减压系统停抽真空，依次缓慢关闭第三级、第二级、第一级抽空蒸汽阀，然后按顺序逐渐停三、二、一级空冷。在降温过程中，异构脱蜡减压分馏塔各侧线量会逐渐减少，可以根据实际情况依次停掉，并排尽各侧线塔的残油。

（5）异构脱蜡常压分馏塔、异构脱蜡减压分馏塔底温降到120℃后，维持异构脱蜡常压分馏塔、异构脱蜡减压分馏塔底温在120℃左右，等待系统引柴油冲洗，在系统引柴油冲洗之前切忌温度过低以防油品凝固。

（6）系统开始引柴油冲洗后，将柴油引到各塔塔顶进行冲洗，并依次冲洗各侧线塔。

（7）柴油冲洗24h后，反应系统停止进料，此时隔离反应系统，进料分馏改冷却大循环。

（8）熄炉，尽最大可能对炉进行通风，自然冷却。

（9）分馏系统降温到40~50℃。

5. 退油

（1）异构脱蜡进料缓冲罐：在进料分馏系统温度降到40~50℃后，停止循环，将缓冲罐中的油通过泵排出装置，残油排往污油系统。

（2）高低分：反应系统泄压到0.15MPa时，利用罐内余压尽可能将其中的残油排到塔异构脱蜡常压分馏塔中，残油排入污油系统。

（3）异构脱蜡常压分馏塔：用泵将塔内的油经全装置退油线送出装置，残油排入污油系统。

（4）异构脱蜡常压分馏塔侧线塔：用泵将塔内的油经全装置退油线送出装置，残油排入污油系统。

（5）塔顶回流罐：通过泵将罐内的冲洗油送入异构脱蜡常压分馏塔，残油排入污油系统。

（6）异构脱蜡减压分馏塔：用泵将塔内的油经全装置退油线送出装置，残油排入污油系统。

（7）减压塔顶水封罐：通过泵将罐内的污油排入污油系统。

（8）异构脱蜡减压分馏塔侧线塔：用泵将塔内的油经全装置退油线送出装置，残油排入污油系统。

6. 吹扫

在吹扫过程中，各控制阀、流量计、设备进口法兰等不拆，控制阀、流量计等走副线，维持原有流程不变，将各管线内残油向塔容器内吹扫，再排入污油系统。

7. 催化剂卸料

1）催化剂卸料说明

润滑油加氢装置中所使用的催化剂为贵金属和非贵金属催化剂。当催化剂消耗后或需检修反应器时，必须卸出反应器内的催化剂。催化剂的卸料方法取决于废催化剂的用途。废催化剂的用途包括经再生后重新装填回反应器，金属回收。

在选择最合适的卸料方法时，须考虑经济性和安全性，人身安全是第一位的考虑因素。

（1）催化剂的物性。

任何粉末状的还原金属和金属硫化物都可能会自燃，故废催化剂是可燃的。这意味着如暴露在空气中，废催化剂会自燃。催化剂自燃后，吸附的油或焦炭就变成了助燃的燃料。

（2）反应器催化剂卸料设计。反应器内所有的催化剂都是从反应器床层底部卸出的。反应器的每一床层底部有一个直径为150mm的催化剂卸料管，上部床层中的催化剂是通过卸料管卸至下一床层。

直径大于150mm的焦炭块或催化剂聚集物，无法通过该卸料管。当这些焦炭块将卸料管堵塞时，必须先卸出这些焦炭块或催化剂聚集物。当所有催化剂卸出后，留在筛网上的催化剂残渣或死角区催化剂也应当除去。

2）催化剂卸料技术

卸料的方法一般有干式、湿式(用水或苏打水溶液)、干湿结合式三种方法，选择的依据是安全性和经济性。

如果废催化剂要回收再利用，则应在惰性气体保护下进行干式法卸料。卸料后，催化剂须经筛选，将支承催化剂和活性催化剂区分开。如果废催化剂不回收利用，可以进行湿法卸料，但这样会在废催化剂中吸附相当份量的水。由于运输这些吸附水的会产生额外费用，从经济性角度讲，干式卸料是一个较好的选择。此外，用湿式卸料无法获得精确的物料平衡。

表 7-54 是根据催化剂的状态，总结了催化剂卸料方法。

表 7-54　催化剂卸料方法

催化剂状态	卸料方法	卸料环境	去除剩余催化剂的保护措施
未再生	干式 湿式	惰性保护 空气中	需惰性气体输入设备 新鲜空气保护罩

(1) 干式催化剂卸料。当废催化剂回收再利用、送危险废物场处理、回收金属时，可使用干式卸料方法。

干式卸料会在卸料区域内产生较大量粉尘，由于在干式卸料时操作人员需与催化剂近距离接触，因此，操作人员必须采取专门的保护措施，例如在接收罐上安装一个带有排放装置和湿式除尘器的防护罩，以抽出操作人员身上的粉尘。此外，操作人员必须佩戴好防护用品，如面具、手套、长袖工作服。

废催化剂是可燃物，必须在惰性环境下，装入经氮气置换过、有塑料衬里的桶(或其他容器)，然后密封运输。密封运输方法应参考当地安全要求及运输条例，以确定能否使催化剂安全送至目的地。正常情况下，废催化剂使用氮气覆盖，用惰性环境阻止废催化剂的燃烧。废催化剂氮封后，应立即加盖密封。

(2) 湿式催化剂卸料。湿式卸料时，须向反应器内注水，以防止废催化剂的自燃(可使用低氯化物溶液和低碳酸钠溶液，以防止不锈钢发生应力腐蚀开裂)。当废催化剂被送往危险物场处理或回收金属时，可使用湿式卸料。湿式卸料后的催化剂不能被回收再利用。

湿式卸料时间通常比干式卸料的缩短约 25%。这是因为湿催化剂的流动性更好。进行湿式卸料，可以减少反应器停工后的冷却时间。与温度要求为 50~60℃才能安全卸料的干式卸料相比，湿式卸料可在较高的反应器温度开始进行。

将湿催化剂送入储罐时，应尽量减少携带水的量。这样做，可以减少装运失活催化剂的份量，降低金属回收费用及减少对废料场的污染。催化剂的脱水可以通过在底部人孔上安装一个法兰盘和卸料管嘴，然后在水淹后，通过底部管嘴，将自由水排放出来。

从反应器和催化剂中排放的水可能带有污染物。因此该水需经沉淀后，才能进行适当的后处理。同时，排出的水循环使用，冲洗死角区催化剂，以减少废水量。

在弃至危险废料场之前，可以使用缓和燃烧的方法，或将催化剂在一块空旷的地区摊开，放置几星期，令其中的硫化亚铁在“空气”中缓慢氧化。

(3) 残留催化剂的去除。进行湿式或干式卸料后，一旦反应器底部停止催化剂的排放之后，工作人员进入反应器内铲除剩余催化剂之前，应根据炼厂标准，进一步降低反应器的温度，保证安全地进入反应器内。每个反应器床层中的死角区催化剂，均须被铲出或冲洗出。根据催化剂的状态(未再生)及催化剂的卸料方式(湿式卸料或干式卸料)，决定是否是在惰性或空气环境中进行该项工作。

经干式卸料的未再生催化剂应继续储存在惰性环境中，以防止其自燃。某些(非全部)催化剂卸料承包商认为，在惰性环境中，对一个反应器中两个以上床层进行催化剂的人工铲除是不安全的。因此，在惰性环境中，只对顶层的两个床层进行铲除。剩余的催化剂，在空气环境中，通过用水淹塔和水洗的方法去除(需配备新鲜空气吹入设备，因为剩余的催化剂会释放碳氢化合物和可能有的硫化氢)。

选用有资格、有经验的承包商，特别是在惰性环境中工作，唯有装备特殊设备的特殊训练人员才有资格胜任该工作。进入惰性环境中的工作程序，应有持证者和进入惰性环境中工作的承包商制定。由于涉及危险及需经过特别的培训，炼厂操作人员不得进入该惰性环境工作。

第八节 仪表与自动控制

一、装置对仪表自控的要求

(1) 润滑油加氢装置为连续生产装置，工艺过程属高温、高压、临氢，介质易燃、易爆、易凝、易腐蚀，故对自控仪表的选型、防爆、保温伴热要求严格。

(2) 润滑油加氢装置工艺过程先进，产品有较高的经济和社会效益，为保证装置安全、平稳、长周期、满负荷和高质量运行，提高自动控制系统的可靠性，确保安全生产，装置采用 DCS 控制系统，对全装置工艺过程进行集中控制、监测、记录和报警。DCS 显示全面、直观、精确，控制可靠，操作方便，并为实现计算机数据处理和生产管理创造条件。

(3) 为防止装置在开停工和生产过程中出现事故并造成经济损失，同时保证操作人员和生产装置的安全，装置设计了一套独立的安全仪表系统(SIS)紧急联锁系统来保证装置的安全。

(4) 参与联锁的变送器均独立设置，重要设备上设有 2 套或 3 套检测仪表，用于控制、报警和联锁。

(5) 由于原料油性质差异较大，这就给流量精确计量带来了困难，为了充分发挥 DCS 和 ESD 系统的运算功能，采用一套孔板，使用某工况下的较大的差压值作为变送器的量程值(避免另一工况超量程)，首先保证了这一工况的流量的准确计量，而另一工况流量，通过 DCS 和 ESD 的运算模块的计算，也可得到其准确的流量值。在辅助操作台上设置一个工况选择开关，操作人员可根据原料情况，选择工况，这就保证了任意工况下流量的准确计量，使低低流量联锁能正常进行。

二、自动控制水平

装置采用分散控制系统(DCS)，对全装置工艺过程进行集中控制、监测、记录和报警。DCS 显示全面、直观、精确、控制可靠、操作方便，并为全厂实现计算机数据处理和生产管理创造条件。

装置中凡重要的工艺参数均集中在控制室 DCS 中指示、自动调节及趋势记录，并对一些重要的操作参数设置越限报警，以确保装置安全平稳操作。一般的工艺参数在现场指示。

由于工艺过程复杂，操作条件苛刻，为了提高装置整体安全性，防止装置在开工、停工和生产过程中可能出现非正常工况和生产事故，装置设置了一套独立的安全仪表系统 SIS，用于完成装置的紧急联锁和有序开停工，保证操作人员和装置的安全。

装置的新氢和循环氢压缩机是所需要的检测、控制、联锁仪表以及压缩机控制系统 CCS 均由压缩机生产厂配套提供。

一个典型的设置独立控制室的实例：控制室位于装置的安全区，控制室内设有主操作室、机柜间、工程师间、仪表值班室、交接班室、UPS 间等功能房间。装置的 DCS、SIS、CCS 等控制系统安装在控制室的各相应的功能房间内。控制系统的布置、操作和管理，也可以采用中央控制室(CCR)和现场机柜室(FAR)结合的模式。

DCS 配置：CRT 操作站 5 套。每套 CRT 操作站要有独立的主机、CRT 显示器及相应键盘。操作站配置报警打印机，报表打印机各 1 台。

工程师站 1 套。用于系统组态及在线系统维护。根据机型配置相应的外设、CRT 及相应键盘，并配置激光打印机 1 台。

控制站、检测站、安全栅机柜及端子柜等根据控制、检测点数的需要配置。

一般 I/O 点、机柜均配置 20%的扩展空间。

SIS 配置：CRT 操作站 2 套，每套操作站要有独立的主机、CRT 显示器及相应键盘。

工程师站 1 套。用于系统组态及在线系统维护。根据机型配置相应的外设、CRT 及相应键盘，并配置激光打印机 1 台。

装置中采用了一些比较重要或特殊的工艺设备，如原料过滤系统、高压原料泵、新氢和循环氢压缩机，还有焚烧炉等。这些设备的检测、控制、联锁仪表以及 PLC 控制系统，一般都由设备供货商成套提供。也可以将其控制、联锁功能由装置的 DCS 和 SIS 系统来完成。

三、自动控制方案

（一）主要控制方案

加氢裂化和异构脱蜡原料缓冲罐均采用 2 台 PID 控制模块，通过设置不同的设定点，来完成氮气密闭压力控制。

加氢裂化和异构脱蜡反应进料流量、混氢流量均设有低低流量联锁，当反应进料流量低低时切断反应进料联锁阀及反应加热炉的燃料气。当混氢流量低低时切断反应加热炉的燃料气。

分馏系统各加热炉总进料(进料加回流)流量均设有低低流量联锁，当流量低低时切断加热炉的燃料气。其总量控制是通过控制一路回流流量的多少来完成的。

加氢裂化和异构脱蜡反应温度的控制是通过控制注冷氢量来控制的，控制方式为 3 种模式切换操作，一种是床层三点温度的平均值控制，一种是床层三点温度的最大值控制，一种是床层三点温度中任一点温度控制，以达到最佳控制效果，防止反应器温度飞温，影响产品质量及催化剂寿命。

加氢裂化和异构脱蜡热高分及冷高分液位和界位均设有控制和联锁，当液位或界位低低时，关闭相应出口调节阀，避免系统串压。

加氢裂化和异构脱蜡反应产物进空冷器前，注水洗去硫化氢和氨，注水管上设有流量控制，由于加氢裂化水量较大，仅在加氢裂化注水管上设有流量低低联锁，当流量低低时，关闭加氢裂化和异构脱蜡注水切断阀，避免高压气串到水系统。

在异构脱蜡系统，物料进反应炉前换热采用了三分程温度控制，既保证了进炉温度的稳定，也保证了物料换热的充分。

由于加氢裂化和异构脱蜡分馏系统的产品经常切换，设计采用了热焓控制，来保证分馏系统热负荷的稳定。

在塔的回流量和集油箱液位控制上，采用了超弛控制：正常时使用回流量定值控制，集油箱液位指示；当集油箱液位高或低时，液位调节器取代流量调节器直接控制回流量调节阀，当液位恢复正常时，又自动切换到流量控制。

在新氢压缩机系统采用了出口压力和入口压力的选择控制，通过调节返回气量的多少，来保证压缩机入口压力的稳定。而当入口压力过高（返回调节阀全关）时，则通过一台高设定点调节器的输出，打开放空阀泄压，使压力恢复正常。

装置的进料、产品及氢气、燃料气、蒸汽、水、风等经济核算指标，按不同介质的特性设置流量累积仪表。

在可能泄漏、易聚集可燃气体和硫化氢的地方，分别设置可燃气体浓度监测报警探头和硫化氢监测报警探头，并集中在控制室指示、报警。

（二）控制方案简图

（1）串级控制。分馏塔顶温度与回流量控制见图 7-10 串级控制方案。

（2）分程控制。注水罐液位与含硫污水、脱氧水分程控制见图 7-11 和图 7-12。

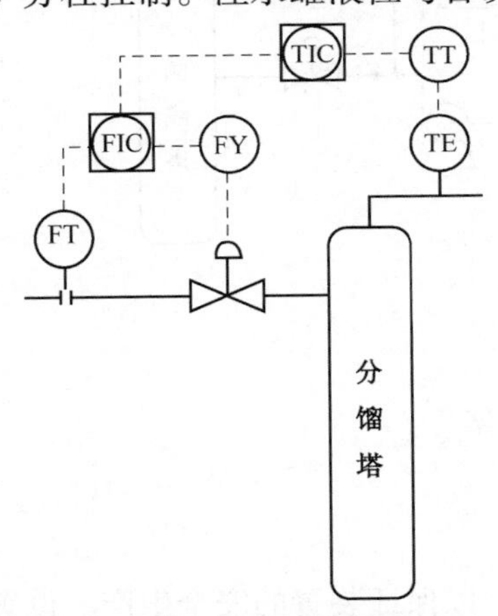

图 7-10　串级控制方案

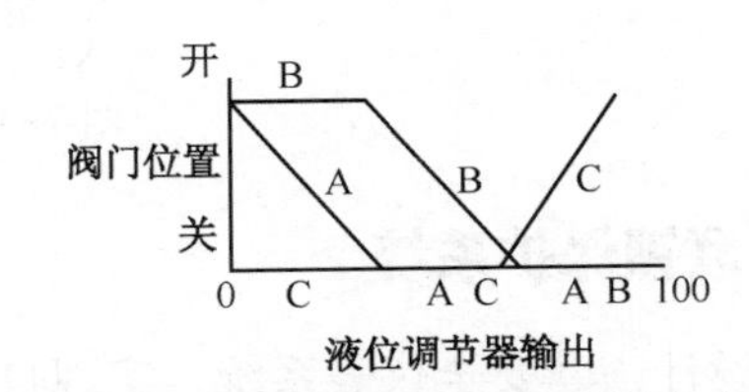

图 7-11　分程控制液位调节器输出方案

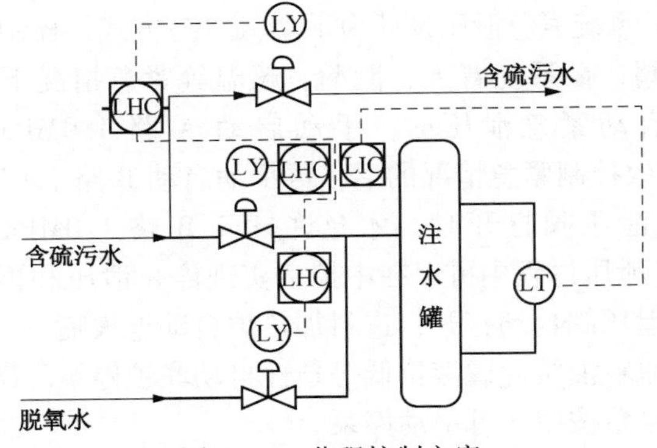

图 7-12　分程控制方案

（3）热焓控制。重沸器温度控制见图 7-13。

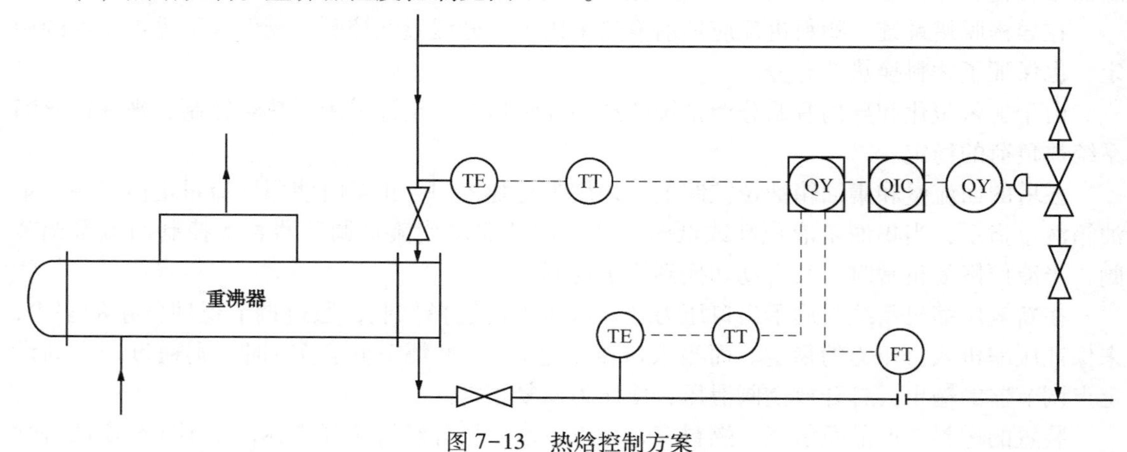

图 7-13　热焓控制方案

（4）超驰控制。减压分馏塔集油箱液面控制见图 7-14。

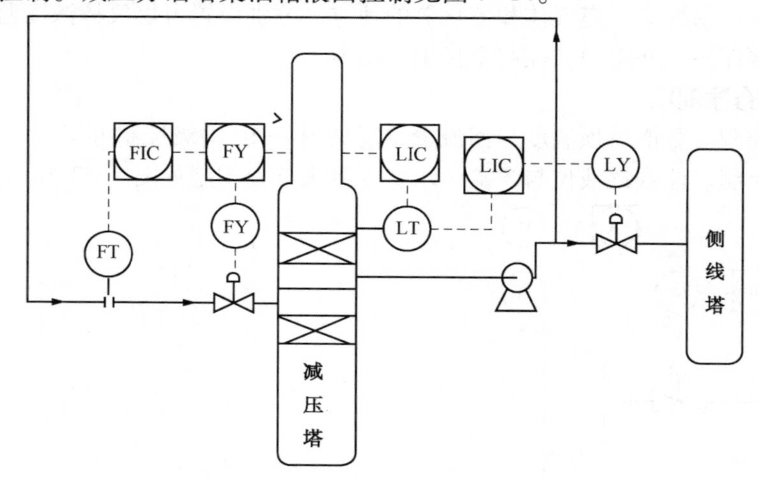

图 7-14　超驰控制方案

四、联锁保护系统

装置设计一套安全仪表系统，实现自动联锁保护，以保证装置的安全生产。设置的重要功能如下：

（1）系统紧急泄压：系统紧急泄压设计为手动（遥控）方式，控制室设置 2 个 1.0MPa/min 泄压按钮，分为 A、B 阀，在系统着火、泄漏、超温等紧急情况下，由人工判断是否要启动紧急泄压，确定要启动紧急泄压时，手动启动 A 路 1.0MPa/min 泄压阀，在 A 路 1.0MPa/min泄压不能有效控制紧急情况的话，再手动启动 B 路 1.0MPa/min 泄压阀（注：必须在 A 路 1.0MPa/min 泄压阀打开时，才允许打开 B 路 1.0MPa/min 泄压阀），以实现 2.0MPa/min 紧急泄压，泄压过程中可以在中控室实现停止泄压和再继续泄压。系统紧急泄压时联锁内容为：紧急泄压阀自动打开；进料加热炉自动熄火嘴。

（2）反应进料泵：原料油缓冲罐液位低等条件自动联锁停泵。DCS 操作站、现场和距泵 15m 左右处各设置手动停泵按钮，可手动停泵。

（3）反冲洗污油泵：当反冲洗污油罐液面达到一定高度时，主泵自启动，若液面继续上升，自启动备泵，液面下降到一定高度，停备泵，液面继续下降到规定高度，停泵。

(4) 反应进料加热炉：

在操作室和现场各设一个停炉按钮，现场按钮要求距加热炉15m。反应器入口温度超过高限值时，人工判别，手动熄火(长明灯保留)。

当紧急放空阀打开、循环氢压缩机停机、反应进料泵停泵时，加热炉自动熄火(长明灯保留)。

循环氢量超过低限值时，自动熄火(长明灯保留)。

进料量超过低限值时，自动熄火(长明灯保留)。

(5) 重沸炉：分馏塔入口温度超过高限值时，人工判别，手动熄火(长明灯保留)。进料量超过低限值时，自动熄火(长明灯保留)。

(6) 热高分液位超低，分别关闭热高分至热低分切断阀。

(7) 冷高分液位超低，分别关闭冷高分至冷低分切断阀。

(8) 冷高分液位超高，循环氢压缩机联锁停车。

(9) 补充氢压缩机入口分液罐液位超高，压缩机联锁停车。

(10) 空气预热器烟气进口或出口温度超高时烟气引风机联锁停机，并打开烟道气副线阀。空气预热器烟气出口压力超高时烟气引风机联锁停机，并打开烟道气副线阀。空气预热器空气进口压力超低时烟气引风机和空气鼓风机联锁停机，并打开烟道气副线阀和炉底风道自动快开门。

第九节　典型事故及案例分析

一、装置紧急事故处理原则

(1) 装置发生紧急事故时，应做到保证人员安全，避免损坏设备，防止加热炉结焦，避免催化剂结焦或受损。

(2) 一旦事故发生，要及时汇报调度及部门领导。要根据事故现象，事故发生前有关设备所处的状况，相关操作参数变化情况及有关的操作调节，正确判断事故发生的原因，迅速处理，避免事故扩大。

(3) 出现火灾时，应正确判断情况，切断火源，并立即通知消防队组织抢救，避免火势扩大。

(4) 事故发生后，坚守岗位，听从班长统一指挥，不得擅自离开岗位。

(5) 在事故处理中，要注意以下几点：防止着火和爆炸；高低压有关联的设备，严防串压；加热炉立即熄火，以防反应器入口超温或炉管结焦；反应器床层内保持物料流动保护催化剂，严防床层超温损坏催化剂；根据实际情况决定是否切断进料，产品改不合格线或打循环，以免污染合格产品罐；尽可能保持一定的系统压力，以便能尽快恢复正常生产。

二、工艺事故处理

1. 原料含水

原料含水的现象：原料缓冲罐压力上升，高压泵产生振动，原料换热温度、加氢裂化反应器入口温度均降低，系统压力上升且波动。

原料含水的处理：联系调度立即切换油罐，加强罐区脱水；原料缓冲罐出口采样，如果原料含水超过指标，带水严重，则装置按“新鲜进料中断处理”方法处理。

原料带水案例：

（1）案例概况及经过。

2005年9月22日，某润滑油加氢装置原料由A罐区切换至B罐区，因原料带水造成原料缓冲罐顶压突升至0.76MPa，加氢裂化反应进料泵抽空，加氢裂化反应进料量低于联锁值，联锁阀关闭切断进料。后联系罐区切换原料罐，待加氢裂化正常后立即恢复生产。具体经过如下：

由于原料带水，造成原料缓冲罐顶压力因水汽化突然升高，加氢裂化反应进料泵抽空，加氢裂化反应进料量低低联锁。原料缓冲罐顶压超压，打开原料缓冲罐顶压控制阀及副线手阀，迅速降低原料缓冲压力，同时停用原料增压泵，停止抽用B罐区原料及原料缓冲罐进料。加氢裂化反应进料泵最小流量线全开，防止高压泵出口憋压。

联系调度、罐区切换原料罐，原料罐加强脱水，加氢裂化反应温度按每小时15℃降温，从375℃降至318℃，加氢裂化反应系统改反应系统热氢循环，加氢裂化反应进料泵出口至原料缓冲罐循环脱水，加氢裂化分馏系统短循环，异构脱蜡系统反应分馏大循环，异构脱蜡反应温度从362℃降至306℃。

B罐区原料罐脱水干净后，重新启用原料增压泵缓慢进料脱除进料系统水分。打开加氢裂化反应进料泵出口阀门，向加氢裂化反应系统引入原料，加氢裂化反应升温至正常。加氢裂化常压塔底产品硫、氮含量分析合格后，异构脱蜡反应系统进料，反应分馏系统开始升温，调整操作，各产品质量分析合格，改入成品罐。

（2）案例原因分析

B罐内存水未切净，造成原料带水。

2. 循环氢压缩机停

循环氢压缩机停机的现象：DCS和ESD系统报警；循环氢流量指示为零；加氢裂化、异构脱蜡反应炉联锁熄火；加氢裂化、异构脱蜡/加氢后精制2个系统紧急泄压打开。

循环氢压缩机停机的原因：循环机机组本身联锁，停电，冷高分液位高高联锁压缩机停机。

循环氢压缩机停机的处理：循环氢压缩机停是一种严重的紧急事故，大约有3/4的反应热由进入反应器的循环氢和急冷气吸收。如果不能有效控制加氢裂化或异构脱蜡/加氢后精制反应器的反应温度，就很有可能出现超温。当出现这种状况时，必须采取适当的措施：

（1）紧急泄压阀自动联锁打开泄压。

（2）反应加热炉联锁熄火。现场关闭反应加热炉火嘴手阀，保留长明灯，迅速查明循环机故障原因，争取在最短的时间内重新启动循环氢压缩机或启动备机。

（3）将新氢补充量降至紧急情况出现前的25%。

（4）继续按正常进料速率进料。

（5）停掉注水系统。

（6）注意高、低分液面，防止高压串低压。

（7）分馏系统降低炉出口温度，维持各塔液面、压力稳定。

（8）在泄压过程中，密切注意床层温度变化，如循环氢压缩机恢复正常运转且床层温度已得到控制，可停止系统泄压，维持氢气较大量循环，逐渐恢复正常操作。

（9）若5min内循环机不能恢复，则采取下列措施：装置改为冷大循环，停止新鲜进料，循环速率为正常的进料速率；泄压到操作压力的1/4；压力降到1/4后，逐渐适当增加新氢补充量促进物料流动。

（10）当加氢裂化、异构脱蜡反应温度降到260℃左右后，停止装置冷大循环，停高压进料泵。

（11）特别注意加氢裂化不合格产品不可直接进异构脱蜡/加氢后精制系统，防止污染异构脱蜡/加氢后精制催化剂。

（12）重新进料时，反应器温度应比正常操作时低55℃左右。

（13）若循环氢长时间无法恢复，则考虑做停工处理。

循环氢压缩机停机案例：

（1）案例概况及经过。

2010年3月24日17：36，某润滑油加氢装置新氢压缩机、循环氢压缩机出口、轴承等温度指示值突然显示为零，当班在发现这一情况后，迅速向调度、值班汇报这一情况，并及时联系仪表处理该问题。

18：50，在仪表修理新氢压缩机对应的机柜卡件时，循环氢压缩机突然跳机，触发装置联锁，引起装置两路1.0MPa/min紧急泄压阀联锁打开，加氢裂化和异构脱蜡反应加热炉联锁熄炉。在紧急泄压过程中，由于仪表故障未排除（机组相关温度指示仍无显示），循环氢压缩机备机达不到重新开机条件，开机无法执行。装置立即按循环氢压缩机停预案处理。

18：51，在加氢裂化反应器各床层温度得到有效控制后，关闭紧急泄压（反应系统维持进料，以帮助反应器降温；同时采取了换热器旁路全开、余热回收系统停用、加热炉自然通风全开、废氢排放等措施），同时分馏系统调整操作，加氢裂化分馏系统产品改不合格线出装置，异构脱蜡分馏系统改系统内大循环。

21：10，压缩机出口关温度指示恢复正常，启动循环氢压缩机，21：30启动新氢压缩机反应系统进行升压，待反应系统压力和物料平衡后，25日1：00加氢裂化和异构脱蜡反应系统开始循环升温升压。

25日9：30，加氢裂化和异构脱蜡反应系统压力、温度达到正常值；14：00加氢裂化常压塔塔底采样，硫、氮含量分析合格；14：45加氢裂化产品改入异构脱蜡系统，异构脱蜡系统调整操作。26日2：00产品合格。

（2）案例原因分析。

仪表修理卡件时，压缩机组系统紊乱导致循环机停机。

3. 进料中断

1）进装置新鲜原料中断

新鲜原料中断的现象：进料流量计指示为零；原料缓冲罐液位下降。

新鲜原料中断的处理：由于原料缓冲罐内所存原料应能维持30min左右，此时可适当降温降量处理，延长时间等候恢复进料。若不能恢复进料，则加氢裂化和异构脱蜡/加氢后精制系统分别改冷大循环，保持循环氢最大流量，保持反应系统压力，降低反应系统温度。注意不可将不合格的加氢裂化产品进入异构脱蜡/加氢后精制反应系统。若长时间不能恢复进料，则按停工处理。

2）加氢裂化进料泵或异构脱蜡/加氢后精制进料泵的故障

高压进料泵故障导致进料中断会使反应器入口温度突然上升，流动分配不良还可能引起局部催化剂出现热点。

进料泵中断的现象：进料流量指示为零；反应炉联锁熄火；反应器入口温度上升。

进料泵中断的原因：进料泵故障或自身联锁停车；原料缓冲罐液面过低或氮封波动及原料带水造成进料泵抽空。

进料泵中断的处理：

确认反应加热炉联锁熄火。关闭反应加热炉火嘴手阀，视情况决定是否保留长明灯。

确认泵出口低流量联锁阀已联锁关闭。

迅速查明进料泵故障原因，争取在最短的时间内重新启动泵。

保持循环氢最大速率。采取使用急冷氢、进料换热器旁路等措施降低反应温度，但切忌调节过快。

停止补充新氢。

在采取了上述措施后，如果床层温度仍在上升，达到紧急条件，则启动紧急泄压系统。

如果是进料泵自身联锁或故障停泵，应迅速检查泵的联锁情况，启动备用泵，恢复进料。

注意若是加氢裂化进料泵故障停不能恢复，建立分馏短循环，由于加氢裂化不能为异构脱蜡/加氢后精制提供合格原料，此时异构脱蜡/加氢后精制系统改装置冷大循环。若是异构脱蜡进料泵自身故障停不能恢复，则加氢裂化系统应维持操作条件不变或改装置冷大循环。注意监测加氢裂化系统温度，尤其是不流动物料的温度，不能低于65℃，若低于65℃则需进行吹扫。

高压进料泵恢复、床层温度得到控制后，恢复新氢供应，将反应压力提高到正常工作压力的85%准备进料，随着新氢的引入，应密切监视反应器温度，如果温度升高不正常，应停止升压。

重新进料时，床层平均温度应比紧急状态前床层温度至少低55℃。

原料中断案例：

(1)案例概况及经过。2011年5月23日某润滑油加氢装置原料罐为362号罐(当时液位为459cm)，同时，362号罐出口掺入从506号罐及357号罐抽过来的原料(利用往复泵朝362号油罐翻罐)。

0：00反冲洗过滤器出现异常，压差上升较快，0：25原料泵P101入口压力从0.02MPa下降到0.004MPa，装置联系罐区询问原因，罐区答复没有任何操作。

0：29加氢裂化进料增压泵入口压力下降到零，0：34该泵抽空，加氢裂化进料量突然从35t/h下降到零(此时进料温度为63℃)，装置立即联系调度切换原料。

0：35开始装置原料罐分别切换罐区的361号、363号、360号原料罐，均抽不上量。后又切换到罐区351号罐，仍抽不上量。装置一边联系调度及罐区查找原因，一边按进料中断预案进行处理，各系统快速降温，并准备改循环。

1：00原料缓冲罐液位下降到0%，1：28加氢裂化反应进料泵停，加氢裂化系统改反应、分馏短循环。异构脱蜡系统改长循环，后于2：57改反应、分馏短循环。

3：58用罐区往复泵向润加送原料，进料量恢复到15~18t/h，开始调整操作。

4：30原料切换360号罐，启动原料增压泵，泵运行正常，调节装置处理量到30t/h。

5：38启动加氢裂化反应进料泵，加氢裂化反应系统开始进料，加氢裂化常压塔底产品改进不合格线，加氢裂化反应系统升温，调整操作，异构脱蜡系统维持反应、分馏短循环，等待加氢裂化合格进料。

11：30加氢裂化反应温度升至370℃，加氢裂化常压塔底产品硫氮含量连续采样分析合格，改进异构脱蜡系统。

15：00，启动异构脱蜡反应泵，进料量控制30t/h。22：00异构脱蜡反应温度升至330℃，5月24日2：00，产品质量调节合格。

（2）案例原因分析。

润滑油加氢装置在抽用原料罐362号时，357号罐内油为翻罐到362号出口，然后直接进装置原料增压泵。而翻罐操作是利用往复泵将油罐底部剩油抽完的操作，一般会一直抽至泵抽空。357号油罐抽出口管顶高度为55cm，当357号罐翻罐到55cm高度时，大量气相通过往复泵进入装置原料管道，造成原料增压泵抽空。

4. 反应器超温

一般来说，当温度超过480℃左右时，就有热裂化反应发生，若不采取措施，热裂化反应发生到一定程度，温度在几分钟内就可达到815℃左右。操作中必须严防超温或飞温的发生。

反应器超温的现象：反应器温度非正常升高。

反应器超温的原因：反应进料加热炉出口温度超高，原料量及性质突变，因某种原因循环氢量急剧减少，急冷氢调节失灵。

反应器超温的处理：

（1）若床层任一点温度超过正常操作温度8℃时，应采取下列措施：降低反应进料加热炉出口温度；加大超温床层的入口冷氢量来降低该床层温度；提高循环氢量，降低各床层温度；继续以正常进料速率进料；如有必要，可采取降低进料缓冲罐温度、旁路进料换热器等措施。

（2）如果查明床层超温的原因是由于原料性质变化造成的，则应及时调整操作，或根据实际情况决定是否停止从罐区进料，若停止进料装置可改大循环。

避免各系统压降过大导致循环氢量减少。若系统压降突然增大，则最大可能性是反应器内件堵塞或冷高分前空冷管束部分铵盐堵塞造成的，此时应快速降低反应器入口温度，按装置紧急停工进行处理。

若急冷氢调节失灵，应及时联系仪表处理。

（3）如果8~10min后超温仍不能得到控制，床层温度继续上升，达到紧急条件，则启动紧急泄压系统；打开紧急泄压，此时加热炉会自动联锁，应现场关闭加热炉瓦斯阀；停止补充新氢；装置改为冷大循环，循环量为正常进料量；泄压时应密切注意高分液面；停止注水。

（4）若温度继续上升则泄压到操作压力的1/4，反应温度降到约260℃时，停止进料，反应系统改为热氢汽提催化剂，分馏系统改为短循环，根据实际情况决定是否停工。

（5）温度得到控制、原因分析明确后，可根据实际情况决定是否停止泄压、恢复正常操作。重新进料时反应器入口温度至少低于正常操作温度55℃。

5. 新氢中断或新氢压缩机故障

新氢中断或新氢压缩机故障的现象：新氢压缩机出口流量下降或指示为零；系统压力下降；反应入口温度升高；循环氢纯度下降。

新氢中断或新氢压缩机故障的原因：新氢压缩机故障或由联锁引发的新氢机停运；制氢

装置故障；新氢内 CO 浓度超标，停止供应补充氢。

新氢中断或新氢压缩机故障的处理：

（1）如果新氢供应不足，应调整反应温度，降低反应深度，并降低各段进料量使其与提供的新氢平衡，维持系统压力不下降，保证一定的循环氢纯度。

（2）如是新氢压缩机故障，则迅速启动备机。

（3）如因新氢内 CO 浓度超标，应停止供应新氢，并联系调度提供合格的新氢。

（4）如因某种原因导致新氢供应短时间不能恢复，应按下述步骤处理，降低温度、维持系统压力：

① 熄进料加热炉主火嘴，降低反应器入口温度，保留长明灯。

② 将急冷氢量开至最大。

③ 停止反应系统排放废气。

④ 打开进料换热器副线促进反应系统降温。

⑤ 加氢裂化和异构脱蜡/加氢后精制系统可分别改大循环，反应器入口温度维持在约260℃。如果反应器温度保持稳定或下降，可降低或停止向反应器进料，此将有助于维持系统压力，分馏系统可改短循环。

⑥ 停止注水。

⑦ 为防止污染催化剂，不合格的加氢裂化产品不可进入异构脱蜡/加氢后精制系统。

⑧ 确保各反应系统压力不要低于 0.7MPa，否则充入氮气维持压力。

⑨ 新氢恢复后，置换系统内氮气，并将反应系统压力升到正常值的 85%，准备重新进油。进油时，反应器温度应低于事故前至少 55℃。如果进料未停，则调整操作，返回正常操作状态。

6. 高压反应系统泄漏

高压反应系统泄漏的原因：炉管、管线、法兰等老化、冲蚀及各种腐蚀；操作不当，如超温、超压以及压力突升突降或温度突升突降；动设备密封处磨损或安装不当。

高压反应系统泄漏的处理：处理这一事故的目标是尽快使高压系统泄压，并将氮气输入系统进行置换，以防发生火灾或爆炸：

（1）操作室人员停进料泵并将进料控制阀切换到手动关闭，紧急隔离阀联锁关闭。

（2）现场操作工确保各加热炉主火嘴和长明灯都熄灭。确认蒸汽中无存水，然后向炉膛中以最大速度吹入消防蒸汽。

（3）手动关闭补充氢控制阀，停止进补充氢。

（4）在控制室内启动紧急泄压系统，开始给泄漏的反应系统泄压，视事态发展而定是否给未漏系统泄压。

（5）停止向反应产物空冷中注水，手动关控制阀。

（6）现场操作员密切监视高分液位，以防高压串入低压。

（7）分馏系统短循环，直到有秩序地停工。

（8）当反应系统压力降到 1.0MPa 时，在循环机出口通入氮气，对反应系统进行氮气置换，直至合格。注意在置换过程中，系统压力不得低于 0.7MPa。

（9）对泄漏点进行抢修。

（10）必要时通知炼厂消防队准备支援，以防着火。

新氢压缩机跳机案例：

(1)案例概况及经过。

2007年5月5日11：22新氢进装置流量由11022Nm³/h迅速降低至2Nm³/h。11：24新氢流量又突然增大，新氢压缩机出口压力迅速升至14.80MPa，新氢压缩机出口返回进口控制阀自动打开，但新氢压缩机出口压力升高过快，手动打开返回阀已经来不及。11：25新氢压缩机出口压力窜至19.51MPa，新氢压缩机因出口压力超标联锁停机。

经检查后发现，新氢压缩机出口补氢阀失灵。该阀修好后，现场迅速开机。新氢压缩机停机期间，加氢裂化和异构脱蜡反应系统迅速降温降量。

新氢压缩机开启成功后，11：32新氢压缩机出口压力升至10.81MPa，为防止新氢压缩机出口压力超高，打开出口返回进口控制阀。新氢流量稳定后逐步升高加氢裂化和异构脱蜡反应器床层温度，提高进料量，调整生产操作，调节产品质量。

(2)案例原因分析。

加氢裂化反应系统补氢阀失灵关闭，新氢机的后路堵塞，造成新氢机出口憋压联锁。

7. 高分液控阀失灵

高分液控阀失灵的现象：液控调节无作用，液面突然上升或下降。

高分液控阀失灵的处理：迅速将液控阀改为备阀控制，联系仪表处理。

8. 高分串压至低分

高分串压至低分的现象：高分液位下降；低分压力猛增，报警，安全阀有可能跳起；反应系统压力下降；管线振动；循环机入口流量波动；常压塔入口流量波动。

高分串压至低分的原因：仪表失灵，导致高分液面压空；调节阀卡死，导致高分液面压空。

高分串压至低分的处理：

(1)高分液控阀立即改手动控制，待高分液位上来后，控制在正常范围内。如高分液面难于控制时，可做停工处理。

(2)立即将低分压力降至正常操作压力。

(3)联系仪表检查液控阀及液位指示并修复，如液控阀有故障应切换到备阀。

(4)分馏系统注意控制好各容器、塔的液面、压力，并做相应的调整，以保证产品的质量。

(5)如果低分安全阀跳开不能复位，各岗位按正常停工处理。

9. 反应加热炉炉管破裂着火或反应区其他地点着火

反应加热炉炉管破裂着火或反应区其他地点着火的处理：

(1)立即将加热炉熄火，向炉膛吹入灭火蒸汽，全开烟囱挡板排空。

(2)迅速开启紧急泄压系统。

(3)停补充氢压缩机，停止注入补充氢，并停循环氢压缩机。

(4)停反应器进料。

(5)停止向反应产物空冷注水。

(6)当反应系统泄压至1.0MPa时，引入氮气吹扫反应系统，以防通过炉管裂口窜入空气。

(7)将反应系统的油向下压入分馏系统，直至压空，并排净存水。分馏系统按正常停工步骤停工。

10. 分馏加热炉炉管破裂着火

分馏加热炉炉管破裂着火的处理：

（1）立即将加热炉熄火，向炉膛吹入灭火蒸汽，全开烟囱挡板排空，过热蒸汽排空，停止分馏塔进料。

（2）反应系统按反应加热炉炉管破裂着火处理步骤处理，但循环氢压缩机不停机，继续保持循环冷却反应器催化剂床层。

（3）分馏系统按正常停工步骤停工。

（4）分馏炉熄火后，组织抢修，视情况决定是否重新开工，还是彻底停工。

11. 分馏区其他地点着火

分馏区其他地点着火的处理：

（1）与塔连接法兰漏油按加热炉炉管破裂着火进行处理。

（2）泵漏油着火用蒸汽掩护或用灭火器灭火，灭火后，切换备用泵进行抢修。

（3）换热器漏油着火用蒸汽掩护或用灭火器灭火，有旁路改走旁路，抢修漏点，如无旁路而又要停下来影响操作中断时，则按加热炉炉管破裂着火处理步骤进行处理。

12. 塔底泵抽空

塔底泵抽空的现象：泵出口压力下降，电流下降，响声不正常，送出流量下降或回零，塔底液面升高；如是加氢裂化分馏塔塔底泵抽空，异构脱蜡/加氢后精制原料缓冲罐液位下降；如是异构脱蜡常压分馏塔塔底泵抽空，加热炉联锁熄炉。

塔底泵抽空的原因：塔底液面过低（指示失灵或误操作）；进口阀故障如阀芯脱落或过滤器堵塞；操作不当，轻油压至塔底汽化；泵叶轮堵塞或端面弹簧断。

塔底泵抽空的处理：

（1）找准原因，分别处理，首先关小泵出口，尽量保持低流量运转。

（2）若主泵故障，则切换备用泵；若过滤器堵塞，开备用泵后，停下的泵应清扫过滤器。

（3）在处理过程中要平衡各塔液面。

（4）当加氢裂化分馏塔塔底泵抽空时，如不能尽快恢复，则异构脱蜡/加氢后精制系统按进料中断处理。

13. 高压蒸汽发生器干锅

高压蒸汽发生器干锅的现象：管程出口温度突然升高；汽包水位下降。

高压蒸汽发生器干锅的原因：液位控制系统失灵；除盐水供应中断，使得热力除氧水来源中断；锅炉给水泵故障。

高压蒸汽发生器干锅的处理：

（1）高压蒸汽发生器“干锅”是较严重的事故，一旦事故发生，切不可轻易上水，否则，易造成严重的后果。一旦发生上述现象，立即到现场，利用“叫水法”来确认事故的严重程度：打开玻璃板的下放空阀，看是否有水，若有水，则证明事故并不严重，把补水控制阀改手动，利用副线来上水，注意上水速度不能太快。

（2）若无水，切不可轻易上水，装置立即按正常停工步骤降温降量。

（3）降低热高分的温度，尽量减少高压空冷负荷。同时加大高压注水量，启动全部高压空冷。

(4) 反应停止进料后，反应系统降温至205℃，反应系统降压至3.5MPa后，汽包再通入蒸汽，逐步降温。

通入蒸汽降温后，再缓慢上水。

14. 公用工程事故处理

1) 停净化风

正常生产时，净化风由装置外供给，压力要求控制在0.4~0.55MPa，发现风压低时，应及时与压缩风站联系。

净化风停的现象：控制阀失灵，风关阀全开，风开阀全关；DCS报警；仪表风罐的压力逐渐降低。

净化风停的处理：原则上按紧急停工处理，各重要阀有如下动作：

(1) 所有加热炉的燃烧器瓦斯阀将自动关闭。手动将瓦斯阀设定在关闭状态，现场关闭瓦斯手阀。

(2) 所有进料控制阀将自动关闭。进料联锁阀也将自动关闭，切断反应器与高压进料泵之间的管路。停高压进料泵，关闭各泵的出口阀。

(3) 原料进缓冲罐的进料控制阀将自动关闭。

(4) 紧急泄压阀将自动打开。操作员在现场调紧急泄压阀的手动设备，监测现场压力表，控制泄压速度，可视情况将反应系统压力降到正常值的25%。如果事故中循环机卸负荷或停车，则不要维持反应系统压力，降压至设计值的25%。

(5) 反应器急冷氢控制阀会在适当位置失效，然后漂移打开。

(6) 新氢补充阀将自动关闭，停止新氢进入反应系统。

(7) 所有分离器和塔的液位控制阀自动关闭。用控制阀手动设备或旁路阀手动控制分离器和塔的液位。

(8) 两个注水控制阀都将自动关闭，紧急隔离阀自动关闭，切断反应系统与注水泵间的管路。停止向反应产物空冷注水。

(9) 所有产品的出装置控制阀自动关闭。

(10) 在分馏系统的所有回流和中段回流控制阀自动打开。

(11) 所有汽提蒸汽控制阀自动关闭，停止向各塔吹汽。

(12) 注意反应系统压力不要泄到0.7MPa以下，否则往系统充入氮气。

(13) 仪表风恢复后，控制阀恢复到设定点时应缓慢调节。

(14) 仪表风恢复后，系统按步骤升温、升压，然后逐渐恢复正常操作条件。

2) 停电

停电的现象：压缩机、泵、空冷风机、烟气引风机等动设备停运；各泵出口和压缩机出口压力、流量指示骤降；炉出口、反应器温度有上升趋势；加热炉联锁熄火；装置所有的照明熄灭。

停电的处理：

① 瞬时闪电。

处理：循环机未停，则迅速启动所有停运的动设备，将已联锁熄掉的加热炉重新点火，并注意控制系统温度平稳，逐渐恢复到正常操作。

若循环机已停，则熄掉加热炉，并迅速启动停掉的循环机，恢复氢气循环，然后点炉，恢复正常操作。在整个过程中都要密切注视各反应器床层温度，若床层超温，则按前述超温方案处理。

注意调整好各塔和容器液面，根据实际情况调整好分馏系统操作。

② 长时间停电。

确认进料中断已使各加热炉瓦斯阀切断，并现场手动关闭火嘴手阀，视情况决定是否停长明灯。

关闭新氢压缩机、循环氢压缩机出口阀，关闭各高压泵出口阀。

在进行上述步骤时，加氢裂化和异构脱蜡/加氢后精制反应系统要始终保持较大的系统气体外排量。

如果此时反应器温度仍在上升，且床层某一点温度超过允许的最大值，则必须投用紧急泄压系统，泄压到设计压力的25%，密切注意床层温度变化，如温度下降，则停止泄压，如温度仍然上升，则继续泄压至0.7MPa左右。

在泄压过程中，如已恢复供电，循环氢压缩机恢复正常运转且床层温度已得到控制，可停止系统泄压，维持氢气较大量循环，逐渐恢复正常操作。

如果仪表用电也中断，则用液位控制阀手动设备或旁路阀控制分离器和塔的液位。

若停电长时间无法恢复，则考虑做停工处理。

跳电案例：

① 案例概况及经过。

2006年3月24日14：50装置跳电，因跳电停下的设备有：加氢裂化航煤产品泵、加氢裂化常压塔中段回流泵、中质润滑油侧线抽出泵、轻质润滑油侧线抽出泵、注油器泵、鼓风机、引风机，减顶空冷喷淋水泵、加氢裂化和异构脱蜡热高分空冷、新氢压缩机。在电力恢复后，除新氢压缩机外，其他设备均迅速恢复投用。因调度通知制氢将于19：00左右恢复正常，装置新氢短时间中断，故装置启动了新氢中断预案。

16：00装置开始分别改加氢裂化反应分馏和异构脱蜡反应分馏系统大循环。加氢裂化和异构脱蜡反应及分馏系统开始降温，加氢裂化反应温度从380℃降至298℃，异构脱蜡反应温度从364℃降至333℃。

19：20新氢恢复供应后，启动新氢压缩机，加氢裂化和异构脱蜡反应系统开始升压。装置引入进料，加氢裂化反应分馏系统开始升温，调整操作，加氢裂化常压塔底产品通过不合格线出装置。

加氢裂化常压塔底产品硫、氮含量分析合格后，异构脱蜡系统开始进料，异构脱蜡反应分馏系统同时开始升温，调整操作，6月25日14：00，基础油产品分析合格，改入仓储成品罐区。

② 案例原因分析。

受跳电影响，制氢装置氢气不能供应，造成装置新氢中断。

3）停循环水

停循环水的现象：循环水流量及压力下降；塔顶系统温度升高；各压缩机气缸入口、泵轴承及轴瓦温度升高。

停循环水的处理：汇报调度，联系给排水车间，尽快供水；短时间不能恢复，则按紧急停工处理。

4）除盐水中断

除盐水中断将会造成装置内蒸汽发生器因缺水而“干锅”。

除盐水中断的现象：除盐水界区压力为零；除盐水流量为零；除氧器液面迅速降低；各汽包的液面迅速降低。

除盐水中断的处理：

（1）汇报调度，联系给排水，尽快恢复除盐水供应。

（2）如不能及时恢复供应，则停止进料，HCR 和 IDW/HDF 进行冷大循环，等待供水恢复。

（3）除盐水恢复后，热力除氧系统按正常开工步骤开工。

（4）对高压系统蒸汽发生器，热力系统正常后，汽包内不可立即上水，立即按下列步骤处理。

① 反应系统降温至200℃左右，反应系统降压至约3.5MPa。

② 通入蒸汽，逐步降温。降温后，再缓慢上水。

③ 然后按蒸汽发生器正常启用步骤操作。

（5）对低压系统蒸汽发生器，先走副线，待汽包温度下降后，再上水，然后按蒸汽发生器正常启用步骤操作。

（6）如长时间不能恢复供水，则按停工处理。

5）除氧水中断

除氧水中断的现象：注水罐液面降低；反应系统压降增大。

除氧水中断的处理：汇报调度，联系给排水，尽快恢复软化水供应；具体处理见“注水中断处理”。

6）停蒸汽

停蒸汽的现象：各塔压力下降；减压塔真空度下降；过热蒸汽压力下降或回零。

停蒸汽的处理：

（1）蒸汽供应中断时，如果装置自发蒸汽能保持正常生产，就继续维持。

（2）立即汇报调度，联系给排水车间尽快恢复供汽，并通知相关部门。

（3）如蒸汽不能维持，则停止进料，加热炉降温或熄火，装置进行冷大循环。

（4）监控和维持分离器液位，由于热低分中气液分离已停止，通过引进氮气维持低分压力在0.7MPa，并从 HCR 和 IDW 分馏塔顶回流罐排放废气。

（5）各塔底汽提全部关闭，就地排空。

（6）调整好分馏系统操作，侧线产品不合格则改不合格线出装置。

（7）关闭不凝气阀或不凝气火嘴，减顶破坏真空，D205 保持水封。

7）停管网燃料气

停管网燃料气的现象：燃料气压力、流量下降；各加热炉炉膛温度下降。

停管网燃料气的处理：

（1）燃料气中断，使反应进料加热炉和分馏进料加热炉熄火，此时应立即关瓦斯手阀，并向炉膛吹入蒸汽冷却，全开烟囱挡板排空。

（2）反应系统停进料泵，维持循环氢循环，保持反应系统压力。

（3）分馏系统保持短循环。

（4）如短时间燃料气恢复，则重新进料，点燃加热炉火嘴。如长时间停燃料气，按停工处理。

第八章　腐蚀与防护

第一节　概　述

腐蚀是物质的表面因发生化学或电化学反应而受到破坏的现象。本章主要是针对有关于基础油生产过程中所涉及的装置的防腐。

腐蚀按破坏形式可分为全面腐蚀和局部腐蚀。而引起不同类型腐蚀的因素有很多，例如：对于本手册所涉及的装置均存在不同程度的硫与环烷酸等引起的腐蚀；其中溶剂精制装置和及其下游装置还存在糠酸引起的腐蚀；润滑油加氢装置的工艺比较复杂，引起腐蚀的因素相对较多，主要是高温氢腐蚀、高温硫化氢腐蚀、回火脆化等。

第二节　工业腐蚀的常见类型

一、全面腐蚀

全面腐蚀是指金属结构的整个表面或大面积的腐蚀，也称作均匀腐蚀。其特征为金属以一定的速度被腐蚀介质所溶解，质量减少、壁厚减小。

全面腐蚀的速度，以金属结构单位时间内，单位面积的质量损失表示，单位为 $mg/(dm^2 \cdot d)$、$g/(m^2 \cdot h)$；也可用金属每年腐蚀的深度，即金属构件每年变薄的程度来表示，单位为 mm/a。

二、局部腐蚀

局部腐蚀是指金属结构特定区域或部位上的腐蚀又可细化为小孔腐蚀(点蚀)、缝隙腐蚀、应力腐蚀、电偶腐蚀、选择性腐蚀、晶间腐蚀等。

(一) 小孔腐蚀(点蚀)

小孔腐蚀是指在金属表面上腐蚀成一些小而深的孔，蚀孔的深度大于直径。金属表面由于露头、错位、介质不均匀等缺陷，使其表面膜的完整性遭到破坏，成为点蚀源。点蚀源在某段时间内呈活性状态，电极电位较负，与表面其他部位构成局部腐蚀微电池。在大阴极、小阳极的条件下，点蚀源的金属迅速被溶解形成孔洞。使腐蚀不断加深，以至于穿透，造成严重后果。

介质是影响点蚀的重要因素之一。氯化物、溴化物、次氯酸盐等溶液，及含氯离子天然水的存在，最易产生点蚀。氯化亚铜、氯化亚铁或卤素离子与氧化剂同时存在，则能加剧点蚀。当介质中 OH^-、NO_3^-、SO_4^{2-}、ClO_4^-等阴离子与溶液中的 Cl^- 比值达一定值时，对点蚀有抑制作用，否则其作用相反。

增加溶液流速，能消除金属表面滞流状态，有降低点蚀作用的倾向。奥氏体不锈钢比其他合金钢有较大的孔蚀敏感性。不锈钢的敏化处理、冷加工会加速孔腐蚀破坏。

（二）缝隙腐蚀

缝隙腐蚀是在电解质溶液中，金属与金属、金属与非金属之间的狭缝内发生的腐蚀。在管道连接处，衬板、垫片处，设备污泥沉积处，海生物附着处，以及设备外部尘埃、腐蚀产物附着处，金属涂层破损处，均易产生缝隙腐蚀。

1. 腐蚀机理

由于缝隙中积液流动不畅，逐渐使缝内外构成浓差电池，发生阳极溶解和阴极还原反应。阳极、阴极反应可分别表示为：

$$Me \longrightarrow Me^{+}+e$$

$$O_2+2H_2O+4e \longrightarrow 4OH^{-}$$

上述反应使氧逐渐消耗，由于积液流动不畅，氧很难补充，且腐蚀产物对缝隙起了进一步阻塞作用，但缝内阳极溶解借助缝外阴极反应仍可进行。生成过多的 Me^{+} 使缝内外电平衡破坏，促进溶液内 Cl^{-} 等迁入缝内形成金属盐。盐水解生成游离酸加快了金属的溶解速度。Me^{+} 的增多，由于自催化作用使上述过程更加活跃，造成腐蚀更加严重。

2. 影响因素

缝隙可以使溶液侵入，也可使其流动受阻。缝宽在 0. 10～0. 12mm 之间最易腐蚀，一般腐蚀的缝隙宽度约为 0. 025～3. 125mm。缝内外面积比越大，则提供阴极反应的场所越多，从而加速了缝内的阳极反应，使腐蚀加快。

溶液中溶氧量越大，有利于缝外金属去极化的阴极反应，因而，溶氧量增大会使缝隙反应加剧。溶液中氯离子的增加，会使金属电位向负方向移动，使缝隙腐蚀加重。腐蚀溶液的 pH 值如果处在能使缝外金属钝化的状态下，则 pH 值的降低会使缝内腐蚀加剧。腐蚀溶液流速对缝隙腐蚀有着双向影响，要视具体情况而定。

（三）氢损伤

氢损伤是指氢进入金属内部造成的腐蚀破坏，它包括氢脆、氢腐蚀、氢鼓泡、氢破裂等。

1. 氢脆

氢脆是指氢扩散到金属内部，使金属材料发生脆化的现象。一般认为氢溶于钢后残留在位错处，当氢达饱和状态后，对位错起钉孔的作用，使滑移难以进行，从而使钢呈现出脆性。

氢脆具有可逆性，未脆断前在 100～150℃之间适当热处理，保温 24h 可消除脆性。氢脆不同于应力腐蚀，无须腐蚀环境，而且在常温下更容易发生氢脆。

合金钢碳化物组织状况对氢脆有直接影响，氢脆开裂容易程度顺序为：马氏体>500℃回火马氏体>粗层状珠光体>细层状珠光体>球状珠光体。合金钢强度级别越高，其氢脆敏感性越大。

2. 氢腐蚀

氢腐蚀是指钢在高温高压下，氢与钢中的碳反应生成不能逸出的甲烷，高压甲烷气泡在晶界处形核长大，互相连接形成裂纹，使钢性能下降的现象。

化学工业用钢常见的氢腐蚀有以下特征：软钢或钢表面可见鼓泡，微观组织沿晶界可见许多微裂纹。被腐蚀的钢强度、塑性下降，容易脆断。氢腐蚀与氢脆不同，不能用脱氢的方法使钢材恢复其机械性能。

第三节　硫腐蚀与环烷酸腐蚀

一、硫腐蚀

原油中存在的硫分为活性硫和非活性硫，元素硫、硫化氢和低分子硫醇都能直接与金属作用而引起设备的腐蚀，因此被统称为活性硫；其余不能直接与金属作用的硫化物统称为非活性硫。活性硫在一定温度下可与钢直接发生反应造成腐蚀；非活性硫在高温高压的情况下可部分分解为活性硫。原油中的硫化物与氧化物、氯化物、氮化物、氰化物、环烷酸和氢气等其他腐蚀介质相互作用，可形成多种含硫腐蚀环境。原油中的总硫含量与原油的腐蚀性之间并无精确的直接对应关系，原油中的硫腐蚀主要取决于硫化物的种类、含量及稳定性，如果原油中的非活性硫易于转化为活性硫，即使其含硫量不高，也将对设备造成严重的腐蚀。

（一）石油原料及产品中的硫存在形态及分布

石油原料及产品的含硫量通常用所有含硫化合物折合成元素硫(S)以后，从元素组成的质量百分数来表示。但实际上在石油产品中，硫存在的形态很多，有硫化氢(H_2S)、硫醇(RSH)、硫醚(RSR)、环硫醚(RSSR)、二硫化物、噻吩及其同系物和元素硫(S)等。

硫在石油馏分中的分布一般是随着石油馏分沸程的升高而增大，大部分硫化物均集中在渣油中。

石油馏分中的元素硫和硫化氢多是其他硫化物受热分解的产物(石油中硫化物大多在120℃以上发生分解)，未经加工的石油一般极少有硫化氢、元素硫的存在。硫醇在石油中的含量并不多，但多数存在于低沸点馏分中。

硫醚则是石油中含量较多的硫化物之一，其含量随着馏分沸程的上升而增大，大多数集中在煤、柴中间馏分中，硫醚是中性液体，热稳定性较高，对金属没有腐蚀作用。环硫醚的热稳定性则更高，在石油的一次加工中不分解，对金属也没有作用。

二硫化物在石油中含量较少，而且较多地集中在高沸点馏分中，二硫化物也是中性，不与金属作用，但其热稳定性较差，受热后分解成硫醚、硫醇和硫化氢则对金属有腐蚀作用。

噻吩及其同系物是一种芳香性杂环化合物，是石油中主要的一类含硫化合物，其热安定性较高。

溶剂脱沥青装置所用渣油为含硫原料。原油经过一次加工蒸馏以后，除去一部分硫，渣油中含硫量仍占原油未加工时硫总量的60%~80%(质量分数)，可见大部分硫化物多集中在渣油馏分中。

减压渣油中的硫化物，组成形态主要有少量的二硫化物、环硫醚和大量的噻吩及其同系物(以噻吩及其同系物为主)，在原油的一次加工中，已有相当的一部分上述硫化物在高温下受热分解，在二次加工中，高温下仍将继续分解出硫化氢等腐蚀性硫化物，直接与金属作用生成硫化亚铁(FeS)，或与加工介质和产品中的水一起对设备发生腐蚀作用。因此在石油加工过程中，许多装置都在某些关键的部位进行注氨、注碱、注缓蚀剂以控制和缓和设备腐蚀的程度，减压蒸馏装置及溶剂脱沥青装置等在设计上通常亦采用了注缓蚀剂的方法来控制硫化氢对设备的腐蚀程度。缓蚀剂大多是油溶性成膜型物质，一般带有极性基团，能吸附在金属表面形成一层单分子抗水性保护膜，使腐蚀介质不能直接与金属表面直接接触，从而保护了金属表面免遭硫化氢等腐蚀介质的腐蚀。

在溶剂脱沥青过程中由于减压渣油中的硫化物主要是噻吩和环硫醚，在脱沥青工艺条件下(320℃以下)不甚容易分解，因而大部分的硫化物仍然保留在各种产品中。

(二)硫腐蚀的主要类型

根据腐蚀特点，可分为：低温湿硫化氢腐蚀、高温硫腐蚀、连多硫酸腐蚀和硫酸露点腐蚀4类。

1. 低温湿硫化氢腐蚀

原料中存在H_2S以及有机硫化物分解生成的H_2S，与加工过程中生成的腐蚀介质(如HCl、NH_3等)和人为加入的腐蚀性介质(如乙醇胺、水等)共同形成腐蚀性环境，在装置的低温部位(特别是气液相变的部位)造成严重的腐蚀。典型的低温湿硫化物腐蚀环境存在于塔(容)器的顶部及塔顶管线、换热器等部位。低温湿硫化氢腐蚀表现为均匀腐蚀和湿硫化氢应力开裂。湿硫化氢应力腐蚀开裂的形式包括HB(氢鼓泡)、HIC(氢致开裂)、SSCC(硫化物应力腐蚀开裂)和SOHIC(应力导向氢致开裂)。当选用碳钢或碳锰钢做壳体材料时，应具备：

(1) 限制焊缝硬度不大于HB200；

(2) 避免焊缝合金成分偏高；

(3) 对过程设备进行焊后热处理；

(4) 对板厚超过200mm时进行100%超声波检查；

(5) 对焊缝进行100%射线探伤检查。

2. 高温硫腐蚀

高温硫化物的腐蚀是指240℃温度以上的重油部位硫、硫化氢和硫醇形成的腐蚀。典型的高温硫化物腐蚀环境存在于塔(容)器的下部及底部管线、换热器等。在高温条件下，活性硫与金属直接反应，它出现在与物流接触的各个部位，表现为均匀腐蚀，其中以硫化氢的腐蚀性最强。高温硫腐蚀速度的大小，取决于原料中活性硫的多少，但是与总硫量也有关系。当温度升高时，一方面促进活性硫化物与金属的化学反应，同时又促进非活性硫的分解。温度高于240℃时，随温度的升高，硫腐蚀逐渐加剧，特别是H_2S在350℃时，能分解出S和H_2，分解出来的元素S比H_2S的腐蚀更剧烈，到430℃时腐蚀达到最高值，到480℃时H_2S分解接近完全，腐蚀开始下降。

高温硫腐蚀，开始时速度很快，一定时间后腐蚀速度会恒定下来，这是因为生成了FeS保护膜。而介质的流速越高，保护膜就容易脱落，腐蚀将重新开始。

例如：加工高硫低酸原油时，常减压装置高温部位(温度大于220℃)处于高温硫腐蚀环境，腐蚀部位主要包括塔器、管线、加热炉炉管、高温换热器、高温机泵、容器等。腐蚀严重的部位包括常压转油线、减压转油线、常压塔塔下部塔盘及抽出侧线的管道、换热器、机泵等、减压塔塔下部填料及抽出侧线的管道、换热器、机泵等、常减压炉辐射式炉管等。加工低硫高酸和高硫高酸原油时，常减压装置高温部位(温度大于220℃)以高温环烷酸腐蚀为主，腐蚀部位主要包括塔器、管线、加热炉炉管、高温换热器、高温机泵、容器等。腐蚀严重的部位主要集中在减压系统，特别是减压塔减二线~减五线填料及其抽出侧线的管道、换热器、机泵等，同时常压转油线、减压转油线因流速较高，腐蚀更为严重。

3. 连多硫酸腐蚀

该反应最易发生在炼油装置中有不锈钢或高合金材料制造的设备上，一般是高温和高压含氢环境下的反应塔器及其内部构件，储罐，换热器，管道，加热炉管等，这些设备在高温、高压、缺水和缺氧的干燥条件下运行，一般不会发生该腐蚀，但当装置运行期间遭受硫腐蚀，装置停工期间有氧和水进入时，在设备表面生成的腐蚀产物——含硫化合物反应生成连多硫酸，连多硫酸和设备存在的拉伸应力共同作用下，奥氏体不锈钢和其他高合金钢产生敏化条件，有可能发生连多硫酸应力腐蚀开裂。碱洗可以中和生成的连多硫酸，使 pH 值控制在合适的范围。氮气吹扫可以除去空气，使设备得到保护。

4. 硫酸露点腐蚀

加热炉中燃料油在燃烧过程中生成含有 SO_2 和 SO_3 的高温烟气，在加热炉的低温部位（如加热炉的空气预热器和烟道），SO_2 和 SO_3 与空气中的水分共同在露点部位冷凝，产生硫酸露点腐蚀。

5. 停工期间的硫化亚铁自燃

随着企业加工原油中硫含量的不断增加，在常减压、丙烷脱沥青和溶剂精制装置停工检修期间打开设备人孔以后，经常出现设备内构件硫化亚铁自燃的现象，严重的甚至发生火灾。硫化亚铁自燃的原因在于，当装置停工时，设备内介质退料完毕，因设备腐蚀所产生的 FeS 全部暴露出来。这些 FeS 的表面覆有一层油膜，起到保护作用，可以避免 FeS 直接与氧气接触。在蒸汽吹扫、蒸塔的作用下，油膜被破坏掉，大量空气进入设备内，FeS 与氧气直接接触，发生氧化反应，不断放出热量，导致局部超温，超出残油的燃点，便发生着火事故。对常减压、丙烷脱沥青和溶剂精制装置停工检修期间容易发生的 FeS 自燃情况，一般可采用钝化剂钝化。

6. 酸性水（铵盐）的腐蚀

酸性水腐蚀广义为湿硫化氢 H_2S 和氨 NH_3 共同作用造成的腐蚀。这种腐蚀由含水的 NH_4Cl+NH_4HS 引起，由于 NH_4Cl 在加氢装置高压空冷器中的结晶温度约为 210℃，而 NH_4HS 在加氢装置高压空冷器中的结晶温度约为 121℃。由于 NH_4Cl 和 NH_4HS 均易溶于水，因此增加注水量能有效地抑制 NH_4Cl 和 NH_4HS 结垢，在注水的过程中应注意注入水在加氢装置高压空冷器中的分配，避免造成流速滞缓的区域。主要位于注水点-高压空冷-冷高压分离器（以下简称冷高分）及其相应的酸性水管道部位。在高压空冷操作条件下，如果注水不够，在低温条件下形成的 NH_4HS 和 NH_4Cl 就会堆积在空冷出口管束和管板上，NH_4HS 和 NH_4Cl 结垢物会发生电化学腐蚀、垢下腐蚀和穿孔。

（三）硫化物的腐蚀机理

硫化物腐蚀不是孤立存在的，它和无机盐，环烷酸，氮化物，水，氢等其他腐蚀介质共同作用，使腐蚀机理格外复杂。同时由于硫元素的多价性和硫化物的复杂性，使硫化物的腐蚀作用多样化。大致来说，硫化物的腐蚀总体可分为低温腐蚀和高温腐蚀 2 种腐蚀类型。

1. 低温轻油湿硫化氢腐蚀机理

在有水存在的低温条件下，硫化氢能发生如下反应：

$$H_2S \longrightarrow H^+ + HS^- \longrightarrow 2H^+ + S^{2-}$$

HS^- 的产生，加速阴极的放氢。在 H_2S-H_2O 体系中，含有 H^+、HS^-、S^{2-} 和 H_2S，对金属的腐蚀为氢去极化过程，反应如下：

阳极：
$$Fe \longrightarrow Fe^{2+} + 2e$$
$$Fe^{2+} + S^{2-} \longrightarrow FeS$$

阴极：　　　　$2H^{+}+2e \longrightarrow 2H+H_2$（渗透到钢材）

硫化氢的腐蚀反应为：

$$2Fe+2H_2S+O_2 \longrightarrow 2FeS+2H_2O$$
$$4Fe+6H_2S+3O_2 \longrightarrow 2Fe_2S_3+6H_2O$$
$$H_2S+O_2 \longrightarrow H_2SO_2$$

从上述反应过程可知，硫化氢在有水共存时，可引起的腐蚀形态为：一般非均匀腐蚀、氢鼓泡、氢脆和硫化氢的应力腐蚀开裂。此外，在硫化氢的水溶液中，如有氯离子存在时，可大大促进硫化氢的腐蚀作用，应予以特别注意。

2. 高温硫化物的腐蚀机理

在石油加工过程中，一些与高温硫化物介质接触的设备，也会发生较为严重的腐蚀作用。它发生在各个物流接触的部位，一般表现为均匀腐蚀，其中以 H_2S 腐蚀为最强。反应如下：

$$H_2S+Fe \longrightarrow FeS+H_2$$
$$S+Fe \longrightarrow FeS$$
$$RSH+Fe \longrightarrow FeS+\text{不饱和烃}$$

该腐蚀速率的大小常常取决于原料中活性硫的含量多少，与总含硫量也有关系，温度升高，一方面促进活性硫化物与金属的腐蚀反应，另一方面又促进非活性硫的分解。

3. 连多硫酸引起的应力腐蚀开裂

一般情况下，在高温高压 H_2S-H_2 环境下，易生成硫化亚铁，在停工检修时，在水和氧化水解作用下，可生成连多硫酸，反应机理如下：

$$FeS+Fe_2O_3 \longrightarrow FeO+SO_2$$
$$SO_2+H_2O \longrightarrow H_2SO_3$$
$$H_2SO_3+O_2 \longrightarrow H_2SO_4$$
$$FeS+H_2SO_4 \longrightarrow FeSO_4+H_2S$$
$$H_2SO_3+H_2S \longrightarrow H_2S_xO_6 (x=2\sim5)$$

不锈钢和高合金材料，特别是经焊接或在 370～815℃ 区域附近“敏化”过的材料最易发生应力腐蚀开裂。

（四）硫腐蚀影响因素

当温度升高时，将促进活性硫化物与金属的化学反应，同时又促进非活性硫的分解。温度低于 120℃时，非活性硫化物未分解，在无水情况下，对设备的腐蚀性很小，但在含水的情况下则容易形成低温轻油部位的腐蚀，特别是在发生相变化部位造成严重的腐蚀。

温度在 120～240℃之间时，原油中活性硫化物未分解；

温度在 240～320℃之间时，硫化物开始分解，生成硫化氢，对设备也开始产生腐蚀，且随着温度升高腐蚀加剧。

温度在 340～400℃之间时，硫化氢开始分解为 H_2 和 S，S 与 Fe 反应生成 FeS 保护膜，具有进一步阻止腐蚀的作用。在有酸存在的情况下（如环烷酸），FeS 保护膜将被破坏，使腐蚀进一步发生。

温度在 425～430℃之间时，高温硫腐蚀最严重。

温度大于 480℃时，硫化氢几乎完全分解，腐蚀性开始下降。

（五）装置防硫腐蚀措施

对于各炼厂来说，由于今后加工高含硫原料，设备腐蚀加剧的情况会长期存在。为确保装置的安全、稳定、长期运行，可以从设备、工艺 2 个方面入手，做好防腐工作：

1. 设备防腐

1）材质鉴定

加强管理，做好合金钢管线、管件、阀门的材质鉴定工作，发现问题，及时整改，为安全生产提供保证。

2）材质升级

材料防腐是减缓腐蚀的有效途径之一，对于减压蒸馏装置与溶剂脱沥青装置的高温硫化物腐蚀部位，主要采用材质防腐。

常减压蒸馏装置塔体高温部位可选用碳钢+0Cr13 铁素体不锈钢复合板。0Cr13 有较好的耐蚀性，且膨胀系数与碳钢相近，易于制造复合板。塔内件则可选用 0Cr13、碳钢渗铝等，换热器中的管束可选用碳钢渗铝和 0Cr18Ni9Ti。塔体材料可选用碳钢+0Cr18Ni10Ti 复合板，其耐硫腐蚀和环烷酸腐蚀性要优于 0Cr13 或 0Cr13Al，且加工性好。管线使用 Cr5Mo 防腐蚀适宜的，对硫腐蚀严重部位可选用 321，对于转油线等弯头冲刷腐蚀严重的部位，可选用 316L。

溶剂脱沥青装置的高温硫化物腐蚀部位，如果采用 Cr 含量 5%以上的合金钢材料，能有效地减缓腐蚀。例如在大检修时将 240℃以上的管线更换为 Cr5Mo 材质。

对于冷换设备壳体材质升级，由于要考虑设备制造周期、资金等方面的原因，可以根据腐蚀的严重程度，分期分批进行材质升级或内喷防腐涂层处理，以达到加工高硫原料的要求。例如可在高温管箱内进行不锈钢防腐涂层处理，壳体更换为复合钢板等。

酮苯脱蜡装置的机泵叶轮及泵壳材质由碳钢升级为 ZG1Cr13Ni。换热器材质由碳钢升级为 1Cr18Ni9Ti。酮塔塔盘材质升级为 0Cr18Ni9，塔顶进料处采用 3mm 厚的 1Cr18Ni9Ti 钢板做衬里。空冷管束材质升级为 0Cr18Ni9Ti，空冷斜冷管束材质升级为 20 号钢，并在管箱两端管束衬 0. 9mm 厚的钛管。

白土精制装置是在关键部位采用不锈钢管道或管束(或对易腐蚀设备采用防腐涂料)，同时对于同根管线中，尽量避免不同材质管配件的出现；对于白土装置，由于压力、温度不高，建议采用碳钢材质内防腐涂料或非金属衬里解决。加强腐蚀监检测，常用腐蚀监测方法有定点测厚、腐蚀介质分析、腐蚀在线监测、腐蚀挂片探针、现场腐蚀挂片。

3）在线定点测厚及停工期间测厚普查

腐蚀状态监测是防腐管理的重要内容，是减少腐蚀事故发生的有效途径之一，开展在线定点测厚及停工期间测厚普查，及时掌握设备、管线的腐蚀减薄情况，能有效地防止腐蚀事故的发生。

2. 工艺防腐

1）胺洗

近年来，随着加工进口含硫原油增多，以减压渣油为原料的溶剂脱沥青装置的溶剂中 H_2S 含量不断增加，容易导致空冷器及溶剂罐等设备严重腐蚀，威胁装置的安全平稳生产。因此，一些溶剂脱沥青装置增加了脱 H_2S 系统，采用碱中和法(碱洗法)脱除装置循环溶剂中的 H_2S。但是，碱洗脱 H_2S 系统会产生大量的 Na_2S 废碱液及碱渣，环保处理成本高。

用胺吸收法取代碱洗法脱 H_2S，可以保证脱 H_2S 系统连续、稳定发挥作用以及消除因碱液、碱渣带来的环保问题，脱 H_2S 效果也十分理想。所谓胺吸收法脱 H_2S，就是 MDEA(*N*-甲基二乙醇胺)与溶剂通过各自分配器及填料间隙在吸收塔逆向充分接触，利用呈弱碱性的 MDEA 在低温条件下(30~55℃)对 H_2S 具有良好的化学吸收作用，从而达到脱除溶剂中 H_2S 的目的。

2）注缓蚀剂

以适当的浓度和形式存在于环境（介质）中时，可以防止或减缓材料腐蚀的化学物质或复合物，因此缓蚀剂也可以称为腐蚀抑制剂。它的用量很小（0.1%~1%），但效果显著。缓蚀剂有多种分类方法，可从不同的角度对缓蚀剂分类。根据化学成分，可分为无机缓蚀剂、有机缓蚀剂、聚合物类缓蚀剂。根据控制部位，分为阳极型缓蚀剂，阴极型缓蚀剂和混合型缓蚀剂。根据保护膜类，可分为氧化膜型缓蚀剂、沉淀膜型缓蚀剂和吸附膜型缓蚀剂。

吸附膜型缓蚀剂防腐机理：它们具有极性基团，能吸附在金属表面形成一层单分子抗水性保护膜，使腐蚀介质不能直接与金属表面直接接触，从而保护金属表面免遭 H_2S 等腐蚀介质的腐蚀。

常见的缓蚀剂的类型：7019（脂肪族酰胺类化合物）、4502（烷基吡啶）、1017（多氧烷基咪唑啉油酸盐）等。

二、环烷酸腐蚀

石油中的酸性化合物包括环烷酸、脂肪酸、芳香酸及酚类，以环烷酸最多，故我们一般将石油中的酸称为环烷酸。环烷酸是一种含饱和环状结构的有机酸，其通式为 RCH_2COOH，其含量一般用酸度（mgKOH/100mL 油，适用于轻质油品）或酸值（mgKOH/g 油，适用于重质油品）来间接表示。石油中的环烷酸是非常复杂的混合物，其沸点范围一般在 177~343℃之间。低相对分子质量的环烷酸在水中的溶解度很小，高相对分子质量的环烷酸不溶于水。

（一）环烷酸的腐蚀机理

在石油炼制过程中，环烷酸在使用中被一起加热、蒸馏，并随与之沸点相同的原油组分被抽出，且溶于原油组分中，从而造成对设备材料的腐蚀。目前，大多数学者认为，环烷酸的腐蚀机理如下：

$$2RCH_2COOH+Fe \longrightarrow Fe(RCOO)_2+H_2$$

环烷酸腐蚀形成的环烷酸铁是油溶性的，再加上介质的流动，故环烷酸腐蚀的金属表面清洁、光滑无垢。在原油的高温高流速区域，环烷酸腐蚀呈顺流向产生的尖锐边缘的流线沟槽，在低流速区域，则呈边缘锐利的凹坑状。

（二）影响环烷酸腐蚀的因素

1. 酸值的影响

原油和馏分油的酸值是衡量环烷酸的重要指标。经验表明，在一定的温度范围内，腐蚀速率和酸值的关系中，存在一个临界酸值，高于该值，腐蚀速率明显加快。一般认为原油的酸值高于 0.5mgKOH/g（总部说法）时，就可引起常减压蒸馏装置某些高温部位发生显著的环烷酸腐蚀。

由于原油在蒸馏过程中，酸组分是与其沸点相同的馏分共存的，故馏分油的酸值才真正决定环烷酸的腐蚀速率。

酸值升高，腐蚀速率增加。在 235℃时，酸值提高 1 倍，碳钢、7Cr~0.5Mo 钢、9Cr~1Mo 钢腐蚀速率约增加 2.5 倍，而 410 不锈钢腐蚀速率提高近 4.6 倍。

2. 温度的影响

环烷酸腐蚀的温度范围大致在 230~400℃。也有些文献认为，环烷酸有 2 个峰值，第 1 个高峰出现在 270~280℃，第 2 个高峰在 350~400℃。

3. 流速、液态的影响

流速在环烷酸腐蚀中是一个关键因素，流速高则腐蚀大。有经验数据表明，在高流速条件下，即使酸值低于0.3mgKOH/g，腐蚀情况也比低流速条件下、酸值为1.5~1.8mgKOH/g的油品介质更有腐蚀性。我们一般认为，凡是有阻碍液体流动从而引起流态变化的地方，如弯头、泵壳、热电偶等处，环烷酸腐蚀特别严重。

4. 硫含量的影响

馏分油中的硫含量也会影响环烷酸腐蚀，硫化物在高温下会释放出H_2S，H_2S与钢铁反应生成硫化亚铁，覆盖在金属表面形成保护膜，这层保护膜可以起到减缓环烷酸腐蚀的作用

（三）环烷酸的腐蚀控制

1. 混炼

原油中的酸值可以通过混炼降低，如果将高酸值和低酸值的原油混合到酸值低于环烷酸腐蚀的临界值以下，可以在很大程度上降低环烷酸腐蚀造成的影响。

2. 选择合适的材质

材质的成分对环烷酸腐蚀的作用影响很大，碳含量高易腐蚀，而Cr、Ni、Mo含量的增加对耐蚀性有利，所以碳钢的耐腐蚀性能低于含Cr、Ni、Mo钢材，低合金钢耐腐蚀性能要低于高合金钢，因此选材的顺序应为：碳钢→Cr→Mo钢（Cr5Mo→Cr9Mo）→0Cr13→0Cr18Ni9Ti→316L→317L。

3. 注高温缓蚀剂

高温缓蚀剂建议使用在加工高酸值原油的减压侧线，特别是减二线、减三线、减四线及减五线，当管线材质为碳钢或Cr5Mo时可以使用。

4. 控制流速和流态

（1）扩大管径，降低流速。

（2）设计结构要合理。要尽量减少不见结合处的缝隙和流体流向的死角；减少管线震动；尽量取直线走向，减少急弯走向；集合管进塔出最好设计呈斜插状，若垂直插入，则建议在转油线内增加导向弯头。

（3）高温重油部位，尤其是高流速区的管道的焊接，凡是单面焊的尽可能采用亚弧焊打底，以保证焊接接头根部成型良好。

（四）环烷酸腐蚀案例

案例1　某常减压装置减六线管线高温环烷酸腐蚀（图8-1）。

案例2　某常减压装置常压1号炉出口管线高温环烷酸腐蚀（图8-2）

图8-1　减六线更换下的管段

图8-2　常压炉1号出口处泄漏

第四节 糠酸腐蚀

一、糠酸对溶剂精制装置的腐蚀

溶剂精制装置使用糠醛做溶剂时，因糠醛化学性质活泼，易氧化、易结焦，产生的糠酸具有腐蚀设备的特性，使得糠醛腐蚀的问题较为突出。目前国内各炼厂的糠醛精制装置，经常出现设备的管壁被结焦物堵死、塔壁穿孔泄漏等问题，严重影响了装置的长周期运转和安全生产。因此解决糠醛精制装置的设备腐蚀问题，对实现装置长周期安全生产具有积极的指导意义。

糠醛的性质非常活泼，糠醛化学结构如下：

HC —— CH
(α-位) HC C—C(=O)H
O

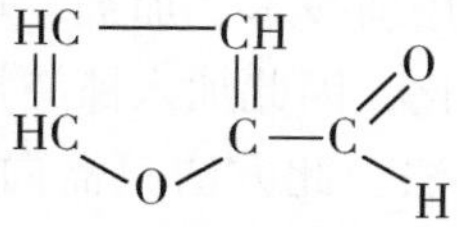

在糠醛精制工艺流程中，糠醛流经的区域温度高达220℃，糠醛在有氧情况下很容易被氧化，氧化产物是糠醛酸。糠醛的分子式含有呋喃环和醛基，呋喃环中含有双键，并且是共轭体系，位于α位的氢原子受氧原子的影响而活泼。长期放置或在受热和催化剂影响下可生成树脂状产物。糠醛氧化反应方程式如下：

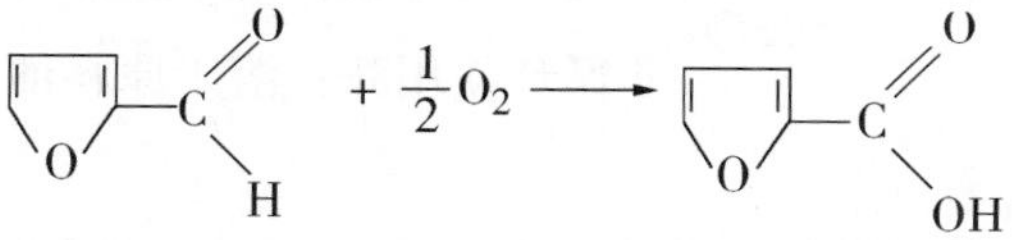

$$C_4H_3O{-}CHO + \frac{1}{2}O_2 \longrightarrow C_4H_3O{-}COOH$$

（一）腐蚀机理

由于糠醛易氧化成糠酸，糠酸具有较强腐蚀性，糠酸极易溶解在水和糠醛中，同时能促使原料中不饱和烃氧化成环氧化合物，在糠醛的作用下，环氧化合物氧化发生缩合反应生成大分子焦类物质。另外，糠醛温度超过230℃糠醛易发生分解缩合结焦，在设备表面堆积成焦垢，由于金属和非金属之间存在特有的狭小缝隙，缝隙限制了氧化物质的扩散，从而建立了以缝隙为阳极的浓差腐蚀电池。腐蚀深度主要取决于该部位腐蚀介质浓度、操作温度及介质相态。

1. 浓差腐蚀（微电池腐蚀）

当碳钢置于酸性介质中时，起始缝隙内外均发生如下微电池腐蚀：

微阳极 $$Fe \longrightarrow Fe^{2+} + 2e$$

微阴极 $$2H + 2e \longrightarrow H_2 \uparrow$$

缝隙内的金属氧化过程逐渐减弱时，因金属离子液解产生过多的正电荷，为保持缝隙内电荷平衡，缝隙外酸根离子会向缝隙内扩散，并在缝内形成金属盐类。盐类水解使缝隙内的酸度增加从而加速缝隙内的腐蚀。金属溶解增加，使酸根负离子的扩散加，酸根负离子扩散加快又促使金属的溶解量增加，造成恶性循环。

2. 相变腐蚀

相变腐蚀实质上是介质处于气液共存状态，无论是液相变气相，还是气相变液相，由于体积的变化设备内产生压力差，当气泡在压力作用下破裂而与液体重新凝结时，因瞬时速度很快，液体质点高频相互撞击，金属的表面在这种这种条件下及物流的酸性腐蚀作用，金属表面疲劳剥离。

3. 酸性腐蚀

由于水的存在，加速糠醛的氧化速度，酸性明显增强，这种水溶液对设备的腐蚀更加严重。所以在水溶液系统加入一定碱类物质，可以有效地缓解设备的腐蚀。

（二）糠醛装置防腐技术

根据糠醛的腐蚀机理，只有阻止糠醛氧化、结焦，才能从根本上解决装置设备腐蚀的问题，实现装置的长周期生产。目前，国内外同类装置抑制糠醛氧化的措施包括工艺防腐和设备防腐。

1. 工艺防腐

通过改善装置工艺条件、采用新技术、加剂，可以有效地抑制糠醛氧化而引起的腐蚀。糠醛装置不可避免地产生糠醛氧化，因此加入糠醛抗氧化添加剂终止或分解糠醛的氧化反应是防止糠醛装置腐蚀的另一种方法。此方法只需向糠醛溶剂中加入一定量的抗氧化添加剂（包括酚型和胺型抑制剂），使糠醛在高温操作条件下延缓氧化，达到抗氧化防生焦的目的；既增强糠醛溶剂的抗氧化性能，又可提高精制油的收率和质量。

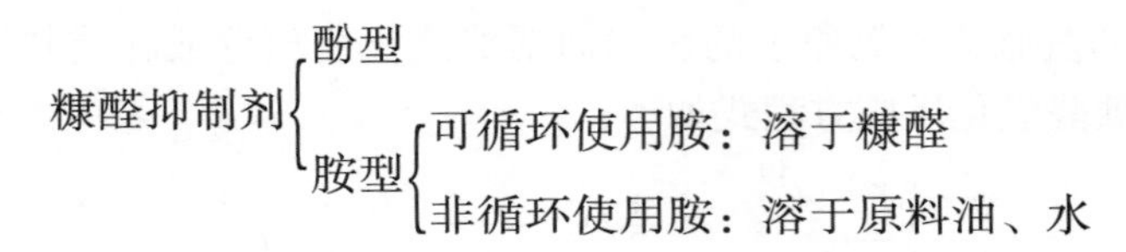

1）原料油脱气工艺

氧的存在是糠醛氧化反应发生的前提。通过实验证明，糠醛在室温下就有明显的氧化（如图 8-3 所示），所以大气中的氧一旦进入装置系统，必然导致糠醛被氧化成为糠酸，腐蚀也就加剧。因此，阻止大气中的氧进入装置系统十分重要。

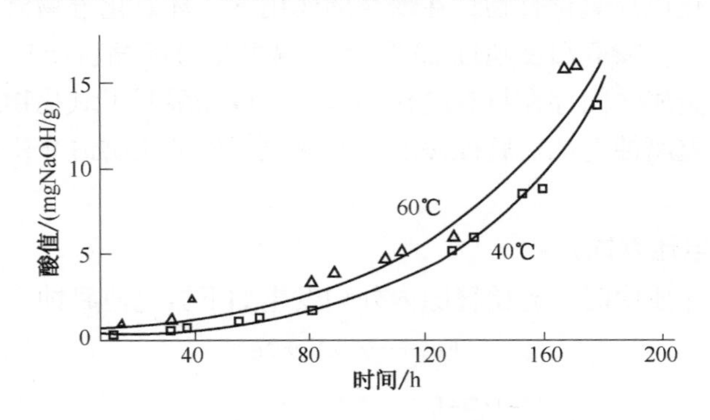

图 8-3　糠醛氧化试验曲线图

目前，国内同类糠醛装置基本上都采用了原料脱气工艺。原料进入抽提塔之前先进行脱气处理，将原料所携带的氧和水抽出，减轻了糠醛在有氧气的条件下的氧化程度，减小循环糠醛中的酸度，使腐蚀得到抑制。

2）增设氮气密封

增设氮气密封其实就是将糠醛溶剂罐改为浮顶罐，原与大气相通的设备，内充 0.07MPa 左右的氮气，使其自由呼吸，有效堵住空气和水进入系统，从而减少糠醛氧化腐蚀程度。此外，溶剂精制的原料油罐也用氮气密封，以阻止原料溶解水和氧；真空系统做好密封，减少空气进入等方法均是防止糠醛氧化腐蚀的有效措施。

3）加注乙醇胺

一些装置设备防腐蚀主要采用单乙醇胺以中和酸性物质的方法来防腐蚀。在实验室中单乙醇胺缓蚀率很高，但在实际应用中装置设备依然腐蚀严重，其原因是加入单乙醇胺的初期中和了糠醛酸，但由于单乙醇胺与糠醛酸的反应是可逆反应，因此最终单乙醇胺完全与糠醛酸反应，而糠醛酸又被释放。可见在糠醛装置加注单乙醇胺助剂，不能有效控制点蚀的发生和发展，装置防腐蚀效果并不明显。

4）加注缓蚀剂

糠醛装置腐蚀问题主要集中在溶剂回收系统，尤其是其脱水塔腐蚀问题最为突出。这是因为水的存在，糠醛酸能在水中可以电离出 H^+，使腐蚀加剧，因此回收塔的腐蚀在整套装置中最为突出。

加注缓蚀剂可以使脱水塔排水的 pH 值从 3.0~4.0 提高到 6.5，有效地避免了酸性腐蚀。

5）加注脱酸剂

脱酸剂不会与糠醛发生化学反应，它与循环糠醛中的糠醛酸形成络合物，从而破坏糠醛酸、糠醛与水形成的最低共沸物组成，使糠醛酸从糠醛脱水塔底排走，降低了循环糠醛的酸值，提高了糠醛的有效纯度，从而保证了基础油的深度抽提精制，使原料中大量环烷酸在抽提塔中进入抽出油中去，因此降低了精制基础油的酸值。

2. 设备防腐

目前的糠醛装置就用材来说，一般塔体用 A_3R，内构件用碳钢或 18-8，换热器管束用 10#钢或 18-8。考虑实际情况，寻找一种价格较便宜、耐糠醛酸腐蚀的材料也很有必要。糠醛装置腐蚀多发生在水溶液汽提塔顶管线、冷却器、阀门、水封罐、塔顶回流等地方，因此，在设计改造时选用合适的防腐材料，如部分塔体、管线采用具有突出的耐环烷酸、耐硫腐蚀特点的渗铝钢，在部分容器内壁和换冷器管束采用防腐涂料或采用镀镍磷技术，对减少糠醛氧化变质和装置设备腐蚀都起到积极的作用。

二、糠酸对（酮苯）装置的腐蚀

（一）酮苯脱蜡装置腐蚀特征及影响因素

酮苯装置水回收系统的任务是对水溶剂中的甲苯和甲乙酮进行回收，以供装置循环使用。在糠醛精制-酮苯脱蜡正序生产过程中，糠醛装置送过来的原料当中含有少量的糠醛。糠醛与原料中的溶解氧反应生成糠酸。糠酸与水的共沸点较低，约为 96.30~96.50℃，而甲乙酮回收塔底的温度在 97℃左右，致使糠酸无法从塔底排出，并在酮塔塔底富集、浓缩，使水溶剂成弱酸性，造成设备与管线的腐蚀。

（二）酮苯脱蜡装置防腐措施：

酮塔塔盘材质升级为 0Cr18Ni9，塔顶挥发线和塔顶冷却器材质采用 1Cr18Ni9Ti。

不锈钢表面易形成致密的氧化物保护膜，使金属表面与腐蚀介质隔开，提高了钢材的耐蚀性，同时也提高了耐湍流腐蚀和冲蚀的能力。

第五节　氢的腐蚀

一、腐蚀形式

(一) 高温氢腐蚀

高温氢腐蚀发生在暴露于高温、高氢分压下的碳钢和低合金钢中。它是氢原子扩散到钢并与微观组织中的碳化物发生反应的结果。

高温氢腐蚀是氢气与材料中的碳反应生成甲烷，使材料的机械强度和塑性降低，形成的甲烷在钢材的晶间积聚，使材料产生很大的内应力或产生鼓泡、裂纹。

增加钢中合金的含量，进而提高碳钢在有氢条件下的稳定性可减缓高温氢腐蚀。历史上，已经根据工业经验预测了抗高温氢腐蚀性能。这一性能已绘制在显示温度和氢分压范围的碳钢和低合金钢的一系列曲线上，这些曲线通常被称为 Nelson 曲线。

(二) 回火脆化

Cr-Mo 钢长期在 325~575℃ 的温度范围内使用时，会出现韧性降低的现象，这一规律称为回火脆化。主要是反应器、热高压分离器(以下简称热高分)等设备。金属材料断裂韧性下降的情况通常发生在设备开停较低温度时。工业实践证明，当容器温度低于其钢材的某一规定最低温度时，若操作压力低于其设计压力的 1/4，就可有效防止这类事故的发生。回火脆化是由于钢材中夹杂物与合金元素在晶界析出引起的。钢材中磷和锡的含量影响很大。当锰和硅在钢中同时存在时，情况变得更为严重。

确定材料最小升压温度。设备开工和停工时严格按操作规程要求，开工时先升温后升压，停工时先降压后降温。开、停工方案，严格执行在给定限制温度下，压力不得超过材料屈服极限的 20%。这个限制的温度在 20 世纪 70 年代一般是 200℃，80 年代是 121℃，1997 年降到 93℃，这是源于材料抗回火脆性能力的提高。

(三) 氯化物应力腐蚀开裂(Cl^-SCC)

氯化物应力腐蚀开裂是一种表面起始的裂纹，是 300 系列 SS 和一些镍基合金在拉伸应力、温度和含氯化物水溶液的共同作用下的环境开裂。溶解氧的存在增加了开裂的可能性。

1. 受影响的材料

(1) 所有 300 系列的 SS 都十分敏感。

(2) 双相钢更耐蚀。

(3) 镍基合金十分抗蚀。

2. 鉴定因素

(1) 鉴定因素包括氯化物含量、pH 值、温度、应力、氧的存在和合金成分。

(2) 温度增加，开裂的敏感性增加。

(3) 氯离子含量增加，开裂的可能性增加。

(4) 没有最小氯离子限制，因为氯离子会发生浓缩。

(5) 传热条件会明显增加开裂的敏感性，因为它们会造成氯离子浓缩。干湿或蒸汽和水的交替变换也会有助于开裂。

(6) SCC 通常发生在 pH 值高于 2 的环境。在低 pH 值时，通常以均匀腐蚀为主。在碱性 pH 值区域，SCC 的倾向降低。

（7）开裂通常发生在金属温度高于60℃，尽管在更低的温度下也有发生。

（8）应力可以是外加的，也可以是残余的。高应力或冷加工的部件，如膨胀波纹管，开裂的可能性十分大。

（9）水中溶解的氧通常会加速SCC，但不清楚是否有氧的浓度极限，低于这个值氯化物SCC就不会发生。

（10）合金的镍含量是影响耐蚀性的主要因素。敏感性最高的是含镍8%~12%。Ni含量高于35%，其耐蚀性十分高，高于45%基本不被腐蚀。

（11）低镍不锈钢，如双相钢，耐蚀性比300系列要高，但也会被腐蚀。

（12）碳钢、低合金钢和400系列SS对氯化物SCC不敏感。

3. 受影响的装置或设备

（1）所有300系列SS的管线和压力容器部件都可能发生氯化物SCC。

（2）在水冷器和常压塔顶冷却器的工艺侧发生过开裂。

（3）加氢装置的排水口如果不正确清洗，在开停工过程中会发生开裂。

（4）波纹管和仪表管线，尤其是与含氯化物的氢循环物有关的，会受到影响。

（5）当保温材料变湿后，在被保温的表面可能会发生外部氯化物SCC。

（6）在锅炉排水线发生过开裂。

4. 损伤的外观或形貌

（1）表面开裂裂纹可能发生在工艺侧或外部保温层下(图8-4)。

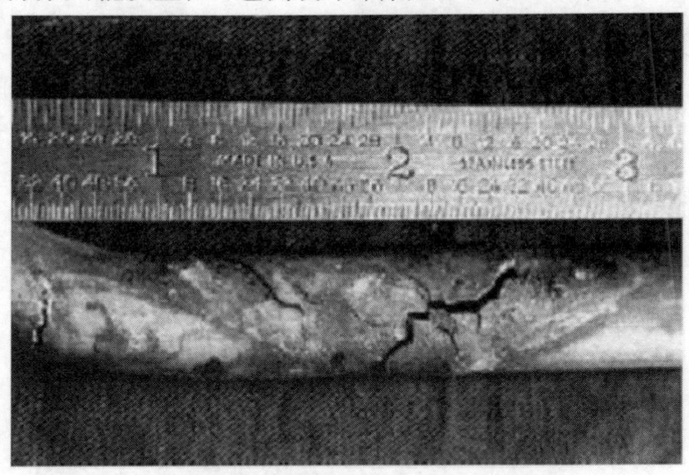

图8-4　304SS仪表管在保温下的外部开裂[7]

（2）材料通常没有腐蚀的迹象。

（3）应力腐蚀裂纹的特征是有许多分支，目测可以发现表面龟裂现象(图8-5~图8-7)。

（4）开裂试样的金相显示分支的穿晶裂纹(图8-8和图8-9)，有时敏感的300系列SS还会发现晶间裂纹。

（5）300系列SS的焊缝通常含有一些铁素体，产生一个双相结构，通常更耐氯化物SCC。

（6）破裂的表面通常有一个脆性的外观。

5. 防护/缓解

（1）使用耐蚀的结构材料。

图 8-5　温度为 232℃蒸汽环境下操作的 316LSS 管束的壳程侧开裂图

图中显示了 PT 检测后的管束，在中间的管子（箭头处）可以看到裂纹

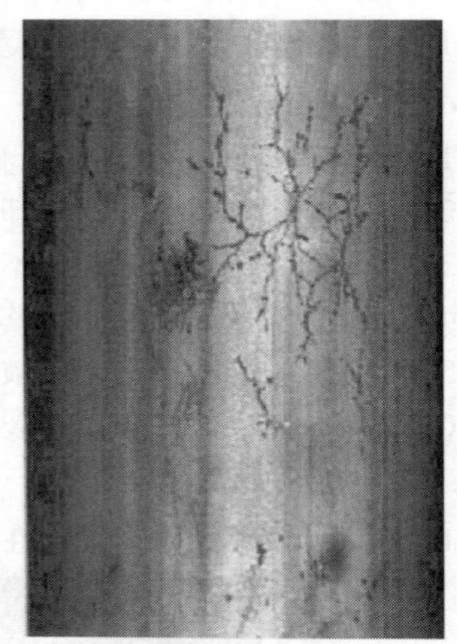

图 8-6　图 8-5 中管子的近距离照片显示蜘蛛网状的开裂外观图

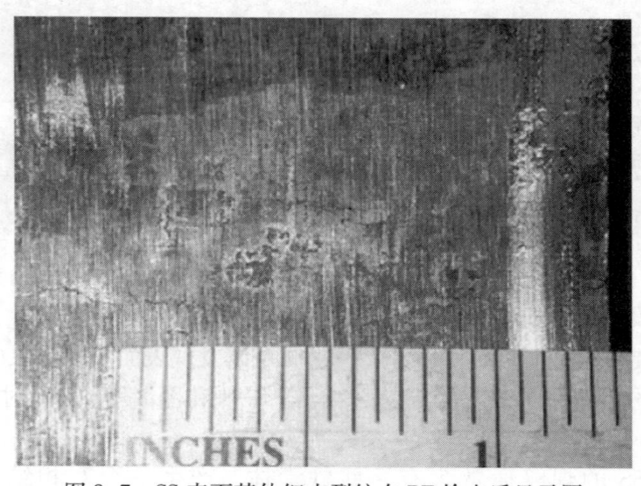

图 8-7　SS 表面其他细小裂纹在 PT 检查后显示图

（2）当水试压时，使用含氯化物低的水，要尽快全面干燥。

（3）在保温层下正确使用涂料。

（4）避免产生滞流区域的设计，在该部位氯化物可能浓缩或沉积。

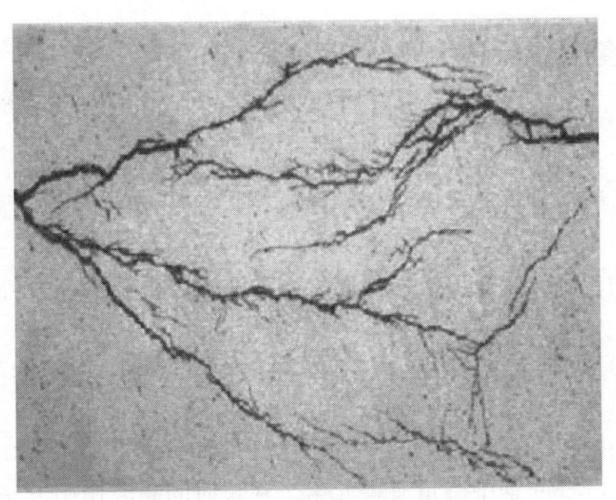

图8-8　图8-6中的样品横截面显微照片
（显示了细小的分支裂纹，未蚀刻，放大50倍）

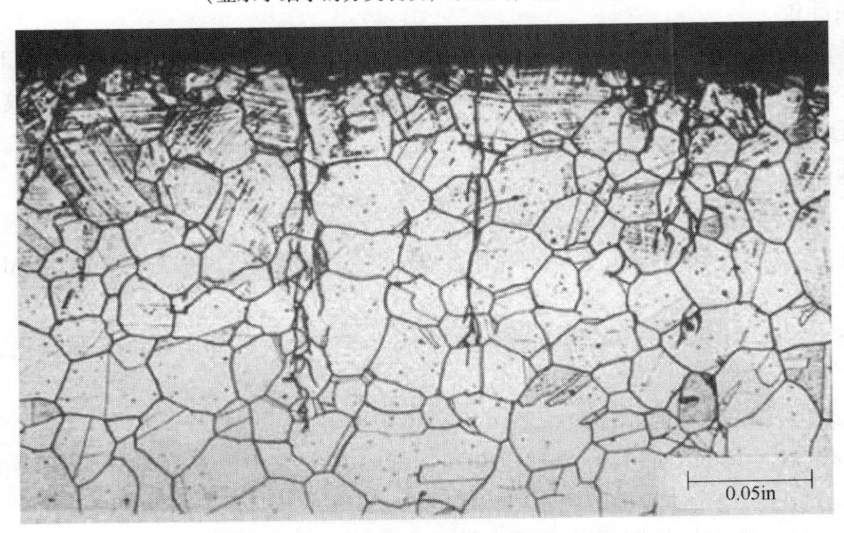

图8-9　另一个开裂管线的横截面显微照片
［显示了从表面开始的裂纹的穿晶模式（蚀刻后）］

（5）制造后300系列SS的高温应力释放会产生残余应力。但是，必须考虑可能发生的由敏化造成的影响，增加连多硫酸SCC的敏感性，可能的变形问题和潜在的再热开裂。

6. 检查和监测

（1）表面开裂有时可以通过目测发现。

（2）推荐使用PT或相分析EC技术。

（3）对于冷凝器管束、管道和压力容器，可以使用涡电流检测。

（4）采用PT很难发现十分小的裂纹。在有些情况下需要采用特殊的表面处理方法，包括磨光或高压水清洗，尤其是在高压操作中。

（5）UT。

（6）通常，RT检测裂纹不十分敏感，除非在严重的阶段，此时裂纹已经发展成为明显的网络。

二、润滑油加氢装置设备主要部位腐蚀

（一）反应器

1. 腐蚀流

H_2腐蚀：在温度和氢分压下与钢材中的碳反应产生甲烷，提高金属 Cr 和 Mo 可以避免腐蚀。

H_2+H_2S 腐蚀：H_2S 在 240℃以上腐蚀铁生成 FeS，H_2有强烈破坏 FeS 膜作用，因此加速了腐蚀过程。

连多硫酸（$H_2S_xO_6$，x=36）：在停工期间，暴露在空气中的奥氏体不锈钢表面易生成连多硫酸腐蚀。

氯离子：与水气中的氧离子共同反应易产生 ClSCC。

回火脆性：由于 Cr-Mo 钢中微量有害元素，在长时间高温作用下易发生钢材脆性。

σ 相脆化：堆焊层 σ 相在停工期间受腐蚀介质作用产生裂纹。

2. 腐蚀部位

基材（氢腐蚀裂纹、脆性增加、高应力区裂纹），堆焊层（连多硫酸裂纹、ClSCC、堆焊层剥离），内件支持圈，高应力区（法兰密封槽、弯头、裙座连接部位的焊缝裂纹）。

（二）高压换热器

1. 腐蚀流

硫腐蚀：原料中硫在 240℃以上腐蚀铁。

H_2腐蚀：：在温度和氢分压下与钢材中的碳反应产生甲烷，提高金属 Cr 和 Mo 可以避免腐蚀。

H_2+H_2S 腐蚀：H_2S 在 240℃以上腐蚀铁生成 FeS，H_2有强烈破坏 FeS 膜作用，因此加速了腐蚀过程。

氯化氨腐蚀：换热流程后部氯化氨沉积的垢下腐蚀。

连多硫酸（$H_2S_xO_6$，x=36）：在停工期间，暴露在空气中的奥氏体不锈钢表面易生成连多硫酸腐蚀。

氯离子：与水汽中的氧离子共同反应易产生 ClSCC。

σ 相脆化：堆焊层 σ 相在停工期间受腐蚀介质裂纹。

2. 腐蚀部位

基材（氢腐蚀裂纹、脆性增加、高应力区裂纹、腐蚀减薄），堆焊层（连多硫酸裂纹、ClSCC），高应力区（法兰密封槽裂纹、弯头、管板与管焊缝裂纹），焊缝裂纹（包括连接管线）等。

（三）高压空冷器

1. 腐蚀流

硫氢化氨：H_2S+NH_3+H_2+H_2O 冲刷腐蚀和垢下腐蚀环境。

氢氰酸（HCN）：加速腐蚀和裂纹形成。

2. 腐蚀部位

空冷管与管板的入口部位冲刷；空冷进出口管线弯头；空冷管下部垢下腐蚀；管箱（HIC/SOHIC、SSCC）。

（四）加热炉

1. 腐蚀流

高温硫腐蚀：原料中硫在240℃以上腐蚀铁。

H_2腐蚀：在温度和氢分压下与钢材中的碳反应产生甲烷，提高金属 Cr 和 Mo 可以避免腐蚀。

H_2+H_2S 腐蚀：H_2S 在240℃以上腐蚀铁生成 FeS，H_2有强烈破坏 FeS 膜作用，因此加速了腐蚀过程。

连多硫酸($H_2S_xO_6$，$x=36$)：在停工期间，空气、水与 FeS 反应生成对敏化奥氏体不锈钢易裂的连多硫酸。

氯离子：停工期间有水的环境会产生 ClSCC。

高温氧腐蚀：燃烧气体中氧化腐蚀。

金属材料劣化：材料蠕变。

加热炉尾部低温烟气露点腐蚀。

2. 腐蚀部位

炉管(蠕变、连多硫酸裂纹、氧化减薄、露点腐蚀点蚀)，焊缝(蠕变、连多硫酸裂纹)。

（五）高/低压分离器

1. 腐蚀流

H_2S+H_2O 腐蚀：HIC、SOHIC 和 SSCC。

硫氢化氨：$H_2S+NH_3+H_2+H_2O$ 冲刷腐蚀和垢下腐蚀环境。

氢氰酸(HCN)：加速腐蚀和裂纹形成。

2. 腐蚀部位

基材(HIC 分层、高应力区裂纹、SOHIC、减薄处)，底部出口弯管冲刷减薄处。

（六）新氢压缩机

1. 腐蚀流

HCl：如果有重整氢来源，游离的氯与冷凝水产生盐酸。

循环水：垢下腐蚀。

2. 腐蚀部位

氢气过滤器(减薄腐蚀、冷却器管腐蚀)。

（七）循环氢压缩机

1. 腐蚀流

H_2O+H_2S：湿硫化氢应力腐蚀裂纹。

2. 腐蚀部位

入口高应力部位，焊缝，叶轮第一节(SSC)。

（八）管线

1. 腐蚀流

与相应连接设备相同。

2. 腐蚀部位

与相应连接设备相类似部位(注意异钢种焊接部位)，近常温管线的保温下腐蚀或盲管与阀门，敏化奥氏体不锈钢铸造阀体长期在湿硫化氢应力腐蚀环境下的裂纹。

（九）塔

1. 腐蚀流

高温硫腐蚀：原料中硫在240℃以上腐蚀铁。

H_2O+H_2S：湿硫化氢应力腐蚀裂纹。

2. 腐蚀部位

塔底与塔中（高温硫腐蚀），塔顶（湿硫化氢应力腐蚀开裂SSC、HIC/SOHIC与减薄腐蚀）。

第九章　安全环保与节能

第一节　概　　述

现代炼厂越来越重视加工过程的安全环保以及节能，这些甚至是影响炼厂发展的重要因素，基础油生产在炼厂具有举足轻重的作用，因此基础油各生产装置的安全环保及节能显得尤为重要。

安全：石油加工受加工过程及加工物料性质的影响，其加工特点就是高温高压、易燃易爆，安全问题不容忽视。

(1) 石油加工过程中所使用的原材料、辅助材料半成品和成品，如原油、天然气等，绝大多数属易燃、可燃物质，一旦泄漏，易形成爆炸性混合物发生燃烧、爆炸；许多物料是高毒和剧毒物质。

(2) 在石油加工过程中，需要经历很多物理、化学过程和传质、传热单元操作，一些过程控制条件异常苛刻，如高温、高压，低温、真空等。

(3) 石油加工装置呈大型化和单系列，自动化程度高，只要有某一部位、某一环节发生故障或操作失误，就会牵一发而动全身。

(4) 装置技术密集，资金密集，发生事故财产损失大：石化装置由于技术复杂、设备制造、安装成本高、装置资本密集，发生事故时损失巨大。

环保：石油加工过程中会产生各种污染环境的物质——废水、废气、废渣。废水中所含的污染物主要有石油烃类、硫化物、挥发酚、石油酸、氰化物、氨氮等；废气中所含的污染物主要有硫化氢及硫氧化物、一氧化碳、轻烃、工业粉尘和烟尘等；废渣则主要包括酸渣、碱渣、油泥、气浮渣、剩余活性污泥、失效催化剂和废白土等。此外，某些炼油机械和设备还对环境产生噪声污染。石油加工过程中污染物的产生，实质上也是物料和能量的流失与浪费，为保护环境，炼厂在正常生产的同时，必须加强清洁生产工作，更有效地利用资源和能源，逐步实现“三废”的资源化，并对污染环境的废水、废气、废渣、噪声等进行预防和治理，达到国家规定的污染物排放标准级总量控制的要求。

节能：在炼油生产过程中要消耗大量的能量。所谓能耗是计算对象在生产过程中所消耗的燃料能量和蒸汽、电力、能耗工质(各种水、压缩空气)追源至燃料的能量的总和。炼油生产是连续、多工序、多层次的加工过程，各种生产过程设备在能量的转换、传递、利用和回收等过程中都是相互联系或制约的。这一特点使得节能技术必然贯穿于生产的全过程，节能工作必然涉及生产的各部门和各环节，既蕴含于各项技术措施之内，又体现在所有生产操作和管理之中。近年来，中国石化把加强能源管理和节能技术改造紧密地结合在一起，以节能技术进步促进节能工作不断深入。

本章重点就基础油各生产装置安全、环保、节能方面做一些介绍。

第二节　安　　全

基础油生产装置中加热炉为明火设备，许多设备在高温下运行，润滑油加氢装置还在临氢工况下运行，在生产过程中如操作失误或其他原因导致物料泄漏，则存在发生火灾爆炸及人员中毒的危险。

一、常见安全事件

（一）火灾爆炸

火灾爆炸是基础油生产装置的主要危险，由于加工的物料自燃点低，操作温度高、压力高的特点，装置火灾爆炸事故时有发生。

装置发生火灾爆炸主要有 2 个原因：一是设备超温超压、容器液面超高造成物料泄漏引起；二是设备管线腐蚀造成泄漏引起。

1. 热油泄漏火灾和爆炸

热油泄漏引发火灾的危险性非常大，如蒸馏减压塔塔底泵、减压侧线泵这些高温油泵，一旦发生泄漏，就很可能会引发火灾爆炸。

2. 氢气的火灾和爆炸

氢气是一种无色、无味、无嗅、高度可燃气体。氢气在常压下在空气中的爆炸极限范围非常宽，为 4%～75%。另外，在高压下或者用氧气代替空气，那么它的爆炸极限范围更宽。氢在空气中的自燃温度为 580℃（常压条件下）。然而，其他因素可影响该温度。

3. 硫化氢火灾和爆炸

硫化氢有毒且易燃，燃烧时呈蓝色火焰并产生二氧化硫，而二氧化硫有特殊气味和强烈刺激性。硫化氢与空气混合浓度达到 4.3%～45.5%（体积分数），可引起强烈爆炸。由于其蒸汽比空气重，故会积聚在低洼处或在地面扩散，若遇火源会发生燃烧。

4. 氨火灾和爆炸

氨气是一种无色气体，有强烈的刺激气味。氨的爆炸极限为 15.7%～27.4%，氨主要存在于酮苯脱蜡装置冷冻系统的管线设备内。

（二）人员中毒

1. 硫化氢中毒

硫化氢是高毒化学品，为Ⅱ级毒物。

随着现在各炼厂原油劣质化程度的加深，硫化氢中毒事件呈上升趋势。蒸馏减压塔塔顶气、减顶分水罐排水中含有硫化氢，润滑油加氢装置所有的气相中均含有高浓度的 H_2S，几乎所有液相中也含有大量 H_2S。

2. 甲苯中毒

甲苯对皮肤、黏膜有刺激性，对中枢神经系统有麻醉作用。急性中毒：短时间内吸入较高浓度本品可出现眼及上呼吸道明显的刺激症状、眼结膜及咽部充血、头晕、头痛、恶心、呕吐、胸闷、四肢无力、步态蹒跚、意识模糊。重症者可有躁动、抽搐、昏迷。慢性中毒：长期接触可发生神经衰弱综合征，肝肿大。

二、装置的主要危险物

（一）氢气

氢气本身虽无毒性，但却是一种窒息剂，如果人跌倒并一直呆在高浓度氢气中会造成昏迷甚至死亡。由于氢分子体积很小，用空气或氮气或水试压不一定能保证氢气不泄漏。

（二）硫化氢

硫化氢是毒性气体，吸入 H_2S 气体，即使浓度非常低也会导致 H_2S 中毒。润滑油加氢装置所有的气相中均含有高比例的 H_2S，几乎所有液相中也含有大量 H_2S。另外炼厂加热炉所烧瓦斯中可能会带有硫化氢。

（三）羰基镍

羰基镍是毒性很强的挥发性物质，人暴露在低浓度之下就会引起严重的疾病或死亡。容许接触的极限为 0.001×10^{-6} 或 $0.007mg/m^3$。

当一氧化碳中存在分散的镍（硫化镍以及元素镍），就会形成羰基镍。温度对羰基镍的形成有很大的影响，随着系统温度从正常操作条件降低，会大大提高羰基镍形成的可能性。

在正常操作中，由于高温的原因不大可能形成羰基镍。但在停工期间，羰基镍形成的可能性很大，因为反应器的温度很低，镍以硫化物的形式存在于催化剂中。如果空气进入反应器，氧气会在催化剂中与碳燃烧产生一氧化碳，所以在催化剂卸料过程中，也有可能形成羰基镍。

（四）二甲基二硫醚

DMDS 是一种淡黄色、有强烈的大蒜气味的可燃液体，它可通过吸入、呼吸和皮肤被人体吸收。它通常被用作催化剂的硫化剂。

呼吸和皮肤接触是职业接触二甲基二硫的主要途径。大气中临界值大约是 8×10^{-9}（8ppb）。吸入蒸气可以引起上呼吸道刺激，并伴有恶心、头晕和头痛等症状。接触较多时，神经系统暂时得到抑制，并可能伴有诸如衰落、混乱、协调能力下降以及神志不清等情况。

一旦身体接触到二甲基二硫，立即用大量清水冲洗接触部位。脱下受污染的衣裤鞋袜，如果仍有刺激或刺激加重，必须到医院进行医疗救护。衣裤鞋袜彻底洗净后再穿。

如果二甲基二硫进入眼睛，立即用大量清水冲洗。如果仍有刺激，必须到医院进行治疗观察。如果二甲基二硫吞入口中，在医护人员的指导下立即引发呕吐，进行医疗救护。绝对不能向失去知觉者通过嘴巴喂食任何东西。

（五）糠醛

糠醛属中等毒类，糠醛对人的皮肤黏膜和呼吸道有刺激作用，而且对神经系统具有麻醉作用。糠醛液体易经皮肤吸收，严重时会引起神经系统损害，呼吸中枢麻痹，导致死亡。接触低浓度的糠醛时间较长的，也会出现黏膜刺激症状、头痛、舌麻木、呼吸困难等现象。生产装置中糠醛最高允许浓度为 $10mg/m^3$。

操作中如果皮肤接触到糠醛，应立即用肥皂水和清水彻底冲洗；若进入眼睛，要用流动清水或生理盐水冲洗；若吸入糠醛气，要迅速脱离现场到空气新鲜处，尽量保持呼吸畅通。呼吸困难或呼吸停止，要立即采取输氧、人工呼吸等急救措施；进入口腔、食道，要饮足量温水，并催吐。

（六）苯酚

苯酚属高毒类，对各种细胞有直接损害。较高浓度的酚对皮肤和黏膜有强烈腐蚀作用并能灼伤皮肤。溅入眼中会造成永久性灼伤，导致视力减退，甚至失明。酚能经皮肤和黏膜吸收，可发生头痛、无力、视力模糊等症状，严重时因呼吸、循环系统衰竭导致死亡。生产装置中苯酚最高允许浓度为5mg/m³。

酚精制装置应常备浸有聚乙烯乙二醇与酒精混合液的棉花。皮肤沾染苯酚后，要立刻脱除被污染衣服，用浸有聚乙烯乙二醇与酒精混合液的棉花，抹去皮肤上的污染物，至少抹10~15min，再用清水冲洗干净；若进入眼睛，应立即用流动清水冲洗15min以上；尽速脱离中毒现场，静卧、保温。

（七）*N*-甲基吡咯烷酮

N-甲基吡咯烷酮毒性较低，对皮肤、眼睛、呼吸道有一定的刺激作用。慢性作用可致中枢神经系统机能障碍，引起呼吸器官、肾脏、血管系统的病变。生产装置中最高允许浓度100mg/m³。

N-甲基吡咯烷酮：皮肤沾染*N*-甲基吡咯烷酮后，要立刻脱除被污染衣服，用大量水冲洗干净；进入眼睛，应立即用流动清水冲洗15min以上。

（八）液氨

低浓度氨对黏膜有刺激作用，高浓度氨可造成组织溶解坏死，中毒严重者可引起死亡。燃爆特性：空气中遇明火、高热能引起燃烧，与氧、氯混合易发生爆炸。

在涉氨作业场所，应穿戴全面罩过滤式面具（或全面罩送风呼吸器）、护目镜及抗氨渗防静电防护服（手套、围裙、足靴）；氨气浓度严重超标的场合，应穿戴全套自给式呼吸器（带有送风源）；配备应急淋浴设施及眼药水；储罐区最好设稀酸喷洒设施；使用防爆型的通风系统和设备；构筑围堤或挖坑收容产生的大量废水。

（九）甲苯

甲苯对皮肤、黏膜有刺激性，对中枢神经系统有麻醉作用。急性中毒：短时间内吸入较高浓度本品可出现眼及上呼吸道明显的刺激症状、眼结膜及咽部充血、头晕、头痛、恶心、呕吐、胸闷、四肢无力、步态蹒跚、意识模糊。重症者可有躁动、抽搐、昏迷。作业场所应穿戴全身防护服、佩带空气正压自给式呼吸器。

（十）甲乙酮

吸入甲乙酮蒸气可引起困倦和头晕。酮蒸气对鼻腔、咽喉和黏膜有刺激性。高浓度能引起中枢神经系统抑制，导致头痛、眩晕、注意力不集中、失眠和心脏与呼吸的衰竭。某些酮能引起多发性神经病，出现四肢发麻和无力。如果长时间接触高浓度溶剂蒸气，可导致麻醉、意识不清甚至昏迷和死亡。在作业场所，应穿戴全身防护服、佩带空气正压自给式呼吸器。

（十一）丙烷

丙烷极易燃，与空气混合能形成爆炸性混合物。遇热源和明火有燃烧爆炸的危险。与氟、氯等接触会发生剧烈的化学反应。其蒸气比空气重，能在较低处扩散到相当远的地方，遇明火会引着回燃。

三、安全措施

（一）装置平面布置要符合规范

装置的平面布置要符合《石油化工企业职业安全卫生设计规范》及《石油化工企业设计防火规范》等国家相关和行业规范标准，综合考虑各方面的因素，力求达到优化布局。

（二）泄压系统

装置内所有带压设备的设计严格按照《压力容器安全技术监察规程》等相关规范执行，包括在不正常条件下可能超压的设备均要设置安全阀，关键设备和连续操作的压力容器的安全阀设有定期校验维修的措施。

火炬排放管网的排放量设计应满足要求，排放管网介入火炬前设置分液和阻火等设备，分离出的凝结油品密闭回收，不得随意排放。

（三）自动控制系统

装置要求自动控制仪表系统安全可靠、技术先进。一般采用分散控制系统 DCS，将工艺操作中的温度、压力、液位等重要参数及控制参数集中到中心控制室进行监控、调节、记录、显示、报警灯操作。

（四）安全仪表系统

装置在重要部位采用安全仪表增加联锁保护。如减压蒸馏系统设置安全仪表系统的回路主要有减压炉燃料供给连锁、减压塔塔底抽出管线紧急切断连锁等。

（五）火灾报警、可燃气体及有毒气体监测

装置应设有可燃气体及有毒气体检测系统，在有可能泄漏和积聚可燃气体和硫化氢的场所，按规范设置可燃气体及有毒气体报警仪。监测信号送到现场机柜室，在中心控制室内设置独立的 DCS 操作站用于火灾及有毒气体监测系统的显示、报警。

（六）消防

在生产区域，消防水是最为有效的消防手段。当发生火灾时，用水对相邻建筑及设备进行冷却，直到切断可燃物料、火势熄灭，防止火势进一步蔓延，可将损失降低至最小。

装置内沿消防通道设稳高压消防水管道，管道上设消火栓和消防水炮，在炉区、高温换热器区域还应设置箱式消火栓。加热炉炉膛内设置固定式蒸汽灭火管线。框架平台上级管廊下设半固定式蒸汽皮龙。装置内还要按设计规范设置小型灭火器材，供装置操作人员用于控制初期火灾及扑灭小火灾。

在部分装置还设有先进的自动消防喷淋系统，其原理是在高温机泵密封侧上方设置感应探头，一旦感应探头感应到火源，自动控制系统便将泡沫罐出口自动控制阀打开，泡沫便从位于高温机泵密封侧上方的喷头处喷出进行灭火。该系统可对火灾初期火势起延缓作用，为控制火势争取时间。

另外，还需对设备内漏可能受到明火影响的区域承重结构、支架、裙座等处采取耐火保护。

（七）防爆

爆炸危险区域划分和电器设备的选择及安装，必须按照《爆炸和火灾危险环境电力装置设计规范》执行。对具有爆炸和火灾危险环境及高大建筑，均要做防雷、防静电接地。

装置建筑物要根据装置平面布置，尽量远离爆炸危险源。对于存在爆炸冲击波危险的建筑物，在建筑物和爆炸源之间要设置防爆墙。

四、硫化氢注意事项

润滑油加氢生产过程伴随着硫化氢的产生，各装置炉用燃料气中也可能含有硫化氢，硫化氢中毒事件在各炼厂屡见不鲜，因此炼厂对硫化氢防护一般较为重视。

（一）硫化氢的性质

硫化氢是无色具有臭鸡蛋气味的毒性气体，易溶于水，也溶于乙醇、汽油、煤油、原油中；比空气重，易积聚在低洼处；易燃，有爆炸性。

分子式：H_2S

相对分子质量：34.08

相对密度：1.19

熔点：-82.9℃

沸点：-61.8℃

燃点：292℃

爆炸极限：4.3%~45.5%(体积分数)

（二）硫化氢对人体健康的影响

硫化氢属高毒类，对人体危害程度为Ⅱ级(高度危害)。

硫化氢属窒息性气体，是强烈的神经毒物，对黏膜亦有明显的刺激作用，主要从呼吸道吸入。低浓度时，对呼吸道及眼的局部刺激作用明显，表现为畏光、流泪、眼刺痛、异物感、流涕、鼻及咽喉灼热感。当接触浓度200~300mg/m³时，出现中枢神经系统症状，有头痛、头晕、乏力、恶心、呕吐、共济失调，可有短暂意识障碍，同时出现咽喉灼痛、流涕、流泪、咳嗽、眼刺痛、胸部压迫感等。当接触浓度在700mg/m³以上时，患者会产生头晕、心悸、呼吸困难、行动迟钝，如继续接触则出现烦躁、意识模糊、呕吐、腹泻、腹痛和抽搐，迅即陷入昏迷，最后呼吸麻痹而死亡。当接触极高浓度(1000mg/m³以上)时，可发生“电击样”中毒，即在数秒后突然倒下，瞬时呼吸停止，这是由于呼吸中枢麻痹所致，心脏仍可搏动数分钟，立即进行人工呼吸可望获救。

按国家规定的卫生标准，硫化氢在空气中的最高容许浓度为10mg/m³，浓度越高，对人体的危害越大。起初臭味的增强与浓度的升高成正比，但当浓度超过10mg/m³之后，浓度继续升高而臭味反而减弱，在高浓度时因很快引起嗅觉疲劳而不能察觉硫化氢的存在，故不能依靠其臭味强烈与否来判断有无危险浓度出现。

（三）硫化氢对环境的污染

人为产生的硫化氢(工厂泄漏、释放)每年约数百万吨，硫化氢在大气中很快被氧化为二氧化硫，使工厂及城市局部地区大气中二氧化硫浓度升高，这对人和动植物有伤害作用。二氧化硫在大气中氧化成SO_4^{2-}，是形成酸雨和降低能见度的主要原因。水中含有硫化氢，对混凝土和金属都有侵蚀作用，水中硫化氢含量超过0.5~1.0mg/L时，对鱼类有害。

（四）硫化氢中毒的个体防护

现场应备有正压式空气呼吸器、过滤式防毒面具，操作人员应会熟练佩戴。

（五）现场急救措施

操作人员应掌握正确的心肺复苏方法，日常要进行应急预案的演练。需要注意的是在未知浓度的情况下避免使用口对口人工呼吸，在高浓度情况下禁止使用口对口人工呼吸(宜采用手法人工呼吸)。

（六）接触硫化氢作业安全注意事项

在含硫原油加工过程中，由于生产装置的开、停工，检修、抢修以及正常生产中的脱水、采样及设备的泄漏等，都会使作业人员接触到硫化氢。作业时操作人员应站在上风向，并有专人监护。准备好适用的防毒面具，以便急用。

五、氨的操作注意事项

酮苯装置冷冻系统所用液氨来自装置外，一般由槽车运输，大部分装置都采用鹤管接卸液氨。

槽车进入装置后对车装溶剂申请单中的物料名称和数量与磅码单上的名称和数量进行核对正确后，要求司机把槽车钥匙交班长。按《液氨接卸安全管理条例》，做好准备工作，准备好接地线。检查所卸物料数量不能超过所要存放容器罐的容量。卸装期间，经常检查卸装设备和槽车情况，卸装异常时立即停止操作；若发生泄漏，按溶剂大量泄漏预案处理。如果遇高温，须遵守危险品夏季高温卸装的作业相关规定。

第三节　环　　保

随着可持续发展战略成为石油化工工业共同而紧迫的课题，我国的石化工业将面临着为满足质量及环保要求带来的成本增加的压力。而 HSE 管理体系(Health，SafetyandEnvironmentSystem)即健康、安全与环境体系的建立和推行，也是为了减轻和消除石油化工工业生产中可能发生的健康、安全与环境方面的风险，保护人身安全和生态环境，所以在装置运行过程中认真执行环保制度，是每位操作人员的责任和义务。

润滑油生产过程中产生的污染主要有废水、废气、废渣及噪声。

一、废水污染源及主要污染物

(一) 含硫污水

润滑油生产过程中产生含硫污水主要是在减压蒸馏和润滑油加氢环节。

在减压蒸馏过程中，防止结焦向减压炉炉管内注入的蒸汽、为减轻减顶腐蚀向塔顶管线注入的水、氨水、减压塔抽真空系统的蒸汽喷射器所用蒸汽，为降低油气分压向减底及侧线汽提塔所用蒸汽等，这些蒸汽、水、氨经塔顶设备冷凝、冷却后，进入塔顶油水分离罐后排出。

润滑油加氢装置含硫污水是为了溶解硫氢化氨而产生的，其中污染物的浓度取决于加氢原料油中硫氮含量和注水量的多少。为保证能充分溶解形成的氨盐，设计注水量(即含硫污水量)一般按反应器进料质量的6%~25%选取，或按照高分排出污水中硫氢化氨的质量分数不大于5%来确定。因此可以推知，含硫污水中硫、氨化合物的总浓度一般最大不超过 $5\times10^4\sim6\times10^4$mg/L。

含硫污水一般送去酸性水装置处理。

(二) 含油污水

含油污水包括机泵冷却排水、地面冲洗排水、汽包排污、采样器排水、蒸汽冷凝水排放、设备放空、泄漏和清洗排水、办公及其他辅助设施排水等。这些水经由含油污水系统直接排入污水处理装置

机泵冷却排水主要污染物为石油类有机物，其污染物排放量和原油的组成没有直接关系。机泵冷却水的水质相对较好，pH 值一般在 7~8、石油类浓度为 100~250mg/L、COD 为 50~300mg/L，其他污染物含量较低。

（三）其他工业污水

随着节能要求越来越高，炼厂部分装置都采用蒸发式空冷，在不泄漏、直排的情况下，该部分冷却水对环境的影响很小。如该部分冷却用水采用循环式操作，则水质不可避免将变差，是硬度及氯离子提浓的过程。中国石化《炼油工艺防腐管理规定》中规定，蒸发式空冷器用水应尽量采用除盐水，以氯离子浓度计，浓缩倍数不大于5倍。不论是用何种水作为冷却介质，循环使用的冷却水水质变差是一个必然过程，解决此问题的较好办法是增设自动排水系统，即采用仪器测定水中氯离子含量，如氯离子含量浓缩倍数>5倍，则开启自动排水系统。这样可有效控制水质并节水。

（四）生活污水

生活污水一般都有专门的排水系统，不会对炼厂造成污染。

二、废气污染源及主要污染物

润滑油生产装置产生的废气主要是加热炉烟道气，还有一些其他废气如机泵、压缩机和阀门逸散的气体；中间罐、成品罐逸散的气体；容器或设备中排出的含烃气体；从积聚在装置泄漏现场和易泄漏部位的土壤和地下水中散发出的气体等。

（一）加热炉烟气

1. 加热炉烟气的来源

加热炉烟气来自燃烧排放烟气。虽然排放标准较以前要求高很多，多数常减压蒸馏装置燃料已由燃料油逐步改为燃料气，但部分装置仍然采用燃料油作为主要燃料。烟气的排放量由加热炉的热负荷及燃烧的过剩空气系数决定：热负荷越大，需要的燃料量就越大，排放的烟气量也越大；空气过剩系数越大，排放的烟气量也越大。对于工业加热炉空气过剩系数一般根据炉效率、火嘴、燃料油/气性质和燃烧情况决定。

2. 加热炉烟气排放量及主要污染物含量

烟气中的主要污染物有二氧化硫、氮氧化物、烟尘。因燃料类型不同，排放量也有很大的差别。二氧化硫的排放量基本取决于燃料的硫含量，燃料中所含的硫经过燃烧可全部转化为二氧化硫。

3. 氮氧化物

氮氧化物的产生量与燃料燃烧的温度有关，加热炉燃烧火焰温度如在1400℃左右，则不利于氮氧化物的产生；大于1500℃，空气中的氮气可转化为氮氧化物。由于燃料油的碳氢比大于燃料气的，所以在加热炉中燃料油不如燃料气燃烧得完全，烟尘的排放量将大于燃料气。一般在燃烧充分的工况下，排放的烟尘很少。某炼油厂原油蒸馏设计的加热炉烟气污染物排放量见表9-1。

表9-1　加热炉烟气排放标准

标准名称	主要污染物浓度/(mg/m^3)		
	二氧化硫	氮氧化物	烟尘
GB 16297—1996《大气污染物综合排放标准》	<550	<240	<120
GB 9078—1996 二级标准《工业炉窑大气污染物排放标准》	<850		<200
GB 9078—1996 三级标准《工业炉窑大气污染物排放标准》	<1200		<300

（二）其他废气

蒸馏装置减顶气，在减压塔操作温度下，减压塔进料会发生轻微的裂解，硫化氢和氨是原料中的含硫、含氮化合物发生裂解的主要产物。润滑油型减压蒸馏虽然炉温低、减压塔气态产物量较小，但其硫化氢的含量并不低，一般要经过脱硫后送入加热炉烧掉。减顶气通常需设置流量计，并计入装置燃料消耗。减顶气也可经加压送入吸收稳定系统，但因减顶气中主要为 C_1、C_2 组分，可利用的价值不高，且会增加吸收稳定系统的负荷。

润滑油加氢装置工艺废气包括从低压分离罐顶、循环氢脱硫等部位排放的含硫气体，为提高循环氢的纯度而从高压分离罐顶排出的废氢，以及从工艺设备安全阀排出的烃类气体与紧急放空气体。工艺废氢含硫化氢、氨气、氢气及烃类等多种污染物，其中以含硫为主，约占装置总硫的80%。从高压分离罐顶排出的含氢混合气（含 H_2S），经循环氢压缩机增压后可循环使用，根据工艺需要，也经常会部分排放至含硫干气管网。从加氢工艺需要出发，为保持循环氢的含硫化氢浓度达到一个平衡的上限值，在加工高含硫原料油的加氢装置中要配设循环氢脱硫，从循环氢中脱除部分硫化氢。安全阀排气和紧急放空，应引至分液罐分液后，气体送瓦斯系统。

酮苯装置工艺废气包括溶剂、氨的排空，氨基本都接到水吸收槽，避免直排；含溶剂的压力容器安全阀放空一般都接到火炬或专门的处理装置进行处理。

（三）废气污染物对环境的危害

1. 硫化氢

硫化氢是一种强烈的神经毒物，对黏膜有明显的刺激作用。低浓度的硫化氢气体能刺激人的呼吸器官和眼睛，造成头疼、眩晕、眼睛结膜炎、虚弱等症状，接触 H_2S1000mg/m^{3}以上高浓度环境可因麻醉神经导致窒息死亡；工作场所 H_2S 最高允许浓度为 10mg/m^3。硫化氢虽然有臭味，但当其浓度低于200~300mg/m^{3}时，臭味强度与浓度升高成正比，当其浓度高于200~300mg/m^{3}时，因嗅味神经麻木而不觉得臭。所以，仅靠嗅觉来判断硫化氢的存在和浓度高低是不可靠的。由于发生硫化氢的泄漏、溢出和聚集，造成人员中毒甚至死亡的事故在炼厂时有发生，多以含油硫化氢的汽提或液体必须密闭输送，严格控制它的排放量，不能单纯靠嗅味来判断它是否存在及其危险程度。

2. 二氧化硫

二氧化硫是具有刺鼻和强烈涩味的有毒气体，对人的呼吸道及眼睛具有强烈的刺激作用，大量吸入可出现咳嗽、胸痛、呼吸困难等症状，引发肺水肿、喉水肿、声带水肿而窒息。二氧化硫在有水和水蒸气存在时，有较强烈的腐蚀性，也是形成酸雨主要物质。

3. 氮氧化物

氮氧化物按国家标准《职业性接触毒物危害程度分类》属中度危害，其对人体的皮肤黏膜有强烈的腐蚀性。氮氧化物中主要是二氧化氮（NO_2），其次是一氧化氮（NO）。NO_2是一种红褐色的有毒气体，有特殊气味，刺激性作用比较强。可使呼吸道深部直至肺泡发生病变，产生肺水肿，其毒性较 SO_2和 NO 都强，毒性是 NO 的 4~5 倍。另外，氮氧化物在大气中会转化成硝酸，是形成酸雨的主要物质。

4. 烟尘

烟尘是未完全燃烧的固体颗粒，直径为 0.5~5μm 的颗粒可直接进入人体肺部，在肺泡内沉积，并能进入血液输往全身各个部位积累，引发身体不良症状。同时还降低空气可见度，恶化生活环境。

三、废渣污染源及主要污染物

润滑油生产过程产生的废渣主要有废催化剂、废白土渣、检修时的垃圾等。

（一）废催化剂

润滑油加氢工艺过程产生的废渣主要是装置更换的废催化剂。由于加氢处理装置数量多，催化剂使用量大且性能各异，所以催化剂的使用、再生和废弃处理尤为重要。

从催化剂的制造、使用、再生到报废的整个“生命”周期中，要经历装剂、卸剂、转移、再生、重用回收和废弃处理等步骤。对每一个步骤都要采取措施，防止污染。

装剂前要筛除碎粒和细粉，并注意不使催化剂破损。

由于废催化剂有较高活性的硫化状态金属，卸剂时硫化铁和沉积的焦炭于空气中可产生自燃，故必须在氮气保护下操作。卸出的催化剂装入密封桶中运走。如果废剂需在现场过筛分离瓷球和过滤细粉，也需要氮气保护下进行。

由于废催化剂遇空气会发生自燃，须按危险品要求运输。

（二）废白土渣

白土渣是吸附精制过程中的固体废弃物，是白土精制的副产物，是一种污染源，又是一种资源。一般油品精制过程的白土渣吸附油量可达20%~35%，除油后的白土仍是二次污染物，深埋处置或用作烧砖和水泥材料造成资源浪费。

（三）检修时的垃圾

装置检修时设备内清理出的淤泥、焦粉等废物由环保部门统一安排处理。特别是焦粉，要注意防止其自燃。

（四）白土粉尘

散装粉状白土输送是利用0.6MPa的压缩风作为传送介质和动力，风使粉状白土流态化后实现白土输送的。白土在贮罐中沉降后，排放的尾气依然具有较大的压力，约为0.1~0.2MPa，而且携带着大量的白土粉尘，粉尘含量可达130mg/m^{3}以上，每年由此造成的浪费损失较大。对于尾气的除尘问题，在节能环保大形势下，应加强白土粉尘的污染治理研究，根据不同的装置及环境条件选择不同的治理方案。

在装白土过程中，水环式真空泵运行时从排气口携带出大量的白土粉尘和含白土液滴，它们在装置上四处飘散，严重污染空气与设备，影响地面卫生；尽管采用了负压吸入法加白土，由于加土平台高，加土困难，在倾倒白土时粉尘污染仍相当严重。

在白土下料系统中，螺旋输送密封效果差，白土泄漏严重，也会造成粉尘污染。

四、主要噪声源及其声压级

（一）噪声源

润滑油生产过程中各种转动机械设备产生的工业噪声，有机泵噪声、加热炉噪声、空冷器噪声抽空器噪声以及螺杆压缩机、油环真空泵的噪声等。

1. 机泵噪声

由空气动力噪声、机械噪声和电磁噪声组成。

2. 加热炉噪声

由燃料与空气混合机喷射产生的气动噪声、燃料燃烧时发出的燃烧噪声、燃料和助燃空气在管道中输送的噪声和输送机械产生的噪声组成。

3. 空冷器噪声

主要由风机风扇转动造成空气的紊流和涡流产生的噪声，空气通过翅片管产生的气流声及传动系统机械震动和电机噪声组成。

4. 抽空器噪声

由蒸汽抽空器运行中蒸汽动能及压能转化造成。

（二）噪声污染源的声压级

由于人体对声音的感觉与声音的振频有关，在声学测量仪中设置A计权网络，使测得值能接近人的听觉，单位为A声压级，记为dB(A)。如某厂减压蒸馏过程中的主要噪声源声压级见表9-2。

表9-2　减压蒸馏噪声源

噪声源名称	声压级值/dB(A)	备注
大功率机泵	90~110	连续
加热炉	100~110	连续
空冷器	93~98	连续
抽空器	90~100	连续

五、污染的预防措施

（一）含硫污水的处理

含硫污水密闭送往污水汽提装置进行处理。含硫污水虽然只占全厂需处理污水量的几分之一，但因其污染物浓度高，对其处理的效果直接影响到净化水回用，以及后继的污水处理场的处理水平。

炼油污水处理的基本原则是“清污分流，分类处理”。含硫污水含有高浓度的硫、氮化合物，而且处理后可以回用，因此不能直接进入常规的污水处理场处理，应单独处理。含硫污水的收集和输送应遵循以下原则：

（1）从设备、装置排放的含硫污水应设独立的系统收集，不应进入一般含油污水系统。

（2）含硫污水应用密闭管道输送，不得采用明渠排放，以防止硫化氢、氨等有毒害气体从污水中释放，污染周围环境；存放含硫污水的贮罐罐顶放空应有处理设施。

（3）含硫化氢污水的采样，应用密闭循环系统。

（4）含硫污水管线不得埋地敷设，不得穿越居住区或人员集中的生产管理区。

（5）在含硫污水的排放口、采样口、罐区附近和容易泄漏的场所，应用不易渗漏的建筑材料铺设地面，并设围堰，防止有毒液体深入土壤中。

含硫污水处理方法一般有空气氧化法和水蒸气汽提法。采用汽提工艺处理炼油含硫污水是普遍而有效的方法。

（二）含油污水的处理

含油污水的处理也遵循“清污分流，集中处理”的原则。

1. 清污分流

含硫污水和含油污水应分系统处理至达标排放，其他废水也应根据水质分别处理。如把装置围堰外未受污染的雨水引入雨水系统，把围堰内污染物浓度降低的地面冲洗水、生活用水引入清净废水系统，把油罐切水、采样口污水油等污油量较大的污水引入地下隔油罐进行预处理。有的企业采取装置内外双道围堰，加高非雨水型边沟沟壁并安装盖板等措施，目的也是为了加大清污分流力度，减少含油污水的排放，节省处理费用。

2. 集中处理

在20世纪90年代后期设计或经改造的加氢工业装置中，一般都将低分、原料过滤器等切出的油和污水送至罐中集中处理，以解决污水含油问题。装置含油量严重超标的原因一般有：

（1）加氢深度不够，生成油与水轻度乳化，影响油水分离。

（2）高低压分离罐容积偏小，油水分离时间不够。

（3）设备泄漏。

为使装置污水达标排放，可在装置增设预处理设施。可按装置或分区域对含油量高的污水进行预处理，如容器排放和设备泄漏的污油及少量的高浓度含油污水应先在装置内的隔油设施（地下污油罐）隔油后，再送污水处理场处理。污油罐收集的污油则用泵送到厂区大污油罐回收利用。乳化严重的含硫污水在汽提净化前首先进行除油及破乳预处理。

（三）含硫气体的处理

在加工过程中，原油中的硫90%以上最终进入气态产物中。对含硫气体的处理是炼油生产不可缺少的重要过程。气体脱硫和硫黄回收是国内外炼油厂普遍采取的措施。实施这些措施不仅能回收为可作为化工原料的硫黄，还能为炼油厂生产提供清洁的燃料气。因此，气体脱硫、硫黄回收连同含硫污水汽提一起组成炼油厂控制硫污染的主要手段。通过与加氢处理工艺的组合，可将90%以上原油携带的硫予以回收，避免其成为废气污染物排入环境。

硫黄回收装置作为处理含硫气体，减少污染的主要装置，其重要性不言而喻。为保证含硫气体的处理，要求硫黄回收装置能和其他生产装置有相同的运行周期和可靠性，否则一旦硫黄回收装置运行不正常甚至停运，将导致大量含硫气体短路排放，造成污染事故。为减少运行风险，国外的成功经验和普遍做法是：硫回收装置应保持过量的能力，一般在设计上并列设2套硫黄回收装置，每套的处理能力按总处理负荷的60%考虑，如果其中一套出现故障，可保证尚有60%的含硫气体能被处理。在世界原油平均含硫量继续增加，环保法规日益趋严的形势下，加工含硫原油的炼油厂和石化厂中硫黄回收装置的扩张性、灵活性显得更为重要，在新建硫黄装置时，要充分预见到将来扩展的需求，因此在规划建设时常常要留有充足的备用能力，建3套50%开工率的硫回收装置，在国外已不罕见。

（四）逸散性气体和恶臭气体的污染治理

逸散性气体虽然量少，有的还只是间歇性逸散，但此类气体含有H_2S等有害物质，必须加以重视。

伴随着高含硫原油的加工，炼油厂低浓度的H_2S及挥发性有机硫恶臭污染日渐突出。利用微生物的生化代谢脱除工业废气中低浓度H_2S及恶臭污染物，是近年来发展起来的低成本、高效率脱臭工艺。

（五）加热炉烟气治理

因加热炉烟气缠身的污染主要由燃料性质决定，其次由燃烧的条件决定；烟气中二氧化硫的排放量是由燃料自身的硫含量所决定，氮氧化物的排放量是由燃料的氮含量和燃烧温度等操作条件决定，烟尘的排放量是由燃料的性质及燃烧的条件决定。加热炉的操作条件从节能和提高热效率方面已经做了较多的研究和改进，因燃料燃烧的条件已经基本定型，所以烟气污染物的排放量主要取决于燃料的类型及硫、氮的含量。要降低加热炉烟气污染物的排放量，主要是选择合适的燃料。原则是在有条件的情况下选用燃料气为燃料，若采用燃料油，其硫含量应控制≯0.5%，烟气中的二氧化硫排放量才能满足国家排放标准。关于氮氧化物的排放，国外已有低氮氧化物燃烧器生产，国内研究也取得了较大进展，已有多种低氮燃烧器投入市场。采用燃料气的低氮燃烧器，氮氧化物的排放浓度可降低至30~40mg/m^3，低于国家排放标准。

（六）噪声治理

噪声防治的一般方法是：吸声、隔声、减振。即降低声源处噪声，在声的传播途径处降低噪声。通常对装置内的噪声的防治措施有如下几个方面：

（1）加热炉噪声的防治。采用低噪声燃烧器；喷嘴及风门等进风口处采用消声罩；结合预热空气系统，采用强制进风消声罩；炉底设隔声围墙。

（2）电机噪声的防治。安装消声罩，一般应选用低噪声电机，若噪声不符合要求时，可加设隔声罩(安装全部隔声罩或局部隔声罩)；改善冷却风扇结构、角度；大电机可拆除风扇，用主风机设置旁路引风冷却电机。

（3）空冷器噪声的防治。设隔声墙，以减少对受声方向的辐射；加吸声屏，可设立式和横式吸声屏；加隔声罩；用新型低噪声风机。

（七）废催化剂处理

由于废催化剂再生时释放SO_x及其他影响大气环节的污染物，器内再生还存在烧毁催化剂和腐蚀设备的风险，故一般不主张在生产装置内器内再生，而在装置外进行器外再生。再生过程产生的废物应经过洗涤以减少污染物扩散至大气。器外再生的再生剂活性恢复均匀，再生后的催化剂一般装入装置生产条件要求不太苛刻的反应器。采用器外再生还可同期安排压力容器定期检查，减少生产停工时间。

由于器内再生存在的环保问题及安全操作方面的风险，更主要还是由于器外再生方面的优点，自20世纪70年代后，美国、日本、法国等国家就相继实现了加氢催化剂的器外再生。据统计，1975年采用器外再生的只有10%，1985年为65%，1990年达到80%以上，2000年以后全都采用器外再生。

对于贵金属废催化剂一般都要回收贵金属。而对于非贵金属废催化剂中的金属回收，由于经济上的原因，国内尚未引起重视。但出于保护环境的需要，凡是具有回收价值的非贵金属，应尽可能回收利用，以减少固体废物填埋量。工厂对可以回收的催化剂必须从购买起，就有清楚的记录。包括购买指令，到货数量、类型、入库、出库、装剂时间、数量、操作中发生的问题，卸剂，装罐等。对出入库的手续、金属分析、运货清单、装剂罐编号、加铅密封，都要有严格的规定。

加氢处理过程中使用的催化剂多含有镍、锰或其他金属，大部分已列入国家划定的危险废物名录。因此，对此类废催化剂的填埋必须按照国家规定安全填埋方式处理；如外委处理，受委托方需具有国家规定的资质。

（八）废白土渣处理

废白土的处理方式主要是和煤炭掺烧。

（九）白土粉尘的处理

白土粉尘危害最大的是对长期接触者的人身伤害。解决白土粉尘污染的方法主要包括：

使用全密闭式输送；将混合罐的白土进料管改为混合柱；在白土储罐上方加旋风分离器，将空气带出的白土通入混合罐或经水洗后排掉；条件限制时，使用除尘器和通风机。

1. 白土粉尘治理的工艺介绍

粉尘的治理方法很多，常用的有液体洗涤、文丘里除尘器等湿法除尘，还有利用重力、离心力、惯性、过滤、静电作用等方式的净制除尘。这里介绍几种常用的除尘方法。

1）洗涤除尘法

洗涤法主要是用水或其他液体来洗涤含尘气体，从而将尘粒除去的方法。水洗除尘流程如图 9-1 所示。

2）旋风分离器除尘法

依靠惯性离心力的作用实现的沉降过程叫离心沉降。当流体围绕某一中心轴做圆周运动时，就形成了惯性离心力场。旋风分离器就是利用惯性离心力的作用从气流中分离出尘粒的设备。标准型旋风分离器主体为，上部是圆筒形，下部为圆锥形。标准型旋风分离器结构如图 9-2 所示。

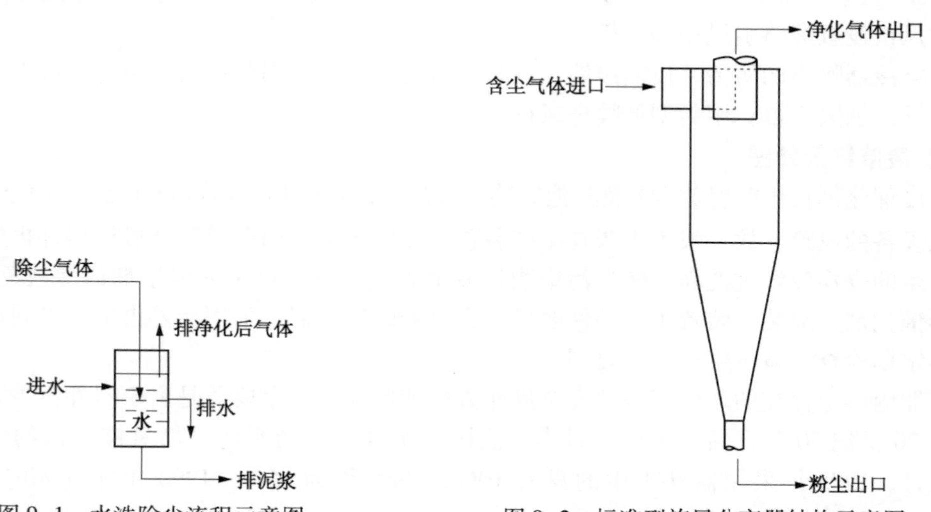

图 9-1　水洗除尘流程示意图　　图 9-2　标准型旋风分离器结构示意图

含尘气流由上部圆筒形的切线方向进入，受器壁的约束而下做螺旋形运动，在惯性离心力的作用下尘粒被甩向器壁，与气流分离，沿壁面落至锥底的排灰口，经净化的气流，在中心轴附近由下而上做旋转运动，最后由顶部出风口排出。

旋风分离器结构简单、造价低、无活动部件，操作条件范围广，分离效率较高。一般用于分离直径 5μm 以上的尘粒，直径小于 5μm 的粉尘分离效果差。

3）袋滤除尘

使含尘气体通过做成袋状，支撑在适当骨架上的滤布，以除去气体中的尘粒，这种除尘设施叫袋滤器。

根据滤布间隙大小不同，袋滤器能除去直径 1μm 以上的尘粒，效率达到 99.9%，常与旋风分离器串联使用，作为末级除尘。

袋滤器主要由滤袋、骨架、壳体、清灰装置、灰斗和排灰阀组成。使用比较简单，只要把滤袋、骨架、壳体装在贮罐内即可。简单布袋除尘器结构如图 9-3 所示。

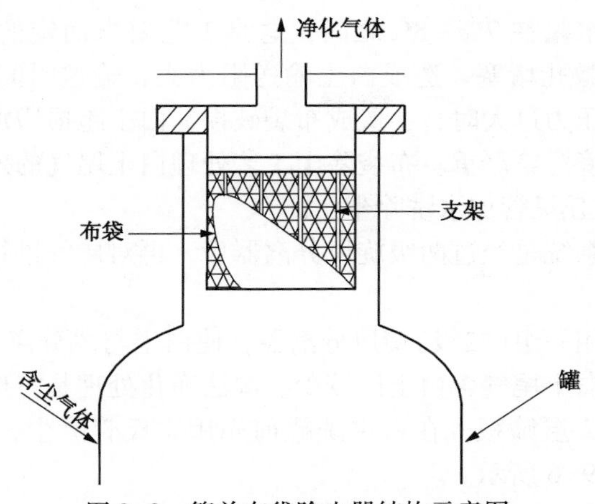

图 9-3　简单布袋除尘器结构示意图

4）文丘里除尘

文丘里除尘器是一种湿法除尘设备，结构主要有收缩管、喉管和扩散管三段联接而成。文氏管除尘器结构如图 9-4 所示。

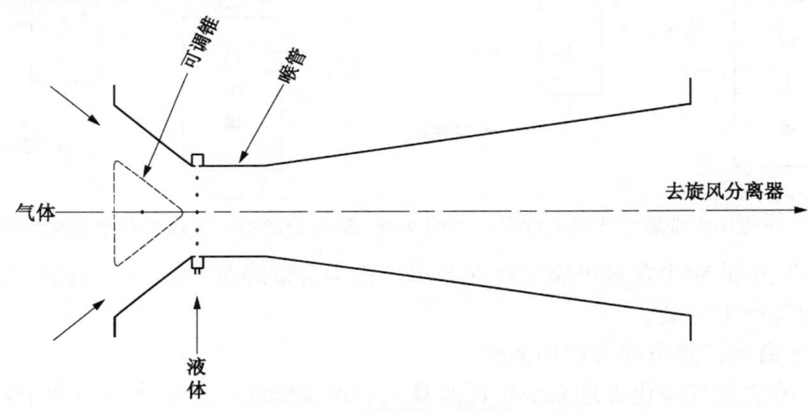

图 9-4　文氏管除尘器结构示意图

用来除尘的液体(一般是用水)，从喉管外围的环形夹套经若干径向小孔或喷嘴进入喉管，含尘气体由于收缩管作用，高速通过喉管，将除尘液体喷成很细的雾滴，促使尘粒润湿而聚结长大。文丘里除尘器后常与旋风分离器串联使用，达到净化。

文丘里除尘器的结构简单，操作方便，但压降较大。

2. 生产中常用的除尘方法

生产中常将多种除尘方法配合使用。国内对白土补充精制装置的白土输送尾气除尘技术进行了多次改进，最早采用布袋除尘加水洗工艺，后来改造成旋风分离器加水洗工艺，这两种技术都满足不了回收白土和净化生产环境减少污染的要求，现在采用旋风分离器加油洗工艺，取得了较好的效果。

1）布袋加水洗除尘

早期白土输送尾气净化设备为布袋除尘，这种工艺是在白土罐的尾气出口安装一张桶状铁网，外面罩上布袋，输送白土时，风通过布袋排放，白土被阻隔下来，实现除尘。布袋加水洗除尘流程如图 9-5 所示。

选用布袋除尘工艺对白土输送尾气进行净化回收，效果极不理想。因为白土是一种含有一定量水分的粉尘，含水量在 7%～8%之间，这是工艺要求而定的。由于部分地区空气潮湿，很容易把除尘布袋微孔堵塞，造成白土输送阻力大，输送时间长，白土尾气排放时间长。使用一段时间后或压力过大时，会造成布袋破损，白土跑损增加。因此尾气粉尘含量严重超标，装置的生产环境污染严重。布袋除尘工艺处理白土尾气的效果极差。

2）旋风分离器加文丘里管加水洗除尘

白土输送尾气净化系统是经过两级旋风分离器后，再对尾气进行水洗。即采用干湿两种除尘土方法结合的工艺。

干法除尘处理是采用一组(二级)旋风分离器，使白土与风分离，白土回收达 95%以上，经旋风分离器分离后的白土尾气含白土已较少。湿法净化处理是将尾气通入水罐中，将白土从风中除去，水洗罐有 2 层筛板，在入水洗罐前先用文氏管除尘，即经过两次湿法除尘净化。改造后的流程如图 9-6 所示。

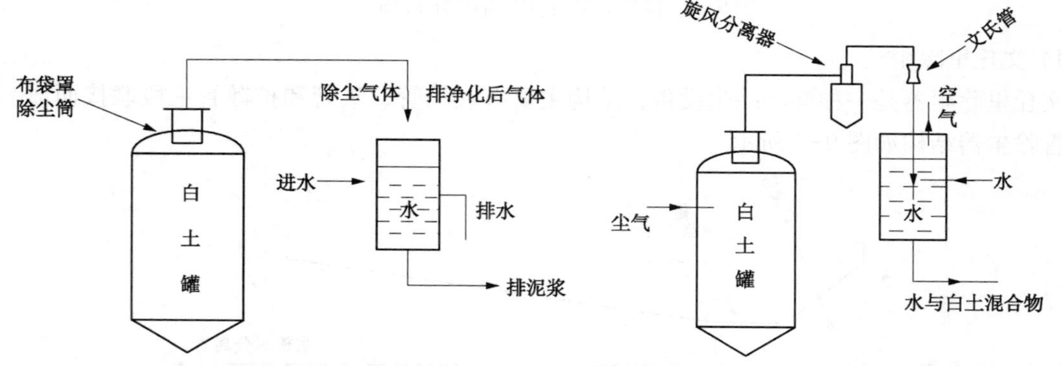

图 9-5　布袋加水洗除尘流程示意图　　图 9-6　旋风分离器、文氏管和水洗除尘联合除尘示意图

除尘后空气中的粉尘含量可满足环保要求，粉尘含量降至 $4mg/m^3$，但此系统耗水量大，而且对排水沟等产生污染。

3）旋风分离器、静态混合器加油洗

针对白土输送尾气净化处理系统中耗水量大、增加能耗，污染水沟不利于环保和白土回收不完全等缺点。在白土尾气除尘系统中，增加了一个静态混合器和一个气液分离罐。把旋风分离后的尾气用水洗涤，改为用原料油洗涤并在静态混合器中充分混合，再经气液分离罐进行分离。由于原料油是高黏性物质，所以几乎能把尾气中的白土完全吸附，从而达到回收白土粉尘、减少新鲜水用量和减少环境污染的目的。旋风分离器、静态混合器加油洗除尘流程如图 9-7 所示。

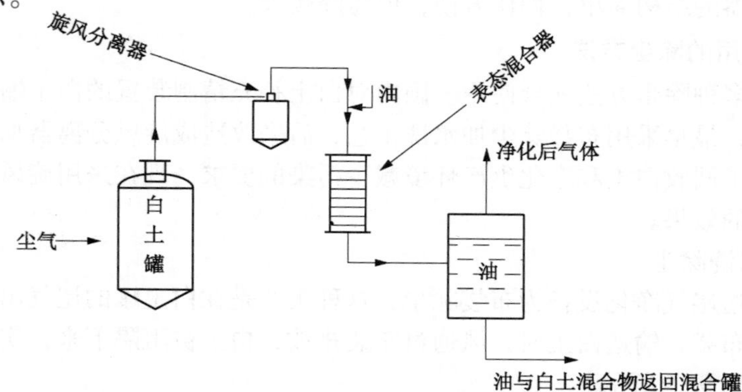

图 9-7　旋风分离器、静态混合器加油洗除尘流程示意图

第四节　节　能

一、炼厂用能

在炼油生产过程中要消耗大量的能量。其主要是通过热和流动功两种形式予以利用的。多数炼油工艺过程都需将原料加热至某个温度，因而需要大量的能量。炼油过程几乎是都是连续的生产过程，形成某压力下的连续流动的物料就必须对流体做功。因此，热和流动功是炼油用能的主要形式，在数量上占炼油用能的绝大部分。此外，化学反应过程或分离过程的产物与原料之间有化学能差，因而也要消耗一些能量，称热力学能耗。

所谓能耗是计算在生产过程中所消耗的燃料能量和蒸汽、电力、能耗工资（各种水、压缩空气）追源至燃料的能量的总和。过程中的传热、传质、流体流动、化学反应的能量利用和变化是用能分析的基础。影响过程能耗的因素很多，能耗的大小是管理、技术和经济诸多因素的综合体现。

炼厂用能一般可以归纳为能量的转换和传输、工艺利用及能量回收3个环节。三者之间互相联系、互相影响。用能原理如图9-8所示。

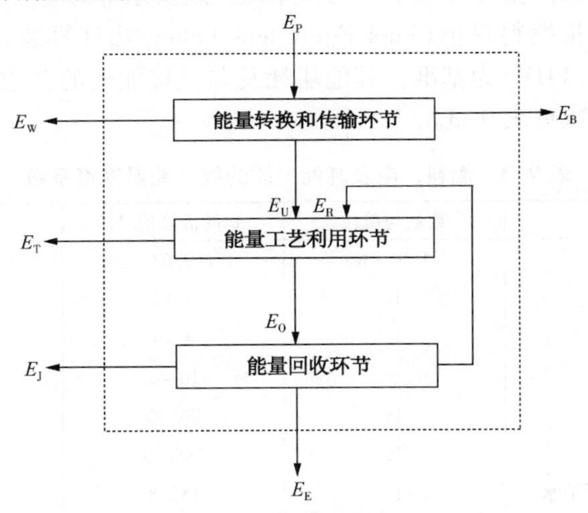

图9-8　用能原理图

E_P—总供入能量；E_U—有效供入能量；E_B—转换输出能量；

E_W—直接损失能量；E_R—回收循环能量；E_T—热力学能耗；

E_O—待回收能量；E_J—排弃能量；E_E—回收输出能量

（一）能量转换和传输环节

进入体系的总能量E_P包括燃料化学能和部分电能等。通过加热炉、各类压缩机和泵等设备转换，E_P中的一部分以热能和机械能的形式有效地供给工艺过程所需要的能量E_U中，当有汽轮机操作时还可直接输出一部分能量E_B（如背压蒸汽），同时不可避免会有一部分直接损失的能量E_W（如排烟损失、散热损失和无效动力能等）。

（二）能量的工艺利用环节

此环节是用能过程的核心。进入此环节的能量通过泵送、压缩、反应、分馏等各化工单元操作相应的设备完成其工艺过程。进入此环节的能量除了转换和传输环节的有效供入能量

E_U外，还有回收环节的回收能量E_R。在这一环节中，热力学能耗E_T(产品带出与原料带入能量之差)是不能回收的，而剩余部分则有可能回收，称为待回收能量E_O。

(三) 能量的回收环节

此环节由包括换热器、蒸汽发生器、冷却器、余热回收设施等大量的传热过程回收的能量，以及液力透平从高压工艺物料减压回收功带动机泵的能量所组成。此处回收的能量有2个部分，一部分是用于体系内部，成为工艺总用能的一部分的回收循环能E_R；另一部分是用于体系外或用于转换环节的回收输出能量E_E。未回收的能量则为以散热、冷却、物料排弃等方式排入周围环境的能量E_J。

二、能耗计算

装置的综合能耗是反映一套装置技术水平高低的一项重要指标。装置的能耗一般主要包括以下几个方面：

(1) 加热炉所需燃料；

(2) 装置工艺用电动机泵所耗电能；

(3) 汽提、加热及辅助系统所用蒸汽；

(4) 其他能耗。包括：循环冷却水、动力用风、新鲜水等。

国内外广泛使用当量燃料热值(Fuel Equivalent Value)法计算装置的综合能耗。通常能耗计算以燃料低位热值(LHV)为基准，其他能耗及非直接能耗的介质折合成当量燃料热值。当量燃料热值的换算系数见表9-3。

表9-3 燃料、电及耗能工质的统一能量换算系数

序号	类别	数量与单位	能量折算值/MJ	能源折算值/kg(标油)
1	电	1kW·h	9.63	0.23
2	新鲜水	1t	7.12	0.17
3	循环水	1t	4.19	0.10
4	软化水	1t	10.47	0.25
5	除盐水	1t	96.30	2.30
6	除氧水	1t	385.19	9.20
7	凝气式蒸汽轮机凝结水	1t	152.8	3.65
8	加热设备凝结水	1t	320.3	7.65
9	燃料油	1t	41868	1000
10	燃料气	1t	39775	950
11	催化烧焦	1t	39775	950
12	工业焦炭	1t	33494	800
13	10.0MPa级蒸汽	1t	3852	92
14	3.5MPa级蒸汽	1t	3684	88
15	1.0MPa级蒸汽	1t	3182	76
16	0.3MPa级蒸汽	1t	2763	66
17	<0.3MPa级蒸汽	1t	2303	55
18	低温余热	1MJ	0.5	0.012

注：①如为饱和蒸汽，则按焓值计算。

②即输出、输入规定温度以上的1MJ低温余热量时，折半按0.5MJ计入能耗。

装置综合能耗的计算方法如下：

1. 单耗

各动力消耗的单耗可用式(9-1)计算。

$$单耗=\frac{动力消耗量}{装置处理量} \tag{9-1}$$

式中，动力消耗的单位规定如下：水、蒸汽、燃料的单位为t，电能的单位为kW·h；装置处理量的单位为t。

2. 动力能耗

各动力消耗能耗等于各动力消耗的单耗乘以各能耗系数，即：

$$能耗=单耗\times能耗系数 \tag{9-2}$$

式中，能耗的单位为kg(标油)/t(原料)。能耗系数通常可按表9-3查得。

3. 装置综合能耗

装置综合能耗是由各动力消耗的能耗相加(如果装置有能量输出，则将输出能转换为相应能耗并作为负值加上)所得。装置综合能耗的国际单位为MJ/t。kg(标油)/t与MJ/t的转换关系式为：

$$1kg(标油)/t=41.868MJ/t$$

三、节能技术

润滑油生产装置常用的节能措施有变频调速技术、高效抽真空技术、装置间热供料、换热网络优化、提高加热炉热效率、溶剂回收多效蒸发等。

(一) 变频技术的节能应用

调频电机的投用具有启动平稳、噪声低、节能效果好等优点，对处理量和原料性质变化大的装置，调频电机能发挥节能的优势。

变频器通过对三相交流电的频率变化来改变异步电动机的转速，即：

$$n=60f/P \tag{9-3}$$

式中　n——电机转速，r/min；

　　f——交流电频率，Hz；

　　P——定子绕组的极对数。

从电机的结构可知道，一旦电机定型后，P(电机的极对数)是不能改变的，唯有关系式中的f值是可以变化的。当f值增加时，电机转速增加，反之减少，能够实现平滑无级的调速。而变频器就是接受4~20mA(直流电流)或1~5V(直流电压)控制信号，将其输入的380V、50H_Z的供电，变换成电压0~380V和频率f可调的输出电源去驱动电动机，实现了不同的频率f值对应不同的转速，这就是变频调速。常规调节回路由液面检测仪表、流量检测仪表、调节器、控制阀、机泵组成。由变频取代了控制阀，机泵的转速受控于电源频率的变化。只要控制了机泵的转速，就控制了泵的排量。

根据离心泵的比例定律，在n与n'下的流量Q与Q'、扬程H和H'、功率N和N'分别与转速有下列关系：

$$\frac{Q'}{Q}=\frac{n'}{n}\text{；}\frac{H'}{H}=\left(\frac{n'}{n}\right)^2\text{；}\frac{N'}{N}=\left(\frac{n'}{n}\right)^3 \tag{9-4}$$

式中　Q'、H'、N'——转速为n'时泵的性能；

Q、H、N——转速为 n 时泵的性能。

由上述关系可知，机泵的能耗与转速的立方成正比，即同样的排量机泵的转速降低，则功耗会大大降低，从而达到节电的目的。通过变频控制，调节电机交流电的频率就能调节离心泵流量、扬程、功率，使之符合工艺要求，以消除泵出口调节阀节流引起的能量损失。

（二）高效抽真空设备

减压蒸馏压的抽真空设备通常采用蒸汽喷射器或机械真空泵。蒸汽喷射器是以蒸汽作为工作介质的喷射真空泵，其结构简单，使用可靠而无需机械动力。但蒸汽喷射器的能量利用效率较低，仅2%左右。机械真空泵的能量利用效率与蒸汽喷射器相比一般高8~10倍，同时还能减少含硫污水排放量。蒸汽喷射器和机械真空泵的能耗对比见表9-4：

表9-4　蒸汽喷射器与其他机械真空泵的能耗对比

吸入压力(A)/kPa	能耗/(kJ/kg 空气)		
	蒸汽喷射器	液环泵	机械真空泵
66.6	1745.6	159.1	105
33.3	7007.4	347.4	226
16.6	17522.6	690	422.8
8.33	15140.8	1331.2	636.5
1.3	47686.9	11343.6	2779.5

另外，如在设计时将减压蒸馏的蒸汽抽空器按照减压蒸馏负荷不同，设计成几台不同抽空能力的抽空器并联，如40%、60%、80%，可根据实际情况进行切换，会取得较好的节能效果。

（三）装置间热供料

热供料是热联合的一种形式，基于装置之间的物料直供，即上游装置的产品物流不经冷却或者不完全冷却，且不进中间储罐，直接引至下游装置的原料缓冲罐作为进料。实施热供料可以避免物料的重复冷却和再加热，降低过程能耗。

某公司白土补充精制装置，采用100℃左右的糠醛精制油直接送入白土装置混合罐的方法，提高了原料进炉温度，降低了燃料消耗，从而降低了装置的能耗，又减少了中间过程环节。

（四）换热网络优化

换热网络优化节能技术是近几年来研究开发的高新技术成果，对提高能量转换环节，减少装置供入能耗发挥了重要作用。

采用"窄点"换热技术，有利于换热网络的优化，可以更好地回收利用大量的中低温位热量。"窄点"换热技术的应用，同时也增加原料的换热次数，提高换热强度，减少每次换热所需的换热面积，就有可能使用较小的换热面积或较少换热器台数，这样，建设投资小，介质在系统管路和设备中产生压降小，"窄点"换热的优势能够更好发挥。

（五）提高加热炉热效率

加热炉燃料消耗占装置总能耗的75%~85%，是装置能耗的大头，也是装置节能最有潜力可挖的部分，提高加热炉热效率应从以下几个方面入手。

1. 降低过剩空气系数

加热炉燃烧所用实际空气量与理论空气量之差叫过剩空气量，二者之比叫过剩空气系数

α。在实际操作中，如果过剩空气量增加，排烟时大量的过剩空气将热量带走排入大气，使排烟热损失增加，加热炉热效率降低。由于过剩空气是在排烟温度下排入大气的，所以排烟温度越高，过剩空气所带走的热量就越多，对热效率的影响就越大。由此可见，降低过剩空气系数可以有效地减少排烟损失，提高热效率。

降低过剩空气系数的办法很多。首先是要选用性能良好的燃烧器，保证在较低的过剩空气系数下能完全燃烧；其次是在操作过程中调节好“三门一板”(风门、汽门、油门和烟道挡板)，确保管式炉在合理的过剩空气系数下运转，既不让过剩空气量太大，也不让过剩空气不够而出现不完全燃烧；再次是做好管式炉的堵漏，因为炼油管式炉都是负压操作，如果看火门、人孔门、弯头箱盖板等关闭不严或炉墙有泄漏，则从这些地方进入炉内的空气一般都不参与燃烧而白白带走热量。

过剩空气系数太大不仅使热效率降低，还有其他许多害处，例如加速炉管和炉内结构件的氧化、提高 SO_2 向 SO_3 的转化率从而加剧低温露点腐蚀等。

2. 降低排烟温度

1）减小末端温差

减小末端温差，即减小排烟温度与被加热介质入对流室温度之差。末端温差大，一次投资少，但管式炉热效率低，运转费用高；末端温差小，一次投资大，管式炉热效率高，运转费用低。末端温差以 50~100℃为宜。

2）将需要加热的低温介质引入对流室末端

在有些溶剂精制装置中，可以把管式炉对流室作为换热器，在加入换热流程中一并优化，将一部分冷进料(如进脱气塔前冷原料)引入对流室末端，而将另一部分需要换热的热油品用来预热空气。

3）采用各种空气预热器

空气预热器是由烟气直接加热空气，回收其废热。它的优点在于自成体系，不受工艺过程的约束。如国内大部分糠醛精制装置加热炉改造过程中，增设了空气预热器，这样在管式炉其他参数不变的情况下，参与燃烧的空气温度每提高 20℃，加热炉热效率可提高一个百分点。

4）除灰除垢

不完全燃烧产生的碳粒和燃料中的灰分等烟尘均会附着于对流室炉管的外表面，增加热阻，降低热效率。随着积灰的增加，排烟温度迅速上升，热效率显著下降。为了保证管式炉长期在较高的热效率下运转，必须坚持用吹灰器定期清除积灰。

5）加热炉出口温度采用串级控制

加热炉出口总管温度是加热炉环节最为重要的参数，炉出口温度稳定，对后续工艺生产操作平稳、保证产品质量至关重要。现在使用较多的为串级控制系统：出口温度控制器的输出作为炉膛温度的设定值，炉膛温度控制器的输出作为燃料量的给定值，燃料量控制器再去控制调节阀。这种串级控制利用炉膛温度的重要信息，有利于克服某些装置燃料压力波动的影响，但反过来对炉膛温度测量的准确性要求较高。

6）降低不完全燃烧损失

在排烟损失中，除了前面所述烟气热量的物理损失外，还有由于不完全燃烧而造成的化学损失(如生成 CO、炭颗粒)，产生大气污染。炭粒还会造成对流室炉管表面积灰，影响传热效果。

降低不完全燃烧的措施首先是选用性能良好的燃烧器，并及时和定期地进行维护，使燃烧器长期在良好状态下运行，以保证在正常操作范围内能完全燃烧。其次是在操作中精心调节“三门一板”，以保证过剩空气量既不太多，也不太少。

7）降低散热损失

管式炉外壁以辐射和对流 2 种方式向大气散热。散热量与炉外壁温度、环境温度和风速等有关。当内壁温度一定，炉墙材质、结构和尺寸已一定时，环境温度下降，炉外壁温度也下降，但实际温差变化不大，散热损失变化也不大。同样，环境风速增加，外壁温度也降低，虽对流传热系数增加，但散热量变化也不大。

管式炉的热损失并不大，一般只占加热炉总热量的 1.5%~3%。因此靠减少散热损失来提高热效率的余地并不大。但对于已经使用多年、炉墙已有损坏的加热炉，及时修补炉墙对减少散热损失，提高热效率却是很有必要的。

（六）溶剂回收系统多效蒸发

在溶剂精制装置中，溶剂回收部分约占整个装置能耗的 75%~85%，而抽出液回收系统的能耗又约占溶剂回收能耗的 70%。国内在 20 世纪 60 年代末使用的是一效蒸发，到 70 年代中期开始采用二效蒸发，80 年代中期开始采用三效蒸发，并增设蒸汽发生器，使装置能耗下降。采用三效蒸发工艺不仅可降低加热炉热负荷及装置能耗，而且可减少因炉管局部过热引起的糠醛高温氧化分解，同时也减少了溶剂的消耗。国内已改造的多套糠醛装置均取得良好的效果。

精制液回收采用在汽提之前进行闪蒸的技术，可闪蒸出部分溶剂，使得精制液汽提塔的负荷得以大幅度下降。在汽提蒸汽量减少的同时，水溶液系统、溶剂干燥系统的负荷也相应降低。另外采用精制液替代水溶液做精液汽提塔的回流，能降低水溶液系统和加热炉的负荷，有利于节能。

同样，多效蒸发在酮苯装置也得到了广泛应用。

（七）溶剂精制沉降技术应用

在溶剂精制装置综合能耗构成中，燃料单耗一般占总能耗 75%~85%，是影响装置综合能耗的主要因素。燃料的消耗主要与新鲜溶剂比有关，新鲜溶剂比越大，回收溶剂所需要的能量越高，加热炉消耗的燃料越大。因此国内外部分装置采用双溶剂回收技术、双塔两段抽提技术以及精制液沉降等技术的应用，既可以降低新鲜溶剂比，又可以降低加热炉负荷，从而实现降低装置能耗的目的。

（八）白土采用络合脱氮工艺

基础油中氮含量普遍偏高，随着络合脱氮工艺工业化应用，采用脱氮白土复合精制工艺解决了润滑油氧化安定性不好的问题。但是，白土补充精制工艺存在的问题是采用加热炉加热，精制温度高，能耗大，排出的废白土渣污染环境严重，含油高，油品损失大。针对这种情况，可以采用低温高效吸附工艺，采用低温高效吸附剂替代活性白土。从某厂的应用情况来看，采用低温高效吸附剂替代活性白土，精制温度由 120~130℃降到 80~90℃，加入吸附剂量只是白土补充精制工艺加入白土量的 1/8~1/3，并关停了加热炉，使能耗降低 50%以上，而且由于废吸附剂由厂家回收处理，可实现环境污染“零”排放，白土渣含油损失大大降低；某厂润滑油补充精制装置采用了“润滑油装置应用无白土工艺”，并对给粉机加料系统、混合罐搅拌系统和蒸汽加热系统三大部分实施了技术改造，确定采用低温吸附剂代替白土进行基础油精制，应用效果与现有工艺、设备完全相适应，而且该吸附剂属于低温高效吸附剂，生产过程中可以取消加热炉的加热工序，可使装置能耗可下降60%～70%；某公司在白土补充精制装置的前部增上液相脱氮-白土联合工艺，可将加热炉出口温度降低30℃，从而大大降低燃料气用量。

（九）润滑油加氢装置的节能降耗措施

1. 优化工艺流程

采用炉前混氢技术，提高换热的传热效率，减少换热设备，降低系统压降。

在反应系统中采用热高分流程，降低反应产物的冷却负荷及反应生成油分馏加热炉负荷。

加氢装置双反应器流程中，在精制反应器与裂化反应器之间设立反应进料加热炉的进料换热器，可回收部分热量，降低加热炉负荷，减少燃料耗量。

2. 采用高性能催化剂

催化剂性能决定着加氢过程的反应压力、反应温度，也影响氢耗、目的产品的收率、气体产率和加氢反应热等。采用高活性、高稳定性的催化剂对降低装置能耗有着举足轻重的影响。

3. 充分合理利用反应热

加氢过程中产生大量反应热。进行换热网络优化设计，使换热流程优化匹配，充分回收反应热各温位热量，用来加热进料、氢气以及去下游分馏的加氢生成油或产生蒸汽，最大限度地减少冷、热公用工程用量，这是加氢装置节能的关键。

4. 采用高效设备

采用逆向传热、不需考虑温差校正系数的U形管双壳程换热器。其优点是：换热效率高；更适用于温差小的传热过程；除可多回收热量外，与使用多台串联的单壳程换热器相比，反应系统压力降小，可减少循环氢压缩机的压缩能耗。

采用节能型电机，特别是大型节能电机。

尽量采用高效油泵。

采用卧管双面辐射炉型的反应进料加热炉。这种炉型的炉管接受双面辐射，其平均热强度比圆通炉大1.5倍，可以大大减少加热面积，缩小炉管总长度，弯头数量也少了，因而大幅度减少炉管压力降，降低压缩机驱动能耗。用于反应进料加热的双面辐射加热炉一般不在对流室敷设高压炉管，可在对流室安排其他工艺流体取热（如预热油品、空气或产生水蒸气等），加热炉综合热效率可达90%。

5. 能量回收

在大型加氢装置采用液力透平回收从高压分离器减压排至低压分离的工艺流体的压力能，用来带动反应器进料泵，可回收约60%的能量。

6. 回收利用低温热

生产过程中有很大一部分高品位能量变成了低品位（低温）能量，这些能量以各种形式排至环境而损失掉。这些低品位（低温）能量包括：

（1）150～200℃以下油品的热量通过冷却排至环境；

（2）压力在0.3MPa以下乏气和凝结水排入环境；

（3）400℃以下的加热炉烟气排入大气。

以上这些热量总合起来数量相当大，其利用程度对装置内的能耗有较大影响。例如若将加氢裂化装置≥100℃以上物料的热量加以回收，则装置能耗可降低10%~20%。

回收利用低温热的原则是采用原级利用措施，即按温位及热量进行匹配直接换热回收利用。这些措施包括：预热原料，减少加热炉热负荷，节约燃料，预热各种工业用水(包括软化水、锅炉给水等)，节约蒸汽，用于生活供热，上、下游装置的热联合，用于轻烃装置做重沸器热源，预热加热炉用空气，加热工艺及仪表管线伴热用水。

对以上低温热的利用程度，应根据其经济性评估决定。

第十章　工艺与设备计算

第一节　概　　述

本书所涵盖有关于基础油生产的装置有减压蒸馏装置、丙烷脱沥青装置、溶剂精制装置、溶剂脱蜡装置、白土精制装置以及润滑油加氢装置，而各装置所涉及的计算有工艺计算，也有设备计算。

减压分馏装置主要包括常压渣油加热、蒸馏、减顶抽真空、油品输送、换热和冷却等操作单元。装置的主要工艺是通过减压分馏塔实现油品的分离，故在生产中需要平衡好减压塔的物料和热量，必要时需要进行简单的物料和热量计算。减压炉、减压塔是装置的关键操作设备，同时基于减压蒸馏的特点，减顶抽真空系统也是装置的关键操作设备。减压蒸馏的计算主要有物流、机泵、换热器、加热炉、简单物料和热量等计算。

丙烷脱沥青装置主要包括原料萃取、溶剂回收、丙烷气体压缩、原料、油品以及溶剂输送等操作单元。脱沥青油通过萃取单元生产，关键生产设备是丙烷抽提塔。对萃取单元，在操作压力、温度一定的条件下，表征其主要工艺操作性能的参数有溶剂比，对不同的原料和产品，在生产操作上都有一个适宜的溶剂比；对抽提塔，表征其生产能力的主要指标是表观比负荷，也是判断抽提塔是否处于正常操作范围的重要参数。丙烷脱沥青的简单计算有物流、机泵、加热炉、换热器、压缩机、简单物料、能耗等计算。

溶剂精制装置的工艺计算除常用的物流计算、有关泵的计算以及换热器和加热炉计算外，还涉及以下几个方面的内容：溶剂比、塔物料平衡、抽提塔表观比负荷、蒸发塔溶剂蒸发率、收率、装置简短热平衡、装置能耗的有关计算等。

溶剂脱蜡装置主要包括结晶、过滤、溶剂回收、惰性气体循环、氨冷冻、物流输送等操作单元。装置原料油经过结晶、过滤、溶剂回收能够生产出脱蜡油、脱油蜡以及蜡下油。装置脱蜡脱油的专用设备是套管结晶器、真空转鼓过滤机。酮苯脱蜡脱油的简单计算有物流、机泵、换热器、过滤机、压缩机、简单物料、能耗、溶剂回收、惰性气系统等计算。

白土精制装置的工艺计算除了有关泵的计算、加热炉以及换热器计算外，还包括蒸发停留时间、过滤器的计算，综合能耗计算以及相关工艺计算等。

虽然润滑油加氢装置品种多样，但在流程设置上有一定的共性，装置都由反应和分馏两大部分组成。反应部分主要包括原料预处理、加氢反应、高压气液分离和循环；分馏部分主要包括产品常(减)压分离、油品输送、换热等操作单元。因此装置的简单计算主要有反应条件计算，容器、机泵、换热器、加热炉、塔计算以及能耗计算等。

综上所述，本章计算内容主要包括：物流、物料、能耗、润滑油加氢装置反应条件、安全气系统、溶剂回收算等工艺计算，以及加热炉、换热器、反应器、泵、过滤机、压缩机、塔类等设备计算。

第二节　工艺计算

一、物流计算

（一）流量计算公式

单位时间内流过管道任一截面的液体量，称为流量。若流量用体积来计量，则称体积流量，以 V_s 表示，其单位为 m^3/s。若流量用质量来计算，则称为质量流量，以 W_s 表示，其单位为 kg/s。体积流量与质量流量的关系为：

$$W_s = V_s\rho \tag{10-1}$$

式中　ρ——液体密度，kg/m^3。

单位时间内流体在流动方向上所流过的距离，称为流速，以 v 表示，其单位为 m/s。液体流经管道任一截面上各点的流速沿管径而变化，即在管截面中心最大，越靠近管壁流速越小，在管壁处的流速为零。在工程计算上为方便起见，流体的流速通常要指整个管截面上的平均流速，其表达式为：

$$u = V_s/A \tag{10-2}$$

式中　A——与流动方向垂直的管道截面积，m^2；

u——管道平均流速，m/s。

由式(10-1)与式(10-2)可得流量与流速的关系，即

$$W_s = V_s\rho = uA\rho \tag{10-3}$$

由于气体的体积流量随温度和压强而变化，显然，气体的流速亦随之而变。因此，采用质量流速就较为方便。质量流速的定义是单位时间内流过管道单位截面积的质量，亦称为质量通量，以 G 表示，其表达式为：

$$G = W_s/A = V_s\rho/A = u\rho \tag{10-4}$$

式中，G 的单位为 $kg/(m^2 \cdot s)$。

一般管道的截面均为圆形，若以 D 表示管道的内径，则式(10-2)可变为：

$$u = \frac{V_s}{\frac{\pi}{4}D^2} \tag{10-5}$$

于是

$$D = \sqrt{\frac{4V_s}{\pi u}} \tag{10-6}$$

式中　D——管道的内径，m；

V_s——体积流量，m^3/s；

u——管道平均流速，m/s。

流体输送管路所需的直径可根据流量和流速，用式(10-6)进行设计计算。流量一般由生产任务决定，所以关键在于选择合适的流速。若流速选得太大，管径虽然可以减小，但流体流过管路的阻力增大，消耗的动力就大，操作费用就随之增加。反之，若流速选得太小，操作费用就可以相应减小，但管径增大，管路的基建费随之增加。所以流体以大流量在长距离的管路中输送时，需要根据具体情况在操作费与基建费之间权衡，来确定适宜的流速。车间内部的工艺管线通常较短，管内流速可以选用经验数据，某些流体在管道中的常用流速范围可查表获得。

在丙烷脱沥青与溶剂精制装置中有关溶剂比的定义如下：

体积溶剂比：
$$n_v = \frac{V_{溶剂}}{V_{原料油}} \quad (10-7)$$

式中　n_v——体积溶剂比；

$V_{溶剂}$——进入抽提塔的溶剂体积流量，包括主溶剂、副溶剂、预稀释溶剂等，m^3/h；

$V_{原料油}$——进入抽提塔的原料油体积流量，m^3/h。

溶剂质量比：
$$n_G = \frac{G_{溶剂}}{G_{原料油}} \quad (10-8)$$

式中　n_G——溶剂质量比；

$G_{溶剂}$——进入抽提塔的溶剂重量流量，包括主溶剂、副溶剂、预稀释溶剂等，kg/h；

$G_{原料油}$——进入抽提塔的原料渣油重量流量，kg/h。

（二）例题

（1）已知减二线出装置流量为51t/h，出装置管道直径150mm，密度为846kg/m³，求减二线体积流量和流速。

解：$V=G/\rho=51000/846=60.28m^3/h$

$$S=\frac{\pi}{4}D^2=\frac{\pi}{4}\times\left(\frac{150}{1000}\right)^2=0.018m^2$$

$$u=\frac{V}{S}=\left(\frac{60.28}{3600}\right)/0.018=0.95m/s$$

答：减二线体积流量60.28m³/h，流速0.95m/s。

（2）已知减压塔塔釜直径2.4m，高度2m，正常操作时控制塔釜液面在塔釜高度的50%左右，减底泵以193m³/h的速度向外输送减渣，求减渣在塔釜中的停留时间？（塔釜封头容积不计）

解：液体在塔釜中体积 $V=\frac{\pi}{4}D^2\times H\times 0.5=\frac{\pi}{4}\times 2.4^2\times 2\times 0.5=4.52m^3$

停留时间 $\tau=\frac{V}{V_S}=\frac{4.52}{193/60}=1.41min$

答：减渣在塔釜中的停留时间为1.41min。

（3）已知减压塔进料量340t/h，减底渣油140t/h，减压过汽化油为全抽出，减压塔进料段塔径为8.4m，求减压塔进料段蒸馏强度。

解：减压塔进料汽化量 $G_{油气}=340-140=200t/h$

减压塔进料段截面积 $S=\frac{\pi}{4}D^2=\frac{\pi}{4}\times 8.4^2=55.40m^2$

蒸馏强度 $q=\frac{G_{油气}}{S}=\frac{200}{55.4}=3.61m^3/(m^2\cdot h)$

答：减压塔进料段蒸馏强度3.61m³/(m²·h)。

（4）现丙烷脱沥青装置的加工量为28m³/h，减压渣油进料温度下的密度为900kg/m³；萃取塔主丙烷流量为137m³/h、副丙烷流量为25m³/h、预稀释丙烷流量为20m³/h。主丙烷和预稀释丙烷温度为47℃，密度为460kg/m³；副丙烷温度为40℃，密度为471kg/m³，分别计算此时丙烷与减压渣油的体积溶剂比和重量溶剂比。

解：体积溶剂比：$\frac{V_{溶剂}}{V_{减渣}} = \frac{137 + 25 + 20}{28} = 6.5$

减压渣油的重量流量：$G_{减渣} = V_{减渣} \times \rho_{减渣} = 28 \times 900 = 25200\text{kg/h}$

丙烷的重量流量：$G_{溶剂} = \sum (V_{溶剂} \times \rho_{溶剂}) = (137 \times 460) + (25 \times 460) + (20 \times 471) = 83995\text{kg/h}$

重量溶剂比：$\frac{G_{溶剂}}{G_{减渣}} = \frac{83995}{25200} = 3.3$

答：此时的体积溶剂比及重量溶剂比分别为 6.5 和 3.3。

（5）已知萃取塔的容积为 62.8m³，塔的高度为 10m，介面层高度为 3m，塔底流量为 20m³/h，求物料在塔底的停留时间？

解：设界面层容积与界面高度和塔的高度成比例，

则界面层容积：$V_{界面} = V_{塔} \times \frac{H_{界面}}{H_{塔}} = 62.8 \times \frac{3}{10} = 18.8\text{m}^3$

停留时间：$t = \frac{V_{界面}}{V} = \frac{18.8}{20/60} = 56.5\text{min}$

答：物料在塔底的停留时间 56.5min。

（6）丙烷装置萃取塔的塔底流量为 25m³/h，塔底界面层高度为 5m，塔底的停留时间为 74min。求萃取塔的直径。

解：塔底物流体积：$V = V_S t = 25 \times \left(\frac{74}{60}\right) = 30.8\text{m}^3$

萃取塔直径 D：由 $V = \frac{\pi}{4} D^2 H$

$$D = \sqrt{\frac{4V}{\pi H}} = \sqrt{\frac{4 \times 30.8}{5\pi}} = 2.8\text{m}$$

答：萃取塔直径为 2.8m。

（7）某塔底流量 30m³/h，塔直径 2.8m，液体在塔内高度为 5m，求停留时间是多少？

解：液体在塔底占有体积：$V = \frac{\pi}{4} D^2 H = \frac{\pi}{4} \times 2.8^2 \times 5 = 30.8\text{m}^3$

停留时间：$t = \frac{V}{V_S} = \frac{30.8}{30} \times 60 = 61.5\text{min}$

答：停留时间为 61.5min。

（8）已知汽提塔的直径为 1.0m，塔总高为 12m，其中筒体段高 11.5m，两端封头各高 0.25m，求塔的容积为多少？

解：$V_{筒体} = \frac{\pi}{4} D^2 H_{筒体} = \frac{\pi}{4} \times 1.0^2 \times 11.5 = 9.0\text{m}^3$

$V_{封头} = \frac{3}{4} \cdot \frac{\pi}{4} D^2 H_{封头} = \frac{3}{4} \times \frac{\pi}{4} \times 1.0^2 \times 0.25 = 0.2\text{m}^3$

$V_{塔} = V_{筒体} + 2V_{封头} = 9.0 + 2 \times 0.2 = 9.3\text{m}^3$

答：塔的容积为 9.3m³。

（9）已知某脱蜡装置处理减三线油，原料流量为 40t/h，一次、二次溶剂流量分别为

32t/h、56t/h，问总稀释比是多少？

解：总稀释比：$\frac{G_{溶剂}}{G_{原料}}=\frac{32+56}{40}=2.2:1$

答：总稀释比为2.2∶1。

(10) 有一蒸发塔，塔釜容积为20m³，正常操作时控制塔釜液面在50%左右，塔底泵以120m³/h的速度向外输送介质，求介质在塔釜中的停留时间？

解：停留时间：$t=\frac{V}{V_S}=\frac{20\times50\%}{120}\times60=5\mathrm{min}$

答：停留时间为5min。

(11) 已知某塔塔径1.4m，塔高15m，求该塔体积？（忽略两端封头体积）

解：$V_{塔}=\frac{\pi}{4}D^2H_{筒体}=\frac{\pi}{4}\times1.4^2\times15=23\mathrm{m}^3$

答：该塔的体积为23m³。

(12) 某油品的流量为80m³/h，其相对密度为0.82，求质量流量为多少(单位为kg/s)？

解：$W=Q\rho=\frac{80\times0.82\times1000}{3600}=18.22\mathrm{kg/s}$

答：质量流量为18.22kg/s。

(13) 精制油出装置的流量为36t/h，该油品相对密度为0.800，装满500m³的罐需要多少时间？

解：$Q=\frac{W}{\rho}=\frac{36\times1000}{0.800\times1000}=45\mathrm{m}^3/\mathrm{h}$

所需时间=500/45=11.1h

答：装满500m³的罐需要11.1h。

(14) 某塔侧线管的规格为219mm×8mm，馏出油的流量为50.6t/h，相对密度为0.675，试计算侧线馏出油的流速为多少(单位为m/s)？

解：侧线管的截面积为：

$$S=\frac{\pi}{4}D^2=\frac{3.14}{4}\times[(219-2\times8)\times10^{-3}]^2=3.23\times10^{-2}\mathrm{m}^2$$

$$u=\frac{Q}{S}=\frac{W}{S\cdot\rho}=\frac{50.6\times1000}{3.23\times10^{-2}\times0.675\times1000\times3600}=0.64\mathrm{m/s}$$

答：侧线馏出油的流速为0.64m/s。

(15) 某一白土蒸发塔塔底锥体高1m，塔高20m，直径1.6m，问当装置处理量为20t/h，塔液位40%时，停留时间多少分钟？油品密度887.0kg/m³。

解：$V_1=\frac{1}{12}\pi D^2H_1=1/12(3.14\times1.6^2)\times1=0.67\mathrm{m}^3$

$$V_2=\frac{1}{4}\pi D^2(40\%H-H_1)=3.14/4\times1.6^2\times(40\%\times20-1)=14.07\mathrm{m}^3$$

$$t=\frac{(v_1+v_2)\times60\rho}{W}=\frac{(0.67+14.07)\times60\times887.0}{20000}=39.2\mathrm{min}$$

答：停留时间为39.2min。

(16) 某加氢装置缓冲罐，内径为2m，高为8m，油品的相对密度为0.8，每小时进料量为$20m^3$，求：①该缓冲罐能装多少油？②该缓冲罐液面控制50%，请问油品在该罐的停留时间？

解：①缓冲罐体积 $V=3.14\times(2/2)^2\times8=25.12m^3$

缓冲罐能装油量 $G=25.12\times0.8=20.10t$

②停留时间 $t=25.12\times0.5\div20=0.63h$

答：油品在该罐的停留时间为0.63h。

二、简单物料计算

例题

(1)已知某次标定中，减压塔进料340t/h，减三线在24h内进入储罐的量为$990m^3$，减三线密度为$860kg/m^3$，求减三线收率。

解：减三线重量流率 $G_{减三}=V_{减三}\times\rho_{减三}=\frac{990}{24}\times\frac{860}{1000}=35.5t/h$

减三线收率 $y_{减三}=\frac{G_{减三}}{G_{进料}}\times100\%=\frac{35.5}{340}\times100\%=10.4\%$

答：减三线收率为10.4%。

(2) 已知减二中流量160t/h，自减压塔抽出温度327℃，返塔温度247℃，求减二中取热量。[减二中比热0.685kcal/(kg·℃)]

解：减二中取热量

$Q=G\times C_p\times(t_1-t_2)=160\times1000\times0.685\times(327-247)=876.8\times10^4kcal/h$

答：减二中取热量为$876.8\times10^4kcal/h$。

(3) 某炼厂有两套丙烷脱沥青装置，两套原料加工量为1500t/h，其中一套加工量为700t/h，二套加工量为800t/h，一套轻油收率为48%，二套轻油收率为45%，两套重油收率为6.3%，求轻重油品总收率。

解：一套轻油产量：$G_{轻油1}=G_1\times w\%_{轻油1}=700\times48\%=336t/h$

二套轻油产量：$G_{轻油2}=G_2\times w\%_{轻油2}=800\times45\%=360t/h$

两套重油产量：$G_{重油}=G\times w\%_{重油}=1500\times6.3\%=94.5t/h$

轻重油品总收率：

$$w\%_{轻重油}=\frac{G_{轻油1}+G_{轻油2}+G_{重油}}{G}=\frac{336+360+94.5}{1500}\times100\%=52.7\%$$

答：轻重油品总收率为52.7%。

(4) 蒸发塔内入口总流量为30t/h，丙烷含量为30%(质量分数)，出口油品中油的含量为90%(质量分数)，求每小时回收丙烷量为多少？

解：因油品基本不蒸发，设蒸发塔入口油品量和塔底出口油品相等，

则按题意：入口丙烷量：$G_{入口丙烷}=G_{入口}\times w\%_{入口丙烷}=30\times30\%=9.0t/h$

入口油品量：$G_{油品}=G_{入口}-G_{入口丙烷}=30-9.0=21.0t/h$

出口总流量：$G_{出口}=G_{油品}\div w\%_{油品}=21.0\div90\%=23.3t/h$

回收丙烷量：$G_{回收丙烷}=G_{入口}-G_{出口}=30-23.3=6.7t/h$

答：每小时回收丙烷量为6.7t。

（5）酮苯装置日加工量是900t，油收率为55%，油含溶剂为0.05%，求每天油回收系统损失多少溶剂？

解：$G_{油} = G_{原料} \times w\%_{油} = 900 \times 55\% = 495t/d$

$G_{损失溶剂} = G_{油} \times w\%_{油含溶剂} = 495 \times 0.05\% = 0.25t/d$

答：每天油回收系统损失0.25t溶剂。

（6）在生产平稳的情况下，原料进料为45000kg/h，脱蜡油收率为55%，滤液泵输出量为95000kg/h，脱蜡油含溶剂为0.04%，求油回收系统每天有多少溶剂随油送出？

解：$G_{脱蜡油} = G_{原料} \times w\%_{脱蜡油} = 45000 \times 55\% = 24750kg/h$

$G_{脱蜡油携带溶剂} = G_{脱蜡油} \times w\%_{油含溶剂} = 24750 \times 0.04\% \times 24 = 237.6kg/d$

答：油回收系统每天有237.6kg溶剂随油送出。

（7）酮苯脱蜡装置日加工原料1000t，脱油蜡出装置时含油0.5%，脱油蜡收率为36%，求当脱油蜡含油1.4%时其收率是多少？

解：$G_{干蜡} = G_{原料} \times w\%_{脱蜡油} \times (1 - w\%_{蜡含油}) = 1000 \times 36\% \times (1 - 0.5\%) = 358.2t/d$

含油1.4%的蜡量：$G_{脱油蜡} = \dfrac{G_{干蜡}}{1 - w\%_{蜡含油}} = \dfrac{358.2}{1 - 1.4\%} = 363.3t/d$

收率：$w\%_{脱油蜡} = \dfrac{G_{脱油蜡}}{G_{原料}} \times 100\% = \dfrac{363.3}{1000} \times 100\% = 36.3\%$

答：当脱油蜡含油1.4%时其收率是36.3%。

（8）酮苯脱蜡装置日加工原料960t，脱油蜡出装置流量是$10m^3/h$，密度$0.8t/m^3$，求脱油蜡收率是多少？

解：收率：$w\%_{脱油蜡} = \dfrac{G_{脱油蜡}}{G_{原料}} \times 100\% = \dfrac{10 \times 0.8 \times 24}{960} \times 100\% = 20\%$

答：脱油蜡收率是20%。

（9）某糠醛精制装置的精制液汽提塔进料量是25t/h，若精制油出装置的量为20.75t/h，试计算抽提塔顶精制液的含醛比例。（忽略损耗）

解：全塔物料衡算：$F = D + W$（塔进料量=塔顶馏出量+塔底馏出量）

（精制液汽提塔进料中的溶剂，在汽提后由塔顶蒸出，忽略损耗是指在这里忽略塔顶携带油量、精制油中微量溶剂等。）

则：塔顶蒸发糠醛量：$D = F - W = 25 - 20.75 = 4.25t/h$

可得：精液中的含醛比例$= \dfrac{糠醛量}{精制液量} \times 100\% = \dfrac{4.25}{25} \times 100\% = 17\%$

答：精制液中的含醛比例为17%。

抽出液汽提塔的物料衡算与此类似。

（10）已知糠醛流入340#油罐的流量为18t/h，白土抽用该罐量为35t/h，该罐的直径为12m，中午12：00检尺时油米为5.2m，求该罐何时可接近抽空？白土抽用管线内流速为多少（单位为m/s）？（提示：油品相对密度为0.84，管线外径为159mm，壁厚为12mm）

已知：$U_1 = 18t/h$　　$U_2 = 35t/h$　　$D_1 = 123m$　　$H = 5.2m$　　$r = 0.84$

解：油罐中的量：$G = 0.785D^2Hr = 0.785 \times 12^2 \times 5.2 \times 0.84 = 493.76t$

油罐接近抽空时间：$T=G/(U_2-U_1)=493.76/(35-18)=29.04$h

白土抽用管线直径为：$D_2=(0.159-0.012)=0.15$m

管线截面积：$A=0.785D_2{}^2=0.785\times0.15^2=0.02\text{m}^2$

白土抽用体积流量：$V=U_2/r=35/0.84=41.67\text{m}^3/\text{h}$

白土抽用管线流速 $S=V/A=41.67/(0.02\times3600)=0.68\text{m/s}$

答：该罐 29.04h 后可接近抽空；白土抽用管线内流速为 0.68m/s。

（11）某白土装置统计年处理量为 12×10^4t，消耗白土量为 4500t，并测得白土平均含水率为 8.5%，白土渣平均含油率为 26%，求该白土装置收率？

解：干燥白土：4500(1−8.5%)＝41170.5t

白土渣量：4117.5/(1−26%)＝5564.2t

白土渣含油量：5564.2−4117.2＝1446.7t

装置得成品油量：120000−1446.7＝118553.3t

该装置收率：（118553.3/120000）/100%＝98.8%

答：该装置收率为 98.8%。

（12）某塔内径 1000mm，进塔气体流量为 $600\text{m}^3/\text{h}$，求该塔气体相段截面的空塔线速是多少？

解：空塔线速 $W=V/(\pi d^2/4)=600/0.785\times1^2\times3600=0.212\text{m/s}$

答：该塔气体相段截面的空塔线速 0.212m/s。

（13）某塔塔内径为 1.895m，空塔线速为 0.8m/s，求体积流量为多少？

解：$V=\pi D_2\times$空塔线速$/4=3.14\times1.895^2\times0.8/4=2.255\text{m}^3/\text{s}$

答：体积流量为 $2.255\text{m}^3/\text{s}$。

三、能耗计算

装置综合能耗是由各动力消耗的能耗相加（如果装置有能量输出，则将输出能转换为相应能耗并作为负值加上）所得。装置综合能耗的国际单位为 MJ/t。kg 标油/t 与 MJ/t 的转换关系式为：

$$1\text{kg(标油)/t}=41.868\text{MJ/t}$$

例题

（1）车间瓦斯单耗 8.9kg/t（原料），1.0MPa 蒸汽单耗为 0.257t/t（原料），电单耗 17.3kW · h/t 原料，计算车间能耗为多少？（瓦斯低热值 9500kcal/kg）

解：根据瓦斯低热值，其能源折算值 950kg（标油）/t，又查得 1.0MPa 蒸汽能源折算值 76kg 标油/t，电能源折算值 0.26kg（标油）/（kW · h），则

瓦斯能耗：（8.9/1000）×950＝8.46kg（标油）/t（原料）

1.0MPa 蒸汽能耗：0.257×76＝19.53kg（标油）/t（原料）

电能耗：17.3×0.26＝4.50kg（标油）/t（原料）

综合能耗：8.46+19.53+4.50＝32.49kg（标油）/t（原料）

答：车间能耗为 32.49kg（标油）/t（原料）。

（2）酮苯装置某天单位能耗为 87kg（标油）/t，燃料单耗为 0.0275t/t，试计算燃料单耗

占装置能耗百分数。[燃料能量换算系数为 1000kg(标油)/t(燃料)]

解：燃料单耗占装置能耗百分数=燃料单耗×能量换算系数/总能耗=0.0275×1000/87=31.61%

答：燃料单耗占装置能耗的 31.61%。

(3) 酮苯装置某月加工原料 23000t，消耗蒸汽(1.0MPa 级)7200t，1.0MPa 蒸汽能量换算系数为 76kg(标油)/t(蒸汽)，试计算蒸汽单耗为多少[折算为 kg(标油)/t(原料)]?

解：蒸汽单耗=蒸汽消耗量×能量换算系数/原料加工量=7200×76/23000=23.79kg(标油)/t(原料)

答：蒸汽单耗折能为 23.79kg(标油)/t(原料)。

(4) 某溶剂精制装置进行标定，当天生产处理量为 800t，生产所用 1.0MPa 蒸汽 15t，电用量为 1000kW · h，燃料油 2t，燃料气 4.0t，循环水 3800t，装置自产 0.30MPa 蒸汽 5t 并入蒸汽主网作为其他装置外用，试求装置标定时的综合能耗。

解：通过查得各动力消耗的能耗系数如下：1.0MPa 蒸汽能耗系数为 76；0.30MPa 蒸汽能耗系数为 66；电的能耗系数为 0.23；燃料油的能耗系数为 1000；燃料气的能耗系数为 950；循环水的能耗系数为 0.1。

① 1.0MPa 蒸汽能耗=15/800×76=1.425kg(标油)/t(原料)

② 并网 0.30MPa 蒸汽能耗=-5/800×66=-0.4125kg(标油)/t(原料)

③ 电的能耗=1000/800×0.23=0.2875kg(标油)/t(原料)

④ 燃料油的能耗=2/800×1000=2.5kg(标油)/t(原料)

⑤ 燃料气的能耗=4.0/800×950=4.75kg(标油)/t(原料)

⑥ 循环水的能耗=3800/800×0.1=0.475kg(标油)/t(原料)

则装置在标定时的综合能耗为：

1.425+(-0.4125)+0.2875+2.5+4.75+0.475=9.025kg(标油)/t(原料)

折算为 9.025×41.868=377.86MJ/t 原料

答：装置标定时的综合能耗为 377.86MJ/t 原料。

(5) 润滑油加氢装置某班的某日的加工量为 300t/h，其能耗记录为：循环水为 1000t，新水为 5t，软化水为 20t，脱氧水为 100t，中压蒸汽为 100t，低压蒸汽为 100t，燃料气为 10000Nm^3，电为 24000kW · h，总耗为多少(单位为 MJ)?

解：总耗=(循环水×能耗系数+新水×能耗系数+软化水×能耗系数+脱氧水×能耗系数+中压蒸汽×能耗系数+低压蒸汽×能耗系数+燃料气×能耗系数+电×能耗系数)×41.868

=(1000×0.1+5×0.18+20×2.3+100×9.2+100×88+100×(-76)+10000×0.4+24000×0.3)×41.868

=5.638×10^{5}MJ

答：总耗为 5.638×10^{5}MJ。

(6) 润滑油加氢装置某班的某日加工量为 300t/h，总耗为 5.638×10^{5}MJ，单耗为多少 MJ/t? 单耗为多少 kg(标油)/t?

解：单耗(MJ/t)= 总耗/加工量=563800/300=1879.3MJ/t

单耗[kg(标油)/t]=单耗/41.868=1879.3/41.868=44.9kg(标油)/t

答：单耗为 1879.3MJ/t。单耗为 44.9kg(标油)/t。

(7) 润滑油加氢装置某月半成品量为 18000t，损失量为 2%，月总能耗为 8000000MJ，问本月的单耗是多少？

解：月总加工量=半成品/收率=18000/(1-2%)=18400t

月单耗=月能耗/月总加工量=8000000/18400=435MJ/t

答：本月的单耗为435MJ/t。

四、溶剂回收计算

例题　滤液一次蒸发塔操作压力1.6atm(绝对)，操作温度104℃，塔进料去蜡油23400kg/h，甲已基酮63665kg/h，甲苯42443kg/h，水212kg/h，求一次蒸发塔溶剂重量蒸发率，并确定满足一次蒸发塔蒸发要求的最小塔径。已知有关物料性质见下表：

项　目	相对分子质量 M_i	液体活度系数 γ_i	蒸气压 P_{i0}/atm	液体操作密度 ρ_{Li}/(kg/m³)
去蜡油	400	—	0	820
甲乙基酮	72.107	1.114	2.11	717
甲苯	92.141	1.104	0.85	785
水	18.015	17.658	1.19	955

解：①求进料分子分率 z_i：

项　目	G_i/(kg/h)	M_i	N_{fi}/(kmol/h)	z_i
去蜡油	23400	400	58.5	0.0414
甲乙基酮	63665	72.107	882.92	0.6245
甲苯	42443	92.141	460.63	0.3258
水	212	18.015	11.77	0.0083
合计	129720		1413.82	1.0

② 求溶剂蒸发率 e：

已知 π=1.6atm(绝对)　t=104℃，设溶剂分子蒸发率 e=0.4978

项　目	z_i	γ_i	P_{i0}	$K_i = \frac{\gamma_i p_{i0}}{\pi}$	$x_i = \frac{z_i}{1+e(K_i-1)}$	$y_i = K_i x_i$
去蜡油	0.0414	—	0	0	0.0824	0
甲乙基酮	0.6245	1.114	2.11	1.469	0.5063	0.7437
甲苯	0.3258	1.104	0.85	0.5865	0.4101	0.2405
水	0.0083	17.658	1.19	13.133	0.0012	0.0158
合计	1.0				1.0000	1.000

$\sum x = 1$，$\sum y = 1$，所设溶剂蒸发率正确。

③ 物料平衡：

由 $e = \frac{N_V}{N_f}$ 得 $N_V = eN_f = 0.4978 \times 1413.82 = 703.80$kmol/h

$N_L = N_f - N_V = 1413.82 - 703.80 = 710.02$kmol/h

	进料		气相		液相	
	N_{fi}	G_i	$N_{Vi}=y_iN_V$	$G_{Vi}=N_{Vi}M_i$	$N_{Li}=N_{fi}-N_{Vi}$	$G_{Li}=G_i-G_{Vi}$
	kmol/h	kg/h	kmol/h	kg/h	kmol/h	kg/h
去蜡油	58.5	23400	0	0	58.5	23400
甲乙基酮	882.92	63665	523.42	37742	359.50	25923
甲苯	460.63	42443	169.26	15596	291.37	26847
水	11.77	212	11.12	200	0.65	12
合计	1413.82	129720	703.80	53538	710.02	76182

溶剂重量蒸出率：$e'=\dfrac{G_{V溶剂}}{G_{f溶剂}}\times 100\%=\dfrac{37742+15596}{63665+42443}\times 100\%=50.27\%$

④ 计算塔径：

气体流量：$V_V=\dfrac{nRT}{P}=\dfrac{703.80\times 0.08206\times(273+104)}{1.6}=13607\text{m}^3/\text{h}=3.78\text{m}^3/\text{s}$

或 $V_V=\dfrac{22.4\times n\times(t+273)}{P\times 273}=\dfrac{22.4\times 703.80\times(104+273)}{1.6\times 273}=13607\text{m}^3/\text{h}=3.78\text{m}^3/\text{s}$

气体密度：$\rho_V=\dfrac{G_V}{V_V}=\dfrac{53538}{13608}=3.93\text{kg/m}^3$

液体密度：$\rho_L=\dfrac{G_L}{V_L}=\dfrac{76182}{\dfrac{23400}{820}+\dfrac{25923}{717}+\dfrac{26847}{785}+\dfrac{12}{955}}=770.3\text{kg/m}^3$

气体临界速度：$W_C=0.048\sqrt{\dfrac{\rho_L-\rho_V}{\rho_V}}=0.048\times\sqrt{\dfrac{770.3-3.93}{3.93}}=0.670\text{m/s}$

允许气体速度：$W=0.8W_C=0.8\times 0.670=0.536\text{m/s}$

计算塔径：$D=\sqrt{\dfrac{V_V}{0.785W}}=\sqrt{\dfrac{3.78}{0.785\times 0.536}}=3.0\text{m}$

答：一次蒸发塔溶剂重量蒸发率为50.27%，满足一次蒸发塔蒸发要求的最小塔径为3.0m。

五、安全气系统计算

酮苯中的安全气的作用是为真空过滤机提供过滤压差，并作为过滤系统和溶剂罐的安全密封气体。根据生产经验，惰性气循环量一般为3~4台50m²的过滤机需要开一台50m³/min的真空压缩机，或者按每平方米过滤面积每小时需要安全气为：$g=6\sim 11\text{kg/(m}^2\cdot\text{h)}$来选取。

由于溶剂有挥发性，在安全气循环中，过滤机、溶剂罐中的溶剂进入安全气系统。过滤温度越高，安全气中的溶剂含量越大。在计算中需要考虑安全气中溶剂含量。一般来说，溶剂脱蜡部分按5%（质量分数），蜡脱油部分按10~15%（质量分数）考虑。由于溶剂各组分挥发性不同，在不同地方、不同温度下进入安全气系统的溶剂组成是不同的。但为了简化计算，对进入安全气系统的溶剂，其组成按与设计条件中规定的溶剂组成相同确定。

为了保证循环安全气氧含量不超标，需要置换部分安全气。一般的安全气排空速率 v_e 按 $0.2Nm^3/(h \cdot m^2)$ 过滤面积考虑，补充速率 v_m 按 $0.6Nm^3/(h \cdot m^2)$ 过滤面积考虑。

例题 某酮苯装置脱蜡部分有 8 台 $50m^2$ 真空过滤机，采用 N_2 做惰性气，使用型号为 4L-50/0.7、$V_m=3000m^3/h$ 的真空压缩机作为惰性气循环压缩机。已知真空压缩机吸入口温度-20℃，真空度 600mmHg，溶剂甲乙酮：甲苯=6：4，求满足脱蜡惰性气系统的真空压缩机配置数量、惰性气实际循环量、排空量和补充量。

解：①过滤机所需惰性气量：

根据经验，每平米过滤面积每小时需要惰性气 $g=6\sim11kg/(m^2 \cdot h)$，本题取 $g=6kg/(m^2 \cdot h)$

则：$G_{N_2}=nS_{滤机}g=8\times50\times6=2400kg/h$

对脱蜡部分，惰性气中溶剂含量按所需惰性气量的 5%(质量分数)计，

则：$G_S=5\%G_{N_2}=0.05\times2400=120kg/h$

其中：$G_{甲乙酮}=0.6G_S=0.6\times120=72kg/h$

$G_{甲苯}=0.4G_S=0.4\times120=48kg/h$

②真空压缩机吸入口状态下的体积流率：

惰性气摩尔流量计算入下表：

项　目	$G_i/(kg/h)$	M_i	$N_i/(kmol/h)$
氮气	2400	28.02	85.653
甲乙酮	72	72.107	0.999
甲苯	48	92.141	0.521
合计	2520		87.173

$$气体流量：V_V=\frac{nRT}{P}=\frac{87.173\times0.08206\times(273-20)}{\dfrac{760-600}{760}}=8597m^3/h$$

$$气体密度：\rho_V=\frac{G_V}{V_V}=\frac{2520}{8597}=0.293kg/m^3$$

③ 真空压缩机台数：

$$n'=\frac{V_V}{V_m}=\frac{8597}{3000}=2.87\text{ 台，取 }n=3\text{ 台}$$

④ 实际循环惰性气量：

$V=3\times3000=9000m^3/h$

$G=9000\times0.293=2637kg/h$

⑤ 惰性气排空量：

排空速率按 $v_e=0.2Nm^3/(m^2 \cdot h)$ 考虑，

则：$V_e=nS_{滤机}v_e=8\times50\times0.2=80Nm^3/h$

⑥ 惰性气补充量：

补充速率按 $v_m=0.6Nm^3/(m^2 \cdot h)$ 考虑，

则：$V_m=nS_{滤机}v_m=8\times50\times0.6=240Nm^3/h$

答：满足脱蜡惰性气系统的真空压缩机配置数量为3台，惰性气实际循环量为9000m^3/h、排空量为80Nm^3/h，补充量为240Nm^3/h。

六、润滑油加氢装置反应条件计算

（一）空速计算

单位时间内通过床层催化剂的原料油称为空速。有体积空速和质量空速之分。前者多用在固定床和移动床，后者多用在流化床。对于润滑油加氢装置，目前全部是采用固定床加氢方式。

$$体积空速=反应器总进料量(m^3/h)/反应器催化剂藏量(m^3) \quad (10-9)$$

空速是通过进料量及反应器催化剂藏量来调节的。在藏量不变时，提高空速意味着提高处理量。降低空速，将延长原料的反应时间，使反应深度加深，影响到产品的分布和质量。

例题

（1）已知装置催化剂装填量是28t，堆积密度1.06t/m^3，生产减三线时，原料量为30t/h，减三线密度为910kg/m^3，求体积空速。

解：体积空速=原料量(m^3/h)/催化剂体积(m^3)

$=(30÷0.9)/(28÷1.06)$

$=1.26h^{-1}$

答：体积空速为1.26h^{-1}。

（2）润滑油加氢装置催化剂的装填量为28m^3，当加工量为38m^3/h时，计算其体积空速？

解：体积空速=原料量(m^3/h)÷催化剂质量(m^3)

$=38÷28=1.3h^{-1}$

答：体积空速为1.3h^{-1}。

（二）转化率计算

转化率指的是重的原料润滑油（大分子）转化成轻质产品（小分子）的百分数。是衡量反应深度的综合指标。原料油是纯蜡油时，转化率定义如下：

$$转化率=\frac{原料油中>350℃馏分-产品油中>350℃×液收}{原料油中>350℃馏分}×100\% \quad (10-10)$$

转化率对产品的分布有重要影响。转化率变化时，石脑油、柴油、润滑油产品的收率均随着变化，气体产率也随着变化。

例题　某润滑油加氢装置原料为减三线，ASTMD1160馏程（5%～95%）为435～486℃加工量为$50×10^3$kg/h，装置的轻润产品为4975kg/h；重润轻润产品为$37.5×10^3$kg/h，计算装置转化率？

解：转化率=(50-4.975-37.5)/50=15%

答：装置转化率为15%。

（三）氢油比计算

反应器入口处的循环氢中的纯氢与原料油的体积比称为氢油比，气体量为标准状态体积，原料油量为20℃时的液体体积。

例题

(1)已知原料油密度为 850kg/m^3，加工量为 50×10^3 kg/h，参与反应的氢气体积为 35000m^3/h(标准状态)，计算氢油比？

解：原料油体积 V=质量/密度=$50\times10^3\div850=58.8$m^3/h

氢油比=氢气体积/原料油体积=35000÷58.8=595：1

答：装置氢油比为 595：1。

(2) 加氢处理装置操作记录如下：进料量 18t/h，原料油密度 890kg/m^3，系统循环氢量 7580Nm^3/h，系统新氢量 3500Nm^3/h，试计算该装置的体积氢油比？

解：氢油比$=V_{氢气}/V_{原料油}$

$=(V_{循环氢}+V_{新氢})/V_{原料油}$

=(7580+3500)/(18/0.89)

= 548：1

答：氢油比为 548：1。

(3) 润滑油加氢装置由于后路堵塞，需将处理量从 20m^3/h 降至 18m^3/h，试问，在两种情况下空速各为多少？已知氢气流量为 3600m^3/h，氢纯度 85%，催化剂藏量为 15.8m^3，求氢油比为多少？

解：①当原料流量为 20m^3/h 时：

空速=20/15.8=1.26h^{-1}

氢油比=3600/20=180：1

② 当原料流量为 18m^3/h 时：

空速=18/15.8=1.14h^{-1}

氢油比=3600/18=200：1

答：当原料流量为 20m^3/h 时，空速为 1.26h^{-1}，氢油比为 180：1；当原料流量为 18m^3/h 时，空速为 1.14h^{-1}，氢油比为 200：1。

(四) 氢分压计算

在加氢过程中，有效的压力不是总压，而是氢分压。氢分压的大小取决于补充新氢的纯度、系统总压、循环氢纯度。

例题 某润滑油加氢装置反应器入口氢分压要求 16MPa(g)，新氢进装置的纯度为 99.9%(体积分数)，流量 8000Nm^3/h，装置内循环氢进的纯度为 89%(体积分数)，流量 50000Nm^3/h，反应器入口总压为 18MPa(g)，计算装置实际氢分压是否满足要求？

解：混合氢纯度=(8000×99.9%+50000×89%)/58000=91.36%(体积分数)

氢分压=18×91.36%(体积分数)= 16.45MPa(表压)

答：装置氢分压为 16.45MPa(g)大于要求的 16MPa(表压)，可以满足要求。

(五) 回流比计算

分馏塔内回流量与塔顶产品量之比值称为回流比。但在实际操作中，通常是指塔顶产品量与塔顶冷回流量之比值。进料条件和产品要求如果不变，回流量和回流比也不变；如果变化太大，则需调整中段回流以保持合适的回流比。

回流比=塔顶冷回流量/塔顶产品量×100%(质量分数) (10-11)

（六）收率计算

收率是指加氢反应产物与原料油的质量之比值。

$$收率=产品量/原料量\times100\%（质量分数） \tag{10-12}$$

（七）传热系数计算

传热系数是指流体在单位面积和单位时间内，温度每变化1℃所传递的热量。

$$K=Q/(F/\Delta t_m) \tag{10-13}$$

式中　Q——传热速度，kcal/h；

F——传热面积，m^2；

Δt_m——平均温差，℃。

（八）液面平均温度 *LAT* 计算

液面平均温度 *LAT* 是指给定标高上的平均温度。反应器在一个给定标高应有3个床层热电偶。

$$液面平均温度\ LAT=[TI_{(1)}+TI_{(2)}+TI_{(3)}]/3 \tag{10-14}$$

（九）床层平均温度 BAT 计算

床层平均温度 *BAT* 是指一个给定床层的顶部和底部 *LAT* 平均值。

$$床层平均温度\ BAT_{(x)}=[入口\ LAT_{(x)}+出口\ LAT_{(x)}]/2 \tag{10-15}$$

式中，x=床层数。

（十）催化剂平均温度 *CAT* 计算

催化剂平均温度 *CAT*：是由反应器中每个床层活性催化剂的体积分率，平均每个床层的 *BAT* 而确定的。

$$催化剂平均温度\ CAT=[BAT_{(1)}\times\varepsilon_1]+[BAT_{(2)}\times\varepsilon_2]+[BAT_{(3)}\times\varepsilon_3]+[BAT_{(4)}\times\varepsilon_4] \tag{10-16}$$

式中　ε——每个床层中活性催化剂体积分率。

（十一）油品的相对密度计算

液体油品的相对密度为液体密度与规定温度下水的密度之比，常以 d 表示。我国以油品在20℃时的单位体积质量与同体积的水在4℃时的质量之比作为油品的标准相对密度，以 d_4 20表示。

由于油品的实际温度并不正好是20℃，所以需将任意温度下测定的相对密度换算成20℃的标准相对密度。

换算公式：

$$d_4 20=d_4 t+r(t-20) \tag{10-17}$$

式中　r——温度校正值。

（十二）表压力、真空度计算

表压力也称相对压力，即压力表所指示的压力。因为表压力是绝对压力抵消大气压力后所余的压力，或称以环境大气压力做参考压力的差值，所以表压力等于绝对压力与大气压力之差。

$$p_{表}=p_{绝}-p_{大} \tag{10-18}$$

真空度：是指绝对压力低于大气压力时，仪表所测得的负表压，这个负的表压就称为真空度，所以，真空度等于大气压力与绝对压力之差。

$$p_{真}=-p_{表}=p_{大}-p_{绝} \tag{10-19}$$

第三节　动设备计算

一、泵计算

（一）离心泵的计算

1. 离心泵的基本性能参数

（1）流量 Q。单位时间内排液口实际排出的液体体积，常用单位有 m^3/h、m^3/s、L/s。

（2）理论流量 Q_{th}。单位时间内叶轮内液体体积流量，单位与 Q 相同。由于泵在工作时不可避免地会有泄漏，泵的实际流量 Q 必然小于理论流量 Q_{th}，二者的关系为

$$Q_{th}=Q+\Sigma Q_1 \tag{10-20}$$

式中　ΣQ_1——单位时间内泵的泄漏总量，单位与 Q 相同。

（3）容积效率 η_v。是衡量离心泵泄漏量大小的指标，它反映泵的密封效果，其定义式为

$$\eta_v=\frac{Q}{Q_{th}} \tag{10-21}$$

通常离心泵的容积效率 $\eta_v=90\%\sim95\%$

（4）扬程 H。叶轮对液体所作有用功与液体质量之比值，单位 m。

（5）理论扬程 H_{th}。泵叶轮对液体所作全部功与液体质量之比值，单位与 H 相同。泵的理论扬程和扬程并不相等，其关系为

$$H_{th}=H+\Sigma h \tag{10-22}$$

式中，Σh 为单位液体流经泵内各通流部件时的全部能量损失，单位与 H 相同。

（6）有效功率 N_e。单位时间内叶轮对液体所做的有用功，单位为 W，也常用 kW。其值按下式计算

$$N_e=Q\cdot H\cdot\rho\cdot g \tag{10-23}$$

（7）水力功率 N_h。单位时间内叶轮对液体所做的全部功，又称内功率，单位与 N_e 相同。其值按下式计算

$$N_h=Q_{th}\cdot H_{th}\cdot\rho\cdot g \tag{10-24}$$

（8）水力效率 η_h。衡量液体流经泵时其流动阻力大小的指标，其定义式为

$$\eta_h=\frac{H}{H_{th}} \tag{10-25}$$

离心泵的水力效率一般为 80%～95%。

（9）轴功率 N。单位时间内由驱动机传给泵轴的功。泵在运行中，泵轴与轴承、轴封装置的动、静体之间及转子与液体之间均存在机械摩擦阻力，由此而消耗的功率称为机械摩擦损失功率，用 N_m 表示。轴功率 N、水力功率 N_h 和机械摩擦损失功率 N_m 的关系为

$$N=N_h+N_m \tag{10-26}$$

（10）机械效率 η_m　衡量泵转子各相对部件间及转子与液体间机械摩擦力大小的指标，其定义式为

$$\eta_m=\frac{N_h}{N} \tag{10-27}$$

离心泵的机械效率一般为90%~97%。

（11）泵的总效率η。衡量泵运转经济性好坏的指标，η越大，则泵的经济性越好，其定义式为

$$\eta=\frac{N_e}{N}=\frac{QH\rho g}{N_h/\eta_m}=\frac{QH\rho\eta_m}{Q_{th}H_{th}\rho g}=\frac{Q}{Q_{th}}\cdot\frac{H}{H_{th}}\cdot\eta_m$$

故

$$\eta=\eta_v\eta_h\eta_m \tag{10-28}$$

由上述关系可知，泵的轴功率N又可按下式计算

$$N=\frac{QH\rho g}{\eta}\ \text{W} \tag{10-29}$$

或

$$N=\frac{QH\rho}{102\eta}\ \text{kW} \tag{10-30}$$

（12）泵的驱动功率N_D。驱动泵的原动机应具有的额定功率。N_D除包含轴功率N外，还应包括传动损失功率N_c，并在此基础上再留有一定的功率储备。

$$N_D=\Phi\cdot\frac{N}{\eta_c} \tag{10-31}$$

η_c——传动功率，皮带传动取$\eta_c=95\%\sim98\%$，直联取$\eta_c=100\%$

Φ——功率储备系数。一般用途泵取$\Phi=1.05\sim1.15$，石油化工工艺用泵取$\Phi=1.1\sim1.4$

（13）允许汽蚀余量Δh_r：表示离心泵吸入性能和抗汽蚀性能的指标，为吸入压头超过液体蒸气压的允许最小值，其单位与扬程相同。

在离心泵的13个基本性能参数中，流量、扬程、功率和效率等是主要性能参数。

2. 离心泵转速和叶轮外径对性能参数的影响

离心泵的性能参数扬程H、效率η和轴功率N均与流量Q有关。为便于了解泵的性能，泵的制造厂商对每一型号的泵，通过实验得出一组表明$H-Q$、$N-Q$、$\eta-Q$变化关系曲线，称为离心泵的特性曲线。

1）转速的影响

离心泵的特性曲线是在一定转速下测定的，若离心泵的转速改变时，离心泵的流量、扬程和轴功率也随之改变，变化的比例关系可按下式估算。

$$\frac{Q'}{Q}=\frac{n'}{n};\ \frac{H'}{H}=\left(\frac{n'}{n}\right)^2;\ \frac{N'}{N}=\left(\frac{n'}{n}\right)^3 \tag{10-32}$$

式中 Q'、H'、N'——转速为n'时泵的性能；

Q、H、N——转速为n时泵的性能。

式(10-32)称为比例定律。该定律是假设转速改变后，泵效率不变，即：$\eta'\approx\eta$得出的结论，事实上只有在转速变化小于20%时，才可以认为是正确的。

2）叶轮外径的影响

当泵转速一定，而叶轮外径改变时，同样会使泵的流量、扬程和轴功率也随之改变。若对同一型号的泵，换用直径较小的叶轮，而其他几何尺寸不变，这种现象称为叶轮的“切割”。当泵的转速不变，叶轮直径变化不大时，叶轮直径对泵的性能影响，可按下式估算。

$$\frac{Q'}{Q}=\left(\frac{D'}{D}\right);\ \frac{H'}{H}=\left(\frac{D'}{D}\right)^2;\ \frac{N'}{N}=\left(\frac{D'}{D}\right)^3 \quad (10-33)$$

式中　Q'、H'、N'——叶轮外径为 D' 时泵的流量、扬程和功率；

Q、H、N——叶轮外径为 D 时泵的流量、扬程和功率。

式(10-33)称为切割定律，并认为泵的效率不变，即：$\eta'\approx\eta$。应当指出，叶轮外径不能任意减小，最多可削小20%，否则会影响泵的效率。

比例定律和切割定律都是由离心泵的相似理论推导的，与实际情况存在一定误差，但此误差在工程计算允许范围内。

例有1台65Y60型的离心泵，当转速不变时，将原来的叶轮外径 $D=230$mm，切削至 $D'=208$mm时，求切小叶轮后的 Q'、H'、N'。已知该泵原规格为：$Q=30\text{m}^3/\text{h}$，H=53m，N=8.5kW。

解：依据切割定律

$$Q'=\left(\frac{D'}{D}\right)Q=\left(\frac{208}{230}\right)\times 30=27.1\text{m}^3/\text{h}$$

$$H'=\left(\frac{D'}{D}\right)^2H=\left(\frac{208}{230}\right)^2\times 53=43.3\text{m}$$

$$N'=\left(\frac{D'}{D}\right)^3N=\left(\frac{208}{230}\right)^3\times 8.5=6.29\text{kW}$$

（二）往复泵的计算

1. 流量计算

往复泵的流量只与泵本身的几何尺寸和活塞往复次数有关，而与泵的扬程无关，即无论在多大扬程下工作，只要活塞往复一次，泵就排出一定体积的液体。往复泵是一种典型的容积泵，其理论流量可按下式估算。

单动泵
$$Q_T=ASn=\frac{\pi}{4}D^2Sn \quad (10-34)$$

式中　Q_T——理论流量，m^3/min；

A——活塞截面积，m^2；

S——活塞冲程，m；

D——活塞直径，m；

n——活塞每分钟往复次数。

双动泵
$$Q_T=(2A-a)Sn \quad (10-35)$$

式中　a——活塞杆截面积，m^2。

实际上，由于吸入阀、排出阀、活塞密封不严，吸入与排出启闭不及时等原因，往复泵的实际流量 Q 小于理论流量 Q_T

$$Q=\eta_V Q_T \quad (10-36)$$

式中　η_V——容积效率，其值由实验测定。

2. 扬程计算

往复泵是依靠活塞在泵缸内做往复运动，将机械能以静压能的形式直接传给液体。因此，其扬程与流量无关，而仅由泵的机械强度和原动机功率所决定。这是往复泵与离心泵不相同之处。

3. 功率和效率

往复泵的功率和效率的确定与离心泵相同，但其效率一般比离心泵高。电动机带动的往复泵总效率为0.72~0.93；蒸汽泵往复泵的总效率为0.83~0.88。

例有1台单动往复泵，活塞直径为160mm，冲程为200mm。现拟用此泵送液，求流量为0.43m³/min，容积效率为0.85，求活塞每分钟往复次数。

解　由式(8-25)可知

$$Q=\eta_V Q_T=\eta_V \frac{\pi}{4} D^2 Sn$$

则 $n=4Q/\eta_V \pi D^2 S$

$=4\times 0.43/(0.85\times 3.14\times 0.16^2\times 0.2)$

$=126$ 次/min

(三) 例题

(1) 已知减三线泵流量 $Q=48\text{m}^3/\text{h}$，操作密度 $\rho=740\text{kg/m}^3$，泵扬程 $H=180\text{m}$，效率 $\eta=0.42$，求泵轴功率。

解：泵轴功率 $N=\dfrac{Q\times H\times \rho}{102\times \eta}=\dfrac{(48/3600)\times 180\times 740}{102\times 0.42}=41.5\text{kW}$

答：泵轴功率为41.5kW。

(2) 已知减底泵流量 $Q=193\text{m}^3/\text{h}$，操作密度 $\rho=802\text{kg/m}^3$，泵扬程 $H=240\text{m}$，轴功率 $N=181$，求泵效率。

解：泵效率 $\eta=\dfrac{Q\times H\times \rho}{102\times N}\times 100\%=\dfrac{(193/3600)\times 240\times 802}{102\times 181}\times 100\%=56\%$

答：泵效率为56%。

(3) 已知减一中泵采用变频调节，在额定转速 $n=2950\text{r/min}$ 下流量 $Q=357\text{m}^3/\text{h}$，泵扬程 $H=56\text{m}$，轴功率 $N=68\text{kW}$，求泵转速 $n'=2400\text{r/min}$ 下的流量、扬程和轴功率。

解：流量 $Q'=\dfrac{n'}{n}\times Q=\dfrac{2400}{2950}\times 357=290\text{m}^3/\text{h}$

扬程 $H'=\left(\dfrac{n'}{n}\right)^2\times H=\left(\dfrac{2400}{2950}\right)^2\times 56=37\text{m}$

轴功率 $N'=\left(\dfrac{n'}{n}\right)^3\times N=\left(\dfrac{2400}{2950}\right)^3\times 68=36.6\text{kW}$

答：泵转速 $n'=2400\text{r/min}$ 下的流量为290m³/h、扬程37m、轴功率36.6kW。

(4) 已知某泵输送 $\rho=750\text{kg/m}^3$ 的汽油，出口压力表读数为 $p_2=4.5\text{kg/cm}^2$，入口真空表上的负压读数为300mmHg，压力表与真空表的位差：$H_o=0.5\text{m}$，求此泵提供的有效扬程为多少 $\text{m}(H_2O)$？

解：已知：$p_2=4.5\text{kg/cm}^2=4.4132\times 10^5\text{Pa}$

$p_1=-300\text{mmHg}=-3.999\times 10^4\text{Pa}$

$\rho=750\text{kg/m}^3$

$\Delta Z=H_o=0.5\text{m}$

根据柏努力方程：$H=\Delta Z+\dfrac{p_2-p_1}{\rho g}$

$$H=\Delta Z+\frac{p_2-p_1}{\rho g}=0.5+\frac{4.4132\times10^5-(-3.999\times10^4)}{750\times9.81}=66\text{m}(H_2O)$$

答：泵提供的有效扬程为66m(H_2O)。

(5)已知泵的直径D=230mm时，Q=30m³/h，H=53m，求叶轮外径改为208mm时流量及扬程的变化？

解：流量 $Q'=\frac{D'}{D}\times Q=\frac{208}{230}\times30=27\text{m}^3/\text{h}$

扬程 $H'=\left(\frac{D'}{D}\right)^2\times H=\left(\frac{208}{230}\right)^2\times53=43\text{m}$

答：泵叶轮外径改为208mm时流量为27m³/h，扬程43m。

(6)有一离心泵叶轮直径为200cm，流量为 Q_1 = 10m³/min，切削叶轮后，直径为160cm，试计算叶轮切削后，泵的流量Q_2为多少？

$$\frac{D_1}{D_2}=\frac{Q_1}{Q_2}$$

$$Q_2=\frac{Q_1D_2}{D_1}=\frac{10\times16}{2}=8\text{m}^3/\text{min}$$

答：叶轮切削后的流量为8m³/min。

(7)已知蒸汽往复泵气缸截面积0.01m²，活塞往复次数为50次/min，其每小时送液能力是多少？(活塞行程260mm)

解：因为送液量 $V=S\times L\times N\times T$；

其中：活塞面积 S=0.01m²；活塞行程 L=0.26m；活塞往复次数 N=50 次；时间T=60min

所以 V=0.01×0.26×50×60=7.8m³/h

答：送液量为7.8m³/h。

(8)某离心泵输送水时得到下列数据：n=1200r/min、N=10.9kW、Q=56m³/h、H=42m。试求泵的效率？

解：将 $N=QH\rho/102\eta$ 公式加以改写，则可求算泵的效率，

则

$$\eta=QH\rho/102N$$

已知

$$Q=56/3600=0.0156\text{m}^3/\text{s}$$
$$H=42$$
$$\rho=1000\text{kg/m}^3$$
$$N=10.9\text{kW}$$

则 η=0.0156×42×1000÷(102×10.9)=0.59=59%

答：泵的效率为59%。

(9)某泵的轴功率为37kW，经计算扬程为200m，输送轻石脑油40min，送量为25m³，轻石脑油密度为550kg/m³，试计算泵的效率如何？

解：有效功率=流量×密度×扬程/(102×3600)

　　=25×60/40×550×200/(3600×102)=11.23kW

泵效率=有效功率/轴功率=11.23/37=30.4%

答：泵的效率为30.4%

（10）某离心泵输送水时得到下列数据：$n_1=1200r/min$，$n_2=1450r/min$，$Q_1=56m^3/h$，$H=42m$，试求泵的流量Q_2？

解：$Q_2=Q_1n_2/n_1=56\times1450/1200=67.7m^3/h$

答：泵的流量Q_2为$67.7m^3/h$。

（11）现有一台单缸双作用的蒸汽往复泵，活塞直径200mm，活塞杆的直径20mm，活塞杆行程为300mm，每分钟往复次数40次，问每秒钟理论流量是多少？

解：流量：$Q=(2F-f)Sn/60$

式中：活塞面积$F=\pi D^2/4=\pi/4\times(200\times10^{-3})^2=0.0314m$

拉杆面积$f=\pi D_2{}^2/4=\pi/4\times(20\times10^{-3})^2=0.000314m$

$S=300mm=0.3m$　　　　$n=40$次/min

则：$Q=(2\times0.0314-0.000314)\times0.3\times40/60=0.0124m^3/s$

答：每秒钟理论流量是$0.0124m^3/s$。

（12）一台离心泵的叶轮直径是200cm，扬程是20m，现将叶轮车屑为180cm，问扬程是多少？

解：根据直径与扬程的变化关系：

$H_1/H_2=(D_1/D_2)^2$得：

$H_2=H_1(D_2/D_1)^2=20\times(180/200)^2=16.2m$

答：扬程是16.2m。

二、压缩机计算

（一）例题

（1）丙烷压缩机一级缸气体入口压力为0.02MPa(表)，出口压力为0.5MPa(表)、温度为100℃、流量为$12m^3/h$。求一级的流量(绝热指数：$K=1.1$)。

解：设压缩过程为绝热压缩，根据公式：$T_2=T_1\left(\frac{P_2}{P_1}\right)^{\frac{K-1}{K}}$

已知：$P_1=0.02MPa(g)=0.12MPa(a)$

$P_2=0.5MPa(g)=0.6MPa(a)$

$T_2=100℃=373K$

得：$T_1=\frac{T_2}{\left(\frac{P_2}{P_1}\right)^{\frac{K-1}{K}}}=\frac{373}{\left(\frac{0.6}{0.12}\right)^{\frac{1.1-1}{1.1}}}=322K$

又根据理想气体状态方程：$\frac{P_1V_1}{T_1}=\frac{P_2V_2}{T_2}$

得：$V_1=\frac{P_2V_2T_1}{P_1T_2}=\frac{0.6\times12\times322}{0.12\times373}=51.8m^3/h$

答：一级流量为$51.8m^3/h$。

（2）某酮苯装置配有-15℃制冷能力为$125\times10^4kcal/h$氨压缩机2台，-35℃制冷能力为$100\times10^4kcal/h$氨压缩机4台，根据生产方案计算出装置浅冷部分需要冷量$210\times10^4kcal/h$，

深冷部分需要冷量 330×10^4kcal/h，问装置冷冻系统制冷能力能否满足所需冷量要求？

解：−15℃制冷能力：$125\times10^4\times2=250\times10^4$kcal/h>$210\times10^4$kcal/h

−35℃制冷能力：$100\times10^4\times4=400\times10^4$kcal/h>$330\times10^4$kcal/h

冷冻系统制冷能力能够满足所需冷量要求。

答：冷冻系统制冷能力能够满足所需冷量要求。

三、过滤机计算

（一）过滤面积计算

板框过滤机的过滤面积计算，如式(10−37)所示。

$$F=2npab \tag{10-37}$$

式中　F——过滤总面积，m^2

n——在用板框过滤机总台数，台；

p——每台过滤机的滤板数，块；

a——板框过滤机的滤板长度，m；

b——板框过滤机的滤板宽度，m。

（二）过滤速度计算

过滤速度是指单位时间内通过单位面积上的质量流量。

（三）例题

(1)如现有 3 台板框过滤机，每台板数为 53 块，框内尺寸为 ϕ810cm×810cm，求 3 台板框过滤机的总过滤面积是多少？

解：一块板一面的过滤面积为 $F_1=a\cdot b$

即 $F_1=0.81\times0.81=0.6561m^2$

一块板两面的过滤面积为 $F_2=2F_1$

即 $F_2=2\times0.6561=1.3122m^2$

一台 53 块板总过滤面积为 $F_3=53F_2$

即 $F_3=53\times1.3122=69.5466m^2$

三台板机的总过滤面积为 F

即 $F=3\times69.5466=208.6398m^2$

答：3 台板框过滤机的总过滤面积是 $208.6398m^2$。

(2) 某酮苯装置处理量为 1920t/d，过滤机过滤速度 400kg/(m^2·h·台)，滤机开机台数 4 台，试求每台滤机的过滤面积？

解：

$$由\ W_{滤速}=\frac{G_{油料}}{nS_{滤机}}$$

$$S_{滤机}=\frac{G_{油料}}{nW_{滤速}}=\frac{1920\times1000/24}{400\times4}=50m^2$$

答：每台滤机过滤面积为 $50m^2$

(3) 某酮苯装置一段脱油油品进料量为 20t/h，过滤速度 120kg/(m^2·h·台)，考虑油品变化、温洗等影响因素，在计算确定的滤机台数上增加 1 台，试求选用 $50m^2$ 过滤机共需多少台？

解：由 $W_{滤速}=\dfrac{G_{油料}}{nS_{滤机}}$

$$n=\frac{G_{\text{油料}}}{S_{\text{滤机}}W_{\text{滤速}}}=\frac{20\times1000}{50\times120}=3.3\text{ 台，取 }n=4\text{ 台}$$

依题意，实际选用台数：4+1=5 台

答：选用 $50m^2$ 过滤机共需 5 台

(4) 如每天处理油量为 300t 的装置，开 2 台过滤机，每台过滤机的过滤面积为 $70m^2$，试求过滤机的过滤速度？

解：每小时处理量为 G

$G=300/24=12.5t/h$

以质量流量表示的过滤速度为 g

$g=G/F=12.5/(2\times70)=0.088t/(m^2\cdot h)$

答：过滤机的过滤速度是 $0.088t/(m^2\cdot h)$。

第四节　静设备计算

一、加热炉计算

(一) 加热炉热负荷计算

(1) 热负荷。加热炉在单位时间炉管内介质吸收的热量称为有效热负荷，简称热负荷，单位为 kJ/h 或 kW/h。

(2) 总热负荷。原料和水蒸气通过加热炉所吸收的热量以及其他热负荷如注水汽化热等，称为总热负荷。

加热炉的总热负荷可以根据各介质进出炉的热焓及气化率来计算：

$$Q=G[eI_{\tau2}^{V}+(1-e)I_{\tau2}^{L}-I_{\tau1}^{L}]+G_{S1}(I_{S2}-I_{S1})+Q' \tag{10-38}$$

式中　Q——总热负荷，kJ/h 或 MW；

G——油料流量，kg/h；

G_S——过热水蒸汽流量，kg/h；

e——原料出炉时汽化率，%（质量分数）；

$I_{\tau1}^{L}$——油料进炉温度下液相热焓，kJ/kg；

$I_{\tau2}^{L}$——油料出炉温度下液相热焓，kJ/kg；

$I_{\tau2}^{V}$——油料出炉温度下汽相热焓，kJ/kg；

I_{S1}、I_{S2}——过热水蒸气进出口温度下热焓，kJ/kg；

Q'——其他热负荷，如反应热或注水汽化热等，kJ/kg。

加热炉的设计热负荷通常取计算热负荷的 1.15~1.2 倍。

(二) 热平衡计算

对于连续生产的管式炉，根据能量守恒定律，输入能量应等于输出能量，即有下列关系式：

$$Q_{gg}=Q_{yx}+Q_{ss} \tag{10-39}$$

式中　Q_{gg}——供给能量，kJ/h；

Q_{yx}——有效能量，kJ/h；

Q_{ss}——损失能量，kJ/h。

进行热平衡计算时，涉及计算的起始温度，即基准温度。

世界各地采用的热平衡基准温度不尽相同，如：0℃、15.6℃(60℉)、20℃、25℃、大气温度等。其中采用15.6℃的较多。我国国家标准《热设备能量平衡通则》(GB 2588—2000)规定："原则上以环境温度(如外界空气温度)为基准，若采用其他温度基准时应予以说明"。

(三)热效率计算

1. 热效率

热效率表示管式炉体系中参与热交换过程的热能的利用程度。它的供给能量中一般只包括燃料低热值和燃料、空气及雾化蒸汽带入的显热。损失能量包括排烟带走的热量和散失的热量。它便于计算燃料耗量，是衡量管式炉燃料利用情况的一项重要指标。所以，它也可以叫做"燃料效率"，用 η_1 表示。

2. 综合热效率

国家标准(GB 2588—2000)中定义的热效率，在供给能量中还包括了外界供给体系的电和功(如鼓风机、引风机和吹灰器电耗，吹灰器蒸汽消耗等)，用 η_2 表示。

3. 热效率计算

管式炉的热效率是其供给能量的有效利用程度在数量上的表示。即有效能量对供给能量的分数。

$$\eta = \frac{Q_{yx}}{Q_{gg}} \times 100 \tag{10-40}$$

$$\eta = \left(1 - \frac{Q_{ss}}{Q_{gg}}\right) \times 100 \tag{10-41}$$

式中 η——设备热效率，%；

Q_{gg}——供给能量，J；

Q_{yx}——有效能量，J；

Q_{ss}——损失能量，J。

(四)加热炉燃烧过程计算

1. 燃料的热值

燃料的热值与燃料的组成有关，热值分高热值与低热值2种。高热值是燃料完全燃烧后生成的水已冷凝为液体水的状态时计算出来的热值。低热值是燃料完全燃烧后生成的水为蒸气状态时的热值。在计算中常常只用到低热值。

(1)体燃料的高、低热值由下列公式计算：

$$Q_h = 81C + 300H + 26(S - O) \tag{10-42}$$

$$Q_l = 81C + 246H + 26(S - O) - 6W \tag{10-43}$$

式中 Q_h——液体燃料的高热值，kJ/kg(燃料)；

Q_l——液体燃料的低热值，kJ/kg(燃料)。

C、H、O、S、W——在燃料中的碳、氢、氧、硫和水分质量分数。

(2)气体燃料的高、低热值由下式计算：

$$Q_h = \sum q_{hi} y_i \tag{10-44}$$

$$Q_l = \sum q_{li} y_i \tag{10-45}$$

式中 Q_h——气体燃料的高热值，kJ/Nm³；

Q_l——气体燃料的低热值，kJ/Nm³。

q_{hi}——气体燃料中各组分的高热值，kJ/Nm^3；

q_{li}——气体燃料中各组分的低热值，kJ/Nm^3；

y_i——气体燃料内各组分的体积分数，%。

q_{hi}和q_{li}的值可通过表查询得到。

2. 理论空气量计算

燃料完全燃烧时所需的空气量为理论空气量。

液体燃料所需理论空气量可用下式计算：

$$L_0 = \frac{2.67C + 8H + S - O}{23.2}$$

$$= 0.115C + 0.345H + 0.0432(S - O)$$

$$V_0 = \frac{L_0}{1.293} \tag{10-46}$$

式中　L_0——燃料的理论空气量（质量），kg（空气）/kg（燃料）；

V_0——燃料的理论空气量（体积），Nm^3（空气）/kg（燃料）。

气体燃料所需理论空气量可用下式计算：

$$L_0 = \frac{0.0619}{\rho}\left[0.5H_2 + 0.5CO + \sum\left(m + \frac{n}{4}\right)C_mH_n + 1.5H_2S - O_2\right] \tag{10-47}$$

式中　ρ——气体燃料的密度，kg/Nm^3；气体组成均为体积分数。

3. 过剩空气系数计算

实际进入炉膛的空气量与理论空气量之比叫做过剩空气系数。过剩空气系数太小会使热分布恶化，小于1.05时将腐蚀炉管；过剩空气系数太大，会降低火焰温度，降低辐射热的吸收率，以及空气带走热量，使炉效率降低。

在进行加热炉核算时，如已知烟气分析结果，可根据下列公式计算实际过剩空气系数：

$$\alpha = \frac{21}{21 - 79\dfrac{O_2}{N_2}}$$

$$N_2 = 100 - CO_2 - O_2$$

故

$$\alpha = \frac{100 - CO_2 - O_2}{100 - CO_2 - 4.76O_2} \tag{10-48}$$

式中 α——过剩空气系数；

CO_2——烟气中二氧化碳的体积分数，%；

O_2——烟气中氧的体积分数，%；

N_2——烟气中氮的体积分数，%。

4. 燃料用量计算

$$B = \frac{Q}{Q_1 \times \eta} \tag{10-49}$$

式中　B——燃料用量，kg/h；

Q——加热炉总热负荷，kJ/kg（燃料）；

η——加热炉热效率，%；

Q_l——燃料低热值，kJ/kg(燃料)。

5. 烟气流量计算

烟气流量由下式求得：

$$W_g = (\alpha L_0 + 1 + W_s) \times B \quad (10-50)$$

式中 W_g——烟气流量，kg/h；

W_s——雾化蒸汽流量，kg/kg(燃料)。

当烧油时 $W_s = 0.5$(或按喷嘴要求决定)。

当烧气时 $W_s = 0$

6. 烟囱抽力计算

烟囱抽力的产生，是由于烟囱内烟气温度高和密度小，而烟囱外的空气温度低、密度大，故形成一定的烟囱高度下炉内烟气与炉外空气的压力差，即抽力。烟囱越高，抽力越大。所以辐射室、对流室、烟囱内均有抽力。辐射室高温烟气形成的抽力(负压)是燃烧用空气进入喷嘴、炉膛的推动力。

烟囱抽力计算公式，如式(10-51)所示。

$$\Delta p = 9.8h(\rho_{外} - \rho_{内}) \quad (10-51)$$

式中 Δp——烟囱抽力，Pa；

h——烟囱高度，m；

$\rho_{外}$——烟囱外空气密度，kg/m^3；

$\rho_{内}$——烟囱内空气密度，kg/m^3。

从式(10-51)中可以看出当烟囱的高度一定时，烟囱内外气体的温度差越大即内外气体密度差越大，烟囱的抽力越大。

当烟囱高度一定时，烟囱抽力会因大气温度随季节不同而有较大变化，冬天由于空气温度低、密度大，所以抽力比较大，而夏天抽力较小。在工艺条件不变时，夏天应该将烟道挡板开大些，冬天则关小些。

(五) 例题

(1) 已知减压炉烟气分析中，CO_2含量9.2%(体积分数)，O_2含量5.0%(体积分数)，排烟温度130℃，求减压炉空气过剩系数，并计算炉效率。

解：$\alpha = \dfrac{100 - y_{CO_2} - y_{O_2}}{100 - y_{CO_2} - 4.76y_{O_2}} = \dfrac{100 - 9.2 - 5.0}{100 - 9.2 - 4.76 \times 5.0} = 1.28$

根据计算的$\alpha = 1.28$和排烟温度130℃，查表得烟气带走的热量损失：$\dfrac{q_2}{Q_L} = 6\%$

取减压炉散热损失：$\dfrac{q_L}{Q_L} = 3\%$

减压炉效率 $\eta = 1 - \dfrac{q_2}{Q_L} - \dfrac{q_L}{Q_L} = 1 - 6\% - 3\% = 91\%$

答：减压炉空气过剩系数为1.28，炉效率为91%。

(2) 加热炉烟气氧含量为5%，二氧化碳为13%，求过剩空气系数是多少？

解：过剩空气系数 $\alpha = \dfrac{100 - y_{CO_2} - y_{O_2}}{100 - y_{CO_2} - 4.76y_{O_2}} = \dfrac{100 - 13 - 5}{100 - 13 - 4.76 \times 5.0} = 1.30$

答：过剩空气系数为1.30。

（3）加热炉的瓦斯单耗为8kg/t，日加工量为1000t，瓦斯发热值为10000kcal/kg，求加热炉的实际热负荷。

解：小时加工量 $G_S = \frac{1000}{24} = 41.67t/h$

瓦斯小时消耗量 $G_{瓦斯} = 41.67 \times 8 = 333.36kg/h$

加热炉实际热负荷 $Q = 333.36 \times 10000 = 333.36 \times 10^4 kcal/h$

答：加热炉实际热负荷为 $333.36 \times 10^4 kcal/h$。

（4）燃料油在某加热炉燃烧后所生成的烟气中，，经分析含氧和二氧化碳的体积分数分别为5%和8%，当理论空气量为15kg空气/kg燃料时，求实际空气用量为多少kg空气/kg（燃料）？试判断该加热炉的过剩空气系数是否在正常范围内。

解：过剩空气系数

$$\alpha = \frac{100 - CO_2 - O_2}{100 - CO_2 - 4.76\,O_2} = \frac{100 - 8 - 5}{100 - 8 - 4.76 \times 5} = 1.28$$

实际空气用量 = 1.28×15 = 19.2（kg空气/kg燃料）

答：实际空气用量为19.2kg空气/kg燃料。该加热炉剩空气系数在正常范围内。

（5）已知加热炉的热负荷 $Q = 9.65MW$，现取辐射室热负荷 Q_R 为全炉热负荷的80%，辐射管（ϕ127mm×8mm）：管数 $n = 64$ 根，管长 $L = 12m$；遮蔽管（ϕ127mm×8mm）：$n = 6$ 根，管长 $L = 4m$。试求辐射管表面热强度。

解：辐射室的热负荷

$$Q_R = 9.65 \times 0.8 = 7.72MW$$

辐射管表面积 S_R

$$S_R = 64 \times \pi \times 0.127 \times 12 + 6 \times \pi \times 0.127 \times 4 = 315.83m^2$$

辐射管表面热强度 q_R

$$q_R = Q_R / S_R = 7.72MW / 315.83m^2 = 2.44 \times 10^4 W/m^2$$

答：辐射管表面热强度为 $2.44 \times 10^4 W/m^2$。

（6）某一加热炉的液体燃料组成如下：$C = 83.1\%$　$H = 10\%$　$S = 0.2\%$　$O = 0.3\%$　$W = 6\%$，试求该燃料的发热值。

解：$Q_1 = 4.18 \times [81 \times C + 246 \times H + 26 \times (S - O) - 6 \times W]$

$= 4.18 \times [81 \times 83.1 + 246 \times 10 + 26 \times (0.2 - 0.3) - 6 \times 6]$

$= 4.18 \times 9.2 \times 10^3 = 38456kJ/kg$

答：该燃料发热值为38456kJ/kg。

（7）某台加热炉的气体燃料组成如下表所示，计算该燃料低发热值。

组成	H_2	N_2	CH_4	C_2H_6	C_2H_4	C_3H_8	C_3H_6
体积分数/%	3.7	0.3	74.0	17.0	3.0	0.10	1.9
低发热值/（kJ/m³）	10743	0	35739	64247	58967	22350	88073

解：$Q_1 = \sum q_{1i}\, y_i$

$= 0.037 \times 10743 + 0.74 \times 35739 + 0.17 \times 64247 + 0.03 \times 58967 + 0.001 \times 22350 + 0.019 \times 88073 =$

41231kJ/Nm^3

答：该燃料低发热值为41231kJ/Nm^3。

（8）某加热炉所用燃料油组成 $C=84\%$，$H=12\%$，$S=3\%$，$O=1\%$（质量分数），测得烟气二氧化碳8%，氧气6%，求所需的实际空气量。

解：按燃料油组成求理论空气量 V_0：

$V_0=L_0/1.293=[0.115C+0.345H+0.0432(S-O)]/1.293$

$=0.089\times C+0.267\times H+0.033(S-O)$

$=0.089\times 84+0.267\times 12+0.033\times(3-1)=10.75$Nm^{3}空气/kg燃料油。

按烟道气组成计算过剩空气系数

$$\alpha=\frac{100-CO_2-O_2}{100-CO_2-4.76O_2}=\frac{100-8-6}{100-8-4.76\times 6}=1.36$$

则实际空气量为 $V=\alpha V_0=1.36\times 10.75=14.62$Nm^{3}空气/kg燃料油

答：所需实际空气量为14.62Nm^{3}空气/kg燃料油。

（9）有一密度为1.50kg/m^{3}的气体燃料的组成如下表，完全燃烧时测得烟道气中二氧化碳9%、氧气5%，求所需实际空气量。

组分	CH_4	C_2H_4	C_2H_6	C_3H_6	C_3H_8	iC_4H_{10}	nC_4H_{10}	C_4H_8	C_5H_{12}	H_2S	CO_2
体积分数/%	30.0	4.0	21.2	11.0	11.6	5.6	4.3	5.3	1.3	3.6	1.2

解：

求理论空气量 V_0：

$$L_0=\frac{0.0619}{\rho}\times\left[0.5H_2+0.5CO+(\sum(m+\frac{n}{4})C_mH_n+1.5H_2S-O_2\right]$$

$$=\frac{0.0619}{1.52}\times(2\times 30+3\times 4+3.5\times 21.2+4.5\times 11+5\times 11.6+6.5\times 5.6+6.5\times 4.3+6\times 5.3+1.5\times 3.6)$$

$=15$kg空气/kg燃料

过剩空气系数 α：

$$\alpha=\frac{100-CO_2-O_2}{100-CO_2-4.76O_2}=\frac{100-9-5}{100-9-4.76\times 5}=1.28$$

则实际空气量 $V=\alpha V_0=1.28\times 17.41=22.28$Nm^{3}空气/Nm^{3}燃料或 $L=\alpha L_0=1.28\times 15=19.2$kg空气/kg燃料

答：实际需空气19.2kg空气/kg燃料。

（10）有一加热炉的烟气分析如下二氧化碳含量为10.8%，氧气含量为3.1%，求该加热炉过剩空气系数。

解：

$$\alpha=\frac{100-CO_2-O_2}{100-CO_2-4.76O_2}=\frac{100-10.8-3.1}{100-10.8-4.76\times 3.1}=1.16$$

答：该加热炉过剩空气系数为1.16。

（11）润滑油加氢加热炉烟道气化验分析数据如下：二氧化碳10.23%，氧气1.58%，氮气87.25%，求此时炉子的过剩空气系数？

解：$\alpha=(100-CO_2-O_2)/(100-CO_2-4.76O_2)$

$=(100-10.23-1.58)/(100-10.23-4.76\times1.58)=1.072$

答：此时炉子的过剩空气系数为 1.072。

(12)某加热炉的过剩空气系数为 1.2，本月该炉共消耗燃料气 18.5t，问该炉全月排入的烟气总量是多少？已知过剩空气系数为 1.2 时，炉子的排放烟气为 11.5m^3/kg 燃料气。

解：烟气总量 $V=11.5\times18.5\times1000=212750m^3$

答：该炉全月排入的烟气总量是 212750m^3。

(13) 润滑油加氢装置处理量 20t/h，由于工艺上要求将加热炉出口由 140℃提高 200℃，已知油的比热为 0.5kcal/(kg·℃)，试问每小时加热炉需供给多少热量？

解：$Q=Cm(t_2-t_1)=0.5\times20\times10^3\times(200-140)=6\times10^5$kcal/h

答：每小时加热炉需供给 6×10^5kcal/h 的热量。

(14) 某加热炉总有效热是负荷为 2076000kcal/h，全部燃烧炼厂气，用量为 300Nm^3/h，炼厂气的最低发热值为 8000kcal/Nm^3，求加热炉的热效率 η。

解：热效率 $\eta=2076000/(8000\times300)\times100\%=86.5\%$

答：该炉子的热效率为 86.5%。

二、换热器计算

在石油炼制及石油化工生产过程中，最常遇到冷热两种流体之间的传热过程，即热交换过程。实现热交换过程的设备称为换热器或热交换器。使用换热器的目的在于加热原料、回收热量、冷却产品等。根据冷、热两股流体接触方式，换热器基本上可以分为三大类，即间壁式、混合式和蓄热式换热器，其中以间壁式换热器在炼油工业生产中应用最多。

（一）换热器的热量计算

当冷热两股流体在换热器内换热时，若忽略过程的热损失，由能量守恒原理可以得到如下结论：单位时间内热流体放出的热量 $Q_{热}$必定和冷流体吸收的热量 $Q_{冷}$相等，即 $Q_{热}=Q_{冷}$，此式叫热量衡算式。

换热器的热量衡算可分为以下 3 种方法：

1）焓差法

$$Q_{热}=W_{热}(I_1-I_2) \tag{10-52}$$

$$Q_{冷}=W_{冷}(i_1-i_2) \tag{10-53}$$

当热损失 $Q_{损}=0$ 时

则
$$Q'=Q_{热}=Q_{冷} \tag{10-54}$$

式中　$Q_{热}$、$Q_{冷}$——热流体和冷流体在单位时间内放出或吸收的热量，W；

$W_{热}$、$W_{冷}$——热流体和冷流体的质量流量，kg/s；

I_1、I_2——热流体最初及最终的焓，J/kg；

i_1、i_2——冷流体最初及最终的焓，J/kg；

Q'——换热器热负荷，W。

2）显热法

$$Q_{热}=W_{热}C_{p热}(T_1-T_2) \tag{10-55}$$

$$Q_{冷}=W_{冷}C_{p冷}(t_2-t_1) \tag{10-56}$$

当热损失 $Q_{冷}=0$ 时得

$$Q' = Q_{热} = Q_{冷} \tag{10-57}$$

式中　$Q_{热}$、$Q_{冷}$——热流体和冷流体在单位时间内放出或吸收的热量，W；

$W_{热}$、$W_{冷}$——热流体和冷流体的质量流量，kg/s；

$C_{p热}$、$C_{p冷}$——热流体和冷流体在进出口温度范围内的平均比热容，J/(kg·K)；

T_1、T_2——热流体最初及最终温度，K 或℃；

t_1、t_2——冷流体最初及最终温度，K 或℃。

应用显热法计算热负荷时，石油馏分的比热容可自石油比热容图查得。

3）潜热法

若热交换时，只发生相变化，如冷凝或蒸发的情况下，可应用潜热法。

$$Q_{热} = W_{热}\gamma_{热} \tag{10-58}$$

$$Q_{冷} = W_{冷}\gamma_{冷} \tag{10-59}$$

当热损失 $Q_{冷}=0$ 时得

$$Q' = Q_{热} = Q_{冷} \tag{10-60}$$

式中　$\gamma_{热}$、$\gamma_{冷}$——热流体和冷流体的气化潜热，J/kg。

其余符号同前。

（二）总传热速率方程

在换热器的传热过程中，冷、热两股流体在单位时间内所交换的热量 Q 与其传热面积成正比，与温差 Δt 也成正比。用公式表示为：

$$Q \propto A \cdot \Delta t \tag{10-61}$$

把上式改为等式，以 K 表示比例常数得

$$Q = K \cdot A \cdot \Delta t \tag{10-62}$$

此式称为总传热速率方程。

式中　Q——单位时间内两股流体间交换的热量，即传热速率，W；

A——换热器传热面积，m^2；

Δt——冷、热两流体间传热温差的平均值，K 或℃；

K——总传热系数，$W/(m^2 \cdot K)$。

由总传热速率方程可以得到下式，即

$$K = \frac{Q}{A\Delta t} \tag{10-63}$$

当 $A=1m^2$，$\Delta t=1K(1℃)$，在数值上 K 等于 Q，因此总传热系数 K 的物理意义：当冷、热两股流体间温差为 1K(1℃)时，在单位时间内通过单位传热面积，由热流体传给冷流体的热量，其单位为 $W/(m^2 \cdot K)$。所以 K 值越大，在相同平均温差条件下，换热器所能传递的热量就越多。因此人们总是想方设法通过提高总传热系数来强化传热过程。

（三）平均温差

冷、热两股流体在换热器内换热时，流体的温度沿传热面不断变化，因此应取温差的平均值，即平均温差。温差的大小与冷、热两股流体的流动方式密切相关，在相同的进出口温度下，不同的流动方式其平均温差也不同。

工业上，换热器内冷、热两股流体流动的方式主要有 3 种，即并流、逆流、混合流(折流、错流)。并流是指冷、热两股流体流动方向相同流动。而逆流正好与并流相反，即冷、热两股流体流动方向相反的流动。混合流是一种既非并流又非逆流的流动，它包括折流和错

流两种不同的流动方式。

1）并流和逆流的平均温差 $\Delta t_{均}$ 计算

两种流动方式的平均温差可以应用由热平衡和传热速率方程导出如下公式计算，即

$$\Delta t_{均}\frac{\Delta t_1 - \Delta t_2}{\ln\dfrac{\Delta t_1}{\Delta t_2}} \tag{10-64}$$

式中　$\Delta t_{均}$——对数平均温差，℃；

Δt_1——换热器两端流体温差中较大者，K 或℃；

Δt_2——换热器两端流体温差中较小者，K 或℃。

若 $\Delta t_1/\Delta t_2 \leqslant 2$ 时，可按算术平均温差计算。此时：

$$\Delta t = \frac{\Delta t_1 + \Delta t_2}{2} \tag{10-65}$$

例题　已知冷热两流体的进、出口温度分别为冷流 $t_1 = 20$℃，$t_2 = 40$℃，热流 $T_1 = 105$℃，$T_2 = 50$℃，试比较并流和逆流的平均温差。

解：(1)并流时换热两端流体温差分别(105−20) = 85℃及(50−40) = 10℃。取：$\Delta t_1 = 85$℃，$\Delta t_2 = 10$℃

故
$$\Delta t_{均}\frac{\Delta t_1 - \Delta t_2}{\ln\dfrac{\Delta t_1}{\Delta t_2}} = \frac{85 - 10}{\ln\dfrac{85}{10}} = 35℃$$

(2) 逆流时换热两端流体温差分别(105−40) = 65℃及(50−20) = 30℃。取：$\Delta t_1 = 65$℃，$\Delta t_2 = 30$℃

故
$$\Delta t_{均}\frac{\Delta t_1 - \Delta t_2}{\ln\dfrac{\Delta t_1}{\Delta t_2}} = \frac{65 - 30}{\ln\dfrac{65}{30}} = 45.5℃$$

如果上例中采用算术平均值计算温差时，则

并流时 $\Delta t_{均}\dfrac{85 + 10}{2} = 47.5℃$

$$误差 = \frac{47.5 - 35}{35}35.71\%$$

逆流时 $\Delta t_{均}\dfrac{65 + 30}{2} = 47.5℃$

$$误差 = \frac{47.5 - 45.5}{35} = 4.4\%$$

由以上计算的结果，可以看出：在相同端点温度下，逆流的温差比并流时大(混合流的温差介乎两者之间)。因此，从提高传热速率的角度看，逆流方式是理想的流动方式，其次当 $\Delta t_1/\Delta t_2$ 的值越大，按算术平均温差计算时，误差越大。

2）混合流时的平均温差 $\Delta t_{均}$计算

混合流包括折流和错流。这两种流动的平均温差可以先当作逆流温差计算，然后再乘以校正系数 $\varphi_{\Delta t}$，即为平均温差。

$$\Delta t_{均} = \varphi_{\Delta t} \cdot \Delta t_{均逆} \tag{10-66}$$

式中　$\varphi_{\Delta t}$——平均温差校正系数；

$\Delta t_{均逆}$——逆流平均温差，K 或℃；

$\Delta t_{均}$——混合流平均温差，K 或℃。

校正系数 $\varphi_{\Delta t}$ 与冷、热两流体的温度变化有关。可以根据 P、R 值查图得出。

$$P = \frac{t_2 - t_1}{T_1 - t_1} \tag{10-67}$$

$$R = \frac{T_1 - T_2}{t_2 - t_1} \tag{10-68}$$

式中　T_1——热流体的初始温度，K 或℃；

T_2——热流体的最终温度，K 或℃；

t_1——冷流体的初始温度，K 或℃；

t_2——冷流体的最终温度，K 或℃；

校正系数均小于 1，这是因为混合流同时存在逆流和并流的缘故。在工程上要求校正系数不宜小于 0.8，否则温差过小，换热面积过大，很不经济，混合流的平均温差总是比逆流小，但采用混合流可以使换热器结构紧凑、合理，因此在换热器中常用混合流。

（四）例题

（1）已知脱盐油与减四线换热，减四线流量 41t/h，进换热器温度 226℃，出换热器温度 161℃，脱盐油流量 198.5t/h，进换热器温度 154℃，求换热器换热量、脱盐油出换热器温度和换热器逆流传热温差。[脱盐油比热 0.566kcal/(kg · ℃)，减四线比热 0.590kcal/(kg · ℃)]

解：换热器换热量等于换热器中减四线放热量

$Q = G_h \times Cp_h \times (t_{h1} - t_{h2}) = 41000 \times 0.590 \times (226 - 161) = 157.24 \times 10^4 \text{kcal/h}$

由冷热流热平衡 $Q = G_c \times Cp_c \times (t_{c2} - t_{c1}) = G_h \times Cp_h \times (t_{h1} - t_{h2})$

得 $t_{c2} = \dfrac{Q}{G_c \times Cp_c} + t_{c1} = \dfrac{157.24 \times 10^4}{198500 \times 0.566} + 154 = 168℃$

换热器逆流传热温差

$$\Delta t_m = \frac{(t_{h1} - t_{c2}) - (t_{h2} - t_{c1})}{\ln\left(\dfrac{t_{h1} - t_{c2}}{t_{h2} - t_{c1}}\right)} = \frac{(226 - 168) - (161 - 154)}{\ln\left(\dfrac{226 - 168}{161 - 154}\right)} = 24.1℃$$

答：换热器换热量为 157.24×10^4kcal/h、脱盐油出换热器温度为 168℃，换热器逆流传热温差为 24.1℃。

（2）脱盐油与减四线采用两台串联换热器，总换热面积 410m²，其他已知条件同上，并已知温差校正因子 $F_t = 0.92$，求换热器总传热系数。

解：换热器有效传热温差 $\Delta t = F_t \times \Delta t_m = 0.92 \times 24.1 = 22.2℃$

$$K = \frac{Q}{A \times \Delta t} = \frac{157.24 \times 10^4}{410 \times 22.2} = 172.8 \text{kcal/(m}^2 \cdot ℃)$$

答：换热器总传热系数为 172.8kcal/(m² · ℃)。

（3）某换热器入口温度为 245℃，出口温度为 175℃，冷流入口温度为 120℃，出口温度为 160℃，求逆流平均温度差？

解：换热器逆流传热温差

$$\Delta t_m = \frac{(t_{h1} - t_{c2}) - (t_{h2} - t_{c1})}{\ln\left(\frac{t_{h1} - t_{c2}}{t_{h2} - t_{c1}}\right)} = \frac{(245 - 160) - (175 - 120)}{\ln\left(\frac{245 - 160}{175 - 120}\right)} = 68.9℃$$

答：换热器逆流传热温差为68.9℃。

(4)套管结晶器是酮苯装置中的专用换热设备，油料走内管，冷流(滤液或氨)走夹套。内管中心有贯穿全管带有刮刀的钢轴，刮刀的作用是刮掉内管表面上的蜡，保证内管较好的传热性能和流动性。钢轴的转动由位于结晶器一侧的上部电机通过链条带动。

在套管结晶器计算中，对于ϕ159/ϕ219的套管结晶器，根据经验确定的传热系数如下：

滤液-原料换热　K=80～100kcal/(m^2·h·℃)

滤液-原料+溶剂换热　K=120～180kcal/(m^2·h·℃)

氨-原料+溶剂换热　K=150～180kcal/(m^2·h·℃)

氨-溶剂换热　K=180～250kcal/(m^2·h·℃)

内管中热量的计算，需要考虑钢轴转动所带入的搅拌热：

$$Q = nN860\text{kcal/h}$$

式中　n——结晶器台数；

N——每台结晶器的电机功率，kW。

例如在油料中蜡从溶液中析出放出溶解热，溶解热按35～40kcal/kg考虑。某装置生产凝点-12℃的润滑油，根据生产经验脱蜡温差为8℃，求氨深冷套管结晶器原料出口温度。

解：氨深冷套管结晶器原料出口温度即为所需要的脱蜡温度

由脱蜡温差=脱蜡油凝点-脱蜡温度

得脱蜡温度=脱蜡油凝点-脱蜡温差=-12-8=-20℃

答：氨深冷套管结晶器原料出口温度是-20℃。

(5)生产减二线，加工量为800t/d，操作条件下密度按800kg/m^3计算，进套管温度为54℃，冷点选在第8根出口，其温度为28℃，求原料在冷点前的冷却速度(每根套管有效容积为0.45m^3，分两流进料)。

解：①求原料分流体积流量：

$$分流体积流量：V_s = \frac{G_s}{\rho} = \frac{\frac{800 \times 1000 \div 2}{24}}{800} = 20.83\text{m}^3/\text{h}$$

②求原料在前8根套管内的停留时间：

$$停留时间：\tau = \frac{V}{V_s} = \frac{0.45 \times 8}{20.83} = 0.17\text{h}$$

③求冷却速度：

$$冷却速度：v = \frac{\Delta t}{\tau} = \frac{54 - 28}{0.17} = 152.94℃/\text{h}$$

答：原料在冷点前的冷却速度是152.94℃/h。

(6)减三线原料处理量为40t/h(每路流量10t/h)，原料温度60℃，冷点温度30℃，一次溶剂量32t/h，温度30℃，套管出口温度10℃，设在换热套管内的原料平均相对密度为0.86，溶剂为0.85，每根套管的有效容积为0.282m^3，求换热套管冷点前7根的冷却速度？

解：温降：Δt=60-30=30℃

冷点前每路套管流量：$V_s = \frac{G_s}{\rho} = \frac{10 \times 1000}{860} = 11.6 m^3/h$

冷点前7根套管容积：$V = 7 \times 0.282 = 1.97 m^3$

冷却速度：$v = \frac{\Delta t V_s}{V} = \frac{30 \times 11.6}{1.97} = 177℃/h$

答：换热套管冷点前7根的冷却速度为177℃/h。

（7）某换热器滤液流量为180t/h，温度由20℃升到50℃，设滤液平均比热容为0.5kcal/(kg·℃)，求换热器热负荷。

解：热负荷 $Q = G \times C_p \times (t_2 - t_1) = 180000 \times 0.5 \times (50 - 20) = 270 \times 10^4 kcal/h$

答：换热器热负荷为270×10^4kcal/h

（8）有一台换热套管，内管 ϕ168mm×10mm，小轴 ϕ60mm×4mm，共有10根，每根管总长13.5m，求套管体积？

解：

$$V = \frac{\pi}{4}(D^2 - d^2) LN$$

$$= \frac{\pi}{4} \times [(0.168 - 0.01 \times 2)^2 - (0.060 - 0.004 \times 2)^2] \times 13.5 \times 10 = 2.03 m^3$$

答：套管体积为2.03m³。

（9）在一列管式换热器中用机油和原油换热。原油在管外流动，进口温度为120℃，出口温度上升到160℃；机油在管内流动，进口温度为245℃，出口温度下降到175℃，①试分别计算并流和逆流时的平均温度差。②若已知机油质量流量1800kg/h，其比热容 $Cp_1 = 3kJ/(kg \cdot K)$，并流和逆流时的 K 值均等于100W/(m²·K)；求单位时间内传过相同热量分别所需要的传热面积。

解：①换热器逆流传热温差：

$$\Delta t_{m逆} = \frac{(t_{h1} - t_{c2}) - (t_{h2} - t_{c1})}{\ln\left(\frac{t_{h1} - t_{c2}}{t_{h2} - t_{c1}}\right)} = \frac{(245 - 160) - (175 - 120)}{\ln\left(\frac{245 - 160}{175 - 120}\right)} = 69℃$$

换热器并流传热温差

$$\Delta t_{m并} = \frac{(t_{h1} - t_{c1}) - (t_{h2} - t_{c2})}{\ln\left(\frac{t_{h1} - t_{c1}}{t_{h2} - t_{c2}}\right)} = \frac{(245 - 120) - (175 - 160)}{\ln\left(\frac{245 - 120}{175 - 160}\right)} = 52℃$$

② 换热器热负荷：

$$Q = G_h \times Cp_1 \times (t_{h2} - t_{h1}) = (1800 \div 3600) \times 3 \times (245 - 175) = 105kW$$

$$A_{逆} = \frac{Q}{K \times \Delta t_{逆}} = \frac{105 \times 1000}{100 \times 69} = 15.2 m^2$$

$$A_{并} = \frac{Q}{K \times \Delta t_{并}} = \frac{105 \times 1000}{100 \times 52} = 20.2 m^2$$

答：①换热器并流和逆流时的平均温度差分别为52℃和69℃；

②并流和逆流在单位时间内传过相同热量分别所需要的传热面积分别为20.2m²和15.2m²。

（10）一换热器若热流体进口温度为162℃，出口温度为147℃，冷流体进口温度为82℃，出口温度为112℃，热负荷为785×10^3kcal/h，$K=120$kcal/(m^2·h)。求换热面积。

解：逆流时162℃→147℃；112℃←82℃

$$\Delta t_1=147-82=65℃；\Delta t_2=162-112=50℃$$

则：$\Delta t=(\Delta t_1-\Delta t_2)/\ln(\Delta t_1/\Delta t_2)=(65-50)/\ln(65/50)=57.69℃$

$$F=Q/K\Delta t=785000/120\times57.69=113.4\text{m}^2$$

答：换热器的换热面积为113.4m^2。

（11）压力为98.1kPa的饱和水蒸气在ϕ33.5mm×3.25mm的水平钢管外冷凝，管外壁温度95℃，计算蒸汽冷凝时的对流传热系数[已知：98.1kPa的饱和水蒸气温度99.1℃、冷凝潜热2266kJ/kg；97℃水的物性数据为：密度960.5kg/m^3、$\lambda=0.6814$W/(m·℃)、$\mu=29.22\times10^{-5}$Pa·s]。

解：冷凝液膜的平均温度为(99.1+95)/2=97.05℃，则97℃水的物性数据如题已给出

$\Delta t=99.1-95=4.1℃$

$$\alpha=0.725[\gamma\rho^2g\lambda^3/(\mu d_0\Delta t)]^{1/4}$$

$$=0.725\times[2266\times10^3\times960.5^2\times9.81\times0.6814^3/(29.22\times10^{-5}\times0.0335\times4.1)]^{1/4}$$

$$=1.45\times10^4\text{W/(m·℃)}$$

答：对流传热系数为1.45×10^4W/(m·℃)。

（12）现用一列管换热器加热原油，原油在管外流动，进口温度100℃，出口温度160℃；反应物在管内流动进口温度250℃，出口温度180℃，试计算逆流时的平均温差。

解：$\Delta t_m=(\Delta t_1-\Delta t_2)/\ln(\Delta t_1/\Delta t_2)$

$$=[(250-160)-(180-100)]/\ln(250-160)/(180-100)=84.7℃$$

答：逆流时平均温差为84.7℃

（13）有一台换热器传热面积2m^2，热水走管程测得其流量1500kg/h，进口温度80℃，出口温度50℃；冷水走壳程测得进口温度15℃，出口温度30℃，逆流流动，试求其总传热系数。（水比热容为4.18kJ/kg）。

解：换热器传热量$Q=GC_p(T_1-T_2)$

$$=1500\times4.18\times10^3\times(80-50)\div3600=52250\text{W}=52.25\text{kW}$$

传热温差因为$\Delta t_1/\Delta t_2=50/35<2$

所以$\Delta tm=(\Delta t_1+\Delta t_2)/2$

$$=(50+35)/2=42.5℃$$

总传热系数$K=Q/(A\Delta t_m)=52250\div2\div42.5=615$W/(m·℃)

答：总传热系数为615W/(m·℃)。

（14）有一台换热器传热面积40m^2，其总传热系数为615W/(m·℃)，管程走热流，测得进口温度80℃，出口温度50℃；冷介质走壳程测得进口温度15℃，出口温度30℃，逆流流动，试求该换热器热负荷。

解：因为：$\Delta t_1/\Delta t_2=50/35<2$

所以：$\Delta t_m=(\Delta t_1+\Delta t_2)\div2=(50+35)\div2=42.5℃$

则热负荷为$Q=KA\Delta t_m=615\times40\times42.5=1045500\text{W}=1.045\times10^3\text{kW}$

答：换热器热负荷为1.045×10^3kW。

（15）已知某换热器，入口油品热焓为123.5kcal/kg，出口油品热焓为64.5kcal/kg，油

品流量为 39t/h，求换热器流放出的热量。

解：$Q_{热}=G_{热}(q_{热入}-q_{热出})=39\times1000\times(123.5-64.5)=2301000kcal/h$

答：换热器流放出的热量为 2301000kcal/h。

（16）换热器中冷、热流体逆流接触，热流体从 90℃冷却到 70℃，冷流体由 20℃加热到 60℃，问平均传热温差。

解：$\Delta t_m=[(70-20)-(90-60)]/\ln[(70-20)\div(90-60)]=39.2℃$

答：该换热器的平均传热温差为 39.2℃。

（17）在换热器中，用 0.095kg/S 的饱和水蒸气加热某油品，加热后蒸汽冷凝成同温度的饱和水排出，已知饱和水蒸气的焓值为 2708.9kJ/kg，120℃饱和水的焓值为 503.67kJ/kg，假定热损失为 0，求油品所吸收的热量？

解：$Q_{吸}=Q_{放}=0.095\times(2708.9-503.67)=209.5kJ/s$

答：油品所吸收的热量为 209.5kJ/s。

（18）在一个逆流套管换热器中，用油加热冷水，水的流量为 0.667kg/s，进口温度为 35℃，出口温度为 89℃，比热为 4.18kJ/(kg·℃)，假定热损失为 0，求油所传给水的热量？

解：$Q_{放}=Q_{吸}=4.18\times0.667\times(89-35)=150.6kJ/s$

答：油所传给水的热量为 150.6kJ/s。

三、蒸发塔计算

（一）蒸发塔溶剂蒸出率的计算

例题

（1）某糠醛精制装置抽出液溶剂回收系统为三效蒸发回收工艺，抽提塔进料为 28t/h，溶剂比为 2.5：1(质量比)，若核定精制液汽提塔溶剂蒸发量为 7t/h，高压塔溶剂蒸发量为 30t/h，抽出液汽提塔溶剂蒸发量为 4t/h，试计算一、二次蒸发塔溶剂的蒸发量以及其换热总蒸出率。(忽略损耗)

解：总溶剂量 = 28×2.5 = 70t/h

一、二次蒸发塔溶剂的蒸发量 = 70−7−30−4 = 29t/h

一、二次蒸发塔换热总蒸出率 = 29/(70−7)×100% = 46.03%

答：一、二次蒸发塔溶剂的蒸发量为 29t/h，其换热总蒸出率为 46.03%。

（2）某糠醛精制装置的抽提塔进料为 35t/h，溶剂比为 2.8：1(质量比)，精制液汽提塔进料量为 36.2t/h，精制油出装置量为 25.3t/h，试计算抽出液中含糠醛的比例。(忽略损耗)

解：总溶剂量 = 35×2.8 = 98t/h

精制液汽提塔进料中溶剂量 = 36.2−25.3 = 10.9t/h

$$抽出液中含糠醛的量=\frac{98-10.9}{98+35-36.2}\times100\%=90\%$$

答：抽出液中含糠醛的比例为 90%。

（二）蒸发塔停留时间计算

1. 计算公式

停留时间(T)可按式(10−69)计算：

$$T=\frac{V}{Q_{流}} \tag{10-69}$$

式中　T——停留时间，h；

V——塔、容器之总体积，m^3；

$Q_{流}$——油品之体积流量，m^3/h。

对润滑油白土补充精制装置，油和白土的接触时间也就是油在加热炉和蒸发塔内的停留时间。

$$t=(V_1+V_2)/Q \tag{10-70}$$

式中　t——油在装置高温部分停留时间，也就是接触时间，h；

V_1——加热炉炉管体积，m^3；

V_2——蒸发塔正常液面体积，m^3；

Q——每小时处理量，m^3/h。

2. 例题

有一蒸发塔，直径 $d=1.6m$，蒸发塔中油高 $H_1=2.5m$，塔锥底部分高 $H_2=0.08m$，入塔的油料量 $G=12920kg/h$，油料密度 $r=723kg/m^3$，求油料在塔内停留时间是多少？

解：①蒸发塔横截面积（F）：

$$F=\frac{1}{4}\pi D^2=\frac{1}{4}\times 3.14\times 1.6^2=2.03m^2$$

②油品停留时间（T）：

$$T=\frac{V}{Q_{流}}$$

式中　V——油品之体积，m^3；

$Q_{流}$——油品之体积流量，m^3/h。

a. 油料体积流量 $Q_{流}$：

$$Q_{流}=\frac{G}{V}=\frac{12920}{723\times 3600}=0.005m^3/s$$

b. 油料体积 V

$V_1=F\cdot H_1=2.03\times2.5=5.1m^3$

$V_2=F\cdot H_2/3=2.03\times0.08/3=0.54m^3$

$V=V_1+V_2=5.1+0.54=5.64m^3$

油料在塔内停留时间 T 为：

$$T=\frac{V}{Q_{流}}=\frac{5.64}{0.005}=1130s=19min$$

答：油料在塔内停留时间是 19min。

四、抽提塔的比负荷计算

转盘抽提塔的生产能力用表观比负荷表示的。即单位时间内、单位塔截面积上通过润滑油料及溶剂的总量。

$$表观比负荷=\frac{润滑油料体积+溶剂体积}{塔截面积} \tag{10-71}$$

单位为 $m^3/(m^2 \cdot h)$。

例题

（1）若进入抽提塔内原料油和溶剂的流量分别是 $30m^3/h$、$75m^3/h$，塔截面积为 $5.5m^2$，试计算抽提塔在该工况下的表观比负荷？

解：表观比负荷为：

$$表观比负荷 = \frac{润滑油料体积 + 溶剂体积}{塔截面积} = \frac{30 + 75}{5.5} = 18.9m^3/(m^2 \cdot h)$$

答：该抽提塔在该工况下的表观比负荷为 $18.9m^3/(m^2 \cdot h)$。

运行中的转盘抽提塔，其表观比负荷值的大小若适宜，有助于抽提效率的提高，偏高会导致液泛，偏低则影响处理能力。

（2）某糠醛精制装置采用的溶剂比为 4.5∶1（质量比），处理相对密度为 0.86 的油品时，若控制抽提塔的表观比负荷为 $20m^3/(m^2 \cdot h)$，试计算该装置处理的原料油每小时应为多少吨？（抽提塔塔直径 2.6m，糠醛的相对密度为 1.16）。

解：抽提塔截面积 $S = \frac{\pi}{4}d^2 = \frac{3.14}{4} \times 2.6^2 = 5.31m^2$

$$由表观比负荷 = \frac{润滑油料体积 + 溶剂体积}{塔截面积}$$

可得油、醛总体积流量：

即：$Q_{油} + Q_{醛} = 表观比负荷 \times 抽提塔截面积 = 20 \times 5.31 = 106.2m^3/h$

又因 $Q = \frac{W}{\rho}$

则：$\frac{W_{油}}{\rho_{油}} + \frac{W_{醛}}{\rho_{醛}} = \frac{W_{油}}{0.86 \times 1000} + \frac{4.5W_{油}}{1.16 \times 1000} = 106.2m^3/h$

解得：$W_{油} = 21.1t/h$

答：该装置的原料油处理量为 21.1t/h。

第十一章　技术标定与案例

第一节　概　　述

标定是要在达到一定目的的所确定的条件下，取得装置的运行数据，并做出技术分析和结论。

标定是评价装置实际运行状态的一个方法，装置标定通常有3类：

（1）定期标定，一般3年左右进行一次标定，对装置运行进行系统评估；

（2）装置大的技改措施项目实施后，进行标定，确定改造是否达到技术要求；

（3）装置重要设备更换、更新，进行标定，确定是否达到原设计要求。

第二节　技术标定

一、技术标定的意义

（1）生产装置进行重大技术改造前对老装置进行标定，为改造设计提供数据。技术改造后进行标定，考核改造效果，总结经验。

（2）为摸清现有生产装置的生产处理能力、能耗水平，寻找装置的制约瓶颈，解决装置上存在的重大问题，通过标定找出薄弱环节，提出解决问题的方案和改造措施。

二、标定的时间要求

（1）主要的生产装置原则上3年标定一次。

（2）准备进行重大技术改造的装置，改造前要做摸底标定。

（3）新建装置原则上在投产后半年内进行性能考核标定。

（4）重大技术改造后半年内进行考核标定；一般技术改造后3个月内进行考核标定。

（5）装置在切换新油种和使用新化工原材料时进行有针对性的空白标定和试验标定。

（6）重要化工原材料及催化剂首次工业应用前后分别进行标定。

（7）装置在生产新产品时进行有针对性的空白标定和试验标定。

（8）装置出现重大的质量问题时进行标定。

三、标定方案的编制

（1）现有装置的标定方案由车间工艺技术管理人员编写，新建装置验收标定、重大技术改造验收标定方案由设计单位和生产车间编写，报上级领导审批。

（2）标定方案内容主要包括：标定目的、原料、处理量、产品方案、工艺路线、标定时间、计量、检测方法及有关记录表格等。

四、标定报告的编写

（1）标定结束后，标定报告由生产车间工艺技术管理人员负责编写，报上级领导审批。

（2）标定报告内容包括：装置概况、标定目的及情况说明、物料平衡结果、能量平衡结果、工艺核算汇总、分析数据汇总、操作数据汇总、原料及“三剂”变化情况、标定结果分析评价及结论、改造建议等。

（3）原则上标定报告在装置标定后1个月内编制完成。

第三节　技术标定案例

以下以某厂的润滑油全加氢装置与白土精制装置的技术标定报告来对润滑油生产装置的技术标定进行说明。

一、润滑油加氢装置的标定报告

30×10^4t/a润滑油加氢装置设计处理量为加氢裂化（HCR）系统30×10^4t/a，异构脱蜡（IDW）系统40×10^4t/a。为了配合总部的炼厂全流程优化模型的建模工作对装置进行一次标定和性能测试。

（一）标定概况

（1）原料产品：原料产品性质分析结果见表11-1～表11-3。

（2）标定时间：2012年2月17日9：00～2012年2月19日9：00。

（3）计量：因本次标定为配合开展炼油全流程优化工作，在进出料专罐专用方面不做要求，标定期间以装置流量计标定为主。氢气及循环水、电、瓦斯、除氧水等消耗按现场孔板流量计、一次表流量读数为准。分析结果分别见表11-1～表11-3。

表11-1　HCR的原料产品分析数据

项　　目	原料蜡油	HCR石脑油	HCR煤油	HCR柴油	C101底油
硫/(mg/kg)	431.8	23.35	0.88	0.62	1.7
饱和烃(质量分数)/%	91.9				99.1
芳烃(质量分数)/%	7.2				0.9
胶质(质量分数)/%	0.9				<0.1
闪点/℃			<35	110	
倾点/℃	42				42
黏度/(mm^2/s)					
40℃	28.8				17.05
100℃	5.355				3.917
黏度指数	121				126
含蜡量(质量分数)/%	31.7				
总氮/(mg/kg)	210.03				0.95
密度(20℃)/(g/cm^3)	0.8577	0.6567	0.7808	0.8127	0.8399
馏程/℃					
初馏点	170	25.0	145.5	245.0	168

续表

项　　目	原料蜡油	HCR 石脑油	HCR 煤油	HCR 柴油	C101 底油
5%	309				238
10%	357		156.5	257.5	285
30%	410				384
50%	448		170.2	264.5	427
70%	473				461
90%	512		230.2	276.5	501
95%	540			286.5	531
终馏点	597	152.0	247.6		592

表 11-2　IDW 的原料产品分析数据

项　　目	加氢裂化尾油	IDW 煤油	IDW 柴油	IDW 石脑油	轻润	减底
硫/(mg/kg)	10.70	1.21	0.91	1.65	2.01	1.39
饱和烃(质量分数)/%	97.1					
芳烃(质量分数)/%	2.6					
胶质(质量分数)/%	0.3					
闪点/℃		52	114		158	232
倾点/℃					<-39	-19
黏度/(mm^2/s)						
40℃					7.791	34.30
100℃	4.565				2.210	5.872
黏度指数					82	114
密度(20℃)/(g/cm^3)	0.8494	0.7745	0.8124	0.6725	0.8333	0.8478
馏程/℃						
初馏点	173	163.6	218	27.7	208	210
5%	287				274	388
10%	340	173.7	257		286	399
30%	394				328	427
50%	429	198.7	263		354	450
70%	468				370	471
90%	522	233.7	277		385	505
95%	548	243.0	284		390	524
终馏点	598			138.5	450	564

表 11-3　装置的原料产品分析数据(氢气)

项　　目	新氢	HCR 循环氢	IDW 循环氢
氢气/%	99.98	91.00	87.98
硫化氢(体积分数)/%		40	0

续表

项　　目	新氢	HCR 循环氢	IDW 循环氢
组成			
CO/(mg/kg)	0		
CO_2/(mg/kg)	0.76		
CH_4/%	0		
C_1/%	0	4.72	3.40
C_2/%	0	1.12	2.46
C_3/%	0	1.20	3.35
C_4/%	0	1.48	2.42
C_5/%	0	0.48	0.39
NH_3/%	0	0	0

分析：

本次标定装置原料 HCR 采用 1 号蒸馏减三线，进料量 40t/h，IDW 掺炼加氢裂化尾油，进料量 55t/h，生产方案为 HVIⅡ(6)油，原料及产品质量都符合工艺技术要求。

(二) 标定的工艺参数及原料性质

标定期间装置运行平稳，各相关操作参数均严格控制在指标范围内。标定期间的操作参数见表 11-4～表 11-8。

表 11-4　反应器 R201 操作条件(每天 9：00)

项　目	第一床层		第二床层		第三床层		第四床层		全反应器	
时间(9：00)	2.17	2.18	2.17	2.18	2.17	2.18	2.17	2.18	2.17	2.18
反应平均温度/℃	337.35	327.32	334.73	328.86	334.57	331.70	334.41	333.96	334.35	332.31
温升/℃	2.96	3.24	2.71	2.26	3.67	3.30	7.28	7.97	16.71	17.00
冷氢量(补充氢量)/(Nm^3/h)			1558	1186	0	0	3671	4894		

表 11-5　反应器 101 操作条件(每天 9：00)

项　目	第一床层		第二床层		第三床层		第四床层		第五床层		全反应器	
时间(9：00)	2.17	2.18	2.17	2.18	2.17	2.18	2.17	2.18	2.17	2.18	2.17	2.18
反应平均温度/℃	369.64	365.79	372.2	368.6	375	371.79	375	375.09	374	374.46	374	373.11
温升/℃	2.4	1.96	2.6	2.4	2.8	2.7	3.4	4.11	5.3	7.13	16.4	18.36
冷氢量(补充氢量)/(Nm^3/h)			0	0	1281	0	3361	2465	0	1864		

表 11-6　反应器 R202 操作条件(每天 9：00)

项　　目	第一床层		第二床层		第三床层		全反应器	
时间(9：00)	2.17	2.18	2.17	2.18	2.17	2.18	2.17	2.18
反应平均温度/℃	230.12	230.13	230.05	230.22	231.11	231.45	230.55	230.84
温升/℃	0.4	0.8464	0	0	0	0	0	0
冷氢量(补充氢量)/(Nm^3/h)	0	0						

表 11-7　反应器操作条件(每天 9：00)

日期	反应器	循环氢量/(Nm^3/h)	氢油比	入口压力/MPa	第一床层压降/MPa	反应器压降/MPa	入口温度/℃	出口温度/℃	体积空速/h^{-1}
2 月 17 日	R101	50551	979	15.31	0.000	0.6475	370	378	
	R201	39711	580	15.30	0.023	0.6555	331	339	
	R302	39711		14.48		0.2631	231	231	
2 月 18 日	R101	53691	1501	15.33	0.000	0.6548	366	376	
	R201	42880	673	15.33	0.0376	0.6930	323	337	
	R202	42880		14.48		0.4581	231	231	

表 11-8　塔操作条件(每天 9：00)

反应器		2 月 17 日			2 月 18 日		
		C101	C201	C202	C101	C201	C202
操作温度/℃	塔顶	125	101	93	115	98	93
	塔底	288	297	268	290	296	258
	进口	317	310	317	310	306	307
操作压力/MPa	塔顶回流罐	0.07	0.07		0.060	0.0671	-96.12kPa
	塔顶	0.07	0.07	-98.87kPa	0.060	0.0671	-99.12kPa
	塔底	0.1367	0.1325	-95.52kPa	0.1264	0.1276	-95.88kPa

分析：

在标定期间，主要工艺参数控制平稳。HCR 反应器 R101 入口压力保持 15.30MPa，处理量维持 40t/h，IDW 反应器 R201 入口压力保持 15.30MPa，处理量维持 55t/h，应原料边进边用，反应温度根据产品性质小幅调整。

在标定期间，分馏塔进口温度及各塔塔顶压力保持稳定，常压塔保持 0.07MPa，减压塔保持-99kPa。

(三) 标定的物料平衡及产品分布分析

标定的物料平衡见表 11-9。

表 11-9　物料平衡数据

项　　目	总量/t	收率/%(质量分数)	流量/(t/h)
	标定	标定	标定
HCR 原料	1866		38.875
IDW 原料	716		14.91667
氢气	11.57		0.241042
合计	2593.57		54.03271
产品			
分馏干气	129.674	5.00	2.701542
低分气	5.502	0.21	0.114625
废氢	0	0	0
石脑油	184.7846	7.02	3.849679

续表

项　　目	总量/t	收率/%(质量分数)	流量/(t/h)
	标定	标定	标定
柴油	136	5.14	2.833333
煤油	109.4544	4.12	2.2803
轻润	673	25.95	14.02083
减底	1260	48.58	26.25
反冲洗	16.155	0.51	0.336563
加工损失	95.155	3.47	1.982396
合计	2593.57	100	54.03271

分析：

从表 11-9 中物料平衡数据可以看出，在标定工况条件下：

加工损失较大，达到 3.47%，实际是由于 HCR 石脑油出装置流量计失灵所致。根据估算，HCR 石脑油流量为 2.8t/h，一日的产量约为 67.2t，实际加工损失为 1.26%。

润滑油加氢装置设计处理量为 HCR30×10^4t/a，IDW40×10^4t/a，在装置满负荷 54t/h，生产方案为 HVIⅡ(6)的工艺条件下，基础油收率较高，达到 74.53%。

(四) 标定的能源物耗情况

标定的能源物耗情况见表 11-10。

表 11-10　能耗平衡

项　　目	实际用量/t(kW·h)	实际单耗/(t/t)	能耗/[kg(标油)/t]
电/(kW·h/t)	189659	73.127	16.819
1.0MPa 蒸汽/(t/t)	409	0.158	11.985
自产蒸汽/(t/t)	-214	(0.083)	(6.271)
瓦斯(kg/t)/(t/t)	73.05	28.166	26.758
循环水/(t/t)	103058	39.736	3.974
新鲜水/(t/t)	3	0.001	0.000
自来水/(t/t)	1	0.000	0.000
除盐水/(t/t)	277	0.107	0.246
除氧水/(t/t)	371	0.143	1.316
能耗/[kg(标油)/t]	—	—	54.83

分析：

润滑油加氢装置能耗为 54.83kg(标油)/t。

(五) 设备运行状况

设备运行状况见表 11-11～表 11-14。

表 11-11　机泵操作条件之一

设备编号	P-101/A、B	P-102/A、B	P-103/A、B	P-104/A、B	P-105/A、B	P-106/A、B	P-107/A、B	P-108/A、B	P-109/A、B
介质	原料	原料	水	煤油		煤油	石脑油	酸性水	润滑油
入口压力/MPa	0.02	0.39	0.28						0.13

续表

设备编号	P-101/A、B	P-102/A、B	P-103/A、B	P-104/A、B	P-105/A、B	P-106/A、B	P-107/A、B	P-108/A、B	P-109/A、B
出口压力/MPa	1.05	16.50	16.50	1.38		1.15	0.65	1.65	1.75
温度/℃	75	162	14	211		179	28	28	295
流量/(t/h)	39.60	38.59	8.99	2.70		12.13	3.24	0.34	30.58
电机电流/A	80　78	6.7　5	停	24.1　22	停	35.5　33	16.5　15	22.4　20	92　90
电机功率/kW	75	1.5	0.6	22	11	37	15	18.5	75
有效功率/kW									

表 11-12　机泵操作条件之二

设备编号	P-112/A、B	P-201/A、B	P-202/A、B	P-203/A、B	P-205/A、B	P-206/A、B	P-207/A、B	P-208/A、B	P-209/A、B
介质		润滑油	润滑油		柴油	润滑油		润滑油	
入口压力/MPa		0.22	0.13						
出口压力/MPa		18.50	0.77		1.20	1.40		130	
温度/℃		172	302		145	156		266	
流量/(t/h)		50.04	38.70		75	14.91		54	
电机电流/A	停	停	42.2　42	4　9	96　96	31.7　28	停	72　72	停
电机功率/kW	37	1.5	75	7.5	90	18.5	22	75	30

表 11-13　机泵操作条件之三

设备编号	P-210/A、B	P-211/A、B	P-212/A、B	P-213/A、B	P-214/A、B	P-215/A、B	P-217/A、B
介质	润滑油		石脑油	煤油	润滑油	润滑油	缓蚀剂
出口压力/MPa	1.03		0.97	0.97	0.9	0.55	0.70
温度/℃	261		22	232	247	194	常温
流量/(t/h)	23.61		5.98	2.50	13.87	25	
电机电流/A	70　41	停	24.5　20	11.2　10	18.7　16	29.8　28	0.7　0.3
电机功率/kW	75	7.5	18.5	15	18.5	22	0.55
有效功率/kW							

表 11-14　压缩机操作条件

项　目	新氢压缩机 K301		循环氢压缩机 K101		循环氢压缩机 201		干气压缩机 K401	
	设计值	标定	设计值	标定	设计值	标定	设计值	标定
体积流量/(Nm^3/h)	14900	830	59000	46593	42500	41211	3600	1070
入口温度/℃	40	13	60	58	60	58	40	22
入口压力(表)/MPa	2.13	1.8	14.69	13.97	14.49	13.75	0.06	0.06
出口压力(表)/MPa	18.4	16.1	17.24	15.74	18.12	16.14	0.83	0.79
出口温度/℃	126	107	82	69	88.8	70	85	51
轴功率/kW	1394		997		997		588	
多变效率/%	829.8	842	734.4	820.8			498	489.6
电机电流/A	81.7	75	77	78			54	51

分析：

在标定期间，装置设备运行情况正常，机泵各运行参数较稳定。

（六）标定结论

本次装置的标定工作得到了公司相关各部门的积极配合，装置标定工作进展顺利，在标定条件下（HCR 进料量 40t/h，系统压力 14.6MPa，反应器 R101 温度 374℃，IDW 进料量 55t/h，系统压力 14.6MPa，反应器 R201 温度 330℃，），装置运行较平稳，各设备均运转正常，各工艺参数控制正常，装置基础油产品总收为 74%。

二、白土精制装置的标定

（一）技术标定的目的、范围、时间

为了配合做好桌面炼油厂模型的建模工作，于 2011 年 11 月对两套白土精制装置原材料、产品性质、操作条件、公用工程及能耗等进行标定。

标定时间：2011 年 11 月 16 日 9：00~11 月 17 日 9：00。

（二）技术标定具备的条件

（1）原料：1 号糠醛精制油 HVI150lb。

（2）时间：2011 年 11 月 16 日 9：00~11 月 17 日 9：00。

（3）计量：处理量按 25t/h；炉出口温度 185~195℃。

（4）标定分工：

① 原料及公用工程平衡：生产调度处。

② 化验分析：分析中心。

③ 计量：1 号白土精制装置。

④ 现场数据测定：1 号白土精制装置。

⑤ 电器设备电流、功率测定：电气。

（三）技术标定期间数据收集记录

标定期间运行平稳，各相关操作参数均严格控制在指标范围内。

（1）标定期间操作参数见表 11-15。

表 11-15　主要工艺参数

名　称	指　标	名　称	指　标
反应时间	>30	容 4/6 压力/MPa	<-0.07
自动板框进料温度		气体蒸汽温度/℃	<380
手动板框进料温度		油品出装置温度/℃	≯60
自动板框进料压力/MPa	<1.0	油品进装置温度（热进料）/℃	≯180
手动板框进料压力		加热炉炉膛温度/℃	≯800
白土用量	4%~5%	加热炉出口温度/℃	185~195

分析：

在标定期间，主要工艺参数控制平稳。反应温度控制 185℃，白土加入量按 5%加入。

（2）物料平衡数据见表 11-16。

表 11-16　物料平衡

<table>
<tr><td colspan="5">入方</td></tr>
<tr><td>原料量/t</td><td colspan="4">646.98</td></tr>
<tr><td>白土/t</td><td colspan="2">28</td><td>废催化剂</td><td>0</td></tr>
<tr><td rowspan="2">其中</td><td>白土水分</td><td>8%</td><td>数量/t</td><td>2.24</td></tr>
<tr><td colspan="2">纯白土量(含废催化剂)/t</td><td colspan="2">25.76</td></tr>
<tr><td>白土加入量/%</td><td colspan="4">4.33</td></tr>
<tr><td colspan="5">出方</td></tr>
<tr><td>成品油/t</td><td colspan="4">621.202</td></tr>
<tr><td>收率/%</td><td colspan="4">96.02</td></tr>
<tr><td>白土含油率/%</td><td colspan="4">20.41</td></tr>
<tr><td>废白土量/t</td><td colspan="4">32.37</td></tr>
<tr><td>含油量/t</td><td colspan="2">6.61</td><td colspan="2">1.02</td></tr>
<tr><td>轻油回收量/t</td><td colspan="2">1.55</td><td colspan="2">0.24</td></tr>
<tr><td>塔顶挥发线/t</td><td colspan="4">19.86</td></tr>
<tr><td>酮苯收油/t</td><td colspan="2">0</td><td colspan="2">0</td></tr>
<tr><td>其他损失/t</td><td colspan="2">17.62</td><td colspan="2">2.72</td></tr>
<tr><td>损失率/%</td><td colspan="4">3.98</td></tr>
</table>

分析：

由于装置流量计计量不准，以上各值均为罐区罐检尺。

本次白土加入量按5%加入，但由于加料器自身原因和压收白土等，实际加入比例为4.5%。

本次标定白土精制精制油实际为96.02%，较平时收率低。

（3）原料性质见表11-17和表11-18。

表 11-17　原料性质

项　目	原料油	项　目	原料油
硫/%	0.0823	酸值/(mgKOH/g)	0.03
饱和烃/%	89.2	馏程/℃	
芳烃/%	10.4	初馏点	168
胶质/%	0.4	2%	299
黏度(40℃)/(mm^2/s)	32.58	5%	370
黏度(100℃)/(mm^2/s)	5.228	10%	381
黏度指数	86	20%	393
苯胺点/℃	105.6	30%	402
色度/号	<0.5	50%	417
总氮/(mg/kg)	69.16	70%	431
碱氮/(mg/kg)	77.1	90%	450
旋转氧弹/min	142	95%	462
康氏残炭(三线及以上)/%	—	95%	462
密度(20℃)/(g/cm^3)	0.8728	终馏点	518

表 11-18　白土性质

白土活性度(H^+)/(mmol/kg)	190.2	水分/%	7.0
游离酸/%	0.18	脱色率/%	96.5
粒度/%	95.2		

分析：

分析的原料数据与日常基本相当，各项指标正常。

(4) 产品性质见表 11-19。

表 11-19　产品质量及白土渣含油率

项　目	精制油	项　目	精制油
硫/%	0.0847	酸值/(mgKOH/g)	0.01
饱和烃/%	87.8	馏程/℃	
芳烃/%	12	初馏点	167
胶质/%	0.2	2%	296
黏度/(mm^2/s)		5%	371
40℃	36.28	10%	383
100℃	5.623	20%	396
黏度指数	89	30%	405
苯胺点/℃	104.3	50%	421
色度/号	<0.5	70%	436
总氮/(mg/kg)	16.4	90%	460
碱氮/(mg/kg)	7.9	95%	480
旋转氧弹/min	234	97%	495
康氏残炭(三线及以上)/%	—	终馏点	522
密度(20℃)/(g/cm^3)	0.8749	废白土含油量/%	20.41

(5) 标定的能耗及物耗情况见表 11-20。

表 11-20　装置能源消耗

项目	消耗量				燃料低热值或能耗指标		单位能耗	
	单位耗量		小时耗量				MJ/t(原油)	kg(标油)/t(原油)
	单位	数量	单位	数量	单位	数量		
1.0MPa 蒸汽	t/t	0.0085	t/h	0.2292	MJ/t		27.01	0.646
瓦斯	kg/t	3.86	kg/h	104.167	MJ/kg		153.44	3.671
燃料油	kg/t	—	kg/h	—	MJ/kg		—	—
江水	t/t	0.441	t/h	11.875	MJ/t		3.13	0.075
循环水	t/t	0.844	t/h	22.75	MJ/t		3.53	0.084
电	kW·h/t	2.674	kW·h/h	72.08	MJ/kW·h		25.71	0.615
合计							212.814	5.090

分析：

该能耗数据按处理量 646.983t 计算。

（6）标定的设备状况见表 11-21。

表 11-21　用电设备工作电流及运行功率

项　目	次　数	相电压/V	电流/A	功率因数	功率/kW
馏泵 4	1	220	29.6	0.845	16.44
	2	220	28.3	0.865	16.43
馏泵 6	1	220	32.7	0.859	18.39
	2	220	30.1	0.891	16.93
馏泵 9	1	220	54.2	0.878	30.10
	2	220	56.2	0.882	31.21
馏泵 10	1	220	22.2	0.819	12.33
	2	220	28.4	0.863	15.77
馏泵 12	1	220	35.1	0.865	19.49
	2	220	30.8	0.844	17.11
馏上加料机	1	220	1.2	0.637	0.69
	2	220	1.1	0.656	0.64
馏下加料机	1	220	1.1	0.686	0.65
	2	220	1.3	0.671	0.76

分析：

在标定期间，各设备运行状况良好。

（四）核算的结果与结论

本次装置的标定工作得到了相关各部门的积极配合，装置标定工作进展顺利。在标定期间，装置运行平稳，各工艺参数控制正常，主要存在问题为：

（1）装置原料进料累计量读数偏大。在装置处理量维持在 25t/h 的情况下，装置原料进料累计量 FIQ1101 在标定的 24h 内显示装置进料共 766m^3，合计 636.5t，即平均 26.5t/h，明显偏大。

（2）装置 3 号门白土输送无电表，用电量为估量。

（五）建议

（1）装置原料流量计改为质量流量计。

（2）在 3 号门白土输送处装电表。

参 考 文 献

[1] 侯芙生．中国炼油技术(第三版)[M]．北京：中国石化出版社
[2] 李志强．原油蒸馏工程与工艺[M]．北京：中国石化出版社
[3] 张德义．含硫含酸原油加工技术[M]．北京：中国石化出版社，
[4] 郑灌生．润滑油生产装置技术问答[M]．北京：中国石化出版社
[5] 沈复，李阳初．石油加工单元过程原理[M]．北京：中国石化出版社，1996
[6] 谈天恩，麦本熙，丁惠华．化工原理[M]．北京：化学工业出版社，1990
[7] 侯祥麟．中国炼油技术[M]．北京：中国石化出版社，2001
[8] 沈本贤．我国溶剂脱沥青工艺的主要技术进展[J]．炼油设计，2000，30(3)：5-8
[9] 中国石油化工股份有限公司科技开发部．高硫原油加工工艺、设备及安全[M]．北京：中国石化出版社，2001
[10] 侯芙生．炼油工程师手册[M]．北京：中国石化出版社，1990
[11] 龙军，王子军，黄伟祁，祖德光．重溶剂脱沥青在含硫渣油加工中的应用[J]．石油炼制与化工编辑部．2004(3)
[12] 张美菊，岑尉平，武献红，朱建平．溶剂脱沥青高效萃取塔的应用[J]．河南化工编辑部，2007(4)
[13] 杨军朝，王万真，路永宇，寇学斌．萃取塔自身温度梯度调节的丙烷脱沥青技术[J]．炼油设计编辑部，2002(8)
[14] 张东杰．丙烷脱沥青工艺节能技术应用[J]．洛阳：炼油设计编辑部，1993(5)
[15] 李多民，吴汉平．安全分析丙烷罐腐蚀原因分析与安全评定[J]．压力容器编辑部，2002(3)
[16] 水天德．现代润滑油生产工艺[M]．北京：中国石化出版社．1998
[17] 陆士庆．炼油工艺学[M]．北京：中国石化出版社，2011
[18] 陆良福．炼油过程及设备[M]．北京：中国石化出版社，1996
[19] 马秉骞．炼油设备基础知识[M]．北京：中国石化出版社，2003
[20] 林世雄．石油炼制工程[M]．北京：石油工业出版社，2002
[21] 胡安定．石油化工厂设备常见故障．北京：中国石化出版社，2005
[22] 匡永泰、高维民．石油化工安全技术评价技术．北京：中国石化出版社，2005
[23] 中国石油化工集团公司、中国石油化工股份有限公司修订．石油化工设备维护检修规程(第一册)通用设备．北京：中国石化出版社，2004
[24] 厉玉鸣．化工仪表及自动化．北京：化学工业出版社，1999
[25] 刘跃委．化学防腐技术在润滑油糠醛精制装置上的应用[J]．炼油技术与工程，2005(7)
[26] 刘跃委．糠醛装置腐蚀机理分析及防护[J]．石油化工安全技术，2002(4)
[27] 张晨辉等．润滑油应用技术[M]．北京：中国石化出版社，2002
[28] 董健生主编．炼油单元过程与设备(上册)[M]．北京：中国石化出版社，2001
[29] 唐克嶂主编．工厂能源管理[M]．大连：大连理工大学出版社，1994
[30] 天津大学化工原理教研室编．化工原理上册[M]．天津：天津科学技术出版社，1983
[31] 萧开梓．化工机器安装与检修[M]．北京：中国石化出版社，1992
[32] 方子严．化工机器[M]．北京：中国石化出版社，1999
[33] 胡定安．设备维护检修规程[M]．北京：中国石化出版社，1992
[34] 王毅．过程装备控制技术及应用[M]．北京：化学工业出版社，2001
[35] 郑津洋等主编．过程设备设计[M]．北京：化学工业出版社，2001
[36] 钱家麟主编．管式加热炉(第二版)[M]．北京：中国石化出版社，2005
[37] 刘跃委主编．白土补充精制装置操作工[M]．北京：中国石化出版社，2007